著 ロバート・ノリス
エドワード・カスウェル‐チェン
マルコス・コーガン

訳 小山重郎
小山晴子

IPM総論

Concepts in Integrated Pest Management

Robert F. Norris, Edward P. Caswell-Chen, Marcos Kogan

有害生物の総合的管理

築地書館

CONCEPTS IN INTEGRATED PEST MANAGEMENT
by
Robert F. Norris
Edward P. Caswell-Chen
Marcos Kogan

Translated by Juro Koyama & Seiko Koyama
Published in Japan
by
Tsukiji-Shokan Publishing co., Ltd.

この本を、世界の食糧と繊維の生産にかかわっている農業者と有害生物防除アドバイザーに捧げる。

有害生物管理の知識と技能と、少数の人たちの献身がなければ、はるかに多くの人々が食糧と繊維の生産に直接にかかわらなければならなかったであろう。

社会は有害生物を管理する人々から恩恵を受けており、我々はここに彼等の努力に対して謝意を述べるものである。

序文

有害生物防除の進歩は、20世紀に起こった食糧と繊維および観賞作物の収量と品質を改善することに貢献してきた。しかしながら、ある有害生物防除技術の開発と広範な採用は、環境的インパクトと食物の安全性についての社会の懸念なしに起こったものではない。総合的有害生物管理（Integrated pest management：IPM）は、20世紀の後半に有害生物防除のための1つの選択のパラダイムとして起こった。そしてこれは、有害生物防除システムの企画と実施に、基礎的生態学的概念を組みこむ必要があることを強調した。総合的有害生物管理は、有害生物の群集と生態系のレベルでの相互作用を含む、生物学と生態学の詳細な視野を必要としている。

この本は、総合的有害生物管理の概念を、予備的生物学コースを修了した上級学部学生と大学院学生に教えるためのテキストとして意図されたものである。もし、学生が植物学、昆虫学、無脊椎動物学、脊椎動物学のより特殊化されたコースをとっていれば、もっと望ましいであろう。この本は、総合的有害生物管理プログラムの基本的な概念を説明している。我々は専門分野の境界を越えて進み、IPMの概念をすべての有害生物のカテゴリーに関連して考察する。このカテゴリーには病原体、雑草、線虫、昆虫、軟体動物、脊椎動物の有害生物が含まれる。可能なところでは、我々は有害生物のカテゴリーの間の相互作用について考える。

この本は、環境と社会への有害なインパクトを避けながら、経済的に実行可能な生産システムにおいて、有害生物を管理することが、いかに複雑であるかを強調している。総合的有害生物管理は進行中の仕事である。我々は真の総合的有害生物管理の目標に向かって、広い展望からIPMを教えるうえでの助けになるような本を作ろうとした。IPMの究極の目標は、これまで有害生物の専門分野の間にしばしば見られた障壁を壊して、管理戦術の完全な総合を達成することである。実際、IPMの適用と実現は各栽培システムで変わり、ある農業生態系では他のものよりも、より総合的な方法で管理される。IPMの将来は好機と挑戦に向かって約束されている。IPMの改善は、可能な総合の最高のレベルを達成するために、ともに働く植物病理学者、雑草科学者、線虫学者、昆虫学者、応用脊椎動物学者の継続的な努力にかかっているであろう。

この本は、特定の有害生物管理についての「ハウツウ」マニュアルではない。我々は、管理者が理解し応用すれば、彼等の地域の中にいきわたっている農業生態学的条件のためのシステムを、企画することを助けるような概念と原理を強調する。我々はIPMの国際的実例を用いてきた。しかしながら、特定の作物の特定の有害生物をいかに管理するかについては、特殊化された詳しい出版物の中で見いだされる。この本は、有害生物管理の原理が生態系を通じていかに適用されるか、それぞれの戦略が有害生物のさまざまなカテゴリーにいかに関連しているか、またこれらの戦略がいかに生態系と人間社会にインパクトを及ぼすか、を示している。我々は、この本で一次的文献の総説の場合に行なうような文献引用の体裁をとらなかった。むしろ我々は、資料と推薦文献を各章の終わりに示し、学生がそれを参照できるようにした。我々はここで、IPMの発展に基礎を提供するような仕事をしたすべての著者に心からの感謝を述べたい。

多くの人々が、総合的有害生物管理の発展と集団的な考察に貢献してきた。それらをいちいちあげることは不注意な見落としの危険を犯すことになるであろう。我々はそれ故、IPM のすべての先覚者と 20 世紀の農業科学における偉大な進歩の 1 つとなったものの建築ブロックに貢献してきた多くの人々に対して、全体的に謝意を述べることを選びたい。

この本の最初の 3 つの章は導入部である。第 1 章では有害生物と人間社会を扱い、有害生物という用語と有害生物に由来する損失を定義する。第 2 章では、さまざまな有害生物のカテゴリーをより深く紹介する。第 3 章では有害生物防除の歴史を概観する。次の 4 章（第 4 ～ 7 章）では有害生物の生物学と生態学を取り扱う。第 8 章ではモニタリングと管理の意思決定を行なうために、情報がいかに用いられるかを記述する。第 9 章では有害生物管理の戦術が紹介され、第 10 章から第 17 章までは、戦術のそれぞれについてより詳しく探究する。第 18 章では IPM プログラムを論議し、レタス、ワタ、梨果などの作物からケースヒストリーを示す。第 19 章では IPM の社会的影響を論議し、第 20 章においては IPM の将来をおおまかに展望する。

この本は、持続的農業生産に関連する要素を詳細に述べている。現在、多くの工業国で行なわれている大規模農業は、長期的には持続的でないことが認識されるべきである。世界の人口が増加し続けるとすれば、このことは 1 つの問題である。農業は人間による環境の操作であり、もし人間の管理と投入が除かれるならば、このシステムは最終的にはその地域の原始的な極相植生に戻るであろう。

おそらく農業の持続性に対する害虫の潜在的インパクトの最も知られた実例は、ペルーの沿岸谷のいくつか、特にカニェートバレーのワタの生産であろう。1920 年代にこの谷の栽培者は、サトウキビの生産からワタの生産に変更した。収量は低く、1 エーカー当たり 300～400 ポンドであったが安定していた。第二次世界大戦の間のワタの需要と DDT の出現とともに、ワタの生産は強化され、収量はほとんど倍になったが、それはきわめて短い期間であった。間もなく二次的有害生物が現れ始め、定着した有害生物はすべての殺虫剤に対して抵抗性となった。散布の回数は増えたが、収量はもはや経済的レベル以下に低下した。多くの栽培者は破産し、この作物は総合防除の新しい技術が導入されるまで放棄された。カニェートバレーのドラマは、ある生態系の要素の間に存在する微妙なバランスの証人である。この本で我々は、経済的で持続的な農業システムを維持するという文脈の中での有害生物管理を示そうと試みるものである。

この本では、特定の管理戦術や管理に用いられる製品について言及したり記述していても、それらの戦術や製品を著者らが承認したり推薦したりしているわけではない。

謝辞

我々はJim Carey、Tobi Jones、Ben Sacks、Regina Sarracino、Dale Shaner、Desley Whissonと、各章の原稿を批評してくれた2名の匿名の校閲者に感謝する。しかし、もし誤りが残っていればそれは我々の責任である。

この本の執筆は長い時間を要する手間のかかる仕事であった。Carlisle CommunicationsとPrentice Hallの、それぞれLori DalbergとKim Yehleには、この本を完成させるうえで、忍耐強い編集上の助力をいただいたことに感謝する。我々はまた、この企画を完成させてくれた人々、そして我々の職業上の経歴の中で我々を奮い立たせてくれた人々に謝意を述べたい。

私は、私の経歴、特にこの本を完成させるのに必要だった数年を、変わることなく支えてくれたRoswitaに感謝する。私はまた、John Harperに彼の植物生態学への洞察について、またHarry LangeとGeorge Nylandに私のIPMについての意見の形成を助けてくれたことについて謝意を表したい。

ロバート・ノリス

私は、両親と家族の支援と激励に感謝し、YvonneとTaylorの忍耐に対し特別の感謝を捧げる。私はI. J. ThomasonとG. W. Birdが私の線虫とIPMについての興味をかきたて育んでくれたことに謝意を表したい。

エドワード・P・カスウェル–チェン

Jennyとの48年間にわたる共同生活の中で示された彼女の忍耐、犠牲、支持に感謝の気持ちを捧げる。ブラジルのA. M. ダコスタリマ、シンシナトとゴンサルヴス、そしてアメリカ合衆国、という私の経歴のさまざまな時期に、私はPaul DeBach、Harry Shorey、Robert L. MetcalfとWilliam H. Luckmannにたくさんの恩を受けてきた。

マルコス・コーガン

目次

第16章　有害生物の耕種的管理 ―― 311

第1章
有害生物、人々、そして総合的有害生物管理

序論

有害生物は6本の脚を持ち這うものだ！

この言い方は西欧社会の多くの人々が持っている一般的な誤解である。しかしながら、それは有害生物管理にかかわる人々によって、有害生物と考えられている多様な生物を代表するものではない。有害生物という言葉は、ある形では、多くの人々によって定義が難しいものと思われている。なぜならば、有害生物は人間の活動と目的を背景として生じたからである。それ故、それぞれの観察者は、特定の状況のために何が有害生物であり、何がそうでないかを定義する。ある家屋所有者はクモを有害生物と考えるだろうし、一方生物的害虫防除の専門家は、それらを有用生物と見るに違いない。

人間性を統合する共通の糸は、我々はすべて生存するために食物を必要とするということである。しかしながら、先進国の大部分の人々は、彼等の必要とする食糧と繊維の生産に、もはやかかわっていない（**図1-1**）。彼等は有害生物が農業生産に課している限界について、あるいは有害生物防除のために人間社会がかけている費用について、ほとんど理解していない。工業化した国々の多くの人々は、生存のための十分な食糧を得るために、雑草を刈ることに何日も費やすことは決してなく、またバレイショの疫病のような病気の流行によって食糧がほとんどなくなるのを経験したこともない。多くの人々は、収穫直前にある害虫の被害によって大部分が倒されるというような、作物を育てるうえでの挫折を味わったこともない。先進国における有害生物の被害は、それを防除する我々の最良の努力にもかかわらず平均して30％である。発展途上国においては、有害生物による被害はしばしばこれより高い。

1800年代に、人々は病気と栄養不良のために苦しんだり死んだりすることがなくなった。これは、人間の健康と作物生産の主な要因を理解するうえで急速な改善が行なわれた結果である。このことは作物生産にほとんど改善がなかった数世紀の後、主要な作物生産の増大を導いた（**図1-2**）。過去2世紀における人口の指数的な増加（**図1-3**）は、直接的に助長されることはなかったにしても、改善された医学的知識と食糧供給によって促されたものである。有害生物管理は後者において重要な役割を果たした。増大する人口は、食糧を供給するこの惑星の生態系資源に対する需要を次々に強めた。Beirne（1967）は、人間は彼等自身に加えて有害生物を養わざるを得ないと述べた。有害生物によってもたらされる被害を減らすことは、永久に増加し続ける人間集団を養い続けるためには本質的なことである（**図1-3**）。

この本は、農作物生産システムにおける有害生物管理に関する概念と原理を説明する。我々は、人間を直接に攻撃する生物や家屋または農場の有害生物を、ある概念を例証するためには扱うけれども考察はしない。家屋有害節足動物（例えば、ゴキブリ、アリ、シロアリ）と農場有害生物（例えば、ハエ、カ、ノミ）は、有害生物管理プログラムの標的ではあるけれども、それらはしばしば病気を媒介し、それ故に人間の健康や獣医学の領域にある。そのような有害生物は、農業生態系管理に限定された本書の視野の外にある。

有害生物の定義

それでは、有害生物とは何だろうか？

一般に用いられている辞書の答えは混乱している。「Oxford English Dictionary」は、有害生物は致命的な流行病か病害または疫病、あるいは有害で破壊的またはやっかいな人物であるという古風な定義を用いている。

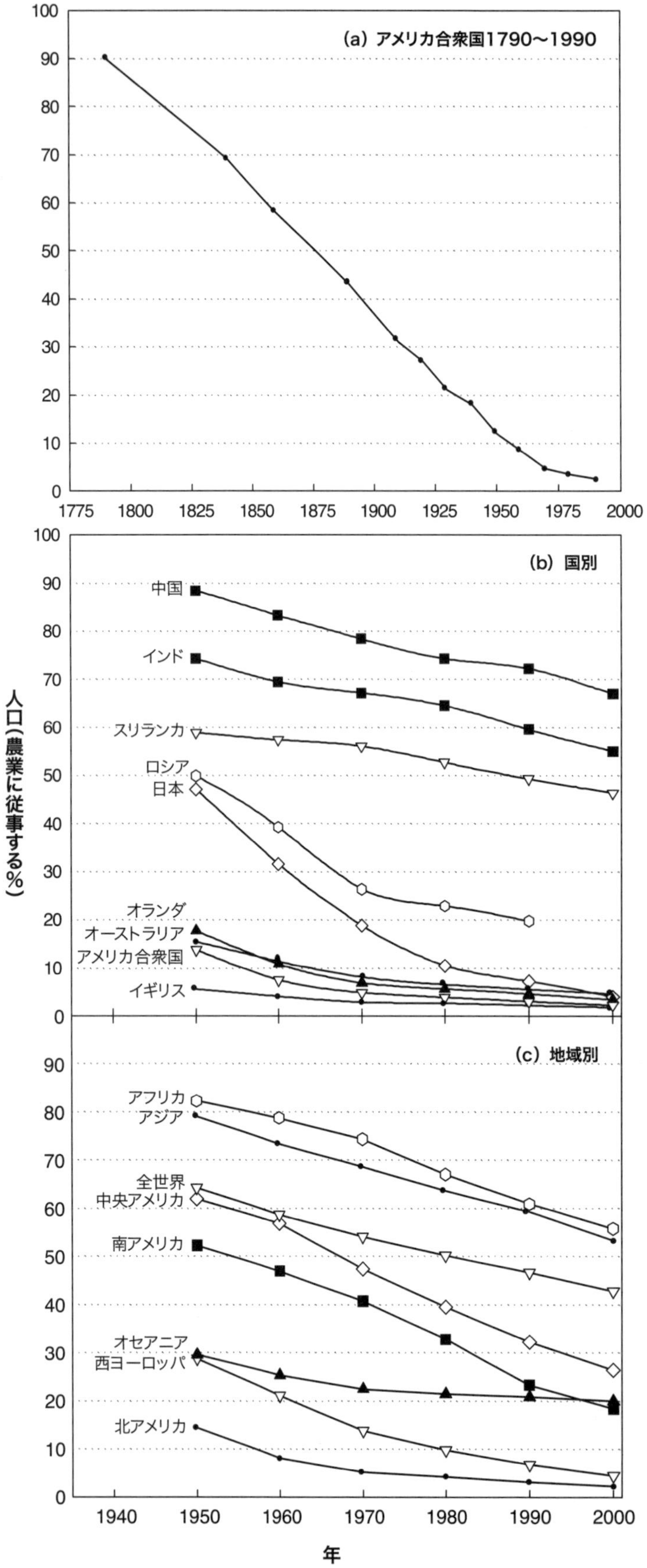

図 1-1

アメリカ合衆国と世界における農業に従事する人の数の推移。

資料：

(a) USDA（著者不詳，2000）によるアメリカ合衆国の 1790 年からのデータ

(b) 世界各国の過去 50 年間のデータ

(c) 国連食糧農業機関（FAO）(1999) による世界の地域別のデータ

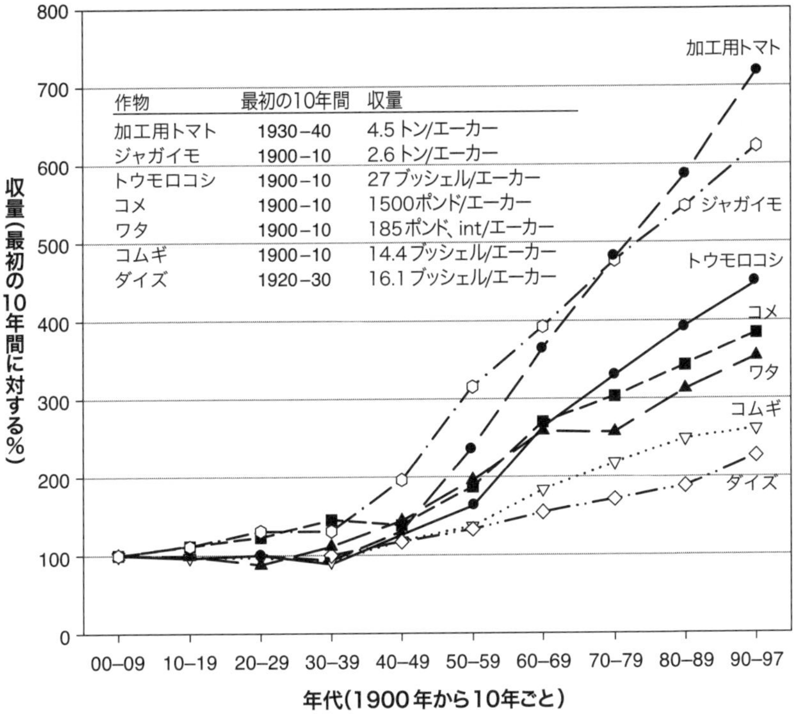

図 1-2
主な作物のアメリカ合衆国における過去1世紀間の収量増加パーセント。
資料：Warren, 1998.

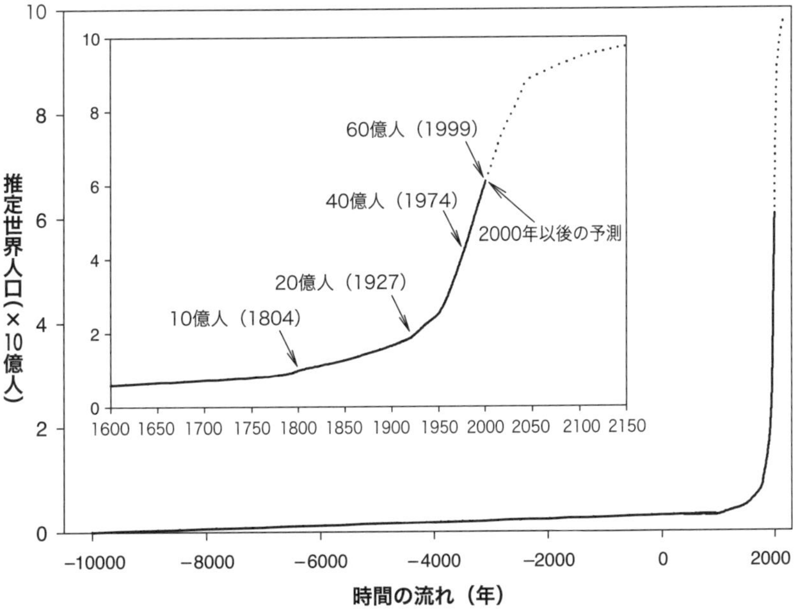

図 1-3
紀元前1万年から西暦2150年までの世界の推定人口。
資料：国連, 1999.

「Longman's Dictionary of Contemporary English」第3版と「Random House Webster's Unabridged Dictionary」は永続する意見として、ある有害生物は「庭の植物や木などを傷つけるか、または破壊する昆虫および動物」(Rondom House)、あるいは「作物か食糧供給を破壊する小動物または昆虫」（Longman's）と述べている。「Webster's Third New International Dictionary」(1981) と「Chamber's 21st Century Dictionary」(1996、1999改訂) は最近の有害生物管理の考え方を反映した定義を提供している。Webster's は、有害生物は「人間またはその利益にとって有害な（ある）植物または動物である」と述べている。一方、Chamber's は、有害生物は「畜産動物、栽培植物または貯蔵生産物に被害を与える（ある）昆虫、菌類または草である」と述べる。後者の定義は、有害生物となる

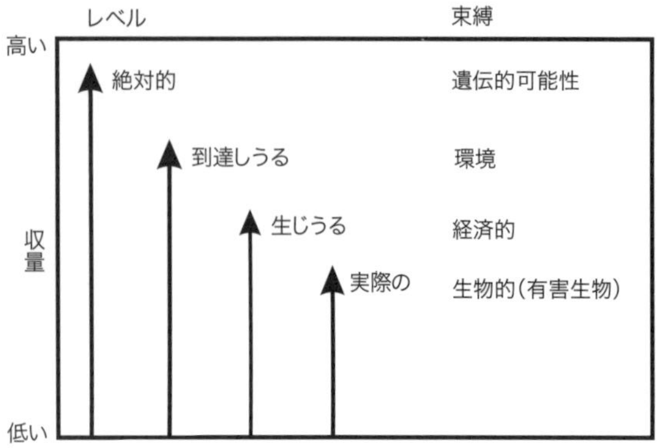

図 1–4　作物の収量とそれを制限する束縛の間の関係。

図 1–5　生態学的、人間的、そして総合的有害生物管理の見地から見た生態系の組織。

幅広い範囲の生物に注目し、有害生物管理で用いられている最近の使用法を反映している。

アメリカ合衆国においては、Federal Insecticide Fungecide and Rodenticide Act（FIFRA）［連邦殺虫剤殺菌剤殺そ剤法］が有用な定義を与えている（第 11 章でこの法律についてより詳しく述べる）。FIFRA による有害生物の定義は、「人間の活動と要求を妨害する何らかの生物」であるが、この定義は最近用いられているものの中でおそらく最もよいものであろう。そして、この本を通じて採用されているものである。したがって、定義されているように、有害生物は次のカテゴリーの生物のすべてを含む。

病原体（菌類、細菌、mollicutes［マイコプラズマ、スピロプラズマを含む微生物］とウイルス）
雑草（維管束植物のすべての綱）
線虫（センチュウ）
軟体動物（ナメクジとカタツムリ）
節足動物（昆虫、ダニ、甲殻類とその他の節足無脊椎動物を含む）
脊椎動物（両生類、爬虫類、鳥類、哺乳類を含む）

これらのさまざまな有害生物のカテゴリーの特徴、生物学、そしてそれぞれの役割は第 2 章でさらに詳しく説明する。実用的なレベルで、すべての有害生物は管理されなければならない。ある農業者は、有害生物の 1 つのタイプも無視することはできない。なぜならばそれは作物を破壊するからである。ある作物の絶対的収量は、その作物品種の遺伝的収量可能性によって決定される（**図 1–4**）。この絶対的収量は通常さまざまな束縛によって決して達成されない。ある地域の局地的環境条件と経済的に可能な栽培慣行は、達しうる収量に限界を設ける。その作物に影響する「すべての」生物の「複合された」効果もまた、作物生産のひどい束縛である。このことから、有害生物の実用的な定義は「作物環境の中にあって作物に被害を与え、収量または品質を低下させることのできるすべての生物」ということができる。この本は農業生産システム中のすべての異なるカテゴリーの有害生物管理の根底にある原理を検討し、相互に関係し、相互に作用する現象を強調するものである。

応用生態学

「総合的有害生物管理（IPM）」は応用生態学である。生態学とは、生物を相互の関係および生物的、無生物的環境との関係において研究することである。有害生物管理は作物とその環境からなる農業的生態系、あるいは農業生態系の中で行なわれる。農業生態系は、**図 1–5** に示したような、分析のさまざまなレベルにおいて理解することができる。有害生物管理についての研究は分析の各レベルで行なわれ、それによって作物、有害生物、環境、そして真に総合的な有害生物管理の開発を可能にする人々の管理活動についての不可欠な理解を提供する。

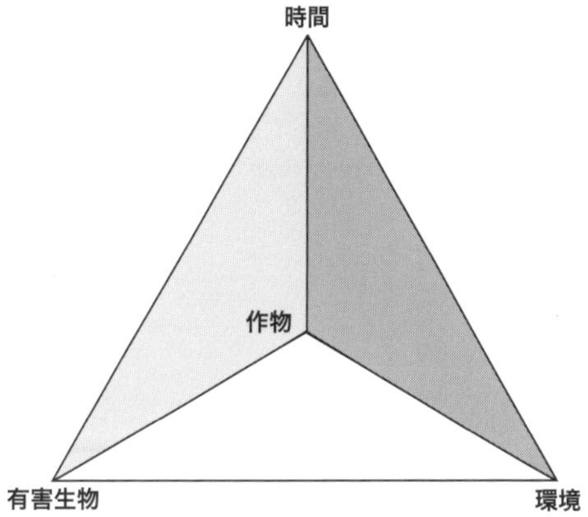

図 1–6　生物に、有害生物としての地位を決定する有害生物、環境、寄主、および時間の効果を総合した有害生物四面体。

有害生物の地位

ある農業生態系の中で、ある生物が有害生物として占める地位は固定されたものではない。同じ１つの種は、有害生物として実質的な被害を与えるところから、何の影響も与えないところまで変化しうる。ある有害生物の地位を制限する要因を**図 1–6** に示した。そしてそれは、関与する生物、作物が生育する環境と時間である。寄主植物、潜在的有害生物、環境、人々、そして時間の相互作用を、有害生物四面体として描くことができる。この概念は植物病理学で幅広く用いられてきたが、これはすべてのタイプの有害生物に適用される。潜在的有害生物は、この四面体のすべての頂点がある適切な状態になったときにのみ実際の有害生物となる。適切な寄主が利用できなければならず、環境が有害生物と寄主の両方にとって適切でなければならないし、有害生物が寄主と相互作用するために十分な時間がなければならない。そして寄主に関する人間の目的が傷つけられなければならない。

有害生物

有害生物には、いくつかのさまざまな幅広いカテゴリーがある。植物を食う線虫、軟体動物、節足動物は作物を傷つける。もし、その加害の量が収量か品質を低下させる結果となれば、その動物は作物に被害をもたらし、それ故に有害生物と考えられる。菌類、mollicutes、細菌、ウイルスのような病原性生物は寄主の組織に侵入し、それによって正常な生理的過程を阻害する。これもまた寄主植物に被害をもたらし収量を低下させる。雑草は作物の成長を十分に妨害し、収量の低下をもたらすか、または他のやり方で人間の活動にインパクトを与える。いかなる生物も、それが１つの有害生物として分類される前に、被害を与える個体群にまで増加しなければならない。個体群が自然に制御されるやり方は、ある生物が有害生物と考えられる地位に達するかどうかに大きく影響し、個体群の増加に限界があることは、大部分の生物が決して有害生物にならないことの理由である。

作物（寄主植物）

管理された生態系の中の植物は、ある生物の有害生物としての地位をいくつかのやり方で規定する。例えば、カスミカメムシはアルファルファの干草畑では有害生物と考えられないが、アルファルファの採種畑ではきわめて重大な有害生物である。この地位の違いは、同じ密度のカスミカメムシによってもたらされた干草の種の感受性の違いによるものである。多くのアブラムシは、価格の安いコムギにおいては重大な問題ではないが、アブラムシがレタスの収穫時に発生したときには、それらは完全な作物損失をもたらす。それは、アメリカ合衆国ではレタスの葉の上にもし１匹でもアブラムシがいれば、大部分の消費者がその結球を買わないからである。美しさがゴルフコースの雑草管理が行なわれることの主な理由であるが、そのことは同じ雑草の種が牧場にある場合の地位には何の役割も果たさない。作物植物ですら有害生物となりうる。自生作物は、次の作物に対してはきわめて難しい雑草問題となる。例えば、サトウダイコン畑に自生したバレイショやコムギ（**図 1–7**）あるいはダイズ畑に自生したトウモロコシがそれである。

有害動物と植物病原体のすべてのカテゴリーは、植物の加害部分にしたがってさらに２つの主なタイプに分類される。間接的有害生物は、植物の葉、茎、あるいは根のような栄養器官を食ったり、それに感染したりする生物である。被害は攻撃された器官の正常な機能を妨害することによってもたらされる。他方、直接的有害生物は、果実、種子、塊茎のような収穫される植物の部分を攻撃するものである。例えば、European corn borer［ヨーロッパアワノメイガ］はトウモロコシの茎に潜りこむ間接的有害生物であるが、アメリカタバコガはトウモロコシの粒を食う直接的有害生物である。

図 1–7
サトウダイコン畑。左下に見えるわずかな植物は、自生したコムギによってほとんど完全に圧倒されている。
資料：Robert Norris による写真

環境

環境は、ある生物の地位を有害生物か非有害生物かに変えることができる。湿度と温度は多くの病原体が作物を攻撃する能力を制御する。乾いた気候（例えばカリフォルニア州）では、*Phytophthora infestans*（ジャガイモ疫病）のような病原体は作物を攻撃することができず、通常有害生物ではない。しかし、同じ菌が湿った温帯気候（例えばアイルランド）では重大な有害生物である。栽培シーズンの大部分が湛水状態におかれる作物である水田イネの多くの有害生物は、乾田イネ（またはオカボ）では何の問題も起こさず、ホテイアオイは非水的生息場所では決して問題にならない。

時間

時間は有害生物個体群の増加に重要な関係を持っている。多くの生物は少ない数で存在し、有害生物の地位に達して人間の活動に十分なインパクトを及ぼすことはない。しかしながら、同じ生物に時間が与えられれば、それは1つの有害生物と考えられるところまで十分に増加することができる。時間は、攻撃または感染が起こるのに必要な条件の期間に重要な関係を持っている。多くの病原体は寄主に感染するために、数時間特定の環境条件にあることが必要である。時間が足りなければ感染は起こらない。

有害生物の重要性

有害生物の各カテゴリーの中で、すべての生物は人間の活動に関して同じ重要性を持つものではない。有害生物の1つのカテゴリーの中で、生物は次の名称に分類される。これらの名称は有害生物のすべてのカテゴリーに同じように適用されるものではない。

1. 重要または主要有害生物。これらの有害生物は決まって発生し、作物の収量に典型的に影響する。「主要有害生物」という用語は作物の害虫について頻繁に用いられる。主要有害生物は栽培シーズンを通じて一貫して被害レベルで発生する。それらは、耐性の低いものに対しては直接的有害生物である。リンゴのコドリンガは有害生物の古典的な実例である。幼虫は肥大しつつある果実に潜りこみ、1個のリンゴの中の1頭の幼虫は果実を腐らせるか不良品とする（**図 1–8**）。もし防除しなければ、それらは完全な作物の損失をまねく。
2. マイナー有害生物。これらの有害生物は決まって発生するが、作物にあまり重要でない被害を与えるものであり、それ故に重大な収量損失をまねくことはない。
3. 二次的有害生物。これらの有害生物は重大な被害をもたらす可能性を持っているが、それらは通常、天敵によって適切に防除されている。この用語は有害節足動物に最も一般的に用いられる。もし、ある栽培慣行によって天敵類が崩壊すると、二次的な有害生物が増加

図1-8 コドリンガ幼虫による、レッドデリシャスリンゴへの被害。資料：D.Wilson, USDA/ARSによる写真

し、経済的損失を生みだす。果樹作物の実例の1つはハダニである。これらは通常は捕食者によって適切な防除の下にある。しかしながら、もしこの作物が捕食者を殺す非選択性殺虫剤によって処理されると、ハダニは急速に増加するか激発し被害を出す個体群になる。

4. 偶発的有害生物。これらの有害生物は、ときたま問題となる。これは移動性で、栽培シーズンの終わりには死ぬような有害生物にのみ用いられる。アメリカ合衆国中西部のダイズにおけるbean leaf beetle［ハムシ科］はよい例である。越冬中の生存に好適な条件は春の定着個体群を通常より大きくし、栽培シーズンの間に被害を出す個体群へと増加する。理想的な環境条件は頻繁には現れないので、bean leaf beetleは偶発的にしか中西部のダイズの重大な有害生物とはならない。
5. 潜在的有害生物。これらは典型的には問題にならないという点で二次的有害生物に似ているが、もし条件が変わればそれらは有害生物となる。
6. 移動性有害生物。これらの有害生物は移動性が高く、移動の間、短い時間に作物を加害する。バッタはこのタイプの有害生物の古典的な実例である。
7. 非有害生物。この名称は人間に問題を起こす地位を決して獲得しない生物を含む。その多くのものは実際上有益と考えられている。この名称は世界の大部分の生物を含む。

有害生物によってもたらされる全体的損失

有害生物のどのカテゴリーがより多く、あるいはより少ない重要性を持つといえるであろうか？　それはいえない。なぜならば、有害生物の概念は人間中心的であり、その相対的重要性は特定の状況に依存するからである。防除されない、いかなるカテゴリーのいかなる有害生物も、有用な作物生産を制限するか排除しさえする。

有害生物管理の必要性は作物、有害生物のカテゴリー、そして密度に依存する。多くの節足動物と脊椎動物の有害生物の発生は、散発的かまたは変化しやすい。例えば、バッタのひどい大発生は2、3年に1回だけ起こる。アワノメイガのような比較的頻繁に発生する有害生物の個体群ですら年によって同じではない。ジャガイモの疫病が流行する前には、気候条件が適当にならなければならない。多くの空中伝染性の病原体では、年によって病気のひどさが変わる。これと対照的に、雑草や大部分の線虫と、ある病原体のような土壌性の有害生物は、ひとたびその土地が汚染されれば毎年発生する。これは土の中に年々残存する雑草の種子バンクや線虫と病原体の感染源の存在による（これについては第5、8章でより詳しく述べる）。

有害生物による作物の損失を推定することは困難である（Oerke, 1994）。作物の損失についてのデータは、この問題の大きさの概念を読者に提供するために示した。**図1-9**のデータは、作物の収量ではなく金銭上の価値をもとにしている。それは地域の間で収量に幅広い差異があるからである。もう1つの困難性は、多くの作物が直接消費のために生産されており、そのため収量と市場価値がしばしば確定しないことである。野菜のためのデータは示されていない。なぜならば、多くの野菜が世界的に現金収入用農産物ではなく、より集約的に管理されるからである。しかしながら、野菜における損失が主要作物について示されたものとひどく異なっているとは考えられない。

有害生物管理

有害生物管理とは何か？　それは望ましくない昆虫を殺すことであろうか？　これはしばしば用いられる表現ではあるが、もしこの章の初めに用いられた「有害生物」の定義を用いるとすれば正しくない。有害生物管理は、自然をむち打って服従させることであろうか？　ある有害生物防除手法は有害生物を、忘れ去られる点までいじめる何物かのようではあるけれども、確かに違う。この手法は持続的な長期間の解決を生みだすとは考えられない。

有害生物管理には数えきれない定義がある（Morse and

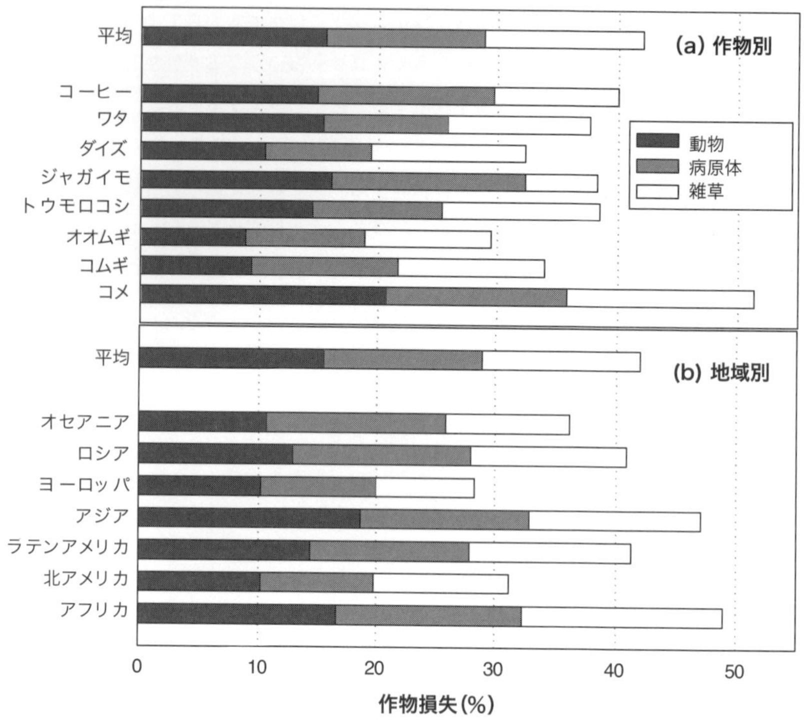

図 1-9
動物（このカテゴリーには線虫と節足動物によって媒介された病原体による損失を含む）、病原体および雑草について世界的に推定された損失のパーセンテージ。
(a)8つの主な食糧と現金収入用の農産物別と、(b)世界の主要地域別に示す。
資料：Oerke, 1994. すべてのデータは推定された金銭的損失にもとづく

Buhler, 1997)。Integrated Plant Protection Center［総合的植物保護センター］のウェブサイトには67の定義が収集されアクセスできる（Bajwa and Kogan, 1996)。すべての有害生物防除プログラムがIPMシステムであるとは限らないから、基本的な定義について同意することが重要である。「有害生物管理は、有害生物個体群が人間に対して受け入れがたい損失をもたらさないように、これを操作することである」という単純な定義は、あいまいでありIPMの概念の本質をとらえていない。この定義は1つの防除法が他のものよりよいかどうかを述べていないし、実施の総合を意味するものでもない。

IPMの定義

「総合的」有害生物管理とは何か？「integrated control」［総合防除］という表現は、もともと害虫の生物的防除と両立するようなやり方で殺虫剤を用いることを記述するために作りだされた。IPMの概念は1960年代に最初に総合防除のアイデアを拡張して前進し、それ以来、社会で幅広く受け入れられるようになった。我々はこの本を通じてIPMを次のように定義する。「管理戦略の中で、単独または調和的に使用される有害生物の防除戦術を選択するための意思決定支援システムであり、生産者、社会そして環境の利益とインパクトを考慮に入れた費用－利益分析にもとづくものである。」

他の定義はしばしば、個体群モニタリング、閾値の利用、生物的防除手段、耕種的慣行、農薬の賢明な使用のようなIPMの特定の要素を含む。しかしながらIPMの最も特徴的な観点は、それが作物と有害生物の相互作用の生態学的、経済的結果に向かっている方向である。このような考慮にもとづくIPMは、有害生物管理者が管理戦術の選択とタイミングを最適化できるようにする一組の意思決定ルールを提供する。

1996年にUnited States National Academy of Sciences pest management review［アメリカ合衆国科学アカデミー有害生物管理審査会］は、IPMをEcologically Based Pest Management［生態学にもとづく有害生物管理］あるいはEBPMに置き換えることを勧告した（Anonymous, 1996)。それはすでにIPM概念に組みこまれている、いかなるアイデアをも前進させることがない。そして例えば、防除戦略または有害生物管理の分野のいずれかの総合を暗に含むものでもない。

1998年にUnited States Department of Agriculture［アメリカ合衆国農務省］はIPMをさらに頭文字PAMSをもって定義した。これはIPMがprevention［予防］、avoidance［回避］、monitoring［モニタリング］、suppression

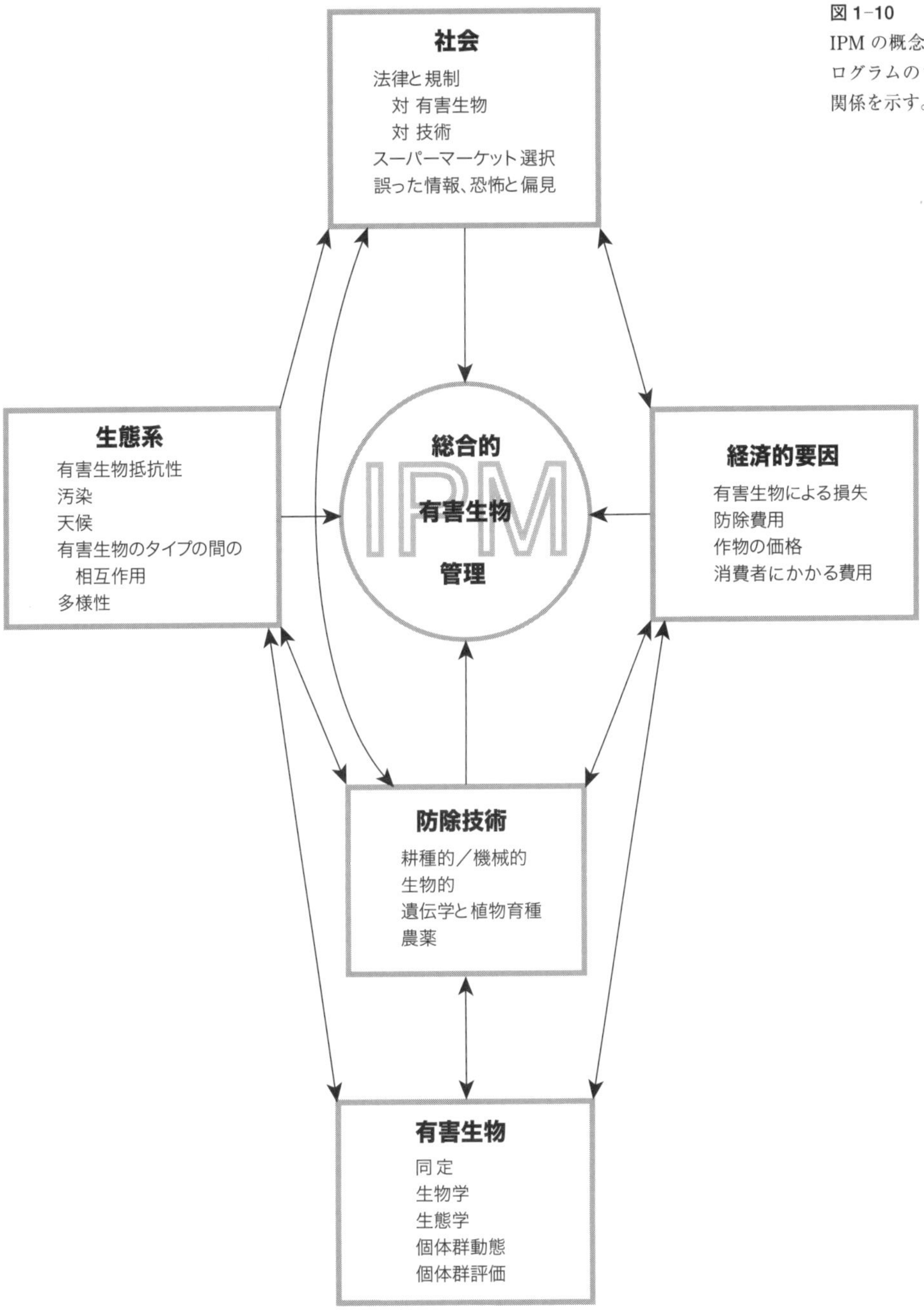

図 1-10
IPM の概念的枠組みは、ある IPM プログラムのさまざまな要素とその相互関係を示す。

［抑圧］の組み合わせであると提唱した。この定義もまた、総合的防除戦略が暗に意味することに失敗している Stern *et al.*（1959）によるもともとの提案から発したものである。

我々の概念

この本で用いられた有害生物管理の全体的概念的見解は**図 1-10** に表されている。有害生物管理は、概念図の最下部に示されている有害生物なしには存在しない。これらの有害生物の生態学と個体群生物学を理解することは、ある IPM プログラムの開発において基本的な土台である（第 4〜8 章）。IPM は有害生物個体群を管理するために用いられるべき何らかの技術を意味する（第 9〜17 章）。有害生物を防除するために用いられる戦術の選択（意思決定）は固定したものではなく、むしろ経済性と IPM システムの全体的環境的背景の両方が変わることによって変化する。これらの経済性と環境的背景は有害生物と防除戦略の両方にインパクトを与えるものと考えられる。有害生物の農薬抵抗性（第12章）や、農薬による環境汚染（第19章）のようなIPMの特定の要素は、別のトピックスとして述べられるべき重要な問題である。我々は、あるIPMプログラムを形成するために、すべてのものがいかにかかわっているかを第18章で示そうと試みる。IPMは真空状態の中で実施されるものではなく、人間社会は有害生物管理の実施に対してある束縛を押し付ける（第19章）。社会的見解と束縛は概念図の頂点を代表する。なぜならば社会的レベルでの意思決定はIPMプログラムのすべての側面にインパクトを与えるからである。

歴史的展望

アメリカの詩人で哲学者であるGeorge Santayana（1863－1952）は、「過去を記憶することのできない人々は、それが繰り返されることを宣告される」といった。我々は、社会が有害生物管理の誤りを繰り返さないことを望みながら有害生物防除の歴史的発展を論議する（第3章）。しかしながら人々は、しばしば歴史を忘れるように見える。そして有害生物管理においても、このことは例外でないようだ。農薬抵抗性についての問題が続いていること（第12章）は1つの実例である。この現象は過去50年間も知られてきたが、歴史的、生態学的展望は再び無視されている。ある有害生物に抵抗性があるように遺伝的に操作された作物は、有害生物が抵抗性を発達させる可能性があるのにもかかわらず、広く配備されている（第12章と17章でより詳しく述べる）。世界中に広がっている有害生物の問題は、忘れられた歴史のもう1つの例である。問題は認識されているのに、偶然的または意図的な生物の導入がなおも起こっている。有害生物の伝播の現在の速さが、もし続くならば、その分散を食い止めようとする努力をしても多くの有害生物は近い将来に世界的に分布するようになるであろう（第10章）。

人口の展望

すべてのタイプの有害生物は、人々がそれを理解するか否かにかかわらず、人間社会に巨大な損失をもたらしている。先進国では、有害生物を管理する重荷は職業的な農業者と有害生物管理アドバイザーにのしかかっている。発展途上国においては、責任が主として土地で働く家族に置かれている。もし現在の有害生物管理技術が失われたならば、世界の人口のうちより多くの者が飢餓に襲われることであろう。20世紀の変わり目において、現在の農場管理の発展に先立って世界は約20億人の人口を支えた（**図1-3**参照）。人口統計学者は2050年に人口は89億人にまで増加すると予測しているが（FAO, 1999）、肥料、エネルギーそして農薬の投入なしには世界はこれよりもはるかに多い人口を支えることはできないであろう。

農薬の展望

農業は農薬を排除すべきであり、過去の有害生物管理に戻るべきであるという考えは、現在の世界人口にとって不適当である。IPMシステムから農薬を完全に排除することは、多くの場合、先進国の人口にとっては問題があり、発展途上国の人々に彼等の現在の生活における単純な骨折り仕事と飢えからの執行猶予を与えないであろう。しかしながら大切なことは、農薬をその生態学的インパクトについての十分な理解とIPMの文脈の中で合理的に用いることである。

この本は有害生物管理の背後にある現在の概念を探究する。我々が希望するのは、人間がその食糧供給を維持し、食糧供給のうちの有害生物への「わけまえ」を減らすために自然を操作する複雑な過程を理解することに、この探究が貢献することである。

資料と推薦文献

Anonymous. 1996. *Ecologically based pest management: New solutions for a new century.* Washington, D.C.: National Research Council, National Academy Press, xiii, 144.
Anonymous. 2000. A history of American agriculture 1776–1990. Farmers and the

land. http://www.usda.gov/history2/text3.htm
Bajwa, W. I., and M. Kogan. 1996. Compendium of IPM definitions (CID). http://www.ippc.orst.edu/IPMdefinitions/.
Beirne, B. P. 1967. *Pest management.* London: L. Hill, 123.
FAO. 1999. Agricultural database. http://apps.fao.org/default.htm
Morse, S., and W. Buhler. 1997. *Integrated pest management: Ideals and realities in developing countries.* Boulder, Colo.: Lynne Rienner Publishers, ix, 171.
Oerke, E. C. 1994. *Crop production and crop protection: Estimated losses in major food and cash crops.* Amsterdam; New York: Elsevier, xxii, 808.
Stern, V. M., R. F. Smith, R. van den Bosch, and K. S. Hagen. 1959. The integrated control concept. *Hilgardia* 29:81–99.
United Nations. 1999. The world at six billion. http://www.un.org/popin/wdtrends/6billion.
Warren, G. F. 1998. Spectacular increases in crop yields in the United States in the twentieth century. *Weed Technol.* 12:752–760.

第2章

有害生物とそれらのインパクト

この時点で、有害生物のさまざまなカテゴリーの分類と形態学を調べ、それらの管理された生態系に対するインパクトと、それらが作物生産に損失をひき起こし人間社会へ損害を与えるやり方について論議することが適切であろう。

有害生物の一般的インパクト

いくつかの有害生物のカテゴリーの影響はきわめて似ており、ここでは一般的な用語で表し、有害生物の各カテゴリーについて詳しくあげることはしない。以下は有害生物の複数のグループに共通のインパクトである。

植物の部分の消費

植物の細胞質または組織の摂取は、有害生物によるエネルギーの獲得と、植物によるエネルギーの損失を代表する。例えば、葉（図 2-1a）と根（図 2-1b）の消費は光合成面積を減らす結果となり、それから収量損失をまねく。有害生物は直接的に果実や種子を消費し、あるいは根を加害して地上部の成長を減らす。芽生えにいる少数のネキリムシ、ナメクジやカタツムリはしばしば芽生えを殺す（図 2-1c）。線虫、昆虫、軟体動物、そして脊椎動物は植物の汁、細胞質あるいは植物全体を消費し植物の死をまねく（図 2-1d）。

化学的毒素、誘導因子、そして信号

さまざまな有害生物のカテゴリーは、寄主植物を加害したり、防御反応のような生理的反応を誘導する化学物質を生産する有害生物を含んでいる。これらの化学物質は寄主の組織に対して有毒で、その有害生物が植物を攻撃した場所にストレスか壊死のような、寄主の直接の局部的反応を生みだす。そのような場合、一般的に寄主の反応は、有害生物の寄主から栄養を得る能力を減らすものと考えられる。他の有害生物の分泌物や代謝産物は寄主に対する信号として働き、そのような信号分子は寄主の局部的または全身的な防御反応をひき起こす。植物の防衛メカニズムを模倣する分子は誘導因子と呼ばれる。有害生物によって生産される多くの化学物質は、きわめて幅広い寄主の反応をもたらす。しかしながら、一般的法則として、有害生物が生産した化学物質が寄主の生理と恒常性を妨害するとき、植物の成長と収量は減らされる。

数多くの病原体は寄主植物の中に放出され、成長を変える化学物質を生産する。例えば多くの *Phytophthora* 属の種はタバコの葉に過敏感壊死をひき起こす誘導因子を生産する。誘導因子はまた、タバコに細菌と菌類の病原体に対する全身的獲得抵抗性を誘導する。モモ縮葉病をひき起こす糸状菌の *Taphrina deformans* は奇形葉を春に形成する（図 2-1e）。イネ馬鹿苗病菌の *Gibberella fujikuroi* は苗に感染してジベレリンを植物に放出し、植物を細長く弱く育つようにする。

雑草は他感物質と呼ばれる化学物質を放出する（第 14 章参照）。これは競争している植物の成長を阻害する。いくつかの線虫類は化学的信号を寄主植物に注入し、これがその寄主に生理的反応をもたらす。その中にはネコブセンチュウによる侵入のあとに根に形成される、コブのように見える異常成長を含む（この章のあとのほうの図 2-7f と g を参照）。

多くの人々はカシの木の葉にときに現れる「カシの没(もつ)食子(しょくし)」をよく知っている。カシの没食子は、タマバチ科の幼虫によってカシの葉に注入された成長調節物質により起こった、異常な葉の成長によるものである。多くの有害生

図 2-1　有害生物による被害のさまざまなタイプの実例。

(a) 葉の組織の除去：この例はツマジロクサヨトウによって食われたサトウダイコンの葉の組織。

(b) テンサイシストセンチュウによって食害を受けたサトウダイコンの成長の減少（中央の2畝は線虫の被害から守られなかった）。

(c) ダイズの苗のネキリムシによる被害。

(d) 有害生物の攻撃によって殺された植物。ここでは、ならたけ病によって殺されたモモ。

(e) モモ縮葉病菌が産生する成長調節物質がモモの葉にねじれを起こしている。

(f) オオバコアブラムシの加害による毒素に対する反応としてリンゴの葉が巻いたもの。

(g) corn stem borer による物理的被害によってトウモロコシが折れやすくなっている。

(h) 外観被害の例。スイートコーンの穂の中のアメリカタバコガはほとんど収量の損失をもたらさないが、加害されたスイートコーンは商品にならない。

(i) ネコブセンチュウによるニンジンの外観被害の例。基本的に減収はないが、大部分の根は商品にならない。

資料：(a) (c) (g) は Marcos Kogan、(b) は Edward Caswell-Chen、(d) (e) (f) (h) は Robert Norris、(i) は John Marcroft の許可による写真

物は、彼等の寄主植物の生理を、有害生物によって放出される毒素のような化学的信号の作用によって変える。アブラムシのように吸収口を持つ多くの節足動物は、それらの唾液の中にある植物成長を調節する作用のある化学物質によって、寄主植物の異常な成長をもたらす。この成長反応は、植物の細胞内容の直接的な消費の影響よりもはるかにひどいものである。リンゴの葉の変型成長をもたらすオオバコアブラムシはこのタイプの問題をひき起こす害虫のよい実例である（図 **2–1f**）。

物理的被害

節足動物と線虫の摂食は傷や穴を作り、それが病原体の侵入点となる。その結果起こる病気は、植物に被害をもたらし植物を殺すことさえある。物理的被害はまた、植物の構造的強度の損失をもたらす。例えばトウモロコシは corn stem borer の被害への反応として折れる（図 **2–1g**）。

収穫物の品質の損失

物理的被害は、輸送と貯蔵の間の腐敗を促進することによって、収穫物の品質の損失をまねく。

外観被害／美学

多くの先進国の人々は、コブや壊死斑点、害虫によって嚙まれたもの、フラス（「糞」に対する昆虫学用語）のついた果物や野菜（図 **2–1h**）を食べることを好まないが、これは実際に害虫がいること以上に悪いことである！　外観基準の意味は、第 8 章と 19 章においてさらに詳しく論議される。線虫の侵入はまた、ジャガイモの病斑やネコブセンチュウによるニンジンの股になった根やコブのように、商品を市場に出せなくするような外観上の被害をひき起こす（図 **2–1i**）。

病原体の媒介

多くの病原体、特にウイルス、fastidious［培養できない］な細菌、ファイトプラズマは、感染源を 1 つの植物から他の植物に運んで病気を伝播するために、節足動物、線虫、あるいは菌類を必要とする。節足動物によって媒介される病原体はきわめて重要な問題であり、しばしば発展途上国における作物増産上での最も重大な障害となる。この概要は第 5、6、7 そして 16 章においてさらに追究する。

直接的汚染

昆虫、昆虫の部分、または軟体動物は、収穫された生産物に存在することがある。大部分の先進国では、これは汚物と考えられる。草の種子は穀物の粒のような収穫した農産物の中に存在する。麦角菌の分泌物もまたライムギや他の穀類の直接的な汚染である（図 **3–4** 参照）。

防除手段を実施するための費用

防除戦術を適用するために、耕起のためのディーゼル油を購入したり、放飼する天敵を買ったり、農薬を買ったり、農薬を散布するための機械や労働力経費のような費用がかかる。

環境的、社会的費用

有害生物の防除の手段は、耕起のあとの侵食、農薬による土壌や表面水の汚染のような好ましくない影響をもたらす。これらの費用はしばしば定量化することが困難である。その他の費用は、装置の使用に関係した事故や農薬への暴露のような、防除戦術に関連した労働者の安全性の形で起こる。

輸入禁止、検疫、そして輸送費用

有害生物の存在は、生産物が国際的に輸送できないような禁止の賦課をもたらす。輸入禁止はまた、アメリカ合衆国のフロリダ州とカリフォルニア州の間のオレンジのように、1 つの国の地域の間でも起こることがある。輸送費用は、輸送中に生産物の中に入る有害生物を殺すために、燻蒸のような処理を行なわなければならないときに増加する。すべての有害生物がそのような損失を起こす。

この章の残りの節では有害生物の各カテゴリーを概観する。我々は病原体を最初に取り上げたが、それはそれが「より単純な」生命の形をしているからである。植物は二番目に考える。我々は、それから線虫をはじめとする動物の有害生物を論議する。次に軟体動物を考え、それに続いて節足動物、そして最後に生物の複雑性の順位の高い脊椎動物を考えてみたい。

植物病原体

生物の記述

病原体は、他の寄主生物に生物的な病気あるいは不健全をひき起こす寄生性の生物である。それらは、いくつかのさまざまな門に属し、形態と細胞構造はかなり変化に富む。

菌類

菌類は真核生物であり、単細胞または多細胞で細胞壁を持っている。その体は菌糸体と呼ばれ、糸状の菌糸からなっている。菌糸はキノコ、サルノコシカケ、菌核のような目で見える形の中に集合することがある。菌類は独立栄養でない。それは、それらが有機物に頼らなければ生存できないことを意味する。それらは腐生生物、すなわち死んだ、または腐敗しつつある有機物の上で生きているか、寄生者、すなわち他の生きた生物の内部あるいはその上で生きている。多くの腐生菌は食物（例えばキノコ）または抗生物質（例えば *Penicillium*）の生産者として役立っている。寄生菌は最も普通の病原菌である。ありふれたいくつかの病気は、菌類の病原体によってひき起こされる。その中には穀類のさび病、トウモロコシの黒穂病（**図 2–2a**）、多くの植物で発生する、べと病とうどんこ病、そして多くの果樹と堅果の木を攻撃する、ならたけ病が含まれる。*Sclerotinia minor* はレタス小粒菌核病と呼ばれる病気を起こし、これはレタスを収穫直前に殺す（**図 2–2b**）。

ファイトプラズマ

ファイトプラズマは原核生物であり、細胞壁を持たない。細胞質を取り囲むのは単位膜だけである。ファイトプラズマは 1970 年代の初めに発見され、植物、特に樹木作物の維管組織を特異的に侵す。そのほとんどは培養できない。ファイトプラズマはもともとマイコプラズマ様生物（MLOs）と呼ばれたが、この用語はもはや使われていない。ファイトプラズマによる病気の例としては、トウモロコシのわい化病、ナシの衰弱（**図 2–2c**）とモモの yellow leaf roll がある。

細菌

細菌は至る所にいて、原核生物であり、単細胞である。多くは有益だが、あるものは生きている植物を攻撃する。大部分の病原性細菌は、傷がない植物組織には侵入することができないので、傷を通って入るか、媒介生物によって注入されなければならない。あるものは気孔または排水構造を含む自然の開口部を通って侵入できる。大部分の細菌は自由生活者で、寄主がいなくても長期間にわたり生存することができるが、あるものは培養できず、生きている寄主なしには生存できない。細菌は果物や野菜の軟腐病の大方の原因である（**図 2–2d**）。他に細菌病の実例としてはトマトの斑点細菌病、リンゴとナシの火傷病、ブドウのカリフォルニア病、樹木の根頭がん腫病がある。

ウイルス

ウイルスは外被タンパク質の内側にある糸状の DNA と RNA からなっている。しかし、成長し、増殖し、再生産するには寄主を必要とする。ウイルスは、感染した植物組織か、媒介者と呼ばれる他の生物によって伝播される。（第 5 章参照）。媒介者はウイルスを伝播するだけでなく、それを組織の中に「注入」する。ウイルスが生きた細胞の中に存在するとき、寄主の中で行なわれるウイルスの複製は、通常寄主に、わい化、生育異常をひき起こし、しばしば有益な生産を完全に阻害する。活力がある高収量の野菜であるカボチャは、植物が若いときにキュウリモザイクウイルスに感染すれば、まともな果実を生産しない（**図 2–2f**）。ウイルス病の他の例には、タバコモザイク病、レタスモザイク病、サトウダイコン萎黄病、ブドウファンリーフ病がある。ウイロイドは感染性の RNA を持つ点でウイルスに似ているが、それらは外被タンパク質を持っていない。

高等植物

ある高等植物は他の植物に寄生する。そしてそれ故に、生物的病気の一般的定義の中に入る。実例の中には茎の寄生者であるヤドリギとネナシカズラと、根の寄生者であるハマウツボと witchweed がある。我々はこれらの寄生者を雑草の節に置く。なぜならそれらは高等植物だからである。

非生物的病気

非生物的病気は、生きた生物に起因しない異常であり、

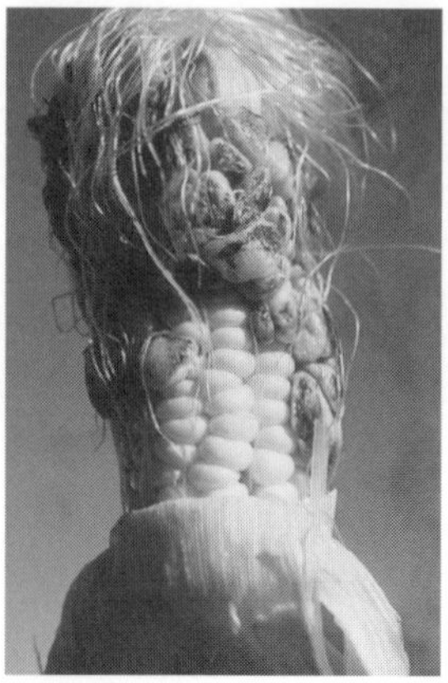
(a)

(b)

(c)

(d)

(e)

(f)

(g)

図 2-2　さまざまなタイプの病原体によってひき起こされた病害の実例。
(a) 黒穂病菌の感染によるスイートコーンのふくれた胞子のかたまり。
(b) 収穫直前のコスレタスに崩壊をひき起こしたレタス小粒菌核菌の感染。
(c) 前の地面にあるナシの木はナシの衰弱ファイトプラズマの感染によってほとんど枯死している。
(d) 細菌 *Erwinia amylovora* によるタマネギの軟腐病（黒い部分）。
(e) 固有種回復プロジェクトのために植えられたポプラが根頭がん腫病によって破壊されている。
(f) カボチャのキュウリモザイクウイルス病。右にある発育不良の株に注意。
(g) 非生物的病気。霜の害を受けたジャガイモで、写真の中央に被害葉がある。
資料：(a) (b) (e) (f) (g) は Robert Norris、(c) は Jack Clak, University of California satewide IPM program、(d) は Mike Davis の許可による写真

それ故に「非生物的」という用語を用いる。そのような実例には、栄養素や水の過剰または不足、スモッグや強い紫外線（UV）輻射、霜（**図 2-2g**）、高温、ホウ素、塩素、ナトリウムのような成分の毒性、のような環境ストレスがある。

ある病気が発生するには次の 4 つの要因が起こらなければならない。すなわち、病原体が存在しなければならない。病原体が感染するための適当な寄主がなければならない。第 3 の必要条件は、環境が病原体にとって適切でなければならない。これらの 3 つの要因は、植物病理学の文献の中で病気の三角形として扱われてきた。現在では、大部分の植物病理学者は時間が第 4 の要因であることを認識し、この概念はピラミッドとして図示されている（**図 1-6** 参照）。これらの要因のどの 1 つが欠けても病気は発生しない。

植物病原体によってひき起こされる特別な問題

次のインパクトは、この章で前にあげたものにつけ加えられる。

1. 作物生産の損失。病原体は寄主植物から食物と栄養素を吸収する。そのことによって起こる病気は葉、根、茎、花、そして果実に被害を与えるか死滅させる。損失は部分的なものから全体に及ぶものまであり、流行する条件の下では作物の損失は甚大となる。アイルランドで 1848 年に起こったジャガイモの疫病（飢饉と移民の原因となった）、あるいは 19 世紀の終わりにセイロンのコーヒーの木を襲ったコーヒーさび病（作物はもはや生育しなくなった）があげられる。
2. 異常成長。少数の病原体はそれらの DNA の一部を寄主の細胞に注入し異常な成長を起こさせる。根頭がん

腫病の細菌（*Agrobacterium tumefaciens*）はそのような例である（**図 2–2e**）。ウイルスは寄主植物に異常な成長をひき起こすことがある。

3. 収穫生産物の腐敗／劣化。多くの病原体は、熟した果物と野菜に貯蔵と輸送中に感染し、それらを腐敗させ（**図 2–2d**）、損失を典型的に起こす。腐敗させることなく貯蔵したり長い距離を輸送するために、モモ、イチゴ、サクランボのような果物だけに許されている農産物の現代的な収穫後処理法がある。
4. 有毒な農産物。ある菌類が産生する化学物質は、それを摂取する動物に有毒である。その化学物質はマイコトキシン（かび毒）と呼ばれ、収穫された生産物を食べた人間に有毒である。実例としては *Aspergillus* spp. によるラッカセイのアフラトキシン、*Claviceps purpurea* による穀類の麦角からのアルカロイドがある（**図 3–4** 参照）
5. 胞子によるアレルギー反応。多くの人々はカビの胞子に対してアレルギーがある。北アメリカの大部分の人々は、春と秋にテレビジョンによって報道される胞子（カビ）の数をよく知っている。これらの胞子のあるものは植物病原菌からくるものである。
6. 植物ウイルスの媒介者。菌類はいくつかの植物ウイルスを運ぶ。例えば、サトウダイコンに、そう根病を起こすウイルスは土壌伝染性の菌類 *Polymyxa betae* によって媒介される。

次にあげるのは、植物や作物にひどいインパクトを与えた病害発生の例である。

1. オランダにれ病はヨーロッパと北アメリカの大部分のニレの木を殺した。
2. 19 世紀中頃、セイロンのコーヒーさび病は、コーヒーの生産を茶の生産にきりかえさせ、イギリスの飲物の飲用習慣を変えた。
3. ナシの火傷病は、比較的乾燥した気候の地域における商業的生産を制限した。
4. 1840 年代の終わり頃、ジャガイモ疫病はアイルランドに飢饉をもたらし、大量の移民をひき起こした。この病原体はジャガイモ生産に巨大な損失をなおもたらしている。
5. クリの胴枯病は北アメリカの大部分の地域からクリの木を排除した。

雑草

生物の記述

「雑草」という用語の定義として最も単純なものの 1 つは、望ましくないところに成長する何らかの緑色植物というものである。このことは、実際上いかなる植物も雑草となりうることを意味し、作物植物種ですらそれが望ましくないところに見いだされるときには雑草となる（**図 1–7**）。次の植物群が雑草と考えられるものを含んでいる。

1. 藻類。この植物は水田イネ、灌漑水路と排水路、湖や海のようなレクリエーション施設の水系生態系において問題となる。
2. 鮮類と苔類。これらの、配偶体による花の咲かない下等植物は、しばしば芝生または苗床条件で成長することが見られる雑草類と考えられている。
3. シダ類とトクサ類。これらの、花の咲かない胞子を作る高等植物には、いくつかの属と種があるが、しばしば牧草地におけるワラビや園芸作物のトクサのような雑草と考えられる（**図 2–3a**）。
4. 裸子植物類。これらの、種子が裸の植物は大部分が木（しばしば針葉樹と呼ばれる）で、その大部分は雑草としては考えられないが、ある場合には放牧地や森林システムにおいて問題となる。
5. 被子植物類。これらは種子を生産する顕花植物である。雑草の大部分は顕花植物である。雑草は一年生植物、二年生植物または多年生植物である。**表 2–1** は世界の最も重要な 18 種の雑草の表である。重要な雑草の多くは単子葉（子葉が 1 つ）の種類で、より少ない種が双子葉（子葉が 2 つ）の種類である。

世界には、どのくらいの雑草の種が存在するのだろうか？　おそらく 1000 種が典型的に雑草と考えられている。1 つの地域ではその数はおそらく 100 から 300 種の間であろう。

典型的な雑草の密度はどうか？　もし、種子バンク（土壌中の種子）を含めれば、耕地に適した土地のエーカー当たりで文字通り 100 万本であろう。きわめて小さい植物体でなければ、平方ヤード当たり約 200～300 本（植物体／平方ヤード）以上の成長した植物が存在することは物理的に困難である。面積当たりの雑草の生物量（生重量／エー

表 2-1 世界で最も重要な18種の雑草

学名	和名		侵入した生態系
Cyperus rotundus	カヤツリグサ	P[1]	世界でナンバーワンの雑草；温暖気候の多くの作物
Cynodon dactylon	ギョウギシバ	P	多くの栽培システム、特に温暖気候の多年生作物
Echinochloa crusgalli	イヌビエ	A	温暖気候のすべての栽培システム、特にイネ
Echinochloa colona	イヌビエの類	A	温暖気候の多くの栽培システム
Eleusine indica	オヒシバ	A	温暖気候の多くの栽培システム
Sorghum halepense	セイバンモロコシ	P	暖かい気候の大部分の非水的栽培システム
Imperata cylindrical	チガヤ	P	熱帯気候の大部分の作物
Chenopodium album	シロザ	A	温帯気候の大部分の作物
Digitaria sanguinalis	メヒシバの類	A	温暖気候の多くの作物、特に芝生
Convolvulus arvensis	セイヨウヒルガオ	P	温帯気候の多くの生態系、特に穀類
Portulaca oleracea	スベリヒユ	A	温暖気候の多くの作物
Eichhornia crassipes	ホテイアオイ	A	水生生態系と湖
Avena fatua	野生カラスムギ	A	温帯気候の多くの栽培システム、特に穀類作物
Amaranthus hybridus	ホソアオゲイトウ	A	温暖気候の多くの作物
Amaranthus spinosus	ハリビユ	A	熱帯気候の多くの作物
Cyperus esculentus	キハマスゲ	P	温暖気候の多くの作物
Paspalum conjugatum	オガサワラスズメノヒエ	A/P	湿潤熱帯の多くの作物
Rottboelia exaltata	ツノアイアシ	A	熱帯の国々の多くの作物

*Holm *et al.*, 1977.より改変

[1] 生活形：A＝一年生、P＝多年生

カー）は莫大なものとなる。例えばハゼリソウは乾物で10トン／エーカーを越し、野生カラスムギと野生カラシナの種の量もこれと似たものと一般に推定されている。

雑草によってひき起こされる特別な問題

この章の最初で論議した有害生物の一般的インパクトの多くは、雑草には適用されない。なぜならば、雑草は作物を「食わない」からである。

1. 経済的インパクト

 1.1. 雑草の唯一の最も重要な影響は収量損失である（**図 2-3a〜f**）。もし雑草が防除されなければ、雑草による作物の成長の阻害はトマトとサトウダイコンでは収量の100％に達する。あるいは、ワタとトウモロコシのようなより競争力の強い作物では50％となる。この大きな収量損失は、大部分の耕地作物では雑草防除がなければ必ず起こるものであり、なぜ大部分の作物で雑草が防除されなければならないかの最大の理由である。

 1.2. 雑草が、寄主からその栄養の一部か全部がくる寄生性の顕花植物の場合、かなり特殊なタイプの収量損失が起こる（植物病原体の項も見よ）。寄生性雑草のひどい寄生は寄主作物の成長を妨げるか殺しさえする。寄生性雑草の例は次に含まれる。

  1.2.1. ネナシカズラの類（*Cuscuta* spp.）はアルファルファ、トマト（**図 2-3e**）とサトウダイコンのような作物の茎と葉の寄生者である。

  1.2.2. ヤドリギもまた通常木につく茎の寄生者である。矮生ヤドリギ（*Arceuthobium* spp.）は針葉樹林の最も破壊的な有害生物である。なぜならば、寄生した木の主幹の奇形成長をひき起こすからである。アメリカ合衆国西部では矮生ヤドリギ類の寄生は年間30億ボードフィート（厚さ1インチ、1平方フィート）以上の木材生産の損失をまねいている。

  1.2.3. *Striga* spp.はトウモロコシ、ソルガム、キビ、アワ、モロコシのようなイネ科作物の根の寄生者である。それらは半乾燥熱帯、特にアフリカでひどい損失をもたらす。

  1.2.4. ハマウツボの類（*Orobanche* spp.）はセリ科（ニンジンの類）作物とマメ科（エンドウマメ、インゲン、ソラマメ、ダイズ、豆類）作物の根の寄生者である。この2つのタイプの根寄生雑草は、多くの熱帯、亜熱

(a) (b) (c) (d) (e) (f)

図 2-3　さまざまな作物における雑草の例。
(a) セロリの雑草である花の咲かないトクサ（デンマーク）。
(b) カヤツリグサの類がワタを排除している（アメリカ合衆国カリフォルニア州、サンホアキンバレー）。
(c) タマネギがワルナスビと他の草の草冠のもとでかろうじて見える（モロッコ）。
(d) 雑草に占拠された若い牧草地（アメリカ合衆国カリフォルニア州）。
(e) 加工用トマト作物に寄生したネナシカズラの類はほとんど100%の損失をもたらす。
(f) 野生カラスムギが侵入した地域と、野生カラスムギが除草剤によって防除された地域からの穀類の収量。
資料：Robert Norris による写真

帯の国々で作物生産を厳しく制限し、作物の損失はしばしば 100 %に及ぶ。

1.3. 植え付け機と収穫機の邪魔をして作業効率を減らし、また湿った種子によって貯蔵を困難にする。

1.4. 特に、セイバンモロコシやキハマスゲのような多年生雑草のひどい侵入が起こっているところでの土地の価値の低下。

2. 環境的インパクト

2.1. 雑草はそれらが望ましい在来植生と置き換わっているときには、ひどい生態学的結果を起こす。侵入種の実例にはアメリカ合衆国カリフォルニア州のエニシダ、ハワイ州の *Miconia*、そしてオーストラリアのウチワサボテンの類（**図 3-8** 参照）がある。

2.2. 雑草は他の生物の食物源として用いられる。そしてそれ故に、すべての他のタイプの有害生物のための代替寄主となる。雑草は有用昆虫の隠れ家となることもある（第 7 章参照）。

2.3. 雑草は灌漑用水路または排水路（**図 2-4a**）、小港、貯水池のような水系生態系を塞ぐことがある。防除をしない雑草は水路の水流を 90%以上も減らすことがある。全灌漑システムは雑草によって実施不可能にされてきた。雑草はレクリエーション用水系の使用を不可能にする。ホテイアオイは「100 万ドル雑草」と呼ばれてきた。なぜならば、それを防除するには費用がかかるからである。

2.4. 雑草管理のための防除技術が環境的インパクトを与える。耕起によって土の侵食とホコリが生じる。そして除草剤は土や表面水の中に見つかっている。

3. 美的インパクト

3.1. 雑草は芝生や観賞植物の中では見苦しい。

3.2. 畑作物の中にちらばった雑草は、しばしば農業生産者によって見苦しいと考えられる。

4. 健康と安全へのインパクト

4.1. 雑草は毒性とアレルギー源の両方になる。

4.1.1. 花粉による人間の枯草熱。アメリカ合衆国中西部におけるブタクサはよい例である。枯草熱によって 1 人当たり年間 3.3 労働日が失われたものと推定されている。

4.1.2. 草に触ることによって皮膚炎が起こる。多

図 2-4　雑草の作物以外でのインパクトの実例。
(a) 水生雑草のホテイアオイが灌漑／排水路を完全に塞いでいる。
(b) アメリカツタウルシに触った反応としての前腕の発疹。
(c) 完全にヤグルマギクに占拠されたアメリカ合衆国カリフォルニア沿岸地方の放牧地。
(d) 舗装を壊した雑草と舗装道路の縁を塞いだ雑草。
資料：(a)はLars Anderson, USDA/ARS、(b) (c) (d)はRobert Norrisによる写真

くの人々はアメリカツタウルシ（図 2-4b）に感受性があり、この植物に触ると皮膚がひどい炎症や水膨れを起こす。レタスのように、手で収穫する作物の中にあるイラクサの類は、労働者がその植物に刺されるとひどい皮膚の刺戟をもたらすので大きい問題をひき起こす。

4.1.3. 人々は、毎年有害な植物を摂取することによって死ぬ。Socrates［ソクラテス］を殺すためにドクニンジンが用いられた。そしてそれは今日でもなお死をまねいている。

4.1.4. 家畜の急性と慢性の中毒はもう1つの要因である。ハゼリソウとノボロギクは、これの混ざった干し草を食った家畜に非可逆的な肝硬変を起こさせる。*Halogeton* spp.はアメリカ合衆国西部の放牧地のヒツジの群れのすべてを殺した。またロコソウは多くの家畜が精神異常になる。牧草地と放牧地の雑草であるヤグルマギク（図 2-4c）は強力な神経毒を含み、ウマに致死的な可能性がある。ヒツジ、ブタ、ウシでは、アメリカ合衆国西部の放牧地にあるバイケイソウの類のような有毒な草が懐胎期間に食われると先天異常が起こる。

4.1.5. 皮膚の日焼けに対する感受性を高めるような化学物質を含む雑草を摂取した動物は、特にまぶたと唇の皮膚が光に感じやすくなる。放牧地のセントジョン草（オトギリソ

ウの類）は1つの例である。

4.2. 枯れて乾いた雑草は、特に道ばた、鉄道の床、設備と木材置き場そして油貯蔵設備において重大な火事の原因となる。路肩の草が刈られ、除草剤が散布される主な理由は、雑草が火事の原因となるためである。

4.3. 雑草は舗装された路を壊し（**図 2–4d**）、運転者の危険となる。そして標識や空港での滑走路の照明灯のような安全灯の見通しを遮り安全性を減らす。

西欧世界では認識されていないが、発展途上国の大部分では雑草管理にあたる人間の費用がある。アフリカにおける人の手による除草は、作物生産にかかる全時間の 20〜50%を必要とする。アフリカにおける自給作物の栽培面積のおそらく 25%は不十分な除草によって毎年失われている。推定では、除草は発展途上国における作物生産において他のいかなる要素よりも多くの時間を必要とする（**図 2–5** 参照）。西ヨーロッパまたは北アメリカに住む人々にとっては、発展途上国の社会に対して雑草管理が取り立てる税を想像することはおそらく難しいであろう。Holm（1971）はその状況を次のように生き生きと表現している。

私の最初の物語の背景は、名前をつけられない国におけるココヤシのある農園である。それは早朝で影はまだ長い。私はタミル人の一人の少女について語りたい。この明るいハンサムな人々は、インドの南部からきてアフリカとアジアの多くの場所でみられ、そこで家と仕事を探している。その少女は 16 歳か 17 歳で、すでに汗びっしょりである。この細っそりした少女は、3 フィートかそれ以上のうすい刃物を彼女の肩の後ろに持ち上げなければならない。彼女は雑草を切り取るために、刃物を地面と平行にしようと背をかがめ、刃物を振りあげ、それを彼女の反対側の後ろまで振り回す。雑草はここでは *Axonopus*［ツルメヒシバ］と *Ischaemum*［カモノハシの類］の種である。草刈りをする人が農園に入るときには、草はひざまでの高さがある。こうして彼女は午後が始まるまで刃物を振り回すだろう。

アフリカとアジアで、そうした仕事をやっている若者たちは学校には決して行かない。明日もまた同じである。そしてその次の日も、また次の日も。あなたの知っている若い婦人、娘、妻、姉妹が、そうした職業についている将来を想像することができるだろうか？

線虫

生物の記述

線虫は体節のないイモムシのような無脊椎動物の1グループである。それらはあるときには eelworm［ウナギムシ

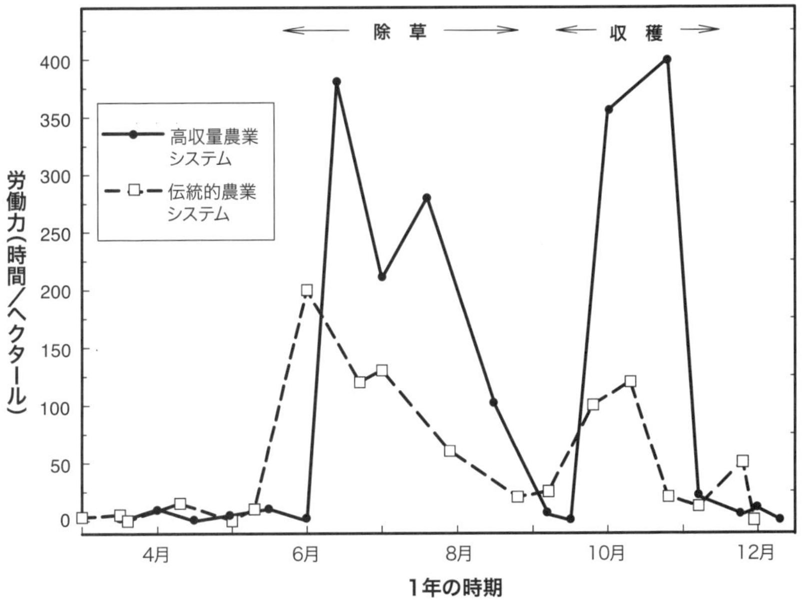

図 2–5
アフリカにおける、伝統的農業システムと高収量農業システムにおける作物生産に必要な人間労働時間のグラフ。
資料：Giampietro *et al*., 1992. からのデータ

類]、または単にworm［ムシ］と呼ばれる。それらは足や尾などの附属物がない左右対称な環状のムシで、基本的に水生で、水の中、湿った薄膜、寄主の組織に棲む。線虫は、山頂から深い海洋の沈殿物、砂漠から熱帯雨林までの多くのさまざまな生息場所と環境に発生する。線虫は地球上で最も種数の多い多細胞生物である。そしてさまざまな線虫種は多くのさまざまな食物源を食っている。

線虫は、ある種が植物、人間、そして動物の寄生者であることから有害生物と考えられている。すべての線虫が人間や人間の活動に有害なわけではない。例えば、昆虫の寄生者である線虫は害虫管理の生物的防除資材として用いられる（第13章参照）。他の線虫は土壌中の細菌（細菌食者）と菌類（菌類食者）を食い、土壌中の栄養循環に対する重要な貢献者である。

線虫の大きさと幅は、最小のわずか長さ80μmである海洋線虫から、クジラの胎盤の中に棲む8mの線虫までがある。大部分の植物寄生性線虫は長さ2mm以下である。線虫は動物であり、神経系、消化系、生殖系、筋肉系、そして排泄系システムを持つが、特殊化した循環系と呼吸系システムを持っていない（**図2–6**）。線虫の体はクチクラでおおわれており、これは非細胞性で、柔軟で重層的で保護的な構造を持ち、1つの生活環の間に通常4回脱皮する。すべての植物寄生性線虫は小さい伸出性の口針と呼ばれる口を持ち、これは栄養物を得るために植物細胞の中に突き刺す目的で使われる（**図2–7a**）。大部分の植物寄生性線虫は土壌中に棲み、根を食っている（**図2–7b**と**c**）が、ある種は茎と葉を食い、花か果実にコブを形成するものさえある（**図2–7d**と**e**）。ある種は信号分子を作り、それを寄主植物に注入して寄主に生理的変化を起こさせ、それが線虫を扶養するが、ネコブセンチュウがサトウダイコン（**図2–7f**）と*Protea* sp.（**図2–7g**）に作るコブのような異常な寄主の成長もひき起こす。

植物寄生性線虫は絶対寄生者である。その意味は、生活史と生殖を完結するために適切な寄主が必要であるということである。より重要な植物寄生性線虫を**表2–2**にあげた。植物寄生性線虫の一般名は、それらが寄主植物に常に誘発する症状、線虫の一般的形態、あるいは性質の組み合わせにもとづいている。それは、例えば**図2–7f**と**g**に示したように、ネコブセンチュウは根に根こぶを形成するというものである。寄主特異性は線虫の1つの要因であり、特定の線虫種にとって、ある植物は寄主にならないことを意味している。ネグサレセンチュウは幅広い寄主範囲を持ち、いくつかの植物科にまたがる多数の寄主植物種に寄生できる（**表2–2**）。オオハリセンチュウのような他の線虫は、寄主範囲がより狭く、より限られた数の寄主種に寄生できる。

一般的には、植物寄生性線虫は次の2つのタイプに分けられる。それは、摂食習性と線虫と寄主の間の関係にもとづいている。

1. 内部寄生者。この線虫は植物の中に入り、植物の内部組織を食う。
2. 外部寄生者。この線虫は体を植物の外に出したままこれを食う。

種によって、線虫がその生活環を通して発育するにしたがって、それらは蠕虫形［イモムシ形］にとどまるか、ふくれて定着性となる。蠕虫形の線虫はそれらの生活を通して運動し移動性といわれる。植物寄生性線虫の間にはその生活史に幅があり、内部寄生と外部寄生のタイプは定着性か移動性である。重要な植物寄生性線虫の例にはネコブセンチュウとシストセンチュウが含まれる。もし、畑がこれらの線虫によってひどく侵されると、減収は10％から50％に及ぶ。

線虫は独特の属性を持つ動物である。そのためそれらは特別の門、線形動物門と考えられている。この門は2つの綱すなわち幻器綱と尾腺綱を含む。幻器綱の中にはティレンクス目とアフェレンクス目という目があり、これには植物寄生性線虫が含まれる。尾腺綱の中には唯一の目、ドリライムス目があり植物寄生者を含む。植物ウイルスの媒介者として唯一の線虫がこの目の中に入る。昆虫に寄生する線虫は幻器綱と尾腺綱の中にある。

約2万種の名をつけられた線虫種がおり、ある推定によれば合計100万種がいるとされている。線虫の間の進化的相互関係はDNA配列データの比較を用いて研究されている。線虫の分類学的グループ分けは、線虫の間に得られる進化的関係への今後の洞察によって、いくらか変わることは疑いない。

線虫によってひき起こされる特別な問題

次のことがらは、この章の初めに記した一般的インパクトにつけ加えられることである。

1. 線虫は他の病原体を伝播するか媒介者である。いくつかの線虫は植物ウイルスを運び伝播する。例えば、オ

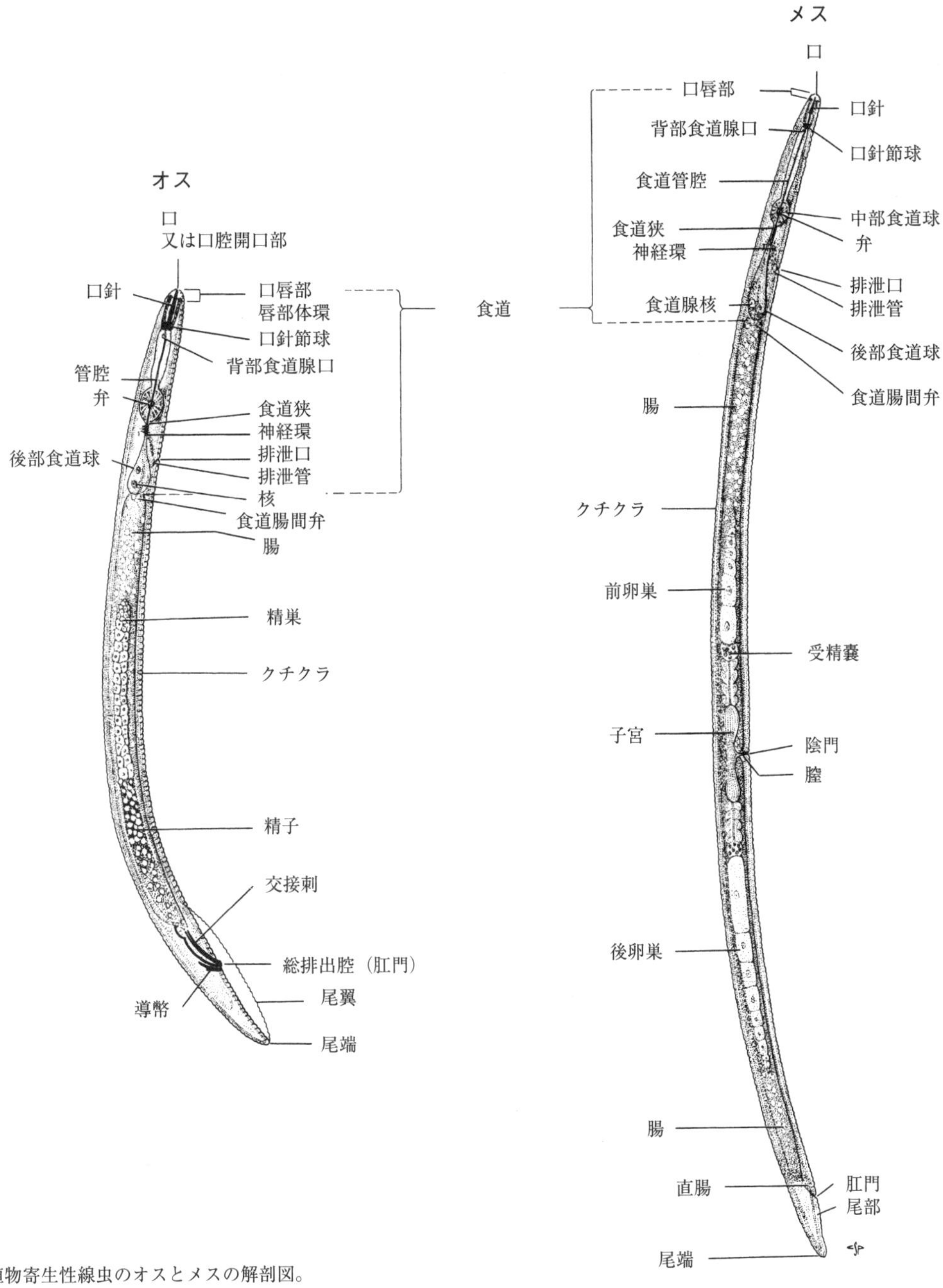

図 2-6　植物寄生性線虫のオスとメスの解剖図。
資料：Charlie Papp と Sadek Ayoub, Div. Plant Industry, California Dept. of Food and Agriculture による描図

オハリセンチュウはブドウのファンリーフ病の媒介者であり、ユミハリセンチュウはタバコの茎えそウイルス病（**図 2-7h**）をジャガイモに伝播する。

2. 植物寄生性線虫は他の病原体と相互作用して複合病をひき起こし、それぞれの病原体が単独で起こすよりもひどい病気を起こす。ネグサレセンチュウは *Verticillium* 菌と相互作用して、ジャガイモの *early-dying* 病をひき起こし、ネコブセンチュウは *Fusarium* 菌と相互作用する（第 6 章と**図 6-4** 参照）。
3. 線虫の感染は、寄主植物の例えば高温や湿潤のような他の環境ストレスに対する感受性を増やすことがある。
4. 線虫の感染は、寄主植物の他の病原体への抵抗性 ── 例えばワタの *Fusarium* 抵抗性 ── を無効にする（**図 2-7i**）。
5. ある線虫病は、1 つの寄主から他の寄主へ害虫によって運搬される。マツノザイセンチュウはマツノマダラカミキリによって運ばれ、ココヤシの赤色輪腐病は palm weevil［オサゾウムシ科］によって運ばれる。

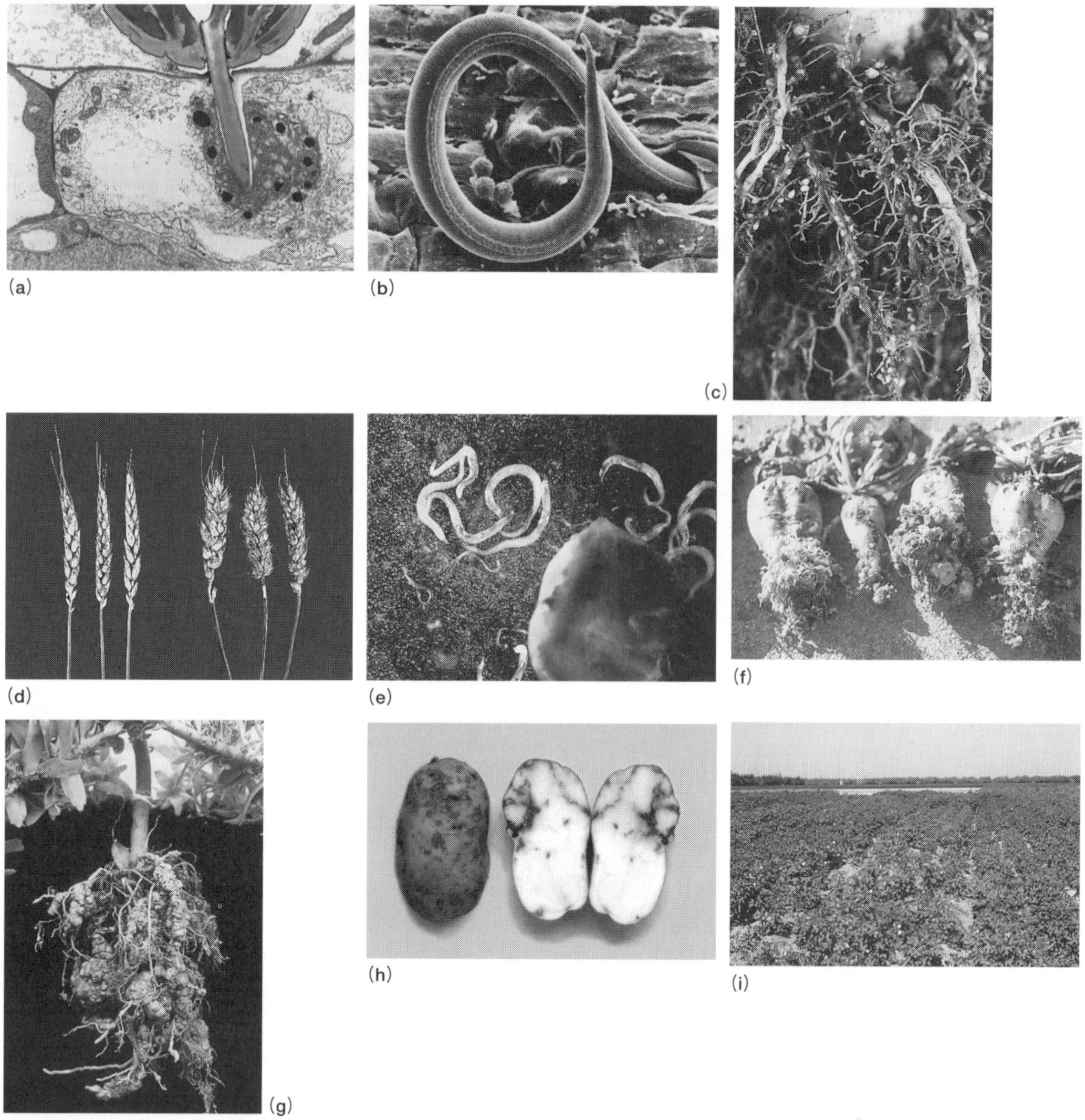

図 2-7　線虫と線虫の被害の例。

(a) 植物細胞に突き刺された線虫の口針を示す電子顕微鏡写真。

(b) トマトの根に侵入したネコブセンチュウの幼虫を示す走査電子顕微鏡写真。

(c) サトウダイコンの根の上のシストセンチュウのシスト。

(d) ***Anguina*** 属［アングイナ科］に未感染のコムギ（左）と感染したコムギ（右）。

(e) コムギの粒（右下）から抽出された ***Anguina*** 属線虫。

(f) ネコブセンチュウによって、ひどくコブのできたサトウダイコン。

(g) ネコブセンチュウによる *Protea* sp.の根系のひどい被害。

(h) *Trichodorus* 属［ユミハリセンチュウの類］線虫によって媒介されたタバコ茎えそウイルス病の症状を示したジャガイモ。

(i) ネコブセンチュウの存在下で ***Fusarium*** 萎凋病への抵抗性の喪失を示すワタ（中央の 4 畝の被害がひどい）。

資料：(a) は Michael McClure の許可、(b) は USDA/ARS の Willam Wergin と Richard Sayre、(c) は Ivan Thomason の許可、(d) (e) は Jonathan D.Eisenback の許可、(f) は John Marcroft の許可、(h) は G.Caubel の許可、(g) (i) は Edward Caswell-Chen による写真

表 2-2 世界の 10 種類の最も重要な植物寄生性線虫

属	和名	主要な寄主作物の例
Meloidogyne	ネコブセンチュウ	ジャガイモ、ワタ、トウモロコシ、ダイズ、マメ類、コムギ、イネ、ソルガム、トマト、サトウキビ、ラッカセイ、タバコ、アルファルファ、リンゴ、カンキツ類、コーヒー、ブドウ、ウリ類（メロン）、ニンジン、サツマイモ、タマネギ、サトウダイコン、穀類
Pratylenchus	ネグサレセンチュウ	トウモロコシ、ダイズ、マメ類、コムギ、イネ、ジャガイモ、ソルガム、サトウキビ、ラッカセイ、アルファルファ、リンゴ、モモ、イチゴ、カンキツ類、コーヒー、サクランボ
Heterodera	シストセンチュウ	ダイズ、マメ類、サトウダイコン、ブロッコリー、メキャベツ、キャベツ、ニンジン、コムギ、エジプトマメ、キマメ
Ditylenchus	クキセンチュウ	イネ、ジャガイモ、アルファルファ、サトウダイコン、カラスムギ、花の球根、キノコ
Globodera	シストセンチュウ	ジャガイモ、タバコ
Tylenchulus	ミカンネセンチュウ	ブドウ、カンキツ類
Xiphinema	オオハリセンチュウ	サトウキビ、ブドウ、リンゴ、サクランボ、イチゴ
Radopholus	ネモグリセンチュウ	バナナ、カンキツ類、チャ
Rotylenchulus	ニセフクロセンチュウ	ワタ、ダイズ、パパイヤ、サツマイモ、キマメ
Helicotylenchus	ラセンセンチュウ	バナナ、トウガラシ、ナス、チャ

*Koenning *et al.*, 1999, Sasser and Freckman, 1987.より改変

軟体動物

生物の記述

軟体動物は軟体動物門の動物であり、ナメクジとカタツムリは腹足綱に属する。ナメクジとカタツムリの体の構造は基本的に同じであるが、カタツムリは殻を作る（**図 2-8a と b**）。軟体動物は 1 本の「脚」を持ち、それによって動く。それらは、自身とそれが動く基質との間に粘液の層を作る。その結果よく知られた銀色の足跡を残す。また皮膚が薄く、乾燥条件の下では容易に乾燥する。ナメクジとカタツムリは、典型的に比較的低温の湿った条件を必要とし、カタツムリはナメクジよりも暑く乾燥した条件に耐えることができる。

軟体動物によってひき起こされる特別な問題

1. 植物を食う。ナメクジとカタツムリは観賞植物と他の作物に経済的損失をもたらす。それらは、温室、家庭の庭、草の種子生産のようなある種の圃場作物における問題であり、一般的に成熟した作物よりも作物の芽生えでより大きな問題となる。ナメクジやカタツムリが芽生えを少量食ってもそれに死をもたらす。カタツムリは、特にカンキツ類（1 本の木に 3000 匹ものカタツムリが出るところでは）（**図 2-8c**）、アーテチョークおよび苗床で特にひどく、また慣行的な耕起システムよりも不耕起農法においてよりひどい。それは不耕起システムで土の表面に残る植物体の被覆と食物の量が多いことによる。1 頭の *Limax flavis*［コウラナメクジ］は 0.5 オンスあり、24 時間でカボチャ、キュウリ、ジャガイモを 0.16 オンス食う。同量の生物量は多くの死んだ芽生えに相当する。
2. 病原体か線虫の媒介者。ナメクジとカタツムリはタバコモザイクウイルス、キャベツの black root rot と *Piper* spp.［コショウ属］の疫病をひき起こす病原菌を伝播することが示されている。

(a)

(b)

(c)

図 2-8　有害軟体動物の例。
(a) サクラソウの上のナメクジ、(b) garden snail が土を横切ってすべっていく、(c) モロッコのカンキツ類の枝に集まったカタツムリ。
資料：Robert Norris による写真

節足動物

生物の記述

種についていえば、節足動物は他のいかなる生物群よりも数の上でより多い。100万以上の異なる節足動物が名づけられており、それはすべての他の生物を組み合わせたものを越えている。昆虫の種の数だけでも、それはまだ科学的に知られていないが、2000万にものぼるだろう。1エーカーの土地に4000万頭以上の昆虫がいると推定されている。これは人間1人当たり2億頭の昆虫に相当する。またアメリカ合衆国には生物量にして1エーカー当たり400ポンドの昆虫がおり、1エーカー当たりの人間の生物量の14ポンドと比べても多い。しかしこの昆虫の生物量の大きさは、1エーカー当たりの植物の生物量と比べると少ない。多くの雑草の生物量はひどい被害の場合、1エーカー当たり5000ポンドを越える。

節足動物は動物界に属し、節足動物門という名前は「節のある脚」を意味する。それらは、外骨格と呼ばれる多少とも堅くなった外皮を持つ。その結果、それらは、ある幼虫段階から次の段階へと成長するにしたがって、体を大きくするために脱皮しなければならず、これは成虫段階に脱皮するまで続く。次の節足動物の種類は有害生物として重要なメンバーを含んでいる。

昆虫綱

昆虫綱の節足動物は1対の触角と3つの主な体節、すなわち頭部、胸部、腹部のある体を持っている。この理由から、昆虫を研究する学問はentomology［昆虫学］として知られ、これはギリシャ語では「体節」という意味の*tomos*からきている。そして多くのものは翅を持っている（**図 2-9**、**表 2-3**）。大部分の昆虫は卵を産むことによって繁殖し、それ故卵生であるといわれる。しかし、あるものは小さな若虫または幼虫を産み胎生と呼ばれる。若虫または幼虫は卵から生まれるが、それらが成虫に似ているかどうかで、成虫に似ていれば若虫、似ていなければ幼虫といわれる。卵から成虫段階まで昆虫は変態と呼ばれる過程で何回かの脱皮を行なう（第5章で論議される）。昆虫が食う方式はその口器の構造にしたがっており、それは有害生物管理にとってかなりの重要性を持っている。ある昆虫は嚙む口器（**図 2-10A**）を持ち、それは昆虫が植物の一部分を消費することによってこれを食うことを意味する。

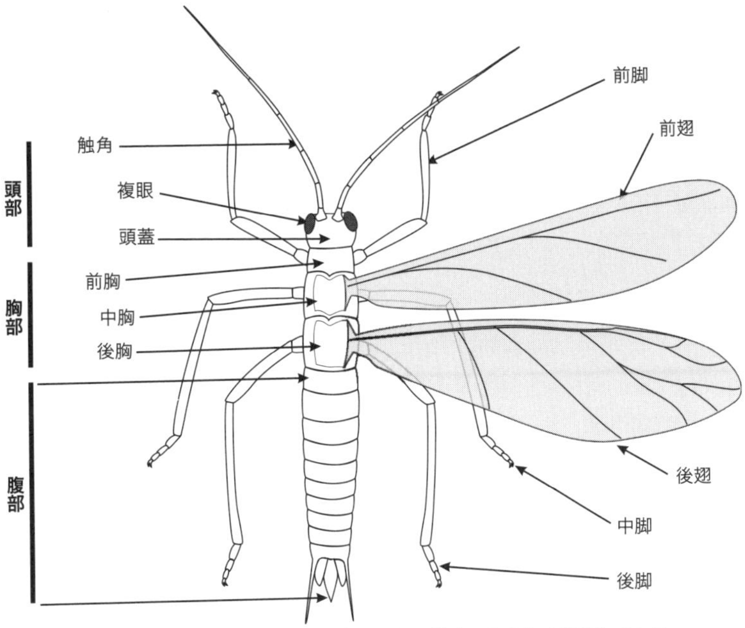

図 2-9　一般化された昆虫の外部形態。左側の翅は明瞭にするため省略してある。

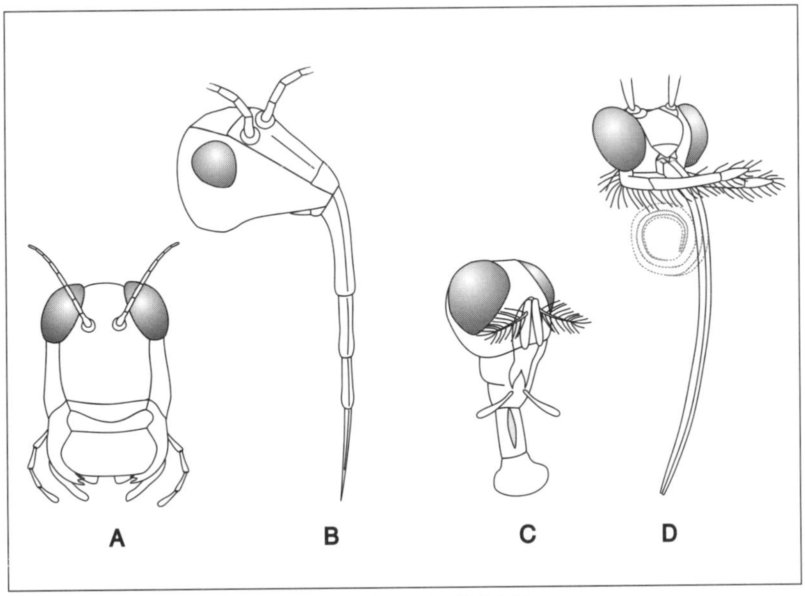

図 2-10　昆虫の異なる口器を代表する単純化された一般的な図。

A：嚙む。向かいあった大腮が食物を切り砕く（例えばバッタ）。

B：刺し／吸う。保護的さやの内側の口針が寄主の組織に刺しこまれ、細胞内容を抜き取ることができるようにする（例えばカメムシ）。

C：こすり取り／飲む（例えばハエ）。

D：吸い上げる（例えばチョウとガ）。寄主に実際上刺すことなしに液体を吸い上げるのに用いられる。

表 2-3　有害昆虫と有用昆虫の主な目、およびその他の節足動物の例

目	和名	例	口器／変態	その他の特徴	害虫としての情報
カゲロウ目	カゲロウ				害虫と考えられない
トンボ目	トンボ				害虫と考えられない ［日本では益虫と考えられている］
カワゲラ目	カワゲラ				害虫と考えられない
シロアリモドキ目	シロアリモドキ				害虫と考えられない
ゴキブリ目	ゴキブリ	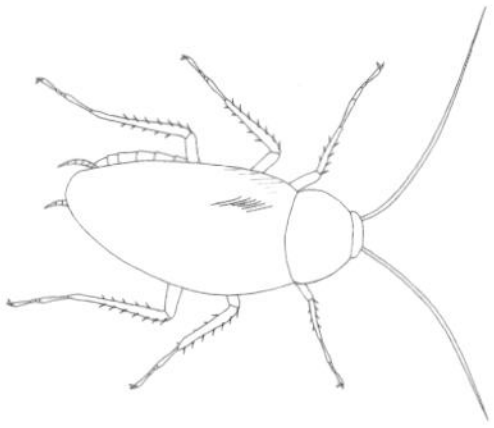	嚙む／ 不完全変態	長い糸状の触角	人間の不快害虫 農業では常に問題になるとは限らない
カマキリ目	カマキリ	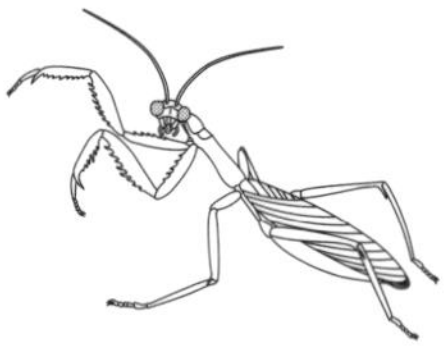	嚙む／ 不完全変態	大きいつかむ 前肢、 祈る姿勢	益虫
シロアリ目	シロアリ	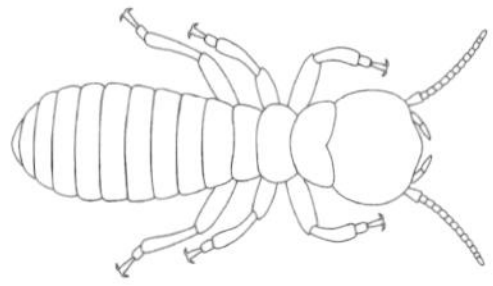	嚙む／ 不完全変態	あごの筋肉を納めた比較的大きい頭、 眼はない	建築物害虫 大きい塚は農業に重大な問題をひき起こす
バッタ目	バッタ イナゴ コオロギ キリギリス	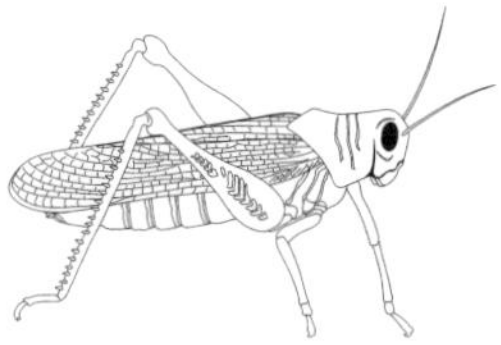	嚙む／ 不完全変態	強い後脚	重大な害虫となりうるバッタはこの目
ハサミムシ目	ハサミムシ	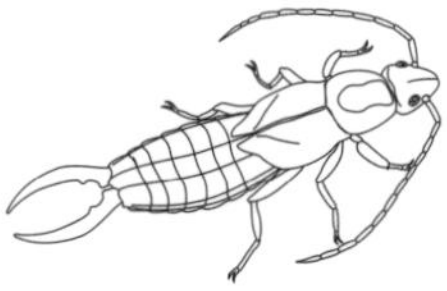	嚙む／ 不完全変態	尾部に大きいヤットコのような付属肢	花の集約的栽培と小規模農園の芽生えに重大な被害
アザミウマ目	アザミウマ		こすり取り飲む／ 不完全変態	ふさ状の翅を持つ小さい昆虫	害虫と益虫の小さいグループ
アミメカゲロウ目	クサカゲロウ	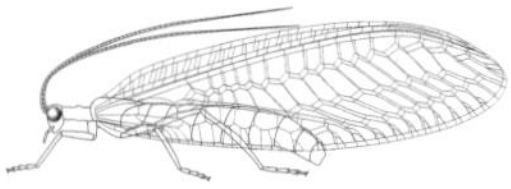	幼虫は嚙み、 成虫は吸う／ 完全変態	複雑な脈のパターンを持つ、 大きい透明な翅	幼虫は益虫

目	和名	例	口器／変態	その他の特徴	害虫としての情報
コウチュウ目	コウチュウ	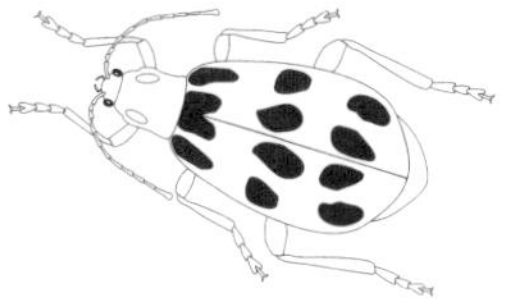	噛む／ 完全変態	前翅は翅鞘と呼ばれる堅い被覆である	多くの害虫と多くの益虫
	ゾウムシ	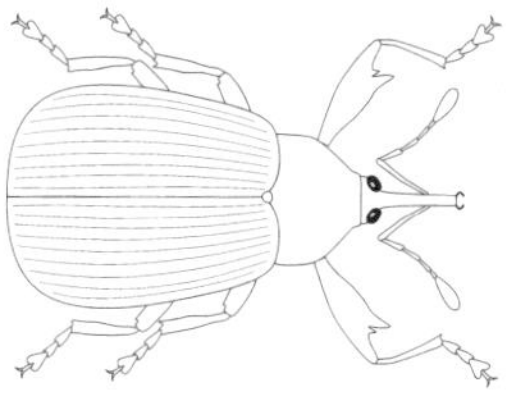	噛む／ 完全変態	頭部が前方にのび触角と口器を持つ鼻となっている	多くの重大な害虫。例えば、ワタミハナゾウムシ
ハエ目	ハエ：例えば ミバエ ハナバエ イエバエ カ ブヨ ハモグリバエ		飲む、吸う／ 完全変態	翅が1対しかない	多くの害虫と益虫
ヨコバイ目	アブラムシ カイガラムシ コナジラミ ヨコバイ セミ	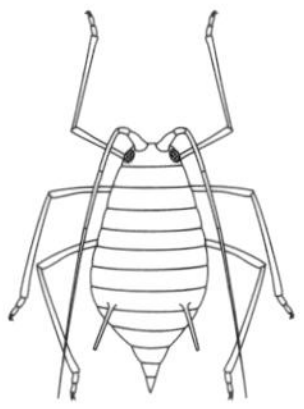 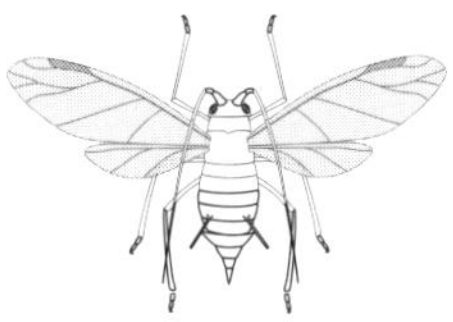	刺して吸う／ 不完全変態	多くのアブラムシは単為生殖する アブラムシは無翅（翅がない）か有翅（翅がある）	多くの重大な害虫。 多くのものがウイルスを媒介する
チョウ目	チョウとガ	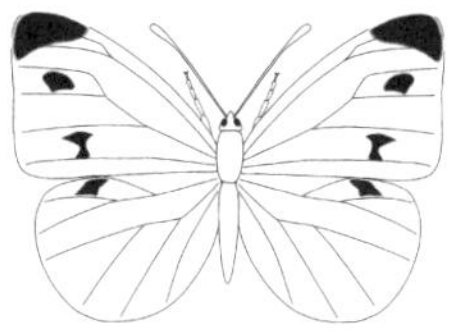	幼虫は噛み、 成虫は飲む／ 完全変態	鱗粉におおわれた比較的大きい翅 しばしば特徴的な斑紋を持つ 幼虫はケムシ、イモムシ（しばしばワームと呼ばれる）	多くの重大な害虫
カメムシ目	カメムシ	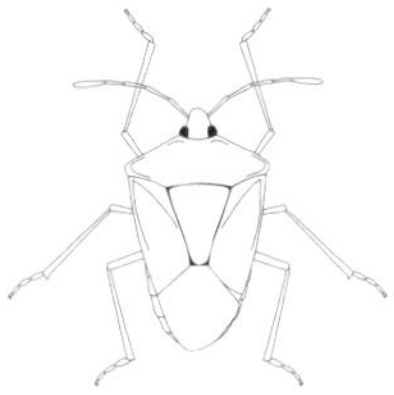	刺して飲む／ 不完全変態	前翅は堅くなった外被である	多くの害虫と益虫
ハチ目	ハチ スズメバチ アリ	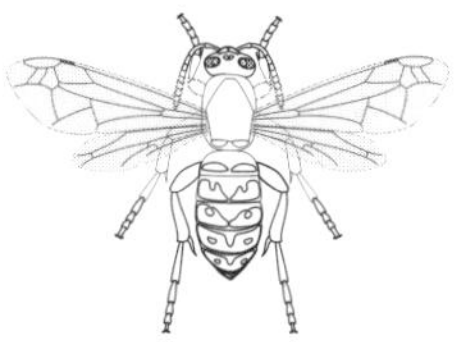	噛む／ 完全変態	胸部と腹部の間に締めつけられた腰を典型的に持つ［ハバチを除く］ 多くのものは毒針を持つ	数多くの害虫と多くの益虫

目	和名	例	口器／変態	その他の特徴	害虫としての情報
トビムシ目	トビムシ	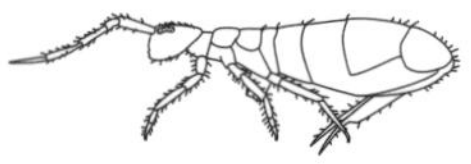	噛む／ 不変態	翅を欠く 腹部は体の下にフォーク状のもの（跳躍器）が畳みこまれており、これによってこの虫は跳ぶことができる 第1腹節の上に colophore がある	少数の土壌害虫
クモ綱	クモ ハダニ ダニ サソリ	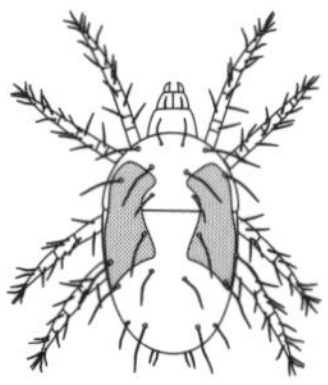	こすり取り飲む／ 不変態		多くの害虫と多くの益虫
コムカデ綱	ミゾコムカデ	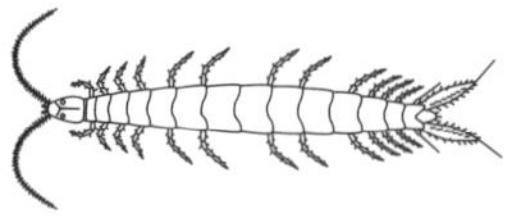	噛む／ 不変態	多くの脚を持ち、翅がない	少数が土壌害虫

他の昆虫は吸う口器（**図 2–10B**）を持ち、これはそれらの食物に刺しこんで細胞内容物または汁を吸いだす。第3のグループの昆虫は、こすり取って飲む口器（**図 2–10C**）を持ち、これでそれらの食物の表面を削り取り、壊れた細胞の内容物を飲む。

昆虫綱の中には約30の目があり、それらは有害生物管理に関しての重要性が異なる。有害昆虫または有用昆虫の種のいずれかを含む目は**表 2–3** に示され、また以下に記す。

トビムシ目　トビムシは、大部分が土中に棲む小さい昆虫で土壌性捕食者のための被食者として重要である。マルトビムシ科の少数の種はヨーロッパの飼料作物の害虫である。

バッタ目　バッタ、コオロギ、イナゴ（**図 3–1 参照**）とケラは、バッタ目である。それらは大部分が植物食者で噛む口器を持っている。

カマキリ目　よく見なれたカマキリ（**図 2–12a**）は、ある教科書では近縁のバッタ目の下におかれているけれども、カマキリ目に属する。カマキリ目は噛む口器を持った多食性捕食者である。

ゴキブリ目　ゴキブリは、ゴキブリ目の最も重要な昆虫である。植物食者のゴキブリの多くの種は噛む口器を持つ。それらは主に屋内害虫の種によって知られる。

シロアリ目　シロアリ目は、大部分が噛む口器を持った木材食者で、シロアリを含んでいる。ある熱帯の種は作物に被害を与え、シロアリの塚は作物と牧場の土壌の経済的使用を妨げる。

ハサミムシ目　小さな目であるハサミムシ目は、ハサミムシを含む。あるものは作物を食うが大部分は噛む口器を持つ捕食者である。

アザミウマ目　アザミウマ目は、アザミウマ（**図 2–11a**）と呼ばれる昆虫の小さな目である。それは大部分が植物食者であるが、少数の種が、こすり取る口器を持った捕食者である。この目の他にない特徴は、翅をとりまくフサの存在である。

アミメカゲロウ目　アミメカゲロウ目はクサカゲロウを含む小さな目である。幼虫は噛むヤットコ状の顎を持つ非常によい多食性捕食者である（**図 2–12b**）。

カメムシ目　カメムシ目はカメムシ（それは実際上1つの昆虫学用語となっている）を含む。ある教科書はカメムシをカメムシ亜目に含ませているが、ヨコバイ亜目（以下参照）とともに第2の主な亜目をなしている。多くの科は厳密な植物食者（**図 2–11b**）であるが、他のものは植物食者と捕食性種（**図 2–12c**）である。すべてが刺して吸う口器を持つ。

ヨコバイ目　ヨコバイ目は刺して吸う口器を持った厳密な植物食者である。それはアブラムシ（**図 2–11c**）、カイガ

図 2-11　さまざまな目の有害節足動物の例。
(a) ミカンキイロアザミウマ、(b) ブロッコリーの小花を食うカスミカメムシの若虫、(c) バラの茎の上のアブラムシの大きい集団、(d) カボチャの葉の上のコナジラミ、(e) コナジラミの拡大図、(f) ジュウイチホシウリハムシ、(g) ワタミハナゾウムシ、(h) アメリカタバコガ幼虫、(i) ナミハダニ。
資料：(a) (f) (i) は Jack Clark, University of California statewide IPM program、(b) は Allen Cohen, USDA/ARS、(c) (d) は Robert Norris、(e) (h) は Scott Bauer, USDA/ARS、(g) は USDA/ARS の氏名不詳の写真家による写真

ラムシ、コナジラミ（**図 2-11d** と **e**）、ヨコバイ、ウンカを含む。このグループの分類学は、新しい証拠にもとづいて現在再検討されており、ヨコバイ目のすべての生物はカメムシ目に含まれるべきであることが示唆されている。

コウチュウ目　コウチュウ目は現存の生物の最も幅広いグループを含む。この目はコウチュウとゾウムシを含む。多くのものは植物食者（**図 2-11f** と **g**）と捕食性種（**図 2-12d**）で、すべてが噛む口器を持つ。幼虫はしばしばウジ型幼虫と呼ばれる。

チョウ目　チョウ目はチョウとガを含む。それらは大部分が植物食者である。幼虫は噛む口器を持ち、成虫は吸ったり飲んだりするために適応した巻く構造の口器を持つ（**図 2-10D**）。幼虫はしばしばケムシ、イモムシ、またはより一般的にワームと呼ばれる（**図 2-11h**）。

ハエ目　ハエとカがハエ目で、翅を1対しか持たないことによって特徴づけられ、それ故 Diptera と名づけられている（**図 10-3a** 参照）。翅の第2の対は小さな棍棒状の構造に退化し平均棍と呼ばれている。多くの植物食種とともに捕食性または寄生性の種がある。幼虫はこすり取る口器を持ち、成虫は、こすり取り、飲み、吸う口器を持つ。幼虫

図 2-12　有用節足動物の選ばれた例。
(a) カマキリ。ここでは木製の梁に卵塊（卵鞘）を産んでいる。
(b) クサカゲロウの幼虫。
(c) bigeyed bug［オオメカメムシの一種］。
(d) アブラムシをむさぼり食うテントウムシ。
(e) マイマイガ幼虫に卵を産む寄生蜂。
(f) orb spider［造網性クモの一種］。
(g) ナミハダニの卵を食う捕食性ダニ。
資料：(a) は Robert Norris、(b) Jack Dykinga, USDA/ARS、(c) (d) (g) は Jack Clark, University of California statewide IPM program、(e) (f) は Scott Bauer, USDA/ARS による写真

はしばしばウジと呼ばれる（**図 10-3b** 参照）。

ハチ目　ハチ目はスズメバチ、アリ、ハチを含む。少数の種が植物食者であるが、大部分は捕食性または寄生性である（**図 2-12e**）。すべてが、噛むか、噛んで飲む口器を持つ。この目の特徴は、最も普通の科のあるものには狭い締め付けられた腰が胸部と腹部の間にあることである。

クモ綱

クモ綱は触角や顎を持たず、典型的に4対の脚を持ち、頭胸部が融合している節足動物を含む。この綱は約8つの目を含み、それは次のように経済的重要性を持つ種を含む。クモ目はクモを含み、それはしばしば多食性捕食者である（**図 2-12f**）。ダニ目は、食植性の有害生物（**図 2-11i**）か捕食性の有用生物（**図 2-12g**）である mites［後気門亜目以外のダニ］と ticks［後気門亜目のダニ］を含む。ザトウムシ目はメクラグモである。サソリ目はサソリを含む。

甲殻類

甲殻類の節足動物は2対の触角、頭胸部と呼ばれる頭と胸が融合したものを持ち、大部分のものは水中生活者で鰓

で呼吸する。有害生物種の例はワラジムシ（**図 2-13a**）とザリガニ（**図 2-13b**）である。

コムカデ綱

コムカデ綱はワーム状あるいはムカデのような種を含む。単純な触角と 10 - 20 対の脚を持つ。それらは典型的に土壌に棲む生物である。

これに加わる綱はヤスデ綱（ヤスデ）とムカデ綱（ムカデ）を含む。それらは通常有害生物と考えられない。

「pest」という用語はしばしば insect pest［有害昆虫］を意味するように使われるが、「insect」はしばしば省略される。この用法はこの本で用いられる有害生物の定義と矛盾する。そしてしばしば混乱の結果となる。ここで採用された有害生物の定義は病原体、雑草、線虫、軟体動物、脊椎動物、そして昆虫を含むもので、これは IPM の概念と最も両立するものである。

有害生物管理にたずさわることのない大部分の人々は、いかなる種類の節足動物にも耐性が低い。昆虫に対する嫌悪は昆虫恐怖症と名づけられ、この現象が理性的でない昆虫恐怖症としてとりあげられることさえある。昆虫恐怖症は、すべての昆虫を有害生物として認識する。すでに論議したように、大部分の病原体、雑草、線虫、そして脊椎動物は有害生物ではない。同様に、大部分の昆虫は実際上有害生物ではない。大部分の節足動物は単に生態系のある部分であり、人間の努力にとって有用であり、有用動物として分類されるか（第 13 章参照）、生態系過程に貢献している（例えば花粉媒介者、分解者）。実際、比較的少数の節足動物の種が、作物を害するか、あるいは人間の活動を妨害する。

植物に関連して節足動物によってひき起こされる特別な問題

以下の問題は、この章の初めに一般的インパクトとしてあげたものに加えられる。節足動物の作物に対するインパクトは 3 つの主なカテゴリーに入る。

1. この章の前のほうでふれたものに加えられる経済的インパクトは次のものを含む。
   1.1. 葉の葉肉の細胞層に潜りこむ（ハモグリバエ）。
   1.2. 穀粒、塊根、または他の貯蔵中の植物生産物を噛んだり、穴をあけたりする。世界で節足動物に食われる貯蔵農産物の年間の損失は約 20%、北アメリカとヨーロッパでは 10%、発展途上国では 30%にのぼる。
   1.3. 植物を食う他の昆虫を、それらの捕食者から守る（アブラムシの集団を防衛するアリ）。
   1.4. 液状の糞を分泌する（甘露）。それは葉の上に蓄積し、黒いススカビの成長のための培地となる。ひどいススカビは光合成のための光を遮断する（カイガラムシ、アブラムシ）。
2. 環境的インパクト。昆虫の環境的、生態学的インパクトは、主として正常な生態系安定過程における人間の干渉、あるいは害虫を防除するために行なう活動の結

(a)

(b)

図 2-13 甲殻類の例。
(a) ワラジムシまたはダンゴムシ、(b) 水田から出てきたザリガニ。
資料：Robert Norris による写真

果生ずる。

2.1. 防除できない侵入種は森林生態系では特に注目される（例えばマイマイガ）。

2.2. 1900年代の初めにアメリカ合衆国に侵入したキクイムシの例を含む、新しい病気の侵入媒介者。*Ophiostoma ulmi* 菌は Dutch elm disease［オランダにれ病］の原因となるもので、キクイムシによって媒介される。アメリカ合衆国東部のアメリカニレの大部分の植分はこの病気によって破壊された。

2.3. 有害生物を防除するために用いられたDDTと他の有機塩素殺虫剤を含む殺虫剤による汚染は、1940年代から1950年代にかけての多くの鳥の種の個体群の減少の原因となった。

2.4. 導入された外来天敵の非標的在来種に対する予想しない影響が起こる（第13章参照）。

2.5. ある種の熱帯シロアリの種によって作られた巣の構造物。それらは堅い土の巣を作り地上4～5フィートに及ぶ。これらの巣は全地域にあまりに多いので、農業的生産のための土地の価値を無にする。

3. 健康と安全へのインパクト。健康と安全に関係した節足動物のインパクトのうち、大部分のものは農業に無関係なので、ここでは考慮されない。

3.1. 節足動物は人々と家畜を悩ませる。それらは作物の中で働く人々にひどい不快感をもたらす。ブドウのヨコバイの発生は、多数いるときには虫を吸いこむので労働者がブドウ園に入るのを拒むようになる。酪農におけるハエの大きい個体群は乳生産量の減少をまねく。

脊椎動物

生物の記述

脊椎動物は背骨を持つ動物である（**図 2-14**）。あるものは食植者、あるものは食肉者、多くのものは雑食者である。食植者の脊椎動物は、あるシステムにおいて極端に重大な有害生物である。アフリカ大陸において植民地時代以前に耕地農業がなかったのは、ゾウによるものである（Parker and Graham, 1989、Barns, 1996、Hoare, 1999）。人間はゾウが作物や貯蔵施設を破壊することを止めることができなかった。これらの「有害生物」の活動の結果として村がそっくり失われることは、おそらく普通の出来事であった。次の脊椎動物のグループは有害生物と見なされるものを含む。

爬虫類

爬虫類の有害生物はトカゲ、ヘビ、ワニを含む。これらの有害生物種は大部分が熱帯産である。大部分の爬虫類は食植者ではなく、農業上の問題をひき起こすことはない。

鳥類

飛ぶ能力、群れの形成（**図 2-14a**）、そしてそれらの比較的長い寿命によって、鳥類は重大な有害生物問題となる。損失についての情報は多くの場合「はっきりしない悩み」かまたは実在しない（Anonymous, 1970）。ムクドリモドキ科の鳥はアメリカ合衆国中西部において莫大な量のトウモロコシを消費する。そしてムクドリはイギリスの主な穀類の損失をもたらす。ハマヒバリはレタスやサトウダイコンのような作物の芽がでたばかりの畑を駄目にしてしまうため、播き直しが必要となる。鳥類は家庭菜園や小さい市場向け野菜園芸において特に重大な問題である。

哺乳動物

哺乳動物は大きい広範な脊椎動物のグループで、生きた仔が生まれることによって特徴づけられる。多くの重要な有害生物種がいくつかの異なる目の中にある。

フクロネズミ目　生きた仔が生まれる動物のグループであるが、十分に発育していないのがフクロネズミ目である。仔の発育は雌にある育児嚢または袋の中で完結する。この目の有害生物はコモリネズミとカンガルーを含む。これらはそれぞれ昆虫食者と食植者である。

ネズミ目（げっ歯類）　この哺乳動物（げっ歯類）はそれらが齧る前歯で特徴づけられるネズミ（**図 2-14b**）、リス（**図 2-14c**）、シマリス、モルモット、プレーリードッグ、ネズミ、ハタネズミ、ホリネズミ（**図 2-14d**）、ビーバーを含む。

コウモリ目　コウモリ目は数少ない真に飛ぶ哺乳類のあるもの――コウモリを含む。多くの種は捕食者で重要な生物的防除資材である。他のものは果物を食い果実に被害を与える。

図 2-14 有害脊椎動物の例。
(a) コムギ畑をおおう鳥の群れ、(b) 木の枝の上のクマネズミ、(c) カリフォルニアシマリス、(d) ホリネズミ、(e) cottontail rabbit［北米産野ウサギの一種］、(f) 庭にいるシカ。
資料：(a) (b) (c) (d) (e) は Jack Clark, University of California statewide IPM program、(f) は Robert Norris による写真

ウサギ目　ウサギ目または Duplicidentata は、上顎に 1 対の大きな門歯があり、その後ろにも小さい 1 対の門歯があるげっ歯類である。例えば、cottontail rabbit［北米産野ウサギの一種］（**図 2-14e**）とオオウサギを含む。

ウマ目　比較的大型の哺乳類であるウマ目は草を食うための特徴的な歯の構造と、ひづめに包まれた奇数の足指を持つ（ウマ、バク、サイ）。

ウシ目　ウシ目は大きい哺乳動物で、通常偶数の足指を持つ。この目にはブタ、シカ、ウシ、ヤギ、ヒツジ、カバ、ラクダを含む。シカ（**図 2-14f**）は直接食うことによってかなりの作物損失をひき起こして、特に小規模の農業者と農村の裏庭で問題を起こす。

ネコ目　ネコ目はよく発達した犬歯を持つ。脳がよく発達している。大部分は捕食者であるが、植物起源の食物も食う（イヌ、ネコ、クマ、アライグマ、イタチ、マングース、ハイエナ、アザラシ、セイウチ）。

ゾウ目　ゾウ目の大きい動物は、主として鼻が長い吻または幹状に伸びることで特徴づけられる。ゾウは食植性の動物として重大な有害生物である。それらの大きい体により踏みつぶすことによる被害をひき起こし扱いにくい。

サル目　サル目はサル、キツネザル、ゴリラ、チンパンジー、そしてヒトを含む。サルはある地域で迷惑な有害生物となりうるが、ヒトはときどき蛮行、悪意または、いわれのない加害、盗みによる最悪の有害生物である。

脊椎動物によってひき起こされる特別な問題

その比較的大きな体と知能によって、脊椎動物は他の有害生物のカテゴリーによるものとは異なるいくつかの問題を生みだす。

1. 摂食に加えて作物に起こる直接被害
   1.1. 播種したのちの作物の種子を掘りだして食う。これは主にカラスやヒバリのような鳥による被害である。リスもときには問題となる。この結果播き直しが必要となり、これは金銭的費用と作物栽培シーズンの短縮による費用の両方の問題である。
   1.2. 木の皮を剝ぐ（**図 6-7 参照**）。これはひどくなると木の枯死をまねく。実例はシカ、シマリス、ウサギ、ハツカネズミによる被害を含む。
   1.3. 果実と種子を食う。鳥とクダモノコウモリはセイヨウスモモとサクランボのような、熟した作物に

大損害を与える。アメリカ合衆国中西部のムクドリモドキ科の鳥はエーカー当たり平均4ブッシェルのトウモロコシの損失をもたらす。ハツカネズミは穀類の畑で採餌し、それらを食物貯蔵場所に穂ごと運び去る。

2. かなり大きい有害脊椎動物の活動によって物理的被害が起こる。
   2.1. 土の塚を作る。それらの穴を掘る活動は農機具、特に収穫機に問題を起こす。
   2.2. 踏みつけたり、植物を引き抜いたりする。これは、ゾウやカバのような大きい動物による重大な問題である。
   2.3. 根やウジ型幼虫のような食物を得るために掘る。ゴルフコースの芝生の中のウジ型幼虫を探すスカンクはこのタイプの問題のよい例である。
3. げっ歯類や鳥が草の種子を食物貯蔵場所に運ぶときに、他の有害生物が運ばれたり、まきちらされたりする。鳥は草の種子を食い、それはのちに糞の中に入って異なる場所に落とされる。
4. ホリネズミやウサギのような掘る動物は、地下にトンネルや穴と群生地を作る。この活動は表面灌漑を難しくし、洪水調節堤防の決壊をまねく。洪水調節堤防の重要性は、堤防の決壊が社会に大きい費用をかけるので、いいすぎることはない。
5. 公園やゴルフコースにおけるヒトの蛮行は重大な問題である。罪人とするのが1つの解決法であることを除けば、このタイプの被害は管理するのが難しい。これは「有害生物」が裁判にかけられ審理される唯一の例である。

多くのこれらの問題は、有害脊椎動物に適した生息場所が増える結果となる保全プログラムによって近年増えつつある。

資料と推薦文献

各々の有害生物分野のための一般的教科書のすべては、我々がここに示したものよりも、はるかに詳細なものを提供している。そのような教科書の表題は、この本の終わりの一般的引用文献リストの中に入っている。

Anonymous. 1970. *Vertebrate pests: Problems and control.* Washington, National Academy of Sciences, National Research Council (U.S.), Committee on Plant and Animal Pests, Subcommittee on Vertebrate pests, p. 153.

Barnes, R. F. W. 1996. The conflict between humans and elephants in the Central African forests. *Mammal Review* 26:67–80.

Giampietro, M., G. Cerretelli, and D. Pimentel. 1992. Energy analysis of agricultural ecosystem management—Human return and sustainability. *Agric. Ecosyst. Environ.* 38:219–224.

Hoare, R. E. 1999. Determinants of human-elephant conflict in a land-use mosaic. *J. Appl. Ecol.* 36:689–700.

Holm, L. G. 1971. The role of weeds in human affairs. *Weed Sci.* 19:485–490.

Holm, L. G., D. L. Plucknett, J. V. Pancho, and J. P. Herberger. 1977. *The world's worst weeds: Distribution and biology.* Honolulu: University Press of Hawaii, xii, 609.

Koenning, S. R., C. Overstreet, J. W. Noling, P. A. Donald, J. D. Becker, and B. A. Fortnum. 1999. Survey of crop losses in response to phytoparasitic nematodes in the United States for 1994. *J. Nematol.* 31:587–618.

Parker, I. S. C., and A. D. Graham. 1989. Elephant decline (part I). Downward trends in African elephant distribution and numbers. *Int. J. Environ. Studies* 34:287–305.

Sasser, J. N., and D. W. Freckman. 1987. A world perspective on nematology: The role of the society. In J. A. Veech and D. W. Dickson, eds., *Vistas on nematology.* Hyattsville, Md.: Society of Nematologists, 7–14.

第3章
有害生物管理の歴史的発展

序論

西暦紀元前約1万年の農業の夜明けから、ひどい食糧不足と飢えは世界中のヒト個体群に対する恒常的な脅威であった。栄養不良を伴う食糧不足は病気への感受性を高め、それは歴史の大部分の間の人口増加がきわめて遅いことの主な原因であった。そのような破局的損失の可能性はなおも存在する。最大の作物損失は厳しい気候と病気であった。過去においても、バッタ、ヨトウムシ、シンクイムシ、ウンカのような害虫の周期的な大発生はときおり問題を起こした（**図3–1**）。中国と日本の初期の文献は、害虫の大発生とその防除についての記録を含んでいる。雑草もまた常に農業生産における重要な問題であるが、おそらく決して飢饉の原因とはならなかった。なぜなら、雑草は人間の労働によって防除できるからである。有害脊椎動物は常に存在する食物損失の源であった。

有害生物に関する知識の主な改善は過去200年間に起こった。今日の有害生物管理で用いられる技術の多くは、過去60年ほどの間の進歩の結果であり、1940年以前には手に入らなかったものである。分子生物学における現在の発展と精密農業は技術的進歩を提供し、これは有害生物防除戦術のさらなる革新を約束するであろう。これらのことは、この本を通して論議され、この本の終わりで再び立ち戻ることとなる。この章は有害生物管理に影響した生物学と農業における歴史的発展の大まかな概説を提供するものである。

古代
(西暦紀元前1万年から0年まで)

出来事の要約

この期間に世界のさまざまな場所にいる人々は、コムギ、オオムギ、カラスムギ、コメ、トウモロコシ、ダイズ、マ

図3–1
ボンベイの収穫されたキビの畑の上をひしめきあっているバッタの群飛（約3～6 km^2）。
資料：M. de Montaigne, FAOによる写真

メ、ジャガイモ、サツマイモ、ヤムイモ、キャッサバ、ナツメヤシ、ココヤシ、ソルガム、ブドウ、そしてワタのような主な作物種を作物化した。作物は、畑で主に大きい鋤で耕した土壌で育てられた。耕起は主な決まりきった嫌な仕事であった。そして聖書では、神によって追放されたアダムの物語の中でこう説明されている。「神はアダムに向かって言われた。『お前は女の声にしたがい取って食べるなと命じた木から食べた。お前のゆえに、土は呪われるものとなった。お前は、生涯食べ物を得ようと苦しむ。』」(創世記3：17)［旧約聖書：新共同訳、日本聖書協会による］。その決まりきった仕事は、紀元前約4000年に単純な鋤が導入されたときから、わずかに軽くなったものに違いない。収穫された生産物、主として穀類は、さまざまな長さの時間の間貯蔵された。ネズミ、ハツカネズミ、そして害虫によって台なしになったり破壊されたりすることは恒常的な問題であった。

作物生産と関連した有害生物の生物学についての知識が欠けていたので、人間はこの期間の間中、自然の気まぐれにさらされた。食物の欠乏、有害生物による略奪は、人口増加に対する主な束縛であった。この時期の間、有害生物問題の数えきれないほどの歴史的物語がある。そして有害生物の大発生は、怒れる神によって人間に訪れた罰と考えられた。

害虫は作物の作物化の初めから人間にとっての問題であった。バッタとその他の昆虫による天災が起こった。しかしそれに対して、ほとんどなすすべがなかった。これらの有害生物を防除することができず、人々は救済を祈るか民俗的治療薬に頼ったが、それはしばしば役に立たなかった。しかしながら、害虫問題は常に繰り返された。もし、人々が食糧を貯蔵するならば、彼等は悪い年でも生き残ることができた。もしそうでなければ、彼等の家族、部族、村は飢えて死んだ。

病原体も、作物を加害し殺した。そして害虫のようにその大部分は防除できなかった。病気は人々が育てる作物を指示した。そして、植物の病気は環境によって決まるため、植物の病気は人々が生活していた場所に影響を与えることすらあった。

貯蔵した穀物農産物の脊椎動物、特にネズミとハツカネズミによる消費は特に重要であった。人間の近くに生きている、げっ歯類は他の問題を起こした。なぜなら、それらは人間の病気の媒介者として働いたからである。腺ペストはイエネズミのノミによって媒介されて大被害を与える病気であった。

図3–2 中央アメリカでトウモロコシの雑草を鋤き起こしている。鍬を持った人は雑草防除が必要な農業のシンボルとなっている。
資料：Marcos Koganによる写真

雑草は他の有害生物とは異なっていた。それらは独特なものと考えることができる。なぜなら歴史を通して、雑草は古代においても実際に防除できるタイプの有害生物であったからである。実際、人手による雑草防除は絶対的に必要であった。それは土壌の中の種子バンクが毎年存在する雑草をもたらすからである。もし雑草が防除されなければ主要な作物の生産は実質的に減少する。何千年もの間、農業者のイメージは絶えまない除草であった。粗末な鍬を持った男女そして子どもは人間の農業労働を象徴し、世界のある地域では今日でもそうである（**図3–2**）。雑草管理は、与えられた土地から十分な食物と繊維を生産することに成功するために、いかに多くの人々が必要であるかを指図するものであった。このことは多くの発展途上国において現在も真である（**図2–5参照**）。事実上農業者は、家族のメンバーが雑草を取ることができるだけの量の土地しか農耕することができなかった。

古代における重要な年代記

紀元前4700年　中国人がカイコを家畜化する。これは昆虫がいかに成長し繁殖するかの基本的知識の表れである。

紀元前3000年　ネズミは常に存在する問題である。以下はインドの教えからの引用である。

おお、イシュニ。我々の穀物食物を駄目にする、穴に棲む、げっ歯類のすべてを殺せ。その頭を切り、その首を潰し、その口をふさげ。そうすれば、それらは我らの食物を決して破壊しないだろう。人をして、それらから免れしめよ。

ネズミのワナはトゥラン文明ですでに用いられていた。

紀元前 2500 年　硫黄の殺虫的特性が発見される。そして、スメル人によって、この元素が害虫とダニを防除するために用いられる。

紀元前 1000 年　エジプト人と中国人が貯蔵穀物を守るために「植物的殺虫剤」を知る。これらの植物由来の化学物質はニコチンとピレトリンのような殺虫的特性を持っている（第 11 章参照）。

紀元前 370～286 年　植物学の父、Theophrastus［テオフラストス］は、低地の作物と斜面の作物との間の病気の疫学の違いを観察する。この観察から病気にかかりやすい作物を育てるには谷よりも斜面のほうがよいという概念に導かれる。我々は現在、感受性の違いは排水と湿度の変化によるものであるということができる。テオフラストスはまた、雑草の存在を認識していた。しかし、耕すことと引き抜くこと以外の防除法は論じていなかった。小さい追加を除けば、次の 2000 年の間、有害生物とそれらの管理に対する理解に、それ以上の進歩はなかった。

紀元前 250 年　「キノコ」のような柱を持つ穀物倉庫がネズミやハツカネズミが貯蔵穀物に登るのを止めるために開発される（**図 3–3**）。これらは世界の多くの地域でまだ用いられている。

0 年　旧約聖書は多くの有害生物問題を次のように記述しているが、防除については何の論議も含んでいない。

毒麦は雑草である。
立枯病とカビは病気である。
天災は、おそらくバッタのせいである。
　聖書の中で特にあげられているのは、アリ、ミツバチ、ノミ、ハエ、ジムシ、シラミ、ウジ、ケラ、ガ、サソリ、クモ、そしてムシ（一般的）である。
有害小動物はネズミとハツカネズミである。
火のようなヘビはおそらく人間に寄生する線虫であった。

西暦紀元 1 年から中世まで

出来事の要約

この期間の農業発展については、記録がほとんどないので多くは知られていない。しかしながら、知られていることは、ネズミ、ゴキブリ、バッタの災害と、飢饉になるような病気の流行である。

人々は有害生物の重要性を理解してはいたけれども、基本的な有害生物の生物学ですら知識がなかったことが、防除戦術を開発する能力を限られたものとした。顕微鏡的生物を見る道具がなく、遺伝学の理解が欠けており、進歩は最少のものであった。雑草以外の有害生物を防除する初期

図 3–3
げっ歯類の侵入を阻止するための「キノコ石」の上に建てられているスイスの穀物倉庫。
資料：Robert Norris による写真

の企てのあるものは迷信にもとづいていた。ローマ人はさび病の神ロビグスを持っており、彼らは、毎春行なわれる祝宴によって穀類のさび病の量が減るであろうという希望をもってこの神をなだめていた。ローマ人はまた、除草の神ルンキアを持っており、この神が雑草をより容易に防除させてくれるものと考えていた。ある社会では有害生物を遠ざける手段として人間を含む生け贄を用いた。

今では麦角中毒のような条件と考えられているものは、聖アントニウスの火として知られ恒常的な問題であった。麦角は堅い黒い構造で、穀類特にライ麦の穀粒と入れ代わっているものは、菌類の病原体 *Claviceps purpurea* によるものであり、穀粒の中で発育し菌核を形成し、これは実際上冬越しする構造である（**図 3-4**）。ライ麦の穀粒が0.3%というわずかな麦角になったときでも、それから作られた粉を食う人間に病気を起こし死をもたらすことさえある。この菌はリゼルジン酸に関連した化合物を生産し、それは幻覚、壊疽、その他の病気をひき起こす。中世にはこの病原体は穀類作物では普通にあった。

1691 年から 1796 年に、麦角はマサチューセッツ州セーレムに魔女がいると人々が考える理由になった。人々が魔法にかけられたような症状に襲われたことは全く麦角の穀粒によるものであろう。麦角病の大発生はイギリスでは1929 年代という近年にまで起こり、フランスではもっと最近まで起こっている。この菌は今なおウシに病気を起こし、人間の原因不明の病気の原因とも考えられる。（現在、工業化した国のある人は、麦角の穀粒で作った粉を食ったかどうかを知っているであろうか？）

図 3-4
Claviceps purpurea 菌の感染によって、大きい黒い麦角となった穀粒を示すライ麦の穂。麦角にかかった穀粒は菌に置き換わり、リゼルジン酸に関連する毒素を含んでいる。
資料：Jack Clark, University of Califorunia statewide IPM program による写真

重要な年代記

400 年　中国ではカイコの糞がイネの有害生物防除のために用いられる。

およそ 800 年　作物の生物季節学（発育段階）と害虫の加害の間に関連がつけられ、それによって害虫問題を避けるための手段として作物の植え付け時期の概念へと導かれる。中国でのこの時期における他の重要な開発は、カンキツ類の生物的防除のためのアリの使用である。中国人は樹の間に竹の「橋」を作ることまでして、これによってアリが容易に樹から樹へ渡るようにした（**図 3-5**）。アリの巣は生物的防除の目的で広州の近くで売られた。

1100 年　中国では石鹸がある昆虫を防除するために使われる。

およそ 1200 年　Albertus Magnus はヤドリギが寄生者であることを観察し、寄生者が取り除かれると「病気」の寄主が回復することを見いだす。Harsfall と Cowling によって引用されたように、彼の発見は認められず、人々はさらに 650 年間植物の寄生者によって悩まされた。

1476 年　スイスのベルンでネキリムシが裁判にかけられ、有罪と宣告され大司教によって破門され追放された。この経過は有害生物が認識されたことを表しているが、人々はそれらを防除する方法がなく絶望的であった。

17 世紀

出来事の要約

17 世紀に、科学的方法と顕微鏡のような科学的装置の発明の始まりが見られ、それによって主な進歩が可能となった。しかしながら、発見されたことはしばしば誤解された。大部分の有害生物の防除は民間伝承のレベルに止まった。1 つの重要な進歩は、昆虫が腐ったものから自然に発生するのではなくて卵から生まれるという観察である。17 世紀にはまた、都市化の拡張によって農業の需要が増加したように見える。農業の改善によって人々は、より都会の

図 3-5
カンキツ類の樹の間の「橋」が捕食性のアリを助ける。この生物的防除技術は中国人によって、ほぼ紀元 800 年に開発された。
資料：Olkowski and Zhang, 1998. を改変

周囲に転居するようになり、農業生産システムが一層進歩することの必要性を作りだした。より大きい都市化への転換はヨーロッパで最初に起こり始めた。

17 世紀における重要な年代記

1640 年代　van Helmont が植物は成長するために土を消費するものではないことを示す。彼はわずか 2 オンスの土を「用いて」鉢の中で 5 年間に 169 ポンドのヤナギの木が育つことを見いだした。その時彼は、木は「水から生じ」たに違いないと考えてはいたけれども、これは植物がいかに育つかの理解における主な概念的ステップであった。100 年も経たないうちに Priestly［プリーストリー］と他の研究者は、植物が CO_2 を取り入れて酸素を放出することを理解し、その後光合成の概念へと導かれた。

1600 年代中期　複合顕微鏡の発明が多くの病気の原因となるものの発見へと導く。しかしながら、生物を見る能力を持つことは、それらの役割を説明するために必要とは限らない（以下参照）。ウイルスのような、あるきわめて小さい生物は電子顕微鏡の発明（1930 年代）まで直接に観察されなかった。

ほぼこの時期に、フランスの農業者はオオバノヘビノボラズの茂みとコムギのさび病の関連を認識し、この病気の管理のためにオオバノヘビノボラズの茂みを取り除くための法律の制定へと導く。これはおそらく現在広域的 IPM と呼ばれるものの最初の実例であったろう。

1665 年　Robert Hooke［フック］が、さび病菌の冬胞子を最初に観察する。フックは彼の見たものが病気の結果であって原因ではないと誤解した。この誤りは 200 年近くも存続した。

1666 年　昆虫の生物学と種の記載についての豊富な知識を持つ自然史の百科全書が日本で出版される。

1683 年　van Leeuwenhoek［レーウエンフーク］が細菌を発見する。しかしそれらの役割が正しく説明されたのは約 200 年後であった。

1690 年　タバコの浸出液に殺虫効果のあることが発見される。砒素が 1 つの殺虫剤として使用される。毒性の問題に突き当たるが、飢えへの恐れが毒の恐れよりもさらに強力であったために、人々は 20 世紀に入るまで砒素を用い続けた。

18 世紀

出来事の要約

Carl Linnaeus［リンネ］（1708-1778）が、すべての生物の命名法としてラテン語二名法を導入し、それによって有害生物防除に大きい進歩をもたらした。ある有害生物の標準化された名前なしには、その生物学とその防除のための方法について、手に入る情報を蓄積し訂正することはできなかった。

有害節足動物の科学的防除のための基礎を、さらに前進させたもう 2 つの発見が起こった。これは、熱の積算あるいは「日度」と昆虫の発育の関係であり、それは個体の成長、発育、そして繁殖の速度を理解する鍵であった。これらは個体群動態を制御するうえで主要な要因である（第 5

章参照)。植物の昆虫に対する自然の防衛の存在もまた認識され、それはピレトリン、ロテノン、そしてニコチンのような植物由来殺虫剤の発達と使用を増加させた。これらの植物由来殺虫剤は今も用いられている。植物が昆虫に抵抗できることの現実化は世界的探検と時を一にし、その結果殺虫的性質を持つ植物物質の収集をもたらした。

雑草防除における最初の真の進歩は、Jethro Tullが回転種播き機を発明したときに起こった。この種播き機によって作物を直線的に植え付けることができるようになって、馬が引く装置による畝の間の耕起が改善された。

植物寄生性の線虫がこの時期に最初に観察された。この世紀には、植物の病気の原因生物の知識は最少であったけれども、これらの生物を理解するうえで主な進歩が起こり始めるには19世紀を待つまでもなかった。

18世紀における重要な年代記

1729年 Micheliが病気になったメロンからの「ほこり」が、これまで病気にかかっていないメロンに病気を起こすことを記録する。彼はこの「ほこり」が菌類の「種」であると考えた。

1731年 「The New Horse Houghing Husbandry」[新しい馬による耕作]がJethro Tullによって出版され、雑草管理の革新に主要なステップを提供する。しかしながら、彼の発明はほとんど次の世紀まで広く採用されなかった。ひとたび採用されるとTullの発明は農業における人力から畜力への転換を加速し、それは特に植え付けと雑草防除において著しかった。雑草防除に対する人間労働の低減は工業化時代と関係した要因となった。畑での除草の決まりきった嫌な仕事から解放された人々は、都市に向かうことができた。

1743年 Needhamが最初にコブのついたコムギの粒の中に植物寄生性線虫を観察する(**図2-7dとe参照**)。

1755年 Tilletが、黒穂病の「ほこり」をコムギに接種すると黒穂病がより悪くなり、また植え付け前に硫酸銅で処理した種子ではこの病気が減ることを記録する。この病気における菌類はのちに彼の名にちなんで名づけられた(*Tilletia*菌は穀類の黒穂病またはなまぐさ黒穂病をひき起こす)。Tilletは微生物ではなく病気による毒性の原理であると考えたけれども、これは最初の伝染性の植物病の明瞭な実証であった。しかしながら、Tilletの仕事はただちには受け入れられず、自然発生世代学説が最終的に否認される前にはさらに100年間が過ぎた。

19世紀

出来事の要約

19世紀の間に、農業的問題を解決するための実験的手法において起こったように、環境条件を越えて防除ができることが社会にますます受け入れられるようになった。それはヨーロッパと北アメリカにおける農業試験場の設立を伴っていた。イギリスのロザムステッド試験場は、植物の栄養と肥料の使用について、よりよく知るために1840年代に個人的基金によって始まった。アメリカ合衆国では、1860年代における公的基金によって土地払い下げ大学が始まった。1887年におけるHatch Act[ハッチ法]にしたがって、各州は土地払い下げ大学の中に農業試験場を設立した。よく似た研究組織は大部分の先進国で20世紀の初期に始められた。農業有害生物と有害生物防除についての科学的知識がより速やかに前進し始めた。

1845年にM.J.Berkeleyは、その当時菌類と考えられていた卵菌類がジャガイモの疫病の原因であると主張した。これは微生物が病気を起こすという最初の納得のいく主張であった。菌類が植物の病気を起こすという実証は、病気の理解と、それらの管理における主要な進歩であった。細菌の病原体の発見もなされた。1860年、Louis Pasteur[パストゥール]は、生きた生物は、非生物から生ずるものではなく、生きた生物は、他の生きた生物から生ずることを納得のいくように証明した。パストゥールは彼の実験において微生物を殺すために熱を用い、これによって自然発生の学説の誤りを証明した。熱によって微生物を殺すことは効果的な微生物防除を提供する消毒法をもたらした。

1876年にRobert Koch[コッホ]は、病気の動物からとった血液によって、病気を健康な動物に伝染させることができ、この過程は、ある動物から他の動物へと続けることができることを発見した。彼は一組の基準を定式化した。それは現在コッホの原則と呼ばれているもので、特定の生物が特定の病気の原因であることを証明するためにまだ使われている。

コッホの原則は次の通りである。

第1段階：病原体生物を病気の植物から得る。

第2段階：その生物を培地の中で育てる。

第3段階：その培養した生物を健全な植物に接種する。

第4段階：接種された植物が病気にかかり、同じような症状を示すことを確定する。

第5段階：同じ病原体を、接種されて新しく病気になった植物から再び単離する。

もし病原体が培養できないと、コッホの原則は適用するのが難しい。ウイルスは培養できない。このことは20世紀の初めまで、なおウイルスが病原体であると考えられなかったことの1つの理由である。19世紀のコッホの原則の開発によって、病気が自然発生するという考えが休止されるべきであったが、論争は1920年代まで続いた。コッホの原則は主要な進歩を代表しており、病気の原因を確定する正しいしっかりした科学的基礎を提供し、今日なお用いられている。

19世紀の後半には有害生物を防除するための化学的療法の最初の実例が見られた。そして、有害生物防除に対する「silver bullet」［銀の弾丸］手法の全概念を動かした。硫酸銅と石灰の混合物がブドウのべと病を防除するという掘り出し物が病害防除のための突破口であった。最初の農薬散布機がこの殺菌剤を適用するために開発された（**図3-6**）。これらの初期の発見は、いかなる主要な有害生物に対しても単純な治療法が見つけられるという信念に貢献した。この誤解はIPM時代の今日までよく残っている。

人間の旅行と外国地域の探検が増えたために、有害生物、特に昆虫が新しい地域に侵入することが重大な問題となり始めた。ナシマルカイガラムシが中国からアメリカ合衆国に侵入したのは1つの初期の実例である。今日では人間活動を通した有害生物の伝播が最も重大な問題である。それは特に全地球的貿易と観光旅行の容易さとその量の増大に伴っている（第10章参照）。

昆虫と病害を防除することへ捧げられた最初の本が19世紀の間に書かれた。この時期に雑草管理は耕作機械の発達の増大を除けば、ほとんど進歩しなかった。

19世紀における重要な年代記

1807年　Prevost がTillet の以前の仕事を繰り返し、胞子が実際に黒穂病を生みだし、環境がその病気のひどさと発育の早さを変えるということを結論する。彼は信用されず、フランス科学アカデミーは、彼の結論は受け入れられないと裁定した。病気はなおも「自ずから発生する」もので、菌は病気の結果であってその原因ではないと考えられた。Prevost は薄めた硫酸銅が菌の胞子の発芽を止めることを顕微鏡で実際に観察し、そして銅が病気を防除すると結論した。彼の観察と結論はMillardet が70年後に銅を殺菌剤として再発見するまで注目されなかった。

1831年　有害昆虫に対して抵抗性のある植物の最初の記録。リンゴの品種の「Winter Majetin」はイギリスでリンゴワタムシに抵抗性である。

1845〜1846年　アイルランド（と他のヨーロッパの部分）で、ジャガイモの疫病の壊滅的な大流行が起こり、

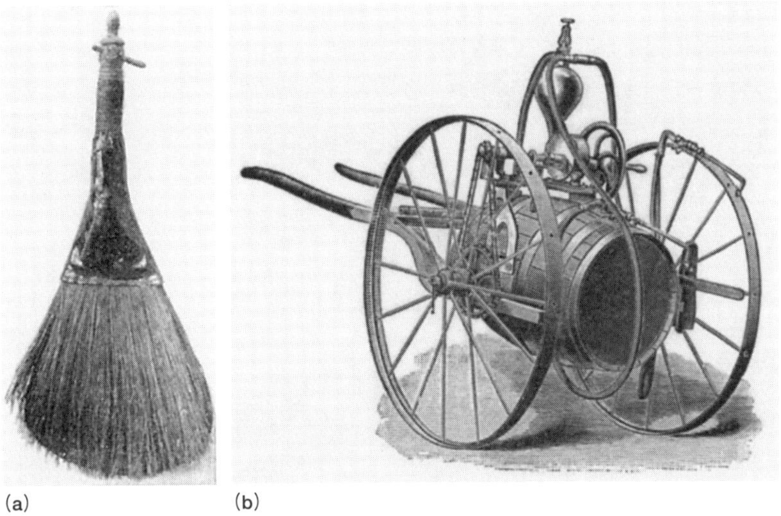

(a)　(b)

図3-6
ボルドー液［硫酸銅と石灰の混合物］は、(a) 最初ハケを用いて手で塗られ、(b) フランスでは19世紀までに散布機がすでに開発されていた。
資料：Lodeman, 1896. から写した絵

アイルランドで飢饉となりアメリカ合衆国への大量移民が起こる。Berkeleyは疫病が顕微鏡的病原体（彼はそれがある菌類であると考えた）によって起こることを納得のいくように主張した。しかしこの概念はなおも受け入れられなかった。

1850〜1860年代　Berkeleyが温室で育ったキュウリの根でネコブセンチュウを、ナベナの類でナミクキセンチュウを、そして、シストセンチュウをサトウダイコンの根で観察している。

1853年　DeBaryが、菌は穀類の黒穂病をひき起こし、その病気の結果ではないことを証明する。病原体／病気関係の科学的実証は、植物病原体の防除における進歩を支援する重要な概念的発見であった。科学はゆっくりと自然発生説に打ち勝ちつつあった。

1858年　Charles Darwin［ダーウィン］とAlfred R. Wallace［ウォーレス］がともにロンドン王立協会に自然選択による進化の概念を発表する。

1860年代　Louis Pasteur［パストゥール］が自然発生は起こらず、加熱が微生物を殺すことを実証する。

パリスグリーン（copper acetoarsenite）が導入され、アメリカ合衆国でコロラドハムシやその他の害虫の防除のために広く用いられる。

ヨコバイ亜目の昆虫の北アメリカの種であるブドウのブドウネアブラムシがヨーロッパに運ばれて、フランスのブドウ酒産業への重大な脅威になる。この侵入によって、ヨーロッパでは将来の有害生物の侵入を阻止するために強制的手段を用いる最初の組織的な試みが始まる。

1861年　DeBaryがジャガイモの疫病の原因である病原体は*Phytophytora infestans*であることを証明する。

1862年　United States Department of Agriculture (USDA)［アメリカ合衆国農務省］が設立される。

1866年　Gregor Mendel［メンデル］がエンドウマメの集団の分離の遺伝学について彼の古典的論文を出版する。当時、彼は認められなかったけれども、近代的遺伝学と有害生物抵抗性を含む作物改良のための、すべての植物の育種の基礎を確立した。

1875年以降　微生物を培養する技術が開発される。この技術はコッホの原則の開発を導き、それが今日もなお用いられている。この原則は、特定の病原体が特定の病気の原因であるということを認めるために、適合しなければならない一連の基準である。

1878年　ブドウのべと病がアメリカからフランスに到達する。この生物学的侵入はブドウに壊滅的な病気の流行をもたらしフランスのブドウ酒産業をほとんど破壊する。

1878年　細菌が植物の病気を起こすことの最初の証明。アメリカ合衆国でBurrillによって発見されたナシの火傷病は細菌によって起こる。また炭疽病はパストゥールとコッホによってウシで2年前に発見された。

1882年　観察の鋭いブドウの研究者であるMillardetは、こそ泥を思いとどまらせるために石灰と硫酸銅の混合物で処理したブドウが、処理しなかった隣の畝より、べと病が少ないことに注目する。

1885年　Millardetは、べと病を防除するために硫酸銅と消石灰の混合物を完成する。この混合物はその時からボルドー液と呼ばれたが、それはフランスのボルドー地方で最初に用いられたからである。この発見は植物の病気の研究に大きい原動力を与えた。なぜならば、それが病気を防除できるという可能性を持っていたからである。

1882年　コーヒーさび病について研究したWardが、作物の単作は病気の発生量を増やすということを最初に観察する。

1886年　Mayerが、ある病気（タバコモザイクウイルス）を、ある植物の汁液をとって他の植物に注入することによって感染させることを最初に行なう。

1888年　ベダリアテントウがイセリアカイガラムシの防除のためにオーストラリアからカリフォルニア州に導入される。このカイガラムシは1868年にカンキツ類の生産地域に偶然に侵入したものである（**図3-7**）。1880年まで、このカイガラムシはカンキツ産業を排除する脅威であった。ベダリアテントウの輸入と放飼は、効果的な古典的生物的防除の最初の実例であった。生物的防除システムは今日でもなお働いている。しかし、1960年代に激しく農薬が使用された時期にこのテントウムシはカリフォルニア州の畑からほとんど排除された。

1890年代　いくつかの病原体が昆虫によって媒介されることが示される。これは昆虫が病気をひき起こす物を伝播することを知ったという点で概念的に重要なアイデアであった。ワタミハナゾウムシがメキシコからテキサス州南部に侵入した。このゾウムシはその後30年間にワタ栽培地帯の残りの部分に広がり、南部

図 3-7
ベダリアテントウがカリフォルニア州に1887年頃導入され、カンキツ類のイセリアカイガラムシの生物的防除を提供した。これはある重要な昆虫による効果的な生物的防除の最初の実例である。
資料：Jack Clark,University of California statewide IPM program による写真

のワタ産業を破壊した。

1892年　Ivanowski が病気をひき起こす作用原因が、細菌を通さないフィルターを通過することを観察する。彼はこの「作用原因」が毒素であったと誤って結論する。

1898年　Beijerink が Mayer と Ivanowski が調べた病気の作用原因が熱によって殺されること、それ故にそれは「連続的な生きた液体」に違いないことを示す。彼はそれに対し「ウイルス」という言葉を作りだした。

1895年～20世紀初期　細菌が作物の病気をひき起こすのか、またはその結果なのかについての論争がひき続き荒れ狂う。この論争の記録は文献の中で最もよく表れた科学的不一致の1つである。

20世紀前期（1900年から1950年まで）

出来事の要約

この世紀の変わり目に5つの主な有害生物防除法が用いられた。すなわち、法制的、耕種的、生物的、遺伝的、そして化学的防除法である。すべては何年もかかって洗練され、主として害虫防除のために、わずかなものが付け加えられた。これらの技術は第10章から17章までにより詳しく記述されている。

作物と有害生物の生物学についての知識の拡大が、農業に働く科学者の数の増加とともに起こった。19世紀の中頃までは、興味を持ったアマチュアの科学者が大部分の農業的研究を行なった。職業的な科学者が昆虫学と植物病理学の専門分野に雇用されるようになったのは、ようやく19世紀の遅くになってからのことであった。1920年代と1930年代に、先進国のすべての作物の収量が劇的に急速に増加し始めた（アメリカ合衆国については**図1-2**参照）。この収量の増加は、収量増大のための植物育種、肥料の使用増加、そして有害生物の防除によるものである。

この世紀の初期に、病気への抵抗性が遺伝するということの証明がなされ、病原体と有害節足動物に対する抵抗性の増大のための植物育種が急速に進歩した。

この世紀の初めに大きい変化が起こり、人々は機械的雑草防除のためのエネルギーを、人間と家畜から化石燃料へと転換させた。

この期間の中頃に向かって、化学物質をもとにした有害生物防除の急速な発展が起こり、ひき続いて有機合成化学殺虫剤が発見された。1940年代の中頃から1960年代の中頃までの20年間は、化学的な「銀の弾丸」の考え方が典型的に現れた。この期間には、農薬が有害生物管理の「解決法」でありいかなる有害生物問題の解決のためにも新しい化合物が開発できるという信念が支配的であった。この考え方は1960年代の中頃（以下参照）まで持続し、いまだに完全には消えていない。

20 世紀前期における重要な年代記

1900〜1920 年　1890 年代に内燃機関の開発が起こり、農業機械（トラクター）に採用されて家畜エネルギーが石油エネルギーに効果的に代替される。トラクターは馬（あるいは他の牽引動物）よりも強力で速く、農業者が動物に対して餌を与えたり世話をしたりする必要がなかった。新しい機械を使った 1 人の人が、はるかに大きい面積を農耕し、これは生産的な農場のためにより少ない人々しか必要でないことを意味した。西欧の先進国では、機械化は農耕地が都市社会に変わることを加速させた。

1900 年代初期　硫酸銅や塩素酸ナトリウム、硫酸鉄のような無機化合物が植物を殺すために用いられる。問題はこの処理が大部分の植物を殺し、薬剤の施用割合が高いことであった。これらの化合物は鉄道の底敷き砂利のような状況を除いては、決して広く用いられなかった。鉄道の枕木と枯れて乾いた雑草は優れた燃料でありブレーキの火花によって発火するために、線路に沿った火災が問題である。コムギやオオムギのような作物における雑草防除のための選択的化学物質もまた、その使用が限られていた。農薬の粉末（多くは砒酸鉛による）はワタミハナゾウムシのためのワタや、コドリンガのためにリンゴのような作物に広く用いられる。問題は効果が低いことと作業者と作物への安全性が乏しいこと、そして土壌汚染であった。ある状況では、この薬剤で処理された果樹園であまりに多くの砒素が土壌の中に蓄積したために枯れた樹が植え代えられた。

1905 年　病気への抵抗性が遺伝するという最初の発見（例えばコムギのさび病）によって、有害生物抵抗性作物の育種のための基礎が置かれる。

1911 年　病原体の分離株の間で寄主範囲の変異性があることの最初の証明。そのような変異性は現在、レース、病原型、バイオタイプ、あるいは系統を定義するための基礎である。

1912 年　法制的活動による防除の概念が、外来有害生物の侵入を防ぐための検疫の発達とともにアメリカ合衆国で確立される。

1913 年　Riehm が病気を予防するための種子処理として有機水銀化合物を用いる。そのような処理は 1960 年まで広く用いられたが、その後水銀の毒性が認識されすべての使用が廃止された。

線虫の最初の包括的な分類学的研究が始まる。

1914 年　ある殺虫剤に対する昆虫の抵抗性についての最初の報告として硫黄石灰に対するナシマルカイガラムシの抵抗性が認められる。

1919 年　自然の捕食者と寄生者によって有害生物を防除することができるというアイデアにもとづいて「生物的防除」という用語が導入される。

1921 年　最初の飛行機による農薬の散布が行なわれる（オハイオ州の catalpa sphinx moth［スズメガの 1 種］に対して）。

1926 年　最初の成功した雑草の広域生物的防除として、ウチワサボテンを防除する *Cactoblastis* ガをオーストラリアに導入することが行なわれる（**図 3-8**）。

(a)

(b)

図 3-8　オーストラリアのウチワサボテンの写真。
(a) 生物的防除のためのガ *Cactoblastis cactorum* の放飼前と、(b) その放飼後 2 年の同じ地域。これは導入した昆虫による雑草防除の最初の成功した実例であった。
資料：Department of Natural Resources and Mines,Queensland の許可により複写した写真

1929年　ある昆虫の幼虫にある線虫を感染させる最初の記録。

1933年　Tanakaが初めて病原体が化学的化合物を放出してその結果植物に症状をもたらすということを示す（*Alternaria*の濾過物がナシの上に病気によるものと似た病斑をもたらす）。1952年までは、ある実際の毒素が分離されたことはなかった（タバコ野火病細菌の毒素）。

1934年　Tisdaleがジチオカーバメート殺菌剤のチウラムを発見する。この発見は多くの合成接触殺菌剤の急速な開発を導く。その後30年以上後の1966年まで合成殺菌剤は発見されなかった。

1930〜1940年代　植物を殺す有機化合物の最初の発見が起こる。初期のもの（例えばdinitoro-ortho-cresol）は選択的でなく、そのため限られた使用であった。第二次世界大戦の間の2,4-Dの発見は、農業者が作物を殺すことなく作物の中の雑草を殺すことができるようになったこと（**図3-9**）によってすべてを変えた。除草剤の選択性は現代の作物生産にとって基本的なことである（第9章、11章参照）。選択性の概念は後に総合防除の原理の導入とともに殺虫剤にまで広げられた。

1939年　電子顕微鏡を用いて最初にウイルス粒子が観察される。1950年代まではタンパク質の外被とその中の感染する核酸は実際に見られなかった（**図3-10**）。スイスの化学者Paul Mueller［ミュラー］がDDTの殺虫特性を発見する（この化合物は19世紀の間に合成されていたが）。ミュラーは1948年にノーベル賞を授賞された。DDTとベンゼンヘキサクロライド（BHC）の発見は殺虫剤時代の開始を印した。害虫防除のための殺虫剤の絶対的支配は1960年代まで続いた。それから、総合防除の概念について先駆的であった昆虫学者によって記録された問題によって幻滅が始まった。このことはRachel Carson［カーソン］によって彼女の本、「Silent Spring」［沈黙の春］に収集された。昆虫を殺すことは作物を生産するよりも環境を維持するうえでの最大の関心事となってきた。

1943年　Walter Carterが最初の燻蒸殺線虫剤を発見する。殺線虫剤によって植物寄生性線虫が明らかに作物損失をもたらすことが証明され、化学的防除の時代が始まった。

1946年　新しい有機合成化学殺虫剤に対する害虫抵抗性の最初の報告がなされる。DDTに対するイエバエの抵抗性はスウェーデンとデンマークで観察された。

20世紀後期（1951年から2000年まで）

出来事の要約

この期間には前期からの1つの大きい考え方の変化が起こった。これ以降、農薬はひどい限界を持ち、ある場合にはおびただしい望ましくない副作用を生みだすということが現実化した。有害生物問題への「銀の弾丸」的解決への探究が、有害生物防除のよりバランスのとれた生態学的見解へと入れ代わり始めた。その変化は今日まで続いている。

すべてのタイプの有害生物の農薬に対する抵抗性がこの期間に観察され、意図した標的有害生物の防除のために多くの農薬が効果的でないことが報告された。農薬抵抗性の問題は最初に有害昆虫で観察され、有害昆虫でよりひどかったが、後には抵抗性はすべてのタイプの有害生物の問題であることが証明された。ただし線虫では例外の可能性がある。農薬の抵抗性は、有害生物管理のすべての分野で余りにひどくなったので、農薬を用いる新しい手法の開発にかなりの努力が捧げられ、これを抵抗性管理と呼んだ。農薬抵抗性は進行中の問題であり、その主題は第12章で詳しく論じる。有害生物の誘導多発生の現象と、有用昆虫を殺すことによるマイナー有害生物の増加が発表された。

農薬への抵抗性が問題となったのとほぼ同時に、生態学者は農薬が非標的種に対して影響を持つかもしれないということを観察した。それは、いくつかの鳥の種の卵殻が薄くなりミミズが殺されるというようなことであった。有機塩素系殺虫剤が食物連鎖の中で生物的に濃縮されるという問題が認識された。その時まで除草剤または殺線虫剤の生物濃縮の証拠はなかったが、それらが土壌断面を通って地下水に移動するということが汚染問題となった。不注意な農薬の使用と関連した問題がひどかったので、有害生物防除のパラダイムを「銀の弾丸」から、作物－有害生物相互作用の生物学と生態学の理解へと変えることが余儀なくされた。生物学的生態学的情報は、総合的管理戦略、我々がいまintegrated pest management（IPM）［総合的有害生物管理］と呼んでいるものを企画するために用いられる。

integrated control［総合防除］の概念は1950年代の遅

図 3-9
フェノキシ系除草剤による選択的雑草防除。畑は 2,4-D が散布されている。しかし、雑草の生えた場所は散布されていなかった。
資料：Robert Norris による写真

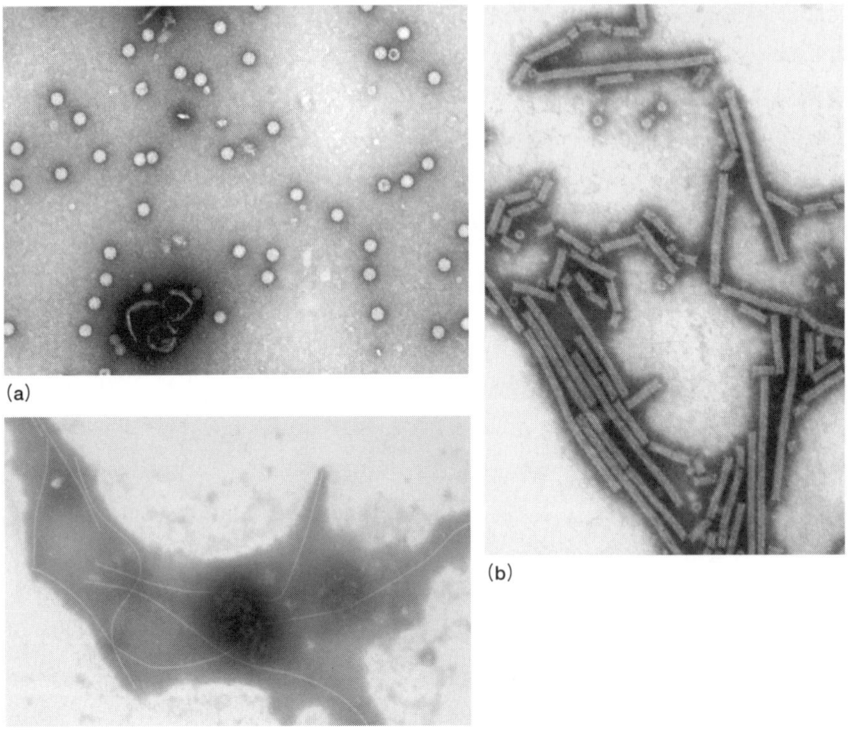

図 3-10
ウイルス粒子の近代的な電子顕微鏡写真。
(a) トマトブッシースタントウイルス（TBSV）の locosahedral ウイルス粒子。
(b) タバコモザイクウイルス（TMV）ウイルス粒子の堅い棒。
(c) レタスモザイクウイルスの長い曲がった棒状ウイルス粒子。
資料：(a) は R.Harris, B.Falk と R.Gilbrtson の許可、(b)(c) は R.Harris と R.Gilbertson の許可による写真

くに発展し、それは主として殺虫剤を害虫の生物的防除と両立するようなやり方で用いる、という内容であった。この概念は、後にすべてのカテゴリーの有害生物を防除する戦術を包含するように拡張された。再び拡張された概念は、現在一般に IPM として知られているものである。IPM の概念の実施と受容は比較的ゆっくりしており、このパラダイムの採用を増大させるためには数多くの提案がなされている。有害生物の生物学と生態学を理解することが強調された結果、大部分の有害生物の管理における主な改善がなされた。有害生物管理を生態学的基礎の上に再構築する試みは世界中で続けられている。

1953 年に Watson and Crick［ワトソンとクリック］は DNA の構造を記述した。20 世紀の終わりに向かって、分子生物学が有害生物と農薬の抵抗性を操作する新しい選択肢を提供し、有害生物管理のための新しい路を開いた。しかしながら、新しい技術の受容はアメリカ合衆国のように初期の懸念がほとんどなかったところから、より注意深い手法がとられているヨーロッパと世界の他の地域での拒否

にいたるまでの違いがある。

20 世紀後期における重要な年代記

1950 年代　細菌病の防除のための抗生物質の使用が広がるようになる。新しい種類の農薬に対する抵抗性が昆虫個体群に現れ始める（第 12 章参照）。

1950 年代から現在まで　化学工業は多くの新しい農薬を合成する。

1953 年　ワトソンとクリックが DNA の構造を記述し、これによって植物の育種と遺伝的操作の実施を伴う現代分子生物学の時代が始まる。

1955 年　アメリカ合衆国農務省の E.Knipling［ニップリング］が不妊虫放飼法による野外における昆虫繁殖の抑圧法を最初に記述する。

1958 年　Howitt、Raski と Goheen が線虫によるウイルスの伝播を記録し、オオハリセンチュウがブドウのファンリーフ病ウイルスの媒介者であることを示す。

1959 年　Kalson と Butenandt がカイコガの昆虫性フェロモンを最初に同定する。性フェロモンは多くの昆虫の繁殖行動の主要な要因であり、行動的防除（第 14 章参照）と呼ばれる戦術に用いられ成功している。1980 年代の中頃までに 1000 以上の性フェロモンが同定された。

1962 年　カーソンが「Silent Spring」［沈黙の春］を書く。この本は農薬によってもたらされる問題を一般市民に注意させ、農薬が一般大衆によって見守られ、科学者によって扱われる方法を永久的に変えた。

1960 年代後期　雑草個体群において除草剤への抵抗性が最初に記載される。そして、次の 20 年間に数多くの雑草が抵抗性を急速に増大し、その程度は抵抗性が現在のように除草剤パラダイムを変え始めるまでになる。最初の殺菌剤への抵抗性も起こったことが記録される。この問題はさらに広がり、次の 30 年間に site specific activity［部位特異的活性］が導入された。

1976 年　ファイトプラズマ生物がある病気に関して最初に観察される。初めはマイコプラズマ様生物あるいは MLOs と呼ばれていたが、今ではこの呼び方は中止されている。

1968 年　Dale Newsom は論文を出版し、その中で最初に「総合的有害生物管理システム」という表現を用いる。

1969 年　アメリカ合衆国科学アカデミーがこの用語を定式化し、有害生物管理の原理を定義する。

1972 年　総合的有害生物管理（IPM）という表現が Richard Nixon［ニクソン］大統領の国会へのメッセージの中で正式に表れる。そこでは彼は環境保護のプログラムを伝達し、それが United States Environmental Protection Agency（EPA）［アメリカ合衆国環境保護庁］の創設に導く。

ある病原性細菌が木部または篩部で生きることができることが発見される。それらは fastidious［培養できない］とされる。なぜならば、それらは生きた生物の外では生存できないからである。この時にまたスピロプラズマの最初の観察がなされる。

1980 年　樹木の根頭がん腫病は、根頭がん腫細菌 *Agrobacterium tumefaciens* によって細菌の DNA が植物のゲノムに挿入され、成長調節剤の過度の表現をもたらすためであることがはっきりする。この細菌が DNA を高等植物のゲノムに挿入する能力を持つことが、作物の植物体の遺伝的形質転換の最初の基礎となった。

1980 年代から現在まで　分子生物学と遺伝子組み換え作物（また遺伝的に操作された生物、あるいは GMOs として知られる）の有害生物管理への適用が急速に発展する。

1994 年　ウイルスに抵抗性のある最初の遺伝子組み換えカボチャ品種が公開される。最初のグリホサート［除草剤ラウンドアップ］抵抗性のワタ、トウモロコシ、ジャガイモが公開される。

1995 年　*Bacillus thuringiensis* から由来する内毒素の生産をコード化する遺伝子を用いた昆虫抵抗性のワタ、トウモロコシ、ジャガイモが公開される。

1990 年代半ばから現在まで　世界のいくつかの地域、特にヨーロッパで遺伝的に操作された作物（GMOs）についての社会的懸念が増大する。一般市民の圧力が IPM システムへのこの技術の採用を劇的に遅らせる。

明敏な読者は軟体動物の理解または防除についての歴史的情報がないことに気がつくに違いない。これは農耕または有害生物管理を扱う論説のいかなるものにもこの有害生物の情報がないことによる。

資料と推薦文献

Evans（1998）の本は大いに読むべき農業の歴史についての記述であり、その多くは世界の人口の増加の文脈において、有害生物管理の発展にかかわっている。その他、作物の栽培化とさまざまな有害生物専門分野の歴史を扱っている本がここにはあげられている。

Ainsworth, G. C. 1981. *Introduction to the history of plant pathology.* Cambridge; New York: Cambridge University Press, xii, 315.

Campbell, C. L., P. D. Peterson, and C. S. Griffith. 1999. *The formative years of plant pathology in the United States.* St. Paul, Minn.: APS Press, xvii, 427.

Carson, R. 1962. *Silent spring.* New York: Fawcett Crest, 304.

Chapman, R. F. 2000. Entomology in the twentieth century. *Annu. Rev. Entomol.* 45:261–285.

Dethier, V. G. 1976. *Man's plague? Insects and agriculture.* Princeton, N.J.: Darwin Press, 237.

Evans, L. T. 1998. *Feeding the ten billion: Plants and population growth.* Cambridge, UK: Cambridge University Press, xiv, 247.

Harlan, J. R. 1992. *Crops & man.* Madison, Wis.: American Society of Agronomy: Crop Science Society of America, xiii, 284.

Harlan, J. R. 1998. *The living fields: Our agricultural heritage.* Cambridge; New York: Cambridge University Press, xi, 271.

Kritsky, G. 1997. The insects and other arthropods of the Bible, the New Revised Version. *Am. Entomol.* 43:183–188.

Lodeman, E. G. 1896. *The spraying of plants; a succinct account of the history, principles and practice of the application of liquids and powders to plants, for the purpose of destroying insects and fungi.* New York; London: Macmillan and Co., xvii, 399.

Matossian, M. A. K. 1989. *Poisons of the past: Molds, epidemics, and history.* New Haven, Conn.: Yale University Press, xiv, 190.

Olkowski, W., and A. Zhang. 1998. Habitat management for biological control, examples from China. In C. H. Pickett and R. L. Bugg, eds., *Enhancing biological control: Habitat management to promote natural enemies of agricultural pests.* Berkeley, Calif.: University of California Press, 255–270.

Smith, R. F., T. E. Mittler, and C. N. Smith, eds. 1973. *History of entomology.* Palo Alto, Calif.: Annual Reviews Inc., vii, 517.

Timmons, F. L. 1970. A history of weed control in the United States and Canada. *Weed Sci.* 18:294–307.

第4章
生態系と有害生物

ナチュラリストが観察するように、あるノミには
彼等が食う、より小さいノミがいる。
そしてこれらのノミにも、彼等が食うもっと小さいものがいて、
これが限りなく続く。

ジョナサン・スイフト（1667-1745）

序論

堅固な生態学的原理は、基本的に有害生物も有用生物も含むすべての生きている生物に適用できる。例えば、同じ資源を必要とし1つの地域に共存する生物は競争するであろう。ある重要な生物学的または生態学的原理は、1つの有害生物のカテゴリーに対して、他のカテゴリーに対するのと全く異なったやり方で関係するであろう。有害生物管理に関連して、1つの生態学的原理の適用性または価値について広く一般的に述べることは難しい。なぜならば、各々の管理の状況は、存在する有害生物のカテゴリーや生態系、人間の目標、経済性、そして社会的意味において独特なものだからである。

すべての有害生物管理に対する基本的な土台は、管理されるべき生物の生物学と生態学である。有害生物管理に対して考えられるべき生物の生物学的特徴は次のものを含む。

1. 分類学：生物の分類と命名。
2. 生理学：生物の代謝過程。
3. 形態学と解剖学：生物の身体的構造。
4. 遺伝学：世代から世代へと伝わる特徴。
5. 繁殖と個体群動態：個体群の大きさを決定する要因。
6. 生態学：生物がいかにそれらの生物的および非生物的環境と相互作用するか。

この章では、我々は一般的原理のみを述べる。個々の有害生物に特異的な情報は、有害生物の各カテゴリーのための教科書（資料と推薦文献）と地域的に開発された管理指針の中で見いだすことができる。

我々は、正しい有害生物の同定が、いかなる有害生物管理プログラムにおいても基本的要素であるということを強調しすぎることはない。すべての教科書が、有害生物の各カテゴリーの分類学にもっぱらあてられているほど、同定は非常に複雑である。ある生物の科学的ラテン語名は、その生物学について存在する情報の鍵である。植物学的、動物学的分類は階層的で、進化的な関係を意味する。その分類学的関係に反映している生物の間の進化的関係がわかれば、ある知られた有害生物についての情報が、新しい近縁の有害生物に一般的に適用できるようになる。

さまざまな有害生物の生理学的過程と解剖学的特徴は、同様にこの教科書には含まれない。そのような情報は一般昆虫学、植物学、菌学と植物病理学、脊椎動物学を含む参考書の中で見いだされる。有害生物と作物の遺伝学は有害生物管理において主要な役割を演ずる。有害生物の遺伝学は第5章に含まれ、第17章は作物遺伝学を含む。

有害生物の繁殖と個体群動態は、信頼できる有害生物管理を開発するための重要な要素であり次の章で扱う。有害生物が生態学過程に参加するやり方の理解は、効果的な有害生物管理を開発するために重要であり、この章で論議される。

生態系の組織と遷移

生態系のレベルを理解することは有害生物管理に対して基本的である。我々は個体以下の生物のレベルについては考慮しない。読者は細胞構造についての一般的理解を持っているものと見なされる。有害生物管理に対して重要な生物のレベルは**図 1–5** に示されている。

「個体」：ある細菌、ある雑草、ある線虫、あるいはあるカスミカメムシのような1つの生物。

「個体群」：1エーカーのワタ畑にある雑草あるいはワタミハナゾウムシのように、ある地域の中にいる1つの種の全個体で、通常他の似たようなグループからある程度独立しているもの。

「共同体」：ある限られた地理的地域の中で、ともに発生したすべての種の集合。ある農業圃場の中で、共同体は作物植物、雑草、病原体、細菌、菌類、線虫、昆虫、脊椎動物を含む。ある特定の地理的地域に典型的に限られるけれども、カリフォルニア州サンホアキンバレーのアルファルファ共同体のように、1つの大きい地域にまたがるものを1つの共同体と呼ぶことができる。共同体は分類学的集合、ある特定の地理的地域の中にともに発生する、ある特定の分類学的名称のすべての種のグループからなっている。例えば、ある特定の圃場の中で発生するすべての昆虫を、その場所の昆虫の集合または昆虫共同体と呼ぶことができる。

「生態系」：ある特定の地域における生物の共同体と非生物的環境を一緒にしたもの。生態系は規模的には不確定である。その中では、生態系の境界は、考え方と時間尺度の目的によって相対的に特定される。有害生物管理の文脈では、生態系は1つの谷間または流域のような特定の地域内の作物圃場と、それをとりまく水路、生け垣、森林などとして考えられる。

「生態的地域」：生態的地域の概念は、生態系とそのタイプ、質、そして環境的資源の量において一般的に似ている地域を示す。生態的地域は研究、評価、管理、生態系のモニタリング、そして生態系の要素についての空間的枠組みに役立つために命名される。生態的地域は気候、地形、土壌、植生、土地利用のような地理的特徴によって記述される。この用語は1970年代の中頃から用いられてきたけれども、この概念と資源管理、生態学的インパクトの評価、そしてIPMにさえも、その基礎として生態的地域の分類を採用する傾向は近年増大しつつある。生態系と流域の概念において、固有の空間的尺度のあいまいさは、生態的地域の概念が採用される理由の1つである（Omernik, 1995）。

「生物圏」：地球的な生態系を記述するために、しばしば用いられる総括的な用語で、生物学的世界をなす相互に関係しあう生態系の広い規模の集合を表す。

農業生態系の中で起こる過程は有害生物の発育と管理に大いに影響する。生態系はエネルギーと栄養のダイナミックなインプットを持ち、作物の植物を含む生きた生物の生産によって表されるアウトプットを持つ。インプットとアウトプットは水、エネルギーそして栄養循環の言葉で記述されるであろう。これらの循環の実例は大部分の一般生態学の教科書の中で見いだすことができる（この章の終わりの推薦文献参照）。

遷移の概念

遷移は、ある生物的共同体における小さい永久的な生物量を持つ開放系から、安定した極相共同体に至る継続的な種の時間的順序である。ある森林火災の後、植物と動物の定着した共同体の多くが死ぬか追いやられる。ゆっくりと新しい生命が生じ、最初は侵入的な早く発育する植物が定着する。それに低木と後には新しい木が続く。植物の集合が回復するにしたがって、動物がその地域に戻ってくる。このシナリオは、ある生態系の中での遷移の概念を描写する。火災の後、元の樹木の被覆が戻ってくるには多くの年数がかかる。しかし、その時点で共同体はその極相条件に戻ったといわれる。極相は相対的に安定した共同体を代表し、その中では種の消滅の速度は存在する環境的条件によって与えられた新しい種による定着の速度と平衡している。

ある地域において実現される実際の極相共同体は、季節的な平均気温と降水量のような要因に依存するが、降水量の少ない地域の極相共同体は典型的な草原であり、降水量が十分かまたは多い地域においては、極相共同体はある種の森林である。砂漠とツンドラは水と温度が生物の成長と生存を制限するときの極相を代表する。人間の見地からすると、遷移によって作りだされる問題点は極相植生が実現したときにそのシステムの純生産はゼロであるということである（**図 4–1**）。別の言い方でいえば、極相の条件が存

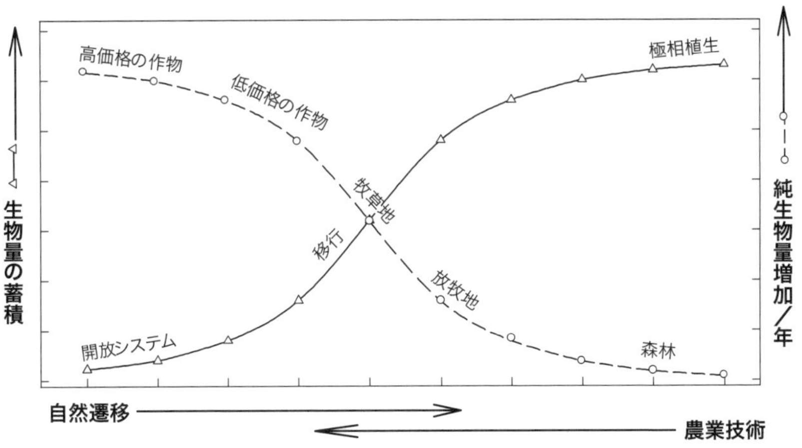

図 4-1
生態学的遷移と栽培シーズン当たりに収穫できる生産量の間の関係を示す図。
資料：Shaw, 1961.、Flint and Van den Bosch, 1981. から描く

在するとき、光合成による生物量の増加は、その共同体の中のすべての生物の呼吸による損失によって帳消しされる。

農業は人間が遷移を極相状態になる前に遅らせる試みであり、それによって生物量（エネルギー）の純増加を人間の利益のために収穫することができる。遷移を引き止めるためには、そのシステムに人間のインプットが必要であり、インプットが大きいほど、またそのシステムの遷移の早い段階で引き止められるほど、人間が収穫することのできる収益は大きい（図 4-1）。

イギリスのロザムステッド試験場で Broadbalk と名づけられた畑での長期間続けられたコムギの実験（図 4-2b）は遷移の劇的な実例を提供する（図 4-2a）。この実験は 1843 年に始められ現在でも進行中である。コムギは開始以来連続的に育てられている（図 4-2b）。そして耕起、施肥、有害生物管理、特に雑草防除に典型的な人間の介入を必要としてきた。追加する肥料が欠けてさえ典型的な毎年の主食の穀物の収穫は維持されてきた。1882 年に Broadbalk のはずれにある 1 つの区域が放棄された。Broadbalk 実験を始めた研究者の 1 人の Lawes（1984）は収穫前の 1882 年にコムギ作物に対して次のように話しかけた。

> 私はお前からすべての保護を撤退する。そして、将来のために、お前は自分の苗床を作り、お前を根絶やしにしようとして、あらゆることをする自然に対して、お前ができる最良の方法でお前自身を守れ。

コムギは人間のインプットなしでは、4 年ののちに育たなくなった！ 1 つの区域から木の芽生えが掘りだされ、1957 年からヒツジが毎年放牧された。それは今牧草地（図 4-2c）となっており、肉と羊毛を供給する牧畜を支えている。放棄された地域の他の区域は全く管理されず、いかなる人間のインプットをも受けなかった。そしてそれは、今成熟した森林（図 4-2d）である。美学と生態系過程は別として、それは人間の消費のためのいかなる直接的な有用品をも提供しない。Broadbalk 放棄地（そう呼ばれている）のより完全な記述は Kerr *et al.*（2000）によって提供されている。

実際、世界の現在の栽培植物は、もし農業生態系の管理が中止されれば、Broadbalk のコムギと同じような運命をたどるであろう。たとえインプットのレベルが低下してさえ、収量と高い価値の集約的な栽培システムが減少する可能性がある。

農業と呼ばれる人間の活動の意図は、人間社会の目標を達成するために自然を操作することである。有害生物管理は、遷移を阻止することによって目標を達成するために人間が用いる技術である。さまざまな植物共同体の回復は、ここに示されたように、遷移の最初のステップである。なぜならば、それらは食物連鎖（以下参照）の基礎だからである。耕地の初期の遷移の段階は、人々が雑草と名づけるものである。したがって雑草管理は、生態系を社会によって必要とされる収穫できるアウトプットの段階に維持するために用いられる技術の主な要素である。

自然を平衡に達することから遠ざけ農業的生産を許すために、正常な栄養とエネルギーの循環が、高エネルギーインプットの重い補助金によって変えられる。農業生態系から高い収量を達成するために必要なインプットのレベルはあまり高いので、工業化された国々において今行なわれているような農業生産が持続的であるかどうかについての疑問が生ずる。1970 年代の遅くに、持続的農業として知ら

図 4-2　イギリスのロザムステッドにおける Broadbalk 長期実験。
(a) 実験地域の概観。背景に 1882 年に放棄された土地を示す。
(b) 通常の農業慣行を用いて連続的に 150 年間作付けされた Broadbalk のコムギ。
(c) 木が除かれた放棄地に 1957 年から放牧された区域。
(d) 1882 年からインプットのない放棄地で森林が再定着したことを示す。
資料：Robert Norris によって 2000 年 8 月に撮影された写真

れる力強い運動が始まった。これは農業生態系あるいは生物圏に有害な影響を及ぼすことなく、長期間の生産を育むような農業慣行を意味する。持続的農業が発展するためには、農業生態系の生物学と生態学が考慮され、それにしたがって生産慣行が計画されることが必要である。IPM は持続的農業の主要な要素である。

定義と用語

有害生物管理を論議するためには、異なる有害生物に対して適切な用語を用いることが必要である。以下の用語はしばしば用いられるものである。

食植者と食植性

食植者は破壊的に植物または植物の部分を消費する生物のことである。herbivory［食植性］の同意語は「phytophagy」（ギリシャ語の「phyton」は「植物」を意味し、「phagos」は「食う」）である。植物を食う昆虫は食植性昆虫といわれる。食植性の特別な叙法は phyllophagy（「phyllon」は「葉」または「葉を食う」）と xylophagy（「xylon」は「木」または「木を食う」）である。食植者は通常運動する生物であり、1 つの個体がその一生の間に典型的に 1 本以上の植物を食う。食植者はそれらが望ましい栽培植物に被害をもたらすときに有害生物と考えられる。ジェネラリストの食植者は多くの異なる植物種を食い、スペシャリストは 1 つまたは近縁の一群の植物種を食う。病原体は植物を食うが、密接な関係があるために、それらは通常単一の寄主植物に定着し、それらは食植者ではなく寄生者と考えられる。

食肉者

食肉者は他の動物（食植者または他の食肉者）を食う生物である。食植者のように，それらはジェネラリストかスペシャリストである。

雑食者

植物と動物を食う生物は食植者と食肉者の両方である。大部分のヒトはこのカテゴリーに入り，また多くの鳥，昆虫，特に有用生物もそうである。雑食者はさまざまな栄養段階（この章の後ろのほう参照）のものを食う。

単食性

単食性という用語は，1つまたは1つの属または近縁の属のわずかな種のみを食う生物に適用される。単食性は大部分の生物的防除手段における望ましい性質である。これは第13章でさらに議論される。

狭食性

通常近縁の生物の限られた範囲のものを食う生物は狭食性といわれる。

広食性

広食性の生物は，分類学的に近縁でない種または異なる栄養段階にある種さえも食う。

寄主

寄主という用語は寄生性生物の食物源または生息場所の両方となる生物を記述する。

被食者

捕食者の食物源となる生物は被食者として知られる。

捕食者

捕食者はそれらの被食者の，すべてまたは部分を食って，それを死に至らしめる。捕食者は通常それらの生活環の間に被食者の多くの個体を食う。

寄生者と捕食寄生者

寄主の中または上で生き，それから栄養物を得る生物は寄生者または捕食寄生者と呼ばれる。寄生者は，それらの寄主を一般的に傷つけるが，それらの活動は通常寄主を殺さない。捕食寄生者は寄主の中で発育する過程で寄主を殺す。寄生者と捕食寄生者は，それらの生活環の大部分の間を1頭の寄主個体と関係している。

高次寄生者と高次捕食寄生者

寄生者の寄生者は高次寄生者として知られる。それらは，あるときには二次寄生者と呼ばれる。節足動物管理の見地から，これらの生物は問題である。なぜならば，それらは有力な生物的防除資材として働いている寄生者を破壊するからである。

栄養動態

一般的概念

栄養的関係は，生物のエネルギーと食物，そして特定の生物が他の生物の食物となるありさまを記述する。栄養的関係は，生物の活動の見地から，あるいは生物を通じたエネルギーの流れの見地から考慮される。栄養動態は，時間をこえた時間的な流率または生物の数，あるいは生態系を通じたエネルギーと資源の流れを記述する。

食物連鎖は，ある共同体の中での生物の直接的な系列を単純化して描いたものである。その共同体では，より高い栄養段階にあるものが低い段階にあるものを順次に食うので，食物連鎖は，これらの栄養段階を通じたエネルギーの移転を記述するものとなる。単純な食物連鎖の考えは誤解をまねくことがある。なぜならば，それは生物の間の閉鎖的な食物関係を描くからである。栄養的関係と生物の間の相互依存性は、食物網あるいは、ある共同体の中のさまざまな生物の間で起こりうる、おびただしい「誰が誰を食うか」の関係の性格づけによってよりよく記述される。

食物網は、異なる栄養段階にある共同体におけるいろいろな生物の間の相互関係を特定する図式として描写されるであろう。この概念は特に、生態系の中の有害生物の異なるタイプの位置を分析し、有害生物の異なるカテゴリーの間の関係と結合を理解するために役に立つ方法であり、食物網と栄養動態は、有害生物の異なる種類の管理がいかに共同体／生態系レベルで相互に関係しているかを示す。

環境的資源はすべての食物連鎖のためのインプットを提供する（**図 4–3**）。主な資源は水、無機栄養素、日光から来るエネルギー、そして二酸化炭素である。緑色植物は、わずかな化学合成細菌を除けば、無機栄養素、二酸化炭素、そして太陽エネルギーを受け取り、二酸化炭素と水を単純な炭水化物へと変換し、これから、すべての他の生命に必要な生化学的物質のための建築ブロックを形成する。栄養動態の用語においては、植物は生産者と呼ばれ、独立栄養（文字通り「ひとりで食うもの」を意味する）として記述される。

生態系の中のすべての他の生物は細菌からゾウまですべて消費者である。それらは、生態系の資源から、それらの食物を作ることができないが、生きていくために必要な生化学的物質とエネルギーを獲得するために何かを食わなければならない。それらは従属栄養（「他者を食うもの」）と呼ばれる。消費者はそれらの食物源にしたがっていくつかの異なるタイプに分けられる。もしある消費者が植物を食うならば、それは食植者（文字通りにそれは葉を食うことを意味する）と呼ばれ、一次消費者（**図 4–3**）と考えられる。この図に描かれた単純な食物連鎖においては、それ以上の栄養段階は二次消費者として示されている。そのような消費者は直接に食植者を食う。それらは動物を食っているので食肉者とされる。この単純な食物連鎖は食肉者の第一段階を越えてのばされていないけれども、食物連鎖の中のこの段階以上のすべての生物もまた食肉者である。ただしヒトのようなあるものは雑食者である。

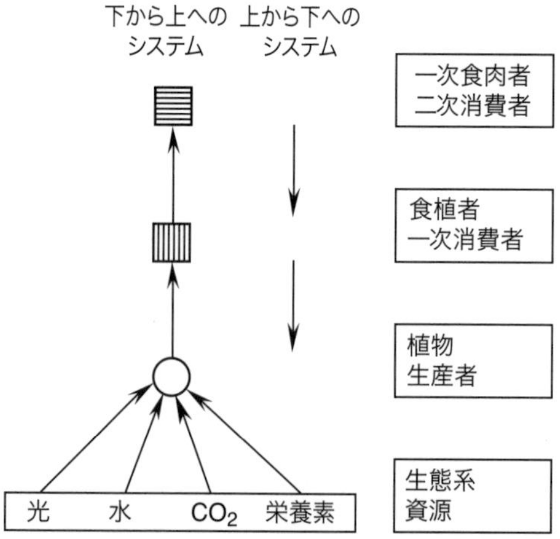

図 4–3　単純な理論的食物連鎖の図式。エネルギーと資源の流れは矢印の方向にある。

「下から上へ」と「上から下へ」の過程

図 4–3 では、枠の間の矢印は生産者から一次消費者さらに高位の消費者へと流れる資源を示している。もし最下位の栄養段階にある生産者が次の高位の段階（一次消費者）の個体群増加を制限し、これが続くならば、食物網を通じて構成する生物の個体群は「下から上へ」の動態を示すものといえる。これは植物の資源が食植者の個体群を調節し、食植者の資源が食肉者を調節し、以下同様となることを意味する。究極的には、すべての生態系は少なくともその時点では「下から上へ」と機能するに違いない。なぜならば植物が食物網の基礎であるからである。植物がなければ消費者はありえない。

「上から下へ」のシステムは、最高の栄養段階（最高位の消費者）の生物が次に低い段階（それらの被食者）の個体群増加を制限し、食物連鎖の下に向かって同様なことが起こる。もし捕食者や寄生者のように高位の食肉者があるシステムから除かれれば、それらの被食者は増加するであろう。このことは食植者か食肉者の個体群は食物連鎖で下位の生物の個体群動態を決定するのに十分なだけ食うということを示す（**図 4–3**）。

システムの機能が、主として「下から上へ」の様式か「上から下へ」の様式かについては、生態学者によって議論されており、最近の多くの研究はいかに異なるシステム機能のタイプがあるかを決めようと試みている。「上から下へ」と「下から上へ」の力は、おそらく両方とも多くのシステムにおいて一緒に働いているであろう。大部分の生態学的論議では、自然の生態系の中で行なわれている相互作用と動態に焦点が当てられており、攪乱された農業生態系については「上から下へ」と「下から上へ」の考え方が十分に考慮されてこなかった。しかしながら、個体群調節の概念は有害生物管理に対して重要な関係がある。雑草があるシステムの成り行きを決定するときには、それは明らかに「下から上へ」の動態である。IPM において「上から下へ」動かされるシステムの2つの実例をここに示したい。多くの作物は世界のすべての地域で成長することに成功していない。これは典型的に気候に関係した問題によるものである。しかしながら、生態学的条件によって、ある有害生物が繁栄することができて、あまりに大損害を与えるためにその作物がもはや経済的収益を提供しないようであれば、有害生物が作物の成長の不成功に関係しているといえる。ナシの木は開花期の気候が湿って暖かいところでは火傷病の細菌に感受性がある。ナシの木の被害があまりにひどいので（**図 4-4**）、世界中でそのような気候の地域では経済的に栽培することができない。この場合のナシの生産性におけるシステムの動態は、病原細菌による「上から下へ」の働きである。生物的防除は第二の実例である。生物的防除がうまく働くとき、それはこのシステムが「上から下へ」の様式にあると主張することができる。なぜならば、より高い段階の食肉者がそのシステムがいかに振る舞うかを決定しているからである（第 13 章参照）。

基本的食物連鎖（節足動物、線虫、脊椎動物）

図 4-3 は単純な食物連鎖の基本的な要素を表している。有害生物管理の見地から眺めたとき、栄養段階のための用語は厳密な生態学的意味で用いられているものとは異なる（**図 4-5**）。生産者は農業生態系における作物である。食植者はそれ故作物を食うものであり、それらの食うことによる被害が生産される作物の活力と収量の減退をもたらすために有害生物である。作物の成長、活力、そして収量の減少は作物損失と見なされる。有害生物を食う食肉者は有害生物管理の見地から有用なものである。なぜならば、それらは有害生物の生物的防除資材として働く捕食者あるいは寄生者であるからである。そして、そのような捕食者と寄生者は拮抗者または有用生物と見なされる。有害生物管理の観点から三次消費者はきわめて重要である。それらは有用生物である二次消費者を捕食する食肉者である。そのような捕食によって三次消費者は生物的防除資材の効果を制限することがある。二次と三次の消費者の両方の役割は第 13 章で詳しく論じられる。

図 4-5 は、大部分の有害な節足動物、軟体動物、線虫、食植性脊椎動物、そしてわずかな病原体にとって適切に正確なモデルである。それは多くの病原体に対してはほとんど適切でない。そして雑草には適用されない。後の二者の場合には栄養的関係を記述するために異なるモデルが用いられなければならない。

図 4-4　火傷病細菌に感染した反応として、ひどい被害を受けたナシの木。この木は感染した木部を切り取られている。それは感染が起こった結果、骨組みがほとんど完全に破壊された後での唯一可能な防除である。
資料：Wilbur Reil, University of California IPM program による写真

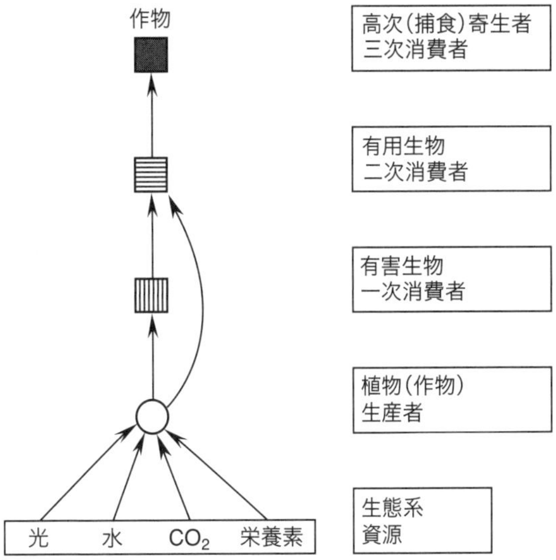

図 4-5　有害生物管理に用いられているように変えられた用語をつけた単純な食物連鎖の図式。エネルギー／資源の流れは矢印の方向である。

病原体の食物連鎖

植物をもとにした栽培システムにおいて、病原体が関係する食物連鎖は、他のタイプの有害生物のために示したものとは異なっている（**図 4-6**）。大部分の場合、特に空中伝染性病原体においては、病原体を食物源として積極的に探し利用するような、より高位の消費者はほとんどない。そのような場合には、食物連鎖はそれ故一次消費者の段階で終わる（二次、三次消費者への矢印は点線で示されている）。いくつかの注目すべき例外がある。例えば土壌伝染性植物病原体の菌類に寄生する菌類がおり、そのような寄生性の菌類は有害生物管理において役に立つ可能性を持っている。一次消費者の 2 つの病原体の間の水平の矢印は、同じ栄養段階にある病原体同士の競争を表している。この原理は病原体の生物的防除のために用いられる（第 13 章参照）。

雑草の食物連鎖

他の有害生物と異なり、雑草は作物に直接の物理的機械的影響を及ぼさない。なぜならば、雑草は作物の葉、花、または果実を食わないからである。雑草の影響は間接的であり、そこで雑草は作物に対する生態系の資源の入手可能性を減らす。なぜならば、それらは作物と同じ栄養段階を占めるからである（**図 4-7**）。ある雑草が窒素のような有限の量しか手に入らない資源を競争して用いるとき、作物植物の使用のために手に入るその資源の量は減る。

図 4-7 に示したシステムにおける雑草は、食物連鎖の上では作物によって支持された消費者生物になんの直接的効果も持たない。すべての相互作用は、資源の手に入りやすさが変わることによる作物の成長の変化によってもたらされる。1 つの生産者として、雑草は食物源となり、それ自身の食物連鎖を支えている。雑草の食物連鎖の中にいて雑草だけを食い作物を食わない生物は、雑草の生物的防除の生態学的基礎となる。雑草のための生物的防除資材は第一に食肉者よりは食植者である。そのような食植者が雑草の生物的防除のために用いられるとき、それらが目的とする植物を食わないことを保証することが絶対に必要である。それ故、雑草の生物的防除のために食植者を国際的に導入することは法律による規制で制限されている（これについては第 13 章がより詳しい）。

食物網

これまでの節では、表現を明瞭にするために単純な食物連鎖を示してきた。実際には、生物は通常 1 つの食物源を食うものではなく、1 つの他の生物だけがそれらを食うものではない。むしろ、異なる栄養段階における生物の間で数えきれないほどの可能な食う関係が存在する。この相互関係は食物網として図示され、それは生物の間の食物関係の相互依存性と相互作用を示す。**図 4-8** は、さまざまな植物資源の上で摂食している多くの有害生物種と有用生物

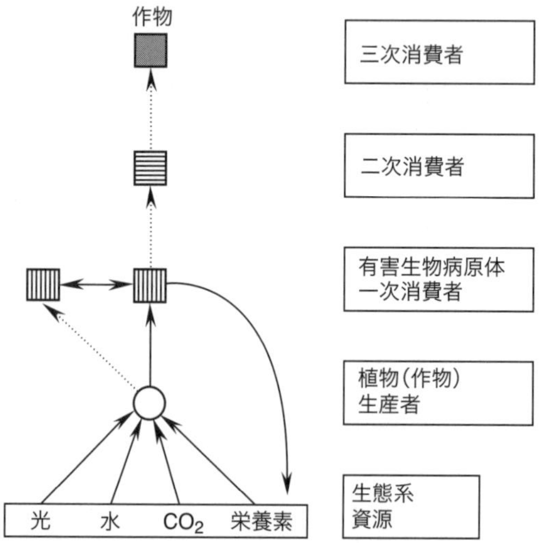

図 4-6　病原体が一次消費者であるときの資源の流れを示す単純な食物連鎖の図式。

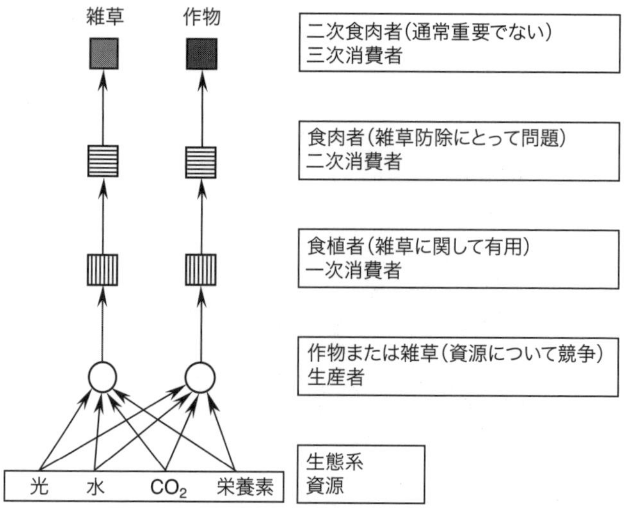

図 4-7　作物と雑草の間の資源についての競争を反映した単純な食物連鎖の図式。各タイプの植物のための食物連鎖を含む必要性について注目すること。

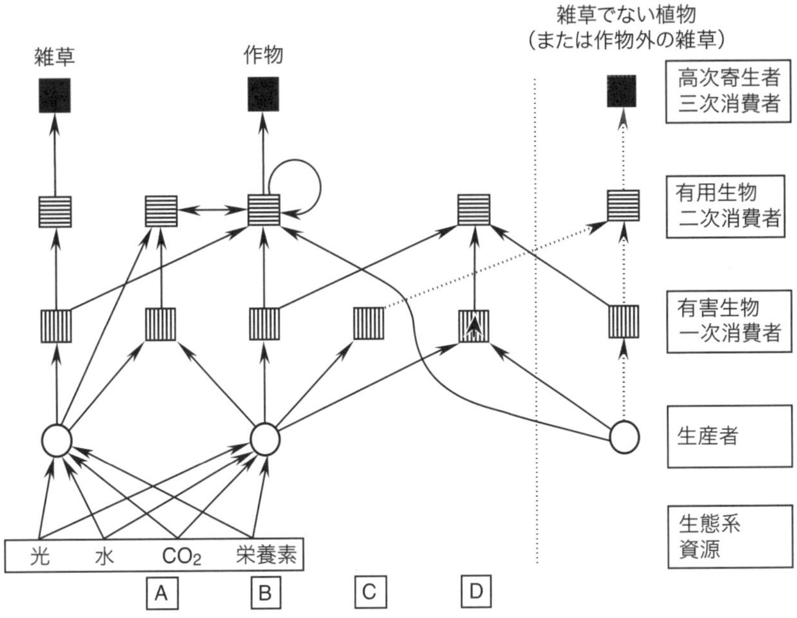

図 4-8
作物、雑草、農業生態系外の植物、そしてそれらの食植者有害生物と食肉者の天敵の間の資源の流れを示す単純な食物網の図式。

について、また捕食の選択において、さまざまにオーバーラップして食肉しているものについて、食物網の増大した複雑性の実例を提供している。栄養的相互作用は3つの異なる栄養段階にある生物に関係し、食植者有害生物（D）の中の矢印によって表される。重要な概念的相互作用のうちのあるものは、**図 4-8** を用いて以下に説明される。

1. 雑草は、食植者生物の代替寄主として働く（A と D）。有害生物 D は管理された作物生態系の外にある植物の上で支えられていることに注意。このタイプの栄養的問題は広域的有害生物管理のために重要である。
2. 雑草は、作物農業生態系の中で育つ雑草の上で生きている有用昆虫 B のための代替寄主として働くことがある。同様に、管理された生態系の外側の植物を食っている食植者の被食者は有用生物 D を支持している。農業生態系の外側で育つ植物は広域的有害生物管理のために重要である（第 18 章で論議される）。
3. 雑草は有用生物のための直接の食物源として働くことができる。例えば作物の中の雑草は有用生物 A のための食物であり、管理された生態系の外側の植物は有用生物 B のための食物である。
4. 作物には多数の食植性の有害生物がいる。そして同様に、いかなる有害生物も有用生物が存在することに依存して重要な問題となりうる。有害生物 A と D は雑草または作物でない植物の上で維持されている。有害生物 A はヒユの類やシロザのような雑草寄主に寄生することのできるネコブセンチュウである。有害生物 D は管理された畑のまわりの地域にいる雑草の上で生きているヨコバイ、あるいはレタスモザイク病のようなウイルスである。
5. 有用生物 B はおそらくあまり効果的ではないであろう。なぜならば、次のいかなるものも、有害生物 B の効果的な防除を提供するところまで増加して B の個体群を止めるのに十分になるほど、その個体群動態を変えることがないからである。
   5.1. 有用生物 B は蜜や花粉のような植物の食物を必要とし、適当な食物源はあったりなかったりする。
   5.2. 有用生物 B は他の有用生物（A）によって食われることがある。多くのジェネラリストの捕食者は同じ栄養段階のものを食っている（例えばクモ）。
   5.3. 有用生物 B は食肉性で、それ自身の種を食う（これが、多くのジェネラリスト捕食者の重大な限界である）。これは、それ自身に曲がって戻る矢印で表されている（例えばクサカゲロウとテントウムシの幼虫）。
   5.4. 有用生物 B は高次寄生者の三次消費者（B）の食物源である。
6. 管理された生態系の外からの高次寄生者は、おそらく有用生物の効果を制限するであろう。
7. 有用生物 D の活動は昆虫学者が三栄養的相互作用と呼ぶものによって修正されている。これは植物由来の化学的化合物の栄養段階を横切った通過に関係する定義である。有用生物 D の中での垂直な矢印は、作物植物に由来する化学的化合物が次のより高い栄養段階に通過することを示す。しかしながら、有用生物Dはまた、作物の中の雑草とシステムの外側の植物によっても支えられるので、それは正常に働くことができる。

実際のところ大部分の食物網は多くの相互作用を含み、ここに記述されたものよりも、はるかに複雑である。このシステムのある部分が下から上への過程を含むこと、一方他の部分が上から下への様式で同時に反応することに注目してほしい。

動物にもとづく食物網

ある動物にもとづく農業システムを考えるとき、異なる栄養段階の重要性と、それらを記述するために用いられる用語の肯定的および否定的な含蓄は、植物にもとづくシステムを記述するのに用いたものからはかなり変化する（図4-9）。動物にもとづくシステムは次のように違う。

1. 食植性の一次消費者はこのシステムで求められる生物である。実例にはウシ、ヒツジ、あるいはニワトリを含む。
2. 一次食植者の作物有害生物は、今や求められる食植性の動物と同じ栄養段階にある。それは用いられた有害生物管理戦術に影響することがある。例えば草を食うウシは牧場に施用された農薬を消費する。
3. 二次消費者の食肉生物は有害生物（例えばノサシバエ）であり、そして三次段階の消費者は有用生物となる。
4. 雑草は生産者であり、求められる生物は食植者なので、今や雑草が求められる動物の食物源となる。雑草が家畜のための飼料となっているところでは、この栄養関係は多くの小農民の農業で利用されている。大部分の工業化された国々では家畜の餌として雑草の使用は重要でない。しかしながら、もし雑草がノボロギクのように有毒であるならば、家畜によって食われる雑草は重要である。

栄養的関係の要約

図4-10は、農業生態系を考えたときに、さまざまな食物網の可能性がいかに複雑なネットワークを形成するかを示している。点線は人間と有用昆虫のように1つ以上の栄養段階を食う生物を示す。有害生物管理は一次生産者の3つの異なるタイプに関係するということを理解することが大切である。すなわち、

- 作物あるいは求められる植物
- 作物の植物と直接に競争をする雑草
- 管理されたシステムの外にある雑草と他の植物

この3つのタイプの生産者のそれぞれのために適切な管理は変化し、その用いられた戦術は他の有害生物カテゴリーの管理に対して遠くに及ぶインパクトを持つことがある（第6、7、16章参照）。

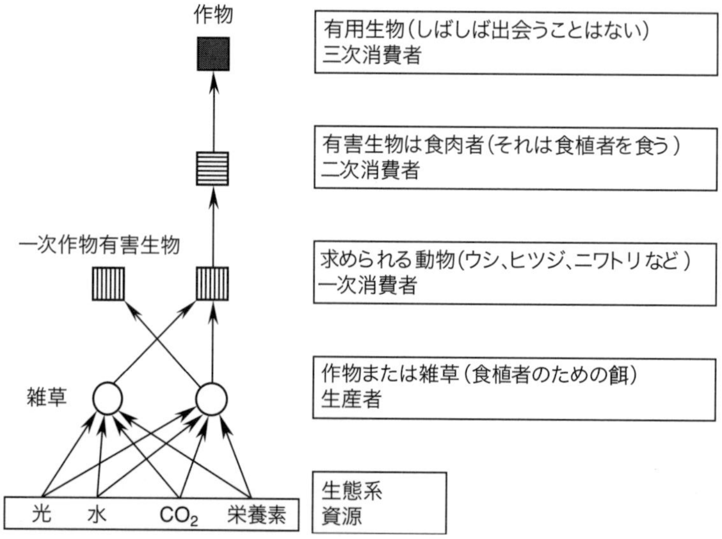

図4-9
動物にもとづく農業システムにおけるエネルギー／資源の流れを示す単純な食物網を示す図式。

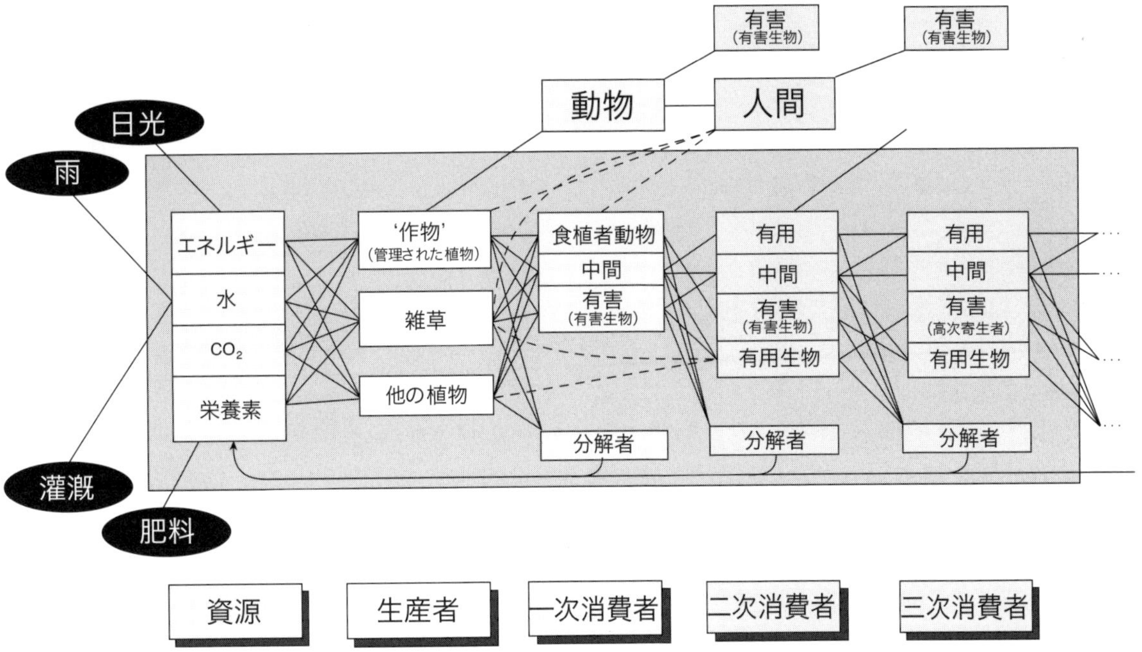

図 4-10 仮想的農業生態系のための食物網の関連の要約。すべての資源とエネルギーの流れは、栄養素の循環を除けば左から右に流れることに注意。

限界のある資源と競争

これまでの節では、生態系における異なる有害生物の間の栄養的関連について述べてきた。次の節は生態系の環境収容力、r-と K-選択生物、生物の間の、それらの絶対に必要な資源についての競争、そして密度依存的現象について紹介する。

環境収容力とロジスチック成長

生物の環境収容力の概念は、個体群成長に対する主な束縛を理解するために基本的なことである。密度は単位面積当たりの個体数である。生物の数は出生、死亡、移入、そして移出の間の関係の結果として時間とともに変わる。繁殖と生存にいかなる制限もないと、繁殖するいかなる個体群も最終的には指数的に増加する（**図 4-11**）。無制限の指数的個体群成長は、長い期間は不可能である。なぜならば、結局は個体群密度がすべての可能な資源を用いるのに十分なものとなり、繁殖が減り死亡率が増える結果となるからである。ある特定の環境において支えうる最大の個体群の大きさは、そのシステムの環境収容力と名づけられる。競争、捕食、寄生を含む食物網の相互作用は、資源の限界と組み合わされて環境収容力を決定する。

最初は速いが、その後環境収容力までしだいにゆっくりとなる個体群成長は、S 字曲線によって表される。そして、これはロジスチック成長と名づけられる（**図 4-11**）。ロジスチック成長のパターンは、それらが外的生物的要因に

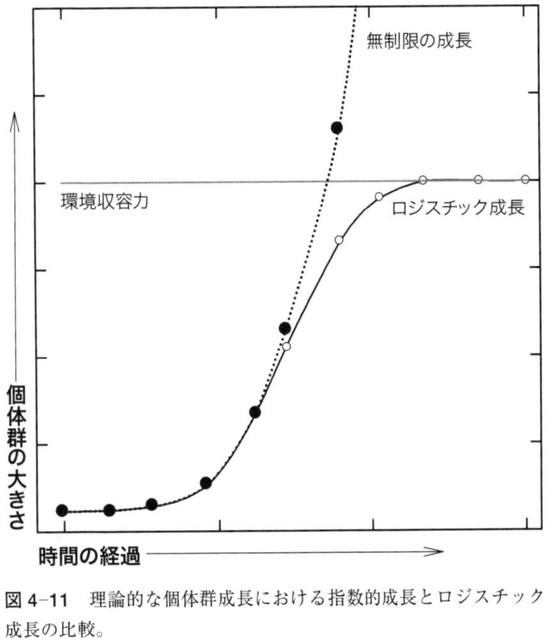

図 4-11 理論的な個体群成長における指数的成長とロジスチック成長の比較。

よって束縛されなければ個体群がいかに成長するかを理想的に表したものである。そしてロジスチック成長は役に立つ発見的なモデルと考えられるべきである。個体群は多くの理由から、滑らかなロジスチック動態に厳密にしたがうことを期待すべきではない。例えば生物が経験する環境は一定とは限らない。むしろそれは常に変化し、その結果環境収容力と個体群成長率は変化するであろう。ロジスチック成長のモデルは多くのシステムにおいて不適切であるかもしれないような仮定にもとづいている、といえば十分であろう。しかしながら、ロジスチックモデルによって記述される限定された個体群成長の一般的現象は、きわめて有用である。この本の目的のために、我々は有害生物個体群が一般的にいってロジスチック成長パターンにしたがって増加するものと見なす。ロジスチック成長はシグモイドまたはS型の時間－密度曲線であり、数学的にはロジスチック方程式によって記述される（**図 4–11**）。1838 年に Verhulst によって発見され、Pearl と Reed によって 1920 年に独立に得られたこの方程式は異なる方式で表される。時間に対する個体数の関係を示す形は、

$$N_t = \frac{K}{1 + \left(\frac{K}{N_0} - 1\right) e^{-rt}}$$

ここで、N_t＝時間 t における個体数

N_0＝任意の時間 0 における個体数

K＝そのシステムにおける環境収容力

r＝最大または無制限な個体群増加率

t＝時間

e＝自然対数の底

ロジスチックモデルによれば、個体群が小さいときには増加率が加速することを示す。個体群が増加するにしたがって種内競争が増加率を遅らせる束縛として働き、結局個体群は環境的資源によって与えられる最大の密度（環境収容力）に達する。その個体群は死亡率の増加あるいは出生率の減少を経験する以外に、このレベル以上には増加できない。

もし環境的資源の手に入り方が変化するならば、そのシステムの環境収容力は変わり、その結果異なる平衡個体群密度となる。**図 4–12** の A、B と C の水平の線は、手に入る資源、基本的には個体群成長への束縛を除くことによる変化を表している。関係する資源は食肉者には被食者の数、食植者には適当な寄主植物の数、あるいは植物には栄養のレベルであるに違いない。環境収容力の概念が作物に適用されるとき、それは収量一定の法則と呼ばれ、これはそれがいかに雑草の成長との関係において理解されるかである。

ロジスチック方程式は有害生物を管理しようとする際に遭遇する主な問題を描きだす。直接的な行動によってある有害生物の個体群を減らそうと目指す戦術は、その個体群を個体群成長に対する束縛が少なくなるような数に減らす。その防除戦術が個体群成長のために手に入る資源をもまた減らすことがなければ、管理戦術にしたがって、その個体群はより増加しやすくなる。このことが農薬の使用に対する主な欠点の1つであり、それは、なぜ個体群が有害生物の地位を得るのに十分なほど増加したかの理由を、農薬が解決しないことによるものである。

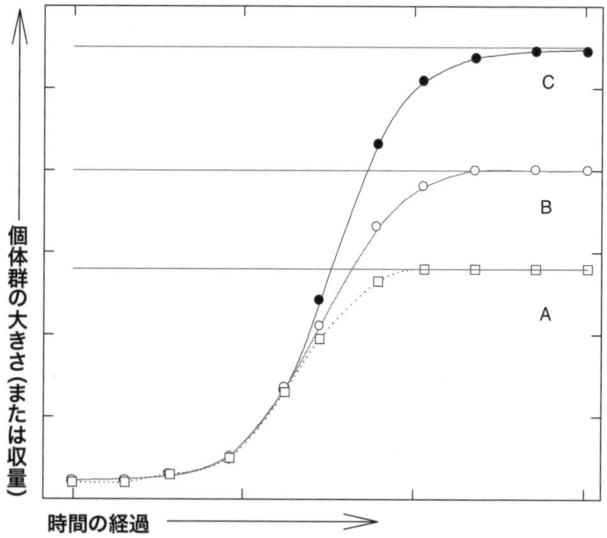

図 4–12
限界のある資源における理論的なロジスチック個体群成長の比較。
A＝低い、B＝中間、C＝高い

r–選択生物とK–選択生物

ある生物の生活史は、成熟の齢、成熟のときの大きさ、その齢に特異的な繁殖力、生存率、子孫の数、子孫の大きさのような属性を含む。ロジスチック方程式（前節に示した）のパラメータは生物のその繁殖戦略と競争能力を含む生活史特性の手短な記載として用いられる。ロジスチック方程式のパラメータと関連して、異なる生物は、「r–選択」されてきた、小さくて速やかに繁殖するものから、「K–選択」されてきた、より大きい体の生物で、より遅く繁殖し効果的に競争するものまでの連続体のどこかに置かれる特徴を示すものと考えられる。

r–選択生物

この用語の「r」はロジスチック方程式の増加率であるパラメータrを示す。r–選択されたとして記述される生物は、数多くの子孫をなるべく速く生みだし、寿命が短く、競争能力に乏しい。そのような属性は資源の速やかな使用を許すと考えられる。このタイプの生物は通常、変動する環境に適応し、多くの農業生態系に典型的な攪乱された生息場所に急速に定着する。多くの昆虫、一年生雑草、多くの植物病原体、大部分の線虫はr–選択と考えられる。

K–選択生物

この用語の「K」はロジスチック方程式のパラメータKすなわち環境収容力を示す。K–選択生物は、より競争に強く、長く生き、わずかな子孫を産むために資源を利用する。これらの属性は比較的安定した環境において競争能力についての選択によって生じたものと考えられる。実例は哺乳類、多くの多年性雑草、ある昆虫、ある病原体を含む。

ストレスに耐性があるものと考えられる1つの生物のグループは、もう1つの生活史タイプとして考えられる。これらの生物は過酷な環境に生存することが許されるという特性を持っている。

個体群動態のこれらのタイプの間の相違は、モデル化の努力 —— そして有害生物、特に有害節足動物の管理戦略の企画において重要である。例えばコドリンガはリンゴとナシのK–選択害虫の1つの例である。それは生育シーズンにわたって不連続な世代を持ち、そのことによってよりはっきりしたモニタリングと日度による生物季節学的モデル（第5章参照）にしたがった防除活動を計画することができる。

競争

ある地域内の生物の密度が増加するにしたがって、消費者にとっての食物不足、あるいは生産者にとっての生態系の資源の不足という結果になる。競争は2個体以上による共通の資源についての同時的要求である。資源の例には栄養、空間、交尾相手を含む。そして生物は「取り合い型競争」と名づけられた限られた資源を手に入れる相対的効率を通じたものか、あるいは「干渉型競争」と呼ばれる直接の有害な相互作用を通じたものによって競争する。競争は、十分な個体が存在し、資源についての全体の要求が手に入る供給を越えるときに起こる。競争は資源が限られていることなしには起こりえない。競争は典型的に2つのタイプに分けられる。

1. 種内競争は1つの種の中の個体の間で起こる。1つの例は、ある作物における個々の株の間の栄養素についての競争である。
2. 種間競争は異なる種の個体の間で起こる。雑草と作物の間の競争は種間競争のよい例である。そして、クサカゲロウの幼虫とテントウムシの幼虫の間の被食者アブラムシをめぐる競争は節足動物の実例を提供する。

競争の概念はすべての有害生物カテゴリーに適用されるが生産者と消費者とではかなり違う。

1. 生産者。それらの栄養的位置により、雑草は光、エネルギー、水、無機栄養素を含む生態系資源について作物と競争する。雑草はまた、多くの場合それら同士で競争する。ある研究者は空間をめぐる競争を含めるが、典型的な資源の制限は物理的空間についての競争の前に起こる。水と栄養素が利用されるとき、それらはそのシステムの中の他の植物には手に入らない。光は「使い果たす」ことのない珍しい資源である。それは今日と同じように明日もある。光をめぐる競争はそれ故、取り合い型競争よりは干渉型競争（接近を妨げること）によって起こる。
2. 食植者。それらの栄養的地位により、食植者は適当な寄主植物の源について競争する。極端な条件の下を除けば、それらの食物源は一般的に制限されていない。そしてそれ故、食植者の有害生物はそれらが作物にひどい被害をもたらしたときにのみ典型的に競争する。食植者の食物源である植物が動けないということはきわめて重要なことである。植物はそれ故、食植者から隠れたり逃げたりすることができず、食植者の数が大きいときに被害を避けるための防御メカニズムを持たなければならない。大部分の植物は、防御的化学物質の存在あるいは物理的防御によって大部分の食植者によって攻撃されない（これについては第17章がより詳しい）。

3. 食肉者。これらの生物は他の動物を食う。被食者の個体群が食植者を支えるには不十分であるということは全くありうることで、個体は被食者について競争する。食肉者の食物源は典型的に動く。そこで探索と捕獲が競争方程式の部分となる。その結果、食肉者の競争に2つの定義がもたらされる。
   3.1. 現実の競争。この競争は、被食者源が実際に制限され、食物についての真の競争が起こるということを意味する。
   3.2. 外見上の競争。この競争は、分け前にあずかる捕食者または寄生者の量についての正の効果のために、それぞれは他のものに対して間接的な負の影響を持つことによって、2つの生物が、あたかも競争しているように見えるときに起こる。有害生物管理の用語においては、外見上の競争もまた、被食者源が十分ではあるが食肉者がそれを見つけることができず、そのために、被食者が限られるということを意味する。

競争は多くの有害生物の個体群動態に関係して重要であるが、特に作物の中で育つ雑草について重要である。雑草でない有害生物の管理に対しての競争の結果は明白でないが、ある人は寄生者または捕食者の間の競争における変化は、有害生物管理にほとんど関係がないと考えている。なぜならば、大部分の競争種はそのシステムを追いやるものだからである。その代わり生物的防除資材の一般的競争能力は、それらが土壌の中に定着する能力に影響するという証拠がある。そしてそれ故、競争は土壌の中での生物的防除の試みの成果を決定する。有用な節足動物の間での競争は、もし被食者が限られた状況の下でそれらが互いに食いあうならば1つの問題となることがある。

競争排除あるいは置き換えは、害虫の生物的防除における論争の中心であった。競争排除は、いかなる生態学的同族も、たとえ資源が明らかに制限されていなくとも、同じ場所で共存することはないと主張する。この説にしたがえば、1つの種は他のものと置き換わって終わり、共同体の中の生態的地位を優占する。ヨーロッパ起源のオサムシのいくつかの種は、作物圃場で在来のアメリカ種と置き換わり、ten-spotted lady beetle はいくつかの在来のテントウムシと置き換わったと考えられる。

密度依存的現象

密度依存的現象は、生産者（雑草）対食植性有害生物と食肉者の観点から、有害生物のカテゴリーの間で異なる反応として考えられなければならない。

雑草

個体群密度が増加するにしたがって個体数のロジスチックな増加を反映して、個体は競争を経験する。雑草科学では、光、栄養、そして水をめぐる競争が中心的である。雑草の作物との競争の結果、作物の成長と発育が減り、それが収量損失となって観察される。**図 4–13** は、雑草の密度の増加によってもたらされる競争の増大に関係した作物の典型的な収量損失を示す。**図 4–13** に示された直角双曲線関数は、雑草の密度に関係した収量損失の大部分の場合を代表するモデルである。実質的な収量損失がきわめて低い雑草密度で起こることを認識することが大切である。実際の損失は以下にしたがって変わる。

1. 雑草の種。カラシナ、イヌビエ、カヤツリグサのような種はきわめて競争的であり、スベリヒユとハコベは、はるかに競争的でない。
2. 作物の種。サトウダイコンとレタスのような低く育つ作物は、トウモロコシやゴムのように丈の高い作物よりも雑草からの競争にはるかに耐えられない。
3. 非生物的環境。周囲の環境は競争的相互関係を修正したり変えたりする。例えば温度（寒い季節の雑草は暖かいシーズンの作物の中でよく競争することができない）、水分レベル（ある作物は雑草よりもよく干ばつに耐えることができる）、そして栄養（いくつかの作物で窒素を与えると競争的相互作用を変えることができる）がそれである。
4. 期間。**図 4–13** には示していないけれども作物が競争にさらされている時間の長さも重要である。一般的に、作物よりもあとに発芽した雑草は、作物と同時に発芽したものより強く競争することができない。反対に、雑草が作物の中に長く残っているほど競争による作物の損失はより大きい。

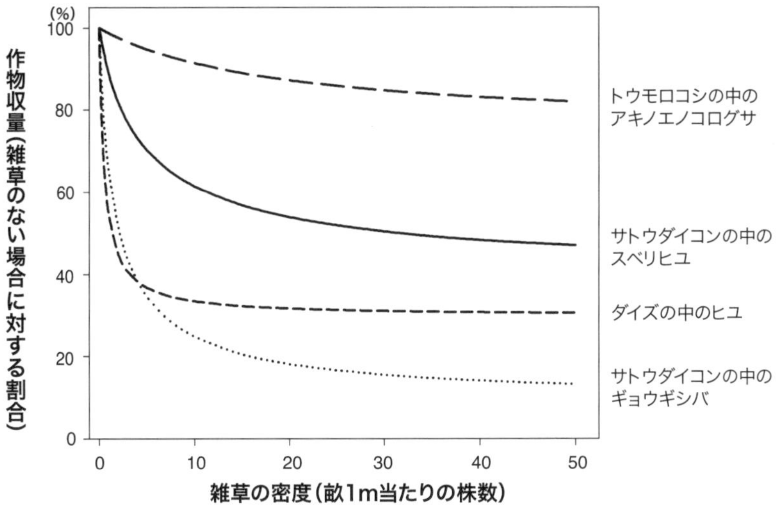

図 4-13
雑草の密度の増加に反応した作物収量を、雑草のない場合に対するパーセンテージとして表したものの例。すべての曲線は実際に発表された研究データから作られている。

植物個体群動態に対する自己間引きは重要な概念である。自己間引きは競争によってひき起こされた死亡の結果であり、ロジスチックな成長の結果である。この現象は、直接それらのまわりの限られた地域から、その資源を得なければならない動かない生物に適用される。個体の密度が増加するにしたがって、限られた地域の中の資源要求もまた増加する。資源がその個体群を維持するのにもはや十分でないとき、より弱い個体は死に、他のものが成長を続けることが許される。齢とともに個体の大きさが増大すると、より弱い個体は死に続け、これが生き残ったもののための資源を豊富にする。この過程は植物における自己間引きといわれ、病原体と線虫のような他の動かない有害生物においても起こることがある。

食植性有害生物

有害生物の密度が増加するにしたがい作物へのインパクトもまた増加する。例えば、サトウダイコンの大きさと収量（**図 4-14**）はテンサイシストセンチュウの植え付け時の密度が増加することに関係して減少する。同時にアルファルファの脱葉はヤガ類幼虫の数が増加するほど増加する（**図 6-8** 参照）。食植者の密度が増加するにしたがった被害の強さは、要防除水準の使用の基礎となる主な概念である（第 8 章参照）。

大発生の状況の下で起こるように、節足動物個体群が大きくなるとき、r-選択の有害節足動物は、有害生物個体群がわずかな生存者しか残さずに崩壊する点まで食物資源を上回るようになる。農業生態系においては、そのような大

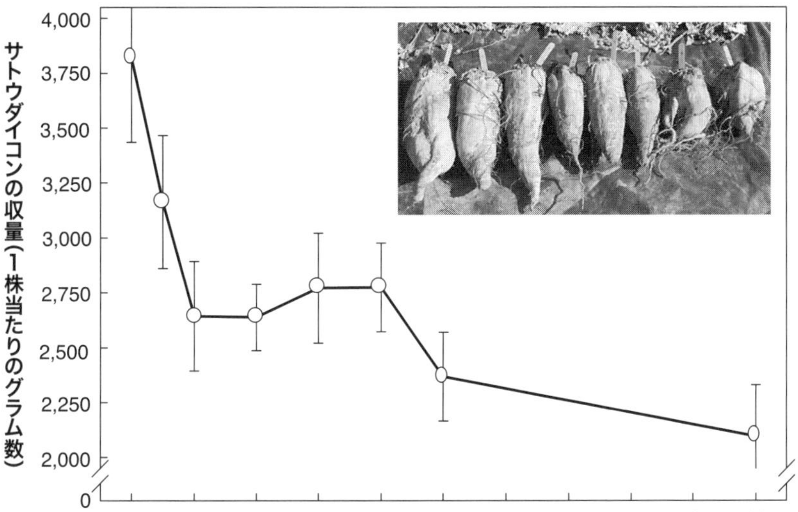

図 4-14
植え付け時にいたテンサイシストセンチュウの卵の密度が増加するのにしたがって変わる土の中で育つ個々のサトウキビの主根の重さ。図は平均の反応を示す。写真は、左から右へ、土 1 グラム当たり卵の数が 0、0.5、1.0、2.0、3.0、4.0、5.0 そして 10.0 の場合の代表的なサトウダイコンを示す。
資料：Edward Caswell-Chen によるデータと写真

発生は農業的慣行によって作りだされた資源の集中の結果である。自然でも大発生は起こることがあるが、それは農業生態系で見られるよりもはるかに頻繁でない。動くことのできる動物はそれらが種内競争を避けるか、それに反応する結果となるような生活史を進化させてきた。脊椎動物における1つの行動的メカニズムは縄張り制の概念である。多くの脊椎動物は競争を減らすために、それらの縄張りを明らかに示してこれを防衛する。ただし縄張りを維持する行動は干渉型競争のある形と考えることもできる。ある昆虫種はそれらが産卵したとき、植物の上に化学的信号または匂いを置く。そして、植物の上の目印は他の雌が同じ植物に産卵することを阻止し、それ故子孫の間の競争を避ける。

資料と推薦文献

Begon, Harper and Townsend（1996）、Krebs（2001）、Morin（1999）、Pianka（2000）、Ricklefs and Miller（2000）とStiling（1999）による生態学の教科書は、この章で述べられた多くの点をより広く取り扱っている。

Begon, M., J. L. Harper, and C. R. Townsend. 1996. *Ecology: Individuals, populations, and communities.* Oxford, UK; Cambridge, Mass.: Blackwell Science, xii, 1068.

Flint, M. L., and R. Van den Bosch. 1981. *Introduction to integrated pest management.* New York: Plenum Press, xv, 240.

Kerr, G., R. Hermer, and S. R. Moss. 2000. A century of vegetation change at Broadbalk wilderness. *English Nature* 34:41–47.

Krebs, C. J. 2001. *Ecology.* 5th Edition, San Francisco: Benjamin Cummings, XX, 695.

Lawes, J. G. 1884. In the sweat of thy face shalt thou eat bread. *The Agricultural Gazette* 23:427–428.

MacArthur, R. H., and E. O. Wilson. 1967. *The theory of island biogeography.* Princeton, N.J.: Princeton University Press, xi, 203.

Morin, P. J. 1999. *Community ecology.* Malden, Mass.: Blackwell Science, viii, 424.

Omernik, J. M. 1995. Ecoregions: A spatial framework for environmental management. In W. S. Davis and T. P. Simon, eds., *Biological assessment and criteria: Tools for water resource planning and decision making.* Boca Raton, Fla.: Lewis Publishers, 49–66.

Pianka, E. R. 2000. *Evolutionary ecology.* San Francisco: Benjamin Cummings, xv, 512.

Ricklefs, R. E., and G. L. Miller. 2000. *Ecology.* 4th Edition, New York, W.H. Freeman & Co., xxxvii, 822.

Shaw, W. C. 1961. Weed science—Revolution in agricultural technology. *Weeds* 12:153–162.

Stiling, P. D. 1999. *Ecology: Theories and applications.* Upper Saddle River, N.J.: Prentice Hall, xviii, 638.

第 5 章
有害生物の比較生物学

序論

生物の個体群はすさまじい成長の可能性を持ち、もし理想的な環境条件と無制限の資源があり、すべての子孫が生存するように保護されるならば、いかなる生物の個体群も地球の全面積を占めるまでに多くの世代を必要としないであろう。その後、その成長が知られている全宇宙を占拠するまで長くはかからないであろう。実際そのような印象的な終末に到達するために、どれくらい長くかかるかは次の 2 つのことによって決まる。すなわち、その生物が 1 回の生殖当たりにどれほど多くの子孫を生みだすか、またその生殖がどれほど頻繁に起こるかである。

無制限の生存と生殖は劇的な指数的個体群成長へと導く（**図 4-11**）。指数的個体群成長の劇的な性質は、昆虫学的な民間伝承の中の深い記憶にとどめられている。それは、理想的条件の下では 1 対のイエバエは 7 カ月で地球上を 40 フィートの深さのハエでおおうのに十分な子孫を生みだすことができる！という推定である。明らかに、実際には多くの要因が個体群を制御することに貢献して、無限の個体群成長は起こらない。ロジスチックモデルによって記述されるように、個体群成長の生態学的学説では、個体群は環境が支持しうる密度にまでしか増加せず、個体群密度の上限はその生物の環境収容力と名づけられている。IPM における重要な概念は、生物がそれらの個体群密度が、ある閾値レベルを越えたときにのみ有害生物となるということである。この章は有害生物個体群の調節にかかわる重要な生態学的要因のいくつかを扱う。

有害生物個体群制御にかかわる概念

生殖

生物の生活環と生殖パターンは生態学者によって「生活史表」と呼ばれる。ある生物の一生の間に、いかに頻繁に、また何時生殖が起こるかは、特定の環境の中での生存に重要である。生殖の様式は、ある生物の有害生物となる可能性に深く影響する。生物の 2 つの基本的に異なる生殖様式は有性生殖と無性生殖である。

有性生殖

有性生殖（あるいは両性混合）は交差受精を含み、そこでは核の成熟または減数分裂が単相配偶子（精子または卵）を生ずる。そして配偶子は二倍体接合体を生むために融合し、それらはのちに成熟した生物へと発育する。有性生殖は有害生物管理にとって重要である。なぜならば、それは遺伝子の組み換えをもたらすからである。組み換えの重要性は、それが新しいユニークな遺伝子の組み合わせを持った個体を生ずることである。有害生物管理に関係しては、そのような新しい遺伝子の組み合わせは、バイオタイプ、レース、あるいは有害生物管理戦術に対する抵抗性の発達へと導く。

異なる有害生物のカテゴリーの中で有性生殖から異なる構造が生まれる。その構造の例は**図 5-1** に示されている。

1. さまざまなタイプの胞子（例えば、接合胞子、子のう胞子、担子胞子）は菌類と細菌の病原体によって生みだされる。
2. 種子は雑草によって生みだされ、単独でこぼれるか、または果実の形で親の子房の中に包みこまれて残る。
3. 卵は節足動物、軟体動物、線虫、そして鳥類によって

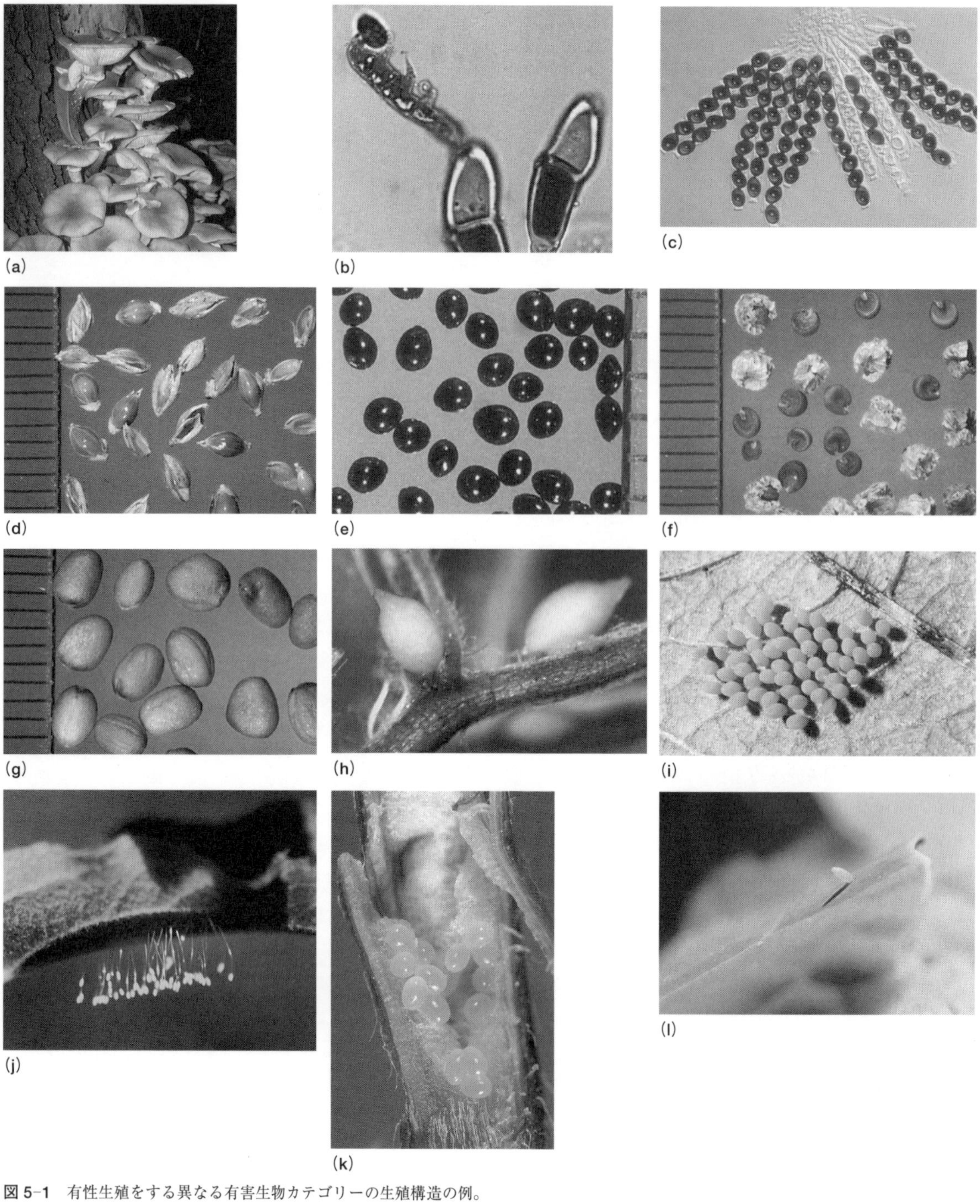

図 5-1　有性生殖をする異なる有害生物カテゴリーの生殖構造の例。

(a) ならたけ病 *Armillaria mellea* のキノコ（子実体）、(b) *Puccinia* sp.［さび病菌の一種］の冬胞子と発芽している冬胞子。担子胞子は、まだ後担子器の小柄の上にある、(c) *Sordari fumicola* の子のう胞子を有する子のう、(d) イヌビエの種子（それらは実際には、えい果と呼ばれる果実である）、(e) ヒユの一種の種子（大きさに注意）、(f) ウサギアオイあるいは cheese weed の種子（渦巻き状の胚に注意）、(g) 野生ハツカダイコンの種子、(h) シストセンチュウのシストで卵を含む、(i) 大きい卵塊で産まれるインゲンテントウの卵、(j) 卵柄の上の一群のクサカゲロウの卵、(k) アルファルファの中空の茎の中に産まれるアルファルファタコゾウムシの卵、(l) 単独で産まれる卵の例、ここではモンシロチョウのもの。雑草の種子の尺度はミリメートル。

資料：(a) (c) は John Menge の許可、(b) は James E. Adaskaveg の許可、(d) (e) (f) (g) (j) (l) は Robert Norris、(h) は Ed Caswell–Chen、(i) は Marcos Kogan、(k) は Jack Clark, University of California statewide IPM program による写真

産まれる。卵は単独か塊で産まれるか、または卵鞘（節足動物）またはシスト（線虫）と呼ばれる堅い鞘に納められる。例えば、ゴキブリ、カマキリ、とある種のバッタは卵鞘によって保護された卵の塊を産むが、メスのシストセンチュウの死んだ体はその中に含まれる卵を保護するのに役立つ。

4. 生きている仔は哺乳類、少数の昆虫、そしてある線虫によって生みだされる（次の節参照）。

胎生　胎生は発育しつつある仔が親によって内部的に栄養を与えられ、仔は活動的な条件で産まれてくる。胎生は「生きた」誕生として普通扱われるが、種子も卵も生きている。大部分の哺乳類、ある昆虫、そして少数の植物と線虫はこの形の生殖を示す。真の胎生は昆虫の間では稀であるが、ツエツエバエは驚くべき実例で、これはアフリカの眠り病の原因生物の媒介者である。胎生または卵胎生はある昆虫と線虫の間で起こり、そこでは卵が発育してメスの体の中に囲まれ、若虫、1齢のウジまたは幼虫がメスから生ずる。多くの昆虫寄生性のハエはこの種の生殖を示す。

無性生殖

無性生殖は多くの方法で起こる。しかし、一般的に2つの性が関係する必要なしに、単独の生物個体によって生殖する結果となる。無性生殖は親と同じ遺伝子型を持つ子孫を生み、一般的にいうならば、ほとんどあるいは全く遺伝子の組み換えはない。その結果子孫はクローンと呼ばれる。無性生殖は有利である。なぜならば、それは成功した遺伝子型の正確なコピーだからである。ある支配的な条件に適応しないような遺伝子型は、不利益であり除去されるであろう。無性生殖は多年生植物、病原体、線虫そして昆虫で起こる。いくつかの異なる無性生殖が有害生物に対して重要である。

無配偶生殖　配偶子の融合なしの種子生産は無配偶生殖である。それはいくつかの草本植物（例えば、タンポポ）で起こる。有害生物管理に対する重要性は小さい。

無性的胞子生産　多くの病原体は、おびただしい数の栄養的に生産された胞子（例えば分生胞子）を、配偶子生産の過程を経過せずに生産する。多くの菌類の種は有性的と無性的の両方の方法で生殖することができる。ある菌類では有性生殖は観察されなかった。そしてそれらの唯一知られた生殖方法は無性的胞子生産によるものである。このような菌類は不完全菌類の中に分類される。その意味は、それらが完全でないことである。なぜならば、有性生殖段階が決して観察されないからである。実例には *Alternaria* spp.（褐紋病菌）、*Botrytis cinerea*（灰色かび病菌）、*Rhizoctonia solani*（茎根腐病菌）を含む。分生胞子と胞子のうは無性的胞子生産構造の2つの形である（**図 5-2**）。

栄養生殖（クローニング）　成熟した個体の一部から新しい個体が成長する能力は栄養生殖（クローニング）と呼ばれる。細菌は出芽によって、菌類は菌糸の分断によって無性的に生殖する。ただし、これらの形の生殖は通常栄養生殖と呼ばれない。

植物には2つの形の栄養生殖がある。雑草を含む多くの多年生植物は不適切な環境条件で生き残るために、塊茎あるいは走出枝のような特殊化した栄養的な構造を持つ。例えば、カヤツリグサの類は塊茎（**図 5-2d**）、セイバンモロコシは根茎（**図 5-2e**）を作り、セイヨウヒルガオは地に這う根茎を作る。

栄養生殖はまた、ある多年生植物が断片に壊されたときに起こり、それぞれの断片は全く新しい植物を再生することができる。特殊化された生殖構造は関係しない。この形の栄養生殖はIPMに対して重要である。なぜならば、耕起のような人間の活動は雑草の破砕をもたらすからである。破砕は多くの水生雑草で普通であり、浮いた断片は雑草を分散させる。

栄養生殖は雑草防除のための重要な意味を持つ。なぜならば、栄養的構造は典型的に種子より大きいからである。それらは、よりすみやかに新しい植物を定着させる。なぜならば、それらは炭水化物の予備を持ち、それが若い植物の速い成長を強めるからである。

単為生殖　接合体を作るために、適合する配偶子の核融合なしに子孫を生産することが単為生殖である。この過程はアブラムシの個体群成長のために重要であり、アブラムシは循環的な単為生殖を示す（**図 5-3**）。強制的な単為生殖は、あるハチ目とコウチュウ目の昆虫種で起こる。そこではオスがいない。社会性のハチ目の中で、アリ、アシナガバチ、ミツバチでは交尾は起こるが、生殖するメスは卵が受精されるかどうかを制御することができる。受精した卵はメスの働き蜂あるいは新しい女王を作る。未受精の卵はオスを作る。この種の生殖は「半数二倍性」と名づけられる。

多くの重要な有害線虫もまた単為生殖によって生殖する。ある単為生殖の線虫では、繁殖力のある卵は有糸分裂によって作られる一方、体細胞染色体の数を持った他の卵では

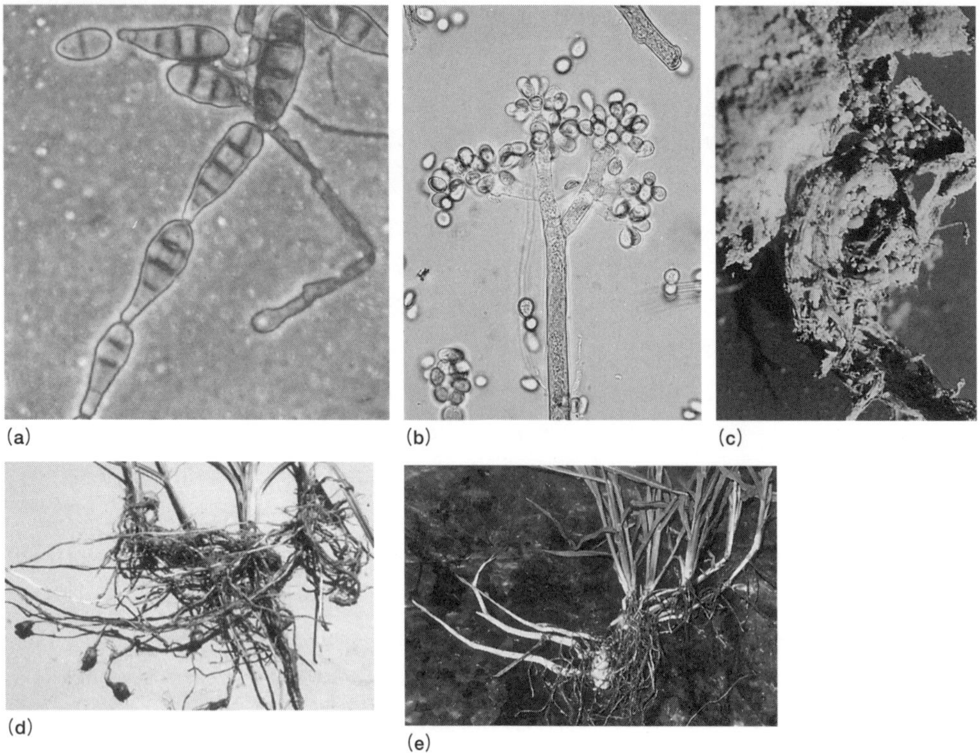

図 5-2　病原体と雑草の無性生殖構造の例。
(a) 菌 ***Alternaria alternata*** の分生胞子の鎖、(b) ***Botrytis cinerea***［灰色かび病菌］の分生胞子柄と分生胞子、(c) 腐ったサトウダイコンの中の ***Sclerotium rolfsii***［白絹病菌］の菌核（小さい丸い構造)、(d) キハマスゲ［カヤツリグサの類］の根茎の末端にある塊茎、(e) セイバンモロコシの根茎。
資料：(a)は John Menge の許可、(b)は James E. Adaskaveg の許可、(c)(d)(e)は Robert Norris による写真

図 5-3
生きた若虫を産むアブラムシメス成虫。
資料： Jack Clark, University of California statewide IPM program による写真

成熟分裂の間の染色体の重複によるか、または成熟分裂生成物（例えば極体を持つ卵）の融合によって生まれる。偽受精はある線虫で見られた他の形の生殖で、それに続く精子と卵の核の融合（核合体）のない精子と卵の融合（細胞質融合）によって起こる。偽受精においては接合体を生みだす卵の発育は明らかに細胞質融合によって刺戟される。

繁殖力と産子数

繁殖力は、ある生物の潜在的な生殖能力であり、生みだされる接合体の数によって測られる。成体の個体当たりに生みだされる、生存する子孫の実際の数は産子数と呼ばれ、実現した繁殖力である。さまざまな生物の間での産子数の違いは世代当たりの個体群増加の違いを導く。異なる生物の間には繁殖力の幅が存在する。ある生物は毎回の生殖において少数の典型的に大きい子孫を作る。それに対して他のものは多くの典型的に小さい子孫を作る。ロジスチック方程式のパラメータを用いると、前者はK-選択生物で後者はr-選択生物と呼ばれる。異なる有害生物の生殖能力はそれらの管理のために用いられる戦術に影響するであろう。有害生物の間では繁殖力のレベルに次のようなある幅があることが観察される。

1. 大部分の哺乳類は成体当たり1〜10の子孫。
2. 大部分の節足動物（ミツバチとシロアリは除く）、線虫、そして軟体動物は成体当たり数十から2000〜3000の子孫。ワタミハナゾウムシの繁殖力はメス当たり200卵まで、シストセンチュウは600卵まで、そしてアメリカタバコガは3000卵までである。
3. 大部分の雑草と病原体は数千から数十万の繁殖体。

低い繁殖力の生物は、大きい数に増大するために多くの世代を必要とする。一方、高い繁殖力を持つものは、わずか1または2世代で大きい個体群に達する（**図 5-4**）。この特性は管理戦略を考えるときに重要である。個体当たりで高い繁殖力を持つ生物（多くの雑草と病原体）は、注意深く閾値（第8章参照）の概念を当てはめる必要がある。なぜならば、低い個体群が生殖するだけで、被害レベルにある有害生物個体群をすべて維持することができるからである。

大部分の動物（節足動物、脊椎動物、線虫、そして軟体動物）は、栄養と環境ストレスが産子数に影響するけれども、個体当たりで比較的一定の数の子孫を生産する。ハツカネズミの一腹子数は6〜12の幅に入るが、テンサイシストセンチュウの繁殖力は50〜600卵の幅にある。一般的法則として、大部分の動物は同じ種の個体の間で1桁以下に変動する産子数を持つ。これと対照的に、多くの病原体と雑草は3桁か4桁の量を超える幅の産子数を持つ。トウモロコシと厳しい競争の下で生育するイヌビエの植物体は1000個の種子を生みだすであろうが、トマトのような競争の少ない作物とともに生育する場合には10万個が典型的であり、競争がなければ100万個近い種子を生みだすであろう。ヒユの類は同じような産子数の幅を示す（**図 5-5**）。植物病原体は環境条件にしたがって、数千個から数百万個の幅の胞子を持ち、モモの灰星病菌は子のう盤（生殖構

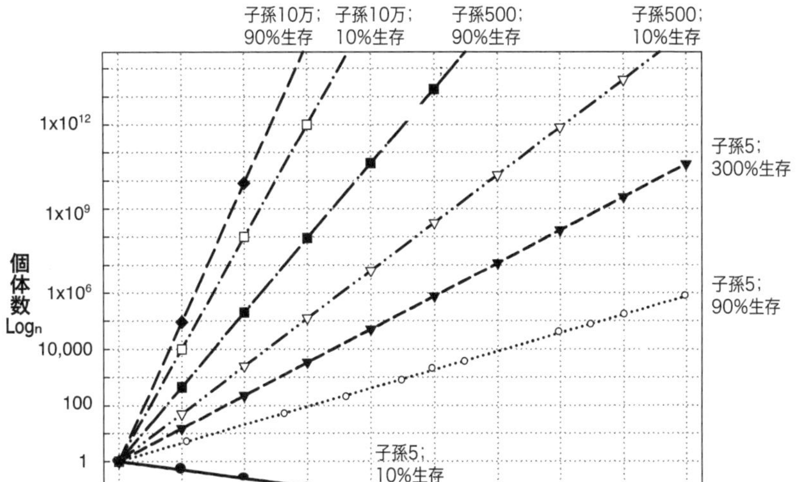

図 5-4
産子数に関係した理論的な個体群成長。各線は異なる繁殖力（個体当たり5500または10万の子孫）で、生殖できるまで10%または90%生存する場合。追加された線は個体当たり5匹の子孫だが300%生存、それはメス成体当たり3匹の一腹子数の動物のための理論的個体群成長を代表する。繁殖力が5で10%生存では個体群が崩壊する結果となることに注意。

(a)　(b)

図 5-5
成熟して開花しているヒユの類の植物体は、個体の大きさと繁殖力が極端に可塑的である。
(a) 夏に約 1.5m の高さとなり、高い種子生産をする。
(b) 秋には約 5cm の高さであり、わずかな種子しか生産しない。
資料：Robert Norris による写真

造）当たり 220 万～750 万個の子のう胞子を生ずることができる。

大部分の生物は密度依存的な産子数を経験する。その産子数の変更は雑草と病原体で大きく、そこでは成体の体の大きさは可塑的である。この現象は昆虫と線虫で観察される。*Arytaina spartii*（エニシダのキジラミ）のメス当たりに産まれる卵の数は、茎当たりの昆虫密度が増加するにしたがって減少する（**図 5-6**）。それは資源についての競争によって実現する繁殖力の変化を代表するものではないが、適当な産卵空間についての種内競争を反映する。実際、種間と種内の競争の両方が、実現する個体当たりの繁殖力を減らす。

個体当たりの産子数の変動は有害生物管理の意思決定に重要な意味を持つ。なぜならば、そのような変動は有害生物個体群の成長を予想したり予報したりする有害生物管理者の能力を低下させるからである。存在する個体数の推定においては、個体当たりの産子数が比較的一定であるとき、あるいは繁殖力に対する密度の影響が知られているか無視しうるときにのみ、次の世代の大きさを正確に予報することができる。

繁殖力または生殖能力と産子数または実現した生殖の間の違いは、IPM の意思決定における有害生物個体群の野

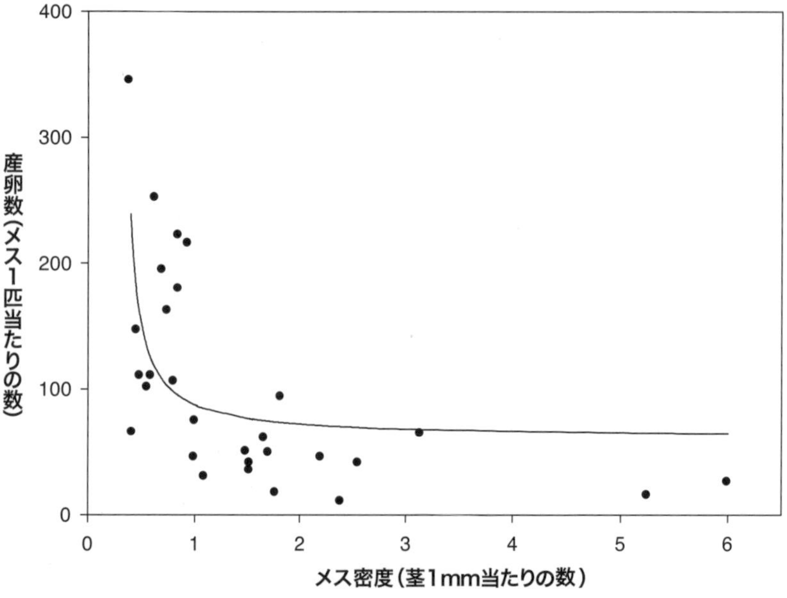

図 5-6
キジラミ *Arytaina spartii* の密度とエニシダの枝の上にメス当たりに産まれる卵の数。
資料：Dempster, 1975, p.26 からのデータ

外モニタリングの必要性を決定する要因である（第8章参照）。子孫の生存に影響する要因はこの章の後のほうで扱われる。

個体群世代時間

1つの個体群が出生から活発な生殖状態へと経過するために必要な平均時間は、世代時間と名づけられる。短い世代時間を持つ生物の個体群は急速に増加することができるが、一方長い世代時間を持つ個体群は、よりゆっくりと増加するであろう。世代の間の時間の長さは異なる有害生物カテゴリーの間で大きく変化し、同じ有害生物カテゴリーの種の間でも変化する。例えば、昆虫の種は通常短い世代時間を持ち1年間に多くの世代が発生するが、周期ゼミの一群は17年間の1世代を持つ。次に示したのは理想的な条件の下での異なる有害生物の典型的な世代時間である。

1. 時間：細菌。この個体群の世代時間は1日に多数の世代を生じる。
2. 日：ハダニ、アブラムシ、ある線虫と病原体。数日の世代時間は1月に多数の世代を生じる。
3. 週：多くの昆虫、多くの線虫、病原性菌類、小さい哺乳類（例えばハツカネズミ）。数週間の世代時間は1栽培シーズン当たりに多世代を生じる。
4. 月：ある昆虫、ある病原体、ある線虫、比較的大きな哺乳類、一年生雑草。この世代時間は1栽培シーズン当たり1世代を生ずる。
5. 年：大型の哺乳動物、多年生雑草、少数の節足動物。数年間の世代時間は1年当たり1かより少ない世代を生じる。長く生きる両親または休眠（以下参照）は個体群の減少をゆがめ、その結果世代は時間的にかなり重なる。

世代時間は不適当な環境条件が起こったときには、特に変温生物の場合には、数桁の大きさで延長される。細菌のような生物は1時間の間に高い個体数に達することができるので、防除活動が頻繁に行なわれる必要がある（理想的条件の下では典型的に毎日から数日間隔で）。ダニとアブラムシの個体群は、その短い世代時間によって2～3週間で防除活動を必要とするレベルに達することがある。短い世代時間の場合には、防除活動のタイミングを正確に合わせる必要がある。2、3週間の世代時間を持つ生物でさえ、1栽培シーズンの間にはきわめて高い個体数に増殖しうる。雑草と大部分の病原体では、その有害生物の管理を個体数が増加した後に企てるよりは、感染源のレベルで管理するほうがしばしばよい。より長い世代時間を持つ生物では、防除戦略は、おそらく長期間の個体群制御の目的を持って計画すべきであろう。

栽培シーズン当たりの生殖サイクル

生態学では、1つの生物個体の一生の間の生殖の回数が、「多数回繁殖」または「多結実」（多数回生殖）と「1回繁殖」または「単繁殖」（1回生殖）という用語によって記述される。有害生物管理においては、1年当たりの生殖サイクルまたは世代の数がきわめて重要である。なぜならば、それは個体数増加の速さに影響し、用いられる管理戦略にとって重要な意味を持つからである。いくつかの場合世代の数は十分に考慮されない。異なる有害生物分野においては、1年当たりの世代数を記述するために次のような特別な用語が用いられる。

病原体　1サイクルまたは単サイクル性病原体──1年に1回の生殖、1つの病原体世代、そして1回の病気サイクル（例には、いくつかのさび病、黒穂病、*Verticillium* 萎凋病を含む）。

多サイクル性あるいは複サイクル性病原体──1年に2回以上の病原体世代（例には、さび病、べと病、リンゴ黒星病を含む）。植物病理学では、1栽培シーズン間の病原体の多世代と組み合わされた空間的拡散は、流行による損失をまねく。

雑草　1年に1サイクル以上──同等物がない。

一年生：1栽培シーズンだけ生き、1回生殖する（1回結実性）（例にはイヌビエ、ヒユの類、シロザを含む）。

二年生：2栽培シーズン生きる。しかし、第2シーズンに1回だけ生殖する（1回結実性）（例にはノゲシの類とオオアザミを含む）。

多年生：多くの年数生き、典型的に1年に1回生殖する（多回結実性）（例にはカヤツリグサの類、セイバンモロコシ、セイヨウヒルガオを含む）。

線虫、軟体動物、昆虫、そして脊椎動物　1化性──1年に1生殖サイクル（例にはジャガイモシストセンチュウ、アルファルファタコゾウムシ、シマリスを含む)。

多化性 ── 1年に2回以上の生殖サイクル(例にはテンサイシストセンチュウ、ハダニ、アメリカタバコガ、ハタネズミを含む)。

図 5-7a は多化性昆虫(または多サイクル性病原体)の典型的な1栽培シーズンの動態を示す。そこでは連続した世代に生みだされた子孫は栽培シーズン当たりに、より近く重複する。各世代はしばしば同齢集団と呼ばれる。この用語は昆虫の春の孵化、ハツカネズミの一腹の子、ある雑草の発芽のように1回の出来事から同時に生まれた個体の群れに適用される。同齢集団の間での持ち越しがほとんどない1化性の生物、あるいは単サイクル性病原体では個体群の重複がほとんどなく、1回目の曲線(**図 5-7a**、実線)が理論的な個体群の大きさを代表する。雑草は1年に1回以下しか生殖しない。そこで、ピークの間隔は時間とともに均一である。しかし、長い時間生存する個体のために右へのゆがみは増加し、それ故に世代の間の重複は増加する(**図 5-7b**)。

寿命と死亡

生物の個体は歳をとり老衰し死ぬ。有害生物の間で寿命には大きな違いがある(**図 5-8**)。寿命は、その人口動態への影響によってだけではなく、その有害生物がいかに長い間活動的で、作物にいかに否定的な影響を与えるかを決定することから重要である。ある有害生物の生活環は、存続期間を延長するために静止状態において生存することのできる発育段階を持つ。もし生物の成体が平均的な世代時間より長く生きるならば世代の重複が起こる(**図 5-7b**)。それは大部分の雑草と脊椎動物で典型的である。多くの多化性有害昆虫は、特により暖かい気候においては、重複する世代を持つ。次は正常な条件の下での有害生物成体の寿命の実例である(**図 5-8** 参照)。

1. 病原菌は次の寿命特性を持つ。
   - 1.1. 単サイクル性病原体は1年か2、3年生き、そのあるものは基本的に多年性で多年数生きる(例えば、ならたけ病菌)。
   - 1.2. 多サイクル性病原体は1週間か2カ月〜数カ月生きる。
   - 1.3. 菌類は適切な条件の下では数年生存できるような

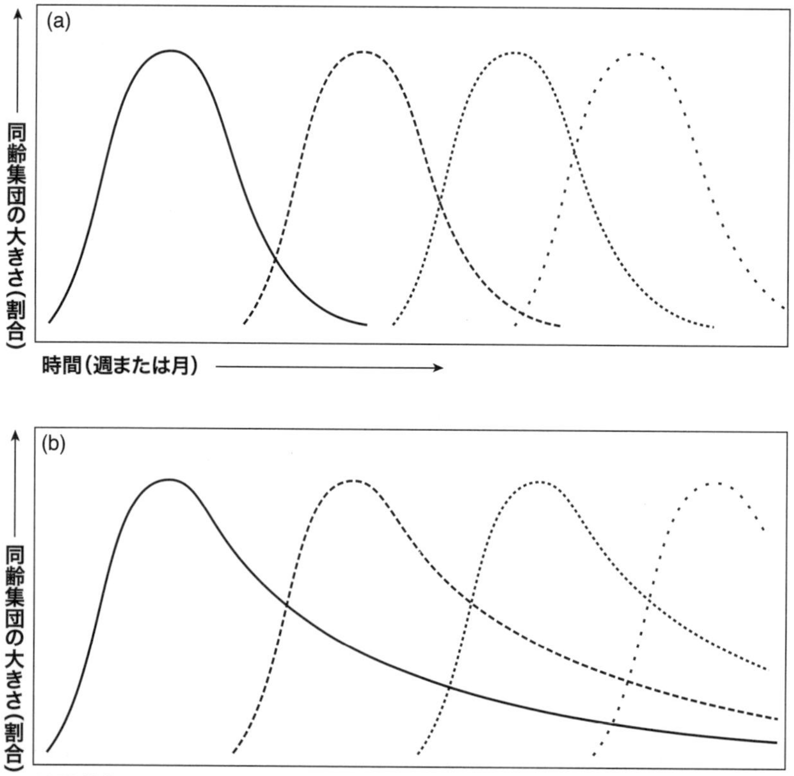

図 5-7
時間と関係した理論的な個体群の大きさと齢構成。
(a) 1化性または1サイクル性の有害生物は、世代が連続するとともに世代間の重複が増加する。
(b) 長く生きる繁殖体を持つ1サイクル性有害生物は、多年間に世代から世代へと存続する(例えば雑草の種子バンク)。

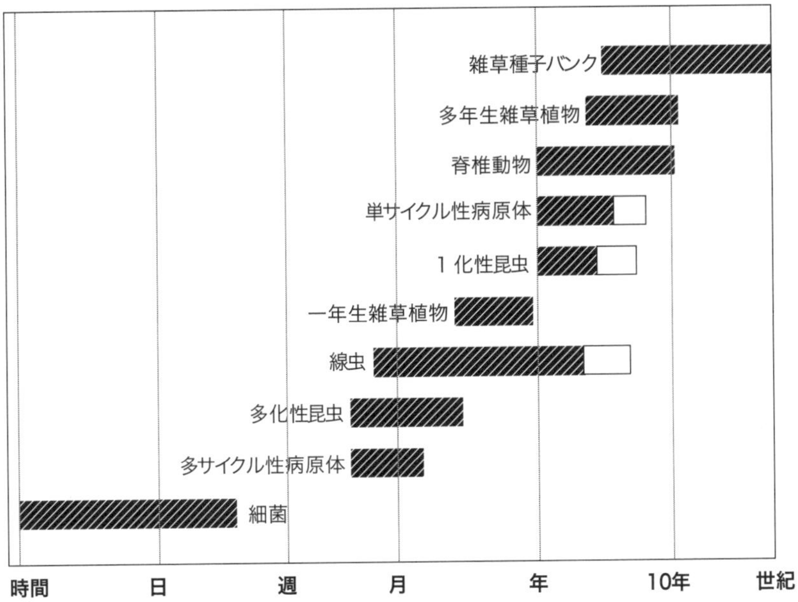

図 5-8
有害生物の異なるカテゴリーの1同齢集団の典型的な寿命。時間スケールが対数的であることに注意。

休眠段階を作る。

2. 細菌は長く生きる胞子のような生存段階を作るけれども、典型的には数時間から数日生きる。
3. 成長する雑草と休眠した種子バンクの寿命は別に考えなければならない。なぜならば、種子バンクは土壌の中で生存する発育段階を提供するからである。
   3.1. 一年生植物は2、3カ月から約1年の間生きる。短く生きる多年生植物は2、3年生きるが多くの多年生植物は数年間あるいは数世紀生きる。
   3.2. 短命の種子を持つノゲシの類とイヌビエのような少数の雑草種の生存段階は典型的に5年以下である。多くの他の種は数十年（例えばシロザ、ミチヤナギの類、イチビ）か、あるいは数世紀（例えばノボリフジの類）生存できる種子を持つ。
4. 線虫は数カ月から1～2年の寿命を持つ。線虫は土壌の中で何年も存続することができる発育段階を持ち、これは実際上雑草の種子バンクと同じような繁殖機能を持つ。シストセンチュウのシストの中に含まれる卵がその1つの例である。
5. 節足動物は異なる発育段階を持つが、特にその発育段階が生存段階となるときには、その発育段階は同じ寿命を持つとは限らない。
   5.1. 1化性の節足動物の寿命は1年より典型的にわずかに長い。ある種は1年以上生存する（例えばセミ、tadpole shrimps）。そしてあるシロアリの女王は50年以上も生きる。
   5.2. 多化性の節足動物の寿命は数週間からおそらく1年である。
6. 哺乳類は典型的に1年か2年（ハツカネズミ、ハタネズミ、ネズミ）から多年数（例えばウサギ、シカ、ゾウ）生きる。

通常、最大の寿命は達成されない。有害節足動物個体群は、ときには短い期間に破局的な減少（崩壊）を経験する。そのような崩壊は大部分の病原体か雑草では通常起こらないし、脊椎動物では相対的に稀である。個体群崩壊の原因である要因は次の通りである。

1. 流行病。ある条件は、ある病原体が大部分の有害生物個体群を攻撃して殺すような高いレベルに増殖することを許す。これが有害生物に起こったとき、一種の自然防除と考えられる。例はアブラムシ、バッタ、チョウ目の幼虫を攻撃して殺す菌（例えば *Entomophthora* spp.）といくつかの有害生物のガの幼虫を殺すウイルスである。
2. 温度。極端な温度は、もしそれらが適切な静止期か休眠期でないと、ある有害生物個体群の大部分の個体を殺すことができる。よい実例は暑い気候（約85°F以上）で起こるモモアカアブラムシとエンドウヒゲナガアブラムシの死亡である。温帯気候での早い氷結が有害生物を殺し、冬の数カ月が有害生物の個体群を減らす。しかしながら、温帯気候に適応した大部分の有害生物は、それらが冬に生き残ることを許すような発育段階を持つ。

3. 湛水。線虫のような土壌生物は湛水の間に土壌の酸素濃度が減るために殺される。
4. 有用生物。ある条件の下では、有用生物は対象有害生物個体群を劇的に減らすことのできるような点まで急速に増加する。

1つの同齢集団の時間的な生存は、生存曲線（または生存表）によって記述される。理想的な生存曲線の3つの基本的タイプが**図 5-9** に示されている。最も単純な型は一定の死亡率から生じ、ある同齢集団の生きている個体の数が一様に減少する（多くの植物と鳥で典型的）。第2の型は老齢までの死亡率がきわめて小さいときに起こり、生きている個体の数が急激に減る寿命の終わりまでは、ほとんど一定の個体群をもたらす（ヒト、1化性昆虫）。第3の可能性は、未成熟の個体の死亡率が高く成体では低いときに起こる（典型的に多くの病原体、大部分の昆虫、高密度の一年生雑草、森の木の種）。

個体群減少のタイプについての知識は有害生物管理にとって重要である。なぜならば、それは防除活動を行なうのに最良の時期を決定するからである。個体群減少のタイプaでは、個体群の大きさとその減少の割合がいったん決定されてしまえば、防除活動が必要となる。タイプbでは個体群が自然的手段によって大きく減らないから、早く防除活動を行なう必要がある。タイプcは早い自然死亡が起こり、より安定した個体群相となるまで防除活動を遅らせるほうがよい。

休止と活動停止

生物は典型的に、それらの生活環の中で不利な環境条件に耐えるメカニズムを提供するような休止と生存の相を持つ（**図 5-10**）。不利な環境条件によって休止する（活動的でない）ような生物と、休眠または活動停止するような生物とを区別する必要がある。生物が休止した場合、それは環境条件が再び好適になると活発な成長を開始する。休眠または活動停止にある生物は、特定の生理学的変化が起こるまで正常な活動を始めることがない。それは、しばしば一組の環境的条件（例えば42°F以下の温度に3カ月）によってきっかけが作られる。活動停止の時、生物はもし必要な時間が経過する前に条件が好適になっても、正常な活動を始めるとは限らない。この概念は有害生物のカテゴリーの間で異なる。

休止

不適当な環境条件による成長あるいは活動の減退が休止である。大部分の生物はひとたび環境条件が生理学的に受容できるレベルに戻ると成長と活動を開始する（**図 5-10**）。この現象は2つの形をとる。すなわち、冬眠と夏眠である。冬眠は条件が成長を支えるのにあまりに寒いときに越冬して休む状態である。夏眠は暑い条件の下で越夏して休む状態である。多くの節足動物、ある哺乳類、あるカタツムリはこれらの現象の1つを示す。それは成体の生物にしばしば見られるが、しかし昆虫では、基本的発育スケジュールのいかなるものも種によって休止相を経験するであろう。

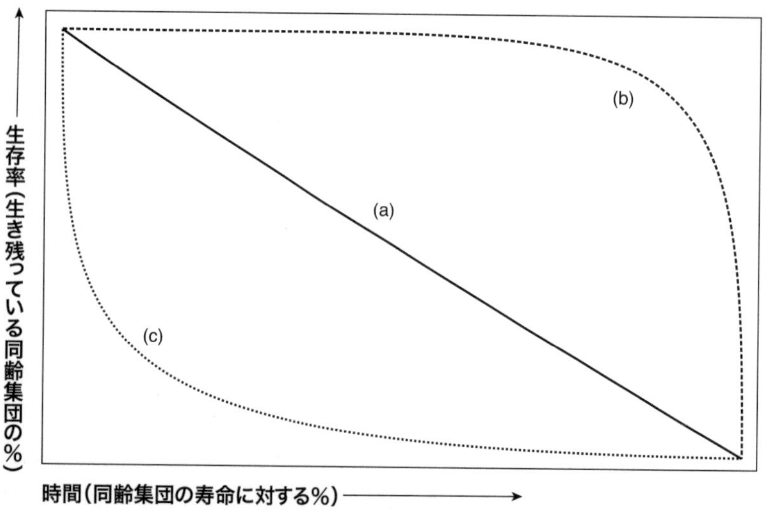

図 5-9
3つの異なる個体死亡率についての理論的な個体群の生存曲線。
(a) 同齢集団の生存期間の間、一様な死亡率。
(b) 同齢集団の生存期間の初めには死亡率が低く、成熟した成体の死亡率が高い。
(c) 最初の未成熟個体の死亡率は高く、生存した成体は寿命が長い。

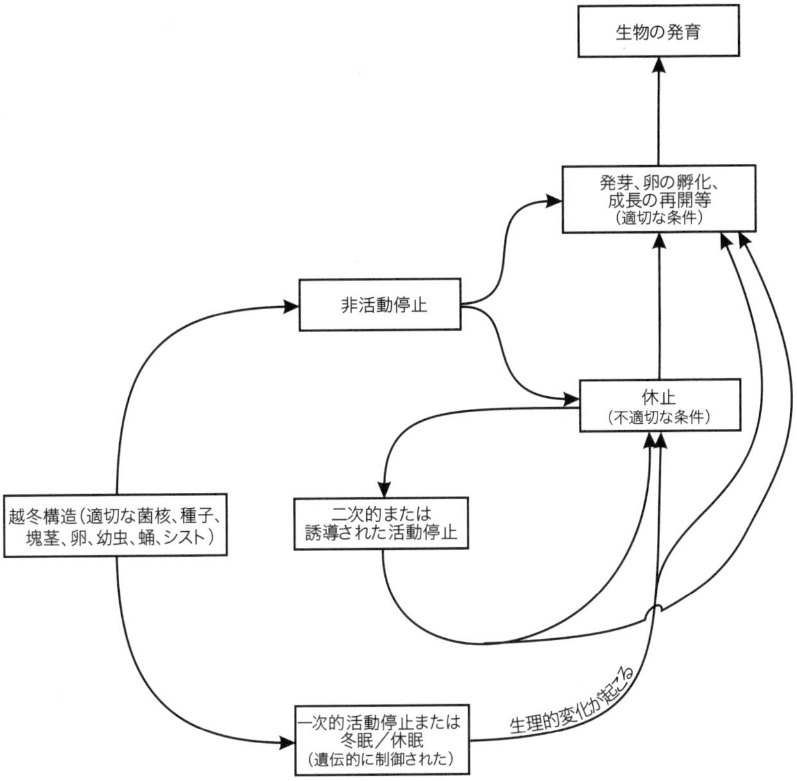

図 5-10
成長の再開における活動停止／冬眠／休眠、二次的活動停止、休止、発芽の間の関係。

線虫は異なるタイプの休止を持ち、それは環境ストレスに反応している。そして、もしそのストレスが十分に厳しいならば、線虫は動くことを中断した「cryptobiotic」（「無代謝生存」または「潜在生存」）状態に入り、そこでは代謝が検出できない。ストレスに満ちた条件が衰えると、すぐに線虫は無代謝生存状態から抜け出して正常な活動を開始する。休止期間には休眠の場合のような固定された時間は必要とされない。cryptobiosis［潜在生存］の異なるタイプには、寒さ（cryobiosis［耐低温生存］）、酸素不足（anoxybiosis［耐無酸素生存］）、脱水（anhydorbiosis［耐無水生存］）、そして浸透圧ショック（osmobiosis）がある。例えば、コムギツブセンチュウは脱水による休止状態で32年間もコムギの粒のコブの中で、また脱水休止状態のクキセンチュウは植物の組織の中で23年間も生存できる。潜在生存はIPMに対して重要である。なぜならば、ある管理戦術は実際上休止状態を誘導し、それが線虫のさらに延長された生存時間を許すからである。

休止している構造の例は次の通りである。

1. 成体。これはすべての脊椎動物とある昆虫（例えば、アルファルファタコゾウムシ）とカタツムリを含む。
2. 未成熟発育段階（幼虫、前蛹と蛹）。これらはある昆虫（例えばモモキバガ、navel orangworm）と線虫を含む。
3. 卵。これらは多くの昆虫と線虫を含む。
4. 未成熟生物と成体。酸素不足、寒さ、あるいは湿度ストレスの条件の下でのある線虫の特定の段階は、潜在生存と呼ばれる代謝活動を停止した状態に入り、これが環境条件が再び好適になるまで線虫が生存することを許す。
5. 耐久型段階。ある線虫は耐久型段階を持ち、その機能は生存と分散であり、特定の厚い表皮のような特別の適応を持ち、それが不利な環境条件の下での生存を許す。
6. 閉子のう殻、菌核。病原体の生存構造は、不利な条件下での生存と条件がよくなったときに成長することを許す。
7. 種子。多くの雑草の種子は単に環境条件が正しくないために成長しない。

休眠

ある昆虫とある線虫において、発育が阻止された時期が休眠である。昆虫はいかなる発育段階（卵、幼虫か若虫、蛹か成虫）においても休眠を経験する。一方、線虫の卵は典型的に休眠を経験する。「休眠」という用語は強制的な適応メカニズムをいう。それは極端な温度や、十分に食物のないような不利な環境条件の時期に生存することを許す。温帯の多くの種は強制的な冬の休眠を経験する。寒い温度の開始に先立ち、多化性の種においては1年の最後の世代が秋の日照時間の減少に反応する（光周反応として知られる）。この段階では栄養の予備を貯め（もし、幼虫または成虫なら）、保護された場所を探し、そして温度が上がり日が長くなる次の春まで休止した状態である。強制的な休眠はホルモンによって調節される。コロラドハムシは成虫段階に休眠を経験する種のよい例である。それは土の中で休眠し春に活動的になる。昆虫が夏の極端に暑い温度に直面したときに似たような反応が起こる。それらは夏眠を行なう。外因性の夏の休眠の下では、昆虫はもし温度が閾値の上限を越えなければしばしば活動的なままでいる。

ある昆虫は寄主植物がもはや手に入らないときに休眠に入る。そして、適切な寄主が再び手に入るようになるまで不活発なままでいる。western corn rootworm は土の中で卵での休眠を行ない、次の栽培シーズンにトウモロコシが発芽したときに現れる。アメリカ合衆国中西部における rootworm に対するよい有害生物管理は、トウモロコシをダイズと輪作することであった。越冬した個体群は好む寄主がないために生存できなかった。しかしながら、ある rootworm のバイオタイプが卵段階で2年間の休眠を進化させ、そのためダイズの輪作の次の年に植えられたトウモロコシを加害するまで生存した。この発達によってトウモロコシ－ダイズ輪作の有害生物管理での有利性はひどく減少し、耕種的管理慣行に対するある昆虫の抵抗性のよい例となった。

ジャガイモシストセンチュウは寒い冬の日にさらされなければ卵が孵化しないような休眠を持つ。シストセンチュウの卵は土の中で何年も生きたままでいることができる。

活動停止

ある生物は、もし適切な環境条件の下で活発な成長が再開されないならば、活動を停止しているといわれる。活動停止状態は2、3週間から数十年いや数世紀も続くことがある。それは雑草の種子と栄養的構造（それと少数の病原体と線虫）で起こる。生来の活動停止は環境条件が許容するときでさえ種子が発芽（成長）しないことを意味し、成長を支えないような条件によって強められた活動停止とは異なる（**図 5-10**）。雑草種子における生来の活動停止の損失は、数年の期間以上を越えて起こるゆっくりとした過程で、それ故に生きた雑草種子は土壌の中に何年も残ることができ、その結果、いわゆる土壌中の雑草種子の予備または種子バンクと呼ばれるものの発達をひき起こす。

土壌雑草種子バンク、線虫の卵バンク、そして菌類の菌核バンク

雑草、線虫、そして菌類は土壌の中で何年も生き残ることができるような生存段階を持ち、不活動状態にある生物の生存は貯蔵効果として考えられる。雑草の種子バンクは、生来の活動停止によって発芽しなかった、土壌の中に蓄積された生きた種子の合計である。土壌の中で種子バンクの中の種子が生きている時間の長さ（一度播かれた種子が生きている状態で保たれる時間の長さで定義される）は、関係する雑草の種によって大きく変動する。同様に、線虫と菌類の種は長期間の生存構造を持つ。種子バンクの寿命は4年から100年以上に及び、一方卵バンクと菌核バンクは典型的に2年から20年生存する。

種子の生産量が大きいことと多くの雑草の大きな生存能力によって、耕地の土の中の種子バンクはきわめて大きくなる。よく維持された畑では、数百から約4000種子／m^2の間の値であることが普通と見られる。管理のよくない畑では種子バンクは7万5000種子／m^2を超えることがいくつかの例で記録されている。もし雑草が防除されないと種子バンクは50万／m^2を超えることが予想される。

芽バンクは種子バンクに類似している。ある芽バンクはカヤツリグサ、セイバンモロコシ、セイヨウヒルガオのような雑草の栄養生殖構造の蓄積された分裂組織（芽）の合計である。各芽は全く新しい植物を生みだすことができ、それ故、種子と数において同等である。芽バンクは種子バンクより生存が短く典型的には2～10年である。

種子バンク、芽バンク、卵バンク、そして菌核バンクは有害生物管理に重要な意味を持つ。それらは防除戦略の長期的インパクトを考えさせる。種子バンクの存在は個体群の遺伝的な構造が何年も維持されることを意味する。この現象は遺伝的記憶といわれる。なぜならば、20年間活動停止した種子の遺伝子型は現在成長している個体群のそれではなくて、その種子がこぼれたときに存在する遺伝子型を反映するからである。遺伝的記憶は雑草における除草剤抵抗性の管理にとって意味を持つ（第12章参照）。

積算温度と日度

変温動物と名づけられる冷血動物では、代謝の速度と生理的過程は主に環境の温度によって調節される。正常な生理的過程を続けるために、そして生物が正常な発育または活動を持つためには、周囲を取り巻く温度が低温閾値と呼ばれるある臨界的低温限界以上でなければならない（**図 5–11**）。もし、温度が低温閾値以下であると、正常な生理的代謝過程は遅くなり、発育の不活化または停止をまねく。高温閾値もまた存在し、それ以上では発育が停止する。もし温度があまりに低いか、あまりに高いと、タンパク質、細胞膜、そしてその他の細胞の成分の凍結または熱傷害が起こるであろう。

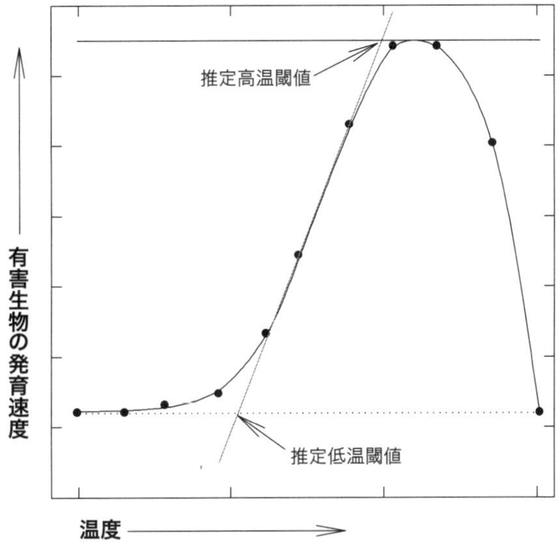

図 5–11　変温（冷血）生物の発育速度に及ぼす温度の一般的影響。

変温動物は興味深い。なぜならば、温度がその低温閾値以下であれば活動的でなく、それ故に発育しないからである。事実上それらは歳をとらない。したがって、有害生物の時間的な、あるいはカレンダー上の齢は、有害生物の期待された発育段階と一致するとは限らない。例えば、人間では3歳は常にある発育的特性を現すことを期待することができる。あるハエの幼虫の発育は時間の経過と、その期間の温度に依存する。変温動物の発育速度は、ある特定の温度条件下（すなわち低温閾値と高温閾値の間の）で経過した時間の合計によって推定することができる。低温閾値と高温閾値の間の1日当たりの時間（あるいは日度）を累積することによって、その生物の発育速度を予測することが可能である（**図 5–12**）。このことは、環境条件に関係した世代の時間を予測する手段を提供する。温度に依存する発育速度を予測するために用いられる方法は、日度という概念にもとづいていて、それらはしばしば°D と省略される。1日度は24時間維持された低温閾値を超える1°の温度として定義される。日度の累積を用いることは、いくつかの主な有害生物のための管理意思決定にとって中心的なものである（第8章参照）。

1. 日度の累積はコドリンガ、何種かのリンゴのハマキ、捕食性のダニ、ナシマルカイガラムシ、ワタミハナゾウムシのような、いくつかの主な有害節足動物の生物季節学的出来事を予測するために用いられる。ひとたび生活環における主な出来事の時期が予測されると、管理活動の開始は有害生物の生活環の最も敏感な段階

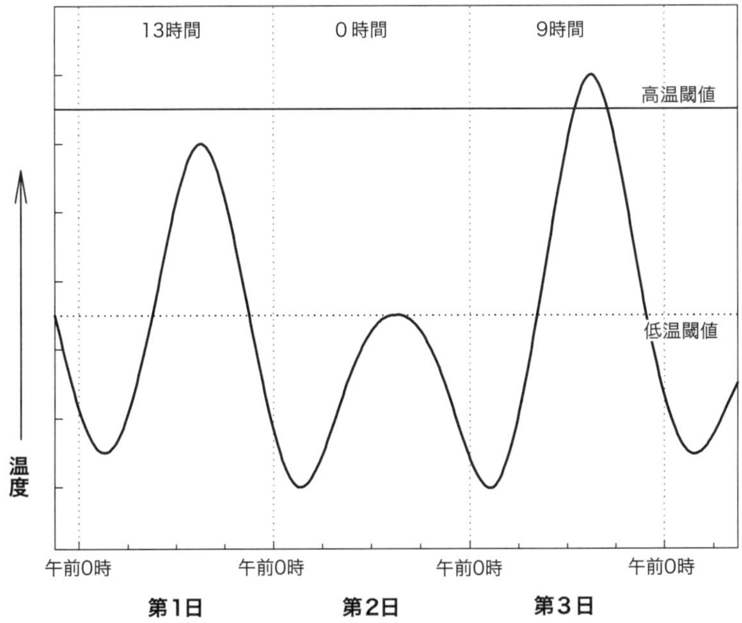

図 5–12
日度の累積がいかに計算されるかについての図による説明（説明は本文参照）。

に向けることができる。変温生物が、その生活環における異なる活動に対して異なる温度閾値を持つことを知ることは必要である。例えば、線虫の活動の低温閾値は生殖と発育についての温度閾値と異なるであろう。それ故、土壌の温度が十分に低くて線虫が加害することのできないときに苗を植え付けることが可能である。

2. ある植物の病気についての日度にもとづくモデルもまた可能である。実例はリンゴ黒星病とリンゴとナシの火傷病である。植物の病気の発生において温度は重要な要因であるけれども、湿度もまた病原体によっては感染において決定的な要因であり、そのようなモデルの中で考慮される駆動変数である。
3. 日度の概念は植物（作物または雑草）の成長を予測するうえでは部分的に有用であるにすぎない。なぜならば、土壌水分の状態がしばしば温度よりも重要だからである。しかしながら灌漑農業においては、日度の累積は生物季節学的発育の、ほどよく正確な予測を提供する。光の強さもまたある状況の下では植物の発育を決定するうえで重要な役割を果たすであろう。IPMにおける作物の発育予測モデルは有用である。なぜならば、それらは作物の生物季節学と有害生物の生物季節学を合致させる一手段を提供し、経済的被害許容水準の概念（第8章参照）の適用において、情報の1つの決定的な部分を提供するからである。
4. 日度の概念は脊椎動物の管理には関係がない。それは温血動物の代謝速度は、日度の概念において用いられるようには環境温度に依存しないからである。もちろん温血動物は温度と季節に関連した活動の変化を示す。

日度の計算

日度の計算は1日の温度の最高と最低にもとづいている。単純な平均日度は、日最高気温（MAX）と日最低気温（MIN）を用い、50°Fのような低温閾値（[TLOW]）と式：日度＝([MAX＋MIN］/2)－TLOWを用いる。MAXとMINのそれぞれが100°Fと40°Fで、50°FのTLOWでは、計算は（[100＋40］/2)－50すなわち70－50＝20日度の24時間サイクルとなる。日度は連続した日について、日当たりの日度を加えることによって計算される。日度を計算するより複雑な方法は開発されているがここでは扱われない。インターネットを用いることによって、現在では気象データを測候所から直接にダウンロードすることができ、多くの有害生物種の特定の地点での日度累積値を得ることができる。インターネット上での日度モデルで唯一必要な情報は、問題の生物についての低温閾値である。

脱皮と変態

多くの生物は、それらが成熟するにしたがって体の大きさが増加する。植物は単位生物として引き合いに出される。そして体のまわりの大きさが増加するか、または新しい単位（例えば葉、枝）を加えることによって大きくなる。植物病原体は植物とよく似た方式で体の大きさを増加させることができる。哺乳動物は成長とともに大きさが増加する内部骨格を持つ。

しかしながら、節足動物と線虫は外部骨格を持ち、それは生物が成長するにしたがって容易に拡張できない。節足動物と線虫は、体の大きさを増加させるために脱皮する必要があり、脱皮はそれらの生活環の間に何回も起こる。生活環の異なる段階は異なる名前を与えられ、それはしばしば管理活動の時期に関連した個体群発達を理解する基礎となる。**図5-13**と**図5-14**はこの重要な用語の例を提供している。多くの節足動物と線虫もまた、幼体と成体の段階の間で全体的な形態の変化を示す。線虫は変態しないが多くの昆虫は変態する。節足動物の変態には次の3つの異なるタイプがある。

1. 無変態（不変態）。節足動物の発育の最も単純な形で、幼体は成体の小さな改作である（**図5-13**）。全体の形態は変化しない。コムカデ類とシミ目が例である。
2. 不完全または部分的変態（小変態）。節足動物の大きいグループは、幼体と成体の発育段階の間で形態に部分的な変化しか示さない（**図5-13**と**図5-14**）。幼体と成体の間の違いは、幼体に翅がないことで最もしばしば表されている。幼体に翅がないことは、幼体が成体よりもはるかに動かないことを意味するので、有害生物管理に意味を持つ。実例はアブラムシ、キジラミ、カスミカメムシ、バッタである。
3. 完全または全変態（完全変態）。この発育型において幼体発育段階は成体と似ていない。蛹と呼ばれる活動的でない発育段階が典型的にあり、その間に目覚ましい形態的変化が起こる（**図5-13**と**図5-14**）。完全変態の古典的な実例は、ケムシとイモムシの幼虫段階がしばしばマユの中にいる蛹に変わり次に成虫のチョウやガが羽化するというものである。発育のタイプにおいて用いられる異なる用語に注目する必要がある。すべ

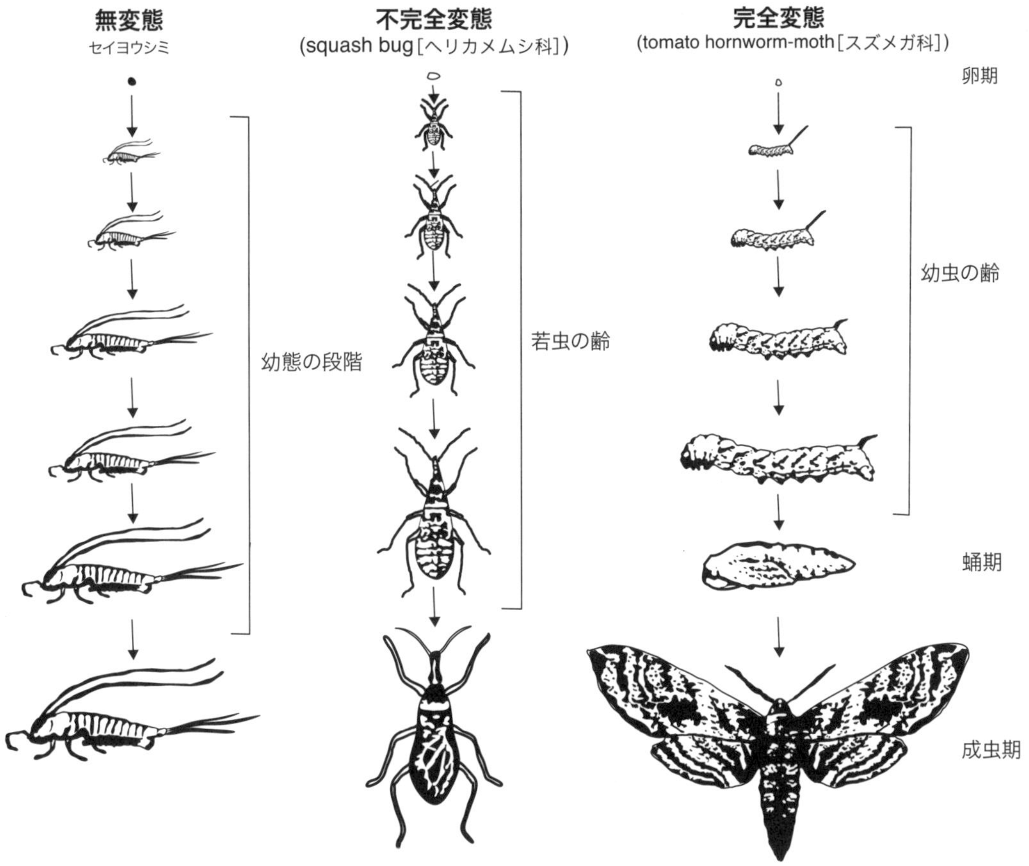

図 5-13　昆虫の発育の 3 つの異なるタイプの例。
資料：Evans and Brewer, 1984. を改変し名称をつけたもの

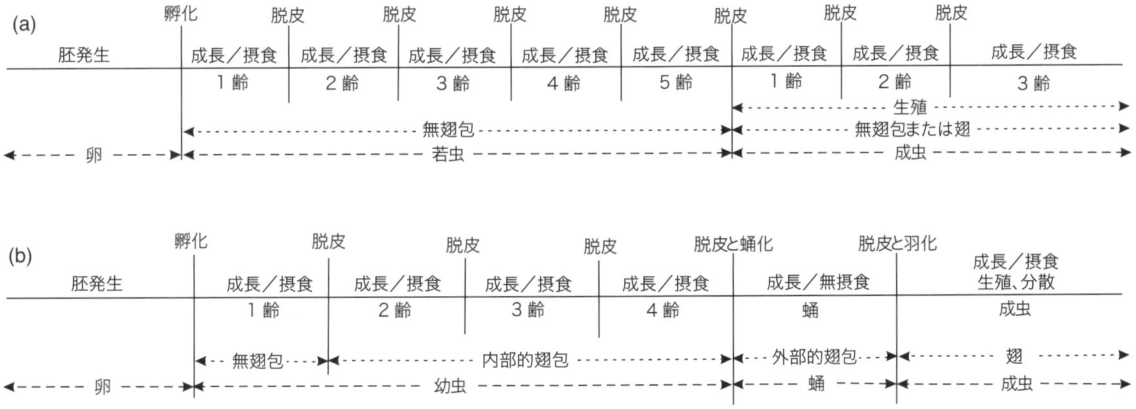

図 5-14　(a) 無変態、(b) 完全変態の昆虫の発育における異なる生活段階の比較的用語を含む比較。
資料：Elzinga, 1997. を改変

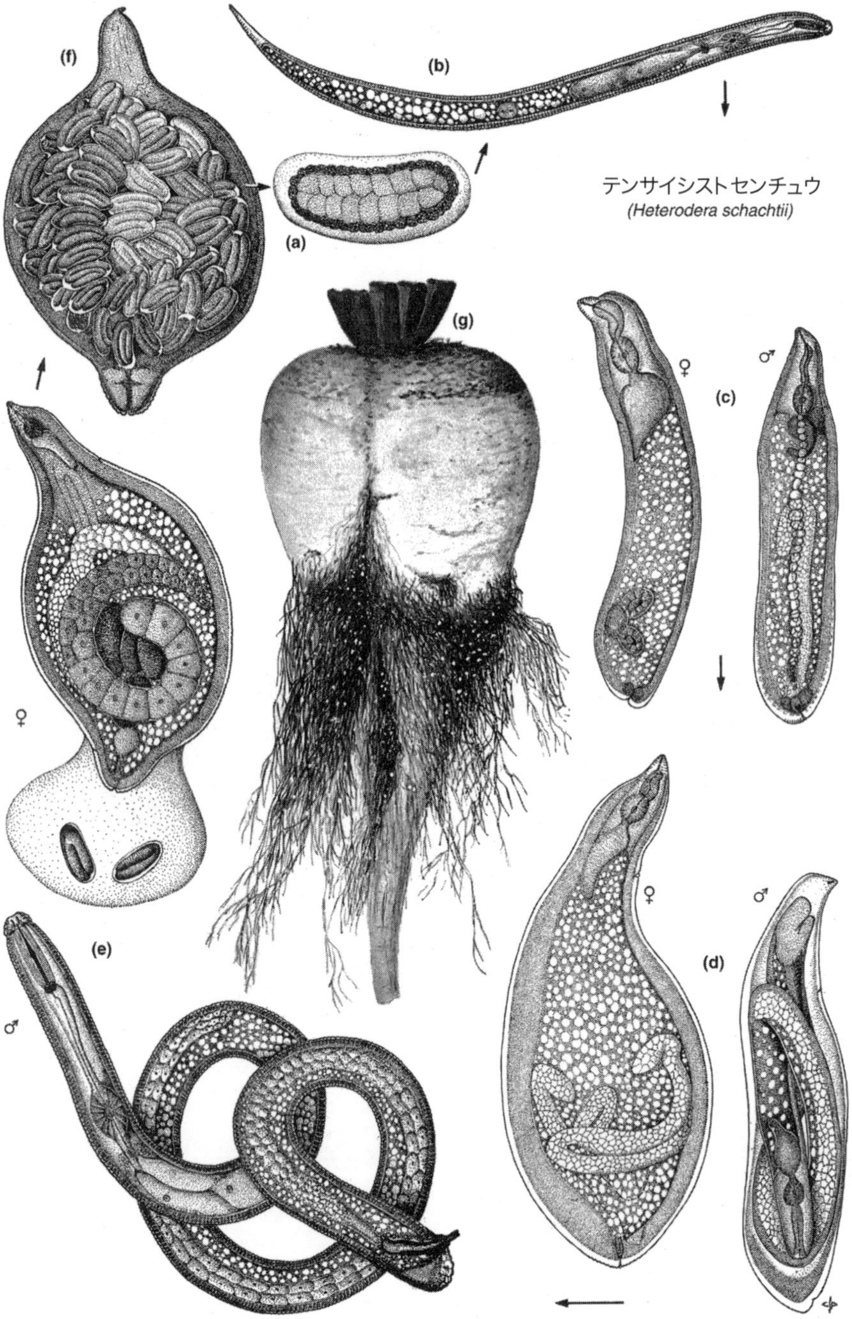

図 5–15 テンサイシストセンチュウ（*Heterodera schachtii*）の性的二型を含む生活環。第 2 期幼虫（J2）は寄主の根の浸出物によって孵化が促進される。J2 は寄主の根に、典型的には根の先端の近くに侵入し、根に入り、維管束環の近くにそれらの頭を向けた位置に動き運動を止める。この線虫は摂食し、植物細胞壁の分離をもたらし、その結果維管束環の内鞘の組織に多核融合細胞をもたらす。発育した線虫はときには栄養細胞と呼ばれる融合細胞から栄養を得る。そして発育を続け幼体段階から成体になる。成体のオスは蠕虫状でフェロモンによってメスに誘引される。メスが成熟して膨れると、その体の後部は根の表面から出てその頭は根の中に残る。メスは 200 ～ 600 卵を産み、卵から卵までの生活環は 25℃の温度では約 22 日を要する。
資料：Charles Papp, California Department of Food and Agriculture. によって描かれたもの

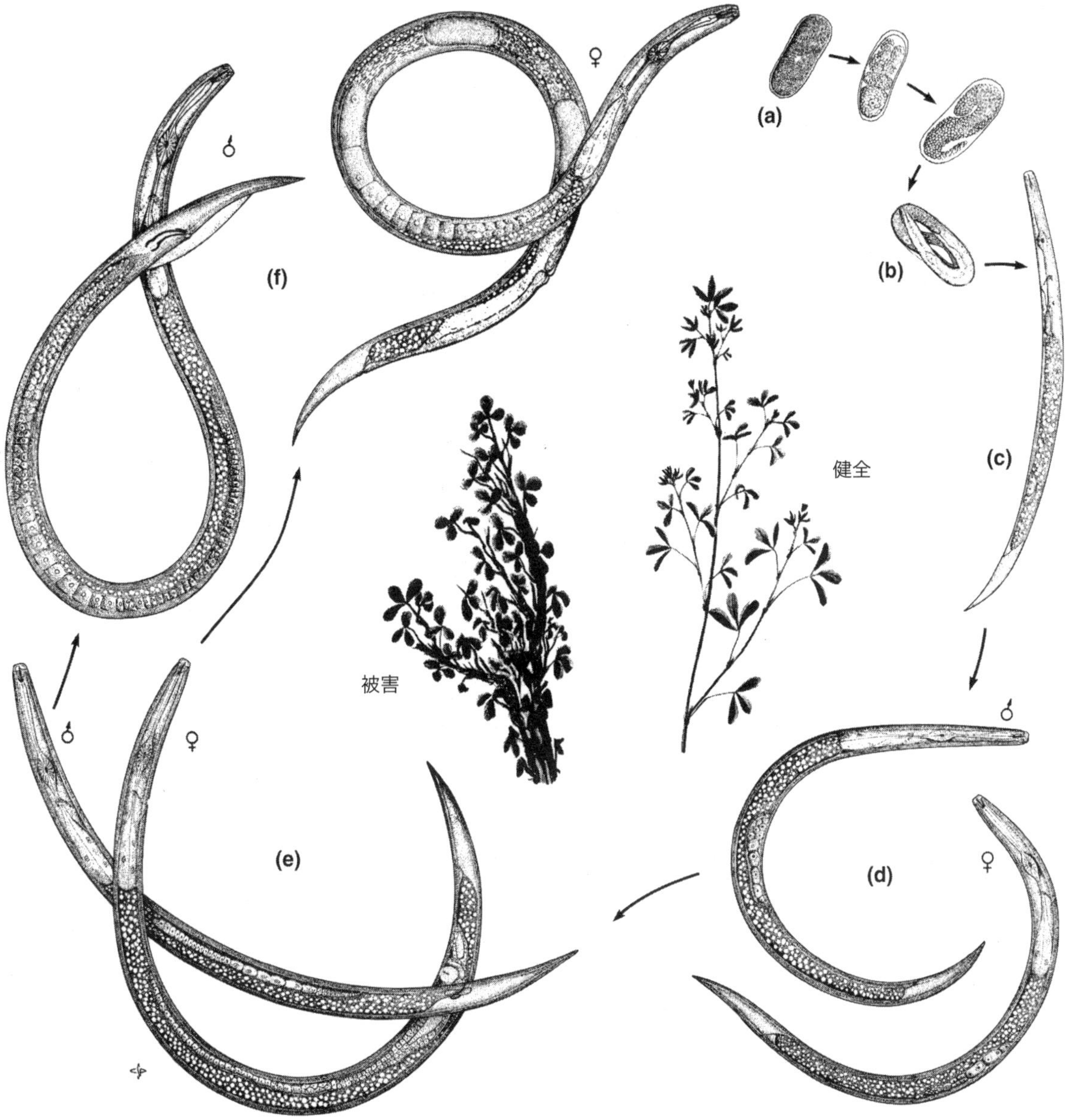

図 5-16　性的二型を示さないナミクキセンチュウ（*Ditylenchus dipsaci*）の生活環。寄主植物はアルファルファで、線虫は塊茎と鱗茎とともに葉と茎を侵す。
(a) 卵、(b) 卵の中の第 1 期幼虫、(c) 卵から孵化した第 2 期幼虫、(d) 第 3 期幼虫、(e) 第 4 期幼虫、(f) 性的に成熟した成虫のオスとメス。
資料：Charles Papp, California Department of Food and Agriculture.によって描かれた

てのガとチョウ（例えばコドリンガとモンシロチョウ）、ハエ（例えばチチュウカイミバエ、リンゴミバエ）そしてコウチュウ（例えばワタミハナゾウムシ、ノミハムシ）は実例である。

これらの異なる発育形態は時間線型式で表され、それは異なるタイプの変態で、いかに異なる発育段階が起こるかを比較して示す（**図 5-14**）。

ある線虫は幼虫から成虫段階までにさまざまな形態を示す。シストセンチュウとネコブセンチュウでは、例えば寄主を侵す幼体は蠕虫状で動くが後期の幼体段階では成虫のメスは膨れて動かなくなる。そのような種の大部分では成体のオスは蠕虫状である。そのような種のオスとメスの間の形の違いは性的二型の 1 つの例である（**図 5-15** と**図 5-16**）。

有害生物管理の見地からすると、望ましい植物に被害を

表 5-1　有害生物の異なるカテゴリーで比較した生物季節学的段階

有害生物	幼体段階	成熟段階	生殖単位	越冬
病原体				
菌類	菌糸体	キノコ、胞子のうなど	胞子、接合胞子、分生子	胞子、接合胞子 特殊な構造（例えば閉子のう殻、菌核）
細菌	細胞	細胞	細胞	寄主の組織内の細菌細胞
ウイルス	ウイルス粒子	ウイルス粒子	ウイルス粒子	寄主の組織内のウイルス粒子
雑草：一年生	芽生え	開花体	種子	種子
多年生	栄養体	開花体	種子または芽 （茎の断片）	種子または栄養構造 （根茎、塊茎など）
線虫	幼虫	成虫	卵	卵、幼虫
軟体動物	幼体	成体	卵	すべての段階
節足動物：				
不完全変態	若虫 （齢）	成虫	卵 （ある生きた幼体）	卵、成虫 ある若虫
完全変態	幼虫から蛹 （齢）	成虫	卵（ある生きた幼体）	卵、成虫、ある幼虫、蛹
脊椎動物	子、幼体	親	（存在しない、適用外）	親

与えるのはしばしば幼体段階で、それはチョウとガあるいはコウチュウそして大部分のハエを含む。

生命表

生命表は、生物の齢または発育に関する生活史の量的記述である。生命表はある齢（または発育段階）から次の齢への生存がどうなるかを含む。さまざまな有害生物の生活段階を**表 5-1** で比較する。ある生命表を構成するための異なる齢（発育段階）の間の死亡が決定され、それによって生存曲線が導かれるようになる。この情報は個体群変動の可能な速度を予測するために用いられる。そして、生活環の中で異なる齢（または発育段階）において働く死亡要因の識別の助けともなる。

ある生物が歳をとるにしたがい、それは発育のさまざまな段階を通って進み、生物の成長の順序と時を追った発育は、その生物季節学と呼ばれる。ある有害生物管理の戦略は、その有害生物の特定の生物季節学的段階を狙ったものである。

基本的な生活環のモデル

大部分の有害生物の生活環は、多くの一般化によって、重要な細部は失われるけれども、1つの一般的な型で表すことができる。**図 5-17** は4つの一般的な有害生物の生活環を表す。

1. 夏／秋生殖（**図 5-17a**）。暖かい季節の生物は、冬には休止（冬眠）または休眠する。そして、これには多くの昆虫、ある病原体、ある線虫、そして多くの哺乳類を含む。夏の一年生雑草はこのサイクルに適合し、種子バンクは年から年へと存続することが認められる。
2. 冬／春生殖（**図 5-17b**）。この生活環は**図 5-17a** の鏡像である。それは寒い気候の生物で暖かい季節に休止（夏眠）する。例には、ある昆虫（Egyptian alfalfa weevil）、ある哺乳類（シマリス）、大部分の冬の一年生雑草（種子バンクは今度は夏の間永続する）を含む。aとbの生活環は一化性または1サイクルの有害生物である。この2つの生活環の違いの程度は、気候帯に依存する。熱帯では基本的に違いがないが、地中海気候では両者はきわめて異なる。そして、より涼しい地域に向かって、ただ1つのサイクルがある。後者においてはbのサイクルの生物はaサイクルに置き換わり、暖かい季節の生物は普通には生存できない。
3. 夏／秋に生殖し、生育シーズンの中で追加的な生殖をする（**図 5-17c**）。このタイプの生活環は短い世代時間を持つ生物を代表する。そして生育シーズンに1回以上の生殖ができる。線虫とアブラムシ、ハダニを含む多化性の節足動物、多くの、さび病とべと病のような多サイクル病、ハツカネズミ、その他の哺乳類と軟体動物もまたこのタイプの生活環を持つ。このタイプの生活環を持つ雑草はない。
4. 休眠生殖段階（**図 5-17d**）。次の世代サイクルよりも

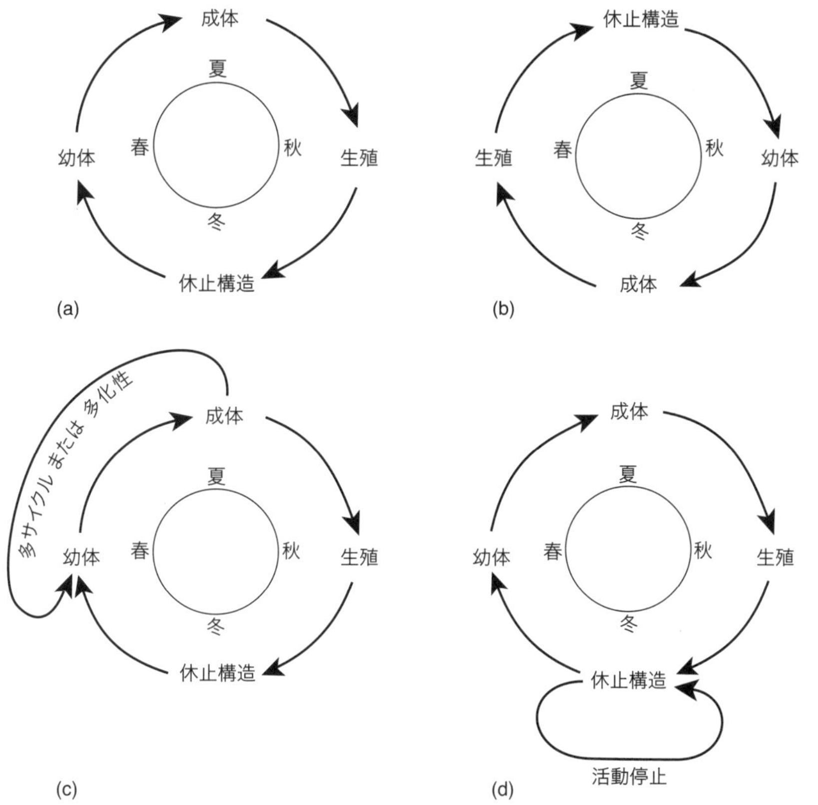

図 5-17
4つの可能な一般的生活環。
(a) 1化性または1サイクルの生物で冬に休止期間を持つもの、(b) 1化性または1サイクルの生物で夏に休止期間を持つもの、(c) 生育シーズンに多化性または多世代を持つ生物、そして (d) 1化性または1サイクルの生物で、土壌中で永続する休止期間を持つもの。

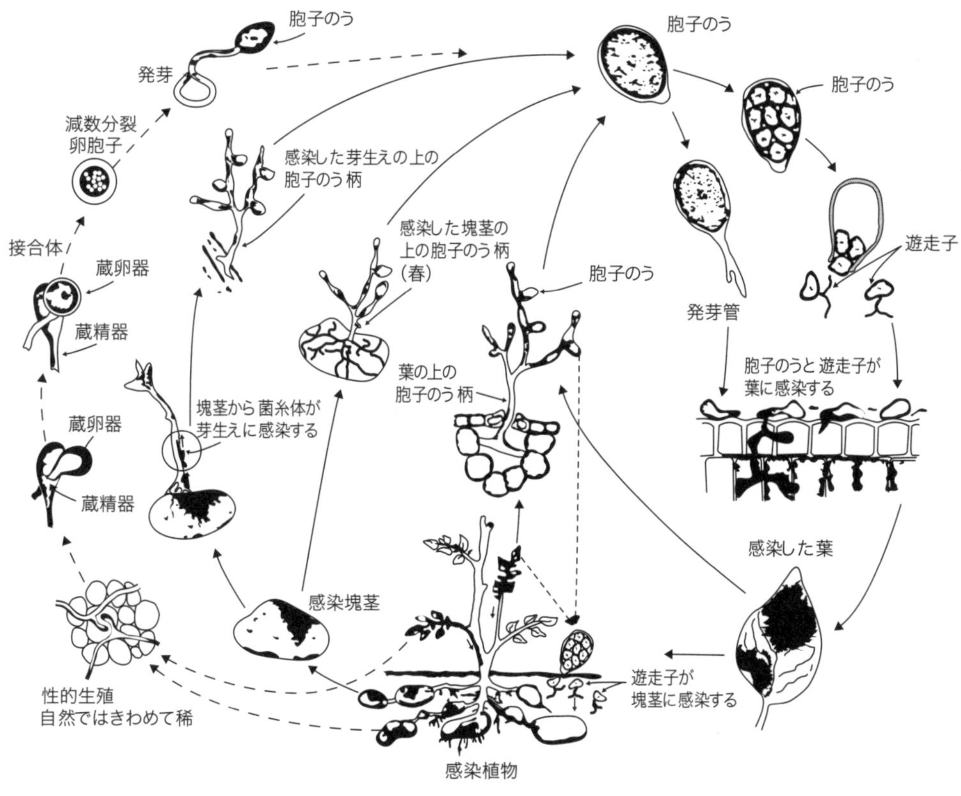

図 5-18 その生活環を完結するために絶対的な中間寄主を必要としない多サイクル性菌類の生活環。この例はジャガイモの疫病のものである。
資料：Agrios, 1997. より改変

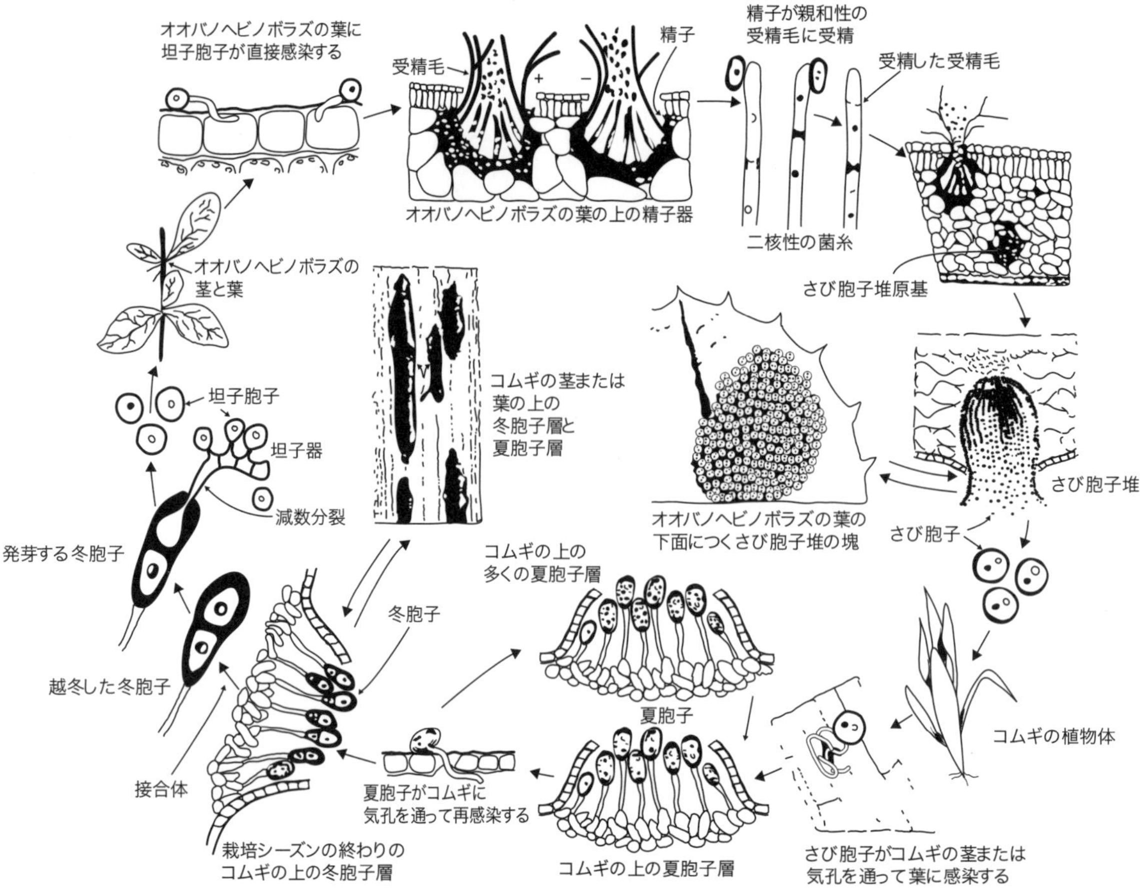

図 5-19 絶対的な中間寄主（作物でない）を必要とする単サイクルの病気の生活環。この例はコムギさび病。
資料：Agrios,1997.から改変

長く生存する。休眠または休眠的休止をする植物体あるいは動物段階。実例としてはすべての雑草種子バンク、ある病原体（例えばレタス小粒菌核病とイネ小粒菌核病の菌核）、そしてシストの中の線虫の卵がある。

多くの病原体の生活環はかなり複雑である。**図 5-18** から**図 5-21** まではこの複雑性を表している。効果的な病害管理プログラムを実施するには、多くの変型を理解する必要がある。多くのウイルスと培養できない細菌は伝播するための媒介生物を必要とする（**図 5-21**）。他の病原体の生活環は植物病理学の教科書（Agrios, 1997 参照）に記述されている。

図 5-17 に示された一般的生活環は二年生雑草の生活環を代表しない。これらの植物は 2 年間の生殖生活環を持ち、そこでは第 1 の栽培シーズンに栄養的に成長し、第 2 栽培シーズンに種子を生産する。

中間寄主と代替寄主

ある種の病原生物とある昆虫は、生活環の完結のために絶対的な中間寄主を必要とする。例えばコムギさび病はオオバノヘビノボラズの茂みを必要とし、lettuce root aphid はポプラを必要とする。

多くの病原体生物は生きた寄主の外側では生存できない（ある細菌、ファイトプラズマ、すべてのウイルス）。そして、一次的寄主が農業生態系に存在しないときは、その病原体は他の植物で生存でき、それは代替寄主または病原体保有寄主として記述される。寄主特異性のない病原体、線虫、節足動物は多くの植物寄主を利用できる。そのような寄主は有害生物の主要な寄主ではないかもしれない。そして代替寄主または保有寄主と呼ばれる。昆虫学の文献では第二の寄主となることのできる植物を alternate host［代替寄主］と呼ぶが、絶対的な中間寄主との混同を避けるために、我々は第二の寄主を alternative host［代替寄主］と名づける。

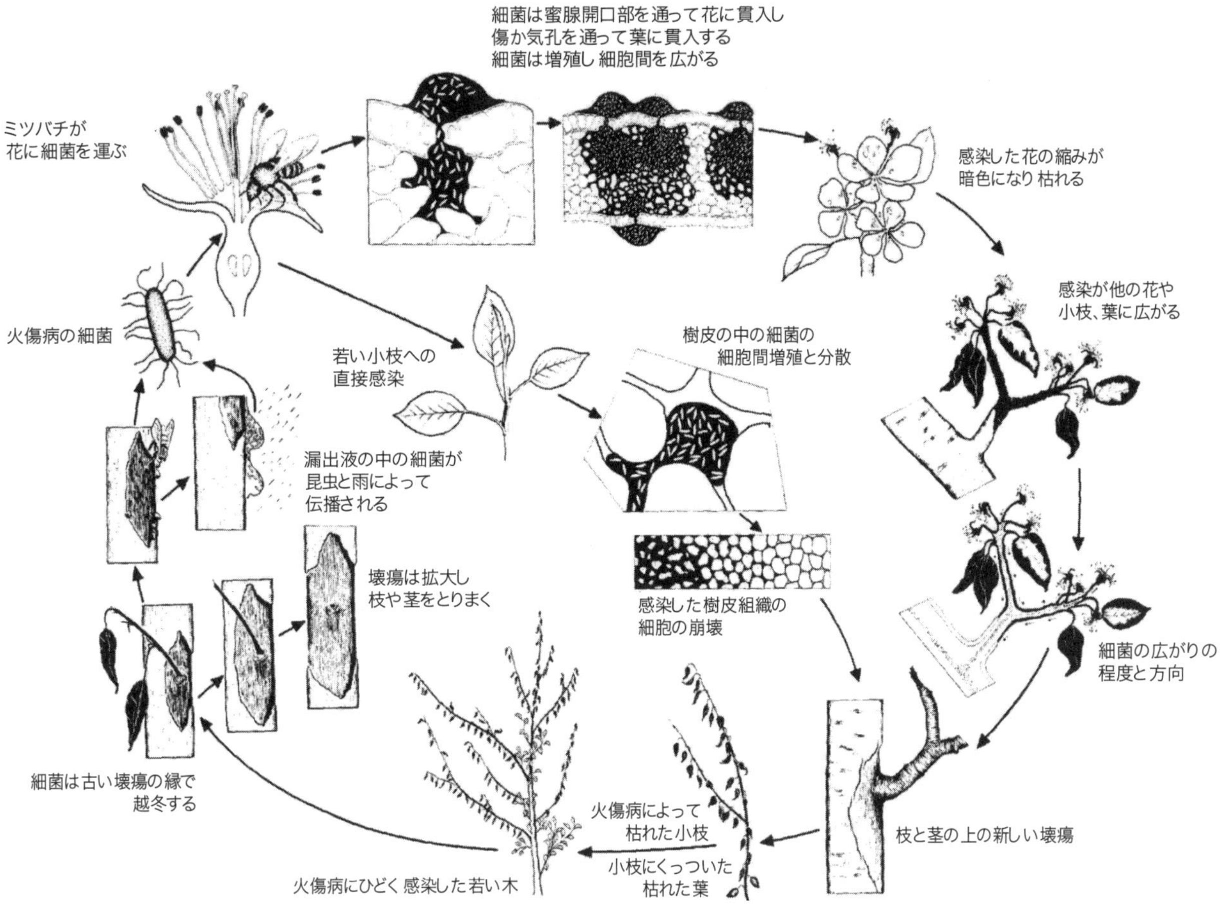

図 5-20　細菌病の生活環。例はナシの火傷病。
資料：Agrios, 1997. から改変

伝播、侵入、そして定着の過程

ある生物が拡散するか拡散させられる能力は、有害生物になる能力として決定的なものである。もしある生物が、それ自身の運動性または人間の活動によって拡散できないのであれば、その他の個体群動態の特性が適当であっても有害生物の地位を勝ち取ることはありそうもない。多くの場合人間の活動は、それがなければほとんど拡散することのない生物の伝播に影響する。それ故人々が有害生物を作るのである（第 10 章参照）。

伝播のメカニズム

有害生物が伝播するメカニズムは、有害生物のカテゴリーに関係して幅広く変化する。それによってある有害生物が広がるメカニズムは、もう 1 つの有害生物に適用することはありえない。次のものは生物が分散することができる 3 つの基本的手段である。

1. 受動的。有害生物は、風によって空中を、また水の中を運ばれ、あるいは人によって動かされる人工物（通常、運搬具か農機具）によって伝播される。
2. 能動的。有害生物はそれ自身で（歩行、飛行、あるいは泳ぎによって）1 つの場所から他の場所へ動くことができる。
3. 媒介者と便乗。有害生物は媒介者によって、通常内部的に拾われて、ある感染した寄主から他の未感染の寄主へと動く。便乗においては、有害生物は他の動く生物に物理的に付着することによって動く。

これらの手段のそれぞれは、次のカテゴリーの有害生物において、さまざまな程度に働く。

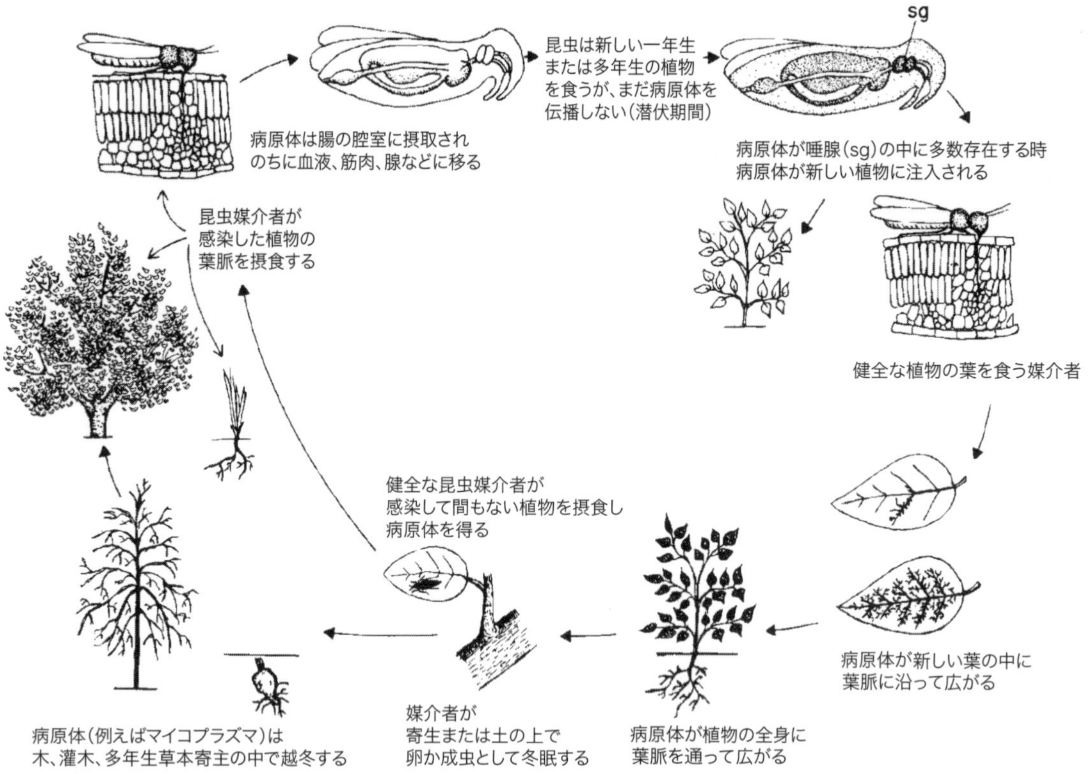

図 5-21　培養できない細菌またはウイルスの一般的な生活環。それは、寄主から寄主へ病原体を伝播するために、媒介生物（ここではヨコバイ）を必要とする。この図は感染源を維持する寄主生物が永年生樹木作物の場合を示す。一年生作物で起こる生活環の変型の場合では、作物が存在しないときには感染源が非作物中間寄主植物（しばしば雑草）で維持される。
資料：Agrios, 1997. から改変

病原体

病原体の異なる綱は、それらが管理される方法に大きいインパクトを与える異なる拡散手段を持つ。

胞子　胞子は多くの病原体によって作りだされる生殖段階である。それらはしばしば空気または水で運ばれる。そしてあるものは軽いので、着地する前に長い距離空中をただようことができる。胞子は２万フィート以上の高度で記録されてきた！　したがって胞子を作る病原体は、おそらく人間活動にかかわらずに拡散することができる。人間の管理の観点からは、感染源を減らすこと以外に、これらの生物の拡散への対抗手段はほとんどない。土壌中の胞子は機械によって運ばれたり、雨かスプリンクラー灌漑の水のはねかえりによって拡散する。あるいは昆虫によって運ばれる（例えば、elm bark beetle［キクイムシ科］によるオランダにれ病）。遊走子は動く胞子で鞭毛または繊毛を持ち、近距離を泳ぐことができて、能動的に伝播する。

菌糸体　菌糸体は菌類の栄養体であり、近くの植物（例えば根接ぎ）に侵入することによって局地的に広がることができる。人間は菌糸体を植物の中または上に拡散する。

細菌　これらの病原体は拡散のための特別なメカニズムを持たない。それらは人間または他の動物によって拡散する（便乗）。あるものは雨やスプリンクラーの、はね水によって短距離、局地的に拡散する（例えば、ナシの火傷病とトマトの斑点細菌病）か、あるいは採餌する昆虫によって広がる。

ウイルス、培養できない細菌とファイトプラズマ　培養できない病原体は寄主の外では生存できない。そして、生きた細胞と一緒にいなければならない。特定の休止期はない。その寄主または媒介生物の助けによってのみ拡散できる。ウイルスの媒介者である昆虫、線虫、菌類はそのウイルスを１つの植物から他の植物に移す。これは媒介者による伝播として知られる。あるものはトマトモザイクウイルスのように物理的な接触によって拡散する。その場合には人間の活動が関与する。それらは、感染した寄主に運ばれ、ブドウの蔓のように栄養的に繁殖するときに拡散することができる。ある他のウイルスは感染した種子で伝播する。ウ

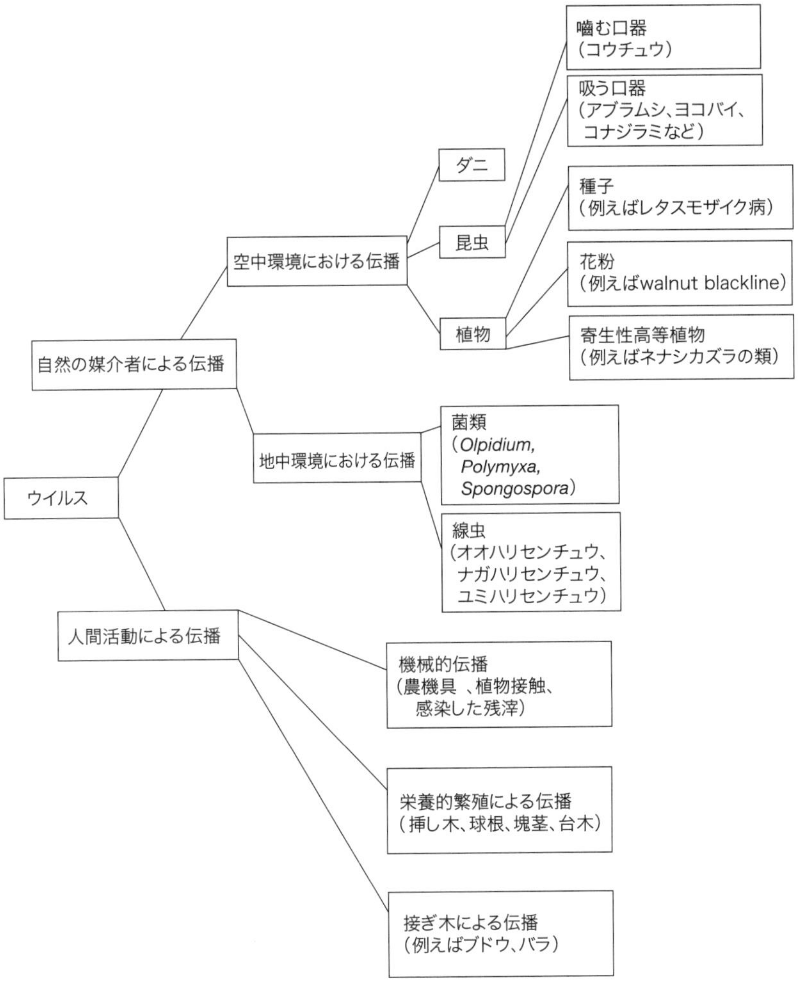

図 5-22
ウイルスと他の培養できない生物が1つの寄主から他の寄主に伝播（媒介）されることに関与する種々の生物の図示。

イルスが伝播されるさまざまな方法は**図 5-22** に示されている。そして伝播のメカニズムは、そのウイルスがいかに管理されなければならないかを大きく左右する。

雑草

大部分の雑草が長距離の分散を容易にする生殖構造を持つということは、広くゆきわたっている誤解である。大部分の世界的に最悪の雑草は伝播の助けとなる特別の適応を持たず、人間の活動によってだけ広く分散する。比較的少数の雑草種が2、3 m 以上の距離を分散する助けとなる構造を持っている。

種子　種子または果実は、風による分散を容易にする特別な構造を持つ。例には、冠毛（羽毛のような構造）または翼が含まれる。ある種子は風に吹かれるのに十分なほど小さくて軽い（例えば、ハマウツボの種）。少ない例では母植物の全体が分散しそれが旅をしながら種子を広げる（例えば *Salsola* spp.のようなロシアアザミ）。大部分の種子は水に浮かび分散できる。灌漑水が表面水路によって供給される場合あるいは洪水の後で、これがひどい管理問題を作りだす。カギのあるまたは刺のある果実と種子は人間にくっついて広げられる。一方多肉質の果実は鳥や他の動物に食われて、腸を通過しても生きているような種子を持つ。

植物の栄養体の断片　根茎、塊茎、匍匐茎の小片のような植物の断片は、耕起用具によって壊されて移動する。水生植物の小片は、裂けて下流に浮かび新しい場所に根をおろす。

線虫

大部分の線虫は長い距離を能動的に分散する直接的な能力を持たない。それらは風で飛ばされる土や、灌漑水を含む水の中で容易に分散する。人間の活動は線虫を広い地域に広げる。それは感染した植物と土の移動あるいは汚染された道具と機械によるものである。鳥やウシのような動く動物は偶然に線虫を飲みこみ、線虫は消化器系を通っても生きているために、このような摂食が伝播を助ける。

卵とシスト内の卵　明らかにシストとシストの中の卵は能動的運動によって分散することはないが、それらは軽く、風に吹き飛ばされる土に混じってかなりの距離を運ばれる。適切な条件の下でシストは灌漑または浸水の中で浮いて運ばれる。テンサイシストセンチュウはサトウダイコンの種の汚染物として広く伝播される。歴史的にはサトウダイコンの種子はしばしば土の表面から集められてきたので、卵を含む線虫のシストを不注意に含んでいた。テンサイシストセンチュウの生きたシストはウシやウマの糞から回収されている。そして土の中で餌を探す動物はシストを飲みこむ。

幼虫と成虫　幼虫と成虫は土を通って短い距離を動くことができる。しかし、ある年のうちに数 m 以上の距離を動くことはできない。それらは風または水の中で運ばれる。感染した植え付け材料は線虫の伝播の重要な手段である。ココナツに赤色輪腐病をもたらす線虫や、松枯れ病をひき起こすマツノザイセンチュウのような、ある植物寄生性線虫は木から木へ昆虫によって分散する。

節足動物

多くの種の成虫は比較的長い距離を歩いたり飛んだりして能動的に運動することができる。未成熟の発育段階は翅を持たず、それ故にはるかに少ししか動かない。しかし、昆虫と多くの小さい節足動物は気流によって長い距離を分散する。1 年のある時期における空気の中の節足動物の多さは空中プランクトンという概念を導いた。

卵　卵は動かないが、それらは農機具、土や生産物、刈りこみ枝、餌の上、空気中、水中をとおして、便乗や人間活動によって動くことができるし、また動いてきた。

幼虫と若虫　脚を持つ若虫と幼虫は短い距離を動くことができる。しかし、この生活段階は通常、人間や他の動物の活動に助けられることなしには長い距離の分散にかかわることがない。ある寄生性の昆虫の 1 齢は便乗を容易にする特別の構造を持つ（例、ツチハンミョウ）。

蛹　節足動物の蛹は分散の能力を持たないが人間活動がそれを動かす。

成虫　翅を持つ昆虫の成虫は、しばしば長い距離を飛ぶことができる。それ故、それらの分散の能力は基本的に人間の活動と無関係である。ある種の分散の能力は分散力と呼ばれる。分散力の低い種は異系交配をする傾向があり、長い距離を越えた新しい地域に定着することができない。少数の生物は、ハダニによる「パラシュート」として用いられる絹糸の房のような特別な構造を作りだして、その分散能力を高める。風は昆虫を長い距離運ぶことができる。そして昆虫の空中分散は、ある種の伝播の 1 つの重要な要因である。

脊椎動物（人間活動を含む）

脊椎動物は動く生物であり、成体は長い距離を歩いたり飛んだりすることができる。有害脊椎動物の伝播は大部分の場合、人間活動に依存しない。ただし、人間は多くの重要な有害脊椎動物の移動に責任がある。高い移動性のある有害生物は農業生態系から追い出すことがきわめて難しい。

農業は人間の基本的活動であり人間は彼等が地域から地域へ移動するにつれて農業的植物材料を運んできた。もちろん、多くの有害生物はそうした植物材料に伴ってヒッチハイクしてきた。産業化した農業と地球的な貿易と旅行は時間的、空間的スケールの両方で、有害生物の伝播を加速してきた。有害生物の伝播と侵入によってもたらされる困難については第 10 章で詳しく考察される。

季節的移動と運動

ある有害生物は、それらが生育シーズンの間、問題となるような地域で冬に生存することができない。それらはその地域に毎年再び侵入しなければならない。北アメリカでは、そのような生物は典型的にはメキシコか南部諸州で越冬し、春には温暖な北部諸州とカナダに再移動する。この現象は、雑草、土壌伝染性病原体、あるいは線虫では、長距離移動のメカニズムを持たないために起こりえない。他の場合、有害生物は厳密な意味では移動しないが、季節と環境が変化するにつれて、より短い距離を動く。

病原体

いくつかの病原体もまた、栽培シーズンが進むにつれて毎年北方に動いて南部から北アメリカに再侵入する。トウモロコシごま葉枯病とタバコの blue mold はよい例である。

節足動物

オオカバマダラは、南アメリカ［中央アメリカの誤り］の越冬場所から北アメリカの夏の生息場所の間で移動する昆虫の古典的な例である。velvetbean caterpillar とツマジロクサヨトウはアメリカ合衆国東部における季節的な害虫移動のよい例である。もう１つの例はアジアの米作地帯でのトビイロウンカの熱帯から温帯への移動である。季節的再侵入のパターンの知識は、有害生物が戻ってくることの予測を許し、それによって防除手段のタイミングを有害生物の発生と一致させるように改善することができる。そのような予測はアメリカ合衆国西部のダイズとトウモロコシのタマナヤガで用いられ成功している。

昆虫の分散力を理解することはIPMにインパクトを与えるような説明要因を許す。例えばルイジアナ州のダイズのsoybean looper［ヤガ科］個体群は、多くの殺虫剤に対する抵抗性の徴候を示し始めた。ダイズでは殺虫剤の使用が少なく、それ故に選択圧が低いために、抵抗性のある在来個体群がなぜ急速に成長したのかがわからなかった。それはダイズのsoybean looperがフロリダ州南部の繁殖場所からルイジアナ州のダイズ畑に移動したということによって説明された。フロリダ州における商業的観賞植物の上で成長したこれらの個体群は、そこでは何回もの殺虫剤処理を受けており、それ故かなりの殺虫剤選択圧の下にあったのである。

１年のうちのあるときに寄主作物が存在しないために、多くの移動性のある有害生物は作物のない場所の植生で越冬し、春に作物に戻ってこなければならない。このタイプの移動は比較的短い距離で典型的には2、3マイル以下である。そのような移動の例は、ワタミハナゾウムシやさまざまなヨコバイ、ハムシ、カスミカメムシである。広域的有害生物管理の概念は、この短距離の移動の知識からきたものである。カリフォルニア州では、ヨコバイは、作物への病気の媒介を減らすためにセントラルバレーのまわりの小丘の越冬場所において防除される（例えば、テンサイヨコバイと *curly top virus*）。アメリカ合衆国南部では、野生植生の上の *Heliothini* 属［ヤガ科］の防除が、これらが近くのワタ作物の中で増殖することを減らすための一戦略として行なわれている。これらの戦術は毎年作物に移動して戻ってくるような有害生物に対してのみ適用される。

有害生物の移動を止めようとする試みが行なわれてきたが、大部分はあまり効果的でなかった。そのような試みの中で一番古いものはアフリカの移動性バッタを防除するさまざまなたたかいであった。

脊椎動物

鳥の毎年の長距離移動はよく知られた現象である。ムクドリモドキ科やムクドリのような有害生物種は季節によってかなりの距離を移動する。

有害生物の遺伝学

すべての生物の成長と発育は、それらが持つ遺伝子と、これらの遺伝子と環境との相互作用の結果である。特定の機能を制御する遺伝子の異なる形態があり、このような変異体は対立遺伝子と呼ばれる。ある場合には特定の形質を決定することに１つ以上の遺伝子が関与し、そのような形質はポリジーン的と呼ばれる。遺伝子の対立遺伝子的変異体は、異なる個体において正確に同じレベルで機能するとは限らない。そのため、その機能がいかに表現されるかの変異を導く。有害生物管理に関連するよい例は、酵素作用を変化させるような対立遺伝子である。有性生殖の間に起こる遺伝的組み換えによって、ある対立遺伝子の表現のレベルでの変化もまた、ある個体群の中の個体の間の複雑な変化を導く。個々の生物体の多くの複雑な側面を形作るために、遺伝子がいかに相互作用するかはまだあまり理解されていない。そしてそのような理解が、分子遺伝学、機能的ゲノム学における新しい分野の目標である。有害生物の個体群内の遺伝的変異性はIPMの多くの側面にとって基本的なものである。

遺伝的変異性

大部分の有害生物種の遺伝子型または遺伝的構造の中には大きい変異性がある。この変異性は、変化する環境と異なる管理条件の下で成功する能力をそれらに与える。

有害生物の中にある遺伝的変異性の存在は、IPM戦術の長期的持続性に関連して、おそらく最も重要な局面である。変化する遺伝子型を持つ生物の１つの個体群が、高い温度、不適当な食物源のような、ある外部的なストレスを与えるものにさらされると、個体群の中のストレスの増加に耐性のあるような個体の頻度が増加する一方、耐性のないタイプの頻度は低下する。その結果、その個体群の遺伝的構成が、外部的にストレスを与えるものに最も耐えられるような遺伝子型へと変化する。他の遺伝子型は個体群から除去されるとは限らないが、その頻度はある低いレベルへと減少する。

この事実は有害生物管理に重要な意味を持つ。個体群の中の遺伝子の頻度が増加するような過程は選択と名づけられ（ときには口語体で「最適者生存」といわれる）、そしてこれが自然選択による進化のメカニズムである。生物が反応する外部的にストレスを与えるものは「選択圧」と名づけられる。管理戦術によって強いられる選択に対する有害生物の個体群レベルでの反応は、進化の１つの重要な現れである。

いかなる有害生物管理戦術も有害生物個体群に選択圧をかけ、有害生物個体群において、その管理戦術に最もよく耐えることのできる遺伝子型を選択する。この生態学的過程は特定の管理戦術のいかんにかかわらず起こるが、歴史的に最も重要であったものは農薬の使用に関するもの（第12章参照）と寄主植物抵抗性の育種（第17章参照）に関するものであった。有害生物を防衛するために開発され、またされつつある多くの戦術に打ち勝つ有害生物の進化は、IPMの長期的な持続性に対して最も重大な障害である。

次のおおまかな論議は、寄主の特異性と交配の両立性に関して、有害生物の中に起こる遺伝的変異性を記述するための用語を含んでいる。異なる有害生物カテゴリーについて研究している科学者は、有害生物種の遺伝的変異を表すのに用いる用語を確立してきた。そして、有害生物カテゴリーの間で用いられるある用語がいかに混乱しうるものかを比較した。各有害生物カテゴリーにとって適切な用語は次の論議の中で説明される。

病原体

病原体における固有の変異性は、寄主植物の異なる種と異なる寄主品種を攻撃し、環境の変化に耐える能力をそれらに与える。農業システムにおいては、遺伝的変異性はまた病原体に農薬や他の防除戦術への抵抗性を発達させることを許す（第12章参照）。

菌類

菌類の病原体は通常かなりの寄主特異性を持っている。例えば、*Erisyphe polygonae* はうどんこ病と呼ばれる病気を起こす病原体であるが、寄主特異的な *Erisyphe polygonae f.sp.betae* だけがサトウダイコンを攻撃する。*f.sp.* という略語は *form specialis* を表すものであり、それはサトウダイコン、すなわち *betae* に対する菌の寄主特異型であることを示す。多くの菌類はそのような寄主特異性を持つ。*Puccinia graminis f.sp.tritici* はコムギ（コムギの属名は菌 *Triticum* なので *tritici* の名がつく）を侵す黒さび病菌である。時に *f.sp.* は落とされて名前は *Puccinia graminis tritici* となる。例えば *Puccinia graminis hordei* はオオムギ（*Hordeum* 属）を攻撃する。

ある菌の種ではレースと呼ばれる特定の遺伝子型が発生する。それらは作物品種のレベルでの菌の寄主特異的な型である。例えば、コムギ黒さび病の200以上のレースがコムギの異なる品種に適応している。それらは単純にレース1、レース2、レース3などといわれる。「バイオタイプ」は１つのレースの中での新しい変異に適用される。それによって1Aと1Bという命名がバイオタイプのために用いられる。同じ菌の種はそれ故、異なる寄主、１つの寄主種の中の異なる品種さえも攻撃することが許される、かなりの遺伝的多様性を持つことができる。

細菌

多くの細菌は寄主特異的で、ある寄主種に寄生する遺伝子型は病原型（pv.）と呼ばれる。*Pseudomonas syringae* は多くの植物の斑点細菌病を起こす。*P.syringae* pv. *tomato* はトマトの斑点細菌病を起こし、*P.syringae* pv. *tabaci* はタバコの野火病、*P.syringae* pv. *phseolicola* はインゲンマメの、かさ枯病を起こす。*Xanthomonas campestris* は多くの作物の斑点病と葉焼病を起こすが、*X.campestris* pv. *phaseoli* はインゲンの葉焼病、*X.campestris* pv. *oryzae* はイネの白葉枯病を起こし、*X.campestris* pv. *malvacearum* はワタの角点病を起こす。

多くの菌類と細菌は、殺菌剤と抗細菌剤に対する耐性を発達させる（第12章の抵抗性の論議参照）。

ウイルス

ウイルスもまた、寄主特異的なタイプを発達させる。それは系統と呼ばれ、２つの系統が同じ寄主に導入されると、あるタイプの遺伝的組み換えが起こり、新しい系統が生まれる可能性がある。

雑草

大部分の雑草は形態的、生物季節学的、生理的な変異性に富む。例えば、野外のセイヨウヒルガオの葉の形と色は極端に変化に富む。イヌビエとキンエノコロは匍匐性から直立するものまでの幅があり、シロザは暗色から明色の種子を示し休眠性が変化する。雑草はまた食植者と病原体に耐える能力においても異なる。セイヨウヒルガオの異なる遺伝子型は、うどんこ病とナミハダニに対して完全な耐性または感受性を示す。夏に繁殖する雑草の異なる遺伝子型はバイオタイプとして知られる。遺伝的に変異性をほとんど持たない植物が、人間によって雑草として名づけられた地位に達するということは生態学的にはありえない。

他の有害生物におけるように、雑草における固有の遺伝的変異は、それらが外部的選択圧に反応することを許す。作物擬態者である雑草は、このタイプの選択が最も古く知られた実例である。作物に対して用いられた栽培慣行によって及ぼされた選択圧は、これらの栽培慣行に適応した雑草を選択する。アマナズナの類（*Camellina*）はアマ作物が成熟するのと同じときに成熟するように選択され、生物季節学的選択の例である。イネの中のイヌビエはイネの穀粒と同じ大きさの種子を選択する収穫機械によって選択される（生物季節学的、形態的選択）。キンエノコロの匍匐性の型はカリフォルニア州のアルファルファにおいて選択されてきた。なぜなら、それらは作物を収穫するために用いられる毎月の刈り取りに適応しているからである（形態的選択）（**図 5-23a**）。直立型バイオタイプは、草がトウモロコシや穀類のような丈の高い作物の中で育つ地域で発生する（**図 5-23b**）。

線虫

線虫の種と個体群の中に存在する生理的変異は、主に寄主特異性、寄主選好性そして寄主抵抗性－対立遺伝子特異性によって表される。生理的変異に関与する遺伝学は線虫学の１つの活動的な分野である。寄主植物抵抗性遺伝子と線虫の病原性遺伝子の間の相互作用は、遺伝子対遺伝子タイプの関係として現れる。

多くの線虫学者は、特にアメリカ合衆国では、異なる寄主植物種の特定の遺伝子型、または特定の植物種の異なる遺伝子型の上で生殖する能力によって、それらを区別できるような種の下のグループを名づけるために、レースという用語を使ってきた。例えば、ネコブセンチュウの中で、数多くの寄主－レース名称が単純な寄主範囲選別試験を基礎にして決められてきた。その試験は線虫の分離体がラッカセイ、トウガラシ、スイカ、タバコ、トマトの決められた品種の上で生殖するかどうかを生物検定するものである。例えば、ある特定の線虫種のレース 1、レース 2、レース 3、そしてレース 4 は、そのような生物検定を用いて定義することができる。

ヨーロッパでは、「病原型」という用語が、異なる線虫－抵抗性遺伝子を持つ一連のナス属のクローンの上で生殖するジャガイモシストセンチュウの能力を記述し、特徴づけるために用いられている。このクローンはジャガイモシス

(a)　(b)

図 5-23　キンエノコロのバイオタイプ。
(a) カリフォルニア州のアルファルファの中で発生した匍匐型と、(b) アメリカ合衆国の北部と東部のトウモロコシと穀類作物の中で発生した直立型バイオタイプ。
資料：Robert Norris による写真

トセンチュウの変異体の個体群を特徴づけるうえでの助けにするために開発された。その病原性の輪郭の適切さに関してはある論争がある。

ダイズシストセンチュウは世界の多くの地域でダイズの収量を制限する病原体であり、線虫の遺伝的変異性を決定することの難しさと重要性のよい例である。ダイズシストセンチュウの管理は、その線虫に抵抗性のあるダイズ品種の開発によって成功した。不幸なことに抵抗性ダイズ品種を圃場で育てると、抵抗性品種の上で生き残り生殖することができるシストセンチュウのレースが検出されるまで、あまり長い期間を要さない ―― ときにはわずか数栽培シーズン ―― ということが発見された。問題に対する最初の反応は、他の異なる抵抗性遺伝子を見つけて新しいダイズ品種に入れることであったが、これが達成されると新しい抵抗性を破るダイズシストセンチュウのレースが検出された。新しいレースの発見は管理戦術として抵抗性を利用することによって作りだされた選択圧の予期しない結果であった。今ではダイズシストセンチュウは多くの異なるレースを持ち、それは異なる抵抗性対立遺伝子を持つダイズで生殖する能力によって区別される。

レースの概念の欠陥は、生物検定において決定するときに用いた数多くの抵抗性対立遺伝子または寄主種がレースの数を決めることである。n 個の寄主または対立遺伝子に関与して異なる生物検定寄主を用いて名づけられる線虫レースの可能な数は原理的に 2^n である。新しい抵抗性遺伝子が発見され線虫に対して試験されると、新しいレースが定義されなければならず、そしてそれ故、畑の中のレース構成が再び定義される。1 つの重要な概念は、異なる線虫のレースが畑では発生し、そして配置される特定の抵抗性対立遺伝子または寄主種が選択圧として働いて、それが圃場の中のレースの頻度を時間とともに変える。これが、いかに抵抗性遺伝子が時間とともに分岐するかを示すものである。

線虫の個体群の間と、その中での変異性は、個体群の反応と、そして線虫管理戦術の効率を予知するために認識され特徴づけられる必要がある。ネコブセンチュウとダイズシストセンチュウを含む植物寄生性線虫において、遺伝的変異性を扱ううえでの標準化と成文化の努力が現在行なわれている。

軟体動物と脊椎動物

疑いもなくバイオタイプは存在するが、有害生物管理に対するそれらの重要性は記録されたことがない。

節足動物

植物とその食植性の節足動物との間の相互作用の理解は生態学者の数十年間の関心事であり、多くの本が昆虫と寄主植物の相互作用について書かれてきた。節足動物は、節足動物個体群の選択圧として働く植物の多汁性、堅さ、多毛性、粘液腺、化学的成分に反応する。それ故、節足動物は特定の作物または 1 つの作物の中の品種にさえ関係する多くのバイオタイプを示す。穀類のヘシアンバエは品種特異的なバイオタイプが 1779 年という昔に観察された最初の昆虫である。昆虫と異なる寄主植物の間の相互作用の研究にもとづいて、穀類のヘシアンバエには 16 の識別できるバイオタイプがある。ヘシアンバエについての研究は昆虫における遺伝子対遺伝的抵抗性の学説の基礎を提供した（第 17 章でより詳しく述べる）。この学説にしたがえば、各遺伝子について、またハエの攻撃性について、コムギの抵抗性のための遺伝子があり、またその逆もあり、それによってハエのすべてのバイオタイプに抵抗性のコムギはなく、すべてのコムギ品種を攻撃できるバイオタイプもない。この条件は、育種家に常に抵抗性の源のために新しい生殖質をスクリーニングすることを要求する。

異なる作物と雑草を攻撃する少なくとも 15 のエンドウヒゲナガアブラムシのバイオタイプがある。ブドウネアブラムシはブドウの根の寄生者で北アメリカの在来種であり、在来のブドウの種にはほとんど被害を与えない。それがフランスに 1800 年代の中頃に運ばれて、そこでは商業的ブドウ酒用ブドウには抵抗性がなく、その結果ブドウ酒産業におびただしい損害をもたらした。その後、抵抗性のある台木にブドウを接ぎ木することがこの問題を解決した。抵抗性の台木は 100 年以上もブドウにおけるこの害虫を管理するための標準的な手段であった。1980 年代の遅くから使われ始めた、カリフォルニア州のブドウ生産に用いられた台木の抵抗性には、これに打ち勝つことのできるブドウネアブラムシの新しい系統が発達した。それは多くのブドウ畑を破壊し、多くの存在するブドウ畑に新しい抵抗性台木を植え直す必要を生じさせている。

イネにおけるトビイロウンカ抵抗性の集中的な選択が

「Mudgo」という抵抗性品種に対して病原性のある昆虫バイオタイプを10世代のうちに進化させたことが発見された。3つのトビイロウンカのバイオタイプがInternational Rice Research Institute［国際イネ研究所］で特徴づけられ名づけられた。トビイロウンカのバイオタイプの進化は、育種家に常に新しい抵抗性の源を探すことを強いている。それらの巨大な遺伝的変異性の故に、昆虫はバイオタイプの急速な進化の多くの実例を提供している。

有害生物の遺伝学の要約

永続的な有害生物管理に対して、有害生物の遺伝的変異性の重要性が最優先におかれることは、有害生物が適用された選択圧に反応して進化するということの認識によるものである。この選択圧は環境の変化や管理慣行の変化のような要因からもたらされる。後者の例は、新しい抵抗性品種、播種日または収穫期の変更、刈り取りの高さ、農薬の使用、すなわち事実上いかなる管理活動をも含む。

資料と推薦文献

Agrios, G. N. 1997. *Plant pathology.* San Diego: Academic Press, xvi, 635.

Dempster, J. P. 1975. *Animal population ecology.* London; New York: Academic Press, x, 155.

Elzinga, R. J. 1997. *Fundamentals of entomology.* Upper Saddle River, N.J.: Prentice Hall, xiv, 475.

Evans, H. E., and J. W. Brewer. 1984. *Insect biology: A textbook of entomology.* Reading, Mass.: Addison-Wesley Publishing Co., x, 436.

第6章
有害生物のカテゴリー間の相互作用の生態学

序論

植物病原体、雑草、線虫、軟体動物、昆虫、そして脊椎動物の有害生物は相互に孤立して存在するものではない。大部分の作物において、多くの異なるカテゴリーの有害生物は同時に存在するであろう。これは総合的有害生物管理のための1つの重要な考察である。なぜならば、1つのカテゴリーの有害生物を管理するための戦術は、生態系において存在する他のカテゴリーの有害生物に影響する可能性があるからである。相互作用は**図6-1**に示された有害生物六角形によって図形的に表現することができる。有害生物管理はこの概念的表現の中で取り上げられるべきである。もし、1つの有害生物のカテゴリーの管理が、もう1つの有害生物の管理を複雑にしたり、これを無効にしたりするものでなければ、この有害生物カテゴリーの間の相互作用は考察に値する。これは雑草管理において特に正しい。なぜならば、雑草はその食物網の中での栄養的位置により、多くの有害生物や有用生物に対する代替寄主となりうるからである。節足動物と線虫、そして植物病原体は、希薄なものから劇的なものまでの幅広い相互作用を示す。

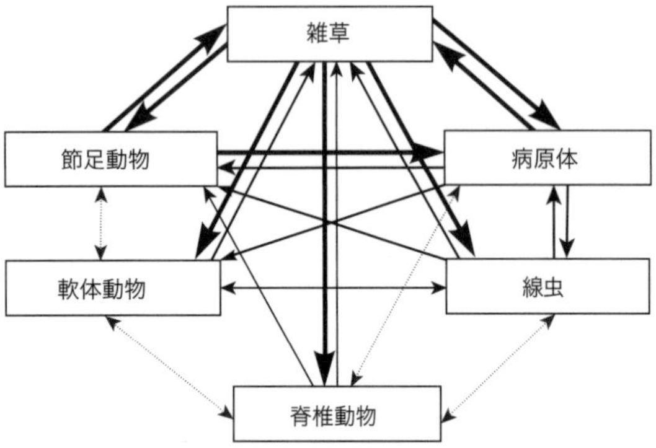

図6-1　有害生物六角形は、異なる有害生物のカテゴリーの間の可能な相互作用を図示したものである。矢印の太さはその相互作用のおよその重要性の程度を示す。

ある農業生態系の中では多くの複雑な種類の相互作用が起こる。すでに述べたように、雑草は他の有害生物と有用生物の代替寄主として働くことがある。節足動物は胞子を運び、傷を作り、線虫とウイルスを伝播（媒介）する。それ故、病気を起こすものの分散を助長する。ある病原体に侵されて死につつある植物は、他の生物をあまり支えず、雑草に対して競争力が弱い。脊椎動物は、家畜と人間の病気を媒介するノミとダニを運ぶことによって他の有害生物と相互作用する。そして、それらは雑草の種子と病原体をまき散らすことができる。線虫はウイルスと細菌を媒介し、軟体動物は培養できない病原体の媒介者として働く。

相互作用は1つの種類の有害生物の中で起こるが、しばしば2つ以上の有害生物カテゴリーの間でも相互作用が起こる。3つの有害生物カテゴリーの間での多レベル相互作用はかなり一般的である。雑草は有害昆虫によって媒介されるウイルスの寄主となることがある。これよりもさらに複雑な相互作用の例さえある。

有害生物カテゴリーの間の相互作用は4つの異なるメカニズム（生物的防除として分類される相互作用を含まな

相互作用の実例

ウサギを防除するために粘液腫症が導入されたあとに *lettuce necrotic yellow virus* の発生量が増えた。なぜだろうか？　以前はウサギがそのウイルスの代替病原体保有生物である snow thistles［アザミの類］を食っていたからである。

い）にもとづいている。相互作用の4つの主なメカニズムは次の通りである。

1. 栄養的関係からもたらされた相互作用。
2. 環境的改変による相互作用。
3. 機械的現象による相互作用。
4. 用いられた防除戦術による相互作用。これは次の2つに分けられる。
   4.1. 非農薬的戦術に反応した相互作用。
   4.2. 農薬の使用から起こった相互作用。

最初の3つのカテゴリーの相互作用は、有害生物それ自身またはその生態学によってひき起こされ、この章で深く論議される。ある有害生物を管理するために用いられる戦術によって起こる相互作用は、各戦術にとって適切な章で論議される。有害生物はまた共同体レベルで相互作用する可能性があり、それ故に生態系の多様性に貢献する。このトピックは第7章で論議される。

エネルギー／資源の流れ（栄養動態）による相互作用

食物網を通じたエネルギーと資源の流れは、なぜ有害生物の間のいくつかの相互作用が予想されるか（**図4-8**）を説明する。以下はそのような相互作用が可能な理由である。

1. 同じ栄養段階で、2つの異なる有害生物が同じ寄主植物を利用するときに相互作用が起こる。この種の相互作用は多種攻撃または有害生物複合体のインパクトと呼ばれる。これらの有害生物は、同じ種類の生物（カスミカメムシとアブラムシ）からくるか、または異なるカテゴリー（ヨコバイと根腐病、または線虫と根腐病）からくる。
2. 相互作用はまた、異なる栄養段階の有害生物の間でも起こり、これは主として雑草と他の有害生物がかかわる（**図6-2**）。それに加えて、動物と植物病原体の間での栄養段階間相互作用もまた起こるであろう。
   2.1. ある有害生物が、次に低い栄養段階にいる寄主を利用するときに直接的な相互作用が起こる。雑草（生産者）は多くの食植性有害生物（**図6-2**、雑草と食植者）の寄主となる。異なる、より高い消費者生物の間の相互作用もまた起こり、IPMへの

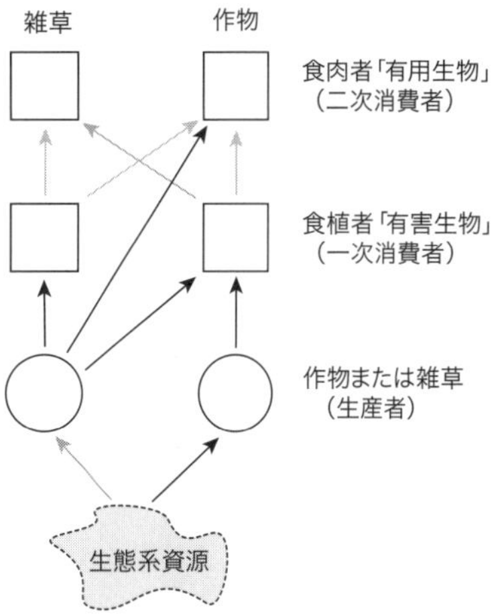

図6-2　有害生物の間の、直接的（黒色矢印）および間接的（灰色矢印）な相互作用を表す単純な食物連鎖。

   重要性が生物的防除に関連するものとして第13章で考察される。
   2.2. 標的の有害生物、または有害生物と相互作用をもたらす生物の間の中間的生物があるとき、間接的な相互作用が起こる。例えば有用昆虫は、もし雑草が有用生物（**図6-2**、有用生物と雑草）の被食者食物源を提供するならば、2段階低いレベルの雑草と相互作用する。その代わりに、有用生物は食植性の被食者によってもたらされる被害を減らすことによって作物の成長に影響する。
   2.3. それらの生活環の異なる部分で、異なる栄養段階のものを食う生物に、追加的な相互作用が関与する。そのような摂食行動は多くの有用昆虫では一般的である。

多数の一次消費者の攻撃

2つ以上の有害生物が同じ寄主植物を攻撃するとき、それらは同じ資源を分かちあう。この一般的な相互作用はすべての作物で起こる。しかしながら、そのような多数種の攻撃の結果を評価する科学的研究は困難で、通常視野が限られている。アルファルファを攻撃するヨコバイと*Fusarium*根腐病は、多数種の攻撃が寄主植物をいかに攻撃するかを評価することの重要性を示す。病原体がいないときのヨコバイは農作物のわずかな、あまり重要でない株の損失をもたらすにすぎない（**図6-3**）。根腐病は、ヨコバイの攻撃がない場合、同様に重要な株の損失をひき起こ

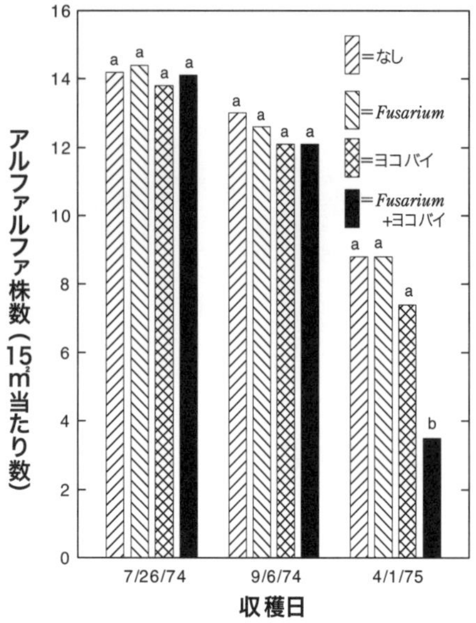

図 6-3　アルファルファの株損失における *Fusarium* 根腐病と *Empoasca* ヨコバイの間の相互作用。ひとつのサンプリング日の中で同じ文字をつけた柱は p = 0.05 水準で有意性がない。
資料：Leath and Byes, 1977. から改変

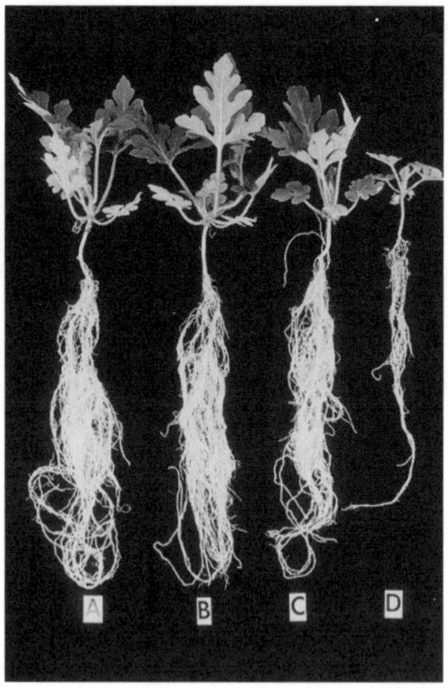

図 6-4
ネコブセンチュウのいるときといないときの *Fusarium* に対するスイカの反応。（A）不感染の対照、（B）線虫のみ、（C）*Fusarium* のみ、（D）線虫と *Fusarium*。
資料：
Ivan J. Thomason の許可による写真

さない。2つの有害生物がその作物を同時に攻撃するとき50%という重要な株の損失が起こる。

線虫と病原菌類の間の病気複合体と名づけられた相互作用は一般的である。ネコブセンチュウと *Fusarium* は主にメロンに寄生するが、共存する感染による被害は、どちらかの病原体が単独で感染したものよりもはるかに大きい（**図 6-4**）。同様にネコブセンチュウの存在は *Fusarium* に対するワタの抵抗性に打ち勝つ（**図 2-7i** 参照）。線虫がいない場合（外側の畝）ワタは正常に成長するが、線虫がいると（中央の畝）ワタは菌の病原体によってはるかにひどい被害を受ける。

ここに示されたような多種の相互作用は、1つの有害生物種の条件の下で決定された被害閾値または要防除水準（第8章参照）の使用と関連した困難性を示している。有害生物の間の協同的相互作用は、1つの種のために予測されたものよりも低い被害閾値または要防除水準をもたらす。そのような相互作用は、理想的なものよりもより小さいようなIPMの意思決定をもたらすことがある。

その代わりに、有害生物の攻撃は同時的ではあるが、その寄主への影響では独立していることがある。1つの例は、葉を食う soybean looper［ヤガ科］の幼虫と雑草のオナモミの相互作用である。そこでは、昆虫による作物の脱葉と雑草の作物との競争は独立している。そこで、脱葉の被害閾値には雑草の加害を考慮に入れる必要がない。

IPMの研究を行なっている農業科学者は、多種相互作用は重要であると認識している。しかしながら、この分野でのより一層の研究の必要性は大きい。さしあたって、大部分の有害生物管理者は経験に頼らざるをえない。多種相互作用の証明と理解が限られていることは、高い水準の相互作用を考慮に入れた総合的有害生物管理の適用における主な障害の1つである。不幸なことに、大部分の現在のIPMプログラムは、1つの有害生物種のための情報を用いて開発されてきた。

直接的相互作用

ある有害生物または病原体が、寄主作物と野生寄主植物の両方を持つときに、直接的相互作用が生ずる。作物でない植物は代替寄主または有害生物保有寄主と呼ばれる。これらの相互作用の大部分は、雑草と他の有害生物の間で起こる。なぜならば、雑草植物は作物（一次的食物）に加えられた食物源として働くからである。ある動物が雑草を食物源として用いるとき、作物の有害生物である動物とそうでないものとを区別する必要がある。なぜならば、有害生物の地位は相互作用の重要性を変えるからである。ある病原体、節足動物、そして線虫は、それらが特定の雑草を攻撃するような寄主特異性を示すが、それらは作物を攻撃せず有害生物として分類されない。事実上、それらは有用生物である。その動物と病原体が雑草を攻撃し生存するが、作物をも攻撃するときに問題が起こる。もし、作物がより

好まれる寄主であると、この状況は特に問題を含む。

直接的相互作用：作物有害生物でない場合

もしある生物が雑草を食うが作物有害生物でないとすれば、それは少なくとも雑草の部分的な生物的防除を提供する。この状況では雑草が一次的寄主として働く。雑草の種子を食うオサムシ科のコウチュウはこの相互作用のよい例である。雑草の生物的防除は第 13 章でより詳しく論議される。

直接的相互作用：作物有害生物

もし雑草を食う生物が作物の有害生物（**図 6–2**）でもあるならば、相互作用の結果は注意深く分析されるべきである。そこには可能な 3 つの結果がある。

1. その有害生物は雑草の生物的防除を提供するであろう（第 13 章参照）。雑草防除の量は典型的に低い。そして作物有害生物としての、その生物の有害なインパクトは生物的雑草防除からもたらされるいかなる利益よりも通常上回る。
2. その雑草は一次的作物寄主が存在しないときにその有害生物にとって代替寄主または有害生物保有寄主である。この相互作用は、特に病原体、線虫、そして多くの種の節足動物の有害生物に関連して重要である。その有害生物個体群は雑草の上で増加して、それから、より大きい数で作物に移動してくる。
   - 2.1. 雑草が有害生物の生活環の必要な構成要素であるような、絶対的な代替寄主は特殊な相互作用である。この相互作用は第 5 章で注意したように、多くの植物病原体にとって特に重要である。
3. 雑草の上で生きている有害生物は有用昆虫の寄主または被食者として働く。この現象はこの章の後のほうで間接的相互作用のトピックの下で考察される。

ある有害生物が、ある雑草種を代替寄主として用いるとき、雑草に対する被害はしばしば最小である。多くの場合、ある病原体に感染した雑草は何らの病徴も示さない。例えばカヤツリグサの類は塊茎がネコブセンチュウに感染したときに病徴を示さないが、おそらく雑草は線虫とともに進化したのであろう。これは線虫の感染に耐えうる能力について常に選択された結果であろう。この場合、雑草は、より高い栄養段階の生物によって食われるにもかかわらず生存し繁殖する。それ故、より高い栄養段階の生物の攻撃に耐える雑草の能力が期待されるに違いない。もしある植物がそのような攻撃に耐えて繁栄することができなければ、おそらくそれは雑草としての地位に達することがなかったであろう。

作物の有害生物として指名される多くの生物が雑草を害さないために、それらの雑草上での存在はしばしば検出されない。もしその有害生物の数が雑草の上で増加し、その結果有害生物が寄主作物に到達するとき、それらの数は作物の損失をもたらすのに十分な大きさになりうる。雑草の上でその有害生物のインパクトがないことは、雑草の能力を潜在的なものではなく、寄主の有害生物に相当するものとする。管理の見地からすると、栽培システムの外で育つ雑草と、そのシステムの中で育つ雑草の重要性を決定することが大切である。

栽培システムの外で育つ雑草　栽培システムの外では、有害生物は雑草を食物源として利用し、また作物に戻ってくる。このタイプの相互作用は、動くことのできる有害生物または繁殖体が風によって容易に伝播するもの（例えば菌類の胞子、アブラムシ、ハダニ）にのみ適用される。カナダでロシアアザミから近くのコムギ畑に移動するカメムシによる被害はよい例を提供する（**図 6–5**）。穀類のさび病による雑草寄主の利用は病原体の実例となる。多くの培養できない病原体は雑草を代替寄主または有害生物保有寄主として利用する。そのような場合には、病原体を雑草から寄主作物に伝播する媒介者がいなければならない。木質部に棲む培養できない細菌によるブドウのカリフォルニア病は 1 つの例である。川岸の地域の雑草の多い植生は、細菌

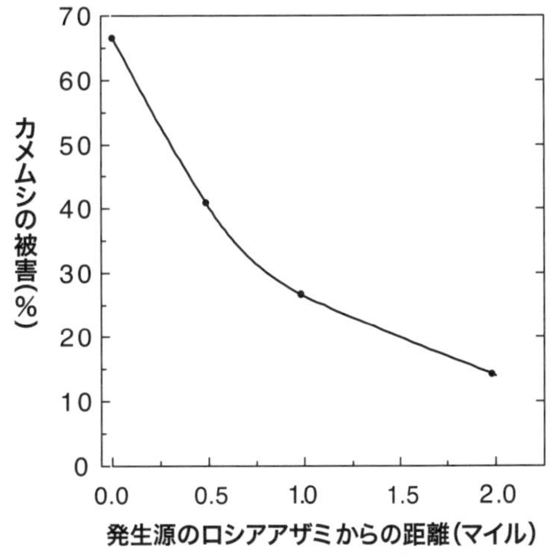

図 6–5　コムギのカメムシによる被害と代替寄主であるロシアアザミからの距離との関係。
資料：Jacobsen, 1945. のデータから描く

と媒介者としてのヨコバイの有害生物保有寄主として働く（**図 6-6**）。畑をとりまく雑草は、作物が存在するときに畑に再び侵入してくる有害脊椎動物の食物源としても働く。畑のまわりの雑草の多い植生を取り除くことがハタネズミの防除の1つの基準的勧告となることがある。

有害生物と畑の外の植生の間の一般的な相互作用の例には、雑草を代替寄主として用いるカスミカメムシ、ヨコバイ、そしてアブラムシが含まれる（**表 6-1**）。雑草はウイルスの保有者として働くことで、ウイルス管理における1つのより重要な問題である。代替寄主植物（通常雑草）の除去は病害を管理するための主な戦略である。ウイルスの寄主となりうる雑草が作物のまわりで成長することを許すことによって、ウイルス管理プログラムが崩壊する結果となることがある。

図 6-6
カリフォルニア病の強度の増加を示すブドウ畑の空中写真。写真の左の川沿いの地域から距離が近いほどブドウが欠けていることが見える。
資料：Jack Clark, University of California statewide IPM program による写真

表 6-1　作物の重要なウイルスを保有する代替寄主雑草

作物[1]	ウイルス	雑草寄主の例（不完全な表）
トウモロコシ（ソルガムとアワも）	トウモロコシ萎縮モザイクウイルス (MDMV)	イヌビエ、メヒシバ、アゼガヤの類、シマスズメノヒエ、エノコログサの類、セイバンモロコシなど
オオムギ（すべての穀類）	オオムギ黄萎ウイルス (BYDV)	スズメノチャヒキの類、イヌビエ、メヒシバ、ライグラスの類、シマスズメノヒエ、ギョウギシバ、その他多くの種
イネ	イネツングロウイルス (RTSV)	マコモの種、サヤヌカグサ属の種、オヒシバとイヌビエとイヌビエの類（ともに病徴がない）
アルファルファ（ダイズ、クローバー、レタス、エンドウマメ、タバコ）	アルファルファモザイクウイルス (AMV)	シロザ、ホトケノザ、スベリヒユ、ノゲシ、ハコベ（すべて重要な感染源）
タバコ（トマト、トウガラシ、ジャガイモ）	タバコモザイクウイルス (TMV)	イラクサ、アカザの類、細葉ヘラオオバコ、アレチノギク（すべて自然の雑草寄主）
キュウリ（多くのその他のウリ類）	キュウリモザイクウイルス (CMV)	ほとんど無制限の寄主範囲、ヒユの類、ナズナ、セイヨウヒルガオ、ミチヤナギの類、カラシナの類を含む雑草
レタス（ホウレンソウ、エンドウマメ）	レタスモザイクウイルス (LMV)	ノゲシの類、ノゲシ、ノボロギク、ハコベ、シロザ、その他の多くの種
サトウダイコン	*Beet curly top virus* (BCTV)	アカザ科、キク科コンギク族、アブラナ科とその他の多くの種

[1] 感受性のあるその他の作物は括弧の中に示す
すべてのデータはSutic *et al.*, 1999.から得た

栽培システムの中で育つ雑草　作物畑の中で雑草が他の有害生物のための代替寄主として働くことがある。大部分の作物の成長において、ある期間畑が休閑であるか、または作物が一年生作物の苗の期間や多年生作物の休眠期間のように、ほとんど、またはまったく草冠がないことがある。そのようなとき、雑草は多数存在し、一次消費者の食物として働く活発に成長する組織の主な源となる。そのように雑草は、作物が存在しないときの栄養を提供することによって有害生物のための、そしてまた作物が定着する初期の段階の間に、有害生物の個体群が増加するための手段として働くことができる。実例には次の物を含む。

1. 病原体。多くの病原体、*Verticillium* 萎凋病の種、*Botrytis* 灰色かび病、*Sclerotium rolfsii*［白絹病］は多くの雑草の種に感染し生存することができる。*Rhizoctonia solani*（いくつかの作物で苗立枯病をもたらす）は作物がないときに多くの雑草種に伝播される。例えば、ジャガイモからナスの類の植物に、そしてジャガイモに戻ることはよく示されている。
2. 線虫。ネコブセンチュウ、シストセンチュウ、ネグサレセンチュウ、ワセンチュウは多数の作物の重大な有害生物である。それらは広い寄主範囲を持ち、その中には多くの雑草の種を含む（**表 6-2**）。これらの代替寄主は有害生物管理者に対し重大なチャレンジを提出する。これらの線虫の防除のための標準的な勧告の 1 つは、休閑または感受性のない作物との輪作である。効果的に線虫の数を減らすためのそのような輪作においては、感受性のない作物の中に代替寄主の雑草を成長させないようにすべきである。輪作や休閑の間の効果的な雑草防除は、それ故いかなる線虫管理プログラムにおいても重要である。テンサイシストセンチュウのような線虫に対し、非寄主作物との輪作による雑草管理は決定的な効果がある。
3. 軟体動物。ナメクジとカタツムリもまた雑草を代替食物源として用いる。一年生のスズメノカタビラとナズナは軟体動物のための食物となる雑草種である。雑草を防除することによってナメクジやカタツムリが食物を探すために作物の中を動くようになる。畑の多様性を増大するために、帯状に植えられた野草の中にいるナメクジは、第 7 章で論議するように、近くの作物に対する障害となる。
4. 節足動物。多くの有害節足動物は作物畑の中で成長する雑草を代替寄主として利用する。アスパラガスの中のネキリムシはこの相互作用の一例である（**表 6-3**）。野外実験によればネキリムシの数は雑草がないと少ないことが示されている。セイヨウヒルガオまたはセイヨウトゲアザミのいずれかが存在するとネキリムシの数ははるかに多い。一般的に雑草の多い畝は雑草のない畝よりも 250 ～300 倍以上もネキリムシが多い。ネキリムシの増加はアスパラガスが成長し始める前の食物源として雑草が働くことによる。被覆作物として育てられる雑草のカラシナの種は false chinch bugs の発生源となり有害生物問題となる。この昆虫は雑草の上で増殖して、それからブドウに移動する。モモアカアブラムシのおびただしい数が雑草の上で増殖すること

表 6-2　いくつかの重要な植物病原線虫を保有する代替寄主 [1]

一般名	学名	雑草寄主の例
ネグサレセンチュウ	*Pratylenchus* spp.	*P.penetrans*［キタネグサレセンチュウ］は 55 種以上の雑草から記録され、その中にはオナモミの類、メヒシバの類、ノゲシ、ギョウギシバを含む。
クキネセンチュウ	*Ditylenchus* spp.	ヘラオオバコ、タンポポ、ブタナの類、ハコベ、カラスムギを含む雑草寄主。これらの線虫のいくつかは風に乗った種子の中で伝播される。
テンサイシストセンチュウ	*Heterodera schactii*	シロザ、カラシナの類、ヒユの類、を含む雑草寄主。
ダイズシストセンチュウ	*H.glycines*	寄主は 1100 種以上の植物から記録され、その中にはハコベ、ホトケノザ、ハギ、sesbania アサ、のような多くの雑草を含む。
ネコブセンチュウ	*Meloidogyne* spp.	*M.hapla*［キタネコブセンチュウ］は70種以上の雑草から記録され、その中には、メヒシバ、ヒユの類、ナズナ、エノコログサ、シロザが含まれる。
イネネモグリセンチュウ	*Hirshmaniella spinicaudata*	いくつかのカヤツリグサ属の種、ツノアイアシ、イヌビエの類、マコモ、ギョウギシバ、ツユクサ、カタバミ属の種、その他多数を含む雑草寄主。

[1] この表にあげられた雑草は Bendixen *et al.*, 1979, Babatola, 1980, Manuel *et al.*, 1980, Manuel *et al.*, 1981, 1982, Bendixen, 1986.による

表 6-3 アスパラガスの redback cutworm［ネキリムシ］の存在に対するセイヨウヒルガオとセイヨウトゲアザミのインパクト

雑草の状態	調査した距離（フィート）	幼虫（数）
雑草なし	5,000	1
セイヨウヒルガオ	360	81
セイヨウトゲアザミ	160	11

Tamaki *et al*., 1975.より

表 6-4 ワシントン州のモモ園における春の雑草の上に棲むモモアカアブラムシの数

雑草の状態	アブラムシ（100 万頭／エーカー）	
	無翅	有翅（翅のあるもの）
Clasping pepperweed	0	0
ウサギアオイの類	5.5	0.69
灰色のカラシナ	5.9	0.76
ヒユの類	8.6	0.35
シロザ	41	5.8
セイヨウヒルガオ	41	14
Flixweed	360	48

Tamaki and Olson, 1979.より

図 6-7 雑草の多い果樹園の中の、げっ歯類が齧ることによる若木の幹の皮への被害。こうした被害は雑草のない果樹園ではめったに起こらない。
資料：Robert Norris による写真

がある（**表 6-4**）。代替寄主としての雑草のその他の例は、セイヨウヒルガオの上のナミハダニ、ヒユの類とシロザの上の雑食性のハマキガ科、ホウズキの類とナスの類の上の flea beetles［ハムシ科］である。作物の中の雑草の上で増殖する昆虫は雑草防除に関連した重大な損害をもたらす。なぜならば、いかなる雑草防除作業でも、そのあとに昆虫が作物に追いやられることがあるからである。野外実験では、ヒユの類の上で増殖したネキリムシの個体群は、雑草の防除のために機械的に耕起したあとにマメ類作物を破壊した。

5. 脊椎動物。雑草はハタネズミやハツカネズミのようなげっ歯類、またはウサギとオオウサギのようなウサギ類の被覆と餌を提供する。その動物はしばしば雑草の多い果樹園に引き寄せられ、そこで若い木の汁の多い皮を食い輪状に剥ぎ、木を枯らす（**図 6-7**）。植生を取り除くことは、その動物を毒殺しようと試みるよりははるかによい管理作業である。

間接的相互作用

間接的相互作用は**図 6-2** のように、ある相互作用を起こすものと、これを受け入れるものとの間に中間的生物がいるときに起こる。そこでは、生物 A はその生物 B の影響を介して生物 C に影響する。そのような相互作用は多栄養相互作用と呼ばれる。IPM に対して重要な 2 つの可能な相互作用は、

1. 食植性の有害生物と病原体が作物の成長を弱める。
2. 雑草が、後に有用生物を保持する食植性の有害生物を保持する。有用生物によるその植物への直接の摂食はない。したがってこの相互作用は間接的である。

作物の食植者または病原体の被害

ある有害生物による作物の被害は作物の成長と競争能力を減らし、それはその作物に関連するいかなる他の有害生物にも間接的に影響する。資源の変化は、食物連鎖のより上位のすべての生物にインパクトを与える可能性があり、そのシステムの中の他の植物は、利用の変化を通して、そしてそれ故に、生態系の資源の手に入りやすさを通じてインパクトを受ける。

ある古い格言に曰く、「雑草防除の最良の姿は健康で活力のある作物である」。この当然の結果は、有害生物の被害を受け、または弱くされた作物は雑草と競争することができないということである。栄養動態の文脈では、加害された作物は健康な作物より生態系の資源の利用がより少な

く、雑草に利用可能な資源をより多く残す。

ある有害生物は作物を殺すことができ、その結果株絶えとなる。これは全く明白な有害生物の攻撃のインパクトであり、すなわち作物があるかないかということである。有害生物による株絶えの実例は、アルファルファにおけるホリネズミの摂食、作物の芽生えを枯らすネキリムシ、そしてアルファルファ、ワタと定着した果樹のような作物を枯らす根の病原菌類を含む。作物の植物体が死んだ場所では、雑草の成長は作物との競争がなくなるために、しばしばはるかに旺盛である。この効果はよく受け入れられたけれども、その実際の程度と重要性はあまりよく証明されていない。

葉の病原体の攻撃や昆虫の食葉あるいはウサギの食葉のような、何らかの生物による作物の脱葉は作物の草冠の減少をまねく。減少した草冠は下にある雑草植物により多くの光が届くことを許し、より多く雑草が成長する結果となる。線虫、昆虫、または病原体による根系の被害は、根の機能と植物の成長の減少をもたらす。草冠または根系への被害は、作物によって用いられる水と栄養を少なくし、それ故より多くの水と栄養が雑草のために手に入るようになり、再びより多くの雑草の成長をもたらす。これは生態系のフィードバックのよい例であり、より高いレベルの消費者が、生産者がいかによく成長するかを決定するという相互作用の表現を示している（すなわち１つの上から下への栄養的相互作用）（第４章参照）。

このタイプの相互作用を表すいくつかの例がある。variegated cutworm［ネキリムシ］はアメリカ合衆国中西部でアルファルファを脱葉させる。この昆虫による摂食被害は雑草の成長の増加を導く（**図 6-8**）。そして増加した雑草の成長は害虫の被害の増加（摂食の期間または害虫の数）と密接に関連している。カリフォルニア州の Egyptian alfalfa weevil［ゾウムシ科］によるアルファルファの脱葉は、同時にその害虫が防除されたところと比べてキンエノコロの増加をもたらす。よく似た現象はイギリスにおけるコムギに対する wheat bulbfly［ハナバエ科］の加害について報告されており、被害を受けたコムギではコシカギクの類とスズメノテッポウの類のより大きい発生がある。

脱葉の相互作用の変型がカリフォルニア州で観察されている。アルファルファは通常約 15 フィートの幅で機械的に刈り取られる。刈り取られた草の中の Egyptian alfalfa weevil 幼虫の低い個体群は、収穫機によって作られた３フィート幅の刈畝の中に５倍に集中させられる。脚のない幼虫は移動できない。そしてそれらはアルファルファの再生葉を消費する。その結果その刈畝の下でひどい被害が起こる。夏の終わりに刈畝の下で被害のひどい場所でだけキンエノコロの列が発生する（**図 6-9**）。

これらの資源フィードバック相互作用の IPM に対する重要性は、食植性有害生物と病原体の管理の改善によって作物の活力を維持しようとするすべての努力によって、雑草防除のために必要な努力が減らされるということである。しかしながら、作物害虫管理の雑草の成長に対するインパクトが、害虫管理の意思決定に用いられる要防除水準に組みこまれることは通常ない（第８章参照）。これらの相互

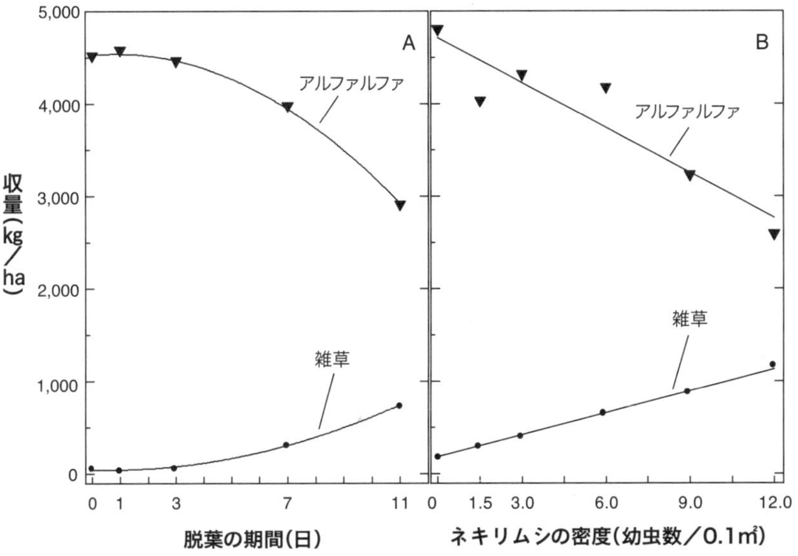

図 6-8
variegated cutworm［ネキリムシ］の摂食がアルファルファの収量と、これと競争する雑草の成長に及ぼす影響。(a) ネキリムシの摂食の期間の増加による影響と、(b) ネキリムシの数の増加による影響。
資料：Buntin and Pedigo, 1986. より描く

図 6-9
最初の刈り取りにおける枯れ草の畝の下でゾウムシの幼虫が摂食したことに関連して、アルファルファの畑ですじ状にキンエノコロが成長した。
資料：Robert Norris による写真

作用は認識されているけれども、それらは通常は要防除水準を開発するときに考慮されない。

有用昆虫は雑草の上の被食者生物を利用する

雑草の上の節足動物は有用昆虫の被食者として働くことがある（**図 6-2**）。それは昆虫個体群を安定化するための生物多様性利用の生態学的基礎である（第 7 章参照）。

作物有害生物でもある被食者と、そうでない被食者とを区別することが重要である。後者の場合には、雑草が節足動物の生物的防除プログラムのための間接的資源として働くという可能性がある。ノゲシの上のアブラムシはよい例である。このアブラムシは作物の有害生物ではないからである。しかしながら、そのアブラムシはヒラタアブやテントウムシ、寄生蜂の幼虫のような有用生物の被食者としてそれらを支える。それは明らかに有用な相互作用である。もし、食植性の被食者の昆虫が雑草の防除を提供するならば、それが有用生物によって攻撃されるということは望ましくない。そのような場合、生物的な雑草防除のための、その昆虫の有用性と、有用生物の食物源として働くこととを比べることは困難である。有害節足動物についていえば、有用生物との相互作用を畑の外側と内側の両方の観点から考えることが役に立つ。

作物の外側　有用昆虫は作物が対象の被食者を支えることができない長い期間、畑の外側の植生の上で維持されるか増加する。この相互作用は第 7 章で論議される、畑の上と地域的な多様性の原理の一部である。冬の間の *Anagrus epos*［ホソハネコバチ科］を支えるノイチゴの類の役割はこのような相互作用の一例である（**図 6-10**）。*A. epos* はブドウヨコバイの寄生者である。しかし、それは冬の間ブドウ畑で生存することができない。なぜならば、ブドウは落葉性で、それ故冬にはヨコバイがいないからである。この寄生者は冬でも葉を保つノイチゴの類の上のヨコバイ（*Dikrella* sp.）を攻撃することができるため冬でも生存できる。有用なハチによるブドウのヨコバイの寄生はノイチゴの類が成長する川岸の地域の近くのブドウ園ではより高い。この相互作用はよく記録されているが、有害生物を管理するための手段としての知識を実行することは困難である。

作物の中　作物の中にある雑草は有用生物によって攻撃される節足動物の寄主として働きうる。そのような相互作用には多くの例がある。例えば、オサムシは、ほとんど常に雑草の多い作物では、雑草のない作物よりも高い密度で存在する（例えば**図 6-11**）。アブラナ科の作物における有用昆虫は、雑草があるときが雑草のないときよりほとんど常に多い。IPM にとっての意味は第 7 章の圃場内多様性のトピックの下で論議される。

多栄養的相互作用（直接的と間接的）

ある生物は 1 つ以上の栄養段階のものを食う。例えばヒトは肉（消費者段階 2 での少なくとも食肉者）と穀物、野菜、そして果物（食植者）を食う。

多くの有用昆虫は、それらの生活環の中の異なる発育段階で異なる栄養段階のものを食う。幼虫は通常食肉性で他

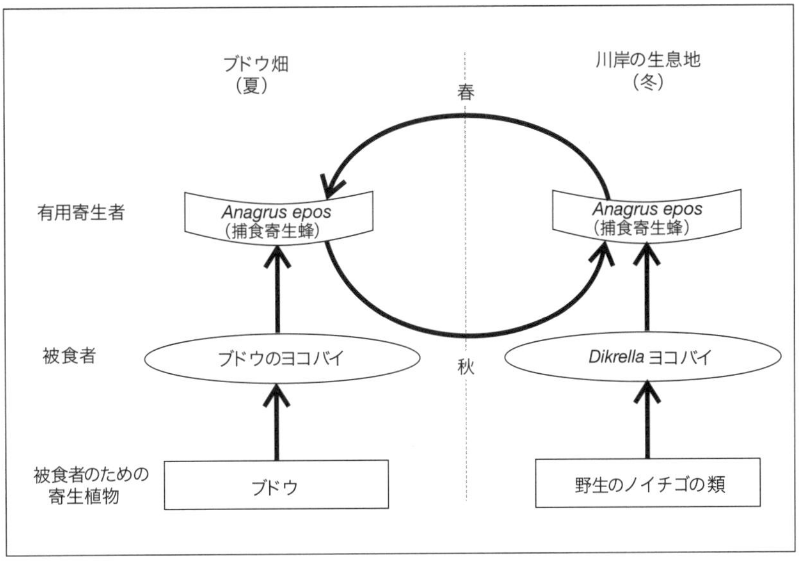

図 6-10
川岸地域のノイチゴの類の上の越冬寄主ヨコバイの *Dikrella* とブドウのヨコバイの捕食寄生蜂 *Anagrus epos* の間の関係を示す図。

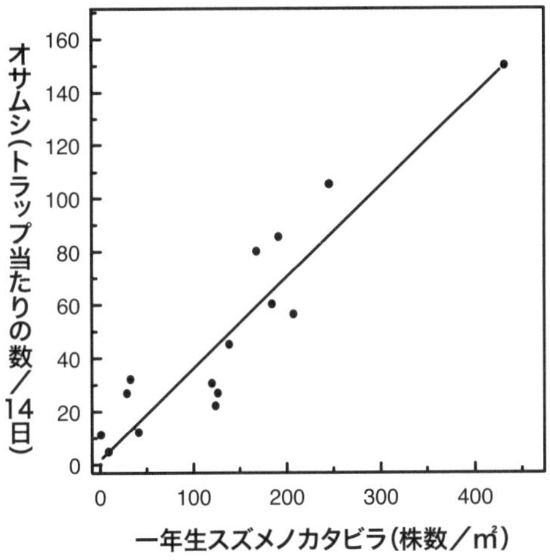

図 6-11　一年生のスズメノカタビラの密度と、落とし穴トラップでつかまえたオサムシの数の関係。
資料：Speight and Lawton, 1976. より改変

の昆虫を食い、有害生物の生物的防除を提供する。多くの有用節足動物の成虫は食肉性でなく、むしろ蜜や花粉を食い、それ故食植性である。花粉か蜜を得た成虫のメス昆虫は、より多くの卵を産み、より高いレベルの生物的防除を提供する。多くの雑草は、この蜜や花粉の源として働く。そしてそれ故、有用生物と直接的に相互作用する。雑草を食う有用生物の例には多くの寄生蜂、ヒラタアブ、そしてヤドリバエ科とクサカゲロウが含まれる。いくつかのジェネラリストのカメムシ目の捕食者はそれらの餌を植物食によって補う。微小な pirate bug［サシガメ科］のカメムシは植物も食う捕食者の一例である。

IPM にとっての意味は、ある程度の雑草を作物の近くか中に残し、それらが有用生物の食物源として働き、有害昆虫の生物的防除を強める可能性があるようにしておくのが望ましいということである。このように有用昆虫管理のために雑草を残すことは有害生物六角形の観点（**図 6-1** 参照）から注意深く評価すべきである。この問題は第 7 章の生物多様性のトピックの下でより詳しく述べる。

三栄養的相互作用

ある植物由来の化学物質が食物網を通って通過し、その 2 つ上の栄養段階の食肉者にその植物が影響するとき、三栄養的相互作用が起こる。IPM への重要性は、主としていかに有用生物が働き、いかに高次捕食寄生者がその被食者にインパクトを与えるかにかかわっている。

生息場所の改変

有害生物の活動は、栄養的動態には関係のない生息場所の変化をもたらすことがある。次の生息場所改変の分野は有害生物の相互作用をもたらす。

1. 変更された資源濃度
2. 変更された見えやすさ
3. 微環境の変更

変更された資源濃度

もし寄主密度が効果的に減少するように非寄主が寄主の中にまき散らされると、寄主は有害生物によって見つかりにくくなる。これは病気の流行と害虫の発生を避ける作物の中の多様性の原理である。この仮説は、有害生物個体群の増加率と、管理されている植物への攻撃が、単作においては混作よりも高くなるであろうということを予測する。変更された資源濃度は次のことを意味する。

1. 寄主の濃度がより高い地域では有害生物の移入が起こりやすいであろう。
2. 寄主の濃度がより高い地域からの有害生物の移出は起こりにくいであろう。
3. 有害生物個体群の増加は寄主の濃度がより高いときにより早くなるであろう。

変更された資源濃度の仮説は、遺伝的に均一な作物を大きい地理的地域で栽培すること（単作）は、動く節足動物と脊椎動物の管理のためには1つの誤りであるという概念に導く。なぜならば、それは有害生物が容易に単作を検出して動くような知覚システムを持っているからである。変更された資源濃度の仮説は病原体には部分的にしか適用できず、雑草に対しては本来的に適切でない。実際、雑草はそれらの有害生物の間の独特の栄養的地位のために、寄主との間にまき散らされた非寄主として働く。単作に伴うもう1つの問題は、そのような栽培システムが有害生物個体群に選択圧として働き、有害生物がその寄主作物を見つけて、うまくやることができる頻度を増やすようにすることである。

変更された見えやすさ

見えやすさ仮説は、もしより好まれる寄主が見えにくければ、動物によって見つけられにくく攻撃されにくいであろうということを示唆する。大部分の動物において寄主を発見することは、通常化学的信号と視覚的手がかりを含む知覚インプットによって仲介される。寄主植物によって放出される化学的信号はカイロモンと呼ばれる（第14章参照）。異なる作物の混合、または作物と雑草の混合は、より好まれる作物寄主の見えやすさを減らし、侵入と攻撃のレベルの低下をもたらす。変更された見えやすさの概念は、昆虫と線虫のように寄主を活発に探して見つける有害生物にのみ適用される。そして、それは病原体や雑草には適切でない。資源濃度仮説とちょうど同じように、雑草は見えやすさ仮説に関与する。なぜならば、それらの存在はより好まれる寄主植物を部分的に隠すからである。変更された見えやすさは、雑草を畑に残すことが作物への節足動物の攻撃を減らすことができるという原理にとって中心的である。見えやすさ仮説は polyculture［多作］を有害生物の作物植物への移動と戦う手段として用いるという概念を支持する。この管理手法の意味は有害生物管理における生物多様性についての第7章において論議される。

微環境の変更

作物または雑草植物の存在あるいは他の有害生物による被害は、生息場所の変化をもたらす。主要な変化は草冠の存在、またはそれへの被害である。草冠の変化は微気象にいくつかの変化を生みだす。典型的な影響は**図 6-12** に示される。根の生息場所における変化もまた起こるが、あまり理解されないか記録されていない。

IPM への重要性は、雑草の草冠が微気象を変更する上での役割と、作物の脱葉が光、気温、水分／湿度、空気の運動／風、そして無機栄養素に及ぼすインパクトに関連している。

光

作物草冠への被害は、作物が遮る太陽輻射をより少なくする。その結果より多くの輻射がそのシステムの他の植物（すなわち雑草。この章の初めの間接的栄養的相互作用を参照）の手に入るようになることを意味する。雑草による光の遮断は、雑草と作物の間の競争の主な基礎の1つである。

温度

植物の草冠は輻射を遮る。そして成長する草冠は空気と土の両方の温度に変更をもたらす。雑草は、あるとき、ある作物においては草冠の実質的な要素なので、その存在は微生息地の温度の変化を導く。有害生物による脱葉も温度の変化を導く。

空気中　植物の草冠の存在は、日中の草冠の中の気温を典型的に下げ、夜間の温度を上げる。草冠の表面の温度は日中の周囲をとりまく温度より高く、夜には低い（**図 6-12**）。

土中　植物の草冠は作物植物によるものか、あるいは雑草

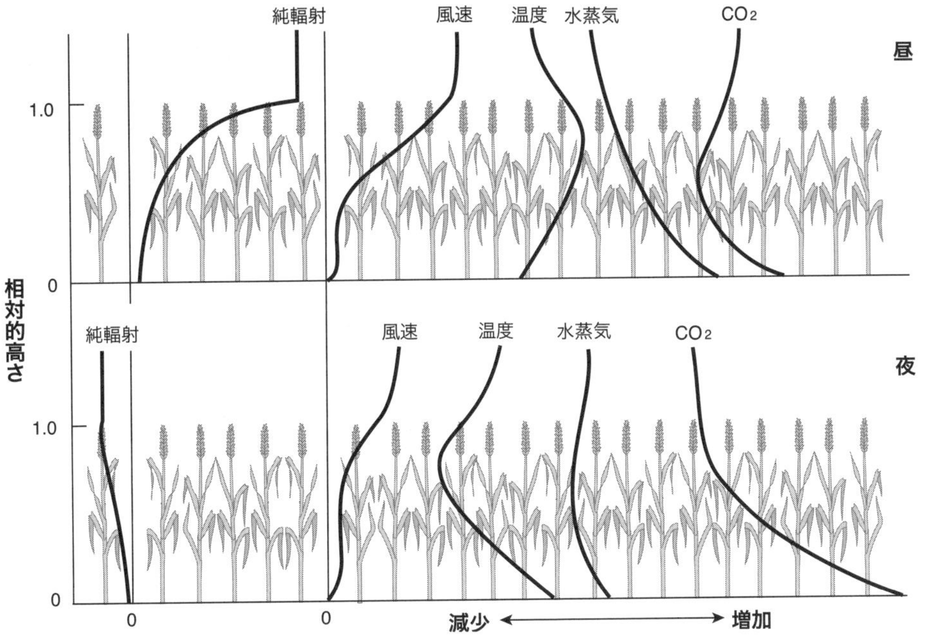

図 6-12　昼と夜の間の草冠内の輻射、温度、風速、相対湿度、CO_2 分布に及ぼす植物草冠の影響の図示。
資料：Norris and Kogan, 2000. から描く

によるものかのいずれかである。春と夏に土をより涼しく、そして秋と冬には土をより暖かくする。この違いは典型的には±5°～10°Fである。しかし、15°Fもの大きさになることもある。日周的温度変動は草冠の存在によって減衰するか2、3時間で相殺される。

有害生物の間の相互作用に対する温度のIPM上での主な意味は、環境的温度が変温（冷血）生物（線虫、軟体動物、節足動物）の代謝活性を制御するということである。雑草は植物の草冠を提供するので、ある状況の下では、それらは有害生物の発育の速さを変える可能性を持つかもしれない。仮想的には、雑草の存在は地域的気温データを用いたモデルによる有害生物個体群発育の予測をより不正確にする。雑草が存在する状況の下では、そのようなモデルは不正確なアウトプットを与える。大部分のモデルは比較的小さい微気象効果によって、有意に影響されないようなレベルの正確さで働くけれども、予測的IPMにおいてこの種の有害生物の間の相互作用は考慮されるべきである。

温度の変更は雑草の発育、特に発芽に影響することがある。アルファルファのような作物では、春の脱葉によって土がより早く暖まるようになり、それ故雑草の発芽を早める。アルファルファにおける冬の雑草の存在は、春の土の温度の上昇を遅くし夏の雑草の発芽を遅らせる。被覆作物はまた土の温度を下げ、温かい季節の雑草の発生を遅らせ、他の土壌性有害生物の発育を遅くする。

温度における微気象の変更の脊椎動物へのインパクトは小さい。なぜなら、それらは自分の体温を調節するからである。

水分／湿度

生きている生物の体はほぼ75%が水である。環境的な水の手に入りやすさの変化は生物の発育を変える。大部分のこれらの相互作用は、作物植物と雑草の両方によって用いられる水か、またはそれらの草冠の相対湿度への影響によるものである。土壌の中で起こる相互作用は、それが空気中で起こるものと区別して考慮されるべきである。

土壌中　土壌の中での相互作用は限界水か過剰水のいずれかによるものである。

1. 限界水は主に生産者に対して重要である。なぜならば、それはこの基本的な生態系の資源のための競争を強め、そしてそれ故に雑草にとって最も重要だからである。線虫は水生の生物である。そして土壌水分が低いことは、それらが動き生存するための能力を減らす。低い土壌水分は雑草が水を使用することからもたらされ、それ故に一次消費者による攻撃の程度を変える可能性を持つ。
2. 過剰水は湿った気象の間に起こり、草冠の存在が土壌

の表面層の乾燥を遅らせる。*Phytophthora* のような多くの土壌伝染性病原体は、感染が起こるために湿った条件が必要で、それ故雑草の草冠の存在はこの過程を変えることができる。

空気中　草冠の存在は草冠内の湿度を高める（**図 6-12**）。そして多くの葉の病原体は寄主植物の葉に感染するために高い湿度を必要とする。雑草の草冠の存在は湿度を高める可能性を持ち、それ故病原体の感染を変える。ブドウのべと病の発生の増大はセイバンモロコシの草冠の影響によることがある。空気交換を増やすためにブドウの草冠を減らすことはブドウの灰色かび病（*Botrytis*）を管理するために用いられる1つの方法である（**図 15-3** 参照）。そして雑草の草冠の存在はこの管理戦術を無効にする。草冠はまた、それがナメクジとカタツムリを乾燥から守るのでそれらに有利である。そして多くの状況で雑草はそのような防御を提供する。

気流／風

草冠の存在による気流の変化と風は病原体の繁殖体を動かし、ある昆虫を追い出すか脱水させる。そして湿度と水分を変える。

栄養素

寄主の手に入る栄養素の変化は、寄主が有害生物の攻撃に耐える能力を変え、それ故に特定の有害生物の重要性を変える（第16章参照）。手に入る限られた栄養素は、雑草と作物の間の競争の重要な要因であり、栄養素の変化は有害生物の間の相互作用を強める。栄養素の変更は、他の有害生物のための雑草の食物としての価値に影響する可能性がある。窒素代謝は水ストレスによって変化し、作物と雑草の上のハダニ個体群の成長を変える。

隠れ家

ある生物の「隠れ家」はすでに論議した多くの要因を包含する。「隠れ家」は極端な環境からの防御、被覆、見えやすさを減らすこと、を提供する。多くの昆虫、脊椎動物、そして軟体動物は1日中開けたところでは生存できない。それらは過熱（直射日光）と乾燥からの防御を必要とする。被覆は有害生物が捕食者から隠れることを許す。すでに述べたように、多くの状況の中で雑草は植物の草冠（被覆）の多くを提供し、それ故雑草と雑草防除は「隠れ家」の手に入りやすさを変える。

雑草が他の有害生物に被覆を提供することの実例には、柵の列と木とチョウセンアザミの根元のまわりにいる草地のハツカネズミ（ハタネズミ）、作物のない地域のホリネズミ、そして畑の中とまわりのナメクジとカタツムリがある。ブラジルのワタとダイズの畑に沿って育つヒマは、作物が畑にない期間に多数のカメムシの「隠れ家」を提供する。雑草は枯れてからも昆虫の「隠れ家」を提供する。土をおおう葉と茎の生物量は、成虫段階に越冬する昆虫の集合のための「隠れ家」を提供する。テントウムシ科とハムシ科の甲虫のいくつかの種はこの行動適応を持つ。

雑草はある節足動物のために、たとえその植物自身が食物源でないとしても、産卵場所の形で独特の種類の「隠れ家」を提供する。アルファルファタコゾウムシは、その卵を通常中空のアルファファの茎の内側に産む（**図 5-1k** 参照）。シソ科の雑草であるホトケノザもまた中空の茎を持ち、アルファルファタコゾウムシの産卵場所となり、卵の「隠れ家」を提供する。この雑草の存在はアルファルファタコゾウムシの卵の「隠れ家」を提供することによってアルファルファの被害レベルを上昇させることに導く（**図 6-13**）。

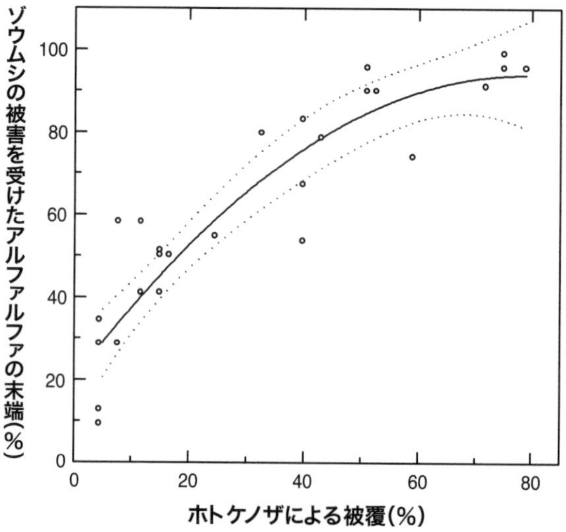

図 6-13　雑草ホトケノザとアルファルファに対するアルファルファタコゾウムシの被害の間の相互作用。
資料：Waldrep et al., 1969. から改変

食物源または生息場所の改変によってもたらされる相互作用の要約と重要性

病原体

病原体と他の有害生物との間の大部分の相互作用は、ある IPM の意味では否定的である。他の有害生物の存在は病原体による被害のひどさを増大させる。したがって、他の有害生物の防除は病害防除の改善に導くように思われる。このことは病原体の媒介者である生物に適用され（**図 5-22** 参照）、また雑草は病原体の代替寄主である。雑草はしばしば植物病原体の症状の出ない病原保有生物である。病原体の寄主としての雑草の例は次のものを含む。

1. *curly top virus*。媒介者はヨコバイ、寄主はロシアアザミと他の雑草を含む。
2. キュウリモザイクウイルス。媒介者はアブラムシとコナジラミ。寄主はハコベ、イラクサの類。このウイルスは種子によっても伝播する。もし、ハコベの種子が土中の種子バンクの中にあれば、その 1〜4%がこのウイルスに感染していることが見つかってきた。そのような種子の中で 20 カ月も永続することが報告されている。
3. レタスモザイクウイルスはノボロギクの種子の中にいる。
4. ビート西部萎黄ウイルス。媒介者はアブラムシ。寄主には数多くの雑草種を含む。
5. ブドウのカリフォルニア病。昆虫の媒介者は sharp-shooter［ツノゼミ上科］。寄主にはセイバンモロコシと他の多くの種を含む。
6. 穀類の麦角。代替寄主には多くの雑草の草種が含まれる。特に一年生のスズメノカタビラとスズメノテッポウ。
7. ジャガイモの *Rhizoctonia solani*［黒あざ病菌］。ナス属の種のように多くの雑草の代替寄主がある。
8. *Verticillium*［半身萎凋病菌］。ワタとその他の作物のおよそ 300 の代替寄主があり、その中には数多くの雑草種がある。

いくつかのウイルスのその他の代替病原保有寄主は**表 6-1** に示されている。

線虫

病原体と同じように、線虫と他の有害生物の間のほとんどすべての相互作用は IPM に関して否定的である。雑草がよく防除されていない農業システムにおける線虫管理は特に困難である。なぜならば、線虫が雑草を代替寄主として用い、その結果土壌中で大きい数になるからである。例外的には、雑草を「捕捉作物」種として用いる可能性と、ある雑草が直接的に線虫を殺すような化合物を放出するものがある。後者の概念は第 16 章の耕種的防除の下で論議される。線虫のための代替寄主であるような雑草の実例は**表 6-2** に示される。

軟体動物

軟体動物と他の有害生物の間の相互作用は有害生物管理の点からすべて否定的である。雑草はほとんど常に軟体動物問題を増やす。ある場合には雑草は食物源として作物よりも好まれる。そしてそれ故、雑草の存在はナメクジによる作物の被害を減らすかもしれない。軟体動物によってウイルスを持つ線虫が運ばれることは限られているが、有害生物のカテゴリーの間の重大な否定的相互作用である。

節足動物

雑草と節足動物の間の相互作用は、生態系と関係する種に依存して有益かまたは有害である。次の例は雑草が有用節足動物の資源を提供する場所での有益な相互作用である。

1. 果樹園。果樹園の床の雑草を食う食植性のダニは有用ダニのための食物源として働く。
2. ブドウ。セイバンモロコシの上の食植性のダニは捕食性のダニの被食者である。
3. アブラナ科の作物。雑草の上で生きる捕食者はいくつかのハチと他の捕食者を支える。
4. マメ。雑草はヨコバイの捕食者を支えることがある。
5. ブドウ。ブドウのヨコバイの寄生者 *Anagrus epos*［ホソバネコバチ科］はノイチゴの類のヨコバイの中で越冬する。
6. 穀類。アブラムシの捕食者が一年生スズメノカタビラの上の被食者を攻撃する。
7. さまざまな作物。ある寄生性のハチは畑の境界の雑草から集められるエネルギー豊富な蜜／花粉を食う。

以上の点から、雑草防除が減ることは害虫の数が減る結果になるという結論は妥当なように見える。しかしながら、注目された例の大部分では、有用節足動物の存在が実際に作物にいる有害生物の数を変えるということを示さない。それ故、雑草がときには有用生物の数を増やす能力を持つことは記録されてきたが、共存する作物の有害生物の減少に対する直接的関連と、有害生物による収量減への変化は記録されていない。もう1つの問題は、作物の中に雑草が存在することによる競争と収量減である。それは有用昆虫の増加によるいかなる利益をも越えることだろう。それ故、有害な節足動物の生物的防除を強めるための雑草の使用は、注意深く評価されなければならない（第7章参照）。

雑草は有害生物の増加を支える資源を提供するであろう。一般的にIPMの見地からは、それらが節足動物問題を軽減するのとちょうど同じくらいの多くの問題を作りだすということを表す。以下は有害節足動物との有害な相互作用の例である。

1. ネキリムシはマメの中のヒユの類とアスパラガスの中のセイヨウトゲアザミとつる植物の上で支持される。
2. カスミカメムシはヒユの類とシロザを含む多くの雑草種を用いる能力がある。
3. サトウダイコンのヨコバイはロシアアザミと多くの他の雑草を食う。
4. モモアカアブラムシの数は果樹園の下のカラシナの類とナズナのような雑草の上で増加する。雑草の上で5億3000万頭／エーカーのアブラムシが生きていることが記録されている。
5. False chinchbug［ナガカメムシ科］はカラシナの類の上で増加し、それからブドウのような作物の中に移動する。
6. タバコガの類は初春に作物のまわりの数多くの雑草で増加し、それから作物畑に移動する。

脊椎動物

大部分の脊椎動物の多有害生物相互作用は雑草に関連している。すべてのそのような相互作用はIPMに関して否定的である。なぜならば、雑草は被覆と食物源の両方として働き、あるいは脊椎動物は雑草の種子、病原体、あるいは線虫を1つの場所から他の場所へ運ぶからである。

物理的現象による相互作用

異なる有害生物カテゴリーの生物の間のある相互作用は、1つの有害生物の他の有害生物あるいは寄主作物への物理的影響への反応として厳密に起こる。これらの相互作用は、1つの有害生物による標的の寄主植物への物理的被害にもとづいており、それはその寄主の他の有害生物、または媒介者として働く有害生物への感受性を増加させる。

寄主への物理的被害

多くの病原体、特に細菌は、植物の損なわれていないクチクラに侵入することができない。有害動物による嚙む被害はクチクラの障壁を取り除き、たとえその病原体が嚙んだ生物によって実際に運ばれなくとも、そのような病原体のための物理的開口を提供する。次はこのタイプの相互作用の実例である。

1. 未熟のブドウを食う昆虫の幼虫は灰色かび病の発生量を増大させる。
2. サトウダイコンを食うシロイチモジヨトウは*Erwinia*腐敗病細菌による病気を増強する。
3. ワタの根に感染したネコブセンチュウは*Fusarium*抵抗性ワタの*Fusarium*への抵抗性を破る（図2-7i参照）。

物理的外部的運搬

いくつかの有害生物の生殖構造（細菌、胞子、種子）は、異なるカテゴリーの有害生物によって外部的に運搬され拡散させられる。おそらく最もよく記録されたこの相互作用の実例の1つは、オランダにれ病の胞子が感染した森から、健全な木にelm bark beetle［キクイムシ科］によって伝播されたというものである。このキクイムシの被害は樹皮にその菌のための入り口を作った。そのキクイムシの防除は、この病気の伝播を止めるために用いられた1つの戦術であったが、それは成功しなかった。ミツバチと訪花バエを含む多くの昆虫はナシの花から花へ火傷病の細菌を運ぶ。

多くの哺乳動物は雑草の種子をそれらの毛皮の中で運び、あるいはそれらの脚にくっついた土の中の線虫を運ぶ。鳥と、実際上多くの木の重大な寄生者であり、よく知られたヤドリギの間には独特な相互作用がある。ヤドリギの種子は多肉質で粘着性がある。もし鳥がそれらを食おうとすると、それは鳥の嘴にくっつく。鳥はあとでその種子を木の皮でこそげ落とすが、それを同じ木でやるとは限らない。鳥は種子も食うであろう。そして生きた種子は消化器官を通過して糞の中に落とされる。

人間は有害生物の外部的運搬に関連して特に重要である。それは偶然的なものまたは意図的なものの両方である。そのIPMへの重要性は十分に大きいので、第10章で詳しく論議される。

物理的内部的運搬

昆虫は線虫を寄主から寄主に運ぶ。palm weevil［オサゾウムシ科］は多くのヤシ作物に大損害を与える害虫である。その重要性はこのゾウムシがココヤシの赤色輪腐病センチュウを長い距離運搬することによって増大する。この線虫はココヤシとアブラヤシの赤色輪腐病を起こし、感染して2、3カ月以内に木を枯らす（**図6–14**）。その地理的分布はなおも増加しつつある。よく似た状況は松枯れ病で、それはマツノザイセンチュウによってもたらされる。この線虫は木から木へ *Monochamus* 属［カミキリムシ科］のカミキリムシによって伝播される。

数多くの病原体は生きた細胞の外側では生存できない。それらは培養できない生物と呼ばれている（第2章参照）。これらの病原体のカテゴリーはすべてのウイルスとウイロイド、多くの細菌、それと大部分のファイトプラズマを含む。これらの病原体のカテゴリーが拡散するためには、生きた生物が、それらをある寄主から他の寄主へ運ばなければならない。この過程は媒介と呼ばれ、その病原体を運ぶものは媒介者と呼ばれる。その媒介者は、1つの感染した寄主植物を食うことによって病原体を獲得し、新しい植物を食うことによってその病原体をその中に伝播する。病原体の媒介は物理的運搬と、その病原体が生存し、ある場合には繁殖さえする適切な「環境」の提供の組み合わせである。

媒介は実際いくつかの異なる現象を含む複雑な三方向の相互作用である。この転送がいかに起こるかの特別なメカニズムは、病原体、媒介者、そして寄主植物によって変わる。すべての有害生物カテゴリーの種が媒介者として働くことができる（**図5–22**参照）。雑草は、前に述べたように媒介者がそれから病原体を獲得することのできる代替寄主として働く。雑草による活発な媒介は稀である。そのような媒介の1つの例は寄主植物ネナシカズラの類で、それはウイルスをある感染した植物から健全なものへ実験的に伝播するために用いられてきた。媒介者として働く異なる有害生物カテゴリーの実例は次のものを含む。

1. 病原体。いくつかのウイルスは他の病原体によって媒介される。例えばサトウダイコンの、そう根病はビートえそ性葉脈黄化ウイルスによって起こり、それは土

図6–14
赤色輪腐病に感染したヤシの木の株で、幹の中に暗い輪に見える赤色輪腐病の症状を持つ。この病気はpalm weevil［オサゾウムシ科］によってヤシからヤシに運搬される線虫によってもたらされる。
資料：E.Caswell-Chenによる写真

表 6–5 線虫の属とそれらが媒介できるウイルスの例[1]

線虫の属	ウイルス
Longidorus	*Peach rosette mosaic*
	Cherry rosette
	Raspberry ringspot
	トマト黒色輪点ウイルス
	クワ輪紋ウイルス
Paralongidorus	*Raspberry ringspot*
Trichodorus	タバコ茎えそウイルス
	Pea early-browning
Paratrichodrus	タバコ茎えそウイルス
	Pea early-browning
	Pepper ringspot
Xiphinema	*Cherry rasp leaf*
	Reach rosette mosaic
	タバコ茎えそウイルス
	トマト輪点ウイルス
	アラビスモザイクウイルス
	Strawberry latent ringspot
	ブドウファンリーフウイルス

[1] 線虫種とウイルス媒介能力の間には特異性があるけれども、詳細なレベルはここに示さない。
資料：Taylor and Brown, 1977.と Weischer and Brown, 2000.から作表

壌伝染性菌類の *Polymyxa betae* によって媒介される。

2. 線虫。数多くのウイルスが線虫によって媒介される（**表 6–5**）。例えばオオハリセンチュウ（***Xiphinema index***）はブドウのファンリーフ病ウイルスを運び伝播する。線虫がいないとウイルスの問題はない。他の線虫の媒介者は *Longidorus* 属［ハリセンチュウの類］と *Trichodorus* 属［ユミハリセンチュウの類］の中にある（多くの他の実例については Taylor and Brown, 1997. 参照）。
3. ナメクジとカタツムリ。これらはより複雑な三方向の相互作用の 1 つの例を提供する。ナメクジは次にアルファルファのウイルスを運ぶ線虫を運ぶ。その線虫は実際上の媒介者であるが、ナメクジは植物から植物への運搬を提供する。
4. 昆虫。これらの媒介者はきわめて多くのウイルス、ファイトプラズマ、そして培養できない細菌を媒介する。**表 6–6** はそのような昆虫／病原体連合のわずかな例にすぎない。読者はこの表にあげたよりもはるかに多くの場合のあることを知らなければならない。
5. 脊椎動物。これらは、作物生産にかかわる他の有害生物を媒介しない。しかし、それらはヒトを含む他の動物の病原体の媒介に関係している。

表 6–6 昆虫とそれらが媒介する病原体の例

昆虫[1]	病原体
アブラムシ	アルファルファアファモザイクウイルス
	オオムギ黄萎ウイルス
	ビートモザイクウイルス
	セルリーモザイクウイルス
	カンキツトリステザウイルス
	キュウリモザイクウイルス
	レタスモザイクウイルス
	Maize dwarf mosaic virus
	タマネギ萎縮ウイルス
	Plum pox virus（*a.k.a.Sharka virus*）
	ジャガイモ葉巻ウイルス
	ダイズモザイクウイルス
	サトウキビモザイクウイルス
ヨコバイ	Aster yellows
	Beet curly top virus
	Celery aster yellows
	Corn（maize）stunt
	イネツングロ病ウイルス
	Western X disease of peach
キジラミ	Pear decline phytoplasma
Sharpshooters［ツノゼミ上科］	ブドウカリフォルニア病、almond leaf scorch, Yellow leaf roll of peaches
コナジラミ	*Cucumber yellow vein virus*
	いくつかの作物の leaf curl virus
	多くの熱帯作物の yellow mosaic virus
甲虫類	*Bean and mottle virus*
	Cowpea chlorotic mottle virus
	Potato spindle tuber virus
	スカッシュモザイクウイルス
アザミウマ	トマト黄化えそウイルス
	Peanut bud necrosis virus
病原体を伝播するその他の節足動物グループにはコナカイガラムシ、piesmids、ハエ、そしてある種のダニを含む	

[1] 昆虫は一般名によって作表した。媒介者としての効果に関係した各カテゴリーの中の個々の種の能力には違いがある。
表は Gibbs, 1973, Harris and Marmorosch, 1980, Marmorosch and Harris, 1979, 1982 Sutic *et al*., 1999.から編集した。

鳥と哺乳類によって食われた種子の内部的運搬は病原体の媒介よりもはるかに重要でない。しかしながら、この相互作用はある状況では雑草の長距離の伝播をもたらす。動物の消化器システムの中で雑草の種子が生存する能力は、動物の厩肥が土の肥沃度を改善するために用いられるときに特に問題である。地面の近くの若葉を食う動物は偶然に土とその中にいる線虫を摂取する。多くの生きた線虫が動

物の消化管を通って動き、糞の中で新しい場所に置かれる。

有害生物の相互作用のIPMにおける意味と経済的分析

この章で論議されたすべての有害生物の相互作用は、有害生物管理のために用いられた戦術とは独立していることを認識することが大切である。生態学的見地から見て、有害生物が生物的、物理的、耕種的、あるいは化学的にどの方法で防除されるかによる違いはない。なぜならば、相互作用に影響するのは有害生物の数における変化だからである。それ故、この章の前のほうで論議された相互作用は、用いられる有害生物管理の戦術にかかわりなく起こる。これらの相互作用の結果の重要性は次のIPMの文脈で判断されるべきである。

1. 肯定的 ── 全体的な有害生物問題を減らす相互作用。
2. 中立 ── 現存する有害生物問題を変えない相互作用。
3. 有害 ── 全体的な有害生物問題をより悪くする相互作用。

したがって、考慮すべき相互作用からの副作用があるかどうかを知ることが重要である。これらが全体的に作物IPMにいかに関係するかを知る必要がある。

有害生物の間の生態学的相互作用の重要性についての現在の情報は、有害生物カテゴリーの間の相互作用の肯定的または否定的な見地について幅広い結論を出すことを我々に許すものではない。それぞれの相互作用は生態系と種について特異的であり、特定の栽培システムまたは管理者の目標との関係において判断すべきである。それに加えて、作物とその有害生物の間の相互作用の各方面への経済的波及が考慮されるべきである。しかし、多くの有害生物の相互作用の経済学についてのデータは限られている。したがって、この章において論議された相互作用の重要性を、適用されるIPMについて判断することは難しい。現在我々は、相互作用が起こっていることを知り、少なくともこの知識を可能な程度に組みこんだ管理意思決定をすることで満足しなければならない。

この節の最後の警告は、それぞれの管理活動のために食物網と全農業生態系を通じた多くの効果の可能性があるということである（**図6-1**）。1つのIPMの観点からすべての有害生物の相対的重要性が考慮されるべきであり、起こりうる相互作用が評価されるべきである。1つの有害生物カテゴリーのインパクトあるいは起こっている相互作用についての配慮の不足は、全体的な作物損失へと導くことがある。

資料と推薦文献

Tresh（1981）によって編集された「Pests, Pathogens, and Vegetation」という本は特定の有害生物カテゴリーに特定されない情報の唯一の追加的な源である。植物と昆虫の数多くの相互作用の総説がある。Norris and Kogan（2000）は雑草と節足動物の相互作用を特別に扱っている。生息場所管理を通して天敵の活動を強めるための作物における耕種的変化は、Pickett and Bugg（1998）によって編集された本の中で詳しく論議されている。ウイルスの代替寄主としての雑草の役割についての追加的情報にために、我々はDuffus（1971）とBos（1981）による総説を薦める。そして、特定のウイルスのためにはSutic, Ford, and Tosic（1999）によるウイルスハンドブックはきわめて有用である。Richardson and Noble（1979）は種子、そのうち多くは雑草であるもの、によって伝播される病原体の表を提供する。Khan（1993）によって編集された本は線虫／病原体相互作用についての情報の有用な源である。Kenz *et al.*（1978）は節足動物と熱帯作物の病原体の間の相互作用の多くの実例を提供する。

Babatola, J. O. 1980. Studies on the weed hosts of the rice root nematode, *Hirschmanniella spinicaudata* Sch. Stek. 1944. *Weed Res.* 20:59–61.
Barnes, M. M. 1970. Genesis of a pest: *Nysius raphanus* and *Sisymbrium irio* in vineyards. *J. Econ. Entomol.* 63:1462–1463.
Bendixen, L. E. 1986. Weed hosts of *Meloidogyne,* the root-knot nematodes. In K. Noda and B. L. Mercado, eds., *Weeds and the environment in the Tropics.* Chiang Mai, Thailand: Asian-Pacific Weed Science Society, 101–167.
Bendixen, L. C., D. A. Reynolds, and R. M. Reidel. 1979. *An annotated bibliography of weeds as reservoirs for organisms affecting crops. I.*

Nematodes. Wooster, Ohio: Ohio Agric. Res. Dev. Center, 64.
Bos, L. 1981. Wild plants in the ecology of virus diseases. In K. Maramorosch and K. F. Harris, eds., *Plant diseases and vectors: Ecology and epidemiology.* New York: Academic Press, 1–33.
Buntin, G. D., and L. P. Pedigo. 1986. Enhancement of annual weed populations in alfalfa after stubble defoliation by variegated cutworm (Lepidoptera: Noctuidae). *J. Econ. Entomol.* 79:1507–1512.
Duffus, J. E. 1971. Role of weeds in the incidence of virus diseases. *Annu. Rev. Phytophathol.* 9:319–340.
Genung, W. G., and J. R. Orsenigo. 1970. Some insect-weed inter-relationships that a grower should know. *Fla. State Hortic. Soc. Proc.* 83:161–165.
Gibbs, A. J., ed. 1973. *Viruses and invertebrates.* New York: American Elsevier Pub., xvi, 673.
Giblin-Davis, R. M. 1993. Interactions of nematodes with insects. In M. W. Khan, ed., *Nematode interactions.* London; New York: Chapman & Hall, 302–344.
Harris, K. F., and K. Maramorosch, eds. 1980. *Vectors of plant pathogens.* New York: Academic Press, xiv, 467.
Jacobsen, L. A. 1945. The effect of stinkbug feeding on wheat. *Can. Entomol.* 77:200.
Khan, M. W., ed. 1993. *Nematode interactions.* London; New York: Chapman & Hall, xi, 377.
Kranz, J., H. Schmutterer, and W. Koch. 1978. *Diseases, pests, and weeds in tropical crops.* Chichester; New York: Wiley, xiv, 666, [32] leaves of plates.
Leath, K. T., and R. A. Byers. 1977. Interaction of Fusarium root rot with pea aphid (*Acyrthosiphon pisum*) and potato leafhopper (*Empoasca fabae*) feeding on forage legumes. *Phytopathology* 67:226–229.
Manuel, J. S., L. E. Bendixen, and R. M. Riedel. 1981. *Weed hosts of* Heterodera glycines: *The soybean cyst nematode.* Wooster, Ohio: Ohio Agric. Res. Dev. Center, 8.
Manuel, J. S., L. E. Bendixen, and R. M. Riedel. 1982. *An annotated bibliography of weeds as reservoirs for organisms affecting crops. Ia. Nematodes.* Wooster, Ohio: Ohio Agric. Res. Dev. Center, Ohio State Univ., 34.
Manuel, J. S., D. A. Reynolds, L. E. Bendixen, and R. M. Riedel. 1980. *Weeds as hosts of Pratylenchus.* Wooster, Ohio: Ohio Agric. Res. Dev. Center, 25.
Maramorosch, K., and K. F. Harris, eds. 1979. *Leafhopper vectors and plant disease agents.* New York: Academic Press, xvi, 654.
Maramorosch, K., and K. F. Harris. 1982. *Pathogens, vectors, and plant diseases: Approaches to control.* New York: Academic Press, xii, 310.
Norris, R. F., and M. Kogan. 2000. Interactions between weeds, arthropod pests and their natural enemies in managed ecosystems. *Weed Sci.* 48:94–158.
Pickett, C. H., and R. L. Bugg, eds. 1998. *Enhancing biological control: Habitat management to promote natural enemies of agricultural pests.* Berkeley, Calif.: University of California Press, 422.
Richardson, M. J., and M. J. M. D. Noble. 1979. *An annotated list of seed-borne diseases.* Kew, U.K. Zurich, Switzerland: Commonwealth Mycological Institute; International Seed Testing Association, 320.
Speight, M. R., and J. H. Lawton. 1976. The influence of weed cover on the mortality imposed on artificial prey by predatory ground beetles in cereal fields. *Oecologia* 23:211–223.
Sutic, D. D., R. E. Ford, and M. T. Tosic. 1999. *Handbook of plant virus diseases.* Boca Raton, Fla.: CRC Press, xxiii, 553.
Tamaki, G., H. R. Moffit, and J. E. Turner. 1975. The influence of perennial weeds on the abundance of the redback cutworm on asparagus. *Environ. Entomol.* 4:274–276.
Tamaki, G., and D. Olsen. 1979. Evaluation of orchard weed hosts of green peach aphid and the production of winged migrants. *Environ. Entomol.* 8:314–317.
Taylor, C. E., and D. J. F. Brown. 1997. *Nematode vectors of plant viruses.* Wallingford, Oxon England; New York: CAB International, xi, 286.
Thresh, J. M., ed. 1981. *Pests, pathogens and vegetation.* London, UK: Pitman Books Limited, 517.
Waldrep, T. W., D. S. Chamblee, D. Daniel, W. A. Cope, and T. A. Busbice. 1969. Damage to alfalfa by the alfalfa weevil as related to infestation by henbit (*Lamium amplexicaule* L.). *Crop Sci.* 9:388.
Weischer, B., and D. J. F. Brown. 2000. *An introduction to nematodes: General nematology; A student's textbook.* Sofia, Bulgaria: Pensoft, xiv, 187.

第7章
生態系の生物多様性とIPM

序論

「生物学的多様性とは、生きている生物の間の変異性と可変性、そしてそれが起こっている生態学的複雑性について言うものである……」(U.S.Congress, Office of Technology Assessment 1987)［アメリカ合衆国議会、技術評価局1987］、Heywood and Watson, 1995、Gaston and Spice, 1998)。

生物学的多様性または生物多様性は1つの概念、測定可能な実在物、または社会政治的構造物として考えられるであろう (Gaston, 1996)。生物多様性は次の3つのオーバーラップした階層的レベルにおいて評価されるべきである。

1. 遺伝的多様性
2. 分類学的多様性
3. 生態系多様性

有害生物管理に対する生物多様性の影響を定めるための努力は、幅広い研究手法とそのシステムの相互作用する要素に対する注目を必要とする。植物の生物多様性の考察と、有害生物の生物多様性は、いかなる農業生態系においても有害生物管理のために手に入る選択を決定することと相互作用する。この章ではIPMに対する分類学的多様性と生態系生物多様性の意味について論議する。IPMにおける遺伝的多様性の役割は第17章で寄主植物抵抗性との関連で論議される。

生物多様性と農業

人間が狩猟と採集から耕地の農業に移るにしたがって農業生態系が作りだされ、それは前に存在していた自然の生態系より生物的複雑性が少ないものであった。生物多様性の減少の速度は、最初はかなりゆっくりであったが約300年前に加速し始めて、20世紀において最も急速になってきた。今日、大部分の工業化した国々では主要換金作物の大部分は単一栽培として育てられている。

ここで、なぜ単一栽培（**図7-1a**と**b**）が農業においてそれほど行き渡ったかを調べることが適切である。それは人間労働が主な理由である。機械化されない農業システムにおいては、除草と収穫は作物生産における最高の人間労働の投入を必要とする2つの過程である（**図2-5**)。工業化した国々では、大部分の主要作物を収穫するための手労働の必要性を減らすために機械が開発された。同様に、雑草管理は人間労働から動物のひく耕耘機へと変わり、前世紀にトラクターがひく機械装置の使用へと変わった。これらの機械の効果的な利用は単一の作物種の栽培を必要とする。さまざまな作物を扱うことを要求される機械はまったく多様である。そのため、2つ以上の作物植物種を一緒に混ぜて栽培することは、雑草防除または収穫のための機械化の使用をしばしば妨げる。

人間労働の必要性によって押し付けられた制限のために、工業化した国々における農業生態系の圃場内生物多様性は相対的に低い状態に止まりやすい。先進国の人口の大部分は農業にかかわらないということから、これは特に真実である。この状況の下で、作物生産では労働の代わりに農業機械が利用される。工業化されていない国もまた、その人口が農村から工業へ移るにしたがって、単一栽培作物生産システムの使用が増加する方向に変わることが示唆されている。

単一栽培としての作物栽培慣行の有害生物管理に対する生態学的意味は何であろうか？　生態学的理論は、種の多様性の高い自然生態系は、種の数が限られた生態系よりも

(a)　(b)　(c)

図 7-1
栽培システムの複雑性の異なるレベル。
(a) カリフォルニア州セントラルバレーのワタの単一栽培作物。
(b) ホンジュラスにおけるバナナの単一栽培プランテーション。
(c) トウモロコシとダイズの多作物システム。
資料：(a)(b)は Robert Norris、(c)は Marcos Kogan による写真

本質的により安定的であるということを予測する。有害生物管理の見地から、この理論は、多様性のある生態系は単一栽培よりも破局的な有害生物の攻撃を受けることがより少ないという主張をするために用いられてきた。生態系の多様性が安定性を導くという理論を、すべての生態学者が受け入れているわけではない（Goodman, 1975、Grime, 1997、Zeide, 1998、McCann, 2000）。しかし、それはなおも広く節足動物 IPM のために引用され、この概念を支持するよい証拠がある。

多様性／安定性概念が多くは理論的であるということは強調されるべきである。この理論を適切に試すのに十分なほど大きい実験を企画することは困難である。多様性／安定性仮説から起こったアイデアの多くは自然生態系にもとづいており、農業生態系は人間によって行なわれた多くの活動によって不安定である。農業生態系は一定の流動状態にあるので、それらは多様性と安定性について自然生態系のように操作されてはいないと思われる。ただし、この理論を考察するスケールが多様性と安定性の両方の評価に影響することを指摘することが重要である。

多様性のスケール

生物多様性の利益の重要性は、空間的、時間的にそのスケールに依存する。重要なスケールのレベルは次の通りである。

空間的スケール

地球的生物多様性　地球的生物多様性は世界的生態系過程のレベルでの人間活動にとって重要であり、それは抵抗性作物を育種するために用いられる遺伝的資源と生物的防除資材の源を提供するという意味で IPM にとって重要である。有害生物に対する寄主植物抵抗性は第 17 章で、生物的防除は第 13 章で考察される。

地域的生物多様性　地域的生物多様性は、ある風景レベルでの農場および関連する町を含む。それは時には生物が動くことのできる生息場所の「島」のモザイクとして論議される（**図 7-1c** と**図 7-2**）。いわゆる島の大きさとそれらの間の距離は、それらの間の生物の移動と関連する問題である。IPM へのインパクトは、有害生物と有用生物がその地域の中に存在する異なる生態系の間を動くことができるということである。地域的生物多様性を次の 2 つのレベルで考えることが有用である。なぜならば、誰がそのシステムを管理するかについての違いがあるからである。

a. 一個人か一組織の管理の下にある単独の農場のレベル。
b. その農場が置かれた地域全体、それはさまざまな関心を持つ多くの機関または個人の管理の下にある。

(a)　(b)　(c)

図 7-2
作物のない地域が混ざった作物圃場の風景モザイクで、森やさまざまな refugia［レフュージア：もと生えていた植物の生き残った場所］と生態学的タイプの間の生物移動のための潜在的な回廊を示す。
(a) 南イングランドの混合植生を空から見た風景。
(b) ヨーロッパの環境における異なる作物、生垣、森と他のレフュージアを伴う小さな圃場。
(c) 未開発の土地と並置されたインドにおける小規模農地。
資料：(a) (b) は Robert Norris、(c) は Marcos Kogan による写真

圃場内生物多様性　圃場内生物多様性は IPM の多くの局面にインパクトを与え、この章で多く述べられる。

時間的スケール

異なる作物の遺伝子型または異なる作物種は時を越えて栽培され、時間的枠組みの中で多様性を増やすことにもとづく利益を提供することができる。時間的多様性は有害生物を管理するための手段として輪作の使用の基礎となる生態学的原理である。このトピックは第 16 章で深く論議される。

生物多様性の利益

なぜ高い生物多様性が有益であると考えられるかについては、多くの生態学的理由がある。これらのあるものは、総合的有害生物管理にインパクトを与える可能性がある。生態系の生物多様性を維持するための主な理由は次のものを含む。それぞれは、生物多様性が重要であるようなスケールと関連して示されている。

1. 遺伝的資源の保全 ── 地球的スケール
2. 生態系の持続性／安定性の増大 ── 地球的、地域的スケール
3. 資源集中の効果を薄める ── 地域的スケール
4. 人間が有用と見なす生態系過程の増強（酸素生産、表面流水の管理、侵食管理） ── すべてのスケール（有害生物の大発生のような人間の見地からの否定的な過程もある）
5. 生態系の美学 ── 地域的スケール
6. 野生動物個体群を支える ── 野生動物は食物として有害生物（雑草種子、作物のない地域の昆虫、有害脊椎動物）に依存する ── 圃場内と地域的スケール
7. 有用昆虫の源（ある節足動物管理の見地から生物多様性を育むのが主な理由） ── 圃場内と地域的スケール
8. 病気の流行の機会を減らす ── 地域的スケール、また圃場内スケールもありうる
9. 土壌の全般的「健康」における改良 ── 圃場内スケール
10. 植物の混合から収量を増大する ── 圃場内スケール

IPM における生物多様性の重要性を論議するとき、関係する空間的、時間的スケールを明瞭に定義しておくことが絶対に必要である。1 つのスケールにおいて有用なこと

は他のスケールにおいて有害である。有害生物管理の考慮は、主として地域的スケールと圃場内スケールにおいて行なわれる。地球的スケールの生物多様性の効果がIPMに直接のインパクトを与えることはより少ない。しかしそれは、有害生物抵抗性作物のために用いられる可能性のある遺伝的資源の保全、あるいは生物的防除のための天敵の輸入という点においては重要である。我々はここでの論議を農業生態系（庭などを含む）に限り、生物多様性の重要性が異なる場所での、侵入種による侵害のような自然生態系における有害生物管理については述べない。多様性の意味は有害生物管理を越えて広がり、その中には野生生物保全、土壌侵食、風景の美学、そして遺伝的資源の維持のような要素を含む。

前に述べたように、生物多様性についての主な仮定は、生態系の生物多様性と安定性の間に繋がりがあるということである。IPMの観点から（生物多様性の）安定性と収量あるいは経済的収益の間に繋がりがあるかどうかを確定することもまた重要である。農業者または有害生物防除アドバイザーは、経済性に翻訳されない生態学的原理はほとんど価値がないということを認識している。しかしながら、IPMのフィロソフィーの一部は、単純な経済的収益を越えた利益の概念を含んでいる。IPMに関連した生物多様性についての大部分の仕事は純収益について述べていない。そして、生態学的利益は確かめるのがより難しくさえある。IPMに対する生物多様性の重要性を確定する困難性は、大部分のIPMプログラムがしばしば単一の有害生物種または有害生物のカテゴリーの管理を扱うという事実によって、さらに複雑になる。

生物的防除を強めることは、それによって生物多様性の機能を増大させる主な生態学的メカニズムである。我々は生物的防除を第13章で論議する。明敏な読者は生物的防除を受ける有害生物とその管理における生物多様性の利用との間の関連に注目するであろう。多くの有害節足動物は広範な生物的防除を経験し、生物多様性を増やすことから主な影響を受けるであろう。ある場合には病原体と線虫の生物的防除もまた、生物多様性、特に土壌の中のそれを増やすことから利益を受ける。雑草は一般的に生物的多様性によってよく防除されないので、これらは典型的に生態系生物多様性の増大に正の反応を示さない。

IPMに対する生物多様性のインパクトについて幅広い結論を引き出すことは難しいことが証明されてきた。ここで我々は大まかに生物多様性と生態系過程についての生態学的文献を概観する。我々は生物多様性とIPMに関する利益と落とし穴についてのバランスのとれた見解を提出することを試みたい。

説明された生物多様性

生物多様性の重要性を巡る多くの概念はよく定義されていない。大冊の「Global Biodiversity Assessment」［地球的生物多様性アセスメント］（Heywood and Watson, 1995）の提供する情報は、この概念のある曖昧さを説明する助けとなる。

Whittaker（1972）によって、植物生物多様性の評価におけるスケールの考察を含む試みとして、生態系生物多様性の次の3つのカテゴリーが提出された。

1. アルファー多様性。指定された地域的（境界のある）生息場所の中での種の豊富さを代表する。
2. ベーター多様性。ある地域の中のこの生物多様性は、複数の生息場所の中の種の交換と回転の結果である（生態系島）。
3. ガンマー多様性。この全体的生物多様性は、ある地域の中にすべての生息場所のタイプを含む。

これらの用語は植物生態学に関して一般的に用いられる。

アルファー多様性は、ある共同体または特定の土地の地域における種の豊富さが増加することを数量化することができる。それは、ある生態系の中に存在する永久的な種の数と存在するそれぞれの相対的割合を確定することによって測ることができる。これらの測られた値は、それから、その生物多様性を反映する共同体のための数学的指数を構成するために用いられる。これらの指数には単純な相対的優占度からShannon-Weiner指数、Simpson-Yule指数、Berger-Parker優占度のような、さまざまな式までの幅がある。一般的に適用され受け入れられるようなどれか1つの指数はない。

これらの指数は自然生態系には適用できるが、攪乱された農業的システムにおいてアルファー多様性を評価することはかなり困難である。耕地の生態系における圃場内生物多様性は時間的に変わる。なぜならば、作物栽培サイクルには、ときによって作物が存在しないからである。そしてそれ故に、すべての他の生物の生物多様性はインパクトを受ける。産業化された1年の栽培システムにおける単一栽培の使用によって、長期間の生物多様性の修正が地域的レベルで達成されなければならない。

ベーター多様性は測定するのが難しい。なぜならば、それは率または流量だからである。ベーター多様性は2つの地域の種構成をアルファー多様性指数を用いて比較することによって評価される。

スケールは次の異なるレベルで考察できる。

1. 特定の場所。土壌の環境の生物多様性を考える場合と、空気中の環境における生物多様性を考える場合の間には大きい違いがある。個々の管理者は土壌環境（例えば栄養素の状態、水分と pH）の観点について適切に管理する。しかし、しばしば空気中の環境の多くの局面にわたって管理することはほとんどない。precision farming［精密農業］における発展は、その場所により特異的な管理を許すであろう。
2. 圃場内スケール。考慮される地域は2、3平方フィートから数百エーカーまでの幅があるが、1つの実在として基本的に管理される。管理者は何が植えられるか、耕起、播種、収穫の時期のような栽培要素にわたって管理する。
3. 農場レベルのスケール。どの作物をどこに植えるかの地域的モザイクと、それらの周囲の植生的複雑性を管理するための可能性が存在する。このレベルでは生物多様性はなお1つの管理プログラムの下にある。
4. 郡区［郡より下位の行政区画］（村）地方的地域的スケール。農業生態系の生物多様性は、個々の農業者と地方的土地管理当局による総計された意思決定の結果である。これらの参加者はすべて異なる目的を持つかもしれない。

   広域的 IPM の概念が重要なのはこのレベルにおいてである。そしてその実施は、人間共同体の異なる部分の関心が衝突することによって挑戦的なものとなる。
5. 地方。これは多くが郡区と同じであるが、より大きいスケールである。管理の複雑さはさらに増す。なぜならば地域的政治的機関は、考慮されるべき生態系の変動要因の数とその数が増えることにかかわるからである。
6. 郡［州より下位の行政区画］。この重要性は、今やいかに全体的政治的政策が生物多様性の維持を奨励するか妨げるかのどちらかを確定するようなレベルにある。その目標がしばしば衝突する多くの機関が典型的に関与する。
7. 地球的。このレベルの問題は異なる政府が一緒に仕事することを必要とする。国としての関心と目標は生物多様性にインパクトを与えるような配慮を無視するかもしれない。

圃場内と地方内の生物多様性の操作に対していくつかの手法がある。

1. 品種の混合。1つの圃場あるいは地域の中に同じ作物種の多数の遺伝子型を栽培することは、作物の中に遺伝的多様性を増やす。1つの例は1つの圃場内での抵抗性破壊有害生物の選択を避けるように、抵抗性対立遺伝子を混合することである。このような抵抗性と感受性の品種の混合は、遺伝的に操作された作物における有害生物抵抗性の発達を遅らせるために提案されてきた（第17章参照）。
2. 作物輪作。多数の遺伝子型または異なる作物を時間を追って栽培することによって多様性を増大することができる。これは作物輪作と呼ばれる過程である（第16章参照）。
3. 間作。この手法は2つ以上の作物を同じ圃場に同時期に栽培する（polycropping と呼ばれる）ことに関係する（**図 7-1c**）。1つ以上の植物種の存在は圃場内の生物多様性を増大し全収量をも増やすであろう。間作は雑草管理と農作業の機械化をより難しくするという欠点を持つ。このシステムは雑草管理と収穫に手労働が容易に手に入る場所でのみよく働く。
4. 作物内 alleys［小路］の設置。選ばれた一年生植物を主要作物の畝の間の空間に播くことができる。これらの植物は有害節足動物のある天敵のために必要な蜜と花粉を供給し、窒素の再利用の助けにもなる。もし、適切に選ばれるならば、そのような植物は主要作物と競争せず、雑草それ自身になることはない。間作と被覆作物は第16章でさらに論議される。
5. refugia［レフュージア］の確立。定められた地域が特定の植生を育てるために指定され、その植生は周囲の地域に利益を提供する。大部分の農業環境では、このことは作物を栽培する可能性のある土地を、その代わりに生態系生物多様性を維持するために用いるということを意味する。レフュージアの実例には、在来植生、湿地、小さい木立、そして森が含まれる。生垣、柵の列、水路の土手、道端もまたレフュージアとして管理することができる。これらの混合した植生の地域は異なる作物が圃場と混じったモザイク構造を形成し（**図7-2**）、その間で異なる生物が移動できる。有害生物管理の見地からレフュージアの間の距離は生物の移動性に関係した問題となる。レフュージアは作物がないときにその地域の適切な生息場所の島として働く。そして有用生物と有害生物の両方の避難場所を与える。

いかなる生物多様性の操作も、それに関して費用がかかる。それ故、増大した生物多様性の経済的利益が、増大した生物多様性を達成することに関連した経済的費用と比較される必要がある。そのような正式の経済的費用－利益分析はIPMにおける意思決定の１つの重要な要素である。ある樹木作物で示されたように、圃場内生物多様性が有害生物管理にとって経済的利益を持つとき、農業者／有害生物防除アドバイザーはそのような生物多様性を用いるであろう。

IPMに関連した生物多様性を増大するために社会がいかに支払うかはまだ確立されていない。生物多様性の増大に関して、費用が農業者だけから生まれることはありえない。なぜならば、地域的、地球的スケールでの生物多様性の重要性は個々の農場を越えるからである。生物多様性がレフュージアを地域的レベルで作り、そしてあるいは維持することを必要とするとき、費用はより大きい共同体によって生みだされなければならない。地球的生物多様性を維持する費用は国際的課題である。

IPMに対する生物多様性の重要性

IPMに関係した生物多様性についての現在の大部分の研究は有用節足動物の評価にもとづくものである（例えば、Pickett and Bugg, 1998、Landis and Marino, 1999、Landis *et al.*, 2000）。そして勧告は通常有害節足動物問題の評価にもとづいている。これは有害生物管理の狭い見解である。節足動物でない有害生物の管理についての生物多様性のインパクトは通常論議されていない。このような欠落はIPMに対する生物多様性の有用性を評価することを困難にしている。ここでは、各カテゴリーの有害生物への生物多様性の重要性について述べる。

病原体管理

一般に植物病原体についての文献は、典型的に病害管理に関した生物多様性のトピックを述べることはない。病原体が伝播し、それ故病気のひどさは作物の単一栽培によって増大するという概念は、19世紀の遅くにコーヒーさび病の流行がセイロン（今のスリランカ）のコーヒー農場を席巻したときに確立された。トウモロコシごま葉枯病と穀類におけるさび病の繰り返された発生は、いかに病原体が単一栽培の作物において急速に広がることができるかの追加的実例である。しかしながら、これらの場合の大部分において、広い地域を越えた単一栽培として作物が育てられるだけでなく、それらが遺伝的に均一であるということもあった。種内の遺伝的多様性の欠如が流行病の根源であった。

Kranz（1990）は単一栽培と多種共同体における病気の伝播について概説し、多種共同体において病気がより少ないという証拠を見いだすことができなかった。ヒマワリのさび病の伝播についての研究はこの結論を確認した（Alexander, 1991）。世界的なオランダにれ病とアメリカ合衆国におけるクリの芽枯病の両方の伝播にもとづく証拠もまた、生態系生物多様性がこれらの侵入病原体の拡大を止めないということを示唆している。両方の場合とも寄主植物は広い生態系の一部としてのみ存在する。植物の生物多様性は、せいぜい病原体の伝播の速度を減らすのみで最終的なインパクトを減らすことはない。

しかしながら植物種の生物多様性は、数多くの病原体の管理にとってきわめて有害でありうる。多くの植物はウイルスと他の病原体のための代替病原保有寄主として働く（第6章参照）。そしてそれ故に、増大した生物多様性はこれらの病原体によってもたらされる病害問題を悪化させることがある。生物多様性が減ることは、多くの病気のひどさを減らすことに導く。病原体の代替寄主として働く植生の組織的除去は、多くの病原体の管理の手段として用いられる。古典的歴史的実例はコムギのさび病に対するオオバノヘビノボラズの除去である。我々はレタスモザイク病管理の追加的実例を第18章で提供する。病原体を管理するために生物多様性を変えることは、農場レベルで、ある病原体のために実施することのできる何ものかではあるが、多くの場合それは地方的問題である。後者の状況ではプログラムを実行するための責任はしばしば疑わしい。

抑止土壌は病原体がよく育たず、限られた植物の病気だけしかもたらさない。土壌の中で育つ作物は幅広い微生物を支え、破滅的な病気の大発生を経験することが少ないと考えられる。なぜならば、増大した生物多様性は抑止土壌に貢献すると考えられるからである。有害生物管理はIPMの目的のために、この形の生物多様性を操作したことがない。

雑草管理

より多様な雑草植物相が、より限られた数の種を持つ植物相よりも何らかの利点を提供するという有無をいわさぬ証拠はない。より多様な雑草植物相は、一組の特定の管理慣行に耐えるようなある種を含み、そしてもしそのような慣行が利用されるなら、その個体群が増える危険がある。我々はそれ故、食物網における雑草の栄養動態的位置のために、雑草の生物多様性それ自体について雑草管理上の何らかの利点を見いだすことは困難である。

雑草管理のための道具としての作物植物内の遺伝的変異は最近の研究の主題であり、第17章で論議される。同じ圃場で多くの作物を同時に栽培すること、そして、作物の多様性における時間的変化（すなわち輪作）は雑草管理のために価値があり、第16章で論議される。競争的な雑草を、より競争的でない雑草と入れ替えようとする試みと、そのような計画は第16章で論議される。

害虫管理のために雑草を圃場に残すという提案がなされてきた（生物多様性の節足動物の節参照）。そのような提案は雑草が経済的に害虫よりもより重要でないことを意味するが、これらの有害生物の相対的重要性を判定できるような証拠は限られている。

線虫管理

多くの植物は線虫の代替寄主として働くことができる。生物多様性を増やすことはそれ故、たとえ寄主作物が存在しないときでも個体群が増加することへ導く可能性を持つ。しかしながら、*Tagetes*属のアフリカマリーゴールドのいくつかの種のように、ある植物は線虫の数を減らすことができる（**図13–5**参照）。多様性を増やすために、そのような植物を用いることは、ある種の線虫の管理を改善する可能性を持つ。線虫管理のためにアフリカマリーゴールドを用いることによる1つの困難性は、それがコナジラミの優れた寄主となりうることである。それ故、線虫管理のために生物多様性を使用する際に、異なるカテゴリーの有害生物のための植物の寄主としての地位を知ることは絶対に必要である。

線虫抑止土壌は、他の病原体の抑止と同様に生物多様性を増大することによって強められる。土壌生物の高い生物多様性は線虫管理のために有益であると考えられる。なぜならば、これが高い生物的防除能力のしるしだからである。

軟体動物管理

植物生物多様性を増やすことは軟体動物管理をより困難にするという圧倒的な証拠がある。それは加えられた植生が食物と隠れ家の両方を提供するからである。不耕起農業システムの開発は、加えられた植生と被覆が軟体動物問題の増大を導くということを示している。大規模な慣行的農業は、めったに軟体動物問題を経験しない。これは作物の間に植生と被覆が乏しいことによるものである。

追加される受容的食物植物の存在は若木作物をナメクジの攻撃からそらす（Cook *et al.*, 1996）。しかしながら存在する植物が、(a) 作物より味がよく、(b) 作物と競争しない、ということを保証することは難しい。線虫においてと同様に、非作物植生はナメクジとカタツムリの個体群を増やし、増大した生物多様性は軟体動物問題をより悪くするようである。ヨーロッパにおける穀類圃場における非作物回廊は、細長い土地の両側で軟体動物の被害を増やす（Frank, 1996）。

節足動物管理

多様なシステムは有害昆虫の大発生を経験することが少ないようである。このことの前提は、圃場内レベルでの資源濃度仮説の組み合わせと、圃場内と地域的レベルでの有用生物の維持が増大することにもとづいている。逆に有用生物の密度は、より多様でないシステムの中で実際上より高いであろう。なぜならば、その被食者がそのようなシステムではより集中しているからである。

Andow（1990, 1991a, 1991b）による広範な文献総説は多様なシステムで食植性昆虫が減ったのが148件、影響がないか有害昆虫が増えたのが71件、そして46件ではさまざまな反応であった。純粋に昆虫の数にもとづく分析は誤解をまねくかもしれない。なぜならば、有用生物を維持するために生物多様性の増大を用いることは、有害生物をもまた支えるからである。生物多様性を増大することの結果は、そこで特定の天敵の生物的防除資材としての効率に依存し、その節足動物が重要な有害生物であるか付随的な有害生物であるかに依存する。生物多様性を増やすことの価値を確定するために、有用生物か有害生物個体群の相対的増強からもたらされる経済的費用と利益を確定することが必要である。節足動物管理の限られた観点からでさえ、Andow（1990, 1991a, 1991b）もNorris and Kogan（2000）も、生物多様性を管理戦術として利用することについての幅広い結論に達することができなかった。栽培システムの中での植物的生物多様性の増強に伴って、ある追加的問題が起こる。なぜならば、そのシステムに加えられた植物が作物植物と競争するからである。それぞれの状況は、それ自身の生態学的経済的メリットについて判断されなければならない。

生物多様性と総合的有害生物管理に関して考えられるべき次のいくつかの点がある。

1. 圃場内の生物多様性の増大は、多くの遺伝子型または植物種を作物の中で（混作）または間作あるいはpolycroppingで育てることによって達成することができる。このタイプの生物多様性の増大はいくつかの方法によって達成される。
    1.1. 間作またはpolycroppingは2つあるいはそれ以上の作物を一緒に栽培することによって生物多様性の増大を達成する（**図7-1c**）。除草と収穫を行なうために手労働が容易に手に入るような地域において、このシステムは本質的な収量の利点がある。作物種の混合は、より多様な節足動物相を支え、ある状況の中では有害節足動物問題を減らすことに導く。
    1.2. 雑草を圃場の中に残すことは生物多様性を増やす。増大した植生の多様性は、生物多様性を達成するために用いられた雑草が作物の中に点々と配置されたときに雑草管理の困難が増すことへと導く。この雑草管理における困難の増加は、生物多様性を利用するいかなる節足動物管理においても許されなければならない。この問題の程度は、雑草が手によって管理されるところでは相対的に低い。雑草管理のために広い耕起が用いられるときに困難のレベルが増加する。もし除草剤が広く用いられるならば、雑草を残すことは選択性の問題のために難しい。大部分の状況において、植生的に多様なシステムの使用は雑草管理のための除草剤の使用を不可能にし手除草への依存が増加する。
    1.3. 生物多様性を増すために、作物の中に、栽培せず薬剤を散布しない帯状の土地を残すことができる。これらはときには回廊といわれ、「beetle banks」という用語が用いられてきた。ある捕食者個体群がそのような帯状の土地の中で増えたり維持されたりするけれども、作物の中の有害生物の数が変わったという証拠はほとんどない（Wratten *et al.*, 1998）。ジェネラリスト捕食者が有害になるという危険がある。なぜならば、それらは他の有用生物を食うかもしれないからである。他の問題は、この帯状の土地がその地域におけるもう1つの作物への有害生物である生物の数を増やすかもしれ

図7-3
ある農業システムにおける生物多様性の増大の実例。サトウダイコンが右、在来植生が中間、そして*Phacelia*［ハセリソウ］が左に植えられている。
資料：Robert Norrisによる写真

ないということである。

1.4. 局地的圃場レベルで生物多様性を増やすことは、保全のために圃場の両端の耕起しない場所の使用によって達成することができる（**図 7–3**）。これらは圃場の縁の薬剤散布されないところで、そこでは選ばれた被覆作物か雑草が育てられる。このシステムは失われた生産に対して支払う set-aside［却下］政府プログラムにおいてよく働く（Ovenden *et al.,* 1998）。そして、そのようなプログラムは生物多様性の維持のために支払う社会のための1つの手段である。それはまた、キジとヤマウズラのような野生生物の一般的生息場所を提供するので特に有用である。ある研究は害虫管理のための作物内の植物多様性の利用について疑問を投げかけている。カリフォルニア州の Costello and Daane（1998）がブドウ園の中の植物の帯の中の、クモのようなジェネラリスト捕食者は、そこに留まりブドウには移動しないということを示した。それ故、生物多様性を増やしたシステムの中で捕食者個体群は高いけれども、作物の中の有害生物には何のインパクトも与えなかった。ヨーロッパにおける穀類作物の中の雑草の帯での似た発見は、オサムシ科のコウチュウが近くの作物に移動するよりは帯状の土地に留まる傾向があるということを示唆する。U.S.A.Soybeans［アメリカ合衆国ダイズ研究所］の研究は、雑草の帯は実際上有用生物を作物の外の雑草に誘引することを示唆している（Kemp and Barrett, 1989）。これらの場合、多様な植生の帯、島あるいは生垣は ── 有用節足動物の源として働く代わりに ── 巣窟として振る舞う。これらの結果は有害生物管理のための雑草の帯の使用についての注意深い分析が絶対に必要であることを示している。

圃場内生物多様性を増すために用いられる植物は、それ自身が近くの作物の中の雑草ではないということが最も重要である（この章の後のほう参照）。

2. 地域的生物多様性の増大は次の2つの方法によって達成することができる。

2.1. 地方的レベルで生物多様性は異なる作物を植えた小さい圃場の使用によって増大する。この慣行的小農民農耕システムは世界の多くの地域でなお用いられている。多くの人は、それが節足動物管理によく働くと主張するが、このシステムは機械化することが難しい。帯状の栽培は同じ目標を達成するための方法であるが農場機械の使用を許す。帯状栽培システムは灌漑農業生態系においては問題がある。なぜならば、異なる作物の水要求は変わるからである。IPM の観点からみた帯状栽培に伴う問題の1つは、誰も我々の知識に対する経済的利益を示さないことである。

2.2. 地域的レベルでの生物多様性の増大は、さまざまな形のレフュージア、すなわち生垣、森、水路の土手、作物を作付けしない場所、その他の地域で、そこでは在来の植生が育ち有用生物と野生生物が維持されているようなところの使用によって達成される（**図 7–2** と**図 7–3**）。レフュージアの維持の費用と生産の損失は、害虫管理における利益に対してその重要性が考えられなければならない。作物の病原体と有害脊椎動物が隠れる可能性もまた評価されなければならない。

Way（1977）は節足動物管理に対する生物多様性のインパクトを要約し、生物多様性における変化から起こりうる相互作用の可能なタイプを強調した。その主な点は次の通りである。

1. 生物多様性の減少は有害節足動物の生活環を崩壊させるか、または作物への被害を減らす。

1.1. 有害節足動物は、作物がないときの代替食物供給または避難場所を奪われ、あるいは代替寄主の供給がないために個体群増加が減少する。

1.2. 有害節足動物の攻撃は、より好まれる寄主植物の豊富さによって薄められる。

1.3. 単一栽培の大きい均一な単位は、圃場の縁に集中するような有害節足動物からの全体的被害を蒙ることがより少ない。

1.4. 一年生作物の播種日を標準化することは、他の寄主（雑草）植物が手に入らないときには、作物から有害節足動物の発生時期を外すことができる。

1.5. 有害節足動物によってもたらされる被害は、作物が雑草と競争していないときによりよく耐えられる。

2. 生物多様性の減少は天敵に利益を与える。

2.1. 天敵種の生物多様性の減少は、天敵と高次寄生者の干渉からの害を減らすことができる。

2.2. 雑草の減少は、作物植物の上で被食者を探す天敵に対する危害を減らす。

2.3. 雑草の上で手に入る被食者の減少は、主要な天敵が作物からそらされる可能性を減らす。

2.4. 単一栽培の一年生作物（雑草のない）が連続的に続くことによる生物多様性の減少は、それが永年作物において得られるのと同等の天敵とその寄主／被食者間の平衡の機会を作りだす。

3. 生物多様性の適切な増大は次の方法によって有害節足動物の攻撃を減らすことが期待できるかもしれない。
   3.1. カモフラージュを提供し、危機にさらされている作物を有害節足動物に見え難くする（見えやすさの減少）。
   3.2. 有害節足動物に対する障壁または危害として働く。
   3.3. 代替寄主を提供し、それが有害節足動物を危険にさらされている作物からそらす。
   3.4. 次のことによる有用天敵の活動。
      3.4.1. 天敵の寄生しない／捕食しない生活段階に食物を提供する。
      3.4.2. 有用生物が捕食または寄生する生活段階まで永続するのに必要な代替被食者／寄主を提供する。
      3.4.3. 天敵のための隠れ家を提供する。

Way（1977）は、植生の多様性と安定性が関係するような一般的声明は何らかの特定の農業的状況に関して試されなければならないと結論した。それ以来の文献の概説はこの結論と一致する。有害生物の間の相互作用は十分に種特異的であるので、1つの生態系からもう1つの生態系へと外挿することにはかなりの危険がある。Way（1977）はまた広域的な空間分布での植生多様性のインパクトについての知識を増大させる必要性と、そしてこれがいかに有害節足動物を管理するために用いることができたかを認めた。この結論もまた価値があり、広域的IPMプログラムの開発は、そのような情報を用いるための試みである。

もし、同じ植物が有用昆虫を寄生させるが有害昆虫をも寄生させるならば、有害生物からの損失は、すべての有用生物からの利益よりも重要である。圃場の境界のように生物多様性に伴う有用生物のレベルの増加を示すような論文は、それに伴う有害生物についての情報をめったに示さない。この情報がない場合には、有用生物によって提供された有利性を正確に確定することは不可能である。

有害脊椎動物管理

有害脊椎動物の管理における生物多様性の役割は通常論議されない。我々は生物多様性が有害脊椎動物の防除を強めることの何の証拠も見いだしていない。多くの状況においてそれは実際上有害であるといえそうである。それは追加された植物が隠れ家とさまざまな食物を提供することができるからである（第6章参照）。生物多様性の増大が野生生物個体群の維持のために、有用と考えられているという生態学的見地から、野生生物を増強するのに適切な条件は有害種をもまた増強することがもっともありそうである。シマリスやハタネズミのような有害生物を防除するための標準的な勧告の1つは、その個体群を支える生息場所を除去することである（第16章の栽培的操作参照）。これは、有害生物管理者のために、有害種の生息場所を減らすか野生生物個体群を支えるかを決定しなければならないというジレンマを作りだす。

IPMシステムにおける生物多様性の利用

費用－利益分析手法

IPMのために生物多様性を利用するにあたって費用－利益分析が適用されなければならない。このことは、生物多様性の変化を企てる前に、得られる利益が損失に対して釣り合っていなければならないことを意味する。費用－利益評価は、すべてのカテゴリーの有害生物と可能な環境的インパクトを含まなければならない。

費用－利益分析手法は、有用昆虫を維持する手段として植物を残すという慣行に伴って起こりうる問題を見きわめる。もし、地域または圃場内スケールのいずれかでの植生の複雑性が有用生物を操作するために用いられるならば、次の有害生物六角形（**図6-1**参照）への疑問が述べられなければならない。

1. 加えられる植物が、圃場内または地域的スケールのいずれかで、その地域の作物に病気を起こさせる植物病原生物（例えば菌類、細菌、またはウイルス）のための代替寄主であるかどうか？

2. 圃場内に追加される植物が、輪作で栽培される作物のどれかにおける植物病原線虫の代替寄主でもあるかどうか？
3. 加えられる植物が、圃場内かまたは直接近くのもののいずれかで、有害脊椎動物または有害軟体動物の隠れ家または資源として働きうるかどうか？　後者の問題はドイツで実証された。そこでは不耕起の野生の花の帯におけるナメクジがその帯から1～2mのところにあるコムギを破壊した（Frank, 1996）。
4. 加えられる植物が雑草であるかどうか？　もしそうなら、次の2つの疑問が述べられなければならない。
    4.1. その雑草が作物に対して直接の収量または他の損失をもたらすかどうか？
    4.2. その雑草が繁殖状態に達し、種子バンク（一年生／多年生）または芽バンク（多年生）のどちらかでの増加に貢献し、それ故それに続く輪作作物における雑草管理費用を増やすかどうか？

もしこれらの質問のどれかに「イエス」であるならば、有害生物管理目的のそのような植生の使用は、変えられるであろう他の有害生物の経済的インパクトとの関連で判断されなければならない。病原生物と脊椎動物の代替寄主として働く雑草のインパクトは、本質的に常に有害生物管理の見地から否定的である。経済的にまだ評価されていない有用昆虫の管理のために、そのような雑草を残すことは有害生物管理の意味からすれば疑わしく有害でさえある。もし、植物の多様性がIPMの目的のために用いられるならば、それは雑草を含むべきではなく、必要な性質を持つ植物種を見分けて、それからその種を播種すべきである。ヒラタアブの成虫のために花粉を供給するための*Phacelia tanacetifolia*［ハセリソウ］（それは雑草となることは稀である）の使用は1つの例である。

特別な配慮／適用可能性

栽培システムの間のある相違は、圃場内生物多様性の利用が多かれ少なかれIPMにとって有用であるように思われる。

1. 次のいずれかを持つ耕地の一年生作物。
    1.1. 価値の高い生鮮市場生産物。生物多様性は有害節足動物のための外観基準（第19章参照）のために、また生物多様性によって悪化するかもしれない他の有害生物の重要性によって、十分な防除を提供しないように見える。しかしながら、有機農産物市場は外観基準を変えつつあり、経済的と同様に生態学的に正当化できる生物多様性強化の実施のための機会が開かれるであろう。
    1.2. 低価格の加工された商品または動物の餌。これらのシステムにおける集中的撹乱によって圃場内生物多様性は利用されるように見えるが、地域的生物多様性はあるシステムにおいてきわめて重要である（例えばワタにおけるタバコガの類の管理）。
2. 耕地の多年生、草本作物（例えばアルファルファ）は1.2.に似ている。
3. 牧草地は地域的生物多様性を改良するために用いられる可能性を持つ。しかし牧草地への直接的利益はまだ確かめられていない。
4. 芝生の生物多様性は、美学によって高度に管理された芝生では不適当である。多様な植生は、もし花のついた植物がミツバチやアシナガバチを引き寄せるなら有害である。
5. 果樹園の床の作物内植生における多年生樹木作物の使用は適当で、ある状況の中でIPMへの利益を提供する。そして地域的レベルの生物多様性は潜在的に有用な局面を持つ。

有害生物管理のための生物多様性の重要性の我々の分析においては、節足動物だけでなくすべての有害生物が考慮されるべきである。この章と第6章は1つの警告を提供する。農業生態系の複雑性の下に横たわるあるもの、あるいは大部分のものを無視したIPMについての一般的声明に注意せよと。我々はまた1つのシステムから他のシステムを推論することはIPMの観点から危険であると警告する。穀類のためによく働くset-aside［却下］プログラムは、レタスやイチゴのような作物はいうまでもなく、イネのような他の草本作物にさえ適切でない。Andow（1991a）は「植生多様性のゴーデイラスの結び目［フリギアのゴーデイラス王によって結ばれた結び目で、この結び目を解くものはアジアを支配するという予言がなされていたが、アレキサンダー大王はこれを剣で両断するという方法でなし遂げた、という由来から非常に複雑な物事を指す］における主なねじれは認められるが、我々がその複雑性を解くまでには長い道のりがある」と述べてこの状況を要約している。

資料と推薦文献

生物多様性と農業についての最近の最良の一般的文献は Collins and Qualset（1999）と Wood and Lenne（1999）によって編集された本である。Tilman *et al.*（1999）によって編集された総説もまた生物多様性の利益についての有用な追加的読本である。Southwood（1992）の第 13 章は動物（節足動物）システムの多様性を測る方法論のよい論議で、Pickett and Bugg（1998）によって編集された本は農業有害節足動物の天敵を増強する手段としての生息場所管理のインパクトについての広範な論議を示す。読者はこれらの本では IPM の全インパクトを論議していないことに注意しなければならない。それは非節足動物の管理に関して我々が論議した限界のいかなるものをも考慮していないからである。Paoletti *et al.*（1992）は地球的保全の見地の中に生物多様性の農業的インパクトを置いた。「Global Biodiversity Assessment」（Heywood and Watson, 1995）は再び生物多様性の一般的トピックについての徹底的な源を提供する。Solbrig *et al.*（1994）と Reaka-Kudla *et al.*（1997）によって編集された本もまた生物多様性についてのより一般的な文献として役に立つ。

Alexander, H. M. 1991. Plant population heterogeneity and pathogen and herbivore levels: A field experiment. *Oecologia* 86:125–131.

Andow, D. A. 1990. Control of arthropods using crop diversity. In D. Pimentel, ed., *CRC handbook of pest management in agriculture.* Boca Raton, Fla.: CRC Press, 257–285.

Andow, D. A. 1991a. Vegetational diversity and arthropod population response. *Annu. Rev. Entomol.* 36:561–586.

Andow, D. A. 1991b. Yield loss to arthropods in vegetationally diverse agroecosystems. *Environ. Entomol.* 20:1228–1235.

Collins, W. W., and C. O. Qualset. 1999. *Biodiversity in agroecosystems.* Boca Raton, Fla.: CRC Press, 334.

Cook, R. T., S. E. R. Bailey, and C. R. McCrohan. 1996. The potential for common weeds to reduce slug damage to winter wheat. In I. F. Henderson, ed., *Slug & snail pests in agriculture.* Farnham, UK: Brit. Crop. Prot. Council Symp. Proc., 297–304.

Costello, M. J., and K. M. Daane. 1998. Influence of ground cover on spider populations in a table grape vineyard. *Ecol. Entomol.* 23:33–40.

Frank, T. 1996. Sown wildflower strips in arable land in relation to slug density and slug damage in rape and wheat. In I. F. Henderson, ed., *Slug & snail pests in agriculture.* Farnham, UK: Brit. Crop. Prot. Council Symp. Proc. 66, 289–296.

Gaston, K. J. 1996. *Biodiversity: A biology of numbers and difference.* Oxford; Cambridge, Mass.: Blackwell Science, x, 396.

Gaston, K. J., and J. I. Spicer. 1998. *Biodiversity: An introduction.* Oxford; Malden, Mass.: Blackwell Science, x, 113.

Goodman, D. 1975. The theory of diversity-stability relationships in ecology. *Quarterly Review of Biology* 50:237–266.

Grime, J. P. 1997. Biodiversity and ecosystem function: The debate deepens. *Science* 277:1260–1261.

Heywood, V. H., and R. T. Watson. 1995. *Global biodiversity assessment.* Cambridge; New York: Cambridge University Press, x, 1140.

Kemp, J. C., and G. W. Barrett. 1989. Spatial patterning: Impact of uncultivated corridors on arthropod populations within soybean agroecosystems. *Ecology* 70:114–128.

Kranz, J. 1990. Tansley review no. 28. Fungal diseases in multispecies plant communities. *New Phytol.* 116:383–405.

Landis, A. D., F. D. Menalled, J. C. Lee, D. M. Carmona, and A. Pérez-Valdéz. 2000. Habitat management to enhance biological control in IPM. In G. C. Kennedy and T. B. Sutton, eds., *Emerging technologies for integrated pest management.* St. Paul, Minn.: APS Press, American Phytopathological Society, 226–239.

Landis, D. A., and P. C. Marino. 1999. Landscape structure and extra-field processes: Impact on management of pests and beneficials. In J. R. Ruberson,

ed., *Handbook of pest management.* New York: Marcel Dekker, Inc., 79–104.
McCann, K. S. 2000. The diversity-stability debate. *Nature* 405:228–233.
Norris, R. F., and M. Kogan. 2000. Interactions between weeds, arthropod pests and their natural enemies in managed ecosystems. *Weed Sci.* 48:94–158.
Ovenden, G. N., A. R. H. Swash, and D. Smallshire. 1998. Agri-environment schemes and their contribution to the conservation of biodiversity in England. *J. Appl. Ecol.* 35:955–960.
Paoletti, M. G., D. Pimentel, B. R. Stinner, and D. Stinner. 1992. Agroecosystem biodiversity: Matching production and conservation biology. *Agr. Ecosyst. Environ.* 40:3–23.
Pickett, C. H., and R. L. Bugg, eds. 1998. *Enhancing biological control: Habitat management to promote natural enemies of agricultural pests.* Berkeley, Calif.: University of California Press, 422.
Reaka-Kudla, M. L., D. E. Wilson, and E. O. Wilson, eds. 1997. *Biodiversity II: Understanding and protecting our biological resources.* Washington, D.C.: Joseph Henry Press, v, 551.
Solbrig, O. T., H. M. van Emden, and P. G. W. J. van Oordt, eds. 1994. *Biodiversity and global change.* Wallingford, Oxon, UK: CAB International, in association with the International Union of Biological Sciences, vi, 227.
Southwood, R. 1992. *Ecological methods: With particular reference to the study of insect populations.* London; New York: Chapman & Hall, xxiv, 524.
Tilman, D. C., D. N. Duvick, S. B. Brush, R. J. Cook, G. C. Daily, G. M. Heal, S. Naeem, and D. Notter. 1999. *Benefits of biodiversity.* Ames, Ia.: Council for Agricultural Science and Technology, 31.
United States Congress, Office of Technology Assessment. 1987. *Technologies to maintain biological diversity.* Washington, D.C.: Congress of the U.S. Office of Technology Assessment. For sale by the Supt. of Docs. U.S. G.P.O., vi, 334.
Way, M. J. 1977. Pest and disease status in mixed stands vs. monocultures; the relevance of ecosystem stability. In J. M. Cherrett and G. R. Sagar, eds., *Origins of pest parasite disease and weed problems.* 18th Sypm. Brit. Ecol. So., Oxford, UK: Blackwell Scientific Publications, 127–138.
Whittaker, R. H. 1972. Evolution and measurement of species diversity. *Taxon.* 21:213–251.
Wood, D., and J. M. Lenné, eds. 1999. *Agrobiodiversity: Characterization, Utilization, and management.* Wallingford, Oxon; New York: CABI Pub., xiii, 490.
Wratten, S. D., H. F. van Emden, and M. B. Thomas. 1998. Within-field and border refugia for the enhancement of natural enemies. In C. H. Pickett and R. L. Bugg, eds., *Enhancing biological control: Habitat management to promote natural enemies of agricultural pests.* Berkeley, Calif.: University of California Press.
Zeide, B. 1998. Biodiversity: A mixed blessing. *Bull. Ecol. Soc. Am.* 79:215–216.

第 8 章
有害生物管理の意思決定

序論

堅固な IPM プログラムの開発は、管理の意思決定を行なうために、ともに用いられるいくつかの相互作用する部分的情報に依存する。ある IPM の意思決定支援システムのために本質的な基本的情報は**図 8-1** に図示され、それは「意思決定ステップ」と呼ばれるある階段のたとえであって、情報は低部から頂上へ向かって得られるべきだという観念を伝えている。いかなるステップにおいても、正しくない情報や情報の欠如は貧弱なあるいは正しくない意思決定へと導く。IPM における効果的な意思決定は、すべてのステップに対して意思決定の前に適切な情報が得られることを必要とする。1 つのステップの重要性について認識が欠けることは誤りに導く。主なステップは次の通りである。

1. 有害生物の種は、第 4 章で述べたように正しく同定されなければならない。

もし同定が正しくないと、意思決定を行なうために用いられるその有害生物の生物学と生態学が正しくないであろう。その結果、誤った同定が実際の有害生物を防除できない戦略の選択に導くか、あるいは不必要か効果のない活動がとられるという結果になる。最悪の場合のシナリオでは、ある農薬が対象の有害生物を殺すことができずに有用生物を攪乱するかもしれない。あるいは、ある有用昆虫が放飼されるが、その有害生

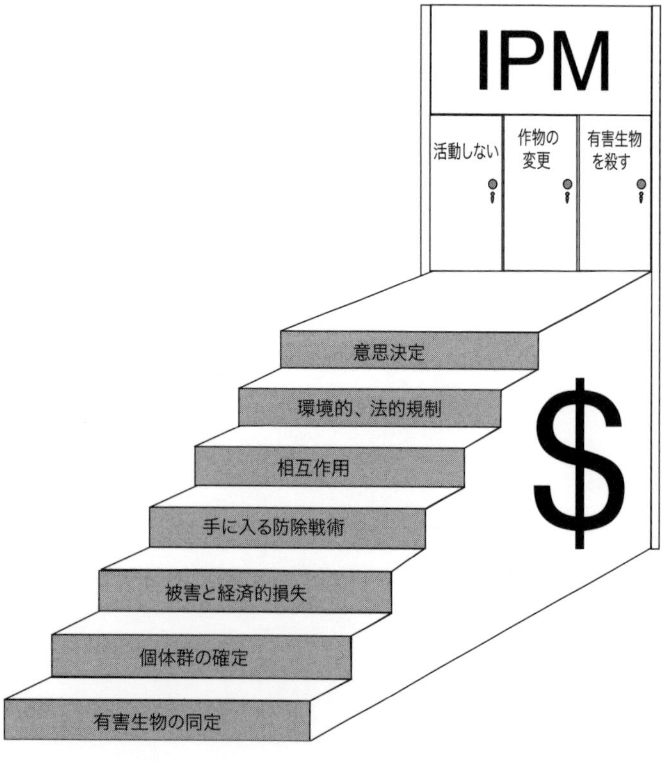

図 8-1
意思決定の階段。この図はある知られた有害生物管理の意思決定の一部である重要なタイプの情報を表している。それは低部から頂上へと読まれなければならない。階段の中の $ の印は各ステップに費用がかかるということを意味する。

物は適当な被食者か寄主でない。前に述べたように、有害生物の同定は複雑な過程でありこの本には書かれていない。もし同定に助力が必要であれば、地方大学か政府の専門家に相談すればよい。

2. 意思決定過程の第2のステップは、有害生物と作物の生物学的パラメータを確定することである。それには有害生物の個体群の大きさ、有害生物の分布、有害生物の発育段階、同一性、有用生物の分布と数、作物寄主の地位、作物の経済的要因を含む。対象有害生物の個体群生物学の一般的特性が再調査されるべきである。それは、これが選ぶべき防除戦略にかかわる意思決定に影響するからである。
3. 第3のステップは、有害生物の密度に関連して作物が蒙る可能性のある被害の評価である。このことは、それが可能であれば防除活動、要防除水準または被害の閾値についての考慮にかかわっている。
4. 第4のステップは、対象の有害生物を管理するために手に入るすべての技術を再調査することである。各防除戦術を実施する費用が、その作物が提供することを期待される経済的収益に関連して評価されなければならない。それ故に、この段階で作物の経済性、特に現在および計画された市場価格を考慮に入れることが絶対に必要である。
5. 第5のステップは、その農業生態系に存在する対象有害生物と他の有害生物および有用生物の間に起こりうる相互作用を考慮するということである。対象有害生物は本当に重要有害生物なのか？　重要有害生物を防除し、二次的な有害生物の防除をも提供する、ある戦術を用いることが可能か？　対象に対するある戦術の使用が、その農業生態系の他の要素に悪い影響を与えないか？　これは「総合的」有害生物管理を実施するうえでの決定的な点で、不幸なことに産業化された農業においては、すべてがあまりにもしばしば無視される要素である。
6. ひとたび望ましい最適の戦略が決定されると、地方的、地域的、生態学的、社会的規制制限を評価する必要がある。そしてまた、作物生産の他の局面との相互作用の可能性を評価する必要がある。多くの状況において、その制限は戦術の選択を規制する（例えば、農薬は学校や湿地の近くで用いることができない)。
7. 最後のステップは意思決定をすることである。次のことは4つの一般的可能性である。

7.1. 活動しない。その有害生物によってもたらされた被害は正当な活動にとって十分であると判断されないか、その活動がその農業生態系内の他の有害生物または有用生物に悪い影響を与えるか、あるいはその制限は許容できる防除戦術がないことを意味するかである。

7.2. 被害に対する作物の感受性を減らす。その農業生態系のある側面を変えることによって、被害が許容できるレベルに限られる可能性がある。

7.3. 有害生物個体群の大きさを減らす。ある活動が手に入り、その有害生物の個体群を直接的に、ある許容できるレベルに減らすことが勧告される。

7.4. 7.2.と7.3.の組み合わせ。

最後に、そして重要なことには、前述のすべてのステップは経済的枠組みの中に置かれなければならない。もし管理者が、各ステップのどれかを、金を失うことなしに実行することができないならば、通常その管理戦略は経済的に正当化されないであろう。しかしながら、これは常に正しいとは限らない。それは問題の有害生物を防除の下におくために、経済的損失を短時間許容できるような場合があるからである。これは、管理過程の持続性が多くの栽培シーズンを越えて考えられる必要があるということである。

意思決定過程の各ステップにおいて、これに伴う費用がかかるために、ときには近道が必要であり、あるいはステップが完全に省略される必要がある。そのような近道は、有害生物は防除されるがIPMの理想よりも少ない防除であるという状況へと導かれる。必要とされる情報あるいは生物学が、まだ開発されないか無視されることによってしばしば問題が生ずる。歴史的にはステップのあるもの特に5と6が省略されるとき、抵抗性、誘導多発生、環境汚染、そして違法な農薬残留のような問題が起こった。

この章は、意思決定過程の第2と第3のステップの背後にある概念とアイデアを探究する。第9章から第17章までが第4のステップを含み、有害生物を抑圧するために用いられるさまざまな戦術を示す。第18章と19章が第5と第6のステップを述べ、有害生物管理の上に環境、動物、そして人間の繁栄を守ることを意図した生態学的配慮、あるいは法律と規則のためにおかれているさまざまな制限を含んでいる。

問題の診断

有害生物の同定

農業生態系の中に存在する有害生物種の正しい同定は、有害生物管理の最も重要な側面である。もし同定が正しくないと、しばしば戦術の選択を誤る。1つの知られた種が他の知られた種と混同されるときに、誤った有害生物の同定が起こる。このタイプの誤りは通常、その有害生物グループの分類学の専門家に相談することによって直すことができる。正しくない同定はまた、以前には知られていなかった種または存在する種のレースや病原型のような変異体が、すでに知られた種として分類されるときに起こる。このタイプの誤りは扱うのがより難しく、新しい有害生物を知られた有害生物から区別するための微妙な差異を示す科学的研究を必要とする。

述べなければならない同定問題のタイプの2、3の実例には次のものを含む。

1. 病気。ひとたびある病徴が観察されると、まず最初にそれが非生物的要因によるものか、病原体によるものかを確定する必要がある。後者の場合、それが、細菌、ウイルス、ファイトプラズマ、菌類、のどれによるものかを確定しなければならない。しばしば、その生物の正確な同定を行なうために培養によって育てなければならず、それは特別の実験室を必要とする。もし、病原型あるいは*forma specialis*［分化型］が重要であれば、それらは決定されなければならない。病原型の正確な同定はしばしば困難である。ある種ではDNAを用いた診断手法を適用することができる。多くの大学は生産者とコンサルタントに必要な同定を助ける診断相談所を持っている。
2. 雑草。芽生えと花の咲いた植物を同定することができる必要がある。芽生えの同定はおそらく花の咲いた植物を知るよりもより重要である。なぜならば、大部分の防除活動は雑草がまだ芽生えの生育段階にあるときに行なわれるからである。ある場合には雑草の種子を同定することができる必要がある。それは土壌の種子バンク内での存在、またはその作物種子の中での存在を決定するためである。
3. 線虫。線虫の感染のある病徴は、ネコブセンチュウによってもたらされるコブ、あるいはココヤシの赤色輪腐病の病徴（図6-14参照）のように全く明瞭である。しかしながら、線虫の感染の病徴はユニークであるとは限らず、栄養素欠乏に似ていることがある。線虫病の正確な同定は、土壌または植物のサンプルを集め、そのサンプルから線虫を抽出して、出てきた線虫の同定と計数を含む。線虫の属の同定は幼体段階を調べることによって可能である。種のレベルの同定は通常、成体メスの詳しい形態学的特徴を調べることによってなされる。しかし他の発育段階を同様に調べる必要もあるため、診断手法はDNA情報にもとづいて開発されつつある。ある場合には、線虫の病原型またはレースを決定するために、寄主範囲の違いの生物検定を行なう必要がある。例えば、ネコブセンチュウの特定の種の中で、あるレースはワタに寄生することができるが、他のものは寄生しない。したがって、ワタにおける線虫管理のためにネコブセンチュウのレースを決定することが必要である。
4. 節足動物。有害種の成虫、未成熟段階、卵を同定することが必要である。未成熟段階はしばしば重要である。なぜならば、節足動物は、この発育段階が防除戦術に最も感受性があるからである。未成熟段階の同定は困難なことがあるので、その昆虫を成虫段階まで飼うことがしばしば必要である。普及所の出版物は同定のために標本を集めて保存する適切な方法の手引きを提供する。有用節足動物種も同様に同定することが必要である。さもなければ有害生物として誤って同定した有用生物に薬剤散布をしてしまう可能性がある。

正確な有害生物同定の困難性は、有害生物管理のためになぜ分類学と系統学の科学的分野が重要であるか、またなぜ有害生物の各カテゴリーの同定における特別の訓練または資源への接近が必要かを例証する。

モニタリング

有害生物個体群のモニタリングはサンプリング計画を必要とし、物理的に挑戦的でまた費用のかかるものである。異なるタイプの情報が集められ、分析されなければならず、また必要な情報の特性は有害生物のカテゴリーに依存している。なぜならば、ある情報は有害生物に特異的だからである。

有害生物の状態を確定するためには、有害生物の密度か数をモニタリングして測る必要がある。有害生物をモニタリングすることに関連して、有害生物管理のために2つのきわめて異なる必要条件がある。それは存在する有害生物の発育段階と有害生物の密度である。

1. 生物季節学的出来事。生物季節学は有害生物が時間的に経過する成長の段階、累積日度のような生理学的時間の測定を記述する。ある生物季節学的出来事の時期は、その栽培シーズンの始まりにおいて有害生物が最初に出現するか、またはその栽培シーズンの間の成虫のガのような特定の発育段階の出現を確定するために用いられる。多くの有害生物の特定の戦術への感受性が生物季節学的段階によって変わるために、2つのタイプの情報が防除活動の時間を決めるために用いられる。例えば、開花した雑草の防除は芽生えよりも難しく、カイガラムシの硬い殻の段階（成虫）は、這い回る段階（未成熟）よりも殺虫剤への感受性がはるかに小さい。生物季節学的発育の評価は、個体群の絶対的大きさを確定することを必要とせず、むしろ存在する特定の発育段階を確定することが必要である。
2. 個体群の大きさの確定。個体群の大きさのモニタリングは有害生物の数を数えることを含む。この情報は閾値の情報を用いるのに先立って必要である。なぜならば、閾値は通常測定単位当たりの有害生物の数によって定義されるからである。個体群の大きさの確定は通常、生物季節学的出来事の時期を決めることよりも難しく、それ故に行なうのにより費用がかかる。個体群の大きさは、測定の2つの異なる単位によって表すことができる。それは個体群をサンプリングするための異なる手法を必要とする。
    - 2.1. 絶対的。有害生物の数は2000種子／m^2、5万頭のアブラムシ／エーカー、2頭のゾウ／km^2のように土地の単位面積当たりの数として表される。もし、有害生物の数が土地の面積よりは、木当たりのカイガラムシ、ワタの株当たりのカスミカメムシ、葉当たりのハダニ、根のグラム当たりの線虫数、のように寄主または寄主の部分に対して表すことができる場合には、その測定値は密度またはときには個体群密度といわれる。線虫の個体群の大きさはまた、土壌の容積または重さ当たりの卵またはシストの数をもとに表される。
    - 2.2. 相対的。もし、有害生物の数が捕虫網の10振り当たりのrootworm beetleの数、あるいは5分間に観察されたリンゴの木の上のハマキガの幼虫の数のように、サンプリング努力の単位当たりで表されるならば、サンプリング法は個体群の相対的推定値を与えるものといわれている。

      相対的測定値は雑草には適当でない。ただし、雑草と作物の葉冠の割合は、作物単位当たりに存在する雑草をもとにして損失を推定するための技術を提供する（この章の後の方参照）。

個体群評価が絶対的であるか相対的であるかにかかわらず、存在／不存在サンプリングを用いることができる。これは技術的に二項分布サンプリングといわれる。この個体群評価での変形物は、対象有害生物が存在するかどうかのみを評価するための葉、果実、方形区のようなサンプリング単位を含んでいる。有害生物は、存在する個体の実際の数を数えるのではなく、その存在または不存在が記録される。この方法で記録された適切なサンプルと適切な統計表の使用によって個体群の大きさを推定することができる。

有害生物の空間的パターン

有害生物は農業生態系の中で異なる空間的位置を占める。そのシステムの特定の地域の中での有害生物の空間的パターンは、管理にとって、またどこからサンプルを取ったらよいかの位置を定めるうえで重要である。有害生物の空間的パターンは3つの基本的な頻度分布を用いて記述することができる（**図 8-2**）。

1. 集中的パターン。このパターンはまた塊状または伝播的といわれ、はっきりした斑点または塊状に発生する有害生物を記述する。その集中の間には有害生物がほとんどいないか、いない地域を持つ（**図 8-2a**）。集中の大部分は比較的低い有害生物密度を典型的に含む。しかし、わずかなものは大きい数を含む。伝播的空間的パターンにおいては互いに引き合うものと考えられ、もし1つの生物体が存在すれば、もう1つの生物がその近くにいる確率が増加するようになる。なぜ生物が群に集まるかにはいくつかの理由があり、それには次のものを含む。
    - 1.1. 生物はそれが生まれたところの近くに残り、多数の子孫が同じ場所に残留する。これは多くの雑草、線虫、そして運動性が限られた他の有害生物で典型的である。

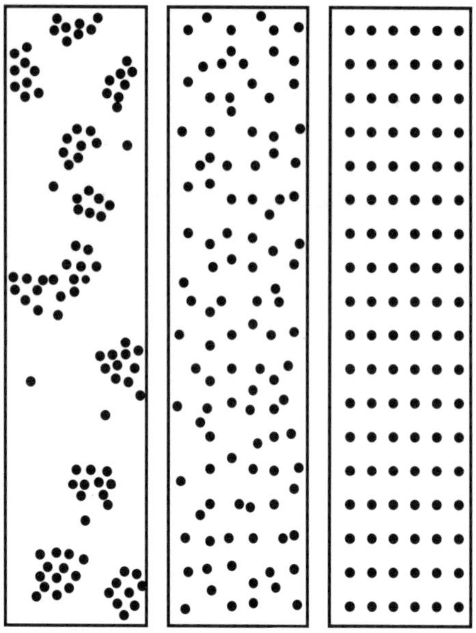

図 8-2 生物の主に可能な3つの理論的な自然空間的配置。
(a) 集中または塊状、(b) ランダム、(c) 一様または規則的。

1.2. 資源または適切な環境が斑点状に分布し、線虫と昆虫が適当な生息場所の資源に誘引されることがある。一方、雑草は資源が多いかまたは局地的に適当な生息場所で繁栄するであろう。

1.3. 運動性のある生物が交尾の信号を通じて互いに誘引しあい、防衛のために集まるか群れをなす行動も集団へと導く。

1.4. 社会的昆虫グループはシロアリの塚やアリの集団のような社会的単位をもたらす固有の行動を持つ。

集中的パターンは多くの有害生物で一般的であり、特に個体群が比較的小さいときに起こる。このパターンは数学上いくつかの頻度分布によって記述されるが、最も一般的なものは負の二項分布である。集中はサンプリングの問題を提出する。それは塊の大きさに対するサンプリング単位の大きさが分布の外見上の性質を決めるからである。塊状空間パターンにおいては、1つの個体を見つけると、同じ種のもう1つの個体をすぐ近くに見つける確率が増大する。もし一連のサンプルがある個体群からとられた場合、分散がサンプルの統計学的平均値よりも大きいならば、集中的空間パターンであることが示唆される。

2. ランダムパターン。この場合には、個体群は野外で近くの有害生物の位置との間でさまざまな間隔を持つ。そしてその位置の間には明瞭なパターンはない（**図 8-2b**）。ランダムパターンは、よく定着した有害生物で数が比較的多いときに典型的である。個体は雑草や病原体におけるように相互作用しない。もしある個体群における個体がランダムに分布しているならば、ある位置に1つの個体を見つけることが、もう1つの個体を近くに見つける確率を変えることがない。

有害生物発生のランダムパターンは、数学上ではポアソン頻度分布によって記述される。もし、一連のサンプルがある個体群から得られた場合、分散がサンプルの統計的平均値と等しいならば、ランダム空間パターンが示唆される。

3. 一様パターン。このことは、すべての有害生物が作物の畝に沿った各メーター毎に1回のように、互いに等しい距離を開けて規則的なパターンになっていることを意味する（**図 8-2c**）。このパターンは有害生物の密度が高く、1つの個体の存在がその近くにいる個体に否定的に影響するときに起こる。それ故、もし1つの個体が存在すると、近くのもう1つの生物の存在する確率は減少する。このことは、有害生物が多くの昆虫、軟体動物、そして脊椎動物のように運動性があるとき、個体間の等距離の間隔を導く。

一様パターンは数学上で正の二項頻度分布によって記述される。もし一連のサンプルがある個体群から得られるならば、分散がサンプルの統計的平均値より小さいならば、一様空間パターンが示唆される。

多くの状況において、人間活動は有害生物の前述の空間的パターンを修正する（**図 8-3**）。これは雑草、線虫、そして土壌伝染性病原体のような動かない有害生物種において重要である。もし、空間的パターンが特徴づけられるならば、その個体群をモニタリングするための最良の方法を決め、問題の原因を診断することが助けられる。

次は人間に影響されたパターンの例である。

1. 点状の感染源。ある有害生物は圃場の1点に導入され、その点から広がる。それは典型的に1つの集中として現れる。多数の点の感染源は多数の集中的パターンをもたらすように起こる（**図 8-3a**）。

2. 圃場の縁と中央。多くの移動性のある有害生物と有用生物は生垣、柵の列、水路の土手、そして他の周囲の地域から侵入する（**図 8-3b**）。有害生物は圃場の縁で内部よりも栽培シーズンのより早くから典型的に高い密度になる。もし、この状況が起こると、管理者は圃

(a) (b) (c) (d)

図 8-3　異なる有害生物の空間的パターンの例。
(a) 病原体のランダムな点状感染（明るい地域に見られる）。ここではオオムギにおけるオオムギ黄萎ウイルス病。
(b) 堤防（前景）の近くの畑の縁に沿って増加した被害。ここではイネにおけるネズミによるもの。
(c) テンサイシストセンチュウの単一の点状感染からの線虫の地表平面移動による症状の星形のパターン。
(d) *Ditylenchus*、ナミクキセンチュウのアルファルファ畑の斜面に沿った病徴の線。この畑は写真の上方が高く道は低い。病徴は線虫が表面流水に伴って伝播したことを示す。
資料：(a) は Lee Jackson の許可、(b) は Terrel Salmon の許可、(c) は Ivan Thomason の許可、(d) は G.Caubel の許可による写真

場の縁をより集中的に注意深くモニタリングしなければならない。なぜならば、個体群を圃場の中央だけで評価しても重要な初期の発生を検出できないかもしれないからである。

3. 優勢な風と防風林。ある有害生物は優勢な風に乗って圃場に吹きこまれ、圃場の風上の側でより高い密度になる。この地域はより注意深くモニタリングされなければならない。それは、それが有害生物の到着のより早い証拠を提供するからである。木や塀、柵のような構造物は風よけとして働き、その風下の側に風の流れの渦を作る。ある風に乗る有害生物は、そのような場所により高い密度で広がる。そのような場所で有害生物をモニタリングするには特別な注意が必要である。有害生物の拡散メカニズムを知ることは、最も効果的なサンプリングプログラムを開発することを助けるであろう。

4. 機械による機械的パターン。土壌伝染性の有害生物は、しばしば機械装置によって土の中を運ばれ、その結果その装置の圃場を横切る線が縦方向の縞のような運動を反映したパターンになる。**図 8-3c** の星形のパターンは、テンサイシストセンチュウの 1 つの点の感染源から、土地を均平にする機械がひき回された結果である。

5. 灌漑パターン。表面灌漑水は有害生物を運ぶことができる。そしてそれは長距離の運動能力をほとんど持たない細菌、菌類、線虫、そして雑草の種子では特に重要である。水の分布のパターンは、発生の場所より下の畝における *Scleotium rolfsii*［白絹病菌］の病気の発生の増大、あるいは自然の水の流れの中で図の下に運ばれた線虫のように、有害生物の発生に反映する（**図 8-3d**）。洪水は新しい有害生物を 1 つの地域に運ぶことができるために重要な問題となる。しかし、通常は

1つの特別なパターンをもたらすことはない。

6. 土壌条件。次の土壌条件は有害生物の空間的パターンに影響する。
   - 6.1. 多くの土壌性有害生物は土壌の水分の状態に敏感で、それ故それらの分布は土壌の水分含量を反映する。もし土壌が水で飽和すると酸素濃度が下がり、嫌気的条件（特に組織の細かい土壌では）を導く。そして、ある線虫と病原体は低い酸素濃度に敏感である。他方、*Phytophthora*［疫病菌］のような多くの土壌伝染性病原体は感染を起こすためには自由水が必要である。これらの生物による病気は圃場内の低い湿った地域においてより優勢になりやすい。多くの線虫の分布もまた土壌水分の状態に伴って変わる。
   - 6.2. 土壌のpH。土壌は典型的にpH4.0～9.0の範囲内にある。大部分の土壌性有害生物は最適のpH幅を持つ。圃場のpHの変動の知識は、ある場所でどんな生物を探すべきかを示唆することがある。
   - 6.3. 土壌の締め固め。ある雑草種は緻密な土壌の条件にきわめてよく適応しており、大部分の作物が成長できないところでよく育つ。大部分の土中に棲む脊椎動物は緻密な土壌を避ける。
   - 6.4. 土壌のタイプ。土壌の組織は通気性と、それ以前の土壌の要因に影響し、それ故に、線虫個体群の空間的分布に影響を与える。しかしながら、土壌のタイプがしばしば有害生物個体群を変えるといわれるけれども、その影響は最初の3つのメカニズムの1つによって修正されることは考える価値がある。

経験のある管理者は、各圃場でどこに有害生物が発生しやすいかを知る。そしてこれらの場所を通常注意深くモニタリングする。圃場の残りの場所もチェックすべきであるが、それらはより低い程度にモニタリングしてもよいであろう。

サンプリングの統計学

1つの十分なサンプルは何によって構成されるか？　有害生物管理の目的のためには通常、統計学的に信頼できると考えられることと、経済的に実行可能なこととの間で妥協しなければならない。研究のためのサンプリングは、しばしば有害生物管理の意思決定のためのサンプリングよりもより大きい精度が要求される。

統計学者は2つの似た用語、「accuracy」［正確さ］と「precision」［精度］（またはreliability［信頼度］）を区別する。正確さはそのサンプルの結果が真の個体群の値をいかに反映するかをいう。精度または信頼度は、サンプリングの過程に固有の可変性、あるいはあるサンプリング法が繰り返し同じ結果を提供するかどうかをいう。人は高度に正確なサンプリングを達成しようと熱望するけれども、有害生物管理を目的とする多くの場合、適度に精度があるか信頼度のあるサンプルは実際上より重要である。もしそのサンプリング法が不正確な場合、信頼度は、その方法が常に同じ偏りを持ちそのサンプルからあるパーセントの誤差が推定されることを意味する。高度の正確さのレベルを持った絶対的な個体群の推定値は、個体群パラメータを確定するための研究において通常必要とされる。

個体群の推定値の精度は、ほとんど常に、より大きいサンプルと集められた個々のサンプルの数がより大きい場合により高い。実際的な考慮は、得られた推定値の精度とそのサンプルを手に入れるための費用との間のトレードオフ［取り引き］を必要とする。しかし、すべてのカテゴリーの有害生物と状況にとっての簡単なルールはない。有害生物管理の目的のためのサンプリングのねらいは、特定のシステムの中に存在する有害生物の数のaverage［およその量］またはmean［平均］である。

サンプリングの基礎的統計学の中で用いられるいくつかの定義は、Ruesink（1980）によって示されたものにもとづく。

統計学者と生物学者は、サンプリングプログラムについての連絡を容易にするために1つの技術的用語集を開発している。不幸なことにこの用語集の中の用語の多くのものは非技術的意味を持ち、ある著者はそれらの使用においてあいまいである。最も一般的に用いられた技術的用語のあるものがここに示される。この要約はサンプリングに適用される統計学の徹底的な論議ではない。これ以上の情報のためにはSouthwood and Henderson（2000）、Kogan and Herzog（1980）、とPedigo and Buntin（1994）を参照するとよい。

1つのサンプルは、情報が求められているより大きい個体群から抜き出された小さい採集品である。それは観察されたサンプルであるが、それは研究されている個体群である。サンプルの中の観察の数（nと名づけられる）は、サンプルの大きさ、と呼ばれる。一方、1つのサンプルの物理的構成と量は、サンプル単位、と呼ばれる。例えば、サンプル単位は捕虫網による10回のすくいとりでありうるし、サンプルの大きさ$n=20$は、各10回のすくいとりの20組を意味する。

算術的平均値は通常（$\bar{x}$）と名づけられ、最も普通に中央的傾向の量として用いられ、次のように計算される。

$$\bar{x}=\frac{1}{n}\sum x_i$$

ここで、x_iは有害生物xのn回の観察のi番目を代表する。観察の間のばらつきの一般的な量は標準偏差（sと名づけられる）であり、次のように計算される。

$$s=\sqrt{\frac{\sum x_i^2-\frac{1}{n}\left(\sum x_i\right)^2}{n-1}}$$

分散（s^2）は単に標準偏差の2乗であるが、平均値の標準誤差（$S\bar{x}$）は

$$S_{\bar{x}}=\frac{s}{\sqrt{n}}$$

である。

標準偏差は観察の間のばらつきの1つの表現である。そして、平均値の標準誤差は真の平均値（μ）への$\bar{x}$の距離の量である。観察された平均値に対する観察の間のばらつきと比較するために用いられるいくつかの比がある。変動係数（CV）は次のように定義される。

$$CV={}^{s}/\,\bar{x}$$

昆虫学者が通常、相対的変動（RV）と呼ぶものは平均値に対するSの比で、

$$RV=(S\bar{x}/\bar{x})(100)$$

これらの比は普及している。なぜならば、多くのサンプリングプログラムにおいて$\bar{x}$が増大するにつれてsは増大するからである。そして、それは単位がなく、用いられたサンプル単位にかかわらず比較できるからである。

ここで定義したサンプルの信頼度または精度は、有害生物管理の中で扱われるパラメータである。精度は相対的変動（RV）または正式な確率的声明と信頼区間によって測られる。信頼区間は推定値を括弧でくくり、通常対称的に、そして真の個体群の値は特定の確率あるいは信頼度を持ってその区間の中にあると声明する。nが30かそれ以上のように大きいとき、あるいは正規性が仮定できる他の理由があるとき、平均値の信頼区間は次のように書かれる。

$$\bar{x}-t_a s/\sqrt{n}\leq\mu\leq\bar{x}+t_a s/\sqrt{n}$$

ここでt_aは確率レベルaを持ち、sの中に自由度（df）を持つt分布の値である。sがn個のサンプルからとられていれば、自由度は$n-1$である。もし、よりよい推定値を用いるために情報が加えられるならば、自由度はnを越えるであろう。有害生物個体群をサンプリングするには、サンプルの大きさが小さい（低いn）ために誤差はめったに正規分布しない。そして対称的な信頼区間は不適当であり、非対称的信頼区間の計算が必要である。基礎となる統計学的分布を意味するための非対称的区間を計算する方法は可能であるが、計算の複雑性によってそれほど適用されないように見える。非対称的区間の文献はBliss（1967, pp. 199–203）にある。

1つの相対的に複雑でない方法は、ある非対称的信頼区間の特別なケースのために手に入る。これは、n個のサンプルのすべてにおいて個体数がゼロであるようなサンプリングの結果に関連する。もし、基礎となる分布が二項分布、ポアソン分布、あるいは負の二項分布であると見なすことのできる正当性があれば、片側信頼区間を計算し、個体群の平均値はαの確率水準でのある上限よりも小さいと述べることが可能である。**表8–1**の一般式は基本的確率理論の概念からもたらされる。しかし、この実例は、塊状の分布で上限がより大きいということが示される。

2つの可能なサンプリングプログラムの間の選択が費用（ドルまたは努力）に依存するとき、信頼性についての我々の知識は、情報を得るための費用と組み合わされなければならない。もしある特定の条件の下で1つのプログラムが他のものより、より効率的であるといわれるならば、それは単位費用当たりに、より信頼できる結果を提供するであろう。相対的純精度（RNP）は効率の1つの尺度であり、次のように定義される。

$$RNP=\frac{100}{(RV)(C_s)}$$

表8–1　n個のサンプルにおいて個体が見つからない場合3つの一般的統計学的分布のための片側信頼区間

分布	平均値の上限（個体数／サンプル） 一般	実例 型式（n=10、α=0.05、k=2）
二項分布	$1-\alpha^{1/n}$	0.26
ポアソン分布	$-(\lambda n\alpha)/n$	0.30
負の二項分布	$k\ (\alpha^{(-1/nk)}-1)$	0.32

kは負の二項分布のパラメータ、αは求められる信頼水準。

ここで、C_s は RV を計算するために用いられる n 個のサンプルの全費用である。

退屈な計算が含まれるために用いられるものは展開紙または統計学的ソフトウエアである。組みこまれた機能はサンプリングデータの直接的分析を許し、あるデータは圃場内のデータロガーを用いて遠方から得られる。

有害生物個体群の評価のための技術

有害生物のモニタリング

モニタリングは、それによってある場所に存在する有害生物の数、生活段階を確定する過程である。個体群の大きさと有用生物の活動レベルもまた、節足動物管理のために確定されなければならない。有用生物をモニタリングすることは、他の有害生物カテゴリーほどには一般的に重要でない。

次の点はきわめて重要であり、有害生物管理の論議の中でしばしば無視される。すべての有害生物のカテゴリーのために働く単一のモニタリング技術はない。そして、1つの有害生物カテゴリーの中でさえ最良の技術は有害生物の生物学と生態学によって異なる。例えば、土の中の線虫の直接計数はトマトの株の上の tobacco hornworm［スズメガ科］を数えるのとは異なる技術を必要とする。

モニタリングについての全般的配慮

有害生物個体群をモニタリングする方法にはいくつかの重要な配慮が影響する。

1. 必要なデータ。実際の有害生物の数が必要か、または存在／不存在の情報が必要か、あるいは生物季節学的出来事のモニタリングが必要かによって努力と用具が異なる。
2. サンプルが集められる1日のうちの時間。このことは有害生物、特に昆虫とある脊椎動物の日周活動の違いによって採集の効率を変える。例えば、夜に飛ぶ昆虫は日中には正確にサンプリングできない。
3. 天候条件。栽培シーズンの中で、サンプル採集時の天候はサンプルの信頼性を実質的に変える。例えば、風の吹く涼しい条件は植物の草冠の頂上から昆虫を追いやる。
4. 土壌条件。もし圃場が湿っているとサンプリングは難しい。湿った土壌から線虫と節足動物を抽出することは貧弱な結果しか生じない。
5. 生物の生物季節学的発育。サンプリング時の生物の発育段階はサンプリングの可能性と効率を変える。例え

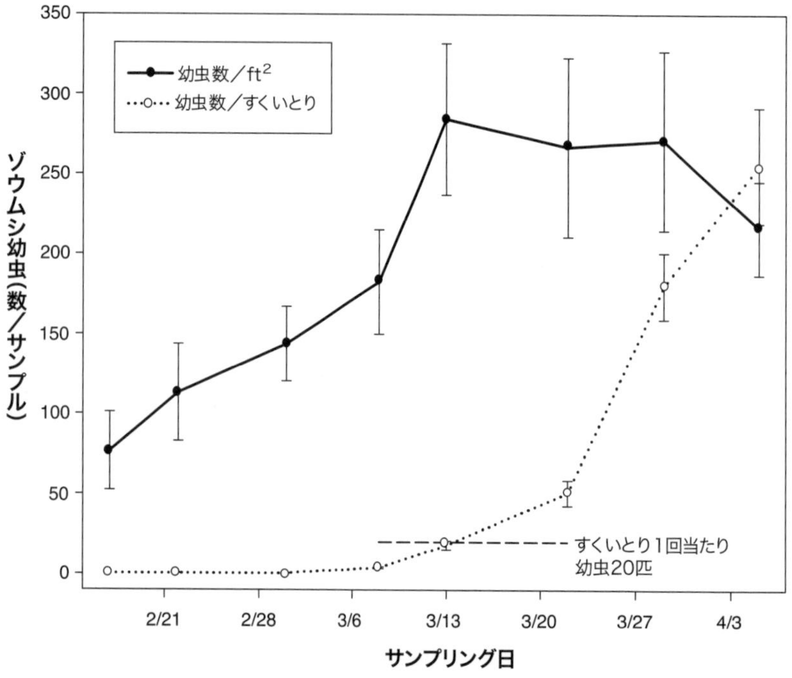

図 8-4
Egyptian alfalfa weevil［ゾウムシ科］の幼虫の平方フィート当たりの全幼虫数としての絶対的サンプリングと、捕虫網のすくいとりによるサンプリングの比較。データは平均値±標準偏差で示す。
資料：Cothran and Summers, 1972. より改変

図 8-5　昆虫学者が雑草寄主の上のサビイロカスミカメムシをサンプリングしている。
資料：K.Hammond, USDA による写真

ば、アルファルファアブラムシの1齢と2齢は小さく、作物の末端の中で食う。それ故、捕虫網で追い出すことは容易でない。このことは、個体群成長の初期の間の捕虫網による「すくいとり」が実際の個体群を過小評価することを導く（図 8-4）。もう1つの実例はヒユの類の成熟した株がどれくらいあるかを決めることに対して、土壌の中の種子の数を数えることの違いであろう。季節的な天候の変化はときには有害生物の活動性を反映し、1年のうちの悪い時期でのサンプリングは貧弱な結果しか生まない。

6. 有害生物の位置。有害生物がどこに棲むかはサンプルが採集されるべき場所を決定し、サンプリングの用具のタイプを指定する。
    - 6.1. 土の中に棲む有害生物は、木の樹冠に棲むものとは異なるサンプリング用具の使用を必要とする。その有害生物が典型的に樹冠の頂上にいるか、または土の近くにとどまっているかによっても違いが生ずる。
    - 6.2. あるときには有害生物のために雑草を検査する必要がある。例えば、アルファルファタコゾウムシはアルファルファの中空の茎の中に卵を産む（図 5-1k 参照）。そしてまた、中空の茎を持つ雑草の中にも産む。アルファルファの中だけを数えると、実際に産まれた卵の数を過小評価する。
    - 6.3. ある有害生物個体群が圃場の周囲の地域の植生の上で越冬するときには、作物圃場の外側をサンプリングすることが適切である。例えば、川岸地域のカスミカメムシの評価は、それに近い作物地域において、後に期待されるような問題の大きさを表す（図 8-5）。ある有害生物防除アドバイザーは、同じ理由で彼等の標的の圃場に近い圃場を定期的にモニタリングする。
7. 研究と商業的有害生物管理の違い。研究目的に集められるデータの統計学的正確さは最高で、しばしばより大きい数のサンプルを必要とする。有害生物管理の目的に用いられるデータは信頼できなければならないが、それは研究サンプルが必要とするデータよりもより低い信頼度の水準を典型的に受け入れる。そしてそれ故に、それほど集中的なサンプリングを必要としない。研究目的に受け入れられるサンプリング技術は時間がかかるので、実際には有害生物管理モニタリングに適用する必要はない。モニタリングの目的で集められたサンプルは、ある管理戦略を実施する費用－利益分析において考慮されるべき経済的費用である。

特別なモニタリング用具と技術

有害生物の直接的観察と計数

低密度の雑草や圃場にいる脊椎動物のように、圃場全体の中の生物の数を直接数えることはできる。植物が芽生えの段階で観察者が昆虫を容易に見るようなときに、畝の直線的長さ当たりの昆虫を直接に数えることもまた一般的である。有害生物個体群が増加するにしたがって、圃場の中の有害生物のすべてを数えることは不可能であり、ある形のサンプリングが必要となる。これと似たように、作物の植物体の大きさが増加し、有害生物を調べるべき葉の面積が大きくなるにしたがって、ある形のサンプリングにもとづく推定を用いなければならない。圃場をサンプリングするいくつかの方法は次の通りである。

方形区　方形区は動かない生物の個体群を推定するためのおそらく最も単純な形である。この手法では、方形区と呼ばれる小さい限られた区域（例えば、1平方フィートや1平方メートル）の中に存在するすべての生物が数えられる。その圃場のいくつかの異なる地域の方形区が通常サンプリングされる。サンプリングのために用いられるべき方形区の大きさは、その地域内の生物の空間的パターンに関係す

る。この技術は雑草の芽生え個体群を推定するために広く用いられる（**図 8-6a**）。

植物サンプル　茎、葉または根のような植物の部分のサンプルは、特定のパターンにしたがって集められる。被害の存在の量またはそのサンプルの上の生物の数は、それから決定される。この技術のサンプルはさまざまな作物の葉当たりのダニを数えること、モンシロチョウ、アメリカタバコガのようなさまざまな昆虫の卵を数えること、菌類の感染による被害を受けた葉を推定すること、ネコブセンチュウによってコブのできた根茎の割合を推定すること、などを含む。

ノックダウン　ある有害昆虫はそれらを寄主植物から採集面または用具の上にむりやり移動させることによってサンプリングされ、そして落とした昆虫はその後数えられる。有害生物を落とすために用いられるメカニズムは有害生物種によって変わり、機械的用具、熱、CO_2の増加、エアロゾルボンベを用いた燻蒸のような技術を含む。例えば、タタキ布と呼ばれる大きい落下布がブドウ、ワタ、またはダイズの下に置かれ、草冠がゆすぶられ作物から落ちた有害生物と捕食者が数えられる（**図 8-6b**）。タタキ布は速く飛ぶ昆虫のサンプリングには効果的でない。

すくいとり網　網は長年チョウを集めるのに用いられてきた。これとよく似た網は有害昆虫のサンプルを集めるために用いることができる。しかし、網はチョウのために用いられるものより丈夫である。網の開口は直径が典型的に15インチで強化されている。この網は評価されるべき作

図 8-6　さまざまなモニタリング用具と技術。
(a) アルファルファにおいて $1m^2$ の方形区の中の雑草を数える。
(b) タタキ布をダイズの昆虫を推定するために用いる。
(c) ダイズの昆虫を集めるために用いられる、すくいとり網。
(d) 空気中の病原体の胞子（ここではブドウのうどんこ病）をサンプリングする吸気採集機。
(e) D-vacとして知られる昆虫採集のための携帯式吸気採集機。
(f) 土壌サンプルを集めるために用いられるさまざまな用具。左から右へ、シャベル、掘削錐、Viehmeyer 管と Oakfield 管。
資料：(a) は Robert Norris、(b) (c) は Marcos Kogan、(d) は Florent Tromillas の許可、(e) は Scott Bauer, USDA/ARS、(f) は Howard Ferris の許可による写真

物の草冠をすくうので、すくいとり網と呼ばれる。葉の茂みの中の昆虫は網の中に落ち、それから数えられる。この技術はアルファルファ、ワタ、ダイズ、そして多くの作物の中の有害昆虫と有用昆虫の個体群を評価するために用いられる（**図 8-6c**）。この技術は昆虫以外の有害生物には適切でない。すくいとり網によるサンプリングの効率は、サンプリングを行なう人の能力と強度によってかなり変わる。比較の目的で、ひき続く日の個体群の推移を決定するためには、「すくいとり」の過程を標準化し、サンプリングは同じ人によって行なわれることが望ましい。

吸気採集機　採集機（例えばフイルターや粘着面）の上を空気を通す機械的用具は、ある病原体の胞子（**図 8-6d**）または動く昆虫のために用いられる。吸気用具は固定または可動である。昆虫をサンプリングする可動の用具は、真空を作りだす扇風機を動かすガソリンエンジンを用い背負い式である（**図 8-6e**）。それは通常研究用具として用いられる。

被害評価技術

時には、ある有害生物が存在するかどうかを決定するために症状または傷害を観察することが唯一の方法である。さまざまな技術が、有害生物と症状や傷害のタイプに依存して用いられる。ある低いレベルの被害を超えると、症状／傷害の評価技術の有用性は限られる。なぜならば、被害、そしてそれ故に少なくともある損害はすでに起こっていることがありうるからである。症状と傷害の評価技術は、多くの野菜作物のように外観被害が重要な場合には用いることができない（この章の後のほうと第 19 章参照）。なぜならば、ひとたび被害が起こってしまえば、防除戦術を始めるのにはあまりにも遅いからである。傷害評価は治療的管理方法が手に入らないならば限られたものである。

徴候そしてまたは症状　有害生物または有害生物の活動の現れは徴候または症状によって提供される。

徴候が、ホリネズミによって押し上げられた土の山、ウサギの糞球、昆虫のフラス（糞）、ナメクジとカタツムリの粘液痕、レタスの小粒菌核病やイネの小粒菌核病のような病原菌の菌核、鳥が種子を持ち去ったところの種子にそった穴、のような形跡を含む。そのような表示はある特定のタイプの有害生物が、たとえその有害生物が観察されなくとも存在することを暴露する。

症状は、多くの寄主植物による線虫、病原体、そして昆虫の攻撃に対する典型的な反応である。症状の観察は管理者にその有害生物の存在を警戒させ、症状のひどさはしばしば有害生物個体群密度の尺度として用いられる。葉の上の病気に罹病した面積の量は、例えばサトウダイコンのうどんこ病のための罹病面積評価のように、ある病気のために防除処理行動を始めるための基準として用いることができる。ワタとダイズの株の脱葉レベルは、実際の有害生物の計数とともに防除の意思決定をするために用いられる。症状の実例には次のものが含まれる。

植物のわい化 ── すべての有害生物カテゴリーと非生物的条件によってもたらされる。大部分のウイルスは植物体全体の一般的わい化をひき起こす。

葉の斑紋または黄化 ── 多くのウイルス、ヨコバイ、ダニ、線虫、あるいは栄養素欠乏（非生物的な）によって起こる。

春のモモの上の巻いた赤い葉 ── 縮葉病

巻いた葉と奇形のリンゴ ── オオバコアブラムシ

葉の上の壊死斑点と死んだ場所 ── 数多くの病原体とハモグリバエによって起こる。

十分な水にもかかわらず暑い気象で萎れる植物 ── 維管束の萎凋病、線虫、または茎に潜る昆虫。

ふくれたコブのある根 ── キャベツの根こぶ病、根頭がん腫病。ネコブセンチュウ。

繊維質の根の叢生または減少 ── テンサイシストセンチュウのようなある線虫、細菌、あるウイルスによって起こる。

より少ない、より小さい花、または開花の遅れ ── ある ring stunt とシストセンチュウの結果。

根と茎の腐敗 ── 菌状の卵菌類 *Pythium* は種子の腐敗、苗立枯病、根腐病を起こす。多くのタイプの植物の *Phytophthora* もまた、多くの植物種の根と低い茎の腐敗を起こす。*Rhizoctonia* と *Armillaria* のような菌類もまたこれらの症状を起こす。

腐乱 ── 木の皮の局部的な死んだ、落ち窪んだ場所は菌類、細菌、そしてあるウイルスによってひき起こされる。

かさぶたとがん腫 ── 菌類、菌に似た生物、細菌によって組織の過剰な成長が起こる。

物理的傷害 ── 芽生えがネキリムシの攻撃によって切断される、アルファルファタコゾウムシの 1 齢による葉の穴、ナメクジかカタツムリによる葉の被害のような寄主植物の傷害の観察は有害生物の存在の手がかりとなる。ひとたび傷害が注目されれば、その有害生物が最初は容易に観察されなくとも、それはしばしば原因の有害生物を見つけることを可能にする。

電気抵抗 ― 症状を評価するための異なる手法は病気に罹った組織（特に木）の電気抵抗の変化にもとづいている。ある病原体による攻撃を評価する手段としてshigometerと呼ばれる用具は腐った木の存在を決定するために林業において用いられてきた。しかし、攻撃を診断するのにきわめて正確かどうかは証明されていない。

リモートセンシング　リモートセンシングの技術は、有害生物の攻撃に反応して植物の吸収または反射が変化することに頼っている。特定の輻射の波長に感受性のある器具が、そのような変化を検出するために用いられる。知覚装置と標的との間に接触がないために、それはリモート（遠隔）である。リモートセンシングはしばしば飛行機に積まれた用具を用いて行なわれる。次のタイプのリモートセンシングが用いられるかまたは開発されつつある。

1. 全色写真。写真は検査されるか精査され、黄白化または他の症状を評価する。
2. 赤外線（IR）波長。偽色写真と遠隔温度計が、有害生物の活動によって導かれた水分含量の違いに関係する葉の温度の変化を測るために用いられる（**図 8-3d** はIR写真の実物である）。
3. 多周波数帯分光計。これらはいくつかの特定の波長でのレフレクタンス［反射光］を測るために用いられる。測定は典型的に飛行機または衛星からさえも得られ、異なるタイプの植生を検出するために用いることができる。この技術の使用の例は雑草の放牧地への侵入をモニタリングするために用いられるものである。

リモートセンシングは遠方からの症状を裏づけるか確かめるために、ある程度圃場内での評価（地上での確認）を必要とする。有害生物管理のためのリモートセンシングの使用には次のようなものが含まれる。

1. 病原体。赤外線リモートセンシング温度計は、ある病原体の感染を目で見える症状が明白になる前に、寄主の水分状態の変化によって検出するために用いることができる。作物の色、またはストレスのレベルは、どこに有害生物の被害が起こっているかを表す写真的映像化によって検出することができる。
2. 雑草。全色または偽色赤外線写真は、雑草の小部分の位置、被害を受けた圃場の割合、そして時とともに起こる広がりを記録するために用いられる。多周波数帯分光計は特定の種（放牧地におけるエニシダ、イブキトラノオのような）をモニタリングするために評価されつつある。
3. 線虫。リモートセンシングは、圃場での発生のパターンを評価するために寄主植物の線虫によるストレスの検出に用いられつつある（**図 8-3d**）。
4. 昆虫。作物の中のある昆虫の存在は空中写真から評価することができる。例えば、トウモロコシの葉のアブラムシの個体群は、約6000フィートから撮られた写真を用いた、すす病の発生から推定された。発生の異なる地域とレベルを写真増強とコンピュータによる面積推定法を用いて決定することが成功している。移動バッタの増殖地域の評価は、衛星にもとづく写真と結果を混合して用いることによって試みられてきた。

葉面積指数　雑草と作物の間の競争は作物の損失という結果となり、研究者は生育シーズンにおける作物の葉面積に対する雑草の葉面積をもとにして、作物損失を予測しようと試みつつある。この手法は、雑草の大きさが固有の変動性を持つことによって、雑草の数が貧弱な予測能力しかないために研究されつつある。相対的葉面積指数は単純な雑草の数の計算よりもより正確な予測を提供するであろう。しかしながら、葉面積指数の技術は圃場における定期的管理のためにはまだ用いられていない。

トラッピング［わなかけ］

トラッピングは有害生物の運動性に頼っており、昆虫に広く使われるが土壌伝染性病原体や雑草には適切でない。そして、線虫には実際的でない。トラップ［わな］は、主に標的の有害生物が存在するかどうかを確かめるために用いられるが、典型的に個体群の実際の大きさを推定するためには信頼できない。したがってトラップは通常個体群の活動性をモニタリングするために用いられる。トラッピングは病原体や線虫を運ぶ昆虫媒介者の頻度を確かめるためにもまた使うことができる。いくつかのタイプのトラップがある（**図 8-7**）。しかし、すべてが標的の有害生物をトラップにおびき寄せるフェロモンのようなある誘引剤を必要とする。有害生物は捕獲（トラップ）され、後に同定され数えられる。

モニタリングトラップは有害生物の個体群を減らさない。そしてそれ故、防除技術としては適当でない。防除戦術としてのトラッピングは第14章と15章で論議される。

(a)

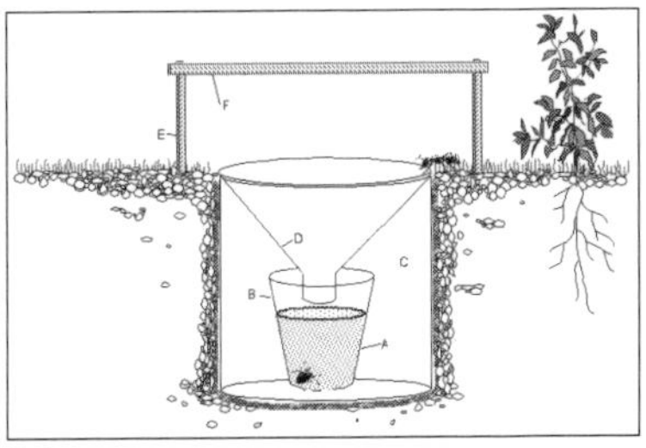

(b)

(c)

(d)

(e)

図 8-7
昆虫個体群をモニタリングするために用いられるトラップ。
(a) モモアカアブラムシのための黄色水盤トラップ。
(b) 土に棲む昆虫の移動を推定する落とし穴トラップ。
(c) オスのガをモニタリングするためのフェロモン翼状トラップ。ここではナシのコドリンガのためのもの。
(d) フェロモントラップの基部にある性フェロモンを含むゴムキャップと粘着性塗料に捕らえられたコドリンガを示す。
(e) 夜間飛翔性昆虫のためのブラックライト［紫外線］トラップ。
資料：(a)(e)は Larry Godfrey の許可、(c)(d)は Robert Norris、(b)は Marcos Kogan による写真

視覚　視覚的信号は有害生物をおびき寄せるために用いることができる。誘引源は色である。例えば、黄色はある種のアブラムシ、コナジラミ、ハモグリバエを誘引する。緑色の球は walnut husk fly を、そして赤い球はリンゴミバエを誘引する。あとの２つの場合に昆虫は球の粘着する表面に張り付くようになる。水または油を満たした黄色水盤はモモアカアブラムシの個体をモニタリングするために用いられる（**図 8-7a**）。

餌トラップ　これらのトラップは、有害生物を navel orange worm moth のためのアーモンド餌やリスのような脊椎動物のための穀粒のような食物源へと誘引する。これらのトラップは餌にカビが生えるので短い寿命しかない。トラップが活動的であり続けるためには餌を頻繁に替えなければならない。

落とし穴トラップ　これらの餌のないカップ状のトラップはオサムシ科のような土の表面を歩く昆虫をモニタリングするために用いられ、円筒状のブリキ缶またはプラスチックカップで、トラップは縁が土の表面と同じ高さの穴の中に納められる（**図 8-7b**）。昆虫はトラップの中に歩いて入るが逃げることはできない。採集容器（トラップ）は通常石鹼水またはエチレングリコールで半分満たされる。

フェロモントラップ　多くのオスの昆虫と線虫は揮発性の性フェロモンと呼ばれる化学的性誘引物質によってメスを見つける。大部分のフェロモンは化学物質の混合物で、それぞれの混合物は、あるものは他の種に誘引性を持つけれども典型的に種特異的である。モニタリングのために用いられるフェロモントラップの昆虫の実例はコドリンガ（**図 8-7c**）、ワタアカミムシ、ナシヒメシンクイ、そして多くの他のガである。キャップ（**図 8-7d**）と呼ばれるディスペンサーの中の合成フェロモンを粘着トラップの中に置くことによって、オスの昆虫はトラップに誘引される。トラップへの最初のオスの出現の日は biofix、すなわち日度累積にもとづく予測モデルを開始する日として用いることができる。トラップに捕らえられる絶対数の研究は、ある種についてトラップの捕殺数と実際の個体群レベルの相関を確かめるために続けられているけれども、それは通常有用でないかまたは用いられない。

ブラックライト　このトラップは紫外線輻射（ブラックライト）を放出し、それはある種の夜に飛ぶ昆虫、特にガを誘引する（**図 8-7e**）。

粘着トラップ　粘着性のある表面を持つ特異的でないトラップが、あるタイプの病原体の胞子をサンプリングするために用いられる。そのようなトラップは真空空気採集機に似ているが、そのトラップは空気中から気流を加えることなしに集める。透明なアクリルプラスチックから作られた粘着トラップは圃場の中と外または境界地域の昆虫の移動

を検出するために用いられる。

土壌のサンプリング

線虫、ある病原体（例えば菌核を作るもの）、雑草種子、ある昆虫（例えばコメツキムシ）のような土壌性有害生物の評価は、土壌のサンプリング過程を必要とし、それは典型的に労力と時間がかかる。シャベルは最も単純な土壌サンプリング用具である（**図 8-6f**）。土壌のサンプルを集めた後、技術者は決められた量のサンプルを測り、土壌を水の中に懸濁させる。土壌の粒子は生物よりもより早く沈むので、懸濁液は網か篩いを通して注がれ、生物の破片と有害生物を抽出する。有害生物は網から回収され数えられる。存在する生物は、土壌または根のグラム当たりの卵の数のように、土壌の単位当たりで表される。この過程は難しく相対的に遅い。

生物学的検定

捕捉法　捕捉法と呼ばれる生物学的検定は、*Phytophthora* のような、ある土壌伝染性病原体に用いられる。標的の有害生物に感受性のある植物の部分や果実が土壌の水懸濁液にさらされる。もし感染が起これば、その病原体が生物学的検定組織の目による検査によって容易に検出される。

検定試験　検定試験と呼ばれる１つの生物学的検定法は、植物の中のウイルスを検出するために用いられる。ウイルスを試験するための植物組織が、もしウイルスが存在すると特徴的な病徴が現れるような、感受性のある品種の上に接ぎ木される。検定試験はブドウのような永年作物に用いられ、それは典型的に２年を必要とする難しい過程である。この技術は圃場診断のためには用いられないが、主にブドウのような永年作物の植え付け株が、ひどいウイルス病に罹っていないことを確かめる方法として用いられる。検定試験に代わる手法として分子生物学的技術が開発されつつある。検定法は他のタイプの有害生物には用いられない。

寄主範囲生物検定　ネコブセンチュウの寄主特異的レースのようなある有害生物の変異株の検出は、寄主範囲判別生物検定を用いて達成される。寄主範囲は、関心のある有害生物を適切な範囲の寄主植物種の上に接種することによって典型的に決定される。そして有害生物の繁殖を支える寄主を決定する。

植え付け　菌類と細菌を寒天培地の上で培養することによって、病原体を同定することができる。植物の組織は、一般的に表面殺菌してから適切な人工培地の上に置かれる。組織の中に存在する病原体は培地の上で成長し同定される。同様に、土壌懸濁水は土壌の中に存在する病原体が成長できるような、ある人工培地の上に植え付けられる。

生化学的検定

免疫捕捉生物検定　植物病原体を同定し、その量を測ることは伝統的にきわめて難しい。特定の有害生物に特異的な抗原を検出するための抗体の使用にかかわる、さまざまな免疫生物検定が開発されてきた。最もよく知られているものは、酵素結合抗体法（ELISA）である。この研究手段は1980年代の初めから使われてきて、実用的に *Phytophthora* と多くのウイルスのような病原体の検出と計数にとって重要性が増しつつある。特別のELISAキット［一式］が、多くの病原体の圃場診断のために手に入り、以前は必要だった長い実験室での過程なしに正確な同定を提供することができる。

アイソザイム検定　酵素的生物化学的反応を触媒することに関与している、同じ反応を触媒するような異なる型の酵素がしばしば存在し、酵素の異型体、あるいはアイソザイムと呼ばれる。例えば、アイソザイムの変異体を評価する際に、普通のネコブセンチュウの種の間を区別するために通常リンゴ酸デヒドロゲナーゼとエステラーゼが用いられる。

分子生物学的技術　DNAポリメラーゼ増幅法（PCR）は分子遺伝学に革命的変化を起こした技術的開発である。PCRは強力な道具である。なぜならば少量のDNAを増幅することを許すからである。それは有害生物の同定と検出の方法を改善することに用いられつつある。ランダム増幅多型DNA（しばしばRAPDと呼ばれる）や制限酵素断片長多型（RFLP）分析のようなPCRにもとづく技術は、有害生物種の間の違いをDNA同定によって検出するために用いられつつある。分子生物学的技術はまた有害生物の近縁（同胞）種、１つの種の中や異なる個体群、またはバイオタイプを分離するためにもますます有用となっている。これらの技術は主な有害生物の研究レベルで用いられ、圃場診断を行なうためにもしだいに使われるようになっている。

生理学的技術　さまざまな基質を代謝する生理学的能力を調べるために、各well［くぼみ］に異なる生化学的基質を含むmultiwell平板に、未同定の細菌が接種され、それらの生理学的能力が検定される。用いられる基質の配列はmetabolic profile［代謝断面］と名づけられる。未同定の細菌分離株の代謝断面は知られた種の断面と比較され同定の助けとなる。

収量モニタリングと GPS/GIS システム

作物の収量は全体的な作物の健康の要約された測定値として用いられてきたが、収量の変化は多くの可能な原因の中から何に責任があるかを明らかにすることはない。収量のモニタリングは有害生物についての直接の情報を提供することはできない。ある地域システムの長期間の収量の減少は、高度に強力でない有害生物のゆっくりとした増加を示すであろう。収量モニタリング技術は土壌性有害生物（雑草、線虫、ある植物病原体、そしてある昆虫）の結果による問題に対して、葉の有害生物に対してよりも適切である。なぜならば、土壌性有害生物の問題は圃場の同じ場所で毎年再発するからである。

収量モニタリングの正確さは、圃場で全地球測位システム（GPS）と地理情報システム（GIS）技術を用いることによって、特定の位置への収量の関係を示す正確な農業機械の使用によって増大した。GPS/GIS 技術はまた、IPM意思決定への有害生物の分布の空間データに関連して用いられつつある。

我々は、モニタリング技術は使用が容易なものであるべきだということを強調しすぎることはない。すでに述べたように、研究のためにできることと有害生物防除アドバイザーまたは栽培者ができることとの間には違いがある。モニタリング技術は、もしそれが1サンプル当たりで2、3分以上必要とするようであれば用いられないだろう。なぜならば、そうであればあまりに時間をとるからである。モニタリングの費用は、常にそのモニタリングがもたらす利益と釣り合わなければならない。そのような費用－利益分析に対して作物の価格は重要である。穀類のように価格の低いものでは、最少のモニタリングだけが経済的に正当化される。トマト、イチゴ、切り花のような高い価格のものにおいてはモニタリングがより大きく正当化される。モニタリングには費用が伴うので、多くの有害生物管理意思決定は、与えられた圃場の歴史と栽培者の経験にもとづいて、または存在／不存在評価のような限られたモニタリングにもとづいて行なわれる。

サンプリングで考慮されるべきこと

有害生物の生物学はサンプリングのタイミングとサンプルが採集される場所を規定する。適切なサンプリング戦略は、モニタリングの必要な各々の有害生物について実施されるべきである。これまでの経験は、過去において特定の有害生物がいたために、それが発生しそうな圃場のように、サンプリングされるべき特定の位置を示す。その例には雑草のある小地面や局地的な線虫の発生を含む。栽培シーズンの早期にサンプリングすることと、有害生物が歴史的に問題となってきた場所で集中的にサンプリングすることは、有害生物の密度が被害レベルまで増加するか、発生がより大きい地域に広がる前にこれを検出できるようにする。サンプリング手法は多くの要因に依存し、それには次にあげたものが含まれる。

1. 圃場の大きさ。大きい圃場で、あるレベルの正確さに達するには、より大きい数のサンプルが必要とされる。そして、サンプリングの費用はサンプリング技術を規定するだろう。さらに、大きい圃場には低価格の作物が典型的に植え付けられ、エーカー当たりのサンプリングの強度は高価格の野菜作物よりも通常低い。
2. 作物の経済的価値。モニタリングの結果として用いられる管理戦術によって増大する経済的収益は、監視の費用を上回らなければならない。これはコムギやオオムギのような価格の低い作物では、集中的なモニタリングは適当でないことを意味する。
3. サンプルの位置。作物のタイプはサンプル採集の位置を決定するであろう。畝状の作物では、サンプリングはしばしば畝と関係し、サンプルは株の数または畝に沿った距離に関係する。果樹園においては、木またはその部分がサンプリング単位となる。ばらまき、または均一の間隔の作物では、平方フィート、平方メーターのような単位面積当たりの、または他の適当な尺度が決定される。病原体または線虫を採集する土壌のサンプルにおいては、サンプルは有害生物の密度が最大であると思われる発生した場所の縁から採集される。
4. 有害生物の密度。密度はエーカー当たり2、3から株当たり数千またはエーカー当たり数百万となることがある。低い有害生物密度では、高い有害生物密度において必要なよりも、信頼性のある推定を得るためにより広範なサンプリングを必要とする。サンプリングの強度は有害生物の密度が低いときには通常より大きくする必要がある。なぜならば、正確な推定値は、管理戦術を有害生物個体群が増加する前に実施できるようにするために必要だからである。

5. サンプルの大きさ。ある数式は、求められる正確さのレベルを達成するために必要なサンプルの最少数を決めるために役に立つ。それらを用いるためには個体群の空間的パターンを記述する数学的分布のパラメータが必要である。その方法についての詳しい情報のためには Ruesink（1980）を参照するのがよい。あるレベルの正確さに達するために必要なサンプルの数を減らすために、逐次抽出法として知られる手法が IPM 戦略において用いられている（以下参照）。
6. 管理者の目標。農場管理のフィロソフィーと目標は、用いられるサンプリング技術とその程度を規定する。もし、管理がだらしないか、または作物の価格が限られるとサンプリングの必要性も限られる。もし閾値（この章の後のほう参照）が有害生物管理意思決定を導くために用いられていると、正確なモニタリングは必要不可欠である。有害生物の排除戦術が用いられる場合には、存在か不存在のモニタリングで十分である。有害生物が最少の密度で検出されるため、集中的なサンプリングを必要とするに違いない。しかし、有害生物の数の数量化は必要とされない。
7. 有害生物の運動性。低い運動性を持つ有害生物の位置は圃場内でモニタリングが行なわれる場所を示唆する。有害生物が圃場に入ってくる道と、そこからそれらがやってくる方向は、最初のモニタリングのための圃場のうちの最良の場所を示す。
8. サンプリングの時期。モニタリングの時期は有害生物が検出できる形で、また検出できるのに十分な密度で存在するような時期と一致しなければならない。
9. サンプリングの頻度。サンプリングの頻度は個体群発達の速さと、作物への加害が増大する速度に依存するであろう。涼しい天候の間は、より暖かい天候における同じ有害生物と比較して、それほど頻繁でないサンプリングで十分である。サンプリング頻度は、特に外観上の被害にさらされる生鮮商品果実と野菜においては、しばしば収穫の近くでは増加しなければならない。それは作物に被害がないか許容できるところから、2、3日の間に許容できない被害へと進むことがあるからである。

逐次抽出法

逐次抽出法という用語は2つの異なる目的のために用いられる。これは、節足動物のサンプリングの正確さを改善する方法として、現在の個体群を確かめるために、ある一時期に繰り返しサンプリングすることを示すために用いられる。この用語はまた、個体群発達をよりよく追跡するために、時を越えて繰り返しサンプリングすることに適用される。

統計的信頼性のための逐次抽出法

この形の逐次抽出は有害生物個体群密度を推定するために用いられる。もし、サンプルの統計値が、前もって決められた必要とされる正確度に合致しない場合には追加的サンプルが得られる。この過程は、サンプルの正確さが決められた基準に合致するまで繰り返される。逐次抽出法の詳細はこの本の範囲を越える。Binns, Nyrop, and van der Werf（2000、第5章）を参照するとよい。

時間的逐次抽出法

有害生物個体群は時を越えて変化する。最良の管理戦略を立てるためには、個体群の大きさだけでなく変化の速度もまた知る必要がある。それ故、時を越えた個体群の成長を推定する必要がある。個体群成長速度の知識は、大部分の有害生物、特に1つの作物栽培シーズンの中で多世代を持つものでは重要である。逐次抽出は、繰り返し、または継時的なトラップまたは測定用具でのモニタリングを必要とする。サンプリング間隔は細菌では数時間、ダニやアブラムシでは数日、さまざまな多化性の昆虫と多サイクル性の病原体では数週間、雑草、一化性の節足動物、線虫、単サイクル性の病気では数年でよい。役に立つように、サンプルは各サンプリング時に同じ技術と方式を用いてとられるべきである。もし、異なるサンプリング法と方式が時を越えて用いられると、得られた結果を正しく比較することができなくなり誤った意思決定へと導く。

作物のサンプリング

有害生物の被害に対する作物の耐性は作物の生物季節学とともに変わる。これは作物地図化の概念へと導く。それは作物の成長段階を示す数的指数である。この概念は作物の発育と有害生物の存在に関連して判断がなされるすべての作物のためにある程度用いられる。植物の地図化はワタ（第18章で述べる）、ダイズ、コムギ、そして他の作物における有害生物管理のために広く受け入れられている。

サンプリングのパターン

次のものは有害生物の存在について圃場をサンプリングする可能な方法である。

1. ランダム。真にランダムなサンプリングは、有害生物の空間分布型にかかわらず、最も信頼性のある個体群の平均とその分散を生みだすであろう。これは、サンプルが真にランダムで十分に大きいことを想定する。目で見てランダムなサンプリングを企てることは難しい。そして、代表的でないサンプルをもたらすに違いない。例えば、ランダムに集めた葉のサンプルは不注意に大きい葉のみが選ばれるという結果になる。格子状のような、あるサンプリングのパターンを圃場に想定すべきである。そして格子状に並べたランダムサンプルを集めることができる。大部分の有害生物管理目的のために、真のランダムサンプリングはあまりに費用がかかるか、または達成できないかのどちらかである。
2. 組織的。大部分の有害生物管理の状況において、ある形の組織的な前もって決められたサンプリングは、信頼性と費用の最良の組み合わせを提供する。この状況においては、サンプリング方式は有害生物と圃場の前もっての知識にもとづいて計画される。1つのパターンが他のパターンよりよいと述べるのは不可能である。しかしサンプルは繰り返しジグザグまたは圃場を横切るWのパターン（**図 8-8a**）で採集されるか、または植物の株が4列ごとに4番目の木のような（**図 8-8b**）規則的なやり方で選ばれる。
3. 直接的組織的。このサンプリングパターンは組織的パターンに似ている。しかし、どこに有害生物が最も発生しそうかという情報を利用することによって修正される。

特定の作物の管理についての多くの本が示唆されたサンプリングパターンを提供する。

記録保存

正確な記録保存は有害生物をモニタリングする上での1つの最も重要な側面である。正確な記録は管理されたシステムの歴史を提供する。時を越えた、よい記録は有害生物のその場所における輪郭の1つの正確な像を提供する。それに将来の問題について、はるかに信頼のおける予測を行なう。例えば、数年間を越えた多くの圃場での雑草が最初に発生した日付、あるいはワタミゾウムシの卵の最初の出現日のような詳細を記憶することは不可能である。記録保存は第18章でIPMプログラムを開発する部分で再び論議する。

多くの標準的な記録保存の様式は、有害生物のカテゴリーごとに開発されてきた。含まれるすべての情報のタイプの例は次の通りである。

1. 圃場の位置
2. 有害生物と有用生物の名前（もし適当であれば誰がそれを同定したか）
3. 有害生物に対して適切な、単位当たりに存在する有害生物の密度

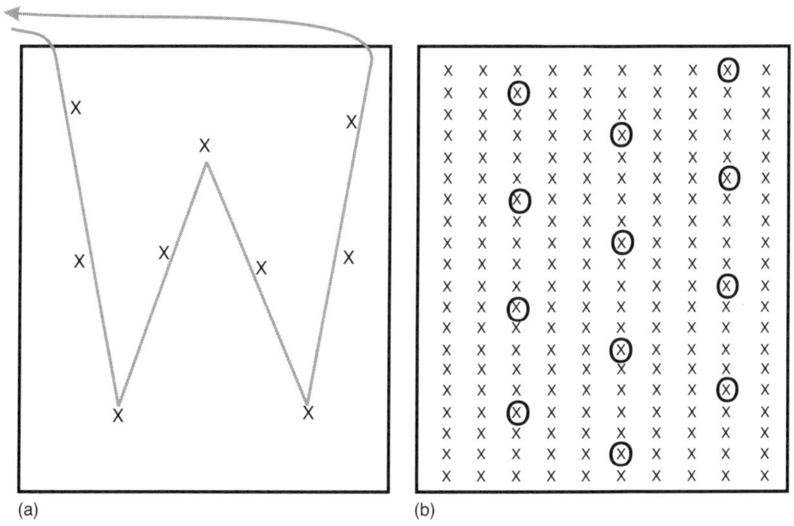

図 8-8
2つの可能な圃場サンプリングパターンの実例。
(a) 耕地圃場のWパターン。×印はサンプルの位置を示す。
(b) ある果樹園の4列ごとに4番目の木。

4. 存在する有害生物の生物季節学的段階と、それらの数（適切な単位で表現）
5. 有害生物の圃場内の分布
6. 観察の日、できればある生物では１日のうちの時間
7. サンプリングの時の天候条件、土壌の要因を含む（もし適切ならば）
8. 作物の生物季節学的段階と他の関連する情報
9. 関連する栽培作業
10. 特記事項

訓練

正確で信頼性のある有害生物個体群の評価は難しい。そして技能と訓練を必要とする。有害生物管理職員にとって、生物学、生態学、農業、あるいは似たような主題の大学学位が今では必要であると考えられている。ある人が、有害生物個体群についての信頼できる意思決定を監督されずにできるようになる前には、通常の学校での訓練に加えて少なくとも１年間の圃場内での経験が必要である。新しい監視者は、有害生物種をすべての発育段階で正確に認識するために訓練されなければならない。そして、特定のモニタリング技術をいかに行なうかを示されなければならない。

閾値

ある有害生物管理の意思決定に達するためには、管理目的と有害生物の状態のモニタリングについての順序正しい考慮を必要とする。ひとたび有害生物が同定されると、有害生物の密度が測定され、有害生物と作物の生物季節学的段階が決まり、情報は１つの管理戦略について決定するために用いることができる。防除戦術を実施する必要性があるかどうかは、作物の生物季節学的段階において適切な閾値と比べた場合の有害生物の密度に依存する。この節は、すべてのカテゴリーの有害生物の管理における閾値の概念の使用について論議する。

被害の概念

有害生物がいないとき、植物は成長し、環境条件、温度、水分、栄養素が許す程度に、それらの遺伝的可能性にしたがった収量をあげる（**図 1–4** 参照）。それは、これらの環境条件の下で成長するその植物の最適の収量と考えてよい。有害生物が存在したとき、それらは、生理的過程を乱すことによって、また植物が本来成長と生殖のために用いたであろうエネルギーを奪うことによって植物を加害する。圃場の植物を一緒に考えるとき、それらは作物を構成する。そして同じ環境で有害生物がない植物と比べて、有害生物によってもたらされた収量の減少は作物損失と名づけられる。一般的に言って、有害生物の密度が増加するほど作物損失は増加する（第４章参照）。

ある有害生物が作物にほとんど損害をもたらさないとき、収量（あるいは収穫できる生産物）へのインパクトは低い（**図 8–9**）。しかし、もし有害生物が外観損傷をもたらすならばこれは正しくない。多くの植物は低い密度の有害生物に耐性があり被害を受けない。低い密度では、有害生物による被害は補償され作物損失はほとんどない。ある場合には、低い密度の有害生物によってもたらされる被害の少量は、植物の成長と収量の増加をもたらす。この現象は過補償と呼ばれるが、よく理解されていない。有害生物が植物に被害を与えるにしたがって恒常性を支配する生理的過程が変わって、追加的エネルギーが植物の市場に出せる商品を代表する部分に割り当てられるということが想定される。

許容できる被害の量を確定する必要性は閾値の概念へと導く。ひとたび、ある有害生物の密度が加害／収量関係が直線的（**図 8–9**）になる点まで増加すると、対応する収量損失は、その有害生物を管理するために防除戦術が実施されるべき十分な高さのものとなる。より高い有害生物個体群密度においては、作物損失は最後には有害生物密度のそれ以上のいかなる増加とも独立的になる。

低いレベルの被害をもたらす有害生物のレベルという概念、そして低いレベルの被害が作物の価値と攻撃された植物の部分に依存して耐えられるという概念が、多くの節足動物と線虫の管理に対して重要である。閾値の概念は脊椎動物管理のために認められてはいるけれども、この概念が他のタイプの有害生物にどの程度適用できるかは明らかでない。

単位有害生物当たりの収量損失は、閾値の密度の近くでは多かれ少なかれ一定であるという概念は、数的密度にもとづく閾値の開発の根底にある考察にとって重要である。それ故、閾値の考え方は、各発育段階で固定した体の大きさを本質的に持つ生物（昆虫、線虫、脊椎動物、ナメクジ、

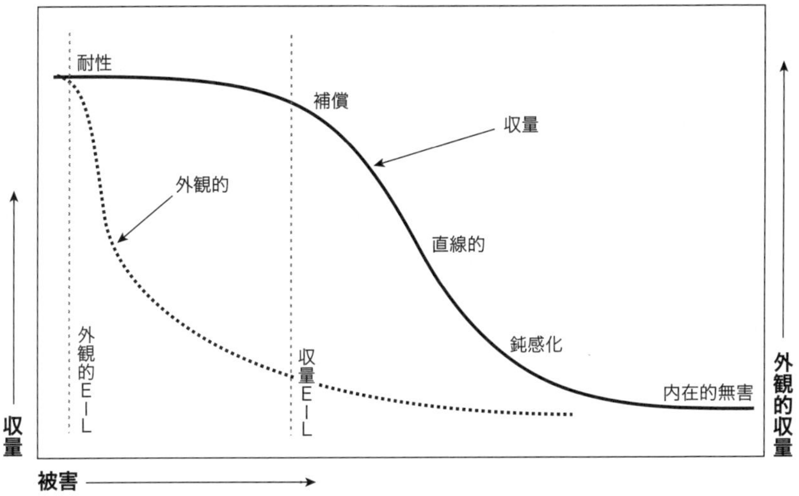

図 8-9
外観的基準がないときとあるときの、被害の増加と収量の反応の間の一般化された理論的関係。「EIL」は経済的被害許容水準または被害が許容できなくなる有害生物の密度である。

カタツムリ）ではうまく働くが、変化する体の大きさを持つ生物（雑草、菌類）では、同様には成り立たない。体の大きさが固定した生物では、有害生物の数と被害の間に多かれ少なかれ直線的相関関係があるのに対し、体の大きさが変化するものでは、この関係が変わることがある。より高い有害生物密度では、密度と収量損失の間の直線関係は種内競争によって壊れる。しかし、そのような有害生物密度では、以下に論議する要防除水準はすでに越えられている。

経済的被害許容水準

経済的被害許容水準（EIL）は節足動物管理に適用される閾値の概念に対して中心的なものであり、防除活動によって避けられる作物被害の経済的価格が、その防除活動の費用と等しいような有害生物の密度として定義される（**図 8-10**）。EIL は次の数学的式から得られる。

$$C = V \times P \times I \times D$$

ここで、C＝管理費用（すなわち防除の費用）

V＝生産の単位当たり市場価格

P＝密度で表された有害生物個体群（例えば、有害生物の数／エーカー）

D＝単位加害当たりの被害

I＝有害生物等価物の加害

この式を並べ代えると次のようになる。

$$P = C/(V \times I \times D)$$

ここでは P は被害が防除の費用と等しく、それが EIL 密度である。ある被害が許容できて防除が 100%でないときに、この式には追加的パラメータが加えられるべきである。改訂された式は、

$$P\ (\mathrm{EIL}) = C/(V \times I \times D \times K)$$

ここで、K は耐えられるべき被害の割合である。この EIL の概念はいくつかの異なるタイプの閾値のための基礎として用いられる。

閾値のタイプ

さまざまなタイプの閾値が提案され、さまざまな程度に用いられる。異なる有害生物カテゴリーに対して、いかにそれらが適用されるかは**図 8-10** と**図 8-11** に示され、それらが有害生物の個体群動態にいかに関係するかを示している。頭字語 GEP は一般的平衡点を表し、昆虫学者はこれを平衡個体群密度と呼ぶ。

閾値

IPM の文献の中では「閾値」という用語が無制限に用いられている。この用語は有害生物管理に関して用いるときには性格づけられるべきである。閾値のタイプが特定されなければ、この用語はある刺戟がある反応を誘発するのに十分なレベルに達したということを意味するにすぎない。

統計学的または被害閾値

統計学的閾値は、収量損失曲線上で統計学的に測定できる損失が起こった点に対応する有害生物の密度である（**図 8-10**）。それは経済的被害許容水準よりも典型的に低い。そして、通常実際上の有害生物管理への妥当性は限られる。なぜならば、それは経済性に関係しないからである。

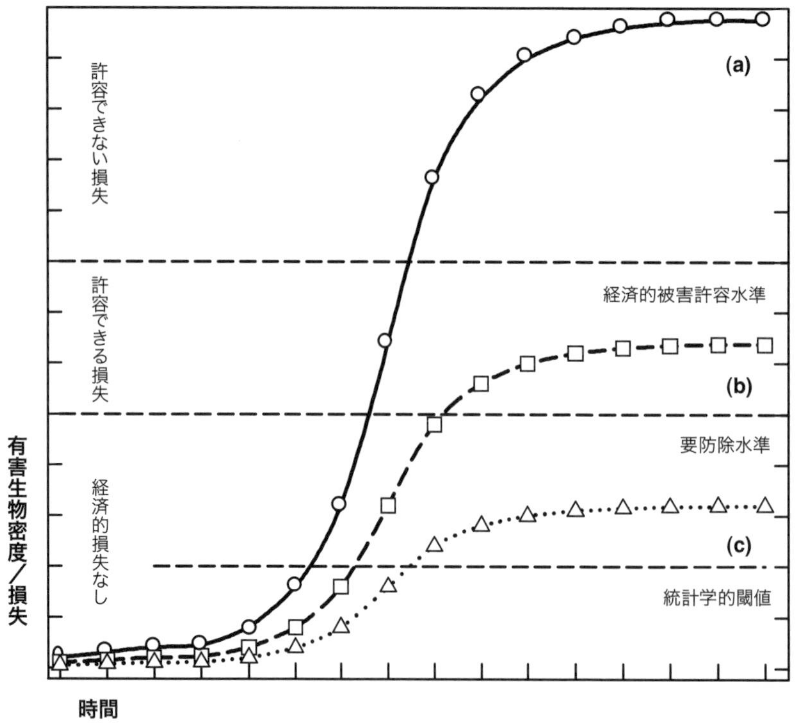

図 8-10
3つの異なる有害生物個体群のための統計学的閾値、そして要防除水準、経済的被害許容水準の間の理論的な時間関係。a＝高い、b＝中間、c＝低い。または3つの異なる作物 a、b、c における1つの有害生物。

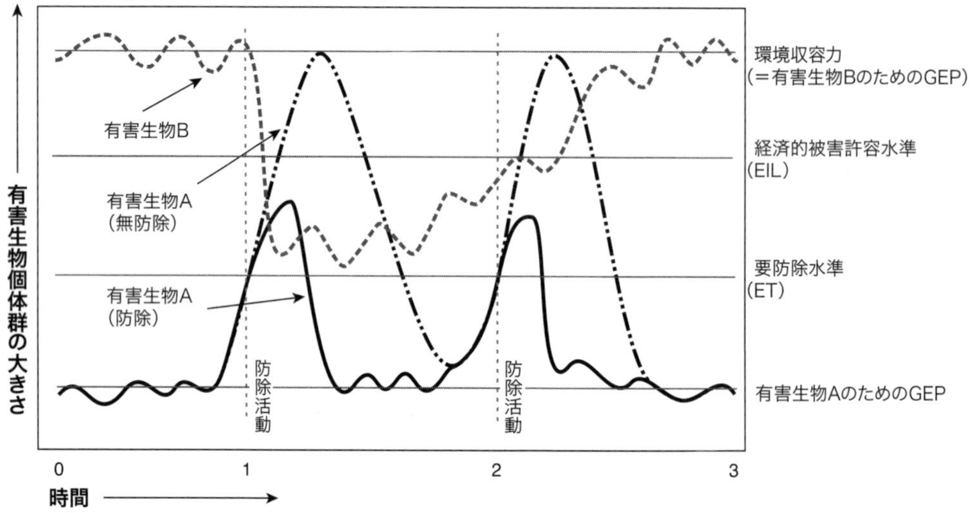

図 8-11 経済的被害許容水準と防除活動に関して、2つの有害生物の理論的個体群発達。GEP はその有害生物の一般的平衡点。有害生物 A は低い GEP を持ち、有害生物 B は高い GEP を持つ。

要防除水準

要防除水準（ET）は、もともとの昆虫学的定義にしたがえば、個体群が EIL まで増加することを避けるために防除活動がとられなければならないような有害生物の密度である（**図 8-10a** と**図 8-11** の有害生物 A）。個体群／被害の増加は防除活動がとられたのちにもなお起こるので、ET は EIL よりも低い個体群である。雑草科学は EIL の昆虫学的定義と同じ ET の定義を採用してきた。

名目上の閾値

名目上の閾値は、数的閾値のない大部分の農業者によって用いられている。Cousens（1987）は、雑草管理に適用するときにこれを目に見える閾値と呼んだ。単純にいえば、名目上の閾値は圃場が許容できる条件にあると見えるか、許容できない作物損失が現れそうであるかの評価を必要とするだけである。

包括的閾値

包括的閾値は、生物的（すべての有害生物カテゴリー）と非生物的ストレスの組み合わせによってもたらされる作物損失の評価にもとづいている。そのような閾値のあるものは開発中である。しかし現在なにも手に入らない。なぜならば、作物損失に関する組み合わされたストレスについての量的な情報がほとんど存在しないからである。農業者と有害生物管理者は、圃場における多数の有害生物の実際の世界の複雑性を扱う際に、一般的に名目的、包括的閾値を用いる。

これまでの4つの閾値は、その定義によって、大部分の場合一栽培シーズンまたは1年と同等の単一の作物のためのものである。次の段落でふれる2つの閾値は雑草の多年にわたる個体群を扱おうとするものである。

経済的最適閾値

経済的最適閾値（EOT）は、雑草と繁殖体が種子バンクとして働く他の生物を扱うために提案されてきた、多年数にわたる要防除水準である。これらの種子バンクは実際上の繁殖に導く。それ故、数年間にわたる個体群動態の修正に導く（Cousens, 1987）。EOTは、有害生物がETかそれ以下の発生のときに防除されなかった場合、それにひき続く作物への意味を考える。EOTを用いることを支持する実際の圃場データはない。しかし、コンピューターシミュレーションモデルは、EOTが単シーズンのETよりも5〜10倍も低いであろうということを示唆している。

無種子閾値

無種子閾値（NST）はNorris（1999）によって提案され、多くの雑草が繁殖の状態を達成することを許すべきでないと主張するものである。なぜならば、ET以下の密度によって生産される種子が種子バンクを維持するからである。この概念は種子生産のための巨大な可能性と種子バンクの寿命の問題にもとづいている。この閾値は研究によって確認されてはいないが、種子バンクの長期間の性質を認識した農業者によってある形で用いられる。

ある状況の下で用いられている閾値のタイプにかかわらず、小さい有害生物個体群を処理することは、もっと後の日に大きい個体群を減らそうと企てるよりも一般的によりよい。この概念は侵入する種と毎年圃場に再侵入するあるタイプの脊椎動物のために特に正しい。しかし大部分の在来の有害昆虫と線虫種には適用されない。この概念は第10章の論議で中心的なものとなる。

他のタイプの閾値

あるタイプの有害生物に特別な閾値を確立する必要がある。例えば、観賞作物の有害生物管理に関連した意思決定には美学的閾値が用いられる。不快閾値は人間や農業動物を悩まし嫌がらせる、ハエやカのような有害生物の予防を評価するときに有用である。

閾値の例

以下のものは、閾値とそれがどのように表されるかの例である。それぞれの場合に、もし閾値水準が越えられるならば管理活動が勧告される。これらの例は他に記さない限りカリフォルニア大学IPMウェブサイトからとられたものである。

- アメリカタバコガ［トマトの］。要防除水準は末端の花房の下の60枚の葉当たり8卵である（このレベルはもし寄生蜂*Trichogramma*が存在するならば増やされる）。
- カリフォルニア州におけるアメリカタバコガ［ワタの］。閾値は100株当たり20若幼虫である。
- アブラナ科作物のダイコンアブラムシ。合計1%または2%の株で発生している。
- テンサイシストセンチュウ。カリフォルニア州における被害閾値は土壌1g当たり1卵である。
- オオアメリカモンキチョウ。1すくいとり当たり10頭の、寄生されず、病気に罹っていない幼虫。
- イタリアのポー谷におけるトウモロコシのイチビ。これは無種子閾値の1つの例である（Zanin and Sattin, 1988）。
- アーモンドのハダニ。閾値は捕食者が存在するときに存在非存在サンプリングを用いて45%の葉に発生していること。
- 閾値の代わりに感染源の存在、降雨、温度、そして湿度にもとづく病気危険度予測システムが病原体のために用いられる。環境条件にもとづいて病気の増加を予測する予測法はジャガイモ疫病、ホップうどんこ病、ブドウうどんこ病、青かび病、そして*Sclerotinia* stem rotについて可能である。

●チョウセンアザミの草地のハツカネズミ（ハタネズミ）。徴候が観察されるとすぐに閾値に達する。

閾値の限界

いくつかの状況の下で要防除水準はあまり有用でないかまたは適切でない。これには次のものが含まれる。

1. 環境条件、特に温度と水分は閾値レベルを変えるかもしれず、閾値を年から年へ、またある地理的地域から他の地域に拡張することを困難にする。例えば、カリフォルニア州の地中海気候の中でのシストセンチュウの被害閾値は、土壌 1g 当たり 1 卵であるが、イギリスの温帯気候では、土壌 1g 当たり 15 卵の高さとなる。
2. 要防除水準が測れないくらい低いとき、閾値を意思決定のために利用することはできない。防除活動の意思決定は、典型的にその有害生物が観察されるとすぐになされなければならない。この状況はいくつかの有害生物の管理のために起こる。それらの中には生鮮市場果実と野菜の品質と外観に直接インパクトを与えるものと、病原体（細菌とウイルス）の媒介者である昆虫、あるいは速い個体群成長が起こりうるもの（ハタネズミのような有害脊椎動物と雑草）が含まれる。
3. その個体群を直接に確定するサンプリングの経済的実用的方法がないもの。それは例えば、モモ縮葉病とジャガイモの疫病のような多くの病原体で、胞子の存在数を確定することがきわめて難しいものである。
4. ひとたび、有害生物の個体群が検出され評価されると、実施することができるような効果的または経済的に可能な戦術のないもの。そこには 2 つの理由がある。
   - 4.1. その個体群が確定できるような生物季節学的段階に達したときには、それを防除することが生物学的にできないもの。
   - 4.2. 有害生物個体群が評価されたあとで、経済的に用いることのできる防除戦略がないもの。植物のウイルス病は治療できない。多くの殺菌剤は存在する感染を防除する能力がない。そしてそれ故、個体群が発達する前に適用しなければならない。出芽後の防除を提供するような除草剤がないとき、多くの雑草で似たような状況が起こる（第 11 章参照）。この状況は雑草が発芽する前の作物植え付け前に組みこむか、または出芽前除草剤を用いる必要がある。両方の状況において、有害生物が存在し密度が確定される前に処理されなければならない。
5. 個体群は十分に大きく、それらは通常要防除水準の上にあるとき（**図 8-11** の有害生物 B）。意思決定のために要防除水準を用いることは適用できない。このことは、多くの雑草と多くの病原体で起こる。
6. もし、有害生物の体の大きさが固定されず、それ故に被害はその数的密度とよく相関していないならば、単純な数にもとづく閾値は正確な予測を提供しない。この問題は、多くの病原体と大部分の雑草の管理のための閾値の有用性を制限する。その個体群の齢構成を確定することは問題を解決しない。なぜならば、時間的齢に関して成長の可塑性があるからである。
7. EIL を開発するために必要な被害／収量損失曲線を確立するために十分なデータがない場合。そのようなデータがない場合、名目上の包括的閾値が適用され、管理意思決定は経験にもとづく。
8. 多くの種の有害生物が攻撃する場合に閾値を用いることは難しい。その場合、異なる有害生物の組み合わされたインパクトを数量化できない。**図 6-3** のアルファルファのデータはこの問題を図示している。ヨコバイまたは *Fusarium* 根腐病のどちらかの単独の閾値にもとづく意思決定は、閾値を越えないので防除活動は勧告されない。しかし、ヨコバイと *Fusarium* 根腐病の組み合わされたインパクトによって、そのような意思決定は正しくないであろう。

有害生物管理の意思決定に影響する他の要因

栽培の歴史

栽培の歴史は 2 つの理由で有害生物管理の意思決定に対して重要である。それは、管理者に存在しそうな有害生物に関する価値ある手がかりを提供することである。この概念は実際上すべての土壌性有害生物、すべての線虫、多くの病原体（例えば、ならたけ病、*verticillium* 萎凋病）、大部分の線虫、ある昆虫（例えば、コメツキムシとネキリムシ）に適用される。栽培の歴史はまた、管理者に前の農薬の使用の結果持ち越された問題を警告する。農薬の持ち越しは、植え付けることのできる作物に関する制限をもたらすことがある（第11章で論議される）。

圃場の位置と大きさ

圃場の位置は防除戦術の選択に厳しい束縛を与える。それ故、モニタリングの部分としてこの選択を制限するかもしれない要因の存在を記録することが必要である。その意味は第11章と18章で論議する。考慮される必要のある要因のタイプは次のものを含む。

1. まわりの作物
   1.1. もし有害生物が運動する種であれば、まわりの作物は有害生物問題の源となりうる。例えば、カスミカメムシはベニバナが成熟するとベニバナからワタへ移動する。
   1.2. 近くの作物は特に薬剤散布の漂流飛散に敏感であるかもしれない。これは農薬の選択を制限する。
2. 近隣の生態学的に要注意の地域
   2.1. 野生生物の生息地または隠れ家の存在。
   2.2. その地域の絶滅危惧種の存在。
   2.3. 公共水路と川の存在。
   2.4. 農薬による地下水汚染の危険が増大するかもしれない土壌／地理的条件の存在。
3. 家と学校その他の構造物の位置は考慮されなければならない。
4. 圃場の大きさ／栽培パターン
   4.1. 世界のある部分では、人は単一作物の数千エーカーのぎっしり詰まった作付けを見いだすことができる。そのような大きい作付けはサンプリングするのが難しく、そしてもし閾値に達したとしても、たとえ飛行機による散布でさえも、適当なときに装置を全地域に動かすことが困難である。
   4.2. 閾値の概念は混合した作物に植え付けられた小さい圃場で適用するのは難しい。なぜならば、混合した作物のための閾値は手に入らないからである。

天候のモニタリング

短期間には天候が戦術の選択を指定する。例えば、強風は多くの農薬の施用を制限する。湿った土壌は圃場内の重い機械の使用を制限することがある。耕起に続く雨は雑草管理のための耕起の有用性を無効にする。葉に対する農薬散布のあと直ちに降る雨は、処理された葉から農薬を働く前に流し落とす。

ひとたび感染が起こった後には急速に発育するが、長い潜伏期間を持つ生物にとって（リンゴ黒星病またはジャガイモ疫病のように）目に見える病徴をモニタリングすることは有用でない。そのような病原体に対しては、環境をモニタリングし、感染に好適な適切な温度と湿度のような条件を検出するほうが望ましい。

天候のモニタリングは、それが有害生物の発育速度に影響するために有害生物管理に重要である。脊椎動物を除きすべての有害生物は冷血（変温）であり、温度が発育速度を制御する（第5章における積算温度の論議参照）。個体群発達の速度を予測することは、IPMの意思決定にとってますます重要になっており、天候のモニタリングは、それ故IPMプログラムを開発するための1つの不可欠な部分となっている。天候条件のデータは作物の間に設置された記録装置から得られる（図8-12）。そのような天候モニタリング装置は通常Stephenson screen［百葉箱］と呼ばれる構造物の中に設置されるか、または直接の日光と雨への露出から守る他の防御物の中に納められる。天候データはまたインターネットを経由して可能な情報にアクセスすることによって得ることができる。リアルタイムの天候データは多くの地域で手に入る。

出来事を予測するためのモデル

天候データを有害生物個体群の発達と大発生を予測するために用いる能力は、コンピューターモデルの発達によって大いに改善されてきた。これらのモデルは、有害生物の生物学の知識を、いつ管理活動が必要となるかを予測するための特定の天候情報とともに組み合わせることができる。このモデルは用いられるべき実際の戦術を勧告することはない。IPMを改善するためのコンピューターモデルの使用は第18章と20章でさらに論議される。天候データは現在次のものが用いられている。

1. biofix（セットまたは開始）点を決定するために、フェロモントラップからのデータを用いる日度にもとづく昆虫発育モデル。
2. 病原体感染時期を予測する温度と水分（湿っている期間）モデル。

図 8-12
最高、最低温度計と他の天候を測る装置を含む、果樹園の中に置かれた Stephenson screen［百葉箱］。
資料：Robert Norris による写真

外観基準

外観基準は、部分的には、ある商品に対して、たとえ収量と栄養的品質は傷つけられなくとも有害生物が食物の中にいることや、有害生物によってもたらされる被害と汚れに対する一般市民の態度によって決められるものである。外観基準は、昆虫に加害されるか小さい汚れを示す場合に、消費者が生産物を買いたがらないために存在する。外観基準は、実際の収量損失をもたらすよりもはるかに低い被害水準においても許容できない損失をもたらす（**図 8-9**、外観的）。そのような低い許容度はモニタリング技術を用いることができないことを意味する。なぜならば、許容できない外観的被害は有害生物が検出されるときすでに起こっているからである。そのような場合には、防除戦術は有害生物が検出される前に（例えば、カレンダースケジュールにもとづく散布による）、あるいは有害生物または被害を最初に観察したときに行なわれる。前者は予防的処理といわれる。外観基準の有害生物管理上の意味は第 18 章と 19 章でさらに論議される。

リスク評価／安全性

有害生物管理のためのリスク評価のジレンマは**図 8-10** に示されている。このグラフは 3 つの異なる作物における 1 つの有害生物種を示す。作物 a においては有害生物個体群は急速に増加する。作物 b では中間的に増加し、作物 c では増加は最小である。このグラフはまた、1 つの作物の 3 つの異なる有害生物について考えてもよい。そこでは、有害生物 a は急速に高いレベルに増加し、有害生物 b はそれほど速くなく、有害生物 c は低いレベルにしか増加しない。個体群 c の状況は評価するのが比較的容易である。なんの活動も必要でなく、統計学的または被害閾値を越えてはいるけれども、モニタリングはこの個体群が ET レベルに達する前に増加を止めていることを示すであろう。有害生物の状況 a もまた評価することが比較的やさしい。なぜならば、その個体群は急速に ET レベルにまで増加し、予測は EIL が越えられるであろうことを示すからである。有害生物の状況 b は意思決定のために難しい。そしておそらく大部分の有害生物の状況を反映している。ET が越えられる時点で管理者は活動を始めるかどうかを決定しなければならない。**図 8-10b** における理論的実例においては、活動は必要でないが結論は明瞭でない。ET に達した時点で、個体群が増加し続けるかどうかは明らかでない。このタイプの状況では経験が重要な役割を演ずる。多くの管理者は、特に高い価格の野菜作物においては、処理を見合わせるリスクを許容できないであろう。**図 6-3** におけるアルファルファのデータと**図 6-4** に示された *Fusarium* ／ネコブセンチュウ相互作用はリスク認識問題への他の見地を明らかにする。有害生物の相互作用についての知識なしには、管理者は相互作用がないと見なすリスクを持つ。

経済性

モニタリングと閾値の使用の結果として得られる経済的損失と収益を決定することはかなり困難である。制御された研究条件の下で開発された理論的閾値を、圃場で実施するのが困難であることが証明されるような状況がしばしば起こる。この困難についての経済的理由は次のものを含む。

1. もしモニタリングの費用が処理の費用と同じであれば、おそらくモニタリングなしに処理が行なわれるであろう。これは価格の低い作物の場合にはなはだしい。そこでは、行なうことのできる処理は穀類作物における広葉雑草防除のためのフェノキシ系除草剤散布のように費用が安い。
2. 多種の有害生物の攻撃によってもたらされる経済的損失の不確かさは1つの問題である。この状況の下では、手に入る単一の種の経済的分析の多くは、栽培者が実際に経験する作物損失を代表しないかもしれない。この問題は多くの農業生態系における IPM の採用を遅らせる。
3. 商品の価格は、有害生物管理の意思決定のときと商品が収穫されるときとの間で変わることがある。作物から予想される収益は有害生物防除にどれだけの投資が受け入れられるかを指定する。このことは生鮮市場野菜作物において特に正しく、そこでは市場の不安定性が価格を急速に変える。例えば、今週のレタス作物を処理すべきでないという意思決定は、10日後の収穫において作物の価格がもし倍になれば、損害の大きいことが証明されるかもしれない。この問題への解答は容易でない。そして、大部分の栽培者と有害生物防除アドバイザーは警告の側の誤りを犯すだろう。この問題はまた IPM の採用を遅らせる。

上に論議したすべての場合において環境への費用と利益は考慮されない。進歩した IPM システムの1つの目標は環境と社会への費用と利益を EIL 式に組みこむことである。

要約

有害生物個体群のモニタリングは、健全な IPM の意思決定をするための本質的な必要条件である。数多くの技術と用具が有害生物をモニタリングするために手に入るが、多くの技術は有害生物カテゴリーに特異的である。有害生物のモニタリングを行なう人は、評価する有害生物のために適切な技術によく慣れていなければならない。有害生物個体群の発達についてのデータは、1つの防除戦術を実施するためにさえも要防除水準に関連して評価されるが、要防除水準はどこにでも適用できるものではないか、あるいは必要なデータが手に入らない。そして、ある有害生物カテゴリーの生物学は要防除水準の概念の有利性を制限する。個体群のモニタリングの使用と要防除水準の利用に限界はあるけれども、これらの2つの概念は IPM プログラムの不可欠な要素となってきた。

資料と推薦文献

Flint and Gouveia（2001）による「IPM in Practice」の第6章と7章は、この章において論議された多くのトピックスの拡大された細部を提供する。いくつかの他の本または章はモニタリングと意思決定のトピックに付け加えるべき材料を提供する。Skerritt and Appels（1995）は作物科学における一般的診断法を総説した。また Binne, Nyrop and van der Werf（2000）は作物防除におけるサンプリングとモニタリングの詳しい論議を提供する。要防除水準は Higley and Pedigo（1996, 1999）によって総説されている。有害脊椎動物のための閾値についてのよい論議は Singleton（1999）によって編集された本の中に見いだされる。サンプリングの一般的概念、主として昆虫に対しては Kogan and Herzog（1980）、Pedigo and Buntin（1994）、Binns and Nyrop（1992）、そして Southwood and Henderson（2000）によって詳しく述べられる。これらの資料は関連する文献のよいリストを提供する。IPM のための GPS/GIS の使用は Ellsbury *et al.*（2000）によって、天候の役割は Russo（2000）によって総説されている。Riley（1989）は IPM を含む昆虫研究におけるリモートセンシングの適用についての総説を提供している。Henkens *et al.*（2000）は診断のための DNA にもとづく技術の総説を提供し、Schots, Dewey, and Oliver（1994）によって編集された本は、植物病原体の診断のための ELISA と分子生物学的 DNA 検定技術の使用の多くの特定の実例を持っている。

Binns, M. R., and J. P. Nyrop. 1992. Sampling insect populations for the purpose of IPM decision making. *Annu. Rev. Entomol.* 37:427–453.
Binns, M. R., J. P. Nyrop, and W. van der Werf. 2000. *Sampling and monitoring in crop protection: The theoretical basis for developing practical decision guides.* Wallingford, Oxon, UK; New York: CAB International, xi, 284.
Bliss, C. I. 1967. *Statistics in biology; Statistical methods for research in the natural sciences.* New York: McGraw-Hill, v, 199–203.
Cothran, W. R., and C. G. Summers. 1972. Sampling for the Egyptian alfalfa weevil: A comment on the sweep-net method. *J. Econ. Entomol.* 65:689–691.
Cousens, R. 1987. Theory and reality of weed control thresholds. *Plant Protection Quarterly* 2:13–20.
Ellsbury, M. M., S. A. Clay, S. J. Fleischer, L. D. Chandler, and S. M. Schneider. 2000. Use of GIS/GPS systems in IPM: Progress and reality. In G. C. Kennedy and T. B. Sutton, eds., *Emerging technologies for integrated pest management.* St. Paul, Minn.: APS Press, American Phytopathological Society, 419–438.
Flint, M. L., and P. Gouveia. 2001. *IPM in practice; Principles and methods of integrated pest management,* Publication 3418. Oakland, Calif.: University of California, Division of Agriculture and Natural Resources, xii, 296.
Henkens, R., C. Bonaventura, V. Kanzantseva, M. Moreno, J. O'Daly, R. Sundseth, S. Wegner, and M. Wojciechowski. 2000. Use of DNA technologies in diagnostics. In G. C. Kennedy and T. B. Sutton, eds., *Emerging technologies for integrated pest management.* St. Paul, Minn.: APS Press, American Phytopathological Society, 52–66.
Higley, L. G., and L. P. Pedigo, eds. 1996. *Economic thresholds for integrated pest management.* Lincoln, Nebr.: The University of Nebraska Press, 327.
Higley, L. G., and L. P. Pedigo. 1999. Decision thresholds in pest management. In J. R. Ruberson, ed., *Handbook of pest management.* New York: Marcel Dekker, Inc., 741–763.
Kogan, M., and D. C. Herzog, eds. 1980. *Sampling methods in soybean entomology. Springer series in experimental entomology.* New York: Springer Verlag, xxiii, 587.
Norris, R. F. 1999. Ecological implications of using thresholds for weed management. In D. D. Buhler, ed., *Expanding the context of weed management.* New York: Food Products Press, The Haworth Press Inc., 31–58.
Pedigo, L. P., and G. D. Buntin. 1994. *Handbook of sampling methods for arthropods in agriculture.* Boca Raton, Fla.: CRC Press, xiv, 714.
Riley, J. R. 1989. Remote sensing in entomology. *Annu. Rev. Entomol.* 34:247–271.
Ruesink, W. G. 1980. Introduction to sampling theory. In M. Kogan and D. C. Herzog, eds., *Sampling methods in soybean entomology.* New York: Springer Verlag, 61–78.
Russo, J. M. 2000. Weather forecasting for IPM. In G. C. Kennedy and T. B. Sutton, eds., *Emerging technologies for integrated pest management.* St. Paul, Minn.: APS Press, American Phytopathological Society, 453–473.
Schots, A., F. M. Dewey, and R. P. Oliver, eds. 1994. *Modern assays for plant pathogenic fungi: Identification, detection and quantification.* Wallingford, Oxford: CAB International, xii, 267.
Singleton, G. R., ed. 1999. *Ecologically-based management of rodent pests.* ACIAR monograph series no. 59. Canberra: Australian Centre for International Agricultural Research, 494.
Skerritt, J. H., and R. Appels. 1995. An overview of the development and application of diagnostic methods in crop sciences. In J. H. Skerritt and R. Appels, eds., *New diagnostics in crop sciences.* Wallingford, UK; Phoenix: CAB International, 1–32.
Southwood, R., and P. A. Henderson. 2000. *Ecological methods.* Oxford, UK; Malden, Mass.: Blackwell Science, xv, 575.
Zanin, G., and M. Sattin. 1988. Threshold level and seed production of velvetleaf (*Abutilon theophrasti* Medicus) in maize. *Weed Res.* 28:347–352.

第9章
IPMのための戦略と戦術への序説

序論

IPMの早い時期から、「戦略」と「戦術」という用語はIPMシステムの2つの基本的要素を記述するために用いられてきた。IPMにおいては、戦術は有害生物防除のために手に入る方法であり、戦略は戦術が配備されるためのさまざまなやり方である。効果的な管理はあるIPM戦略の目標であり、有害生物の経済的なインパクトの減少または排除だけでなく、環境の完全性と社会の福祉の保全を指示する。

主要なIPMの戦略

有害生物を管理するために用いられる5つの主要な戦略がある。

1. 予防。この戦略は、有害生物が現在発生している地域に到着または定着することを予防しようとするものである。関係する地域の大きさは、大陸のように大きい地理的地域であってもよいし、1つの畑のように小さいものでもよい。予防は、ある地域または地方にこれまで定着していなかった、ある有害生物を選ぶ戦略である。予防はいくつかの戦術を含む戦略ではあるけれども、予防が、ある特定の有害生物の防除を達成するために用いられる戦術であることもありうる（戦術参照）。
2. 一時的軽減。この戦術は、緊急的に局地的な有害生物の大発生を一時的に制限するために特定の防除戦術を用いるものである。そのスケールは通常1つの圃場よりも小さい地域に限られる。
3. 圃場内の個体群の管理。その有害生物がある地域によく定着しているために、継続的に圃場内の空間的スケールで管理される。このことは繰り返し起こる問題であり、一時的軽減が十分な防除を提供する点を越えて前進してきた。これは大部分の現在のIPMプログラムの標準的戦略である。
4. 広域的管理。大部分の有害生物問題は圃場内レベルで処理される。ある有害生物のためには、管理は有害生物個体群の制御を達成するために地方的レベルに広げられなければならず、それは特に多くのウイルス病とある移動性の昆虫でそうである。この戦略は広域的有害生物管理といわれ、その有害生物の分布範囲全体の人々の協力を必要とする。
5. 根絶。ある地域から全体の有害生物個体群を除去することは、カリフォルニア州へのチチュウカイミバエの侵入や、ノースカロライナ州とサウスカロライナ州の寄生雑草*Striga*の侵入のような、最も重大な状況においてのみ通常企てられる。もし、ある有害生物が定着すると、根絶は一般的には不可能である。しかしながら、生態学的基礎が不十分であるから根絶はIPM戦略ではないと主張されてきた。Perkins（1982）は根絶をIPMの基本的教義から有意に離れたパラダイムとして、「全有害生物管理」と呼んだ。

IPMの戦術

次の章（第10章から17章まで）は、以下の戦略にかかわらず、有害生物を管理するために実際に使われる防除戦術を示す。各戦術は別々に論議されるが、IPMはすべての適切な有害生物抑圧戦術を利用するということが認識さ

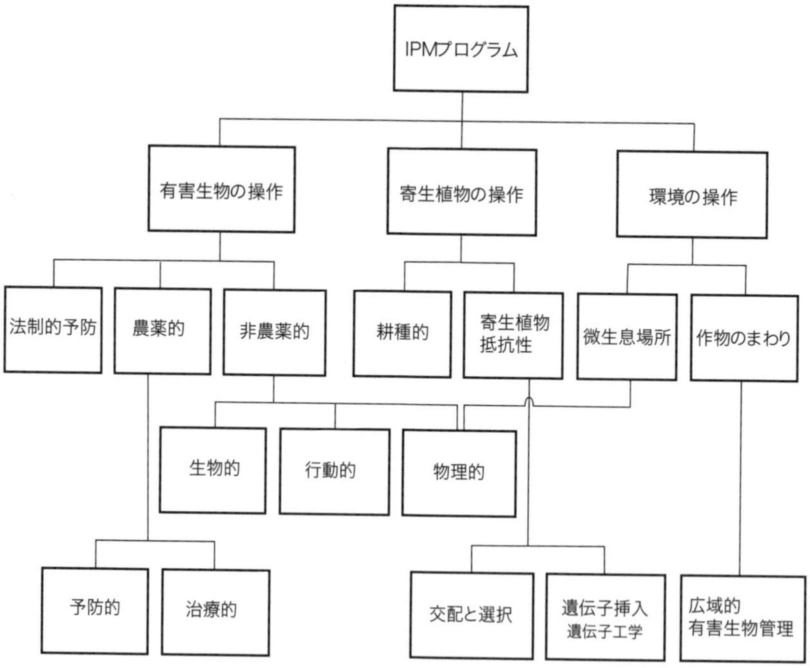

図 9-1　IPM プログラムの要素として考えられる防除戦術の図示。
資料：Waibel and Zadoks, 1998. を修正して描く

れるべきである（**図 9-1**）。有害生物を管理するために 3 つの基本的な異なる手法がある。

1. 有害生物の生物体の操作。この手法は有害生物の生物体に直接的に影響するか、または、もはや許容できない損失をもたらさないようにその行動を変えるかのどちらかの戦術を用いる。
2. 寄主植物の操作。ここで用いられる戦術は有害生物に対する作物の耐性を増大させるか、または有害生物がもはや攻撃しないように作物を変えるかのどちらかである。採用される戦術は、消費者である有害生物個体群にその食物源を通じて間接的に影響する。
3. 環境の操作。これらの戦術は有害生物個体群が被害を与えるレベルにまで増加しないように環境を変える。その環境を、その有害生物にとって適しないようにするか、有害生物の天敵にとってより好適にする。

これらのそれぞれの全体的手法は用いることのできる異なる可能な戦術を持つ。

有害生物の操作

有害生物の生物体を直接的に操作するために用いられる 3 つの手法が、予防と農薬と非農薬的戦術である。

予防

予防は IPM プログラムの主要な要素であり、このトピックは第 10 章（国家的、地方的レベル）と第 16 章（圃場レベル）の中で詳しく論じられる。有害生物が新しい地域の中に移動することは、国家的、地方的レベルでの特定の有害生物の拡散を予防するために、法律の制定によって避けることができる。しかし、有害生物の予防はまた、必要な立法的規則と規制の適用を必要とすることなしに農場レベルで実施することもできる。

農薬

農薬は有害生物に直接有毒な効果を持つ化学物質である。大部分のものは対象有害生物に致死的であるが、非致死的な成長調節化学物質もまた農薬として分類される。農薬の使用と規制は第 11 章で論議され、農薬についての社会的懸念は第 19 章で論議される。

非農薬的戦術

3 つの非農薬的戦術が直接的に有害生物を操作することができる。

生物的防除　生物的防除は他の生物種を防除する 1 つの生物を用いる。有用生物または拮抗生物は有害生物個体群を経済的損失が起こらないように減らす。この定義はしばし

ば幅広く解釈される。このトピックは第13章で論議される。

行動的防除　有害生物の行動は、有害生物が作物に許容できない損失をもたらさないように修正することができる。行動の修正は、それらの行動が外的刺戟に反応して活発に修正されるような有害生物でのみ可能で、それ故に雑草や病原体の管理には適切でない。IPMにおける行動の修正の使用については第14章で論議される。

物理的防除　抜く、切る、潰す、あるいは熱や冷却の適用のような物理的活動は、直接に有害生物に対して用いることができる。生息場所改変の、ある局面は物理的防除として考えられる。というのは、この戦術の目的は物理的環境（例えば、温度、湿度、あるいは風速）を変えることだからである。物理的戦術はときには耕種的管理といわれるが、我々は物理的戦術を有害生物に直接影響するものとして考える。一方耕種的戦術は有害生物に間接的なインパクトを与えるように作物を修正する。我々は2つの戦術を別のものと考える。有害生物管理のための物理的戦術は第15章で論議される。

作物の操作

作物は耕種的戦術または寄主作物抵抗性のどちらかを通じて有害生物管理に影響するように修正することができる。

耕種的戦術

これらは有害生物の成長を減らすか、作物が有害生物に耐える能力を増大させるかのいずれかによって、作物を育てるために用いられる耕種的慣行の修正に関係する。このトピックは第16章で論議される。

寄主植物抵抗性

これは作物の特性の遺伝的変化によって、被害に耐えるか、有害生物の繁殖を阻止することが可能なように、作物の遺伝子型を変えることを含む。管理戦術としての寄主植物抵抗性は第17章で論議される。

環境的操作

環境的操作は2つのレベルで達成することができる。作物の草冠の中での湿度のような微生息場所は、有害生物が発育し難いように修正することができる。これは物理的過程を含み、それ故物理的戦術のトピックス（第15章）の下で考えられる。環境的操作はまた、圃場（地方）の中とそれを取り巻く両方の生息場所の改変を通じて、より大きい地理的地域にわたって達成することができる。これらのトピックスは第6章と7章で論議された。そして第16章と18章でさらに考察される。

その他の概念

IPMは、上述のすべての戦術を経済的実行可能性があり生態系攪乱が最小化するような適切な組み合わせで用いることを目的とする。ある重要な考慮もまた注目されなければならない。すなわち、特定の一組の環境条件の下で、有害生物の1つのカテゴリーのためにうまく働くある戦術または戦術の組み合わせは、他の条件の下で、または有害生物の他のカテゴリーに対する管理に対してほとんど適切ではないかもしれない。

表現を明確にするために、我々は示された戦術がそれらが互いに排除するかのように示した。しかし多くの場合、少なくとも2つの戦術はオーバーラップする。例えば、作物の密度を変えるような耕種的慣行は環境を変えることによって実際に働く。

すべての戦術に関連して、2つの現象が強調される必要がある。それは、それらが異なる有害生物カテゴリーに対して、いかに異なる戦術が適用されるかを際立たせるからである。それは有害生物抵抗性と防除の特異性の概念にもとづいている。

有害生物の抵抗性

1つの戦術を、すべての他のものを排除して適用し、これに頼ることは、ひきつづいて、その防除の効力を減らすことに導くであろう。なぜならば、標的の有害生物は、その戦術に対する抵抗性を発達させるからである。実例には、ある農薬の広範な反復使用、あるいは単一遺伝子にもとづく抵抗性植物（遺伝子操作された植物を含む）の広範な配置を含む。有害生物管理のために用いられる特定の戦術のいかんにかかわらず、単一の戦術への過度の依存は、ある戦術の長期間の有用性を制限する可能性のあるやり方であるということは、いくら強調してもしすぎることはない。

1つのIPMの枠組みの中で複数の戦術の使用を採用し続けるということは、有害生物抵抗性を管理する論理的な手法として残るものである。有害生物抵抗性とその管理のトピックは第12章で扱われる。

防除の選択性

標的種にのみ影響し他の非標的種を害さないような戦術は、選択的または特異的である。適用の方法は選択性を達成するために用いることができる。そして有害生物の管理にとっては基本的である。理想的な防除戦術は、それが有害生物以外のすべての他の生物に影響しないように適用される。なぜならば、線虫、昆虫、そして特に温血動物のような動物に影響するいかなる戦術もまた、人間に直接影響する可能性が大きいからである。なぜ選択性が節足動物管理のために緊急なことかについての追加的理由は、多くの状況において、それが標的の有害生物は殺すが有用節足動物を害さずにおくことが望ましいからである。有用節足動物の例には、生物的防除のために用いられる有害生物の寄生者と捕食者、あるいは作物に授粉するために用いられるハチを含む。病原体に対しても状況は似ている。それ故、すべてのカテゴリーの有害生物と病原体の管理のために理想的な戦術は、標的有害生物にのみ影響し、すべての他の生物を害さずおくようなものであろう。

選択性の概念は雑草管理に対しても異なる方法で適用される。典型的な雑草管理の状況において、多くの雑草種のいくつかは防除されるべきであり、作物は選択的に害されずに置かれなければならない。大部分の状況において、単一の雑草種の防除は十分な雑草防除を提供しないであろう。それ故、雑草の管理のために理想的な戦術は、多くの雑草種を防除するが作物を害さないものであろう。

資料と推薦文献

Perkins, J. H. 1982. *Insects, experts, and the insecticide crisis: The quest for new pest management strategies.* New York: Plenum, 304.

Waibel, H., and J. C. Zadoks. 1998. Economic aspects of biotechnology in crop protection. In D. Jordens-Rottger, ed., *Biotechnology for crop protection—Its potential for developing countries.* Feldafing, Germany: Deutsche Stiftung fur Intertnationale Entwicklung, 149–168.

第10章
有害生物の侵入と法制的予防

序論

有害生物の導入を止めることは、その有害生物に対する防除の最前線である。有害生物管理のこの観点には、通常あまり重要性が認められない。ある有害生物が、ある地域に発生してないならば、その地域ではその有害生物を管理する必要がないという最適の状況であることは明白である。

人間が生物を世界中に移動させたために、社会はとんだ目にあい続けている（**図10-1**、**表10-1**）。非在来種の侵入の結果起こる問題は、来るべき世紀において人間が直面する主要な闘争の一部分である。侵入生物学は非在来生物の新しい地域への導入、定着そして拡散の研究である。この章は人間が彼ら自身の有害生物問題を作りだしてきたおびただしい範囲を考察し、有害生物の拡散を制限するために社会が設定してきた法制的活動、それはしばしば無駄な試みであったもの、について記述する。

歴史的展望

今日の重要な有害生物の多くは、昨日導入された外来生物として始まった。人間活動によって広がったコムギのさび病の拡散の記述は、有害生物の導入の重要で長期間の波及を証明している。

コムギのさび病の物語

コムギのさび病についての歴史的展望（ボックス参照）はHorsfall and Cowling（1977）によるものである。コムギの黒さび病は、現在では世界のコムギの栽培地域全体で発生する病原菌類である。その菌はコムギと近縁の作物の地上部分を侵し、茎の数、乾物収量、穀粒の食品価値の低下をもたらす。この病原体の生活環は穀類と絶対的中間寄主であるオオバノヘビノボラズを含む（**図5-19参照**）。冬の寒い地域では、コムギのさび病をもたらす菌である

図10-1
導入されたホテイアオイによっておおわれたメキシコのチャパラ湖の表面。
資料：Lars Anderson, ISDA/ARSによる写真

表 10-1　アメリカ合衆国に導入された非在来種による推定年間損失を 100 万ドル単位で表す

導入された生物のタイプ	被害による損失	防除費用	合計費用
病原体（作物、快適さ[1]、森林）	23,100	2,600	25,700
雑草（作物、牧野、快適さ、水系）	24,410	9,648	34,058
軟体動物（zebra mussel、ハマグリ）	1,000	NA[2]	1,100
節足動物（作物、快適さ、森林）	16,044	2,011	18,055
爬虫類と両生類（brown tree snake）	1	4.6	5.6
魚	1,000	NA	1,000
鳥（ハト、ムクドリなど）	1,900	NA	1,900
哺乳類（ノブタ、マングース、ネズミなど）	19,850	NA	19,850
非農業的（人間と動物の病気、アリとシロアリ、カニ、ネコとイヌなど）	28,104	6,900	35,004
合計			136,630

[1] 快適さは芝生、庭、ゴルフコースなどを含む。
[2] NA はデータが手に入らないことを示す。
Pimentel *et al.*, 2000.を改変

Puccinia graminis は感染したコムギの残骸の上の冬胞子として越冬する。冬胞子は春に担子胞子を生みだし、これらの胞子はオオバノヘビノボラズの葉に感染する。オオバノヘビノボラズの上では、その菌はさび胞子を生産して性的に生殖し、それは春の遅くに放出され、風によって運ばれて近くのコムギの植物体に感染する。コムギの植物体の中で菌は夏胞子層を生産し、それから夏胞子が風に吹かれて他のコムギ植物体に感染する。コムギの植物体がひどく感染するか感染し始めるとき、夏胞子層は越冬する冬胞子を生産し菌の生活環は続いていく。

人間活動に伴うコムギさび病の拡散の歴史的実例は、農業の始まり以来、いかに人間が作物の有害生物と病原体を広げたかを示している。世界中の有害生物の拡散を制限する機会は、この章が示すようになおも失われている。

外来有害生物の概観

コムギの実例が示すように、人々は農業の黎明期以来、有害生物をまわりに移動させてきた。14 世紀に始まった全地球的探検の時代までは、そのような移動は比較的遅かった。しかし、その時以来増加するようになった（アメリカ合衆国における外来種の数の推定値は**図 10-2** に示されている）。現代の旅行の容易さは、一般市民の態度（より後の）とともに、世界中に運ばれてきた種の数のおびただしい増加をもたらしてきた。ある場所から他の場所への種の導入は相当のリスクを含む。大部分の導入種はおそらく害がない。しかしあるものは、もしそれらが定着するようになれば、莫大な損失をもたらす可能性を持っている。

植民国は地球的探検の一部として世界中に植物園を建設

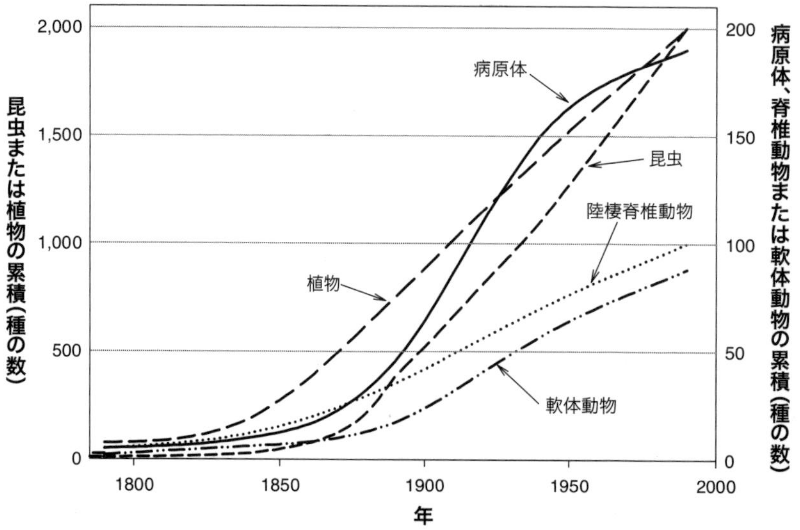

図 10-2
アメリカ合衆国に 1800 年以来導入された非在来種。
資料：OTA レポート（U.S.Congress［アメリカ合衆国議会］, 1993）を改変
注：植物と昆虫の尺度は他の有害生物種と異なる

コムギさび病とオオバノヘビノボラズ

コムギは近東原産で、コムギの復讐者であるオオバノヘビノボラズ（*Berberis vulgaris*）も同様である。すべての（植物）病理学者が知っているように、コムギのさび病の原因である *Puccinia graminis* は、有性世代をオオバノヘビノボラズの上で送る。それ故、オオバノヘビノボラズは各栽培シーズンで新たに流行し始める感染源を提供する。オオバノヘビノボラズとコムギのさび病は先史時代以来、近東において生じた流行と、それに伴う飢饉を生みだしてきた。

ローマ時代、商人はコムギを船によって地中海からヘラクレスの柱［ジブラルタル海峡の両側にある岩石からなる突端］を通って北と西のヨーロッパへと運んだ。しかし、彼らはオオバノヘビノボラズは持っていかなかった。その結果、コムギはそこで何世紀も、さび病なしに繁栄した。

どこかでは、ある日さび病が西欧のコムギに導入されるかもしれないという移動が始まりかけていた。Mohammed［モハメッド］は、彼の信奉者にイスラムの信仰を広げるように励ました。ある者は、それを必要な場所では刀を使って行なった。例えばサラセンは北へ、東へ、南へ、そして西へ馬を駆った。彼らは皆、北アフリカを横切ってジブラルタルからスペインに入った。スペインを征服した彼らは次にフランスに行き、そこで彼らは Tours［トゥール。フランス西部ロワール川に臨む都市。732 年にカール・マルテルがこの付近でサラセン軍を破った］の戦いにあい、遂に Charles Martel［カール・マルテル。フランク王国の宰相］によって打ち負かされた。彼らはピレネー山脈を越えてスペインに逃げ帰った。

サラセンのこの大きな攻勢の間のあるとき、彼らの一人がイタリアで彼の故郷へのホームシックのためにオオバノヘビノボラズの茂みを輸入し、「そして脂は火の中にあった」。鳥はおいしい赤い実を食い、種子を北と西へ広げた。小農民がかわいらしい茂みを好み、それを彼らの戸口の前の庭に植えた。欠けた環はいまやつながり、さび病が初めてヨーロッパのコムギを破壊し始めた。

ヨーロッパの農業者はオオバノヘビノボラズとコムギのさび病の間の関連を 1660 年に発見した。その時から、この考え方はあまりにしっかりと確立されたので、フランスの立法者はオオバノヘビノボラズの根絶を要求する 1 つの法律を通過させた。我々はイギリスの農業者、少なくとも観察者がその関係を知ったということを推定するのが確実であると思う。それによって、その世紀の早い時期にアメリカ合衆国に移住したイギリスの植民者は、その致死的な敵であるオオバノヘビノボラズを移動させることなしに、コムギが再び海を渡るという黄金の好機を持った。しかし、彼らはへまをした。無知か愚行か、あるものがオオバノヘビノボラズをニューイングランドに運びチャンスは失われた。コムギのさび病は、今や新しい土地の中で猛威を振るった。人はそれ自身の大流行を助長した。ニューイングランド人は 1 世紀後に遅れを取り戻した。1726 年にコネチカット州はオオバノヘビノボラズ根絶法を通過させ、マサチューセッツ州はこれを 10 年後に行なった。

オオバノヘビノボラズの知識が植民地の法律に現れたにもかかわらず、ニューイングランド人は彼らが西へ移住するとき ── もう 1 つの不手際な機会 ── にコムギの種子とともにオオバノヘビノボラズも連れていったのは不思議なことである。

（Horsfall and Cowling, 第 II 巻, 27–28 頁）

している。探検者は植物を集め、それをこれらの植物園に持ち帰った。多くの作物植物種がこの方法で新しい地域に導入された。しかし多くの有害生物も同様だった。19 世紀までは、生物の無制限の輸入に伴う重大な問題を人々が真に理解することはなかった。1862 年という最近になって、新しい植物を導入することが USDA［アメリカ合衆国農務省］の監督事項の 1 つとなった。19 世紀の終わりに外国の生物を無制限に移動させるという問題がひどくなり、規制活動がとられるようになった。20 世紀の初めに、有害生物の侵入を遅らせるために人間の活動による生物の移

(a)

(b)

図 10-3
チチュウカイミバエ（med-fly）。
(a)成虫オスと (b)サクランボの組織の破壊とウジを示すクローズアップ。
資料：(a)は Scott Bauer, USDA/ARS、(b)は J.Clark, University of California statewide IPM program による写真

動を制限するための法律が制定された。そのような法律とそれを実施する最良の手法については、なおも賛否が分かれている。

有害生物の拡散を停止し、制限し、あるいは排除することは、かなりの見通しと長期間の計画を必要とし、それは多くの理由から困難である。人間と必要な政治的過程は危機に対しては急速に反応するが、長期間の計画においては一般的に劣っている。人々は規制の必要性を知らないかもしれない。なぜならば、問題はその地域にまだ存在しないからである。したがって一般市民が可能性のある問題を認識し規制に協力することは難しい。

程度と費用

植物と動物はそれらの生来の分布区域では、競争、捕食、病気の強力な力によって抑制されている。新しい地域に移動したとき、ある種はこれらの拘束から自由になり、新しい地域の生態学と農業への否定的なインパクトを及ぼす潜在力をもって制限なしに広がる。ある侵入的種は、もしそれが人間の目標と必要性に衝突するならば有害生物になる。

アメリカ合衆国にはおそらく5万種もの非在来種が存在するものと推定される。植え付けられた作物と多くの動物のようなこれらの多くのものは、大部分の農業生産を提供し、多くの物が観賞用または有用な生物となっている。しかしながら、あるものはひどい有害生物となってきた。Office of Technology Assessment［技術評価局］（U.S.Congress［アメリカ合衆国議会］, 1993）は 79 種が、それらの導入以来約 970 億ドルの損失をもたらしたものと推定した。アメリカ合衆国における損失の直接損失、防除費用、非在来生物による環境的被害を含む、より包括的な分析（Pimentel *et al.*, 2000）は、1年に約 1370 億ドルと推定した（**表 10-1**）。この合計のうち植物農業に対して、非在来種は1年に 930 億ドルの費用がかかる。それ故、非在来種はアメリカ合衆国に住む、男、女、子ども当たり年

図 10-4
ニューヨーク JFK 国際空港で、USDA/APHIS［アメリカ農務省植物検疫所］のビーグル犬［耳が垂れ脚が短い小猟犬］部隊のメンバーである Jackpot 1 によって、たった1日に阻止された輸出入禁制品。
資料：USDA/APHIS の好意による写真

間400ドルの費用がかかることになる。

ある有害生物を除去することからの利益の推定は、非在来種にかかる費用を考えるもう1つの道を提供する。カリフォルニア州に侵入するチチュウカイミバエを除去することは、直接被害について年に2億1000万ドルを節約することになると推定され、もしこの昆虫が定着したら蒙るであろう農薬処理費用は年に7億3200万ドルに及ぶ。42カ国がチチュウカイミバエの侵入を予防するための植物検疫法を持っている（**図10-3**）。そして、発生地域からの農産物の輸入禁止は、市場の損失による経済的費用を実質的に増加させる。より小さいスケールではマメハモグリバエ *Liriomyza triforii* をフィンランドから排除することは防除費用対排除費用の比が3：1から93：1の間になる利益をもたらす。殺虫剤による生物的防除の攪乱を避けることは排除のもう1つの利益である。

アメリカ合衆国における生物的侵入の大きさのもう1つの尺度は、1998年にUSA agricultural border inspector［アメリカ合衆国国境農業検疫官］による植物材料の156万7000件と有害生物の4万8480件（後者は主として節足動物と病原体）の阻止によって判断することができる。それと同じ年に2万700人の市民に罰金が課せられ、これは合計108万ドルの純価値であった。この問題の大きさは、主な国際空港でたった1日に阻止された輸出入禁制品によって生き生きと描かれる（**図10-4**）。

非在来種による環境的費用は推定するのがはるかに難しい。そのような種は生態系過程を変えるであろうが、そのような変化に対する費用を確定することは通常不可能である。例えば、エゾミソハギはすべての定住種に対する湿地の機能を変える。ギョリュウは砂漠地帯における地下水面を低下させ、このような水源を用いる生物に破滅的な結果を伴い春の乾燥をもたらす。アメリカ南部沼沢地とカヤツリグサ科の湿地の乾燥は部分的にMelaleuca treeの侵入によるものである。アメリカ合衆国におけるカシ類の森はクリの胴枯病の侵入にひき続いてクリが枯れたときに劇的に変わった。brown tree snake［ヘビの一種］がグアム島にいる固有の鳥のいくつかの種を除去した。ウサギのような導入動物が土の侵食の原因となったが、そのインパクトは大部分よく知られていない。アメリカ合衆国における絶滅危惧種の50％は外来種によって危機に瀕している。

以下は導入有害生物の例と、その導入に伴うインパクトである。

病原体

病原体の導入の歴史は確かめるのが難しい。なぜならば、多くの病原体は比較的に潜伏的であり、容易に認識し同定することが難しいからである。ブドウのうどんこ病は、フランスのワイン用ブドウ産業がほとんど破壊された結果として、アメリカ合衆国にフランスから1860年代に運ばれた。マツ発しんさび病はアメリカ合衆国にドイツから1906年に伝播した。カンキツかいよう病はアメリカ合衆国に1914年以前に運ばれ、カンキツ産業を救うための大規模根絶プログラムをひき起こした。オランダにれ病は最初にアメリカ合衆国のオハイオ州で1931年に発見され、現在では北アメリカの大部分のニレの木が排除されている。それはまた、イギリスのニレの木を荒廃させた（**図10-5**）。コーヒーさび病は1868年にスリランカ（セイロン）に導

図10-5
導入されたオランダにれ病をもたらす菌に感染して枯れつつあるニレの木。中央の木々は感染しているが、右と左の端の木はなお健全である。
資料：Robert Norrisによる写真

入され、コーヒー栽培産業の破壊をもたらした。コーヒーさび病は現在アフリカから南アメリカへ大西洋を横断し、1970年にブラジルで発見された。導入病害のその他の実例はクリの胴枯病を含み、それはアメリカ合衆国に中国から1900年代の初めに導入され、在来のクリの木を荒廃させた。サトウダイコンのそう根病またはcrazy-rootは1954年にイタリアのポー谷で発見され、1970年代から1980年代に世界中のサトウダイコン栽培地域に広がった。

雑草

多くの植物は、もともと農業の目的または観賞用として輸入され、それから農業圃場から「逃げて」雑草になった。アメリカ合衆国において雑草と考えられてきた植物500種のうち約60%は人間活動によって導入されたものと推定されている。灌漑されたアメリカ合衆国南西部において、暖かい季節の夏作物における事実上すべての雑草は導入植物種である。北アメリカの在来でない普通の農業雑草の例にはカヤツリグサの類、セイバンモロコシ、セイヨウトゲアザミ、ヒユの類、イヌビエ、ナス属、シロザ、イチビ、そしてエノコログサが含まれる。野生カラスムギはおそらく1600年代の初期に動物の餌への混入物として導入された。これらの雑草は農業者のおびただしい出費を伴って毎年のように防除しなければならない。

トウモロコシと他の草本作物の根の寄生者であるwitch-weedはノースカロライナ州に1956年に侵入した。この草が、そのインパクトが大損害を与える可能性のあるトウモロコシ地帯に広がることを止めるために、2億2500万ドルの費用の根絶プログラムがその時以来行なわれてきた。

北アメリカの放牧地と荒れ地（川岸を含む）の多くの雑草もまた導入されてきた。実例はヤグルマギクの類（1860年代）、トウダイグサの類、medusahead、ロシアヤグルマギク、スコットランドアザミ、ギョリュウ、エニシダ、そしてハリエニシダを含む。

クズは、1876年に日本から観賞植物として北アメリカに最初に導入された。それはまた、1930年に侵食防止のために広く植えられた。クズは、建造物と基本的にはいかなる他の植生もその外部を滑らかにする蔓である（**図10-6**）。クズは今やアメリカ合衆国の南部と東部における最も広く分布する侵入植物の1つである。

湿地は、典型的な農業雑草ではないけれども、外来植物による侵入を受けやすい。これらの実例にはエゾミソハギ、Melaleucaと巨大ヨシの類を含む。

数多くの水生雑草が、しばしば観賞用として導入され、その中にはホテイアオイ（**図10-1**）、クロモ、フサモの類、サンショウモの類を含む。後者のシダは世界的に最も重大な水生雑草の1つであり、1995年にアメリカ合衆国で最初に発見された。そのような導入されたホテイアオイとミズザゼンのような水生雑草の防除にアフリカの国々だけで年間6000万ドルが費やされるものと推定される。

線虫

線虫の導入の認識と検出は難しい。ジャガイモシストセンチュウは南アメリカでジャガイモと共進化したと考えられる。ジャガイモはヨーロッパに1500年代に運ばれて、時を越えてヨーロッパの多くの地域で栽培されるようになった。1845年から1846年のジャガイモ疫病の大流行はア

図10-6
導入されたクズの蔓は木や構造物を滑らかにする。ここでは、ジョージア州で放棄された農家の建物をおおっている。
資料：J.Andersonの許可による写真

イルランドとヨーロッパの一部における飢饉と困難をもたらした。疫病への抵抗性を探す努力の中で中央アメリカと南アメリカへの探検が行なわれ、野生と栽培ジャガイモの塊茎がヨーロッパに持ち帰られた。ジャガイモシストセンチュウのヨーロッパへの最初の導入はジャガイモの育種材料に付着した土の中のシストによって起こったと考えられる。ジャガイモシストセンチュウは、それからジャガイモを栽培している世界のほとんどすべての場所に広がった。アメリカ合衆国では、ジャガイモシストセンチュウ（ゴールデンネマトーダともいわれる）の広がりは、強力な検疫手段によってロングアイランド［ニューヨーク州の島でその南端にニューヨーク市がある］に限られている。

ダイズシストセンチュウは、中国東北地方で1880年、日本で1915年、朝鮮半島で1936年、台湾で1958年、インドネシアで1984年に報告されている。ダイズシストセンチュウは北アメリカのノースカロライナ州のある場所で1954年に最初に検出され、そこでは歴史的に日本から輸入された花の球根が栽培されていた。テンサイシストセンチュウはドイツで1859年に最初に観察され、それ以来世界のサトウダイコン栽培地域のすべてに広がっている。これはおそらくサトウダイコンの種子を汚染している土の粒子の中にいたものであろう。

カミキリムシ科のコウチュウによって媒介されるマツの病原体であるマツノザイセンチュウは、日本南部でマツ林を荒廃させ、中国へも移動した。マツノザイセンチュウの被害の症状は日本で1913年に最初に報告されたが、日本のマツ枯れ病における線虫の役割は1971年まで確定されなかった。マツノザイセンチュウはアメリカ合衆国の森林地域の大部分に発生するけれども、マツ枯れ病は在来のマツでは稀である。このことから、この線虫はアメリカ合衆国では在来で、ここから他の地方へ広がったことが示唆されている。

軟体動物

rosy wolfsnail［カタツムリの一種］は1955年に生物的防除手段としてハワイに導入され、それ以来いくつかの在来カタツムリ種を排除してきた。アフリカマイマイはフロリダ州に1969年にペットとして導入され、現在ではいくつかの状況下で有害生物である。スクミリンゴガイは東南アジアにタンパク質食物源の可能性があるとして1980年に導入されたが、それはイネ農業生態系を脅かし、その地域におけるこの作物の重大な有害生物となった。フィリッピンでは、スクミリンゴガイは毎年4億2500万ドルから12億ドルの間の損失をもたらしている。

節足動物

アメリカ合衆国に導入された節足動物のいくつかの実例は次のものを含む。1779年のコムギのヘシアンバエ、1879年に果樹のナシマルカイガラムシ、1892年のワタミハナゾウムシ、1912年以前のナシヒメシンクイである。imported fire ant［刺されると焼けるような感じのする針を持つ雑食性のアリの一種］は1918年にアラバマ州のMobileから最初に記録された。アルファルファタコゾウムシは20世紀の3つの異なる時期に導入された。チチュウカイミバエ（通常medflyと呼ばれる）（**図10–3**）はすべての柔らかい果実の重大な有害生物である。1929年に最初に、そしてそれ以来何回も導入された。より最近の節足動物の導入は1954年のspotted alfalfa aphidと1986年のRussian wheat aphid［いずれもアブラムシの種］を含む。マイマイガはカシ類の森林を脱葉するが、カイコガの育種の可能性のために実験室において研究されていた。1889年にいくつかのガが逃げて定着するようになり、現在では年に約7億6400万ドルの損失をもたらしている。

1860年代の初期にブドウネアブラムシはアメリカ合衆国からフランスに移動し、フランスのブドウ産業をほとんど破壊した。コロラドハムシ（**図10–7**）は何回かの機会に北アメリカからヨーロッパに導入された。

脊椎動物

ウサギは導入された有害脊椎動物の古典的な実例である（**図2–14e**、**図10–8**参照）。それらは1838年にニュージ

図10–7　コロラドハムシは北アメリカからヨーロッパへ導入された昆虫の実例である。
資料：Scott Bauer, USDA/ARSによる写真

図 10-8
ブロッコリー畑へのウサギの被害。ウサギは左側の川岸の地域からやってきた。作物はこの写真の上方の右側の暗い地域にのみ残っている。
資料：John Marcroft の許可による写真

ーランドに、1859 年にオーストラリアに輸入された。これらの国の農業者たちは、それ以来ずっと後悔してきた。なぜならば、オーストラリアのウサギは 1 年に 6 億ドルの直接損失をもたらすものと推定され、これに加えて他の環境的被害をもたらすからである。1778 年にヨーロッパからハワイに導入されたブタとヤギは、今では作物を加害し自然環境を悪化させている。あるシェークスピア狂信者は、シェークスピア劇に出てくるすべての鳥がアメリカ合衆国にいることを望み、1890 年にニューヨークにムクドリを導入した。ムクドリは今では年間 8 億ドルと推定される損失をもたらしている。ネズミは世界の多くの地域で固有ではないが、初期の貿易船の上でおそらく意図せずに導入されたものである。

その他

Nature Conservancy［自然保全局］は 1990 年代の遅くにアメリカ合衆国における自然生態系における 12 の最も重要な侵入種をあげた（Stein and Flack, 1996）。そして、それらは次のボックスに示してある。

最も重要な 12 の侵入種

一般名	学名	被害のタイプ
Zebra mussel［貝の一種］	*Dreissena polymorpha*	水生生態系
エゾミソハギ	*Lythrum salicaria*	湿地と川の土手生態
Flathead catfish［ナマズの一種］	*Pylodictis olivaris*	在来の魚との置き換え
ギョリュウの類	*Tamarix* spp.	砂漠生態系地下水面
Rosy walfsnail［カタツムリの一種］	*Euglandina rosea*	在来のカタツムリを殺す
タカトウダイグサの類	*Euphoribia esula*	放牧地植生の置き換え
Green crab［カニの一種］	*Carvuras maenas*	沿岸の生態系
クロモ	*Hydrilla verticillata*	水生生態系の妨害
Balsam woolly adelgid［カサアブラムシ科］	*Adelges piceae*	アメリカ合衆国東部の Fraser fir［モミの一種］を殺す
Miconia	*Miconia calvescens*	ハワイの生態系でこの木が優勢になる
ナンキンハゼ	*Sapium seboferum*	在来の植生と置き換え
Brown tree snake［ヘビの一種］	*Boiga irregularis*	鳥と他の在来の動物を殺す

侵入と導入のメカニズム

生態学的見地

ある生物が広がるという能力は、第5章で指摘したようにその生活史の自然的部分である。長距離の移動の自然のメカニズムには、海洋の流れ（水中運搬ベルト）、大気の中のジェット気流（空中運搬ベルト）、強風（疾風、大暴風雨、竜巻き）、旱魃の期間に作られる土地の橋、洪水の期間の流域、川、湖の間の連絡を含む。人間によって仲介される伝播は、質的に新しいメカニズムを提供し、その伝播の距離と速度をおびただしく増加させた。

人間が仲介する有害生物の導入が起こるためには2つの方法がある。生物は人々によって観賞用植物、狩猟または食糧動物のように、さまざまな理由によって意図的に導入される。生物はまた人間活動によって偶然に導入されることがある。ある場合の導入の理由はわからない。そしておそらく、ここに述べたような伝播の自然メカニズムの結果である。

意図的な導入

大部分の意図的な導入は、後に雑草となる植物、または後に問題になる動物に関連している。ある生物が意図的に導入された後に問題になるということは、その生殖、分散と、その地方の生物との競争について、十分な理解または配慮なしに輸入されたということを意味する。

新しい作物植物

元来、ある植物は新しい作物として導入される。しかし、その有用性は十分に確定されておらず、放棄されるか、またはそれが新しい条件の下ではあまりにも活力があり問題として定着するかのどちらかである。これが意味するところは、その植物の生態学と侵入能力が理解されないか評価されず、そして新しい環境に置かれたときに、それはそれ以上の人間の介入なしに生育し、繁殖し、広がることである。このような方法で雑草になった植物の実例は多い(Williams, 1980)。セイバンモロコシはアメリカ合衆国に1800年代に飼料作物の可能性があるとして導入された。ギョウギシバは飼料作物と芝生として導入され、そのためになお使われてはいるが、それはまた望ましくない場所でも育ち、きわめて重大な雑草である。オーストラリアでは、ライグラスの類が牧草地の草として導入されたが、それはまた穀類作物における最も重大な雑草問題の1つとなっている。

新しい観賞植物

作物と同様に多くの植物が観賞植物として世界の新しい地域に導入され、それから逃げ出している。多くのタイプの雑草は観賞植物として導入された。ホテイアオイはそのような雑草の1つの例である（**図2-4a**、**図10-1**）。それは今では湖と水系における世界的な問題であるが、種苗の取引において今も売られつつある。他の観賞植物の実例はシロガネヨシ、ヒルガオの類、Miconia、エニシダ、オーストラリアのウチワサボテン（生垣として使う）など多くのものがある。

動物の新しい食糧源

2、3の生物がタンパク質源として導入され、後に有害生物となってきた。1980年代におけるフィリッピンへのスクミリンゴガイはそうした例であり、このカタツムリは今ではイネ栽培地域における1つの有害生物となっている。

侵食の防止

いくつかの植物は侵食防止のために導入された。しかし、それらがあまりに攻撃的であることが証明され雑草になった。クズはアメリカ合衆国における、おそらく最も有名な実例である（**図10-6**）。その他のものはギョリュウである。

生物的防除資材

生物的防除資材として導入されたある生物は、それ自体が問題となっている。1つの例はプエルトリコのマングースである。それはネズミの防除のために導入されたが、そのかわりに他の動物や鳥を食った。cactus moth［メイガ科］は南アメリカで採集され、*Opuntia* 属の雑草サボテンの防除のために世界中で放された。1989年にこの蛾はフロリダ州のKeysのサボテンに発生し、今では多くの観賞植物として用いられる在来のサボテンを脅かしている。

rosy walfsnailは有害生物のカタツムリの生物的防除のために導入された。しかし、rosy walfsnailは今では、いくつかの在来カタツムリの個体群を倒している。同様に一度ハワイに導入された数多くのミバエの寄生者が、今ではハワイの自然植物共同体の生態学の中で重要な役割を演じている固有のミバエ種を攻撃している。マイマイガの防除のために導入されたヤドリバエが大部分の、すべてではないが、アメリカ合衆国東部のカシ類の林の在来の大きい蛾を絶滅させてきたように思われる。

誤った指導または知識の欠如

大部分の人々は、植物をある地域から別の地域に運ぶことの意味を理解するための、植物学、生態学、あるいは有害生物管理についての十分な知識を持っていない。いや多くの人々は、彼らの望むいかなる植物材料も罰せられることなしに運ぶ権利を持っていると信じている。しばしば、短期間のわずかの経済的利益が社会全体の直面する長期間の問題を作りだす。病気に罹ったニレの木から取った枯れた木材を輸入することについての警告を無視した、アメリカ合衆国の中の少数の者がその証拠である。2、3年の間、家具を作る能力を交換したことによってアメリカ合衆国のニレの木の個体群全体が犠牲となった。

望まれない生物の廃棄

人々がある生物の世話をすることに疲れ、あるいは飽きるようになると、彼らはそれを捨てることを選ぶかもしれない。関係した生物は、この過程で殺されることもあるし殺されないこともある。殺されない生物は、それらが捨てられたところでは、どこでも定着する可能性を持っている。有害な水生雑草のクロモは水槽の商売の中で売られる。クロモの繰り返された導入は、地方の水路または池の中に人々が水槽を投げ落としたことによるものである。この水路を詰まらせる雑草もまた、ワシントンD.C.のポトマック川に導入されてきた。これと他の水生雑草は灌漑と排水の水路を妨げ、洪水調節の貯水地の沈澱を助長し、公共水の供給を妨害し、航行を妨げ、そして一般的に水の利用を制限する。アメリカ合衆国では、水生雑草、多くは非在来性のもの、の防除に毎年1億ドルが費やされていると推定される。

ペット生物が同じように有害生物になるという可能性もまたある。例えば1989年には6匹のペットのウサギが、その持ち主によってハワイのハレアカラ国立公園に放された。緊急根絶プログラムが始まり、1991年までに100匹のウサギが殺され、その費用はその公園に対して1万5000ドルであった。

悪意のある意図

有害生物の国際的な導入についての文書による証拠は存在しないけれども、この概念は生物学的戦争の実施についてのある概念であり、責任ある政府に関連するゆるやかな懸念事項に違いない。なぜならば、ある生物学的兵器は大損害を与える生態学的効果を持ちうるからである。麻薬（コカイン）に対する戦争において、コロンビアのコカ農園を破壊するために病原菌を用いるという1つの提案がアメリカ合衆国政府に提出された。多くの科学者はその病原体が潜在的に作物と望ましい在来植物に否定的な影響を持つという懸念を表した。意思決定者は、植物に被害を与えるよう意図された生物の放出から起こるひどい反動について知るべきである。

偶然的導入

偶然的な導入は主に節足動物、病原体、そして線虫について起こる。植物材料（根に付着している土を含む）の移動と、その中で植物が育っている土壌は不注意に導入される可能性がある。そのような導入は、その生物が定着し始めるまで検出することが難しい。その後の時間においてのみ隠れた潜行性の問題が暴露される。病原体や線虫のような土壌に棲む顕微鏡的な生物にとっては、これは特に問題である。現在の規制の姿勢は、土をある地域から他の地域に動かすべきでないというものであり、すべての植物の導入は、その植物が有害生物の宿主かどうかを決定することのできる確立された植物検疫センターを通過すべきである（この章の後のほうでさらに述べる）。ほとんどすべての偶然的な導入は、この事実を認識し、規制されない輸入の危険の可能性を十分に考慮すべきであるということについて、無知か、進んでやらないことの結果である。

農産物あるいは人の食物

ある有害生物が生息しているある地域から、それがいない地域に運搬される農産物は、ある有害生物を導入する可能性を持っている。これは、確かに多くの我々の作物の有害節足動物と病原体が地球を巡って旅をする方法のほとんどの場合である。チチュウカイミバエはおそらく最も悪名が高い。それは熟した果物の中で幼虫として旅をする（**図10-3b**）。カリフォルニア州はこの繰り返された有害生物の導入を根絶するために、1975年から1999年までの間にほとんど2億3500万ドルを費やした。アメリカ合衆国でトウモロコシと多くの他の作物の最も重要な有害生物の1つであるヨーロッパアワノメイガは、おそらく1909年と1914年の間にハンガリーまたはイタリアから輸入されたホウキモロコシの類によって導入された。ある東部諸州の発生の1つの原地点から、このアワノメイガは中西部のトウモロコシ地帯へと広がった。

農産物は木と木の生産物を含むものへ必然的に拡張される。オランダにれ病はアメリカ合衆国に家具製作のためにヨーロッパから輸入された材木の中に入ってやってきた。材木はこの病気によって枯れた木から得られた。今でさえ、材木はアメリカ合衆国へロシヤと中国から輸入され、マイマイガとアジアのカミキリムシ類のような有害生物の導入の危険を持っている。カミキリムシ類は多くの種類の生きたカシ類を攻撃し、北アメリカのカシ類の森林に大損害を与える可能性がある。今までのところでは、その北アメリカでの範囲はニューヨーク州とシカゴの近くに限られており、そこではそれは、意図的でなく中国からの木製の木箱で導入された。人々はこれらの輸入の危険を知っているが、ある者はまだ無責任に行なっている。

作物の種子／苗株の汚染

作物の種子または繁殖材料が運ばれるとき、これらの材料に伴う有害生物が偶然に運ばれる。種子は種皮上に病原体を匿う。そして、ある線虫（図 2-7d と e 参照）と病原体、特にウイルスは実際上種子の中に存在し、その形で運ばれる。過去には、ある作物植物の種子は地面から集められ、病原体と線虫を伴う土壌粒子が同様に拾われた。そのような汚染を事実上検出する可能性はほとんどない。雑草の種子は作物種子の汚染物として存在する。しかしながらこれらは目で検出できる。検定されていない作物種子の運搬は有害生物導入の大きい可能性を持つ。有害生物の拡散の予防は第16章で論議される種子検定プログラムが発展した1つの主な理由であった。

作物の栄養的繁殖のためのクローン的材料の使用（例えば、ブドウとジャガイモ）は特に問題を含む。ある培養できない病原体は生きている寄主を必要とし、挿し木、塊茎、球根の運搬はそのような寄主を提供する。元の場所で有害生物がないことが保証されないようなクローン的材料は特に危険である。例えば、ブドウの挿し木の規制されない運搬は病原体、特にウイルスをフランスから北アメリカの間で、またその逆にも移動させてきた。1970年代の中頃にイリノイ州南部のワサビダイコンの畑で、輸入された crucifer weevil［ゾウムシ科］が発見された。これは、ある人がヨーロッパから台木を検疫所に届けることなく運び、それ故そのゾウムシを偶然に運んだということが推測されている。

動物のための餌の汚染

動物のための食物と飼料は有害生物で汚染されることがある。この観点から、汚染された干し草はしばしば多くの有害生物を匿うので特に重要である。野生カラスムギは、馬の飼料として用いられた干し草の汚染によって1700年代にカリフォルニア州に導入されたものと信じられている。

生きた動物の上または中

有害生物は動物の上または中でさえも運ばれて有害生物の偶然の導入をもたらす。例えば、雑草の種子とある線虫は、多くの脊椎動物の消化管を通って通過しても生存することが示されている。雑草の一種、*Parthenium hysterophorus* のスリランカへの1980年代の遅くの導入は、軍隊の平和維持任務によってインドから輸入されたヤギの糞の中の種子によるものである。

汚染された土壌

多くの土壌伝染性病原体、線虫、そして雑草の種子は、何の意識もない人々が関与して土の中で運ばれる。この理由のために、大部分の地域では畑の土の移動が禁止されている。ただ、消毒された鉢植え用の土のみが商業的に運ばれているが、なお汚染の脅威は残っている。土の中の有害生物の短い距離の運搬さえ大いに心配であるが、それは州間の規制では管理できない。しかしながら、地方の生産者は彼ら自身のいわゆる植物検疫手続きを採用している。例えば、カリフォルニア州とオレゴン州におけるブドウ園のブドウネアブラムシの再発生に伴って、この有害生物が汚染された地域から広がるのを予防するために、管理者は農場労働者が圃場に入る前に長靴を石灰水に浸すことを要求した。

灌漑水

灌漑水による広がりは地域的地方的レベルで重要である。雑草の種子、ある病原体の繁殖体と線虫のような有害生物の生物体は水に浮き、圃場内または汚染していない圃場の中に動くことがある。

運搬車両

生物体は運搬に用いられる車の中またはそれに付着して運ばれる。新しい有害生物の導入は、典型的に港のような大量運搬施設のまわり、線路に沿って、そしてより最近では空港と主要道路に沿って起こることがよく認められる。マイマイガが飛行機、キャンプ用自動車の外側、そして家具によってさえアメリカ合衆国を横切って運ばれたことは古典的な実例である。車のタイヤは病原体、線虫、そして雑草の種子を含む土を運ぶ。大洋を航行する貨物船の中のバラスト水は港から港へ生物を運ぶ。北アメリカの zebra mussel の導入はこの拡散のメカニズムによるものである。

農業機械

この特殊なタイプの運搬のために、地域的と圃場内レベルでの有害生物の侵入と拡散は重要である。このトピックは第 16 章の耕種的管理の中でより深く論議される。

軍事活動

軍隊によってとられる活動のために、数多くの生物は偶然的に導入されてきた。実際のメカニズムはこれまで述べてきたものの組み合わせである。brown tree snake は、おそらく第二次世界大戦の終わり以降に、軍隊の装備の上でグアムに導入された。このヘビは 8 種の鳥と 2 種のヤモリをグアムから絶滅させた。このヘビがハワイのような他の傷つきやすい場所に到達するのを予防するために、徹底的なモニタリングと阻止プログラムがグアムのすべての港で確立されるべきである。

未知のメカニズムによる導入

時には、いかにある導入が起こったかを確定することが不可能である。その例には Egyptian alfalfa weevil、cereal leaf beetle［ハムシ科］、サトウダイコンのそう根病を含む。

規制の前提

規制または法制的予防は、最良の有害生物管理は排除であるという考えにもとづいている。排除の費用は、通常ある有害生物がある新しい地域に侵入したあとでの防除と比べて低い（図 10-9）。そして初期の防除（侵入直後の根絶）は遅い防除よりもはるかに費用がかからない。

有害な雑草の侵入に関連して野火のパラダイムを社会は用いるべきだという主張があった（Deway *et al.*, 1995）。そして、この類推はすべての有害生物カテゴリーに同様に適用される。このパラダイムは、防火はひとたび火事がはじまってからこれと戦うよりもよい、というものである（火事は侵入と同等である）。なぜならば、ある火事の結果は不確かで大被害を与える可能性があるからである。野火のパラダイムはまた、火事はそれがまだ小さいうちに消すことがよりよいということを指示する（これは個体群が小さい間に拡散を止めることと同等である）。これは、もしある有害生物が侵入したなら、その問題が認識されるとすぐに、それを根絶するような努力が行なわれるべきである、ということを意味する。大きい野火は戦うのに費用がかか

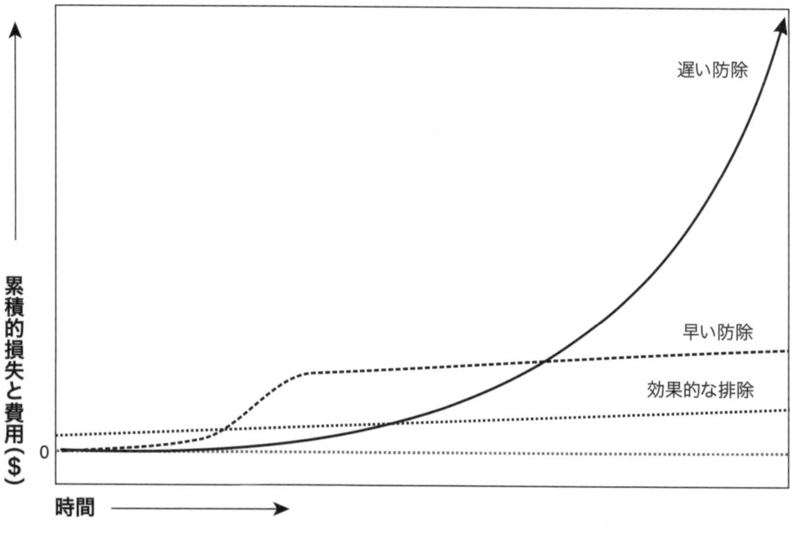

図 10-9
導入された外来有害生物のために 3 つの異なる防除戦略を用いた場合、ある長い期間にわたる理論的な累積的被害。
資料：Naylor, 2000. を改変

り、莫大な損失をもたらす。侵入し定着した有害生物は、ある地域における収益のある作物栽培の排除という結果となるか、農業者が環境的に望ましくない防除手段を毎年適用するようになるが、後者はしばしば農薬の使用の増大を含む。野火のパラダイムはまた、管理戦略の一部分としての一般市民の教育と彼らに気づかせることを含む。有害生物管理は有害生物の導入の厳しい性質について一般市民に気づかせることを強めるためにほとんど何もしてこなかった。野火のパラダイムは侵入しつつある有害生物の管理に関連した役に立つ類推である。

侵入有害生物がある新しい地域で検出されたときには、要防除水準の適用は一般的に差し控えられるべきである。もし実行可能ならば、新しい有害生物はできるだけ速やかにその地域から根絶されるべきである。侵入有害生物がある要防除水準に達するまで待つということは、それが根絶不可能なところまで定着するようになることを許し、最もよくいっても継続的な防除活動が望まれるということである（**図 10–9**、遅い防除）。最も悪い場合には、それはある作物がその地域でもはや栽培できないことを意味する（例えば、1800 年代の中頃にコーヒーさび病が導入されたあとのスリランカのコーヒー）。

侵入予防の法律上の観点

人間社会が生物の無制限の地球上の拡散に耐えられないということが現実化したため、「有害生物の可能性」を持つ生物の移動を制限するような法制化が導びかれた。法制化の規模は、国際的条約、国内の法律、そして、国の中の地域における法律にさえ及ぶ。例えば、アメリカ合衆国の多くの州は特別な植物検疫法を持っている。

有害生物の輸送を規制するための法制

法制的規制は異なる地政学的レベルで発生し、関心のある集団の間の共同のさまざまなレベルを必要とする。これらのレベルは以下の通りである。

1. 国際的地球的。国の間の貿易における商品の輸送のために、潜在的有害生物の運搬と移動に関する国際的に認識された基準が必要であることが明らかになった。
2. 国。個々の国は外来有害生物の侵入を防ぐための規制を法制化する。大部分の主な工業化された国々はそのような法律を持っている。アメリカ合衆国の実例はこの章の後のほうで示す。
3. 1つの国の中の地域（州または地方）。このレベルの有害生物規制は、その地域が隔離されていて有害生物の導入が管理できるようなときに典型的に発生する。例えば、ハワイ州は大洋によって取り囲まれており、カリフォルニア州は大洋、砂漠、そして山によって隔離されている。地域的規制活動は政治的にもたらされた境界によって課せられた制限からの結果でもある。
4. 地方。ある市または郡は、特定の生物を輸入できないということ、または移動を制限するということを法制的に課すことがある。地方的規制は、個々の農場レベルで申し出られることもある。この章の始めのほうでとりあげたブドウネアブラムシの例のように有害生物の侵入の農場レベルでの規制は第 16 章でより深く論議される（「予防」参照）。

国際的規制

全体的に見て非在来種の輸送を規制する国際法は弱い。なぜならば、有害生物規制はいくつかの国々で同時に行なわれなければならないし、それ故に、国際的条約と合意の発展が必要だからである。International Plant Protection Convention（IPPC）［国際植物防疫協定］は必要な協力を育てるために 1951 年に設立された。それは国連の Food and Agriculture Organization（FAO）［食糧農業機関］の枠組みの中で組織された 1 つの多国間条約である。113 の国が 2000 年 1 月 4 日にこの協定に調印している。IPPC の主な機能の 1 つは、参加国に受け入れられるような国際的植物衛生原則を確立することである。しかし、それらの国の主権の権利を侵害しないように最終的に IPPC は植物衛生手段のための国際的基準（ISPMs とも呼ばれる）を確立する。この協定への調印国は、これらの基準にしたがうことに同意する。この過程の主な要素は有害生物リスク分析（この章の後のほう参照）であり、それはリスク分析が植物衛生手段の必要性を確立するからである。

1995 年に World Trade Organization［世界貿易機関］は、将来国際貿易による有害生物の拡散を規制する試みとして、衛生と植物衛生の適用に関する協定（SPS 協定）についての協定を制定した。この協定の意味とその外来種の侵入を規制する程度はまだ明らかでない。

地域的植物防疫組織

Asia and Pacific Plant Protection Commission（APPPC）［アジア太平洋植物貿易委員会］

Caribbean Plant Protection Commission（CPPC）［カリブ海地域植物防疫委員会］

Comite Regional de Sanidad Vegetal para el Cono Sur（COSAVE）［Cono Sur 植物防疫地域委員会］

Comunidad Andina（CAN）［アンデス共同体］

European and Mediterranean Plant Protection Organization（EPPO）［ヨーロッパ地中海地域植物防疫機構］

Inter-African Phytosanitary Council（IAPSC）［アフリカ植物衛生評議会］

North American Plant Protection Organization（NAPPO）［北アメリカ植物防疫機構］

Organism Internacional Regional de Sanidad Agropecuaria（OIRSA）［農業衛生のための国際的地域機構］

Pacific Plant Protection Organization（PPPO）［太平洋植物防疫機構］

植物防疫と植物衛生過程について、似た関心と要求を持つ近隣の国々の集団は地域的委員会または機構に組織されている（ボックス参照）。

国家的規制

すべての国々は有害生物を運ぶことのできる植物、土壌、そして農産物の移動を制限する法律を持っている。次のものは3つの実例である。Brazilian Enterprise for Agricultural Research（EMBRAPA）［農業研究のためのブラジル事業］は、環境に関する国立研究センター（Centro Nacional de Pesquisa do Meio Ambiente）を確立し、侵入的種のリスクをモニタリングし、国内に輸入される生物的材料の検疫を研究し、新しい有害生物を導入する可能性を持った材料の移動を規制するための法律を発展させている。Australian Quarantine and Inspection Service（AQIS）［オーストラリア検疫検査局］はオーストラリアで同じような機能を果たしている。イギリスでは外来有害生物の規制はMinistry of Agriculture, Food and Fisheries［農業食糧水産省］が行なう。

アメリカ合衆国における主要な法律

アメリカ合衆国の法律はact［法］の形で議会によって書かれ、それは大統領によって署名される。これらの法律は規則の形で公布され、それは国の法的規約の一部分となる。有害生物の輸入と拡散に関するアメリカ合衆国の法律の命令は、United States Department of Agricultur（USDA）［アメリカ合衆国農務省］とCommerce Department［商務省］の管轄の下で施行される。

アメリカ合衆国では、次の主な法律が有害生物の導入と拡散を制限することを目的として、有害植物が規制される法的基礎を提供している。

- The Plant Quarantine Act（1912）［植物防疫法］は、国内と海外の植物と植物生産物に対する検疫を確立するための歴史的基礎を形成した。この法律はある植物有害生物の拡散を予防するために、いかなる地域をも検疫するための権限を提供した。この法律はまた有害生物の導入を制限する必要性にもとづいて、植物と植物生産物がアメリカ合衆国に入ることと、州間の移動を制限し、必要な程度にそれを阻止するための権限を提供した。その名前が植物防疫法であったけれども、その標的は節足動物、病原体、そして線虫のような植物でない有害生物であった。この法律は何回も改正され、最近では1994年に改正された。2000年の植物防疫法が現在これに引き継がれている。
- The Federal Seed Act（1939）［連邦種子法］は、州間と外国の種子の貿易／通商を規制し、商業的に売られている作物種子の中に存在する「有害な雑草種子」を規定した。
- The Organic Act（1944）［有機物法］は連邦政府機関が重大な経済的危険をひき起こす有害生物を防除または根絶する行動を行なうために、州、農業者、協会、そしてメキシコと協力するための権限を提供した。この権限は1976年に改正された法律によって、アメリカ合衆国を脅かす有害生物の防除において、西半球の国々と協力するために許可された権限へと拡張された。この法律の大部分の局面は現在2000年の植物防疫法によって引き継がれている。

- The Federal Plant Pest Act (1957)［連邦植物有害生物法］は、植物有害生物の拡散を予防するための農務長官の権限を提供した。1つのセクションは特別危機を宣言する長官の権限を与える。その他のセクションはアメリカ合衆国において、新しいまたは知られていない植物有害生物が広くゆきわたることに関連した物品または生産物を差し押さえ、処理し、破壊する緊急行動をとる権限を提供した。2000年の植物防疫法は現在この法律を引き継いでいる。
- The Federal Noxious Weed Act (1975)［連邦有害雑草法］は、外国からアメリカ合衆国に有害雑草が導入されることを予防するように改正された規制システムへの権限を提供した。農務長官は、アメリカ合衆国に導入された有害雑草の初期の密度に対して、防除または根絶の行動を始めるための権限を与えられた。この法律はそれが雑草になるかもしれない植物の輸入を特に規制することを除けば、1912年の植物防疫法と同じ意図を持っていた。それは何回か改正された。この法律は現在2000年の植物防疫法によって引き継がれている。
- The Plant Protection Act (2000)［植物防疫法］またはPPAは、それ以前の法律の大部分にとって代わった。これはAgricultural Risk Protection Act［農業リスク防止法］の一部分である。そして、以前の活動を単一の法律の下に組み合わせ、努力の重複を避け、ある規制の活動を明確にするように計画されている。PPAは植物、植物生産物、ある生物的防除生物、有害雑草、そして有害植物に対する権限を統合した。このときにはじめて生物的防除手段が定義され特別に規制された。

以前の法律、そして今ではPPAは、有害生物の移動を制限し、市民と犯罪の両方の違反についての処罰を提供する規制の基礎である。規制は、この法律にもとづいて、さまざまな政府機関において発展させられており、USDA［アメリカ農務省］が最も重要である。USDAの中の有害生物規制に関与する主な分野はAnimal and Plant Health Inspection Service (APHIS)［動植物検査局］である。APHISは方針を強めるためにPlant Protection and Quarantine (PPQ)［植物防疫検疫部門］を持つ。

多くの州は排除と検疫の法律を持っている。そのような州機関は有害生物の州の中へと州内での移動を制限する司法権を持っている。

有害生物リスク評価

定義の困難性

有害生物の地位と、もしある導入が起こった場合のリスクを確定する場合、1つの重要な困難性が起こる。有害生物の定義は人間中心的である（第1章）。そして、世界の異なる部分にいる人びとと、1つの国の中の社会のある部分は、侵入または侵入の可能性のある種について異なる見地からこれを見る可能性がある。

ある観賞植物は雑草として定着するようになる大きい可能性を持つ。*Ipomoea*属［ヒルガオの類］の雑草はワタ作農業者にとっては重大な問題であるが、いくつかの種は庭の種子カタログの中で観賞植物として売られている。有機園芸カタログはchufa［食用カヤツリ：アフリカ産のカヤツリグサの一種、地下茎の肥大したものを食用にする］と呼ばれる植物を売る。なぜならばナッツの風味を持つ塊茎を生じるからである。それはスペインの国民的飲料である「horchata」［清涼飲料水の一種］をとる植物と同じである。この植物は世界で最悪の雑草の1つと考えられているキハマスゲである。そのような分裂状態は有害生物の地位の設定と規制を困難にする。

有害生物リスク分析

規制機関は、ある国または地域から他の国、地域へ運ぶことのできる潜在的有害生物に関連して、有害生物リスク分析を行なわなければならない。これと似た分析は、もしある導入有害生物が1つの新しい地域で発見されると行なわれなければならない。侵入生物学は有害生物リスク分析の基礎をなす科学である。次のものは、有害生物リスク分析に含まれるべき考慮のタイプである。

有害生物になる見こみ

ある生物が有害生物になる可能性の確率を評価するためには、それがその現在の分布範囲の中でいかに振る舞うか、そして新しい環境の中でいかに振る舞うであろうかという（規制者がそれを排除することを望むように）、その生物の生物学と生態学の分析が必要である。

伝播の経路

ある有害生物がいかに伝播するかについての知識は、その生物がいかに速やかに新しい地域に侵入するかの観念を規制者に与え、そしてその移動を制御することがどの程度容易であるかを評価する上での基礎を提供する。

被害の量とタイプ

ある有害生物が経済的被害をもたらす可能性についての知識は、侵入性の種に関する意思決定における１つの主要な要素である。被害の可能性が、ある地域における気候と作物生産に関連して評価されなければならない。そして、ある有害生物がひき起こしうる潜在的な被害を、単なる小さい被害から、その地域における特定の作物生産を排除するものまでにわたる可能性を考慮すべきである。

防除の容易さと費用

費用－利益分析は有害生物リスク分析の必要な構成部分である。なぜならば、それらは管理意思決定の経済的許容度の基礎を形成するからである。この分析は、その有害生物を防除するために必要とする管理戦術の強度とその許容度についての考察を含む。例えば、その新しい有害生物が単純な耕種慣行の修正で防除できるだろうか、または他の戦術は効果的でないため農薬の使用を実質的に増やす必要があるのか？　ということである。

環境に対する影響と費用

環境に対する費用も考慮されねばならない。ここでは、勧告される管理戦術が環境にいかに影響するかを確定することが必要である。空気または水の汚染あるいは野生生物への危険のような望ましくない環境へのインパクトは、ある戦術の使用を排除するであろう。生態系レベルでは、その有害生物は、侵入した植物が在来の植生と入れ代わるとか、ある動物の活動が土壌の侵食をひき起こすとか、実質的に否定的な影響を環境に及ぼすかもしれない。

有害生物リスク評価は各有害生物カテゴリーのために厳密な定式化にしたがい、インパクトを与えられそうな集団の協力の下で、適切な政府機関によって開発される。一般市民は、そのような規制が法律として成文化される前に、提案される規制についての意見を述べる一定の時間を常に許される。

明らかに多くのリスク評価問題は決定的に答えることが難しい。しかしリスク評価は、ある生物がその有害生物としてのリスクにしたがって分析されるように導かなければならない。もし、存在しない１つの生物のためのリスクの評価が高いならば、排除すべき有害生物のリストに入れられる。これらは国際港で、または国際的輸送の前の農産物について、検査官の標的となる生物である。

規制の選択肢

ひとたびある生物の潜在的リスクが決定されると、いくつかの規制活動を始めることができる。次の活動の１つが追求される。

1. 排除
2. 初期の検出
3. 封じこめ、防除、または根絶

排除

リスク評価は、ある生物がもし１つの未発生の地域に導入されるならば、許容できないリスクを与えるであろうことを確定する。それは、ある生物を排除することが他の管理選択肢を試みるよりも費用効果がより高いことを判定する。排除は国のレベルで可能である。各国は前に述べた評価によって決定されたように、有害生物排除努力の対象である特定の生物のリストを持つであろう。検疫すべき有害生物のリストは各国で規制機関のウェブサイト上で所定業務として記入される。そしてある URLs［ホームページアドレス］がこの章の終わりに提供される（APHIS, 2000）。

排除は地域レベルで行なうことができる。ワタアカミムシがカリフォルニア州サンホアキンバレーに侵入することを止める努力は地域的排除のよい例である。この昆虫はその地域には存在しないが、南にちょうど 200 マイルのインペリアルバレーには存在する。成虫のガの存在を検出するためにモニタリングが行なわれ、植物材料の鋤起こし命令によって越冬場所が破壊される。そして、入ってくる輸送が検査される。サンホアキンバレーでの不妊虫放飼プログラムが 100 万エーカー以上のワタ畑を防衛している。数百万頭のガがフェニックスにある農務省の実験所で特別の施設で飼育され、不妊化されている（第 17 章で不妊虫放飼戦術のより詳しい説明参照）。不妊ガは野生のガが発見されたワタ畑の上に小さい飛行機から放飼される。不妊虫放飼はワタアカミムシがワタで最も活動的である5月から10月中頃まで行なわれる。不妊虫放飼法が有効に働くためには60頭の不妊ガに対して1頭の野生のガという比が必要とされる。ひどく発生した地域で不妊ガに対する妊性のある野生ガの比が高いと不妊虫放飼は実用的でないが、サンホアキンバレーの限られた地理的地域において、小さい局地的発生を特定の標的としたところではこれはうまく働く。

有害生物阻止戦術

もし、ある有害生物がある特定の状況（例えば植物の輸送または家族の休暇の車中）に存在するかどうかを確定することはきわめて難しく、さまざまな手法に依存する。法律の意図は、旅行する一般市民のためには、商業的輸送と比べて異なるように応じている。

一般市民の旅行

一般市民のメンバーは植物または土を運ぶべきでないことが想定され、強制はその想定にもとづいている。例えばハワイからアメリカ合衆国本土にパパイアを運ぶことは、そのパパイアが生産地で有害生物がいないということが証明されたときにのみ許される。規制機関とその職員の問題点は、植物か土が運ばれているかどうかを、どのようにして確認するかである。次の技術が用いられる。

1. 外国から帰ってきた居住者は質問票に記入しなければならない。この技術の欠点は、それが質問票に記入する人物の知識と正直さに依存するということである。書かれた質問は典型的にある形の口頭の質問と組み合わされる。
2. 訓練された臭いを嗅ぐ犬は、運搬されている手荷物の中の物のさまざまなタイプを検出することができる。APHISのアメリカ合衆国植物防疫検疫官は、手荷物の中の違法な運搬物を検出する目的で、いわゆるビーグル犬部隊を働かせる（**図10-10**）。
3. 手荷物の目視検査は、植物か土または実際の有害生物を見つけて同定することを助ける。この過程は脊椎動物、大部分の植物材料（種子を含む）と肉眼で見ることのできる多くの昆虫のためにのみ働く。

線虫と病原体の検出は、それらが顕微鏡的であるために問題として残る。病原体同定のための急速な分子生物学的方法は、将来これらの有害生物の検出をより容易にするであろう。しかし、現在では寄主植物材料または土の輸入を制限するための論理的な手法しかない。

商業

商業的な農産物の輸入は個人的旅行よりもより大きい規制を受ける。そこでは異なる手法が有害生物検出のために用いられる。

1. 出発地での検査。受け取る国によって雇われた検査員、例えばアメリカ合衆国におけるPPQは、出発地の国内で、作物の栽培条件と包装の前または後のいずれかの農産物を検査するために働く。この農産物は、検疫される有害生物がないということを述べる証明書が発行される。これらは、phytosanitary certificates［植物衛

図10-10
USDA/APHIS植物防疫検疫所のビーグル犬が手荷物の臭いを嗅いでいる。それは、これらの犬によって違法な運搬を妨げるための連邦の攻撃である。
資料：USDA/APHISの好意による写真

生証明書］といわれる。このタイプの証明書は国内での地域の間で農産物を輸送するためにも要求されることがある。植物衛生検査を行なうことと証明書を発行する権限は、時には受け取る国に存在する職員よりも、むしろ輸出国によって雇われた同等の専門家に与えられる。

2. 目視検査。ある商品のために知られている標的の有害生物を見つけるため、特別に開発された定式を用いて荷物は目視的に検査される。それらは一般市民のために用いられる無作為の検査よりも、ある有害生物の存在を検出する可能性がはるかに大きい。
3. 特定の試験。大部分の病原体のようなある有害生物は検出するのが難しい。あるウイルスに目印をつけるような、ある特別の技術が開発されてきた。しかし、これらは典型的に長い時間と特別の施設を必要とするという欠点を持っている。将来は分子生物学的技術がこれらの生物のあるものの検出をはるかに容易にするであろう。

強制的活動

もしある有害生物が検出されるか、可能性のある寄主材料が発見されると、いくつかの可能な活動が起こる。一般市民は、1つの場所から他の場所に植物を運ぶことの潜在的危険を知るべきであり、旅行する一般市民は、有害生物またはその寄主材料を運べば法律を破ることになるということを真に理解しなければならない。

没収

もし、車または個人的手荷物の検査によって、その国（またはある場合には地域、例えばカリフォルニア州）に入ってくる植物と動物農産物が発見されると、そのような農産物は自動的に没収され（**図 10-4**）破棄される。関係した個人または組織は罰金を科せられる（「罰金」参照）。実際のところ、交通量が多いためにすべてのものは検査されない。没収は典型的に入ってくる港または地域的境界で行なわれる。

積荷押収／入境拒否

この活動は潜在的に有害生物を運べる商業的輸送のレベルでの没収と同等である、その積荷は差し押さえられ有害生物がいないと見なされるまで留め置かれるか、または出発地の国に返される。

証明プログラム

ある積荷がある国に入国することが許される前に植物衛生証明書が要求される。植物衛生証明書は積荷とともに旅をする。必要な証明書が欠けていると入国は拒否される。

検疫

農産物または寄主生物が、それに有害生物がないと見なされるまで、ある特別の封じこめ施設に接収される必要がある。この手法はペット動物の輸入と新しい植物材料の商業的導入のために用いられる。アメリカ合衆国は国外から入る主な港に置かれたいくつかの検疫施設を持っている。この技術は寿命の短い新鮮な農産物には適用されない。

罰金

潜在的な有害生物または寄主らしい材料を故意に輸入しようとした個人または組織に対して大きい罰金が科せられる。

処理

ある有害生物のために、その農産物に対して輸送の前か輸送中に防除戦術を適用することができる。この戦術は物理的または化学的である。物理的過程は有害生物を殺すための熱または冷却の使用である。過去には放射線照射が考えられたが、それが潜在的に危険な生物を食糧から除く最も安全な方法の1つであるという事実にもかかわらず、一般市民の懸念によって、その広くゆきわたる使用が許されなくなった。化学的過程の中でメチルブロマイドによる燻蒸が数十年間用いられてきたが段階的に廃止されつつある（第 19 章参照）。

もし、ある積荷に有害生物が存在し、その有害生物を除去するための戦術がないならば、その積荷は受け取り国によって拒否されるであろう。国々の間を旅する船は有害生物防除手段として燻蒸されることがある。オーストラリアは飛行機を到着の前に燻蒸することを要求してきた。

輸入禁止

これは強制の包括的な様式であり、そこではいかなる形の疑わしい土または植物材料も、それがある有害生物を匿うかもしれないために輸入することができない。あるタイプの農産物はそれ故ある国に輸送できない。輸入禁止はまた1つの国の異なる地域の間で制定されることもある。

早期の検出

不幸なことに、排除プログラムは100%有効ではなくて、新しい有害生物は定着するようになる。その理由は、この章の初めの侵入メカニズムで概説したものと同じである。有害生物規制プログラムの一部は、そのように新しく導入された有害生物を、それらが広がるようになる前に検出し、その有害生物の被害の可能性を評価することである。しかしながら、導入と検出の間の遅れの時間は外来有害生物についての主な問題の1つである。多くの非在来雑草種が検出される前にアメリカ合衆国に30年間存在し、または1万エーカーに広がってきたものと推定されてきた。ある有害線虫ではこの遅れは25年間と推定されている。

早期の検出は、ある外来有害生物の定着を止める鍵であるが難しい。連邦政府と州の機関には、侵入した外来種を探し出すように訓練された生物学者がいる。これらの生物学者は適切なトラップと他のモニタリング用具を用いる(第8章参照)。このタイプのモニタリングの限界は、特に重要だと見なされる特定の種を標的にしているということである。標的とされていない有害生物の導入はかなりの時間検出されない。効果的なモニタリングが実施できる程度は限られている。そして、政府機関は農業者、環境保全論者、職業的有害生物防除アドバイザーを含む一般市民のうち、関心があり知識を持ったメンバーに頼るべきである。そして、一般市民が広く外来有害生物検出を助けるようにしなければならない。

封じこめ、防除、あるいは根絶

封じこめ

ひとたび、ある新しい有害生物がある地域で検出されると管理意思決定がなされなければならない。もしその発生を根絶することが実行不可能であれば、それが未発生の地域にさらに広がることを停止させるために、封じこめ手段が用いられるだろう。典型的に、そのようなプログラムを維持する責任は政府と影響を受ける可能性のある集団の間で共同して分担される。

アメリカ合衆国のジャガイモシストセンチュウ(ときには、その色からゴールデンネマトーダと呼ばれる)は封じこめ活動の1つのよい例である。このセンチュウ種 *Globodera* はヨーロッパから運ばれ、20世紀の中頃にニューヨーク州のロングアイランドのジャガイモ栽培地域で流行するようになった。この地方の栽培者には見慣れないものではあったけれども、厳密な検疫が確立され、発生地域の外へのジャガイモの輸送が拒否された。裁判所での異議申し立ては、その活動は妥当で必要であるという基礎の上で拒否された。アメリカ合衆国議会は1948年に発生地域における防除活動を確立するGolden Nematode Act［ゴールデンネマトーダ法］を通過させた。検疫を課し防除することは、アメリカ合衆国の他のジャガイモ栽培地域へのこの線虫の広がりを止めることによって信用された。

防除

防除はこの後の章の主な攻撃であり、社会が新しい有害生物とともに生き、またそうしなければならないという意思決定が行なわれたときの適切な行動である。これが意味することは、他の代替え物の経済的、社会的また環境的費用があまりに高いということである。防除レベルでの管理の負担は、公共部門から個人部門へと移る。この状況はよく定着した大部分の有害生物で典型的であり、実用的な日々のIPMの大部分を構成する。

根絶

ひとたびある導入が起こり、その生物が潜在的にきわめて被害が大きいと確定されると、発生地域がまだ比較的小さい間にすべての有害生物を除去する手段がとられる。

ある根絶的命令は、ひとたび発せられると法的に派及する。機関(政府あるいは個人)はその有害生物を防除することが要求される。そして費用を埋め合わせる助けとして連邦と地方政治の基金が手に入るようになる。もし有害生物防除手段が(同意がないため)実施されないと、実質的な罰金または収監が科せられる。そして防除活動は、持ち主の費用によって、持ち主の反対する間中実施される。この状況では、公共の利益は個人の権利を無視し、ある有害生物の概念は人間中心的であり、それ故社会のすべての部分で一様には受け入れられないために問題を作りだす。それに加えて、特定の有害生物管理戦術を、社会のすべての部分が同様には受け入れない（例えばある人々はいかなる農薬の使用にも反対する）。

根絶は、あるタイプの有害生物では不可能であるかもしれない。土壌伝染性の病原体と線虫は、ひとたびそれらが1つの地域に定着すれば根絶することが本質的に不可能である。それは、一部その有害生物が隠れる性質をもつためである。その有害生物が注目されるときまでそれらは広がるようであり、それら自身を相対的に広い地域に定着させる。なぜ根絶が難しいかについて、これに付け加える理由は、防除戦術を土壌断面のすべてに効果的に行き渡らせるうえで問題があることである。

根絶は容易に成し遂げられない。そのようなプログラムの成功は決して確かでなく、その有害生物が含む生物学に大きい程度に依存している。根絶プログラムには、防除努力とカンキツかいよう病で起こったように（以下参照）、作物を破棄する命令のために財政的に費用がかかる。根絶プログラムはまた一般市民を乱す可能性を持つ。なぜならば、防除の必要性はしばしばよく理解されず、防除戦術が大きい地域を含むからである。

有害生物の導入はしばしば住宅地域に起こる。なぜならば、入ってくる港は近くにあり、あるいは情報のない一般市民のメンバーがそこに違法な植物を運ぶからである。このことは、もし根絶プログラムを効果的にしようとするならば、そのような住宅地域が薬剤散布や他の形の処理をうける必要があるということを意味する。しかしながら、もし有害生物の定着が、許容できない損失（ある地域からの作物の排除、あるいは導入前には何も必要でなかった定期的な農薬使用の必要のような）をもたらすならば、根絶は正当化されるに違いない。しかしながら、ある場合には根絶するという意思決定までには、有害生物が定着してから何年もかかる。これらの場合の根絶の知恵についての論争については広範な文献がある。アメリカ合衆国南部におけるワタミハナゾウムシ根絶プログラムと南部地方のfire ant［刺されると焼けるような感じのする針を持つ雑食性のアリ］はその実例である。

次のものはアメリカ合衆国で行なわれている根絶プログラムの実例である。

1. カンキツかいよう病はカンキツの細菌病であり、カンキツ産業を絶滅させる可能性を持っている。カンキツかいよう病は1900年代の初めにフロリダ州に導入された。この病気は150万本の実の成ったカンキツと150万本の代替寄主と660万本の苗木を破壊し、巨大な費用をかけた後に1947年に根絶された。これは根絶されたと考えられている唯一の病気である。この病気は1984年にフロリダ州で再び見つかったが、その新しい系統は以前の流行がもたらしたほどひどいものではなかった。
2. チチュウカイミバエの幼虫は、すべての柔らかい果実にひどい被害をもたらす（**図10-3b**）。もしこの昆虫がカリフォルニア州とフロリダ州のような主な果実栽培地域で定着することを許すならば、そのインパクトは巨大なものとなるだろう。これらの州にはチチュウカイミバエが何回も侵入した。その結果、根絶活動が何回も行なわれた。これらのあるものは、カリフォルニア州のロスアンジェルスとサンホセの大面積に、餌と混ぜたマラソンの空中散布で処理する必要が生じたときにそうであったように、一般市民によく知られることがなかった。
3. クロモは灌漑水路、小さい港、運河を完全に遮断する能力のある水生雑草である。それは、水田イネ生産にひどい脅威を与える。それはいくつかの州で繰り返し導入された。これが灌漑水路をせき止めイネの生産を減らす可能性があるため、各導入のあとで根絶が行なわれた。
4. witchweedはトウモロコシや他の牧草の根に付着する寄生性の顕花植物である。アメリカ合衆国のノースカロライナ、サウスカロライナ両州で局地的な発生が発見された。連邦の根絶努力は成功するものと考えられている。
5. ワタミハナゾウムシはワタを攻撃して大損害を与える可能性がある。そのため、現在アメリカ合衆国の南部で根絶プログラムが行なわれている。いくつかの州は現在ワタミハナゾウムシがいないと考えられており、それらの地域ではワタの栽培者にすばらしい節約をもたらしている。しかしながらプログラムの設立は生態学的理由で議論の余地がある。

アメリカ合衆国において成功しなかった根絶努力には、クリ胴枯病、オランダにれ病とimported fire antが含まれる。

要約

植物、動物、あるいは農業にたずさわる人々は、有害植物がもたらす問題を知り、望ましくない植物と動物の導入を予防する検疫に関心を持ち、その資料を収集しなければならない。Office of Technology Assessment report［技術評価事務局報告］（United States Congress［アメリカ合衆国議会］, 1993）によれば、動物農業にかかわる大部分の人々は有害生物排除の法律と規則を支持している。ほとんどの動物育成者は命令された検疫過程を遵守することなしにある動物を輸入しようとは考えてはいない。不幸にも、植物、特に観賞植物を扱う人々は、植物または植物の部分に適用される検疫規則を遵守していない。国際的旅行の容易さと旅行する人々の数の大きさが、国際貿易の急速な拡大とともに、外来有害生物の侵入のリスクを増大させている。それに加えて、Brasier（2001）の指摘したように、侵入した場合にかかる長期間の巨大な費用にもかかわらず、無制限の市場力が効果的な検疫を支持するようには働かない。

有害生物の侵入と拡散を止めることの重要性は強調しすぎることはない。失われた生産と汚染された生産物を含む社会と環境への費用は、農薬のような防除戦術の使用の拡大と、在来種が外来種との競争を通じて生息場所を失う危険を増大させてきた。Horsfall and Cowling（1977）は、人間が病原体を1つの場所から他の場所へ運んできた方法について触れて次のようにいっている。

「人は彼の無知によって、彼が逃れることのできない一部分である偉大な生態学的システムを台なしにするために、驚くべき巧妙さを示している」

彼らの感慨は、この章の終わりにふさわしいものとして繰り返し迫ってくる。社会のメンバーが有害生物管理のこの分野において喜んで協力することなしには、植物の有害生物はより広く広がり続けるように思われる。

資料と推薦文献

いくつかの本が、有害生物の侵入と導入の問題と、侵入を遅らせたり止めたりするために人間がうちたてたさまざまな法的障壁をとらえている。問題の大きさは広範に表されてきた（McGregor *et al.*, 1973、Wilson and Graham, 1983、CAST, 1987、U.S.Congress, 1993、Pimentel *et al.*, 2000、Mack and Lonsdale, 2001）。Pimentel *et al.*（2000）による分析は北アメリカの状況のために特に有用である。いくつかの他の国々における侵入性の種についての一般的論議のためにMooney and Hobbs（2000）を、また熱帯林と南半球における病原体についてWingfield *et al.*（2001）を参照するとよい。節足動物と病原体について、Khan（1989）によって編集された3つの巻は規制問題について深く扱っている。植物の侵入についての評価と管理はLuken and Thieret（1997）とCouncil for Agricultural Science and Technology（Mullin *et al.*, 2000）によって編集された本の焦点である。侵入的植物種における園芸の役割はReichard and White（2001）による総説の焦点である。有害生物管理における種子検疫の重要性はFAOの出版物（Mathur and Manandhar, 1993）とMcGee（1997）による種子伝染性病原体の主題である。検疫のために用いられる実際の防除戦術の役に立つ総説はSharp and Hallman（1994）によって準備されてきた。そして、Dahlsten and Garcia（1989）は根絶について総説し実例を提供している。Campbell（2001）は商業規制の変更に関連した有害生物リスク分析の役に立つ総説を提供している。さまざまなウェブサイトが有害生物侵入管理の規制の現状を決定するうえでの有用な情報を提供している（Anonymous, 2000）。

APHIS. 2000. WWW URLs for plant pest introduction laws and regulations. http://www.aphis.usda.gov/ppq/

Brasier, C. M. 2001. Rapid evolution of introduced plant pathogens via interspecific hybridization. *Bioscience* 51:123–133.

Campbell, F. T. 2001. The science of risk assessment for phytosanitary regulation and the impact of changing trade regulations. *Bioscience* 51:148–153.

CAST. 1987. *Pests of plants and animals: Their introduction and spread.* Ames,

Ia.: Council for Agricultural Science and Technology.
Dahlsten, D. L., and R. Garcia, eds. 1989. *Eradication of exotic pests: Analysis with case histories.* New Haven, Conn.: Yale University Press, vi, 296.
Dewey, S. A., M. J. Jenkins, and R. C. Tonioli. 1995. Wildfire suppression—A paradigm for noxious weed management. *Weed Technol.* 9:621–627.
Horsfall, J. G., and E. B. Cowling. 1977. Some epidemics man has known. In J. G. Horsfall and E. B. Cowling, eds., *Plant disease: An advanced treatise.* New York: Academic Press, 17–32.
Kahn, R. P. 1989. *Plant protection and quarantine.* Boca Raton, Fla.: CRC Press, v, 3.
Luken, J. O., and J. W. Thieret. 1997. *Assessment and management of plant invasions.* New York: Springer, xiv, 324.
Mack, R. N., and W. M. Lonsdale. 2001. Humans as global plant dispersers: Getting more than we bargained for. *Bioscience* 51:95–102.
Mathur, S. B., and H. K. Manandhar. 1993. Quarantine for seed. FAO plant production and protection paper 119. *Proceedings of the Workshop on Quarantine for Seed in the Near East.* International Center for Agricultural Research in the Dry Areas (ICARDA), Aleppo, Syrian Arab Republic, 2 to 9 November 1991; Rome, Food and Agriculture Organization of the United Nations, 296.
McGee, D. C., ed. 1997. *Plant pathogens and the worldwide movement of seeds.* St. Paul, Minn.: APS Press, iii, 109.
McGregor, R. C., F. J. Mulhern, and Import Inspection Task Force. 1973. *The emigrant pests.* A report to Dr. Francis J. Mulhern, administrator, Animal and Plant Health Inspection Service, v, 167.
Mooney, H. A., and R. J. Hobbs. 2000. *Invasive species in a changing world.* Washington, D.C.: Island Press, xv, 457.
Mullin, B. H., L. W. J. Anderson, J. T. DiTomaso, R. M. Eplee, and K. D. Getsinger. 2000. *Invasive plant species.* Ames, Ia.: Council for Agricultural Science and Technology.
Naylor, R. L. 2000. The economics of alien species invasions. In H. A. Mooney and R. J. Hobbs, eds., *Invasive species in a changing world.* Washington, D.C.: Island Press, 241–259.
Pimentel, D., L. Lach, R. Zuniga, and D. Morrison. 2000. Environmental and economic costs of nonindigenous species in the United States. *Bioscience* 50:53–65.
Reichard, S. H., and P. White. 2001. Horticulture as a pathway of invasive plant introductions in the United States. *Bioscience* 51:103–113.
Sharp, J. L., and G. J. Hallman, eds. 1994. *Quarantine treatments for pests of food plants. Studies in insect biology.* Boulder and New Delhi: Westview Press, Oxford & IBH Publishers, ix, 290.
Stein, B. A., and S. R. Flack, eds. 1996. *America's least wanted: Alien species invasion in U.S. ecosystems.* Arlington, Va.: The Nature Conservancy.
United States Congress, Office of Technology Assessment. 1993. *Harmful non-indigenous species in the United States.* OTA-F-565. Washington, D.C.: U.S. Government Printing Office, viii, 391.
Williams, M. C. 1980. Purposely introduced plants that have become noxious or poisonous weeds. *Weed Sci.* 28:300–305.
Wilson, C. L., and C. L. Graham, eds. 1983. *Exotic plant pests and North American agriculture.* New York: Academic Press, xvi, 522.
Wingfield, M. J., B. Slippers, J. Roux, and B. D. Wingfield. 2001. Worldwide movement of exotic forest fungi, especially in the tropics and the Southern Hemisphere. *Bioscience* 51:134–140.

第11章
農薬

序論

農薬は農業における最近の発達の結果の1つである。硫黄とか砒素化合物のようないくつかの無機化合物は、何世紀もの間使われてきたが、合成有機化合物のみが20世紀の中頃以来農薬として使われてきた。この時期以前、病原体や線虫、そして節足動物の有害生物は、耕種的手段、抵抗性品種の選択、生物的防除およびいくつかの無機的農薬の使用によって防除されてきた。1940年代以来開発された化学物質は、多くの場合、他の方法では達成することができない防除をもたらし、そして最も重要なことは、以前には不可能であった防除を提供したことである。そのような農薬の効き目と使用の容易さのために、それらは素早くそして広く採用された。

雑草の防除は、節足動物や線虫、病原体の防除とは幾分異なっていた。雑草は一貫して収量に悪影響を及ぼすために、雑草防除の重要性は何時も認められてきた。選択的有機除草剤の開発に先立ち、畝間の多くの雑草の防除は人間の労働で行なわれた。選択的化学除草剤の使用によって、雑草防除に必要とされた人間の労働は劇的に減少した。おそらくそのことが、この目的のために除草剤が広く使われるようになった主な理由であろう。

農薬の使用に対する1つの評価は、読者に有害生物は農薬使用なしに制御しうるという結論を導くであろう。理論的には、もし収穫産物に対する損失と被害の増加が結果的に容認できるならば、病原体や節足動物に対する農薬の使用は止めることができるであろう。しかし、世界人口の急激な増加（**図1-3**）は、このことを容認させないであろう。西欧の工業化社会では、除草剤を使わないではいられない。なぜならば、制御できない雑草は作物生産に大損害を与え、除草剤なしで雑草を防除することを可能にするような人間の労働が十分にないからである。アメリカ合衆国や西ヨーロッパの多くでは人口の2％以下の人々が農業に従事している（**図1-1**参照）。破局的な食糧危機の条件の下でもなければ、工業国の人々が大規模農業を支えるのに必要な除草のために、長い時間喜んで鍬を使うことはありそうにもない。大規模な食糧と繊維の生産の必要性に応えるには、有害生物は、IPMを構成する戦術としての農薬の賢明な使用によって防除され続けるであろう。

農薬の有利性

多くのIPMシステムの重要な構成要素として農薬が残されているのはなぜか？　すべての農薬のカテゴリーに対して等しく適用することはできないとしても、そこにはいくつかの理由がある。そのうちのあるものは現実的なものであり、あるものは認識されているものである。

1. 他の効果的な戦術がこれまで手に入らなかったときに、農薬はある有害生物の防除を提供する。
2. 農薬は代わりになる管理戦術と比べるとおそらく安価で、特に多くの除草剤はその代わりの手労働より安価である。カリフォルニア州のサトウダイコン生産ではNorris（1995）の生産費分析によれば、除草剤はエーカー当たり50〜100ドルで雑草を防除でき、この防除は手除草のエーカー当たり400〜700ドルより優れたものであることが明らであった。経済的な費用－利益分析は、IPMの中で使われる農薬からの実際の利益を事前に評価するために必要である。
3. 農薬の使用によって生じる多くの経済的利益は、その使用によって生じる生産高の増加によるものである。1950年以来のアメリカ合衆国での収量の増加は**図1-2**に示されるように、その一部は優良品種の使用やさまざまな農業慣行と結合した農薬の使用によるものである。

4. 農薬の使用は、与えられたレベルの防除を達成するためにより少ないエネルギーですむであろう。特に除草剤では、石油を必要とするトラクターによる耕起を含む他の除草法よりもエネルギーがかからない。しかしながら、殺虫剤や殺菌剤の場合は、それらの生産や運送のためのエネルギーの使用を考慮すると、抵抗性品種や生物的防除のほうがエネルギーの点ではるかに効率的である。
5. 農薬は他の代替えとなる戦術よりも有害生物の生物学や農業生態系についての知識を必要としないであろう。
6. 農薬は、しばしば標的の有害生物に対して急速な治療的作用を提供し、存在する有害生物問題を急速に制御できる。このことは3の項目と結合して農薬の受容と使用の主な理由となってきた。
7. 農薬は有害生物が発生するか、それらが経済的被害許容水準に達したときに、これを防除する能力を提供することによって、有害生物管理者に求められる計画の量を減らす。有害生物問題を回避するためには、計画と予測できない将来の出来事の考慮が必要である。
8. 適切な条件の下で正しく使われたときには、農薬は相対的に予測できるレベルの防除を提供する。他の戦術の使用には、しばしばより大きい不確実性が伴う。
9. 農薬は、作付け順序についてのより大きい管理を許す。なぜならば、農薬は有害生物の制御のための輪作の必要性を減らすからである。このことによって経済的価値の高い作物を頻繁に作ることが可能となり、長い間の収益の増加をもたらす。このことは畝作物の畝間の除草剤を使用した場合に特にいえることである。
10. ある種の農薬は新しい栽培慣行を開発する。例えば、除草剤がなければ多くの不耕起または減耕起システムは不可能であったろう。
11. 農薬を使うことによって、農薬なしでは不可能であったような地域での農業生産が可能となる。
12. 腐敗菌による食物の汚染の結果、食物の毒素が発生することを農薬は減らすことができる。

農薬の不利益

農薬の使用および誤った使用によって多くの問題が生じた。これらの問題の強さと重要性は農薬のカテゴリーによってかなり変わる。有利性の場合と同様に、ある問題は現実的であり、他の問題は認識されているだけである。

1. 標的外の生物に対する効果。農薬は非標的効果を持ち、それは2つのレベルで起こる。
   - 1.1. 農業生態系内。農薬はミツバチや有害生物個体群の生物的防除で決定的であるような有用昆虫に対して害を与えるかもしれない。ある種の農薬は野生生物に対して有毒である。
   - 1.2. 農業生態系外。農薬は、それらが使われた場所から移動するであろう。その結果、表面水や地下水の汚染をもたらし、食物連鎖内の農薬の蓄積をもたらす。
2. 農薬の費用。農薬の使用の理由がその低価格にあるとしても、他の状況の下では高価な選択となる。このことは生物的防除手段が適切な代替物となる場所で、ある昆虫を管理する場合には特にいえることである。多くの開発途上国では、農薬の費用は買うことのできないほど高い。例えば、手による除草とか作物体上の虫を手で取り除くなどのように、しばしば安い労働が農薬の代替えを提供する。IPMの中で使われる農薬の価格を評価するためには、経済的費用－利益分析が基本であることを再度強調したい。
3. 残留と漂流飛散。農薬が適用されたあと、その残留物は土壌に、そして農産物の上や中に残る。もし、農薬が不適切に使用されれば、残留物は特に心配となる。漂流飛散は農薬が不適当な気象条件下で使用された場合に起こる。風は作物圃場に隣接した地域に農薬を運ぶであろう。そしてその結果、隣り合った植物や動物への被害をもたらす。
4. 食物汚染。食物中の農薬の残留が、長い期間消費者の健康に悪影響を及ぼす可能性がある。幼児の食物中の残留は特に懸念される。なぜならば、耐性が成人とは全く異なるからである。これまでに行なわれてきた試験では、農薬の残留は典型的に検出されないか、または設定された許容量以下かのいずれかである。
5. 毒性。農薬は有毒化学物質であるために、人間や家畜、野生動物に有毒である可能性を持つ。農薬の製造と適用を管理する規制（この章の後のほう参照）がそのようなリスクを最少にするために計画される。
6. 農場作業者への害。農薬は、その毒性の故に作業者特に生鮮市場作物を手で収穫する作業者に病気を起こす可能性を持つ。なぜならば、それら市場作物を外観被害から守るために、収穫近くでも農薬の使用が求められるからである。

7. 有害生物問題を作りだす。いくつかの潜在的な有害生物問題が農薬を繰り返し使用することによって発生する。
    7.1. 農薬抵抗性。1種類の農薬を繰り返し使用することは、その農薬に抵抗性を示す有害生物を選択していくことになるであろう。このことは、すべてのタイプの農薬の使用に対する1つの重大な問題であるが、しかし、殺虫剤、除草剤、殺菌剤、殺細菌剤（抗生物質）では特に重要なものとなってきた。我々は第12章を抵抗性と抵抗性管理の論議にあてている。
    7.2. 有害生物の誘導多発生。農薬（通常殺虫剤）が標的の有害生物を殺すが、有用昆虫をも殺すとき、有害生物の個体群は、しばしば使用する前のレベルよりも高いレベルにまで増加するであろう。この現象は誘導多発生と呼ばれる。標的となる個体群の生存者が増殖し始めると、かつては増加を制限していた有用昆虫がもはや存在しないために、その数が指数的に増加する（項目8参照）。
    7.3. 二次的有害生物の大発生。農薬が主要な有害生物を殺すが、マイナー（二次的）有害生物の個体群は増加し、重要なものとなるであろう。これは殺虫剤と除草剤の両方の使用の場合の1つの問題である。二次的雑草の発生は、本来の目的である主要な雑草にマイナー雑草が置き換わるために、置き換えと呼ばれる。
8. 農薬の踏み車。農薬の誤用はより頻繁な使用に導き、同じ有害生物を防除するために求められる農産物のより高い施用割合を必要とするであろう。この現象は農薬の踏み車と呼ばれ、ひどい生態系の崩壊の結果となる（項目7.2.と7.3.参照）。農薬の踏み車（第12章参照）は、農薬の過剰な使用と特にかかわっている。

この章では化学合成農薬の農業生態系内での使用を概観し、効果的なIPMに対する農薬の貢献について述べる。農薬は環境的、経済的、そして社会的に許容できるIPMのフィロソフィーの中で使用されるべきである。

現在の使用状況

農薬は広範に使われてはいるが、その正確な量は容易にわからない。United Sates Environmental Protection Agency（EPA）［アメリカ合衆国環境保護庁］はアメリカ合衆国における農薬使用のデータを提供している。以下のデータは1997年にEPAが推定した農薬使用量からのものである（Aspelin and Grube, 1999）。

1. 世界の農薬生産量は1997年に57億ポンドと推定される。そのうち40%は除草剤、26%は殺虫剤、9%は殺菌剤、そして25%は他の農薬（燻蒸剤、殺動物剤、ナメクジ駆除剤など）である（**図11-1**）。
2. アメリカ合衆国の農薬の使用は1980年代の初期がピークで、その量は11億2000万ポンドで、1990年代の中頃にはちょうど10億ポンドに減少した（**図11-2**）。この減少は主として非農業的使用が減少したことによる。価格が上がったため、生産される農薬のドル額は増加し続けている1980年代および1990年代の期間には、除草剤と殺菌剤はほぼ一定量使用されたが（**図11-3**）、殺虫剤や他の化学物質の使用が減少し、燻蒸剤や他の慣行的農薬の使用は増加した。
3. 1997年には約890の異なる化学構造の農薬（製品としてではない）が使用されていたが、1980年代中頃の約1200という多さからは減少した。
4. アメリカ合衆国で用いられる除草剤と殺虫剤の約90%

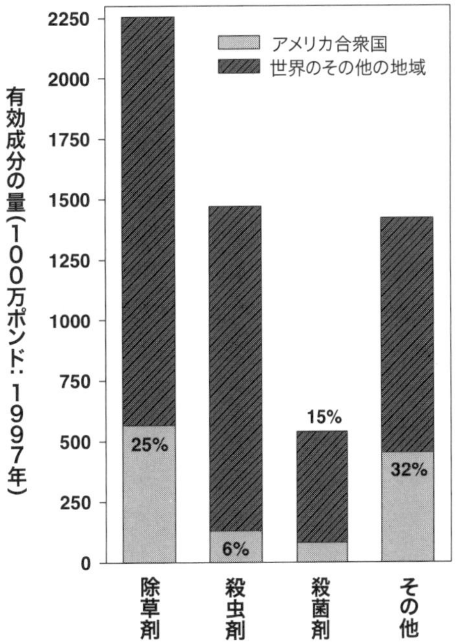

図11-1 1997年に推定された世界の農薬生産を主な農薬の種類にしたがって示した。それぞれの柱に併記した%の値は世界の全生産量に対するアメリカ合衆国の生産量を%で表したものである。
資料：Aspelin and Grube, 1999. によるデータ

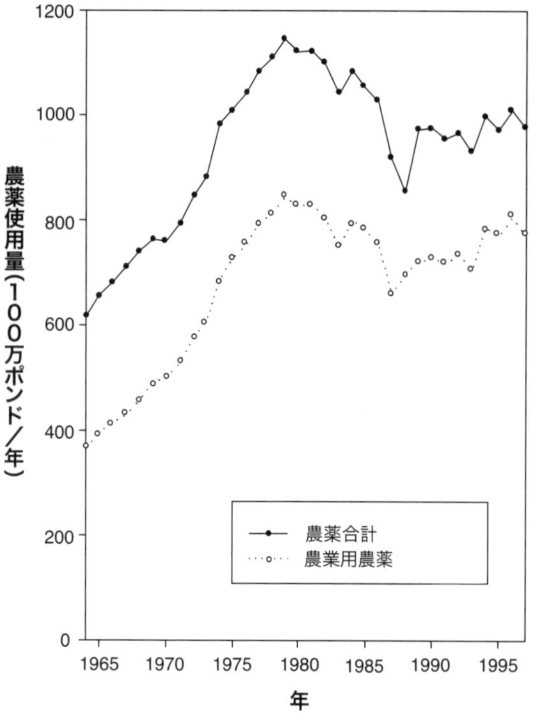

図 11–2　1964 年から 1997 年にアメリカ合衆国における慣行的農薬使用の推定量。全農薬の中には農業用および非農業用の部分（工業用／商業用／自治体および家庭用／園芸用）を含む。

資料：Aspelin and Grube, 1999. によるデータ

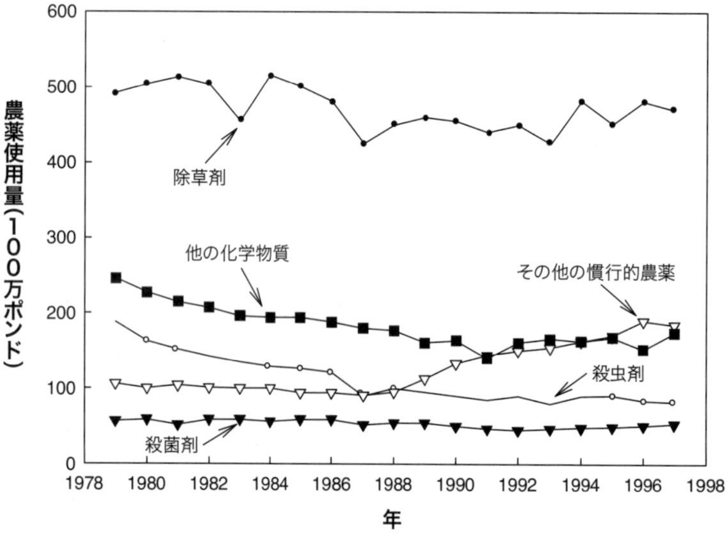

図 11–3

1979 ～1997 年のアメリカ合衆国における成長調節剤や乾燥剤のような他の化学物質を含む慣行的農薬の主要な種類の使用量の変化。

資料：Aspelin and Grube, 1999. によるデータ

は、トウモロコシ、ダイズ、ワタ、小穀類（ソルガムを含む）に使用されている。アメリカ合衆国において使われる農業用農薬は全農薬使用量のわずかな部分を占めるにすぎない（**図 11–4**）。

5. 除草剤はアメリカ合衆国では慣行的農薬使用の最大量を示し、燻蒸剤、殺虫剤、殺菌剤がこの順序でそれに続く（**図 11–5**）。農業上の使用は全慣行的農薬使用の 80%以上を占める。家庭および園芸分野では燻蒸剤の使用は許されていない。

6. 1997 年にはアメリカ合衆国で最も広く販売された農業用農薬 25 種のうち 16 種は除草剤（トップ 2 位）で、4 種はすべての有害生物に毒性を示す殺生物剤、3 種が殺菌剤、2 種が殺虫剤であった。

7. 次亜塩素酸ナトリウム（塩素漂白剤）は飲料水や水泳プールの微生物を殺すために使われる。そしてまた、病院や食堂や他の公共の場所での殺菌のために使われる。これは一種の農薬と見なされ、非農業用農薬使用の大きい割合を占めている（**図 11–4**）。

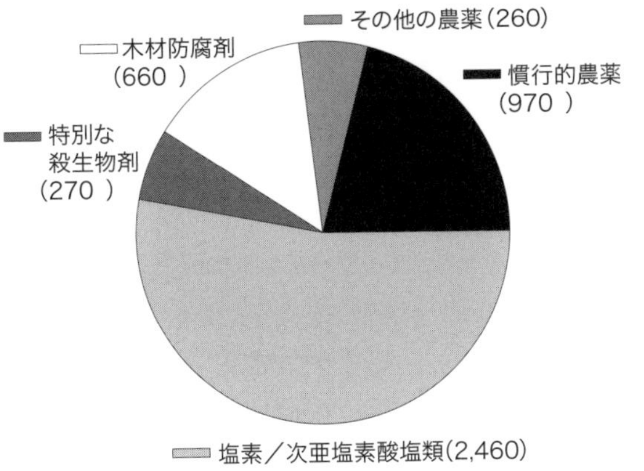

図 11-4　1997 年にアメリカ合衆国で販売された異なるタイプの農薬の割合。(　) の中の数字は 1 年当たりの使用量× 100 万ポンド。
資料：Aspelin and Grube, 1999. によるデータ

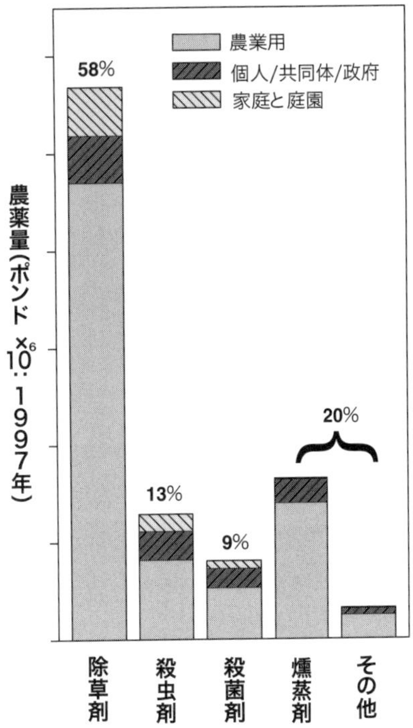

図 11-5　1997 年にアメリカ合衆国における慣行的農薬の主な種類の使用量の市場のタイプによる比較。%の値は農薬の全量に対する各種類の割合を示す。
資料：Aspelin and Grube, 1999. によるデータ

カリフォルニア州は 1992 年に California Environmental Protection Agency（CalEP）［カリフォルニア州環境保護局］が全商業的農薬使用については報告しなければならないという要求を制定したため、農薬使用について正確なデータを持っている。カリフォルニア州の農薬使用についての 1999 年までのデータは現在インターネット上でも見ることができる（California EPA, 2001）。

農薬のタイプ

FIFRA は農薬を「ある有害生物を防除、破壊または緩和するための、あるいは植物成長調節剤、落葉剤、または乾燥剤として使用される物質または物質の混合物」と定義している。

ある人たちは農薬を昆虫を殺す化学物質であると考えるかもしれない。第 1 章で論議された「有害生物」という用語が示すように、各有害生物のカテゴリーを標的としたさまざまな農薬が存在するので、このことは誤りである。「pesticide［農薬］」という言葉の語源の 1 つである「-icide」は「殺す」を意味しているが、すべての農薬がその標的とする有害生物に対して、致死的なものとは限らない。ある農薬は標的となる有害生物を単に無能力にすることによって、それによる被害を防ぐ。一般に農薬は、有害生物として定義される生物に対してあるレベルの毒性を持つ適用物質と定義されてきた。農薬には 3 つの異なる起源が認められている。

農薬の主なタイプ

農薬のタイプ	影響を受ける生物
殺菌剤	菌類
殺細菌剤	細菌
抗生物質	細菌
除草剤	植物（雑草）
殺樹剤	樹木
微生物除草剤	植物
殺藻剤	藻類
殺粘菌剤	粘菌類
殺線虫剤	線虫
ナメクジ駆除剤	ナメクジとカタツムリ
殺虫剤	昆虫
殺成虫剤	成虫
殺幼虫剤	幼虫
殺卵剤	卵
殺アブラムシ剤	アブラムシ
殺ダニ剤	クモ類
殺ダニ剤	ハダニ
殺動物剤	脊椎動物
殺そ剤	げっ歯類
殺鳥剤	鳥類
殺魚剤	魚類

追加的農薬と関連する化学物質

農薬的化学物質	影響のタイプ
消毒剤（主に塩素剤）	微生物
木材防腐剤	木材腐敗生物体
忌避剤	有害動物を寄せつけない
誘引剤	有害動物誘引
成長調節剤	作物／有害生物の成長を修正
乾燥剤	葉の乾燥
落葉剤	植物の落葉をもたらす
補助剤	散布の効果を強める
協力剤	農薬の毒作用を強める

1. 無機化合物。炭素以外の化学元素から由来する農薬。
2. 有機合成化合物。この用語は化学的意味で使われる。そしてこれらは典型的に炭素を含む化合物で、石油を原料とした化学物質から由来する。
3. 生物農薬。これらは生物的な起源を持つ農薬である。この用語は生物体によって作られた化学物質（例えば、抗生物質またはフェロモン）や生物体それ自体（細菌の浮遊液など）を指す。

農薬の定義は、その農薬のそもそもの起源や作用機作の相違を意味しない。この定義は有害生物の成長や行動を修正したり、植物の成長を調節する化学物質を含むものに拡大されている。したがって農薬には前記の表の中の全化学物質が含まれる。

歴史的状況

次は農薬開発の歴史の要約である。農薬に関する情報の日付けの広範な表を**表 11-1** に示した。

無機化合物

歴史的に見て無機化合物は有害生物の防除のために使われた最も初期の化学物質である。硫黄は紀元前 1000 年に家の燻蒸消毒に使われた。砒素は紀元約 900 年に中国で害虫の防除に使われた。砒酸鉛は 19 世紀中頃に始まる確実な防除を提供する最初の殺虫剤の 1 つであった。1880 年頃、銅と消石灰の混合物がブドウの、うどんこ病菌の防除に導入された。硼砂は 19 世紀末に始まる殺虫剤と除草剤として使われた。塩素酸塩は 20 世紀の初めに非選択的な雑草の防除のために導入されたが、これで枯れた植物体が爆発的火災の害をひき起こすという望ましくない特性のために、今ではほとんど使われない。水銀化合物を基にした農薬は殺菌剤として 20 世紀の初めに導入された。しかしその使用は今は続けられていない。

無機農薬を使用する上での主な欠点は、分解しない化学元素に基礎をおいているということである。したがって、繰り返し使用することによって土壌中に元素が蓄積する結果となる。このことは、これらが一度、比較的高い施用割合で適用されていたということと典型的に結びついている。ある種の元素（例えば、鉛、砒素、水銀）は人間をも含むさまざまな生物にきわめて有毒である。銅をもとにした多くの農薬や、より少ないが亜鉛をもとにした農薬がなお使用されているが、多くの無機農薬は有機合成農薬が使われ始めると劇的に減少した。多くの無機農薬はその使用によって起こる固有の環境的／毒物学的問題が明らかになるにつれて次第に廃止された。

有機合成化合物

有機化合物をもとにした農薬の使用は 19 世紀末に始まる。これらの生産物の多くは、初め石油の副産物として発見された。1900 年から 1930 年代までは、これらのタイプの農薬の使用はゆっくりと増加した。1940 年代の初め、特に第二次世界大戦中に、多くの農薬の効果が明らかに示され、それらは広範に使われるようになる。それらのうちで最も主要なものは DDT の殺虫剤としての特性の発見で、それに続いて、フェノキシ化合物の選択的除草特性が発見された。これらの化学物質は、恒常的に実質的な損害と防除の困難さをもたらす有害生物に対するめざましい防除を提供した。有害生物の単一戦術としての化学的防除が、ほとんど酩酊状態の楽観主義のうちに採用され、有害生物に対する silver bullet（銀の弾丸）の解決法への全概念が動き始めた。1947 年 C.Lyle によって行なわれたアメリカ昆虫学会への大統領の教書はこの頃の感覚を要約している。

> 新しい殺虫剤や昆虫忌避剤の開発における近年の発展は全歴史におけるものと同じではない……このような万能の価値を持つ昆虫学者たちの成果は、今までの歴史の中でなかったものである……。昆虫学者たちは秘伝を授けられていない目には魔法使いに見え、──そして、実にその成果は、ほとんど魔法のようにも思わ

表 11-1　農薬の使用に関する出来事の歴史的記録

紀元前	
1200年	聖書で軍隊が征服した土地に塩や灰をまく。非選択的除草剤の最初に報告された使用。
1000年	ホメロスが有害生物防除のために、硫黄の燻蒸または他の形での使用について言及する。
100年	ローマ人がクリスマスローズをネズミ、ハツカネズミ、昆虫の防除に使う。
25年	ベルゲリウス［古代ローマの詩人］が「硝酸カリウムとオリーブ油の沈澱物」による種子の処理について報告。
紀元	
70年	大プリニウス［ローマの政治家・博物学者・著述家］が3世紀以前のギリシャの文学から有害生物の防除慣行について報告。多くの方法は民話や迷信にもとづいている。
900年	中国人が庭の害虫防除のために砒素を使用。
1300年	マルコポーロがラクダの疥癬に対して用いられる鉱物油について書く。
1649年	ロテノンが南アフリカで魚を麻痺させるために使用された。
1669年	西欧世界で殺虫剤としての砒素について最初に注目され、アリの餌としてのハチミツとともに用いられた。
1690年	タバコの抽出物が接触殺虫剤として使用された。
1773年	タバコを熱してその煙を被害植物に吹きかけることによるニコチンの燻蒸。
1787年	石鹸が殺虫剤として言及された。
	テレピン油乳剤が昆虫を忌避したり殺したりするために勧められた。
1800年	ペルシャのシラミ粉（ピレトリン）がコーカサス地方で知られた。石灰と硫黄の粉末の散布が害虫防除のために勧められた。クジラの油がカイガラムシを殺すために処方された。
1810年	砒素を含む浸漬液がヒツジの疥癬の防除のために勧められた。
1820年	魚油が殺虫剤として宣伝された。
1821年	イギリスのJohn Robertsonによって、硫黄が、うどんこ病の殺菌剤として報告された。
1822年	塩化水銀とアルコールの混合物がナンキンムシの防除のために勧められた。
1825年	ニガキ［ニガキ科の植物］がハエの餌の中の殺虫剤として用いられた。
1842年	鯨油の石鹸が殺虫剤として言及された。
1845年	プロシアによって燐のペーストが公式の殺そ剤と宣言された。1859年まではそれはゴキブリの防除に使われた。
1848年	デリス（ロテノン）はアジアで昆虫の防除に使われていると報告された。
1851年	ベルサイユでGrisonによって水を加えて熱した石灰－硫黄が採用された。
1854年	二硫化炭素が穀物の燻蒸剤として実験的に試された。
1858年	除虫菊がアメリカ合衆国で初めて使われた。
1860年	ミミズなどの土壌生息動物を駆除するために塩化水銀溶液が適用された。
1867年	パリスグリーン［三酸化砒素と酢酸銅から作った緑色の有毒性の防腐塗料］が殺虫剤として用いられた。
1868年	灯油乳剤が落葉した果樹の休眠期間の散布剤として採用された。
1877年	シアン化水素（HCN）が博物館のケースを燻蒸するための燻蒸剤として初めて使われた。
1878年	ロンドンパープルがパリスグリーンの代替物として報告された（両方とも砒素化合物）。
1880年	ナシマルカイガラムシに対してカリフォルニア州で石灰－硫黄が使われた。
1882年	ナフタリンの塊が昆虫標本の保存のために使われた。
1883年	Millardetがフランスでボルドー液の価値を発見。
1886年	シアン化水素がアメリカ合衆国カリフォルニア州でカンキツ果樹園の燻蒸に使われた。
	松ヤニと魚油の石鹸がカリフォルニア州でカイガラムシの殺虫剤として使われた。
1890年	コールタール成分のcarbolineumがドイツで休眠中の果樹に使われた。
1892年	アメリカ合衆国マサチューセッツ州でマイマイガの防除に砒酸鉛が初めて用意され使われた。殺虫剤としてジニトロフェノール化合物、4-6-ジニトロ-o-クレゾールのカリウム塩が最初に使われた。
1896年	穀類畑の雑草を選択的に殺すために、硫酸銅が用いられた。
	イギリスの特許が殺虫剤としての無機フッ素化合物について言及する。
1897年	シトロネラ油がカの忌避剤として使用された。
1902年	アメリカ合衆国のニューヨーク州でリンゴの黒星病防除のための石灰－硫黄の価値が発見された。
1906年	Federal Food, Drug, and Cosmetic Act（Pure Food Law）［連邦食品医薬品化粧品法］が可決される。潤滑油乳剤が最初にカンキツ樹に適用された。
1907年	砒酸カルシウムが殺虫剤として実験的に使用された。
1908年	アメリカ合衆国コロラド州で作られた40%のニコチン硫酸塩が最初に試みられた。
1910年	U.S.A. Federal Insecticide Act［アメリカ合衆国連邦殺虫剤法］が可決された。
1911年	東洋以外でデリスの殺虫剤としての使用がイギリスの特許として最初に公表された。
1912年	砒酸亜鉛が初めて殺虫剤として勧められた。
	p-ジクロロベンゼンがアメリカ合衆国で衣類のガの燻蒸剤として使用された。

1917年	硫酸ニコチンが散粉のために乾いた担体に入れて使用された。
1921年	アメリカ合衆国オハイオ州のTroyでcatalpha sphinx［ササゲ類のスズメガ］への殺虫剤散布のために飛行機が初めて使われた。
1922年	シアン化カルシウムが商業的に使用され始めた。
	ワタに対する殺虫剤の最初の空中散布がアメリカ合衆国ルイジアナ州のTallulahで行なわれた。
1923年	マメコガネを誘引するためのゲラニオールが発見された。
1924年	アメリカ合衆国でcubb（デリス）が殺虫剤として初めて試みられた。
	インゲンテントウに対して氷晶石が初めて試みられた。
1925年	セレン化合物が殺虫剤として試された。
1927年	アメリカ合衆国FDAによって砒素を使う際の許容量が決められた。
	燻蒸剤として二塩化エチレンが有用であることが発見された。
1928年	ケニヤに除虫菊の栽培が導入された。
	エチレンオキシドが昆虫燻蒸剤として特許がとられた。
1929年	アルキルフタレートが昆虫忌避剤として特許がとられた。
	n-ブチルカルビトールチオシアネートが合成接触殺虫剤として商業的に生産された。
	氷晶石が殺虫剤として導入された。
1930年	最初の固定されたニコチン化合物のnicotine tannateが消化中毒剤として使われた。
1931年	アナバシンが植物から分離され実験室で合成された。
	最初の有機硫黄殺菌剤のチウラムが発見された。
1932年	メチルブロマイドがフランスで燻蒸剤として初めて使われた。
	エチレンとアセチレンがパイナップルの開花を促進することが発見された。最初の植物成長調節剤。
1934年	ニコチン－ベントナイト結合物が開発された。最初の有効なニコチン粉剤。
1936年	菌類やシロアリから森林を守るためにペンタクロロフェノールが導入された。
1938年	最初の有機燐殺虫剤のTEPPがGerhardt Schraderによって発見された。
	1906年に可決されたPure Food Low［連邦食品医薬品化粧品法］の修正案が食品に対しての汚染を防ぐために可決された。
	Bacillus thuringiensis が微生物殺虫剤として最初に試みられた。
	最初にジニトロフェノール系除草剤であるDNOCがフランスからアメリカ合衆国に導入された。
1939年	最初のよい昆虫忌避剤であるRutgers 612が導入された。
	スイスのPaul MullerによってDDTが殺虫剤であることが発見された。
1940年	殺虫剤ピレトリンの協力剤としてゴマ油の特許がとられた。
1941年	ヘキサクロロサイクロヘキサン（BHC）がフランスで殺虫剤として発見された。
	液化ガスによってエアゾール殺虫剤の導入が促進された。
1942年	DDTの最初の生産品が実験的使用のためにアメリカ合衆国に輸入された。
	最初のホルモン（またはフェノキシ系）除草剤として2,4-Dが導入された。
1943年	最初のジチオカーバメート殺菌剤のジネブが商業的に導入された。
1944年	2,4,5-Tが藪や樹木の防除に、ワルファリンがげっ歯類の防除に導入された。
1945年	初期の合成除草剤のammonium sulfamateが藪の防除に導入された。最初の持続性chlorinated cyclodiene殺虫剤であるクロルデンが導入された。
	最初のカーバメート除草剤のprophamが利用できるようになった。
1946年	有機燐系殺虫剤のTEPPとパラチオンがドイツで開発され、アメリカ合衆国の生産者の手に入るようになった。
1947年	殺虫剤トキサフェンが導入された。アメリカ合衆国の農業史上最も大量に使われたものとなる。
	Federal Insecticide, Fungicide, and Rodenticide Act（FIFRA）［連邦殺虫剤殺菌剤殺そ剤法］が可決される。
1948年	最良の残留性土壌殺虫剤であるアルドリンとディルドリンが初めて生産された。
1949年	最初のdicarboximide殺菌剤であるキャプタンが使用されるようになった。
	最初の合成ピレスロイド剤のアレスリンが合成された。
1950年	おそらく最も安全な有機燐系殺虫剤であるマラソンが導入された。
	殺菌剤マンネブが導入された。
1951年	最初のカーバメート殺虫剤が導入された。それらはisolan, dimetan, pyramat, pyrolanである。
1952年	キャプタンの殺菌特性が最初に記述された。
1953年	ダイアジノンの殺虫特性がドイツで記述された。
	guthion殺虫剤が導入された。
1954年	連邦食品医薬品化粧品法のMiller修正案が可決。これは食物の原料および飼料生産物に対しての全農薬の許容量の設定である。
1956年	カルバリルの導入、最初の成功したカーバメート殺虫剤。
1957年	植物成長調節剤のジベレリンが園芸家に使用されるようになった。
1958年	最初のトリアジン系除草剤のアトラジンと、最初のビピリジリウム系除草剤のパラコートが導入された。
	FFDCA［連邦食品医薬品化粧品法］に食品中の発ガン物質禁止条例としてDelaney［デレニー］条項が加えられた。

1959年	除草剤 aminotriazoleの過剰残留のためにUSA FDA［アメリカ合衆国食品医薬品局］によってツルコケモモの輸入が禁止された。 FIFRA（1947）［連邦殺虫剤殺菌殺そ剤法］はすべての経済的毒物（例えば乾燥剤、殺線虫剤）を含むように修正された。
1960年	除草剤トレフラン®［トリフルラリン］の使用が可能となる。 *Bacillus thuringensis*がレタスやアブラナ科作物に最初に登録された。
1961年	殺そ剤クロロファシノンおよび殺菌剤マンゼブの導入。
1962年	Rachel Carson博士による「Silent Spring」［沈黙の春］の出版。
1963年	シェルのNo-Pest Strip®が家庭用の徐放性燻蒸剤として発表された。
1964年	チアベンダゾールの殺菌効果が記載された。
1965年	最初の土壌施用殺虫殺線虫剤Temik®の開発。
1966年	最初の浸透性殺菌剤carboxinが開発された。 殺虫剤メソミルおよび殺ダニ殺卵剤クロルジメフォルムが導入された。
1967年	浸透性殺菌剤の第二のグループであるベノミルの導入。
1968年	天然ピレスロイドより高い活性を持つ合成ピレスロイドとしてtetramethrin, resmethrin, bioresmethrinの発見。 除草剤に対する雑草の抵抗性についての最初の発表（アトラジンに対するノボロギクのもの）。
1969年	アメリカ合衆国アリゾナ州が農業に対するDDTの使用を一時停止する。 USDA［アメリカ合衆国農務省］は、効果的で残留がない方法が手に入るときには残留性農薬の使用を避ける、という政策を採用する。 環境保全の提案に基礎を置くMrak報告が出され、1970年のUSA Environmental Protection Agency［アメリカ合衆国環境保護庁］の設立をもたらす。
1970年	Environmental Protection Agency（EPA）［アメリカ合衆国環境保護庁］が設立され、それが農薬の認可の責任を負う（USDAの代わりに）。 種子に処理されるアルキル水銀化合物のすべての登録が保留された。 食品や種子の農薬の許容量を確立する権限がFDAからEPAに移された。
1971年	除草剤グリホサートが初めて導入された。
1972年	Federal Environmental Pesticide Control Act（FEPCAまたは修正FIFRA）［連邦環境農薬制御法］の可決。 メチルパラチオンの最初のマイクロカプセル化殺虫剤、ペンカップM®の導入。 カリフォルニア州がすべての有害生物防除アドバイザーの免許制を始める。
1973年	最初の光安定性ピレスロイドであるペルメトリンの開発。 アメリカ合衆国EPAによるすべてのDDTの使用の実際上の禁止。
1974年	EPAによって、農薬処理された畑への作業者の再立ち入りについての最初の基準が設定された（例えば、農薬の経皮毒性にもとづく24時間または48時間の再立ち入り禁止期間）。
1975年	殺シロアリ剤を除き、すべてのアルドリンおよびデイルドリン使用の禁止。 ワタのアメリカタバコガ－ニセアメリカタバコガ防除のための最初のウイルスの登録。 最初の昆虫成長調節物質（methoprene）がEPAによって登録された。
1976年	アメリカ合衆国でRebuttable Presumption Against Registration（RPAR）［登録理由への反論］がストリキニーネ、エンドリン、Kepone®、1080、とBHCに対して発せられた。 Toxic Substance Control Act（TSCA）［毒物制御法］が10月11日に可決。 アメリカ合衆国EPAは水銀化合物の大部分の農薬使用を禁止した。
1977年	dibromochloropropane（DBCP）の使用保留とMirex®の全使用登録がアメリカ合衆国EPAによって取り消された。
1978年	アメリカ合衆国EPAは殺虫剤クロルベンジレートの大規模なRPARを実施。使用制限農薬を施用するための個人または商業的使用者への認可トレーニングが完了した。 FIFRAへの追加修正案が農薬登録過程を改善するために設定された。 EPAによる最初の使用制限農薬のリストの発行。 ワタのために使用されるフェロモン（ワタアカミムシのためのゴシッピルア）の最初の登録。 Robert Van den Boschによる「The Pesticide Conspiracy」［農薬の陰謀］の出版。
1979年	アメリカ合衆国EPAによって2,4,5-Tおよびsilvexの大部分が使用保留とされた。
1980年	新法案によってアメリカ合衆国議会がアメリカ合衆国EPAの監督責任を確認する。
1982年	廃棄物、漏出物、ゴミ捨て場のクリーンアップのためにComprehensive Environmental Response Compensation and Liability Act（CERCLAまたは「Superfund」［包括的環境反応補償および責任負担法または「超財源」］の可決。 デレニー条項が再審査される。食品の加工中に発ガン性食品添加物の使用ができなくなる。 農薬はこの分類から免除される。EPAによる農薬のいかなる認可行為においても前もって、リスク／利益分析が行なわれなければならない。
1983年	アメリカ合衆国EPAは大部分のエチレンブロマイド（EDB）の使用を禁止する。
1984年	アメリカ合衆国EPAはエンドリンの大部分の登録を取り消す。
1985年	アメリカ合衆国議会は1973年に初めて可決された1978、1979および1982年に修正されたFederal Endangered Species Act［連邦絶滅危惧種法］を再認可する。

	食品外使用として azadirachtin が殺虫剤として初めての登録。
1986 年	アメリカ合衆国議会は Superfund［超財源］に Title 111, The Emergency Planning and Community Right-Know［第 111 編、緊急計画および共同体の知る権利法］を含めるように修正する。
	OSHA はその Hazard Communication Standard［有害情報基準］を設定する。それは有害物質を浴びて働く作業者に雇用主はMaterial Safety Data Sheets （MSDS）［物質安全データ表］を提供することを求めるものである。
	アメリカ合衆国 EPA は DBCP の残っていた登録のすべてを取り消す。
	アメリカ合衆国 EPA は toxaphene のすべての農業使用を禁止する。
	アメリカ合衆国 EPA は dinoseb のすべての配布、販売および使用を保留する。
1987 年	アメリカ合衆国 EPA は FIFRA に 1973 年の Endangerd Species Act［絶滅危惧種法］にしたがって、アメリカ合衆国の 135 の郡で 126 の農薬を制限することを試みる。
1988 年	アメリカ合衆国議会は FIFRA の「FIFRA lite」と呼ばれる修正案を可決する。
	アメリカ合衆国 EPA は Endangerd Species Act［絶滅危惧種法］の実施スケジュールを延期する。
	シロアリ駆除剤としてのクロールデンおよびヘプタクロールが使用禁止された。
	アメリカ合衆国 EPA は加工食品での発ガン性農薬の残留のための新しいリスク／利益「無視しうるリスク」の方針を発表する。
	アメリカ合衆国 EPA は新農薬登録のための高い手数料と追加的位置、およびラベル変更を設定する。
1989 年	アメリカ合衆国 EPA は継続手数料を支払わなかった 2 万の生産品を取り消す。
1990 年	Azadirachtin 使用が拡大された。
1991 年	アメリカ合衆国 EPA は 1990 年の継続手数料を払わなかった 4500 の製品を取り消す。
	アメリカ合衆国 EPA は「de minimis」［最小限］の危険をもたらす農薬使用のためのデレニー条項に「de minimis」［最小限］の除外を支持する最終条例を制定する。
	アメリカ合衆国 EPA は人間に有害であるとしてエチルパラチオンの大部分の使用を禁止する。
	アメリカ合衆国 EPA と農薬企業は登録継続手数料の増加に合意する。議会が提案を制定。
	アメリカ合衆国最高裁判所は地方自治体の FIFRA より厳しい農薬登録の制定を認めることを判決する。
	Ecogen がコウチュウとチョウ目の幼虫の両方を防除するための遺伝的に増強した *Bacillus thuringiensis* である Foil ® に対してアメリカ合衆国の特許を認可された。
	Mycogen が最初の遺伝的に操作された農薬として、デルタ内毒素に被包化された *Bacillus thuringiensis* の MVPG およびM-Trak ® をアメリカ合衆国 EPA によって登録する。
1992 年	アメリカ合衆国 EPA が 1991 年の継続手数料を支払わなかった 1500 の製品を取り消す。
	アメリカ合衆国 EPA は作業者の農薬からの保護の新基準を設定する。
	アメリカ合衆国 EPA は最初の完全な Pesticide Reregistration［農薬の再登録］、「Rainbow Report」を公表する。
	アメリカ合衆国内でカリフォルニア州が州の Environmental Protection Agency （CalEPA）［州立環境保護局］を設立する。
1993 年	アメリカ合衆国議会は EPA にある種のデータの必要性を差し控えるマイナー使用の登録を促進することを求めた H.R.967 を考慮する。
	Neemix ® が食品を除いてアメリカ合衆国 EPA に認可された。
1994 年	カリフォルニア州はすべての商業的農薬使用に 100% の使用報告を始める。
1995 年	アメリカ合衆国連邦作業者保護基準が Occupational Safety and Health Act of 1970［雇用者安全および健康法 1970］のために実施された。これは農薬使用の多くの状況にインパクトを与える。
1996 年	USA Federal Food Quality and Protection Act（FQPA）［アメリカ合衆国連邦食品品質および保護法］が制定された。

この表は Ware（1994）を修正し最新のものとした。

れる（Lyle, 1947）。

有機合成農薬の開発は 1950 年代から 1960 年代に急速に進んだ。このような幸福感は約 15 年間で終わった。その期間に化学物質に対するこの信頼に対して、ある疑問が生じた。Rachel Carson（1962）の「Silent Spring」［沈黙の春］の出版は、広範に散布された農薬の使用による問題と環境への潜在的影響に劇的なハイライトを浴びせた。この時期に単一戦術的な化学的手法による昆虫の抵抗性が急速に増え始めた。そして、病原体や雑草でも抵抗性を持ったものが現れた。1960 年から 1980 年の期間の分析化学における鋭敏な道具の開発はまた、これらの技術が食物や環境内にきわめて低いレベルで存在する農薬を検出する能力を増大させることによって、農薬の開発、使用および規制に強い影響を及ぼした。このことや、その他の理由によって、当初の幸福感は、農業における農薬の役割の再評価と IPM プログラムにおける農薬の有用性へととって代わられた。この章では有機合成農薬化学物質の開発、使用および規制について論ずる。

生物農薬

生物に由来する代謝物と生物それ自身さえをも含む、さまざまな農薬のグループが biotic pesticides［生物的農薬］または biopesticides［生物農薬］として一般に知られている。生物農薬には昆虫病原体、細菌、ウイルス、および線虫、植物由来の農薬、および昆虫フェロモン（行動を変えるために使用する。第 19 章参照）を含む。我々は Hall and Menn（1999）および Copping（1998）によってこの農薬のグループの説明に用いられた用語を採用してきた。

生きているシステム

ある生きている生物は、標的となる有害生物に到達させるために、散布するか、他の方法で適用するように包装される。多くのウイルスは昆虫に致死的であるが、生きている生物の外で培養することができない。例えば、北アメリカと南アメリカでダイズの重要害虫である *Anticarsia gemmatalis* に感染するウイルスは、病気に罹った幼虫を集めることによって手に入れ、水中で砕き、その濾過物を、他の幼虫に伝染させるために植物の上に散布する。このウイルスは現在では商業的に製造され始め、使う直前まで乾燥状態で保存することができる。ある種の顆粒病ウイルスや昆虫病原菌類の胞子もまた、殺虫剤として商業的に作られている。マメコガネの乳化病の細菌剤は長年使われてきた。1970 年代の遅くには、雑草を管理するための 2 つの病原菌類が商品化され、その他のものが評価され始めている。さまざまな昆虫を防除するために 2 つのグループの線虫が生物農薬として使用されている。生物的防除に使われる可能性のある線虫の最初の発表は 1932 年で、その時 *Steinernema glaseri* がマメコガネ（*Popillia japonica*）を殺すことが観察された。昆虫病原線虫の数種が、現在主として土壌生息性害虫防除に商業的に利用されている。

発酵生産物

生物農薬としての *Bacillus thuringiensis*（通常 Bt と呼ばれる）の使用は 1938 年に始まったが、おそらくこのタイプの最初の生物農薬であろう。Bt の多くの異なる系統が今や発見されてきた。Bt は Parasporal crystalline inclusions（結晶性タンパク）を生産し、それが多くの昆虫に毒性を示す。結晶性タンパクはさまざまな殺虫性結晶タンパク質によって形成される。多くの Bt 殺虫剤は巨大な生物的反応器の中で作られ、製剤には結晶タンパク質および ある生きた胞子を含む。ある適用形態では胞子は不活性化される。

ある有機化学農薬は微生物の代謝物が有効成分となっている。代謝産物は大規模な発酵によって商業的規模で生産される。このような化学物質の殺虫剤としての開発は 1980 年代の初期から始まり、その中には abermectin や spinosad の製品がある。抗生物質は、他の微生物を阻害するためにある微生物によって生産される毒物である。最も著名なのは抗細菌性で、1940 年代以来病原性細菌を殺すために使われてきた。ある抗生物質は農業生態系内の病原細菌を管理するために使うことができるので、それらは農薬と考えられている。

植物由来農薬

植物に由来する化学物質は、最初に知られた農薬のうちに入れられる。植物は進化するにしたがって有害動物や病原体による選択圧に曝されるために、それらの有害生物の攻撃を防御する働きを持つ植物化学物質を進化させた。有害生物の存在にかかわらず、いつでも植物が作りだす防御化学物質は構成的防御と名づけられる。ある植物では有害生物の攻撃があったあとでのみ防御化学物質を生産するが、これらは誘導的防御化学物質といわれる。有効な構成的化学物質を生産する植物は、それが抽出され農薬として使うために育てられる。

クリスマスローズはキンポウゲ科の植物であるが、ネズミ、ハツカネズミ、昆虫を防除するためにローマ人によって使われた。*Pyrethrum* 属の植物に由来するピレトリンや *Derris* 植物体からのロテノンは 19 世紀中頃から広く使われた。害虫防除のためのニコチンの使用は 18 世紀中頃からよく確立された。ニームトリー［インドセンダン］、*Azadirachta indica*、から得られる azadirachtin にもとづくニームは効果的な殺虫剤である。それはニームトリーが自生しているインドで何世紀も使われてきたが、西欧世界への導入は比較的最近のことである。多くの植物はさまざまなアルカロイドを生産し、そのあるものはストリキニーネのように有害脊椎動物の防除に使われている。これらの化合物の使用は現在も続けられ、その多くは有機農業にとって許容できるものと考えられている。

遺伝子組み換え植物農薬

ある種の作物は、普通はその植物には存在しない化合物を作るために遺伝的に操作されたり改変されている。そのような遺伝子組み換え植物は、しばしば遺伝的操作生物（GMOs）と呼ばれる。Btの内毒素を作りだすことが可能な植物がその例で、他のものも実験的に開発中である。1996年にトウモロコシが野外で使用する最初のBt内毒素遺伝子で操作された作物となった。それ以来、ワタとジャガイモでBt内毒素遺伝子が同様に導入された。ヨーロッパで遺伝子組み換え作物（GMOs）は広く認められていない。またアメリカ合衆国でも、そのような作物の使用に対して、いくらかの社会的抵抗がある。このタイプの農薬作物の役割については第17章の寄主植物抵抗性の項と第19章の社会的制約の項でさらに論じられる。

農薬発見の過程

最初の農薬は、抜け目のない人々の観察を通して偶然に発見された。直接探すのではなく、価値あるまたは適合する物の発見という現象は掘り出し物といわれる。このことは、1939年のDDTの殺虫剤としての能力や、1942年の2,4-Dの除草剤としての能力の発見という有機合成農薬の発見が始まった後では存在しなくなった。1940年代の終わり頃以後その過程は次のようなステップを経てきた。

ステップ1

化学会社に雇われた化学者は、化学物質または数多くの新しい合成化合物を得る。この過程は1990年代に組み合わせ化学と呼ばれる方法で、化合物を加えたり混ぜたりするコンピューター制御ロボットによって部分的には自動的に行なわれてきた。この方法で生物学的能力を試験することができるさまざまな新しい化学的構造が生まれた。

ステップ2

新しく合成された新化学物質は次いで生物学的活性を評価するための一次スクリーニングの過程を受ける。歴史的に化学物質は、選ばれた標的有害生物体のグループ、例えば10種の雑草、10種の昆虫、または10種の病原体に、高い施用割合で適用された。もし、何らかの活性が観察されれば、さらにその先の試験が行なわれる。脊椎動物や軟体動物に対する活性は通常は評価されないので、この段階では単なるチャンスである。評価に含まれる有害生物は経済的考慮からねらったものである。ある特定の有害生物に対して効果的な農薬から期待される経済的収益は、スクリーニングの過程内にそのような有害生物を含める価値があったかどうかを決めるであろう。

ほぼ1990年頃から、多くのスクリーニングの過程は、この大規模のテストを限られた数の生物体についてきわめて微量の化合物（1試験当たり1mg以下）によってロボットを使って自動的に行なわれるようになった。このような変化は、組み合わせ化学のような高い処理能を使って合成された微量の化合物によって必要とされてきたもので、これは可能性のある1つの有用な農薬を発見するために、より多くの化合物を試験する必要性があることと結びついている。

大部分の化学会社は、今や関心のある化学物質の種類の発見を開始するために、ある種の比較的高い処理能を持つ毒物学と環境における運命のスクリーニングを行なっている。これらの試験からの情報は重要である。それは、ある化合物の開発は、優れた毒物学と環境での運命の特性に依存しているからである。

ステップ3

もし可能性のある新農薬が発見されると、その会社は特許申請を提出する。

ステップ4

第一のスクリーニングで活性があった化合物には第二のスクリーニングが行なわれる。その中には追加的作物、広い範囲の適切な有害生物、そしてさまざまな化学的薬量などが含まれる。会社は、天敵を守るための選択的農薬を開発する試みとして、代表的な有用昆虫、例えばミツバチ、ある種の捕食者、捕食寄生者などに対する試験を加える。

この時期に予備的な毒物学試験が始まり、そして残留分析のための分析過程の開発が始まる。製剤化学者が、使いやすい剤型の中に化学物質をパックする最も適切な方法についての研究を始める。

この開発の時期に農薬会社の試験場で予備的な野外試験が実施される。

ステップ5

この段階で農薬会社は、この化学物質の開発を追求するかどうかを決定する。この決定は、市場の大きさ、化合物を製造するためのコスト、および最初の毒物学的情報などに依存する。もし新しい製造プラントが建設されなければならない場合には、ある程度の先行期間が必要である。

ステップ6

厳しい毒物学的研究が続けられる。そして、化学物質の使用のために起こる可能性のある問題を評価するための、長期間の経口投与試験が始められる。その中には、慢性的効果、先天異常、変異誘発性、および発ガン性などが含まれる。毒物学的試験は親化学物質、製剤製品とすべての主要代謝産物について行なわれる。野外での効果を確立するために広範な野外試験が企業の試験場でなおも行なわれる。新製品がIPMプログラムの中の生物的防除と両立して売ることができるように、選択性についての観察がさらに行なわれる。

ステップ7

その化学物質は、学会の集会や企業の技術的代表のネットワークを通じて、大学や公共機関の研究者に紹介される。通常、この段階では新化学物質は符号をつけた製品として紹介される。

ステップ8

最初の研究が完了し、すべてのデータがまとめられる。農薬会社は販売努力を始める。

ステップ9

提案されるラベルが書かれる。このラベルは使用者に対して、その農薬を使用できる作物や有害生物について、農薬を安全に使うにはどうすればよいか、またはその安全に対する警告について述べる文書である。ラベルについてのより完全な論議は、この章の後の部分で行なわれる。農薬会社は、登録者として、農薬とそのラベルのすべての局面についての一揃の情報を集める。この一揃の情報は、その製品が現在の法律によって農薬として登録されることを求めるために、EPAまたは他の国の適切な規制専門機関に提出される。必要なところ（例えばカリフォルニア州）では、その一揃の情報は地方州の登録のためにも提出されなければならない。

ステップ10

政府機関は申請された一揃の情報について考察し、登録を許可するか、またラベルが承認されるかどうかを決定する。登録が完了したかどうかを決める前には一般市民への説明の期間が含まれる。製品が登録され、使用上のラベルが承認された後、会社は製品の販売を始めることができる。

アメリカ合衆国では、開発および登録のための全期間は現在では6～9年を要し、その費用は約1億ドルに及ぶ。現在の成功率は約10万の新合成化学物質から約1つの新製品が生まれるという割合である。

化学的特徴

農薬の命名

各々の化学的農薬についての命名は化学物質についての情報を提供する。これらの異なる名前の使用の例を**表11−2**に示す。

化学名

化学名は、厳密な国際的ルールにしたがって現在受け入れられている農薬の全名称を綴ったものである。化学者と学会のみがこの名前を使用する。

化学構造

異性体を含む分子の構造を表し、化学者、毒物学者、生化学者にとって重要な情報を含む名前が化学構造と呼ばれている。ある化学的活性はしばしばある化学構造の機能である。

一般名

一般名は正式な化学名に関連した化学物質に指定される。受け入れられる一般名の開発は国際的ルールにしたがう。一般名は、使用が楽なように化学名を典型的にはるかに短縮したものである。一般名は、その化学物質を指すが、全化学名または商品名を使用することを望まないような人によって用いられる。一般名の使用は、特定の商標名を特定せずに、学会で受け入れられた形で、同じ親化合物のために1つ以上の商品名が用いられているときに起こる問題を解決する（商品名参照）。農薬の一般名は薬品の総称名と同等のものである。我々はこの本の中では、明確さのために商品名が求められる場合以外は、商品名よりも一般名を使う。

商品名

商品名は登録された商標名で、特定の商業的存在（通常は化学会社）の所有物である。それは、その有効成分としての化学物質を含む剤型化された農薬の商業的販売に使われる。商品名は、ラベル承認の過程の期間中に選定される名前にもとづいている。ある商品名は会社によって登録され、あるパラメータの中に適合する限りは、会社が望むいかなる製品にも使用することができる。それは特許製品と

表 11–2　農薬の 2、3 の主要な種類の中から選ばれた農薬の代表例。各化合物は化学構造を示し、一般名、商品名、全化学名、化学群および農薬のタイプと典型的使用法および防除される有害生物を含む。[各名前は日本で使用されているものを記し、それがないものは英語で記した]。右側に構造式を転載する

さまざまな脂肪族化合物

これらは環状構造を形成しない炭素骨格を持つ化合物である。

(a) 一般名：臭化メチル
商品名：なし。臭化メチルとして販売される
化学名：臭化メチル
農薬のタイプ：一般的殺生物剤、燻蒸剤
使用のタイプ：土壌中または貯蔵農産物中の全生物の防除

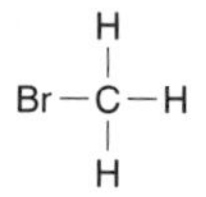

(b) 一般名：ホセチル
商品名：アリエッティ
化学名：アルミニウム＝トリス（エチル＝ホスホナート）
農薬のタイプ：有機燐剤、殺菌剤
使用のタイプ：土壌伝染性卵菌類に対して有効

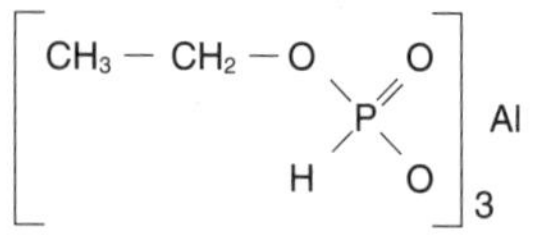

(c) 一般名：マラソン
商品名：マラチオンおよび Cythion®
化学名：ジメチルジカルベトキシエチルジチオホスフェート
農薬のタイプ：有機燐剤、殺虫剤
使用のタイプ：接触剤、多くの昆虫、神経毒、哺乳類への毒性は比較的低い

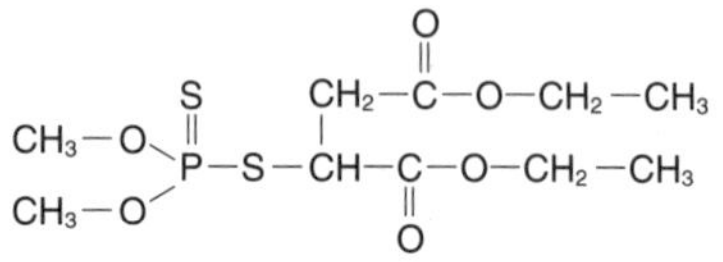

(d) 一般名：グリホサート（イソプロピルアミン塩）
商品名：ラウンドアップ®
化学名：イソプロピルアンモニウム＝*N*−（ホスホノメチル）グリシナート
農薬のタイプ：多方面にわたる除草剤
使用のタイプ：非選択性、移行性、出芽後施用、シキミ酸経路の阻害

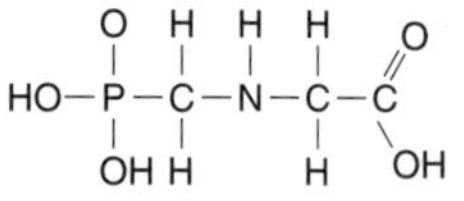

(e) 一般名：aldicarb
商品名：Temik®
化学名：2-methy-2-(methylthio) propionaldehyde *O*-(methylcarbamoyl) oxime
農薬のタイプ：カーバメート、殺虫剤および殺線虫剤
使用のタイプ：浸透性、土壌施用、哺乳類にきわめて毒性あり

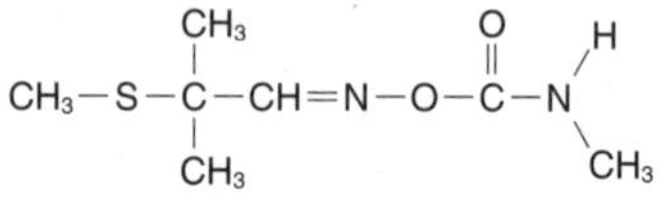

(f) 一般名：EPTC
商品名：Eptam®
化学名：*S*-ethyl dipropylthiocarbamate
農薬のタイプ：チオカーバメート、殺菌剤
使用のタイプ：植え付け前混入、発芽阻害、マメおよびアルファルファに選択的（トウモロコシ、ただし解毒剤とともに使用のみ）

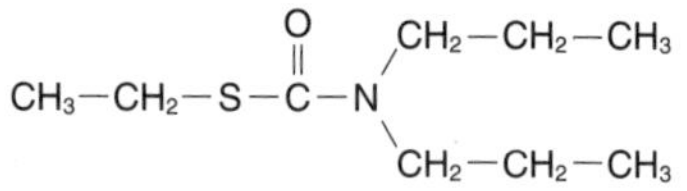

(g) 一般名：マンネブ
商品名：マンネブとして販売
化学名：マンガニーズエチレンビスジチオカーバメート
農薬のタイプ：浸透性、おそらくアミノ酸の SH 基を阻害するイソチオシアネートを生産して作用

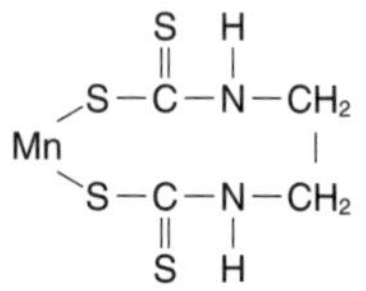

ベンゼン環を持つ化合物（芳香族化合物ともいわれる）

ベンゼン環は 6 個の炭素原子からなる。各炭素原子につく水素原子はこの図では示されていない。1 個以上の水素原子が他の原子または側鎖によって置換される。

(h) 一般名：2,4-D
商品名：多くの商品あり
化学名：2,4-ジクロロフェノキシ酢酸
農薬のタイプ：フェノキシ、除草剤
使用のタイプ：選択的、穀類や他の草作物（例えばシバ）中の双子葉雑草を殺す、移行性、出芽後施用、おそらく遺伝子の翻訳を変える

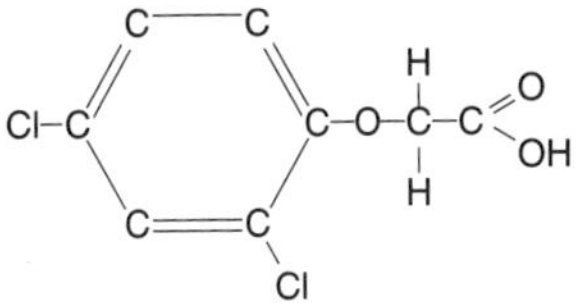

(i) 一般名：diuron［DCMU］
商品名：カーメックス®など
化学名：3-(3,4-ジクロロフェニル)-1,1-ジメチル尿素
農薬のタイプ：尿素の代用品、除草剤
使用のタイプ：光合成阻害、アポプラスト移動、土壌処理、限定的選択性

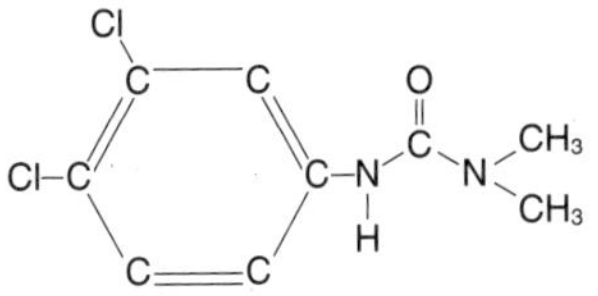

(j) 一般名：カルバリル
商品名：セビン®
化学名：1-ナフチル-*N*-メチルカーバメート
農薬のタイプ：カーバメート、殺虫剤
使用のタイプ：汎用性昆虫防除、
ミツバチに毒性あり、哺乳類には相対的に低毒性

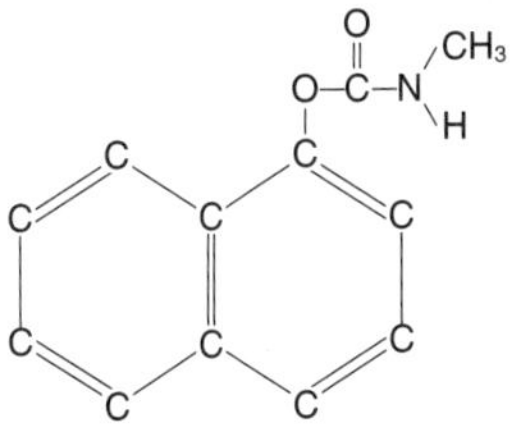

(k) 一般名：ペルメトリン
商品名：アディオン、Ambush®、Rounce®
化学名：*m*-phenoxybenzyl (±)-*cis,trans*-3-(2,2-dichlorovinyl)-2,2-dimethylcyclopropanecarboxylate
農薬のタイプ：合成ピレスロイド、殺虫剤
使用のタイプ：多くの昆虫、低薬量施用、日光下で安定

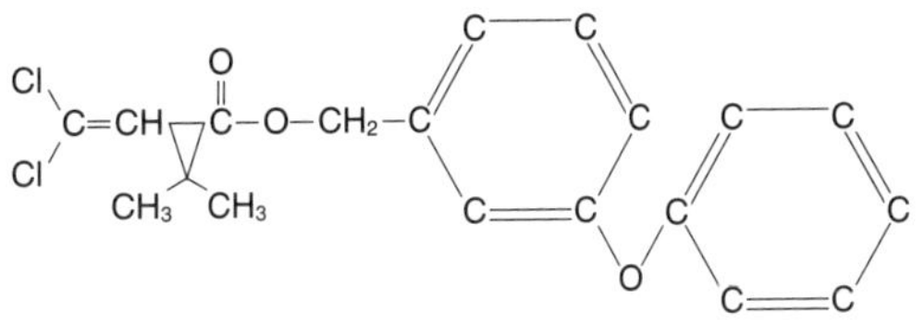

(l) 一般名：ワルファリン
商品名：多数
化学名：3-(α-アセトニルベンジル)-4-ヒドロキシクマリン
農薬のタイプ：クマリン、殺そ剤
使用のタイプ：抗凝血剤、げっ歯類防除のための毒餌として使う、血液凝固阻害

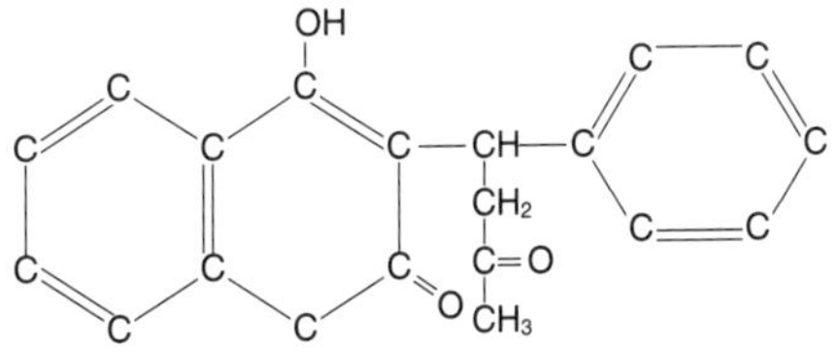

複素環を持つ化合物

複素環とは、分子環部分に異種の原子を含むことを意味し、農薬では普通炭素と窒素の原子を含む。

(m) 一般名：nicotine［ニコチン］
商品名：多数
化学名：3-(1-methy1-2-pyrrolidy1)pyridine
農薬のタイプ：アルカロイド、植物起源、殺虫剤
使用のタイプ：接触剤、神経毒

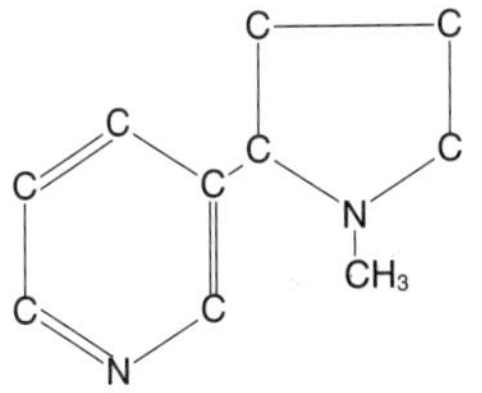

(n) 一般名：キャプタン
商品名：キャプタンの商品名で売られる
化学名：N-トリクロロメチルチオテトラヒドロフタルイミド
農薬のタイプ：スルフェニミド、殺菌剤
使用のタイプ：予防的、接触剤

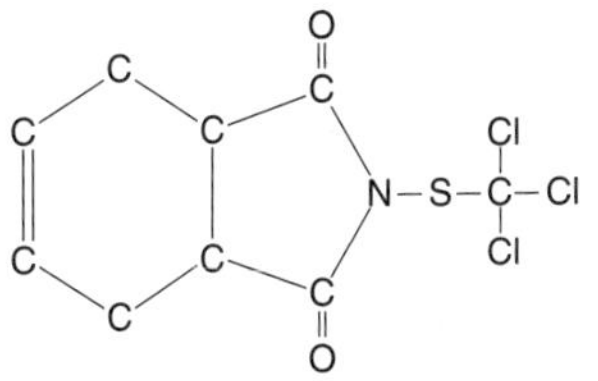

(o) 一般名：ベノミル
商品名：ベンレート®
化学名：メチル-1-(ブチルカルバモイル)-2-ベンゾイミダゾールカーバメート
農薬のタイプ：カーバメート、殺菌剤
使用のタイプ：浸透性

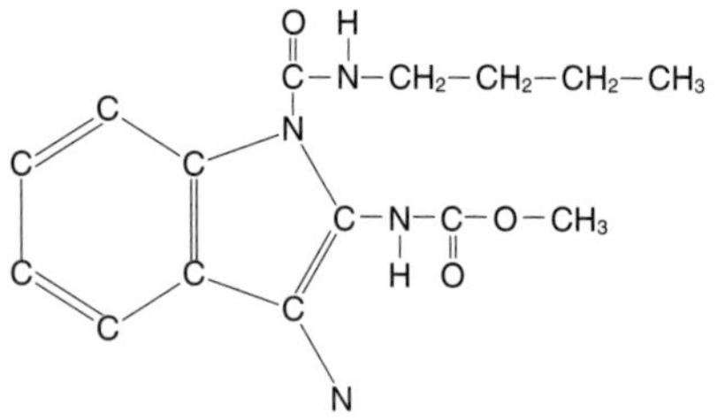

(p) 一般名：アトラジン
商品名：Aatrex® など
化学名：2-クロロ-4-エチルアミノ-6-イソプロピルアミノ-*s*-トリアジン
農薬のタイプ：トリアジン、除草剤
使用のタイプ：トウモロコシに選択的、アポプラスト移動、主として出芽前施用、光合成阻害、アメリカ合衆国で最も広く使用されている農薬

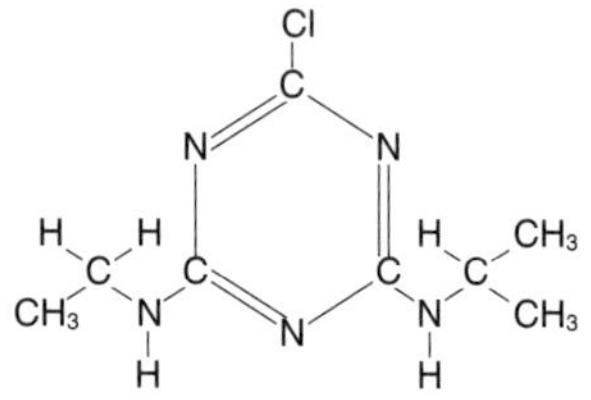

は必ずしも結びついていない。しかしながら、商品名は国によって変わり、したがって、ある会社は同じ農薬を異なった国では異なる名前で販売してもよい。ある化学農薬の特許がひとたび消滅すれば（登録日より 20 年）、いかなる会社も、その化学的性質にもとづいた製造物を、彼らが選んだ商品名で製造し売ることができる。同じ有効成分に対して、いくつかの商品名が使用されるために混乱に導かれる可能性がある。

ある場合には、農業上の使用のために 1 つの商品名が使われ、他の商品名が家庭または園芸または特別な使用のために使われる。そして、それぞれの使用のために異なるラベルが使われるであろう。家庭および園芸用に使用される剤型は、特定のラベルを持ち、しばしばより高い価格で販売される。農薬の施用はラベルにしたがって行なわれなければならない。さもなければ、その施用は違法である。**表 11-2** はいくつかの普通の農薬に関する命名を示したものである。

化学的関連

概観したように、農薬発見の過程は、事前には未知の化学構造を持つような新化合物の同定を導いた。同じような構造を持つ化学物質は同じような、または関連した作用を持つであろう。ひとたび 1 つの有効な化学物質が発見されると、化学者は同じような構造の類似物を合成する。この過程から、すべてがある中核となる化学構造をもとにした農薬の群の開発がもたらされる。以下の例はその名前が由来する分子の中核を示した。我々は承認された有機化学物質構造の命名を使用した。図中の「R」の字はこれらの場所をさまざまな化学構造で置換することができることを意味する。

塩素化炭化水素

これらは有機塩素化合物としても知られているが、これらの農薬は炭素と水素（炭化水素）を含む化合物で、その中で 1 つないし多くの水素原子が塩素で置換されている。分子の複雑さにしたがって、これらは数グループに分けられる。これらの化合物は主として殺虫剤で、哺乳動物に対して比較的低い毒性を示すが、一般に残留性がある。多くの塩素化炭化水素農薬はまた、食物連鎖内に蓄積する可能性を持つ（後により詳しく述べる）。最も古く最もよく知られた殺虫剤の DDT は、このグループの一員で、その他にアルドリン、ディルドリン、BHC、リンデン、およびクロルデンなどがある。このグループのいくつかのメンバーの使用は、その環境への残留と蓄積のために中止されている。使用が残されている methoxychlor や dicofol［ケルセン］などは比較的残留性がない。

カーバメート

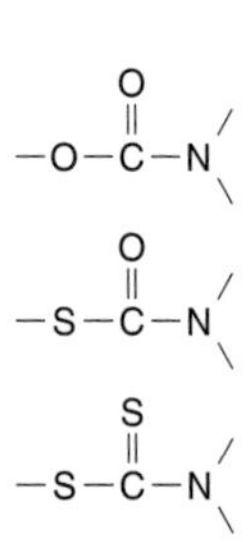

この農薬のグループはカルバミン酸の誘導体の化合物を含む。それらは 2 個の酸素原子と 1 個の窒素原子と結びついた炭素中心を含む（**図**参照）。1 または 2 個の酸素原子は硫黄と置換することができ、その結果、それぞれ、チオカーバメート、またはジチオカーバメートを作りだす。すべての種類の農

薬がこのグループの中に存在する。このグループの広く使われている殺虫剤と殺線虫剤はカルバリル（**表 11-2j**）、メソミル、carbofuran、および aldicarb（**表 11-2e**）を含む。この群内の殺菌剤の例としてはチウラム、マンネブ（**表 11-2g**）、ジネブ、およびカーバムナトリウムがある。カーバメート除草剤には chloropropham、EPTC（**表 11-2f**）、およびフェンメデイファムがある。

有機燐剤

有機燐剤は燐を含む化合物から誘導された幅広い一群をなし、ほとんど殺虫剤または殺線虫剤の特性を持つが、いくらかの重要な除草剤をも含む。有機燐剤の中にはいくらかの亜群がある。

フェノキシ

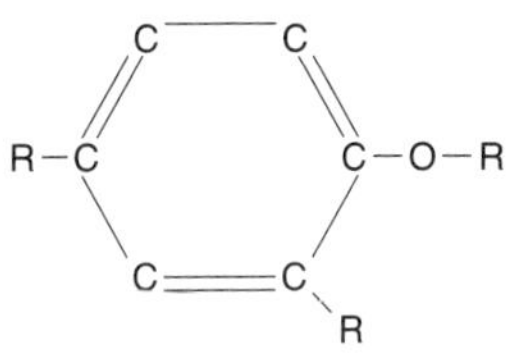

2,4-D（**表 11-2h**）と MCPA のような最も初期の選択的除草剤は、この化学群に含まれる。それらはあるフェノール構造を持ち、環またはヒドロキシルの位置がさまざまに置換されたものである。それらは多年生を含む双子葉雑草に対して典型的な強い茎葉作用を持つ。

尿素置換物

この長期間使われる土壌処理除草剤のグループは分子の中核に尿素を持っている。それらは根で吸収され葉に移動しそこで光合成を阻害する。diuron（**表 11-2i**）はおそらく最もよく知られた例である。diuron は生化学の論文では DCMU と呼ばれ、そこでは光合成の電子の流れを遮断する能力があるとされている。

スルホニル尿素骨格にもとづく除草剤は尿素の置換物の集合体を形成する。この化学的構造は 1970 年代の終わり頃に初めて開発された。この除草剤はきわめて高い活性を持ち、低い施用割合で使われている（一般にはエーカー当たり 0.5 から 1.0 オンスの範囲で土壌に施用）。

トリアジン

この広い範囲にわたる選択的土壌処理除草剤の大きいグループは、炭素と窒素原子を交互に持つ複素環的な六員環をもとにしている。アメリカ合衆国で最も広く使われている単一の慣行的農薬としてアトラジン（**表 11-2p**）がある。アトラジンはトウモロコシで使われる。なぜならば、トウモロコシは生化学的にこの化学物質を解毒する能力があるからである。トウモロコシは環上の塩素原子をヒドロキシル基で置換する能力を持ち、この分子を不活性にする。大部分の雑草はこの能力を持たずに殺される。

合成ピレスロイド

化学者は自然の植物起源殺虫剤のピレトリンの構造を決定することができ、そしてこの構造から導かれた合成殺虫剤を作ることを可能にした。ペルメトリン（**表 11-2k**）はこのグループの殺虫剤の一例である。

ベンゾイミダゾール

ベンゾイミダゾールは多くの異なる病原性菌類に対して効果を示す浸透性殺菌剤の一グループである。ベノミル（**表 11-2o**）はおそらく最も広く使われている。すべてがチューブリン合成の阻害によって活性を示す。

その他の多くの農薬のグループがあるが、ここでそれら全部を論議することはしない。現在の農薬とその特徴についての包括的な総説としては Tomlin（2000）を参照するとよい。

有機合成農薬の作用機作

有機合成農薬は、標的となる生物の 1 つまたは複数の代謝過程を阻害または遮断する毒素である。生物に対してのその過程の重要さに応じて、毒素は有害生物の成長を阻害、麻痺、あるいは殺すことがある。除草剤については約 20 の異なる作用機作が知られ、殺菌剤、殺線虫剤および殺虫剤についてはその約半分であることが知られている。ある場合には殺虫剤または殺菌剤のより限られた数の機作が、農薬抵抗性およびその管理に重大な意味を持っている（第 12 章参照）。

以下に、より一般的に認められている農薬の作用機作のいくつかを示した。それらは農薬および有害生物のすべてのカテゴリーには適用できない。事実、あるものは標的とされる有害生物のカテゴリー以外では全く関係がない。

もっぱら動物にのみ影響する作用機作

神経毒素　多くの殺虫剤および殺線虫剤は神経系を混乱させることによって働く。この作用メカニズムを持つ化合物は神経系以外には生物体に何の効果も及ぼさない。したがって、植物や病原体に対しては作用しない。しかし、それらは人間を含むすべての動物に毒性を持つ。したがって、このような殺虫剤や殺線虫剤の使用は、作業者や標的とされない動物に対して重大な害をもたらす。

神経毒素の多くは主としてアセチルコリンエステラーゼの阻害剤である。コリンエステラーゼは、すべての動物の神経組織のニューロン間の刺戟の伝達の調節にかかわる酵素である。コリンエステラーゼが阻害されると、ニューロンは連続的な放出の状態に置かれ、その結果筋肉の収縮が連続する。そして、それが運動や呼吸を阻害し、究極的に死の原因となる。線虫は呼吸をしないので、神経毒素の殺線虫剤は、殺す代わりに方向性のある運動を阻害することから「nematistatic［線虫静止剤］」と呼ばれる。したがって、線虫はコリンエステラーゼ阻害剤に暴露されても回復することができる。多くの有機燐系（例えばマラソン、**表11-2c**）やカーバメート系（例えば aldicarb、**表11-2e**）殺虫剤は作用機作としてコリンエステラーゼ阻害を持つ。神経毒素を使う際の固有の問題点は、それらが哺乳類に対して強い毒性を示すことであろう。

抗凝血剤　ワルファリン（**表11-2l**）のような、これらの化合物は温血動物の中の血液が凝固する能力を減らす。抗凝血剤は動物が出血し死ぬ原因となる。抗凝血剤は鳥類や哺乳類の防除にのみ関係する。

幼若ホルモン　昆虫の成長調節剤（IGRs）や他のホルモン様化合物は、成長や脱皮の過程を調節する昆虫ホルモン様の作用をする。これらはきわめて特異的で選択的な化合物で、IPM システム内で生物的防除手段とともに使用する上でしばしば両立する。ごくわずかの殺虫剤がこの作用機作を持つ。

急性筋肉毒素　ストリキニーネのようなアルカロイドは急性筋肉毒素である。このような毒性の強い化学物質は特別に注意して使用しなければならない。

避妊剤　避妊剤は繁殖を阻害または妨げる化学物質で、有害脊椎動物の防除のためにおそらく有用である。免疫避妊剤は実験中である。

摂食阻害物質　メタアルデヒドはナメクジやカタツムリの防除に使われ、その作用機作は動物の摂食を止める原因となることである。azadirachtin にもとづく殺虫剤もまた摂食阻害剤である。

忌避剤　処理区域から動物が逃げ出すことをもたらす化学物質は忌避剤と呼ばれる。この化学物質は有毒作用を持つとは限らない。

植物組織に対する特異的な作用機作

光合成阻害剤　トリアジン（**表11-2p**）や尿素置換物（**表11-2i**）などを含むいくつかの除草剤の種類では、光合成の阻害がその作用機作である。それらの除草剤は光合成を行なう緑色植物体にのみ毒性がある。動物は光合成を行なわないので、これらの化合物は動物には一般にはほとんど毒性がない。作用機作は水と二酸化炭素を糖前駆体に変えるために使われるシステムへの、葉緑素からの光エネルギーの移転の過程における電子の流れを阻害することにある。

チューブリン阻害剤　チューブリンは微小管と呼ばれる細胞内器官の一部分である。これらは細胞分裂や細胞壁形成の調節にかかわっている。チューブリンの阻害は正常でない細胞壁の形成や細胞分裂の停止を導く。いくつかの除草剤（例えば、ジニトロアニリン系）や殺菌剤（例えばベンゾイミダゾール系）は、植物や菌類のチューブリン形成を阻害するが、しかし動物細胞のチューブリンには影響しない。チューブリン阻害剤はしたがって動物に対しては低い毒性を示すのみである。

アミノ酸生合成の阻害　ある除草剤の種類は、植物のアミノ酸の側鎖や芳香族化合物（基本的）の合成にかかわる酵素の作用を阻害する。動物はすべてのアミノ酸を合成できない。合成できないアミノ酸は摂取しなければならず、したがって必須アミノ酸といわれる。この作用機作を持つ除草剤は哺乳動物には一般に毒性が低い。除草剤グリホサート（**表11-2d**）がその１つの例である。

ステロール合成阻害剤　いくらかの殺菌剤は菌類のステロール合成回路阻害を通して作用する。

核調節　フェノキシ系の除草剤、例えば 2, 4-D（**表11-2h**）や関連する化学物質は、DNA に符号化された情報の RNA への転写を制御することによって植物の成長を修正する。これらの除草剤はしばしば合成オーキシンといわれる。それは非致死的薬量を使用した場合には、自然の成長調節ホルモンであるインドール酢酸（IAA またはオーキシン）の作用に似た働きをしているからである。RNA 合成の阻害はある種のフェニルアミド系の殺菌剤の作用機作である。

薬害軽減剤　これらの化学物質はそれ自身が植物毒素ではない。しかし、除草剤の製剤に加えることによって、普通作物などの標的とならない植物に対して親除草剤の害を少なくする。薬害軽減剤は作物に関する選択性を増加させる。

生命過程に及ぼす作用機作

ある作用機作は最も基本的な生命の過程のある部分に影響し、したがってすべての生命体に対して有効である（殺生物剤）。

酸化的燐酸化の脱共役　酸化的燐酸化は、ミトコンドリア内の呼吸の過程でエネルギーが担体のATP分子に移転する過程である。すべての生物は食物からエネルギーを得るために呼吸する。この過程を阻害する化合物は、したがってすべての生物に毒性があり、このような化合物が真の殺生物剤である。フェノールの置換にもとづいた多くの農薬はこの作用機作を持つが、それらの大部分はその毒性のため次第に使用されなくなっている。

細胞膜の崩壊　すべての生物の細胞は膜によって取り囲まれている。もしこの膜が崩壊または破壊されれば、細胞は殺される。パラコートのような農薬やさまざまな油は細胞膜に害を及ぼす能力を持ち、したがってほとんどの生物に毒性がある。

有害生物による農薬の取得

接触性農薬

このような農薬は有害生物の上に実際に散布されるか、あるいは動く有害生物の場合、その上を歩き回るような場所の表面に散布され、有害生物と農薬の有効成分とが物理的に接触するようにしなければならない。

摂取性農薬

これらの農薬は摂食の際に口を通って動物体内に侵入しなければならない。このような過程はナメクジ駆除剤、多くの殺虫剤および殺動物剤で適用されるが、除草剤や殺菌剤では適切でない。

移行性農薬

ある除草剤は接触によって作用するよりも、植物体内で移動する。このことは除草剤が、散布を直接浴びた以外の組織内で植物に効果を示すことができることを意味している。土壌に施用した除草剤は、根から茎へと木部内を移行する。そのような除草剤は、植物体の生きていない部分を動くために植物体内のアポプラスト移動を示すといわれる。葉に散布された除草剤は散布された葉から根に師部を通って移動することができる。それらは植物の生きている部分内を移動するので、シンプラスト移動を示すといわれる。アポプラスト移動を行なう化学物質は植物体内を上方に移動し、水が使われるような場所に蓄積する傾向がある。シンプラスト移動を行なう化学物質は植物のいかなる部分にも分布しうるが、茎や根の成長点や発育中の果実や種子、根茎や塊茎などのように、炭水化物が利用される場所に蓄積する傾向がある。

浸透性農薬

これらの農薬は植物や有害生物の内部で移動できる非除草剤農薬である。求められる効果を成し遂げるために全植物体が農薬に接触する必要がないので、機能的には移行性除草剤と同様のものである。

局所施用と土壌施用

多くの農薬は、標的とする有害生物に対して局所的または表面に散布することによって直接施用される。他の農薬は土壌に散布されて植物の根によって吸収されたり、標的有害生物への接触をもたらす燻蒸剤（ガス状の毒物）作用を持つ。局所的に施用された農薬は、有害生物の散布された部分によって吸収されなければならない。多くの除草剤は葉によって十分に吸収されず、多くの土壌性有害生物は局所的に施用された農薬に暴露されない。通常、局所的に施用された農薬は、土壌に施用された場合にはしばしば限られた効果しか示さない。

線虫や病原体のように土壌性の有害生物は水生生物であり、土壌粒子を取り巻く水の膜の中で生きている。殺線虫剤や土壌施用の殺菌剤は、効果的であるためには、土壌と土壌水分を通って標的に移動する必要がある。土壌に棲み植物の根を摂食する線虫は植物の根と同じ層に現れる。したがって効果的であるためには、殺線虫剤が適切な深さの土壌に施用されなければならない。殺線虫剤は蒸気または土壌水分に溶けて土壌中を移動することができる。

残留性農薬と非残留性農薬

残留性とは農薬を環境中に放出したあとで、その効果が及ぶ期間を示す。これは相対的な用語で、殺菌剤や殺虫剤は2、3週間効果が残る場合は残留性と考えられるし、除草剤の場合の2、3週間の効果は非残留性と考えられている。正確な定義はないが、前者の場合の非残留性とは殺菌剤や殺虫剤の効果が数時間から1または2日間で終わる場合を意味する。生態系のレベルの残留性とは通常、農薬がきわめてゆっくりと分解し、2、3カ月または数年の期間

図 11–6
トウモロコシにおける発芽後の選択的な雑草防除で、作物に害を与えることなく、ほとんどの雑草が防除されていることを示す。
資料：Doug Buhler, USDA による写真

にわたって効果が残る場合（この章の後のほう、土壌中の残留参照）、またはそれを摂取した生物体の組織に蓄積されることを意味する。

予防的施用と治療的施用

有害生物が存在する前か、まだ有害な個体群レベルに達しないときに施用される農薬は preventative［予防的］（殺菌剤または殺細菌剤）または prophylactic［予防的］（殺線虫剤および殺虫剤）といわれる。予防的殺菌剤は感染が起こる前に施用されなければならない。なぜならばすでに感染している場合には防除したり排除することができないからである。有害生物が存在し定着するようになった後でも効果のある農薬は治療的処理といわれる。治療的な殺菌剤の処理によって、例えばある寄主に侵入し感染が定着した病原体の制御が可能になる。

農薬の選択性

選択性とは、標的の有害生物種は殺すが一方同じカテゴリーの他の種は無害のまま残すという農薬（または他の処理）の能力を示している（より詳しい論議は、この章の後のほうの「農薬の毒性」参照）。選択性は作物の除草剤の使用の場合には決定的である（**図 11–6**）。理想的にいえば、除草剤はすべての雑草を殺すが作物には無害であることである。実際には、いくらかの問題が常に存在する。すなわち、作物はわずかに被害を受けるのみであるが、ある種の雑草種は典型的によく防除されないことがある。選択性はまた脊椎動物の管理のために有益である。なぜならば特定の脊椎動物の防除は常に必要であるが、一方でヒトや鳥といった他の脊椎動物は害を受けてはならないからである。現実には、そのような選択性は成し遂げられなかった。選択性は昆虫の管理のためには絶対必要である。なぜならば、汎用性殺虫剤（ほとんどまたは全く選択性を持たない）は標的の主要有害昆虫のみでなく、有用昆虫や他の標的でない生物をも殺す能力があるからである。有用生物に対して最少の害を与える殺虫剤はしばしばソフト殺虫剤と名づけられる。

選択性が成し遂げられる方法は、農薬のカテゴリーと標的の有害生物によって変わる。処理される生物体内の生化学的相違が一般的には選択性を成し遂げるための最もよい基礎となる。このことは、標的でない生物体内に遺伝的耐性または化学物質に耐える能力が生じることを意味する。生化学的な基礎のある選択性は相対的に頼りになるが、いつも利用できるものではない。選択性は農薬の施用の時期や場所などの要因によっても成し遂げられる。そしてこれは、生態学的選択性として知られている。後者はしばしば変化しやすい生態学的状況に依存しているため、このタイプの選択性は生化学的選択性と同程度には頼りにならない。

除草剤抵抗性作物（または HRCs）は、除草剤に対する耐性を遺伝的操作で増大させた作物である。この問題は第 17 章の寄主植物抵抗性の表題の下でより詳しく論じる。

非選択性または汎用性農薬はその有害生物のカテゴリー内の多くの生物を殺す。非選択性除草剤は工業施設、道路脇、堤防、水路などのすべての植生の防除が望まれるような状況の下では有用である。最初の殺虫剤の多くは汎用性

で、標的となる有害生物とその他多くの標的でない有用生物の両方を殺した。そのような殺虫剤は通常はIPMシステムには不適切なものと考えられている。

農薬の効力

効力はいかなる有害生物防除手段の施用においても共通している用語で、標的の有害生物に対し望まれる効果に対する現実の処理効果を示すものである。ある有害生物管理戦術は、それがもし有害生物個体群または標的の有害生物による被害を望ましい程度に減らすことができれば有効である。

施用時期による農薬の分類

農薬は、作物に対してその多くの異なる生育段階に施用することができる。施用はしばしば生育の特定の段階にしたがって命名される。このことは除草剤では基本的に妥当であるが、また殺菌剤、殺虫剤、殺線虫剤のある種の予防的使用においてもまた適用される。

「種子処理」── 農薬は植え付け前に種子の表面の上に塗られる。この処理は種子や芽生えを病原菌や土壌昆虫の攻撃から守るため、殺菌剤やある種の殺虫剤の使用で典型的に行なわれる。処理された種子は食料や飼料の目的で使うことはできない。

「古い発芽床」── 作物の播種数週間または数カ月前に作られた植え付け床の上の雑草を殺すために除草剤が施用される。

「植え付け前」── 植え付け時、または植え付け後の有害生物を防除するために、作物が植え付けられる数週間または数カ月前に農薬が土壌中に施用される。土壌燻蒸剤および殺線虫剤または、ある除草剤はこの方法で施用される。

「植え付け前混入（PPI）」── 農薬は、植え付け直前に直接土壌に施用され、土壌に物理的に混入される。この技術は、降水量が少なく表面灌漑技術が採用されている地域で使われている。粒状の殺線虫剤、土壌昆虫のための殺虫剤およびある種の除草剤は、この方法で施用されなければならない。

「植え付け時混入」── ある粒状の殺線虫剤は、植え付け作業期間中に植え付け床の上に帯状に施用される。畝作物の土壌昆虫防除は植え付け時の側条施用からなる。殺虫剤は畝に平行に、普通種子の溝よりわずかに深く置かれる。

「出芽前」── 農薬は、作物の植え付け後、しかし芽生えが土壌の上に出芽する前に土壌の表面に施用される。降水による給水またはスプリンクラー灌漑システムでは多くの除草剤はこの時期に施用される。

「ひびが入る時期」── この発育段階は作物が土壌から出芽しようとする時期に現れる。芽が土壌を押し上げ、ひび割れを作るのでこの名がある。パラコートのような非選択性除草剤は作物に害を与えることなしに、この時期に施用することができる。

「出芽後（POST）」── 農薬は、作物（および／または雑草）が土壌表面に出芽したのちに施用される。この時期は、ときには作物植物の大きさと関連して出芽後初期および出芽後後期にさらに分けられる。

「Lay-by」── 草冠が閉じるのに先立つ最後の耕起または他の作業が適当な時期に、地上機械を使って畝作物へ農薬を施用することをいう。

「収穫前」── 作物は成熟しているが収穫される前に農薬が施用される。成熟した生産物を守るために殺虫剤や殺菌剤がしばしばこの時期に施用される。しかしながら、農薬のラベルには、施用と収穫との間に設けなければならない最少期間の制限が記されている。

「収穫後」── 農薬が作物の収穫後に施用される。

「休眠時」── 永年作物に対して、作物が成長しないシーズンに農薬の施用が行なわれる。休眠中の草本植物、例えばアルファルファなどでは、除草剤はこの時期に使われる。樹木作物では殺虫剤や殺菌剤の休眠時施用は、多くのIPMプログラムでは基本的なものと考えられている。

「作物生物季節学」── 多くの農薬の施用は、作物の生物季節学的段階にしたがった時期に行なわれる。使われる用語は、アーモンドの「落花」のように作物に特有なもので、その詳細はこの本の範囲を越えている。

「休閑期」── 作物のない時期に農薬が施用される。休閑期間中の雑草の防除が重要なために、除草剤はこの時期にしばしば使用される農薬のタイプである。

施用技術

IPM プログラムの中での農薬の使用は、標的の有害生物に攻撃を加え、一方で作業者の安全を保ち、標的ではない生物や環境に対する影響は最少にしなければならない。これらの目標を成し遂げるための精巧な配置システムが開発された。この配置システムの必要な要素は、適切に剤型化された農薬、適切な施用機具、および正しい環境要因などである。

剤型

すべての農薬は、実用的な使用のために適した商業生産物として製造されるためには剤型化されなければならない。なぜ異なる剤型が必要であるのかについては、いくつかの理由がある。

1. 多くの農薬は、標的となる有害生物（接触性農薬）か植物の部分（浸透性または摂取性農薬）に必要な被覆をするために、細かい小滴または粒として配置されなければならない。細かい小滴または粒として分散させるために、農薬は必要な被覆のできる担体の中に混入されなければならない。最も広く使われている担体は水で、水の中に懸濁させた農薬はしばしば細かく散布される。しかしながら、大部分の農薬の有効成分は水に溶けないので、水中の純粋な有効成分の散布は不可能ではないとしても難しい。水溶性の問題は適切な剤型化の過程を使うことによって解決される。ある種の農薬は、担体としての空気中に懸濁された細かい小粒によって配置される。その場合には水による配置のために使われるものとは違った剤型化を必要とする。少数の農薬の使用には、純粋な化学成分が剤型化され、販売前に、担体（例えば粉と餌）と混合する必要がある。
2. 多くの場合、もし標的の生物による農薬の取りこみを増加させるために使われる特別な添加物がなければ、純粋な化学物質の有効性は、低いものとなる。接触性農薬で高いレベルの被覆が求められる場合には、このタイプの剤型化が特に重要なものとなる。
3. 多くの農薬は人間に対して十分に毒性があるので、それらを手で扱うことができ、安全に施用できるように剤型化されなければならない。多くの場合、乾燥粉末は標的の有害生物に適切な防除を与える。しかし、施用者や野生動物に望ましくない害を与えるので、その農薬は液状に剤型化されている。
4. 多くの農薬の製剤には保存期間を長引かせ貯蔵を助ける添加物を含んでいる。これは缶の底で農薬が固まるのを防ぐための材料のようなものである。

農薬は一般的に二種類の基本的剤型、すなわち乾燥または液状の状態にある。ある液状農薬はきわめて揮発性が高く、実際上気体として働く。農薬の剤型はしばしばフルネームよりも頭文字（次の節で（　）の中に表す）で呼ばれる。剤型化された製品では有効成分は販売される農薬の全材料の中の割合（通常はパーセンテージ）として示される。

液状

1. 溶液（S または SC）。この剤型は化学物質本体が施用のために水に溶解される。剤型には店頭寿命を長引かせるための補助剤を含む。
2. 乳剤（EC）。純粋な有効成分は水に溶けないために、適切な有機溶媒中に溶かしてある。農薬が溶けこんだ溶液は、それから施用する際には乳液として水に懸濁される。EC 剤型には乳化の過程を助けるために乳化剤と呼ばれている化合物を含む。よい乳液は分離したり沈澱したりしないで、乳状の懸濁液としてとどまる。溶剤は有機化合物で、それ自身いくらかの直接の毒性や汚染の原因となるような（もしそれが揮発性の化合物の場合は）望ましくない副作用を示すことがある。
3. 懸濁製剤（FL）。化合物本体は水に溶けない。しかし、よく分散した粒子として水に懸濁する。このタイプの剤型では、農薬粒子が沈澱する傾向を減らすために安定剤が必要である。懸濁製剤の粒子は散布機具を磨耗させるという不利な点を持つ。
4. 煙霧剤。農薬は超微細粒の霧となるように剤型化される。煙霧剤型は、通常は温室のような閉鎖空間の中でのみ使われる。煙霧剤は標的でない植物に移動して害するために除草剤では決して使われない。

乾燥状

1. 粉剤。化合物本体は細かく砕かれた適切な担体の中に混入される。粉剤は標的でない生物に対して漂流するという厳しい潜在的問題を持っている（この章の後の節参照）。この理由のために除草剤は粉剤には決して剤型化されない。

2. 粒剤（G）。純粋な化合物は粒状を形成しうる精製粘土のような活性のない担体に被覆されるか、混合される。粒剤の剤型は化学物質本体の濃度のパーセンテージにしたがって通常表示される。例えば、10G剤型とは10%の有効成分を含んでいる。粉剤や粒剤は、両者ともに施用者や農場作業者に害を与えることがあるので、問題をひき起こす可能性がある。経済的に不利益な点は、比較的かさばる担体で輸送することで、輸送コストは粒剤を比較的高価なものとする。
3. 水和剤（WP）。化合物本体は細かく砕かれた活性のない乾燥物質に混入される。剤型には湿化剤を含み、粉末が湿って水と混じることができる。水和剤は機具を磨耗させるため懸濁製剤と同様の問題点を持つ。水和剤はまた散布タンクの中でよくかき回さないと沈澱しがちである。
4. 水溶粉剤。化合物本体は水溶性で、施用のための散布溶液中に直接溶解することができる。
5. 水－分散粒剤。これらのきわめて濃縮された農薬の粒は水に加えたときに水和剤と同様に分散する。
6. 毒餌。農薬本体は誘引する食餌の中に入れるか混ぜて施用される。有害生物は餌を食べ農薬を摂取する。脊椎動物、軟体動物、ある種のアリおよびミバエなどの有害生物防除のために広く使われ、また土壌に棲む昆虫（例えばヤガ類幼虫）のためにいくらか使われる。毒餌の中の食物物質は腐りがちで、いかなる期間でも毒餌が食餌誘引の状態を保つかどうかという問題がある。
7. 除放性剤（カプセル入り）。化合物本体は活性のない媒体に、そこからゆっくりと放出するように物理的に閉じこめられるか封じこまれる。この方法では、放出速度が制限され、1回の施用によって成し遂げられる防除を広げることによって、特に揮発したり急速に無効になる化合物の場合には有利なものとなる。この剤型は施用者への害を減らすことができる。
8. Impregnates［浸透剤］。粒剤と同様に農薬は固体の媒体の中に浸みこませ、そこからゆっくりと放出される。よい例として肥料中への農薬の浸透がある。このタイプの剤型は殺虫剤や除草剤の家庭の芝生や園芸農業などで広く使われている。

気体

燻蒸剤。純粋な化合物はガス体の状態で有効である。ガス体は加圧ボンベから、液体はその揮発ガスによって、固体は水と接触することにより放出したガスによって施用できる。

補助剤

補助剤は効力を高めるために農薬の剤型や散布液中に加えられる化学物質である。製造者は、製剤を実用化するときにそれらを加えるか、または散布タンク内で混合時に加えるように農薬ラベルの上に使用法が書かれる。

1. 界面活性剤（表面活性剤）。これらの化学物質は液体と固体の間の境界面に蓄積し表面張力を減らす。それらは家庭用の合成洗剤に似たものである。界面活性剤が作りだす表面張力の減少によって、葉などの表面に水滴が球状にとどまるかわりに、広がるようになる。このことによって、ある与えられた量の液体によって広い表面の面積をおおうことができ、その結果農薬の高い吸収がもたらされる。界面活性剤の使用は農薬の局所施用では最も重要で、農薬のラベルはその使用をしばしば求めている。
2. 展着剤。これらの添加物は、散布液滴がその標的から転がり落ちることを止めようとするものである。
3. 反発泡性剤。ある添加物、特に界面活性剤は、農薬が沈澱しないように攪拌する必要があるとき、散布タンク内で泡を作りだすことがある。反発泡性剤は泡立ちを減らすために剤型に加えられる。
4. 漂流飛散抑制剤。漂流飛散は農薬が散布されたときの潜在的問題である。ある状況下ではノズルで作られる微細液滴の数を減らすために、散布溶液に増粘剤を加えることが必要となる。微細液滴が少なければ、漂流飛散をより少なくする結果をもたらす。
5. 緩衝剤。ある農薬は、その下で最大の効果を示すか、それとも分解しないようなpHの幅が狭い。もし、pHが農薬の効果や安定性に重要であるならば、散布液のpHを正しく保つために緩衝剤が加えられる。
6. 効力増強剤。この化合物の混合されたグループは効果が増強される。
7. 植物に毒性のない油。散布タンク内に少量の油を混入することによって、いくつかの農薬の効果を実質的に増加させることができる。ラベルは、それらの使用を

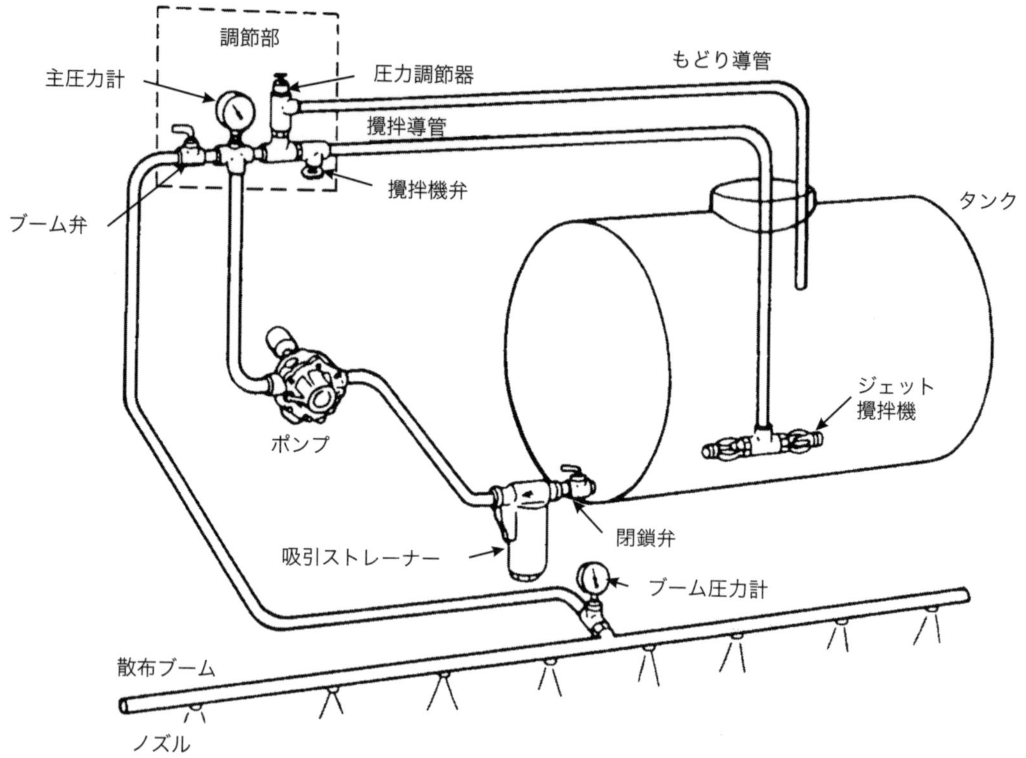

図 11–7 農薬散布機の構成部分を図示したもの（Bohmont, 2000 から改変）。実際の散布機の型は、作物や使用目的にしたがってさまざまである。主なタイプの散布機の実例は写真参照。

求めるであろう。農薬やその標的にしたがって油は鉱物または植物起源のものを使用する。

8. 肥料や他の無機添加物。いくつかの除草剤の効果は、散布タンクに硫安のような肥料を少量加えることによって実質的に改善される。

施用機具／技術

大部分の製剤化された農薬は、濃縮された形では施用されず、担体や散布媒体に希釈されなければならない。例外として煙霧剤、毒餌、粒剤、および粉剤は、通常それ以上に希釈されることなしに、製剤化された製品中の濃度で施用される。

水は最も用途が広く、最もしばしば使われる担体である。空気は標的の全表面（葉の表面と裏面、木の枝全体）をおおう必要のあるとき、主として多年生樹木およびブドウなどの作物で使われる。その価格のために、粒剤や毒餌は、水および空気が実用的でないか適当でないときにのみ使われる。

水をもとにした農薬の施用システムは、ある種の散布機に依存する。散布機の基本的な構成部分はすべての種類の散布機で基本的には同じであるが（**図 11–7**）、異なる状況のために数多くのバリエーションがある（**図 11–8** から **11–11**）。

散布機の構成部分

散布機にはいろいろな大きさがある。あるものは小さく、家庭用や小さい野菜や花の庭で用いるために、手持ち用か背負い式である。大きいトラクター牽引式または自走式のものは数百ガロンの散布を行なうことができる。

タンク　すべての散布機は散布液を積むタンクを持たなければならない。タンク内で農薬が沈澱したり、不均一に混ざるなどの問題のために、タンク内で溶液を攪拌する装置がなければならない。最も普通の装置はジェット攪拌の形の中で加圧された液体を使うものであるが（**図 11–7**）、多くのシステムでは機械的に攪拌するための櫂が組みこまれている。タンクは簡単に腐食しない素材、例えば高密度プラスチックとかステンレススチールのようなもので作られている。

フィルターとストレーナー　ノズルの詰まりは重大な問題

(a)

(b)

(c)

図 11-8 小規模散布機。
(a) 裏庭で使われ、ある少量の植物への施用を目的とした手持ち式ポンプ散布機。
(b) 小農園の農作業か処理する区域が限られている場合に使われる背負い式散布機。しばしば非工業化国で使われる。
(c) 温室内のポインセチアに農薬を施用中の手持ち散布機。個人用防護装備の使用に注意。
資料：(a) は Robert Norris、(b) は R.Faidutti, FAO、(c) は Peggy Greb, USDA/ARS による写真

である。したがって多くの散布システムは大きい粒子を取り除くために、タンクとポンプの間に組みこまれたストレーナーを持っている。多くの散布システムはまた、ノズルの先端の穴を通り抜けるためには大きすぎる粒子を捕らえるために、ノズルの組み立て部品に何枚かのスクリーンを持っている（**図 11-7** と**図 11-12**）。

ポンプ　すべてのシステムは散布溶液を加圧するためのポンプを持たなければならない。ポンプには小さい手動散布機の手動式のピストンから、野外散布機のためのさまざまな機械的遠心排水ポンプまでの幅がある。

調節器　散布システムをオンまたはオフに切り替えたり、システム内の圧力を調節することが可能でなければならない。農薬の正確な散布は配管システム内が一定の圧力であることに部分的に依存している。したがって、手持ち散布機（**図 11-8a**）を除いて、すべての散布機は調節可能な圧力調節器を持つ。必要な圧力に調節器がセットされるために、圧力計も必要とされる。オン／オフ弁もまた必要である。これらの調節器は操作者が容易にとどく場所になければならない。

ブームとノズル　このシステムは、ブーム上に配列されたノズルのシステムによって散布液を求められる区域に散布できなければならない。ブームは加圧された散布溶液を個々のノズルまで配る。ブームは標的（地面か植物の枝葉）との関連で、その高さが長さに伴って変化しないように、十分に支えられなければならない。ノズルの間隔とタイプはともに施用のタイプに依存する。各ノズルの部品（**図 11-12**）は、ブーム上のノズル本体に取り付けられた取り替え可能なノズル先端からなる。ノズルスクリーンはノズル本体の内部に取り付けられる。加圧された散布液がノズル先端の穴を通り抜けるにしたがって、それは微細液滴の散布へと変えられる。異なる散布の特性、例えば平らな扇状か中空の円錐型、あるいは粗い液滴か細かい液滴、を成し遂げるためには、異なるノズル先端を使うことができる。さまざまなノズル先端が利用できるので、適切な先端を施用の特性に合わせなければならない。

特別な修正

農薬が施用される条件の多様さによって、基本的な施用機械に数多くの修正がなされる。

地上または空中散布　農薬は通常地上装置（**図 11-9**）を

(a)

(b)

図 11-9　地上施用圃場散布装置。
(a) ぎっしりと植えられた作物のための幅広いブーム散布機。
(b) 畝作物のためのドロップノズル散布機。
資料：(a)は Ken Giles の許可、(b)は Bill Tarpenning, USDA/ARS による写真

図 11-10
空中農薬施用のための固定翼航空機。ここでは休眠中のアルファルファに除草剤が散布されている。
資料：Robert Norris による写真

図 11-11
果樹園の樹木処理のために用いられるスピードスプレーヤ。
資料：Marcos Kogan による写真

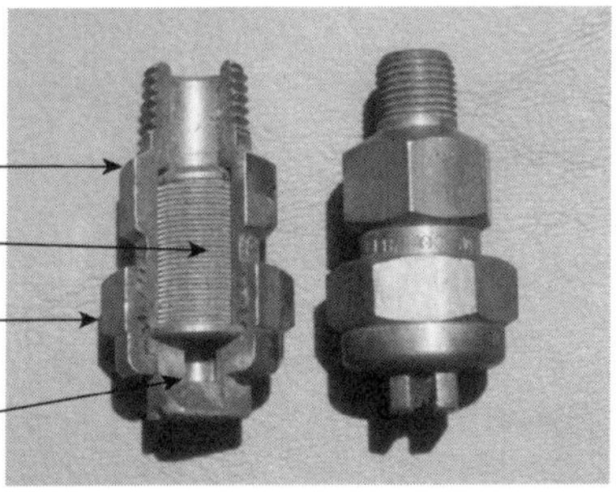

図 11-12 典型的な散布ノズル装置の部品。右は通常、左は内部を示すために切断されている。
資料：Robert Norris による写真

使って施用される。ある状況では、地上装置の使用には限界がある。

- 規模。広い区域は十分に速やかに散布することが困難。
- 土壌条件。土があまりに湿っていれば、地上装置は、はまりこむ。
- 耕作作業。例えばイネの水田の中に装置を入れることは困難である。
- 大きい作物。トウモロコシや樹木のように背の高い植物は装置を妨害したり、装置が植物を害するであろう。

これらの状況では、航空機は地上施用が不可能または適切でない場合の散布をできるようにするであろう（**図 11-10**）。航空機による施用は地上施用よりも高価で、一般に標的に対して農薬を均一に分布させることができない。空中施用の最も重大な欠点は、おそらく農薬の漂流飛散の可能性の増加である。農薬の漂流飛散は、施用時の装置の速度と標的からの散布ブームの距離とともに増加する。航空機は地上散布機よりも速やかに移動し、ブームは地上装置よりも標的から遠くにある。ヘリコプターは通常固定翼航空機より精密に農薬を標的に散布することが可能である。

担体　水、空気、粒剤、粉剤と毒餌は担体として使われる。担体の選択は農薬の施用に何らかのインパクトを及ぼす。水の散布は対象の一方の側にだけ達しがちで、一方空気担体による施用は全表面をより徹底的に被覆する。多年生果樹園やブドウ作物内の病原体や害虫防除のように、全表面への被覆が望まれる場合に空気が担体としてしばしば使われる（**図 11-11**）。担体として空気が使われた場合には、水を使った場合よりも漂流飛散が重大な有害問題となる。粒剤や毒餌の施用は水や空気を使う場合よりも、より高価なものとなる。粒剤や毒餌の使用は、散布機やスピードスプレーヤによって得られるものよりも標的に対してより正確に施用できる。ストリキニーネのような脊椎動物のための農薬は、地下に置く毒餌としてのみ安全に使うことができる。

閉鎖的積みこみシステム　作業者保護のためには閉鎖的積みこみシステムが望ましい。そしてある地域では、カテゴリーⅠの農薬（後参照）のためにはそれが求められる。閉鎖的積みこみシステムでは、作業者が化学物質に暴露されることなしに、製剤化された農薬濃縮液がその元の容器から散布機のタンクまで移動することが可能となる。大部分の液体剤型のための閉鎖的積みこみシステムは、それを通して農薬が散布機のタンクに吸いこまれるように、容器内部に差しこまれる、ある形の針を持っている。乾燥した剤型のシステムでは、水溶性の袋の内部に置かれた農薬が、その中に入れられる特別な積載タンクが組みこまれている。そこでは蓋が閉められたのちに、袋を溶かす水がタンクに

図 11-13
植え付け前除草剤取りこみ、殺虫剤注入、作物植え付け、出芽前除草剤施用を１回の作業に組みこんだ動力耕耘／植え付け装置。
資料：Robert Norris による写真

流れこみ、そして農薬が散布メインタンクに移される。

帯状施用と全面施用　狭い畝（約10インチ以下）に植え付けられているか、全面に植え付けられる作物（例えば、コムギ、アルファルファ）の場合は、農薬の施用もまた全面に行なわれる。作物が20インチまたはそれ以上広く離れた畝に植え付けられている場合（例えば、トマト、ワタ）には、農薬は全面よりも帯状に施用されることが望ましい。帯状施用はしばしば除草剤において用いられる。そこでは、雑草を機械的に殺すために作物の畝の間の耕起が行なわれ、除草剤が畝内の雑草を防除するために、植え付け床の上から施用される。この技術は農薬の費用を減らし、環境内に置かれる農薬の量を低減する。

指向散布　これらの散布は作物が存在する時点で行なわれる。ノズルは作物の大部分の葉よりも下に、下向きにセットされる。指向散布は、作物の除草剤への耐性が不十分な場合の施用のために主に使われる。

ドロップノズル　この散布は作物の葉を避けて散布する努力をしない点を除けば指向散布と似ている。ノズルはブームの下に管で作物の草冠の中に位置するように釣り下げられる。この形は殺虫剤や殺菌剤で最も頻繁に使われる（**図11-9b**）。

遮蔽物または傘のかけられた散布　散布ノズルは散布が作物に直接かからないように遮蔽物または傘の間に置かれる。このタイプのノズルは主として除草剤に使われる。

chemigation　灌漑が使われている地域では、化学物質を直接灌漑システムに注入し水とともに分散させることが可

図11-14
メチルブロマイド施用の後にポリエチレンのシートでおおわれた畑。
資料：Robert Norrisによる写真

図11-15
脊椎動物防除のための毒餌置き場。毒餌は中央の垂直の管の中に置かれ、有害動物は地面に置かれた水平の管を通って近づく。
資料：Robert Norrisによる写真

能となる。この過程はchemigation［化学物質混合灌漑］と呼ばれる。注入装置以外の装置は必要とされない。このタイプの施用に対する警告は、農薬の分配が水の分配にもとづいており、水の分配はおそらく不平等であるということである。

土壌取りこみ　降水量が少ない地域または揮発性の農薬の場合は、満足のいく効果を得るために農薬を土壌に物理的に混合することが必要であろう。このことは、取りこみと呼ばれ、全面処理農薬のために円板を使って行なわれる。帯状施用が求められる場合には複雑な動力耕耘機が使われる（**図11-13**）。取りこみが求められるかどうかは農薬のラベルが示している。

土壌注入　燻蒸農薬は散布できない。そのため希釈した農薬溶液を表面から数インチ下の土壌に直接注入するための特別な装置が使われる。燻蒸剤が非常に揮発性である場合には、燻蒸剤が土壌から空中に移動することを防ぐためにポリエチレンのシートで処理区域をおおうことが必要となる（**図11-14**）。

毒餌施用システム

有害脊椎動物とある種の無脊椎有害動物を防除する毒餌を施用するためには特別なシステムが必要である。大部分の場合、施用システムは標的でない野生種が餌を食うことができないように確保されなければならない。毒餌置き場（**図11-15**）は有害生物種が登って入りこみ毒餌を食べる一方で、より大きい標的でない種は閉め出されるようになっている。ホリネズミの毒餌にはストリキニーネが毒物として使われる。しかしストリキニーネ毒餌は標的でない種の接近を妨げるために地面の下に置かれなければならない。ホリネズミのための最もよい餌の置き場所は、標的の動物が作る地下の穴の中であり、それは手で置くことができるが時間がかかる。機械的な「地下の穴掘り機」は人工的な土中の穴を作り、その中に毒餌が置かれる。ホリネズミは新しい「地下の穴」を探索し、毒餌に出会って食べる。これは環境への危害を減らすための技術革新の一例である。さまざまな昆虫に対しての殺虫剤入りの毒餌もある（第14章参照）。

環境に対する配慮

環境は農薬の分配に影響し、どれほどの農薬が標的に到達するかを変える。このことは有害生物管理実施者に対して直接の利害関係がある。他のしばしばより重要な問題点は、農薬が標的としない種や生態系に一般的に及ぼす影響である。農薬の生態学的効果は、有害生物管理実施者や生態系および社会に対して重大なものである。農薬が効果的で安全に使われるかどうかについては、農薬と環境の間の相互作用の理解が絶対に必要である。

揮発性

すべての化学物質は固体（または液体）から気体の相へと物理的状態を変えることができる。このことの起こりやすさは蒸気圧として測られる。蒸気圧がより低ければ揮発性もより低い。蒸気圧は大気圧と大体同じような方法で測られ、水銀（Hg）柱の高さのミリメーター（mm）で表される。農薬に対する蒸気圧の重要性は、材料が気体に変わる可能性、そしてその見こみを決定するからである。

いくつかの農薬の蒸気圧の例をあげれば、

Acrolein＝25℃で240mmHg（通常の気温と気圧においてガス状で燻蒸剤として使われる）

Eptam（EPTC）＝25℃で3.4×10^{-2}mmHg（通常の気温と気圧で液状、しかし容易に揮発。このため使用法が制限されている。以下参照）。

グリホサート＝25℃で1.8×10^{-7}mmHg（通常の気温気圧下では固体、蒸気圧も低い。これは揮発しないと考えられる）。

燻蒸剤は高い蒸気圧を持ち急速にガスとして放散する。燻蒸剤はガス状態では土壌や建物の内部のような広い体積を満たすことができる。燻蒸剤は常温常圧の下で揮発すると想定されるので、農薬として使うときには有効性が求められる区域内に閉じこめなければならない。燻蒸剤は典型的に土壌中に注入され、その後土壌の表面はガスが逃げるのを妨げるために密閉される。カーバムナトリウムのような中程度の揮発性の化学物質の場合には、土壌はおそらくローラーをかけることで密封されるか、または、メチルブロマイドのような、より揮発性のある製品の場合にはポリエチレンのシートで密封される（**図11-14**）。燻蒸剤はまた、建物内の有害生物、あるいは建物内部におかれた農産物の上に存在する有害生物（主として昆虫）を殺すために、密封された建物の内部で使われる。前者の使用法は建物有害生物防除と呼ばれ、後者は地域または国の間の輸送のための収穫後有害生物管理の過程の一部としての燻蒸である。

すべての非燻蒸剤の農薬では、高い揮発性は厳しい問題となる可能性がある。問題は特に除草剤にかかわっているが、しかしすべての農薬にも当てはまる。その重要性は二重である。高い蒸気圧を持つ物質は施用場所より逃げ出し、期待する効果が得られないであろう。これらの高度に揮発性の農薬は、蒸気の損失が最少になるように施用するか、またはそれらを使うべきではない。中程度の揮発性のいくつかの除草剤、例えばEPTCなどは、揮発性による損失を減らすために、施用後直ちに土壌中に混合しなければならない。

気体状の農薬は急速に移動し、目指した標的より遠くまで効果を及ぼしたり、汚染の害を作りだす場合もある。このような移動は、もしそのラベルに厳格にしたがって使わない場合には、すべての燻蒸剤で問題となる可能性がある。フェノキシエステルの除草剤（例えば2,4-D）のような揮発性の化合物を葉面に散布した場合、容易に標的から移動しうるので使用が制限される。

漂流飛散

ある散布の意図は、求められる標的の上または近くに農薬を置くことにある。しかしながら、農薬はその散布の過程で意図する標的から離れて移動することがある。このことを漂流飛散と呼ぶ。標的外への移動は、帯状散布の場合に問題となる数インチのものから、重大な地域的問題となる数マイルほどのものまでさまざまである。漂流飛散は次の3つの型の1つとして起こる。

1. 農薬を含む担体の微細散布液滴。
2. 農薬本体の微細液滴または粒子（これは担体が蒸発したときや、粉剤のような乾いた製剤が使われたとき）。
3. 揮発性化合物の場合の農薬蒸気。

農薬の漂流飛散は次のような問題をひき起こす。

1. 有効性の損失。標的の区域から漂流飛散として去った農薬は、もはや意図したレベルの効果を提供しない。全面に散布される広い圃場では、このことは重大な問題ではない。しかし畝の上に帯状に散布する場合には、処理区域が全作物畝に置き換わるので、きわめて重大な問題となる。
2. 標的外への影響。農薬の漂流飛散は、まわりの区域の生物にいくつかの影響力を持つ。
   - 2.1. 植物。除草剤の漂流飛散は周囲の作物に一時的な症状から死に至るまでの被害の原因となる（**図11-16**）。そのインパクトはない場合から全作物の損失までの幅がある。他のタイプの農薬の漂流飛散による植物の被害は通常考えられない。
   - 2.2. 人間。農薬の、人々の上への漂流飛散は健康障害の原因となりうる。この問題は、近くの圃場の作業者と関係して特に重大なものとなる。その重大さは使用される農薬の毒性に依存する。この問題はすべての農薬のカテゴリーで起こるであろう。
   - 2.3. 有用昆虫。殺虫剤の漂流飛散は、標的の圃場また

図11-16　除草剤の漂流飛散によるアスパラガスの損害。接触除草剤が風の吹いてくる側の芽の成長を阻害し、その結果芽を漂流飛散の源の方向に曲げる。(a) 全景、(b) 被害を受けた芽のクローズアップ。
資料：John Marcroftの許可による写真

は隣接した圃場のまわりの植生内に棲んでいる天敵を崩壊させることがある。

2.4. 周囲の地域の野生生物。2.3.を参照せよ。

3. 近隣の作物への違法な残留。近隣作物上への農薬の漂流飛散は、近隣作物の上または内部での違法な残留を作りだす可能性がある。このことは、もし標的から移動した農薬が、その漂流飛散によって移った作物では登録されていない場合に起こる。もし、漂流飛散が、隣り合った作物の収穫日の近くで起こった場合は、そのことによって違法な残留をひき起こし、その作物の廃棄が求められるであろう。残留問題は有機農法の農場が慣行的散布の農場と隣り合っている場合に特に重大である。なぜならば、いかなる農薬の残留があった場合でも、有機農産物の認証を失う結果となるからである。

漂流飛散の大きさはいくつかの要因によって影響される。漂流飛散が予想されるとき、漂流飛散の可能性を少なくするために次のようなさまざまな変動要因が修正されるべきである。

1. 散布液滴の大きさ。小さい液滴よりも大きい液滴のほうが漂流飛散しにくいようである。次の変動要因が液滴の大きさにインパクトを与える。
   1.1. 圧力。高い圧力は低い圧力よりも微細液滴の量を多くする。
   1.2. 散布容量。高容量の散布よりも低容量の散布は、より微細な液滴を一般に作りだす。それは低容量の場合に十分な被覆を得るには小さい孔のノズル先端を用いる必要があるからである。
   1.3. shear［シェアー。前を横切る風］。ノズルを横切る強い風のシェアーは、弱い風のシェアーよりもより微細な液滴を作る。シェアーは次の2つの変動要因の関数である。
      1.3.1. 走行速度。車の走行を速くすれば、風のシェアーは大きくなる。
      1.3.2. ノズルの角度。下向きのノズルは後ろ向きのノズルよりも大きいシェアーを受ける。この理由で航空機のノズルは、液滴の大きさに及ぼすシェアーの影響を小さくするためにしばしば後向きに置かれる。
   1.4. ノズルの孔の大きさ。与えられた圧力で、小さい孔のノズルは大きいサイズのノズルより微細な液滴を作る。
   1.5. ノズルのタイプ。ノズルは噴出速度を調整することに加えて、異なる形と液滴の大きさの特徴を作りだすように設計されている。溢れ出し型のノズルは扇型ノズルよりも微細液滴を作りにくい。ジェット型ノズルでの渦巻き板の使用は一般に微細液滴の比率を高める。
   1.6. 添加物。前の補助剤の節で述べたように、増粘剤が散布液に混ぜられることがあるが、これは微細液滴の割合を減らす。
2. 風速。漂流飛散の程度は気流の速度に依存する。そして、風速が増すにつれて、漂流飛散は急速に増加する。風速が10mph［時速マイル］を越えるときは漂流飛散が増えるために、大部分の農薬の散布には通常速すぎる。風速が1～5mphの間が望ましい。風のない平穏な条件もまた問題があることを強調しなければならない(次の項参照)。風速の漂流飛散に及ぼす影響は、地上散布装置では、おおいをかけたブームを使うことによってある程度減らすことができる（**図11–17**）。ここでは散布パターンを風から守るようにブームがおおわれる。
3. 逆転条件。大気の逆転は風がなく地表が大気の高所(例えば100フィート上空）より気温が低い場合に起こる（**図11–18**）。その結果、冷たい空気は地表に閉じこめられ、大気の残りの部分と混じりあわない。もしこのような条件下で散布機が使われれば、よどんだ空気は微細液滴や粉粒を含むようになる。後に逆転条件が崩れると、空気の塊全体は農薬を含んだまま移動できる。除草剤の長距離の漂流飛散のケースは、逆転条件の下での航空散布の場合に起こったものであった。
4. ブームの高さ。すべての条件が同じであっても、ブームが標的の上にさらに高くなればなるほど漂流飛散の機会が大きくなる。
5. 規模。処理される区域が大きくなればなるほど、そして散布がより速やかになされるほど、漂流飛散の可能性は大きくなる。

漂流飛散は、おそらくすべての農薬で起こるが、除草剤の場合はきわめて厳しい問題となる。なぜならば敏感な植物への症状は漂流飛散の目に見える証拠を提供するからである。殺菌剤や殺虫剤の漂流飛散は、特別にデザインされた検定によってのみ検出することができる。フェノキシ系の除草剤（例えば2,4-D）、パラコート、グリホサート、その他は特に漂流飛散問題の原因となりがちである。除草剤による漂流飛散は、ある場合には隣接する作物への重大な被害をひき起こし、そのような常件下での唯一の解決法は除草剤の使用の制限か禁止ということにさえなる。

土壌中の農薬のふるまい

多くの農薬は意図的に直接土壌に施用される。そして葉面に散布された農薬も結局は土壌に到達する。それ故、土壌に施用された農薬の活性や、環境中の全農薬の運命は土壌中で起こる現象に大きく依存する。

吸着／脱着現象

溶解した化学物質は2つの相（例えば、液体と気体、液体と固体）の境界面に、その境界面の分子荷電関係によって蓄積する。誘引力のタイプは、強いイオン結合（例えば除草剤パラコートの正イオンと土壌粒子の負イオンの反応）から、水素結合、そしてファンデルワールス力のような静電気的効果までさまざまである。農薬の分子はまた、粘土の格子構造の中に物理的に捕らえられるであろう。イオン結合を除けば、引力は分子の持つ化学的性質や、その濃度に依存する可逆性の現象である。吸着が起こる程度は、土壌の吸着容量によって変わる要因に依存する。主な要因は、粘土の成分のパーセンテージと有機物成分のパーセンテージである。

吸着現象は土壌／土壌水の境界面への土壌中の農薬の誘

図 11-17
散布の漂流飛散を減らすためにおおいをかけられたブームを持つブーム散布機。
資料：Robert Norris による写真

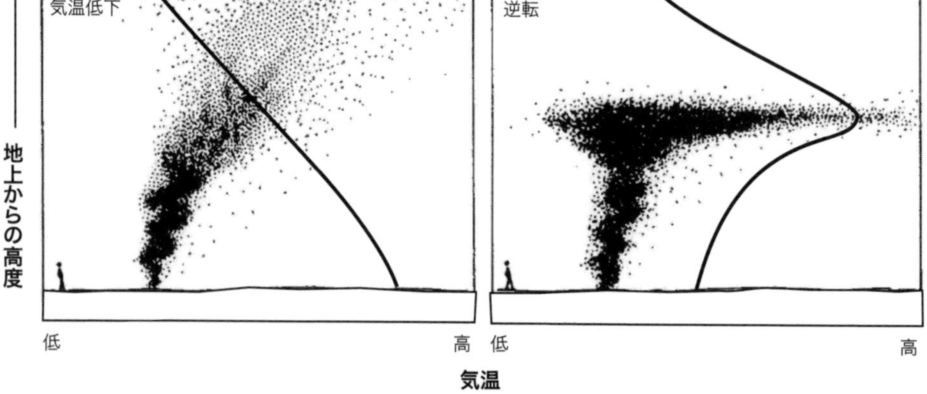

図 11-18　高度にしたがって気温が下がる条件下での煙の分散と、逆転条件下で煙が閉じこめられたことを示す図。これは農薬散布の微細液滴が逆転条件ではいかに閉じこめられるかを示している。図中の線は地上の高さによる温度の変化を示す。
資料：Marer, 1988 より改変

引をもたらす。そのことは結果として、農薬をいかに使用するかについて2つの重大な影響を及ぼす。

農薬の有効性　農薬が土壌に吸着されると、その標的の有害生物に対する効果の有効性が減少する。その結果、活性の減少と、そのための効力の低下が起こる。パラコートのような強く吸着される農薬は土壌中での効果がなく、したがって土壌施用農薬として使うことはできない。多くの土壌施用農薬（特に除草剤）では、土壌の吸着容量にしたがって施用割合を調整しなければならない。例えば、粘土土壌は砂質土壌よりも高い施用割合が必要である。多くの土壌施用農薬は黒泥土壌ではそれらの中に有機物成分が多いことと高い吸着容量のために使うことができない。土壌のタイプによる施用割合の調整についての情報は農薬のラベルに記載されている（**図 11-19**）。

溶脱　農薬が土壌から溶脱する場合、典型的には土壌粒子と土壌水の境界面に蓄積する。その農薬は土壌に「結合し

出芽前：植え付け時（植え付け機の後）か植え付け後、しかし雑草か作物の出芽前に施用

表3　BicepⅡ―植え付け前表面、植え付け前混合、または出芽前―トウモロコシ

土の組織	エーカー当たり全面施用割合	
	有機物３％未満	有機物３％以上
粗い 砂、ローム質砂、砂質ローム	1.5 クオート	1.8 クオート
中間 ローム、シルトローム、シルト	1.8 クオート	2.4 クオート
細かい 砂質粘土ローム、シルト粘土ローム、粘土ローム、砂質粘土、シルト粘土、粘土	2.4 クオート	**A.**　2.4 クオート **B.**　2.4 - 3.0 クオート*
黒泥または泥炭土 （有機物 20% 以上）	不使用	

*有機物 3% 以上の細かい組織の上の上のオナモミ、カヤツリグサ、イチビの防除のために：エーカー当たり 3.0 クオートの BicepⅡを施用

A.　植物残査被覆が 30% 以下の高度に侵食されやすい土地では、この施用割合を越えてはならない。ある種の雑草の防除は減るであろう。そして出芽後施用の除草剤をタンクに混合するか、施用する必要がある。

B.　すべての他の施用にあたってこの施用割合を用いよ。

図 11-19
土壌のタイプに関係した施用割合の増減を表した土壌施用除草剤のラベルの一部。
資料：Robert Norris による。

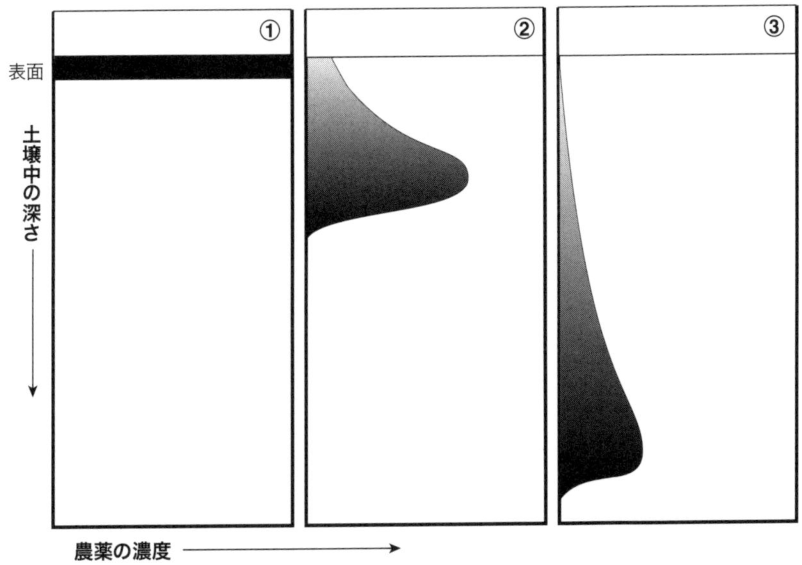

図 11-20
溶脱による土壌断面への農薬の移動の模式図。
①降雨または灌漑前に施用した農薬の表面への濃縮を示す。
②中程度の量の降雨または灌漑の後の土壌断面における農薬の位置を示す。
③大量の降雨または灌漑の後の土壌中の農薬の位置を示す。

た」といわれる。農薬の存在しない水が土壌を通過して移動するにつれて、結合した農薬は吸着場所から離れて水に溶ける。強く吸着した農薬は水とともに土壌の断面を通って移動しないので、土壌中に物理的に混合しなければならない（例えばトリフルラリン）。土壌断面の中への農薬の移動は、有害生物への接触によるか、または植物の根による取りこみを可能にするかのいずれかによって、活性を得るために必要なことである。

弱く吸着された農薬は土壌粒子から離れ、土壌断面を水とともに下方に移動する（**図 11–20**）。灌漑水や降水量が増加するにつれて、農薬は土壌中をより深くまで移動する。負に荷電した農薬は負に荷電した土壌粒子から反発されるので、最も溶脱しやすい。ある化学物質の溶脱に対する傾向は、そのような農薬が土壌中でいかに使われるかについてのラベル上での制限をもたらす。溶脱は地下水の農薬による汚染をもたらし、環境的懸念となる（第 19 章参照）。溶脱の起こる程度は次の 4 つの相互作用する特性に依存するが、その中で吸着現象が最も重要である。

1. 吸着現象は農薬が土壌粒子といかに堅く結びついているかを決定し、溶脱の見こみを決める 1 つの最も重要な要因である。吸着現象は次のことによって調節される。
   - 1.1. 化学構造との関連。イオン的荷電、水素原子の存在、および原子間結合の電磁的効果のような要因が重要である。化学的性質にもとづく吸着の予想はそれほど正確なものではなかった。
   - 1.2. 土壌成分。土壌中の粘土と、存在する有機物の量は吸着を主に決定する要因である。粘土または有機物の高い含有量の土壌中では農薬の吸着が強く、有機物の少ない砂質土壌では吸着が弱い。農薬の溶脱は粘土または黒泥土壌よりも砂質土壌でより速い。
2. 水の量。ある与えられた土壌のタイプと農薬についていえば、土壌のカラム［柱］を通過する水の量が大きければ、溶脱の程度は大きくなる（**図 11–20**）。
3. 水への溶解度。ある種類の化学物質では、水への溶解度が増加すれば、溶脱の増加を導く。化学物質の種類の間では、水への溶解度より化学構造／活性との関係が通常最も重要となる。
4. 残留。農薬が分解せずに環境中に残留すればするほど溶脱の起こる機会は大きくなる。

土壌中での残留性

土壌中の農薬は化学的に分解するか、または微生物の代謝作用によって分解される。分解速度は特定の農薬や環境条件によって変わる。土壌中の農薬の変化や分解においては微生物の作用が基本的なので、微生物の作用に影響を及ぼす要因は、土壌中の農薬の残留性を決定するうえで主要な役割を演ずる。農薬の微生物による分解を調節し、それ故に残留性を決める要因には次のようなものがある。

1. 化学構造。農薬分子の化学構造は、化学反応または微生物の攻撃の全体としての見こみを決める。どのような構造ならば、より多く、またはより少なく残留するかについて一般化することはできない。
2. 土壌温度。温度は微生物の活性を調節する。したがって、農薬の分解も調節する。低温の天候では微生物の作用が低下するため、暖かい条件より涼しい条件下で農薬はより長く残留する。冬期間の分解は、しばしばゆっくりか全く起こらない。
3. 土壌水分レベル。土壌の水分もまた微生物の活性を調節する。乾燥土壌では微生物の活性が低下するために分解は遅くなり、残留性は増大する。分解は、暖かく湿った土壌で最も速い。湛水された粘土土壌は嫌気的になる傾向があり、ある種の農薬の寿命を長引かせたり（例えば、DDT のような有機塩素剤）、または他の農薬（例えば、ジニトロアニリン系除草剤）の分解を高める。
4. 土壌有機物。土壌中の有機物は微生物の食物となり、それ故に有機物の豊富な土壌は微生物の大きい個体群を支える。有機物の少ない土壌では農薬の残留性はより長い。なぜならば、そのような土壌はそれが支える微生物個体群がより小さいからである。有機物の含有量のより高い土壌は分解がより急速である。
5. 吸着の程度。土壌コロイドに強く吸着される農薬は、微生物による分解が利用できない（例えば、パラコート）。そしてそのような農薬は土壌中の寿命が長くなる。
6. 土壌中の深さ。土壌の上層は最大の微生物の活性があり、土壌のより深い部分では微生物の活性が小さい。したがって農薬は土壌のより深い部分でより多く残留する。

残留性を示す最もよい方法は、施用した物質の 50% が分解するのに必要な時間を決定することである。この値は、全く物理的現象として半減期または $T_{1/2}$ と呼ばれる（**図 11**

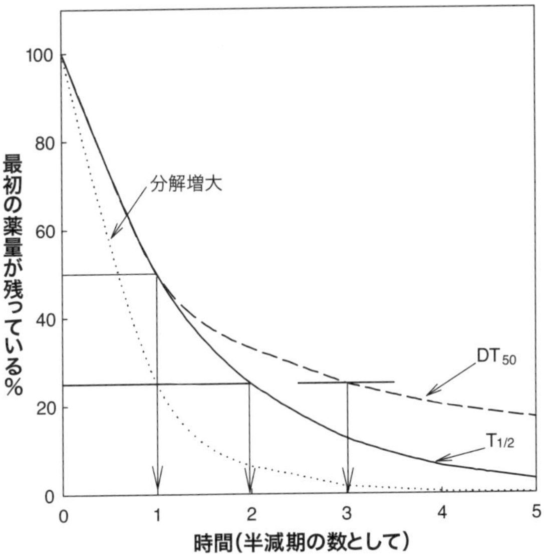

図 11–21　時間に伴う農薬の理論的な減少を示すグラフ。分解が増大された場合（点線）と増大されない場合（実線）で半減期（$T_{1/2}$）の概念を示した。また 50％消失時間の概念（DT_{50}）を（破線）示した。

–21、実線)。残っている化学物質の量は、経過したいくつかの半減期の数との関連で表すことができる。4 半減期の後には、残っている化学物質の量は最初に施用した量の 16 分の 1 となるであろう。農薬の場合は 50％消失の時間または DT_{50} という概念（**図 11–21**、破線）は $T_{1/2}$ の定常値よりおそらく使いやすいであろう。なぜならば、残っている農薬の濃度が減少するにつれて消失も減少するからである。このことは $T_{1/2}$ の定常値を使って予測したものより長く持続するという結果となる。理論的な値では二度目の 50％減少のための DT_{50} は $T_{1/2}$ で予測されたものの 2 倍となる。ある農薬では DT_{50} 値は数分から数カ月、ある場合には数年にまで変化する。化学物質の半減期は固定された値ではなく、どちらかといえば前述の 6 つの要因にしたがってある幅で変化する。

多くの農薬は実際には多段階的分解として記述される型を示す。これは初期の減衰はおそらくきわめて急速で、そのあと減衰は緩やかなものとなる。これらの二段階または多段階的曲線の理由は複雑で、よく理解されているとは限らない。1 つの可能な説明は、土壌はさまざまな「区画」から成り立ち、その各々は異なる吸着率や脱着率を示すというものである。時間とともに多くの農薬は放出の速度がはるかに遅い「区画」に移動し、そのために化学物質は分解や溶脱しにくくなる。

半減期の概念を使うと、もし $T_{1/2}$ を成し遂げるのに必要なときか、その後でのみ繰り返しの施用が行なわれるならば、土壌中の農薬の最大の蓄積は施用割合のわずか 2 倍にしかならないことが示される（**図 11–22**）。最初の $T_{1/2}$（DT_{50}）よりも短い時間内に施用がなされたときにだけ、農薬は施用割合の 2 倍よりも高いレベルで土壌中に蓄積できる。ラベルの指示にしたがったときには、DT_{50} よりも大きい頻度で再施用されるような農業用農薬は現在使用されていない。ただし、除草剤のパラコートは強く土壌と結びつくために微生物による分解が利用できないので例外である。

農薬の間に存在する半減期の可能な範囲を示す選ばれた農薬のリストを**表 11–13** に掲げた。今日の大部分の農薬は 1 ～ 2 日ないし 2、3 カ月の幅の半減期を持っている。

生態系レベルでの農薬の残留性についての意味は第 19 章で考察する。

再植え付け制限

残留性の農薬は、次の作物が植え付けられるときでも、かなり残留するほど長い間土壌中に残ることができる。残っている農薬は次の 2 つの異なる問題の原因となり、それは農薬の施用時から次の作物が植え付けられる間までの時間の長さに関係した、再植え付け制限と呼ばれる結果をもたらす。

1. 作物に対する植物毒性。残留性は多くの除草剤で問題となる。なぜならば、残留は輪作において栽培することのできる作物を制限するからである。除草剤の残留に対する作物の耐性は、なぜ大部分の除草剤が集約的野菜生産システムの中で使うことができないか、また

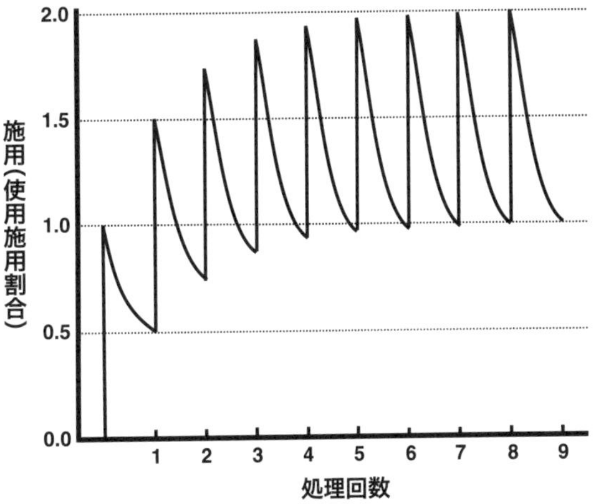

図 11–22　50％の消失が成し遂げられたときに、繰り返し施用された場合の土壌中の農薬の理論的な蓄積を示すグラフ。

家庭菜園でなぜ避けるべきなのか、の1つの理由である。多くの除草剤は、除草剤の残留にもとづく再植え付け制限にしたがっている。次はその2つの例である。

1.1. ピクロラムは耕地の作物地帯では使えない。なぜならば、1回の施用のあと2~3年は、ほとんどの広葉作物植物を殺すか害を与えるからである。ピクロラムの使用は、再植え付け制限のために放牧地と非作物地域に限られている。

1.2. アトラジンは最も広く使われている除草剤であるが、土壌中で残留するため、施用後はトウモロコシやソルガムに続く18カ月の間、輪作が制限される。アトラジンはトウモロコシの次にトウモロコシというような連続的単作が普通な地域では制限されない。しかしトウモロコシとともにアルファルファ、トマト、サトウダイコンおよびインゲンマメのような作物が輪作として作られる地域では重要な制限となる。

2. 輪作作物の農薬残留。1つの作物に対する施用の後で農薬が土壌中に残ったとき、輪作される次の作物はそれを吸収するであろう。もしその農薬が輪作される作物に登録されていなければ、いかなる農薬の残留も違法なものとなり、作物の廃棄が求められる可能性がある。違法な残留の可能性を避けるために、輪作の次の作物が植え付けられる前に農薬が分解するような再植え付け制限が必要である。残留の可能性のための再植え付け制限は、作物生産サイクルの遅い時期に使われる何らかの農薬のために適用される。しかし、殺虫剤や殺菌剤は収穫の近くにしばしば使われるので、最も頻繁に適用される。

再植え付け制限は農薬のラベルに明確に指示され（この章の後の部分参照)、そのような制限にはしたがうべきである。

問題のある土壌

農薬の繰り返しの土壌への施用は、時とともに農薬の効力を減らすことへ導くであろう。なぜならば、繰り返しの施用によって、農薬を分解することのできる微生物が選択されるからである。そのような微生物の個体群密度の増加によって、農薬の分解率の増大がもたらされる（**図11-21**、点線)。そのような増大した分解性の土壌は「問題のある土壌」といわれる。その例を次に示す。

1. フェノキシ系除草剤の土壌中の分解は、もし以前にフェノキシ除草剤が施用されていれば、はるかに速まる。この事実は1960年代の初期に示され、この現象の最初の例となった。
2. カーバメート系殺虫剤と除草剤の繰り返しの施用によって、それに続く施用の効果が減少する結果をもたらし、特にアメリカ合衆国のトウモロコシ栽培地帯ではひどかった。ひどい場合には効果がほとんどなくなるという結果であった。この問題を解決するための1つの手法は、その農薬の分解にかかわる酵素の作用を阻害する化合物を農薬の製剤に加えることであった。

表11-3 典型的な農薬の土壌中での半減期とDT_{50}期およびその相対的残留性の例

農薬	使用のタイプ	代表的な$T_{1/2}$[1]	DT_{50}（日）[2]	残留性のレベル
DDT	殺虫剤	2~15年	12,419	高い残留性
パラコート	除草剤	1.5~13年	500	高い残留性
ベノミル	殺菌剤	3月~1年	220	残留性
ピクロラム	除草剤	3月~1年	168.5	残留性
アトラジン	除草剤	3~6月	81.4	残留性
クロロタロニル	殺菌剤	1~3月	49.5	中程度の残留性
メトラクロール	除草剤	2~8週	35.9	中程度の残留性
Abamectin	殺虫剤	2~8週		中程度の残留性
Terbufos	殺虫剤	2~4週	12.2	低い残留性
2,4-D	除草剤	約7日	11.7	低い残留性
カーバムナトリウム	土壌燻蒸剤	1~7日	5.0	低い残留性
キャプタン	殺菌剤	1~5日	3.0	低い残留性
マラソン	殺虫剤	1または2（~5）日	1.0	低い残留性

[1] 半減期は分解に好適な条件の下での推定された幅の平均値。不適な条件下ではこの時間はかなり増える。すべての情報はExToxNetウェブサイト（2000）より得た。
[2] DT_{50}値はGustafson（1993）による。

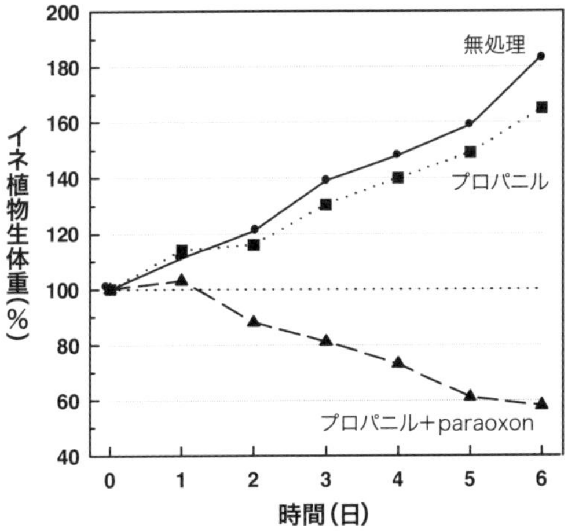

図 11-23　有機燐系殺虫剤 paraoxon の存在と不存在下におけるイネに対する除草剤プロパニルの効果を示すグラフ。
資料：Matsunaka, 1968. より改変

農薬間の相互作用

しばしば1種類以上の農薬が作物に施用される。農薬は異なる時期か、同時に施用されるであろう。後者の場合、2種の農薬が混ぜられ、そして実際には一緒に施用するというのが合理的なように思われる。しかし、これは適切でない。同じ種類のまたは異なる種類の化学物質は、混ぜられたときに化合物の間に予期しない相互作用が起こり、この相互作用によって農薬の効果の減少や、作物に対する植物毒性がもたらされる可能性がある。例えば、相互作用は2種の除草剤間で、2種の殺虫剤間で、またはある除草剤と殺虫剤の間で起こりうる。

剤型の不一致

ある場合には異なる剤型の農薬を混ぜることが必要となる。しかしながら、散布タンクの中で、ある種の農薬の剤型を混合することは否定的な結果をもたらすだろう。典型的な問題は沈澱物の形成で、それは汚泥となり散布機を詰まらせる。混合適合性の一般的なルールは、もし2種類の農薬を混ぜ合わせる場合に、1つの剤型は水和剤で、他方が乳剤であるなら、初めに水和剤を水に混ぜ、そのあとで乳剤を混ぜるというものである。水和剤を二番目に混ぜれば、混合物は固まり沈澱する。なぜならば、乳剤中の油が水和剤の粉末の粒をくるみ、それらを合体させるからである。農薬を混ぜるためには、2つのルールが追加される。最も重要なことは、ラベルに混ぜることに対しての警告がある場合は混ぜるべきでない。もしラベルに混合についての適合性についての指示がなくとも、反応を確かめるために2つの農薬の少量を混ぜて観察するのが賢いやり方である。

作物の耐性の変化

農薬の混合物は、標的となる生物や、それ以外の生物に対する1つまたは両方の農薬の活性を変化させることがあり、これは問題である。このタイプの相互作用の一例としては、ある除草剤が殺虫剤と混合されたとき、その除草剤への作物の耐性を減らすことがある。イネは通常は除草剤のプロパニルに耐性を示す。しかし有機燐剤の殺虫剤の存在下では、この耐性は失われ、除草剤はイネを殺す（図 11-23）。このことは除草剤と殺虫剤がタンク内で混合された場合でも、別々に施用された植物体の上でも起こる。同様の選択性の消失は、トウモロコシでスルホニル尿素系除草剤が殺虫剤の terbufos とともに用いられた場合や、ダイズに、ある種の殺虫剤とダイズ用除草剤メトリブジンがともに施用された場合にも起こる。化学物質の不適合性について前述したルールがこのタイプの相互作用にも適用される。

効力の変化

農薬の混合は、1つまたは両方の化学物質成分の、その標的とする種に対する効力を変えることがある。効果が増加すれば有用であるが、効果が減少すれば問題が生じる。活性の拮抗が起こる既知のケースでは、農薬のラベルにそれらは混合すべきでないことが示されている。

農薬の毒性

農薬は、定義によれば、有害生物を殺すか有害生物に害を与える化学物質である。このことは、すべての農薬は少なくとも標的の有害生物に対しては毒性を示すことを意味する。農薬はまた人間の施用者や農場作業者を含む、標的でない種に対しても毒性を示す。毒性のある化学物質の作用についての研究は、毒物学として知られている。次の項

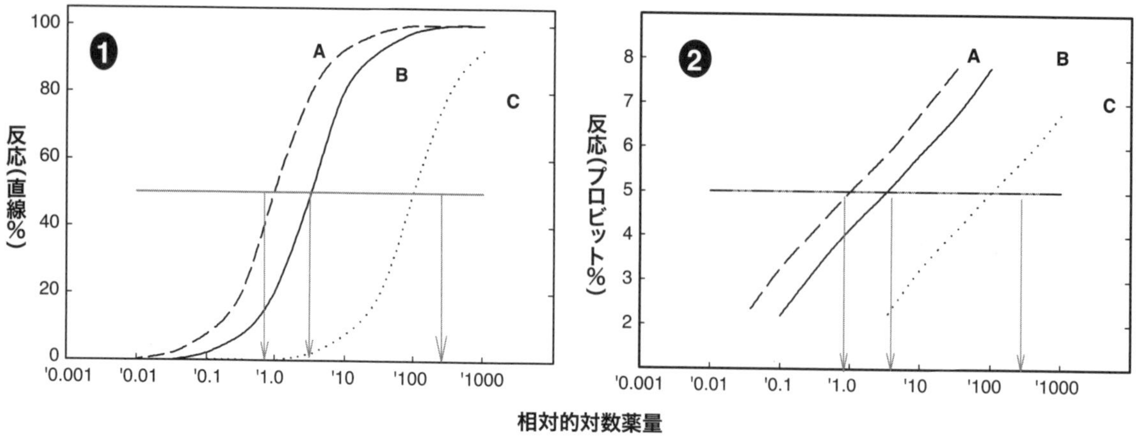

図 11-24 理論的な薬量—反応曲線を示すグラフ。A、B、C は 1 つの毒物に対する異なる試験種またはバイオタイプの反応を表すか、1 つの試験種の 3 つの異なる毒物に対する反応を示す。グラフ①は y 軸に直線目盛りを使い、グラフ②は y 軸にプロビット目盛りを使っている。両方とも x 軸は対数目盛りであることに注意。

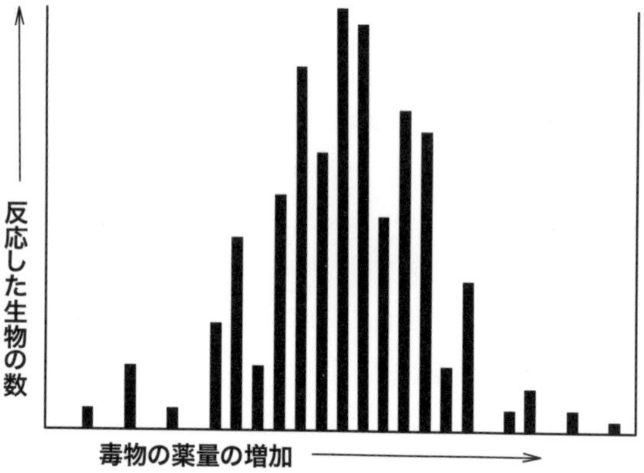

図 11-25 毒物の薬量の増加に反応する試験生物の個体数の割合についての理論的なグラフの例。

では毒物学の基礎について述べる。

薬量／反応関係

「薬量が毒素を作る」とはよく知られた言葉である。そしてこのことは、毒素の濃度と毒素への暴露期間が生物体への効果を決めることを意味する。人間が日常生活の中で出合うであろう潜在的に毒性のある化学物質の例としては、アルコール、食卓塩、ニコチン、カフェイン、アスピリン、そしてガソリンなどがある。これらのすべての物質は高い薬量では毒性を示し、殺すこともできる。しかし適切な中間的薬量では有用であり、十分に低い薬量では毒性効果は検出されない。

薬量が増えれば、効果が増す（**図 11-24**）。試験生物のある個体群が毒物にさらされると、相対的に低い薬量ではわずかの個体が反応し、中間の薬量ではほとんどが反応し、そして少数の個体は影響を受ける前に相対的に高い薬量を必要とする（**図 11-25**）。**図 11-25** の反応を、影響を受けた個体数の累積としてプロットすると、その結果はシグモイド反応のパターンをとる。シグモイド反応は、低いレベルの活性から始まり、薬量が増えるとともに急激に増加し、最高値に達する前に漸近的にゆるくなる（**図 11-24**）。効果が識別できる最少の薬量を最大無作用量（NOEL）という。

この薬量－反応関係の見解は全般的には認められていない（Calabrese and Baldwin, 1999）。そして毒素に対する他の反応もありうる。農薬を含む多くの化合物では、閾下増進効果として知られている現象があり、農薬を含むある化学物質は、きわめて低い薬量で施用した場合、毒素として働くかわりに成長を高める。低薬量の農薬のインパクトの効果の実用性は、NOEL の概念の再評価と、農薬の残留へのリスク分析に対する NOEL の適用を求めるものであろう。

急性毒性

農薬を含む化学物質の毒性は動物試験で決定される。人間に対するデータは動物試験から間接的に推定するか、または人々が偶然に暴露されたときに得られた洞察を通じて推定される。動物試験を通じて決定される毒性は、生物体の大きさ、種、そして性によってさえ異なる。異なる動物種は体の大きさが異なるため、毒性は通常、単位体重当たりの毒物の量（例えば、mg/kg）で表す。急性毒性のデ

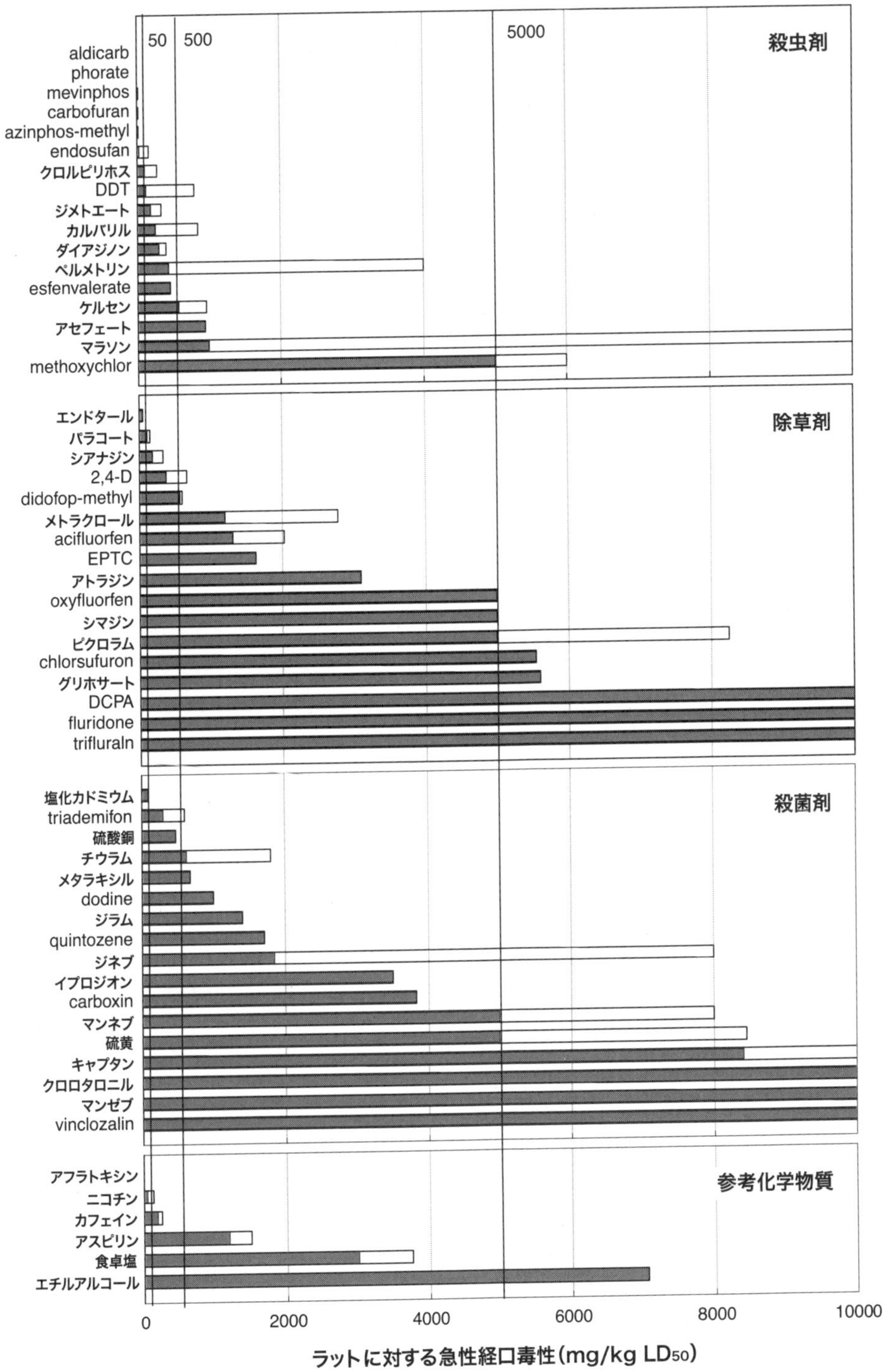

図 11-26 オスのラットを使って試験された、選ばれた殺虫剤、除草剤、および殺菌剤の単一薬量の急性毒性の LD_{50} 値の比較を示したグラフ［農薬の日本語表記のないもののみ英語で示した］。参考のために通常の家庭用化学物質の代表的な値を示した。アフラトキシンはピーナッツ製品中に広く存在する菌の腐敗によって生じる自然の副産物。LD_{50} 値として 10,000mg/kg を示している製品の多くは実際には「10,000mg/kg 以上」としてリストにあげられている。白柱は特別な剤型を表している。

ータは摂食、吸入、または皮膚や眼からの吸収など毒素への暴露の様式に関連して表現される。

LD_{50}

50%致死薬量（LD_{50}）は、毒物が摂食された場合、1回の暴露で試験個体群内の生物の50%が死んだ場合の薬量である。

異なる種類の農薬の化学物質に対するラット［試験用ネズミ］でのLD_{50}値を**図 11–26** に示した。参考のため、いくつかのよく知られている家庭用化学物質のLD_{50}値も含めている。これらは異なる農薬の種類の相対的な毒性の比較を示している。殺虫剤、殺線虫剤は有害動物を標的としているため、動物に存在しない生理的または生化学的システムを、しばしば標的とする殺菌剤や除草剤よりも、動物に対して一般により毒性が強い。**図 11–26** で使われたデータは純粋な化学物質を使った試験から得られたものであり、施用のための剤型では、純粋の化学物質と比べて商品化された製品の毒性が減少するように操作されている。ここに示されたデータは、最もしばしば使われるオスのラットを使った実験結果からのものである。メスのラットの場合は正確には同じ反応を示さないであろう。他の試験動物、例えばマウス［試験用ハツカネズミ］、ウサギ、小猟犬、魚（例えばブルーギル）、および鳥（例えばウズラ）などは、すべて農薬やその薬量に対して異なる感受性を持っているであろう。人間に対する毒性の推定値はこれらの試験生物からの推定にもとづくものである。

LC_{50}

ある毒物の暴露の経路が空中か水中である場合、急性毒性は単位体重当たりのミリグラムよりは、濃度や暴露の時間にもとづいて表される。これが致死濃度、すなわち試験個体群の50%が殺される濃度、LC で表される。例えば、あるLC_{50}は12時間で100万分の15（または15mg/liter）と表される。

選択性

生化学的な選択性は生理学的レベルで説明される。致死的反応を生みだすために要する毒物の薬量は、生物の種やタイプの間で異なる。**図 11–24** ではAとBの種の間の選択性の違いは毒物の量で1桁以下である一方、AとCの選択性の間では2桁を越えている（**図 11–24** ですべての垂直の矢印で示されている）。

慢性毒性

生物体に及ぼす農薬の効果を理解するためには、生物体を直ちに殺すほどではない薬量の毒物に長期間暴露された場合の効果を確定する必要がある。これらは長期間の、あるいは慢性的な研究と呼ばれる。毒物に慢性的に暴露された結果、暴露された生物体において異なる反応がひき起こされる。次の生理学的反応が農薬において典型的に評価される。

1. 発ガン性 — ある毒物の暴露に関連して、試験生物でガンが発生したりその頻度が高まる。このことについては一生涯の摂食や長期間の吸入の研究が必要である。
2. 催奇性 — 長期間の毒物への暴露に関連して、先天異常の頻度が変化する。この試験には試験生物の少なくとも2世代が必要である。
3. 発腫瘍性 — ある毒物に対する長期間の暴露による非ガン性腫瘍の発生頻度の変化。この場合は一生涯の摂食または吸入の研究が必要である。
4. 内分泌系の攪乱 — ある毒物による動物の内分泌ホルモン系の攪乱の可能性が評価される。

アメリカ合衆国では慢性毒性の確定が Federal Insecticide, Fungicide, and Rodenticide Act［連邦殺虫剤殺菌剤殺そ剤法］が通過して以来（この章の後のほう参照）、すべての新農薬開発に義務づけられている。さらに1996年には内分泌系攪乱についてのアセスメントが義務づけられた。この時期に先立って毒物学的情報の開発がEPAの監督の下で向上されなければならない。長期間の毒物学的試験は時間がかかり高価である。人間に対して意味のある推定ができるような慢性的効果を評価するための、適切で正確な実験的方式を定義することに関連して、学界内での議論がある。

暴露のタイプ

生物体はさまざまな経路で農薬に暴露される。それらは次のものを含む。

1. 摂取または経口暴露。農薬は飲みこまれるか、または食べられるかのどちらかである。これは主として食物と飲料への汚染に関係している。
2. 吸入暴露。ここでは農薬が空気中に存在し肺に吸入される。主要な懸念は、散布霧か粉を吸いこむ農場作業者、散布者、および散布された圃場の近くに住む人々に対するものである。

3. 皮膚暴露。この場合農薬は皮膚を通して吸収され、それはきわめて急速に起こる。裸の手で農薬を混ぜることは避けるべきである。なぜならば、メチルパラチオン（もはや使用されていない）のような農薬が皮膚を通して取りこまれた結果、死に導かれるからである。同様に、処理された茎葉の間を素足で歩くこともきわめて危険である。皮膚からの取りこみは汚染された衣服からもまた起こりうる。
4. 眼の暴露。眼への農薬の直接の接触によって急速な取りこみが起こる。角膜の被害および極端な場合には盲目や死に至る。農薬の飛び散りからの、眼を通しての取りこみは農薬散布者にとって最も大きい問題となる。なぜならば彼らは濃厚な農薬を取り扱うからである。

職業的に有害生物の管理に従事する人々は、農薬が体内に取りこまれるこれらのさまざまな暴露経路の重要性をよく理解している。訓練されていない、特に発展途上国の農業者、または多くの一般住民は、しばしば安全でないやり方で農薬を取り扱う。なぜならば、すべての農薬は毒性を持ち、いろいろな経路で取りこまれるであろう、ということを理解していないからである。

危険性

危険性は毒性と同じではない。ある農薬はきわめて有毒であるが、もし暴露の可能性がなければ危険ではない。もし、ある化学物質にそれほど毒性がない場合には、暴露は重大な危険をまねかない。タルカムパウダー［天花粉］はそのよい例である。農薬にかかわる危険性は次のことに依存する。

1. 化学物質の固有の毒性。この危険性は薬量に関連する問題で、リスク分析では農薬の量が減少するほど危険性も減るものと見なされる。農薬の危険性として固有の毒性を直接制限する唯一の方法は、毒性があまり高いと考えられる化合物を使わないことである。
2. 暴露。暴露の機会や期間を減らせば危険性も減る。施用のために農薬を混ぜたり積みこんだりする人々は最も暴露するように思われるので、農薬からの害を最も受けやすい。農薬は飲料水の容器に決して入れるべきでないし、また濃い農薬を取り扱う場合には不透性の手袋、防護眼鏡、靴を身につけるべきであることを常識と法令は指示している。カテゴリーⅠ農薬における閉鎖的積みこみシステムの必要性の目的は危険性の減少にある。これらの手段は、暴露の機会を減らすことによって危険性を少なくすることを目的としている。これらはこの章の後の部分で作業者保護のトピックの下に詳しく論じられる。

アメリカ合衆国では前述の節で論議された急性毒性のデータをもとに、農薬の危険性を評価するシステムをEPAが開発した。その情報の要約が**表 11-4** に示されている。すべての農薬は、理解しやすく、毒物学の詳細を知らなく

表 11-4　EPAの毒性カテゴリーによって格づけされた農薬グループの経口、経皮および吸入の級別

	EPA 農薬カテゴリー			
	Ⅰ	Ⅱ	Ⅲ	Ⅳ
命名	きわめて危険	中程度危険	わずかに危険	相対的に無害
表示語	危険－有毒	警告	注意	注意
致死薬量[1]	数滴～茶さじ1	茶さじ1～1オンス	1オンス～1パイント	1パイントまたは1ポンド
有毒指標				
経口 LD_{50}	50mg/kg 以下	50～500mg/kg	500～5,000mg/kg	5,000mg/kg 以上
吸入 LD_{50}	0.2mg/ℓ 以下	0.2～2.0mg/ℓ	2.0～20mg/ℓ	20mg/ℓ
径皮 LD_{50}	200mg/kg 以下	200～2,000mg/kg	2,000～20,000mg/kg	20,000mg/kg 以上
眼への効果	腐食性：7日以内角膜不透明、非可逆的	7日以内角膜不透明可逆的、7日間刺戟持続	角膜不透明にならず可逆的刺戟7日以内	刺戟なし
皮膚への効果	びらん性	72時間内の激しい刺戟	72時間内の中程度の刺戟	72時間内の中程度かわずかな刺戟

[1] 155ポンドの人間1人当たりの推定値。

ても化合物の相対的な危険性を素早く示す幅広いカテゴリーに分類されている。唯一の明確な危険性の指標が、ある農薬を高い危険性のカテゴリーの中に位置づけるために求められている。例えば、純粋な化学物質の経口LD_{50}が50と500mg/kgの間（カテゴリーⅡ）の場合、眼を冒す溶媒で剤型化されたときには、EPAのカテゴリーⅠに置かれるであろう。危険性の種類による農薬の分類はラベルの開発や使用制限に関連して特に重要なものである。

残留

施用後、農薬の残留は時間とともに通常指数的に減少する（**図 11–21**）。減少速度は土壌中の減少に影響する要因と同じ要因の多くに依存する。

1. 農薬の化学的性質。ある骨格を持つ分子は他のものよりも微生物による分解に対してより抵抗性を示す。塩素化炭化水素の殺虫剤は長期に残留する農薬の一例である。
2. 標的植物。残留の減少速度は植物の種、施用時の生育段階、農薬に暴露された植物の部位、収穫される部分、によって変わる。
3. 生理学。農薬と植物の生理学との間の相互作用は、植物の組織内の農薬の蓄積を変える。植物内の蒸散流（水）の中で動く農薬は、例えば葉や、大きくて水を含む果実のような水の使われる場所にはどこでも蓄積する。
4. 環境条件。温度や水の利用できる度合いに反応する植物の条件の変化は、残留のレベルを実質的に変えることがある。残留のレベルは、よく灌水された植物中よりも、日照りで萎れた植物の中のほうがしばしば高い。

植物（または土壌）表面の残留に関する次の2つの実際上の野外レベルでの環境問題が、農薬をいかに使うことができるかに影響する。

1. 農薬の残留の一部が、部分的には農薬の揮発性によって、標的の表面から放出されるとき、liftoff［離昇］が起こる。離昇は望ましくない漂流飛散の原因となることがある。
2. 振り落とされた残留は、作業者の植物を払い落とすような活動によって葉や果実から振り落とされた農薬の粒子を指す。このことは農場作業者が処理された圃場に再び入るときに問題となるであろう。

一般市民の消費をめざした農産物中に残る農薬の残留はまた潜在的に厳しい問題であり、この章の後のほうで考察する。

許容量

農薬の許容量とは、収穫された農産物の中に残留してもよい農薬残留の量として法的に定められている。許容量は、急性または慢性の試験によって得られたNOEL［最大無作用量］を得ることによって、さらにこれを農薬の毒物学的特性にもとづき100または1000で割ったものである。許容量は100万分の1（ppm）または10億分の1（ppb）で表される。100万分の1は5ポンド入り砂糖袋1万2500個に1オンスの食塩（典型的な振りかけ用食塩入れを満たす量）を均等に混ぜた場合に等しい。

許容量についての同意には、消費しようとする植物の組織内にどれほどの残留が存在するかを正確に決定することが必要である。したがって、農薬の開発に当たっては、純粋な農薬と、すべての主要な代謝物についての信頼できる、そして正確な抽出／検出の手順の開発が求められる。それから、農産物は存在する残留を定量するための分析試験を受ける。もし農産物が許容量を越える残留を持つことが確定されれば、その農産物には「赤札」がつけられ、そしてその農産物のすべての販売と使用が停止される。もし残留が許容量以下のレベルまで下らなければ、すべての農産物は廃棄されなければならない。

もしある農薬が、ある特定の作物に対しても登録されていない場合、その作物中の農薬のいかなる検出量についても許容量のレベルが存在しない。許容量がなければ、非登録の農薬の「いかなる」残留も違法である。このような違法の残留は農薬の漂流飛散や再植え付け制限と関連して、またラベルに載っていない作物に対するいかなる施用においても重要な意味を持つ。

再立ち入り禁止期間

農薬が施用された後、その圃場に作業者が再び立ち入っても安全であるためには、ある量の時間が経過しなければならない。再立ち入り禁止期間とは、施用の後に表面の農薬残留が安全なレベルまで減少するのに要する期間のことである。アメリカ合衆国における再立ち入り禁止期間は4時間（最少）から数日までの幅を持ち、農薬の毒性とその半減期に依存する。再立ち入り禁止期間はラベルに明示されている。農薬処理区域には警告のサインを掲示しなければならない。警告のサインには、どんな農薬が施用されたか、再立ち入り禁止期間およびそれが何時終わるかが示される（この章の後の掲示の節参照）。

収穫前使用禁止期間

収穫前使用禁止期間とは農薬の施用と収穫の間に必要な期間である。それは、消費されようとする植物の組織の上または中の農薬残留が、許容量のレベル以下に十分に下がるような時間のことである。収穫前使用禁止期間は、生鮮市場農産物における農薬の使用においては最も重要である。収穫前使用禁止期間は *Bacillus thuringiensis* のような非毒性物質の0から、塩素化炭化水素のような残留性化学物質の場合の数カ月までさまざまである。収穫前使用禁止期間はラベルに明示されており、したがわなければならない。

農薬使用の法律的局面

農薬規制の概観

農薬についての政策は、社会の懸念と生態学的束縛を述べている（第19章参照）。そして次のような広い目標を持っている。

1. 農薬の質的制御の開発。農薬の質を確保することが、もともとの法律の主な理由であった。初期のサンプリングは高いレベルの譲歩を示したのに比べて、このことは現在では小さい問題となっている。
2. 責任ある農薬使用の政策の開発。
   - 2.1. 作物保護。農薬が表示されたように働くことの保証を提供する。このことが規制の1つの主な理由である。
   - 2.2. 農薬取り扱い／施用者の保護。農薬に関係して働く人々が不必要なリスクを負わないことを保証する。
   - 2.3. 圃場作業者保護。農薬施用にかかわらない農場作業者が農薬の暴露のリスクをも負わないように保証する。
   - 2.4. 消費者保護。一般市民が危険レベルの農薬に暴露しないことを保証する。
   - 2.5. 環境保護。環境に対する農薬使用のインパクトを最少にすることを保証する。これは主な問題である。
3. 安全な国際取り引きの開発。
   - 3.1. 輸出保護。ある国が他の国に有害生物や農薬残留を輸出しない保証が必要である。
   - 3.2. 輸入保護。同様に、ある国が他の国から有害生物や残留農薬を輸入しない保証が必要である。
4. 技術の促進。規制は、そのことが意図されたものでなくとも、新しい有害生物管理の新技術の開発をもたらすことがある。例えばカリフォルニア州でカテゴリーⅠの液体農薬のために閉鎖的積みこみシステムを求めた法律によって、この新法の命令を達成する装置の開発がなされた。
5. 農薬教育プログラムの奨励。
6. 組織と政府機関の間の情報交換の育成。

農薬規制の歴史

農薬の規制は20世紀の初めまでさかのぼる。その時の関心は、効力についての過った記述から使用者を守ることと、製品の質を保証することにあった。次の年代記はアメリカ合衆国における法的里程標の概要である。大部分の工業化された国でも似た法制パターンにしたがってきた。

1910年 Federal Insecticide Act［連邦殺虫剤法］。この法律が農薬の品質を規制する最初の試みであった。

1938年 Federal Food Drug and Cosmetic Act（FFDCA）［連邦食品医薬品化粧品法］。この法律は食品中の農薬の残留をモニタリングする手段を提供した。この法案は1930年代に、さまざまな作物内への過剰な砒素と鉛の残留がもたらされたことにもとづいている。この法案は1938年以来何度も修正されてきたが、今もなお、食品中の残留農薬をモニタリングするうえでの権能を持っている。

1947年 Federal Insecticide, Fungicide, and Rodenticide Act（FIFRA）［連邦殺虫剤殺菌剤殺そ剤法］。この法律は、農薬をその「意図される使用」によって明確に限界を定めることによって、近代化に踏みきったものである。これが意味するものは、いかなる形の有害生物を殺すために用いられる、いかなる化合物も農薬と既定し、その規制はFIFRAの命令の下で行なわれるということである。1947年は有機合成化学農薬（例えば、DDTのような塩素化炭化水素、2,4-Dのようなフェノキシ系農薬）の始まりを示している。FIFRAは今なお農薬登録を管理する法的命令を提供する手段であり、その導入以来数多くの修正がなされてきた。アメリカ合衆国農務省（USDA）は当初、すべてのFIFRAの命令を所管していた。

1958年 Delaney［デレニー］条項がFFDCAに加えられた。この修正案は、いかなる発ガン性化合物も食品中に許すべきでないことを求めていて、ゼロ許容量と呼ばれている。この条項の条文は、いかなるリスク－利益分析をも認めていない。技術の進歩によって益々少量の農薬の検出が可能となり、デレニー条項は反論を防ぎきれなくなっている（1996年FQPA参照）。

1970年 Environmental Protection Agency（EPA）［環境保護庁］。ニクソン大統領はFIFRAによるすべての命令はUSDAからEPAに移すことを求めた。その時まで、連邦で認可されない農薬の州内での使用が認められていた。そのような登録はEPAの下では中止された。

1995年 連邦作業者保護規準への追加。Occupational Safety and Health Act（1970）［職業的安全健康法］の枠組みの中で実施される、多くの規準の局面が農薬の施用と使用にインパクトを与えた。

1996年 Food Quality Protection Act（FQPA）［食品品質保護法］。この法律は、食品中の残留農薬をいかに評価するかについての主要な改訂を提供し、デレニー条項によって作りだされたジレンマを解決するためのガンのリスク評価を変更し、子どもに対する許容レベルを設定し、内分泌システムの攪乱を規制し、そして一生を通しての残留への暴露について「リスクカップ」の概念を開発した。この「リスクカップ」とは、似た作用機作を持つすべての農薬の残留は、一生涯の暴露との関連で、単独よりも集積するものとして考慮されなければならないことを意味している。

農薬の規制と使用にも直接影響する他の連邦法案が通過している。それらは、Clean Air Act（1970）［空気清浄法］、Occupational Safety and Health Act（1970）［職業的安全健康法］、Clean Water Act（1977）［水清浄法］、Safe Drinking Water Act（1974）［飲料水安全法］、Resources Conservation and Recovery Act（1976）［資源保全および復元法］、Endangered Species Act（1973）［絶滅危惧種法］、およびSuperfund Amendments and Reauthorization Act（1986）［超財源修正および再評価法］を含む。

規約と規制

法律は連邦または州政府によって施行される。法案によって作りだされた法律は規制の規約の一部として実施される。アメリカ合衆国では農業に関する連邦の規約は表題7の下にある（農薬はまた他の規約にしたがっても影響される）。さまざまな官庁が関連した規制の命令を施行する。アメリカ合衆国において、特定の規制行為に関して、農薬と有害生物管理の規制に責任を持つ連邦の官庁は次の通りである。

United States Environmental Protection Agency（EPA）［アメリカ合衆国環境保護庁］── 農薬規制の全局面について監督する。

United States Department of Agriculture（USDA）［アメリカ合衆国農務省］── 外来と検疫される有害生物の規制について監督する。

Food and Drug Administration（FDA）［食品薬品管理部］── 食品中の農薬残留許容レベルのモニタリング。

Federal Aviation Administration（FAA）［連邦航空管理部］── 農薬の航空散布およびすべての航空機農業作業にかかわるパイロットに免許を与える。

Department of Transportation（DOT）［運輸省］── 農薬の州間の輸送を規制する。

United States Geological Survey（USGS）［アメリカ合衆国地質調査所］── 水中の農薬汚染のデータを提供する。

United States Fish and Wildlife Service［アメリカ合衆国魚および野生動物調査所］── 魚と野生動物にインパクトを与える有害生物と農薬の規制にかかわる。

Occupational Health and Safety Administration（OSHA）［雇用者健康および安全管理部］── 農業作業者の安全性の局面を規制する。

FIFLA［連邦殺虫剤殺菌剤殺そ剤法］の主要な必要条件

FIFLAは多くの条に分かれている。各条は法律の特定のセットを定めている。例えば、第3条は農薬の規制について取り扱い、第18条は連邦および州の機関の課税免除について、また第24条は特別な州の権限（24cはさもなければ使用できない特別の農薬の使用についての「特別な地方の要請」）を取り扱う。

ある農薬を販売する前に（無機物、有機合成物、微生物由来、または生物由来の生物化学物質のいずれの場合も）アメリカ合衆国では以下のことがなければならない。

1. すべての農薬は使用可能になる前にEPAによって登録されなければならない。
2. 製品登録には次の特定の情報を必要とする。これによってその製品はラベルの指示にしたがって使用される。
   - 2.1. ラベル上に表示された効果的に防除される有害生物。
   - 2.2. 人間、作物、家畜、野生生物に害を与えず、また環境に被害がないこと。
   - 2.3. 食物や飼料に違法な残留がないこと。
3. 農薬は一般的使用と限定的使用に分類されなければならない。
4. 限定的使用の農薬は免許を持つ施用者によってのみ施用できる。
5. 農薬製造施設は登録されEPAによって査察されなければならない。
6. ラベルに矛盾した方法での農薬の使用はいかなるものも禁止される。認可されたラベルは法律文書であり、農薬のラベルに矛盾した方法での施用は違法行為である。
7. 州は代替物が利用できないとき、限られた地域的要請に対して農薬を登録するであろう。これらは特定地域要請（SLN）登録と呼ばれる。それらはFIFLAの第24条にしたがって公布される。これは、現在ラベルに含まれていない作物、または状況に対する農薬の使用を特別に拡大する。もし、ある基準に合致し、他に代替物が使用できない場合には、農薬の使用は緊急免除として認められる。このことは連邦の食品／飼料使用の許容量の設定に先立って、FIFLAの第18条の下で認められる。
8. ラベルの記載に対する違反は重い罰金または禁固刑に値する。
9. EPAはFIFLAにしたがって、以前に登録された農薬が望ましくないリスクを消費者や環境に及ぼすと考えられるときには、その使用を保留、取り消しまたは限定的使用にすることができる。

農薬の限定的使用

EPAはすべての農薬を一般的使用と限定的使用とに分類しなければならない。限定的使用農薬は十分に危険であると考えられ、適切に訓練された人のみがそれを取り扱うことができる。ある農薬を限定的使用として分類するために使われる次のようないくつかの「きっかけ」（農薬の特定の危険な特徴）がある。

1. 急性毒性。直ちに健康被害を起こすのに十分な毒性のある農薬（50mg/kg LD_{50}以下の急性毒性を持つカテゴリーⅠのすべての農薬は自動的に限定的使用のみと指定される）。
2. 施用者または作業者に対して特別の危険性（例えば、使用する溶剤の毒性による眼への危険性）。
3. 標的外動物、例えばミツバチか野生生物などへの危険性。
4. 環境への問題を持つ場合、例えば他の作物への漂流飛散や地下水への汚染をもたらすと思われる場合。
5. 次に栽培される作物に危険性をもたらすような土壌中への残留の問題。

限定的使用の農薬は、適切な方法で訓練を受け、筆記試験を通った免許を持つ施用者によってのみ施用できる。もし、農業者達が、彼ら自身の土地に（すなわち雇われてでなく）限定的使用の農薬を施用したいと望むならば、免許を持つ施用者と同等の訓練を受けなければならない。限定的使用の農薬は一般市民によって使用することはできない。個々の州では追加的条件を課すことができる。

EPAによる農薬の連邦登録のための必要条件

連邦農薬登録が認可される前には次の情報が提供されなければならない。

1. 製品の化学的性質がすべて記述されなければならない。
2. 農薬およびその代謝物の抽出・検出のための分析法が

開発されなければならない。その中には登録されるであろう農薬について、収穫された植物のすべての部分からの抽出の効率も含まれる。

3. 次の生物への危険が確認されなければならない。
    3.1. 野生生物、特に鳥（例えば毒性試験にウズラを使用）。
    3.2. 水生生物。魚（例えばブルーギル）とさまざまな他の試験種。
    3.3. 人間および他の動物（ラット、マウス、ウサギおよびイヌの試験から推定されたもの）。
    3.4. 非標的植物への植物毒性。
4. 空中と水中での環境的運命が確定されなければならない。
5. すべての主要な代謝物が同定され、その毒物学的特性が確定されなければならない。
6. 以下の毒物学的研究が行なわれなければならない。
    6.1. 急性毒性。いくつかの異なる種類の生物に対するLD_{50}および他の関連データを確定する。
    6.2. 慢性毒性。慢性毒性の確定のために、致死量以下の濃度での長期間の摂食試験を必要とする。生殖に対する影響を評価するため2世代の試験を必要とする（ラット、マウス、イヌ）。
        6.2.1. 突然変異発現性（遺伝的変異をひき起こす可能性。細菌に対するエイムス試験を使用）。
        6.2.2. 催奇性（先天異常をひき起こす可能性）。
        6.2.3. 発ガン性（ガンをひき起こす可能性、すべての主要器官の解剖検査を必要とする）。
        6.2.4. 内分泌系攪乱（ホルモンバランスの変化をひき起こす可能性）。
7. 農薬の効力を記載するためにデータを得なければならない。現在、連邦の法律は規制のために、これらのデータの提出を求めていない。

ある新しい有効成分について上に述べた情報を開発するための費用はほぼ2000万～4000万ドルに及ぶ。すべてのデータの必要条件が十分に完成したのち、免許取得者、通常は主要化学会社、はデータのpacket［小包み］と呼ばれる情報の要約をEPAに提出する。データの提供を受けた後、農薬を登録するか、未回答の疑問を解決するためにさらにデータを求めるか、または登録を拒否するかをEPAは決定する。新しい有効成分の登録についての登録決定は「Federal Register」［連邦登録］（アメリカ合衆国における政府行為の公式記録）の中に公刊される。登録時に農薬には登録番号が与えられ、その番号は承認されたラベルの上に示される。EPAは新しい有効成分の許容量を確定するための一時的な料金と、その年間保持料金を請求する。連邦の登録とラベルの承認に続いて、州が登録を承認しなければならない。多くの州では、この過程は自動的に行なわれるが、一方カリフォルニア州のような他の場合には、州の登録を得る前に、さらに徹底的な再調査が行なわれる。

同様な登録過程が、今や多くの先進国では用いられている（Garner *et al.*, 1999）。農薬や農薬を処理した商品の国際的取引が増加しているために、世界的な規模で同じ法的登録過程の使用が避けられなくなりつつあるが、しかしそのような均一性はまだ成し遂げられていない。

現在、Btからの*cry*遺伝子のような、有害生物防除化学物質を作りだす遺伝子を表現する、遺伝子組み換え植物をいかに登録するかについて、EPAの一部では不確定である。政府機関は、有害生物を殺す化学物質は、その起源のいかんによらず農薬であるという堅い線を持っている。このことはBt内毒素のような毒性を示す遺伝子組み換え作物を農薬として登録することを求めている。

農薬のラベル

登録者はラベルを書き、EPAによる登録を申請する時点で承認のために提出する。一度承認されると、ラベルはEPAによる追加の承認によってのみ変更することができる。ラベルには規定されるいくつかの情報が求められる。架空のDePesto（**図11-27**）およびDeWeed（**図11-28**）のラベルは、限定的使用の農薬（DePesto）および一般的使用の農薬（DeWeed）について、ラベルに求められている情報のタイプを描いている。次の番号で示す内容は架空のラベル上の適切な場所に示されている。

1. 商標名または登録商品名／商品マーク（言語または国により変わる）。
2. 農薬のタイプ（例えば、殺虫剤、殺ダニ剤、除草剤）。
3. 有効成分の化学名。有効成分と呼ばれる。
4. 一般名。
5. 剤型のタイプ（例えば、水和剤、乳剤）
6. 有効成分のリスト。
7. 容器内の全量（例えば、5ガロン、5ポンド）。

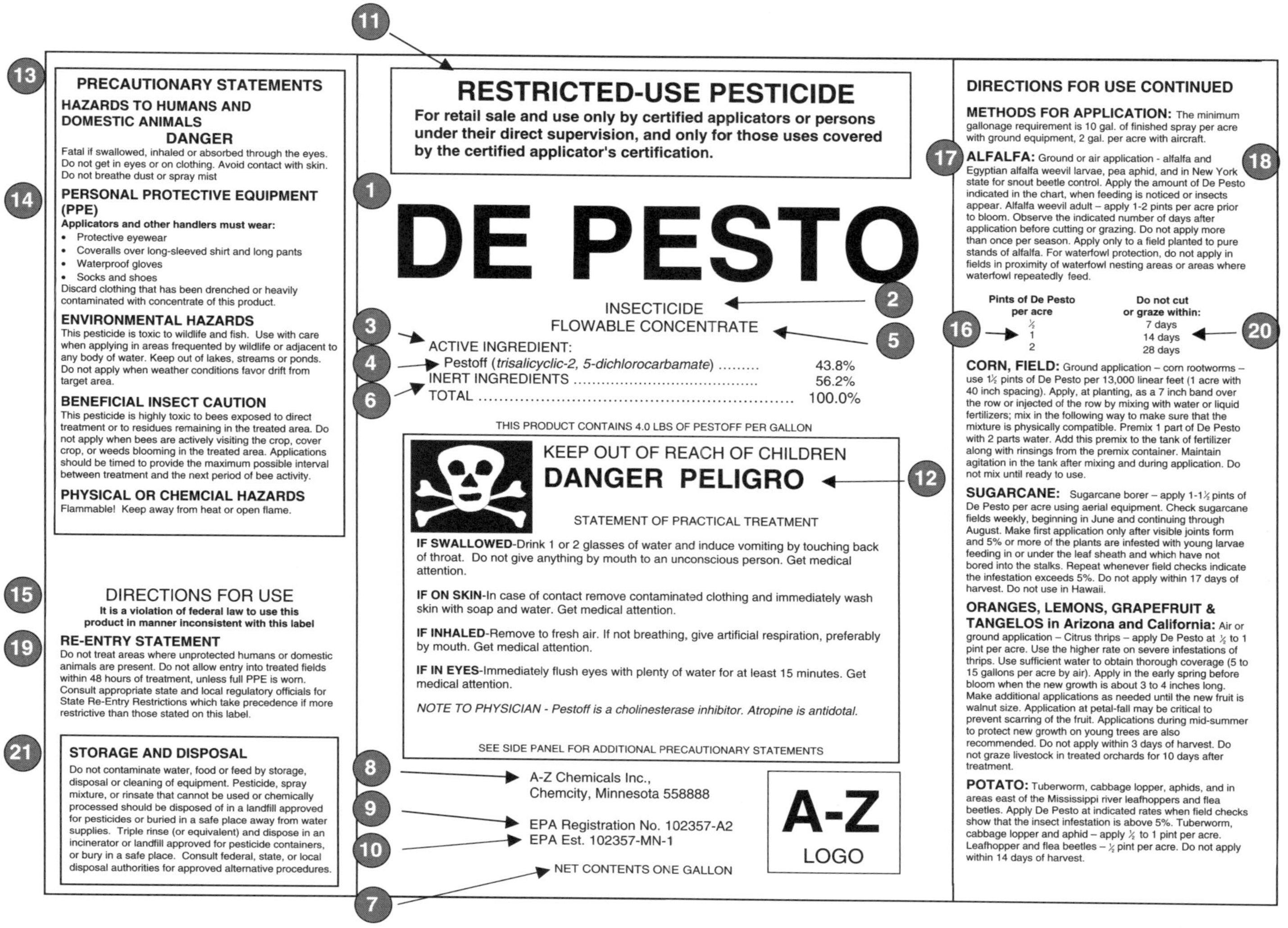

図 11-27　架空の限定的使用の殺虫剤のための仮想的ラベル。数字はラベル上に求められる情報の主要な要素を示し、本文中に記された検索番号である。

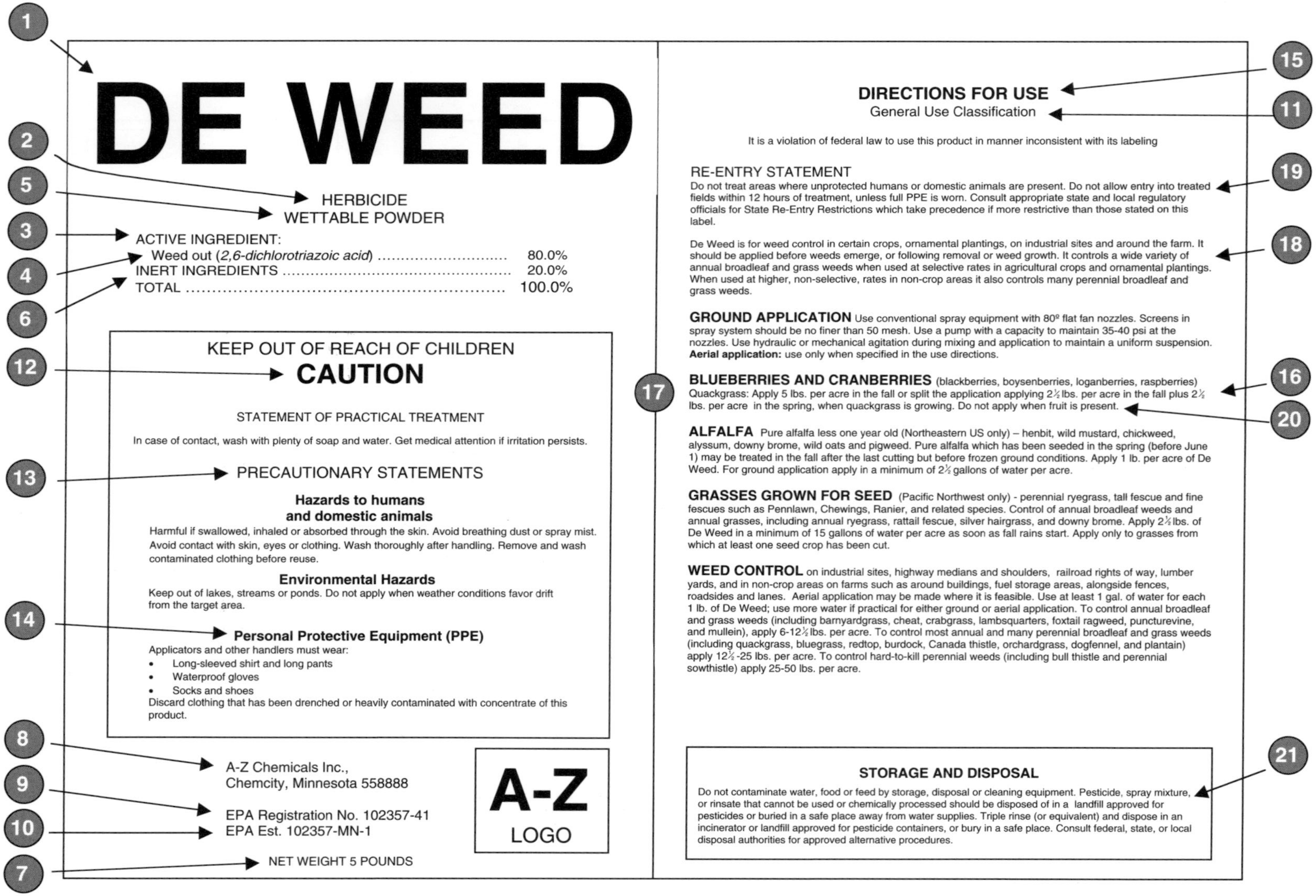
1
DE WEED
2
5
HERBICIDE
WETTABLE POWDER
3
ACTIVE INGREDIENT:
4
Weed out (2,6-dichlorotriazoic acid) 80.0%
INERT INGREDIENTS 20.0%
6
TOTAL 100.0%
KEEP OUT OF REACH OF CHILDREN
12
CAUTION
STATEMENT OF PRACTICAL TREATMENT
In case of contact, wash with plenty of soap and water. Get medical attention if irritation persists.
13
PRECAUTIONARY STATEMENTS
Hazards to humans and domestic animals
Harmful if swallowed, inhaled or absorbed through the skin. Avoid breathing dust or spray mist. Avoid contact with skin, eyes or clothing. Wash thoroughly after handling. Remove and wash contaminated clothing before reuse.
Environmental Hazards
Keep out of lakes, streams or ponds. Do not apply when weather conditions favor drift from the target area.
14
Personal Protective Equipment (PPE)
Applicators and other handlers must wear:
• Long-sleeved shirt and long pants
• Waterproof gloves
• Socks and shoes
Discard clothing that has been drenched or heavily contaminated with concentrate of this product.
8
A-Z Chemicals Inc.,
Chemcity, Minnesota 558888
9
EPA Registration No. 102357-41
10
EPA Est. 102357-MN-1
7
NET WEIGHT 5 POUNDS
A-Z
LOGO
17
15
DIRECTIONS FOR USE
11
General Use Classification
It is a violation of federal law to use this product in manner inconsistent with its labeling
19
RE-ENTRY STATEMENT
Do not treat areas where unprotected humans or domestic animals are present. Do not allow entry into treated fields within 12 hours of treatment, unless full PPE is worn. Consult appropriate state and local regulatory officials for State Re-Entry Restrictions which take precedence if more restrictive than those stated on this label.
18
De Weed is for weed control in certain crops, ornamental plantings, on industrial sites and around the farm. It should be applied before weeds emerge, or following removal or weed growth. It controls a wide variety of annual broadleaf and grass weeds when used at selective rates in agricultural crops and ornamental plantings. When used at higher, non-selective, rates in non-crop areas it also controls many perennial broadleaf and grass weeds.
GROUND APPLICATION Use conventional spray equipment with 80º flat fan nozzles. Screens in spray system should be no finer than 50 mesh. Use a pump with a capacity to maintain 35-40 psi at the nozzles. Use hydraulic or mechanical agitation during mixing and application to maintain a uniform suspension.
Aerial application: use only when specified in the use directions.
16
BLUEBERRIES AND CRANBERRIES (blackberries, boysenberries, loganberries, raspberries)
Quackgrass: Apply 5 lbs. per acre in the fall or split the application applying 2½ lbs. per acre in the fall plus 2½ lbs. per acre in the spring, when quackgrass is growing. Do not apply when fruit is present.
20
ALFALFA Pure alfalfa less one year old (Northeastern US only) – henbit, wild mustard, chickweed, alyssum, downy brome, wild oats and pigweed. Pure alfalfa which has been seeded in the spring (before June 1) may be treated in the fall after the last cutting but before frozen ground conditions. Apply 1 lb. per acre of De Weed. For ground application apply in a minimum of 2½ gallons of water per acre.
GRASSES GROWN FOR SEED (Pacific Northwest only) - perennial ryegrass, tall fescue and fine fescues such as Pennlawn, Chewings, Ranier, and related species. Control of annual broadleaf weeds and annual grasses, including annual ryegrass, rattail fescue, silver hairgrass, and downy brome. Apply 2½ lbs. of De Weed in a minimum of 15 gallons of water per acre as soon as fall rains start. Apply only to grasses from which at least one seed crop has been cut.
WEED CONTROL on industrial sites, highway medians and shoulders, railroad rights of way, lumber yards, and in non-crop areas on farms such as around buildings, fuel storage areas, alongside fences, roadsides and lanes. Aerial application may be made where it is feasible. Use at least 1 gal. of water for each 1 lb. of De Weed; use more water if practical for either ground or aerial application. To control annual broadleaf and grass weeds (including barnyardgrass, cheat, crabgrass, lambsquarters, foxtail ragweed, puncturevine, and mullein), apply 6-12½ lbs. per acre. To control most annual and many perennial broadleaf and grass weeds (including quackgrass, bluegrass, redtop, burdock, Canada thistle, orchardgrass, dogfennel, and plantain) apply 12½-25 lbs. per acre. To control hard-to-kill perennial weeds (including bull thistle and perennial sowthistle) apply 25-50 lbs. per acre.
21
STORAGE AND DISPOSAL
Do not contaminate water, food or feed by storage, disposal or cleaning equipment. Pesticide, spray mixture, or rinsate that cannot be used or chemically processed should be disposed of in a landfill approved for pesticides or buried in a safe place away from water supplies. Triple rinse (or equivalent) and dispose in an incinerator or landfill approved for pesticide containers, or bury in a safe place. Consult federal, state, or local disposal authorities for approved alternative procedures.

図 11-28 架空の一般的使用の除草剤の仮想的ラベル。数字はラベルに求められる情報の主要な要素を示し、本文中に述べられている検索番号である。

8. 製造者の名前と住所。
9. ラベル承認時点でのEPAによる登録番号。
10. 認証番号（農薬が製造された工場を示す。またロットナンバーを含むこともある）。
11. 使用上の分類（一般的か限定的か）。
12. 表示語（農薬の相対的危険性を示し、**表11-4**に示した危険性にもとづいている）。
    12.1. DANGER（PELIGRO）［危険］。パッケージに髑髏と骨をななめ十字に組み合わせた絵。カテゴリーI。
    12.2. WARNING（AVISO）［警告］。カテゴリーII。
    12.3. CAUTION［注意］。カテゴリーIIIとIV。
13. 予防についての記述（農薬をいかに安全に使うかについての情報の提供。眼、皮膚などへの危険性をいかに減らすかを箇条書きに示す）。
14. 個人用防護装備（PPE）（農薬施用時または再立ち入り禁止期間の終了前に処理圃場に入るときに着る防護装備のタイプを示す）。
15. 使用法（有害生物を防除するための施用割合や使用法を説明。普通、いくつかの副章に分かれる）。
16. 施用割合の表（この表は施用できる農薬の法的な最大量を示している。農薬はラベルに示されたものより低い施用割合で使用することはできるが、述べられている施用割合を越えることはできない。繰り返しの施用が許されているときは1栽培シーズン当たり、または1年当たりの最大施用割合を記載しなければならない。
17. 大部分の農業用農薬のための、農薬が施用できる場所および作物の表（これらの示された場所（作物）は合法的に農薬が施用できるただ1つのものである）。
18. 防除される生物の表（これら生物の表は農薬によって防除が期待されるものを示す）。
19. 再立ち入りについての記述（作業者が特定のPPE［個人用防護装備］を着ることなしに、その場所（圃場）に安全に戻ることができるまでに必要な時間を示す。時間は農薬と作物によって4時間から数日間と異なる）。
20. 収穫前使用禁止期間（施用と作物が収穫しても安全なときとの間に経過しなければならない時間を示し、残留農薬量が設定された残留許容量以下に減少する時間にもとづいている）。
21. 貯蔵および処分（農薬をいかに貯蔵すべきか、余った散布混合物をいかに取り扱うべきか、および空の容器の洗滌と処分のための適切な方法について述べる）。

ラベルは農薬をいかに使うかについての一連の指示のように見えるが、それは実際上、農薬の安全で望ましい施用を明確にした法律的文書である。ラベルは、農薬をラベルと一致しない方法で施用することは違法であると明確に述べている。したがって、ラベルに反する方法で農薬を施用した人に対しては、民事上または刑事上の処罰さえ科すことができる。この要求の主な理由は、ラベルに示されていない方法での使用は、食物や飼料の中にそれらの農産物を食べる人々や動物に危険な残留の原因となり、圃場作業者に危険を与え、地下水への汚染やその他の望ましくない非標的効果を導きうるからである。

州および地方の農薬規制

州および郡内の他の地方は、IPMの戦術上で、追加的制限を述べた法律を制定することができる。アメリカ合衆国では、そのような地方的法律は連邦政府によって制定されたものよりゆるやかなものであってはならない。カリフォルニア州は、その地域の地域的なニーズに合わせることを目的とした農薬規制を開発するうえでアメリカ合衆国──そしておそらく世界を──先導している。カリフォルニア州の必要条件は、この章の次の節で示される。他の州や地域もカリフォルニア州と同様の手段を採用しつつある。有害生物の管理にたずさわる人々は（次節参照）、その区域に影響を及ぼす連邦の規制について学ぶだけでなく、追加的な必要条件をも課すであろう地方的法律についても学ぶ義務がある。

農薬使用者

いくつかの異なるグループの人々が有害生物管理の意思決定や農薬の施用についてかかわっている。

農業者／土地所有者

すべての人々は、その所有する土地の作物に一般的使用の農薬をラベルにしたがって施用することができる。しかしながら、土地所有者が限定的使用の農薬を使用するためには、免許のある施用者の必要条件を満たさなければならない。このことは、彼らが農薬の使用についての特別な必要条件のすべてについて訓練を受け、証明された資格を持っていることを意味する。

有害生物防除アドバイザー

もし有害生物防除の助言が、農薬の使用についての勧告なども含めて、代金を取って提供されるならば、そのような助言を与える人は有害生物防除アドバイザー（PCA）と呼ばれる。この肩書きは今や広く使われているが、PCA達が規制されるレベルは、国またはアメリカ合衆国でも州によって大きく異なる。

地方的な規制の状況にもよるが、よく考えられて書かれた有害生物管理の勧告には次のようなタイプの情報を含むであろう。

1. 栽培者または土地管理者の名前。
2. 勧告を作るPCAの名前。
3. 処理されるべき作物名。
4. 防除されるべき有害生物の同定。
5. 施用される農薬名および施用割合。
6. 場所の位置についての情報。
7. 問題を解決する代替えの方法（成功の可能性、費用、その他）。
8. 区域内の環境的に要注意の区域の位置（野生生物保護区域、川など）。
9. 散布の漂流飛散に要注意と思われる隣接作物（例えばメロンに対する硫黄粉剤）。
10. その区域の一般市民への健康上の危険性（例えば学校、家屋、その他の集団住宅）。
11. 圃場作業者のための再立ち入り禁止期間。
12. 収穫前使用禁止期間（残留が消滅するために必要な散布から収穫までの時間）。
13. 特別な配慮（例えば、個人用防護装備、再植え付け制限）。

より詳細はFlint and Gouveia（2001）の第9章を参照するとよい。

施用者

施用者は雇われて農薬を施用する。彼らはまた有害生物防除作業者またはPCOともいわれる。厳密にいえばPCO会社は勧告を出すことはない。どのPCOでも一般的使用の農薬を施用できるが、特別に求められる試験に通った免許で保証された施用者のみが限定的使用の農薬を施用することができる。

農薬販売者

これらの会社は典型的には農薬を販売するのみである。そして一般的に州によって免許を与えられる。

フルサービス会社

これらの会社は農薬の助言、販売および施用などの機能を持っている。したがってフルサービス会社は勧告を行なうPCA達を持ち、農薬を売り、それらを施用する。アメリカ合衆国では、これらのいくつかの会社は地域的、または国内全般にわたって活動している。

家屋所有者

個々の人は、小量の農薬を、それが家屋所有者使用とラベルされたものであれば、取り扱い、施用することができる。家屋所有者による農薬の使用では、おそらく農薬の大量使用とその処理の乱用が起こる。そのために家屋所有者が使うことができる多くの農薬は、農業で使われているものより濃度の低い剤型のものが売られている。家屋所有者の多くは農薬を安全に施用するための専門知識や訓練を持っていない。そして不適切な農薬使用による潜在的危険についての情報に乏しい。高い教育を受けた人々でさえも、短い半ズボンのみで、つま先の開いたサンダルを履いて農薬を施用しているのをしばしば見かける。このようなやり方は、多くの家屋所有者の一部が、農薬を施用するときに安全について全く考慮していないことを示している。なぜならば、最も害のない農薬でさえも、ラベルでは長そでのシャツとズボンを着け、ソックスと靴を履くべきであるという表示をしているからである。

農薬使用の報告

世界のほとんどの地域で、農薬使用についての報告は求められていないので、農薬の正確な使用量についての情報は限られている。多くの場合、農薬使用のデータは推定値にすぎない。アメリカ合衆国では農薬使用の報告を連邦が必要条件として求めていない。1993年以来カリフォルニア州は、商業的な農薬施用については地域の農業委員会事務所経由で州に報告すべきことを求めた。このことは100％の使用報告があるものと考えられる。したがって、農薬の農業的使用についてのカリフォルニア州のデータは手に入る。他の州や国でも同様な報告を採用しつつある。

農薬使用者の保護

農薬を施用する作業者や農業圃場で働く作業者は、農薬による中毒から守られる必要がある。農薬が初めて導入されたときには、作業者保護の基準が低く、そのために多くの作業者が中毒した。先進国ではこのことは望ましくないことと考えられ、作業者の安全基準が次第に引き上げられ、ラベルにしたがって施用された場合（**図 11-29a**）、有毒なレベルの農薬の暴露は起こらないと考えられるところまで達している。発展途上国では農薬の暴露からの作業者の保護が乏しく（**図 11-29b**）、多くの作業者が今なお毎年中毒しているということは、人間社会にとって悲しむべきことである。

アメリカ合衆国では、作業者保護に向かう態度が変わるにしたがって、知る権利法と作業者保護および安全法が変わってきた。以下に現在のアメリカ合衆国での農業的農薬使用についての作業者保護基準の例を示した。

1. 知る権利。すべての作業者は、農薬に関しての危険性について知らされなければならない。
2. 訓練の必要条件。すべての作業者は、農薬の危険性や緊急事態にどう対処すべきかに関しての訓練を受けなければならない。そのような訓練の記録は保存されなければならない。
3. 医学的記録および検査。すべての農薬施用にかかわる人々のコリンエステラーゼレベルの基礎値が確定され、定期的なモニタリングが行なわれなければならない。
4. 安全装備および個人用防護装備（PPE）。そのような装備は農薬の種類によって変わり、装備の必要条件はラ

(a)

(b)

図 11-29　(a) 農薬施用時に個人用防護装備をすべて着用している人。フード、手袋、顔面マスク、およびガスマスクをつけた不透過性上着の使用に注意。
(b) 非工業化国の作業者が、適切な防護装備なしに農薬を施用している。そのことによって農薬中毒に暴露される可能性がある。
資料：(a) は Jack Clark, University of California statewide IPM program、(b) は Marcos Kogan による写真

図 11-30
圃場の周辺のサインまたは掲示は、いかなる農薬が施用され、指定の防護装備なしで、何時、圃場に再立ち入りしても安全かを示している。
資料：Robert Norris による写真

ベルに示されている。PPEにはガスマスクおよび不透過性衣服（靴または長靴、オーバーオール、手袋）から普通のオーバーオール、靴下、靴までである。

5. 再立ち入り禁止期間と掲示。掲示した情報は作業者に何時、圃場に再立ち入りしても安全かを知らせる。その期間は毒性のない物質の場合の4時間から、より残留する毒性のある化合物の場合の数日間とさまざまである。再立ち入り禁止期間は掲示され（**図 11-30**）、観察されなければならない。再立ち入り禁止期間が終わる前に圃場に入るものは誰でも、ラベルに示されたPPEを着なければならない。
6. 言葉の障碍。農業圃場作業者になじみのない言葉で印刷された農薬ラベルは、それらの作業者のために翻訳されなければならない。

混合者／積みこみ者と施用者

農薬の積みこみと混合に従事する作業者は、濃い農薬への暴露のリスクが最も高く、それ故により厳しい安全基準が求められる。安全性のためのガイドラインには次のような配慮が含まれている。

1. 適切な防護衣服／安全装備が雇用者によって提供され、従業員によって着用されなければならない。雇用者はまた、洗滌と着替えの施設を提供しなければならない。
2. 雇用者は従業員に適切な訓練を提供しなければならない。そして訓練は文書化されなければならない。
3. 雇用者は、あるタイプの農薬を取り扱う作業者のコリンエステラーゼの基礎値と最近の値について検査を行なわなければならない。
4. すべての高い毒性の液体農薬（カテゴリーⅠ）には、カリフォルニア州で必要条件として採用されてきたように、閉鎖的積みこみシステムを使う散布機を導入すべきである。そのようなシステムの目標は、農薬に対する混合者－積みこみ者への直接の暴露なしに農薬を運ぶことができるようにすることである。

圃場作業者

これらの作業者は典型的には濃い農薬によって暴露されないが、散布後残留する農薬に繰り返し長期間にわたって接触する可能性がある。圃場作業者保護のガイドラインがしばしば法律によって命令されるが、以下のことを含むべきである。

1. 毒性と消失するであろう残留量をもとにして、処理された圃場に安全に再立ち入りできる、再立ち入り禁止期間が設定される。最少の再立ち入り禁止期間は4時間であるが、より残留し人間に対して毒性のある化合物の場合には数日まで延長することができる。長期間の再立ち入り禁止期間は、うまく貯蔵できない腐りやすい作物のもぎとりには問題をひき起こすことがある。
2. 処理区域の口頭または文書による注意が求められる。
3. 農薬の施用と再立ち入り禁止期間を示す警告のサインが、圃場のまわりに掲示されなければならない。

農薬による健康障害

アメリカ合衆国では偶然的な農薬の中毒事故による死亡は少ない。大部分の農薬関連の死亡は自殺、そしていくらかは殺人によるものである。前に示したように、農薬中毒による死亡は発展途上国では今なお普通に見られる。

作業者の農薬中毒による健康障害の程度は、手に入るデータが疑わしいので、確定することが難しい。National Poison Control Center［国立毒物制御センター］によれば、アメリカ合衆国ではおそらく年間1万7000件の農薬によってひき起こされた健康障害が存在するという。World Health Organization［国連世界保健機関］は発展途上国においては毎年、100万人が農薬関連の健康障害にかかっているものと推定している。しかしながら、これらの値はおそらく不正確なものであろう。なぜならば、ある健康障害の正確な原因を確定することは難しく、健康障害は報告されず、作業者は医学的助けを求めようとしないからである。

消費者保護

農薬規制の主要な目標は、食物中に望ましくない農薬の残留が存在しないことを保証することにある。この目標に対して United States Food and Drug Administration（FDA）［アメリカ合衆国食品薬品管理部］は定期的に農産物をサンプリングし、存在する残留農薬の量を確かめ、それが許容量を越えないかどうかを調べている。そしてカリフォルニア州では、California Department of Pesticide Regulation（CDPR）［カリフォルニア州農薬規制局］が同様の試験を行なっている。

農産物中の残留の許容量は、認めうる農薬残留を基礎に

表 11-5 連邦とカリフォルニア州の農薬残留分析の結果

レベル	サンプル数	残留検出なし	許容量以下	違反
		サンプルの%		
連邦（FDA）	3,597（国内）	64.9	34.3	0.8
	3,860（輸入）	68.1	28.9	3.0
カリフォルニア州	6,097（市場）	60.4	38.1	1.5
（CDPR）	1,472（優先）[1]	80.0	19.9	0.2

[1] すべての優先サンプルは処理された作物からのもの。

FDA データは 1998 年、California Department of Pesticide Regulation［カリフォルニア州農薬規制局］のデータは 1996 年のもの。

しており、食品中の農薬からの消費者保護を提供している。残留とは、収穫時に農産物中に残る農薬の量である。許容量とは収穫時に合法的に存在しうる残留農薬の最大量で、100 万分の 1（ppm）か 10 億分の 1（ppb）で表される。EPA は登録されたラベルを発行するときに残留許容量を確定する。残留許容量は毒物学的試験の間に確定する最大無作用量（NOEL）をもとにしている。安全係数として NOEL より 100〜1000 倍低い量が残留許容量を確定するために使われる。残留許容量を確定するメカニズムには、いくらか議論の余地がある。それはガンにかかりやすいげっ歯類に対する高い薬量の農薬による試験は、人間に対する低い薬量の農薬の活性を代表するデータを提供しないのではないかと、毒物学者によって思われているからである。農薬を恐れる人たちは、残留のいかなる徴候をも、あまりに重大であると信じている。この反対に加えて、閾下増進効果［毒物の少量の暴露による成長刺戟］の現象がある。農薬のリスクと恩恵を判定することは、このように簡単な仕事ではない。そして EPA の一部の傾向は保護主義的推定値の側に立った誤りであった。

設定された残留許容量が農薬使用を決める道具として使われる。収穫された農産物（人間の食品と動物の飼料）中の残留が残留許容量のレベルを越えることは法的に認められない。ある農薬の登録がない、すなわち許容量レベルが設定されていない作物からの農産物中のいかなる残留も違法である。

食品中の農薬残留の検出

農産物のサンプルは圃場や農産物配送センターから得られ、農薬残留が分析される。分析は複合農薬市場監視（多くの農薬）と、または特定の高いリスクの農薬を標的とした優先農薬監視とがある。もし許容量レベルを越えた残留が検出されると、残留が許容量以下に低下するまではその農産物は輸送が許可されず、販売できない。もし違法残留（政府専門語）が故意の誤った施用の結果であるならば、生産者に対して刑事訴訟および民事訴訟が実施されるであろう。現在、違法残留はほとんどなく、大部分の農薬検出は設定された残留許容量の範囲中によく納まっている。

1998 年 FDA による、そして 1996 年（得られる最も新しいもの）CDPR による監視モニタリングプログラムからのデータが**表 11-5** に示されている。データは、特に健康にかかわる 26 の農薬を標的としたカリフォルニア州の優先農薬プログラムを除けば、残留農薬一斉スクリーニング分析（200 以上の農薬を検出可能）から得られたものである。

大部分の「許容量以下」のサンプルは実際上、許される許容量の 10%以下であった。カリフォルニア州の市場では、違反サンプルの 0.23%は登録農薬の許容量を越えていて、1.31%が検出された農薬が登録されていない作物中の残留であった。後者は典型的に登録された作物のための許容量以下のものである。FDA およびカリフォルニア州の両者の試験は、ほとんどの輸入農産物が設定された残留許容量以下の農薬残留を持つことを示している。

表 11-5 のデータは連邦および州のレベルでの過去 30 年にわたる監視の中で見いだされてきた典型的なものである。残留許容量はほとんど越えておらず、典型的には 1ppm を越えるものではない。許容量を越える残留は主として未登録作物の上の漂流飛散、土壌中の痕跡的残留、または異常な環境条件、そして稀に直接的誤使用によるものである。

規制は社会が農薬の新しい使用法または誤用を見いだすにしたがって進化した。農薬の施用からの危険性がなくなる点まで、社会が永遠にそれ自身を制御できるということは、人間の本性として、ありそうにもない。社会が、有害生物および生態系についての知識と有害生物管理のために使う技術を広げ続けるにつれて、法律と規制の改良がなされるであろう。

資料と推薦文献

農薬の使用について多くの本がある。次のものは特に有用である。「The Pesticide Manual: A World Compendium」（Tomlin, 2000）はおそらく農薬とその性質についての最も包括的なリストであり、周期的に更新される。「The Pesticide Book」（Ware, 1994）はまた、すべての農薬の一般的範囲についての情報を提供する。「The Standard Pesticide User's Guide」（Bohmont, 2000）と「Agrochemical and Pesticide Safety Handbook」（Waxman, 1998）は農薬の使用および施用、法律、規制の全面的解説を提供する。「Botanical Pesticides in Agriculture」（Prakash and Rao, 1997）は植物由来農薬とその特性についての広範な概要である。2つの論文が生物農薬のトピックについての広範な概論を提供する（Copping, 1998, Hall and Menn, 1999）。Weed Science Society of Americaの「Herbicide Handbook」（1994, 1998）は除草剤について、その化学、使用法、毒物学および環境での運命についての全般的な情報を示し特に価値がある。「Fungicides in Crop Protection」（Hewitt, 1998）には殺菌剤の化学、作用様式および使用について多方面をカバーする。ExTox Netウェブサイト（2000）からは多くの農薬の毒物学と環境への影響についての情報が得られる。以下の本は農薬登録に関するものである。「Pesticide: State and Federal Regulation」（Anonymous, 1987）と「International Pesticide Product Registration Requirements: The Road to Harmonization」（Garner *et al.*, 1999）。「Chemical Pesticide Markets, Health Risks and Residues」（Harris, 2000）という本は農薬の危険性についてのドキュメントで、特に非工業化国における農薬の乱用の問題を強調している。農薬の使用にかかわる歴史的な関心の本としては、Carson（1962）とVan den Bosch（1978）とHardin（1968）によるものがあり、これらは環境保護の問題についての古典的な本である。

Aspelin, A. L., and A. H. Grube. 1999. *Pesticides industry sales and usage: 1996 and 1997 market estimates.* Washington, D.C.: Biological and Economic Analysis Division, Office of Pesticide Programs, Office of Prevention Pesticides and Toxic Substances, U.S. Environmental Protection Agency, ii, 39.

Bohmont, B. L. 2000. *The standard pesticide user's guide.* Upper Saddle River, N.J.: Prentice Hall Inc., 544.

Bureau of National Affairs. 1987. *Pesticides: State and federal regulation.* Rockville, Md.: Bureau of National Affairs, Inc., 151.

Calabrese, E. J., and L. A. Baldwin. 1999. Reevaluation of the fundamental dose-response relationship. *BioScience* 49:725–732.

California EPA. 2001. California pesticide use summaries database, http://ucipm.ucdavis.edu/PUSE/puse1.html

Carson, R. 1962. *Silent spring.* New York: Fawcett Crest, 304.

Copping, L. G., ed. 1998. *The biopesticide manual.* Farnham, UK: British Crop Protection Council, xxxvii, 333.

ExToxNet. 2000. Pesticide information profiles, http://ace.ace.orst.edu/info/extoxnet/pips/

Flint, M. L., and P. Gouveia. 2001. *IPM in practice; Principles and methods of integrated pest management,* Publication 3418. Oakland, Calif.: University of California, Division of Agriculture and Natural Resources, xii, 296.

Garner, W. Y., P. Royal, and F. Liem. 1999. *International pesticide product registration requirements: The road to harmonization.* Washington, D.C.: American Chemical Society, xi, 322.

Gustafson, D. I. 1993. *Pesticides in drinking water.* New York: Van Nostrand Reinhold, xii, 241.

Hall, F. R., and J. J. Menn, eds. 1999. *Biopesticides: Use and delivery. Methods in biotechnology,* vol. 5. Totowa, N.J.: Humana Press, xiii, 626.

Hardin, G. 1968. The tragedy of the commons. *Science* 162:1243–1248.

Harris, J. 2000. *Chemical pesticide markets, health risks and residues.* Wallingford, Oxon, UK; New York: CABI Publishing vii, 54.
Hewitt, H. G. 1998. *Fungicides in Crop Protection.* Wallingford, Oxon, UK; New York: CABI Publishing, vii, 221.
Lyle, C. 1947. Achievements and possibilities in pest eradication. *J. Econ. Entomol.* 40:1–8.
Marer, P. J., M. L. Flint, and M. W. Stimmann. 1988. *The safe and effective use of pesticides.* Oakland, Calif.: University of California Statewide Integrated Pest Management Project Division of Agriculture and Natural Resources, x, 387.
Matsunaka, S. 1968. Propanil hydrolysis inhibition in rice plants by insecticides. *Science* 160:1360–1361.
Prakash, A., and J. Rao. 1997. *Botanical pesticides in agriculture.* Boca Raton, Fla.: Lewis Publishers, 480.
Tomlin, C., ed. 2000. *The pesticide manual: A world compendium.* Farnham, Surrey, UK: British Crop Protection Council, xxvi, 1250.
Van den Bosch, R. 1978. *The pesticide conspiracy.* Los Angeles, Calif.: The University of California Press, xiv, 226.
Ware, G. W. 1994. *The pesticide book.* Fresno, Calif.: Thompson Publications, 386.
Waxman, M. F. 1998. *Agrochemical and pesticide safety handbook.* Boca Raton, Fla.: Lewis Publishers, 616.
Weed Science Society of America. 1994. *Herbicide handbook.* Champaign, Ill.: Weed Science Society of America, x, 352.
Weed Science Society of America. 1998. *Herbicide Handbook—Supplement to the seventh edition.* Lawrence, Kans.: Weed Science Society of America, vi, 104.

第12章
抵抗性、誘導多発生、置き換え

序論

この章では、有害生物防除戦術に対する有害生物個体群の生態学的反応について、特に農薬が使われた場合にしばしば起こる現象である、resistance［抵抗性］、resurgence［誘導多発生］、およびreplacemaent［置き換え］── IPMにおける3つのR──に注目して探究する。この章で描かれる現象は自然の選択の原理の実際的な現れを示している。自然選択は、時には話し言葉で「最適者の生存」といわれるが、遺伝的特性によって決定されるような生物の差別的生存および生殖である。自然選択の原理とその生物の進化、あるいは「修正を伴う継続」のためのメカニズムとしての役割は、1858年にLinnean Soceity［リンネ協会］でCharles Darwin［ダーウィン］とAlfred Russell Wallace［ウォーレス］の共同論文の中で初めて正式に表明された。自然選択は力強い作用で、応用農業と医療におけるその実際的な重要性は、いくら強調してもしすぎることがない。

いかなる有害生物管理戦術も強い選択圧として作用し、選択に対する有害生物個体群の正味の反応は全体として「生態学的反動」と名づけられてきた。選択に対する反応は、ある有害生物個体群に有害生物防除戦術を使った後の、いくつかの個体の回復または繁栄の能力に反映する。それは自然選択による進化の1つの現れなのである。

1つの有害生物管理戦術は、それが個体群内のいくつかの個体に対して効果がないときに、これらの個体が生き残り繁殖する場合に選択圧として働く。そのような個体はその戦術に対して抵抗性を持つ。もし、その戦術の適用が有用捕食者や寄生者を排除するならば、生存した有害生物は急速な個体群の成長を導くレベルにまで繁殖することができる。そのようなシナリオでは、有害生物は誘導多発生を示すといわれる。ある戦術は標的とされる有害生物を制御するであろう。しかし、当初は被害をもたらさない重要でない少数であった有害生物の数が増えることを許し、作物に望ましくない損失をもたらす。このような現象は置き換えと呼ばれる。

これらの全体的問題は、ここでは抵抗性（resistance）、誘導多発生（resurgence）、および置き換え（replacement）の一般的なトピックスの下で述べられる。これら有害生物管理の3つのRは、有害生物管理の単一戦術の手法がほとんどの場合必ず失脚することを説明するものと考えられ、なぜIPMの枠組みの中で有害生物を管理する必要があるのかの主な理由である。もし有害生物管理戦術が持続的なものとなるべきであれば、3つのRの生態学の理解が絶対必要であるが、その知識は適用されなければ価値がない。

有害生物の抵抗性をもたらす選択圧の問題は、農業に限られるものではない。ヒトの病気にかかわる病原細菌はヒトの有害生物である──それらは伝染病、喉頭炎、肺炎および多くの病気をもたらす。抗生物質は基本的には防除薬で、これらの有害生物の防除に使われる。抗生物質の過剰な使用は選択圧として作用し、多くのヒトの病原細菌における抗生物質への抵抗性の進化を導く。選択の生態学的基礎は農業の有害生物抵抗性の場合と同じで、単一の防除戦術が過剰に使用されて、それが強力な選択圧として働いてきたのである。この現象のため現在多くの抗生物質の効力は限られたものとなっている。

有害生物管理戦術は選択圧として考えられるべきで、有害生物管理戦術がきわめて長い期間にわたって有用であるかどうかについて、抵抗性の可能性が評価されるべきである。

抵抗性

ある生物がある環境ストレス（ストレスが生物的、または非生物的のどちらでも）に耐えるか、これに逆らうような遺伝子型を持つならば、その生物はそのストレスに抵抗性を持つといわれる。「抵抗性」という用語が２つの異なるIPMの文脈の中で使われることを強調することが重要である。最初の文脈では、この章で論じられるように、農薬または他の防除戦術に対する有害生物の抵抗性が望ましくないものと考えられる。第２の文脈では、有害生物に対する植物の抵抗性がIPMの戦術としてきわめて望ましい場合である（第17章参照）。抵抗性についての２つの使用法は明確に理解し、混同しないようにしなければならない。

有害生物管理の３つのRの中で、抵抗性は最も重要なものであると考えられている。抵抗性は単一の有害生物管理戦術や方法が、もしもっぱら、そして繰り返し使われるならば、ほとんど不可避的に起こる。その結果、有害生物個体群は防除戦術に耐える能力を発達させるので、もしその有害生物を防除すべきであるならば、代替えとなる戦術を使用しなければならない。この現象は特に農薬の場合によく記録されている。ある農薬への抵抗性が認められたときには、新しい農薬が施用され、そしてそれもまた効かなくなるまで使われる。このシナリオは農薬の踏み車といわれている（**図12-1**）。ある特定の農薬が繰り返し施用されたときには、それは一般に農薬抵抗性が「起こるかどうか」の問題ではなく、むしろ、「何時それが起こるか」の問題となる。選択圧の負荷が減るような行動が取られなければ、繰り返しの農薬の使用によって抵抗性が起こることを自然選択が指令する。

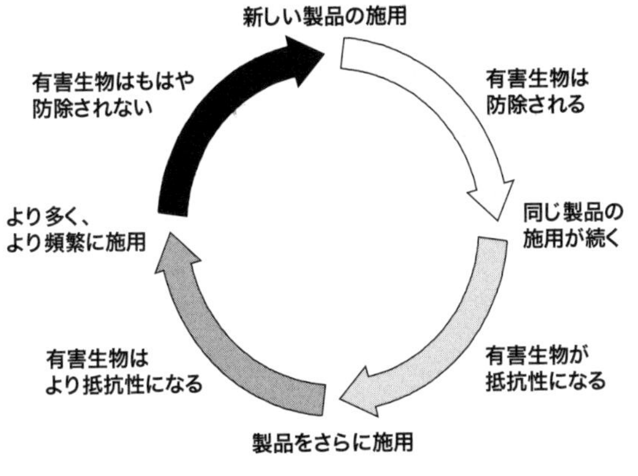

図12-1　農薬の踏み車の図示。
資料：Thompson, 1997. より改変

有害生物に対する農薬抵抗性の問題は、1960年代以来、特別な注目を受けてきた。しかしながら、自然選択の生態学的原理は、すべての管理戦術に適用される。有害生物が抵抗性を発達させた最も初期の実例としては、栽培慣行に適応した雑草があげられる。

農薬やその他の防除戦術に対する有害生物の抵抗性は、有害生物管理上、そして間接的に、社会の主要な問題である。有害生物の中に抵抗性が発達したことによって農薬が効かなくなれば、新しい農薬か代替えの防除戦術を常に探さなければならない。農薬に対する有害生物の抵抗性は次のような結果をひき起こすであろう。

1. 不適切な防除によって有害生物の被害が増え、その結果作物の損失が増加し、食物や繊維の利用可能性が減る。
2. もし、新農薬がより高価なものであれば、農業生態系管理のための生産費用が増え、収益が下がる結果となる。
3. もし抵抗性が認識されず、使用者が有害生物防除をとりもどそうとして、単純に施用割合を増す場合に起こる環境汚染。
4. もし、第２項で述べたように生産費用が高まれば、消費者のための商品の生産費用が増えるか、または不適切な防除による商品価格の上昇が起こる（第１項参照）。
5. もし有害生物の抵抗性が広がるようになると、効果のある有害生物管理戦術（農薬）が失われる。
6. 効果のない農薬の販売が低下し、それに伴い、製造業者の収入が減少する結果となる。
7. 代替えとなる防除戦術の開発のための時間と努力の継続的な投資。

有害生物に対する農薬抵抗性の重要性は、いくら強調してもしすぎることはない。栽培者と有害生物防除実施者は有害生物抵抗性によって混乱するであろう。なぜならば、その始まりはおそらく突然で予想できないからである。農薬がこれまでよく効いていた場合には特にそうである。栽培者は農薬を誤用したと誤って結論するであろう。

歴史的展開とその程度

ある殺虫剤に対する抵抗性の現象は、1897年の昔にさかのぼって観察されるものではあるが、最初の抵抗性の記録はA.L.Melanderに名誉が与えられる。彼は1914年にナ

シマルカイガラムシが石灰硫黄合剤の皮膜の下で、なおも生き残っていることを観察した。抵抗性の最初の例が、ある無機農薬に対するものであったことに注目することは重要である。それは、この現象が農薬のタイプによらず出現することを示しているからである。

塩素化炭化水素（例えばDDT）のような効果のある有機合成殺虫剤は、1940年代に導入後ただちに抵抗性が発達した。それ以来、ほとんどすべての新しい種類の殺虫剤で抵抗性が発達する結果となった。現在の推定によれば、少なくとも1種の殺虫剤に対して抵抗性のある400種以上の昆虫がいると推定され（**図12-2**）、そして多くの殺虫剤がもはや適切な防除を提供しないために市場から姿を消している。

殺菌剤への抵抗性は1940年にbiphenylに対する*Penicillium*の抵抗性で初めて明らかにされた。1970年代にきわめて効果の高い浸透性殺菌剤が導入されるに伴って、抵抗性の事例は急速に増えた（**図12-2**）。いくつかの殺菌剤は今や抵抗性によって「失われ」た。

除草剤への抵抗性は最後に現れた。1950年代の遅くに注目されてはいるが、1968年にトリアジン抵抗性がノボロギクで示されるまでは存在しなかった。1970年代には除草剤に対する抵抗性の発達はゆるやかであったが、1980年代の初め頃から抵抗性の発達は急速になった。いまや200種以上の雑草が1つ以上の除草剤に対して抵抗性を示し（**図12-2**）、いくつかの除草剤はもはや使われていないか、それらの使用は効力がないために厳しく制限されている。

殺線虫剤に対する線虫の抵抗性は野外では記録されていない。脊椎動物個体群における農薬抵抗性は低く、唯一の重要な例として、げっ歯類におけるワルファリン抵抗性がある。

抵抗性の問題がきわめて厳しくなったため、化学会社は学会と共同して問題に対処する行動委員会を設立した。初めはさまざまな特定の昆虫と殺虫剤の「種類」ごとの委員会が設立された。1981年にはFungicide Resistance Action Comittee（FRAC）［殺菌剤抵抗性行動委員会］が設立された。これに続いて殺虫剤のための委員会であるInsecticide Resitance Action Committe（IRAC）［殺虫剤抵抗性行動委員会］が1984年に設立された。また、Herbicide Resistance Action Committee（HRAC）［除草剤抵抗性行動委員会］は1989年に設立されている。これらすべての行動委員会は、それらの関係する有害生物の抵抗性に関する総説を刊行していて、存在するか、または新しい農薬に対する抵抗性の出現を遅らせたり止めたりするために、何時実施するかについてのガイドラインを開発してきた。HRACはまた、すべての知られている抵抗性雑草について、およびそれらが抵抗性を示す除草剤の化学的性質についての現状一覧表を保持している。すべての行動委員会は現在の情報を提供するウェブサイトを開発しており、それらはこの章の終わりに表示してある。

抵抗性の用語

農薬の抵抗性に関していくつかの用語が使われているが、

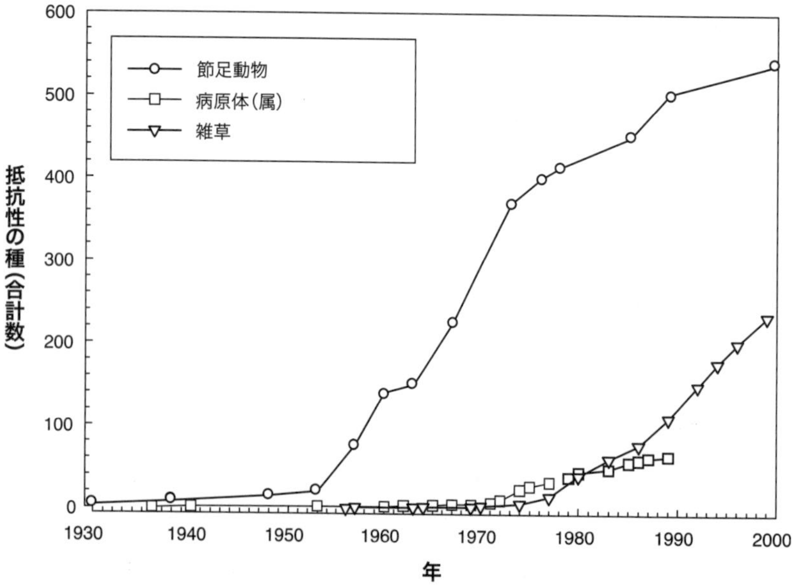

図12-2
殺虫剤、殺菌剤および除草剤に対する有害生物の抵抗性発達を時間との関連で示した。病原体のデータは種数ではなく属数により、1990年以降はデータを示していない。
資料：昆虫と病原体に関するデータはGeorghiou and Lagunes-Tejeda（1991）とWhalen（2001）、雑草のデータはHRAC（2000）による

一律に承認されているものではない。

抵抗性

resistance［抵抗性］の一般に認められている定義は次のとおりである。

「農薬抵抗性とは、ある与えられた有害生物個体群内に、農薬の処理に対して、ある有害生物のバイオタイプが生き残るような、自然に起こった遺伝的能力をいう。この場合、農薬は正常な使用条件下で、その有害生物個体群が効果的に防除されるように使用されたものでなければならない。」

昆虫学者は「insensitivity」［不感受性］という用語を抵抗性の同義語として用いている。雑草科学では「tolerant」［耐性］という用語が、大部分の標的種を通常殺すような薬量の除草剤によって、防除できない雑草種を示すために使われている。しかしながら、植物病理学では耐性が抵抗性と同義に使われている。前に述べたように、抵抗性は植物育種家によって、ある有害生物に逆らうことのできる作物品種を示すために使われている。

交差抵抗性

「cross-resistance」［交差抵抗性］は広く使われているが、また説明を要する用語である。単純な定義としては、同じ抵抗性の生理学的メカニズムのために２種類以上の農薬に対して、ある有害生物の示す抵抗性のことである。しばしば、ある化学的種類の１つの化合物に対する抵抗性が、同じ作用メカニズムを持つ、その種類の他のメンバーに対しても抵抗性を示すことがある。例えば、有機塩素系殺虫剤の１つであるDDTに対するイエバエの抵抗性は、BHC、クロールデン、またはヘプタクロールのような有機塩素系殺虫剤に対してもまた抵抗性を示す。［DDTはナトリウムチャンネルに作用し、BHC、クロールデン、ヘプタクロールはGABA受容体に作用すると考えられており、その作用点は異なる］。交差抵抗性は１種または多数の遺伝子によって与えられるものである。

複合抵抗性

「multiple resistance」［複合抵抗性］とは、有害生物が２つ以上の異なる抵抗性メカニズムを持つことを意味する。複合抵抗性は２つ以上の遺伝子によって制御され（多遺伝子特性的）、異なる作用機作を持つもの、または異なる農薬の種類に抵抗性を与える。例えばイエバエはDDTや他の有機塩素系殺虫剤に抵抗性を示すが、またパラチオンや他の有機燐殺虫剤にも抵抗性を示す。

交差抵抗性や複合抵抗性の持つ意味はきわめて深刻なものである。なぜならばこれらの場合、ある１つの農薬に対する抵抗性は、他の有害生物が決して暴露されたことのなかった農薬に対しても、抵抗性を示す結果となるからである。このことは新しい化学的化合物に対して、それらが圃場で使用される以前でさえ、これに抵抗性を示すことがあることを意味している。すべてのタイプの農薬に対して数多くの交差抵抗性および複合抵抗性の例がある。**表 12-1** は各主要農薬のカテゴリーに対する両タイプの例を示した。

抵抗性の発達

抵抗性の発達の原因は、生物のいかなる個体群にも起こる遺伝的変異と自然選択の過程が結びついたものである。外的ストレスがある個体群に及んだときに、そのストレスにもかかわらず最もよく生き残り繁殖する遺伝的構造（遺伝子型）を持つ個体は数が増し、一方ストレスに耐えるこ

表 12-1　少なくともいくつかの個体群が抵抗性を発達させている一般の有害生物と農薬のカテゴリー

有害生物のタイプ	有害生物	有害生物が抵抗性を示す農薬の種類
病原体	*Botrytis cinerea*［灰色かび病菌］	ベンゾイミダゾール系殺菌剤、ジカルボキシイミド系殺菌剤、アニリノピリミジン系殺菌剤
病原体	疫病	phenylamides
病原体	*Erysiphe* うどんこ病	ステロール生合成阻害剤、ストロビルリン系殺菌剤
雑草	ライグラスとスズメノテッポウ	すべてのACCasc阻害剤、ALS阻害剤、ジニトロアニリン系除草剤、グリホサート、amitrole、他
雑草	エノコログサ	すべてのACCase阻害剤、ジニトロアニリン系除草剤
雑草	シロザ	ALS阻害剤、トリアジン系除草剤、オーキシンタイプ
昆虫	コロラドハムシ	有機燐剤、カーバメート剤、ピレスロイド剤、他
昆虫	コナガ	有機燐剤、カーバメート剤、ピレスロイド剤、Bt剤、他
昆虫	オンシツコナジラミ	有機燐剤、カーバメート剤、ピレスロイド剤
クモ綱	ナミハダニ	有機燐剤、カーバメート剤、ピレスロイド剤、他

とのできない個体はその頻度が減少する傾向がある。もしストレスに耐えることのできない遺伝子型の頻度が多ければ、まず全個体群は減少するであろう。しかしストレスに抵抗性の遺伝子型の頻度が増加するにしたがって、個体群の数が結局はストレス前の段階にもどるであろう。

個体群内のある農薬に耐えることのできない個体は、その農薬に感受性があるといわれる。それらは特定の作用機作のために、遺伝的に感受性またはs–対立遺伝子を持つものと定義される。その農薬に耐えることのできる個体は抵抗性またはr–対立遺伝子を持つといわれる。s–対立遺伝子またはr–対立遺伝子を持つ個体は、すべての有害生物個体群に自然に存在する。その農薬が存在しなければ、通常個体群内にはs–対立遺伝子がr–対立遺伝子より高い頻度で発生する。なぜならば適応度のペナルティはしばしばr–対立遺伝子と結びついているからである。それ故、選択圧が存在しないときには、r–対立遺伝子を持つ個体はs–対立遺伝子を持つ個体と競争するときに不利な状態にある。r–対立遺伝子の自然での頻度は典型的には1：1000未満で、しばしば1：100万より低い。例えば菌類のr–対立遺伝子は1：10億という低さであると考えられている。

農薬の施用は標的となる有害生物個体群に選択圧をもたらし、s–対立遺伝子の頻度を減らし、r–対立遺伝子の頻度を増す。2つの対立遺伝子のタイプの頻度の交代は、r–対立遺伝子を持つ個体が繁殖でき、一方s–対立遺伝子を持つ個体が殺されるか繁殖力を減らすことによって起こる。r–対立遺伝子を持つ、わずかな部分の野生型の個体群は選択圧に対して生き残ることができる（**図 12–3**）。もし選択圧が何世代にもわたって繰り返されると、ひき続く各世代の個体群は、より大きい割合のr–対立遺伝子を含むようになり、より多くの個体が生き残り繁殖する。3世代ののちには、**図 12–3** の理論的例では薬量Aの農薬はもはや効果がなくなる。典型的な反応は、より多量を使った薬量Bの場合か、または施用の頻度を増やした場合である。高い施用割合や高い頻度の施用は選択圧を増やす結果となり、個体群内のr–対立遺伝子を持つ個体の頻度を増す。事実上、個体群のLD_{50}が増加する。**図 11–24** を使えば、A線は感受性個体群、B線は中程度の抵抗性の個体群、C線は高度に抵抗性の個体群を表している。いくらかの点で、防除の費用は高くなり、毒物学的および環境的懸念が起こる。それは高い施用割合の、そしてより頻繁な施用が農薬の使用の停止という結果をもたらすからである。

個体群内に発達する抵抗性のために求められる時間の理論的な例は**表 12–2** に示されたシナリオのように進むであろう。この表では時間を年で表さずに有害生物の世代を使った点に注目すべきである。ハダニや病原体のような有害生物では1栽培シーズンに何回もの世代を繰り返し、1シーズンの終わりには抵抗性が現れ2栽培シーズン後には厳しい問題となりうるからである。1年に1世代の昆虫や病原体の場合や、1年を越えてほとんどの個体群が持ち越されない場合には、抵抗性の出現には5年かかるであろう。種子バンクを持つ雑草のように1年以上も耐える非活性の生存段階を持つ生物では、抵抗性は5年後でも現れないであろう。なぜならば休眠中の雑草の種子は選択圧にさらされないからである。

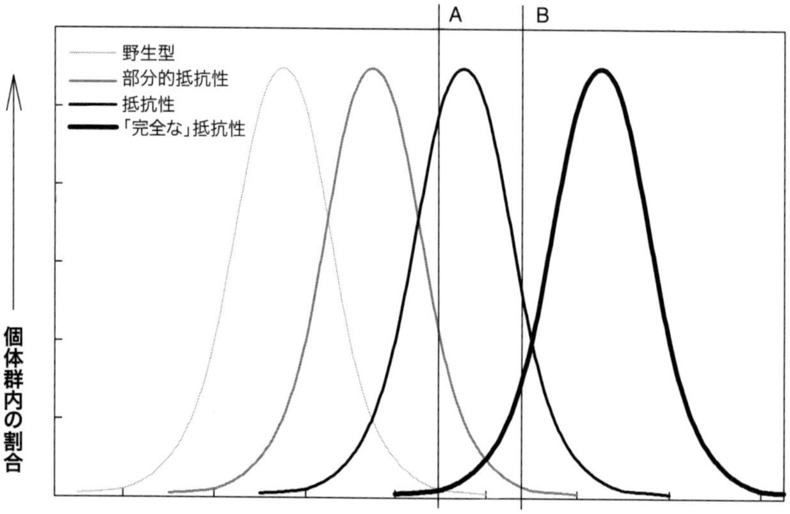

図 12–3
繰り返しての農薬の施用が、農薬に対して抵抗性を示す有害生物個体の割合に及ぼす理論的影響。左側に野生型の感受性個体群を、右側には、次第に抵抗性が増加する個体群を示す。A線は感受性個体群を防除するために使われる農薬の薬量。B線は中程度の抵抗性有害生物を殺すために必要な農薬の増加された薬量であるが、この薬量は抵抗性有害生物のためには効果的でない。

表 12-2　ある有害生物個体群内の 99% 防除レベルにもとづく抵抗性の理論的出現

世代	個体群の外見上の感受性	抵抗性の出現頻度（%）
1	感受性、十分な防除	0.002
2	なお感受性、十分な防除	0.02
3	おそらく許容できるが、幾らかの回避が注目される	0.2
4	防除はなお適切だが、いまや回避がきわめて注目される	2
5	農薬はもはや適切な防除を提供しない	20

適合度

生態学的適合度とは、ある遺伝子型の相対的な種間競争の能力のことで、競争する遺伝子型の生存する平均子孫数に対して、その遺伝子型の生存する平均子孫数で表す。

感受性のバイオタイプに対する抵抗性のバイオタイプの生態学的適合度（あるいは単に適合度）は、ある農薬の暴露を受ける前の個体群内での、それらの当初の割合を決め、選択圧が取り去られた後には当初のバランスが再び確立されるであろう。選択圧は異なる遺伝子型の相対的な適合度を変える。

生態学的な意味で定義された適合度は、「活力ある、または強い」という意味であるとは限らない。多くの場合 r-対立遺伝子は適合度の減少または適合度のペナルティを伴っており、選択圧が存在しないときには、これが個体群内で r-バイオタイプを低いレベルに保っている。例えばアトラジンに対して抵抗性を示すノボロギクのバイオタイプは、s-対立遺伝子を持つ植物よりも光合成率がわずかに低い。このことは r-対立遺伝子植物は s-対立遺伝子植物と同じように成長しないことを意味する。モモアカアブラムシは抵抗性昆虫において適合度が低下するよい例の 1 つである。有機燐系、カーバメート系およびピレスロイド系殺虫剤に最も抵抗性を示すアブラムシの系統は、殺虫剤が存在しなければ感受性バイオタイプの約半分の適合性しかない。それはおそらく、体タンパク質の相対的に大きい割合の部分が殺虫剤の解毒にかかわるからであろう。抵抗性の高い系統では、解毒エステラーゼ酵素が全タンパク質の 3%にも及んでいる。

もし、r-対立遺伝子が適合度へのペナルティを持つとすれば、一度選択圧が除去されれば r-バイオタイプの頻度は低下する。r-または s-対立遺伝子を持つバイオタイプの間に適合度のペナルティがなければ、すなわち両バイオタイプが同じ適合度であるとすれば、広範囲の移動が起こらないかぎり、選択圧が存在しなくても r-対立遺伝子の頻度は低下しないであろう。ある r-対立遺伝子の有害生物が s-対立遺伝子と同じか、またはより少ない適合度を持つかどうかを知ることによって、抵抗性管理プログラムの取り組みは変わるであろう。しかし適合度を決定することは難しい。

抵抗性の強さ

ある種のさまざまなバイオタイプの間で、抵抗性の強さはさまざまであろう。その強さは抵抗性個体群が野生型の個体群と比べて、農薬に対していかによりよく耐えるかということで測られる。**図 11-24** で C 個体群は A 個体群よりも 100 倍の抵抗性を示し、LD_{50} はその大きさが 2 桁増える。ひとたび LD_{50} の薬量が 10 倍に増加すると、抵抗性は一般にはもはや管理不能となる。100 倍以上に増加した多くの例が記録されてきた。

抵抗性発達の速度

有害生物個体群内に抵抗性が発達する速度は、有害生物が選択圧に暴露されるレベルにもとづく、いくつかの相互に作用する要因によって定められる。以下にその最も重要な要因を示す。

1. 野生型個体群における r-対立遺伝子の頻度と、以下によって左右される生物の個体群生物学。
    - 1.1. 個体群がいかに速く遺伝子型の変更を示すことができるかに影響する 1 年間の世代数。世代数が多ければ、抵抗性の出現が早まる結果となる。
    - 1.2. r-対立遺伝子を低い頻度に保つような r-対立遺伝子に伴う適合度のペナルティ。適合度のペナルティがなければ、抵抗性の出現がより早くなる結果となる。
    - 1.3. 抵抗性の出現の速度を変えることのできる r-対立遺伝子の数。もし抵抗性が単一の遺伝子によって制御されているとすれば、多数の遺伝子によって制御されている場合よりも、より急速に抵抗性が発達するであろう。

1.4. r–および s–対立遺伝子が個体群内に広がる速度を変える個体群のメンバー間での遺伝子の交換（遺伝子流動）の容易さ。処理された個体群と未処理個体群における遺伝子流動が大きければ、個体群内の抵抗性の発達が遅くなる傾向がある。

2. 異なる農薬の種類の間では、農薬の化学的性質や作用機作が抵抗性の発達にいかに影響するかについて、一般化することはできそうもない。抵抗性出現の速さは、それにかかわる農薬の種類で特異的なものである。そして種類の中では、しばしば関連する化学物質が抵抗性の選択において似た傾向を示す。ある作用機作は抵抗性を選択するうえでより誘導的であるように見える。植物における acetolactate 合成の経路は、その経路内の酵素を阻害する除草剤に対する抵抗性の発達に特にかかわっているように見える。殺虫剤のいくつかの種類はコリンエステラーゼ阻害剤である。これらの殺虫剤の抵抗性は、阻害速度の減少と殺虫剤の最終的解毒作用との結合にかかわっている。有機燐剤とカーバメート剤との間の交差抵抗性の多くの例は、殺虫剤のコリンエステラーゼ阻害を回避することのできるバイオタイプの選択の結果である。多くの浸透性殺菌剤の抵抗性は、それらの導入後急速に発達した（数年で）。しかし硫黄または銅殺菌剤に対しては、今でもほとんど、または全く抵抗性が出現していない。

3. 農薬のより長い残留活性と環境への持続性は、抵抗性のより急速な出現を導くであろう。農薬が長期間活性を残せば、それが長期間にわたって働くため選択圧は増大する。

4. 施用される農薬の薬量が多ければ、選択圧はより強くなる。

5. いくつかの作物にわたって同じ農薬を何回も使用したり、同じ作物にある栽培シーズン内に繰り返し施用することは、抵抗性のより急速な出現に導く。

6. もしすべての有害生物個体群が処理されたならば、抵抗性は最も急速に発達する。節足動物、病原体、脊椎動物では s–対立遺伝子を持つ有害生物の避難場所となる、非作物の存在や未処理の区域が、そこから有害生物が処理区域に戻ってくるために、抵抗性の発達を遅くする。雑草の場合は、休眠中の種子バンクが除草剤に暴露しないので、個体群内に s–対立遺伝子を保持する働きを持つ。

7. 農薬に対して r–対立遺伝子を持つ個体群内の個体が未処理区域に移動できるときには、その区域が以前農薬を使用したことがない場合でも、その農薬の効力が低下する原因となる。移動性の昆虫や脊椎動物は、抵抗性遺伝子を文字通り新しい区域に運ぶことができる。雑草の場合には、kochia やヒユの類のような風媒花植物のように、r–対立遺伝子が花粉の中で運ばれる可能性があるし、ロシアアザミのような場合には全植物が r–対立遺伝子を持つ種子をまき散らすことがありうる。病原体の場合、多くの種の胞子が風に乗って抵抗性の遺伝子をある区域から他の区域へと運ぶことがある。

表 12–3 は、ここに記したいくつかの要因の重要性を要約したものである。遺伝子組み換え作物は有害生物への抵抗性を操作したものであるが、抵抗性を回避できる害虫の選択に関連して特に懸念される。有害生物に対して抵抗性を持つ遺伝子組み換え作物が配備されると、作用機作の交代がなく、作物が存在する間は選択圧が基本的に連続する。現在の例としてはトウモロコシやワタに Bt 内毒素の生産をコード化した遺伝子を移すことや、さまざまなウイルス

表 12–3 さまざまな有害生物管理戦術と関連した農薬抵抗性のリスクの要約

管理の選択肢	抵抗性の危険性		
	低い	**中程度**	**高い**
栽培システム内での農薬の混合またはローテーション	>2 作用機作	2 作用機作	1 作用機作
1 栽培シーズン当たり同じ作用機作の使用	1 回	1 回以上	多数回
栽培システム	複数作物輪作	限定輪作	輪作なし
有害生物の発生レベル	低い	中程度	高い
過去 3 サイクルでの有害生物の防除	よい	減退	乏しい
IPM システム	全戦術（生物的、耕種的、物理的、行動的、化学的）	農薬および限定された他の戦術	農薬のみ

の外被タンパク質の遺伝子をキュウリに移すことなどがある。抵抗性と闘うきわめて厳密な技術が付け加えられなければ、これらの遺伝子によって提供される防除は短命であるように見える。Bt 内毒素を発現する遺伝子を含む作物の配備は有害生物管理技術としての Bt の散布の使用を厳しく傷つけるか、またはこれを排除する可能性さえある。

抵抗性有害生物に対して、遺伝的に操作した作物の配備には、多大な注意を払うべきである。なぜならば、この技術が有害生物を管理するうえで、農薬の使用よりも何らかのより安定した解決法を提供する、と認めるべき生態学的理由がないからである。遺伝子組み換え作物による有害生物の抵抗性の生態学的リスクは、潜在的には農薬の使用によるものと同じか、それを越えるものである。遺伝的に操作された作物によって与えられる農薬のインパクトは、もし遺伝子が野生個体群内に移動した場合には、または非遺伝子組み換え品種がもはや利用できない場合には、取り消すことができないであろう。

抵抗性のメカニズム

農薬に対する有害生物の抵抗性は、有害生物内の 1 つまたは複数の生理学的変化によって起こりうる。以下は起こる可能性のあるいくつかの主要な変化の項目である。

1. 有害生物内での取りこみまたは転流。取りこみまたは転流の変化とは、農薬がもはや、その作用の標的となる場所に、その作用のための十分な濃度ではとどかないことを意味する。
2. 標的の酵素または作用の場所。ある酵素または他のタンパク質の結合場所の変化によって農薬が正常な阻害作用を及ぼすことを止めることがある（**図 12–4**）。農薬は単純にもはや効かなくなる。例えば除草剤のアトラジンはこれに感受性の植物の光合成を阻害するが、抵抗性のノボロギクでは光合成経路内の活性場所に結合しなくなる。作用場所の変更は抵抗性が発達するための最も普通の理由である。
3. 抵抗性有害生物の中での農薬の代謝の増加。この場合には農薬は抵抗性有害生物内で急速に非活性の型に代謝される。
4. 農薬の捕捉・隔離。抵抗性有害生物は、例えば液胞に捕捉または分離されることなどによって、その細胞内で農薬をある区画にとどめることができる。そのため農薬は活性のある場所に到達できない。このメカニズムは除草剤や殺菌剤で起こるが、殺虫剤の場合は重要なものとは考えられていない。
5. 行動的抵抗性。これは抵抗性有害生物が、それら自身の活動によって農薬を避けることを意味し、神経システムを持つ移動できる有害生物にのみ適用される。野外に棲むカは処理された建物にとまらないことによって暴露を避け、DDT に対して抵抗性を示す。その代わりに室内に棲むカは処理された建物の壁にとまることを含む行動のために DDT によって殺される。個体群は室内の壁に DDT を定期的に散布するという選択圧に反応して、野外に棲むバイオタイプに置き換わる。農薬処理された餌によって殺されずに病気になったネズミやシマリスのような大部分の脊椎動物は、その餌を二度と食べないであろう。それらは「餌に臆病」に

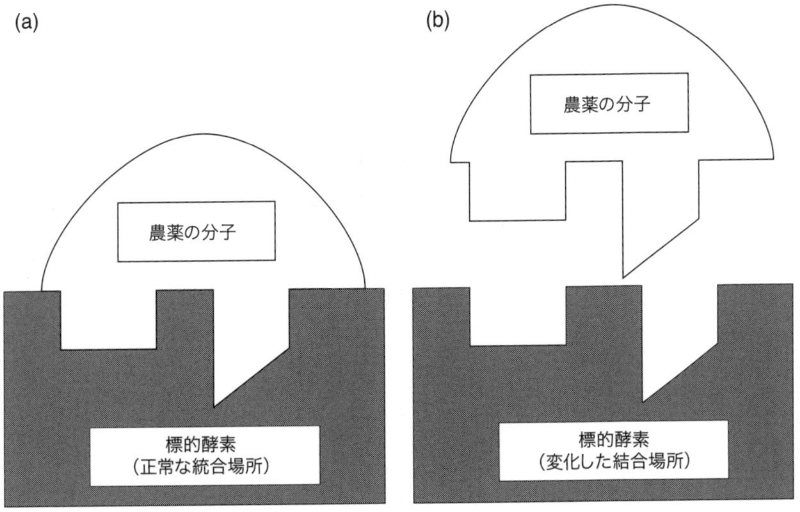

図 12–4
この図は農薬の活性を減らす原因となる結合場所の変更を表したものである。
(a) 農薬が酵素の活性場所に結合して、正常な場所への基質の接近を阻害する。
(b) 結合場所が変化し、そのために農薬は結合できず、正常の基質への接近の場所が開いたままとなる。

なったといわれる。

抵抗性の測定

抵抗性に関連して生じる基本的な問題は、抵抗性の開始を見いだし、個体群内での進行をいかに測定するかということである。抵抗性を管理するためには、抵抗性の存在する程度を確定しなければならない。抵抗性を測定するための検定は、有害生物のタイプによって特異的であるが、次のように行なうことができる。

1. 生物検定。薬量／反応曲線は抵抗性が疑われる個体群を感受性個体群と比較するために作られる。この曲線は抵抗性の頻度と強さの両方の情報を提供する。実際に使われる生物検定は、評価される有害生物のタイプに依存するであろう。抵抗性を軽減する手段の開始のために、適切な時期に情報を得ることが重要なため、生物検定を行なうためにかかる時間は、1つの問題である。
2. 生化学および免疫化学的検定。これらの検定は抵抗性が疑われる個体群内の酵素の変化の有無を調べる。このような検定の大部分は研究レベルで使われているが、おそらく将来は野外で実用的に使われるであろう。しかし、これらの野外レベルでのより複雑な検定を開発するためには、ほとんど経済的な動機がない。
3. 分子遺伝学的技術。感受性および抵抗性の有害生物個体群間のDNAの相違は、分子遺伝学的技術を使うことによって調べることができ、ある種の個体群内の遺伝的差異についての情報を提供する。分子遺伝学的技術は現在、圃場レベルでは使われていないが、個人的な実験室や学術的研究者および化学会社では抵抗性の程度をよりよく測るために採用されている。

抵抗性の管理

抵抗性の管理には、選択圧を減らす戦術、またはある選択圧にされされる個体群の割合を減らす戦術がある。抵抗性管理の究極の目標は、耕種的方法、農薬または植物の抵抗性遺伝子にもとづく管理戦略の有用性を保つことである（詳しくは第17章の後のほう参照）。Bt遺伝子組み換え作物の管理は特別に心配すべきことで、これはそのような作物の使用を勧告するプログラムの一部とならなければならない。

昆虫学者は総合的抵抗性管理（IRM）と呼ばれる戦略を開発してきた。農薬工業行動委員会は農薬の抵抗性を検定し、彼らのそれぞれの農薬のタイプへの抵抗性管理のためのガイドラインを提供した。抵抗性の発達を避けるか減らすための技術は、通常その発達に貢献している要因を取り消す試みである。次のステップは抵抗性管理プログラムの一部分である。

1. 抵抗性バイオタイプの存在のモニタリング。抵抗性の管理における第一の段階は、抵抗性出現の頻度と強さの両者を確定することである。農薬の有用性がなくなる前に抵抗性を管理できるためには、初期の検出が重要である。有害生物の適切でない生育段階への施用、正しくない施用割合、貧弱な施用による不十分な農薬被覆、あるいは欠陥があるか変性した化学物質の使用などの、いくつかの要因の1つによってもたらされた貧弱な防除が、抵抗性と混同されることがある。もし、抵抗性が存在するように思われたら、それが疑われる抵抗性個体群の検定を行なうべきである。抵抗性の存在が確かめられれば、次の行動のあるものが取られなければならない。
2. 農薬使用の修正
   - 2.1. 異なる作用機作を持つ農薬への変更または交替。同じ農薬や同じ作用機作の農薬の施用を続けてはならない。しかし、大部分の使用者は農薬の作用機作を知らないので、ここに困難がある。農薬の容器に作用機作を示したコードを付けることが、この困難を取り除く手段として示唆されてきた。異なる作用機作を持つ有効な農薬がない場合には、異なる作用機作の農薬に交替するという選択が制限されるであろう。
   - 2.2. 交差抵抗性／多剤抵抗性の問題についての配慮が必要である。もし有害生物が1つ以上の作用機作に抵抗性を示すならば、異なる農薬に交替することによる選択圧の減少が達成されないであろう。
   - 2.3. 異なる作用機作を持つ、異なる化学的種類の有効成分の混合物を使うべきである。この戦術は病原体や雑草の管理の場合は広く推薦されているが、節足動物の場合には通常採用されない。
   - 2.4. 農薬の施用割合を減らして使用することは、抵抗性の発達を遅らせるための標準的勧告である。なぜならば、そのことによって標的の個体群への選択圧が減らされるからである。

2.5. しかしながら、同じ農薬の低い施用割合での処理を繰り返すことは行なうべきではない。このことはある殺菌剤の場合には特に注意すべきである。

2.6. 可能であれば短い残留性を持つ農薬が使われるべきである。短い残留性の農薬は、長い残留効果を持つ農薬を使った場合に比べて、選択圧を減らすからである。

2.7. 施用はラベルに示されたように行なうべきである。そして最も感受性のある発育段階に施用されるべきである。このことは昆虫では特に重要なことと考えられる。

2.8. 新農薬の開発（個々の栽培者ではなく、産業のための行動として）は過去に農薬産業によって広く使われた1つの戦略であった。新しい農薬に頼ることは、抵抗性の問題の長期間にわたる解決法を提供しないであろう。なぜならば、

2.8.1. それぞれの新農薬に対する抵抗性の発達は、農薬の踏み車（**図 12-1**）をひき起こす。

2.8.2. 新農薬を市場に出すことは次第に困難となり、費用がかかるようになる。

2.8.3. 交差抵抗性によって、新しく開発された農薬さえも危うくされるであろう。

3. 防除戦術の組み合わせた使用。このことは死亡要因の交替を意味しており、これが総合的有害生物管理の概念が開発された当初の1つの理由でもある。

3.1. 代替え農薬の使用（2.1.項参照）。

3.2. 可能な程度まで有害生物のインパクトを減らすための耕種的管理の使用。

3.3. もし可能であれば、機械的防除の使用。これは抵抗性雑草を管理するために特に適切な1つの選択肢となる。この戦略には除草剤処理から逃れた雑草を手による鍬で除くことも含む。もし種子が稔る前に雑草を物理的に除去すれば、それは次の世代に遺伝子を残すことがない。

3.4. もし可能であれば、有用生物を保全し生物的防除を実施すること。この戦術は節足動物の農薬抵抗性の管理のためには特に重要である。しかし、大部分の他のカテゴリーの有害生物では抵抗性を管理するうえで適切なものではない。

3.4.1. 農薬への抵抗性は、天敵においては望ましい形質であることを認識する必要がある。捕食性ダニの殺虫剤抵抗性のある系統は、他の有害生物を防除する化学殺虫剤の使用と組み合わせて、ダニを防除するための大量放飼の目的で計画的に生産されてきた。

4. 輪作。異なる作物の交替は、防除すべき有害生物や採用する農薬をしばしば変化させる。この戦術は除草剤の抵抗性のためにはきわめて有用である。なぜならば、除草剤はその選択性の必要条件のために、通常は作物の種に特異的だからである。他の作物への交替は、他の農薬の種類への交替のようには役に立たない。なぜならば、同じ農薬がしばしば異なる作物にも使われるからである。交替した作物が有害生物の生活環を中断するときには、輪作は昆虫や線虫の管理ではきわめて役に立つ（第16章参照）。輪作は多年生作物（定着した樹木やブドウのような）では1つの選択肢にはならない。

5. 感受性遺伝子の保存。抵抗性の発達は、もし有害生物個体群の一部が選択圧を受けない場合には、遅くなったり止まったりさえする。この戦略の目的は、少なくとも有害生物個体群の一部分を未処理のまま残すことにある。このことは作物の一部分を未処理のまま残すか、または特定の区域を耕作しないままにしておくことによって成し遂げることができる。後者はレフュージアと呼ばれる。s-対立遺伝子の保存の戦略を実行する上での困難性は、未処理のまま残すべき個体群の大きさ、または割合に関して明白なガイドラインのないことにある。保全生物学または島の生物地理学の概念の適用についての現在の研究は、結局はより効率的なレフュージアを計画する助けとなるであろう。

実施上の問題点

有害生物個体群内の農薬抵抗性の発達を軽減する戦術の実施は、過去においては中程度に成功してきたにすぎない。このことには多くの複雑な理由があり、ここにそのうちのいくつかについて述べる。

1. 農薬企業。農薬の企業は、おそらく抵抗性管理の鍵を握っている。主な困難は、競争する会社間の協力を得ることである。農薬企業による抵抗性行動委員会の発展は、この後者の問題を克服する助けとなる。

2. 農業者。農業者は生態学的に気付くことなく、将来抵抗性が発達しそうであることは考慮しないで、おそらく最大の今すぐの収益を提供すると思われる製品を利

用するであろう。

3. 教育／規制の確立。公共機関は当初は抵抗性の論議やその重要性を農業者に伝える点で遅かった。アイダホ州のある雑草研究者は「私はchlorsulfuronに対する抵抗性を予想することができたが、しかしそれをしなかった」と述べている。学術的および規制的団体は抵抗性が有害生物管理にもたらす問題について常に強調しなければならない。
4. 一般市民。アメリカ合衆国における年間の農薬使用のある部分は農業以外のものである（例えば家屋所有者、ゴルフコース、公園）。抵抗性管理は一般的にいえば、これらの分野ではあまり認識されていない。そして、人々に対する抗生物質の過剰使用による抵抗性細菌の発達がそれを例証している。

抵抗性／管理の実例

病原体

抵抗性は多くの主要な殺菌剤に対して出現し、殺菌剤をいかに使うかについて変える必要がある。しかし現在まで、銅または硫黄をもとにした殺菌剤に対する抵抗性は、それらが1世紀以上も広く使われてきたにもかかわらず明らかになっていない。またdithiocarbamate、phthalimidesまたはdinitrophenol殺菌剤に対する抵抗性もまたほとんど明らかになっていない。野生型の感受性と比べて100倍から500倍の強さの抵抗性が、より最近導入された殺菌剤や多くの浸透性殺菌剤で記録されてきたが、それらは次の通りである。

1. Aminopyrimidines。多くのタイプの病原体で抵抗性が存在する。*Botrytis*属と*Venturia*属で最も重要である。
2. ベンゾイミダゾール系殺菌剤。多くの菌類がこの種類の殺菌剤に抵抗性があり、その中にはブドウの*Botrytis*、カンキツ類の*Penicillium*腐敗病、バナナの*Mycosphaerella*などが含まれる。この種類のすべての殺菌剤の間で交差抵抗性が生じる。ベノミルは最もよく知られた例である。ある病原体は2〜3年の速さで抵抗性が現れるが、他の場合は10〜15年かかる。
3. Phenylamides。このグループの中には「卵菌類」に対して有効なメタラキシルや関連した殺菌剤が含まれる。この種類の殺菌剤は1977年に導入されたが、キュウリのべと病、ジャガイモの疫病、ブドウのべと病などで、3年以内に抵抗性が現れた。異なる作用機作を持つ殺菌剤の混合によって抵抗性を管理できるレベルに保っている。卵菌類病原体の管理は化学物質なしには困難である。
4. ジカルボキシイミド系殺菌剤。このグループの殺菌剤の抵抗性にかかわる主な病原菌は*Botrytis cinerea*である。ジカルボキシイミド系殺菌剤は1970年代の中頃に導入され、その3〜5年以内に抵抗性が現れた。ジカルボキシイミド系殺菌剤内の交差抵抗性は普通に見られる。
5. ステロール生合成阻害剤（SBIs）。2つの異なるグループがdimethylation阻害剤（DMIs）とmorpholinesを構成する。1970年代の中頃にこれらが導入されて以来、これらの多くの殺菌剤の約10年間の使用の後に、実際上の抵抗性問題が出現した。最も重要なものはオオムギ、キュウリ、ブドウの*Erisype*、*Venturia*その他の属による、べと病である。

抵抗性が出現したことが知られている、さらにいくつかの殺菌剤のタイプがある。病原体における殺菌剤抵抗性の多くの局面についてのより深い論議はHeaney *et al.* (1994)を見るか、またはFRACウェブサイト（2000）を見るとよい。

雑草

除草剤抵抗性は、今や雑草個体群内に世界的規模で広がっていて、それには大部分の主要除草剤のタイプが含まれている。**図12-5**は特定のグループの例について、その程度を表している。いくつかの特定の例は次の通りである。

1. トリアジン系除草剤。アトラジンがその抵抗性が確認された最初の主な除草剤であった。今や、ほぼ61種の雑草でアトラジンや関連するトリアジン系除草剤に対して抵抗性の個体群のあることが知られている。多くが他のトリアジン系除草剤に交差抵抗性を表す。
2. アミノ酸側鎖合成阻害剤。これらの除草剤はacetolactate合成酵素（ALS）を阻害する。スルホニル尿素系除草剤およびimidazolinoneグループはこの作用機作を持つ。今や、これらの除草剤に対して63種の雑草に抵抗性の個体群が存在する。これらのグループのある1つの除草剤に抵抗性を示す雑草は、そのグループの他の除草剤のすべてに対して交差抵抗性を示す。商業的に導入されて以来、約4〜5年以内に雑草個体群で抵

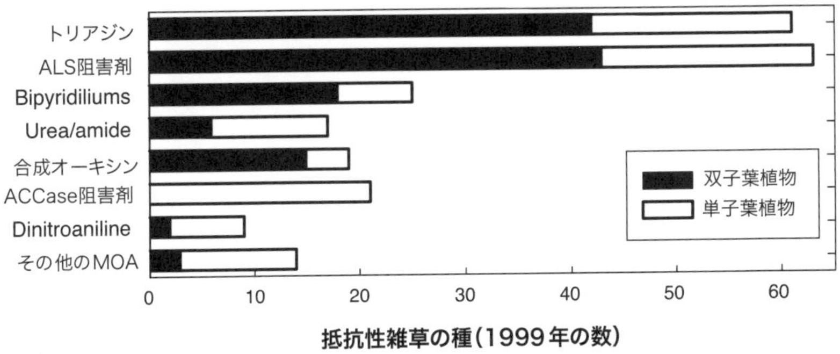

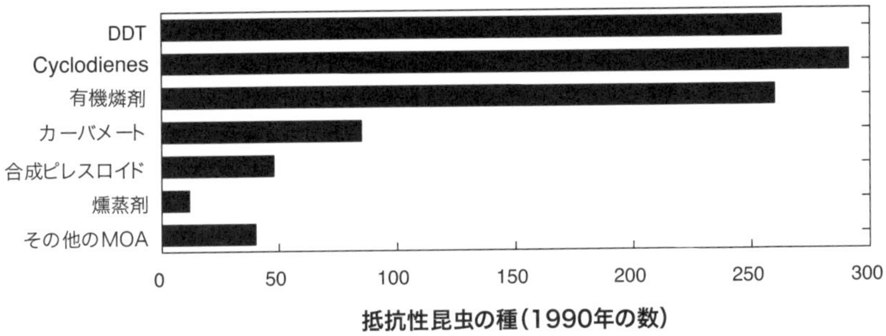

図 12-5
異なる種類の除草剤および殺虫剤に対して抵抗性のある雑草と昆虫の数の実例のグラフ。

抗性が現れた。その問題があまり厳しくなったので、ある場合にはこの製品の使用が止められた。

3. 脂質生合成（ACCase）阻害剤。この作用機作を持つ除草剤はacetyl CoA carboxylaseを阻害し、イネ科植物に特別な防除を提供する。オーストラリアのライグラスの類は、基本的にはすべてのイネ科用除草剤に完全な抵抗性を示した結果、雑草管理のパラダイムの完全な変更が必要となった。21種の普通の雑草がこれらの除草剤に抵抗性を示した。その中にカラスムギ、スズメノテッポウおよびエノコログサが含まれる。
4. グリホサート。この除草剤の抵抗性は現在オーストラリアで確かめられており、おそらくカリフォルニア州とメリーランド州でも存在するであろう。
5. 除草剤抵抗性作物。昆虫に抵抗性を示すように遺伝的に操作された作物と同様に、除草剤抵抗性作物の使用（より詳しくは第17章参照）は抵抗性管理のための巨大な挑戦であった。異なる作物で同じ除草剤を広く使うことは雑草に対する選択圧を増やし、抵抗性雑草の出現の増加が予想される。
6. 耕種的慣行への抵抗性。もし同じ耕種的慣行が繰り返し行なわれるならば、その慣行への抵抗性が発達しないという生態学的理由はない。耕種的慣行に対して抵抗性を示すようになるいくつかの例のうち、最も初期のものとしては、穀類作物の雑草アマナズナの例があるが、この場合雑草の種子が作物の種子と同じ大きさのために選ばれた。カリフォルニア州におけるアルファルファの多数回収穫はキンエノコロの葡匐型を選択するが（**図 5-23** 参照）、これは頻繁な刈り取り作業法によって繁茂するものである。

雑草の中の除草剤抵抗性についてのより詳しい論議はPowles and Holtum（1994）またはHRACウェブサイト（2000）を参照するとよい。

軟体動物

アメリカ合衆国の太平洋沿岸北西部における牧草種子生産のような高価格の特定作物以外には、ナメクジやカタツムリの農業場面での防除のために多量の農薬は使われていない。ナメクジの毒餌の中に使われる最も普通の有効成分であるメタアルデヒドに対する生化学的抵抗性の証拠はない。しかしながら、毒餌に対する臆病さは、ある軟体動物個体群で記録されている。

昆虫

抵抗性は事実上すべてのタイプの殺虫剤で発達している（**図 12-5** 参照）。多くの殺虫剤や殺ダニ剤が効力を失ったためにその使用を止める結果となってきた。殺虫剤への抵抗性のメカニズムは**表 12-4** に示した。以下は昆虫やダニの抵抗性の問題の広さと厳しさの多くの例のうち2、3のものを示している。

表 12-4　節足動物における殺虫剤に対する抵抗性の主なメカニズムの表

メカニズム	交差抵抗性のパターン	一般的観察
浸透	有機燐剤 ピレスロイド ピレトリン Cyclodienes Abamectin DDT Organotins	一般に低レベルの保護 症状の開始あるいはノックダウンの遅れ
代謝		抵抗性昆虫はおそらく症状を示すがやがて回復
MFO[1] と hydrolase	似た機能グループの殺虫剤	
GSHS-transferase[2]	メトキシ基対エトキシ基置換有機燐剤の選択	
DDTase	DDTとDDTのtrichloroethane 類縁体	
神経系の非感受性：kdr タイプ	DDT ピレスロイド ピレトリン	
cyclodiene type	Cyclodienes	
AchE[3] 変換物	ある種の有機燐剤とカーバメート 交差抵抗性の型は AchE アイソザイムに依存する	

[1] MFO=混合機能オキシダーゼ
[2] GSH S-transferase=グルタチオンS-トランスフェラーゼ
[3] AchE=アセチルコリンエステラーゼ
Scott, 1990.より改変

1. コナガはアブラナ科作物の世界的な害虫である。タイでは、この昆虫がすべての手に入る合成殺虫剤に抵抗性を示している。世界のほとんどの地域でコナガは有機燐剤や合成ピレスロイド剤、キチン合成阻害剤などに抵抗性を示している。
2. *Bemisia* 属のコナジラミは有機塩素剤、いくつかの有機燐剤、とある種のピレスロイド剤に抵抗性を示し、また最新の化学構造や作用機作を持つ、いくつかの新殺虫剤への感受性の減少の証拠が存在する。抵抗性因子を示す個体群が世界的に 360 から 1000 以上報告されている。
3. 世界の数カ所の地域で、主要な種類に属する多くの殺虫剤に対して、モモアカアブラムシが抵抗性を示している。1990 年代の遅くに、有望な新しい種類の殺アブラムシ剤 ── クロロニコチニル系殺虫剤 ── が導入された。しかし、いくつかの個体群で低レベルの抵抗性がすでに検出されている。
4. 鱗翅目のハモグリガは多くの異なるタイプの殺虫剤に抵抗性を示している。フロリダ州でこれらのタイプの害虫に対する新殺虫剤の野外での寿命は、抵抗性が出現するまでに典型的には 3 年である。
5. タバコガ類は主要作物における最も厳しい害虫のいくつかを含んでいる。異なる種がワタ、トウモロコシ、ダイズ、タバコ、ソルガムおよび多くの野菜作物、特にトマトを攻撃する。アメリカタバコガ（*Helicoverpa zea*）は多くの殺虫剤に対して抵抗性を発達させてきたが、ダイズのような作物を攻撃する場合には、そこでは殺虫剤の圧力がより低いため、抵抗性は広がらず、また他のいくつかの種の場合に比べて厳しくない。北アメリカではニセアメリカタバコガ（*Heliothis virescens*）、ヨーロッパ、アフリカ、アジアの一部ではオオタバコガ（*Helicoverpa armigera*）がワタで集中的な散布を浴びており、これらの個体群は大量に使われたすべての殺虫剤に対して抵抗性を発達させている。
6. アメリカ合衆国東部においては、コロラドハムシのある個体群が使われたほとんどすべての殺虫剤に抵抗性を持っている。
7. 第 5 章で述べたように、corn rootworm は、かつてはそれを防除できた 2 年間のトウモロコシ／ダイズ輪作に適応した新しいバイオタイプを発達させた。このことは、農薬に加えて栽培慣行に対しても抵抗性が出現することの明らかな 1 つの例を示し、いかなる選択圧に対しても有害生物個体群は反応して、抵抗性を発達させることができることを強調している。

節足動物における殺虫剤と殺ダニ剤の抵抗性についてのより詳しい論議についてはRousch and Tabashnik（1990）、Georghiou and Langunes-Tejeda（1991）か、IRACウェブサイトを参照するとよい。

遺伝子組み換え作物　土壌中に棲む細菌、*Bacillus thuringiensis*からのBt内毒素の生産をエンコードした遺伝子が、遺伝子工学技術を使って作物中に組みこまれた（第17章参照）。これらの作物はその遺伝子を表現し、内毒素を生産し、それぞれのBt内毒素に感受性のある昆虫を殺す能力を植物に与えた。これらの遺伝子組み換え作物が広範に採用されれば、それらを食う感受性の昆虫個体群に及ぼす選択圧が増大するであろう。1980年代の中頃から始まり、散布できるBtに対する抵抗性がすでにいくつかの場所で発達し、野外の個体群中に、これらの内毒素への抵抗性が存在することが示されてきた。作物の作付け面積内のある場所にBt内毒素を持たない品種を植え付けることが、選択圧を減らす1つの戦略として勧告されている。しかし、このような混合植え付けの現実の強化はないし、これらのレフュージアが抵抗性発達を遅らせたり止めたりする能力を持つかどうかについては試験されていない。

脊椎動物

有害脊椎動物の農薬抵抗性は一般的にない。ネズミとハツカネズミの両者でワルファリン抵抗性が記録されている。摂食したときに内出血の原因となる抗凝血化学物質であるワルファリンに対する抵抗性は、抗凝血剤の分解を高めることか、またはB−複合ビタミンKの代謝酵素を変えることによって仲介されるのであろう。あるネズミの系統がDDTに対して高いレベルの抵抗性を持っていることは理論上から見て興味あることである。

毒餌への臆病さは、標的の動物がある種の餌を避けるために行動を変えることであるが、これはある抵抗性の形である。現時点では脊椎動物の抵抗性について、ほとんど心配がない。しかし、抵抗性のモニタリングはおそらく価値があるであろう。

誘導多発生

誘導多発生は農薬の施用に続いて起こる現象である。有害生物個体群は、当初農薬によって減少する。しかし、施用前に存在していたよりも、より高い個体群密度に到達するまでに回復する（**図12-6**）。誘導多発生は農薬によって攪乱されたことによる、いくつかの生態学的過程のために起こる。

1. 生物的防除の減少。有害生物個体群の大きさを通常は制御していた有用生物を農薬が殺す。生き残った有害生物個体群は効果的な生物的防除なしにより高いレベルまで増加する。
2. 競争の減少。理論的には、農薬は競争する生物に対して差別的により高い効果を持つことがありうるので、もとの生物は競争の低下によって回復し、それ故に、より高い個体群密度に達するであろう。有害生物の誘

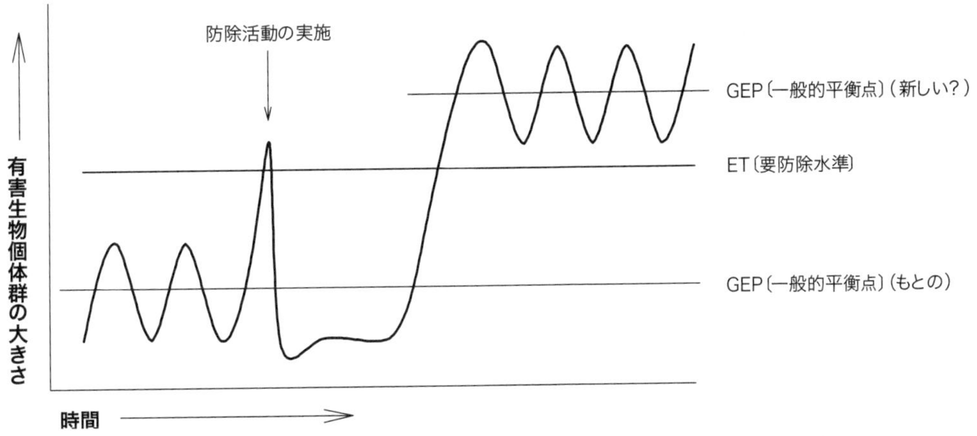

図12-6　農薬の施用前には有害生物個体群を部分的に防除していた有用生物が、農薬の施用によって殺された後の有害生物の理論的回復を示し、誘導多発生と呼ばれる。

導多発生において、この過程の関与を支持する証拠はほとんどない。

3. 有害生物への直接の刺戟。生存者の生理的過程が、例えば昆虫の産卵が強められるように、より生態学的に適応するように高められる。hormesis［閾下増進効果］の現象が関与しているのであろう。「hormesis」または「hormoligosis」という言葉は人間の薬理学的文献の中でもともと使われ、薬が薬量や処理の時期に依存して促進または阻害の両方の効果を持つことについて述べたものである。
4. 作物植物の成長の増進。処理の適用によって標的の有害生物の密度が減少し、その結果植物の成長の増進が導かれる。寄主の組織の質や量の増加によって、有害生物間の種間競争が事実上減少し、生き残った有害生物の繁殖が効果的に刺戟される。

生物的防除の減少が、おそらく誘導多発生の最も重要な理由である。ここでは農薬の使用との関連で誘導多発生が存在するのであるが、同様の現象が他の有害生物管理戦術に伴って起こらないという固有の生態学的理由はない。

一般に誘導多発生は、個体群の増加が競争または同じタイプの生物による活発な生物的防除によって制限されている有害生物においてのみ起こる。直接的刺戟の可能性は理論的なもので、有害生物の誘導多発生における閾下増進効果の役割についてはまだ明らかでない。

誘導多発生は、ある種の節足動物の管理においては重大な制限となってきた。例えば、ハダニやさまざまなチョウ目幼虫（ケムシとイモムシ）のような節足動物は、有害生物を通常防除している有用生物を殺す殺虫剤の使用によって増加してきた。

殺線虫剤は、植え付け前処理として通常施用される。処理後、線虫個体群は未処理区域よりも高い密度への増加が観察されるであろう。そのような線虫個体群における誘導多発生は、おそらく以前に示した作物植物の生育の増進現象と関連しているのであろう。

誘導多発生は雑草管理との関連では論じられない。なぜならば、他の植物による雑草の生物的防除は稀だからである。それ故、誘導多発生の主な推進者が作用しない。他のメカニズムが雑草に働くかどうかについての証拠はなかった。しかしながら、植物を食う動物による雑草の制御は、雑草の生物的防除についての文献の中にたっぷりと記録されている（第13章参照）。例えば、ウサギの防除のためにオーストラリアに粘液腫症が導入されたときに起こったように、植物を食う動物を殺したり除去することによって雑草の個体群密度の増加がもたらされる。

置き換え

「置き換え」は節足動物の管理の際に使われてきた用語である。しかしすべてのカテゴリーの有害生物に適用することができる。そして誘導多発生と同様に置き換えも農薬の施用に反応して起こる。昆虫学者はしばしば「upsurge」［沸き上がり］という用語を使う。

図12-7に示すように、標的の有害生物（A）の個体群

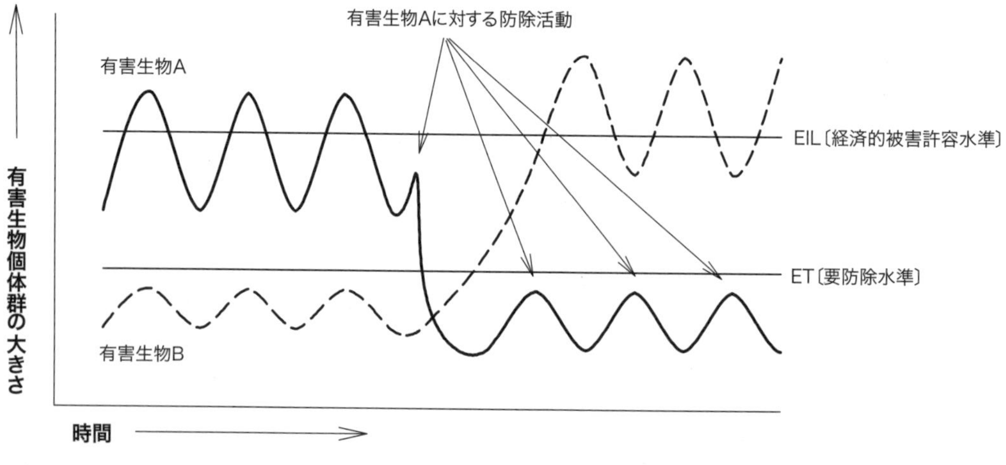

図12-7　有害生物の置き換えの間に反応するであろう2つの有害種の理論的個体数。元の有害生物Aは有害生物Bを防除できないような管理戦術によって防除された。有害生物Bは問題の有害生物Aと置き換わってやがて被害レベルまで増加することができる。

が減少したが、マイナーな有害生物（B）が、資源を、もはや有害生物Aには使用できないほど利用しつくすまでに増加する。その結果有害生物Bが主要な有害生物となる。有害生物Bの個体群は農薬の施用前には増加しなかった。なぜならばBはAとの競争や、自然の天敵によって抑えられていたからである（節足動物の有害生物の置き換えの場合）。優位の競争者である有害生物Aや、ある一群の天敵を取り除くことによって、有害生物Bの個体群成長を制限していた要因が変わり、異常な高いレベルまで増加することが許される。置き換えは潜在的に厳しい問題である。なぜならば、マイナーな種が解放されることによって、初めの標的の種によるものよりも、より大きい作物の損失がもたらされる可能性があるからである。すべての「生態学的反動」現象と同様に、置き換えは農薬の使用の結果として最も深刻なものであろう。しかし、置き換えは、他の有害生物管理戦術または栽培慣行の変更に対しての反応としても起こりうることに注意する必要がある。

病原体

現在、病原体についての置き換えの明瞭な証拠はない。しかし、そのことが起こらないと考える理論的理由もない。

雑草

除草剤を使用した結果、マイナーな雑草が主要な雑草になったという例は雑草科学の文献に満ちみちている。除草剤は選択性を持ち、作物を殺すことのない除草剤は、作物に近縁の植物種をも防除しない。これに加えて、近縁でない種も、選択性を左右するランダムな気まぐれによってまた防除を免れるであろう。古典的な雑草置き換えの例としては、穀類の作物の中に混合する一年生雑草、主に双子葉植物が、主としてイネ科雑草へ変化したことがあげられる。この変化は双子葉植物を殺すがイネ科植物に対してはほとんど効果のないフェノキシ系除草剤の導入に続いて起こった。イネ科植物は双子葉植物との競争が存在しないことによって繁栄した。他の例としては、ワタの除草剤としてジニトロアニリン系除草剤が広く採用された結果、カヤツリグサやナス属のような、この除草剤によって防除されない雑草種に代わった。ナス属の種はトマトに近縁であるが、作物以外の大部分の雑草を殺す選択性除草剤を採用したあとで、加工用トマトで問題になったのみであった。このような種の移行はしばしば起こり、除草剤の使用とともに予想されなければならない。雑草管理のためのIPMプログラムではこの現象は取り上げられるべきである。

線虫

殺線虫剤の使用の直接の結果としての置き換えはなさそうである。なぜならば、殺線虫剤は、ほとんど選択性を持たないからである。しかしながら、栽培慣行の変化や殺線虫剤の使用は、線虫の相対的重要性をときとともに変えるであろう。1つの可能な例としては、ハワイのパイナップルにおける植物寄生性線虫に関するものがある。ハワイでは1800年代後半から1900年代初期にかけてパイナップルの生産が重要な産業となった。そして、最も重要な植物寄生性線虫はネコブセンチュウであった。1950年代の中頃、第一の収量損失要因としてニセフクロセンチュウがネコブセンチュウに置き換わった。効果のある殺線虫剤が1940年代にハワイで発見されたことは注目する価値があった。そしてひとたび発見されると、パイナップルの殺線虫剤使用は次第に増加した。しかし、この同じ時期に土壌の酸性が問題となり、多くの圃場ではpHが3.8以下になっていた。1950年代のニセフクロセンチュウの重要性の増大は部分的には土壌の酸性の増加によるものとされている。

節足動物

多くの節足動物の大発生が置き換えの結果生じている。二次的有害生物の沸き上がりの最もよく記録された結果としては、ワタのタバコガ類（アメリカタバコガとニセアメリカタバコガ）の場合がある。テキサス州のリオグランデバレーの下流域は、ワタミハナゾウムシが侵入して以来、継続的な散布プログラムの下にあった。それは最初、砒酸カルシウム、そして後には新しい有機合成殺虫剤であった。1960年代の初めからワタミハナゾウムシは有機塩素系殺虫剤に抵抗性となり、栽培者は有機燐剤やカーバメート剤に切り替えた。しかし、この時期にそれまでマイナーな二次的害虫と考えられていた2種のタバコガ類が多数出現し始め、厳しい経済的損失の原因となった。ニセアメリカタバコガが、すべての手に入る種類の殺虫剤に抵抗性を持ったとき状況は破局的となった。栽培者は1栽培シーズンに20回以上も散布したであろう。それでもなおニセアメリカタバコガによるひどい損失は避けられなかった。状況は1970年代にワタミハナゾウムシ防除のためにIPMが導入されたときようやく改善された。農薬の圧力は減らされ、タバコガ類は回復した天敵個体群の標的となった。

3つのRについての警告

3つのR管理の鍵は、抵抗性、誘導多発生、置き換えが問題となる「以前の」緩和戦略の実行にある。管理者は、IPM慣行を採用し1種類の防除法に頼らない（死亡要因の交替）ようにすべきである、ということを一般的に受け入れているにもかかわらず、この概念による有害生物管理の実施は有害生物管理実施者にとって非常に困難であるように見える。もし、すべての緩和手段が失敗すれば、その農薬は失われる。歴史的に見れば、我々の有害生物管理資源の長期間の持続性は、しばしば短期間の収益のために浪費されてきた。問題は農業者のレベル、有害生物防除アドバイザー、農薬産業、そして政府の規制者においてさえ依然として存在する。遺伝的操作による有害生物抵抗性植物という新技術は、緩和戦略の必要性と有害生物管理のためのIPMの採用に関して、同じグループの中での集団的健忘症を導いてきたように思われる。この態度は続けることができないか、あるいは有害生物管理は3つのRの冷酷さが与える困難な時期に入るであろう。3つのRの管理が知られなければ、そして知りえたことが実施されなければ、その結果有害生物管理は有害生物防除の選択肢からはずれたものとなるであろう。

資料と推薦文献

抵抗性についての2つの有用な一般的参考書としては、National Research Council（1986）とGreen *et al.*（1990）がある。誘導多発生や置き換えについてのトピックスの最近の総説はないが、アメリカタバコガの沸き上がりのよい歴史的関連文献としては、Perkins（1982）を参照するとよい。

FRAC. 2000. Fungicide Resistance Action Committee homepage, http://PlantProtection.org/FRAC/

Georghiou, G. P., and A. Lagunes-Tejeda. 1991. *The occurrence of resistance to pesticides in arthropods.* Rome: Food and Agriculture Organization of the United Nations, xxii, 318.

Green, M. B., H. M. LeBaron, and W. K. Moberg. 1990. *Managing resistance to agrochemicals: From fundamental research to practical strategies.* Washington, D.C.: American Chemical Society, xiii, 496.

Heaney, S., D. Slawson, D. W. Holloman, M. Smith, P. E. Russel, and D. W. Parry, eds. 1994. *Fungicide resistance.* BCPC monograph 60. Farnham, Surrey, UK: British Crop Protection Council, xii, 418.

HRAC. 2000. Herbicide Resistance Action Committee homepage, http://PlantProtection.org/HRAC/

IRAC. 2000. Insecticide Resistance Action Committee homepage, http://PlantProtection.org/IRAC/

National Research Council, ed. 1986. *Pesticide resistance: Strategies and tactics for management.* Washington, D.C.: National Research Council, National Academy Press, xi, 471.

Perkins, J. H. 1982. *Insects, experts, and the insecticide crisis: The quest for new pest management strategies.* New York: Plenum Press, xviii, 304.

Powles, S. B., and J. A. M. Holtum, eds. 1994. *Herbicide resistance in plants: biology and biochemistry.* Boca Raton, Fla.: Lewis Publishers, 353.

Roush, R. T., and B. E. Tabashnik, eds. 1990. *Pesticide resistance in arthropods.* New York: Chapman and Hall, ix, 303.

第13章
生物的防除

「私の敵の敵は私の友」

序論

自然個体群の中の動物と植物の数は、気候、土壌条件、自然災害のような非生物的力と、食物、種内と種間の競争、捕食者と病気のような生物的力の組み合わせた影響によって、上限と下限の間を変動する。大部分の動物個体群は地域的に変動し、その種の全地理的分布範囲にわたって、絶滅するか、または防除することができないほどの大きい数に急激に増大することはめったにない。局地的な絶滅は、ある条件の下では起こるけれども、その地域にはいずれ再び定着する（第5章参照）。生態学者は、個体群の数を制御するために働くような環境要素の相対的重要性について論争してきた。しかしながら、今では、個体群制御において非生物的または生物的要因のどちらが最も強い影響を及ぼすか、またそれらが何時働くかということを、その生態系の特性が決定するということが受け入れられている。主要な変動は、制御力に影響する地域的な短期または長期の攪乱の結果である、ということが一般的に合意されている。

いかなる農業生態系の中でも、作物は食物網の基礎である。ある食物網は、そのシステムの中の生物の間の一組の摂食相互作用であり、第4章で論議したように「誰が誰を食うか」を記述する相互関係である。生態学者は、この相互作用が種の個体群動態をいかに決定するかを理解するための試みとして、1つの食物網の中で種間に起こる摂食相互作用を長い間研究してきた。その相互作用は、競争、植物食、捕食、寄生を含み、それらすべては農業生態系における自然防除に関与しているものを含むものと考えられた。それ故、生物的防除は、これらの相互作用を、有害生物の数を減らし作物の被害を制限するために操作することに焦点を合わせている。

農業は、今日行なわれているように生態系の攪乱における最も広くゆきわたった要因である。有害生物の発生は、しばしばこの攪乱の直接の結果である。しかしながら、ある潜在的な有害生物は、ある地域における一組の在来天敵によって、自然の防除の下に保たれている。自然の防除資材の有効性の証拠は、第12章で論議したように、誘導多発生と置き換えの例によって示される。他方、世界中のすべての主な作物における有害生物の大発生は、有害生物は防除戦術がない場合には大損害を与えるものとなりうるという事実を証明している。

ある生物が人間によって「有害生物」と名づけられたという事実は、ひとたびそのシステムが攪乱されると、自然防除要因が生物の数を十分に制限することに失敗する、ということの表れである。さらに、ある生態系の中の生物の間に存在する自然の動的平衡は、もはや働かないか、あるいは人間が望むようなシステムとしての特性を維持できない。もし、生物的防除または他の自然要因が個体群増殖を制御し、ある生物の数が人間活動を妨げない点以下に保たれるならば、その生物は有害生物と考えられないであろう。その代わり、ある場合には、自然防除要因は、その条件が有害生物の制御にとって最適であるように見えたとしても、有害生物を十分に低いレベルに保つことができない。自然防除要因がある農業生態系の中で十分働かないということのもう1つの理由は、人間活動がそのシステムをあまりに攪乱してきたために、有害生物が人間の要求を妨げることを、天敵による個体群の制御によって止めることができなというということである。

西欧の工業化された国々では、現在の農業慣行が集約的であり、自然の有害生物制御において1つの役割をはたしていたはずの生物多様性を、典型的な生産と栽培の慣行が制限している。生態学的／進化的基礎にもとづいて、主要な有害生物として考えられている、広く分布する在来の生物の大部分は、他の管理戦術を必要としない点まで、生物的に防除されるとは考えられない。それは、自然の防除が、人間の要求にとって必要な有害生物の抑圧の水準を提供することができないほど、人間活動が生態系を修正したことによるものである。農薬の使用を含む管理戦術が、有害生物個体群を追加的に制限する生物的防除の働きを助長するようなやり方で、統合されることが大切である。将来は、生物的有害生物防除を強めるために、農業システムが攪乱を減らすように計画され、適切な雑草管理が維持されるような抑制とともに、人間の要求を満たす生産が許されるものと考えられる。

導入された外来または新入種は在来種とは異なっており、多くの重要な有害生物は第10章で論議したように導入種である。導入種は、新しい生息場所では、多産の繁殖を支えるために十分な食物があり、また新しい環境の中には、原産地の生息場所において有害生物個体群を制御していた天敵がないために、有害生物になることができる。導入有害生物を抑圧するような天敵を、その原産地の生息地において探すことによって、それを食い、それ故その個体群を制御するような生物を得ることができる。外来有害生物の起源の国々において天敵を探し、その天敵を輸入し、これを新しい環境に放飼するという過程は、昆虫学の中で「古典的生物的防除」として知られている。

大部分の雑草の種が生物的手段によって防除されるということはありそうもない。なぜならば、雑草と考えられる大部分の植物は、世界のすべての地域で雑草だからである。このことは、ある特定の雑草が生育する世界の中の場所ではどこでも、有害雑草の地位に達することを止めるほどに、これを食う生物は十分にいないということを意味する。新しい生態系に導入された多年生雑草のあるものの生物的防除は成功してきたけれども、そのような例は、すべての雑草種で達成できることを代表するものと考えるべきではない。

生物的防除は、1つの本来的に不安定な状態に維持されている農業生態系の中で、自然の個体群制御のあるレベルを再確立する1つの試みである。古典的生物的防除の下では、有害生物の天敵が見つけられてから、有害生物が定着した地域の中に導入される。世界中には、多くの作物の主要な有害生物の生物的防除に成功した多くの実例がある。北アメリカ（カリフォルニア州）におけるカンキツ類のイセリアカイガラムシは、最も古く、最もよく知られた生物的防除の成功例である（**図3–7**参照)。イセリアカイガラムシは19世紀の遅くにカンキツ産業をほとんど打ち倒したが、今では生物的にあまりよく防除されているので、もはや主要な有害生物と考えられない。

有害生物の生態学的安全性について、1つの警告をすることが適切であろう。昆虫学者は、一般的に生物的防除が有害生物管理プログラムにおいて最も望ましい戦術であると考えてきた。しかしながら、この見解は他の有害生物カテゴリーに関しては批判的に評価される必要がある。すべての有害生物防除戦術は、利益に加えて欠点と限界を持つ。そして、これに関して、外来の有用節足動物の輸入と放飼を含む生物的防除は、他の有害生物管理戦術と異なるものではない。生物的防除の使用は、意図しない望ましくない否定的な効果を、その生態系の中の非標的生物に及ぼすことがある。自然は人間の操作に対して予期しない反応をするということは記憶されるべきである。

なぜ生物的防除か？

生物的防除はIPMシステムにおける1つ重要な戦術であり、それが可能なところでは利用されるべきである。生物的防除の適用には他の有害生物防除戦術と比べていくつかの利点がある。

1. もし、効率的な生物的防除資材の個体群がある地域に定着できるならば、基本的にそれ以上の費用はかからない。それ故、成功した生物的防除は、その天敵に対する最初の費用がひとたび十分であるならば、比較的安価である。
2. 確立に成功した生物的防除プログラムでは、有害生物は決して経済的被害許容水準を越えない。もし、有害生物個体群が増加し始めると、生物的防除資材も増加し、密度依存的に有害生物個体群の増加率を減らす。
3. 生物的防除は、作物または環境を汚染するような農薬の残留を残さない。
4. 生物的防除は、アルファルファや多くの木やブドウのような多年生作物と放牧地など広範囲の永久的な生態系においてはきわめて効果的である。放牧地のシステムでは、生物的防除は多くの有害生物の管理のための唯一の経済的に実行可能な戦術であろう。
5. 農薬や物理的戦術とは異なり、生物的防除は特別に他の有害生物防除作業を妨害しない。
6. 生物的防除戦術は、伝統的に生態系を妨害しないものと考えられてきた。しかしながら、ある場合には有害生物の非在来天敵を新しい地域に放飼することによって、意図しない非標的効果がありうる（この章の後のほう参照）。生物的防除資材の評価にかかわる科学者は、研究を通じてそのような非標的効果を最少にするか排除する方法を探している。

生物的防除の概念

定義

何が生物的防除を構成するかの定義については、さまざまなものがある。我々は次の定義を選んでいる。すなわち「生物的防除は、有害生物個体群を抑圧するために、捕食寄生者、捕食者、病原体、拮抗生物あるいは競争者の個体群を用いることによって、有害生物をこれらの生物的防除資材がないときよりも少なくし、その被害を少なくすることである」。

それは、1つの生物（有用生物）を、それが他の生物（有害生物）を食うか、競争することによって、その有害生物の個体群の成長速度とそれによる被害を減らすために用いることとして説明される。生物的防除のもともとの昆虫学的概念は、多栄養レベルの相互作用にもとづいており、有害生物（通常寄主または被食者と呼ばれる）を食物源として用いる捕食寄生者、捕食者の天敵を用いることである。また植物病理学と有害脊椎動物管理では、この概念は競争排除を含む。この方法による植物病原性生物の減少は、しばしば、病気抑圧といわれ、「抑止土壌」という用語は土壌伝染性病原体と線虫に拮抗的な微生物によって病気が抑えられている土壌として扱われる。ある教科書では生物的防除のはるかに広い定義が受け入れられ、それは、栽培慣行と寄主植物抵抗性を含む。そのような広い定義はこの本では採用されない。

IPMの用語では生物的防除を提供する資材は一般に有用生物、天敵または拮抗者といわれる。biological control［生物的防除］はしばしばbiocontrol［生物防除］と縮めて呼ばれる。

概念

圃場または地域への生物的防除資材の到着または導入（**図13-1**のA点）の後、その個体群はしだいに増加する。それに続いて天敵個体群は標的有害生物の個体群の成長率を減らしその減少をもたらし始める点にまで増加する。これは、天敵の密度依存的な活動の記述である。密度依存性は、天敵と有害生物の個体群密度の間のフィードバックメカニズムを記述する用語である。天敵の数は標的の寄主が増加したあとで増加する（正のフィードバック）。天敵の数が増加すると寄主の密度は抑圧される（負のフィードバック）。そして天敵の密度の減少がそれに続く。天敵の密度依存的な寄生または捕食は、遅かれ早かれ、有害生物個体群がより低い一般的平衡密度、それは昆虫学の文献の中で作戦的にgeneral equilibrium position（GEP）［一般的平衡点］として扱われるもの、への減少をもたらす。この

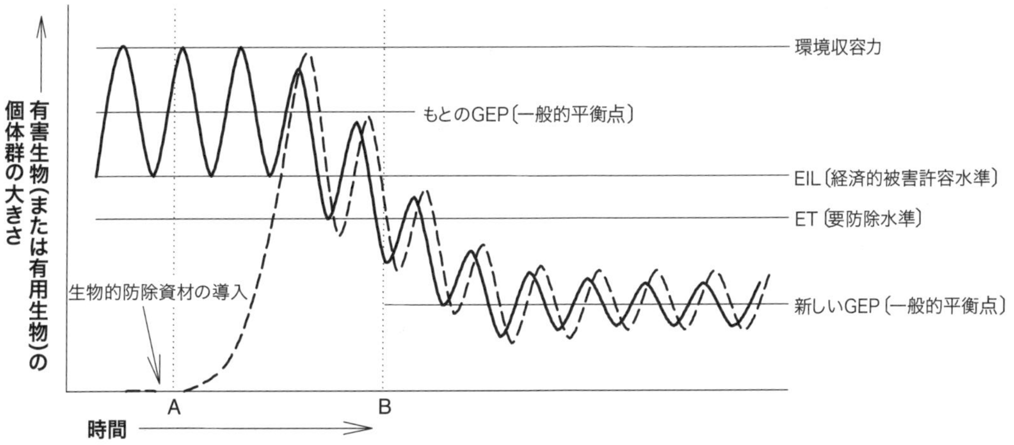

図13-1　ある有害生物と生物的防除資材の、一般的平衡点、要防除水準と経済的被害許容水準に関連して理想化された理論的個体群動態。

GEPにおける個体群は生物的防除資材と平衡している。効果的な生物的防除にとって、それ以上の介入は必要としない。新しいGEPはその有害生物にとっての経済的被害許容水準より低くなければならない（**図13-1**）。

図13-1はまた生物的防除の主な特性のいくつかを示している。

1. 生物的防除資材の導入（A点）と効果的な有害生物の減少が達成されるとき（B点）の間には不可避的な時間の遅れ（または遅延）がある。この遅れの長さは世代時間の短い生物（例えばハダニ）では1週間から2週間、世代時間の長い生物（例えば多年生雑草）では数年にまで変わる。大部分の状況では生物的防除は急速に有害生物個体群の密度を減らすことができない。
2. 生物的防除は有害生物の100%の減少をもたらさない。しかしむしろ、有害生物個体群を、それが生物的防除資材とバランスがとれるところまで減らす。ある状況では、新しいGEPが要防除水準よりなお上にある。効果的な生物的防除プログラムにおいては、有害生物と有用生物の両方の残存する個体群は作物の上か中にとどまらなければならない。
3. より長い期間にわたって生物的防除システムの機能が有効であるためには、ひとたび有害生物個体群が増加し始めたときには天敵が増加できなければならない（**図13-1**、B点以後の時間）。この有用生物の増加は有害生物密度の変化に関して速やかに起こらなければならない。さもないと、有害生物個体群は経済的被害許容水準を越えてしまうであろう。
4. 有害生物の環境収容力は変化していない。生物的防除資材の有効性を減らす、いかなるシステムの混乱も、有害生物個体群がより高いレベルにもどるという結果をもたらすであろう。

栄養的関係に立ち戻る

大部分の生物的防除の基礎にある基本的概念は、天敵が有害生物を食い、その結果有害生物の数が減り、もはや経済的損失をもたらさないということである。競争排除にもとづく生物的防除においては、有害生物によって必要とされる資源が、同じ栄養段階にある非有害生物によって用いられるために、有害生物にはより少ししか手に入らない。資源のための競争は有害生物のインパクトを減らす結果となる。栄養的関係の研究はIPMにおける管理戦術としての生物的防除資材の操作の基礎となる。食物連鎖の異なる栄養段階にある生物のために用いられる有害生物管理の用語は第4章に示されている。

植物、食植者、捕食者、寄生者

捕食、寄生、そして病気は、節足動物と雑草の生物的防除に関連する相互作用の最も普通のタイプである。それらはまた、軟体動物、線虫と脊椎動物の生物的防除にも適用される。植物病原体の生物的防除は、寄生／捕食に加えて、競争と微生物的抗生作用に関係している。

食肉者と食植者　天敵または有用生物は、通常捕食者または寄生者で、食植者（一次消費者）を食う二次消費者である（**図4-8**、鎖A、BとD参照）。例外は線虫とダニのような生物で、それは食植者を攻撃せず、むしろ菌類または細菌の病原体または分解者を食う（それぞれ食菌者、食細菌者）。雑草にとって生物的防除資材は食植者である。それらは、それ故食肉者ではなく、一次消費者である（**図4-8**、「雑草」の鎖参照）。

二次捕食者と高次捕食寄生者　有用生物を攻撃する捕食者と寄生者がおり、それらの高次栄養段階の生物は、生物的防除資材の有効性を制限する。そのようなより高次の生物は、それが有用節足動物を攻撃するときに二次捕食者であり、高次寄生者と高次捕食寄生者と呼ばれる（**図4-8**、B鎖）。雑草の生物的防除にとって、高次の栄養段階は食植者を食う一次捕食者である（この場合には食植者は雑草の天敵である）。そしてそれ故、節足動物管理のための有用生物と同じ同業者のメンバーである（**図4-8**、「雑草」の鎖参照）。それ故、高次捕食寄生者がかかわる栄養的相互作用は、節足動物の管理された生物的防除を妨げる。しかし、それらはこの章の後のほうで論議するように雑草の生物的防除のために肯定的である。

高次の相互作用の用語は、生物的防除に関連して注意深く用いなければならない。例えば、「高次寄生者」という用語は、有用生物の寄生者にのみ適用されるものではない。植物病理学の用語においては、植物の病原性一次寄生者の高次寄生者がある。ある植物寄生菌類（例えば*Rhizoctonia solani*）の生物的防除は*Trichoderma harzianum*のような土壌伝染性菌類による高次寄生によってもたらされることがある。

ある栄養段階の中での競争　多くの有用節足動物（例えばカマキリと多くのクモ）はそれらが何を食うかについて比較的非選択的である。2つの異なる天敵種は1つの有害生物の被食者を分かちあうであろう。そして、2つは互いに攻撃しあい、あるいは他の有用種を食うであろう。後者の現象は同業者内捕食といわれる。ある天敵には共食いさえもがあり、それ故に自分の種を食う（例えばクサカゲロウ幼虫）。同業者内捕食と共食いは**図 4–8** のA鎖と**図 4–8** のB鎖の食物網において、種間と**図 4–8** のB鎖の種間の環状の矢印で示されている。これらの栄養的相互作用のタイプは生物的防除の立場からは否定的であり、そのようなジェネラリスト生物的防除資材の効力と有用性を制限することがある。

よく似た生態的地位を占める天敵の種の間の複雑な相互作用もまた生物的防除に関係を持つ。天敵種が直接的な競争に入るとき、競争的置き換えが起こるであろう。その中では、その複合体の中の1つの種が他と置き換わる。置き換わった種は、2つの種が以前には共存した場所から完全に消失する。競争的置き換えはアカマルカイガラムシを防除するために導入された寄生蜂の *Aphytis lignanensis*［ツヤコバチ科］についてカリフォルニア州で起こった。*Aphytis melinus*［ツヤコバチ科］の後の導入は *A.lignanensisis* の消失へと導かれた。競争的置き換え、または競争排除の異なる例はこの章の後のほうで植物病原体の生物的防除のトピックの下で論議される。

三栄養的と多栄養的摂食　三栄養的相互作用とは、3つの栄養段階を横切って起こる過程、例えば、植物、有害生物の食植者と一次捕食者の相互作用である。ある状況では、有害生物はそれらが食う植物から化学物質を獲得し、これらの物質はその有害生物を食う有用生物にわたされる。そのような効果は3つの栄養段階に関与する。**図 4–8** のD鎖の中の有用生物はそのような効果を経験する。有害生物Dの中の矢印は、ある物質が作物から渡されることを示す。三栄養的相互作用は、アブラムシの生物的防除において特に重要であることが示されている。しかし、それらは、カマキリのようなジェネラリスト捕食者にさえ影響するであろう。ある食植者によって渡されるその物質が食肉者を阻害するときには、三栄養的相互作用は生物的防除の観点から有害となる。他の三栄養的相互作用は、植物の臭いや色のような信号が、被食者を見つけることを助けるために用いられるときに食肉者にとって好適となる。

多栄養的相互作用は、節足動物の生物的防除においてはきわめて頻繁に起こる。多くの有用節足動物は、それらの生活環の中の異なる発育段階の間に、異なる栄養段階のものを食う。典型的には、ある有害生物種を実際に食うのは天敵の幼虫段階であり、それ故有害生物個体群の増加を制限する。一方、成虫段階は全く食わないかまたは花粉や蜜のような植物の生産物を食うかのどちらかである。例えば、多くの寄生蜂は、数多くの卵を産むために蜜か甘露（アブラムシからの）を必要とする。そのような有用生物は食肉者と食植者の両方として食うので、それらは多栄養的と呼ばれる。適切な被食者と適切な植物の両方が存在しなければならないので、多栄養的相互関係は、より複雑な生息場所を必要とする。そしてそれ故、これがなぜ生態系の多様性が節足動物の生物的防除にとって望ましいかを説明する（第7章参照）。

食物源の安定性　大部分の生物的防除資材の生活環は、時間と空間において、それらの一次食物源である標的の有害生物と、ある程度同調していなければならない。完全に食物源としての有害生物に頼っているある天敵にとって、それは有害生物が存在しないときに、胞子、卵、休眠幼虫または蛹のような、食物なしに生存を許す生活段階（休眠期）が必要である。例えば、ある線虫の寄生菌類は、それらが線虫寄主に寄生していないときには、腐生的に成長できなければならない。ある有用節足動物は休止期を持たない。そこで適切な寄主の一定した食物源を必要とする。それ故、一次的標的有害生物がないときに代替寄主が手に入らなければならない。これは**図 4–8** で図示されており、D鎖の有用生物は管理された生態系の外側の植物の上で生きている寄主をも用いる。ブドウのヨコバイの寄生者である *Anagrus epos*［ホソハネコバチ科］（**図 6–10** 参照）はそのタイプの生存メカニズムの例である。

競争と微生物的抗生作用

競争排除のある特別な場合は、有害生物と同じ栄養段階にある非有害生物による資源を用いることに関係している。植物病原体の防除において、生物的防除のこの概念は特別に重要である。根にコブを作る細菌病原体 *Agrobacterium tumefaciens* は *Agrobacterium radiobacter* の適切な系統の懸濁液に苗または切片を漬けることによって防除できる。その *A.radiobacter* の系統は根に定着し、それに続いて根に到着する大部分の病原性 Agrobacteria を阻害する抗生物質アグロシン 84 を生産する。この生物的防除資材はしばしば拮抗者として呼ばれ**図 4–6**（水平の矢印）に表される。同じ概念は雑草管理へも適用されるが、そこでは雑草でない植物、通常は作物、が雑草によって必要なものと同じ資源を用いる。この場合、その戦術は作物植物それ自身であり、寄主植物抵抗性のように生物的防除とは考えられないが、耕種的管理の一形態と名づけられ、この本でもそのように表されている。

その他の概念と用語

人間は第 10 章に述べたように、多くの有害生物を世界の新しい地域に運んできたし、そうし続けている。外来生物の新しい地理的場所への移動は、世界の農業、保全生物学、生物多様性、そして生態学にとって重要な問題である。ひとたびある生物が新しい地域に定着するようになると、それを除去することは不可能ではないにしても、きわめて難しい。導入された生物は新しい地域で急速な個体群増加を経験する。なぜならば、気象は適切であり、それらは効果的に地域の生物と競争し、通常それに伴う捕食者と競争者を持たないで導入されるからである。

寄生者は、それらの寿命の大部分を他の生物（寄主）の中または上で、栄養を寄主から得て、寄主に実際の被害をもたらす生物である。寄生者は内部的（内部寄生者）または外部的（外部寄生者）である。植物の病原体と有害線虫は寄生者である。寄生者は、哺乳類の内部寄生者によって例示されるように、通常その寄主と長い時間共存する。寄主は高い密度の寄生者の結果として通常は衰弱するけれども、寄生者の生存は寄主の生存に頼っている。ある寄生者は後にその寄主を殺す。そして、新しい、または非典型的な寄主種に関連するようになった寄生者は、これらの寄主に対して致死的となる。

真の寄生者は典型的にはその寄主を殺すことはないので、一般的にそれらを生物的防除において用いることには限界がある。しかしながら、寄生者が標的有害生物の繁殖を効果的に失わせる場合のような重要な例外がある。それらの寄主を、それらの生活環の一部として殺す寄生者は昆虫学者によって「捕食寄生者」と名づけられる。その意味は「寄生者のようなもの」である。昆虫の捕食寄生者は、それらの卵から成虫への正常な発育のための必要条件として寄主を殺す。歴史的に、捕食寄生者は昆虫に関係してのみ用いられてきた。しかしながら、線虫、昆虫、節足動物の寄生菌類もまた、それらの寄主を、それらの生活環の一部分において殺す。そこで、それらもまた、捕食寄生者として正確に記述されるべきであろう。内部寄生者と内部捕食寄生者はその寄主を内側から消費する。多くの有用なハチとハエは、内部捕食寄生者である幼虫を持ち、多くの菌類はその寄主に侵入して、新しい胞子を生産する過程で寄主を殺す。外部寄生者は、それらの寄主の外側に付着し、寄主から内容物を吸収することができる。外部寄生もまたハチ、寄生バエ、コウチュウの間で生ずる。内部寄生は、食葉性のケムシとイモムシ、または卵のようなむき出しの昆虫寄主の上でより頻繁に見られる。そして、土壌生息性線虫の内部寄生は比較的普通にある。外部寄生はハマキムシ、シンクイムシ、虫えいを作るものや、あるいはマユや蛹によって保護されている空間の中で生活する昆虫寄主の上でより一般的であるように見える。

病原体を扱うとき、絶対的寄生者と条件的寄生者の間を区別することが必要である。絶対的寄生者は常に生きた寄主が必要であるのに対し、条件的寄生者は腐食性、あるいは生きていない腐りつつある物を食うことによって栄養を得ることもできる。条件的寄生者を保全することは絶対的寄生者よりも容易である。

絶対的節足動物寄生者は一次寄主が存在しないときに、有用性を維持するために代替えの被食者が必要である。ブドウのヨコバイの寄生者である *Anagrus epos*［ホソハネコバチ科］は、それが休眠に入らないので、いつでも適切な寄主が必要である（**図 6-10** 参照）。ブドウは落葉性であり、それ故、冬には寄生すべきブドウのヨコバイがいない。*Anagrus* は冬の間の代替寄主としてノイチゴの類の上のヨコバイに寄生することによって生存する。春には *Anagrus* はブドウ園にもどってきて、ブドウのヨコバイがその寄生のために得られる。ノイチゴの類が育つ川岸地域に近いブドウ園は、そうした地域から離れたブドウ園よりも生物的防除の水準がより高い。代替寄主はまた、有用昆虫の個体群が標的有害生物の出現より前に生ずるように働くことができる。例えばショクガバエ科は作物のアブラムシが働く前にノゲシのアブラムシを利用する。

捕食者は、その被食者の一部またはすべてを物理的に摂取する結果、被食者の死をまねく。それらは通常、物理的に被食者に付着しない。そして一般にそれらは、発育を完結するために数多くの被食者を攻撃する。これは、その一生の大部分を１つの寄主と結びついている典型的な寄生者と捕食寄生者との違いである。

IPM プログラムにおける農薬の使用は注意深く考えられるべきである。なぜならば、農薬は生物的防除を妨害するからである。農薬の使用、特に殺虫剤は、生物的防除資材が定着し効果的であるところでは、いかなるシステムにおいても避けるべきである。なぜならば、汎用性殺虫剤は多くの有用節足動物を殺すことができるからである。カリフォルニア州では、汎用性殺虫剤の使用によって、カンキツ類のイセリアカイガラムシの生物的防除は1950年代の遅くにほとんど排除された。汎用性殺虫剤の施用を避けることによってのみ生物的防除が再び確立された。

もし殺虫剤を用いるならば有用生物に毒性の低いものが望ましい。第11章で論議したように選択性殺虫剤がある。選択性農薬は環境の保全とよりよく両立するので、それらはしばしば「ソフト」農薬といわれる。植物と菌類の中に自然に生ずる化学的毒物はbiopesticide［生物農薬］(「biorational pesticide」［生物由来農薬］と名づけられた）の開発において用いられてきた。ある生物農薬は高水準の選択性を表し、有用生物への直接的効果は最少である。有用生物に対する殺虫剤の影響を最少にするための1つの手段は、殺虫剤に抵抗性のある天敵の変異体または系統を人為的に選ぶことである。高水準の殺虫剤抵抗性を持つ捕食性ダニの系統を作りだすことが試みられてきた。

殺菌剤と殺線虫剤もまた、病原体と線虫による昆虫と雑草の生物的防除を減らしたり排除したりする可能性を持つ。同様に、これらの化学物質は病原体と線虫の生物的防除を妨害することがある。除草剤は多くの場合、生物的防除にインパクトを与えることはないように見える。しかし、除草剤の使用は生態系の植物相の構成を変えることによって、生物的防除のための資源を間接的に変えることがありうる。

基礎的原理

生物的防除プログラムを確立するために、いくつかの原理にしたがわなければならない。そのあるものは次の節で論議する。

標的有害生物の正確な同定

標的有害生物の正しい分類学的同定が大切である。さもないと、用いるために選ばれた有用生物が標的の有害生物を食わないであろう。多くの生物的防除資材は比較的寄主特異的であり、標的有害生物の過った同定は、導入された外来生物的防除資材の失敗をまねく。ケニアのcoffee root mealybug［コナカイガラムシ科］は1つの例である。コナカイガラムシの誤った同定は、標的のコナカイガラムシ種を食わない天敵の輸入へと導いた。正しい同定が行なわれた後、適切な生物的防除資材が輸入され、コナカイガラムシは防除された。水生シダの「サンショウモ」の誤った種に対する食植者の輸入が分類学の重要性のもう1つの実例である。同じ理由から、採用された天敵の正しい同定をすることも決定的である。近縁の種の生物学の違いが生物的防除プログラムの成功か失敗かを決定するであろう。

有用生物の源

ある生物的防除プログラムを実施するためには適切な天敵が用いられるべきである。現在、資材は外来または在来のどちらかである。将来、天敵は遺伝子工学技術の助けによって強められ生産されるようになるであろう。

外来資材　標的の有害生物が自然に発生している地域において海外探索が行なわれ、その有害生物を捕食するか寄生する生物が同定される。生物的防除の標的となる有害生物の多くは、もともと導入されたもので（第10章参照）、海外探索は有害生物がもといた地理的地域において通常行なわれる。ひとたび1つの可能性のある天敵が同定されると、それが生物的防除の目的のために輸入される前に、その潜在的有効性と寄主特異性、非標的生物への安全性を決定するための研究が行なわれる。

在来資材　もし在来の有用生物がそのシステムの中にすでに存在するならば、それらは輸入する必要がない。在来有用生物を用いることの欠点は、それら自身の天敵またはそれを食う高次の生物を持つということである。一般に、これらの天敵は望ましい有用生物の個体群増加率を制限し、それによって標的有害生物による十分な防除が提供されなくなる。

資材の特異性

生物的防除資材の寄主範囲が決定されなければならない。生物的防除のための基本的配慮は、その資材が人間にとって有用な、いかなる非標的生物または自然生態系の在来生物をも攻撃しないということである。

選択性は雑草の生物的防除のための重要な問題である。それは雑草のための生物的防除資材が食植者または植物病原体だからである。もし、そのような資材が標的の雑草、作物、他の望ましい植物あるいは在来の植物をさえ攻撃するならば、これを取り戻すことは不可能ではないにしても、きわめて困難な問題となる。もし、雑草の生物的防除資材が寄主植物を転換するならば、その結果は、ある昆虫が他の寄主昆虫へと変わったことよりも、より大きい経済的インパクトを持つ可能性がある。しかしながら、両方の種類の転換は深刻な生態学的結末となる。有害節足動物の管理のためにハワイに輸入されたいくつかの生物的防除資材は、その有害生物と同じ科の固有の種を食うように寄主転換し、在来種の絶滅の危険をまねいた。そのような局地的絶滅は生物多様性を減らし、生態学的不均衡をもたらした（ハワイの例についてのそれ以上の論議は以下参照）。それに加えて、導入された節足動物の生物的防除資材は重要な花粉媒介者であるミツバチを攻撃してはならない。

理想的には、ある有用生物資材は、寄主が得られないときには死ぬか、標的の寄主が存在しないときには不活発な休止期に入らなければならないという、きわめて限られた寄主範囲（その資材は狭食性）を持つであろう。明らかに、もし寄主が得られなければ、代替寄主を利用することによって生存する、ある能力を持つような天敵の変異体に対して自然選択が有利に働くであろう。新しい地域への天敵の放飼は、その資材が試験されて、幅広い非標的生物に脅威を与えないと考えられるときにのみ許可される。実際には、ある天敵のすべての可能な非標的種に対する活動をチェックすることは不可能である。それ故、いかなる外来生物的防除資材の放飼にも、ある計算されたリスクがある。

生物的防除資材の培養、飼育そして配置

もし、天敵を大量に放飼しようとするならば、その資材を人為的条件下で飼育するよい方法が必要である。大量飼育は、研究を目的とした十分な生物を得るために、そしてひとたび生物的防除資材が許可されれば、その放飼用の十分な生物を生産するために必要である。効率的な飼育過程は、大量放飼（以下参照）のために大量に生産される天敵にとっては決定的である。飼育には多くの問題がある。例えば絶対的線虫寄生細菌である *Pasteuria penetrans* は、ネコブセンチュウを含む重要な植物寄生性線虫の生物的防除のために大変有望である。しかし、その資材を十分な数だけ培養するための方法が現在ない。クサネムの類の防除のための病原菌 *Colletotrichum gloeosporoides* の培養にかかわる費用は、生物的防除病原体がもはや商業的に手に入らない理由の1つである。

生物的防除資材は、飼育か培養ができるだけでなく、それが標的の生態系の中での適合性を失うことなしに、適切に配置し分散させるメカニズムが得られなければならない。もし、その手段が土壌性有害生物を標的としているならば、土壌の中への配置と分散はきわめて困難である。地上の有用生物の大量放飼は農薬の散布と似ていないこともない。ただし、有効成分は生きたままで保たれ、それらが新しい環境の中で正常に働くことができるように活力を持ち続ける必要がある。比較的少数の動く節足動物については、分散は容器の口をあけそれらが飛び去るようにするという簡単なものでよい。大量放飼法のために大量の数が必要とされるところでは、精巧な配置システムが工夫されてきた。

生態系の束縛

古典的生物的防除は、生態系の条件が導入天敵の急速な個体群増加にとって適切であったときにのみ成功するであろう。可能性のある生物的防除資材の導入と放飼に先立って、環境条件と生息場所の好適さの両方が適切に評価されなければならない。もし条件が不適切であると、その天敵はその有害生物を望むようには防除しないか、望ましい生息場所に定着することはないであろう。

環境　その資材を放飼しようとしている環境の温度範囲が適切でなければならない。多くのシステムで、低い温度は生物的防除資材の生存を制限する。例えば、熱帯インドに在来の寄生蜂の *Pediobius foveolatus*［ヒメコバチ科］は北アメリカの熱帯のダイズにつくインゲンテントウの防除のために輸入された。この捕食寄生者は夏の栽培シーズンの間は効果的であったが、冬には生存することができなかった。そのハチは、越冬期間に実験室内の飼育によって維持され、増殖とダイズ畑への自然分散のために、毎年小さな苗床区画に再放飼された。湿度は病原体が生物的防除資材として定着するためにはきわめて重要である。例えば、低い湿度は、乾燥した気候の地域における生物的防除のための病原体の有用性を著しく制限する。

生息場所の好適さ　大部分の生物的防除資材は、個体群増加と生存のために比較的安定した生息場所を必要とする。大部分の農業生態系においては、周期的な耕起と収穫作業のために安定性に欠けることが問題である。もし、ある資材がある地域に定着できなければ、それは必要に応じて周期的間隔で再導入されなければならない。より大きい生態系の安定性は、生物的防除が、しばしば果樹園と広い不耕起システムで、短い栽培シーズンで耕起する畝作物よりもより成功する主な理由である。

高次寄生者からの自由

もし生物的防除資材を、ある地域に導入しようとするならば、その資材の寄生者または捕食者が同時に導入されないということが大切である。例えば、puncturevine seed weevil の利用性は、それが高い個体群レベルを達成するの

を止めるような寄生者によって制限された。生物的防除資材の放飼に先立って、高次の生物について、その高次寄生の可能な程度が評価されなければならない。もちろん、この点についてのすべての可能性を評価し、いくつかの導入された節足動物資材の有用性を制限する高次寄生を評価することは一般的に困難である（資材としての節足動物については後の節参照）。

モニタリング

ある農業生態系において、存在する生物的防除のレベルをモニタリングする過程はIPMの1つの総合的な部分である。多くの昆虫のための管理プログラムでは、有害種とその生物的防除資材、そしてそれらの活動のレベルのモニタリングの必要性が強調される。このことは、生物的防除の下にある有害生物個体群の割合を推定できるようにする。寄生者については、そのような推定は有用生物によって攻撃された有害生物個体群のパーセンテージとして表される。一方、捕食者については、有用生物に対する有害生物の比で表される。もし、生物的防除活動が十分に高ければ、標的有害生物を防除するために他の処理を適用する必要がないか、あるいはひき続いて他の処理が必要でないような十分なレベルまで、その生物的防除が増加するであろう。

有害生物の量と天敵の量の間の数の関係によって「inaction threshold」［不活動閾値］として定義されるものが確立される。ある意思決定の閾値は生物的防除の評価を含んでいる。もし要防除水準に達しているが、十分な天敵がそのシステムの中にいるならば、生物的防除が許容できるレベルに増加しているかどうかを知るために、防除活動を遅らせることが可能となるであろう。これは、外観被害が問題でない場合の作物にのみ適用される。外観被害が問題となる作物にとって「待って見る」期間の間に起こる被害は許容できないであろう。アーモンドのダニを処理する必要性を決定するための慣行的基準は食植性ダニ（有害生物）と捕食性ダニおよびsix spotted thrips［アザミウマ目］（有用生物）の比を決定することである。オオアメリカモンキチョウの防除はもう1つの実例である。この勧告は、すくいとり網サンプル当たり10頭以上の寄生されない幼虫がいるようになるまで殺虫剤を施用しないということである。この意思決定は、寄生されていない幼虫の量にもとづいている。なぜならば、もし十分な生物的防除が行なわれているならば農薬処理は必要でなく、有害生物の誘導多発生の可能性が常に存在するので、その農薬処理が状況を悪化させるかもしれないからである。

生物的防除に対する束縛

いくつかの要因が生物的防除の成功を制限し、これらの要因の多くは本質的に前の節にあげた原理の裏返しである。

人間に対する価値

有害生物の概念は人間中心的なので、異なるグループで働いている人々は雑草を異なるように認識し、同じ植物に対して異なる価値を与えている。1つのグループにとっては雑草であるものが、他のグループにとっては有用なものとしての価値を持つ。ヤグルマギクの類はそのような雑草である。養蜂家によっては有用とみられるが、アメリカ合衆国西部の放牧地では大変な問題である。この雑草に対して生物的防除資材を導入する試みは、養蜂家によって懸念を持って見られる。なぜならば、ヤグルマギクは、代わりの花がほとんどないときには蜜と花粉の優れた源を提供するからである。そのような分裂のよく似た例はオーストラリアで起こった。その時 *Echium plantagineum* の生物的防除を導入する試みは、人々の見解にしたがって狼狽または希望に出会った。その植物は一般に「救いのジェーン」として養蜂家によって知られていた。なぜならばそれはよい蜜源であったから。しかし、放牧者によっては「パターソンの呪い」として知られていた。なぜならば、その植物はこの草を食う動物に対して有毒だったからである。そのような生物的有害生物防除に対する価値の評価における分裂は、雑草以外の有害生物では起こっていない。

生態系の安定性

農業生態系は規則的な攪乱を経験する。そして、安定性の欠如は耕作農業システムにおける生物的防除の成功にとって厳しい制限と考えられる。生態系の安定性の増大は、第7章で論議したように、農業生態系において多様性を増すように勧めることの主な理由である。現在、圃場の境界にレフュージアを作ることによって安定性を増そうとする試みがある。そして、圃場の中に雑草の縞を作ることさえある。大部分の場合、生物的防除の目的のために、そのような生息場所の改変の有用性を証拠だてる生物的または経済的データはほとんどない。そのようなデータがない中で、生息場所改変の役割は、有害な相互作用の可能性があるのでIPMの観点から注意深く評価されなければならない

（第7章参照）。

十分な防除の欠如

前にも述べたように、生態学的に見て生物的防除はどんな標的有害生物に対しても100%の抑圧を達成することはできないように思われる。購入において外観的形態が役割を果たす生鮮市場作物では、100%に満たない有害生物防除は許容されないであろう。なぜならば、いかなる被害のある農産物も商品化できないからである（第19章の「農産物の外観的被害の問題」参照）。

天敵にとって標的有害生物を減らすために必要な時間の長さも問題である。なぜならば、生物的防除は、十分な有害生物の抑圧を達成するためには比較的遅いからである。有用生物の個体群は有害生物が増加した後にのみ増加することができる。その時には外観被害や他の被害はすでに起こっているであろう。このことは、有用生物が短い栽培シーズンの中では、レタスのような生鮮市場作物に十分な防除を提供するために、十分に、あるいは速やかに増殖しないことを意味する。例えば昆虫防除に使われる多角体病ウイルスは、標的有害生物を後で殺す。ひとたび感染しても昆虫は摂食を続け、ウイルスに屈服するまで数日か、より多くの日数の間作物への被害をもたらすという困難性がある。天敵の施用と標的の有害生物への効果の間のある遅れは、「バキュロウイルス」が用いられて成功したサトウダイコンまたは、ダイズのような栽培シーズンの長い作物には対しては一定の成果をもたらすが、レタスかブロッコリーのような短い栽培シーズンの作物では大災害をもたらす。

他の IPM 戦術との両立性

農薬を用いる IPM システムにおいては、殺菌剤と殺虫剤が生物的防除資材に対して両立しないという問題がある。そのような化学物質は、その資材の発育を妨げるか殺すことがある。生物的防除は通常ある標的有害生物種に特異的である。そのため存在する他の有害生物は、なおも管理されなければならない。もし、その管理が農薬の使用を含むならば、両立性が考えられなければならない。

収穫された農産物の汚染

生物的防除の1つの有利性は、それが農産物に農薬残留を残さないことである。しかしながら、残留する生物的防除資材は、それ自身が収穫された農産物における1つの問題となることがある。大部分の西欧社会の消費者はクサカゲロウの卵（**図 13-2a**）やマキバサシガメ科（**図 13-2b**）のような有用昆虫を食うことは望まない。それらが害虫に対してすること以上のことを望まないのである。このことは、生鮮果実と野菜の IPM のために生物的防除を利用する能力に対して厳しい制限を押し付ける。なぜならば、そのような昆虫は農産物の中に見つかりそうだからである。この状況では資材の残留物が生物的防除の使用を排除するかもしれない。多角体病ウイルスによる生物的防除はきわめて効果的である。しかし、虫の死骸が何日も農産物の中に残る（**図 13-2c**）。ブロッコリーの中の死んだケムシやイモムシの存在、またはレタスの中の寄生されたアブラムシのマミーは一般的に消費者に対して不愉快なものである。

有害生物への資材の接近

ある有害生物の生物的防除は、その資材がその被食者（有害生物）を見つける能力によって制限される。寄主発見能力は生物的防除方程式における決定的な要素である。オオバコアブラムシは毒素をリンゴの葉に注入し葉が巻くようにする。そのアブラムシは巻いた葉の内側に棲み、寄生蜂のような寄生者から隠され、そしてその結果捕食と寄生から逃がれる。有用生物が到達できないことは、ブロッコリーとカリフラワー、芽キャベツ（キャベツのアブラムシは芽の中で完全に隠されている）のような野菜のいくつかの害虫で主な問題である。

土壌の中で生物的防除を確立することは困難である。なぜならば、生物的防除資材が分散して、それらの被食者を見つけることができないからである。同様に、生物的防除資材を土の中に、その資材が土断面全体に確実に分布するように付け加えることは、土の半固体的性質のために困難である。

寄主の系統特異性

農薬抵抗性が有害生物個体群の中で選択されるのと同じ生態学的現象がまた、生物的防除資材に関係しても働く。生物的防除資材は本質的に寄主有害生物に継続的な選択圧を働かせる。そしてそれ故、天敵に最もよく耐えるか、これを避けるような寄主のバイオタイプが不可避的に生存し繁殖する。標的寄主が抵抗性（すなわち新しい系統）を発達させることができたとき、そのような選択は長期間の生物的防除プログラムの有効性を制限する。この現象はオーストラリアでさび病菌 *Puccinia chondrillina* を用いた skeleton weed の生物的防除で観察されてきた。防除のレ

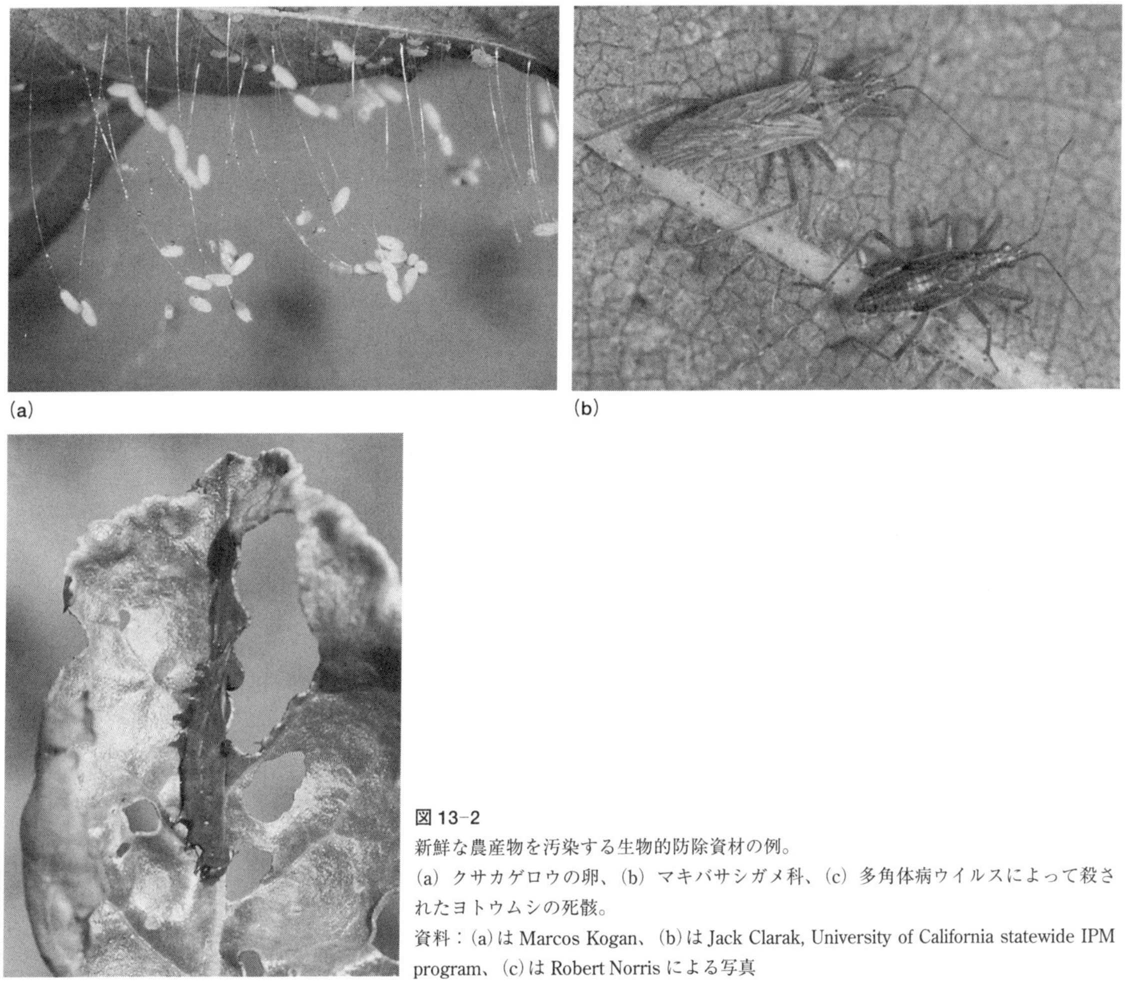

(a)

(b)

(c)

図 13-2
新鮮な農産物を汚染する生物的防除資材の例。
(a) クサカゲロウの卵、(b) マキバサシガメ科、(c) 多角体病ウイルスによって殺されたヨトウムシの死骸。
資料：(a)は Marcos Kogan、(b)は Jack Clarak, University of California statewide IPM program、(c)は Robert Norris による写真

ベルは、さび病が最初に導入されて以来減少してきた。そして、この効力の低下は、雑草のさび病抵抗性の系統の選択によるものである。

節足動物における生物的防除資材への抵抗性のおそらく最もよく記録されてきた例は、さまざまな有害生物種の昆虫病原体 *Bacillus thuringiensis*（Bt）に対するものであろう。抵抗性は最初ハワイでコナガの個体群における Bt 製剤に対して記録された。それは、Bt 毒素のための遺伝子を組みこんだ遺伝子組み換え作物品種の安定性について深刻な疑問をひき起こした（第 12 章と 17 章における論議参照）。高度に寄主特異的な捕食寄生者もまた、その寄主に抵抗性の発達が可能となるような、かなりの選択圧を働かせる。しかしながらそのような発達の記録はほとんどない。ヒメバチ科のハチは北アメリカに larch sawfly［ハバチ科］の防除のために導入された。27 年間の暴露ののち、ハバチはヒメバチに対して免疫を発達させた。抵抗性のハバチ系統は内部捕食寄生幼虫を包囲する生理的能力を持った。それ故、その幼虫は寄主の中でさらに食うことを妨げられた。被食者が捕食者に対して抵抗性を発達させた記録はない。それは主として捕食者がよりジェネラリストの摂食習性を持つことによる。

寄主特異性

寄主特異性は生物的雑草防除にとって必要であると考えられるけれども、それはまた一年生の畝作物における生物的雑草防除の広範な採用への厳しい障害である。一年生の畝作物は、その作物に伴う多くの雑草を持つ。種特異的生物的防除資材の採用による、避けられない結果である単一の種の除去は、単に二次的な雑草が優勢になるという結果となり、その作物に対して全体的に必要な雑草管理を解決しない。その他の雑草は生物的防除を受けず、正常に成長し続けるか、おそらく正常よりもよりよく成長しさえする。

生物的防除資材は、第12章で論議したように効果的に置き換えを導く。生物的防除は一年生畝作物においては雑草管理問題への解決にならないようである。

寄主選択性の欠如

生物的防除資材は他の寄主へと転換できるかもしれない。寄主転換は生物的防除にとって懸念されることであった。しかしながら、特異性は雑草防除のために放飼されたいかなる生物においても主な懸念である。なぜならば、雑草の生物的防除資材は食植者であり、作物または他の有用植物に寄主転換するかもしれないからである。生物的防除資材における寄主特異性の問題は、保全と生物多様性にかかわる多くの生態学者の間で主な問題となってきた。このことは次のトピックの主題と第19章で論議される。

生態学的攪乱

1990年代の間に、生物的防除資材の導入の結果起こる予期できない長期的な生態学的攪乱／混乱についての懸念が起こった（第19章「社会的／環境的懸念」参照）。すでに述べたように、導入された非在来資材を用いた生物的防除は、非標的効果の可能性への考慮を含まなければならない。これは特に重要である。なぜならば、長期的な生態学的結果は、農薬によってもたらされるものよりもより深刻なものとなる可能性があり、それ故に、生物的防除資材は、もし望ましくない非標的効果が発達しても、容易にもとにもどしたり無効にしたりすることができないからである。生態学的攪乱は、ある生物的防除資材が標的の有害生物以外の生物を攻撃する（すなわちその寄主の特異性は十分に高くない）ことの可能性について不完全に評価されたことの結果である。次はその問題の実例として示すものである。

small Indian mongoose［マングースの類］は農業圃場のネズミを防除するために西インド諸島、ハワイ島、モーリシャス島、そしてフィジー島に導入された。予期されたネズミの防除は、マングースが昼行性でネズミが主として夜行性のために決して達成されなかった。マングースは、それから他の被食者に向かった。そしてそれは現在それらの地域の固有の鳥の減少をもたらしたために、1つの有害生物と考えられている。同様にシロイタチがネズミを防除するためにニュージーランドに導入されたが、マングースのような有害生物になった。

魚がいくつかの水系に水生雑草の管理のために導入されてきた。標的の雑草を殺すためには効果が高いけれども、この戦略は生態系に主な被害をもたらした。なぜならば、すべての水生植生を完全に破壊したからである。水生雑草の防除のためのすべての魚の導入が、非標的種に有害な効果を持ってきたかどうかには論争がある。

高い価格の作物の生産にもとづく豊かな農業とともに、ハワイは20世紀の初め以来、古典的生物的防除の最前線であった。その主な作物の多くが北と南のアメリカからハワイに運ばれた。それ故、それらは天敵の輸入のための明白な標的であった。ミナミアオカメムシはハワイに1961年に偶然に導入された。この導入にひき続いてカメムシの2つの主な天敵がこの島々に輸入された。それは卵寄生者の *Trissolcus basalis*［タマゴクロバチ科］と老若虫と成虫の捕食寄生バエの *Trichopoda pilipes* である。この捕食寄生者の導入に続いて非標的固有種である koa bug［キンカメムシ科］と2、3の固有の捕食性のカメムシ種が著しく減少し、非固有のマイナーな有害生物の harlequin bug［ホシカメムシ科］は事実上消滅した。同様にハワイ固有種の豊富なミバエ（Tephritidae）相は、1800年代の遅くにこの島に侵入した4つの主な害虫ミバエの防除のための捕食寄生者の輸入の後で重大なインパクトを受けた。

アメリカ合衆国北東部にマイマイガの防除のために導入された生物的防除資材は、非標的在来昆虫へのおそらく最も知らない間に進んでいた影響の実例であろう。2001年に研究者は、マイマイガ幼虫を防除するために導入されたヤドリバエ科のハエは、この地域のカシ類の森からおそらくすべての大きいチョウ目を排除したであろうと注意している。

これらすべての例において、後になってみると、新しい環境に生物的防除資材を放飼する前に、より注意が払われるべきであり、放飼後は厳密なモニタリングが行なわれるべきであったことが示唆されている。はたしてその危険は予見できたであろうか？　Follet and Duan（2000）、Simberloff and Stiling（1996）、そして Wajnberg *et al.*（2001）はこのトピックについて深い論議を行なっている。

生物的防除のタイプと実施

この節ではいくつかの異なる種類の生物的防除プログラムについて述べる。

古典的生物的防除

古典的生物的防除は、通常導入された外来有害生物種を標的にする。それは、有害生物種が生息していた地域から導入された天敵を使用する。ひとたび生物的防除資材が導入され定着すると、古典的生物的防除は自己持続的である。

古典的生物的防除は、通常研究機関との協力の下で、地域的または国家的政府機関によって実施され、個々の有害生物管理者は古典的生物的防除を操作しない。

接種的生物的防除

接種的生物的防除は、毎年死ぬが、条件が適当なときにはその個体群を急速に広げることができるような生物的防除資材を、定期的に放飼し再定着させることである。マメ類のために、この章の前で述べたようにインゲンテントウの幼虫捕食寄生者を毎年再導入することは、接種的生物的防除プログラムの1つの例である。

接種的生物的防除プログラムは、その性質上典型的に地域的である。それらは、地方政府機関または特別形成された機動部隊によって実行される。通常、古典的生物的防除のように個々の管理者は接種的放飼を行なわない。ただし個々の栽培者は捕食性ダニの放飼を用いて、あるプログラムを実施することができる。

増強的生物的防除

増強的生物的防除は、すでに存在するが（例えば野菜と果樹作物のテントウムシ）、その個体群が有害生物を効果的に防除するのに十分なほど速やかに増加することのない、通常、在来の天敵の定期的放飼である。**図 13-3** は捕食性の有用ダニ *Phytoseiulus persimilis*［ケナガカブリダニ］のいないときと、それが放飼されたときのイチゴのナミハダニ個体群の動態を示す。この例は、生物的防除資材の増強的放飼がいかに効果的であるかを示している。

通常、個々の管理者は商業的供給者から購入した必要な天敵によって増強的生物的防除を行なう。

大量放飼的生物的防除

人間の介入なしには繁殖せず、それ故、十分な個体群の大きさを達成できない生物的防除資材の大量放飼は、大量放飼的生物的防除と呼ばれる。トウモロコシとワタのような一年生作物のチョウ目の有害生物防除のための *Trichogramma*［タマゴバチ科］卵捕食寄生者の大量放飼は、このタイプの生物的防除の例である。望ましいレベルの防除を達成するために、エーカー当たり数十万頭のこれらのハチの放飼が用いられる。これらの場合には、生物的防除資材は生物農薬として考えられ、そのように扱われる。

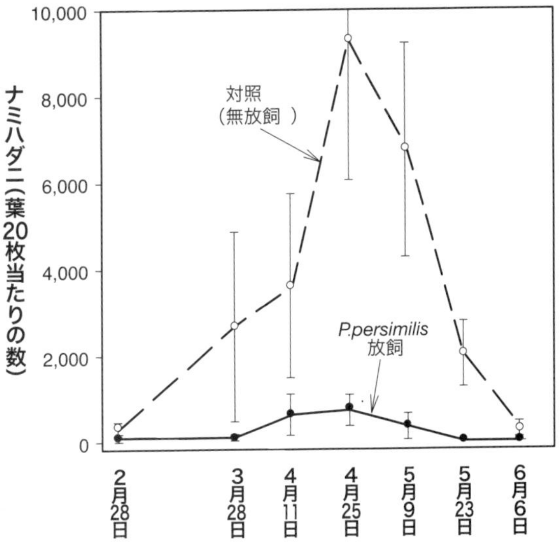

図 13-3　畑で育てたイチゴのナミハダニの、捕食性ダニ *Phytoseiulus persimilis* のいないときと、放飼した後での数のグラフ。
資料：Oatman *et al*., 1977. のデータから描いたグラフ

大量放飼戦術は地域的レベルで可能であり、それ故政府の機関によって行なわれるか、またはある有害生物管理者によって個々の作物レベルで行なわれる。どちらの状況でも、この戦略が商業的生産物を支えるうえで実行可能なものとするために、生物的防除資材は人為的に飼育されるか大量生産されなければならない。

保全的生物的防除

保全的手法は、生態系の機能の撹乱を避けることによって在来の生物防除を維持するために、生物的防除を試みる。それは主として節足動物管理に適用され幅広く論議されてきた（例えば、van Emden, 1990; Pickett and Bugg, 1998; Collins and Qualset, 1999）。保全的生物的防除の有利性の実験的証明を得ることは困難であるけれども、第 12 章に記述した自然の防除資材の崩壊による二次的有害生物の大発生は、強力な間接的証拠を提供する。

保全的生物的防除は生息場所の維持によって達成され、

農場と地域のレベルで実施される。保全的生物的防除の実施は、適切な寄主植物が育つことを必要とし、また生物的防除資材を直接に購入して導入するよりはむしろ、存在する天敵を崩壊させないように特別な手段がとられる。

競争排除

競争排除手法は主として病原体に適用される。この生態学的概念は、その被食者の個体群の発達を制限する、高位の栄養段階または生物による摂食の概念とは異なる。競争排除は同じ栄養段階にある生物の相互作用に関係する。細菌の非病原性系統による果樹の根頭がん腫病の防除は1つの例である（この章の競争と微生物的抗生性の項参照）。

個々の管理者が競争排除を実施する。大量放飼と同じように、その資材は商業的に生産され管理者によって購入される。

抑止土壌の導入

植物病原体の生物的防除に関連して、土壌生態系と空中環境の間を区別することが必要である。すでに述べたように、土壌の中の生物的防除は、空中環境における生物的防除とは異なる束縛に直面する。線虫と病原性の病原体をへらす土壌微生物の増加は抑止土壌へと導かれる。抑止土壌は、病原体または線虫は存在するが病気や作物の損失が起こらないものとして確認される。抑止土壌は、ある特定の植物の連続的単作によって、または拮抗生物を支持する植物種の栽培によって誘導されるであろう。特定の作物植物の連続的単作の場合、その作物は有害生物病原体または線虫個体群の数が増加することを許し、同時にこれらの有害生物の拮抗生物の増加をひき起こす。単作がある時間維持されたとき、その有害生物は、その土着天敵の高い密度を支えるのに十分に増加し、それによって有害生物個体群の密度依存的減少を刺戟する。そのあと、この土壌は有害生物が存在しても十分に抑圧的であり、作物は実質的な被害なしに生育することができる。

さまざまな資材を用いた生物的防除の実例

節足動物の摂食は、大部分の人々が生物的防除を考えるときに思うことである。実際にはいかなる生物も、もしそれが有害生物を攻撃するならば生物的防除資材としての可能性を持つ。

天敵としての病原性寄生者

病原微生物、主として菌類、細菌とウイルスは、その寄主の正常な機能を阻害し、その結果、成長の減退、または死さえもまねく。したがって、有害生物を寄主として用いる病原体は、これらの寄主の生物的防除を提供する可能性を持っている（図 13-4）。

病原体に対する病原体

有用生物と考えられる微生物は、有害生物と考えられている他の微生物を防除するために用いることができる。一連の栄養的相互作用はこのタイプの防除に関係し、それには競争、抗生作用と寄生を含む。競争排除は、有用生物が同じ栄養段階にある有害生物と競争し、有害生物の正常な成長と繁殖のために必要な資源を先取りするときに起こる。その基本的な概念は、病原体の感染によって必要とされる寄主の上の「infection court」［感染空き地］または物理的場所が、ある微生物の非病原性の系統（その病原体の「天敵」）によって占有されるというものである。このタイプの競争は天敵による抗生物質の生産を含むこともある。

植物病原菌類に寄生する高次寄生菌がある。最もよく知られている高次寄生菌のあるものは *Trichoderuma* 属の中にある。例えば、*T.harzianum* は *Rhizoctonia solani*［苗立枯病菌］に生体外（試験管内）で寄生することが示されてきた。抑止土壌における実験は *T.harzianum* はまた *R.solani* に密度依存的様式で寄生することを示している。*Coniothyrium minitans* はいくつかの植物病原菌類の菌核（休止構造）に寄生し、そのような高次寄生は標的病原体によってもたらされる植物の病気を減らすことを示す。菌類の高次寄生は、多くの土壌で観察された病気の抑止性に関与していると考えられ、それは植物病理学における1つの活発な研究分野である。

病原体の生物的防除の成功例には次のものが含まれる。

1. 根頭がん腫病は、いくつかの果樹作物の *Agrobacterium tumefaciens* による細菌病である。この病原体の生物的防除は、裸の根の移植片を細菌 *Agrobacterium radiobacter* の非病原性の系統の懸濁液に浸けることによって達成される。

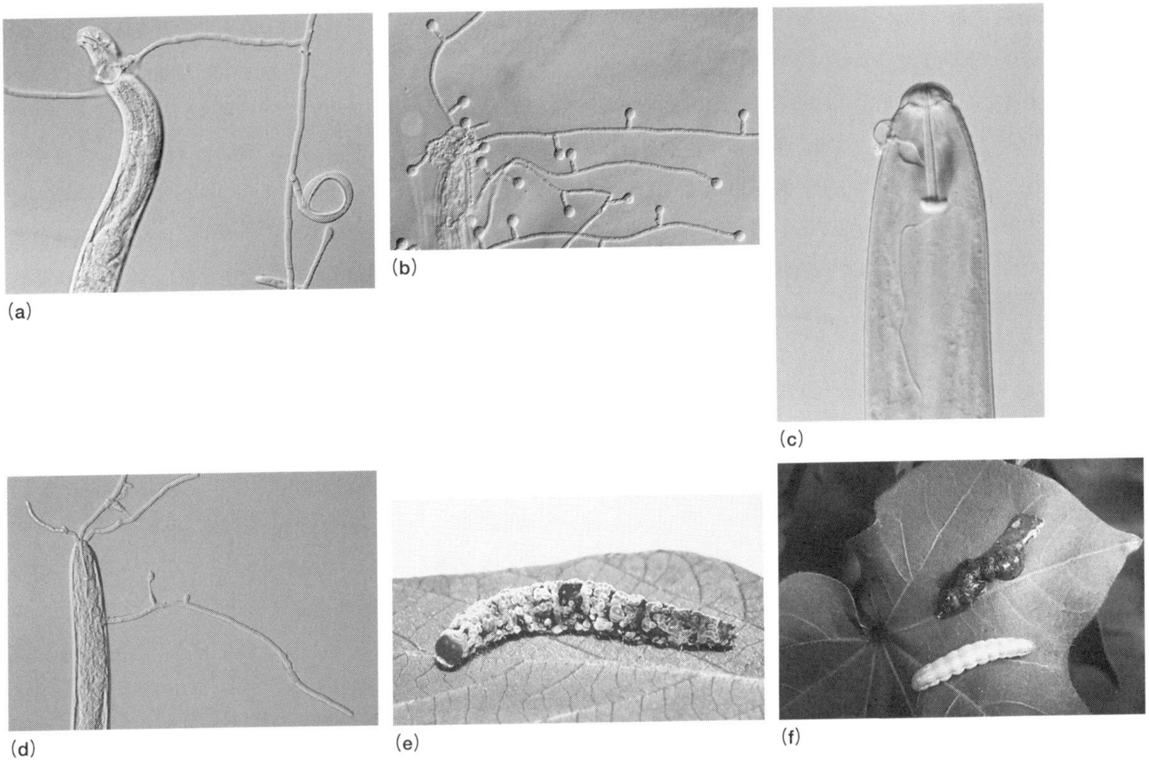

図 13-4 生物的防除のための病原体の例。
(a) 線虫を捕らえる菌、それはその被食者を「投げ縄」で捕らえる。
(b) 線虫を捕らえる菌 *Monacrosporium*、それは粘っこいコブを持つ。
(c) 線虫の幼虫に貫入する菌 *Hirsutella* の胞子。
(d) 感染した死んだ線虫から成長する *Hirusutella*。
(e) 昆虫病原菌によって殺されたチョウ目幼虫。
(f) 昆虫病原体のウイルス病によって殺されたアメリカタバコガ（上）。
資料：(a) (b) (c) (d) は Bruce Jaffee の許可、(E) は Marcos Kogan、(f) は David Nance, USDA/ARS による写真

2. ナシの火傷病は、細菌 *Erwinia amylovora* によって起こる。*Pseudomonas syringae* 細菌の非病原性系統による生物的防除は、この病気を管理するために用いられている。
3. サツマイモに *Fusarium* 属［萎凋病菌］の菌の非病原性系統を接種することによって、それを同じ菌の病原性のある型による攻撃から守ろうとする試みがなされている。
4. *Gliocladium*、*Trichoderma* と *Penicillium* 属の種とこれらの菌類の系統はブドウ、イチゴ、ゴム、タマネギのようなさまざまな作物の *Botrytis cinerea*［灰色かび病菌］の拮抗者として研究されている。
5. 抑止土壌は、病原体と線虫に対して拮抗的であるような微生物の個体群の増加にかかわり、その結果病原体が存在していても病気のひどさを減らす。
6. 細菌のウイルスであるバクテリオファージュは細菌に対する生物的防除資材とし評価されてきたが、本質的な成功はない。

2、3 の重要な例外はあるが、植物病原体の管理された生物的防除は限られている。しかし、今後の研究によって可能性は増大しつつある。1 つの主な限界は、多くの場合その病原体を活発に食うより高い栄養段階の生物が知られていないことである。いくつかの総説（Sutton and Peng, 1993; Backman *et al.*, 1997; Mehrotra *et al.*, 1997; Rush and Sherwood, 1997）は植物病原体の生物的防除についてより詳しく述べている。

多くの微生物は、毒素の生産による抗生性によって働く。このことは微生物を生物農薬として用いることの基礎であり、他の病原体による病原体の防除のための第二の手法である。

雑草に対する微生物

多くの病原体は植物を攻撃する。そして、攻撃された植物が雑草であるとき、その病原体はその雑草の活力を減らし、競争力をより少なくする。通常、病原体は雑草を殺さない。病原体を用いて成功した生物的雑草防除プログラムのいくつかの例がある。しかしながら、雑草を攻撃するある病原体は、その寄主範囲が雑草に近縁の作物植物を含むように変わるかもしれないという懸念がある。この懸念は、このタイプの生物的防除の発達を遅らせてきた。生物的雑草防除のための病原体の適用のもう1つの困難性は、圃場条件下で標的の雑草種に信頼性のある感染を起こすことである。

rush skeletonwood［イグサの類］を防除するための、ある、さび病の菌（*Puccinia condrilina*）の使用は、ある病原体を用いた雑草管理への古典的生物的防除の一例である。その雑草の防除はオーストラリアとアメリカ合衆国西部で有効であった。しかし、系統の特異性の問題と抵抗性がその効果を制限した。他の重大な問題は、その菌が乾いた気候条件の下では、あまりうまく働かないという問題である。ウサギアオイの類の、さび病やイネ科の黒穂病のような数多くの病原体が他の雑草のための防除資材として研究されている。

生物的雑草防除のための病原体の大量放飼に2つの例がある。「mycoherbicide」［微生物除草剤］という用語が、ある病原体を除草剤とちょうど同じやり方で散布することに対して作りだされてきた。Collego®という商業的製品（*Colletotrichum gloeosporoides* 菌による）はアメリカ合衆国南部におけるイネの中のクサネムの類の防除のために開発された。Collego®の生産はその費用と、その作物に用いられる殺菌剤が両立しないことのために中止されている。DeVine®（*Phytophthora palmivora* による）と呼ばれる製品はフロリダ州のカンキツ類における strangler vine［絞め殺しのつる］の防除のために用いられた。この病原体はきわめて効果的で1回の施用で何年も持続する。不幸なことに、何回も施用する必要がないために、この菌の資材としての商業的生産は経済的収益に乏しく、もはや商業的には手に入らない。

線虫に対する病原体

いくつかの異なるタイプの寄生病原体が線虫を攻撃し、かなりのレベルの生物的防除を提供することができる。

菌類　線虫を食う多くの菌類が線虫を餌食にし、土壌中での線虫個体群の減少をもたらすうえで役割をはたす。いくつかの菌類は異なるタイプの形態学的適応によって線虫餌を効果的に捕らえることができ（**図 13-4a** と **b**）、一方他のものは線虫寄主に寄生する（**図 13-4c** と **d**）。「線虫を捕らえる」菌類によって生産される異なるタイプの粘着性または非粘着性のワナがあり、その中には単純な粘着菌糸体、菌糸の枝、または節と、線虫を粘着によって捕らえるのに役立つ三次元的ネットワークが含まれる。ある菌類の種は線虫に接触すると急速に縮み、環の中のいかなる線虫をも締め付ける（**図 13-4a**）。*Dactylella candida* のような他の菌類は、同じ菌糸の上に粘着性の節と縮まない環のワナを作る。

線虫に抑圧的な土壌の1つの例には、イギリスにおける穀類のシストセンチュウと感受性のある穀類がある。穀類は10年以上も育てられ、穀類単作の最初の4年間にシストセンチュウの数は増加したけれども、次の10年間にはシストセンチュウの数は劇的に減少した。時を経てのシストセンチュウの抑圧は線虫寄生性の菌類の4つの種の密度の増加によるもので、その中には *Nematophthora gynophila* と *Verticillium chlamydosporium* を含む。*N.gynophila* はシストセンチュウのメスに寄生し、1週間以内にそれを完全に殺す。

細菌　めずらしい菌糸と芽胞を形成する細菌の属 *Pasteuria* は、植物寄生性線虫の内部寄生者である種を含む。ネコブセンチュウは、第2期幼虫のクチクラに粘着する胞子を生産する *Pasteuria* によって寄生される。線虫は寄主植物の根を探して土壌の中を動くときに胞子に接触する。胞子が接触し粘着して後約1週間で胞子は発芽し線虫のクチクラに突入する。細菌細胞の栄養的コロニーが生じ線虫の体の内容物は消費される。それに続いて胞子嚢と芽胞が線虫寄主の死骸を満たす。細菌の成長期間の間、線虫はその摂食と発育を続けるが、ひき続いてその線虫は殺され、続いてメス線虫成虫は200万もの細菌の胞子によって満たされる。後に根と線虫の体は分解し、胞子は土壌の中に放出される。

軟体動物に対する病原体

Godan（1983）によれば、ある病原体は軟体動物を攻撃するけれども、これらは操作のための生物的防除資材として用いられるほど重要なものではないように思われる。

昆虫に対する病原体

いくつかの異なるタイプの寄生性病原体が節足動物に感染し、かなりのレベルの生物的防除を提供する。節足動物（と他の動物）に対する、ある病原体の流行は流行病と呼ばれる。好適な条件の下では、ある流行病は個体群内の感受性を持つすべての個体を殺し、その結果標的の有害生物個体群は崩壊する。

菌類　多くの菌類が昆虫を攻撃する。*Entomophthora* 属の種はおそらく最もよく知られている。*Entomophthora* 属はアブラムシ、チョウ目のケムシとイモムシ、そしてバッタのような多くの昆虫に高いレベルの防除をもたらす（**図13-4e**）。*Nomuraea rileyi* という菌類は、温帯と亜熱帯の北アメリカと南アメリカのダイズ栽培地の velvetbean caterpillar の個体群を制御するおそらく唯一の最も重要な死亡要因である。*Nomuraea* の流行病の開始は十分な水分に依存し、それ故、乾燥した条件の下では、その流行の遅れが害虫個体の激発を許す。病原体 *Verticillium lecanii* はイギリスでキクのアブラムシの生物的防除を提供する。すべてのこれらの病原体は在来種であり、流行病に導く条件はよく理解されていない。これらの病原体によって提供される生物的防除は、現在では容易に管理できない。しかし、ある菌類、例えば *Metarrhizium anisopliae* は昆虫防除のための接種的導入のために実験室で大量増殖されてきた。

細菌　細菌の *Bacillus thuringiensis*（Bt）は昆虫の生物的防除のために最も広く用いられる病原体である。この細菌は細胞表面に付着する殺虫結晶タンパク質を生産する。このタンパク質は内毒素として知られ、チョウ目（チョウとガ）、さまざまなコウチュウ目（コウチュウ）、あるハエ目（カ）によって摂取されたときに有毒である。防除される昆虫のタイプは用いられる Bt の系統に依存する。Bt 内毒素は温血動物に対して毒性がない。Bt の使用は基本的に大量放飼戦術である。細菌の胞子の懸濁液が防除される葉の上に散布される。そして昆虫は葉を消費するときにその胞子を摂取する。摂取された胞子は内毒素を放出し、それによって昆虫は 2、3 時間後に摂食を止め 1 日か 2 日以内に死ぬ。Bt の散布は有機栽培システムにおける昆虫の管理のために許容されるわずかな、いわゆる殺虫剤の 1 つである。

この細菌中の内毒素の生産をエンコードする多くの遺伝子が同定されてきた。そして遺伝子工学技術を用いていくつかの作物の中に挿入されてきた（より詳しくは第 17 章参照）。

Bt の使用には 2 つの限界がある。第一は、日光の中の紫外線が細菌の胞子を殺すため、Bt の散布は 2、3 日しか効果がないことである。繰り返しの施用がしばしば必要であり、それは商業的に価値のある製品としては望ましい性質である。第二は合成農薬のように標的の有害生物が Bt に対する抵抗性を発達させることである。もし、その使用について適切な IPM 抵抗性管理ガイドラインにしたがわなければ、将来において抵抗性が Bt の有用性を厳しく制限する可能性がある。

いくつかの他の細菌が昆虫生物防除資材として用いられる。*Bacillus popilliae* によって起こるマメコガネ乳化胞子病が 1 つの例である。

ウイルス　多くのウイルスが昆虫を攻撃する。多角体病ウイルスは在来種であり、多くのケムシとイモムシの種を殺す。流行病が起こるとき、例えばアメリカタバコガの幼虫個体群（**図 13-4f**）とシロイチモジヨトウの大部分は殺される。顆粒病ウイルスはコドリンガの防除のために評価されている。生物的防除のための害虫管理におけるウイルスの使用で最も成功したものは、ブラジルのダイズの velvetbean catapillar に *Baculovirus anticarsiae* を水に懸濁させて散布したものである。

しかしながら、ウイルスの使用は、生きた細胞の外で安定した状態で生きた資材を維持することができないことによって、ある限界を持っている。人工培地の上で、あるウイルスを大量生産することは達成されていない。もう 1 つの問題は、ウイルスが感染してから比較的ゆっくり殺されるということである。ケムシやイモムシを 2、3 時間で摂食しないようにする Bt 内毒素とは異なり、ウイルスに感染したケムシやイモムシは数日間食い続ける。

脊椎動物に対する病原体

脊椎動物を防除する手段としての病原体の使用はあまり一般的でない。脊椎動物を標的にして病気を起こすある病原体はしばしば長引いた死をまねく。もう 1 つの重大な困難は特異性である。脊椎動物の防除に用いられるいかなる病原体も人間、ペット、家畜化された農場の動物または望ましい野生生物を殺してはならない。

粘液腫病は脊椎動物管理のための病原体の使用の一例である。粘液腫病は北アメリカの cottontail rabbits［ノウサギの一種］の防除に有利なウイルス病であり、ノミとダニによって媒介される。この病気は 1950 年にオーストラリアに破滅的な損失をもたらしたウサギの生物的防除資材として導入された。オーストラリアのある地域では最初の死亡率は99%もの高さと推定された。しかし、個体群はウサギの中の抵抗性の発達によって回復した。この病気の急速な拡大は媒介者の存在を必要とした。ある地域では適切な媒介者がいないことが、この病気の管理手段としての有用性を制限している。粘液腫病はまたヨーロッパのいくつかの国でウサギの個体群を減らすための企てとして導入された。

粘液腫病は、自然選択が抵抗性の発達によって生物的防除の有用性を減少させるもう1つの例である。抵抗性のウサギに対して病原性を増大させたウイルスの系統もまた開発され、オーストラリアの多くの地域でウサギの個体群の十分な防除を提供しつつある。オーストラリアではウサギの問題が続いているので、ウサギのcalicivirusも、もう1つの可能な生物防除資材として評価されつつある。

資材としての雑草を含む植物

植物は生物的防除資材として他のものと違う独特な役割を持つ。なぜならば、植物は作物と同じ栄養段階を占めるからである。

雑草に対する植物

雑草の競争排除はときには生物的防除として考えられる。しかし、それは通常、作物または雑草でない植物を用いることによって達成される。この概念は耕種的管理戦術のトピックの下で考えられる（第16章参照）。植物は他の植物にインパクトを与える化学物質を放出する。これは他感作用（第14章参照）と呼ばれ、生物的防除の一形態と考えることができる。他感作用が雑草の成長をどの程度調節することができるかについては議論の余地がある。そして現在まで、他感作用が雑草の成長を操作するために用いられたはっきりした実例はない。

線虫に対する植物

植物寄生性線虫は絶対的寄生者なので、得られる寄主植物の意図的な操作は、線虫の密度を減らすために用いられる。いくつかの植物は線虫に毒性のある根の分泌物を生産する。*Tagetes* 属（アフリカマリーゴールド）の植物は感受性のある作物と輪作で植え付けられたときに線虫の数の減少をもたらす（**図13-5**）。velvetbean、ヒマ、ナタマメ、のような植物は土壌中の線虫個体群を減らす。なぜならば、それらはダイズシストセンチュウやネコブセンチュウのような植物寄生性線虫と拮抗する根圏細菌を持つからである。*Pseudomonas cepacia* と *Pseudomonasu gladioli* のようなヒマとナタマメに関係した細菌はダイズの根に普通に見いだされる細菌とは異なる種である。

節足動物に対する植物

植物は、有用昆虫の標的である作物有害生物が存在しないときに代替被食者を提供することによって、間接的に有用昆虫を支える。植物はまた有用昆虫の成虫に蜜と花粉を提供し、それらの寿命と繁殖力を増強する。雑草を含む植物のこの役割は、保全的生物的防除の基礎をなす。植物は蜜と花粉と他の資源を提供するために圃場のまわりまたは圃場の隅に播くか、またはレフュージアとして知られる耕

図13-5
生物的防除のための植物の例。線虫を抑圧するために輪作で用いられたアフリカマリーゴールド（*Tagetes* spp.）。
資料：G. Caubelの許可による写真

作されない地域に組みこまれる（図 7-3 参照）。植物はまた、有害生物個体群を誘引して、殺虫剤によってこれを殺すために用いることができるが、これは第 16 章でより適切に論議される。

資材としての線虫

雑草に対する線虫

線虫は雑草を食うことができ、そうした摂食は雑草の健康を損ねる。成長または繁殖の減退は部分的で、それ自体による十分な防除は行なわれない。イネの中のスゲを食う線虫はスゲの競争力を減らす。ハゼリソウのワセンチュウは種子の生産を減らす。現在雑草の生物的防除のために線虫を利用する試みはない。

線虫に対する線虫

多くの線虫は他の線虫を食う。そのような捕食性の線虫は、大きい歯や口針のような摂食構造を持ち、これによってその餌の体内容物への接近を得ることができる（図 13-6a）。土壌の中では通常、そのような捕食者の数はその被食者の数に比べて少ない。

軟体動物に対する線虫

多くの線虫（Godan, 1983 の表参照）は、ナメクジとカタツムリを攻撃し、生物的防除のために用いることができる。現在では 1 つも用いられていないが、いくつかのものは評価されている。

昆虫に対する線虫

ある線虫種は昆虫の寄生者で、あるものは昆虫に病原性がある（昆虫病原性線虫と呼ばれる）。昆虫病原性の線虫 *Steinernema* spp. と *Heterorhabditis* spp. は昆虫に致死的な内部共生細菌を持っている。この線虫は媒介者として働き、細菌を 1 つの昆虫から他の昆虫に移動させるのに働く。この線虫は、昆虫寄主にその自然の体の開口部を通して入りこみ、細菌を昆虫の血体腔に放出する。細菌は昆虫の体の中で増殖し昆虫を殺し、線虫はその細菌を食い昆虫の死骸の中で増殖する（図 13-6b）。続いて線虫の感染発育段階が内部共生細菌を含む死体から出現する。昆虫病原性線虫は有害生物管理において役に立つ。あるものは、土壌生息性害虫の生物的防除に用いられ成功している。（例えば、マメコガネ、キンケクチブトゾウムシ、イチゴクチブトゾウムシ、クロオビクロノメイガ、オビカレハ、キノコバエ、billbugs［オサゾウムシ科］、ケラ）。線虫の大量増殖と商品化は昆虫の生物的防除のために拡大しつつある。

資材としての軟体動物

雑草に対する軟体動物

ナメクジとカタツムリは、それらが食う植物に関して選好性を持っているけれども、雑草の生物的防除の目的で用いるためには十分な選択性がない。

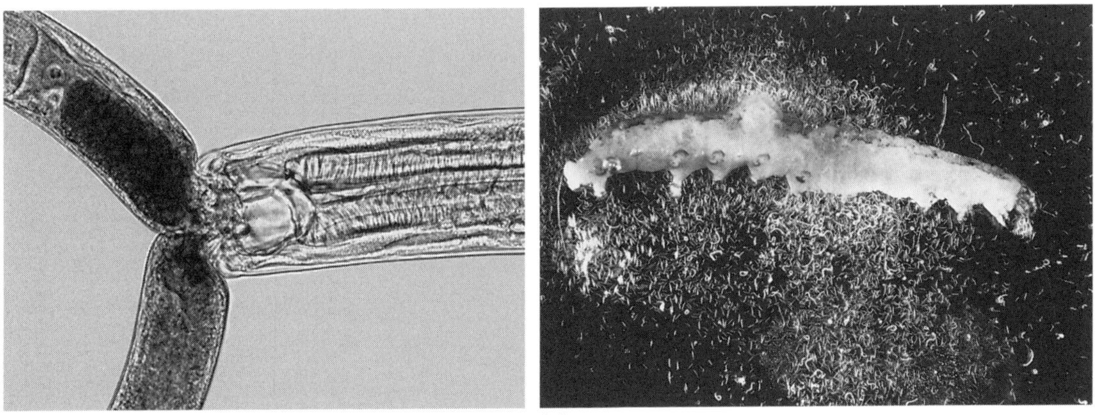

(a)　　(b)

図 13-6　生物的防除のための線虫の例。
(a) *Mononchus* 線虫（右）が線虫の幼虫（左）を食っている。
(b) *Steinernema carpocapsae* によって感染したツマジロクサヨトウ。線虫を放出するために解剖された。
資料：(a) は J.D.Eisenbach の許可、(b) は Amo Hara の許可による写真

図 13-7
カンキツにおける brown garden snail［カタツムリの類］の生物的防除のために用いられた decollate snail［カタツムリの類］。
資料：J.Clark, University of California statewide IPM program の許可による写真

カタツムリに対する軟体動物

decollate snail［カタツムリの類］（**図 13-7**）は食植者で、また brown garden snail［カタツムリの類］の捕食者でもある。後者はカンキツ生産における重大な問題であり、decollate snail は brown garden snail に対する生物的防除資材として用いられ成功している。decollate snail はまた食植性でもあり、作物植物の芽生えを食うであろう。それ故、一年生栽培システムには導入すべきでない。

資材としての節足動物

節足動物による摂食は、それらよりも低い栄養段階の被食者（食肉者）または寄主植物（食植者）を加害するか殺す。被食者または寄主が有害生物であるときには、この摂食は有害生物の防除という結果になる。いくつかの節足動物の生物的防除資材の例は**図 13-8** に示されている。いくつかの追加的実例は**図 2-12** に示されている。

病原体に対する節足動物

節足動物を病原体に対する資材として用いた管理された生物的防除の例はない。

雑草に対する節足動物

雑草を食う食植性の節足動物は雑草の能力を減らし、競争力を少なくし、あるいは雑草の種子を食う。生物的防除に用いるためには、食植者の節足動物に選択性があり、標的でない植物種を攻撃してはならない。資材の選択性は、雑草を目的とするすべての古典的生物的防除において重大な問題であることが証明されている。雑草であるいくつかのアザミの種を防除するために導入された seedhead weevil（*Rhincyllus conicus*）が１つの例である。このゾウムシはその寄主範囲をネブラスカ州の絶滅危惧種のアザミまで含むように広げた。

輸入された外来節足動物を用いた多年生雑草の古典的生物的防除のいくつかの例がある。ウチワサボテンは 19 世紀にオーストラリアに導入された。そこで、サボテンは放牧地の広い地域に急速に侵入した。第３章で述べたようにガの類の *Cactoblastis cactorum*［メイガ科］が輸入され放飼された。このガの幼虫はサボテンを食うことによって加害し、それから傷に定着する病原体がこの植物を殺した。サボテンの発生程度は 1929 年と 1940 年の間に 80％以上減り、その防除はなおも満足すべきものである（**図 3-8** 参照）。

tansy ragwort［ヨモギギクの一種］はアメリカ合衆国西部の放牧地に導入された。この植物は優占的となり（**図 13-9a**）、これを食う家畜に毒性があり、生物的防除の標的となった。cinnabar moth［ヒトリガ科］は葉を食う幼虫で（**図 13-8a**）導入された。そしてその雑草を許容できるレベルにまで減らした（**図 13-9b**）。同様にセントジョン草としても知られるオトギリソウの類はアメリカ合衆国西部に導入され、多くの放牧場地域で優占種となった。この雑草は今では食植性の *Chrysolina quadrigemmina*［ハムシ科］と他の昆虫の導入後、生物的に防除されている。ハワイの *Lantana* の防除は成功した雑草の生物的防除のもう１つの例である。

一年生雑草の生物的防除の例はほとんどない。アメリカ合衆国南西部のハマビシを防除するために seed weevil［種子ゾウムシ］が導入された。それは、部分的成功にす

図 13-8　生物的防除に用いられた節足動物の例。
(a) tansy ragwort［ヨモギギクの類］の生物的防除を行なう cinnabar moth［ヒトリガ科］の幼虫、(b) *Meloidogiyne chitwoodii*［線虫の一種］の卵を食う土壌に棲むダニ、(c) 線虫を食う土壌性節足動物クマムシ、(d) カスミカメムシを食うジェネラリスト捕食者のサシガメ科、(e) コナジラミ若虫を食うジェネラリスト捕食者の微小なサシガメ、(f) ナミハダニを食う捕食性のダニ *Phytoseiulus*、(g) アメリカタバコガの卵の中に産卵する寄生蜂 *Trichogramma*、(h) ワタアブラムシの寄生蜂とアブラムシのマミー（写真の下のアブラムシでは脱出口が見える）。
資料：(a) は California Department of Food and Agriculture、(b) は Renato Inserra の許可、(c) は E.Barnard の許可、(d) (f) (g) (h) は Jack Clark,University of California statewide IPM programa、(e) は Jack Dykinga, USDA/ARS による写真

ぎなかった。なぜならば、その種子ゾウムシ個体群はそれ自体の在来の寄生者によって制限されていたからである。スベリヒユは2つのハモグリバエによって攻撃される。そして、この昆虫はこの雑草に相当に被害を与えるという事実にもかかわらず、それは他の防除戦術の必要を減らすまでには十分な防除をしない。撹乱された生態系の性質とハモグリバエの生物学が、生物的防除の有効性を明らかに制限している。

オサムシ科のように土の上または中で生きている多くの節足動物は、雑草の種子バンクの捕食者である。この捕食の程度と実際の長期的インパクトは、よく理解されていない。そして生物的防除を目的としたそのような捕食の管理の試みはない。

線虫に対する節足動物

ダニ（図 13-8b）、トビムシ目、クマムシ［緩歩綱（目）］（図 13-8c）のような土に棲む微小節足動物は土壌の中に広く分布して多い。あるダニは線虫に特異的な捕食者であ

(a)　(b)

図 13-9　tansy ragwort［ヨモギギクの一種］の生物的防除。cinnabar moth の導入の前（a）と後（b）。
資料：P.McEvoy の収集品から許可された写真

り、生物的防除資材としての可能性を持つかもしれない。これらの天敵は、線虫が生きている、より大きい孔の空間に効果的に接近する。ただし、より小さい孔の空間は線虫の避難所となっている。線虫を食うあるダニもまた、単為生殖である。この性質は生物的防除にとって比較的役に立つ。なぜならば、その数が土の中で急速に増加することができるからである。他方、絶対的線虫食性はこれらの天敵の有効性を強めるには違いないけれども、それはまた限界でもある。なぜならば、線虫の数が少ないときにはそれが不利となるからである。多くの研究者は、これらの天敵が有効な線虫捕食者であり、それらは自然生態系における線虫の数にかなりの影響をあたえ、特により大きい孔の空間を持つ砂質土壌でそうであると考えている。土の中で線虫の数を制御するダニとトビムシ目の重要性はあまり理解されていない。そして農業生態系の中での生物的防除のために、これらの生物を操作しようとする試みは現在ないことは明らかである。

軟体動物に対する節足動物

オサムシ科と他のコウチュウはナメクジを攻撃する。ダニもまたナメクジ、カタツムリを攻撃する。そのような摂食が起こるということは知られているけれども、IPM の目的でそれを操作しようとする試みはない。

節足動物に対する節足動物

この相互作用は生物的防除としては最も一般的に考えられているものの1つであり、クモが網の中にイエバエを捕らえるというイメージによって支えられた。大部分の節足動物は有用か中立かのどちらかで、わずかに少数のものが有害生物である。多くの有用昆虫はそれほど選択性がない。それらは自身の種または他の有用種を食うので、容易に害虫になりそうである（例えばカマキリ、クサカゲロウ幼虫）。有用節足動物は2つの一般的カテゴリー —— 捕食者と捕食寄生者 —— に入る。

捕食者　ジェネラリストの雑食性の捕食者は多くの他の昆虫を食う。ジェネラリストの捕食者はカマキリ（**図 2-12a**）、ある種のテントウムシ（**図 2-12d**）、ショクガバエ科、サシガメ科（**図 13-8d**）、マキバサシガメ科（**図 13-2b**）、bigeyed bug［オオメカメムシの一種］（**図 2-12c**）、微小なサシガメ科（**図 13-8e**）、さまざまなハチ、ダニ（**図 2-12g** と **図 13-8f**）、大部分のクモ（例えば**図 2-12f** 参照）、などを含む。生物的防除の保全を目的とした多くのプログラムは、自然に発生するジェネラリスト捕食者の個体群を維持するという目標を持っている。

ジェネラリスト捕食者の効果的な使用に関連した、いくつかの困難性がある。それらの多くのものは移動性で、もし現在の食物源がかなり減れば、それを見つけるために新しい場所に移動するであろう。例えばテントウムシの放飼は局地的な昆虫防除にはほとんど価値がない。なぜならば、それらは放飼地点から飛び去るからである。ただし、最近の研究では、他の場所の代替寄主よりは現在の植生の中の寄主を好むということが示唆されている。もう1つの困難性は、ジェネラリスト捕食者が、もし機会があれば他の有用昆虫を食うであろうということである。これらの欠点にもかかわらず、ジェネラリスト捕食者は総合的有害生物管理の文脈において、きわめて有用であると通常考えられている。

その被食者が限られている捕食者はスペシャリストと呼

ばれ、一般的にそれらは標的の有害生物だけを食う。イセリアカイガラムシを防除するために19世紀の遅くにカリフォルニア州に導入されたベダリアテントウ（**図 3-7**）はスペシャリスト捕食者の一例である。幼虫と成虫はカイガラムシのすべての発育段階を食う。ベダリアテントウによる生物的防除の効果は十分に高いので、カイガラムシは現在問題と考えられていない。*Metaseiulis* のような捕食性ダニは害虫のダニまたはその卵を主として食い、高い程度の生物的防除を提供する。

数多くの他のスペシャリスト捕食者の例が生物的防除のために導入されてきた。生物防除プロジェクトの16%は標的の有害生物を防除するまで完全に成功したと判定されている。

寄生者と捕食寄生者　捕食寄生者は、寄主昆虫の生活環のさまざまな発育段階を攻撃し、攻撃する発育段階によって分類される。大部分の捕食寄生者はハチ目のハチかハエ目のハエである。しかし、他の昆虫目の寄生者もある。

卵捕食寄生者は通常小さいハチであり、その寄主卵1個に卵1個を産む。捕食寄生者の幼虫は、寄主の卵の中で発育し続いてそれを殺す。卵捕食寄生者によって高い水準の生物的防除が達成される。寄生された卵のパーセンテージをモニタリングすることは、アメリカタバコガのようないくつかの害虫のIPMプログラムの一部分である。アメリカタバコガの卵は数えられ、寄生の程度が調べられる（捕食寄生者が中にいる卵は異なる色である）。十分に高い割合の卵が寄生されたときには通常、他の防除戦術（例えば殺虫剤）が必要でない。*Trichogramma* 属［タマゴバチ科］のハチ（**図 13-8g**）は害虫の高いレベルの卵寄生をもたらす。*Trichogramma* の大量放飼は在来個体群を増強するために一般的に広く用いられている。ただしそのような放飼はしばしば不確かなものである。

幼虫捕食寄生者は有害昆虫の幼虫段階を攻撃する。成虫は寄主の幼虫に1個から数個の卵を産む。寄主幼虫は捕食寄生者の幼虫が発育するにつれて殺される。ヒメバチ科、コマユバチ科の多くのハチは、かなりのレベルの生物的防除を提供する。例えば、ハチの *Apanteles medicaginis*［コマユバチ科］はオオアメリカモンキチョウに対してそれ以上の処理は必要としないほどの十分な防除を提供する。

成虫捕食寄生者は有害昆虫の成虫段階を攻撃する。成虫は標的の寄主に1個の卵を産む。幼虫は寄主の中で発育し、それからそれを殺し、それはマミーと呼ばれる空の皮膚の中に入り、マミーから幼虫が蛹化する。蛹が羽化するとき、成虫はマミーの中に1つの脱出口をあけて、それから逃れ出る。*Aphidius smithii*［アブラバチ亜科］のようなハチはアブラムシに対してかなりの防除を提供することができる。（**図 13-8h**）。

多くの捕食寄生者の幼虫段階は実際上の生物的防除を提供する。成虫段階は食わないか、蜜か花粉を食物源として利用する。しかしながら、マルカイガラムシ科のある特殊化した捕食寄生者は、幼虫によって用いられる同じカイガラの中の成虫段階の中に食いこむ。この場合捕食寄生者の有効性は成虫と幼虫の両方で、有害生物個体群の崩壊に貢献する。蜜か花粉を補助的に必要とするある捕食寄生者に適切な食物源を提供することによって、生物的防除資材の働きを増強することができる。このことは農業圃場のまわりの植物多様性を増大するための理由の基礎である。

高次捕食寄生者　「捕食寄生者の捕食寄生者」またはより高い栄養段階の生物は生物防除資材を食物源として使用する。そのような二次食肉節足動物は高次捕食寄生者と呼ばれ、それらの活動は生物的防除の有用性を害するであろう。1つの例は、カリフォルニア州において夏の中頃までシロイチモジヨトウに対して効果的な防除を提供している *Hypersoter exigua* の高次捕食寄生である。夏の中頃以降、この高次捕食寄生者の個体群が増加し、*H.exigua* によるシロイチモジヨトウの生物的防除の有用性をまったく失わせる。

イスラエルのカンキツ類における高次寄生者 *Prochiloneurus* の場合は特に複雑な例である。*Prochiloneurus*

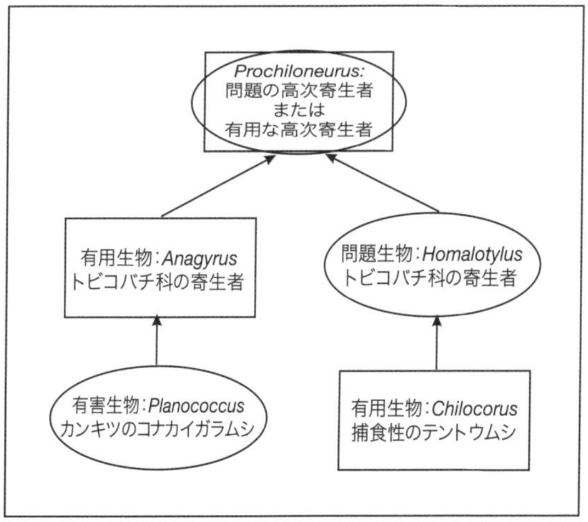

図 13-10　イスラエルにおけるカンキツ類の生物的防除の機能について、より高い栄養段階の高次捕食寄生者の相互作用する効果。楕円形の中の生物は有害生物で、長方形の中の生物は有用生物である（さらに詳しい説明は本文参照）。

がIPMプログラムにとって有用か有害かどうかは、用いられる寄主に依存する（**図13-10**）。*Prochiloneurus*が*Anagyrus*をその寄主として用いているときには、それはIPMプログラムにとって問題である。なぜなら*Anagyrus*はカンキツのコナカイガラムシ科を攻撃する生物的防除資材だからである。他方、*Prochiloneurus*が*Homalotylus*を食うときにはそれはIPMプログラムに対して有利である。なぜならば、それは有用な*Chilocorus*テントウムシの寄生者を減らすからである。この例は有害生物とその天敵およびそれらの相互作用についての生態学を徹底的に理解することが大切であることを強調する。もし、適切な管理意思決定がなされるべきならば、すべての種の生物学の詳しい知識が絶対に必要である。

資材としての脊椎動物

より低い栄養段階の生物を食う脊椎動物は、ある状況ではそのような生物の防除を提供する可能性がある（**図13-11**）。ヒトの活動は常に生物的防除を代表するものと考えることはできない。しかし、有害生物管理におけるそのような活動は、1つの生物が他のものの動態に影響するという生態学的見地から見たときに、典型的な生物的防除の定義に適合する。ヒトは明らかに農業生態系の重要な生物的要素である。困難性はヒトの活動がむしろジェネラリスト的であるということであり、そこではしばしば、よいものも悪いものも殺される。

病原体に対する脊椎動物

脊椎動物は病原体の生物的防除資材としては有用でない。

雑草に対する脊椎動物

脊椎動物の食植者は雑草を食う。そして、それ故に雑草防除を行なう。しかしながら、選択性が問題である。脊椎動物は雑草のみを食わなければならない。もし、雑草の食

(a)

(b)

(c)

図13-11　生物的防除のための脊椎動物の例。
(a)　トマトの中の雑草を食っている除草ガチョウ。
(b)　ヒツジがアルファルファの中の雑草を食っている。
(c)　ハツカネズミやハタネズミのような脊椎動物を食う猛禽類のタカが柵の棒くいにとまっている。
資料：(a)はTom Laniniの許可、(b)はRobert Norris、(c)はTerrel Salmonの許可による写真

植性脊椎動物天敵が用いられるべきなら、作物を好むようであってはならない。作物は摂食被害に耐えなければならない。あるいはその資材が作物に接近することができないように、ある方法で囲われなければならない。

脊椎動物による生物的雑草防除の最もよく知られている例は、除草ガチョウである（**図 13-11a**）。ガチョウは草を食うのを好む。それらはワタとトマトからイヌビエのような雑草を選択的に除く。なぜならば、それらはワタ、トマトのような作物を好まないからである。生物的雑草防除のもう 1 つの例はアルファルファの中で雑草を食うヒツジの使用である（**図 13-11b**）。ヒツジはアルファルファも食うが、アルファルファは多年生なので回復する。一方、一年生雑草は通常は殺される。ヤギは何でも食うので柴の防除に用いられる。しかし、それらは作物から柵で遠ざけなければならない。ウシが選択的に草を食うことはヤグルマギクの類による種子生産を抑えるために用いられる。

生きた動物の使用は、それらが作物を食うという可能性に加えて、いくつかの問題を持っている。それらは大きい圃場においてさえ囲われなければならない。動物には水が与えられ、天候とコヨーテやイヌのような捕食者から守られなければならない。これらの理由によって、生物的雑草防除のための脊椎動物の使用は、通常除草剤を用いることができない場所に限られている。

食植性の魚は、世界のある地域で、水系システムの中の雑草防除に用いられてきた。草を食うコイという魚は広く用いられ、*Hydrilla*［クロモ］のような雑草の効果的な防除を提供してきた。しかしながら、食植性の魚の使用は重大な問題で閉口させられる。なぜならば、それらは非選択的で、標的としない植物を食い、その結果、生息場所を悪化させる。それらは在来の魚と入れ代わり、それ故生物多様性に影響する。

多くの鳥とげっ歯類は、土の表面に落ちた雑草の種子を食う。そのような種子の摂食は土壌の種子バンクに蓄積する雑草種子を 80～90％減少させることがある。生物的雑草防除のこの見地がしばしば見過ごされているが、一年生雑草の制御の重要な要素であるといえる。なぜならば、種子バンクは雑草個体群の維持において重要だからである。また埋められた種子バンクへの摂食もある程度はある。しかし、これは表面の種子摂食と比べて少ない。現在、種子バンクの摂食のレベルを操作しようとする試みはほとんどない。

軟体動物に対する脊椎動物

ある脊椎動物はカタツムリを食い、カタツムリの生物的防除を提供する。例えばアヒルはカリフォルニア州のカンキツ栽培者によって common garden snail［カタツムリの類］を防除するために用いられる。ニワトリとカラスのような他の鳥もまたカタツムリを食う。

節足動物に対する脊椎動物

鳥と他の脊椎動物は昆虫を食い、それは生物的防除のある手段を提供することができる。森林の状況において、トガリネズミによるトウヒノハバチの防除は、おそらくこのタイプの生物的防除の最良の例である。トガリネズミは蛹を食い、トガリネズミの活動が起こったところでは、しばしば蛹を見つけることが全くできないほど効果的である。コウモリは昆虫を食う。そして、いまもし人為的なコウモリのねぐらを開発するならば、限られた地域で昆虫の個体群を減らすためにコウモリの能力を増すことができるであろうと考えられている。この操作の有効性はまだ確かめられていない。

魚は水生昆虫の防除のために使われてきた。カダヤシ（*Gambusia* sp.）は水田イネのようないくつかの水系システムにおいてカを防除するために広く用いられてきた。

脊椎動物に対する脊椎動物

フクロウやタカ（**図 13-11c**）のような、より高い栄養段階の食肉者はシマリス、ハタネズミ、ハツカネズミのような食植性の有害脊椎動物を食う。この摂食活動は、あるシステムにおいては生物的防除を提供すると考えられている。しかしながら、これらの主張を支持するか、または反論するかのどちらについても科学的な証拠がほとんどない。これらの有害生物の数を減らすための猛禽類による捕食の実際の有効性は、これらの有害生物種の個体群動態とそれらの動物が猛禽類に接近する可能性から見て疑問視されている。例えば、ホリネズミのような土を掘る動物はそれらの時間の約 95％を地下で過し、それ故、猛禽類はホリネズミには効果がない。止まり木の柱と巣箱は有害脊椎動物の防除が欲しい場所に猛禽類個体群を維持する試みとしてしばしば供給されている。

標的の被食者に対する選択性も猛禽類においては問題である。それらは有害種をとるけれども、また標的でない在来種とニワトリのような家畜種と狩猟用の鳥とヘビをも食う。言い換えれば、それらは通常、他のタイプの生物的防除資材のために用いられている選択性の基準に合致しない。脊椎動物による生物的防除は、これらの有害脊椎動物の個体群を操作する試みの複雑性の1つの例を提供する。コヨーテの防除はヨーロッパアカギツネ個体群の増加を許した。後者はコヨーテの被食者であるので、キツネの数の増加がカモの巣の捕食を増やすことへと導いた。それ故、カモの巣が維持されるようなやり方でコヨーテを管理することが必要である。

要約

これまで述べた実例は、生物的防除が有害生物を管理するうえで助けになる多くの方法を示している。天敵はすばらしい量の有害生物防除を提供することができ、そして有害生物管理者は、できるだけ多くの生物的防除が可能なようにそれを保全する義務がある。

全体として、生物的防除は多くの有害昆虫のために働き、もし阻害されなければ、多くの有害昆虫を要防除水準以下に保つのに十分である。しかしながら例外がある。広範な安定した生態系内の少数の多年生雑草にとって生物的防除は効果的であったが、耕地の栽培システムの中の一年生雑草に対しての有用性は限られていた。雑草種子バンクの生物的防除はおそらく雑草個体群をかなり減らすが、これはまだ操作することのできない何ものかである。土壌伝染性病原体と線虫の管理された生物的防除は少数の場合に可能であり、在来種による生物的防除はおそらくきわめて広範なものである。しかし、操作でき予測できるこれらの有害生物に対する生物的防除は一般的に得られない。空気伝染性の病原体の生物的防除は限られていて困難であり、茎葉の病気の管理のための主な戦術にはおそらく決してならないであろう。有害脊椎動物にとっては、少数の場合を除けば生物的防除が主な管理法となることはありそうもない。

生物的防除に関する有名な最低線は、すでに起こっている在来の生物的防除の阻害を最少にする方法で管理戦術が用いられるべきであるということである。研究が有害生物の生物学と生態学についてのよりよい情報を開発するにしたがって、管理者はよりよいものを得るであろう。

資料と推薦文献

生物的防除のためのよい参考書には「Biological Control」(Van Drieshe and Bellows, 1996)と「Natural Enemies Handbook」(Flint and Dreistadt, 1998)があり、それには多くの有用生物の優れた写真が載っている。Andow *et al.*(1997)とPicett and Bugg(1998)によって編集された本は節足動物管理について生物的防除とその増強の生態学についての深い論議を提供している。さまざまな有害生物カテゴリーについての深い論議の主なものは、雑草について(Del Fosse and Scott, 1992)、線虫について(Stirling, 1991)、病原体と線虫について(Mukerji and Garg, 1988)、節足動物について(Bellows and Fisher, 1999)提供されている。Hokkanen and Lynch(1995)、Follett and Duan(2000)、Lockwood *et al.*(2001)とWajnberg *et al.*(2001)は生物的防除についてのリスクと利益についての論議を提供している。

Andow, D. A., D. W. Ragsdale, and R. F. Nyvall, eds. 1997. *Ecological interactions and biological control.* Boulder, Colo.: Westview Press, xiv, 334.

Backman, P. A., M. Wilson, and J. F. Murphy. 1997. Bacteria for biological control of plant diseases. In N. A. Rechcigl and J. E. Rechcigl, eds., *Environmentally safe approaches to crop disease control.* Boca Raton, Fla.: CRC/Lewis Publishers, 95–109.

Bellows, T. S. and T. W. Fisher, eds. 1999. *Handbook of biological control: Principles and applications of biological control.* San Diego: Academic Press, xxiii, 1046.

Collins, W. W., and C. O. Qualset. 1999. *Biodiversity in agroecosystems.* Boca Raton, Fla.: CRC Press, 334.

Del Fosse, E. S., and R. R. Scott. 1992. *Biological control of weeds. VIII International Symposium on Biological Control of Weeds.* Lincoln University, Canterbury, New Zealand, 2–7 February 1992, Melbourne, Commonwealth

Scientific and Industrial Research Organization Australia, xxiii, 735.
Flint, M. L., and S. H. Dreistadt. 1998. *Natural enemies handbook: The illustrated guide to biological pest control.* Oakland; Berkley, Calif.: UC Division of Agriculture and Natural Sciences, University of California Press, viii, 154.
Follett, P. A., and J. J. Duan. 2000. *Nontarget effects of biological control.* Boston: Kluwer Academic, xiii, 316.
Godan, D. 1983. *Pest slugs and snails: Biology and control.* Berlin; New York: Springer-Verlag, x, 445.
Hokkanen, H. M. T., and J. M. Lynch, eds. 1995. *Biological control: Benefits and risks. Plant and Microbial Biotechnology Research Series,* vol. 4. Paris; Cambridge; New York: Cambridge University Press, xxii, 304.
Khetan, S. K. 2001. *Microbial pest control.* New York: M. Dekker, xiv, 300.
Lockwood, J. A., F. G. Howarth, and M. F. Purcell. 2001. *Balancing nature: Assessing the impact of importing non-native biological control agents, an international perspective.* Lantham, Md.: Entomological Society of America, vi, 130.
Mehrotra, R. S., K. R. Aneja, and A. Aggerwal. 1997. Fungal control agents. In N. A. Rechcigl and J. E. Rechcigl, eds., *Environmentally safe approaches to crop disease control.* Boca Raton, Fla.: CRC/Lewis Publishers, 111–137.
Mukerji, K. G., and K. L. Garg. 1988. *Biocontrol of plant diseases.* Boca Raton, Fla.: CRC Press, 2 v.
Oatman, E. R., J. A. McMurtry, F. E. Gilstrap, and V. Voth. 1977. Effect of releases of *Ambylseius californicus, Phytoseiulus persimilis,* and *Typhlodromus occidentalis* on the twospotted spider mite on strawberry in Southern California. *J. Econ. Entomol.* 70:45–47.
Pickett, C. H., and R. L. Bugg, eds. 1998. *Enhancing biological control: Habitat management to promote natural enemies of agricultural pests.* Berkeley, Calif.: University of California Press, 422.
Rush, C. M., and J. L. Sherwood. 1997. Viral control agents. In N. A. Rechcigl and J. E. Rechcigl, eds., *Environmentally safe approaches to crop disease control.* Boca Raton, Fla.: CRC/Lewis Publishers, 139–159.
Simberloff, D. and P. Stiling. 1996. How risky is biological control? *Ecology* 77: 1965–1974.
Stirling, G. R. 1991. *Biological control of plant parasitic nematodes: Progress, problems and prospects.* Wallingford, Oxon, U.K.: CAB. International, x, 282.
Sutton, J. C., and G. Peng. 1993. Manipulation and vectoring of biocontrol organisms to manage foliage and fruit diseases in cropping systems. *Annual Review of Phytopathology* 31:473–493.
Van Driesche, R. G., and T. S. Bellows, Jr. 1996. *Biological control.* New York: Chapman & Hall, 539.
van Emden, H. F. 1990. Plant diversity and natural enemy efficiency in agroecosystems. In M. Mackauer, L. E. Ehler, and J. Roland, eds., *Critical issues in biological control.* Andover; Hants, England; New York: Intercept; VCH Publishers, 63–80.
Wajnberg, E., J. K. Scott, and P. C. Quimby, eds. 2001. *Evaluating indirect ecological effects of biological control.* Wallingford, Oxon, UK; New York: CABI Pub., xvii, 261.

第14章
行動的防除

序論

動物が自然の中で食物を探し、敵から逃れ、悪い天候から生き残り、交尾し、生殖し、子孫を育てるためにどのようにするかということが動物の行動の局面である。人間は動物の行動を何千年もの間観察してきた。特に人間が食物として狩りをした動物、また食べられる野生の植物、後には栽培した植物をめぐって競争してきた相手としての動物については特にそうである。人間が動物を家畜としてまた仲間として飼い馴すにつれて、動物の行動を理解することの必要性とその利用がその広がりを増してきた。現代においては、動物の行動の研究は、科学者が農業有害生物とその捕食者と寄生者を理解するための助けとなっている。この知識のIPMにおける適用は、行動的防除の分野である。この章では、動物の行動の直接の操作を防除技術として述べる。そして、有害生物の行動に影響する外的信号の修正が、いかに有害生物の管理において用いられるかを示す。

線虫、節足動物、脊椎動物は行動を制御する神経システムを持っているが、病原体と雑草は持っていない。したがって、行動にもとづく管理戦術は、一般的に病原体と雑草に対しては不適切と考えられる。なぜならば、これらの有害生物は、外的信号に関係して急速に、そして明らかに行動を修正することがないからである。このことは、植物と病原体が外的信号に反応しないということではない──それらは確かに反応する──しかし、それらの反応は一般に、時間をかけた短い距離で起こる発育と成長の修正を通じて制御される。

すべての動物は、神経システムの周辺の感覚器官によって検出された光景、匂い、味、接触、聴くことの感覚的様式を含む情報を処理することによって外界を知覚する。環境からの情報的インプットは神経システムの中に信号を誘発し、これらの信号は形、色、運動、匂い、味、そして音に翻訳される。ある行動の神経システムへの組み合わされた感覚的インプットは、その動物の行動的レパートリーを代表する一連の活動と反応をもたらす。IPMにおける実用的関心は次のものに関連した行動である。

- 交尾と生殖
- 食物の探索または寄主選択
- 捕食者からの防衛と逃避
- 隠れ家の選択
- 一般的方向づけ

脊椎動物と無脊椎動物の有害生物は、ともに行動的防除の標的となる。脊椎動物の世界は神経刺戟によって占められ、無脊椎動物の世界は圧倒的に化学的刺戟によって際立たされている。これらの違いは行動的防除技術の選択と使用において重要である。

動物からの行動的反応を利用する技術は、IPMにおいて、直接的防除のためだけではなく、有害生物個体群をモニタリングする目的のためにもまた重要である(第8章で論議したように)。例えば、誘引剤による匂いトラップは、ミバエの存在を検出して、化学的防除活動を始める必要性を知るために用いられる。

行動的防除の有利性と不利益

行動的防除戦術は種特異的である。適切に適用されたとき、それらは標的有害生物だけに影響し、他の防除戦術と両立する。大部分の行動的防除は、自然の生産物を使用するので環境的に優しい。行動的防除法は何百万年を越える進化によって発達した行動を妨害するので、その方法に対する抵抗性は発達しないと一般的に見なされている。しかし、人間の環境の操作に対して進化はきわめて速やかに起こりうる。脊椎動物は学習によって行動を修正することができ、それ故に、それらは防除技術をいかにして避けるか、または迂回するかを学ぶことができる。興味深いことに、昆虫もまた与えられた防除法の使いすぎに反応して、それらの行動を変えるということが判明した。そのため、行動的防除法でさえ有害生物における抵抗性問題を全く免れるものではない（第12章参照）。

動物の行動

動物の行動の詳しい論議はこの本の範囲を越える。しかしながら、ある基本的な概念の知識と技術的用語は、いかに行動的防除法が働くかを理解し、技術的文献を読むために必要である。

定位は原生動物から脊椎動物まですべての動物の最も基本的な行動である。一次定位は休止時に体がとる正常な姿勢である。例えば、葉の上のチョウは翅を畳んでまっすぐに上に置く。二次定位は信号または刺戟に対する方向づけの反応である。その信号は環境からの情報を代表し、その結果として行動的な反応を持つ生物によって処理されたものである。大部分の反応は生得的なもの、または学習されていない行動である。これらの生得的な行動は一般に次のように分類される。

1. 反射は、生得的行動の最も単純な形である。台所の床で休止しているあるゴキブリの後ろから吹き付けられた一吹きの空気は、ゴキブリを1フィート程度の直線上を前方に走らせる。動いている線虫の前方に置かれた1つの障害物は、線虫が動きを止めて、短い距離を後退するようにする。これらは瞬間的な反応であり、逃げたり避けたりする反応である。
2. 無定位運動性は、方向を定めない反応であるか、またはランダム運動の増加であり、この反応の強さは刺戟の強さによって変わる。無定位運動的反応は方向に影響なしに運動を増すようになる。刺戟の勾配に対して運動を増す結果となる反応は、変速無定位運動性と呼ばれる。また回転の速度を増すような反応は変向無定位運動性と呼ばれる。変速無定位運動性と変向無定位運動性は、環境条件が適切な場所に移動するか、またはそこに止まるかの運動をもたらし、しばしば湿度、温度または光の勾配への反応である。
3. 走性は、刺戟の源に向かうか、または離れる定向的な運動である。定向的な運動の方向づけは、刺戟の源と動物の体の長軸を通って走る1つの線にそったものである。走性は、その反応のきっかけとなる刺戟のタイプにもとづいて分類される。次のものは主な刺戟とそれに対応する走性である。
   3.1. 光－走光性
   3.2. 暗闇－走暗性
   3.3. 重力－走地性
   3.4. 風－走風性
   3.5. 化学物質または匂い－走化性
   3.6. 接触－走触性
4. 横むきの方向づけは、ある動物が、その体を刺戟の源の方向に対して、ある角度を保つときに起こる。最も重要な種類の横向きの方向づけは、動物が長い距離、遠い光源（太陽、月、星）にしたがって移動することを許すような光を回る反応である。アリ、ミツバチ、チョウ、鳥、ハチはこのタイプの方向づけを行なう。

反射、無定位運動性、走性、そして横向きの方向づけは、動物行動の基本的な要素である。動物は、少なからず、かなりより複雑な行動を表す。通常、その行動は固定的活動パターンと呼ばれる。昆虫と線虫は、通常前もってプログラムされた行動パターンを持って生まれてきたものと見なされている。それらは、定型行動と呼ばれるものを表す。脊椎動物は定型行動を持って生まれるけれども、それらの行動パターンを学習によって拡張する。ごく最近になって、昆虫と線虫も学習した行動を行なうということが示された。

これらの基本的行動パターンの他に、動物は同じ種の他のメンバーに信号を送るか交信し、また他の種によって発せられる信号を認識する能力を持つ。種内の交信は交尾のためには決定的である。種間の信号は捕食者が被食者を探しだしたり、被食者が捕食者を発見することを助長する。信号と交信の操作についての理解は、動物の行動的防除の最も有望な分野となってきた。Atkins（1998）、Ellis（1985）と Matthews and Matthews（1978）は動物行動についての一層の情報を提供している。

行動的防除法の様式

この防除法は、脊椎動物と無脊椎動物における特定の行動的システムを標的とする。行動的防除法の様式は、関係する感覚システムと信号の性質によって分類される。これらの方法の大部分は走化性、走風性、走光性、そしてしばしば、これらの組み合わせと他の行動に関係する。

視覚にもとづく戦術

視覚を持つ動物の行動は、それらが何を見るかによって修正される。いろいろな動物の視覚システムの間の鋭敏さと波長感受性には大きい幅がある。大部分の脊椎動物は世界をヒトによって知覚されるものとよく似た電磁的スペクトルの幅の中で見る。ただし、色は眼の中の特定の光受容体に依存して異なるように識別される。多くの昆虫は紫外線における電磁的輻射を検出することができる。そして2、3のものは特別の赤外線受容体を持つ。行動的防除戦術は、さまざまな目標物の色、形、運動を操作する。有害生物が感じやすく反応するスペクトルの幅を知ることが大切である。

節足動物のための視覚にもとづく戦術

1. さまざまなトラップ［わな］はそれが標的の節足動物を誘引するような色や形にされる。トラップは昆虫が捕らえられ死ぬように粘着性のある材料でおおわれる。これらのトラップは行動的防除と物理的防除の組み合わせである。

1.1. リンゴミバエの成虫は熟したリンゴの色と形を真似た赤い球に誘引される（**図 14–1a**）。これらの球は粘着性のあるグリースでおおわれ、ミバエが発生するリンゴ園の周囲に沿って戦略的に置かれる。成虫のハエは模造品に誘引されグリースに捕らえられる。球のハエを捕らえる効率は、もし食物の匂い源（誘引剤）が球の近くに置かれるなら

(a)

(b)

(c)

(d)

(e)

図 14–1　有害節足動物を防除するための視覚にもとづく戦術。
(a) 粘着物で被覆された赤い球からなるリンゴミバエのトラップ。再被覆を容易にするために、取りはずせるプラスチックのカバーがついている。
(b) 有機栽培のホウレンソウのそばのハモグリバエを捕らえる黄色粘着トラップ（黄色粘着トラップは上部で巻き取られ、底から新しい粘着場所が現れるように供給される）。
(c) 捕らえられた昆虫を示すために、(b) における巻き上げ部分をクローズアップしたもの。
(d) コナジラミとアザミウマのような昆虫の防除のための色のついた粘着性のカード。
(e) ウリ類作物のアブラムシとコナジラミのような飛ぶ昆虫を阻止するための反射マルチ。
資料：(a) は Ron Prokopy の許可、(b) (c) は Robert Norris、(d) は Larry Godfrey の許可、(e) Jim Stapleton の許可による写真

ば増大する。

1.2. 黄色い粘着性のトラップが、時には昆虫を捕らえるために使われる（**図 14–1b、c、d**）。黄色粘着トラップが有用な例には、温室内のコナジラミ、ホウレンソウのハモグリバエ、いくつかの作物のヨコバイがある。白色粘着トラップはアザミウマのために使われる。粘着面はホコリや標的有害生物の数が多いことによって効果的でなくなることがある。これらのトラップはまた、ある有害昆虫の存在と相対的な量を検出するためにも有用である。そして、そのような情報は IPM の意思決定のために役に立つ。

2. 反射マルチはある昆虫が標的の植物に着地することを妨げる（**図 14–1e**）。飛んでいるアブラムシとコナジラミは、反射マルチを空であると知覚するものと考えられ、その上に着地しない。この技術は実用的適用に限界がある。しかし、小さい試験区画の中ではよく働き、特にウイルスの管理においては媒介者を阻止することによってかなり有望である。

3. 光トラップは昆虫に遍在する正の走光性反応のために昆虫を誘引し捕まえる。紫外線（UV）光は特に多くの昆虫を誘引し、それ故昆虫光トラップはしばしば UV またはブラックライトを用いる。ブラックライトは、ある場合には農業システムの中の多くのガのような有害生物の発生量をモニタリングするために使われるが、それらは防除法としては有効でない。

脊椎動物のための視覚にもとづく戦術

大部分の脊椎動物は優れた視覚を持ち、それらが何を見たかによって、それらの活動を修正する。

1. 作物の中に死んだ動物を吊るす技術は広く用いられ、ある場合には鳥を脅すために用いられるけれども、その効果は疑問である。

2. 有害動物がその場所に訪れるのを思いとどまらせるために、捕食者と猛禽類など（例えばフクロウ、ヘビ）の模型がよく見えるところに置かれる。（**図 14–2a、b**）。これらが標的の有害生物の防除に何らかの有用性を提供するという証拠はないけれども、ある鳥は捕食者の模型が見せびらかされたところで、餌をとること

(a)

(b)

(c)

図 14–2　有害脊椎動物に対する視覚にもとづく威し戦術。
(a) 猛禽類のフクロウの模型、(b) タカの形をしたプラスチックの凧、(c) エンドウマメの畑の中の案山子。
資料：(a) は Edward Caswell-Chen、(b) は Terrell Salmon の許可、(c) は Robert Norris による写真

を短い期間思いとどまることがある。カリフォルニア大学デービス校では、ある建物のハトが集まるところに陶器のフクロウが置かれてきたが、ハトはフクロウの頭に止まって、まったく居心地がよいように見られた。

3. 案山子(かかし)の使用（**図 14–2c**）は鳥を驚かすための伝統的な戦術であった。案山子は、なおもスズメを阻止するために勧められている。
4. 風の中で動いてピカピカ光る反射材料が鳥を阻止するために用いられる。効果は捕食者模型よりもよいが、鳥もまた時がたつと動くものに慣れる（「慣れ」参照）。

聴覚にもとづく戦術

動物はしばしば、人間が知覚するよりも広い振動数の幅にわたって音を知覚する。昆虫と脊椎動物は音を交信のために用いる。ガはコウモリが音波探知器として用いる超音波を検出することができる。そして、ガは飛翔を中断して突然落下することによってコウモリの攻撃をかわす。音にもとづく防除は現在昆虫の IPM においては用いられていない。

音と超音波、振動と爆発は有害脊椎動物を驚かすために用いられる。驚かす戦術はほとんど至る所でよく働かない。それは、せいぜい 2、3 日の防除を提供し、それから動物はその音が本当の脅威を表すものでないことを学び、これを無視する。動物は音に慣れるようになる。音響的信号器具の例には次のものがある。

1. 穴を掘るげっ歯類のための超音波器具。それらの器具が満足すべき防除を提供するという何の証拠もない。
2. 大砲。これらのさまざまな器具は鉄砲が発射されたような音のする爆発を作りだす（**図 14–3**）。単独で用いると騒音はうまく働かない。なぜならば動物はその音に慣れるからである。もし、他の威し戦術と結びついて用いられるならば、音を出すものは、かなり効果的である。そのような用具によって発生される音は、近くに住む人間にとって、きわめていらいらさせられるものである。
3. 苦痛の叫びの録音。多くの動物、特にカラスのような鳥は、さしせまった危険をグループの他のメンバーに警告する苦痛の叫びを発する。悲鳴を電気的に録音し再生する技術は、正しく使われたときには効果的な防除を提供する。

図 14–3　音響にもとづく鳥のための威し戦術として、ブドウ園のそばにおかれたプロパンガスによって爆音を出す大砲。
資料：Terrell Salmon の許可による写真

嗅覚にもとづく戦術

環境内の化学的信号を検出する能力は、大部分の脊椎動物、節足動物そして線虫において高度に発達している。線虫は視覚システムがないので、それらが環境から得る情報の多くは化学的信号にもとづいており、それは短距離と長距離の情報の伝達のために用いられる。嗅覚と味覚の器官によって検出される化学的信号は、動物の相互作用においてあまりにも重要なので、その研究は化学生態学として知られる科学の研究分野を生んだ。有害生物の化学的感覚の感受性の操作にもとづく戦術は、IPM システムにおける害虫のための最も効果的な行動的防除を提供する。

定義と原理

情報化学物質は、探索、集合、分散を変え、あるいは交尾のための誘引や受け取り手における生理的改変のような行動的変化を導く。情報化学物質は、関係のない異なる種の生物にインパクトを与える他感物質と、同じ種の中の生物にインパクトを与えるフェロモンに分けられる（**図 14**

−4）。

他感物質

他感物質は種間相互作用を仲介するために放出された情報化学物質である。いくつかのカテゴリーは次の通りである。

カイロモン　これらの他感物質は、源または発信者と呼ばれる1つの種によって生産され、受信者と呼ばれる他の種によって検出される。カイロモンは受信者の生物に誘発される行動的反応にしたがって、摂食誘引剤または産卵興奮剤として働く。カイロモンはそれ故、受信者に対する適応的有利性を提供する。例えば、アブラナ科の植物（例えば、キャベツ、ブロッコリー）はマスタードオイル（マスタードはアブラナ科のメンバーである）と一般に名づけられている化学物質複合体を生産する。モンシロチョウと多くの他のアブラナ科を食う昆虫は、マスタードの種類の植物を見つけるためにマスタードオイルグルコシドの匂いと味を用いる。この植物は、受信者であるモンシロチョウの有利性のために用いられる信号の発信者である。

植物寄生性線虫は、寄生の根によって発散される二酸化炭素を含む化学物質を明らかに検出し、その方向を向く。あるジャガイモシストセンチュウグループのようなシストセンチュウの種の孵化は、寄主の根からの拡散物によって劇的に刺戟される。孵化要因は土壌の中で容易に動き、低い濃度でも孵化を刺戟する。ジャガイモの根の拡散物の化学的分別物からは多重的孵化要因が検出され、その孵化要因はジャガイモシストセンチュウ卵の孵化を刺戟する。亜鉛のような無機イオンはサトウダイコンとダイズのシストセンチュウの孵化を刺戟する。寄主の根からの拡散物はまた、テンサイシストセンチュウの侵入的幼虫段階の口針の挿入、探索行動の方向づけ、そして集合－食物を見つけることに関連するすべての行動を刺戟する。

アロモン　これらの他感物質は生産する生物すなわち放出者に対して1つの有利性を与える。アロモンは忌避物質、摂食抑制または産卵抑制物質として働き、それ故に受け取り手の生物に対して有害である。実験室条件下の観察によれば、ある線虫を捕らえる菌類の菌糸体は、線虫にとって誘引性があるが、誘引が圃場条件の下で起こるかどうかは明らかでない。植物寄生性の線虫のいくつかの他感物質の忌避剤は、化学的に特徴づけられてはいないけれども、根の分泌物の中で検出されてきた。アフリカマリーゴールドの根は、1つの化学物質 alphaterthienyl を生産し、それは線虫に対して有毒かまたは忌避的である。そしてアフリカマリーゴールドは土壌中のある植物寄生性の線虫の数を減らすために用いられてきた。

アブラナ科を食う昆虫スペシャリストに対して誘引性の

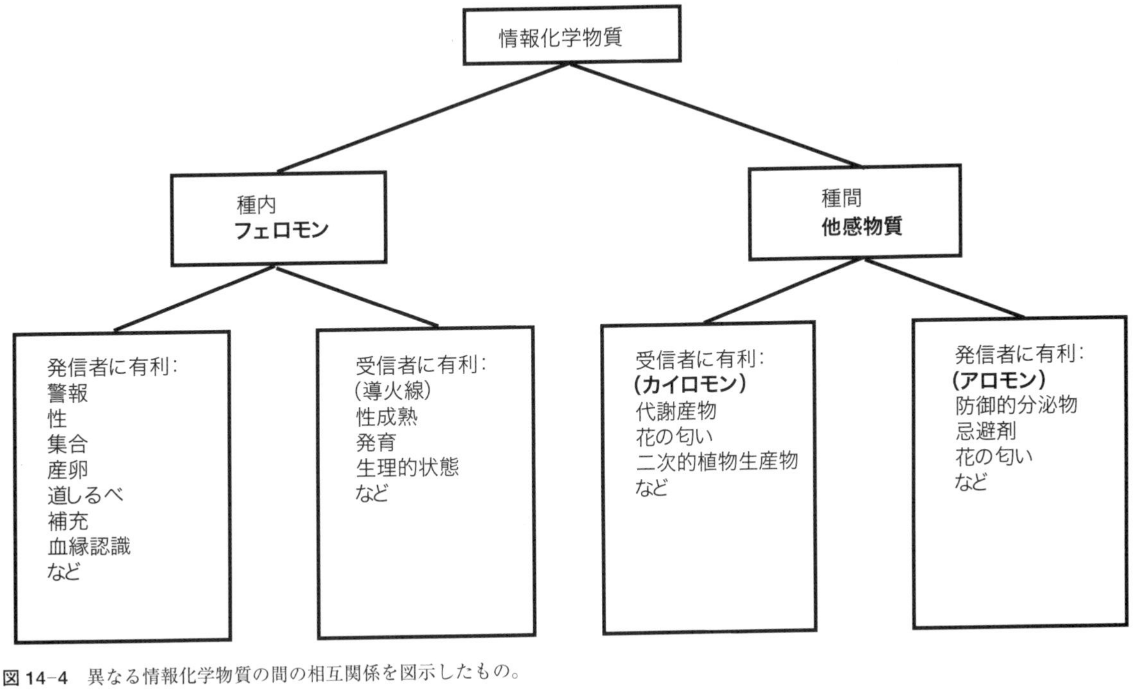

図 14−4　異なる情報化学物質の間の相互関係を図示したもの。
資料：Howse *et al.*, 1998. から改変

ある、同じマスタードオイルグルコシドは大部分の他の食植性昆虫に対して忌避的である。したがって、ある植物の中の同じ化合物が、多くの同所性の昆虫にアロモンとして働き、そして2、3の摂食スペシャリストにはカイロモンとして働く。多くの二次植物化合物のこの二重の役割は共進化の説の定式化の基礎となっている。

捕食者の匂いにもとづく忌避剤と、その他の嫌いな匂いは、しばしば有害脊椎動物の防除に用いられる。

シノモン　これらの他感物質は、受け取り手の種の中に、ある行動的反応を呼び起こし、それは放出者と受け取り手の両方に有益である。シノモンは生物の間の互いの関係を仲介する。相互扶助は両方の種に適応的価値を持つ関係である。例えば、ミツバチと他の花粉媒介者を誘引する花の匂いはシノモンである。

フェロモン

フェロモンは1つの個体によって放出され、同じ種の中の他の個体に影響する化学物質である（種内効果）。フェロモンはそれが誘発する行動的反応によって異なる種類に分けられる。

集合フェロモン　これらの化学物質は、ある種の個体によって放出され、同じ種の個体を放出源の生物へと誘引する。あるカメムシ科の昆虫は集合フェロモンを放出し、それはカメムシのオスとメスの両方をその近くに誘引する。

警報フェロモン　これらの化学物質は、逃避と防衛行動を誘発する。それらは急速に広がる（例えばある群れ内に）が寿命は短いような分子量の低い化合物である。ある種のアブラムシは捕食者に反応して警報フェロモンを放出する。そして、その警報フェロモンは群れの中の他の個体が、それらの集合している植物から落下するようにする。

性フェロモン　これらの広く記録されたフェロモン物質は、交尾の公算を増加させるための性的パートナーの間の誘引と関係している。それらは1つの性によって放出され、反対の性のメンバーを誘引する。チョウ目（ガとチョウ）においては、フェロモンを生産する腺が腹部の末端に存在する。

オスの線虫は性フェロモンによってメスに誘引される。性フェロモンは30種以上の線虫において記録されているけれども、これまで化学的に確定された性フェロモンはvanillic acidだけであり、それはダイズシストセンチュウの性フェロモンである。

他のフェロモン　分散フェロモンはある種の個体の分散を導き、それ故資源への混みすぎを避ける。

道しるべフェロモンはアリの餌探索行動と移動に関係した情報化学物質である。

成熟フェロモンはある生理的過程を変えるような情報化学物質である。

忌避剤

NH_4^+、K^+、Cs^+、Cl^-とNO_3^-を含む単純な無機イオンのあるものはネコブセンチュウ幼虫にきわめて忌避的で、低い濃度（約0.1ppm）で感染性幼虫を忌避する。温室の中での実験では、土壌の中のイオン勾配は試験植物におけるネコブセンチュウの感染を減らす。線虫の感染を減らすための圃場内での土壌のイオン勾配の操作で成功したものはまだない。

情報化学物質の化学と合成

明確に同定された最初の情報化学物質は、アブラナ科の植物からのカイロモンであった。1910年に植物学者Verschaffeltはモンシロチョウによる寄主の選択に関係した化学物質としてglucosinolatesを同定した。glucosinolatesはアブラナ科に関連した狭食性の昆虫に対して誘引剤と摂食刺戟剤として働く。植物に由来するカイロモンの実例は**表14-1**に示されている。

化学構造が決定された最初の性フェロモンはカイコガからのものである（Karlson and Butenant, 1959）。1959年以来、約1000種の異なる化学物質が、いくつかの昆虫の匂いの中から性フェロモンとして働くものとして同定された。フェロモンの研究の中では、最初に化学物質が放出源の生物から単離され濃縮される。これは単純な仕事ではない。なぜならば、フェロモンはしばしばきわめて少量で生産されるからで、特に線虫ではそうである。ひとたび十分な量の化学物質が得られると、それはカラムクロマトグラフィーまたはガスクロマトグラフィーと質量、IRまたはNMRスペクトロメトリーとを組み合わせた技術を用いて同定される。用いられる分析技術は有害生物の間でいくらか変わる。なぜなら揮発性の風にただよう昆虫フェロモンの化学的特性は、線虫による土壌の水を含む相の中で生産される揮発性と非揮発性のフェロモンの組み合わせとは全く異なるからである。あるフェロモンの中の化学的成分の分離と同定に続いて、その化学物質を合成する過程が開発される。

分離と同定の過程のすべての段階において、化学物質の

表 14-1　昆虫に誘引性のある揮発性の植物カイロモン（Metcalf and Metcalf 1992 にもとづく）

昆虫	カイロモン	発生源
チョウ目（ガ、チョウ）		
アメリカタバコガ ヨーロッパアワノメイガ と他のヤガ科のガ	phenylacetaldehyde	トウモロコシの穂の毛
ナシヒメシンクイ	terpineol acetate	モモ
コドリンガ	α-farnesene,ethy1-2,4,-decadienoate	いろいろ
コウチュウ目（コウチュウ）		
Striped cucumber beetle［ハムシ科］	indole	ウリ類の花
Root worms［ハムシ科］	eugenol、isoeugenol、cinnamyl alcohol、cinammaldehyde、indol、estragole、β-ionone	ウリ類の花と合成物
コロラドハムシ	*trans*-2-hexen-1-ol、*cis*-3-hexen-1-ol	ジャガイモ
キャベツとキスジノミハムシ	allyl isothiocyanate	アブラナ科
ナガチビコフキゾウムシ	coumarin	シナガワハギ
ハエ目（ハエとヌカカなど）		
チチュウカイミバエ	terpineol acetate、α-copaine、α-ylangene	いろいろ
タマネギバエ	dipropyl disulfide	タマネギ
Cabbage maggot fly［ハナバエ科］	allyl isothiocyanate	アブラナ科
ニンジンサビバエ	*trans*-asarone、*trans*-2-hexenol、hexanal、heptanal	ニンジン
リンゴミバエ	butyl2-methlbutanoate、propyl hexanoate、butyl hexanoate、hexyl propanoate、hexyl butanoate	リンゴ

活性は生物検定を用いて評価されなければならない。生物検定においては、生きた生物がその匂いにさらされ、それらの行動が観察される。あるオスのガは性フェロモンの刺戟に反応して翅を特徴的にはばたかせるし、オスの線虫は適切な性フェロモン源に向かって動くであろう。電気生理学は昆虫フェロモンの研究において 1 つの一般的な技術である。そこでは、ガスクロマトグラフの流出物内で、オスの触角が検出器として用いられる。電極が触角の基部と先端に挿入され、化学的刺戟に対する反応としての触角の脱分極がオッシロスコープか記録紙の上で検出される。同様に線虫の神経の脱分極が化学的刺戟に対して評価されてきた。神経の脱分極は、ある特定の化学的断片に対する神経的反応の開始を示し、その断片は化学的な特徴づけのために集められる。

フェロモンは、比較的単純な長鎖のアルコールからアルデヒド、ケトン、枝別れした鎖の炭化水素、さまざまな環状化合物までの、ある幅の化学的構造を含んでいる。Howse *et al.*（1998）の第 5 章はフェロモン化学の優れた総説を提供している。

情報化学物質の化学は高度に発展し、特に植物によって生産される他感物質では、そうである。異なる科の植物は異なった化学物質を生産し、それはそれらの一次代謝にとっては本質的でない。これらは二次植物化合物と呼ばれ、これらの化合物の多くは、その主な機能が病原体と食植者に対する防御であるということが一般に合意されている。二次植物化合物は第 17 章でさらに論議される。情報化学物質は昆虫と線虫の行動的防除において誘引剤と摂食刺激剤（カイロモン）または忌避剤（アロモン）のいずれかとして用いられる。

配置技術

有害生物管理のために用いられるフェロモンにとっては、操作できるようなやり方でそのフェロモンを配置する技術を開発することが必要であった。1 つの最適な放出技術のための必要条件は次のものを含む。

1. 作物または天候と関係なしに一定量のフェロモンが単位時間当たりに放出されなければならない。
2. その装置は、異なるフェロモンを放出することができなければならない。

3. その装置はまた、異なる放出速度を提供できなければならない。
4. フェロモンは分解から守られなければならない。
5. フェロモン放出のタイミングが特定の有害生物と作物にとって適切でなければならない。
6. その装置はすべてのフェロモンを放出しなければならない。
7. 放出技術はフェロモンを容易に施用できなければならない。その中には飛行機による施用を含む。
8. フェロモン配置のための資材は生物によって分解可能で、無毒で安価でなければならない。

現在まで、これらの必要条件のすべてを満たすものはないが、配置技術は進化し続けている。フェロモンの配置のために次の資材が用いられたか、なおも使われている。フェロモンを含み、それが薄いしみこまない微小管の末端から逃げ出すようになった中空の繊維は、いくつかのフェロモンのために用いられている。薄板のプラスチック薄片は2つのしみこまない外側の層の間にフェロモンをサンドイッチにして用いる。またフェロモンを内部に封じこめるためにプラスチックで作られたマイクロカプセルも用いられる。これらのものはフェロモンを広い地域に広く分配することを意図している。

次のものは畑か果樹園のようなより限定された地域において用いられる。前に述べた中空の繊維に似ているが、針金の中軸を持つねじり紐は、果樹園でその紐を木の枝や小枝にねじり止めることによって用いられる（**図 14–5a**）。フェロモンはまたプラスチックの膜の中に含ませて、それを通って化学物質をゆっくりと拡散させることができる。プラスチックの薄膜は木の枝に取りつけることができるクリップを持ったボール紙の担体の中に封じこめられる（**図 14–5b**）。基本的に動力化されたエアロゾルの缶で、自動的な時間スケジュールでフェロモンの、ひと吹きの散布ができるパフと呼ばれる用具が現在開発中である。中にフェロモンが封じこめられたゴムの栓はモニタリングトラップの中で広く用いられる（**図 8–7d** 参照）。

IPMにおける情報化学物質の適用

情報化学物質は有害節足動物管理の一部としていくつかの方法で用いられる。

モニタリング

性フェロモンは有害節足動物の発生と量をモニタリングするために広く用いられる（第8章も参照）。節足動物のモニタリングのためのフェロモンの使用は1970年代に始まり、すなわち個体群の減少のために使われることに先立っている。性フェロモントラップは個体、通常オスを性フェロモンによって誘引するためにデザインされる。フェロモンが昆虫を粘着性のある糊で裏打ちしたトンネル型の容器の中に誘引するように特別のトラップが開発されてきた。カイロモンにもとづくトラップもまたモニタリングのために用いられる。例えば食餌誘引剤を含むトラップがアーモンドのnavel orange wormによる産卵をモニタリングする

(a) (b)

図 14–5 異なるタイプのフェロモンディスペンサー［フェロモンを放出させる材料］の例。
(a) モモの木におけるねじり紐ディスペンサー。
(b) 薄板膜タイプディスペンサー。ここではナシヒメシンクイとモモキバガの両方のためのもので、枝に取りつけやすいようにした上部のプラスチックのクリップに注意せよ。
資料：Robert Norrisによる写真

ために、あるいは果樹園のミバエの存在を検出するために用いられる。モニタリング目的のためのトラッピング［トラップをかけること］は、それ自体が標的の有害生物の数を大きく減らすことはない。トラッピングは、カリフォルニア州のチチュウカイミバエで、殺虫剤施用か広域根絶プログラム過程を開始する意思決定をする場合のように、他の防除戦術のタイミングについての情報を提供する。

大量誘殺（誘引して殺す）

大量誘殺は、標的有害生物の十分な量を誘引して個体群から取り除くことによって作物を被害から守ろうとする試みである。実際には、この戦術の成功はいくつかの限界に直面する。第一にトラップが十分に有効でないか、または大きい有害生物個体群によってトラップが飽和するようになる。第二にトラップはメスを誘引して捕まえる必要がある。なぜなら、メスは個体群の繁殖する部分だからである。しかし、大部分の性フェロモンはオスを誘引する。そして通常、性フェロモンにもとづくトラップはメスの繁殖力にインパクトを与えるのに十分な数のオスを捕らえることができないからである。しかしながら、あるカイロモントラップはまったく効果的で両方の性を誘引する。最後に、十分な防除は高い密度のトラップを通常必要とし、その費用が障害となる。

効果的に誘引して殺す方法は、トラップを必要としないように開発されてきた。*Diabrotica* 属［ハムシ科］とこれに近縁の属のコウチュウはウリ科（セイヨウカボチャ、カボチャ、キュウリ、メロンなど）の植物に関連した摂食を進化させてきた。*Diabrotica* は花に強力に誘引され、ひとたびそれらが苦い二次化合物の cucurbitacin（それには多くの種類がある）を味わうと摂食活性が刺戟され、その化合物でおおわれたシリカゲルでさえ飲みこむ。南アメリカのある場所では野生のウリ類が *Diabrotica* spp.の害虫を誘引し殺すために使われる。ウリは半分に切られ、殺虫剤が散布され、昆虫を誘引して毒殺するために外に置かれる。数千頭のコウチュウの成虫が自然物の毒餌の上で死ぬのが見られる。

これらの cucurubitacin のコウチュウの摂食に対する刺戟的効果の発見は、成虫の corn rootworms（*Diabrotica* 属の3種）の管理のための技術の開発へと導かれた。それはアメリカ合衆国中西部のトウモロコシの害虫で最もひどいものである。cucurbitacin の含量が高い野生の buffalo gourd の根が粉に挽かれ、少量の殺虫剤を加えられる。餌を付加した殺虫剤はトウモロコシの葉に散布され、成虫の rootworms が誘引されてこれを食う。このやり方は慣行的な散布の場合よりも 95〜98%の低い施用割合で効果をあげる。苦い cucurbitacin を持った buffalo gourd の根は大部分の他の昆虫によっては食物として用いられない。それ故、標的を特異的に誘引し、有用昆虫には安全である。このタイプの成虫管理による rootworms の管理は、妊娠した成虫（卵を産むばかりになった）が活発に摂食するときに適用しなければ成功しない処理である。妊娠したメスの存在をモニタリングすることがこのプログラムの1つの重要な部分である。

ある誘引して殺す方法はトラップを必要としないように開発されてきた。例えば、ワタのワタミハナゾウムシを防除する1つの方法は「ワタミハナゾウムシ誘引防除チューブ（BWACT）を用いる。BWACT は3フィートの長さのボール紙の管で、黄緑色に塗られており、グランドルアと呼ばれる集合フェロモンを含んでいる。BWACT の表面は殺虫剤のマラソンにワタ油を混ぜたもので処理され、それには植物誘引因子が加えられている。この管は、冬の活動停止から目覚めて寄主植物を見つけようと分散しつつあるゾウムシを誘引して殺すために、圃場の周囲に沿って垂直に配置される。この場合視覚的、嗅覚的、そして味覚的刺戟が組み合わされて誘引と殺虫が最大となる。南アメリカにおけるこの管の結果は肯定的で、それらはブラジルとパラグアイの広い地域で用いられる。しかしながら、アメリカ合衆国ではワタミハナゾウムシの個体群を減らす有効性を確認する実験に失敗したので、ワタの IPM 専門家はワタミハナゾウムシの防除に BWACT を勧めていない。

交尾阻害

オスのガとオスの線虫は、メスによって放出される化学的信号である性フェロモンを追跡することによって、それらの将来の配偶者を見つける。理論的には、ひとたびオスがフェロモンの匂いを検出すると、それはフェロモンの濃度勾配に向かって飛ぶか移動する（正の走化性）。この匂いは、メスからフェロモンの勾配を作る1つの匂いの煙となって拡散する。その勾配を追跡することによって、オスはその後メスを見つけるのに十分なだけメスに近づくようになる（**図 14-6A**）。昆虫にとって最終的な方向づけは嗅覚とともに視覚に関係しているであろう。

ある地域を適切なフェロモンで飽和させることによって、捜しているオスが方向づけのために用いる勾配は効果的に

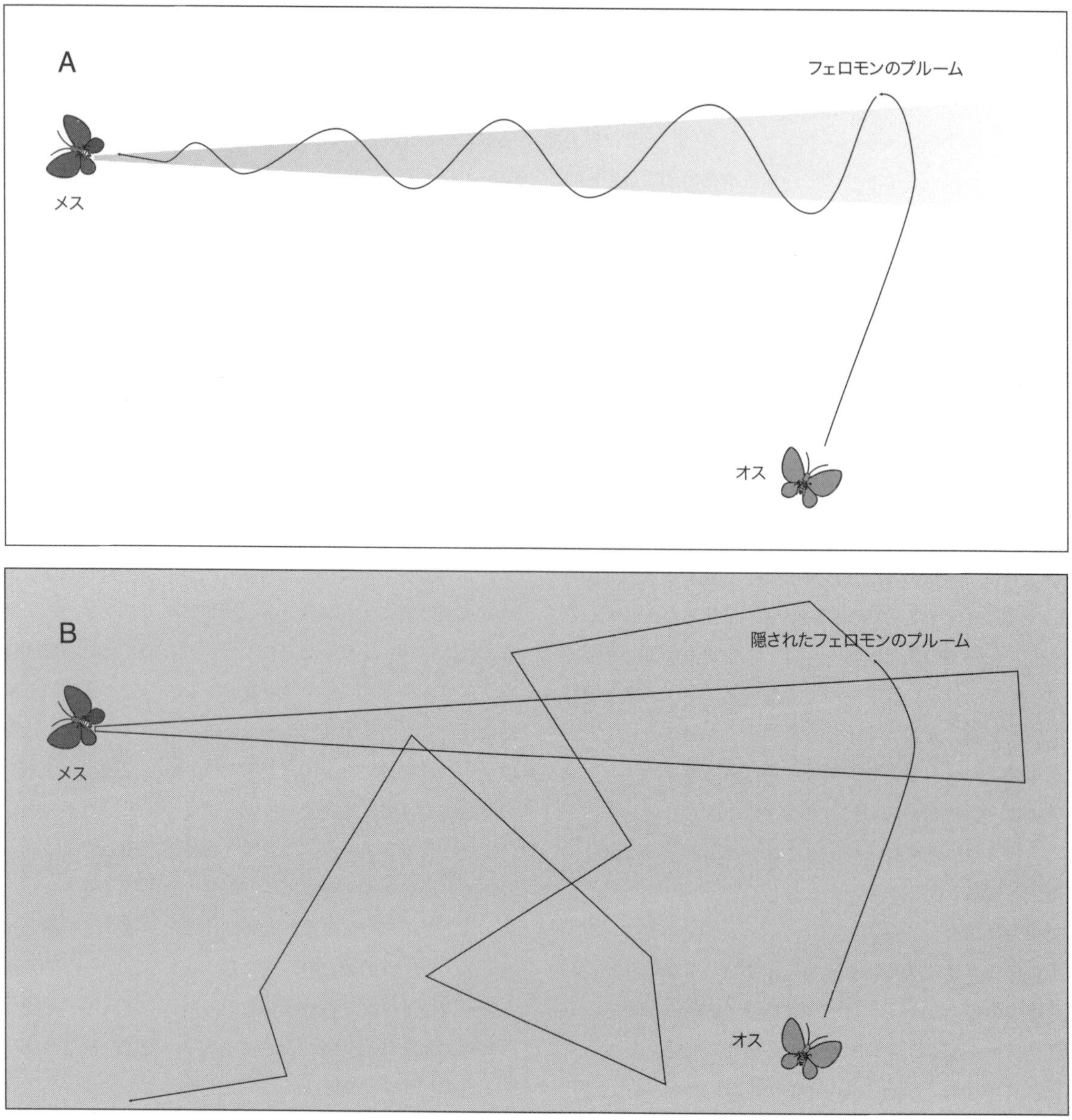

図 14–6　フェロモンによる交尾阻害の概念の図示。
(A) オスは通常、フェロモンのプルーム［煙］の濃度勾配に方向づけられることによってメスを見つける。
(B) ディスペンサーから放出される合成フェロモンの充満によって、実際のフェロモンのプルームによる勾配が破壊されるために、オスはメスを見つけることができない。

破壊される（**図 14–6B**）。オスの混乱の結果となる阻害は、おそらくフェロモンに対する慣れによる可能性がある。局地的なメスは処女のままに残される。なぜならば、オスはメスを見つけることができず、それ故、発育する卵が産まれないからである。標的地域の外側から受精したメスが侵入して供給されない場合には、フェロモンの混乱は標的の地域で有害生物個体群の増加を減らすか停止させる。

行動的防除戦術としてのフェロモンの使用は、昆虫管理において最大の成功を達成した。温室での実験はダイズシストセンチュウの性フェロモンである vanillic acid を土壌に加えることが線虫の個体群を減らすようではあるが、線虫の性フェロモンの使用はまだ実用的な管理戦術ではない。

昆虫管理において交尾阻害は合成フェロモン Gossyplure を用いることによって、ワタのワタアカミムシ防除に成功している。性フェロモンはまた、カシ類の森におけるマイマイガの防除に用いられる。ナシ、リンゴ、クルミのコドリンガ、モモ、サクランボのナシヒメシンクイ、トマトの pinworm でも用いられている。

次のことは性フェロモンを用いた交尾阻害に対する限界である。

1. 標的地域への交尾済みのメスの侵入は、もとからいたメスによる繁殖の減少のインパクトを無効にする。交尾阻害の下にある地域は、そのような交尾済みのメスが標的地域の外から移入する影響を制限するために、十分な大きさであることが大切である。
2. この戦術が成功するためには、広い地域に適切なフェロモン濃度となるような配置とその維持を必要とする。これは技術的に難しく費用がかかる。土壌の中での線虫の性フェロモンの拡散は特に問題が多い。
3. 通常、性フェロモンは種特異的である。そして、それ故、これは標的の昆虫のみを防除する。もし、他の害虫種が存在すれば、フェロモンによる攪乱はその数を減らさないであろう。そうすれば他の戦術が必要となる。しかしながら、フェロモンの使用の成功は標的の主要昆虫に対する汎用性殺虫剤を減らすことを可能にし、それはひき続いて、この殺虫剤によってもはや殺されなくなった天敵による他の害虫の防除を改善することに導くことができる。

食餌にもとづく戦術

おそらく最も基本的な行動パターンは食餌を探すことと、害虫に対する食餌の誘引性に関連したものであろう。カイロモンとフェロモンの組み合わせは *Diabrotica* に関係して述べてきた。ある有害生物の防除における食餌を捜す行動の操作のよい例は、畑のげっ歯類とウサギの防除である。その戦術は安価な抗凝血剤または他の毒物を付け加えた好まれる食餌種目である。毒餌はしばしば、その動物が餌を捜しがちな適当な容器の中に置かれる。この技術は、特に工業化されない農業においてよく用いられ、そして実例には米粒を使った稲田でのネズミの防除、ココナットの小片を使ったココナット農場の場合がある。すべてのそのような食餌にもとづく戦術は、殺すための農薬に依存する。毒餌の戦術は、標的でない生物が毒餌を食って中毒するという重大な欠点を持つ。

資料と推薦文献

Howse *et al.*（1998）と Metcalf and Metcalf（1992）の本は節足動物のために情報化学物質の使用のトピックについて最近の総説を提供している。Ridgway *et al.*（1990）と Tan（2000）は交尾阻害の多くの例を提供している。Perry and Wright（1998）は線虫の生理学、行動そして神経生物学の詳しい概説を提供している。いくつかの他の本は追加的な背景材料を提供する（Mitchell, 1981; Noedlund *et al.*, 1981; Jutsum and Gordon, 1989）。

Alcock, J. 1998. *Animal behavior: An evolutionary approach.* Sunderland, Mass.: Sinauer Associates, 625.

Atkins, M. D. 1980. *Introduction to insect behavior.* New York: Macmillan, vii, 237.

Brooks, J. E., E. Ahmad, I. Hussain, S. Munir, and A. A. Khan, eds. 1990. *A training manual on vertebrate pest management.* Islamabad, Pakistan: GOP/USAID/DWRC & Pakistan Agricultural Research Council, 206.

Cardé, R. T., and A. K. Minks, eds. 1997. *Insect pheromone research: New directions.* New York: Chapman & Hall, 684.

De Grazio, J. W., ed. 1984. *Progress of vertebrate pest management in agriculture, 1966–1982.* Denver, Colo.: U.S. Fish and Wildlife Service, Denver Wildlife Research Center and U.S. A.I.D., 60.

Dusenbery, D. B. 1992. *Sensory ecology.* New York: W. H. Freeman, 558.

Ellis, D. V. 1985. *Animal behavior and its applications.* Chelsea, Mich.: Lewis Publishers, xiv, 329.

Foster, S. P., and M. O. Harris. 1997. Behavioral manipulation methods for insect pest management. *Annu. Rev. Entomol.* 42:123–146.

Howse, P. E., I. D. R. Stevens, and O. T. Jones. 1998. *Insect pheromones and their use in pest management.* London; New York: Chapman & Hall, x, 369.

Jutsum, A. R., and R. F. S. Gordon, eds. 1989. *Insect pheromones in plant protection.* Chichester; New York: Wiley, xvi, 369.
Karlson, P., and A. Butenandt. 1959. Pheromones (ectohormones) in insects. *Annu. Rev. Entomol.* 4:39–58.
Matthews, R. W., and J. R. Matthews. 1978. *Insect behavior.* New York: Wiley, xiii, 507.
Metcalf, R. L., and E. R. Metcalf. 1992. *Plant kairomones in insect ecology and control.* New York: Chapman and Hall, x, 168.
Mitchell, E. R., ed. 1981. *Management of insect pests with semiochemicals: Concepts and practice.* New York: Plenum Press, xiv, 514.
Nordlund, D. A., R. L. Jones, and W. J. Lewis, eds. 1981. *Semiochemicals, their role in pest control.* New York: Wiley, xix, 306.
Perry, R. N., and D. J. Wright, eds. 1998. *The physiology and biochemistry of free-living and plant-parasitic nematodes.* London, UK: CABI Publishing, xviii, 438.
Ridgway, R. L., R. M. Silverstein, and M. N. Inscoe. 1990. *Behavior-modifying chemicals for insect management: Applications of pheromones and other attractants.* New York: M. Dekker, xvi, 761.
Tan, K.-H., ed. 2000. *Area-wide control of fruit flies and other insect pests.* Pulau Pinang, Malaysia: Penerbit Universiti Sains Malaysia, 782.

第15章

物理的、機械的戦術

序論

環境の直接的な物理的操作は有害生物防除戦術として用いることができる。その作用機作は、有害生物が耐えられないような環境的ストレスを作りだすことによって、これを殺したり無能力にしたりするものである。この戦術は有害生物に対して直接向けられるもので、作物の変化を含まない。物理的、機械的操作は耕種的技術とは全く異なる。なぜならば、耕種的慣行の操作は作物の生育を変え、それを有害生物にとってより適さない寄主にするか、それらの攻撃に対して、よりよく耐えられるようにすることを目指しているからである。

物理的有害生物防除技術は、それらの効果が特徴的に速いという点で農薬に似ている。そのような有害生物の数の急速な減少は、物理的防除法を耕種的操作よりもよりよく、またはより望ましい防除戦術にするであろう。なぜならば、耕種的戦術は収量に結果が現れるまでに、より長くかかるからである。物理的、機械的操作は、ときには耕種的管理戦術の一部分と考えられる。しかし我々は、その手法の基礎にある生態学的原理は異なり、それらを区別して考えるべきであると主張する。有害生物管理のために用いられる物理的、機械的戦術の主な方法は次のものを含む。

1. 温度、水、光を変えるような環境修正は、有害生物個体群の発達を変えるか、有害生物を実際上殺す。
2. 有害生物は、障壁によるかまたはトラップによって除去することによって作物植物に到達することを物理的に止められる。
3. 有害生物は、物理的除去、耕起、水没、焼却または射撃のような直接的物理的手段によって破壊される。

有害生物は、農業の起源以来、物理的、機械的戦術を用いて防除されてきた。この章は有害生物管理に対するさまざまな物理的手法を説明し、有害生物の異なるカテゴリーの防除に対するその適切さを論議する。

環境修正

温度は修正できる最も重要な環境的変数であるが、水と光の得られやすさもまた、あるカテゴリーの有害生物を防除するために用いられる。

温度

温度の極値の修正は防除戦術として用いることができる。極端な温度は、いかなるカテゴリーの有害生物にもその死をもたらす。そして、温度は温血動物を除くすべての有害生物の成長と発育の速度に直接的影響を与える（図5-11参照）。

熱

高い温度は生物を乾燥させ、極端な温度はタンパク質を変性させ、細胞膜を破壊する。過剰な熱は文字通り細胞を煮て、そのためそれは死ぬ。異なる生物は極端な温度に異なる耐性を持ち、ある有害生物は、他の有害生物には耐えられる温度によって殺される。植え付け材料の温度を上げることは、植物を殺すことなしに材料組織の中に存在する有害生物を殺すことができ、土を熱することは、そこに存在する有害生物を殺すことができる。熱を用いることの有利性には、その効果が一時的であることを含み、熱それ自体が処理した場所に残存しないことにある。ただし、熱が有機物の分解を刺戟して、それが残留することはある。熱が有害生物を管理するために用いられる、より重要な方法のいくつかは次の節で概説される。

火　この技術は実際上乾いた植生に火をつけることに関連し、ある有害生物または有害生物の生息場所を破壊するために用いられる。それは、イネの小粒菌核病やイネ科作物の病原体のような、いくつかの作物における病害の管理のために用いられてきた。雑草の種子と昆虫の実用的防除もまた得られる。燃やすことは、溝と水路から植生を除いたり、林の管理の手段として、主として新しい木を植え付ける前に余計な植生や枯れた植物を除去するために用いられてきた。

大気汚染の観点から、雑草のような植物残滓を燃やすことは、それが煙を発生させるためにしばしば望ましくない。不可避的に発生する大気汚染のために、農業的燃焼の大部分の使用はこれまでも、また現在も制限されている。

火炎　生物を殺すためには、実際に火をつけるか、または点火する必要はない。燃やすためには有害生物に点火する必要はなく、それはむしろ有害生物を殺すために、十分に温度を上昇させるための外部的燃料源に頼る。この戦術は雑草防除のために最もしばしば用いられる。火炎除草機では標的の雑草に向けた熱い炎を生みだすためにプロパン、灯油または重油が使われる。雑草を殺すためには通常1～2秒の炎にさらすだけで十分である。

火炎は標的の雑草が小さいときにのみ効果的である。火炎除草機は、局部的適用のための単純な手持ちのものから、大きい地域で使うためのブームの上にとりつけた多火口（**図15-1a**）のものまでの幅がある。火炎はすべての地上の植生を殺すように非選択的様式で用いられる。実例には冬眠中のアルファルファや、作物を植え付ける前の休閑床における雑草防除がある。前者の状況では、根の深い多年生の作物は発芽し成長を再開することができるが、一年生の芽生えは殺される。

火炎は、作物を殺すことなしに雑草を選択的に防除するために用いることができる。火炎除草機は作物に攻撃を与えずに雑草に打撃を与えることを目的にしなければならない。選択的火炎はいくつかの方法で達成される。

1. 作物の出芽前に出芽した雑草の芽生えは、火炎によって殺すことができる。これは作物の発芽が雑草の発芽より遅いときによく働く。実例にはタマネギ、ニンジン、トウガラシなどがある。
2. もし、出芽した作物がワタのように雑草より丈が高いならば、炎は作物の草冠の下に向けることができる。
3. 果樹作物においては、火炎除草機は雑草を殺すために木の列の中に向けられる（**図15-1b**）。熱は木の樹皮に浸透してこれを殺すためには不十分である。ただし、木が若く樹皮が薄いときには注意が必要である。

火炎は昆虫を殺すことができる。しかし通常、この目的のためには実用的でない。アルファルファタコゾウムシの卵の十分な防除は、他の戦術が必要でないようにアルファルファが火炎を当てられたときに行なわれる。火炎はバッタの若虫が集まって群飛個体群になるときに、これを防除するために用いられる。

日光消毒　この技術はまた土壌滅菌とも呼ばれ、太陽からのエネルギーを用いて土壌の温度を上昇させることである。日光消毒は比較的高い価格の作物の栽培システムにおいて、ある病原体、雑草種子、線虫を防除するために用いられる。この技術は長い時間の太陽と高い温度を持つ環境において

(a)

(b)

図15-1　有害生物防除のために用いられる火炎機具。
(a) アルファルファにおける広範囲の火炎除草機。
(b) ナシ園でのある方向に向けられた火炎除草機。
資料：(a)はRobert Norris、(b)はClyde Elmoreの許可による写真

最もよく成功し、透明のポリエチレンのシートを湿った土の上に6～8週間横たえることによって実施される（**図15−2a**）。プラスチックの下の土壌は太陽によって照らされ、その熱はシートの下に捕らえられ、温室効果を経て温度を上昇させる。日光消毒は土壌の上方の2～3インチの深さを50～60℃の間の温度にすることで、これは多くの有害生物を殺すのに十分である。日光消毒は雑草（**図15−2b**）と病原体をめざましく防除する。しかしながら、この戦術に伴う1つの困難性は、日光消毒が土壌の断面において、より深いところの土壌の温度を上昇させず、そのため線虫とある病原体は土壌表面より深いところで生存するということである。それ故この戦術の効果は限られている。

日光消毒はある重大な欠点を持つ。ある有害生物種は熱に耐性があり、しばしば防除されない。プラスチックシートは高価であり、あとで圃場から取り除かなければならず廃棄物問題をひき起こす。

蒸気　すべてのタイプの土壌性有害生物を殺すため、土の温度を上昇させるために高圧超高温の蒸気が使われる。大きいオートクレーブ［滅菌用圧力釜］の中での土の蒸気滅菌は、有害生物フリーの植え付け用混合物を保証するために用いられる標準的な温室作業過程である。

圃場における線虫と雑草管理のための蒸気の使用が試みられてきたが、土壌断面の十分な容量を熱することは難しく、大量のエネルギーを用いる必要がある。それ故、大面積の圃場の土壌を熱するための蒸気の使用は、高価なため避けられるべきである。

加熱治療　温水に漬けるか高い気温にさらすことは、栄養的増殖用の植物材料において、ある重要なウイルスと線虫の治療的防除のために用いられる。加熱はすばらしく重要な戦術である。なぜならば、植え付け材料からウイルスと線虫を除くために、他の方法がないからである。この技術の成功は、高い温度に対する植物組織の感受性に依存する。なぜならば、植物は有害生物を殺すための十分に高い温度でも生き残らなければならないからである。加熱治療は温度の正確な制御が必要である。なぜならば、通常病原体の熱死点は寄主植物のそれよりもあまり低くないからである。大きい浸漬タンクの中の水温の正確な制御は困難なことがある。

スイセン、チューリップ、ラッパスイセンの球根のような栄養的構造は、ナミクキセンチュウを殺すために注意深く熱処理される。そして、イチゴの匍匐枝は線虫を除去するために46℃の水に10分間浸される。温水浸漬または暖かい湿った空気にさらすことは、イチゴやジャガイモのようなクローン的に増殖される作物のウイルスを殺すために広く用いられてきた。高い温度（約42～48℃）に数週間の間さらすことは、新芽の頂端を病原体（主としてウイルス）フリーにする。ウイルスフリー頂端は切り取られ、新しい病原体フリー苗を再生するために組織培地の中で育てられる。この技術は、熱がその組織の中のすべての有害生物を殺すことを必要とする。さもないと有害生物個体群は植物が成長するにしたがってもとに戻るであろう。

他の熱の利用　土壌を滅菌するために極超短波エネルギーが用いられてきた。少量の土ではこれは働くが、大容量の土にとっては効果的でない。なぜならば、その過程はゆっくりしていて集中的なエネルギーが必要だからである。

植物組織を殺すために、太陽光線からの熱に焦点を結ば

(a)

(b)

図15−2　有害生物防除のための日光消毒。
(a) 日光消毒のために透明なプラスチックを、前もって作られた植え付け床の上に敷く。
(b) 日光消毒した植え付け床（左）の上に播かれたニンジンを、日光消毒されなかった右の植え付け床と比較したもの。
資料：Clyde Elmoreの許可による写真

せるためのフレネルレンズの使用が試みられてきた。この方法にもとづいて利用できる技術はない。それは太陽に向けてレンズの方向を維持することと、レンズをきれいにしておくことが困難だからである。

高圧の放電は、雑草や線虫さえも「感電死」させる手段として、おびただしい機会に試みられてきた。電気回路の完成とエネルギーの必要性の問題が、商業的に許容できる装置の開発を妨げている。

すべての熱による手法に伴う問題　熱がいくつかの方法で有害生物の防除に役立つことはあるけれども、多くの困難性がその有用性を制限している。加熱は、圃場における日光消毒、温室土壌の火入れ殺菌、増殖株のための温水浸漬のように、その適用によって効果が高い。しかし、有害生物を殺すための熱または寒さの使用は、標的の土壌または植物材料の温度を修正するために大量のエネルギーを必要とする。もし他の戦術が手に入るなら、それはより安価でそれ故望ましい。したがって、熱は他の戦術と比べて費用効果がない。裸の炎が用いられるとき、熱の使用はその装置の操作者に対して快適なものではない。特に熱による戦術がしばしば最も効果的な夏においてはそうである。煙を発生するような熱のいかなる使用も大気汚染を作りだす。

寒さ

低温または冷却は、他の形の物理的防除である。低温は氷結に耐える能力を持たない多くの生物を殺す。ある気候の中で起こる低温は、多くの有害生物の地理的分布範囲を制限する。なぜならば、冬の温度は致死的だからである（**表 15-1**）。他方、ある昆虫、線虫、病原体そして雑草は休眠するか活動停止の発育段階を持ち、そこでは氷結する冬の温度に耐えるように適応している。

氷結または極端な冷却の使用は、生きている植物に適用できないので、収穫前の環境では使えない。しかしながら、農産物と穀物の収穫後の防除のために冷却は強力な戦術である。貯蔵中の穀物は熱を発生し、それが貯蔵農産物を攻撃する昆虫と病原体の急速な発育のためにしばしば好適である。穀物のエレベーター［揚穀機を備えた穀物倉庫］の中では、コンベアーに沿って循環させることが穀物の温度を下げるために普通の慣行である。アメリカ合衆国中西部では、周囲を取り巻く温度が十分に氷結以下になったとき穀物を動かすことによって、穀物に発生した昆虫を殺すことが試みられている。収穫された果物を氷結に近く冷却することは、商品寿命を長引かせるためと病原菌の発育を遅らせるための慣行的作業である。

有害生物防除目的の氷結の利用は、収穫後の過程での防除を除けば限られている。小さい規模で、例えば、クルミの中のコドリンガの卵と幼虫を殺すために氷結を用いることは可能である。

水

すべての生きた生物は水を必要とする。過剰な水（湛水）または水の欠乏（乾燥）もまた、あるカテゴリーの有害生物を防除するために用いられる。

湛水

湛水は、ある有害生物を殺すために用いられる。なぜならば、ある有用な水カビにとって好適な条件を作りだし、また土の中の酸素濃度を低下させるからである。実例にはセイバンモロコシのような多年生雑草を殺すために農耕地に水を溜めることがある。この技術はまたワタの black root とある線虫のような土壌性病原体を防除するために用いられる。主な欠点は、大量の水が必要で、それが十分な時間存在しなければならず、この戦術は水平な畑でのみ用いられることである。この慣行はまた速やかに排水することのない土でのみ可能である。おそらく有害生物への湛水の使用の最良の例は、アジアにおける広範な水田イネにおいて見いだされる。湛水はイネ生産システムにおける雑草防除のために主に用いられる。しかしまた、ケラとアワヨトウのような多くの昆虫を溺れさせる。

湛水は、土中に棲むホリネズミのような有害脊椎動物を

表 15-1　氷結条件に耐える能力がないことによってその地理的分布範囲が限られる有害生物

雑草	節足動物	病原体	線虫
カヤツリグサ類の種	イソゲンテントウ	トウモロコシごま葉枯病	ネコブセンチュウ（ある種の）
セイバンモロコシ	アザミウマ	タバコの blue mold	ニセフクロセンチュウ
アイアシの類	Egyptian alfalfa weevil		
ホテイアオイ	Velvetbean catapillar		

防除するために効果的である。これらの有害生物は通常、湛水灌漑が行なわれているアルファルファとある果樹園システムにおいて適切に防除されている。そして、湛水灌漑からスプリンクラーによる灌漑に変えることによって有害脊椎動物問題を増やすことがある。

水はまた、ある有害生物を物理的に追い出すためにも用いられる。アブラムシは水の噴流によって植物から叩き落される。この方法は庭のバラや、小さい温室のような小規模の場合に一時的な防除を提供する。しかし商業的圃場環境で用いることは一般的に実用的でない。水は別の方法でも用いられる。例えば、カリフォルニア州のカンキツ圃場では、多くの害虫カイガラムシの生物的防除を行なう微小な寄生蜂を、圃場の近くの泥道からくるホコリが殺す。定期的に木からこのホコリを洗い落とすことによって有害生物の生物的防除を回復することができた。

ある状況では、植物の草冠の中の相対的湿度を増加させることが可能である。高い湿度は乾燥と埃っぽい条件を好むハダニを阻止する。この戦術の1つの困難性は、湿度を増加させることが病原体の攻撃を増やすことに導くことで、これは、そのような戦術を実施する前に、有害生物複合体の生態学の知識が必要であることを示している。反対に、作物の草冠を開くことによって気流を改善し、草冠の湿度を低下させ、この急速な乾燥によって菌類の感染を減らすことができる。ブドウのbunch rot病の発生を減らすための物理的手段として、果実の房がなっているまわりからブドウの葉が取り除かれる（**図15-3**）。

乾燥

多年生雑草の栄養的構造と、線虫のように生存するために自由水が必要な動かない有害生物にとって、水を与えないことは乾燥と死をまねく。土壌の完全な乾燥はセイバンモロコシのような多年生雑草の地下茎を殺すために用いられ、灌漑水路と池の水を抜くことは、ある水生雑草の防除の効果的な方法となる。

土壌を乾かすことは線虫管理戦術として役に立つ。しかしながら、線虫の生物学が理解されなければならない。なぜならば、ある線虫はanhydrobiosis［耐無水生存］と呼ばれる状態になり、それ故全くの乾燥でも生き残るからである。土壌が乾くにしたがって、ある線虫はその体からゆっくり水を除くことによって耐無水生存に入り、その膜とタンパク質を安定化させる糖と水を入れ替える。耐無水生存状態においては線虫が活動を停止し、検出できる代謝がなく、標準的線虫管理戦術に抵抗性を持つようになる。環境に水が戻ったとき、線虫は再び水を含み活動を再開する。ある線虫は耐無水生存で数十年間生存できる。したがって、乾燥がすべての線虫種を防除するとは限らない。そしてあるものの生存を実際上助ける。

灌漑

灌漑された農業システムにおいて、それが作物にはよく有害生物にはよくないように灌漑を修正することがときには可能である。灌漑の量、タイミング、水の分配の方法のような要因は、有害生物の量と被害を修正するために用いることができる。トマトの尻腐病として知られる病害は灌漑管理の不足によるものである。

乾燥条件は葉にホコリを増やす。そして埃っぽい条件は、例えばワタ、トマト、アーモンドにおけるハダニの問題を悪化させる。

図15-3
bunch rot病の発生量を減らすための戦術として、部分的に葉冠が取り除かれたブドウの木。
資料：Doug Gublerの許可による写真

過剰な灌漑は土を水浸しにし、それから土壌伝染性病害問題を悪化させる。*Phytophthora* 菌は湿った条件の下で動く遊走子を生じ、これらの遊走子は寄主に感染する。いいかげんな灌漑は、それ故有害生物問題をひき起こす。

灌漑が行なわれる一日のうちの時間は、有害生物のひどさにインパクトを与える。一日の中間でのスプリンクラーの使用は葉の病害問題を悪化させる。なぜならば、そのようなスプリンクラー灌水は自由な水の存在期間を引き延ばすからである。より乾いた条件では感染が妨げられるようなとき、長い期間の自由な水は菌の胞子が発芽して植物に侵入することを許す。スプリンクラーはまた「雨のはねかえり」によるナシの火傷病やトマトの斑点細菌病のような細菌病害の多くを悪化させる。あるリンゴ果樹園は果実を冷やすために頭からかけるスプリンクラーを置くように設計された。しかし火傷病があまりにひどくなり、その果樹園は放棄された。

灌漑のタイミングもまた、有害生物の発生量に影響する。暑く乾いた条件の下では、もし灌漑が間をあけて行なわれ、作物がこのサイクルの間にストレスをうけると、この条件はハダニの爆発的な大発生にとって好適となる。反対にトマトでは *Verticilium dahliae* 菌とネグサレセンチュウによって早く死ぬ症状の発生を減らすために、灌漑をひかえることが試みられている。なぜならば、この病原体は水分が制限されたとき、根を容易に攻撃することができないからである。

水の分配の方法は有害生物管理を変えることができる。土の表面を乾いた状態に保つように灌漑することは、雑草を減らすことができ、葉の病害の発生量を減らすであろう。例えば、植え付け床の頂上は湿らないように畑の溝に灌漑すると、レタス小粒菌核病（**図 2-2b**）を起こす *Sclerotinia minor* による感染を減らすことができる。点滴灌漑における最近の発展は、埋められた配水管を可能にし、表面水管理の大きい助けとなった。

ある作物では、特に雑草防除のために前灌漑と呼ばれるやり方が用いられる。この灌漑は土の準備が完成した後、しかし作物の植え付け前に適用される。灌漑は雑草を発芽させ、それから浅い耕起か除草剤のどちらかによってその雑草が殺される。作物はその後、乾いた耕された土に植え付けられる。この戦術はトウモロコシ、マメ、ワタのような大きい種子のためにはよく働く。前灌漑は雑草以外の有害生物の防除のためには適切でない。そして、多年生雑草の防除のためにはそれほど効果的でない。それは天水農業における雑草管理のために用いることができるが、あまりに多い雨が作物を植え付けすることを困難にするという危険がある。

前灌漑の変種は、古い苗床と呼ばれるやり方である。これは作物を播く数週間か数カ月前に準備される。苗床の上に発生した雑草は作物が植え付けられる前に防除され、作物が播かれるときに発生する雑草が十分に減るようにされる。しかしながら、もしそうした雑草があまり長く置かれると、それらは線虫と病原体の発育を支えることもある。

限界　もし、灌漑のために必要な装置とインフラストラクチャーが一般的作物生産のために得られなければ、それを有害生物管理に用いることは追加の費用となる。同様に、もし灌漑の必要性がないか、それに加えて有害生物管理のためにだけ水が必要ならば、それは追加的費用となる。灌漑戦術の大部分は、古い苗床を除けば種子の小さい作物のためにはうまく働かない。

光

光は緑色植物にとって必要な資源であり、光を妨げる障壁は雑草管理において役に立つ。そのような障壁は大部分の他の有害生物の管理にはあまり適切でない。なぜならば、その作用機作が光合成を妨げることであるからである。光を妨げる障壁は通常はマルチと呼ばれる。マルチは雑草防除よりも他の目的、特に水の保全のために用いられる。反射マルチは昆虫が作物植物に着地することを阻止するために用いられる。いくつかの種類のマルチがいくらか別の目的をはたす。

合成マルチ

このタイプのマルチは堅い黒いポリエチレンプラスチックの繊維の入った暗色のプラスチックと、さまざまな形の織られた黒いプラスチックのような材料から作られる。後者のタイプは水の浸透を許し、通常、紫外線に抵抗性のあるポリプロピレンから作られる。ある状況では透明なプラスチックが用いられる。しかし、それは光を妨げないし、有害生物管理での有利性は加熱によるものである（日光消毒参照）。プラスチックマルチはしばしば環境美化織物と呼ばれる。それらは、ごく近くにある多くの異なる植物種に対して、除草剤の使用が問題になるような状況の下での雑草防除に特に効果的である（**図 15-4a**）。

合成マルチの欠点は、それが石油製品から作られているということである。それはまた日光で分解し、次に、ばらばらな小片になって風によって吹き散らされる。プラスチックは多くの場合、日光を妨げて寿命を増すためにさらにおおわれなければならない。また1つの栽培シーズンの終わりの廃棄に伴う重大な問題がある。プラスチックマルチの費用は比較的高い。そして、それらは通常、高価な作物と庭においてのみ使われる。

自然マルチ

樹皮、木のチップ、わら、刈った芝とさまざまな紙製品はマルチとして用いられる（**図15-4b**）。紙製品を除けば、そのようなマルチは十分な雑草防除を達成するためには数インチの厚さが必要である。それでも、おそらく多年生雑草がマルチを通して発芽するであろう。さまざまな種類の石も用いられる。しかし、それらは有害生物管理の目的というよりは主として装飾のためである。すべてのマルチは水の保全に効果的である。石以外のこれらのマルチは、それがあとで分解する有機物である。このことは有利性として考えられるが、それは有機物マルチを時々交換しなければならないことを意味する。

有機物マルチは重大な不利益を持つ。それは、それがナメクジ、カタツムリ、カメムシ、ハサミムシを含むいくつかの有害生物のために理想的な生息場所を作りだすからである。また、野菜作物をマルチングすることは、そのような有害生物が増えることのないことを確かめて十分に注意しながら行なうべきである。有機物マルチは多年生樹木と、つる作物の管理には有用である。ただし、カタツムリが重大な問題となるカンキツ類は別である。

生きているマルチ

生きているマルチは、雑草によって必要とされる光を遮ることによって雑草と競争するために特に育てられる植物である。光の排除が、生きているマルチによる雑草防除の主なメカニズムではあるけれども、あるものは他感作用的な根の排除をも作りだす。生きているマルチは耕種的管理についての第16章で論議する。なぜならば、生きた植物は純粋な物理的過程以外のものに関係するからである。

有害生物の物理的排除

物理的排除の目的は、有害生物が作物に到達することを止めることである。この戦術は、有害生物に対して障壁を立てるか、トラップ［わな］をかけるかの、どちらかの形をとる。物理的排除は小規模には実用的であるが、多くの状況で大規模農業に適用することはあまりに高価である。次の技術の大部分は庭か高価な野菜と果実生産システムにおける有害生物管理のために経済的に実用的である。

障壁

障壁は有害生物を作物地域の外側に保つために用いられる。いかに障壁を使うかは防除される有害生物のカテゴリ

(a)

(b)

図15-4　マルチの例。
(a) 雑草防除のために用いられる合成黒色プラスチックマルチ。
(b) 観賞用景観植え込みにおいてマルチとして用いられる、割って／刻んだ刈り込み枝。
資料：Robert Norris による写真

ーによる。

ナメクジとカタツムリに対する障壁

軟体動物を阻止する材料ならば、障壁は効果的な防除戦術となることができる。例えば、珪藻土または灰の層が植物のまわりに振りまかれる。これらの材料は摩擦があり、それが乾いているときナメクジとカタツムリはこれを横切ることができないであろう。水がこのタイプの障壁の効力を減ずる。ナメクジとカタツムリは約1インチかそれ以上の幅の銅の帯を横切ることができない（**図15–5a**）。それらの「脚」の上の粘液と銅の間に電解による反応が起こり、それは明らかにその動物を阻止する。銅の障壁は、もし銅の帯の上に別の道や橋があると効果的でない。例えば、カンキツ類の低く垂れた枝は、木の幹のまわりの銅の帯の価値を失わせる。

節足動物に対する障壁

最近まで有害節足動物の排除は限られたスケールで実用

図15–5　排除用具のさまざまなタイプ。
(a) カンキツ類において軟体動物を阻止するための銅の帯。
(b) デンマークのセロリの大規模圃場の上での浮き畝覆いの使用。
(c) 家庭菜園における枠で支えられた浮き畝覆い。
(d) 鳥を排除するためのサクランボの樹への網かけ。
(e) ウサギが噛むことから樹皮を守るための鞘をつけた若い樹。
資料：Robert Norris による写真

化されてきた。軟らかいポリエステルまたは他の織物から作られた、「floating row covers」［浮き畝覆い］の開発は、高い価格の作物から飛ぶ昆虫を排除する可能性をもたらした。(**図 15–5b と c**)。この織物は、それが「浮き畝覆い」の名前の由来となったように、作物植物の上に直接によこたえるか、枠にのせて作物の上方に浮かせる。浮き畝覆いは昆虫が縁の下から這いこまないように、その縁を土の中に埋めこんで土の表面に広げなければならない。浮き畝覆いはアブラムシ、コナジラミ、ガとコウチュウ、そして他の飛ぶ昆虫に対して優れた防除を提供する。昆虫が食うことを排除することによって、浮き畝覆いはその昆虫によって媒介されるウイルス病に対してもまた保護効果がある。それに加えて、浮き畝覆いはネコと鳥を閉め出し、日焼けから守り、霜の害を防ぐ。

浮き畝覆いの使用の主要な欠点は織物の費用である。そこで、それらは高価な作物か商品のプレミアム価格が要求できる有機栽培システムにおいて主に用いられる。浮き畝覆いのもう 1 つの欠点は、織物の下の環境が雑草の成長とナメクジとカタツムリに理想的であるということである。浮き畝覆いを使用する IPM システムにおいては、他の有害生物が注意深くモニタリングされなければならない。

他の種類の障壁は発育の初期に一つ一つの果実のまわりに紙の袋をかけ、それによって昆虫の摂食と産卵から防ぐことである。この手法は労力がかかる。そして熱帯の高価な果樹作物で主としてミバエに対して用いられる。

脊椎動物に対する障壁

排除はある有害脊椎動物を管理するためには、しばしば単なる選択肢にすぎない。

鳥　鳥は多くの芽生え作物と熟した果実作物にひどい被害を与える。孤立した果樹園と小規模の果樹園区画は鳥の被害で荒廃する。小さい集約的な作業のためには網かけが優れた防除を提供する (**図 15–5d**)。通常、大規模な鳥からの物理的保護はより難しい。しかし、種子を食う鳥が多い地域では、水田は鳥がイネに達することを妨げる網かけによっておおわれる。

哺乳類　シカとウサギのような動物を、裏庭と小さい市場むけ野菜から閉め出すために柵が慣行的に用いられる。柵の高さと土の中の深さは、排除すべき動物に対して適切でなければならない。例えば、ウサギに対する柵はシカを排除するために用いられるものほど高い必要はない。ウサギとマーモットのような穴を掘る動物では、柵は穴よりも深い土の中に伸ばされなければならない。柵の使用はクマ、ゾウ、サイのような大きい動物を排除するのには通常効果的でない。柵はヒトの蛮行からの唯一の許容される防護であろう。

穀倉はげっ歯類を排除するためのキノコ型の柱の上に建てられる (**図 3–3**)。そしてネズミとハツカネズミの貯蔵施設からの物理的排除はなおも実行されている。

げっ歯類とウサギが若い木の樹皮を食うような状況においては、噛む被害から、それを守るために、幹の低い部分を鞘の中におさめることが実施される (**図 15–5e**)。この技術は新しい果樹園を始めるときと、景観修復プロジェクトと林業において木を植えるときに広く用いられる。もし、シカがある地域に多いようであれば、若い木のまわりに金属のカゴを置かなければならない。

物理的トラップ

トラップ［わな］は有害生物の数を大きく減らし、有害生物の密度を許容できるレベルまで減らすために用いられる。このトラップの使用は、個体群の発達をモニタリングするためにトラップを用いることとは別である。効果的にするために、トラップは有害生物を誘引しなければならず、これはあるタイプの餌または情報化学物質の使用を通じて達成される（第 14 章参照）。ここで言及するトラッピング［トラップで誘引する］技術はいずれも、部分的な有害生物防除以上のものを提供しない。他の限界は、トラッピングが一時的な防除にすぎず、労力がかかり、相対的に高価であるということである。しかしながら、ある状況においては、トラップの使用は IPM プログラムの重要な要素である。

雑草に対するトラップ

雑草の種子は灌漑水の上に浮かび畑に送りこまれる。灌漑の流水の中に置かれた濾過器は、それらの浮いた種子を捕らえることができる。この技術はしばしば耕種的管理と考えられる。しかし実際上、1 つの純粋な物理的排除である。この技術は高速の水の流れの所、あるいは水に破片が混じっている所で実施することは難しい。

節足動物に対するトラップ

節足動物を防除するために用いられるさまざまなタイプのトラップのうち、すべての有用性は限られる。トラップに昆虫を誘引するためにさまざまな誘引剤がある。昆虫は特定の色に誘引され、そして粘着性の材料でおおわれた色のついたカードは昆虫をおびき寄せて捕らえる。粘着性のあるハエトリ紙はイエバエを殺すために何十年もの間用いられてきた。そして同様に黄色い粘着トラップがヨコバイ、コナジラミ、そしてハモグリバエの成虫のような飛ぶ昆虫のために用いられる（**図14-1b**参照）。粘着トラップはしばしば温室で用いられる。しかし畑の縁に置いてもよい。温室におけるコナジラミの粘着トラップの防除の効力はよく述べられてきた。温室のトマト ── 1つの好まれる寄主 ── でのある研究において、黄色粘着トラップの上に捕らえられたコナジラミとトマトの葉の上で捕らえられたものの比は4.3：1であった。あまり好まれない寄主である温室のキクでは、この比は107：1であった。他の管理戦術とともに用いられると粘着トラップは役に立つ ── たとえ防除のためではなくとも、それは信頼のおけるモニタリングの用具である。

線虫を媒介する昆虫をトラッピングすることは、ある線虫病の発生量を減らすことができる。トラップがフェロモンやカイロモンのような化学的誘引剤（第14章で論議したように）や殺虫剤（第11章で論議したように）と一緒に用いられるとき、最も効果的なトラッピングが行なわれる。それ故、そのような物理的トラップは実際上いくつかの戦術の組み合わせである。1つの実例はヤシのゾウムシによって媒介される線虫によって起こるココヤシ赤色輪腐病の管理である。ゾウムシの媒介者を誘引し捕らえて殺すために、殺虫剤で処理された新鮮なココヤシの組織の塊を誘引剤として満たした、トラップまたは防護カゴが農場の土の上に置かれる。

段ボールのような板、または他の適切な生息場所の材料が、隠れ家としてダンゴムシ、ハサミムシのような節足動物を誘引する。この有害生物の行動は、それが隠れ家となる土台と密着したものに向かうもの（走触性）であり、捕らえられた有害生物は殺すことができる。ナメクジとカタツムリは同じ方法で防除できる。果樹の幹の上に巻いた粘着性のある帯とボール紙の帯は、アリとコドリンガの幼虫のような這う昆虫を捕らえることができる。

這うバッタの群集の効果的な大量トラッピングは、群れをなして前進するバッタの前方に線状に掘られた深い溝によって試みられてきた。バッタはその溝に落ち、それから火や他の手段によって殺される。

脊椎動物に対するトラップ

トラッピングは何千年もの間、有害脊椎動物を防除するために用いられてきた。脊椎動物のために2つの主なトラップのタイプがある。1つのタイプはホリネズミのためのMacabeeトラップのように動物を殺す（**図15-6a**）。このトラップはホリネズミの穴の中に置かれ、ホリネズミがトラップを通って這い出すときにこれを捕らえる。家庭のハツカネズミトラップとネズミトラップはよく知られた殺鼠トラップである。殺鼠トラップに伴う問題の1つは、それらが動物を常に殺すとは限らないことである。トラップの他の基本的タイプは生け捕りトラップである。それは動物を殺さないで捕らえるのでこう名づけられている（**図15**

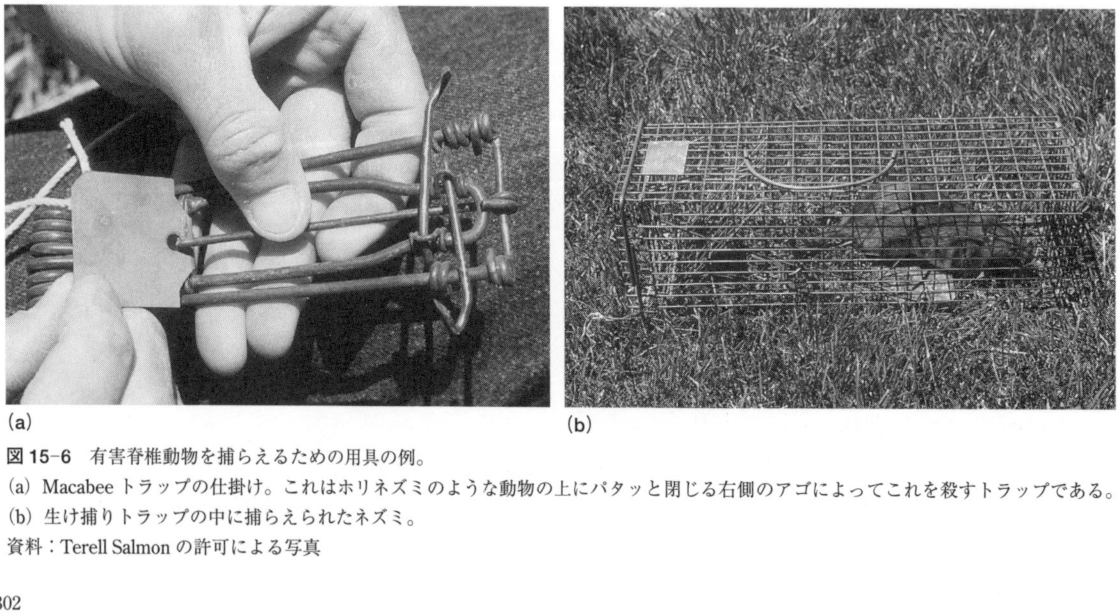

(a)　(b)

図15-6　有害脊椎動物を捕らえるための用具の例。
(a) Macabeeトラップの仕掛け。これはホリネズミのような動物の上にパタッと閉じる右側のアゴによってこれを殺すトラップである。
(b) 生け捕りトラップの中に捕らえられたネズミ。
資料：Terell Salmonの許可による写真

-6b)。トラッピングは有害脊椎動物個体群が小さいときには1つの有効な戦術となりうるが、個体群が大きいか動物が近くの地域から移動し再定着する場所では実用的でない。農業有害生物をトラッピングすることに対する一般市民の態度は有害生物の種類に依存する。ネズミをトラップにかけることは許容されるが、ウサギかコヨーテをトラップにかけることは残酷であると考えられるかもしれない。

有害生物の直接的防除

直接的防除の手段として有害生物を殺すために物理的過程が用いられる。雑草管理のための耕起は直接的防除の最も普通の形である。しかし、この技術も他の有害生物カテゴリーのためにはある限界を持つ。

射撃

射撃は有害脊椎動物のために適切であり、高い価格の作物を防ぐために、あるときには成功する。射撃はシカ、コヨーテ、キツネ、野生のブタ、ヤギのような大きい動物の防除のために局地的に成功し、ある場合にはホリネズミ、シマリスと鳥の防除のために用いられる。

この戦術の効力に対する限界は有害生物の移動性である。不快な動物を射撃で殺してさえ、他のものがその地域に移入してくる。一般市民の許容と安全性がこの戦術を定期的に用いることを制限する。射撃は長期的解決を提供しない。なぜならば、大きい脊椎動物はある場所から他の場所へ移動するからである。

手労働

人間の労働は物理的に有害生物を取り除くために用いることができる。これは有害生物の採集と破壊あるいは有害生物をその場で殺すという物理的活動の形である。人間労働による有害生物の直接的防除は高度に効果的で、特に雑草ではそうである。ある場合には、球茎または球根から線虫に感染した表層を手で取り除くことによって線虫フリーの植え付け材料が得られる。ある地域では直接的有害生物防除のための労働の広範な使用は費用的に限界がある。しかしながらこの費用は、生産経費と、雇用提供という、社会に対するより広い経済的貢献との比較において評価されるべきである。

有害生物の採取と破壊

ガの幼虫(例えばtomato hornworm[スズメガ科])またはナメクジとカタツムリのようなある有害生物を手で取ることは可能である。採取された有害生物はそれから殺される。エジプトではcotton leaf worms[ヤガ科]を大発生の年に手で取るため、学校児童が畑への遠足に動員されてきた。この作戦は大きい圃場で行なわれ、時には数千人ほどではないが数百人の青少年の参加によって行なわれる。一般的に有害生物を採取する技術は庭やきわめて小さい農園で用いられる。しかし、工業化された国における大部分の商業的農業においては、あまりにも労力がかかりすぎる。

ある場合には、寄主植物は感染した組織とそこにいる有害生物を取り除くために刈りこまれる。実例には火傷病(**図4-4**参照)の感染を取り除くためにナシの木の感染した大枝を取り除くか、木の根頭がん腫病を外科的に取り除くものがある。

手で抜くことと鍬で耕すこと

手で抜いたり鍬で耕すことは、作物が最初に栽培されて以来、畝間の雑草防除のために用いられてきた。ようやく20世紀に入ってから、選択的除草剤の開発を通してこの形の雑草防除への依存を減らすことが可能になった。

手によって雑草を抜くことは、鍬で耕すことと合わせて、庭や工業化されていない農業と集約的な野菜生産システムにおける雑草管理のために、なおも最良の方法である(**図15-7a**と**b**)。それは、有機栽培システムにおける畝間の雑草防除のための唯一の完全に効果的な方法である。手労働に頼る雑草防除のシステムは、雑草をまだ小さい間に取り除かなければならない。なぜならば、雑草がより大きくなるにつれて防除の費用が急速に増加するからである。有機栽培システムにおける除草の費用は、なぜそのようなシステムからの生産物がプレミアム付きで売られなければならないかの1つの理由である。

ある生産システムにおいては、他の防除戦術の使用のあとに、畝作物の中に残った雑草(あるときには逃げたものと呼ばれる)の手除草に費用効果がある。このことは、雑草から生まれた種子が逃げて雑草の種子バンクに加えられ、将来の年に問題を作りださないようにするために行なわれる。この概念は有機栽培農家と除草剤に頼らないシステム

(a)

(b)

図 15-7　除草のための人間労働。
(a) 加工用トマトの除草のために鍬で耕す一団。
(b) モロッコにおけるトウガラシの手除草。
資料：Robert Norris による写真

のためにおそらくより重要であろう。なぜならば、そのようなシステムは畝の中の雑草を除去する速やかな手段を持たないからである。大規模圃場作物生産においてさえ、手による除去はある環境の下で行なわれる。アメリカ合衆国中西部のある地域では、ダイズ圃場の中で育つ逃げたトウモロコシはしばしば手で除かれる。そして、除草剤防除から逃げたイチビとオナモミの類は栽培シーズンの中間までに手で取り除かれる。

西欧社会では、畝作物の中の雑草管理はその費用と労働の入手が問題である。なぜならば、雑草のために手労働を利用するシステムは、作物の成長の決定的なときに大きい労働力を必要とするからである（**図 2-5** 参照）。北アメリカにおける現在の最小の賃金では、手除草の費用はサトウダイコンとトマトのような作物でエーカー当たり 300〜800 ドルの範囲であり、コンテナで育つ観賞植物では、エーカー当たり 4000〜5000 ドルである。これらの費用は経済的に支持できない。先進国における農業はそれ故、畝間の雑草防除を達成するための唯一の手段としての手除草には、経済的と社会的との両方の理由から頼ることができない。

手除草は、摘み取りと収穫の季節的作業にも労働を必要とするような主な農業地域において、労働力を保持するための経済的基礎を提供する。これはコーヒーと果実を生産する南アメリカのある国の場合である。

機械的耕耘／耕起

耕耘は植物を根こそぎするか、または有害生物が生存しないように生息場所を修正しようとするものである。すべての耕耘の第一の機能は雑草管理である。雑草は線虫のような他の有害生物の寄主である。そこで、特に線虫管理を目的とした作物輪作の間には、念入りな雑草管理が特別に重要である。作物生産が耕起なしに維持される不耕起農業の広範な採用は、雑草管理のための除草剤に頼る結果となる。

病原体に対する耕耘

大部分の病原体のために耕耘はインパクトがない。しかし、耕耘がある IPM プログラムの欠くことのできない部分であるような 2、3 の例がある。落下したリンゴの葉を土の中に耕し入れることは、葉の分解を助け、それがリンゴの黒星病菌の感染源を破壊し、翌年に病害が始まるために必要な感染源を除去することによって病気のサイクルを壊す。レタスの小粒菌核病のような 2、3 の病原体では、菌核のような生き残った構造を土の中に深く埋めることによって、病気の発生量を減らすことができる。しかしながら、埋められた菌核の長い生存が、耕耘の効力を実際上制限する。なぜならば、生存した菌核は次の深い耕起のときにもなお存在することができるからである。

雑草に対する耕耘

種子のドリル播きの発明は正確な畝間耕耘を許した（第 3 章参照）。耕起が雑草防除のために最も広く用いられる方法である。効果的な耕起は次の要因に依存する。

1. 正確さ。理想的には、耕起装置は作物の畝の近くにセットされる（**図 15-8**）。それ故、手で耕すか除草剤を散布しなければならない未耕起の畝は狭い。作物が正確に播かれることは、後の精密な耕起を許すために決定的である。

2. 雑草の大きさ。耕すこと、または耕起は、雑草が小さいとき最も容易になされる。大きい雑草は根こそぎにすることが難しく、それらは装置に詰まる。そして、それらの除去は作物に被害をもたらす。それ故、正しい除草のタイミングが必要である。
3. 他の栽培慣行の中に組みこむ。耕起は他の栽培慣行と統合されるべきである。土壌の水分条件は正しくなければならない。なぜならば、もし土壌が湿りすぎたり乾きすぎたりすると雑草防除の結果がよくないからである。理想的には、耕起の後に灌漑と降雨はあってはならない。なぜならば、水分によって根こそぎにした雑草が再び根を出し成長を再開するからである。
4. 一年生と多年生。機械的雑草防除は一年生雑草に対するよりも多年生雑草の防除のためには、はるかに効果がない。1回の耕起は通常一年生雑草を殺す。しかしそれは多年生雑草の地上の部分を除くにすぎない。そしてそれは根、塊茎または根茎から再び発生する。多年生雑草の地下の予備を枯渇させるためには繰り返しの耕起が必要である。
5. 夜の耕起。光にさらすことは土の中に埋められた雑草種子の発芽の引き金になる。そのような雑草の種子の発芽を刺戟する光を止めるための方法として、夜の耕起が提案されてきた。夜間の耕起によって達成される雑草の発芽の減少は、その作業を行なうことの困難さを正当化するほどのものではないように思われる。
6. 深い埋没。特別な二重に働く「はつ土板プラウ」の使用（耕耘装置の選択参照）は多年生雑草の塊茎と根茎を土の下18インチもの深さに埋めることができる。この技術はカヤツリグサの類の防除のために見こみがあるように見える。深い埋没は種子に対しては限られた有用性しか持たない。なぜならば、それらは長期間生き残るからである。

線虫に対する耕耘

線虫は基本的に水生動物である。耕耘は土をひっくり返し、より深い土壌の層を、むきだしにして根の断片を急速に乾かす。もし土壌が急速に乾くならば、根の断片の中にいるものを含む線虫の乾燥と死を導くことができる。これは土壌中に存在する線虫の感染源を効果的に減らすことができる。線虫は土壌の断面の全体に発生するので、表面の耕起は個体群を被害閾値より低く減らすことはできないであろう。すでに述べたように、ある線虫はanhydrobiosis［耐無水生存］に入ることによって乾いても生き残ることができる。そして、そうなれば線虫はこの戦術によっては防除されない。ある線虫の卵はゆっくり乾かすと相対的によく生き残る。そこで、この技術はこれらの線虫での効力に限界がある。

ナメクジとカタツムリに対する耕耘

耕起はナメクジとカタツムリの生息場所を破壊する。それは被覆を減らし、表面の有機物の破片を土の中に埋める。

図15-8
接近した耕起を示す耕起装置。すき刃の手前に別につけた垂直の刃の間のサトウダイコンの畝。
資料：Robert Norrisによる写真

それは続いてそれらの食物供給を減らし、そのためナメクジとカタツムリは耕耘する農業圃場においてはめったに問題にならない。不耕起農業の採用は土の表面に植物残滓が残ることを許し、軟体動物問題を増やすことへと導く。

節足動物に対する耕耘

耕耘は、コムカデのような土に棲む節足動物、そしてある発育段階を土の中で過ごすコウチュウの幼虫、コメツキムシ、root worm［ハムシ科］とチョウ目とコウチュウ目の越冬蛹のような昆虫の管理においてかなり適用されてきた。作物を刻んだり、ずたずたにしたあと、はつ土板による鋤起こしをすることは、ヨーロッパアワノメイガ、アメリカタバコガの防除のために勧められている。耕耘はまたgrape root borer［スカシバガ科］の生存を減らす。wheat stem sawfly［クキバチ科］の管理のために春の鋤起こしが勧められている。

ある場合には、耕耘はある有害昆虫のひどさを増すことに導く。カナダ西部では遅い夏の耕耘はpale western cutworm［ヤガ科］の成功を増やす。なぜならば、耕耘は土をばらばらにして塊を減らし、そのため産卵（卵を産むこと）を改善するからである。最少耕起または不耕起システムの採用の増加は、ある土壌性有害節足動物に対するインパクトがある。なぜならば、それらは、土の中で攪乱されることなく発育を完了することを許されるからである。

哺乳類に対する耕耘

耕耘はホリネズミ、ノネズミのような土に棲む脊椎動物の穴とcottontail rabbit［ウサギの一種］の生息場所を破壊するために用いることができる。ホリネズミは耕した畑ではめったに問題にならない。減耕起または不耕起システムの採用は、穴の破壊がないことへの反応として有害脊椎動物問題を増やすことがある。

耕耘装置

耕耘のために用いられる装置のタイプは使用の用途と作物の状態とタイプに依存して変わる。

作物がないとき　作物が存在しないとき、耕耘は実質的で、土を数インチから18インチ以上の深さに広い範囲で攪乱する。それはしばしば最初の耕耘と呼ばれ、それには作物を播くのに先立って行なわれる一連の耕耘装置が用いられる。

- はつ土板プラウ（**図 15-9a**）は典型的には土を10〜12インチの深さで反転する。これらは存在する大量の植生を埋めこむために用いられ、畑を比較的ゆっくりと移動する必要がある。二重の深さの、はつ土板プラウは残滓を土の中約18インチの深さに埋めこむ（**図 15-9b**）。
- ディスク［円板］は一群の凹型の回転する鋭い鋼の刃であり、それは土の中をある角度で引っ張られる（**図 15-9c**）。植生を破壊するために用いられる大きい円板は植物の残骸を切り刻むことを助けるためにしばしば溝が彫られた外側の縁を持っている。円板は土を2〜3インチから約8〜10インチの深さに攪乱することができ、存在する植生と残滓を、土壌の中にまぜるためにきわめて効果的である。円板化した装置はプラウ装置より早い速度で畑の中を動くことができる。
- チゼルはさまざまの大きさとタイプの垂直の柄で、かなりの深さに土の中を引っ張られる。それらは主として土をぼろぼろにするために用いられ、プラウや円板よりも雑草を殺すのに効果的である。
- ハローはバネの歯（**図 15-9d**）か、固定したスパイクの歯（**図 15-9e**）の装置で、それは土の中を引っ張られるが、それらの活動は比較的浅く、土を多くとも2〜3インチの深さで攪乱する。そして、その第一の用途は種子の播き床を準備することである。それらは小さい雑草のみを殺すのに効果的である。

畝間耕起　このタイプの耕耘は作物の畝の間の雑草を除くために行なわれる。それは作物への根への被害が最少になるように比較的浅くなければならない。実例には次のものがある。

- 手で押すものと、動物がひく車輪状のカルチベータ（**図 15-10a**）は畝間の雑草の除去を行なう。
- 垂直と角度のある刃と水平のスイープが雑草を引き抜くため土の表面の直下を通して引っ張られる（**図 15-10b、c**）。
- 土面をひく回転するカルチベータは、曲がった刃からなる一群の円板からなる装置である。カルチベータは雑草を除去するために土の表面をひきずられる（**図 15-10d**）。回転するカルチベータは比較的高速で作業され、その有用性は畑の中を速やかに通過することができるということである。

畝内耕起　作物の畝の中の機械的雑草防除は困難である。作物の畝の中で働く特別な装置が開発されてきた。そして、それらはより大きい作物植物を殺すことなく小さい芽生えを引き抜くために用いられた。しかしながら、実際には作

(a)

(b)

(c)

(d)

(e)

図 15-9　最初の耕耘装置の例。
(a) 通常の単一の深さの、はつ土板プラウ。
(b) 残滓を深く埋め込むための二重の深さの、はつ土板プラウ。
(c) 大きい再墾ディスク（ディスクと二重ギャングを見せるために畑の道の上に置いてある）。
(d) バネ歯ハロー。
(e) スパイク歯ハロー。
資料：Robert Norris による写真

物のかなりの被害が起こる。雑草防除のための特殊化した装置の例には次のものがある。

- ローラーが広葉雑草を殺すために草作物の中で用いられた。しかし、それらは部分的に効果的であるにすぎない。
- 棒と指の除草機は作物の畝の中にパケットが入ったり出たりして小さい雑草を取り除く（**図 15-10e**）。
- 回転する鍬は動力で動く回転する装置で、作物の畝を通って小さい刃が雑草を取り除く。それらは作物植物をも取り除くので注意深く用いなければならない。
- ブラシ鍬は互いに反対方向に回転するブラシで、それは浅い根の雑草を引き抜く。そして相対的により深い根の作物は取り除かない（**図 15-10f**）。
- フランスプラウは木とつる作物における雑草防除のために開発された特別のプラウである。このプラウは、つるのまわりをぐるりと回るようなメカニズムを持ち、それが畝の中に「落ちて」もどる（**図 15-10g**）。

特殊化したシステム　これらは特別な状況のために開発されてきた。

- アルファルファの修復は、ばらまかれた多年生作物の中での機械的雑草防除を提供する。軽いディスクまたはハローによる耕起は根の深いアルファルファに最小限のインパクトを持って雑草を取り除くために用いられる。
- 「フタをしてはぎとる」はトマトやトウガラシのような比較的ゆっくりと発芽する作物で、直接種を播く場合に

図 15-10　畝間と畝内の耕起装置の例。
(a) モロッコにおいてトウガラシの中を動物でひく単畝カルチベータ。
(b) 典型的な畝間そりカルチベータが働いているところ。
(c) スレッドカルチベータが刃とスイープを示すために持ち上げられたところ。
(d) 地面をひく回転カルチベータ。
(e) 畝内の雑草を除くためのBezzeridesカルチベータの指。
(f) 畝内雑草を除くための機械的に回転するブラシ鍬。
(g) ブドウ園における畝内雑草防除のために用いられているフランスプラウ。
資料：(a)(b)(c)(e)はRobert Norris、(f)はSteve Fennimoreの許可、(g)はClyde Elmoreの許可による写真

用いられる1つの技術である。種子を播いたのち2〜3インチのフタが畝の頂上におかれる。作物の種子が発芽するとフタは耕起装置によって物理的に取り除かれる。それによってフタの土の中の発芽した雑草種子は破壊される。フタを取り除くタイミングが決定的である。

耕耘の不利益

耕耘は広く用いられているけれども、そして雑草といくつかの他のタイプの有害生物の実質的な防除を提供するけれども、IPMプログラムにおいて考えなければならない重大な欠点がないとはいえない。

1. 土壌の侵食。耕耘された土壌は水（**図 15-11**）と風によって重大な侵食を受ける。耕耘されず、植物によっておおわれた土壌は侵食にはるかに侵されない。作物生産のための耕耘を減らすことは、実質的に土壌の侵食を減らすことができる。例えば、不耕起システムの使用は1回の降雨の間に耕耘システムにおける2トン／エーカーの侵食から、不耕起システムにおける2ポンド／エーカーへと減る。[1トン＝2000ポンド]。
土壌の侵食は有害生物管理のために耕耘を用いることの、おそらく唯一の最大の弱点である。侵食は激しい雨（例えば雷雨）あるいは乾燥条件の下で起こる強い風で特にひどくなる。土壌の侵食を減らす必要性は、不耕起農業システムの採用の背後にある主な推進力である。耕耘による土壌の侵食の悪化は除草剤の使用の結果よりも即時の目に見える有害な影響を示す。
2. エネルギーの使用。耕耘は大量の土を動かす必要がある。それは次に、大量のエネルギーを用いることを必要とする。何百年もの間この目的のために動物のエネルギーが用いられた。20世紀に入ると内燃機関の中での化石燃料の使用が大幅に動物エネルギーに代わり、1940年代に除草剤の化学的エネルギーの使用が採用された。
3. 土壌生息場所の破壊。耕耘はほとんどすべての土に棲む生物のための生息場所の破壊の原因となる。意図した標的の有害生物に加えて、穴を掘るフクロウと子ギツネのような大きい動物から、ミミズ、微生物までの野生生物がひどく影響を受ける。76%ものミミズがプラウとディスクをかけることによって殺される。鳥は耕耘によって露出された生物を食うために耕耘の後を

図 15-11　慣行的に耕耘されたコムギ畑からの土壌の侵食。
資料：Jack Dykinga, USDA/ARS による写真

つける。そして食われる多くの生物はミミズである。

4. 土壌構造。土の物理的構造は耕起によって壊れる。この問題は土が比較的乾いているときに耕起することによってかなり減る。しかし、湿った土の耕耘は土壌構造へのかなりの損傷をもたらす。動力で引っ張るロータリー耕耘は特に土壌構造に損傷を与える。
5. 土壌を固める。重い耕耘装置を畑を横切って動かすことは土壌を固め、植物の根によって貫通できない硬盤層を作る結果となる。硬盤は線虫問題を悪化させる。なぜならば、線虫の数が最も多い土壌の上層に根が閉じこめられるからである。硬盤を深い耕耘によって壊すことは作物根が固い層を通り抜けて、より深い土壌の水分と栄養に接近することを許し、植物の成長を改善する。そしてある場合には線虫の寄生に対する耐性を増す。
6. 降雨。雨によって湿ると土壌を耕起できなくなる。しかし、雑草は成長を続ける。このことは適期の雑草防除ができないことによって、ひどい作物損失または作物の破壊にさえ導く。
7. ホコリ。乾いた土壌を耕耘するとホコリが作りだされる。耕耘された土が乾ききると、ゆるい土壌の上部は吹き飛ばされてホコリの嵐を作りだす。植物の葉の上のホコリはダニの被害問題を悪化させる。ホコリは粒子状大気汚染の1つの要素であり透視距離と人間の健康に害をもたらす。ホコリ汚染を制御するための法律が世界の多くの地域で制定されつつあり、耕耘をどのように有害生物管理のために用いるかを変える可能性がある。
8. 作物への被害。耕耘は助けにならないこともあり、作物に否定的なインパクトを与えることもある。作物の地上と地下に被害が起こることがある。不適切に調整された装置は作物を殺す可能性がある。耕起装置による被害は葉と茎への傷をひき起こし、果樹作物（例えばクルミ）の根頭がん腫病とサトウダイコンの腐敗病のような細菌病の侵入点として働く。根切りと呼ばれる根への被害は、果樹作物における雑草管理のために耕耘が用いられる場合のように、多くの作物で起こりうる。
9. バラマキ作物。バラマキ作物において耕耘は困難かあるいは不可能である。
10. 有害生物の繁殖体を畑の中や、畑から畑に運ぶ耕耘装置は、土壌の中で生きるか土壌の中に棲む発育段階を持つ、すべての有害生物の拡散に貢献する。この中には雑草の種子、線虫（**図 8-3c** 参照）、多くの土壌伝染性病原体、そしてある昆虫を含む。有害生物の拡散におけるこの問題の重要性は、通常十分な考慮を与えられない。ある畑から他の畑に装置を動かす前の衛生は、1つの重要な有害生物管理の概念である。畑の装置を衛生的にすることは第16章で論議される。

特殊化された機械的戦術

雑草管理

次のものは限られた状況の中で特定のタイプの有害生物を防除するために開発されてきた機械的過程である。

深耕　この技術は有害生物の繁殖体を土に埋めこみ、それらが成長しないで死ぬか腐敗するようにするために用いられる。実例にはレタス小粒菌核病の菌核（**図 15-9b**）とキハマスゲの塊茎を埋めこむために深く鋤き起こすものがある。この戦術は表土を18〜24インチの深さに埋めこむ特別に設計されたプラウの使用を必要とする。この技術の有効性は疑問である。なぜならば、次の深耕は生存して活力のある繁殖体を表面に戻すからである。それに加えて、

線虫のようなある病原体は、新しい植物の根が線虫を育てるために十分長い間、より深い土の層の中で生存できる。

草刈り　この技術は植物を殺さずに雑草の成長を制限するために用いられる。草刈りは継続的な植生の覆いが必要な果樹園、非作物地域、そして道路側において用いられる。土壌の表面にきわめて近い草刈りはアルファルファにおける寄生的なネナシカズラの類の防除のために用いられる。それは、この雑草は土の上約2〜3インチのアルファルファの茎に付着するからである。草刈りのために用いられる装置にはロータリー芝刈り、垂直からさお、鎌－棒草刈り機がある。草刈りは一時的な防除である。なぜならば植物は再び成長し、それは繰り返しの草刈りを必要とするからである。

ドレッジングとチェイニング　ドレッジング［浚渫］は水路と貯水地のような水系システムから土壌と植物材料を物理的に取り除くことである。これは水生雑草の防除に有用である。それはおおまかにいえば、水における耕耘に相当するものであり、灌漑水路と溝を排水するために広く用いられる。ドレッジングは金と時間がかかるが、その結果は一時的である。なぜならば、標的の植物は多年生であるのに、ドレッジングはすべての繁殖体を取り除くことができないからである。ドレッジングは繁殖体を新しく作りだす。ドレッジングは2〜3年ごとに繰り返されなければならない。そして使うたびに大量の泥と植物材料を廃棄する必要がある。

チェイニング［鎖かけ］と呼ばれる過程もまた、水生雑草防除のために用いられ、林業においては植え付け前の雑草管理の手段としても採用される。不要な植物を根こそぎにする目的で、2つの大きいトラクターが水路または植生を通過する重い鎖を引くために用いられる。チェイニングの限界は水系状況でのトレッジングの限界と多くが同じである。鎖によって水路から雑草を除くことはできないので、鎖をかけた地域の下流の水路から根こそぎにした雑草を物理的に取り除くことが必要である。

昆虫管理

昆虫の防除のために特別に開発されてきた機械的装置はほとんどない。これらの装置の2つが引用の価値がある。

hopperdozers　ワタリバッタの周期的大発生によって犯される地域において、hopperdozersと呼ばれる装置がバッタを大量に集めて殺すために用いられた。馬によって畑を引っ張られるdozerは、低い輪または滑り木の上にのせられた浅い盆（灯油、原油、またはタールの薄い膜をはった水が入っている）のことである。1920年初期からの報告は、攪乱された若虫と成虫を捕らえるために農民がhopperdozersを用いて1日に14ブッシェルものバッタを捕まえることができたと主張した。

吸引装置　吸引サンプリングの概念（第8章参照）の延長として、吸引作用による大量捕獲装置がトラクターまたはピックアップトラックの上に作られてきた。これらの大きい真空装置は、作物から昆虫を大量に除去するためにときたま用いられてきたが、その効果は疑問視され、多くの有用昆虫の除去を伴った。この装置はイチゴの生産においてカスミカメムシと他の動く昆虫を防除するために有効である。しかし、アブラムシのように動かない昆虫の除去には効果的でないことが証明された。

資料と推薦文献

有害生物管理のための物理的／機械的戦術の使用について述べた単独の引用文献はない。いくつかの教科書では耕種的防除法（第16章）のトピックの下に含まれ、また物理的／機械的防除戦術の論議を含んでいる。

第 16 章
有害生物の耕種的管理

序論

有害生物の耕種的管理は、ある作物を有害生物にとってはより適切でなく、天敵にとってはより適切になるように、あるいは作物の有害生物の攻撃に耐える能力を強めるように、作物の栽培法を変えることを含んでいる。その究極の目標は、農業生態系をある方法によって、有害生物個体群が経済的被害許容水準以下にとどまるように変えることである。以下は耕種的管理戦術についてのいくつかの一般的考察である。

1. 耕種的戦術は、基本的に物理的機械的戦術とは異なる。耕種的戦術は、物理的機械的戦術のように有害生物の上に何らかの直接的攻撃を及ぼすのではなく、作物または作物の環境（例えば、作物草冠内の微気象の変化）を通して仲介される。耕種的戦術は間接的に有害生物に影響するのみであるため、通常比較的ゆっくりと働き、そして大部分の耕種的技術は、それ故に急速な治療を必要とする有害生物問題を解決する上での価値は限られている。
2. 有害生物管理のための耕種的戦術は、その効果によって、有害生物の密度が経済的被害許容水準以下にとどまるように個体群の動態を変える（**図 16-1**）。耕種的戦術の採用は、生態系の有害生物についての環境収容力を一般的に変えることではない。したがってそれは、もし管理戦術または戦術群がゆるめられるならば、有害生物個体群がその本来の被害レベルに戻ることができることを意味する。耕種的管理戦術はそれ故、あるIPM プログラムの連続的部分でなければならない。それらは他の戦術でできるように、止めたり急速な有害生物防除が必要なときに始めたりすることはできない。
3. 耕種的戦術は一般的に比較的低いレベルのインプットで有害生物問題の程度を減らす。そのため最少の環境的インパクトしか持たない。耕種的戦術は特殊化した設備なしに、また大きい外部的インプットの使用なしに実施でき、大部分が正常な栽培作業で容易に手に入る設備に頼っている。
4. 単一の独立した慣行のように、大部分の耕種的戦術は

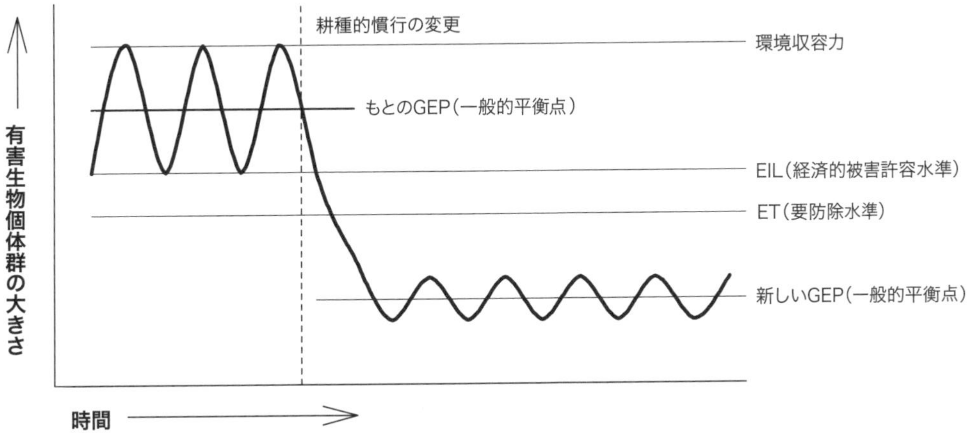

図 16-1　耕種的戦術に関係する理論的な有害生物個体群の動態。

有害生物を完全に防除したり根絶したりすることはできない。耕種的戦術は、有害生物個体群を被害レベル以下に保つために用いられるいくつかの戦術の１つとなる、管理プログラムの一部でなければならない。

5. 大部分の耕種的管理戦術は、管理者の役割としての専門知識と時間を必要とする。そのため管理者への訓練費用が増加する。耕種的防除戦術はそれ故、必要とされる費用を伴う管理技能の増大と関連して判断されなければならない。
6. 耕種的有害生物管理戦術は、しばしばある地域に特異的である。１つの地域でよく働くものは、どこか他の場所では働かないであろう。環境条件が適切でなければ、１つの地域から他の地域へ戦術を移転するには注意が必要である。

耕種的管理戦術の一部分としていくつかのトピックスが第７章において論議された。そして、これを再び深く扱うことはしない。耕種的管理戦術は多くの有利性を提供するけれども、それらはまた、これから論議するような限界を持っている。

予防

可能性

もしある有害生物がある国または地域に存在しないならば、侵入を予防することが最も望ましい。予防はこの節で論議するように、国や地域的規模（第10章で示されたように）よりも、地方的圃場規模で考えられる（**図1–5**参照）。圃場規模での予防は個々の管理者によって行なわれ、いくつかの要素に関係するものである。

有害生物の運搬の予防

有害生物はさまざまな手段によって圃場に侵入する。動物は歩いたり飛んだりすることによって活発に圃場に侵入することができる。線虫、病原体、雑草、そして多くの昆虫とダニは、受動的手段によって圃場に侵入する。受動的侵入の主な手段は、風、水、そして人間の活動によるものである。人間が有害生物を運搬する主な経路は、土の中または装置の上、あるいは作物の種子、移植苗の上か中である。種子と移植苗による有害生物の伝播は別の節で論議されるであろう。

農業機械

有害生物は圃場内または１つの圃場から他の圃場に農業機械によって動かされる。実際、すべての雑草とすべての土壌伝染性病原体、線虫、そして節足動物は、農業機械に付着した土の中で拡散する。有害生物の拡散を避けるために、すべての農業機械は、それを圃場の間で動かす前に洗われるべきであるということが標準的勧告である。土また植物残滓が集められるすべての表面を注意深く洗うことは、最初の耕耘と収穫のための農業機械において特に重要である。農業機械を洗滌する作業は勧告されるけれども、それ

図16–2
農業機械置場の中のlandplane［ランドレベラ］の土かき刃の後ろで、運ばれた土の中で育つナズナの芽生えが、いかに土壌性有害生物が農業機械によって運ばれるかを示している。
資料：Robert Norrisによる写真

はしばしばしたがわれない。**図 16-2** はある農業者の機械置場の中の landplane［ランドレベラ］の後ろにある汚染した土の中の種子から成長した雑草を示す。この写真は汚染した土の中の雑草を示しているけれども、この概念は土壌伝染性の線虫と病原体にも適用される。土の農業機械からの除去はせいぜい数分を要するだけで、それは雑草と他の土壌伝染性有害生物が他の圃場へ拡散することを止めるであろう。

土

土は病原体、雑草種子、線虫を含むすべてのタイプの土壌性有害生物で汚染される。線虫管理のための標準的な勧告は、土をある圃場から他の圃場へ動かすべきでないというものである。テンサイシストセンチュウの防除は土の中の有害生物の運搬の問題を表している。何年も前にカリフォルニア州のインペリアルバレーでは、サトウダイコンが加工される前に、工場でサトウダイコンから取りのけられた土（風袋土）が集められ圃場に返された。問題はその土が、それがやってきた同じ畑に戻されず、シストセンチュウに感染した畑からの土が、異なるおそらく非感染の圃場へと返されたことである（**図 8-3c** 参照）。この土の移動は実際上、その工場によって扱われているすべての畑にシストセンチュウが分布することを確実なものとした。ひとたびこの問題が認識されると、風袋土の畑への戻しの過程は停止された。

すべての農場の農業機械を注意深く洗うことは、畑における有害生物管理の標準的な要素とすべきである。ある人は、農業機械を洗うことを１つの物理的戦術と考えるが、農業機械は大部分の耕種的防除作業に関係する。そしてそれ故、ここでは耕種的防除戦術と一緒に論議される。

有害生物フリー作物の植え付け

有害生物フリーの種子を植え付けることの望ましさは明白である。そして、検定済み種子には有害生物がいない。しかしながら、多くの場合、種子が有害生物で汚染されているかどうか、特にその有害生物が病原体であるかどうかを知る方法がない。ある場合には、栽培者が雑草種子で汚染された彼等自身の種子を植え付ける場合のように、有害生物は作物とともに植え付けられる。

病原体

多くの病原体は、感染した植え付け苗によって導入されるか、種子伝染性である。病原体は外側または内側のどちらかにおり、後者の場合には、はるかに油断がならない。ある病原体（例えばウイルス）にとって病原体フリーとして保証された種子を用いることは、IPM プログラムが成功するかどうかにとって本質的である。

病原体の汚染は、検定済みの種子か、検定済みの植物を植え付けることの１つの理由である。検定された植え付け材料または種子は、それらに病原体がいないようにして成長または生産されてきた。検定は通常、母作物が病原体のない地域で成長すること、また母作物が病原体フリーであることを確証するために点検することを課している。検定は、地域的または国家的な政府機関によって、しばしば農業大学と連係して行なわれる。

検定された株を植え付けることは、ブドウのような作物におけるウイルス問題の導入を制限する主な方法と考えられている。もしウイルスに感染した植え付け株が用いられると、IPM プログラムはそれが開始する前に危うくされる。検定された種子の使用は、サツマイモのウイルスと他の病原体を制限する IPM の１つの重要な部分である。

ウイルスは、ある作物では種子伝染性である。レタスモザイク病はよい例である。レタスの種子を目で検査して、それが感染しているかどうかを知ることは不可能である。商業的なレタス種子のロットは、それ故、モザイク病が存在するかどうかを確定して表示される。モザイク病を含むことが見つかったロットは自動的に捨てられる。病原体フリー種子の使用は、衛生と寄主なし期間と組み合わされたときにのみ有効である（この章の後の適切な節参照）。

雑草

雑草種子はあるときには作物種子とともに植え付けられる。穀類のようなある作物のために、農業者はしばしば彼等自身の種子を、前の収穫から戻して植える。雑草種子は作物種子とともに収穫される。イギリスとアメリカ合衆国（ユタ州）での調査では、検査された穀類ドリル播き機の20%以上が野生カラスムギの種子によって汚染されていた。

雑草種子は、しばしば商業的な作物種子の頻繁な汚染物である。このよく知られた例は、どんな地方の園芸店でもシバクサの種子のラベルの上で見られる（**図 16-3a**）。寄生性の顕花植物であるネナシカズラの類はアルファルファの種子の中のきわめて重大な問題である（**図 16-3b**）。作

純粋種子%	品種	源	発芽率%
39.29%	AZTEC トールフェスク	OR	90%
34.38%	ADOBE トールフェスク	OR	90%
24.56%	TITAN 2 トールフェスク	OR	90%

他の成分
0.09%　他の作物の種子
1.67%　不活性成分
0.01%　雑草種子
有害雑草種子：なし
正味 3 lbs. (1.36 kg)

試験日：1997年10月

(a)

(b)

図 16-3　作物種子の雑草種子汚染。
(a) 雑草種子で汚染されたパーセンテージを示すシバの種子包装の上の告示。
(b) アルファルファの種子の中に混じっているネナシカズラの類の種子。それは互いに似ており、検出するかあるいは機械的に取り除くことがきわめて困難である。
資料：Robert Norris による写真

物種子の汚染は現在進行中の問題である。現代の種子洗滌装置がこの問題をある程度減らしてはいるが排除されてはいない。

雑草フリー検定種子の使用は健全な IPM 慣行である。そのような種子の使用は、作物とともに雑草をまくことによる問題が起こらないことを管理者に保証する。雑草の予防は望ましいけれども、逆説的にいえば、ある雑草のような植物は、有用なまたは観賞用植物として商業的に売られている。実例には食用カヤツリ（スペインでは *horchata*）が含まれ、これはキハマスゲで世界的に最悪の雑草であると主張されている。一年生のヒルガオの類とホテイアオイは観賞植物として売られているが、前者はワタとマメのようないくつかの作物の重大な雑草であり、一方後者は世界的に重大な水生雑草の1つである。水生雑草のクロモは水槽商売で広く売られているが、この植物を灌漑と排水路、マリーナ、ドックから取り除くために、今なお数百万ドルが費やされている。最後に、商業的に売られている鳥の餌はしばしば雑草種子を含む。

線虫

菌類とウイルスの病原体と同じように、線虫は種子と栄養的植え付け株を汚染し、非感染圃場に容易に移動できる。これは球根、芋類、塊茎で特に問題である。検定済みの種子または植え付け株の使用は、これもまたより望ましい IPM 戦術である。

昆虫

昆虫による種子の汚染は、他の有害生物によるものよりは頻繁でない。そして、しばしば種子を殺虫剤か殺菌剤で処理することによって避けられる。作物の栄養的移植において用いられる切片か根の中の昆虫が被害を始めることがある。サトウキビは茎の切片を植え付けられる。あるサトウキビ栽培地域ではチョウ目のシンクイムシ幼虫がサトウキビの小片の中に生きていて、植物が成長するにしたがって被害を与え始める。

限界

検定済み種子の使用は安全な IPM 慣行であるが、非検定種子または植え付け株はわずかにより安いために用いられることがある。わずかな費用の節約が有害生物の導入によって帳消しにされる。

衛生

可能性

衛生は有害生物が隠れているような作物と他の植物の残滓を取り除くために用いられる。衛生戦術を行なうことは、越冬する感染源と作物がもはや存在しないときの潜在的な食物源を取り除く。それ故、それは有害生物のある栽培シーズンから次の栽培シーズンへの持ち越しの可能性を減らす。効果的な衛生は標的の有害生物の生活環についての理解を必要とする。

IPM 戦術としての衛生と不耕起農業システムの間には矛盾がある。不耕起システムの主な目的は、すべてのときに植物被覆を維持することで、それは衛生によって除去されるような有害生物のための資源を提供する。不耕起システムの実施は、耕耘と植生の除去に頼るこれまでの有害生物管理の代替物となる新しい有害生物管理戦術を必要とする。

衛生のための選択肢は、有害生物のカテゴリーと関係する作物にかかわっている。率直にいえば、衛生は雑草管理に対して適用できない。以下は衛生にもとづく IPM 戦術の 2、3 の実例である。

病原体

リンゴ黒星病のような菌類が越冬する植物の残滓の破壊は、ある病原体を管理するための鍵となる戦略である。リンゴ黒星病の菌は地上の枯れた葉の中で越冬する。春に枯れた葉の中の菌は胞子を生産し、それが木の上の新しく発芽した葉と、発育するリンゴ果実に感染する。主要な IPM 戦術は、古い葉を耕すか、感染源を減らすために分解を促進する窒素肥料を加えることである。モモの灰星病は、ほとんど同じ方法で扱われる。菌は地上にある感染して枯れた果実の中で越冬し、菌の感染源は枯れた果実から翌年に発育する。

感染した植物の部分は摘み取ることができる。そうすればそれらは感染源を提供しない。この過程は多年生作物にのみ適用できる。ナシの火傷病の抑圧とリンゴのうどんこ病を減らす場合はその例である。

雑草

雑草が成長し種子を生産することを止めることは、ときには雑草管理に対する衛生的手法と名づけられる。

線虫

ある場合には、感染した植物材料が線虫の感染源を提供する。線虫に感染した植物材料は、管理戦略の一部として破壊されなければならない。赤色輪腐病に感染したヤシは、通常切り倒され燃やされ、ゾウムシの媒介者が、病気になった木の幹と感染した新しいヤシから発生しないことを確かなものとする。

軟体動物

植物残滓の除去はナメクジとカタツムリを減らす最良の方法の 1 つである。それは残滓を被覆と食物の両方に用いるからである。この戦術は小さい農場と庭の状況で特に重要である。

昆虫

衛生はいくつかの昆虫管理プログラムの 1 つの本質的な要素であると考えられる。

1. navel orange worm はアーモンドの重大な害虫である。主要な管理戦術はマミー（または sticktight）の堅果を木から取り除くことである。なぜならば、その堅果は越冬蛹を含むからである。ひとたび被害を受けた堅果が土の上にあるときには、それらはディスク［円板型の耕耘装置］で埋めこまれるか、物理的に取り除かれなければならない。この衛生戦術は、この有害生物を要防除水準以下に保つことができる。
2. 世界中のワタの害虫のための主な防除戦術の 1 つは、耕起かプラウによって刈株を破壊することである。この慣行はアメリカタバコガ、ワタミハナゾウムシ、ワタアカミムシのような有害生物のための越冬場所を破壊する。ある地域では、この慣行は強制的であり、これらの害虫に対する広域的防除努力の一部となってきた。例えば、アメリカ合衆国ワタ栽培地帯におけるワタミハナゾウムシ広域的根絶プログラムは、作物残滓の破壊を命令している。
3. いくつかのヨーロッパアワノメイガ、southwestern corn borer、southern cornstalk borer［メイガ科］のような数種のシンクイムシはトウモロコシの茎を刻むことによって殺される。これは世界のトウモロコシ栽培地帯の多くで、恒常的な慣行となっている。
4. ナシのコドリンガの越冬個体群の生存は、もし収穫後に畑に残された果実を集めて処分するならば大きく減らされる。この慣行は広い地域で採用されるならば、在来個体群とその栽培シーズン内での増加率を実質的に減らし、その結果この害虫による全体的被害を減らす。

脊椎動物

植生の破壊はシマリス、ホリネズミ、ハタネズミ、そしてその他の土中に棲む有害脊椎動物のための生息場所と食物を取り除く。植生の除去は、これらの有害生物の軽減のための最も重要な戦術の1つである。

限界

不耕起農業システムのためにこれまで述べたことを除けば、衛生に対する不利益は実際上ない。衛生手段を行なうことは大部分の状況において道理にかなっている。

作物寄主フリー期間

可能性

栽培期間の間に、もし寄主植物が得られなければ、有害生物は1つの作物から次の作物まで持ち越すことができない。寄主フリー期間の概念は、作物寄主だけではなく、この地域における雑草のように、すべての可能な代替寄主をも含めなければならない。寄主フリー期間は、作物が連続的に生育することを許されるような農業地域においては働かない。なぜならば、オーバーラップする作物は有害生物が継続的な作物のそれぞれに移動することを許すからである。連続的な栽培が可能な地域で寄主フリー期間が働くためには、栽培順序を継続的な作物の間のオーバーラップが起こらないように変える必要がある。寄主フリー期間は、本質的に雑草の管理に対しては適切でない。雑草管理がないことは、他の有害生物の管理のための寄主フリー期間の有用性を無効にする

病原体管理

多くの病気の管理のために寄主フリー期間の使用は危ういものである。しかし、節足動物によって媒介されるファイトプラズマ、ある細菌、すべてのウイルスを含む培養できない病原体の防除のためには最も重要である。カリフォルニア州のサリナスバレーにおけるレタスモザイク病の管理は1つの例である。レタスの栽培は、かつてはサリナスバレーの温和な気候の中で連続的に行なわれた。そしてレタスモザイク病は常に存在する問題であった。この病気は、今では戦術のある組み合せを通じて、ウイルスに感染した寄主の存在を制限することによって管理されている。しかし、12月にレタスを植え付けないように命令することは、このプログラムの重要な部分である。12月は、今では寄主フリー月と名づけられている。アブラムシに媒介される作物が越冬できる地域における、サトウダイコンの萎黄病ウイルス複合体の管理もまた、感染した寄主の発生を制限するための複雑な方式を必要とし、それによって病原体が1つの作物から次の作物に移ることができないようにされている。数多くの他のウイルスが、寄主フリー期間の使用を通じてのみ管理することができる。そして効果的な寄主フリー期間がない場合には、あるウイルスを管理することができない。

線虫

寄主フリー期間は、非寄主作物への輪作を用いる線虫管理のための基礎的前提である（この章の後の「輪作」参照)。そのような寄主フリー期間の時間的規模は、寄主なしでの線虫の死亡率に依存する。そして、通常ウイルスのために記録されている2、3週間よりは数年のオーダーでなければならない。輪作の長さを決定する要因には、線虫の種、温度、自然の孵化と卵の寿命がある。シストセンチュウのようなある線虫は、シストの中の卵として長い期間（例えば10年も）生存でき、それによって寄主フリー期間は、線虫の数が被害閾値以下のレベルに減少することを許すだけ長い必要がある。例えば、6年間もの長さの輪作でもレンズマメ、ルピナス、エンドウマメとカラスノエンドウの寄生者であるエンドウマメシストセンチュウの個体群を減らすのに無効である。寄主フリーの長い期間は、より長く生き、長い輪作でも生存できる線虫の系統の選択に導く。

昆虫管理

寄主フリー期間は、ある昆虫管理プログラムでは危ういものである。1つの例はインドのミナミアオカメムシの管理である。この種はまったく広食性であるけれども、子実マメ類に強い選好性を持ち、特に発育中の莢を食う。インドのある地域では、8月と9月の最も熱い月の間を除けば1年中多くのさまざまな種の子実マメ類が栽培されている。これらの条件の下で、寄主があるときに発育するカメムシ個体群の崩壊をもたらす1つの寄主フリー期間があった。産業的ダイズ生産がこの地域に導入されたとき、8月と9月に莢の成熟が起こり、寄主フリー期間が除かれ、そのカメムシの被害を起こす個体群が1年中発生するようになった。

ワタのワタアカミムシは寄主フリー期間の重要性のもう

1つの例である。ワタアカミムシはワタの茎と残滓の中で冬を越す。カリフォルニア州のセントラルバレーにおいて1月から3月までがワタフリー期間でなければならない。株出しワタが栽培される地域ではワタアカミムシは常に存在する。株出しワタは多年生で、最初の収穫のあと再成長し、それ故2回目のあるいは株出しの植物を許すことによって生産される。

脊椎動物

脊椎動物管理に対する寄主フリー期間は、その生物の移動性とそれらがいくつかの異なる食物源を利用する能力によって用いられない。

限界

寄主フリー期間を1つのIPM戦術として用いることには、いくつかの重大な障碍がある。寄主フリー期間は、多くの移動性のある広食性の昆虫にとっての価値は限られている。なぜならば代替寄主が多いからである。主な困難性は、寄主フリー戦術は農業者の間の地域的な協力を必要とすることである。なぜならば、単一の圃場規模での実施は移動性のある有害生物では通常効果がないからである。寄主フリー期間の使用は、その作物を生育させることが農業的に可能で経済的に有利であるときに、前もって植え付けることを必要とする。

代替寄主の防除

可能性

寄主フリー期間の概念の延長は代替寄主の防除である。作物が存在しないときに代替寄主として働くことのできる植物を防除することによって、越冬個体群を制限し、多くの有害生物個体群の増殖速度を減らす可能性がある。この概念は、すべての有害生物にとって重要であるけれども、昆虫、病原体、そしてある脊椎動物のような移動性のある有害生物のために特に重要である。代替寄主として働く植生は作物圃場の中にある必要は必ずしもなく、まわりの地域でもよい。

病原体

多くの植物病原体は幅広い寄主範囲を持ち、その作物が存在しないときに特定の作物以外の植物が代替寄主として働く。元来の作物に損害を与え、代替寄主に発生する病原体の例にはレタスモザイク病ウイルスとサトウダイコン萎黄病ウイルス複合体がある。代替寄主を防除することはウイルスのための感染源を減らす1つの手段であり、これは移動性のある昆虫媒介者にとって特に価値がある。

ある病原体は、穀類のさび病をもたらす病原体のように、それらの生活環を完結するために絶対的中間寄主を必要とする。中間寄主を防除することは、それらの病害の管理の1つの重要な局面である。

雑草

雑草は、ネナシカズラの類のようないくつかの寄生性の雑草を除けば、寄主を必要としない一次生産者である。それ故、雑草管理を強めるための代替寄主の防除は適切でない。雑草はすべての多くの他のカテゴリーの有害生物に対して、代替寄主として働く。それ故、雑草の防除はこれらのすべての有害生物の動態とインパクトに重要な影響を持つであろう（第6章と7章参照）。

線虫

圃場の境界と作物のまわりの地域の代替寄主雑草の存在は、線虫が生存し繁殖することを許す。線虫はそれら自身によって長い距離を移動することはないけれども、風、水、そして動物が線虫をそのような植生から圃場の中に運ぶことができる。さらに、線虫の数を減らす目的での代替寄主の防除が輪作における1つの重大な問題である（「輪作」参照）。

昆虫

代替寄主の防除は節足動物管理に関係して評判の両刃の剣である。それは、有害生物と有用生物の両方が代替寄主の上で生きているからである。有用生物を維持するための代替寄主の役割は第7章と第13章において論議された。多くの有害昆虫は、雑草と他の非作物植生を、その上で越冬するか、その上で個体群が増加するために利用し、それには次の例がある。

1. セイバンモロコシはソルガムタマバエの優れた寄主である。圃場のまわりの野生寄主を除くことは、このタマバエを防除するための1つの重要な方法である。

2. テンサイヨコバイは多くの寒い季節の一年生雑草の上で増加する。
3. false chinch bug［ナガカメムシ科］はカラシナの類の上で増加し、それからブドウのような作物へ移住する。
4. ナガカメムシ科は多くの雑草の上で発育する。雑草の上のナガカメムシ科をモニタリングすることは（**図 8–5** 参照）、後の近くの作物へのインパクトの可能性を推定するために用いられる。
5. コナジラミは適切な作物が存在しないときに、多くの広葉雑草を代替寄主として用いる。これは温室条件の下でさえ起こる。
6. フロリダ州における野菜作物のハモグリバエの 80%以上が雑草から作物へ移動する。
7. テンサイヨコバイはアイダホ州南部のスネークリバー流域の砂漠と放牧地で越冬し、春の生存のために雑草を用いる。雑草の破壊と、それらを広葉一年生植物に入れ替えることは、この地域に多い商業的作物へのヨコバイのインパクトを減らすことに成功してきた。

昆虫の増殖を減らすための代替寄主の破壊という概念は、広域的 IPM プログラムのための理論的基礎である。前に述べた状況で、また多くの他のもので、圃場の外にある植生の昆虫を防除することは、後にそれらを作物の中で防除しなければならないことよりも、よりよいであろう（**図 8–5** 参照）。そのような防除は広域的昆虫管理の１つの要素である。アメリカ合衆国南東部におけるアメリカタバコガのための広域的 IPM プログラムは、この戦略の１つのよい実例である。

レタスのアブラムシは絶対的中間寄主の重要性の一例である。穀類のさび病とオオバノヘビノボラズのヤブと同様に、レタスのネアブラムシはポプラの木を絶対的中間寄主として必要とする。もし、レタスを栽培している地域の中にポプラの木が存在すると、ネアブラムシが問題となるであろう。カリフォルニア州のサリナスバレーのレタス栽培地域で、レタスのネアブラムシは、アブラムシの生活環におけるポプラの木の重要性が理解されるまでは、繰り返し起こる問題であった。ポプラの木の除去はネアブラムシの問題を解決した。この手法はかなり過酷なものと思われるかもしれないが、その代わりとなるものは、作物を栽培しないことか強力な殺虫剤の使用を実質的に増やすというような許容し難いものである。

脊椎動物

代替寄主はシマリスとハタネズミのための食物として働く。非作物植生の除去は個体群を減らす最良の方法の１つである。

限界

代替寄主の除去の主な限界は、この防除戦術の有効性が地域レベルで実施されるかどうかに依存することである。有害生物問題を経験しつつある個人と同じ者によって管理されてはいるわけではない土地の上に、代替寄主植生がある場合があるであろう。このことはある戦略の使用を妨げることがある。なぜならば異なる人々はその植生を異なる見地から考えるからである。

輪作

可能性

輪作とは、同じ作物をときを経て繰り返し栽培するのではなくて、異なる作物を順次に栽培することを意味する。多くの有害生物は限られた数の寄主植物を食って生きている。それ故、作物種を変えることは、それに伴う有害生物複合体を変える。輪作は、しばしば１つの作物において特に問題となる有害生物が年を追って増加し続けないことを確実にする。これは土壌の中で休止期を持つ多くの病原体、雑草種子、線虫、土に棲む無脊椎動物と脊椎動物を含む有害生物にとって特に重要である。輪作に含まれる原理は、有害生物からその寄主植物を奪い、異なる作物における異なる管理慣行を利用するというものである。

病原体

繁殖するための適切な寄主がなければ、病原体の感染源として働く繁殖体は減少する。コムギ寄主のない輪作の年が増えるにしたがって、コムギの眼紋病の病気の発生量が減ることはこの戦術の特にはっきりした例である（**図 16–4**）。大部分の土壌伝染性病原体と線虫は、寄主植物のない時間とともにこのタイプの個体群の減少を示す。その中にはレタス菌核病、*Verticillium* 萎凋病と、ある *Phytophthora* 根腐病を含む。非寄主作物への輪作は、代替

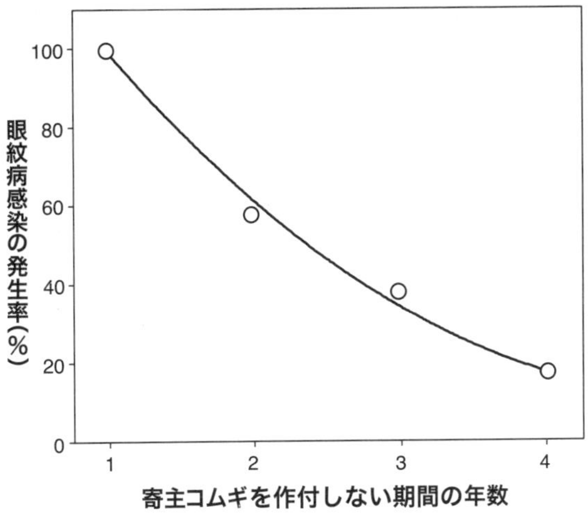

図 16-4　非寄主作物への輪作の年数とコムギ眼紋病の減少。
資料：Schulz, 1961. のデータから描く

寄主雑草も成長することを許されない場合にのみ効果的である（線虫については以下参照）。もし、病原体が腐生生物としても生きることができる条件的寄生者であれば、非作物への輪作の使用はそれほど効果的でない。何年か木を栽培しないことによって、ならたけ病菌の感染源を減らすように試みることは、その菌が死んだか死につつある木の根で何年か生きることができるようであれば、部分的にしか価値がない。

雑草管理

作物の輪作は、防除技術の変更、特に除草剤の使用を許す。そこでは輪作が、前の植物で用いることのできなかったある除草剤による雑草防除を許す。多年生飼料作物と一年生畝作物の間の輪作は、耕耘慣行または除草剤の使用を変える結果となり、例えば、それは両方のシステムにおいて雑草を低いレベルに保つ。同様に、ばらまき穀類作物と一年生畝作物の間の輪作も雑草管理にとって有用である。非寄主作物への輪作は *Striga* 属とハマウツボ属の根に寄生する雑草を防除するために勧められる戦術である。

線虫

非寄主作物への輪作は、多くの線虫の耕種的防除のための標準的な勧告である。この技術はテンサイシストセンチュウを管理するために恒常的に採用される。シストセンチュウが発生している土壌には、サトウダイコンは線虫個体群の密度によっては3年目か4年目以上頻繁に植えられるべきではない。ネグサレセンチュウとネコブセンチュウの場合のように、もし標的の線虫が農業植物の間で広い寄主範囲を持つならば輪作は役に立たない。

作物の中の雑草は作物輪作の効果を無効にする。なぜならば、ある線虫は幅広い寄主範囲を持ち、それらは多くの普通の雑草の上で生きて繁殖することができるからである。輪作作物における代替えの寄主雑草の存在は、非寄主作物への輪作に由来する線虫管理への利益を排除する。例えば、ヒユの類はトウモロコシの中で成長すると、トウモロコシが寄主でないのにもかかわらず、あるネコブセンチュウを維持できる。それ故、よい雑草管理は線虫管理のための輪作の本質的な要素となる。

昆虫

非作物への輪作は、生活環の中で土に棲む移動しない発育段階を持つある昆虫の防除のために効果的である。ダイズの2年輪作は、アメリカ合衆国中西部におけるトウモロコシにおける corn rootworm［ハムシ科］の問題をほとんど排除している。しかしながら、western corn rootworm は土の中で休眠卵として2年を過ごす系統を進化させ、他の系統はダイズ畑で産卵するように適応した。それ故、中西部における rootworm の管理のために標準的な輪作の効果は大きく減少しつつある。輪作を計画するうえでは注意が払われるべきである。なぜならば、作物の順序の正しくない選択は、昆虫問題を増大させる結果となることがあるからである。例えば、コメツキムシ科はジャガイモの後にアカクローバまたはシナガワハギを続けると、よりひどい問題となる。

脊椎動物

耕耘栽培システムと多年生作物にもとづくシステムの間の輪作は短期間の脊椎動物防除を提供するが、有害生物の移動性が長期間の有効性を制限する。

限界

有害生物管理戦術としての輪作の使用への主な限界は、有害生物管理の理由での最良の作物が経済的に最良の作物であるとは限らないということである。もしある農業者が1つの作物に1つの利益を得ることができなければ、IPM の理由のための作物の輪作は経済的に主張できないであろう。この点での1つの実例は、アメリカ合衆国中西部におけるトウモロコシの連続的栽培が corn rootworm の発生の

上昇の危険にもかかわらず行なわれていることである。研究と普及努力によってトウモロコシ－ダイズ輪作が勧告された。しかし、作物の経済性のないことは栽培者が長年の間この勧告を無視する原因となった。

休閑

休閑は輪作の１つの特別なタイプであり、そこではある長い時間作物が栽培されない。例えば休閑は、飢えさせることによって有害生物の密度を減らす働きがあるだろう。例えば、ある線虫は寄主なしに長い期間生存することができない。そして休閑はそれらの数を減らすことができる。しかしながら、もし雑草寄主が存在すると休閑は働かない。休閑はまた、作物が存在するときに可能でないような有害生物防除戦術を行なうときの期間でもある。その中には大規模な耕耘や乾燥のような非選択的方法を含む。休閑は雑草の種子バンクを減らすために特に重要である。それぞれの新しい芽生えを殺すための、また多年生植物の地下の根の蓄積を枯渇させるための、繰り返しの軽い耕耘によって、雑草の種子バンクを減らすことは特に重要である。休閑の間商品が生産されないので、作物生産と収益の損失とが、有害生物管理目的の休閑の利用への重大な限界である。この経済的費用のために、代替えの防除戦術が開発されるにしたがって休閑の利用は減ってきた。

植え付け日

可能性

植え付け日は、ある作物のために調整することができる。植え付け日を調整することによって、有害生物は避けられるか、作物への有害生物のインパクトが減らされる。有害生物管理のための植え付け日を、どの程度操作することができるかは気候的地域、作物のタイプ、有害生物の性質によって変わる。

病原体

植え付け日を変えることによって可能となることは、(1)病原体の媒介者の活動のピークの季節を避ける（次の「節足動物」の節参照)、(2)病原体の活動性に関連して作物の発育速度を最大にする、(3)病原体の感染源が最大である季節を避けることである。早くまたは遅く植え付けることは、作物とそれが栽培される地域に依存して多くの病気の発生量を減らす（**表 16−1**）。これらの例は、正しい病害管理の意思決定をするために作物と病原体の生物学の知識が基本的であることを強調する。

雑草

ある状況下で作物の成長がよりよく、雑草の成長がよく

表 16−1　病気の発生量に対する植え付け日のインパクトの選ばれた例[1]

作物	病気	国	植え付け日の影響
ソラマメ	地下クローバの *red leaf virus*	タスマニア	9月の播種は媒介虫の飛翔の最盛期と一致する。5月、7月または11月の播種はインパクトがより少ない。
ニンジン	*Motley dwarf virus*	オーストラリア	媒介虫の春の分散期が過ぎるまで播種を延ばす。
トウモロコシ	倒伏細菌病	ユーゴスラビア	作物が最も感受性の高い早魃と高温を避けるために5月に播く。
	黒穂病	アメリカ合衆国	春は早く播く。後で土の温度が上がると病気に好都合になる。
油用ナタネ	Blackleg	フランス	8月に播く。秋の気候が病気に好適になる前に植物が抵抗性になる時間を持つ。
イネ	*Pratylechus* sp. の線虫	アメリカ合衆国	土の温度が13℃ 以下になる秋の遅くに播く。
タバコ	べと病	ギリシャ	露菌病の攻撃を短くするために1月またはそれ以降に播く。
春コムギ	Root rot	カナダ	5月初めに播く。遅く播くと土の温度が上がり、病気に好適になる。
冬コムギ	Covered smut	アメリカ合衆国とドイツ	秋早く播く。そうすると二次小生子が発育するときまで、芽生えの感受性がより少なくなる。

[1] データは Palti（1981）の 170−173 頁の表 2.24 と 2.25 から得た。

ないように、作物の植え付け時期を合わせることが可能である。穀類を春に植え付けることはdowny brome、野生カラスムギ、その他の冬の間に育つ雑草のインパクトを少なくすることができる。なぜならば、それらは作物が植え付けられる前に殺すことができるからである。ある地域ではアルファルファの植え付け日を、作物にはよく雑草には悪いように変えることができる。カリフォルニア州のセントラルバレーにおいて夏の遅くに植え付けられたアルファルファは夏と冬の雑草から逃れる。それに対し秋遅く植え付けることは冬の雑草の発生と一致し、春の植え付けは夏の雑草の発生と一致する（**図16-5**）。

線虫

線虫は変温動物で、それ故、それらの活動性は土の温度が低いときには減退する。土の温度が低いときに感受性のある作物を植え付けることは感染を減らす結果となる。土の温度が低い早春に植え付けられるサトウダイコンはサトウダイコンの定着を許すが、サトウダイコンがある程度成長したのちまで線虫の攻撃を阻止する。温暖な気候ではサトウダイコンは秋に植え付けることができる。その時にはこの作物は病原体により耐えることができ、翌年の春までシストセンチュウの主なインパクトを逃れることができる。カリフォルニア州南部において秋遅くニンジンを植え付けることはネコブセンチュウによるコブと股になる被害（**図2-1i**）を減らした。10月中旬の植え付けでは約50%のニンジンはコブのために商品にならない。しかし、12月中旬の植え付けでは商品化されないものは11%しかなかった。

節足動物

多くの昆虫の生物季節学と作物の生物季節学との間には密接な関係がある。多くの寄主特異的な昆虫は、昆虫の生活段階と作物の発育段階の間に完全に近い同調性を必要とする。ある作物において植え付け日を変えることによって、この同調性を阻害し、作物には有益に有害生物には損害をもたらすことが可能である。昆虫の活動はまた大きい程度に温度によって調節されている。飛翔パターンの季節的時期がわかると、そのような飛翔を避けるように作物を植え付けることが可能である。サトウダイコンはカリフォルニア州セントラルバレーにおいて、この作物への萎黄病の伝播を避けるために、モモアカアブラムシの飛翔の後に通常植え付けられている（**図16-6**）。早すぎる植え付けはサトウダイコンがアブラムシの飛翔中に発芽し、それ故、ウイルス病の高い発生量がもたらされる。この例は真のIPMプログラムの開発の複雑性を示している。なぜならば、カリフォルニア州のサトウダイコンにおいて、線虫管理のために選ばれている植え付け日は、萎黄病ウイルス管理のために選ばれている日と相容れないからである。そのような矛盾がある場合の最良の管理を決定するために、有害生物の状態のモニタリングと有害生物の生物学の理解、その戦術の費用、そして作物の経済性を考慮する必要がある。

アメリカ合衆国中央部におけるヘシアンバエの秋のひどい発生は、通常2つの好適な条件の存在によって起こる。それは、正常よりも早い植え付け日とヘシアンバエに感受性のあるコムギの品種である。単純に、ハエがいなくなる時期まで植え付け日を遅らせることは、大部分の年に発生を減らすか避けることができるが、コムギの成長と発育のために十分な時間をなおも提供する。

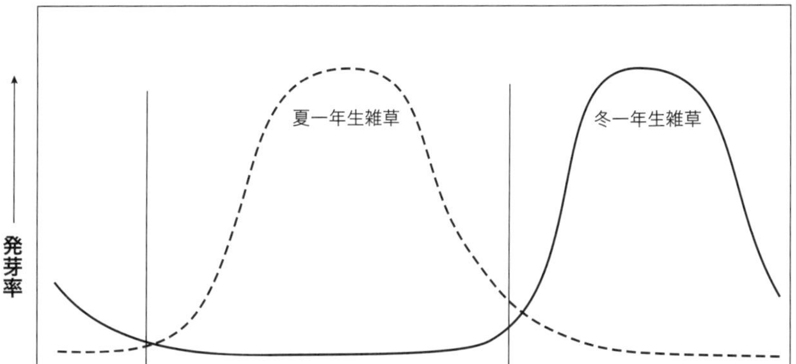

図16-5
地中海気候における寒い季節と暖かい季節の雑草の一般化された1年の発芽パターン。矢印は株の定着の間の雑草のインパクトを最少にする最適のアルファルファの植え付け時期を示す。

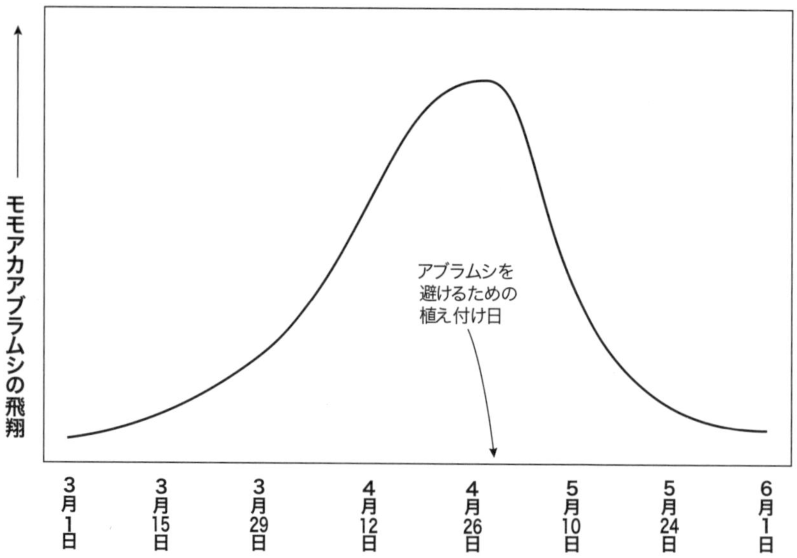

図 16-6
カリフォルニア州中部における春のモモアカアブラムシの典型的な一般化された飛翔パターン。このアブラムシはサトウダイコンのウイルス病の主な媒介者である。アブラムシの飛翔を避けるために作物の植え付けを遅らせることは病気の感染を最少にする。

ある地域では、早い植え付け、短期間で成長する品種、早く落葉させることは、ワタミハナゾウムシ、アメリカタバコガ個体群が被害レベルまで達する前にワタ作物を成熟させる。しかしながら、他の地域でのよりよい戦略は、越冬した個体群が発生しても適当な寄主がないためにすべてが死ぬように、遅い植え付けをすることである。これは地方的環境に関係した有害生物の生物学の詳しい知識と理解が、最良の IPM プログラムを設計するために必要であることを再び強調するものである。

脊椎動物

作物植え付け日を変えることは、一般的に脊椎動物の個体群動態の性質によって、それほど効果的でない。なぜならば、脊椎動物は温血であり、それらの活動性は環境温度にそれほど密接に関連していないからである。

限界

植え付け日の操作は、最良の市場価格を失う結果となるかもしれず、それは特に生鮮市場作物でそうである。多くの地域では、何時土地の準備がなされるかを天候が支配する。早い植え付けは春の雨のような天候と土壌条件によって可能とは限らない。そして、遅い植え付けはより遅い収穫時にもし雨が来そうならば問題となる。

管理目的のために植え付け日を用いることは、それに伴う基本的な生態学的困難性がある。作物に伴う多くの有害生物は作物とともに進化してきた。そしてそれ故、有害生物のために不適な条件は、作物にとっても不適である。もし、ある変更された植え付け日が恒常的な管理戦術として広く用いられるならば、その時に最も適応した有害生物の系統が選択されるであろう。これは特に雑草に対してであるが、昆虫と線虫に対してもその可能性がある。植え付け日の操作は、あるシステムのためには１つの重要な戦術である。そして、主に他の戦術と組み合わせて用いられる。

作物密度／間隔

可能性

作物密度を増やすことは、雑草との競争を増大することによって、競争の密度依存性による IPM への有利性を高める。株密度を増やすことはまた、最適の収量のために必要とされるもの以下に作物密度を減らさなければ、ある植物の損失が起こるようになる。株密度の増加は、播種割合を増やすこと、より均一な作物の発芽を得ること、例えばアルファルファのような高い密度の作物における交叉ドリル播きのように隙間を最少にすること、によって得られる。作物密度の増加の最大の潜在的有利性は雑草管理である。作物密度を減らすことによって、昆虫、病気、線虫の拡散を減らすことができる。しかし、作物密度を増加することは有害生物による損失を埋め合わせるであろう。したがって作物密度はこれらの有害生物の管理に関連した１つのジレンマを表している。

病原体

苗立枯病のような苗の病気は、ときにはより高い播種割合によって埋め合わされる。これは、より高い密度が病気の伝播の速度を増大するかもしれないという可能性に対して判断されなければならない。この戦術が試みるに値するかどうかを地域的条件が支配するであろう。

雑草

作物植物は雑草と競争する。1つの雑草管理の格言は、健康で活力のある作物は雑草防除の最良の形であると述べている。弱く低い作物の株は、雑草の侵入を促進することは周知のことである。反対に密度の高い作物株は雑草の侵入と成長を阻害する。例えば、コムギの播種割合を120ポンド／アールから180ポンド／アールに上昇させることは、一般的な雑草の成長を約50%だけ減らす。雑草への作物密度のインパクトはすべての作物に適用される。しかし、穀類とアルファルファのような、ばらまき作物においてより重要である。

節足動物

食植性の昆虫は通常、それらの天敵よりも、より早く畝作物に定着する。葉面積指数と呼ばれる裸地を植物が被覆する比は、新しく発芽した作物では小さい。被食者が発見される葉に対して方向づけをするジェネラリスト捕食者は、通常草冠が密になったときに作物に定着する。畝の間隔を減らすことは草冠を早く密にし、その作物への捕食者の定着のための条件を改善する。ダイズにおいてアメリカタバコガは開いた草冠の畑に産卵することを好む。一方、畝間隔を減らすことによって、草冠はより早く密になり、条件がガの産卵のためにより好適でないものとなる。

病原体と同様にネキリムシとゴミムシダマシ科のような芽生えを殺す昆虫によってなされる被害は、より高い播種割合によって埋め合わされる。

脊椎動物

鳥による芽生えの損失もまた、部分的にある状況の下では、より高い播種量によって埋め合わされる。

限界

よけいな種子を購入する費用は作物密度を増すことへの不利益である。この増加した費用は、採用される他の戦術の費用に対して釣り合いがとられなければならない。なぜならば、播種割合を増やすことは有害生物の被害が起こる前に決めなければならないので、それは予防的なものであり、そのような戦術の内在的な不利益を伴う。もし、作物密度を増やすことが、雑草を抑えるだけを目的とするならば、他の戦術が他の有害生物の管理のために用いられなければならない。もし、後者が作物の密度にかかわらず雑草を取り除くことのできる除草剤を含むならば、雑草管理のために作物密度を操作することは意味がない。しばしば雑草と他の有害生物は圃場のある場所にのみ存在する。しかし、播種割合の増加は全圃場にわたって起こり、不必要に費用が増加する。より高い播種割合は根の作物（例えば、サトウダイコンとニンジン）のためには注意深く判断されなければならない。なぜならば、最適以上の作物密度は商品化できる収量を減らすことがあるからである。

作物の下準備または前発芽

可能性

作物がより早く定着するようにする何らかの戦術は、株の定着に関係のある有害生物に作物がさらされる時間を減らすという利益がある。より早い定着は苗の病害問題を最少にし、苗が昆虫の攻撃を最も受けやすい期間を短くする。早い発芽と出芽は、作物が雑草よりも早く定着することを許し、それ故、競争能力を早く増大させる。pregerminating［前発芽］はイネの直播きのための水播き法のために用いられる。それは競争能力の増加をもたらすが、水播き法を用いる主な理由は有害生物管理ではない。

前発芽のもう1つの手法は、作物の種子に水を吸収させ、播種する前に生理的に活発に（発芽）することである。この過程は種子のpriming［下準備］と呼ばれる。この戦術は、大規模な商業的使用にとっても評価されているけれども、集約的な小規模システムにおいて最大限に用いられているようにみえる。この技術は急速に発芽するトウモロコシと穀類のような作物よりも、ニンジン、トウモロコシ、パセリのようなゆっくりと発芽する作物で価値がある。

限界

前発芽または下準備の過程は種子を扱いにくくする。もし、柔らかい幼根が発生すると、始まった生理的過程を阻害しないように、物理的な被害を避けるようにして種子を扱わなければならない。ゲル播種と呼ばれる過程を畝作物で用いることが試験されており、そこでは播種の間に吸水し発芽した種子がゲル母体の中で押しだされる。

深植え

作物の種子を通常より深く植え付けることによって、ある有害生物による損失を減らすことが可能である。この戦術は鳥の捕食による損失を減らすために、ときに用いられる。それは、他の有害生物の管理にとって適切ではない。そして芽生えがより弱く、出芽がより遅いという不利益をさえ持っている。弱くなった芽生えは一般的に苗立枯病とネキリムシのような他の有害生物による感受性が高い。そして早く発育する雑草に対し競争的に不利益である。

移植

可能性

移植は種子を播くことによって植物を定着させるのではなく、より活発に成長している植物を圃場に植えることである。移植は、芽生えの株立ちに関連した問題の多くを避ける。植物は管理された条件の下で育てられ、それらが十分に育ったときに畑に移される。畑に植えられるばかりになった小さい植物は移植苗と呼ばれる。移植苗を用いることは、一般的により均一な作物株が得られることと、種子の費用を減らすというような農業的有利性がある。後者はハイブリッドトマトのように種子費用が高い作物、あるいは種子の供給が少ない場合に特に重要である。移植苗を用いることによって、より早い収穫条件を達成し、これがしばしばプレミアム価格を提供するか、収穫における遅い季節の有害生物を避ける助けになる。

病原体と線虫

移植苗は通常、苗立枯病のような発芽している種子の病気に感受性のある発育段階を過ぎている。しかしながら、移植に必要な操作はタバコのようなウイルス感受性のある作物のウイルス病の機械的拡散を招く可能性がある。移植の過程はまた根を傷める。そのような傷は果樹の根頭がん腫病のような、ある病原体の侵入をもたらす。移植は線虫の感染を遅らせ、そして一般的により大きい植物は線虫の攻撃によりよく耐えることができる。大部分の耕種的防除手法とともに農業的配慮が通常支配的で、おそらく雑草管理を除いては、有害生物管理上の有利性または不利益は二次的なものとなる。

雑草

移植された作物は発芽した雑草よりもはるかに大きい（図 16-7a）。そしてそれ故に同じときに種子から出芽した作物の芽生えと比べて雑草に対しより競争できる有利性を持つ（図 16-7b）。より大きい植物はまた、雑草管理のために作物畝の中に土を盛り上げることができるようにするが、これは直播きした作物でははるかに難しい耕種的慣行である。移植することのできる作物は、上に述べた有利性のために、しばしば除草剤の使用なしに成長する。移植はまた、直播き作物には使うことのできない除草剤の使用を許す。例えば、トリフルラリンは移植されたトマトでは用いることができる。しかし直播きのトマトで使うにはあまりにも植物毒性がある。移植はイネ生産において雑草と闘うために数千年間使われてきた。間隔の密な作物を移植するためには時間が必要なので、この慣行の経済的社会的費用はしだいに疑問視されている。

節足動物／軟体動物

定着した根茎の存在と地上部の成長はネキリムシまたはナメクジによってもたらされる多くの株定着問題を減らすか避ける。

限界

大部分の作物で、移植苗を育て、それを畑に移植する費用は直播きよりもはるかに高い。移植の追加的費用により、この戦術は通常生鮮市場作物のためにのみ経済的に好適で

(a)

(b)

図 16-7　トマトの直播きと移植における雑草管理。
(a) 移植後約 3 週間のほとんど雑草のない移植トマト。
(b) 播種後約 3 週間の直播きトマトで、植え付け前除草剤処理のないもの（左畝）では、出芽した未防除の雑草が完全に作物を埋めている。
資料：Robert Norris による写真

ある。移植は一般的にニンジン、ビーツ、カブのような根作物では、移植の過程で不可避的に起こる根の被害のために適用されない。

土壌条件

可能性

土壌環境についての 2 つの局面が有害生物管理を助けるために操作される。第一は、水が低い場所に集まらないように排水パターンを変えることで、これによって土壌の水分を変えることができる。これは、水の表面流水を改善するか、または低い場所を埋めて全体的地形を水平にするように物理的に変えることによって達成される。第二は土壌の pH を調整することが可能で、それは微生物が生存して寄主を攻撃する能力を変えることができる。

病原体

湿った土壌は病原体の攻撃を増やす結果となる。多くの土壌伝染性病原体は、生活環の中で *Phytophthora* の遊走子のような運動性のある発育段階を持つ。それは寄主に泳ぎつくための自由水を必要とする。土壌の中の過剰な水がないと、この病原体は植物の根に感染することができない。土壌の中の自由水を減らす管理慣行は土壌伝染性病害の発生量を減らす傾向がある。

土壌の pH（酸性度／アルカリ度）は多くの微生物のための土壌の環境の適切さを変える。アブラナ科植物におけるひどい病害の根こぶ病（**図 16-8**）と呼ばれるものをひき起こす病原菌は、土壌の pH が 7.0 以下のときにのみ寄主に感染する。石灰を撒くことによって土の pH を 7.0 以上に上げることは優れた病害防除である。この単純な作業は根こぶ病管理プログラムの中心である。*Streptomyces* の一種で起こるジャガイモそうか病はこれと全く反対である。土壌を pH5.3 以下に酸性化することがこの病原体のための管理戦略である。それは、この病気が土の pH が約 6.0 以上のときにのみジャガイモに感染するからである。この異なる病原体による pH への反応の相違は、正しく病原体を同定し、それらの生物学を理解する必要性を強調する。

雑草

大部分の作物よりもよく湿った土壌に耐えることのできる多くの雑草がある。カナリアクサヨシと野生カラスムギは、湿った土壌条件の下で大部分のコムギ品種よりもよりよく成長する。湿った地域で作物を育てようとする試みは、ほとんど常により高い雑草の発生量へと導く。湿った土壌の中で育つ作物植物の根は低い酸素濃度に直面し、しばしば活力が低下して死ぬことさえある。そしてそれ故、雑草と競争することがよりできなくなる。土壌の排水を改善し湿った場所を除くことは、雑草問題のひどさを減らす助けとなる。

土壌の堅さもまた雑草に有利である。ミチヤナギの類とあるタカトウダイグサの類は堅い土に繁茂するが、大部分

図 16-8
根こぶ病のひどい例を示すメキャベツの植物体。繊維状の根がほとんど発達せず、茎の基部がふくれる（根こぶ）ことに注意。土壌の pH が約 7.0 以上であれば病気が発生せず根の発育は正常である。
資料：John Marcroft の許可による写真

の作物は生育できない。

土壌の pH の操作は雑草の防除を提供することができない。しかし、多くは個々の種が好む酸性（嫌灰植物）または塩基性（好灰植物）条件によって、ある地域の種構成を変える。

線虫

無酸素条件をひき起こすほど十分に土壌の水分が高いことは、ある線虫に対して致死的である。第 15 章で述べたように、湛水した土壌は、土中の線虫の数を減らす 1 つの管理手段として用いられる。土壌の pH もまた線虫に影響し、最適の pH は線虫の間で変わる。1900 年代の初期にネコブセンチュウは、ハワイのパイナップル生産における主要な問題であった。硫酸アンモニウム肥料がパイナップル圃場で用いられたので、土壌は 1960 年代に酸性になり、ニセフクロセンチュウが優占的な線虫寄生者となった。土壌の pH はまた、微生物の活動性と圃場で起こる自然の線虫生物的防除のレベルに影響する。

昆虫

ソルガムは旋毛期にツマジロクサヨトウの最大の被害を受ける。なぜならば、旋毛がこの虫の好む摂食場所だからである。またソルガムが最適 pH レベル（6.0 以上）の代わりに酸性条件（pH が 5.4 以下）の下で育てられると、低い pH は植物の発育を遅らせ、旋毛期がより長く続くようになる。そしてヨトウムシの摂食により多くさらされ、その結果植物へのより大きい被害が生ずる。

限界

ここに述べたような変更は経済的に利益があるときになされるべきであろう。なぜならば、それらはおそらくこのタイプの操作に従順なある問題を解決するための、最も容易な方法だからである。

肥沃度

可能性

土の肥沃度はまた、有害生物管理にインパクトを与えることができる。なぜならば、作物の栄養状態は有害生物の攻撃への感受性を決定するからである。最適に施肥された作物は有害生物の攻撃に最もよく対抗することができる、ということが一般的に認識されている。そして、低いか過度の施肥をすることは、しばしば攻撃と損失を増やすことに導く。窒素は、最もしばしば有害生物の攻撃を変えることに関連した栄養素である。作物に関係する有害生物への無機栄養素の影響については、文字通り数千の研究がなされている。

病原体

高い肥沃度特に窒素は栄養成長を盛んにして、それは病原体の攻撃への作物の感受性を典型的に高める。コムギの

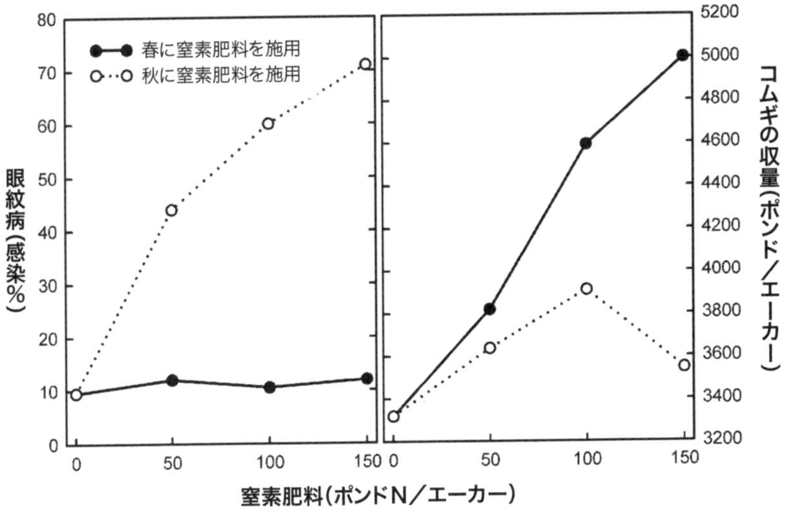

図 16-9
コムギの眼紋病のひどさと、収量に及ぼす窒素肥料の施用の時期と量のインパクト。
資料：Huber, 1989. から描く

眼紋病に対する窒素肥料の影響は、病原体相互関係の複雑さを表す（**図 16-9**）。春に与えられた窒素は、肥料を増やしたために病気の発生量が変化するということがなく、収量を増やすことへ導く。他方、秋の窒素の施用は、窒素施用に関係して病気が増えるようになり、それは作物の収量減へと導く。したがって、窒素への反応は与えられた量だけではなく、それが施用された時期にも関係して変わる。Engelhard（1989）によって編集された本は病気の発生量に及ぼす栄養素のインパクトについて深く扱っている。

雑草

無機栄養素は雑草のための直接的資源である。したがって、雑草への栄養素供給の変更の影響は、他のタイプの有害生物への影響とは異なる。窒素施肥が多いことは雑草の競争力を増大させる。高いレベルの窒素肥料は、野生カラスムギが存在した場合にコムギの収量を減らす結果となる。なぜならば、より多い肥料は雑草によるより大きい競争力へと導くからである。よく似た現象はイネにおけるスゲ類で報告されている。このタイプの反応は肥料が、ばらまきによって施用されたときに特に起こりやすい。作物の畝に沿った側条施肥は、雑草の成長に対する肥料の高いインパクトを減らす。播種に当たっての高い燐酸肥料は、苗の発育段階におけるヒユの類の競争力を増加させる。

節足動物

一般的法則として、昆虫は水分と窒素含量の高い植物の上でより早く、よりよく発育する。しかしながら、実験的結果は特に窒素（N）に関して大きく変わりやすい。寄主植物のN栄養素に対する昆虫の反応における違いは、植物の栄養状態あるいはアルカロイドのような窒素の多い防御物質へのNの変換のいずれかによるものである。土中の低いNまたは高いカリウムは、メキャベツの師部における利用可能な可溶性窒素の減少をもたらし、それは、それらの植物を摂食するアブラムシの繁殖力と繁殖速度を低下させる。

限界

作物は通常、有害生物がいないときの条件にもとづいて、最適の収量を達成するために適切に施肥されなければならない。有害生物の攻撃は、なぜ過剰な肥料を施肥すべきでないかのもう1つの理由を提供するけれども、有害生物管理の理由のために肥料を抑えることは、経済的に正当化されない。

保護作物

可能性

ある多年生作物の株の定着はかなり遅い。アルファルファと大部分の果樹作物はその例である。早く発育する「保護者」の作物を同時に播種することによって、極端な環境と、あるタイプの有害生物からの作物の保護を得ることが可能である。それで「保護」作物という用語が生まれた。

保護作物は、その作物がほとんど競争力をもたないときに、株が定着するまでの間、雑草との競争力を増加させる。アルファルファの中にカラスムギを播き、穀類とマメを若い果樹園に播くことはある地域で行なわれている。適当に選ばれた保護作物を選ぶことは、そのシステムに多様性を加え、作物への有害生物の攻撃を減らすことができる。保護作物はまた、主作物が収穫できる農産物を生産する前の収入を提供する。

限界

保護作物は有害生物の寄主となる。そしてまた、もし注意深く管理されないと、主作物と競争し収量損失をもたらす。収量損失の程度は天候条件によって修正され、それらの使用はいくらかのリスクを作る。保護作物は不可避的に灌漑と肥料の使用のような管理の複雑さを増す。

トラップ作物

可能性

トラップ作物は、有害生物を管理するためにいくつかの方法で用いられる作物または非作物植物または雑草でさえある。トラップ作物の使用に関係する2つの異なる生態学的過程がある。ある場合には有害生物はトラップ作物に誘引される。他の場合にはトラップ作物は正常な有害生物／作物相互作用を撹乱する。トラップ作物または捕獲作物は、典型的に標的の作物のまわり、または隣に育てられるか間作期間に育てられる。

好まれる寄主としてのトラップ作物

最初の生態学的過程は、トラップ作物が有害生物を誘引する能力に関係している。主要作物よりも有害生物をより誘引する植物の使用は、選好性のある有害生物を主作物からトラップ作物へそらすように働く。有害生物個体群はトラップ作物の小区画に集まり、主作物は被害を逃れるか、または有害生物の主作物への被害が起こる前にトラップ作物の上で防除できる。用いられるトラップ作物の性質に依存して、トラップ作物はその後で廃棄することもできる。

節足動物

よく記録されたトラップ作物栽培の例は、ワタのカスミカメムシ管理に関係している。カスミカメムシはワタよりアルファルファを好む。ワタ圃場の中にアルファルファを縞状に植え付けることによって、カスミカメムシをワタから誘引することができる。このことはワタ生産のためのカスミカメムシの効果的な防除を提供する。この戦術はよく働くけれども、それは大部分決して利用されない。この戦術の使用の限界は、アルファルファとワタが完全に異なる農業的必要条件を持ち、特に灌漑と収穫のスケジュールにおいて違うからである。

遅く成熟するダイズ品種の圃場の境界に、早く成熟するダイズの品種を8～10畝だけ植え付けることは、同じ作物植物をトラップ作物として用いることの一例である。早く成熟する作物は、主作物が同じ発育段階に達するよりも数週間早く莢を作る。そしてカメムシは莢の着く発育段階に攻撃することを好むので、それらはトラップの境界縞に誘引される（**図16-10**）。これらの畝の上のカメムシ個体群は、その圃場の全個体群の70～85%を代表する。そしてトラップ畝はその地域の10%以下でしかない。境界の畝に殺虫剤散布をすることはカメムシを殺し、その栽培シーズンの残りを通してそこにいた個体群のレベルを大きく減らし、しばしば主作物の殺虫剤施用の必要性を排除する。

この技術の変種がブラジルにおいて開発され成功した。トラップ縞状地に殺虫剤散布をする代わりに、卵捕食寄生者の *Trissolcus basalis*［タマゴバチ科］が放飼された。この捕食寄生者はトラップ縞状地に集中した卵塊の上に産卵し、それらは急速に繁殖した。主作物が結莢期にカメムシへの誘引性を持つようになったとき、捕食寄生者の大きい個体群が存在し、大部分のカメムシを殺すばかりとなり、再び殺虫剤を使う必要がなくなった。この技術は、通常の条件の下では、捕食寄生者が効果的な個体群を増やすことができず、主作物を救うためにカメムシの数を十分に減らさないために用いられた。

フィンランドにおける、アブラナ科の花のコウチュウの一種の防除は、植物の品種をトラップ作物として用いる例である。このコウチュウはカリフラワーを食うように適応し、その生産を制限する要因となった。トラップ作物の縞は戦略的にコウチュウの分散の方向を横切る方向に作物の中に配置された。トラップ作物の縞はハクサイ、アブラナ、カブ、ヒマワリ、マリーゴールドを混合したものであった。花が咲いたとき、トラップ作物の縞は輝く黄色になり、コ

図 16-10
早く成熟するダイズ品種（前方の明るい色）をカメムシのためのトラップ作物として植え、遅い主品種（後方の暗い色）への被害を止める。
資料：M.Kogan, Integrated Plant Protection Center at Oregon State University による写真

ウチュウを極端に誘引した。この縞は栽培シーズンに、それがコウチュウによって一杯になったときに、何回か殺虫剤が散布された。トラップ作物のある畑の中のカリフラワーの市場向け収量は、他の畑より20%高かった。

脊椎動物

脊椎動物についてのトラップ栽培は、主作物の周囲に有害生物が誘引される、より好まれる代替えの食物源を植え付けることである。野生生物の隠れ場所または河川システムに沿って作物を植え付けることによって、そのような地域から動物が入りこむことを減らすことができる。そのような状況では通常、毒殺や射撃は管理の選択肢にならない。野生生物地域と作物の間に犠牲になるトラップ作物を用いることは作物の保護を提供する。

孵化／発芽刺激剤としてのトラップ作物

トラップ栽培に関係する第二の生態学的過程は、寄主作物がないときに植物を育てることで、その植物は根に寄生する生物を導入し、卵の孵化または種子の発芽のような活発な成長を再開させる。この概念は寄主が存在するときにのみ寄主植物によって放出される化学的信号が、卵の孵化または雑草種子の発芽をもたらすことを含んでいる。トラップ植物といわれるもののうち、ある植物種は化学的信号を作りだすが、寄生者のために寄主として働かない。一方他のものは信号を発し、また有害生物のための寄主としても働く。もし、トラップ植物が寄主として働くならば、寄生者がその生活環の繁殖相に達する前にこれを破壊しなければならない。捕獲作物の使用は寄生雑草については適用できる。しかし、線虫に対して効果的にこの技術を用いることは困難である。なぜならば、線虫は根の上で生き、地上部が殺されたあとでも生存するからである。

雑草

トラップ栽培は根の寄生雑草の *Striga* spp.と *Orobanche* spp.［ハマウツボの類］の特殊な場合における雑草管理のために役に立つ。ある線虫の卵の孵化のように、これらの雑草は種子の発芽のきっかけとなる1つの化学的刺戟を必要とする。発芽を誘導するが寄主ではない植物を播くことは、この寄生雑草の種子バンクを減らすことへ導く。例えば、ササゲとワタは *Striga* のある種の発芽を刺戟し、ソルガムとオオムギは *Orobanche crenata* の発芽を刺戟する。両方の場合とも、作物はそれぞれの雑草の寄主ではない。

線虫

線虫の卵の孵化は、寄主植物の根から放出される化学物質によって増加する。ある植物は貧弱な寄主か非寄主であるが、孵化を誘導する化学物質を生産する。そのような植物は線虫個体群の減少をまねくことができる。なぜならば、それらは線虫の孵化を誘導するが、摂食と繁殖における成功がきわめて限られるからである。アブラナ、ハツカダイコン、カラシナのある品種は、ヨーロッパでテンサイシストセンチュウの孵化を刺戟するように開発された。しかし、貧弱な寄主であり、その上で線虫はよく繁殖しない。それらはサトウダイコン圃場で線虫の数を減らすためのトラップ作物として用いられる。

限界

防除の達成の受容度は経済性にもとづいている。そしてもし、防除戦術を実施するための費用が防除の価値を越えるならば、その戦術は有用性が限られる。この戦術の実施は、しばしば、トラップ植物を育てるために作物を栽培できる土地を使う必要があり、それは可能性のある収入（これは経済学において「機会費用」と呼ばれる）を減らす。この戦術は、上に述べた例外を除いて、雑草と動かない有害生物または多くの病原体のように寄主特異性が限られたものではよく働かない。

拮抗植物

可能性

拮抗作用はある植物から放出される化学物質が有害生物の個体群を減らすときに起こる。植物によって放出される化学物質にもとづく拮抗作用は、他感作用と名づけられる。このトピックは生物的防除の一部と考えられるが、我々はそれをここで耕種的管理の一部として考える。

雑草

多感作用の１つの例は、クルミの木の下で育つトマトや他の植物が阻害されることである。ライムギのある品種からの麦わらは、それが分解すると他感作用のある化学物質を放出し、ある雑草の芽生えとある線虫の防除をもたらす。雑草管理のための他感作用の実用的適用は限られている。

線虫

多くの植物は線虫の行動を変える他感作用のある化合物を放出する。そして、あるものは線虫を実際に殺す化学物質を生産する。そのような植物を輪作の中で栽培することによって土壌の中の線虫の数を減らすことができる。この戦術の１つの例は、*Tagetes* 属のアフリカマリーゴールドのある種を栽培することである（**図 13–5** 参照）。アブラナ科のあるメンバーもまた、自然の線虫を殺す化合物を生産する。殺線虫植物の現象は数十年も知られてきたが、それは広く利用されてはいない。

昆虫

昆虫と他の節足動物への他感作用の効果は明白には確定されていない。

限界

拮抗植物は、より小さい有機栽培においては用いられているが、農業の主流においての実用的使用は限られている。主な限界は、化学物質を作りだす植物の経済的収益が限られるため、作物がないときに栽培しなければならないことである。

収穫スケジュールの修正

可能性

この戦術の基礎となる概念は、有害生物の攻撃が起こる前に、あるいは有害生物のインパクトが最少のときに、作物を早く収穫することが可能であろうということである。早く収穫するためには植え付けもまた早く済ませるか、遅く植え付けるときには早く成熟する品種を選ぶ必要があるであろう。どちらの場合でも収穫は前もって計画される。早い収穫は雑草管理のためには本質的に適切でない。

病原体

トウモロコシにおける黒穂病またはトマトの black mold と実腐病のひどさは、栽培シーズンの初期に収穫することによって減らせる。逆もまた真であり、これらの病気はしばしば遅い収穫でよりひどくなる。

節足動物

節足動物の生物季節学は、前に述べたように、作物の生物季節学と密接に同調しなければならない。早い収穫は、しばしば節足動物の生活環を妨害するような生物季節学の非同調性を作りだし、被害の起こる発育段階になる前の作物の収穫を許す。最初のアルファルファの刈り取り日を２～3 週間早く動かすことによって、アルファルファタコゾウムシによる被害の多くを避けることができる。アメリカタバコガはスイートコーンの栽培シーズンの遅くに現れる昆虫である。そして長い栽培シーズンを持つ地域における早い収穫によってほとんど完全に避けられる（例えば地中海気候地帯）。

アルファルファを畑の中で交互に縞状に葉を維持するように収穫することによって、カスミカメムシがワタのような近隣の作物に強制的に動くことがないようにすることができる（**図 16-11**）。これは収穫スケジュールを変えることに頼った広域的管理手段の一例である。

昆虫管理のための作物の「早い成熟－早い収穫」の最も成功した適用の１つは「ワタミハナゾウムシ防除の繁殖－休眠システム」として知られるものである。ワタミハナゾウムシが越冬休眠の開始に成功し、その結果翌年に活力ある成虫個体群が出現するためには、成虫が蕾と莢を食った結果として十分に脂肪蓄積を行なう必要がある。ワタミハナゾウムシ管理の繁殖－休眠システムは、殺虫剤施用、脱葉と早い収穫、そして茎の破壊の組み合わせによって、ゾウムシが越冬するために十分な脂肪を蓄積しないようにして、飢えさせるか殺すことを目的としている。このシステムは殺虫剤の使用を減らし、早い作物の成熟と作物残滓の速やかな破壊のような耕種的防除慣行とともに、アメリカタバコガのような二次的有害生物の大発生を大きく減らした。このシステムはワタミハナゾウムシが発生するアメリカ合衆国のワタ生産地域において、ワタミハナゾウムシ管理プログラムの１つの効果的な要素として今も行なわれている。

脊椎動物

早い収穫によって、作物を鳥がその地域に移動してくる前に除いて、移動性の鳥への損失を減らすことができる。

限界

サトウダイコン、サトウキビ、加工用トマトのように加工を必要とする作物では、加工業者によって決められた収穫スケジュールと割り当てがある。栽培者は生産物を特定の日付けに特定の量で農産物を引き渡す契約を結んでいる。収穫スケジュールを変えることは、一般的生産慣行を複雑にするかもしれない。すでに述べたようなアルファルファの交互縞状刈り取りは、カスミカメムシをアルファルファに引き止めるのに有効ではあるけれども、それは広く用いられていない。なぜならば、畑の中で２回収穫する費用と灌漑の困難性は、カスミカメムシの管理のために手に入る代替えの方法よりも費用がかかるからである。農産物は、スイートコーンのように栽培シーズンの間中必要とされることがあるであろう。そして、それ故、有害生物が存在しないときに合わせて収穫を集中することは選択肢にならないだろう。他方、換金作物、また工芸作物はそのような限

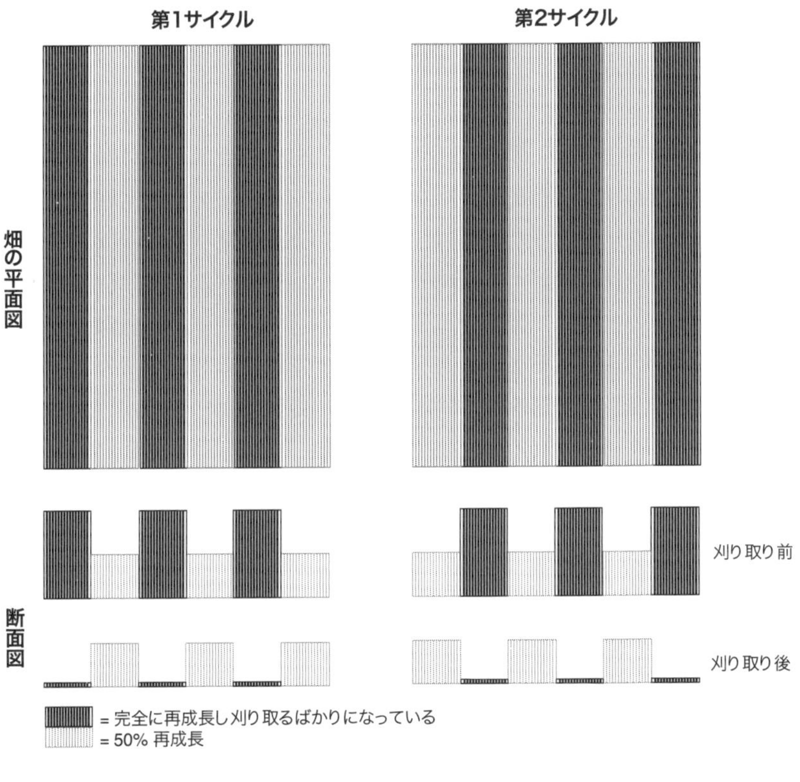

図 16-11
アルファルファがカスミカメムシと有用昆虫をアルファルファ干草畑に保持する手段としての交互縞状刈り取り収穫技術の図示。

界をこうむらない。そしてこのシステムは例えばワタとダイズにおいて広域的に実施されて成功してきた。

作物品種

有害生物を管理するための作物品種の利用は、あるものは生物的防除戦術としての抵抗性品種として考えられるけれども、耕種的戦術としても考えられるかもしれない。しかしながら、このトピックはIPMに対して十分に重要であり、大部分のIPMの教科書の中で、この本の中で採用された手法「寄主植物抵抗性」のタイトルの下に独立して置かれている（第17章参照）。

間作

可能性

間作は、2つまたはそれ以上の作物を1つの畑に同時に栽培する慣行である。間作は圃場内の多様性を増加し、これによって作物特異的な有害生物が、単作の中ほど早く個体群を増殖させないようにする助けとなると考えられる。そのような減少が、生物的資材または有害生物のための主な資源の集中の変化より大きいかどうかは、システムによって変わる。そして多くの場合、間作の利益は表すのが難しい。各作物の収量は、同伴する作物なしに同じ作物が栽培された場合よりもしばしば低い。しかし、単位面積当たりの全収量は、混合した場合にしばしば高い。間作は内在的にリスクの減少の余地を持つ。なぜならば、もし、1つの作物が1つの有害生物によってひどく被害を受けても、他の作物がなおも収穫されるからである。間作は、先進国においては以下に述べる限界のために現在ほとんど用いられないように見える。開発途上国における小規模農業者は間作を広範に用いる。トウモロコシ、マメ、カボチャの一種が一般に用いられ、アフリカにおいて栽培されるササゲの98%、コロンビアにおいて栽培されるマメの90%が間作されているものと推定される。

昆虫

間作の有利性は、有害節足動物でいかなる他の有害生物カテゴリーよりもより多く研究されてきた。多くの研究において、間作では天敵の数が増加するが、これらの天敵の増加が有害生物の発生量の減少に反映するという証拠はない。例えば、ナイジェリアにおけるハナアザミウマ個体群はトウモロコシと間作されたササゲで42%だけ減らされた。しかし、マメノメイガ、莢を吸収するカメムシ類、マメハンミョウのような他の重要害虫には効果がなかった。そのようなあいまいな結果は、間作についての多くの解析で典型的である。天敵を増強するうえでの全体的有利性は、それが経済的に持続的で、他の有害生物の管理を複雑にすることのない限りにおいて、それ自体が正当化される。

限界

間作は、2つ以上の異なる作物の存在が選択的除草剤使用の可能性を排除するという雑草管理上の重大な困難性をもたらす。そして機械的耕起を制限しさえする。雑草管理に対する束縛は、間作の有害生物管理戦術としての適用を安い人間労働が手に入る地域へと限定する。雑草管理に関係した多様性の全体的限界は第7章で論議された。

生垣、圃場の縁とレフュージア

作物のないレフュージアは有用生物、特に昆虫とクモに隠れ家を与えるために用いられる（第7章の多様性についての以前の論議参照）。生垣は土壌の保全と天敵の増強というはっきりとした有利性を提供する。アブラムシ個体群の制御における生垣の有利性はイギリスで観察されてきた。そこでは、生垣は長い間農村地域における陸標であった。機械化と圃場の大きさが次第に増加することが生垣と他のレフュージアの減少に導いた。有害生物管理への意味はなおも明らかでない。（第7章参照）。

要約

有害生物管理のための大部分の耕種的戦術は、常識にもとづいており、適切なところではすべてのIPMシステム中に組みこまれるべきである。しかしながら、耕種的戦術が管理技術として独立して存在することがほとんどないというういくつかの理由がある。大部分の耕種的戦術は部分的にのみ効果的であり、そのことは他の戦術もまた用いねばならないことを意味する。実施の費用は、収益のない作物への輪作の場合のように利益よりも大きいことがある。耕種的戦術は速く働かず、それ故、さしあたっての問題を解決することができない。もし耕種的管理戦術が満足すべき結果をもって実施されても、管理専門技術と有害生物の知識、そして作物／生態系生物学の必要性は他の方法よりも大きい。これらの可能な限界にもかかわらず、耕種的方法は生態学にもとづく制御システムの中軸である。

資料と推薦文献

次の教科書は有害生物の耕種的管理のトピックの一般的背景を提供する。これらの教科書はまた第15章に含まれる材料をも包含する。Palti（1981）による本とRechcigl and Rechcigl（1997）によって編集された本は病原体の耕種的管理の全面的な論議を提供する。Rechcigl and Rechcigl（1999）もまた節足動物管理のための耕種的方法についての有用な一連の総説を編集している。Van Vuren and Smallwood（1996）は脊椎動物への生態学的手法を総説し、Singleton（1999）によって編集された本はげっ歯類の生態学的管理を含んでいる。

Altieri, M. 1994. *Biodiversity and pest management in agroecosystems.* New York: Food Products Press, xvii, 185.

Engelhard, A. W., ed. 1989. *Soilborne plant pathogens: Management of diseases with macro- and microelements.* St. Paul, Minn: APS Press, vi, 217.

Huber, D. 1989. Introduction. In A. W. Engelhard, ed., *Soilborne plant pathogens: Management of diseases with macro- and microelements,* St. Paul, Minn.: APS Press, 1–8.

Palti, J. 1981. *Cultural practices and infectious crop diseases.* Berlin; New York: Springer-Verlag, xvi, 243.

Rechcigl, J. E., and N. A. Rechcigl, eds. 1999. *Insect pest management: Techniques for environmental protection.* Agriculture and Environment Series. Boca Raton, Fla.: CRC/Lewis Publishers, 422.

Rechcigl, N. A., and J. E. Rechcigl, eds. 1997. *Environmentally safe approaches to crop disease control.* Agriculture and Environment Series. Boca Raton, Fla.: CRC/Lewis Publishers, 386.

Schulz, H. 1961. Verhütung von Fusskrankenheiten beim Getreide. *Mitteilungen deutsches landwirtschafts gessellschaft* 76:1390–1392.

Singleton, G. R., ed. 1999. *Ecologically-based management of rodent pests.* ACIAR Monograph Series, no. 59. Canberra: Australian Centre for International Agricultural Research, 494.

Van Vuren, D., and K. S. Smallwood. 1996. Ecological management of vertebrate pests in agricultural systems. *Biol. Agric. Hortic.* 13:39–62.

第17章

作物の寄主植物抵抗性と作物および有害生物のその他の遺伝的操作

序論

この章はIPMシステムに関係する作物と有害生物の遺伝的改変について論議するが、それには古典的育種と遺伝子工学的手法の両方が含まれる。寄主植物抵抗性は、病原体、線虫、そして有害節足動物に対する1つの基本的な手法である。新しい科学技術はIPMにおけるこの手法の有用性をさらに強める機会を提供する。生物学的形質の遺伝の理解と、これらの形質を支配する遺伝子を操作する技術の発達は、応用生物学における1つの革命を構成し、その中には農業と有害生物管理を含んでいる。遺伝子工学の技術は20～30年前には達成できなかったやり方で、人間の目的に合うように生物体を修正することを可能にする。最近、分子生物学によって開発された技術は、総合的有害生物管理の役に立ち、それには遺伝子を検出するための方法と、生物体の間での、そして異なる種の間でさえも遺伝子を転移させることを許す技術を含んでいる。作物植物の有害動物と病原体への抵抗性について考察することに加えて、作物が除草剤への抵抗性を持つように変えること、有害生物の生殖システムを操作すること、そして不妊性を誘導するための遺伝学もまたこの章で考察される。なぜならば、それらは有害生物のインパクトを減らす目的のために生物体を遺伝的に操作する境界領域の延長だからである。

寄主植物抵抗性

世界中で農業有害生物に伴う問題があるにもかかわらず、与えられた地域において比較的少ない有害生物が特定の植物種を攻撃する。植物は大部分の食植者、線虫、そして病原体に対してある抵抗性を持つ。もしそうでなければ、はるかに少ない植物しか存在しなかったであろう。植物は一次生産者であり、食物連鎖の基礎である。植物は動くことができず、攻撃から逃げることができない。したがって、それを食物として用いる生物に対する抵抗性の進化のための強い選択圧が時を越えて存在してきた。同様に、植物がそれを食物として用いる、さまざまな生物への防御を進化させるにしたがって、植物を食物として用いる生物もこれらの植物の防御に打勝つように進化した。これらが、作物植物を攻撃するときに、我々が現在有害生物と呼ぶ生物となる。共進化の概念は、1つの生物の形質が他の生物に選択圧として働き、またその逆でもあるような場合をいうが、これが植物の防御と、食植者および病原体が、この防御に打勝つような進化をするための選択圧の間の遺伝的相互作用を説明する。

有害生物を防ぐために進化した植物の多くの防御は、寄主植物抵抗性を開発するための植物育種を通じて人間によって操作されてきた。有害生物への抵抗性を持つ品種を作りだすための植物育種のこの使用は、しばしば多くの有害生物、特に病原体、線虫そして多くの昆虫の管理にとって理想的な手法であると考えられる。

寄主植物抵抗性の概念は、植物を食う有害生物に対してよく働く。なぜならば、その寄主（作物）は、それを食う生物と生化学的レベルで相互作用するからである。作物植物から雑草への資源の直接の移転はないので、植物育種は雑草の管理に対してはほとんど適用がなかった。この章の後のほうで論議する除草剤抵抗性作物の開発は、作物の遺伝的操作が雑草管理に貢献する1つの新しい方法を代表している。

有害生物管理のための寄主植物抵抗性の有利性

植物育種を通じて生みだされた有害生物抵抗性作物は、IPMのために用いられた他の戦術を越えるいくつかの有利性を持っている。ある有利性は次のように現実的であるが、あるものは想定されたものである。

1. 寄主植物抵抗性は、高度に抵抗性の品種が得られるときに、ある有害生物を管理するための唯一の戦術である。
2. その防御は、防御するものが常に存在するので栽培シーズンの間中続く。
3. 有害生物は最も感受性のある発育段階に常に影響を受ける。
4. 防御は天候とは独立している。
5. 一般的に植物のすべての部分が防御され、その中には慣行的な農薬を用いて管理することが難しい部分を含む。
6. 作物を食う有害生物のみが暴露され、大部分の標的でない効果は排除される。
7. 標的の有害生物のみが防除される。大部分の有用生物は影響を受けない。すなわち、植物抵抗性は標的有害生物に選択的である傾向がある。しかしながら、ある抵抗性メカニズムは有用生物へも影響することがある(第13章の栄養段階相互作用参照)。選択性の特性は病原体、線虫、そして節足動物へ適用される。
8. 多くの場合、植物抵抗性は農薬を含むすべての他の管理戦術と両立する。それ故、それは多戦術的IPMシステムに理想的に適している。
9. 有害節足動物の防除のための植物抵抗性は、しばしば追加的な効果を持つ。もし抵抗性が何年も維持されれば、そして抵抗性品種が地域的に栽培されるならば、有害生物は残存的個体群へと減るであろう。
10. 防御要因は、通常それが発現した組織の中で活性があり環境の中ではない。それ故、それは環境的インパクトが最少である。寄主植物抵抗性は環境に優しい。
11. 防御の原理は生物分解性である。そして適切な遺伝子の選択は、これらの原理が人間や家畜に毒性がないということを保証する。
12. 経済的に有利性がある。なぜならば、栽培者の唯一の費用は種子であり、それはいかなるときの農場予算においてもすでにその一部分だからである。さらに、1つの栽培シーズンの中で繰り返し適用する必要はない。寄主植物抵抗性が頼りになる限り、そして抵抗性を破る有害生物が速やかに選択されない限り、1つのIPMプログラムを安定化させる助けとなる。反対に抵抗性の崩壊は寄主植物抵抗性を用いる現存のIPMシステムを不安定化させる。

寄主植物抵抗性を有害生物管理の一手段として用いることへの明確な有利性があるけれども、その戦術には限界がないわけではない。それらはこの章の後のほうで論議される。

有害生物と作物の両方の遺伝学を理解することは、有害生物に対する抵抗性にもとづく管理戦略の開発を許す。抵抗性の源を同定するための組織的な努力は20世紀の初期に始まった。しかし、抵抗性品種の選択は、最良の働きをする植物からの種子を保存しておいた農業者によって、何世紀もの間、おそらく偶然に実施されてきた。抵抗性の使用の背後にある支配的な生態学的原理は、適切で集中的な食物資源を、寄主の修正を通じて不適切な資源（食物源）にすることによって、食物連鎖を妨害することである（**図17-1**）。食物源を不適切なものにすることは、有害生物がこの抵抗性に打勝つ能力を発達させることがなければ、農業生態系における永久的な変化となりうる。

慣行的植物育種

原理

オーストリアの修道士、Gregor Mendel［メンデル］は、1865年に彼のエンドウマメの遺伝についての発見を出版したときに、有害生物への抵抗性の育種を含む植物育種のための基礎を築いた。彼は、形質が両親から子孫へ予想できるやり方で伝えられるということを発見した。そして、異なる形質の両親が交配されたとき、子孫はこれらの形質の1つの組み合わせを持つということを発見した。彼はまた、その特性のための遺伝子は劣性か優性かのいずれかであることを確定した。メンデルの概念は、現在メンデル遺伝学と呼ばれているものから成り立っている。そしてその原理はすべての慣行的植物育種の基礎をなしている。

メンデルの発見は、基本的に30年の間、見失われてい

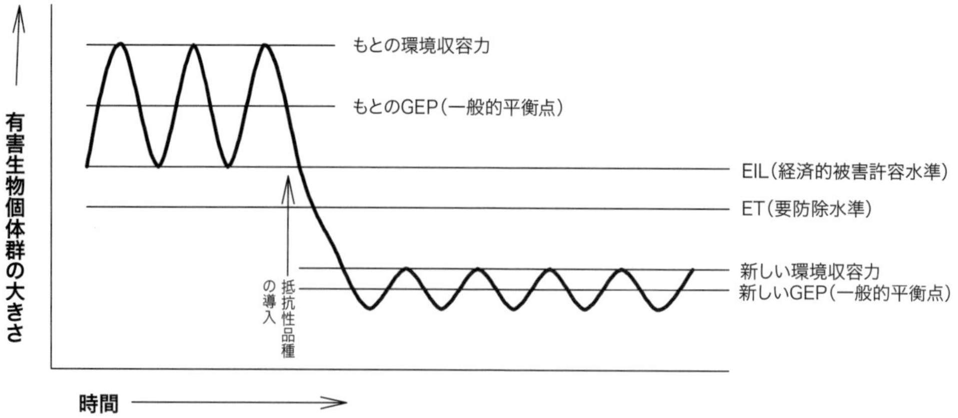

図 17–1　有害生物の環境収容力を低くするような植物育種にもとづく防除戦術に関係した理論的な有害生物個体群動態。

た。しかし、20 世紀の初めに再び発見された。その時、コムギにおけるさび病への抵抗性が遺伝する形質であることが研究者によって認識され始めた。彼等はさび病の抵抗性の遺伝が、メンデルの発見したメカニズムにしたがうことを観察した。その観察は、農業科学者が、望ましい形質を１つの品種から他の品種に転移するために必要な技術を開発することを許した。ある特定の有害生物に抵抗性のある植物と作物品種を交雑育種することは、抵抗性遺伝子をその作物品種に動かすために用いられる。この方法によって抵抗性を持つ作物品種が開発され、作物／有害生物相互作用を修正するために用いることができる。

有害生物管理のための植物育種の基礎にある基本的手法は、もはやその有害生物に感受性のない（その品種は抵抗性）か、または、有害生物の攻撃に耐えることができ、その有害生物によってもたらされた被害に対して感受性が少ない作物品種を開発することである。ある抵抗性品種を開発するために用いられる過程は通常、関心のある作物のための種子、クローン、挿し木あるいは培養組織さえもの適切な継代物をスクリーニング［篩わけ］することから始まる。政府研究所と国際的作物研究センターは、主要作物の大部分の存在する品種、地方系統、野生近縁種の広範な生殖質収集品を維持している。The National Plant Germplasm System of the U.S. Department of Agriculture［アメリカ合衆国農務省国立植物生殖質システム］は主要作物のための収集についての優れた情報源である。抵抗性品種の開発において典型的に次のステップがある。

1. 作物としての同じ種の植物で標準品種よりも有害生物への感受性が少ないと思われるものを見分ける。スクリーニング苗床を確立するために、生殖質収集品から播種するための種子を手に入れることは、この第一ステップの下で普通の過程である。
2. ひとたび、抵抗性の有望な源が見分けられると、次のステップは、その作物品種（栽培されている品種）の中に抵抗性を与えるような遺伝子を動かす（または移入する）ことである。この遺伝子移入は、望ましい感受性の作物品種と抵抗性植物との間の雑種を作ることによって達成される。
3. 最初の交雑のあと、50%だけのゲノムが両親の作物品種から、それと他の 50%は抵抗性植物からのものである。結果の雑種は、おそらく商業的品種としては受け入れられないであろう。なぜならば、この交雑の中で移転された望ましくない特性があるからである。それ故、望ましくない特性を除くために、新しい抵抗性の雑種と反復親と呼ばれる、もともと感受性のある作物品種との間でいろいろな数のバッククロス［戻し交雑］を行なうことがしばしば必要である。戻し交雑の間、抵抗性の形質は子孫の中に動いているということを確かめる必要がある。望ましくない特性を最小限に持つような抵抗性植物を得るために必要とされる戻し交雑の数は次の要因に依存する。
   - 3.1. 抵抗性を制御する遺伝子の数 —— 数が多いほど過程はより長い。
   - 3.2. 抵抗性遺伝子の間またはその中の連鎖の程度 —— より強く連鎖するほどよい。
   - 3.3. 抵抗性と、望ましくない特性を制御する遺伝子の間の連鎖の程度 —— 連鎖が弱いほど望ましくない特性なしに抵抗性遺伝子を移入することがより容易である。

3.4. 遺伝子の優劣性 ── 優性遺伝子でより容易に働く。

4. その結果、もとの感受性品種と農業的特性が似た１つの抵抗性品種が開発され商業的使用のために普及される。

戻し交雑は何回も行なわれなければならないので、１つの作物品種への抵抗性遺伝子の移入は植物の多くの世代を必要とする。このことは、古典的育種技術を用いて一年生作物に１つの新しい抵抗性品種が開発される前には何年もかかるということを意味する。この過程は多年生樹木作物では何十年もかかり、それ故に抵抗性の樹木やブドウの品種の育種に対して、一般的にあまり労力が投資されてこなかった。ある抵抗性品種を育種しようと企てることを意思決定するためには、その有害生物が抵抗性に打勝つようになるまでの育種に必要とされる時間を考慮することが常に必要である。

抵抗性のメカニズム

いくつかの異なるメカニズムが、ある作物植物の中に有害生物抵抗性を与える。すべてのメカニズムが、すべてのカテゴリーの有害生物に適用されるとは限らない。そして、線虫学、植物病理学、そして昆虫学において用いられる抵抗性メカニズムに対して適用される用語にはある違いがある。

1. antixenosis［非選好性］。有害生物の行動が寄主植物の定着を阻止するか減らすために、化学的または物理的手段を通じて変えられる。これはまたその有害生物による非選好性とも呼ばれる。これはある食植者がその植物を食うことを選ばないということ、あるいはその有害生物がその植物によって忌避されること、そして産卵のために避けられるということを意味する。
   1.1. 物理的非選好性。作物の形態がその作物が攻撃されにくい。例はカギ、毛（図 17-2a、b）、腺、より厚い表皮のような葉の特徴である。
   1.2. 化学的非選好性。多くの二次植物化合物が有害生物の摂食（摂食阻害剤）または産卵（産卵阻害剤）のための有害生物の寄主選択行動を阻害する。
2. 発芽（孵化）阻害。このメカニズムは通常化学的性質であり、病原体の胞子または線虫と節足動物の卵に適用される。
3. 抗生作用。植物は通常二次代謝物である１つの毒素を生産し、それ故、植物を食う生物に影響する。この毒素に打勝つ能力を発達させた生物のみがその植物の有害生物となることができる。抗生作用もまた、植物酵素の活動からくるもので、それは食植者に食物を消化する能力を低下させる（消化能力低下因子）。
4. 過敏反応。これはある活発な誘導できる抵抗性であり、そして有害生物への寄主防衛反応である。過敏性は寄主と有害生物の間の両立しない反応であり、ある病原体と線虫への防衛反応の１つである。ある植物が感染したとき、特定の病原体タンパク質（elicitors［誘導因子］）が寄主の受容体タンパク質と相互作用し、活発な防衛反応を誘発して、その中では、有害生物に接触した細胞が直ちに死ぬ。これは病原体が未感染の組織の中にのびることができる前に、病原体を基本的に壁で仕

図 17-2　ヨコバイの攻撃に対するダイズの抵抗性。
(a) 毛の多い品種の上のヨコバイはその植物に接近することができない。
(b) 異なるダイズ品種による抵抗性の変異は、異なる区画の高さの違いとして示されている。
資料：Marcos Kogan による写真

切る。抵抗性遺伝子は有害生物からの誘導タンパク質のための寄主受容体として機能するものと考えられる。

5. 耐性。抵抗性品種は有害生物による摂食や繁殖を支える。したがってある被害をこうむるが、生産物の量または質に損失はない。
6. 免疫。この用語はある病原体への最高のレベルの抵抗性を表す。特定の有害生物への寄主でないような植物種は免疫になったといわれる。抵抗性品種は、それぞれの有害生物に対してめったに免疫にならない。

抵抗性の生理学的基礎

植物由来の化学物質は抗生作用と非選好性の両方の基礎をなす。これらの化合物は代謝過程の生産物として生じ、二次植物化合物と名づけられる。多くの二次植物化合物は特定の植物科に特徴的である。例えば、ナス科はアルカロイドに富む。セリ科は通常高いレベルのフラノクマリン、またアブラナ科はマスタードオイルグルコシドを含む。生合成の過程とこれらの化合物の蓄積に依存して、これらの化合物に関連した抵抗性が構成されるか誘導される。

構成的抵抗性

もし、その化合物が有害生物の加害の存在のいかんにかかわらず正常な代謝過程の部分として植物に蓄積しているならば、その抵抗性は構成的といわれる。アブラナ科のマスタードオイルグルコシドは構成的化合物である。キャベツと無結球キャベツの刺激性の味、あるいはより著しいマスタードの味はこれらの化合物からの結果である。大部分の昆虫はこれらの植物を食うことを忌避するか阻害される。しかしながら、共進化によって少数のアブラナ科のスペシャリストがこの化学的防衛を回避することを許され、より好む寄主としてこのような植物を捜し確定するために、その匂いと味を使う。この昆虫－植物関係は抵抗性のための育種にとって1つのジレンマとなる。なぜならば、これらの化学的要因のあるものは、多くの食植者に対する抵抗性を強めるが、少数のスペシャリスト昆虫に対しては感受性を増大するからである。

誘導的抵抗性

有害生物が植物を攻撃するとき、または植物が環境的ストレスを受けたとき、ある生理学的反応が植物の中に起こる。これらの反応は誘導反応と名づけられる。それらは病原体の感染力または食植者の適合性を変えたり、変えなかったりする。化合物の蓄積の結果としての誘導反応、あるいは食植性または病原体の病原性を減らす物理的変化は誘導抵抗性と呼ばれる。誘導因子は誘導的反応を刺戟する。1つの誘導因子への一次的な植物の反応は、過敏性のような局部的な反応に関係しており、それに続いて一次的反応の場所のすぐまわりの組織の中での二次的反応が起こる。誘導因子が植物の中に広がる反応の生理学的カスケード［滝］の引き金を引くにつれて、最終的には局部的な二次的反応の後、組織的な防衛反応が植物全体に起こる。ある昆虫がジャガイモまたはダイズの下葉を嚙むことは、その何節か上の葉に、同じか別の昆虫への不味い味をもたらす。同様にある病原体では、1つの葉への機械的傷害または感染が同じ植物の他の葉に、その病原体に対するより大きい抵抗性をもたらす。誘導抵抗性反応は寄主－有害生物相互作用の間で変わり、3つのタイプのすべての反応が常に起こるとは限らない。

誘導抵抗性の発見は、誘導因子に対しその植物を制御的に暴露することによって、その植物が昆虫と病原体に対して「免疫化」することができるという示唆へと導いた。例えば、栽培シーズンのきわめて早くにWillametteダニが発生したワイン用のブドウは、つるの中に抵抗性を誘導する。そのブドウは後のより被害の大きいPacificダニによる被害に対して抵抗性になる。この概念は人間と家畜の病原体系統の感染に対して免疫性を与えることと似ている。それは病原力をへらす（弱毒）かあるいは非病原性である。この概念を植物の中で広く実用的に適用することは限られてきた。

ダイズでは*Phytophthora*腐敗病の病原菌である*Phytophthora megasperma* f.sp. *glycinea*は、ファイトアレキシンと呼ばれる防御化合物の濃度を高める結果となる1つの組織的反応を誘発する。インゲンテントウのダイズへの摂食についての研究は、同じかまたは似たファイトアレキシンがこのテントウムシのための摂食阻害剤であったことを明らかにした。*Mi*と名づけられた遺伝子は、線虫の感染に反応して誘導され局在する過敏性の反応によって、トマトにネコブセンチュウに対する抵抗性を与える。*Mi*遺伝子はネコブセンチュウ管理のために加工用トマトにおいて広く使われてきた。*Mi*遺伝子はまた、アブラムシの摂食に対する抵抗性をも与えることが観察されてきた。これらのものは多くの有害生物に対する抵抗性メカニズムの収斂の例である。

抵抗性の遺伝学

寄主植物抵抗性のための遺伝的基礎は、関係する植物遺伝子を記述する言葉を用いて説明される。多くの遺伝子によって決定される抵抗性は、ポリジーン的抵抗性または水平抵抗性と名づけられる。単一の遺伝子また少数の遺伝子によって決定される抵抗性は、それぞれ単性またはオリゴジーン的抵抗性、あるいはより一般的には垂直抵抗性と名づけられる。抵抗性の遺伝的決定に関するこれらの概念は植物病理学者によって発展させられ、病原体と線虫への抵抗性により容易に適用される。そして、それらは節足動物抵抗性においては、ある場合には適用できるけれども、少ししか見いだされない。

1. 水平抵抗性は通常多くの有害生物のレースを横切って広がる不完全な抵抗性である（**図 17-3**）。水平抵抗性は多くの遺伝子、ある場合にはおそらく100以上もの遺伝子によって制御されている。ポリジーン的抵抗性は通常、安定的であり、有害生物によって容易に克服されない。しかし、それは環境条件によって変わる。それ故、「永続的」抵抗性と名づけられてきた。品種A（**図 17-3**）で表される水平抵抗性は20%であるのに対し、品種Bでは50%である。
2. 垂直抵抗性は、病原性の1つのレースまたはいくつかのレースに対し完全な抵抗性を与える。しかし、他のレースには何のインパクトもない。垂直抵抗性は通常、1つかまたはせいぜい3つの主要遺伝子によって与えられる。有害生物（通常病原体）の新しいレースはこの抵抗性を完全に克服する。品種AとB（**図 17-3**）は、仮想的な有害生物の異なるレースに対する垂直抵抗性の異なる組み合わせを示す。

抵抗性遺伝子は、1つの有害生物に働く表現型的効果の大きさによっても示され、主遺伝子は大きい効果を、微働遺伝子はより小さい効果を及ぼす。

Flor（1942）は寄主と病原体の両方の遺伝学を最初に評価したものの一人である。彼はアマとアマさび病について実験を行ない、病原体と寄主の相互作用のための遺伝的基礎を説明するために gene-for-gene hypothesis［遺伝子対遺伝子仮説］を導いた。遺伝子対遺伝子仮説は、病原体認識（抵抗性）が寄主の中の単一の抵抗性遺伝子（*R* 遺伝子）と病原体の中の1つの非病原性（*Avr*）遺伝子によって条件づけられると見なす。*Avr* 遺伝子を持つ病原体は、特定の *R* 遺伝子の存在の中では繁殖できない。病原性は、ある病原体がある寄主の上で繁殖する能力、またはある有害生物が寄主に被害をもたらす傾向を指すであろう。寄主による有害生物の遺伝子対遺伝子認識は、植物の防衛反応のカスケードによって抵抗性をもたらす。

遺伝子対遺伝子関係は多くの病原体／寄主複合体で示されてきた。その中に、多くのさび病、うどんこ病、リンゴ黒星病、多くの細菌、多くのウイルスを含み、線虫と、コムギのヘシアンバエとイネのトビイロウンカのような、ある昆虫で記録されている。遺伝子対遺伝子関係は特に、垂直抵抗性を持つ栽培品種を育種する努力において重要である。前に述べたように、植物とそれらの有害生物は相互に進化してきた。一般的にいえば、病原体の病原性の変化は寄主の抵抗性の変化と常に釣り合っている。最終的結果は、病原体の病原性と寄主の抵抗性の間の進化的時間にわたる動的平衡である。そして、この平衡は遺伝子対遺伝子関係

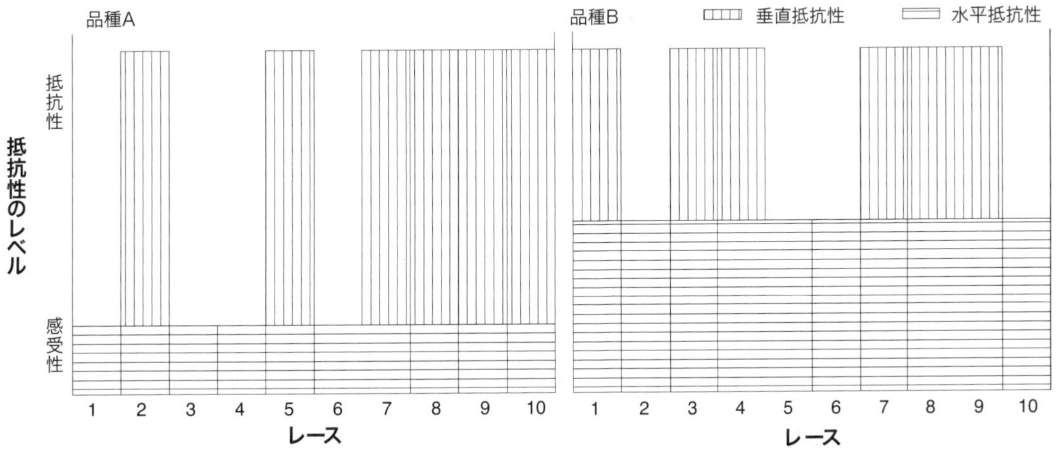

図 17-3　2つの作物品種（AとB）における有害生物の10のレースに関連した水平抵抗性と垂直抵抗性の理論的実例。

によって維持される。その病原体が1つの新しい病原性遺伝子を進化させるとき、それは1つの選択圧として働き、その新しい病原性遺伝子に対して特異的な寄主の中に新しい抵抗性の進化を導く。植物種は多くの病原体を抑制する多くのおそらく数千もの異なる*R*遺伝子を含むようであり、そして*R*遺伝子は遺伝子対遺伝子反応とは別の植物防衛反応の一般的局面に関係し、それが有害生物を制限するであろう。

ある圃場に存在する有害生物のレースを知ることは、そのレースに対して抵抗性の作物品種を選ぶための基本である。**図17-3**は理論的実例を提供する。もしレース6が存在するならば、最良の選択は品種Bであろう。しかし作物はなおも部分的に被害を受けるであろう。もし、レース2または5が存在すれば品種Aが最良の選択であろう。そして、もしレース8または9が存在するなら、どちらの品種をも用いることができるであろう。後者の状況の中では、品種の選択は有害生物抵抗性以外の農業的品質にもとづくであろう。

大部分の抵抗性のための育種はメンデル遺伝学にもとづき、抵抗性の源は通常、栽培作物植物に近縁の野生種を含む関連した種の間に存在する遺伝的変異からくる。慣行的な育種努力に伴う1つの限界は、種間の交雑種を得ることである。この限界は、今ではある有害生物と作物のための遺伝子工学の使用を通じて減ってきた。

種の中と間に存在する遺伝的変異性の量は生物多様性の1つの局面である。1つの種の中に存在する遺伝的変異性から新しい抵抗性遺伝子を見つけだすことが望ましいことが、遺伝的に多様な植物の収集品を維持する試みが行なわれる理由となってきた。作物の中の抵抗性遺伝子の必要性は植物育種家によって認識され、そして作物品種と関連する植物の収集品はすでに述べたように世界中の生殖質センターで保たれている。そのような遺伝的多様性の貯蔵所は人類にとって大変重要である。なぜならば、それらは慣行的育種と遺伝子工学の両方における努力のための遺伝的資源を提供するからである。

抵抗性のための慣行的植物育種の実例

病原体

抵抗性品種は数多くの一年生作物のための病害管理の頼みの綱である。多くの場合、抵抗性作物品種を用いることは、病原体、特に土壌伝染性病原体とウイルスを管理するための唯一の実行可能な方法である。穀類のさび病は抵抗性品種の使用によって管理される病原体の例である。なぜならば、これらの病気を十分に防除する他の管理戦術がないからである。抵抗性のための成功した育種の最近の1つの例は、バナナの黒点葉枯病への抵抗性によって提供される。そこでは、この病原体の化学的防除は実用的でなく経済的にも非現実的である。

病原体に対する抵抗性品種の使用によって課せられる選択圧は、その病原体に病原性のある系統または変種の進化を導く。抵抗性の喪失は抵抗性管理における進行中の問題であり、新しい抵抗性作物品種は、病原体における系統の変化によって文字通り破壊される。したがって、新しい抵抗性の源を持つ品種を育種するための継続的な努力は、病原体進化の前を行く必要がある。育種家は穀類の、さび病についてほとんど100年間これを行なってきた。

病原体とたたかう植物育種の実例は、菌類および細菌とウイルスについて別々に示される。

菌類および細菌

1. 第10章で述べたように、穀類さび病は、コムギが栽培化されて以来、コムギ生産の天罰であった。植物育種を通じたさび病の管理は、抵抗性作物品種育種による病害防除の最も古い例であり、20世紀への変わり目までさかのぼる。さび病の病原体の異なるレースが異なる作物の品種を攻撃する（**図17-4**）。すべての穀類作物育種プログラムは、なおもさび病抵抗性の構成要素を維持している。その病原体は3〜5年で新しい系統となり、その時に以前に抵抗性であった品種は攻撃に屈服する。
2. *Fusarium*属と*Verticillium*属による萎凋病は本質的に寄主抵抗性以外のいかなる戦術によっても防除できないような土壌伝染性病原体によってもたらされる。これらの病原体に抵抗するような作物の例にはワタとトマトがある。それらの品種名の一部に略語でVFNTを持つトマトは*Verticillium*、*Fusarium*、ネコブセンチュウ、そしてトマトモザイクウイルスへの抵抗性を持つ。VFNT品種はこれらの病原体がもともと存在している地域においてその損失を予防することができる。
3. *Phytophthora* spp.は多くの作物で根腐病をひき起こす。そしてこの問題はアルファルファと果樹のような多年生作物において悪化する。*Phytophthora*への部分的抵抗性は新しいアルファルファに恒常的に組みこまれる。

図 17-4
黄さび病に感受性のオオムギ品種（左側）と、さび病の特定のレースに抵抗性の品種を並べた比較。
資料：Lee Jackson の許可による写真

アルファルファは分離された遺伝的個体群なので、その品種は抵抗性と非抵抗性の遺伝子型の混合物である。管理者は播種割合を増やすような慣行によってその個体群の感受性のあるメンバーの損失を許し、不可避的に起こる *Phytophthora* による消耗を許すことができる。

4. ある樹木作物の台木は根腐病を起こす生物と線虫へ抵抗性を持つ。特定の場所のための適切な台木の選択は果樹作物における長期的な土壌性有害生物問題管理のための基礎である。

ウイルス　ウイルス病のための主要な長期的防除戦術は寄主植物抵抗性である。媒介生物の防除は十分な病害防除を提供するとは限らない。あるいは経済的に、また生態学的攪乱によってあまりに費用がかかりすぎる。寄主植物抵抗性がない場合、媒介者の排除は唯一の他の可能性のある効果的な解決である。

ウイルスに対する抵抗性の育種は、媒介者防除のための殺虫剤の施用を減らすことができる。そして天敵を含む昆虫の IPM プログラムを安定化する助けとなる。なぜならば、殺虫剤の使用は有害生物の置き換え（第 12 章参照）をもたらすからである。次のものはウイルス管理のための植物育種の実例である。

1. ビートえそ性葉脈黄化ウイルスによる、そう根病はサトウダイコンを攻撃する病気であり、それは 1980 年代にサトウダイコンが栽培されている世界中のすべての地域に急速に広がった。このウイルスは土壌伝染性病原体によって媒介される。媒介者とウイルスの両方に抵抗性を持つ品種の開発が、ひどい収量損失からサトウダイコンを救った。
2. ダイズモザイク病またはダイズクリンクルはダイズモザイクウイルスによってもたらされ、世界のある部分でのダイズ生産を制限する。このウイルスは種子伝染性であり、30 種程度のアブラムシの種によって非永続性伝播をされる。世界の大部分のダイズ栽培地域においては、普通の品種はアジア起源の 2 つの系統から由来する抵抗性のための遺伝子を持つ。この抵抗性は一対の対立遺伝子によって条件づけられ、それらの 1 つは優性で高いレベルの抵抗性を与える。

線虫

抵抗性品種は線虫を管理する最良の方法の 1 つである。植物はそれが線虫の発育と繁殖を制限するときに、線虫に抵抗性があると考えられる。抵抗性は、部分的または中間的繁殖が起こる低いものから中間のものと、そこでは線虫の発育と繁殖がほとんど排除される高い抵抗性のものまでの幅がある。

知られている多くの線虫抵抗性遺伝子は、特定の線虫または小さい種のグループについて遺伝子対遺伝子関係を持つように見える。線虫管理における作物抵抗性の使用は、適切な抵抗性遺伝子の得られやすさによって制限される。しかしながら、特定の線虫に対する抵抗性が得られるとき、抵抗性は線虫個体群に対する 1 つの選択圧である。そして、抵抗性を壊す病原型と系統の選択は 1 つの問題である。特に、性的に生殖するシストセンチュウのような種ではそうである。単為生殖するネコブセンチュウもまた抵抗性を壊す。例えばあるネコブセンチュウの病原型はトマトの中の

Mi 遺伝子を回避する。

慣行的な育種努力は、線虫に抵抗性の作物栽培品種の作出をもたらした。抵抗性は多くの作物栽培品種で得られる。そして線虫抵抗性が得られる作物の例はダイズ、アルファルファ、クローバ、コムギ、オオムギ、カラスムギ、マメ、ササゲ、サツマイモ、トマト、アンズ、カンキツ、ブドウ、クルミ、そして *Prunus*［モモ、アンズなどの属］の台木を含む。

いくつかの線虫抵抗性遺伝子はクローン化され、その中にサトウダイコンの野生近縁種からの遺伝子も含まれ、それにテンサイシストセンチュウへの抵抗性を与えるもの、いくつかの重要なネコブセンチュウ種に対して効果的であるトマトの遺伝子（*Mi*）、そしてジャガイモシストセンチュウのある分離体に対して抵抗性を与えるものを含む。遺伝子によって条件づけられる時、所、そして防御反応のメカニズムは変化するように見えるけれども、多くの抵抗性遺伝子は構造上のある共通性を持つ。抵抗性遺伝子のクローニングは、遺伝子とタンパク質構造の詳しい分析、抵抗性の生化学的メカニズムの研究、そして新しい抵抗性品種の遺伝子操作の可能性をもたらす。

大部分の果実とナッツの木は台木の上に接ぎ木される。木は多年生作物なので輪作と燻蒸のような線虫管理戦術は定期的に用いることができない。したがって、*Prunus*［モモ、アンズなどの属］のための「Nemagard」台木のような線虫抵抗性台木は線虫管理プログラムにおいて役に立つ。

ナメクジとカタツムリ

有害軟体動物を管理するための抵抗性作物品種は通常採用されない。これはおそらく、軟体動物の摂食に対する作物耐性の中で種間変異を欠くためであろう。軟体動物抵抗性品種がないことはまた、この問題の一般的ひどさを反映する。なぜならば、有害軟体動物は高度に広食性だからである。それらが作物の中に多いことは、草の種子の生産圃場の収穫後に残された大量のワラのような好適な生態学的条件の結果である。軟体動物は大部分の食物と繊維の作物において経済的損失をめったにひき起こさない。

昆虫

抵抗性の育種は有害節足動物を管理するための最良の手段の1つと考えられている。そして節足動物抵抗性作物品種は150年以上も用いられてきた。多くの場合、この戦術は次に示すように、作物を全くの失敗から文字通り救ってきた。

有害昆虫を管理するための汎用性殺虫剤の使用は有用生物を殺し、非標的昆虫を天敵資材から解き放って、それが有害生物となる（第12章の二次的有害生物の増大と有害生物の置き換えを参照）。多くの場合、抵抗性品種の使用は殺虫剤の必要性を軽減し、それから有用生物が増えて、他のあまり重要でない有害生物を防除するようにする。ある品種の中の低いレベルの抵抗性でさえ有用である。なぜならば、それと生物的防除の相互作用が両方の防除戦術の効力を増やすからである。

次のものは節足動物管理のための寄主植物抵抗性の例である。

1. ブドウネアブラムシ。感受性のブドウの根を攻撃するアブラムシに似た昆虫であるブドウネアブラムシは、ひどい成長阻害とつるの枯死をもたらす。ぶどう酒用と生食用のブドウ品種はすべて感受性である。しかし、北アメリカ在来のブドウは、ほとんど症状のない寄主である。ネアブラムシは1860年代の中頃にアメリカ合衆国からフランスに運ばれた。そこでワイン用ブドウ産業をほとんど排除した。研究者はフランスのぶどう酒用ブドウを北アメリカ産ブドウ台木に接ぎ木することによってこの問題を解決した。その時から、多くの抵抗性台木が北アメリカ産ブドウの中の抵抗性を用いて開発されてきた。これは、ある有害生物を管理するために抵抗性を用いた最も早い例の1つである。すべての抵抗性のメカニズム（抗生性、非選好性、耐性）が関与しているように思われる。1980年遅くに新しいネアブラムシのバイオタイプがカリフォルニア州に現れ、それは現在の台木における抵抗性に打ち勝ち、多くのブドウ畑の破壊をもたらした。これは新しいバイオタイプに対する抵抗性の台木の開発を必要とした。それはネアブラムシが殺虫剤では管理できないからである。
2. ヨーロッパアワノメイガ。ヨーロッパアワノメイガはアメリカ合衆国中西部でトウモロコシの最も破壊的な有害生物である。卵は葉の上に産まれるが、孵化した幼虫は速やかに茎の中に潜りこみ、普通の接触殺虫剤の力が及ばない。この害虫は典型的に1年に2つの世代を持ち、第1世代と第2世代と呼ばれる。トウモロコシでは第1世代に対する抵抗性はよく理解され、それは主にDIMBOAという化合物の存在によるものである。トウモロコシの中のこの化合物は、ある作物の中の二次代謝物のレベルを、節足動物防除の手段として操作するために植物育種を行なった１つの実例である。抵抗性品種の開発は、ヨーロッパアワノメイガの防除のための実用的で長期的な唯一の解決法であった。そして今では、この地域で栽培される約 90%のトウモロコシ品種は抵抗性を持っている。

3. 害虫に対するイネの抵抗性。最も重要な食糧作物であるイネは世界中で 5000 万エーカーにわたって栽培されている。約 1000 種の節足動物がイネに伴って記録され、約 30 種が被害をもたらす。アジアにおける１つの重大な有害生物はトビイロウンカである。最初のトビイロウンカ抵抗性品種は 1973 年にフィリピンの International Rice Research Institute［国際イネ研究所］によって開発された。それ以来、抵抗性イネ品種は約 3800 万エーカーに植え付けられてきた。トビイロウンカの少なくとも３つのバイオタイプが同定されており、すべてのバイオタイプに対し抵抗性を持つ新しい品種を開発するためのひき続く努力が必要である。

4. spotted alfalfa aphid［アブラムシ科］。spotted alfalfa aphid は光合成物質を食うことによって、アルファルファの成長の減少をもたらす。しかし、より重大な被害は毒素をアルファルファに注入することによって起こる。この毒素は茎の成長を止める。このアブラムシはアメリカ合衆国に 1954 年に導入された。そして、すべての暖かい地域でひどい被害をもたらした。アルファルファ品種「Lahonton」が多遺伝子的抵抗性を含むことが見いだされた。それは約 90%の抵抗性であり、この抵抗性はこの作物を救った。この発見は掘り出し物であった。というのは、この抵抗性は圃場で注目され、アルファルファ生殖質の広範なスクリーニングを必要としなかったからである。このアブラムシは圃場間で移動するために殺虫剤によっては管理できない。また短い収穫間隔は餌作物の中の殺虫剤残留問題を導く。また、比較的安い価格の作物での多数回の殺虫剤処理も問題である。抵抗性遺伝子は spotted alfalfa aphid が定着している地域で用いようとするいかなる品種の中にも組みこまれている。この抵抗性は長期間の永続性のある抵抗性の驚くべき実例である。ほとんど 50 年間、この抵抗性に打勝つアブラムシの能力にはなおも変わりがない。このアブラムシはアルファルファ栽培地域に存在し続け非抵抗性の品種が攻撃されている。

5. チューリップサビダニへの抵抗性。チューリップサビダニへの抵抗性は最初に *Agropyron*［カモジグサ属］との雑種で観察された。*Agropyron* からの抵抗性遺伝子は優性形質であると同定された。しかし、多の抵抗性遺伝子がそれから同定されてきた。ダニにおける直接的な被害に加えて、このダニは *wheat streak mosaic virus* を媒介する。ダニ抵抗性品種を植え付けることは、殺ダニ剤の処理費用を減らし、ウイルスの発生量を大きく減らす。

脊椎動物

脊椎動物への抵抗性の使用は理論的には可能であるが、特に有害哺乳類に対して用いられることはなさそうである。なぜならば、その作物植物は他の哺乳類動物の餌とするために生産されているからである。有害哺乳動物による攻撃への作物の抵抗性を作ることは、人間や家畜化された動物のための食物源として用いられないようにすることであると思われる。ある鳥抵抗性ソルガム品種がある。それは種子の中のタンニン酸のより高いレベルによるものである。しかしながら、タンニン酸は人間に対しても同様に食べにくい品種を作ることになる。

限界

抵抗性品種を作りだすための慣行的な植物育種を制限する主な要因は、それが時間を消費する過程であるということである。それに加えて、抵抗性遺伝子は作物と同じか、またはそれに密接に近縁な種の中にある必要がある。特定の有害生物に対して抵抗性を与えるような遺伝子が知られていないとき、慣行的植物育種は抵抗性品種を開発するために用いることができない。同じ種の中で抵抗性遺伝子が得られないという限界によって、各作物種のために可能ななるべく広い遺伝子的基盤を確立することが必要である。大部分の生殖質収集品は野生の作物近縁種と地方的系統を含み、それは多くの重要な作物と、それらの有害生物についての幅広い抵抗性遺伝子の潜在的な貯蔵庫である。育種の目的のために、遺伝的多様性を保存する必要性が大きい。大部分の現代の作物は、きわめて限られた遺伝的背景にもとづいている。そしてそれ故、進化しつつある有害生物に対して感受性がある。小さい家族農場の中で保存されている地方的品種（地方的系統）が、より高い収量のある、しかし、しばしばより有害生物に感受性のある商業的品種に置き換えられると、遺伝的多様性は失われる。いわゆる緑の革命は、イネとコムギのような作物における遺伝的多様性の喪失の１つの主要な要因であった。

多年生果実とナッツ作物の新しい品種の育種には多くの年数がかかり、これらの作物への植物育種の適用のために長い時間を必要とする。抵抗性台木の開発を除けば、樹木作物に抵抗性を育種する大きい試みはなかった。それは第一に、これらの多年生作物の新しい品種を開発するために必要な時間のためであり、有害生物がこの抵抗性を2、3年で克服する能力を持っているからである。

普及された品種の中の抵抗性に打勝つ有害生物のバイオタイプの選択は、有害生物管理における植物抵抗性の使用への主な限界である。この問題への解決は、継続的なモニタリングを維持することと、育種プログラムによって新しいバイオタイプが現れるのと同じくらい早く、新しい抵抗性品種を作ることであった。コムギの育種家たちはヘシアンバエの新しいバイオタイプについて持ちこたえることに成功してきた。今日まで、16のバイオタイプが同定されてきた。広範に栽培される品種における抵抗性に打ち勝つバイオタイプの進化は、この章の初めにあげた２つの有利性を否定する。そして寄主植物抵抗性に打ち勝つことのできるような有害生物の選択を実際上悪化させる。この理由のために、寄主植物抵抗性の戦術は有害生物管理への総合的手法の一部分として用いられるべきである。単一の有害生物管理戦術への依存は通常、標的有害生物におけるその戦術への抵抗性の発達へと導かれる。寄主植物抵抗性はこの問題に対して免疫ではない。

ある有害生物への適切な抵抗性遺伝子のないことは、これらの有害生物が過去には寄主植物抵抗性で管理することができなかったことを意味する。遺伝子工学はこの限界の重要性を減らす可能性がある。

雑草

慣行的な植物育種は、除草剤抵抗性の分野を除けば、雑草管理に対して他の有害生物カテゴリーよりもはるかに適切でない。それは、雑草と作物の間に、いかなる直接の栄養的関連もないからである。しかしながら、雑草は作物と光および栄養を競争している。そして、より競争力のある作物を育種することは理論的に可能であり、それは試みられつつある。例えば、雑草に対するより大きい競争を提供するために、作物の草冠の発達する速さを増すことは可能である。内在的な問題は、植物の草冠の構造が単一の遺伝子によって決定されないということであり、また草冠の構造は作物種に関連して変わる。サトウダイコン、加工用トマト、レタス、そして大部分の野菜のような作物の競争能力を、少なからず増加させることは困難である。なぜならば、これらの作物はそれらが競争しなければならない雑草より典型的に背が低いからである。

作物種の中には除草剤への耐性の変異が存在する。この変異は慣行的な植物育種の使用を通して次のように除草剤抵抗性作物品種の選択を許してきた。

除草剤グループ	作物	コメント
トリアジン系	キャノーラ［アブラナ］	1980年代に商品化された
imidazolinones	トウモロコシ、コムギ	作物の商品名はImi®
スルフォニル尿素系	ダイズ、ワタ	開発中
cyclohexanediones	トウモロコシ	開発中

この方法を用いた除草剤抵抗性作物の開発の限界は除草剤への選択的抵抗性を与える、ある種の中に適切な遺伝子がないことである。

遺伝子工学

原理

細胞と分子の生物学は、1980年代の初期に遺伝子を同定し、その機能を特徴づけ、それを複製する（クローニングと呼ばれる）ことが可能な地点に到達した。生物体の中の遺伝子を同定し地図を作るための技術は、その時以来急速に進歩している。人間、いくつかの作物、ミバエ、*Arabidopsis thaliana*（ある小さな植物）と線虫を含む特定の生物の全ゲノムの遺伝子配列を決定する目的を持ったプロジェクトが打ち立てられた。ひとたび科学が遺伝子を同定して、それを機能と結びつける能力を開発すると、この新しい技術の１つの適用が有害生物管理の分野に及ぶことは明らかとなった。

遺伝子工学はバイオテクノロジーの一分野である。遺伝子工学とは、作物または有害生物のゲノムの遺伝的構造を修正する技術として定義され、それは遺伝子の削除または阻害、または遺伝子を１つの生物体から他の生物体へと転移させることによって達成される。これらの遺伝子修正技術の1つにおいて修正されてきた作物は、遺伝子修正生物（GMO）またはGMO作物と呼ばれる。他のよく似た用語で用いられているものは遺伝子操作生物（GEO）またはGEO作物がある。この用語は遺伝子操作作物品種を、慣行的なメンデル式植物育種過程を用いて開発された品種と区別するために用いられている。「transgenic crop」［遺伝子組み換え作物］という用語は遺伝的修正が遺伝子を1つの生物体から他の生物体に転移することに関して適用され、そしてここで用いられる。

遺伝子工学を用いて動かされてきた遺伝子は、しばしば導入遺伝子と呼ばれ、慣行的植物育種技術を用いて作物品種の中に移入された遺伝子と区別される。

遺伝子工学と慣行的な植物育種の間には1つの基本的な違いがある。遺伝子工学の技術は、その形質とそれに関係する遺伝子が標的植物と同じ種からこなければならないとは限らない。なぜならば、遺伝子工学の技術は、遺伝子が異なる種の間で転移されることを許すからである。細菌から植物へ、動物から植物へという、完全に似ていない生物の間でさえ遺伝子の転移が許される。慣行的な植物育種の同種という制限の克服は、有害生物管理のための巨大な可能性を開いた。しかしまた、重大な環境的懸念をも開いた。

有害生物防除への現在のすべての遺伝子工学の適用の基礎となる概念は、ある有害生物または農薬に対して抵抗する能力のような特性または形質を与える遺伝子の同定、単離、クローニングである。ひとたび同定され、クローニングされると、その形質を与える遺伝子は、転移技術を用いて近縁でない望ましい作物植物へと転移される。その代わり、遺伝子工学は新しい型の抵抗性を作りだし、それは特定の有害生物に対して特別の植物組織の中で機能するであろう。

クローニングと形質転換に関して2、3の警告がある。遺伝子を同定し特徴づけることは容易ではない。そして1980年代の初期からようやく可能となった。農業的産業レベルでは技術の受容は急速であったが、先進国の一般市民消費者は遺伝子工学からもたらされた農産物を受け入れたがらなかった。このように嫌がることは、商業的規模でのこの技術の適用を制限した（より詳しくはこの章の後のほうと第19章参照）。

次のことは、遺伝子工学を用いて生物の間の遺伝子転移を得るための3つの技術の簡単な記述である。有害生物に適用される分子生物学へのより完全な紹介のためには、Marshall and Walters（1994）とPersley and Sidow（1996）を参照するとよい。

1. 自然ベクターシステム。病原細菌 *Agrobacterium tumefaciens* は、感染した植物に腫瘍の形をした異常な成長を作りだす原因となる。この細菌は特別なDNA（遺伝子）を寄主植物の細胞に挿入し、これがその細胞に増殖を始めさせることによってそれを達成する。この特別な遺伝子はプラスミドと呼ばれる、小さい環状のDNAの上に存在する。この細菌はプラスミドDNAを寄主細胞の中に挿入し、そこでそれは寄主のDNAに組みこまれるようになる。分子生物学を用いることによって、腫瘍誘導遺伝子はプラスミドから削除され、クローン化された抵抗性遺伝子がその場所に挿入される。この細菌は、それから抵抗性遺伝子を運ぶプラスミドを標的の寄主細胞の中に挿入し、そこでそれらは寄主のゲノムの中に組みこまれ、寄主細胞によって発現される。この技術は、この病原体によって攻撃される植物に限られ、これは主として双子葉植物の種である。イネ科（すべての主要な穀類作物）に形質転換をさせるためには他の技術が必要である。
2. プロトプラストへの直接のプラスミドの融合。プロトプラストは細胞壁が酵素的に除去された裸の植物細胞である。この技術はまた、望ましい遺伝子を含む小さいプラスミドにも利用される。しかし、この場合それらは *Escherichia coli*［大腸菌の一種］の中で発育する。プロトプラストは *E.coli* の中で発育したプラスミドを含む懸濁培養の中で育てられる。プラスミドDNAは細胞からとりあげられ、植物ゲノムの中に組みこまれる。この技術は穀類作物の形質転換に広く採用されてきた。
3. 粒子射撃。この技術はDNAでコーテイングした顕微鏡的な金属弾丸を標的の植物細胞に射撃することを含む。それはまた顕微注射、またはbiolistic injectionとも呼ばれる。標的として用いられる組織は典型的にカルス培養からきたものである。しかし吸水した種子と胚もまた用いられる。

最初の2つの技術は、形質転換過程の間、単一細胞培養が用いられ、射撃はカルスまたは胚培養を用いる。DNAの特定の細胞への転移は不確かなので、この技術は、その細胞または胚が形質転換に成功したことを確かめられるようにして開発された。この技術はまた、培養の中で個々の形質転換した細胞から全植物体が再生することができるものである。遺伝子組み換え植物の再生が成功するためには、他の農業的特性形質が維持されていることを確かめるために、慣行的な植物育種を進める必要がある。

2つかそれ以上の遺伝子組み換え形質を単一の品種の中に組みこむことができる。それは積み上げ、またはピラミッデイングと呼ばれ、次のいくつかの方法で開発されつつある。

1. 1つ以上の抵抗性メカニズムを単一の病原体に対して積み上げることができる。
2. 1つ以上の有害生物に対する抵抗性が積み上げられる(例えば、2つの異なるウイルスまたは1つのウイルスと1つの昆虫)。
3. 1つ以上の除草剤への抵抗性が積み上げられる(例えば、グリホサートとグルホシネート)。
4. 除草剤への抵抗性と、ある有害生物への抵抗性が積み上げられる(例えばグリホサートと corn rootworm [ハムシ科])。

積み上げの傾向はおそらく加速され、多くの遺伝子組み換え作物品種が究極的に1つ以上の挿入された形質を持つであろう。

遺伝子組み換え作物は有害生物管理以外の理由のために開発されつつあり、その中には農業的なものと品質の理由を含む。その実例には、よりゆっくりと成熟するように操作されたトマト(1992年に最初GMOとして承認)、ダイズとキャノーラ[アブラナ]の油構成を変えることがある。そのような利用はここでは論議しない。

有害生物管理のための遺伝子工学の例

分子生物学の分野での進歩は急速に起こり、多くの適用が総合的有害生物管理のために適性を持つ。ある開発はなお実験的であり、他のものは現在商業的に利用されている。

病原体

いくつかの異なる手法が、病原体管理への遺伝子工学の適用のために研究されつつある。

病原体由来抵抗性 他のIPM戦術によるウイルスの防除の困難性によって、ウイルスを防除するための遺伝子組み換え品種の開発がこの技術の最前線となってきた。ここで用いられる基本的手法は、病原体のゲノムのうち病気をひき起こさない小さい部分を持つ品種を接種することである。しかし、このことは病原体への抵抗性を誘発する(それ故、病原体由来と呼ぶ)。遺伝子工学技術は作物へのウイルスから外被タンパク質の生産を制御するような遺伝子を転移するために用いられた。作物に挿入されると、これらの遺伝子は、それから遺伝子が由来したウイルスからの防御を提供する。これによって防御が達成されるメカニズムはよく理解されていない。承認されたウイルス抵抗性の例には次のものを含む。

1. キュウリモザイクウイルス、カボチャモザイクウイルス、ズッキーニ黄斑モザイクウイルス抵抗性は1994年からさまざまなカボチャ品種の中で得られている。遺伝子組み換え作物品種のすべての承認日の参照はUSDA/APHISウェブサイトにのった情報から得られる(Anonymous, 2000)。これらのウイルスは多くのカボチャ品種で管理が困難であり、遺伝子組み換え品種は防除をはるかに改善する。
2. パパイヤ輪点ウイルス抵抗性は公共機関によって開発された遺伝子組み換え品種の少数のものの1つである(コーネル大学とハワイ大学)。そしてパパイヤ産業への大きい価値を持ってきた。
3. ジャガイモ葉巻ウイルス抵抗性は1998年から手に入るようになり、昆虫抵抗性との組み合わせができる(Bt内毒素遺伝子と積み上げられている。この章の後のほう参照)。

植物病理学者は抵抗性遺伝子を組み合わせることによって抵抗性打破病原体の選択を遅らせることができると信じている。なぜならば、2つの抵抗性遺伝子に打ち勝つには病原体で2つの突然変異が起こらなければならないからである。いくつかの異なるウイルスの遺伝子は組み換え抵抗性の源として効果的なので、2つ以上のウイルスに由来する組み換え遺伝子を積み上げることは、将来において開発されるべき戦略である。組み換え遺伝子は、慣行的に抵抗性が育種されてきた品種の中に組みこむことができる。組み換え遺伝子を抵抗性遺伝子と組み合わせることによって、後者の遺伝子が単独で用いられたときには十分な防除を提供しない場合でも使用できるであろう。

抗菌と抗細菌(寄主由来)戦略 この概念の背後にある戦略は、抵抗性遺伝子を同定し、それからそれらを非抵抗性作物の中に分子遺伝学を用いて転移させることである。ようやく最近になって、少数の抵抗性遺伝子が同定され、クローニングされた。純粋に有害生物管理の観点から、この手法は、もしそれが達成されれば病原体を管理するためのきわめてよい方法となるであろう。しかしながら、重大な生態学的意味が述べられる必要があるだろう（この章の後のほう参照）。

病原性を減らした病原体の操作　病原性の減少した病原体を遺伝的に操作する試みがなされつつある。これらの非病原性系統は競争排除戦術の中で用いられる。この手法は現在実験中である。ナシの火傷病のために評価されつつあるが、このタイプの遺伝子組み換え生物は承認されていない。

線虫

線虫への抵抗性の作物品種を操作するための努力が進行中である。例えば、トマトのネコブセンチュウへの抵抗性を与える *Mi* 遺伝子を、線虫抵抗性が得られない他の作物植物に動かす研究が進行中である。線虫の摂食場所を破壊する摂食阻害遺伝子、あるいは線虫を阻害したり有毒であるような物質を生産する抗線虫遺伝子のような遺伝的に操作された抵抗性もまた研究されつつある。分子的方法は、新しい永続性の線虫抵抗性を開発するための共同した努力において適用されつつある。商業的に手に入る遺伝子組み換え線虫抵抗性品種はないけれども、主な大躍進は今にも起こりそうである。

節足動物

抵抗性遺伝子の転移を通じた、ある有害節足動物の防除は1980年代中頃以来、かなり発展したもう1つの分野である。2つの遺伝子工学的手法が有害節足動物防除を強めるために採用されつつある。

作物によって生産される節足動物毒物　この概念が含むのは、節足動物への抵抗性を与える遺伝子を同定し、そのような遺伝子を作物に転移させることである。いくつかの異なる植物由来の毒素が評価されている。その中にはプロテアーゼとレクチン（例えば、ササゲプロテアーゼ阻害剤、CpTI、はこれまで最も広く試験されている）のようなタンパク質分解酵素の阻害剤を含む。DIMBOAのような二次植物代謝物、ニコチンとロテノン、そしてキチナーゼの生産が含まれる。2001年の夏まで植物由来の毒素を用いた品種は承認されなかった。

主な活動は細菌の *Bacillus thuringiensis* から由来する毒素の分野であった。内毒素の生産をコード化する遺伝子が単離されクローニングされ、そして作物に転移された。この遺伝子は作物細胞の中に毒素を生産し、基本的にその植物が、それ自身の殺虫剤を生産するようにする。

遺伝子組み換え作物品種の有害生物管理への有利性はこの章の初めにあげた。追加される有利性は、合成殺虫剤の使用の低減の可能性と、他の手段によって達成されるもの

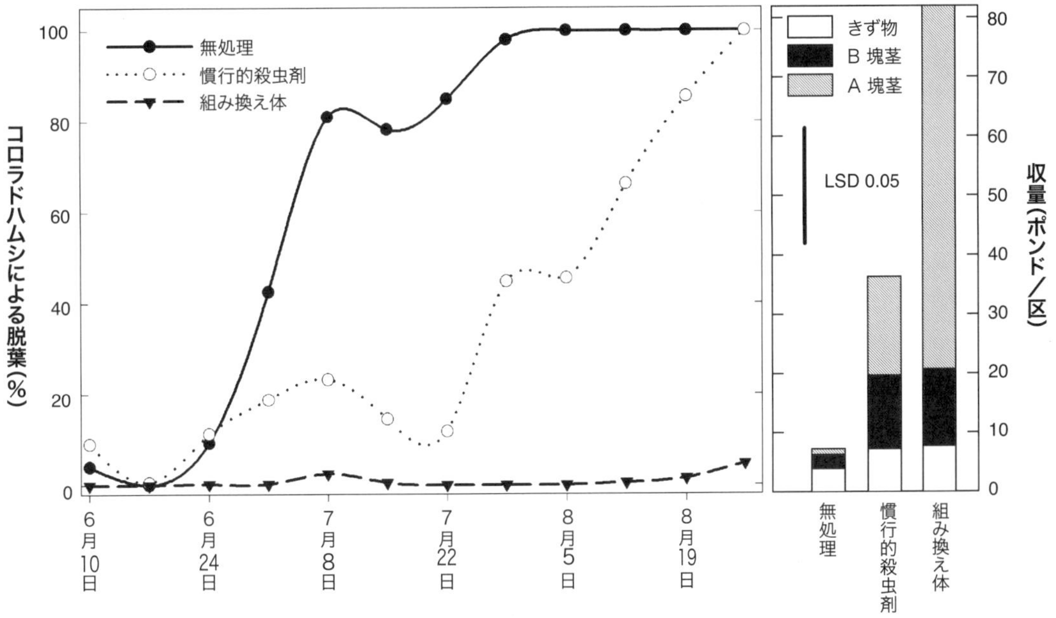

図 17-5　Russel Burbank ジャガイモへのコロラドハムシによるジャガイモ脱葉と収量へのインパクトを比較したグラフ。ジャガイモは無処理と、慣行的殺虫剤によって処理された非組み換え体と、組み換え体（Bt CrylA 内毒素を発現する遺伝子を挿入）を示す。
資料：Casy Hoy, Ohio Agricultural Research and Development Center, Wooster, Ohio の許可によるデータ

を上回る標的有害生物の防除の改善であり、それはコロラドハムシによるジャガイモの脱葉に関連して図示された通りである（**図 17–5**）。いかなる防除もしないと、ジャガイモは７月遅くまでに完全に脱葉された。葉の殺虫剤処理は栽培シーズンの初めには脱葉から植物を保護した。しかし、栽培シーズンの遅くには脱葉は高いレベルに増えた。この防除の減損は環境の中での殺虫剤の分解によるもので、活性の喪失へと導かれた。遺伝子組み換え品種は栽培シーズンの間中脱葉を経験しなかった。それは毒素が連続的に発現していたからである。有害生物個体群に抵抗性が発達するまで（後参照）、このタイプの効果的防除は大部分の Bt 組み換え作物において観察される。

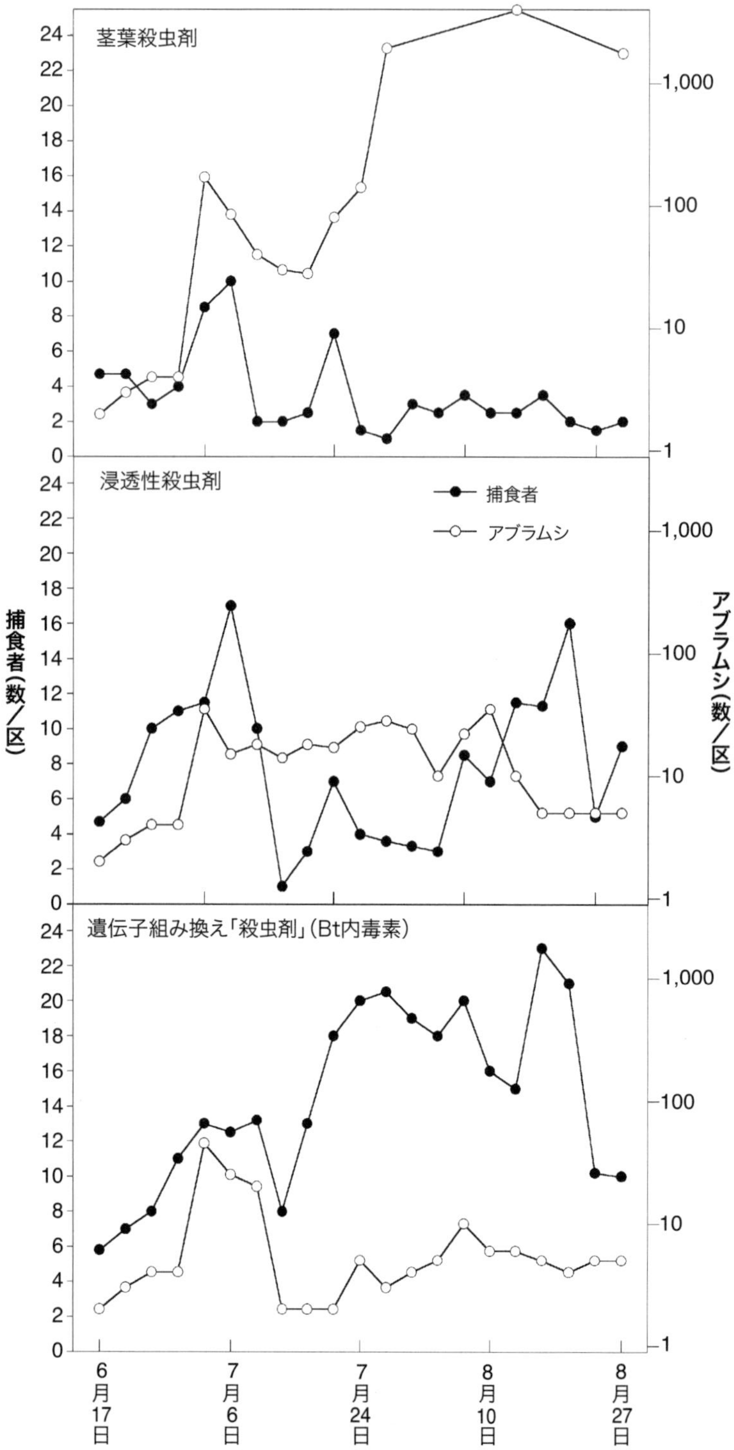

図 17–6
コロラドハムシの防除のために非遺伝子組み換えジャガイモに典型的な茎葉殺虫剤で処理したもの、浸透性殺虫剤で処理したもの、Bt 内毒素遺伝子組み換えジャガイモ、でのアブラムシとアブラムシ捕食者を比較したグラフ。
資料：Gary Reed, Hermiston, Oregon の許可によるデータ

遺伝子組み換え昆虫抵抗性作物の第二の有利性は、標的有害生物の防除に汎用性殺虫剤の使用を減らすことに導くかどうかによって表される。そのような減少はコロラドハムシ抵抗性のBt内毒素組み換えジャガイモ品種（**図17–6**）によって証明された。ハムシの幼虫を防除するための茎葉殺虫剤の使用はアブラムシの「爆発」をまねいた。それは捕食者の活動性が減ることによる。なぜならば、捕食者は殺虫剤によって殺されるからである。捕食者に影響が少ない浸透性殺虫剤が用いられたとき、アブラムシ個体群は高いレベルに達しなかった。遺伝子組み換えジャガイモ品種の上では、捕食者の密度は浸透性殺虫剤で処理した植物の上よりも高く、アブラムシ個体群はきわめて低いレベルに保たれた。遺伝子組み換え品種の使用は第12章で論議したように、ある殺虫剤が天敵を抑圧したときに起こる有害生物の多発または置き換えの重要性を表している。

いくつかの*B.thringiensis*の系統はわずかに異なる毒素を生産し、それらは異なる標的昆虫に対し特異的である。この毒素は結晶を形成するタンパク質である。例えば、CryIIIAは多くのチョウ目（ガとチョウ）を殺す毒素である。他方CryIAはコウチュウの幼虫を殺し、コロラドハムシの防除に用いられる。その毒素の生産をコード化する遺伝子は今ではアメリカ合衆国で手に入り、次の遺伝子組み換え品種が承認されている。

1. ワタ ── アメリカタバコガと他のチョウ目の防除のため。
2. トウモロコシ ── ヨーロッパアワノメイガと他のチョウ目の防除のため。
3. ジャガイモ ── コロラドハムシ（**図17–7**）の防除のため。ジャガイモの防除は将来期待されている。
4. 他の作物 ── 遺伝子組み換え品種はまだ承認されていない。

研究者たちは現在、除草剤および昆虫抵抗性と病原体および昆虫への抵抗性を積み上げることに期待しつつある。

抵抗性管理は、昆虫管理のための遺伝子組み換え作物の長期的持続性にとって主な問題である（後の論議参照）。栽培者に対する現在の勧告は、非遺伝子組み換え作物と植物のレフュージアを残すことである。この戦術の実施はまだ完全に解決しておらず、ガイドラインは各栽培シーズンで変わる。レフュージアの使用においては、ある割合の作物に非遺伝子組み換え品種が植え付けられ、代替寄主として働く自然の植生の地域は処理されないという必要がある。この戦略の基礎である経験的先例はない。そしてそれ故、有害生物学の研究学会の中では、レフュージア戦略の成功に関しての懐疑論が存在する。この概念は残っている感受性のある個体群が保存され、Bt作物の強い選択圧の下にある個体群と交雑するであろうという仮定にもとづいている。交雑は抵抗性の開始を避けるか少なくとも遅らせるであろう。

昆虫防除のための遺伝子組み換え作物の使用をとりまく規制上のジレンマがある。遺伝子組み換え作物は本質的に自然に生産されない1つの殺虫剤を生産するので、遺伝子組み換え品種を1つの農薬として登録すべきであるという主張がある。FIFRAの厳密な解釈の下ではこれは正しい

図17–7
ジャガイモへのコロラドハムシの被害の比較。前方は脱葉した慣行的な非Btジャガイモ。後方は健全な遺伝子組み換えBtジャガイモ。
資料：Marcos Kogan, International Plant Protection Center at Oregon State Universityによる写真

ように見える。他の主張はBt内毒素の生産は、毒物学的には植物が自然に生産する殺虫的特性を持った他の化合物と変わりがなく、それは農薬規制の問題ではないというものである。

節足動物管理に対する遺伝子工学の適用についてのこれ以上の情報のために、我々はCarozzi and Koziel（1997）によって編集された本を勧めたい。

遺伝的に修正された有用昆虫　第二の手法は除草剤に対する作物の抵抗性を増やすことに似ている。もし有用節足動物が農薬に抵抗性があるならば、農薬の使用は有用生物個体群を減らさないであろう。この概念は厳密に研究段階である。殺虫剤抵抗性有用生物は商業的に承認されていない。殺虫剤に抵抗性の捕食性ダニを作る試みは現在行なわれつつある。

雑草

遺伝的に操作された作物を用いることによる雑草の管理は、商業的に急速に発達してきた1つの分野である。「寄主植物抵抗性」という用語は、遺伝的に操作された作物の出現とともに雑草管理に関係した新しい意味を持ってきた。過去には、作物の中の抵抗性は食植者または病原体による攻撃に逆らう作物の能力に対して厳密にいわれた。遺伝子工学の使用を通じて、現在ではそれはまた、作物が除草剤の影響に抵抗する能力をも意味する。この概念は有害生物に対する寄主植物抵抗性を変えるために用いられるものとは違う。ある除草剤に耐える能力を与える遺伝子が同定され、その源にかかわらず作物植物へ転移される。実際上、この過程は作物の除草剤選択性を非選択性から選択性へ変える。この理由から、除草剤抵抗性への遺伝子組み換え作物は除草剤抵抗性作物（HRC）と呼ばれる。次の3つの異なる手法が用いられる。

1. 作用点を除草剤がその影響を及ぼすことができないように変える。これは通常、標的の結合部位における変化によって影響される。
2. 除草剤の分解の速度を増強し、除草剤が何らかの主な影響を持つ前に破壊されるようにする。
3. 除草剤によって影響を受ける酵素を過剰に生産し、それによって、作物植物は除草剤によってもたらされる退行に耐えることができる。

次の3つの異なる除草剤への抵抗性が開発されつつある。

1. グリホサート。この汎用性移行性除草剤は大部分の一年生と多年生植物を殺す。非遺伝子組み換え作物は、この除草剤に対して、ほとんど、あるいは全く固有の自然耐性を持たない。グリホサートはまた比較的環境にやさしい。それは哺乳類への毒性が低く、土壌の中で急速に分解する。タイプ2と3の選択性（上記の）の両方を与える遺伝子が微生物の中で同定され、作物に転移された。1994年にダイズが最初のグリホサート耐性遺伝子組み換え作物として商業的使用に承認された。1999年まで追加的作物が商業的使用に承認されたのは、ワタ、トウモロコシ、キャノーラ［アブラナ］、サトウダイコンである。これらの作物におけるグリホサートの使用は全体的な除草剤の使用を変えない。なぜならばそれらは典型的に他の除草剤を用いて栽培されるからである。しかし、グリホサートにもとづく雑

図17-8
遺伝子組み換えグリホサート耐性サトウダイコン品種におけるグリホサートを用いた冬一年生雑草の防除（前方）と無処理（後方）の比較。
資料：Robert Norrisによる写真

草防除はより効果的で（**図 17−8**）、より安く、雑草が出芽したあとでも適用される。後者は問題に先立つ予防的処理に対するより望ましい IPM 戦術である。

2. グルホシネート。この汎用性接触型除草剤は大部分の一年生植物を芽生えの発育段階で殺す。非遺伝子組み換え作物はこの除草剤にほとんど耐性がない。この除草剤に抵抗性を与える遺伝子はワタ、ダイズ、サトウダイコン、トウモロコシ、キャノーラの承認された品種に転移された。
3. bromoxynil。この除草剤は多くの双子葉植物を殺すが、イネ科植物にはほとんど活性がなく穀類作物の雑草防除に広く使われてきた。大部分の非遺伝子組み換え双子葉作物において bromoxynil 耐性は低い。bromoxynil に抵抗性の遺伝子組み換えワタ品種は 1994 年に承認された。

スルホニル尿素系除草剤への耐性を強めた遺伝子組み換えキャノーラ品種は開発され、1999 年に承認された。この遺伝子組み換え品種は、先行する遺伝子組み換え作物において用いられた土壌の中に残っている除草剤が残留しているところで、輪作作物として植え付けることができる。これは先行する穀類作物における除草剤使用を変えることを許す。

慣行的な植物育種の下で述べたように、作物が雑草に、より競争的になる可能性は研究されつつある。遺伝子工学はこの目的のために用いることが考えられる。この分野でのいかなる可能性も将来のものである。

遺伝子組み換え作物の採用

最初の遺伝子組み換え作物の商業的植え付けが行なわれた 1996 年と 1999 年の間に商業的採用が急速に増加した。この使用の大半は有害生物管理の分野であった。1998 年に 5000 万エーカーの作物で除草剤抵抗性遺伝子組み換え品種が植え付けられ、1900 万エーカーに昆虫抵抗性品種が植え付けられた。これらのうち、世界中で植え付けられたすべての遺伝子組み換え作物の中で、アメリカ合衆国は 74%であり、アルゼンチンが 13%、カナダが 10%であった。残りの 3 %はさまざまな国にちらばっていた。**表 17−1** はアメリカ合衆国で 1998 年における遺伝子組み換え作物の主な使用の内訳を提供している。

有害生物管理のための遺伝子組み換え作物の採用が、将来いかに続くかについては明らかでない。多くの先進国で GMO 生産物を受け入れることを一般市民が嫌がることは、この技術の採用を遅らせている。このことは第 19 章で再び論議する。

限界

表面的には、遺伝子工学技術は有害生物を管理するための増大する選択肢への、きわめて魅力的な手段を提供するように見える。しかしながら、この技術が広く採用される前に、重大な疑問が述べられる必要がある。

生態学的／環境的意味

遺伝的に操作された、または遺伝子組み換え作物は、もしある問題が起こったならば完全に環境から除去することができるとは限らない。ひとたび導入遺伝子が環境に放出されるならば、それを封じこめることは不可能である。遺伝子を自然には起こりえない方法で環境に放出することに関する懸念と不確かさは、社会の関与の下でさらに考慮されるべきであろう。

他の有害生物の防除

有害生物管理のための遺伝子組み換え作物の使用と、慣行的な植物育種の手法は、1 つの有害生物または近縁の有害生物を標的とする必要がある。標的とされたもの以外の有害生物は、なおも遺伝子組み換え作物を攻撃し、他の防

表 17−1　1998 年におけるアメリカ合衆国の遺伝子組み換え作物の採用

作物	作付け面積（100 万エーカー）	遺伝子組み換えの %	主な遺伝子組み換え形質
ダイズ	72	32	除草剤抵抗性（グリホサートとグルホシネート）
トウモロコシ	80	25	昆虫抵抗性（ヨーロッパアワノメイガ）
ワタ	13	45	昆虫（アメリカタバコガ）と除草剤抵抗性
ジャガイモ	1.4	3.5	ウイルス（葉巻病）と昆虫（コロラドハムシ）抵抗性

除戦術の適用を必要とする。防除されない種が追加的行動を必要とするにつれて、農薬の減少の明らかな有利性は減少する。

有害生物個体群における抵抗性

導入遺伝子への有害生物抵抗性は、潜在的に遺伝子組み換え作物の長期的使用を制限する1つの最も重要な要因である。散布施用技術にもとづくBtへの昆虫抵抗性のいくつかの例がある。しかし、毒素の生産をコード化した遺伝子は多くの作物に導入されつつあり、実質的に選択圧を増大しつつある。グリホサートへの抵抗性がライグラスとアレチノギクの類で見つかったことは、グリホサート抵抗性作物が開発された結果として除草剤の使用が増えたことが、雑草における除草剤抵抗性のより速い発達をもたらしたことを示唆している。抵抗性への疑問は十分に述べられていない。そして、計画されたものではない巨大な圃場「実験」によって、もし抵抗性を破る有害生物の広範な選択が起こったら、それを回復することは困難である、という答えが今なされつつあるように思われる。

除草剤の漂流飛散

標的の作物から非標的作物への除草剤の漂流飛散は重大な問題である（第11章での以前の論議参照)。遺伝子組み換え除草剤抵抗性作物から除草剤非抵抗性作物への除草剤の漂流飛散はさらに重大な問題でさえある。なぜならば、大面積の除草剤抵抗性作物は、同じ除草剤で処理される漂流飛散の可能性を増大させるからである。

超雑草

抵抗性遺伝子が作物から雑草へ転移される懸念がある。そのような転移は交雑された植物の間でのみ起こり、また多くの場合同じ種の作物と雑草の間でのみ起こる。そのような作物が雑草と両立するような状況が存在する。例えば、キャノーラと野生のカラシナのようにアブラナ科作物、またコムギと*Aegilops*属のある種の間がそれである。そのような雑草への導入遺伝子の遺伝子移入は、もしその子孫の適応度を増加させるならば1つの問題となる。雑草に対する昆虫または病原体の抵抗性の転移は、除草剤抵抗性が超雑草を作りだすように転移されるよりも、はるかに起こりそうである。というのは、このことは、現在雑草個体群を制御する助けとなっている食植者または病気の減少によって雑草の適応度がかなり増加することをもたらすからである。

自生の遺伝子組み換え作物

超雑草のアイデアに関連しているのは、遺伝子組み換え作物種子が1つの栽培シーズンから次の栽培シーズンに持続することによってもたらされる問題である。HRC［除草剤抵抗性作物］であるものに対して、同じHRC技術に頼らないような代替えの雑草管理プログラムが手に入るということは絶対に必要である。自生の作物はある農業システムにおいては重大な問題である。遺伝子組み換え作物の使用はこの問題を悪化させる。

外来タンパク質に対するアレルギー反応

有害生物管理のための遺伝子組み換え作物の実施は、植物への異常なタンパク質（大部分酵素の形で）の挿入を必要とする。そのようなタンパク質が、遺伝子組み換え作物を食べた人間（または動物）にアレルギー反応をひき起こすかもしれないという懸念がある。給餌と栄養およびアレルギー反応テストは、すべての遺伝子組み換え作物に対して、その普及に先立って行なわれる。それ故、1つの新しいアレルギー反応を作りだす遺伝子組み換え作物が普及されるということはありそうもない。特定の遺伝子組み換え品種の開発を停止する結果となったテストにおいて、少なくとも1つの場合には、あるアレルギー反応が注目された。

栄養的品質についての恐れ

先進国における遺伝子組み換え作物に対して一般市民の受容がないことは、この戦術の有害生物管理のための実施に対して重大な障害である。しかしながら、発展途上国ではこの技術からおそらく利益を得るであろう。なぜならば、遺伝子組み換え作物からのリスクは、おそらくある農薬または栄養失調によるリスクより小さいからである。飢えと栄養失調を緩和し、生活の一般的基準を改善するという形での潜在的利益は莫大である。

認識された利益がないこと

工業化された国における一般市民は有害生物管理のための遺伝子組み換え作物の現在の使用からの潜在的利益を評価していないように見える。この技術からの利益を認識する人々が農業化学と農業産業だけであるとき、一般市民がその技術を進んで受け入れる理由はない。

知的所有権

誰が遺伝子を所有するのか？　ある会社が遺伝子を同定してクローニングした故に、遺伝子の特許を取る権利を持つのだろうか？　遺伝子は一般的ヒト個体群に属するのだろうか？　社会は遺伝子を同定しクローニングすることにかかわる費用を払うのだろうか？　これらの重大な問題には明確な答えがない。

ここに述べた現実的で認識された問題によって、大部分の懸念を持つ科学者は、有害生物管理目的の遺伝子組み換え作物の配備は、おそらく他の目的のものもまた、きわめて慎重に進めるべきであるということに同意している。

IPMにおける有害生物遺伝学の適用

遺伝的有害生物管理の1つの特殊な形は、放射線照射または他の手段によって不妊化された生きたオスの昆虫の放飼にもとづいている。この有害生物管理技術は不妊虫放飼（SIR）技術として知られている。この概念は昆虫の交尾行動の有利性をそれらが自らを破壊することへ導くというもので、この技術の首唱者であるEdward Kniplingによって「昆虫防除の自滅的方法」と呼ばれた。SIRにおける普通の過程は、

a. 標的の昆虫を大きい増殖実験室内で大量飼育する。
b. 通常、昆虫を放射線源にさらすことによって、これを不妊化する。
c. 圧倒的な数の不妊昆虫を、野生のメスと交尾させ、それによって繁殖を止めるために放飼する。

この技術の成功のための基本的な必要条件は、不妊オスが、野生メスと交尾するために、野生オスと競争する能力がなければならないということである。不妊オスと交尾したメスは発育できない卵を産む。SIR昆虫管理戦略は他の有害生物分野において同じものを見いだしえない。この概念はげっ歯類の防除に提案されたが実施されなかった。SIR技術の適用は多くの限界を持ち、Kniplingによれば、4つの可能な状況の下で考えられるべきである。

1. よく定着した有害生物個体群が、自然に低いレベルで存在し、またそれらの生活環の中で分布が限られているときの抑圧のため。
2. 新しい地域に侵入した初期の個体群を除去するため。
3. 新しい地域で被害を与える個体群の定着を予防するため。
4. よく定着した有害生物個体群で、まず他の方法によって減らすことができるものを根絶するため。

SIR技術の必要条件は大面積での適用であり、成功するためにはSIR技術は広域的手法を用いて採用されなければならない。

最初の、おそらくなおも最も目覚ましいSIR手法の実施は、アメリカ合衆国南東部におけるウシからのラセンウジバエの根絶である。SIR技術は、チチュウカイミバエをカリフォルニア州の侵入地域から除去するためのプログラムとして用いられてきた。このハエはカリフォルニア州にメキシコ北部から侵入したように見えた。そこで1つの広域的根絶プログラムが、この有害生物の北方への拡散を封じこめるために設立された。もう1つの不妊昆虫の大量放飼の大きいプログラムは、ワタに大損害を与える昆虫のワタアカミムシの拡散の封じこめである。このSIR技術はカリフォルニア州の巨大なサンホアキンバレーで1970年から用いられてきた。ワタアカミムシの抑圧は達成され、ワタは1つの総合的手法によって保護された。1994年からこのプログラムはカリフォルニア州西部の、この害虫がよく定着しているインペリアルバレーへと広げられた。昆虫抵抗性遺伝子組み換えワタの出現とともに、抵抗性ワタとSIR技術の組み合わせが、この害虫が長い間定着した地域の中で根絶を達成する新しい可能性を開いた。他の戦術とのSIRの使用の組み合わせは、ワシントン州北部とカナダのブリティッシュコロンビア州オカナガンバレーのリンゴとナシのコドリンガの防除において適用されてきた。大きい広域的プログラムにおいて、この有害生物を経済的水準以下に減らすために、性フェロモンによる交尾阻害とSIRが組み合わされている。IPMの文脈の中でのこの技術の効果と、大きい根絶プログラムの生態学的インパクトについては重大な疑問が残されている。

要約

慣行的植物育種によって達成される寄主植物抵抗性はおそらく、その手法が有害生物問題に適切な最良のIPM的解決であろう。寄主植物抵抗性は、作物を標的有害生物の

食物源ではなくするので、この戦術は経済的、環境的不利益を持つ有害生物問題への１つの永久的な解決を提供する（**図 17-1** 参照）。寄主植物抵抗性の主な失脚は、有害生物がこの抵抗性に打ち勝つことのできる新しい系統を発達させることである。寄主植物抵抗性戦術の全般的適用の主な限界は、その作物種の生殖質の中で適当な抵抗性遺伝子がないということであった。遺伝子工学は近縁でない種から抵抗性遺伝子を作物の中に組みこむことを許す。そして、慣行的植物育種に対して従順でない有害生物の防除においても目覚ましい改良を提供しつつある。遺伝子組み換え作物（分子生物学的技術を用いて遺伝子が導入されたもの）は重大な環境的倫理的疑問をひき起こしている。

資料と推薦文献

有害生物抵抗性の多くの局面のより一般的論議のためには、Young（1998）、Van der Plank（1984）、Maxwell and Jennings（1980）、Clement and Quisenberry（1999）、と Panda and Khush（1995）を参照するとよい。誘導できる寄主植物防御は Tallamy and Raupp（1991）と Karban and Baldwin（1997）によって論議されている。Readshaw（1986）と Carey（1996）は不妊化の技術の拡張と、この手法の有利性と批判についての示唆を述べている。

Anonymous. 2000. Current status of petitions (biotechnology permits), http:/www.aphis.usda.gov/biotech/petday.html

Carey, J. R. 1996. The incipient Mediterranean fruit fly population in California: Implications for invasion biology. *Ecology* 77:1690–1697.

Carozzi, N., and M. Koziel, eds. 1997. *Advances in insect control: The role of transgenic plants.* London; Bristol, Pa.: Taylor & Francis, xvi, 301.

Clement, S. L., and S. S. Quisenberry, eds. 1999. *Global plant genetic resources for insect-resistant crops.* Boca Raton, Fla.: CRC Press, 295.

Flor, H. H. 1942. Inheritance of pathogenicity of *Melampsora lini. Phytopathology* 32:653–669.

Karban, R., and I. T. Baldwin. 1997. *Induced responses to herbivory.* Chicago: University of Chicago Press, ix, 319.

Marshall, G., and D. Walters, eds. 1994. *Molecular biology in crop protection.* London, UK: Chapman & Hall, xii, 283.

Maxwell, F. G., and P. R. Jennings, eds. 1980. *Breeding plants resistant to insects. environmental science and technology.* New York: Wiley, xvii, 683.

Panda, N., and G. S. Khush. 1995. *Host-plant resistance to insects.* Wallingford; Oxon, UK: CAB International, in association with the International Rice Research Institute, xiii, 431.

Persley, G. J., and J. N. Sidow. 1996. *Biotechnology and integrated pest management.* Oxon, UK: CAB International, xvi, 475.

Readshaw, J. L. 1986. Screwworm eradication a grand illusion? *Nature* 320:407–410.

Tallamy, D. W., and M. J. Raupp, eds. 1991. *Phytochemical induction by herbivores.* New York: Wiley, xx, 431.

Van der Plank, J. E. 1984. *Disease resistance in plants.* Orlando, Fla.: Academic Press, xiv, 194.

Young, L. D. 1998. Breeding for nematode resistance and tolerance. In K. R. Barker, G. A. Pederson, and G. L. Windham, eds., *Plant and nematode interactions.* Madison, Wis.: American Society of Agronomy, 187–207.

第18章
IPMプログラム：開発と実施

この本の始めからの17章では、有害生物の生物学、生態学、そして有害生物を管理するためのさまざまな戦術について調べてきた。特定の有害生物を管理するために、その農業生態系における他の有害生物を考慮しないで、個々の戦術を単純に適用することは、1つのIPMプログラムとはいえない。個々の戦術は、総合的管理プログラムを作りだす建築ブロックとして働く道具である。この章では、1つのIPMプログラムを実施するために、戦術的要素がいかに用いられ、戦略に統合されるかを調べたい。

IPM再訪

定義

IPMの概念は1950年代に源を発したが、この頭字語は、実際上1972年以降まで作りだされなかった。IPMという用語は、現在では多少とも一般に理解されている（Leslie and Cuperus, 1993、Morse and Buhler, 1997、Kogan, 1998）。しかし、IPMプログラムが何を実際に包含するかについては、いまだに議論が行なわれている。次のものはIPMの3つの種類である。

1. 環境を守り、許容できる経済的収益を提供しながら、有害生物のインパクトを最少にするように、すべての適切な戦略を利用するような有害生物防除に対するシステム手法。
2. 環境の質を維持しながら、有害生物の数を許容できる水準に減らすための戦術を組み合わせて用いる、という有害生物防除に対する包括的な手法。
3. 関連する環境と有害生物個体群動態の文脈において、有害生物の数が経済的被害をもたらさない数になるように、適切な戦術を共同して両立させる組み合わせ。

この本の中で用いられるIPMの定義は第1章に示されている。

上の2つの定義はこの概念に適合する。しかしながら、多くの定義（例えば3）は要防除水準を強調し、それ故に昆虫管理に対して偏っている。そのような定義は通常、他のカテゴリーの有害生物を管理することへの必要性を名目的に認識しているだけである。すべての有害生物のカテゴリーの管理の総合が定義の中に暗に含まれることは不可避的である。なぜならば、有害生物は作物の中で互いに孤立して発生することはないので、農業者と有害生物管理者は、有害生物管理と栽培慣行のすべての局面を総合しなければならないからである。大部分の有害生物管理プログラムは、現在まで、単一の有害生物カテゴリーに焦点を合わせてきた。それらはレベルIの総合（後に論議される）にあった。開発のより進んだ段階では、ある有害生物管理プログラムはすべての有害生物カテゴリーの管理を総合するものでなければならない。

IPMの目標

さまざまなIPMの定義の基本的要素を次のような一連の作戦目標に言い換えることは役に立つ。

1. IPMプログラムは有害生物を管理する上での経済的信頼性を維持「しなければならない」。もしIPM慣行に経済的な持続性がないものと示唆されれば、生産者はそれらを採用しないであろう。
2. IPM慣行は作物の損失のリスクを減らさなければならない。リスクを増やすような、いかなる慣行もおそらく採用されないであろう。
3. 有害生物管理戦術、特に農薬に対する有害生物の抵抗

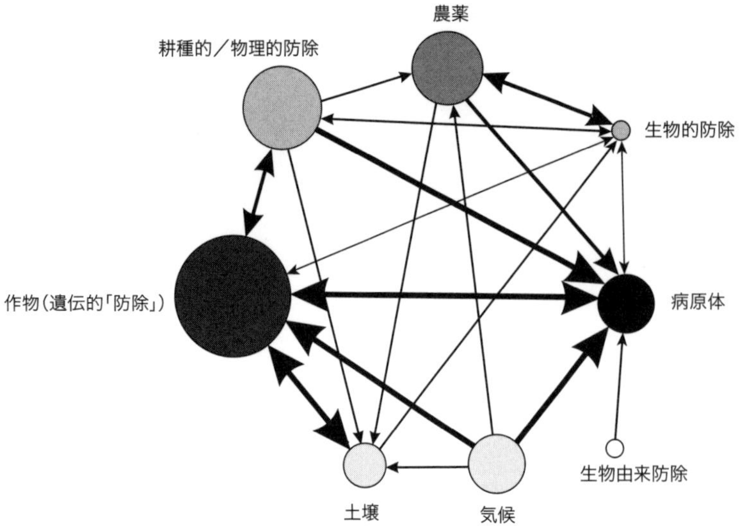

図 18-1
病原体の管理のためのIPMパラダイムを表す図。円の大きさは戦術の相対的重要性を示し、矢印の重みづけまたは太さは、その戦術の相対的インパクトを表す。

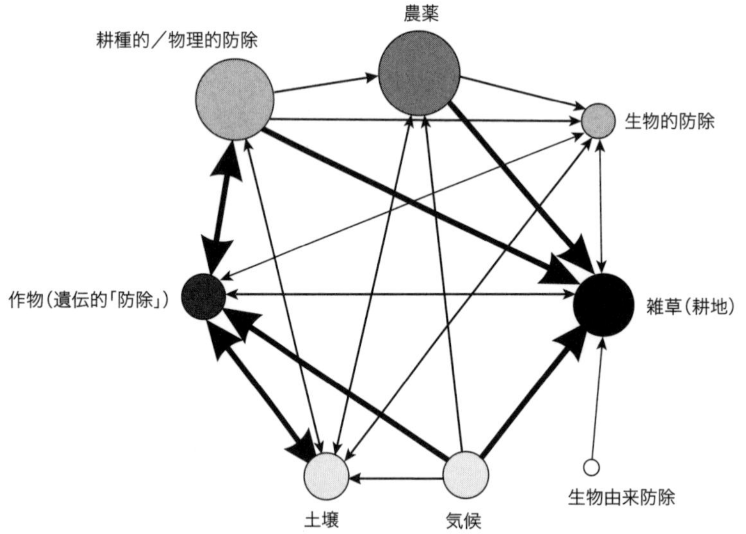

図 18-2
耕地の作物における慣行的雑草管理のためのIPMパラダイムを表す図。円の大きさは戦術の相対的重要性を示し、矢印の重みづけまたは太さは、その戦術の相対的インパクトを表す。

性の重要性のために、あるIPMは、その戦術の有用性が将来も維持されるように、有害生物への選択圧が最少になるように計画されなければならない。この問題点に対応しないような、いかなるプログラムも有害生物抵抗性の問題を経験するものと考えられる。

4. あるIPMプログラムは環境の質を維持することに努力しなければならない。そして、生態系、特に管理の標的でないような生態系を、不必要に攪乱したり加害したりするような戦術の使用を避けなければならない。

農薬の使用の減少は、しばしば適切に実施されたIPMからの結果ではあるけれども、農薬の使用を減らすことは、大部分のIPMプログラムのはっきりした目標として述べられない。しかしながら、大部分の害虫管理システムでは、汎用性殺虫剤を選択性殺虫剤に置き換えることが求められ、そして殺虫剤の使用それ自体が減るとは限らない。むしろ、害虫管理システムの場合、汎用性殺虫剤の使用の減少は1つのはっきりした目標である。

もう1つの一般的誤解はIPMを有機農法の原理と関連づけることである。有機農法は確かに多くのIPMの原理を用いるけれども、有機農法はIPMの直接の目標ではない。

IPM戦略

ある有害生物管理戦略は、ある特定の農業生態系と環境のための有害生物管理戦術の最適の混合物と考えることが

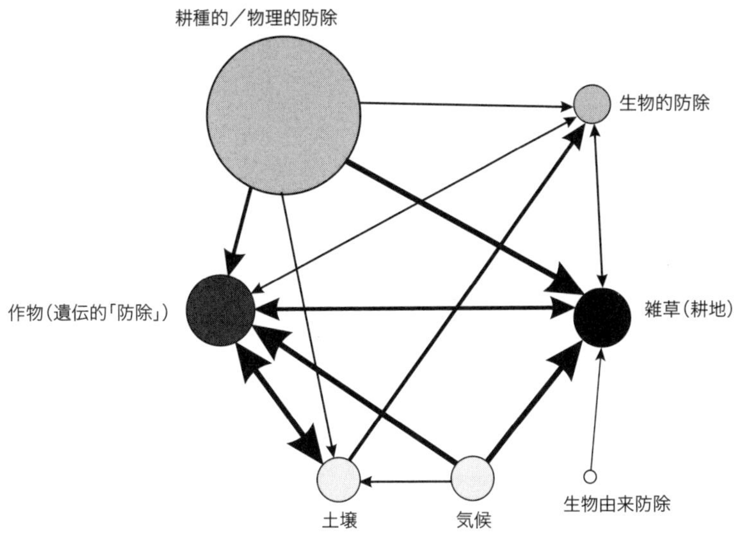

図 18-3
耕地の作物の雑草の除草剤なしの有機農法的管理のための IPM パラダイムを表す図。円の大きさは戦術の相対的重要性を示し、矢印の重みづけまたは太さは、その戦術の相対的インパクトを表す。

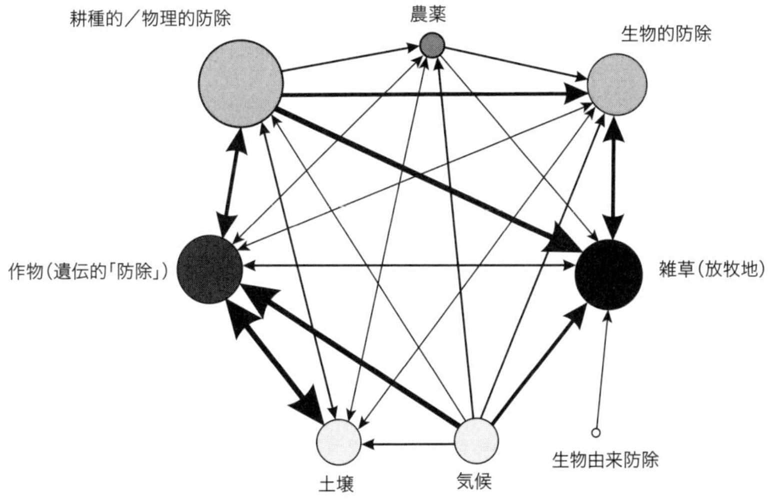

図 18-4
放牧地／馬小屋生態系における雑草の慣行的管理のための IPM パラダイムを表す図。円の大きさは戦術の相対的重要性を示し、矢印の重みづけまたは太さは、その戦術の相対的インパクトを表す。

できる。ここで、「戦術」は「ある結末を達成するための方策」を意味する。また「戦略」は「目標にむかう計画を工夫するか採用する策略」を意味する。

最適の戦略はすべての有害生物カテゴリーを越えて一般化することはできない。有害生物の1つカテゴリーのために最適の防除戦術の混合物は、他のカテゴリーに対して最適であるとはほとんど考えられない。有害生物のカテゴリーの中でさえも、最適の戦術の混合物は次の違いによって変わる。

1. 短い栽培シーズンの畝作物と比べた多年生樹木作物のように、管理された生態系の違い。
2. 灌漑システムと比べた天水システムのように、生態系と環境的束縛の違い。
3. 有機農法と比べた慣行農法のように、農業生態系管理者の生産フィロソフィーの違い。
4. 土壌棲息性と比べた地上棲息性、あるいは定住性と比べた移動性のように、管理されるべき有害生物のカテゴリーと主要有害生物の数の違い。
5. 300 ドル／エーカーのコムギと比べた1万ドル／エーカーのイチゴのように、農業生態系の経済要因の違い。

Hoy (1994) は、異なる管理戦略におけるさまざまな節足動物管理の相対的重要性を示す一連の図を用いた（**図 18-6** から **18-8**）。この図は有害生物のカテゴリーの間のさまざまな管理戦略を比較するために役に立つパラダイムを提供する。この図を拡張することによって（**図 18-1** から **18-5**）、それぞれの主な有害生物カテゴリーのために、ある IPM システムの中の異なる防除戦術の相対的重要性

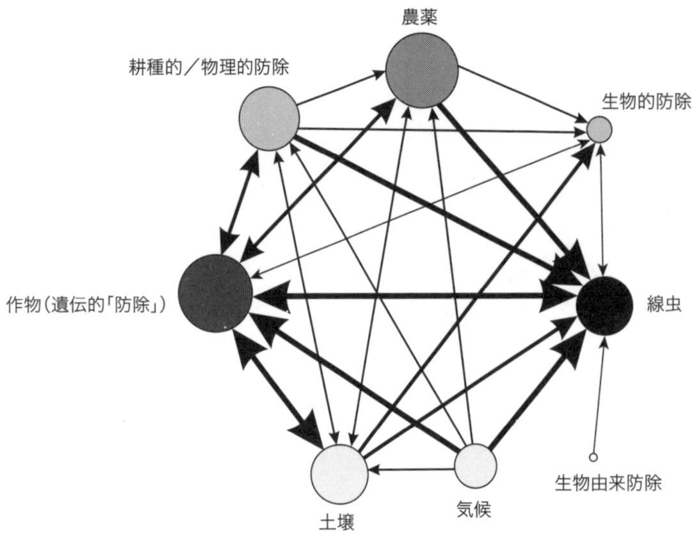

図 18–5
線虫の管理のための IPM パラダイムを表す図。円の大きさは戦術の相対的重要性を示し、矢印の重みづけまたは太さは、その戦術の相対的インパクトを表す。

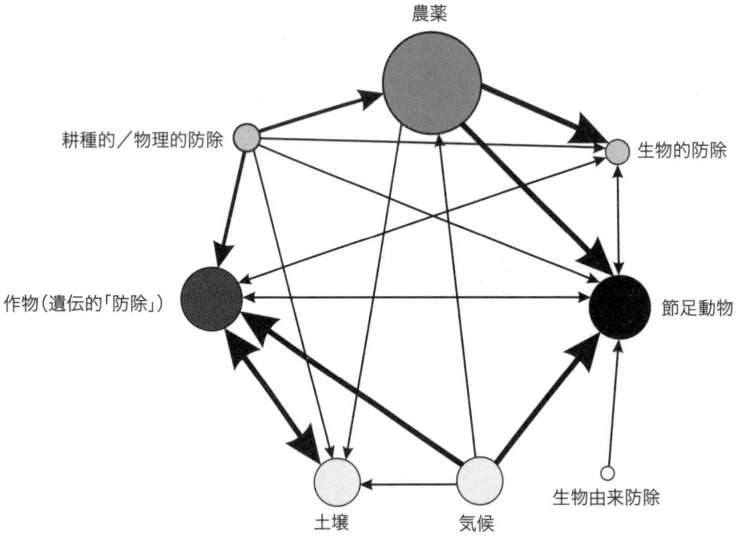

図 18–6
節足動物の農薬にもとづく管理のための IPM パラダイムを表す図。円の大きさは戦術の相対的重要性を示し、矢印の重みづけまたは太さは、その戦術の相対的インパクトを表す。

を表すことができる。すべての一般化について、ある例外は典型的な状況から離れており、それ故に、これらの図はそのような限界を認識しながら眺めなければならない。

以下の図で示された一般化の中で、円の相対的大きさは、その戦術の全体的 IPM への貢献の程度を表し、矢印の重みづけは、さまざまなインパクトを受ける生物へのその戦術の重要性を表す。有害生物の管理のために用いられた戦術の相対的重要性は農業生態系の間で異なり、その中には管理の強さ、特定の戦術の許容度、そして、最も操作可能な有害生物四面体（**図 1–6** 参照）の要素を含む多くの要因によって決定される。ある農業生態系と有害生物の組み合わせは、他のシステムの中ではめったに適用されないような戦術の使用を指示するような特性を持つ。各パラダイムのための理論的基礎は別々に論議される。

病原体

病原体管理のパラダイムは、主要な多くの病原体の管理のために、主に作物を強調する必要性を反映している（**図 18–1**）。抵抗性作物品種は多くの病原体管理プログラムの頼みの綱である。土壌と耕種的管理は多くのプログラムに対して重要である。そして農薬（例えば殺菌剤、抗生物質）の使用においても同様である。管理された生物的防除は、最近の病原体の管理においては比較的小さい役割をはたし、biorational pesticides［生物由来農薬］の使用は比較的少ない。病原体、特に多サイクル病の管理のために気候条件をモニタリングすることは、他の有害生物カテゴリ

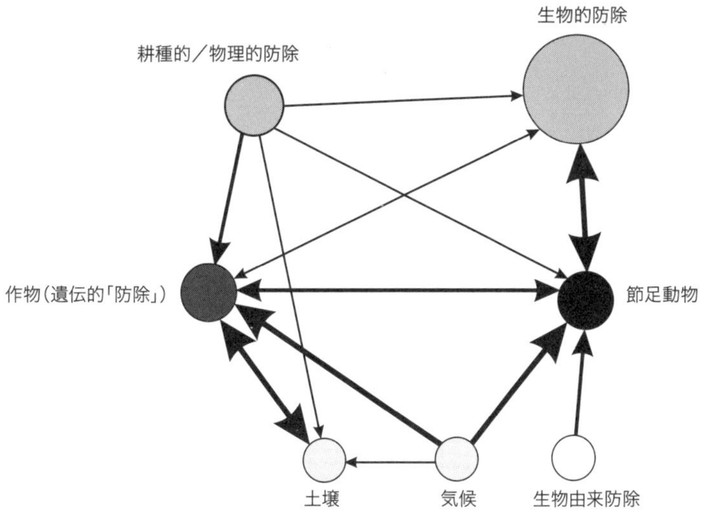

図 18-7
節足動物の有機農法的管理のためのIPM パラダイムを表す図。円の大きさは戦術の相対的重要性を示し、矢印の重みづけまたは太さは、その戦術の相対的インパクトを表す。

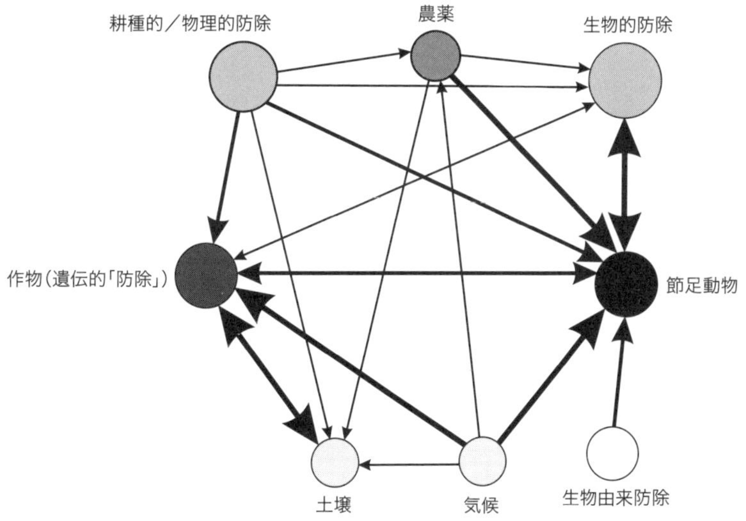

図 18-8
節足動物の総合的管理のための IPM パラダイムを表す図。円の大きさは戦術の相対的重要性を示し、矢印の重みづけまたは太さは、その戦術の相対的インパクトを表す。

ーの管理の場合よりは、より大きく強調される。病原体の有機農法的管理は大部分の戦術の相対的重要性を変えないが、大部分の農薬の使用を排除する。

雑草

このパラダイムは一次消費者よりも生産者（植物）の管理に関連したさまざまな戦術の重要性における変化を反映している。

耕地作物における雑草　雑草のために直接的に作物を操作したり、修正したりすることの重要性は、病原体と他の有害生物よりも少ない（**図 18-2**）。なぜならば、雑草と作物の間には直接的な栄養的関連がないからである。大部分の重要な戦術は耕種慣行、物理的防除、そして農薬（除草剤）である。管理された生物的防除と生物由来防除の重要性は低い。土壌と気候は雑草管理プログラムにおいてあまり大きい役割を演じない。

有機農法的雑草管理　有機農法的雑草管理は、耕種的防除と物理的防除戦術に大きく頼る。生物的防除と作物の形質を用いることは、慣行的雑草管理のためよりも大きく強調される（**図 18-3**）。雑草の有機農法的管理のための異なる戦術の相対的重要性は、生物的防除が優先する有機的節足動物管理のためのものと対照的である（**図 18-3**；**図 18-6** も参照）。

放牧地の雑草管理　このパラダイムは、農薬（除草剤）の重要性の減少と、現金収入の少ない比較的安定した放牧地システムにおける雑草管理のために、生物的防除のより高

表 18-1　異なる有害生物カテゴリーを管理するための IPM プログラムにおいて用いられる異なる戦術の相対的重要性

有害生物	IPM システム	作物 遺伝学	耕種的／ 物理的	化学的	生物学的	行動的	生物 由来	気候	土壌
病原体	慣行的	+ + +	+ + +	+ +	+	NA	+	+ +	+ +
	有機的	+ + +	+ + +		+	NA	+	+ + +	+ + +
雑草	耕地、慣行	−	+ + +	+ + +	−	NA	−	+	+
	有機的	+	+ + +		+	NA	−	+	+ +
	放牧地	+	+ +	+	+ +	NA	−	+	+
線虫	慣行	+ + +	+ +	+ +	+	NA	−	−	+ +
節足動物	慣行	+ +	+ +	+ + +	+	−	+	−	−
	（昆虫）IPM	+ +	+ +	+	+ +	+	+ +	−	+
	有機	+ +	+ + +		+ + +	+ +	+ +	−	+
脊椎動物	慣行	−	+ + +	+	+ +	+ +	NA	−	−

記号は重要性のレベルを示す。
+ + + ＝主要
+ +　＝重要
+　　＝少ない
−　　＝最も少ない
NA　＝戦術は適用できない
空欄　＝戦術は用いられない

い重要性を反映している（**図 18-4**）。それはおそらく大部分の森林システムにおける雑草管理をも代表する。

線虫

一年生栽培システムにおいては、線虫管理戦術は一般的に植え付け前に決定され適用される。もし、適当な線虫抵抗性栽培品種が得られればそれらが用いられる。殺線虫剤はしばしば選択される戦術である。多年生栽培システムにおいては、戦術は植え代えのときに採用される。しかし、定着した植物のために得られる戦術は少ない。一般的に、線虫のパラダイムは耕地雑草のためのものに似ている（**図 18-5**）。しかし、作物抵抗性がはるかに大きく強調され、耕種的物理的防除戦術に対する強調はいくらか小さい。ただし、あるシステムにおいては耕種的物理的戦術がきわめてよく働く。他のストレスに対する一般的な植物の健康と活力の維持は重要である。土壌のタイプと土壌条件は、線虫において他の有害生物よりもより重要である。新しい生物由来化学物質が開発されるにしたがい、そのようなものの使用が増えてきつつあるけれども、生物的防除と生物由来化学物質の使用は一般に少ない。

節足動物

Hoy（1994）は節足動物管理のための農薬の使用の程度が異なる 3 つのパラダイムを提出した。これらは慣行的農薬、有機農法的節足動物管理、そして総合的節足動物管理である。

慣行的農薬　比較的少ない生物的防除戦術または物理的／耕種的手法を伴う農薬の使用に、主な重点を置いたパラダイム（**図 18-6**）は IPM の理解の外にあり、それ故、この章で後に定義する IPM の閾値以下に止まるような有害生物防除手法である。生物由来戦術もまた少ない。節足動物管理のための慣行的農薬パラダイムは、他の有害生物のカテゴリーを管理するための農薬にもとづいた手法に類似したものではない。例えば、雑草管理は、はるかに大きい重点を耕種的／物理的防除に置いている（**図 18-2**）。また、病原体管理は、作物にもとづく管理戦略を利用する程度がはるかに大きい（**図 18-1**）。

有機農法的節足動物管理　農薬による防除戦術は大いに減り、植物油、そして殺虫的石鹼から由来する「自然の」殺虫剤が通常有機合成殺虫剤にとって代わる（**図 18-7**）。生物的防除と生物由来戦術への依存が有意に増加する。このパラダイムは有機農法的雑草または病原体管理のどちらのための戦術とも両立するものではない。（**図 18-7** を**図 18-1** 及び**図 18-2** と比較せよ）。

総合的節足動物管理　このパラダイムはおそらく主な圃場作物と大部分の多年生作物（牧草とブドウのような）のための現在の慣行的な節足動物管理を反映する（**図 18-8**）。主な防除戦術は耕種的／機械的、生物的防除と生物由来戦術にもとづいている。このパラダイムは短い栽培シーズンの野菜作物の節足動物管理を代表するものではなく、おそ

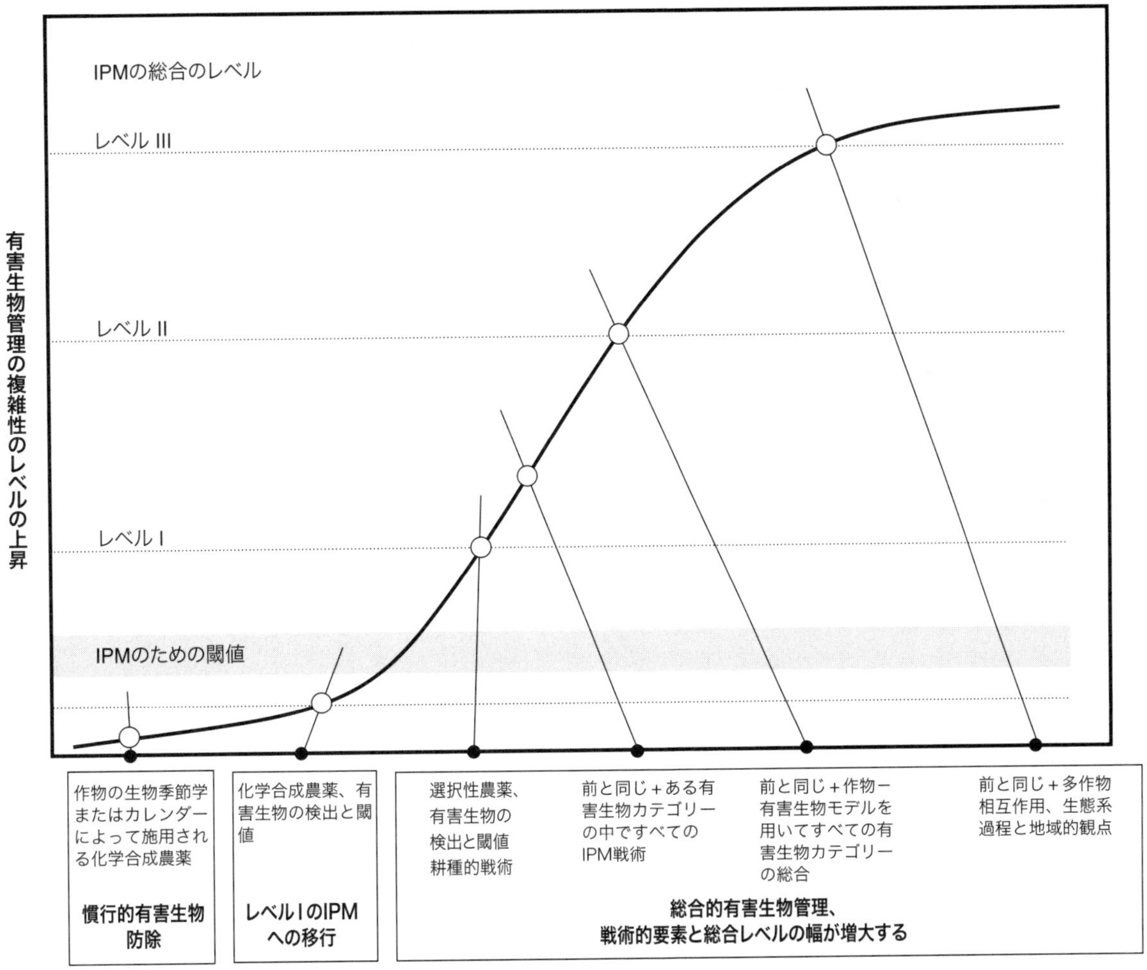

図 18-9　IPM 連続体を表し、異なるレベルの総合の相対的複雑さを表す図。
資料：Kogan and Bajwa, 1999.を改変

らく**図 18-6** にはるかに近い。

有害生物の各カテゴリーに対する、それぞれの有害生物管理戦術の相対的重要性の比較は**表 18-1** に要約されている。IPM 専門家は、ある作物のための有害生物管理のためのシステムを計画するときに、これらの違いを考慮すべきである。そうすれば、全体的管理プログラムは、すべての有害生物カテゴリーのために効果的になるであろう。

IPM のレベルと総合

有害生物管理は、何もしないで実質的な作物損失のリスクを受けるものから、カレンダーにもとづく農薬散布に全面的に頼るものまでの連続体、あるいは、有害生物、生態系、そして社会の間の複雑な相互作用を許すものから、極端に複雑な地域的プログラムまでの連続体と考えられる（**図 18-9、18-10**）。

同様に、総合的有害生物管理は、存在する他の有害生物を考慮することなく、種によって個別的に管理されるものから、すべての有害生物カテゴリーと有用生物を同時に考慮し、多くの有害生物の要防除水準に関連した、すべての戦術を最適化する複雑な意思決定ルールにもとづくアルゴリズム［問題解決のための複雑な手順］を用いるものまで、の連続体と考えられる。この管理連続体の上の最初の極端なものでは、有害生物の種類の中でさえその戦術を総合しない。それは実際の IPM ではなく、単に化学的農薬戦術のみに頼るような有害生物防除と関連する、多くの問題もたらすような手法である。管理の連続体の後のほうの極端なものは、現存しない 1 つの理想である。なぜならば、述べられている意思決定ルールと多有害生物要防除水準は、まだ開発されていないからである（また、極端に場所特異

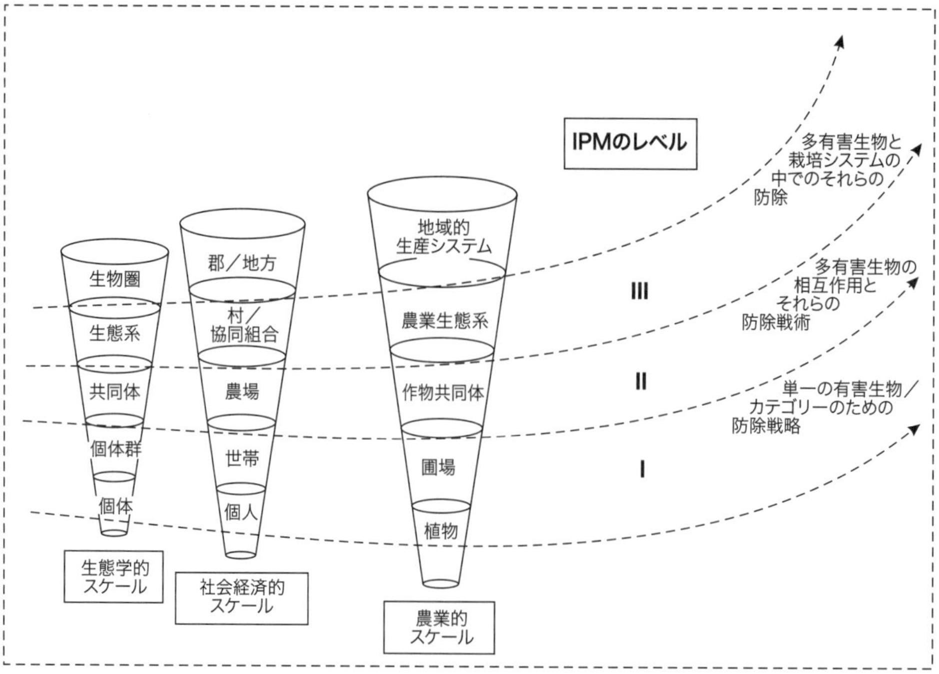

図 18-10　異なるレベルの IPM の生態学的、社会経済的、そして農業規模的関係の図。

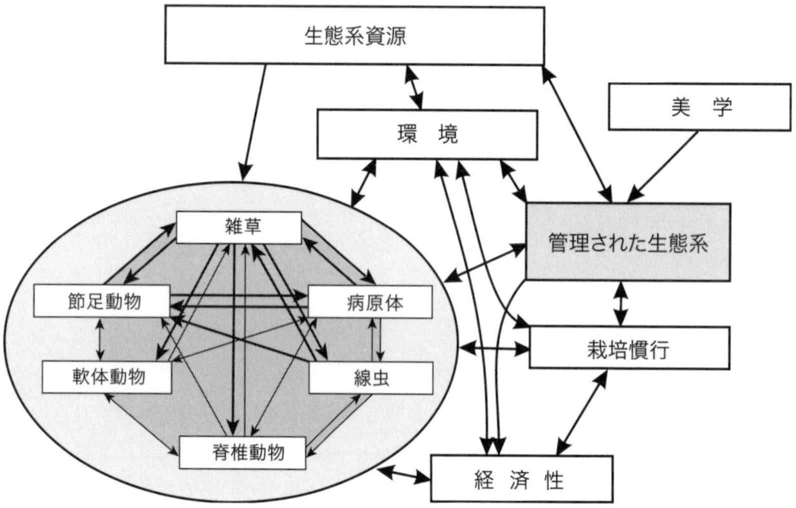

図 18-11
生態学的、社会的枠組みの中に置かれた有害生物六角形（**図 6-1**）を示す図。

的な形以外ではそれは可能にはならないであろう）。

IPM は総合の異なるレベルにあり、それぞれは、それに先立つレベルの要素を組みこんでいるものと考えられる。有害生物管理の総合の最も初歩的な形は、戦術が 1 つの有害生物カテゴリーの中の 1 つの有害生物または 1 つの有害生物複合体のために総合されたときに起こる。この戦術の統合はレベル I の IPM と呼ばれる（**図 18-9、18-10**）。レベル I の IPM は前の節で記述されたパラダイムによって例示される。このレベルの有害生物管理は、監視と意思決定のための閾値を用いることを含み、典型的に防除戦術の 1 つの混合を採用する。大部分の現在の IPM プログラムはレベル I の総合にある。

第 6 章で論議したように、有害生物は孤立して発生するものではなく、むしろ各生態系に典型的なカテゴリーの混合として存在する。真に総合的な管理システムを開発するためには、有害生物カテゴリーとそれらの防除のための戦術の間で起こる相互作用を理解する必要がある（**図 18-11**）。これはレベル II の IPM と呼ばれる。そして、現在の 2、3 の IPM の中でだけ達成されている。レベル II の IPM は全農場規模で機能的である。

究極的には地球的規模での広い生態学的、社会経済的枠組みの中に有害生物複合体のための完全な管理システムを置く必要がある（図 18-10、18-11）。これをレベルⅢの IPM と名づける。それ故、ある IPM プログラムの全体的目標は、すべての異なる有害生物カテゴリーのための必要性を１つの包括的プログラムの中に総合することである。それは、おそらくいかなる現在の IPM プログラムにおいても達成されてはいない。

IPM プログラムの開発

個人は IPM プログラムを開発しない。IPM プログラムの複雑な性質のために、さまざまな有害生物専門分野にいる専門家のチームはそれを開発するために農学者、気象学者、生態系生態学者、と共同する。ひとたびそのプログラムが開発され試験されると、それは IPM 実施者によって実現される。マイクロコンピューターの出現は、効果的で予測的な生物季節学的病害予想モデルの使用を許した。同様に、現代的電子通信システム、特にインターネットと結合したマイクロコンピューターは、IPM 情報と意思決定手段の使用の普及を促進した（この章の後のほう参照）。

あるタイプの情報は１つの IPM プログラムの開発のために必要である。以下は最も重要ないくつかの局面である。

IPM プログラムの主要な局面

IPM システムは知識集約的である。ある IPM プログラムは、そのシステムの生物学的、生態学的、経済的、そして社会的意味の理解にもとづいている。次のタイプの情報が基本的である。

1. 主要有害生物の同定。そのシステムの生産性に重要な経済的影響を持つと考えられる有害生物は同定されなければならない。主要有害生物になると思われる二次的有害生物もまた同定されなければならない。生物的防除がその生態系の主要な要素であるところでは、天敵を同定することも緊急なことである。
2. 有害生物の生物学と生態学、生活環、生活史、繁殖習性、行動、摂食習性、寄主選択性、活動パターン、拡散メカニズム、環境条件への感受性、病原性、被食者、捕食者、寄生者、競争者、以上の要素の密度依存的決定因子の各局面が、そのシステムのすべての有害生物のためによく理解されなければならない。
3. 地域的作物生産システムの特性。ある効果的な IPM プログラムは、作物生産システムのすべての局面、そのシステムに存在するすべての有害生物の生物学と生態学、異なる有害生物防除戦略の有利性と不利益、環境的束縛、社会的要求、そしてその地方、州、そして連邦の規制、が知られよく理解されなければならない。そのような情報の複合した一組を理解し解釈することは困難で、IPM を採用するための障害の１つを代表する。
4. 信頼性のある予測システム。作物と有害生物の両方の生物季節学的出来事を予測する能力に加えて、収量へのインパクトと経済性を予測することが望ましい。
5. 防除戦術の費用－利益情報。すべての管理戦略の得られやすさ、利益と費用が評価されるべきであり、その中には農薬の賢明な使用の役割も含まれる。IPM の総合の進んだレベルでは、直接的な費用と利益だけでなく、社会と環境に対する費用と利益が組みこまれることが重要である。しかしながら、そのような情報はしばしば容易には手に入らない。
6. 地域的管理の構成要素。有害生物の管理への地域的構成要素があるところでは、その程度が知られ、プロジェクトに組みこまれなければならない。この総合は、排除と検出（例えば、ワタアカミムシの検出のためのフェロモントラップと大量放飼）のような要因と、縮葉病ウイルスの拡散を減らすためのカリフォルニア州におけるテンサイヨコバイ、あるいはアメリカ合衆国南東部のワタミゾウムシ根絶プログラムのような地域的防除プログラムの役割を含む。
7. 監視とモニタリングシステム。意思決定過程を支えるための個体群の監視とモニタリングのタイプ及びその程度のための必要条件が決定されなければならず、同様に、どのようにモニタリングが行なわれ、誰がそのための費用を支払うかも決定されなければならない。
8. 記録の保持。必要とされるであろう記録の保持のタイプが決定されなければならない。その必要条件は、有害生物カテゴリーによって全く異なるであろう。システムの次の構成要素のデータが記録されるべきである。
   8.1. 有害生物の同定。個体群の大きさ。すべてのタイプの有害生物の生物季節学（より詳しい有害生物の記録については第８章参照）。

8.2. 有害生物緩和戦術、特に農薬施用、その中には、用いられた戦術と日付、用いられた化学物質の種類。施用の割合（もし適切ならば、生物的防除資材の放飼とフェロモントラップおよびディスペンサーの設置を含む)、そしてすべての戦術の適用の方法を含む。

8.3. 有害生物防除戦術の結果。防除戦術がどのようにうまく働いたか？　これらの記録は、農薬の抵抗性のレベルが上がったこと、または植物の抵抗性品種に対して病原性のあるバイオタイプの発生をモニタリングするために特に重要である。

8.4. 作物の収量。収量記録は、はるかにより定型的であり、収量モニタリングシステムを全地球的に置くことの利用とともに、ある作物ではより場所特異的になりつつある。

8.5. 用いられる栄養素。タイプ、量、施用の時期の記録が、有害生物の潜在的なインパクトと関連して重要である。しかし、正しい経費分析を行なうことも重要である。

8.6. 少なくとも温度、降水量についての気象データが、収量結果を解釈するためだけではなく、生物季節学的モデルを用いるためにも重要である。適切なところでは、灌漑のタイミングが記録保持のためのもう1つの必要な要素である。

8.7. その他の重要な記録は、作物の品種、労働費用、その他の状況である。

9. 抵抗性管理。抵抗性管理戦略の開発と実施がこのプログラムに組みこまれなければならない。

10. 経済的社会的束縛。すべての関連する生態学的、社会的束縛が考慮されなければならない（より詳しくは第19章参照)。

ある、よく働くIPMプログラムを開発するためには、前もって計画することが重要である。あるIPMプログラムは、ひとたび有害生物が発生したことへの単純な一連の反応よりは、むしろ、有害生物問題の先手を打つものである。多くの緩和戦術は、有害生物の攻撃に先立って実施されなければならない。次の節で概要を述べる長期的な計画は、短い栽培シーズンの作物と、多年生作物の両方にとって役に立つ。

一般的考慮

あるIPMプログラムを開発するとき、次の特殊なタイプの情報が考慮されなければならない。

一年生作物の植え付け前

その作物を攻撃するか侵入するすべてのカテゴリーの主要有害生物種を決定し、それらが存在するかどうか、またそれらの数と加害の可能性を確定することが重要である。この情報によって、管理者は圃場の中のすべての生物をチェックする必要がなく、許容できない加害をもたらすものと十分に想定されるようなものを標的とすることができる。主要有害生物の知識は各有害生物と闘うための計画の開発を許す。多くの有害線虫の場合のように、もし適切な防除戦術が、作物の植え付け前だけに実施されるべきであるならば、主要な有害生物についての前もっての知識は基本的なものとなるであろう。過去の作物栽培シーズンからのよい記録は、有害生物問題の予想を許すことによって、計画を助けることができる。計画は、もし可能ならば病原体と線虫の感染源の密度を決定するために、植え付け前のサンプリングを必要とする。

ある地域の規制は、栽培シーズン前にある農薬を使用するために、作物の植え付け前に書かれた計画が適切な権限を持って正式に記録されることを要求する（第11章で述べたように)。

この段階で、適切なところではプログラムの地域的側面を考慮する必要がある。近所の地域で起こっている活動のために否定されなければならないIPMプログラムを開発することは無駄である。計画の過程で規模の違いを認識することが絶対に必要である。

作物サイクルの間

第8章で記述した段階的意思決定手法は、作物サイクルの間に必要とされる有害生物管理活動のための適切な手引きを提供する。作物の生育と有害生物の発生がモニタリングされ、適切な緩和行動がとられなければならない。特定の事項は地域、作物そして有害生物に依存する。

作物の収穫後

ある有害生物の管理は、作物が収穫された後で活動がなされる。これらのタイプの活動は、多年生作物のためのIPMの一部分となることが多そうである。しかし、それらは、一年生作物で作物の残滓が病原体の感染源を宿すか、貯蔵の間や次の栽培シーズンに加害する可能性のある節足動物の休止段階の場合に適用される。収穫に続く活動の例には、種子の生産を止めるための雑草防除活動、感染源と越冬場所の源を取り除くための作物の破壊を含む。有害生物の持ち越しを減らすか有用生物を増強するための広域的防除もまた含まれる。

IPMプログラムの実例

有害生物管理はすべての作物のために存在する。しかし、防除戦術の総合のレベルは有害生物カテゴリーを通してしばしば最少である。特定の細部は地域によって変わる。多数の作物のためのIPMプログラムについては広い文献がある。大部分は単一の有害生物カテゴリーに焦点を合わせている。しかし、全体として、それらはIPMに関心を持つ誰にとっても価値ある資源である。これらのプログラムの主な総説、手引書、ワークショップとシンポジウムの議事録はウェブサイトwww.ippc.orst.edu/ipmreviewsの中に見いだすことができる。

この本では、異なる有害生物管理の必要条件と束縛を持つ作物のために、いかにIPMプログラムが開発されるかを説明するために3つの例が選ばれる。これらの作物のためのIPMプログラムを開発するうえで重要な特性が**表18-2**に要約されている。

1. レタスは特別な非主要産物であり、短い栽培シーズンの野菜作物で、加工することなく消費者に直接に売られる。
2. ワタは全シーズンの大規模な畝作物で、消費者に売られる前に加工される。
3. リンゴとナシは多年生の樹木作物システムで、収穫される農産物は一部が加工用に向けられるけれども、消費者に直接に売られる。

レタスのためのIPM

レタスと、ある価格の高い花作物は、作物／消費者条件のスペクトラムにおけるIPMの開発と採用に対して厳しい束縛が課される1つの極限を例示している。

レタスにおける主要有害生物

レタスは涼しい季節の作物で、予想される有害生物は涼しい気候と結びついている。これはIPMプログラムが開発される際に考慮されなければならない。

病原体　いくつかのウイルス病がレタスを攻撃するが、その中には「レタスモザイク病」、「ビッグベイン病」と「corky root」が含まれる。ウイルス病問題はあまりにひどいので、それらの管理がプログラムのいくつかの要素の計画のしかたを指示する。その他の主要病原体には菌核病とうどんこ病を含む。

雑草　涼しい季節の一年生雑草は主に双子葉植物、特にキク科のものを含む。それに加えて、イラクサ、ナズナ、ウサギアオイ、スベリヒユがある。レタスは競争力が低い。そのことは、商業的に受容できる収量を得るために雑草防除が必要であることを意味する。イラクサは作業者への傷害のために収穫時の重大な問題となる。

線虫　ネコブセンチュウが問題となる。しかし、レタス生産のための涼しい気温は典型的に線虫の重要性を制限する。

節足動物　アブラムシ、ハモグリバエ、そしてさまざまなチョウ目の幼虫が最もひどい節足動物問題である。

脊椎動物と軟体動物　商業的レタス生産において通常問題はない。これらは小農場と家庭の状況ではきわめてひどいものとなることがある。

表18-2　選ばれた作物の栽培特性の比較

栽培作業	レタス	ワタ	リンゴとナシ
播種から収穫まで	45～70日	7か8カ月	多年数
直接的市場	あり	なし	あり
収穫	手作業	機械	手作業
最初の形	種子または苗	種子	苗
外観基準	あり	なし	あり
システムの安定性	高度に攪乱	攪乱	比較的安定
市場価格／エーカー	2,000ドル	350ドル	3,500ドル

栽培上の配慮

いくつかの要因が、IPM 慣行のうち、あるものが用いられるか用いられないかを指示する。レタスは高価格の作物で、それ故に比較的高い管理インプットが正当化される。レタスは生鮮市場作物であり、それはこの作物が一般的に加工されずに消費者に直接売られることを意味する。ただし工業化した国では、パックしたり、サラダ用野菜と、あらかじめ混合されたりすることがより普通となるように変わりつつある。レタスは急速に生育し 45 日という少ない日数で収穫される。レタスがゆっくりと生育するときには約 60〜75 日で収穫される。収穫時に、レタスは低く育つ作物であり、比較的広い間隔で、しばしば土を完全におおうことがない。この生産物は手で摘まれるので作業者は収穫の際に畑に入ることができなければならない。

レタスの市場価格は変化する。ある 1 週間にエーカー当たり 2000 ドルの収量のこともあるが、供給と需要の関係での市場の不安定性のために、2 週間後の収穫では、ただにさえなりうる。市場の変動性は IPM 意思決定の費用－利益分析を困難にする。

束縛

栽培と商品化の実際は、レタスにおいて用いられる IPM 戦術の上にある制限を設ける。短い作物の期間のために、農薬残留が許容できるレベルに減るための、処理と収穫の間の時間が不十分となるであろう。残留制限によって、生産物と土壌の両方での残留が、その制限まで急速に分解しないような農薬の使用が妨げられる。土壌残留は、輪作作物の選択またはレタスに用いられる農薬の選択を制限することがある。除草剤と他の農薬のための plant-back［再植え付け］制限がすべての短い栽培シーズンの作物で重要である。

レタスにおいては、外観被害についてほとんど許容度がない（第 19 章参照）。この作物は収穫時に、すべての昆虫と汚れが全くないようでなければならない。そうでなければ、工業化された国々の消費者はそれを受けつけない。このことは基本的に生物的防除の使用を排除するので、IPM プログラムのためにひどい困難性を課す。外観基準は現実的である。大部分の消費者はスーパーマーケットでレタスを探し回り、有害生物の印やアブラムシ、またはレタスの葉の穴、あるいはあるカビのような有害生物の被害がない株を選ぶ。

一般的にいって、短い栽培シーズンの作物の状況においては、有害生物が被害レベルまで増加するとき、生物的防除はうまく働かない。なぜならば、有用生物は適切な防除を提供するために必要なほど十分に増殖できないからである（遅れの時間、**図 13-1** 参照）。消費者が有用昆虫の存在に対して有害昆虫と同じように強く嫌うので、外観基準は有用生物に対しても適用される。

生鮮市場のための価格の変動は要防除水準の使用を困難にする。この困難性が外観基準の問題と結びついて、大部分の管理者は、もしある昆虫または病原体が収穫の近くに存在するならばそれは許容できない、という原則にもとづいて働く。

ワタのための IPM

ワタに対しては、包括的な IPM プログラムが開発されてきた。そして、この作物が栽培されている世界の地域の大部分において、さまざまな程度に実施されている。IPM の適用はオーストラリア、アメリカ合衆国の多く、イスラエル、そして南アメリカのある国々、特にブラジルとペルーで多い。ある地域ではこのプログラムはレベルⅢの IPM に近づきつつある。

ワタの主要有害生物

ワタは暖かい季節の作物で暖かい季節の有害生物を持つ。

病原体　*Verticillum* 属と *Fusarium* 属の立枯病菌が最も重要な病原体である。black root（*Thielaviopsis*）が苗の定着の間の重大な問題である。

雑草　いくつかのヒユの類の種、ナス属、ヒルガオの類、そしてイヌビエのような暖かい季節の一年生雑草が重要な問題である。いくつかの多年生雑草がまたワタ生産における重大な問題であり、その中にはセイバンモロコシ、キハマスゲ、カヤツリグサの類とセイヨウヒルガオを含む。

線虫　ネコブセンチュウがワタでは重要な問題である。ネコブセンチュウの種とレースが決定されなければならない。なぜならば、*Meloidogyne acronea* と *M.incognita* の寄主レース 3 と 4 がワタに寄生できるからである。ニセフクロセンチュウがアメリカ合衆国の多くのワタ生産地域でより問題となりつつある。また Columbia lance センチュウもまたある状況の下で問題である。

節足動物　主要有害節足動物にはワタミハナゾウムシ、ワタアカミムシ、と他のタバコガ類、cotton leafworm［ヤガ科］、コナジラミ、ワタアブラムシ、カスミカメムシ、その他のカメムシ、アザミウマ、ハダニを含む。これらのすべての昆虫はワタが栽培されているすべての地域で問題であるというわけではない。一般的にアオイ科を食うスペシャリストであるワタアカミムシ、またはワタミハナゾウムシの侵入がない地域では、有害節足動物問題はあまりひどくない。

脊椎動物と軟体動物　商業的ワタ生産において、これらは通常の問題とならない。

栽培上の配慮

ワタは多年生植物である。しかしこの作物は通常一年生として栽培される。一年生作物とされてはいるけれども、それは長い栽培シーズンを持ち、典型的には6カ月を越える。すべての有害生物がすべてのワタ栽培地域に存在することはないので、このことは、そのような有害生物が存在しない地域では排除が1つの管理戦略であることを意味する。国際的な貿易と旅行が容易になったことに伴い、国際的排除はかなり効果的ではなくなってきた。その例としては、比較的最近のブラジルのワタ生産地域へのワタミハナゾウムシの侵入がある。

ワタは機械で収穫される。それは種繰機で種を機械的に取られる。そしてワタの繊維は機械的に糸に紡がれる。いくつかの有害生物種は、ワタを加工する能力にインパクトを与える。それはIPMプログラムを計画するときに考慮されなければならない。種子でもリント（ワタの繊維）でもないようなすべての収穫材料は、綿繰りの過程で除かれる。この材料は綿繰クズとして知られ、雑草の種子、病原体感染源と昆虫の卵を含む可能性がある。綿繰クズの処分は1つのIPM問題である。なぜならば、そのクズがもしワタ畑に戻されるなら、有害生物問題を広げるかもしれないからである。

束縛

ワタは多年生植物なので、それは1つの栽培シーズンから次の栽培シーズンへと生き残る可能性を持つ。そして、それ故に、有害生物の感染源をある年から次の年へと支える。作物の破壊はそれ故、ワタのIPMのために大部分の一年生作物よりもより重要である。人間はワタを食わず、それは売られる前に加工される。それ故、生鮮市場作物のためには用いることができないが、ワタIPMのためには完全に受け入れられるようなIPM戦術がある。

時間表

ワタは、例えばカリフォルニア州のサンホアキンバレーのように非常に雨の少ない条件の下で、一栽培シーズンの灌漑された畝作物のためのIPMプログラムを例示した（**図18-12**）。この地域のためのワタのIPMプログラムは基本的なシステム要素を記述するために用いられる。これは天水によるワタ生産に関係した要素を含むように、また、ワタアカミムシとワタミハナゾウムシが優占した主要有害生物である地域へと拡張されてきた。このIPMプログラムは、他のどこかのワタ栽培地域のためには、存在する有害生物や気候のような地方的条件に適合するように修正されなければならない。

植え付け前　次の有害生物管理の配慮が作物品種の選択に関して行なわれなければならない。

1. 病害抵抗性。*Verticillium* 立枯病を管理するために唯一の効果的方法は、真の抵抗性は手に入らないので、耐性のある品種を植え付けることである。*Fusarium* 立枯病においてもかなりの程度に同様である。もし、これらの病気が耐性品種の使用によって十分に防除することができなければ、それらから2、3年の間、土壌中の感染源のレベルが低下するように、この病原体の寄主でないワタ以外の作物を植え付けることが必要であろう。
2. ネコブセンチュウ抵抗性。問題となる可能性のある線虫を同定するために、植え付け前の土壌のサンプルを取らなければならない。抵抗性品種の使用は *Fusarium* 立枯病を減らす助けにもなる。なぜならば、線虫による根の被害はこの病原体のより高いレベルの感染に導くからである（**図2-7i** 参照）。もし線虫個体群があまりに大きいならば、他の非寄主作物への輪作が必要となるであろう。
3. 昆虫抵抗性。多くの現在の品種には低いレベルの昆虫抵抗性が存在する。しかし、どれも他の管理戦術の使用を排除するほど十分なものではない。そこで、昆虫抵抗性は、ある品種を選ぶ際の主な考慮とはならない。これはBt遺伝子組み換え品種の導入とともに変わりつつある。これはアメリカタバコガ、budworm、ワタアカミムシのような、ワタの最も重大なチョウ目の有害生物のあるものに抵抗性がある。しかしながら、これらの品種の使用にあたっては、全作付け面積の一部に非遺伝子組み換えの感受性品種を植え付けるという、有害生物個体群の中の抵抗性管理のための現在の必要

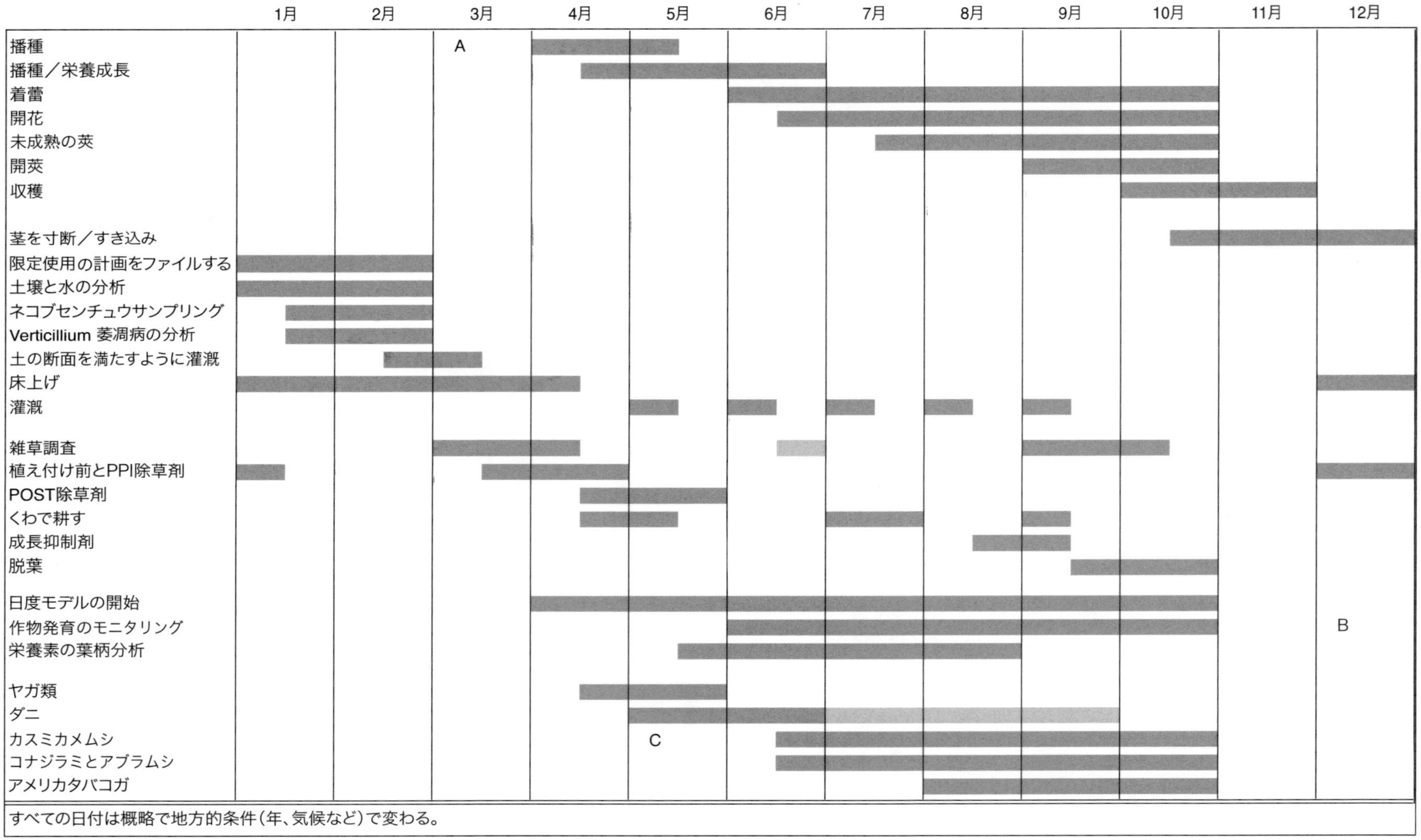

図 18-12　カリフォルニア州サンホアキンバレーにおけるワタの生産のための栽培と IPM 活動のための時間表。

条件にしたがうべきである。

4. 除草剤抵抗性。もし非選択性除草剤の使用が予想されるならば、植え付けの前に適切な遺伝子組み換え抵抗性品種が植え付けられる必要がある。
5. 品質的束縛。繊維の長さ（staple）と太さ（micronaire）は品種の選択と栽培法に特別の要求を課している。

もし苗の病気が問題となることが予想されるならば、殺菌剤処理をした保証済み種子が black root（*Thielaviopsis*）を防除するために用いられる。ワタの作物の前の夏の湛水は *Thielaviopsis* の感染源の十分な防除を提供することができる。

ある生産地域においては、IPM プログラムにもし何らかの規制された農薬を採用しようとするならば、栽培シーズンに先立って適切な専門家とともに1つの計画を提出することが州の規制によって要求される。

多くの状況の中で、満足すべき出芽後の除草剤がないために、作物を植え付ける前に除草剤を施用するという雑草管理が必要となる。植え付け前の除草剤の使用に関する適切な意思決定は、その畑の雑草植物相の中に存在する種の詳しい知識によってのみ生まれる。ある植え付け前の除草剤は土壌の中に長く存在し、植え付け数カ月前に施用することができる。そのような早い施用は、忙しい植え付けスケジュールの間になされるべき1つの作業をより少なくするという有利性を持つ。

作物生育中　畑の中で作物が成長し成熟する時期の間、有害生物は定期的にモニタリングされ、作物の状態は注意深く評価されなければならない。最良の管理意思決定を行なうためには、生物季節学と作物と有害生物の両方の状態を知ることが大切である。次の情報が必要である。

1. ワタ植物の実測。記録されるべき本質的データは、主茎の節の数、枝の位置、花と莢の着いた枝の位置を含む。
2. 作物の生育段階に関した莢の保持割合の計算。莢の保持は実際に莢を形成した花のパーセントをもとに計算される。例えば、カスミカメムシによる摂食活動は花と莢が結実しない原因となる。
3. 葉の被害レベルの評価（昆虫学者は脱葉レベルという）。葉を食う節足動物の管理に関する意思決定は、通常個体群レベルと現在の被害の組み合わせにもとづく。脱葉は目で推定され、訓練を必要とし、幅広い変動が予想される。
4. 天敵、特に作物圃場の中に存在する微小なサシガメ科、クサカゲロウの幼虫とマキバサシガメ科のようなジェネラリスト捕食者の相対的量の評価。あるモデルは、もし有害生物個体群を経済的被害許容水準以下に維持するために十分な天敵が存在するならば、無処理という意思決定をもたらす。
5. 表と意思決定モデルへの接近。これらは、主な有害節足動物が許容できるかどうか、また有害生物個体群が処理される必要があるかどうか、それらが要防除水準に近づいているかどうかを決定する。

カスミカメムシの存在について、まわりの地域（アルファルファ畑、ベニバナ畑、在来の植生と雑草）を評価することも重要である（**図 18-12** の **C** に注意。また**図 8-5** も参照)。他の作物が収穫されるか、植物が衰えると、カスミカメムシはワタに移動する。

ある地域では、主要害虫を管理するための広域的手法が用いられ成功的してきた。これらのプログラムは規制的要素を含み、州と連邦政府の公共機関の積極的な参加がかかわっている。

アメリカ合衆国南東部では、広範なワタミハナゾウムシ抑圧プログラムが1976年から広域的に実施されてきた。このプログラムはフェロモントラップ、化学的処理、耕種的慣行を含み、2.5年の期間で採用された。学校、病院の近くや住宅開発のような要注意地域では、これらの技術は農薬の使用を最少にしようとする代替防除技術によって補足される。散布作業は、その地域のゾウムシ個体群の存在がトラップ調査で認められてから約1カ月後に始まる。継続的なトラップ調査が発生の焦点をピンポイントで示し、すべてのゾウムシがいなくなるまでの必要な処理のきっかけとなる。プログラムの全面的な実施と、実際上のゾウムシの根絶には約2.5年がかかる。きわめて低い哺乳類毒性を持つ殺虫剤のマラソンがこのプログラムで用いられた主な農薬である。それは微量散布で航空機から施用される。地上散布機からの容易に用いられる剤型でも施用される。昆虫成長調節物質であるディミリンが、より毒性のある農薬施用の回数を減らすための手段として要注意地域のまわりに用いられてきた。このプログラムは、発生が検出され散布基準に合致した圃場にのみ殺虫剤の施用を指示する。夏遅くには、新しいプログラム地域における発生の程度を評価するために、トラップが置かれ調査される。発生した圃場は一般的に秋には平均7回の施用を受ける。

もう1つの広域的抑圧プログラムがカリフォルニア州でワタアカミムシに対して配置されてきた。この場合には、抑圧は不妊オスの放飼によって達成される（第17章参照）。

収穫後　ワタアカミムシとワタミハナゾウムシの排除プログラムの一要素として、すべての作物の残滓が刻まれてディスク［円板状の耕耘装置］によって埋めこまれなければならない（図18-12のB参照）。シルバーリーフコナジラミの越冬場所となるかもしれないすべての雑草は取り除くべきである。

梨果のためのIPM

梨果は多年生作物で、ナシとリンゴを含む。これらの作物のためのIPMプログラムは、大部分がレベルⅠの総合にあり、昆虫管理を目的として、北アメリカ、ヨーロッパ、そしてニュージーランドで開発されてきた。昆虫、雑草、線虫、そして病原体の管理の考慮を含むレベルⅡのIPMはアメリカ合衆国のマサチューセッツ州で配備され成功してきた。

梨果における主要有害生物

病原体　主な病気はリンゴとナシの黒星病である。ナシでは火傷病とナシの衰弱もまた大損害を与える病気である。うどんこ病もリンゴでは問題である。*Phytophthora* 属とならたけ病菌のような根腐病原体は、すべてのタイプの果樹作物にとって問題である。

雑草　ある地域の中に存在する、ほとんどいかなる雑草種も梨果の果樹園の中で発生する。多年生雑草が一年生雑草より重要である。

線虫　ネコブセンチュウ、ネグサレセンチュウ、オオユミハリセンチュウ、ワセンチュウがすべて問題である。

節足動物　世界的に梨果の主要節足動物はコドリンガである。他のチョウ目はPandemisハマキ、オレンジハマキ、その他のハマキガを含む。他の昆虫はリンゴのオオバコアブラムシ、リンゴワタムシ、リンゴミバエ、ナシのスモモゾウムシ、ダニ、カスミカメムシ類とカメムシ類、ナシキジラミを含む。

脊椎動物　果樹園生態系の相対的安定性により、特に若い果樹園では脊椎動物が、かなりの被害をもたらす。畑のハツカネズミ（ハタネズミ）とさまざまなリスがひどい問題となる。なぜならば、それらは木と灌漑施設を噛み、土に穴を掘るからである。脊椎動物は、若い木がげっ歯類によって樹皮を帯状に剝がれると容易に枯れるので、特に重要である。ある地域ではシカもまた問題である。

配慮

この作物は多年生で長年の間維持される。それ故に、木が植え付けられるときになされる意思決定は重要である。なぜならば、正しくない意思決定は費用がかかるからである。その上、土壌性の有害生物が定着するようになると、有用な治療のための活動がきわめて困難になる。なぜならば、多年生作物は有害生物の非寄主へと容易に輪作することができないからである。その作物を移植しようとするときは、移植苗の土または苗の中に有害生物が運ばれていないことを確かめることが絶対必要である。もし、土壌性の有害生物が疑われるならば、有害生物の同定が決定的であり、適切な抵抗性根茎の選択が基本的である。

この栽培システムは毎年除去されないので、天敵を保存する長期間の持続的IPMを受け入れる余地がある。このシステムには相対的安定性があるために、有害生物はより規則的に毎年戻ってくるであろう。防除の利益が栽培シーズンの間に現われるような、栽培シーズン外に実施される防除戦術を計画することがしばしば可能である。例えば、冬の休眠期油剤の施用は節足動物の卵と有害昆虫の越冬する形態を殺す。

束縛

同じ場所で長年の間栽培される多年生作物では、IPMを実施するために一年生作物とは異なるチャレンジが課せられる。最も明白なものの1つは、有害脊椎動物の増大する重要性である。ある脊椎動物問題を誤診することが木の損失をまねくということを考慮する必要がある。そして、管理意思決定の長期間の結末は重要である。なぜならば、それらは多くの栽培シーズンの間持続するからである。管理者にとっては、作物ができる前の数年間が問題である。これは、作物が定着し、よく生育することを確実にするために行なうべき有害生物管理慣行を支持する、資金の流れがないことを意味する。ひとたび定着すると、大きい、丈の高い樹冠は雑草管理をはるかに容易にする。多くの現代の果樹園は、木の列に沿って除草剤で処理された雑草のない場所を保っている。しかし、列の間の下層の植生は機械的手段によって管理される。果樹園の床の植物の適切な管理は水分を保全し、果物の有害生物の天敵のための生息場

栽培システム活動 ＼ 作物成長段階	1月	2月	3月	4月	5月	6月	7月	8月	9月	10月	11月	12月
	芽発育段階:休眠から早い芽がふくらむまで	芽がふくらむから芽鱗が離れるまで	芽鱗が離れるから最初の開花まで	開花から花弁が落ちるまで	花弁が落ちてから小さい果実の段階まで落果も起こる	果実の肥大		果実の成熟と収穫		落葉	樹木の休眠	
一般的栽培慣行と管理												
枯れ木または枯れつつある木の除去	■											
新しい果樹園区画を植え、失われた木を植えかえる	■											
冬の集会に出席（農薬免許更新のための履修単位を得る）	■											
集果場からの不良品報告に目を通し、その果樹園区画の問題点を記録する	■											
化学薬品貯蔵室の在庫調べ	■											
果樹園装備の一般的維持管理	■											
灌漑の開始：樹上からの灌漑は農薬の残効性を減らす					■	■	■	■	■			
収穫前に栄養分析のために葉を集める								■	■			
果実の不良品と格下げに関する情報の蓄積を始める								■	■			
冬の教育集会に出席	■											■
一般的有害生物管理活動												
日度モデルのための最高最低温度のモニタリングを開始	■											
その年のための有害生物管理戦略の計画	■											
雑草管理活動												
草刈りと出芽後除草剤施用					■							
木の列の中に出芽前除草剤を施用	■	■	■								■	■
病害管理活動												
ナシ黒星病の発生のリスクを確認			■	■	■	■	■	■	■			
冬の木の剪定と残っている火傷病の腐爛除去	■	■									■	■
からさおで果樹園の刈り枝を積み上げ、火傷病に感染した木を処分する	■											
火傷病の発生状況をモニタリングする				■	■	■	■	■	■	■		
火傷病の腐爛を除去										■		
昆虫管理活動												
ナシキジラミの産卵前に休眠期油剤を施用	■											
サンプリング：grape mealybug、ナシマルカイガラムシ、ナシキジラミ、リンゴハダニ卵	■	■	■									
芽鱗が離れた後、それが落ちる前の遅い休眠期に散布		■										
有害生物と環境モニタリングにもとづく開花前有害生物防除			■									
CMとナシマルカイガラムシのフェロモントラップを最初の飛翔前に設置				■								
交尾阻害のためのCMフェロモンディスペンサーをガの羽化前に設置				■								
節足動物個体群のモニタリング					■	■	■	■	■			
昆虫とダニが処理閾値を越えたら防除を行なう					■	■	■	■	■			
CM防除意思決定：生物季節学モデル、トラップ捕獲数と防除戦術					■	■	■					
果樹園の下草のサンプリング：カメムシのためのすくいとり網、ハダニの見とり					■							
CMと他の果実被害のための果実調査、もし閾値を越えていたら薬剤散布						■	■					
生物季節学、トラップ捕獲数と過去の歴史にもとづくナシマルカイガラムシの薬剤散布						■	■					
ナシキジラミと暖かい年の遅いナシでのCM第3世代の調査								■	■			
ナシキジラミの甘露を減らすための樹上からの灌漑								■	■			
節足動物と病原体を抑圧するための落葉前の収穫後防除										■		
脊椎動物管理活動												
新しく植え付けられた区画で、もし必要ならシカよけの設置			■									
げっ歯類（例えばホリネズミ、モグラ）の活動をモニタリングし、必要なら防除			■	░	░	░	░	░	░	░		
CM=コドリンガ												

*P.Van Buskirk, R.Hilton, and P.Westigard, Southern Oregon Agric.Res. and Education Center, Medford, Oregon. によって開発された活動カレンダーにもとづく。

図 18-13　オレゴン州南部におけるナシの生産のための栽培と IPM 活動の時間表。

所を提供する。すべての状況の下で病気、特にウイルスのない株を植えることが基本的である。作物の多年生の性質のために、作物輪作のような耕種的防除の選択肢は適用できない。

時間表

我々は梨果のためのIPMシステムを代表するために、オレゴン州南部におけるナシの有害生物管理の時間表を示す（**図 18-13**）。これは他の地域のためには調整が必要である。

梨果作物のための最も進んだIPMシステムは、総合的果実生産（IFP）の概念にもとづいて開発されつつある。IFPはいくつかのヨーロッパの国々で採用されてきた。そしてレベルIIIのIPMへの接近を代表する。IFPはアメリカ合衆国オレゴン州のフッドリバー地域を最初とする2、3の限られた果実生産地域で試験され成功した。

IPMプログラムの実施

誰が実際にIPMプログラムを行なうのだろうか？　この質問に対しておしなべて絶対的な答えはない。すべての農業者は彼らの作物を有害生物によってもたらされる損失から守ろうと試みながら、ある形の防除を行なう。彼等は放っておくと作物を攻撃するすべての有害生物を管理しなければならない。どれだけ技術の総合が達成されるかと、そのプログラムの全体的成功には違いが起こる。

IPMの意思決定に関して述べられるべきいくつかの重要な問題がある。誰がIPMにおける意思決定のために責任があるか？　どのような人々のグループが実際にIPMの意思決定に関係するか？　を決めるときに考えられるべき決定的な問題がある。

決定的な問題

1. 知識。IPMの複雑さが増すにつれて、生物学的、技術的知識へのより大きい必要性が生ずる。すべてのIPMシステム、特に農薬にのみ頼らないものは知識集約的であるといわれる。誰が必要な知識を持つかの問題は取るに足らないことではない。コンピューターにもとづく知識システムは、蓄積されたデータベースからの情報を速やかに評価する専門家の助けを提供するうえで役に立つ。
2. 関心の不一致。社会的観点から、誰が意思決定をなすべきかについての基本的問題がある。結果に既得権を持つと認められるものであるべきか、あるいはこの意思決定に偏らない、または個人的利害関係を持たない人物であるべきか？　関心の不一致のトピックは第19章でさらに述べられる。
3. 人員。もう1つの基本的問題は、誰が有害生物管理情報を開発し提供すべきかにかかわっている。土地所有者／管理者にのみ留まるべきか？　農薬会社、バイオテクノロジー会社、栽培者の共同体とこれに似た組織、より高い研究の研究所、あるいは政府の役割なのか？　実際IPMプログラムの実施はおそらくすべてのこれらのグループの組み合わせに関係するが、農業共同体はそのような活動の調整に困難を経験してきた。
4. IPMの費用。IPMの使用はスケジュール的な農薬施用よりは、より人材集約的なので、誰がそのための余分の費用を支払うかについて問題が存在する。

IPM従事者

有害生物管理意思決定をする人々、またはIPMの他の何らかの部分に関与する人々はIPM従事者といわれる。雇われて（すなわち、そのサービスに対して支払われる）IPMの意思決定をする分野で働く何らかの人は有害生物防除アドバイザー（PCA）と呼ばれる。PCAは通常、作物品種と肥料のような栽培事項についてもアドバイスをする作物コンサルタントの義務の一部を行なう。IPM意思決定に参加する他の人々は次の通りである。

1. 農場所有者／管理者。有害生物防除が、単にある農薬を散布する過程であったとき、多くの農業者は、しばしば農薬販売代理人または農業的化学物質の供給者から情報を得て、彼等自身の意思決定の義務を行なった。レベルIのIPMを行なうことでさえ、その複雑さによって、IPMプログラムを実施することへの時間または監督をすることの困難性がますます増加してきた。あるきわめて大きい農場は、IPMプログラムのために必要な特別な作業をするために有害生物管理専門家（PCA）を雇う。しかしながら、大部分の農業者は彼等のIPMプログラムを助けるために次の5つのカテゴリーの1つからPCAを雇うか接触する。

2. 化学的企業。農薬の使用は多くのIPMプログラムの1つの構成要素であるが、農薬企業がレベルIまたはより高いIPMの全概念を実施できるようには思われない。
3. 農薬販売者。農薬を売ることにかかわる人々が、しばしば彼等の自身の個人的関心に反対するようなIPMの概念を適用することに全面的に参加するようには思われない（関心の不一致参照）。
4. 全面請け負い会社。農薬と肥料を売るような会社は、特殊化した装置と施用を提供することができる。そしてIPMプログラムに関する意思決定をする訓練されたPCAを持っている。これらのPCAは、彼らの顧客である農業者の圃場を訪ね、有害生物防除の必要性を評価する。全面請け負い会社はまた、有害生物管理にかかわる記録保持と事務仕事について彼等の顧客を助ける。そのような会社は農薬を売るので、会社のために働くPCAは有害生物管理意思決定をするうえでの関心の不一致がある。
5. 協同組合。小さい農場を運営する農業者は協同組合を作り、それは、彼等のIPMにアドバイスするためのPCAを雇う。ある状況の下では、協同組合は一般的な農場の補給物と農薬をも扱うことがある。ブラジルのサンパウロ州では、日系の農業者が1921年に1つの協同組合を形成し、メンバーに全サービスを提供した。それには、ある分野の研究さえ行なった。この協同組合はその州の農業における最も強力な経済力の1つとなり、南アメリカの多くの他のもののモデルとなった。
6. 独立したコンサルタント。この型のアドバイザーはIPMの専門技術を提供するが、エーカー当たりの料金を要求する。その中には、有害生物管理戦略の計画、有害生物の監視とモニタリング、有害生物管理意思決定と勧告、そして1年間の計画と報告を整理するようなIPMにかかわる事務仕事の助力をする。独立したコンサルタントは通常、実際の有害生物管理作業を行なわず、農薬を売ることもない。独立したコンサルタントは全作業請け負会社にいるPCAよりも関心の不一致が少ないと考えられる。彼等のIPM実施における重要性は増加しつつあり、将来においてIPMが実施される主な方法となることができるであろう。
7. 公共機関。さまざまな公共機関がIPMプログラムを支える情報を典型的に開発する。そのプログラムの最初の開発と展示は、しばしばこの機関によってなされる。しかし、この機関はひとたびそれが商業的に成功するならば、日々のIPMプログラムを行なうことは稀である。コンサルタント、PCAと農業者は、それが満足に働くことが示されると、そのプログラムを実施する。IPMにかかわる公共機関は次の通りである。
    7.1. 農業大学。研究部門とその試験場ネットワークは通常IPMプログラムの実施のための基本的研究の源である。
    7.2. 協同的普及所。アメリカ合衆国農業普及所は、地方大学システムと一緒になった一部分である。ある他の国々では、普及所の機能は農業省または州農業局の下にある。普及所の職員と専門家は、応用研究、新しい技術の試験、そしてIPM従事者への研究結果の移転を行なう。
    7.3. 連邦農務省。U.S.Department of Agriculture（USDA）［アメリカ合衆国農務省］は独立した研究部門であるAgricultural Research Service（ARS）［農業研究局］を持つ。そしていくつかの他の機関を通して協力する州立大学の間の調整機能を果たし、有害生物と生物の侵入を予防する検疫機能に関する規制を設定する。
    7.4. 州の農業局。これらの局は、地方的農業システムに適切なIPMを含む農業慣行を推進する。それらは地域的に採用されるIPM慣行を開発することを助けるが、農場レベルの日々の実際的なIPMについては通常かかわらない。

IPM情報の源

次の節はどこでIPMについての情報が得られるかを概説する。

1. 印刷された資料。すべての有害生物分野は、それぞれの有害生物とその管理を含む教科書を持っている（この本の最後の一般的IPM文献参照）。これらの本の性質は、管理の総合を強調するものでも指導するものでもなく、特定の有害生物カテゴリーの防除を強調し、通常、他の有害生物分野へのインパクトのためのいかなる配慮もない。また、大学と政府機関によって準備された多くの地域的出版物がある。これらはその地域の有害生物管理の特殊性をカバーするが、典型的に有害生物分野によって区分けされている。有害生物管理用品に関与する産業は、それらの生産物を説明する商業用小冊子を提供するが、これらが技術の総合を含む

アメリカ合衆国における職業的学会

有害生物のタイプ	職業的学会	頭字語
病原体	American Phytopathological Society	APS
雑草	Weed Science Society of America	WSSA
線虫	Society of Nematologists	SON
節足動物	Entomological Society of America	ESA
脊椎動物	The Wildlife Society	TWS

ことは稀である。それらは通常有害生物防除への単一の技術的手法を賞賛する。

2. 職業的組織。
   2.1. 有害生物分野別専門組織。各有害生物分野は国際的レベル、国内的レベル（添付した表参照）、地域的レベル（例えばカリフォルニア州雑草科学会）の専門的協議会を持つ。これらはそれらが関連する分野のための情報と研究を提供するが、分野の境界を横切るようなIPMについては申し訳程度の情報しか提供しない。
   2.2. 総合的有害生物管理を代表する組織。Consortium for Integrated Crop ProtectionとInternational Plant Protection CongressがIPMについての情報を提供する世界的レベルの組織である。それらは、最初は昆虫管理を指向していたけれども、今ではすべての植物保護分野に焦点を合わせるように拡張されつつある。Food and Agricultural Organization（FAO）［国連食糧農業機関］もまた、特に開発途上国のために、IPMについての情報と専門知識を提供する。アメリカ合衆国は全国的なIPMプログラムを持ち、それは有害生物管理における各分野の間の相互作用を奨励するが、管理従事者へ直接的に定期的情報を提供することはない。
3. 公的会合。IPM情報は、関心のある人々に対して定期的に私企業と政府機関（例えばアメリカ合衆国の協同普及所）の両方によって組織される会合において示される。
4. 圃場参観日と展示。多くの公共的研究所は圃場参観日と有害生物管理慣行の展示を行なう。大部分の場所では、これらはある分野向けで総合についての情報はほとんど含まれない。
5. マスメデイア。雑誌とテレビジョンが農薬を市場に出すために用いられる。
6. 電子的情報。マイクロコンピューターが得られることによって、有害生物管理情報が蓄積され、訂正され、配られ、利用される方法へのいくつかの改善を提供した。インターネットは有害生物管理情報を広げる可能性をもたらした。

6.1. 診断。有害生物の写真、症状そして診断における助けとなるために、単純な手引きがCD-ROMフォーマットまたは多くの作物と有害生物のためのウェブサイトから直接に手に入る。その質はさまざまで、大部分は防除の総合についての多くの情報を提供しない。ラップトップコンピューターによって、圃場において写真にアクセスする能力は増大しつつあり、有害生物の同定の助けとなる。

6.2. モデルと予測。安価で強力なコンピューターの開発と、小さく安価な環境センサーの開発が、1980年代の初めからモデル化の一般的分野における活動に大きく貢献してきた。研究レベルでは大きい努力が残っている。しかし、いくつかのモデルにもとづくシステムが、特に作物の生物季節学と病気の予測のために商業的に用いられつつある。

6.2.1. 作物発育モデル。多くの作物の発育モデルが開発されてきた。例えばアルファルファ（ALFSIM）、ダイズ（SOYGRO）、コムギ（CERES-WHEAT）、イネ（INTERCOMP）、そしてワタ（GOSSYM）がある。これらのモデルは作物損失予測の基礎とエキスパートシステムにおいて用いられる（6.2.4.参照）。作物発育モデルは主として研究レベルで用いられる。INTERCOMPもまた作物と雑草の間の競争をシミュレートする能力を持つ。

6.2.2. 出来事の予測。リアルタイムの気象データにもとづくモデルは、有害生物の生活環における生物季節学的出来事を予測するために用いられる。IPMにおいて用いられるある効果的なモデルは、コドリンガといくつかのハマキムシの種を含む果樹作物昆虫のために開発されてきた。効果的な病気の予測法、あるいは病気の警報システムが開発されてきた。そして、その例にはジャガイモ疫病の予測法（BLITECAST）、タマネギべと病の予測法（DOWNCAST）、ブドウべと病の予測法（PLASMO）、Apple Scab Predictor［リンゴ黒星病の予測法］と呼ばれる病害警報システムを含む。

6.2.3. 除草剤意思決定支援。このモデルは、除草剤使用の意思決定を改善するために、雑草の密度、除草剤の選択性、その費用にもとづいて作物収量損失を予測することに関係している。1つの例はHERBとして知られるモデルである。

6.2.4. エキスパートシステム。これらの大きいモデルは、作物発育のモデル化のすべての局面を、栽培管理、有害生物管理、そして経済性のすべての局面とともに組みこもうと試みている。現在の実例はワタのためのCALEX Cotton、GOSSYM/COMAX、TEX-CIMなどを含む。それらは、ある経験を持った作物コンサルタントの意思決定過程を模倣することを試みているので、エキスパートシステムと呼ばれる。IPMにおけるエキスパートシステムの使用は、現在2、3の効果的な例に限られている。

6.3. インターネット。電子的情報伝達手段の有用性と使用は1990年代に急速に増大し、有害生物管理における使用は増加するものと期待される。インターネットはIPMの多くの局面に対して適切な情報へのアクセスを提供する（ボックスとAnonymous, 2000参照）。移動できるインターネット接続が用いられやすくなってきたので、圃場レベルでのインターネット経由の情報へのアクセスが恒常化されつつある。インターネットを通じてIPM情報が普及することを監視し制御するものがないので、インターネットにもとづく情報は常に評価されるべきであることを強調しなければならない。ウェブサイトに示された、いわゆる事実は評価されなかったかもしれないということを、使用者は認識すべきである。それ故、情報の源を確かめ、異なるサイトを比較することが不正確な情報を避ける用心深い方法である。

IPMプログラムの採用

アメリカ合衆国連邦政府が最近述べている目標は、2000年まで作付け面積の75%がIPMの下にあるということである。全員一致して受け入れられた定義（この章の初めと第1章参照）なしには、IPMが採用された程度を決定するうえでかなりの困難がある。IPMがいかに定義されているかによって、75%の目標が達成されたか、されないかを主張することができる。手に入るデータの量が少ないという観点から、またプログラムの遂行の客観的測定がないところから、IPMの採用の実際の程度は不明瞭である。

この本のために採用されたIPMの定義にもとづけば、真の総合的有害生物管理は、なおも比較的少ない。IPM文献の世界的な総説によれば、地球的レベルでIPMの採用はほとんどないと示唆される（Kogan and Bajwa, 1999)。レベルⅡのIPMはおそらく作物の約5%で用いられた。イリノイ州における農業者の調査（Czapar *et al.*, 1995）はIPMがあまり使用されていないことを示している。IPMの情報を確立するために取り組まれてきた努力を考えると、IPMの低い採用は1つの懸念であるように思われるかもしれない。もし、IPMが連続体であるならば、ある要素は他のものより広く採用されてきた。確かに多くの農業生態系における有害生物管理は、1960年代以来劇的に変わってきた。そしてIPMのフィロソフィーはこれに関して主な貢献をしてきた。IPMはおそらく進行しつつある仕事として考えられるべきである。そして、IPMの採用は、多くの商品の価格と社会的態度を含む予測できない要因によって不確定であるために、その採用はいかなるときでも比較的短い時間にかなり変化するであろう。

我々の主な作物のほとんどすべてにおいてIPMと名のついたプログラムが開発されてきたときに、なぜそれほど

インターネット上で得られるIPMデータ

1. 有害生物の同定
2. 有害生物の生物学と生態学
3. 圃場記録
4. 農薬ラベル情報
5. 予測モデル
6. 生物季節学モデル
7. 気象データ（歴史と現在）
8. 防除勧告

採用が遅いのであろうか？　IPMプログラムが開発された作物には、コムギ、イネ、ワタ、トウモロコシ、ダイズ、ソルガム、ササゲ、キャッサバ、ジャガイモ、アルファルファ、ペパーミント、多くの野菜作物、観賞作物、カンキツ類、アーモンド、リンゴ、ナシ、そして多くの他のより小さい作物を含む（Anonymous, 2000参照）。IPMプログラムの比較的低い採用についての調査の中で、農業者と有害生物防除従事者によって与えられた理由には次のものを含む。

1. IPMの採用は、個体群モニタリングと農薬への代替えの戦術の開発の費用のために、価格の低い作物では困難である。
2. IPMプログラムは慣行的有害生物管理よりもリスクが大きいと栽培者が思っている。採用されるためには、農業者にとってIPMプログラムによる経済的損失のリスクが低下しなければならない。
3. 多くの農業者は、大部分のIPMプログラムが現在まで節足動物管理に焦点を合わせてきたことに注目している。農業者は雑草管理を考えないIPMプログラムを用いることはできないことを強調する。というのは、ある慣行においては昆虫管理が長期的雑草管理と相反することを示唆するからである。1つ実例は、天敵の代替寄主として雑草になる可能性のある草を用いるという天敵増強のための生息場所管理の勧告である。IPMプログラムは、もしプログラムが広く採用されるべきであるならば、すべての主要な有害生物カテゴリーの総合的管理を述べなければならない。
4. IPMの採用は、しばしば個体群評価と記録の保持の必要が増すために、慣行的な農薬にもとづいた管理よりもより費用がかかる。はっきりした経済的有利性なしにはIPMは採用されないようである。明らかにこのことについて、社会的基準と感覚がIPMの採用のうえで役割をはたす。もし、農業者でない一般消費者が、おそらく政府の補助プログラムによって、IPMの追加的費用を支払うならば、IPMの採用は増えるであろう。IPMが採用された作物は、そのような補助を必要としない経済的有利性を提供する。
5. あるIPMは地域的に採用されるときにのみ効果的なものとなる。このことは広域的プログラムとして知られてきた。大部分の現在のIPMプログラムは農場レベルでの実施のために開発されてきた。しかしながら、ある有害生物 ── ウイルス、リンゴとナシのコドリンガ、アルファルファとワタのカスミカメムシ、ワタの上の*Helicoverpa* spp.［タバコガ類］とあるアブラムシのように移動性のある有害生物 ── の防除は地域的レベルでの管理を必要とする。IPMは地域的レベルで実施するのが困難である。なぜならば、社会の異なる部分の協同を必要とするからである。

Kogan and Bajwa（1999）は、なぜ慣行的な農薬にもとづく管理がIPMよりも採用されるかの理由について評価した。彼等の結果は**表18-3**にいくらか修正されて再録されている。

表18-3　農薬技術とIPMの対照的な姿。前者の速やかな採用と後者の遅い採用の可能な理由について示す

農薬	**IPM**
取得から施用への簡潔な技術。	多くの要素を持った散漫な技術。
容易に通例の農作業に組みこまれる。	時々現在の農業作業と調和させることが困難。
私的部門によって推進される。	公共的部門において推進される。
強い経済的関心。研究と開発のための大きい予算。	経済的動機はない。研究と開発への予算は限られる。
職業的に開発された宣伝キャンペーンによって支えられた積極的セールス。	教育者として、セールスマンとしてではなく訓練された政府と普及組織によって推進される。
マスメディアの巧みな使用。	マスメディアの使用、または雇われたメディア職員の支援が限られる。
採用のために提供された動機への能力（無料のアドバイス、体裁のいい印刷物、ボーナス、小さいギフト）。	物質的動機づけはない。限られたまたは不十分なスタッフによって提供された技術的支援。
処理の結果は直ちに明らか。	利益はしばしば短期的に明らかでなく、表すことが困難（生物的防除参照）。
その結果農業技術は速やかに採用された。	**その結果IPMの採用は遅かった。**

要約

IPMの採用は論理的であるように思われ、そして実際上、どんな管理者もある作業のための生態学的基礎を破壊するか、あるいは彼等の生計のための基礎的な資源を減らすことは望まない。2、3の無節操な企業家はいるけれども、大部分の農業者は彼等の農地の管理に関連した責任を認知している。彼等は農作業の中で調和的に適合する作業に有益なようなIPM手法を用いようと試みるであろう。経験は、IPMの採用が栽培者の経済的関心に合致するときに行なわれるということを示している。しかしながら、成功した生産者は、彼等の予算分析の中で、農場の出入口での費用と利益だけでなく、環境への長期的な費用と利益を彼らの経営分析の要因として必要とすることがますます明らかになってきた。

消費者は、農薬使用を減らすという願いだけでなく、農産物の品質、量そして価格のための市場の需要を通じても、IPMの採用における彼等の重要な役割があることを認識しなければならない。1つの例として遺伝的操作作物に対しての欧州連合における消費者の態度は、そこでの農業生産慣行による結果であった。消費者の態度と品質への要求は、売買の注文と商品取引の詳細を通じて、農業者に明らかになる。消費者は、農産物における外観被害と小さい傷への許容度を決定し、これらの要求は農業者に伝えられる。アメリカ合衆国と外国における有機農法の成功は、ある消費者が人間の健康と環境に対してより安全であると認められる農産物のために喜んでプレミアムを払うことを示してきた。

資料と推薦文献

Anonymous. 2000. Electronic list of outstanding IMP resources, http://www.ippc.orst.edu/cicp/outstanding-resources/index.html

Czapar, G. F., M. P. Curry, and M. E. Gray. 1995. Survey of integrated pest management practices in central Illinois. *J. Prod. Agric.* 8:483–486.

Hoy, M. A. 1994. Parasitoids and predators in management of arthropod pests. In R. L. Metcalf and W. H. Luckmann, eds., *Introduction to insect pest management.* New York: Wiley, 129–198.

Hoy, M. A., and D. C. Herzog. 1985. *Biological control in agricultural IPM systems.* Orlando, Fla: Academic Press, xv, 589.

Kogan, M. 1998. Integrated pest management: Historical perspectives and contemporary developments. *Annu. Rev. Entomol.* 43:243–277.

Kogan, M., and W. I. Bajwa. 1999. Integrated pest management: A global reality? *An. Soc. Entomol. Brasil* 28:1–25.

Leslie, A. R., and G. W. Cuperus. 1993. *Successful implementation of integrated pest management for agricultural crops.* Boca Raton, Fla: Lewis Publishers, 193.

Morse, S., and W. Buhler. 1997. *Integrated pest management: Ideals and realities in developing countries.* Boulder, Colo.: Lynne Rienner Publishers, ix, 171.

第19章
IPM戦術に対する社会的、環境的限界

過去30年間の技術の変化の急速なペースは、有害生物管理戦術と戦略を改善するための新しく刺激的な好機をもたらしてきた。しかしながら新しい技術の適用の、人間と環境に対する長期的安全性を評価するペースは、これらの技術を配備することの望ましさが不確かであることを示している。それに加えて、異なる社会の要求と態度は年を越えて変化し、これらの懸念はいかに革新的有害生物管理戦術が用いられるかを束縛する。これらは、IPMがある限界の中で働かなければならず、実施されなければならないことを示している。この章では、特定のIPM戦術の採用に関して起こるいくつかの問題についてその概略を考察する。

社会的束縛と一般市民の態度

一般市民の理解と期待は、しばしば、用いられる戦術と、それらがあるIPMプログラムの中で採用される速度と程度に影響する。IPMに影響する公共的政策、連邦と州または地方の両方は、一般市民の期待と理解の圧力の下で発展するであろう。そのような政策は、科学よりも、衝動または限られた情報によって不適当に影響されるというリスクがあり、それ故、IPMの前進に対しておそらく有害である（**図19-1**）。

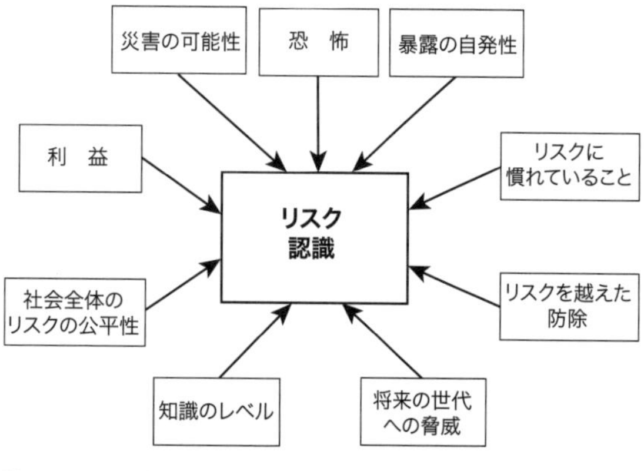

図19-1　一般市民のリスクの認識に影響する要因。
資料：Peterson and Higley, 1993.を改変

科学における新しいアイデアがいかに受け入れられるかについての歴史的展望は、科学的発見とその適用の速さと方向が、いかに社会の意見によって影響されるかを明らかにする助けになるであろう。19世紀の中頃まで、病気は神の為せるわざであり、そして病気に伴う菌類と細菌は病気の原因ではなくて結果である、ということを宗教的信念が指示していた。そのような教義は病気の原因を理解することを遅らせた。同様に生物は自然発生的な世代によって生みだされるという概念が、科学者に誤った判断をさせてきた。例えばハエのウジは汚物から出るという概念は、昆虫の生活環に関して何世紀も生物学者を誤って導いていた。

農業生産への関与

農耕地社会においては、人々の大部分は直接的に食物生産にかかわっており、大部分の人々は、彼等の有害生物、特に雑草を防除する能力によって頼りになる食物供給が決定され、また病原体と昆虫からの不可避的な損失を許すために、どの程度余分の作物を育てなければならないかを悟っている。

工業化された国々、例えばアメリカ合衆国では、人口の小さい部分、約2%のみが直接的に農業生産にかかわっている（**図1-1**参照）。したがって、これらの社会の大部分の人々にとって、頼りになる食物供給の維持に対する有害生物管理の重要性は過小評価されやすい。大部分の人々が農業に関与していないために、工業化された国々の一般市民は次のことの重要性をほとんど認識していない。

1. 有害生物によってもたらされる作物の損失（第1章と

2 章参照)。

2. 食物生産の費用。
3. 生産される食物の質と量を維持するうえで、IPM プログラムの中ではたす農薬の役割。
4. 有害生物を管理することの複雑さ。特に、詳しい情報が要求されるために真の IPM を実施することのおびただしい困難性。

工業化された国々における非農業人口は、農場に存在する実態から大きく異なる認識を持っているようである。この非農業的一般市民 ── アメリカ合衆国では人口の 98% ── は公共的政策に影響を及ぼすことができる。IPM の科学的基礎について一般市民を教育することは、誤った方向の公共的政策をもたらすような誤った認識を避けるために基本的なことである。IPM の実施に関連した 4 つの点に加えて、次のことは作物有害生物問題を悪化させる社会の問題である。

有害生物の侵入

多くの人々は非在来生物の導入がきわめて重大な問題であると考えない(例えば第 10 章参照)。一般市民は外来種の概念と、それらの導入の結果について気づく必要がある(例えばハワイへの *Miconia*、ロングアイランド地域へのジャガイモシストセンチュウ)。おそらく社会にとってより重大な問題は、有害生物が隠れることのできる植物材料と土の意図的な密輸である。密輸活動は、不適当に扱われた農産物の大規模で違法な輸送から、スーツケースの中(「スーツケース伝播」とあだ名がつけられた)に運ばれた種子または植物材料までの幅がある。農産物の非合法的輸送と、ウイルスかネアブラムシを持つブドウ品種の挿し木のような、申告されない種子と植物部分の輸入は農業生産に重大な問題を作りだす可能性を持っている。

世界旅行は前世紀から増加してきた。現代の世界的観光旅行社会の中で、有害生物の意図的あるいは意図しない移動は増加してきた(**図 10–2** 参照)。人々は地域と国々の間の土または植物の中の生物、そして動物の運搬に関する法律(第 10 章参照)に届しないかもしれない。そのような生物の導入は、認可された植物衛生プログラムまたは確立された検疫施設があってもこれを通過して起こるに違いない。ある外来有害生物の導入をもたらす合法的あるいは非合法的輸入は規制当局のために莫大な問題を作りだす。それらが発生するようになると、大きい都市地域を処理することがしばしば必要となる。そのような大規模な根絶努力は、規制にあたる職員が一般市民の利益のために行なったにもかかわらず、しばしば一般市民からの厳しい反対に直面する。

外観基準

工業化された国々の大部分の消費者は、傷のない農産物と有害生物(特に昆虫または昆虫の部分)のない農産物を期待する。この期待は、大部分の生鮮市場作物でいかに IPM が実施されるかについて主な限界をもたらす。

有害生物または有害生物の被害が収量それ自体を減らさないとき、しかし作物の価値を減らすとき、外観被害といわれる(**図 8–9** 参照)。1 つのオレンジの外側の少々の傷跡、あるいはレタスの結球の上のわずかなアブラムシは、その農産物の収量または食物としての価値を変えるものではない。外観基準は、作物が収穫に近づいたときに、新鮮な農産物の上に大量の殺虫剤と殺菌剤を用いることを必要とする。その基準はアメリカ合衆国ではアメリカ合衆国農務省によって設定され、欠陥活動レベル(または DAL)といわれる。スーパーマーケットのバイヤー、農産物包装者、そして輸送者が DAL を強制する。大部分の場合、外観基準に合致する唯一の道は農薬の使用によるものである。

なぜ外観基準が存在するのか? 富んだ社会では消費者の期待がその理由である。そのような社会の消費者は、どう見えるかによって最もよい果物と野菜を選ぶ。被害を受け傷のついた、あるいは昆虫で汚染された農産物を喜んで選ぶ人々はほとんどいない。農産物の中の 2、3 の昆虫の一部分を「汚物」として描くことは、この状況の助けにならない。もし生産者または生産管理者が、農産物をきれいに、そして傷がないように保たなければ、それらはおそらく売ることができないだろう。最もよい場合でも、被害を受けた農産物は加工用にまわされ、はるかに低い経済的収益しか得られない。

もし消費者が農産物の上の傷と昆虫と病原体による汚染の低いレベルをもう少し喜んで受け入れるならば、高い外観基準を達成するために必要な農薬使用はおそらく減らされるであろう。社会は IPM 従事者に対して、農薬の使用は減らすが農産物に外観的に完全であることを保つべきである、という不可能な難問を提出してきた。この難題への容易な科学的解決はない。

好み、食物の品質とIPMにおける農薬の使用

農薬は多くのIPMプログラムにおいて1つの重要な戦術であるが、IPMにおける農薬の使用に関連した妥当な懸念がある。

リスクの認識

人間はリスクの大きさを正確に評価する能力が限られている。1つの例として、人々は、彼等が自動車で冒険に向かうことの容易さに比べて、商業的飛行機に乗る前に、より神経質になることを考えてみよう。この2つの移動の形のどちらが個人的傷害のより大きいリスクを持つであろうか？　平均的にみて、個人的自動車による旅行が、商業的飛行機による旅よりもより安全でないことは明らかである。リスクの認知は、農薬と彼等の食物の中の農薬残留の可能性にいかに人々が反応するかについて主な役割を果たす。リスクの評価において関与する要因は**図19-1**に示される。リスクを実際に評価する無能力が、そのリスクの怖れを増大するであろう。

リスクへの恐怖と認知　恐怖は多くの理由から起こる。その中には熟知していないこと、理解の欠如、情報の誤った解釈または不信、そしてすでに知られたリスクとの比較がある。農薬の化学的性質と生態学的毒物学の理解の欠如は、リスクの認知と、そしてそれ故に食物の中の農薬の残留の恐怖を拡大する。この知識の欠如のために、大部分の人々にとって、農薬残留に関連したリスクの正確な推定をすることは困難である。

将来の世代への脅威　将来の世代への脅威は、リスクが長い期間にわたって考えられるときに認められる。環境の中での残留の寿命、食物連鎖の中での毒素の隠退、農薬への慢性的な暴露によってもたらされる認識されない遺伝的被害のような農薬の影響の可能性が長期的に懸念される。

利益　工業化された国々の一般的消費者は、農薬が食物の安い価格に貢献しているという利益をあまり認識していないであろう。一般的な誤った認識は、農薬から利益を得るのは化学的産業と、おそらく農業者という社会の一部でしかないということである。

災害の可能性　リスクが差し迫った主な災害であることを意味するという恐怖は、しばしば農薬の不信用へと導かれる。リスクの認知にもとづいて、ある人々は反農薬的態度を採用してきた。有機農法は農薬が施用されなかった商品を買うことをより好む消費者の要求に合致して、ますますポピュラーになりつつある。

農薬と一般市民の健康

農薬は毒物であり、適切な安全使用法にしたがって用いられるべきである。農薬の取り扱いにおける不注意は、ひどい傷害あるいは死をまねくであろう。工業化した国における農薬の使用に関する法律の制定と施行によって、これらの国々では農薬が原因である死亡は相対的にほとんどない。単一の薬量からの激しい毒性は、大部分の一般市民にとって問題ではない。なぜならば、彼等は通常濃厚液に曝されることがないからである。しかし、農薬施用に関係するものは濃厚な農薬に曝されることがある。そして、一般的圃場作業にかかわるものは高いレベルの農薬残留に曝される可能性がある。法律は、それにしたがえば（第11章参照）作業者が農薬の被害的レベルに曝されないように指定されてきた。1975年から1986年の間、カリフォルニア州では11の職業上の死亡が農薬に関係していた（Wilkinson, 1990参照）。逆に同じ期間に130人の農業労働者がトラクター事故によって死んだ。そして1000人以上の人々が作業に関係したトラックと自動車の事故で死んだ。

農薬に関係した健康障害について常に知ることが必要である。特に開発途上国では、World Health Organization［世界保健機関］は開発途上国における農薬による毒殺と死の多くの件数を報告している。それは主に農業労働者である。このことは、関係する危険性についての教育と訓練の欠陥、適切な防護装備の不足、そして規則または規制にしたがうことの不足によるものである。農薬が、それをいかに正しく使うかを知らず、あるいはそれを安全に施用するのに必要な装備を持たない人々に売られるときに問題が起こり、それに関与した人員に傷害をもたらす。地方政府は、それらの農業作業者と消費者の健康を守る農薬規制を採用してきたけれども、多くの場合その強制または監督はなかった。

食物の安全性

農薬は有毒な化合物である（第11章参照）。そしてその使用にはリスクが伴う。正しく用いられた農業用農薬の痕跡への慢性的で長期間の暴露は1つの懸念である。しかし、そのような暴露からのリスクは一般的に低いと考えられる。最近のアメリカ合衆国の規制は、長期間の慢性的、集団的

暴露への考慮を含むように、多くの農薬の登録が再評価されることを命令している（第11章のFQPA参照）。そのような長期間のリスクの科学的評価はきわめて難しい。

食物と農業科学に関する14の学会を代表するInstitute of Food Technologists（IFT）[食糧技術者研究所] は、1989年に次の結論に達した。それは1996 Food Quality Protection Act [1996年食品品質保護法] によってひき起こされる警告を受ける。

- 食物供給が安全でないという認識は科学的データによって支持されない。アメリカの食物は世界中で最も安全なものの中に入る。
- 学会がリスクの概念をより効果的に一般市民に伝える必要がある。
- 食物の安全に対して割り当てられる現在の資源の配分が現実のリスクと釣り合わない。しかし一般市民によって認識されるリスクよりは大きい。

資料：食糧技術者研究所（1989）

IFTは食物中の農薬の残留からのリスクは、食糧供給と栄養のいくつかの他のリスクより何桁も低いということを結論した。次の食糧供給問題は重要さの順に並べられたものである。

1. 食物による病気（例えば、サルモネラ菌と他の腸の病原体）。
2. 栄養失調（食物供給が不十分か、バランスのとれた食物を食べないことのいずれか）。
3. 環境的汚染（自然と人間が作ったもので農薬を含まないもの）。
4. 自然に発生する毒物（例えば、キノコ毒と多くのピーナッツのアフラトキシンのような食物の中の多くのマイコトキシン [カビ毒]）。
5. 農薬、食品添加物、その他の農業化学物質。

農薬の毒性と潜在的危険は無視されるべきでないが、農薬残留の危険性は、食物に関連した他の危険性との相対的比重の中に置かれるべきである。

主な一般市民の懸念は、食物の中の農薬の残留がガンをひき起こすという可能性にまつわるものである。ガンは単一の病気ではなく、すべてのガンの単一の原因はない。あるガンの集団的発生と他の病気は農薬の使用によるものとされてきた。そのような地域的な健康問題の真の原因を確定することは難しい。なぜならば、多くの要因が関与するからである。カリフォルニア大学バークレー校のBruce AmesはL.S.Goldとの一連の論文の中で、農薬がガンをもたらす能力（発ガン性）について述べた（Ames *et al.*, 1990a、b、Gold *et al.*, 1992、Ames and Gold, 1993）。彼等の結論は「これまでに認められてきた、ガンについての予防できるリスク要因は、タバコ、食物の不均衡、ホルモン、感染そして職業上の環境……である。」この見解の中で農薬は、それがIPMプログラムの下で適切に使われたとき、主要な一般市民へのガンの原因となる危険性はない。

農薬の使用に代わるべき有害生物管理

IPMは有害生物個体群制御に対する生態学的に健全で経済的に可能な手法を推進することを求めて努力している。現代の農業生産の性質によれば、農薬の速やかで治療的な力が有害生物防除のために必要な場合がある。この事実は雑草防除や多くの節足動物、線虫、病原体の感染のためにしばしば真である。

関心の不一致

農薬の使用を勧める人が、農薬を売るのと同じ人であるときに起こりうる関心の不一致がある。農薬産業はそのような関心の不一致は自制できるものと主張する。すなわち、何もいらないときに農薬の使用を勧めるある人は、競争圧によって長い間その商売に止まることはないという。関心の不一致の可能性は、将来有害生物防除技術の商売から有害生物防除の助言を切り離すことを必要とするであろう。

環境的問題

環境の質または機能についての懸念は、IPMプログラムに採用される有害生物防除戦術の利用に、いくつかの道でインパクトを与える。それはここで概説されるが、優先順に並べたものではない。

土壌の侵食

雑草管理戦術として最も広く使われる耕起は、土壌の侵食を悪化させるという環境的欠点を持っている（第15章参照)。耕耘を減らすことは、土壌の侵食をはるかに低いレベルにすることが証明されてきた。特に強い雨の後での土壌の損失は1000倍も減る。しかしながら、耕耘の減少は雑草管理のための除草剤へのより大きい依存をもたらす。

大気汚染

ホコリの害

乾いた気象の中での土壌の耕起は、風による侵食と大気中のホコリへ導く。都市社会はそうしたホコリを許容しないように考えられる。10μm 以下の粒子状物質の放出を制御するいわゆる PM_{10} 基準のための規制が発展しつつある。PM_{10} 粒子状物質を減らすための規制の実施は、雑草管理のための耕耘の使用を変える可能性を持ち、また除草剤への依存を増やすことへ導く。

煙

多くの国々では、火が有害生物管理のために用いられてきた。作物の残滓を燃やすことは、草作物とイネのようないくつかの作物における病原体の越冬する感染源を減らす標準的な慣行であった。しかしながら、作物残滓を燃やすことは大気汚染を作りだす。多くの社会は今やそのような大気汚染を受け入れないものと見なされる。有害生物を管理するための代替技術を用いるという IPM システムが開発されたか開発されつつある。

揮発性の有機化合物

多くの農薬は揮発性の有機溶剤の中で製剤化される。農薬が施用されたあと、溶剤は蒸発し大気汚染をもたらす。揮発性の有機化合物（VOC）はそれから亜酸化窒素と結合しオゾンの生成をもたらす。VOC 汚染は、乾いた状態か、水の中で製剤化されるか、のいずれかの農薬では問題とならない。VOC についての懸念のために、いくつかの農薬は、そのような溶剤なしに製剤化し直されてきたか、直されつつある。この製剤化し直しは効力を傷つける。

漂流飛散

実際上、すべての農薬の散布施用は漂流飛散を起こしやすい（第 11 章参照）。農薬の使用は、もし近くの作物や生態系への漂流飛散の原因となることが許容できないならば制限される。この制限は施用装置のタイプや 1 年のうち施用ができない時期を特定するか、あるいは施用の禁止である。例えば、多くの農薬は漂流飛散の危険性のために飛行機による施用ができない。連邦の制限命令は農薬のラベル（第 11 章参照）に述べられる。アメリカ合衆国では地方的使用制限の実施は州によって変わる。

絶滅危惧種

ある IPM プログラムは標的でない稀な生物を傷つけるべきではない。アメリカ合衆国では、Endangered Species Act［絶滅危惧種法］が、ある種を絶滅危惧種と指定するために用いられる。それは、IPM を含むいかなる農業慣行も、そのような種を危険に陥れてはならないということを意味する。1 つの農場または地方的地域での絶滅危惧種の存在は、農薬使用の制限、生物的防除の配備の停止、そして耕耘の使用の減少さえも、有害生物管理戦術選択の制限を受ける。絶滅危惧種の保護は重要である。それ故、IPM プログラムは、その地域の絶滅危惧種へのいかなるインパクトもなしに有害生物問題を解決しなければならない。

食物連鎖への配慮

もし、ある化学物質または化学的化合物が動物によって代謝されにくく、また排泄されにくい場合、また、もしその化学物質が脂肪に蓄積されるならば、生物学的濃縮または生物濃縮が起こる可能性がある。生物濃縮は魚や猛禽類のような生物における農薬と重金属の濃度について起こる。

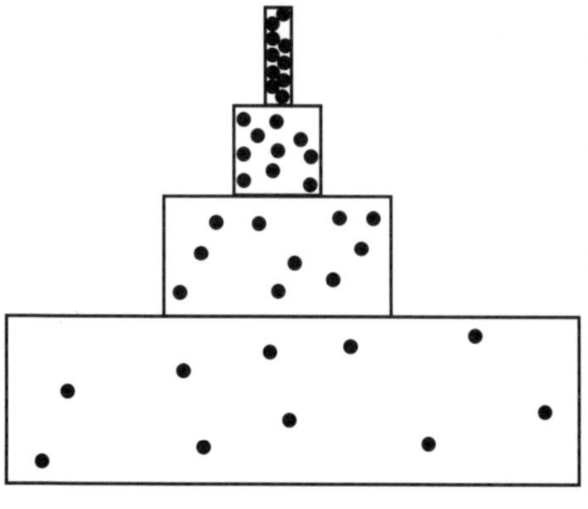

図 19-2　食物連鎖の中での残留農薬の生物濃縮の図示。各点は残留農薬を表し、各箱はより高い栄養段階における生物量の減少を表す。農薬が、それぞれのより高い栄養段階でより濃縮されるようになることを示すために、残留の点の数は各箱の中で同じである。

生物濃縮は**図 19-2** の中で図示されている。農薬は施用された後、植物中では比較的低い濃度で存在する。しかしながら、食植者がその植物を食ったとき、それは農薬のあるものを摂取する。しかし、その農薬は分解されず脂肪の中に蓄積するので、それは食植者の体の中に保持される。もちろん、食植者は単一の植物だけを食うのではない。しかし、農薬の低いレベルを含む植物を消費し続ける。そして、その食植者の一生を通じて農薬はゆっくりと蓄積し、それが続いてもともと植物の中に存在したよりも高い濃度に達する（**図 19-2** に示した）。

一次食肉者がその食植者を食うとき、同じ過程が繰り返され、その農薬は食肉者の脂肪の中でさらに高い濃度に達する。それぞれ、次々とより高い栄養段階になるにつれて、相対的な農薬濃度は増加し続ける。農薬のレベルはより高い順位の消費者の中で蓄積され、それが生理的問題または死亡さえもひき起こすであろう。

ある鳥の卵は、DDT の生物濃縮の生理学的結果の一部として弱くなり、鳥のヒナの死をもたらす。Rachel Carson［カーソン］は「Silent Spring」［沈黙の春］(1962) の中で、このことへの世界の注目をもたらした。大部分の現代の農薬は生物濃縮に導かれるような性質を持たない。2、3 のもの（例えば、殺げっ歯類剤の biodifacoum）は弱い蓄積の傾向を持つので、その使用は注意深くモニタリングされている。

DDT と大部分の塩素化炭化水素系殺虫剤は、環境中での残留性、脂肪への蓄積性の化学的特性を持ち、その結果食物連鎖の中での生物濃縮をもたらす。生物濃縮の重要性が認識されるにつれて、そのような化学物質は制限されるか禁止された。食物連鎖の中での生物濃縮の懸念は十分に大きいので、すべての新しい農薬が生物濃縮について試験される。

湿地帯

多くの地域は湿地保留地として除外されつつある。潜在的な農薬の湿地帯への表面流水または漂流飛散は大きい懸念である。湿地として名づけられる地域の近くでの農薬の使用は、汚染を避けるために制限されるであろう。

地下水汚染

農薬のおそらく最も大きい 1 つの危険な影響は、その地下水への意図しない汚染である。水の中での農薬の移動は、農薬が施用の場所から他の場所へ運ばれるための 1 つの最も重要なメカニズムである。そのような条件の下で、ある農薬は地下水の中へと動く。地下水は飲料水の 1 つの源であり、人間の消費にとって適切なものにするために、地下水の汚染を除去することは高価である。したがって農薬を地下水の外に保つことは高い優先度を持つ。

多くの地域では、井戸の中の水の農薬汚染を定期的にモニタリングすることを制定している。アメリカ合衆国のデータは U.S.Geological Survey［アメリカ地質調査所］から得られる。過去 20 年間に 43 の州で、農薬またはその副産物が地下水の中から検出されてきた。トリアジン系除草剤と acetanilide 除草剤（その例はアトラジン、シマジン、アラクロール、メトラクロールを含む）のように使用の多い農薬はしばしば検出される。汚染問題のために、サンプリングがより集中的に行なわれるような農薬も、またより頻繁に検出される。殺虫剤－殺線虫剤の aldicarb とその変換生成物と、燻蒸剤の DBCP と ethylen dibromide はその中に入る。143 以上の他の農薬に加えて、21 の変換生成物が限られた数の井戸で検出されてきた。

地下水の中の農薬の調査の大部分では、検出の 98% 以上は 1 リットル当たり 1 マイクログラム（1ppb）を越えなかった。飲料水のための U.S.EPA［アメリカ合衆国環境保護庁］によって設定された最大の汚染レベル（MCL）は、サンプリングされた場所の 0.1% 以下であった。健康への危険性の程度は限られていると考えられる。しかし、そのような汚染が発生した場所では、地下水中に多種類の農薬が存在するという正当な懸念がある。そして長期間の暴露は単独で存在するよりもより大きい危険性をもたらすに違いない。

地下水の汚染は次の状況において最も起こりやすい。

1. 地下水面が表面に近いような場所。
2. 容易に濾され、比較的ゆっくり分解し、何回も施用されるような農薬の場合。
3. 土壌断面を水が通り抜けるときに、農薬の移動と分解に影響する土壌断面の特性。例えば、深さ、有機物含量、組織、水力学的伝導度、透過率、不透水層、そして微生物活性。
4. 降水のような、主な表面流水の出来事。
5. 壊れた、あるいは貧弱な構造の井戸。
6. 適切な農薬施用に対する事故、不注意、無視。

地下水の農薬汚染を減らすためには、農薬の得られやすさ、または使用のパターンの認識と修正を必要とする。汚染が起こった場所では、農薬が地下水に到達する機会を減らすか除去するように変更が行なわれなければならない。農薬の地下水への動きやすさを最少にするために、最良の管理慣行（BMP）の基準が導入されてきた。ある地域（例えばオランダ）においては、残留性と濾過性の基準に合致しない農薬は、限られた条件の下で用いられるか、もはや使われない。例えば、カリフォルニア州のイネにおけるベンタゾン除草剤のすべての使用は地下水汚染のために取り消された。

遺伝子の放出の重要性

社会は慣行的な植物育種による抵抗性作物植物の開発について伝統的に懸念を示してこなかった。しかしながら、有害生物または農薬のどちらかに抵抗性のある作物を開発するために遺伝子工学を用いることは、ある懸念を生みだした。これらの懸念は世界のある場所で有害生物管理のための作物品種の採用に束縛をもたらした。

遺伝子工学は、伝統的な育種の方法では不可能なような方法で遺伝子が動くことを許す。遺伝子は、1つの種の中、異なる種の間、異なる属の間、そして異なる生物界の生物の間でさえも、遺伝子工学技術を用いて転移することができる。さらに、新しい形の遺伝子が設計され、それらの遺伝子によって生物が形質転換を起こす。以前には、これらの遺伝子を含まなかったような生物の遺伝的背景における遺伝子の広範な配備は新しい懸念を表す。数多くの理由から起こる懸念と、そのいくつかは次の点に存在する。

1. 遺伝子組み換えによる抵抗性に対して抵抗性のある有害生物の発達。標的有害生物の中に抵抗性の発達が起こる。遺伝子工学にもとづく戦術の広範な採用が、有害生物にきわめて高い選択圧を及ぼし、これに附随して抵抗性崩壊有害生物系統の進化の可能性をもたらす。この懸念に関連して、有害生物の中の基本的生理的過程を標的とする作用機作を持った、抵抗性メカニズムを開発することによって、選択がこのメカニズムを回避することがないようにする努力がなされている。
2. 遺伝子組み換え植物から野生植物への遺伝子流出。「超雑草」という用語は、遺伝子組み換え除草剤抵抗性を持つ作物植物から除草剤抵抗性を獲得したと思われる、標識のついた植物のために用いられてきた。そのような抵抗性遺伝子を持つことは、特定の除草剤からの選択圧の下でのみ雑草にとって有利である。もし、昆虫または病原体抵抗性が、偶然的にある作物から雑草に転移されたら、雑草への昆虫または病原体による既存の生物的防除を減らすことによって、その雑草の適合度は増加する。
3. 生態系阻害。生態学者は、食植者と病原体が多くの重要な生態系過程に関与しているものと考える。もし、抵抗性遺伝子が作物植物から逃げて他の植物種に移動したら、生態系の安定性は、構成する植物種の適合度を変えることによっておそらく影響を受けることであろう。生態系の姿における変化は微妙に起こり、主な影響は遅くなりすぎるまで検出されないであろう。
   - 3.1. 昆虫相の変化。もし、植物に Bt 内毒素を生産する能力を与えるような昆虫抵抗性遺伝子が野生植物に逃げると、一組の昆虫と昆虫を食う高次の生物のすべてが変わるに違いない。
   - 3.2. 病原体の変化。もし病原体への抵抗性を与える遺伝子が作物植物に挿入され、それらが野生植物に逃げたとすると、野生植物の病気に抵抗する能力を変える可能性があり、それは次に共同体の中の競争的相互関係を変える。

生物的防除資材の放飼の重要性

生態学者は、非在来生物をある生態系の中に放飼することの長期的影響に疑問を持っている。予期されない、望ましくない、生物間の相互作用が起こる可能性がある。病原体、捕食者あるいは捕食寄生者のような生物的防除資材の導入は、非標的生物の個体群動態に影響する可能性を持つ。この理由のために、いかなる生物的防除資材も、環境に放飼するのに先立って、望ましくない栄養的相互作用の可能性を評価するために広範な試験が行なわれる（第13章参照）。

生物的防除目的のために、非在来種の意図的な放飼によってひき起こされた問題の多くの実例がある。seedhead weevil は雑草のアザミの生物的防除として導入された。しかしそれは今、在来の雑草でないアザミにその幅を広げてきた。それらのあるものは、このゾウムシがそれらを攻撃し始める前でさえ、絶滅が危惧されたと考えられた。もう1つの実例はアメリカ合衆国東部でマイマイガの防除のために繰り返し放飼されたヤドリバエが、おそらくある在来の大きいガを排除したことである。第10章と13章で述べた他の例には、ハワイのrosy walfsnail［カタツムリの類］といくつかの地域のマングースが含まれる。これらの実例は、非在来種の放飼は重大な反動を持つ可能性があることを示している。

ある生物がある新しい環境の中に放飼されるに先立って、すべての可能な栄養的相互作用を、ある確かさをもって確定することが不可能であるために、生物的防除資材の予期せぬ相互作用が存在する可能性がある。ある導入生物が新しい環境に適合した後で、起こりうる寄主転換の可能性を予想することもまた不可能である。昆虫と病原体の放飼の意味は、その影響があまりに遅くまで観察されないので重要である。2000年のPlant Protection Act［植物防疫法］によって命令されたように、非在来種の放飼がいかに行なわれるべきかについての再評価によって、ある生物的防除プログラムにおけるそのような生物が排除されるであろう。

生物多様性へのインパクト

多くの人間の活動は生物学的多様性にインパクトを与える。生態系の生物学的多様性を保持することの利益については、しだいに気づかれてきている。しかしながら、農業における生物的保全の原理の適用は複雑であり、大部分の栽培システムのためになおも試験的である。次のことはIPMにおける昆虫保全の役割に関する論文の結論である（Kogan and Lattin, 1992）。その焦点は昆虫学であるけれども、ある概念と仮説は作物共同体のすべての構成要素に適用される。

最も行きあたりばったりの作物共同体の試験でさえ、その多くは外来種である2、3の種だけが関係する高度に単純化されたシステムは、作物それ自身、雑草、有害動物、と有用生物を含むことを明らかにしている。これは、農業生産システムの歴史的開発と農薬使用に大きい部分を置いた過去の慣行からの遺産である。IPMの概念と、より最近の持続的農業は、栽培システムの中により多様な動物相と植物相を推進するようなプログラムを強調するものへと変わってきた。これらのプログラムの成功は、生物学的、栽培的そして化学的防除戦術の混合と多くの作物／有害生物／天敵の相互作用の理解にもとづいている。生物的、耕種的防除は、時間的、空間的にある数の植物種と動物種を巧みに操作することに多くを依存している。防除のパラダイムの変化は、ただちに植物と動物の両方の生物的多様性を増やす結果となる。理論的には、種の数のみが目的であるならば、保全生物学と生物多様性の増大は、これまでもまた今も達成されつつある。真の種の保全に向かう将来の変化は、少なくとも、非在来種を減らし在来種を増やすことを必要とする。

大部分の作物植物は外来種であり、そしてこの事実は変わることがないように見える。同様に大部分の雑草と主な有害昆虫の多くもまた外来種である。少なくともある有用昆虫種もまた外来種である。全体として、アメリカ合衆国の栽培システムの中で外来捕食者より多い外来寄生者がいる。捕食者複合体はより多くの在来種によって成り立っているように思われる。もしこの一般性が真であるならば、地域に存在する栽培システムのいくつかの部分は、外来種を減らし在来種を増すものと思われる。捕食者複合体は、その大部分がおそらくIPM手法から保全にわたって利益があるように思われる機能的グループである。在来昆虫の保全を強めるような最大の機会は、捕食者の多様性と数を増やすことに労力を注ぎこむことである。多くの捕食者は在来と外来の被食者種を食うので、捕食者の持続的で十分な個体群は通常、同様に代替被食者種を維持することに関係し、さらに昆虫の多様性を増やす。

在来種の保全を推進するもう1つの選択肢は、生物的防除資材の使用によって外来の非作物植物を減らすことに関連する。しかしながら、雑草の生物防除は、そのシステム（すなわち、昆虫または病気の）に追加的な外来生物を導入するというジレンマを作りだし、それは、こうした資材が標的とした植物を攻撃するように変わるという付随的な危険を持つ。効果的な耕種的防除法はより望ましい活動であろう。人はまた多様な栽培システムの使用を試みるかもしれない。それは雑草が作物の競争者となるよりは、ある作物を雑草への競争者として試すに違いない。被覆作物を生産しているマルチはしだいに受け入れられつつある。もし、外来植物よりはむしろ価値のある在来植物が選ばれるなら、生物多様性の増大がもたらされるであろう。これらの努力は栽培システムの中とまわりの在来植物を多様化することへ立ち戻り、さらに生物的多様性を増大する。

ある実用的な局面は、在来植物がより広い栽培システムの中に組みこまれる程度を制限する。在来昆虫の多様性は、捕食者複合体の多様性と種の豊富さを高める努力の一部として、在来植物をより多く用いることによって増大する。種の広いスペクトラムを含む多様な捕食者動物相は、単一の有害生物種に対してしばしば選ばれた2、3の外来種だけに頼るよりもより効果的であるように思われる。しかしながら、多様性を増やすための戦術の使用は、あるIPMプログラムに採用する前に1つの生態系の見地から解析されなければならない。

要約

社会の活動は、あるIPMプログラムの実施に戦術を配備する方法の上に多くの束縛を置く。これらの束縛の多くは有害生物を管理するための改善された戦術を開発するように、有害生物管理の研究者と従事者を強制してきた。その他のものは、有害生物を防除する能力を厳しく制限し、2、3の場合、作物生産を変えるように強制してきた。

資料と推薦文献

次のトピックスとこれに関係する教科書は、さらに読むことが勧められる。リスクの概念（Richardson, 1988、Huber *et al.*, 1993、Peterson and Higley, 1993）、食物安全性（Baker and Wilkinson, 1990、Tweedy *et al.*, 1991、Pimentel and Lehman, 1993）、地下水の農薬汚染（Gustafson, 1993、Vighi and Funari, 1995、Barbash and Resek, 1996、Barbash *et al.*, 1999）。

Ames, B. N., and L. S. Gold. 1993. Environmental pollution and cancer: Some misconceptions. In K. R. Foster, D. E. Bernstein, and P. W. Huber, eds., *Phantom risk.* Cambridge, Mass.: The MIT Press, 153–181.
Ames, B. N., M. Profet, and L. S. Gold. 1990a. Dietary pesticides (99.99-percent all natural). *Proc. Nat. Acad. Sci. USA* 87:7777–7781.
Ames, B. N., M. Profet, and L. S. Gold. 1990b. Nature's chemicals and synthetic chemicals—Comparative toxicology 3. *Proc. Nat Acad. Sci. USA* 87:7782–7786.
Baker, S. R., and C. F. Wilkinson, eds. 1990. The effects of pesticides on human health: Proceedings of a workshop, May 9–11, 1988, Keystone, Colo. *Advances in modern environmental toxicology,* vol. 18. Princeton, N.J.: Princeton Scientific Pub. Co., xxi, 438.
Barbash, J. E., and E. A. Resek. 1996. *Pesticides in groundwater: Distribution, trends, and governing factors.* Chelsea, Mich.: Ann Arbor Press, xxvii, 588.
Barbash, J. E., G. P. Thelin, D. W. Kolpin, and R. J. Gilliom. 1999. *Distribution of major herbicides in groundwater of the United States.* Sacramento, Calif.: U.S. Geological Survey, 58.
Carson, R. 1962. *Silent spring.* New York: Fawcett Crest, 304.
Gold, L. S., T. H. Slone, B. R. Stern, N. B. Manley, and B. N. Ames. 1992. Rodent carcinogens; setting priorities. *Science* 258:261–265.
Gustafson, D. I. 1993. *Pesticides in drinking water.* New York: Van Nostrand Reinhold, xii, 241.
Huber, P. W., K. R. Foster, and D. E. Bernstein. 1993. *Phantom risk: Scientific inference and the law.* Cambridge, Mass.: MIT Press, x, 457.
Institute of Food Technologists. 1989. *Assessing the optimal system for ensuring food safety: A scientific consensus.* IFT office of scientific public affairs, IFT Toxicology and Safety Evaluation Division, released April 5, 1989. Chicago, Ill.: Institute of Food Technologists, 25.
Kogan, M., and J. D. Lattin. 1993. Insect conservation and pest management. *Biodiversity and Conservation* 2:242–257.
Peterson, R. K. D., and L. G. Higley. 1993. Communicating pesticide risks. *Amer. Entomol.* 39:206–211.
Pimentel, D., and H. Lehman, eds. 1993. *The pesticide question environment, economics, and ethics.* New York: Chapman and Hall, xiv, 441.
Richardson, M., ed. 1988. *Risk assessment of chemicals in the environment.* London, UK: Royal Society of Chemistry, xx, 579.

Tweedy, B. G., H. J. Dishburger, L. G. Ballantine, and J. McCarthy, eds. 1991. *Pesticide residues and food safety: A harvest of viewpoints,* ACS Symposium Series 446. Washington, D.C.: American Chemical Society, xv, 360.
Van den Bosch, R. 1978. *The pesticide conspiracy.* Los Angeles, Calif.: The University of California Press, xiv, 226.
Vighi, M., and E. Funari, eds. 1995. *Pesticide risk in groundwater.* Boca Raton, Fla.: Lewis Publishers, 275.
Wilkinson, C. F. 1990. Introduction and overview. In S. R. Baker and C. F. Wilkinson, eds., The effects of pesticides on human health: Proceedings of a workshop, May 9–11, 1988, Keystone, Colo. *Advances in modern environmental toxicology,* vol. 18. Princeton, N.J.: Princeton Scientific Pub. Co., 5–33.

第20章

将来のIPM

もしあなたが行こうとしている場所を知らないならば、
注意深くしなさい。なぜなら、あなたはそこに着かないかもしれないから。
未来は、これまでとは違うのです。

ヨギ・ベラ

序論

「総合的有害生物管理」という表現がはっきりと現れた1960年代の遅くから、この概念は詳しい吟味の下に置かれてきた。それは批判され、代わりの名前が提案され、限定語が付け加えられてきた。しかしIPMは20世紀の後半の間、農業科学の中で現れた最もたくましい概念の1つとして残されてきた。今では大部分の作物と大部分の世界の場所で、IPMの採用はぐずぐずしながらも一般的に合意され、1つの選択肢ではなくなっている。もし、農業生産が増大する人口の要求を持ちこたえようとするならば、それは避けることができない。IPMは進行中の仕事である。そして、いかなる特定の栽培システムにおいても、理想的なIPMはおそらく達成されてはいないけれども、多くのシステムの中でIPMに向かって素晴らしい歩みがなされてきた。

実際の生活において、管理者はある農業生産システムの枠組みの中で、有害生物管理のすべての局面を総合しなければならない。すべての生産システムの要素 ── 作物の選択、品種の選択、土壌の準備、植え付け前の有害生物管理戦術、そして収穫と貯蔵を通じて ── は緊密に結びついており、すべてが有害生物問題の性質とそのひどさにインパクトを与えている。将来の挑戦は、農業科学者が生産者と有害生物管理従事者とともに農業生態系の生産性を維持し、一方、同時に環境への可能な最低の付随的インパクトを達成し、全体として生産者と社会に最大可能な収益を目指して、有害生物の生物学と生態系の動態についての知識を絶えず増大し、それをどの程度使用することができるかである。

将来を見通すことは不確かさを孕んでいる。しかし、2、3のことは、ある信頼性を持って予測できるであろう。人間は彼等の基本的要求を満足させるために、食物と繊維を、また同様に、あるものはそれほど基本的ではないが、より裕福な社会の必要物として、栽培し続けるであろう。同じような確かさを持って他の生物 ── 有害生物は、それらの商品を人間と分かちあおうと企てるであろう。そして、人間と有害生物の間の競争、あるいはぶつかりあいは続き、人間は有害生物に対して彼等の最善をつくす必要がある。これは、将来いかになされるのだろうか？　すべての人間の努力と同じように、科学的ブレークスルーは予想できないから、それは予測することが難しい。物理学者のNiels Bohr［ボーア］がいったように、「予測することは難しい。特に将来については！」。それ故、次のアイデアは、すべての長期的予測に適用される警告とともに示される。すなわち、それらは悪くなりつつあるという確率が高い。

有害生物管理は、生態系を人間の利害にとって有利になるように変えることを意図している。IPMの目標は、他の生態系機能の上に最少のインパクトを持って、有害生物のインパクトを制御するために、必要とされる生態系過程への干渉の望ましいレベルを達成することである。将来において必要なことは、過去そうであったように、否定的なインパクトをあまりに大きくすることがわかった慣行を止めることである。殺虫剤DDTと殺線虫剤DBCPの大部分の使用の停止は、そのような意思決定の例である。

IPMにおける進歩をいかに測るか

アメリカ合衆国政府によって設定された目標は、IPM慣行の採用を2000年までに農業の75%がある程度のIPMの下にあるように推進するというものであった。この目標の問題は、一般的なIPMの定義（第1章と19章参照）と大部分の作物において、採用されたレベルのよく確立された基準線がないために、IPMの採用を測ることが困難であるということであった。

IPMの現代の定義の多様さと、真に「総合的な」有害生物管理の行なわれている程度についての疑問から、将来のために最初に考慮すべきことは、あまねく受け入れられる定義の開発であると考えられる。これが成し遂げられるまで、研究または実際的なレベルのいずれからも、IPMの採用を評価することは困難であろう。

前に述べたように、有害生物管理は予見できる将来のために必要であり、管理者は彼等の知識の範囲で、ある形のIPMを行なう必要があるであろう。鍵となる要因は、IPMが専門分野の境界線の中と、それらを横断してどの程度総合されるかである。すなわち、有害生物が個々に考えられるか、または農業生態系の中で多くの相互作用の一部として考えられるかである。IPMの採用の進歩はなされてきたし将来においてはさらに期待される。

可能な変化の方向

第10章から17章までは、IPMの基本的兵器庫を形成する防除戦術を紹介した。将来において有害生物管理が変わるべき多くの道がある。その変化の大部分は、現存する戦術の開発と改善において確かに起こるであろう。しかし、ある基本的開発は、改良された意思決定システムのために必要とされる情報の獲得、そのための組織、そしてその得られやすさに関連して起こるであろう。

有害生物の生物学と生態学

知識はIPMのための土台である。この宣言は明白であるように見えるけれども、まだ十分に認識されていない。有害生物の生物学と生態学を理解することにおけるひきつづきの改善が、より高いレベルのIPMの総合を許すために必要である。そのような理解は、しばしば応用からはるかにへだたった象牙の塔的基礎生物学、生態学におけるものであるが、応用的有害生物管理へのそのような情報の貢献は、いくらいってもいいすぎることはない。多数の有害生物の相互作用と、生物的防除資材の環境との相互作用を理解することは、管理戦略と、ますます複雑になる意思決定を改善することへ導くであろう。IPMに関連した生態系の多様性の役割とそのインパクトはしだいに明らかになり、それは地域レベルのIPMプログラムの改善へと導くであろう。このレベルでのIPMは重大な戦略的変化を必要とし、広域的IPMはそのような変化の一例である。

有害生物のモニタリングと意思決定

技術的発展は、1980年代に始まった節足動物のモニタリングと意思決定への手法を変えてきた。同定、純化、トラップの中の誘引剤としてのフェロモンとカイロモンの使用は、有害節足動物のモニタリングの正確さを増大させるうえで大きい利益となった。

もう1つの重要な発展は、1980年代の初期から急速に広がったコンピューターと地球的通信技術にもとづくものであった。コンピューターパワーの増大と、その大きさと重さの減少は、圃場での診断と、リアルタイムの意思決定のためのコンピューターの使用の拡大に貢献するに違いない。データ検索と記録、ランニングモデル、圃場でのエキスパートシステムの使用は、強力な携帯式コンピューターとデータロガーの使用を通じて増大するであろう。データを集めるために圃場において得られるこれらの道具によって、意思決定過程は速く正確になるであろう。想像するところでは、データを評価するためのコンピューターの使用は、有害生物管理の総合を達成するための唯一の可能な道となるであろう。なぜならば、評価されなければならない莫大な量の情報があるからである。期待される将来の変化は次のものを含む。

1. 有害生物の同定。エキスパートシステムによる有害生物の同定へのアクセスは慣例となり、それには有害生物の画像カタログが含まれる。コンピューターはデジタル画像化技術によって速やかに有害生物を同定することができるものと考えられる。有害生物の同定は、遺伝的一覧表によって促進され、同定のための遺伝的マーカーは特に病原体と線虫のような隠れた生物でのより標準的な作業となる。

2. 予測。出来事を予想するモデルを動かす能力の改善は、病気と昆虫の有害生物管理のための1つの重要な分野となるであろう。ある地域での雑草の発生を予想する上での改善もまた雑草管理における価値ある道具を提供するに違いない。
3. 改良された閾値とモニタリング。携帯用野外コンピューターの上で働く、使用者に優しいエキスパートシステムは、そのような意思決定パラメータが役に立つ場所での要防除水準の能力を大きく改良するであろう。もう1つのコンピューターの適用は、有害生物の発生と量を予測する日度モデルの使用である。日度モデルは、IPMのための意思決定支援システムの1つの本質的な構成要素であり、圃場で容易に使うことができるようになりつつある。そのようなモデルは、現在インターネットを通じてモデルと結びついて用いるために、ダウンロードされたリアルタイムに近い正確な気象データとともに手に入る。
4. 勧告のためのデータの蓄積と検索。圃場の歴史的記録、有害生物の生物学、防除の勧告、そして農薬のラベル情報のような大きいデータベースに、圃場から速やかに容易にアクセスする能力は、その地点でのIPMの意思決定をするために、PCA［有害生物防除アドバイザー］の能力を大いに高めるであろう。
5. コンピューターデジタル画像化技術。そのような進歩は、機械によるリアルタイムの作物と有害生物（特に雑草）の同定を許すために開発されるであろう。これはひき続いて、散布機と他の機械的圃場装置（後参照）を制御するロボット装置のプログラミングを許し、それによって人間の操作者への農薬の使用とリスクを減らすであろう。

精密農業

全地球測位システム（GPS）と地理情報システム（GIS）による、精密農業（位置特定農業または規定農業とも呼ぶ）のためのコンピューターの使用は、位置を特定したリアルタイムでの防除戦術の適用をもたらすであろう。農業者は、圃場スケールの地域以下での有害生物管理戦術を適用するであろう。そして、数フィート程度の空間的スケール内での有害生物の分布の小規模な変動にしたがって戦術を変えるであろう。このことは実際に必要とされる場所での戦術の使用を許すであろう。収量の分布地図を作ることはすでに行なわれている。しかし、次のこともまた将来できるようになるであろう。

1. 特に雑草と土壌伝染性病原体と線虫のような、あまり動かない有害生物のために圃場内での分布地図を作ること。
2. 移動する病気の大発生の拡大と節足動物の侵入のモニタリング。
3. 圃場内のある地点で放飼した生物的防除資材の移動のモニタリング。

それから、この情報は有害生物の発育と分散をよりよく予測するために用いられるであろう。例えば、土壌の排水不良のために起きた病気によって作物が死んだ場合生じた雑草を、除草剤で防除するということは、最良の戦術ではないであろう。そのような問題は、より歴史的に完全で空間的に正確な情報によって、よりよく診断されるであろう。

立法による防除

有害生物が、まだ発生していない地域に侵入することを制限する法律と規則は、世界的規模で増加していることは確かである。歴史的見地から非在来種の拡散に向かっての一般市民の態度が劇的に変わることがなければ、これらはほとんど成功しないであろう。この分野で何らかの意味のある変化を達成することは、一般市民教育を必要とするであろう。規則によって管理された農薬の使用とGMO［遺伝的操作生物］の使用は、常に大部分の場所で現在の規制の発展と新しい情報の得られやすさに関係した配慮の下にある。

農薬

農薬の使用は続くであろう。しかし、製品の有効性、使用の安全性、性質と作用機作（特に殺虫剤）は将来変わるであろう。新しい合成農薬の開発は、20世紀の後半よりはゆっくりしたペースとなるであろう。より選択性のある殺虫剤と、生きている生物に起源を持つ生物由来農薬の使用が増えるであろう。すべての農薬のうち、雑草管理のための除草剤は、最大の量が最大の地域で用いられることが続くであろう。

農薬散布技術は変わりつつあり、雑草の存在を検出することのできる「スマート散布機」が出芽後の雑草管理のために用いられるであろう。これらの雑草を探す散布機は、雑草の存在によってスイッチが入ったり切れたりして、除草剤の使用を大きく減らすであろう。果樹用の散布機は木の大きさを感ずることができ、自動的に散布パターンを調整することができるであろう。ノズルと散布技術は漂流飛散と標的外への影響のリスクを減らすように改良されるであろう。

抵抗性、誘導多発生、置き換えの管理

長期的なIPMの持続性は、防除戦術が有害生物に選択圧を働かせることへの認識を増やし、抵抗性、誘導多発生、置き換えという3つのRを管理することに勤勉である必要がある。過去においては、単一の戦術が消耗してもよいと考えられてきた。なぜならば、有害生物抵抗性によって失われたものに代るべき新しい戦術が容易に手に入ると思われていたからである。将来は技術的、経済的障碍が新しい戦術、特に農薬の急速な開発を妨げる。それ故、失われた技術の代替えは確かなものとならない。多くの技術を持つIPMが有害生物管理の3つのRを管理するための基準となるであろう。

生物的防除

生物的防除は、大部分の節足動物管理プログラムを支えるものであり続けるであろう。病原体と線虫、そしておそらく雑草のための、より控えめな生物防除に一層の開発が行なわれるであろう。導入生物の意図しない影響のための、はるかに厳密な吟味もまた行なわれるであろう。そして天敵輸入がより大きく規制されるであろう。そのような規制は外来の侵入種への時期に合ったやり方での防除努力を抑制するに違いない。

行動的防除

有害節足動物を管理するための情報化学物質、特に性フェロモンの使用は将来増えるであろう。フェロモンを含む情報化学物質を速やかに同定するための現代的化学的装置の適用と、それをIPMシステムの文脈で分配する新しい方法の開発は、有害節足動物の管理のための新しい道を開くであろう。

耕種的戦術

作物栽培の2つの分野が1970年代の中頃から有害生物管理を変えてきた。灌漑管理と不耕起または減耕耘システムの両方は、有害生物管理にさらにインパクトを与えるであろう。

灌漑管理

灌漑が農業システムの一部である世界の地域においては、水の施用の方法の変化がIPMのいくつかの局面を変えるであろう。点滴灌漑のような局部的配水システムが有害生物管理の能力を改善するであろう。スプリンクラーまたは溢水灌漑と比べて、点滴システムは、湿った土の量の減少や水浸し条件の減少によって、感染または発芽に水が必要な病原体、線虫そして雑草による問題を減らすであろう。

不耕起と他の減耕耘システム

不耕起または減耕耘システムは世界のいくつかの地域、特にアメリカ合衆国の中西部のある場所で広く採用されてきた。土壌の侵食を減らすための不耕起農業システムの使用の増大は予想される。耕耘システムにおける変化は、土壌性有害生物及び植物被覆を利用するものの個体群動態とその防除にインパクト与えるであろう。不耕起農業のためのIPMの一層の開発が必要となるであろう。

物理的、機械的防除

耕耘の制限が土壌の侵食と粒子状物質の大気汚染を減らすために起こるであろう。そのような制限は多くのIPMプログラムにインパクトを与える。エネルギー使用（燃料の費用）と大気汚染をへらすために、燃焼、火炎にもとづく戦術が一層制限されるように思われる。

コンピューターによる画像化技術は、全地球測位システムとともに、装置がより正確に畝をたどり、位置を自動的に調整することのできる装置を開発するであろう。この技術は人間の運転手ができるよりも、作物により近く、はるかに速い速度の耕耘を許すであろう。

寄主植物抵抗性／植物育種

メンデルの遺伝法則を用いた古典的な植物育種は、作物における有害生物抵抗性の開発のために重要であり続ける

であろう。そのような育種の努力は分子遺伝学的手法によって補足されるであろう。分子遺伝学は、遺伝子それ自身と、ゲノムの中での遺伝子の機能が複雑であることを明らかにしてきた。作物と有害生物の両方における遺伝子の機能のメカニズムについての知識の拡大は、特定の有害生物に合わせた作物植物の修正を許し、抵抗性を崩壊させるタイプの選択を改善するであろう。

遺伝子工学は、有害生物に対する寄主植物抵抗性に関する大きい可能性を提供する。望ましい形質の遺伝子を、それにリンクした望ましくない形質を転移させることなしに、作物品種の中に移動させることによる作物植物の遺伝子工学は、新しい作物品種の開発のための古典的育種を越える重大な前進を代表する。この技術は、病気、昆虫、そして線虫の管理を完全に革命的に変化させる可能性を持っている。除草剤抵抗性作物は除草剤を用いた選択的雑草防除の全概念を変えるに違いない。

しかしながら、遺伝子組み換え作物の分野における発展は、そのような導入遺伝子が消費者（生態学的意味で）と環境、そしてその技術の一般市民の受容に対して及ぼす長期的な結果を理解することによって、和らげられなければならない。この技術的革新は、ある農薬によってもたらされたものと同様の問題を避けるために、適切なモニタリングと安全手段を持って導入される必要がある。農薬もまた、その導入のときには、革命的だが安全な革新であると見なされたが、その後に起こった多くの問題の可能性は単純に予期されていなかったのである。もし広く配備された遺伝子組み換え作物が、後に許容できないリスクをもたらすことが見いだされたとしても、農薬とは異なり、環境に侵入した新しい遺伝子を取り消すことは不可能であろう。

IPMシステム

IPMプログラムにおける複雑化の程度と真の総合化は、ゆっくりと増大し、最後にはすべての有害生物カテゴリーを横断する戦術の総合を含むであろう。

有害生物防除勧告

有害生物防除勧告をする人々は、特に発展途上国では、確かによりよく訓練されるであろう。いくつかの大学は、すでに有害生物管理の学位を提供している。IPMのための意思決定の複雑さの増大により、農業者と家屋所有者は、彼等が専門知識と訓練に欠けているために、農薬の使用に関係する意志決定をすることを許されないように思われる。医学的法律的専門によって用いられた過程に似たように、植物健康の医師（我々がつけた名前）を認定するために、指導のための専門的委員会が設立されるものと考えられる。ある専門学会は、すでにそのような委員会を設立している。例えば、Entomological Society of America［アメリカ昆虫学会］は、委員会が監督する試験を通過した志願者を必要とする委員会認定の昆虫学者プログラムを後援している。

戦略的開発

もし将来の開発が、さまざまな圃場のそれぞれにおける歴史的出来事を外挿することによって個々の戦術を予測しようとするならば、主な戦略的変化を予想することは、はるかにより困難であろう。IPMは、もともと1つの圃場レベルでの実施のために考えられ開発された。要防除水準とモニタリングのような意思決定の道具の大部分は1つの圃場で用いるために計画された。しかしながら、多くの有害生物は高度に移動性があり、1つの圃場での発生は近隣の圃場における出来事に影響するように思われる。IPMのより高いレベルの総合への前進は、より大きい空間的規模にわたっての計画と実施を必要とするであろう。広域的IPMの概念の最近の拡張は、この方向への重要な動きを代表する。ある場合には広域的IPMと景観レベルでのプログラムに焦点が置かれる。将来の戦略的変化は、全生態的地域の文脈の中での多くの生態系を包含するであろう。これらのプログラムの組織と複雑さのレベルは、現存するいかなるものをもはるかに越えることであろう。

要約

IPMに内在している純粋に技術的な進歩に加えて、IPMの将来の方向は、おそらくはるかに深く外部的要因によって影響されるであろう。IPMシステムは地球的性質のダイナミックな自然的過程によって、また同様に社会とその政府によって決定される過程によってインパクトを受ける。常に変わる自然過程は、常に作物とそれを攻撃する有害生物の条件をモニタリングする必要をもたらす。規制の変化と法律制定、あるいは、ある慣行に影響する消費者の要求もまた、あるIPM戦略に組みこまれる戦術に強力な影響を持つ。社会的にひき起こされた要求の例は、アメリカ合衆国のFood Quality Protection Act［食品品質保護法］（第11章参照）と地方的、地域的、そして地球的市場制限である。自然の出来事からもたらされた要因の例は、生物学的に侵入する種と気候の変化である。これらの要因は、近い将来にIPMにおける方向に大いに影響するであろう。

世界中の人々は、宗教的信念、政治哲学、文化的基準、経験、そして個人的経済的状況が異なるけれども、彼等は高い品質の栄養のある食物を食べたいという彼等の要求の中で結合されている。年間約1.8%増加する世界人口を満足させるための食物と繊維の生産の増加の必要性は、有害生物管理者が、有害生物による損失を減らすためのIPMシステムを常に改善するように挑戦している。そのような有害生物による損失は、新しい技術の開発にもかかわらず、なおも年間30%と推定されている。

農薬での経験 ── 奇跡的な有害生物防除の初期の幸福感と楽天主義は、より割り引きされた現実によって引き継がれた ── はすべての有害生物問題を解決する技術的な銀の弾丸はないということを教えてきた。しかしながら、過去30年間のIPMでの経験は、防除戦術の総合が、持続的な有害生物管理への唯一の生態学的に健全な手法であることを示してきた。IPMのパラダイムは持続的農業の他の構成要素のモデルとなっている。

資料と引用文献

以下はこの本のトピックスに関係した一般的引用文献の表である。各主題分野内ではアルファベット順に並べてある。

IPM 一般

Anonymous. Integrated pest management. University of California Statewide Integrated Pest Management Project, DANR publications. Year of publication varies. Available for the following crops: alfalfa (4104), rice (3280), tomatoes (3274), cotton (3305), lettuce and cole crops (3307), apples and pears (3340), almonds (3308), walnuts (3270), citrus (3303), small grains (3333), potatoes (3316), strawberries (3351), and pests of landscape trees and shrubs (3359). Some now in second editions.

Anonymous. 1992. *Beyond pesticides. Biological approaches to pest management in California.* Oakland, Calif.: DANR Publications, University of California, 183.

Beirne, B. P. 1967. *Pest management.* London: L. Hill, 123.

Bellows, T. S., and T. W. Fisher, eds. 1999. *Handbook of biological control: Principles and applications of biological control.* San Diego, Calif.: Academic Press, xxiii, 1046.

Burn, A. J., T. H. Coaker, and P. C. Jepson. 1987. *Integrated pest management.* London; San Diego, Calif.: Academic Press, xi, 474.

Cook, R. J., and R. Veseth. 1991. *Wheat health management.* St. Paul, Minn.: APS Press, x, 152.

Delucchi, V. L., ed. 1987. *Integrated pest management protection intégrée: Quo vadis? An international perspective.* Geneva, Switzerland: Parasitis, 411.

Dent, D., and N. C. Elliott. 1995. *Integrated pest management.* London; New York: Chapman & Hall, xii, 356.

Ennis, W. B., ed. 1979. *Introduction to crop protection,* Foundations for Modern Crop Science Series. Madison, Wisc.: American Society of Agronomy, xv, 524.

Fletcher, W. W. 1974. *The pest war.* New York: Wiley, x, 218.

Flint, M. L. 1998. *Pests of the Garden and Small Farm: A grower's guide to using less pesticide.* Oakland, Calif.: Statewide Integrated Pest Management Project, University of California Division of Agriculture and Natural Resources, x, 276.

Flint, M. L., and S. H. Dreistadt. 1998. *Natural enemies handbook: The illustrated guide to biological pest control.* Oakland; Berkley, Calif.: UC Division of Agriculture and Natural Sciences, University of California Press, viii, 154.

Flint, M. L., and P. Gouveia. 2001. *IPM in practice; Principles and methods of integrated pest management.* Oakland, Calif.: University of California, Division of Agriculture and Natural Resources, Publication 3418, xiii, 296.

Flint, M. L., and R. Van den Bosch. 1981. *Introduction to integrated pest management.* New York: Plenum Press, xv, 240.

Gaston, K. J. 1996. *Biodiversity: A biology of numbers and difference.* Oxford; Cambridge, Mass.: Blackwell Science, x, 396.

Glass, E. H. 1992. Constraints to the implementation and adoption of IPM. In F. G. Zalom and W. E. Fry, eds., *Food, crop pests, and the environment: The need and potential for biologically intensive integrated pest management.* St. Paul, Minn.: APS Press, 167–174.

Hawksworth, D. L. 1994. *The identification and characterization of pest organisms. Third Workshop on the Ecological Foundations of Sustainable Agriculture (WEFSA III).* Wallingford,UK: CAB International in association with the Systematics Association, xvii, 501.

Heitefuss, R. 1989. *Crop and plant protection: The practical foundations.* Chichester, England: Ellis Horwood; New York: Halsted, 261.

Henkens, R., C. Bonaventura, V. Kanzantseva, M. Moreno, J. O'Daly, R. Sundseth, S. Wegner, and M. Wojciechowski. 2000. Use of DNA technologies in

diagnostics. In G. C. Kennedy and T. B. Sutton, eds., *Emerging technologies for integrated pest management.* St. Paul, Minn.: APS Press, American Phytopathological Society, 52–66.
Heywood, V. H., and R. T. Watson. 1995. *Global biodiversity assessment.* Cambridge, Mass.; New York: Cambridge University Press, x, 1140.
Hoy, M. A., and D. C. Herzog. 1985. *Biological control in agricultural IPM systems.* Orlando, Fla.: Academic Press, xv, 589.
Kennedy, G. C., and T. B. Sutton, eds. 2000. *Emerging technologies for integrated pest management.* St. Paul, Minn.: APS Press, American Phytopathological Society, xiv, 526.
Kogan, M. 1986. *Ecological theory and integrated pest management practice.* New York: Wiley, xvii, 362.
Kranz, J., H. Schmutterer, and W. Koch. 1978. *Diseases, pests, and weeds in tropical crops.* Chichester, England; New York: Wiley, xiv, 666, [32] leaf plates.
Landis, A. D., F. D. Menalled, J. C. Lee, D. M. Carmona, and A. Pérez-Valdéz. 2000. Habitat management to enhance biological control in IPM. In G. C. Kennedy and T. B. Sutton, eds., *Emerging technologies for integrated pest management.* St. Paul, Minn.: APS Press, American Phytopathological Society, 226–239.
Leslie, A. R., and G. W. Cuperus. 1993. *Successful implementation of integrated pest management for agricultural crops.* Boca Raton, Fla.: Lewis Publishers, 193.
Mengech, A. N., K. N. Kailash, and H. N. B. Gopalan, eds. 1995. *Integrated pest management in the tropics: Current status and future prospects.* Chichester, England; New York: Published on behalf of United Nations Environment Programme (UNEP) by Wiley, xiv, 171.
Morse, S., and W. Buhler. 1997. *Integrated pest management: Ideals and realities in developing countries.* Boulder, Colo.: Lynne Rienner Publishers, ix, 171.
Olkowski, W., S. Daar, and H. Olkowski. 1991. *Common-sense pest control.* Newtown, Conn.: Taunton Press, xix, 715.
Pimentel, D. 1991. *CRC handbook of pest management in agriculture.* Boca Raton, Fla.: CRC Press, 3 v.
Reuveni, R., ed. 1995. *Novel approaches to integrated pest management.* Boca Raton, Fla.: Lewis Publishers, xiv, 369.
Roberts, D. A. 1978. *Fundamentals of plant-pest control.* San Francisco: W. H. Freeman and Company, 242.
Ruberson, J. R., ed. 1999. *Handbook of pest management.* New York: Marcel Dekker, xvii, 842.
Sill, W. H. 1982. *Plant protection: An integrated interdisciplinary approach.* Ames, Ia: Iowa State University Press, xiii, 297.
Thresh, J. M., ed. 1981. *Pests, pathogens and vegetation.* London, UK: Pitman Books Limited, 517.
United States Congress. Office of Technology Assessment. 1987. *Technologies to maintain biological diversity.* Washington, D.C.: Congress of the U.S. Office of Technology Assessment. For sale by the Superintendent of Documents. U.S. Government Printing Office, vi, 334.
Van Driesche, R. G., and T. S. Bellows, Jr. 1996. *Biological control.* New York: Chapman & Hall, 539.
Ware, G. W. 1996. *Complete guide to pest control: With and without chemicals.* Fresno, Calif.: Thomson Publications, xii, 388.
Weinberg, H. 1983. *Glossary of integrated pest management.* Sacramento, Calif.: State of California, Department of Food and Agriculture, 84.
Zalom, F. G., R. E. Ford, R. E. Frisbie, C. R. Edwards, and J. P. Tette. 1992. Integrating pest management: Addressing the economic and environmental issues of contemporary agriculture. In F. G. Zalom and W. E. Fry, eds., *Food, crop pests, and the environment: The need and potential for biologically intensive integrated pest management.* St. Paul, Minn.: APS Press, 1–12.
Zalom, F. G., and W. E. Fry, eds. 1992. *Food, crop pests, and the environment: The need and potential for biologically intensive integrated pest management.* St. Paul, Minn.: APS Press, vi, 179.

病原体

Agrios, G. N. 1997. *Plant pathology.* San Diego, Calif.: Academic Press, xvi, 635.

Ainsworth, G. C. 1981. *Introduction to the history of plant pathology.* Cambridge, England; New York: Cambridge University Press, xii, 315, [1] leaf plate.

Blakeman, J. P., and B. Williamson, eds. 1994. *Ecology of plant pathogens.* Wallingford, England: CAB International, xv, 362.

Brunt, A. A. 1996. *Viruses of plants: Descriptions and lists from the VIDE database.* Wallingford; Oxon, UK: CAB International, 1484.

Butler, E. J., and S. G. Jones. 1949. *Plant pathology.* London: Macmillan, xii, 979.

Ebbels, D. L., and J. E. King. 1979. *Plant health: The scientific basis for administrative control of plant diseases and pests.* Oxford, UK: Blackwell Scientific Publications, 217–235.

Fox, R. T. V. 1993. *Principles of diagnostic techniques in plant pathology.* Wallingford, England: CAB International, viii, 213.

FRAC. 2000. Fungicide Resistance Action Committee homepage, http://PlantProtection.org/FRAC/

Fry, W. E. 1982. *Principles of plant disease management.* New York: Academic Press, x, 378.

Hadidi, A., R. K. Khetarpal, and H. Koganezawa. 1998. *Plant virus disease control.* St. Paul, Minn: APS Press, xix, 684.

Hall, R., ed. 1996. *Principles and practice of managing soilborne plant pathogens.* St. Paul, Minn: APS Press, xii, 330.

Holliday, P. 1998. *A dictionary of plant pathology.* Cambridge; New York: Cambridge University Press, xxiv, 536.

Horsfall, J. G., and E. B. Cowling, eds. 1977. *Plant disease: An advanced treatise.* New York: Academic Press, 5 v.

Maloy, O. C. 1993. *Plant disease control: Principles and practice.* New York: J. Wiley, x, 346.

Maloy, O. C., and T. D. Murray, eds. 2000. *Encyclopedia of plant pathology.* New York: John Wiley and Sons Inc., 2200.

Manners, J. G. 1993. *Principles of plant pathology.* Cambridge; New York: Cambridge University Press, xii, 343.

Maramorosch, K., and K. F. Harris, eds. 1981. *Plant diseases and vectors: Ecology and epidemiology.* New York: Academic Press, xii, 368.

Matteson, P. C., M. A. Altieri, and W. C. Gagne. 1984. Modification of small farmer practices for better pest management. *Annu. Rev. Entomol.* 29:383–402.

Matthews, R. E. F. 1992. *Fundamentals of plant virology.* San Diego, Calif.: Academic Press, xii, 403.

Narayanasamy, P. 1997. *Plant pathogen detection and disease diagnosis.* New York: Marcel Dekker, vi, 331.

Nyvall, R. F. 1989. *Field crop diseases handbook.* New York: Van Nostrand Reinhold, 817.

Parker, C. A., and J. F. Kollmorgen, eds. 1985. *Ecology and management of soilborne plant pathogens.* St. Paul, Minn.: American Phytopathological Society, ix, 358.

Rechcigl, N. A., and J. E. Rechcigl, eds. 1997. *Environmentally safe approaches to crop disease control,* Agriculture and Environment Series. Boca Raton, Fla.: CRC/Lewis Publishers, 386.

Roberts, D. A., and C. W. Boothroyd. 1984. *Fundamentals of plant pathology.* New York: W. H. Freeman and Co., xvi, 432.

Schots, A., F. M. Dewey, and R. P. Oliver, eds. 1994. *Modern assays for plant pathogenic fungi: Identification, detection and quantification.* Wallingford; Oxford, UK: CAB International, xii, 267.

Schumann, G. L. 1991. *Plant diseases: Their biology and social impact.* St. Paul, Minn.: APS Press American Phytopathological Society, viii, 397.

Sutic, D. D., R. E. Ford, and M. T. Tosic. 1999. *Handbook of plant virus diseases.* Boca Raton, Fla.: CRC Press, xxiii, 553.

Vidhyasekaran, P., ed. 1997. *Fungal pathogenesis in plants and crops: Molecular biology and host defense mechanisms,* Books in Soils, Plants, and the Environment. New York: Marcel Dekker, viii, 553.

雑草

Aldrich, R. J., and R. J. Kremer. 1997. *Principles in weed science.* Ames, Ia: Iowa State University Press, 472.

Anderson, W. P. 1996. *Weed Science: Principles and applications.* Minneapolis/St. Paul, Minn.: West Pub. Co., xx, 388.

Ashton, F. M., T. J. Monaco, and M. Barrett. 1991. *Weed science: Principles and practices.* New York: Wiley, vii, 466.

Buhler, D. D., ed. 1999. *Expanding the context of weed management.* Binghampton, N.Y.: The Haworth Press, Inc., 289.

California Weed Conference 1989. *Principles of weed control in California.* Fresno, Calif.: Thomson Publications, 511.

Cousens, R., and M. Mortimer. 1995. *Dynamics of weed populations.* Cambridge; New York: Cambridge University Press, xiii, 332.

Holm, L. G. 1997. *World weeds: Natural histories and distribution.* New York: Wiley, xv, 1129.

Holm, L. G., D. L. Plucknett, J. V. Pancho, and J. P. Herberger. 1977. *The world's worst weeds: Distribution and biology.* Honolulu, Hawaii: Published for the East-West Center by the University Press of Hawaii, xii, 609.

HRAC. 2000. Herbicide Resistance Action Committee homepage, http://PlantProtection.org/HRAC/

Inderjit, K. M. M. Dakshini, and C. L. Foy. 1999. *Principles and practices in plant ecology: Allelochemical interactions.* Boca Raton, Fla.: CRC Press, 589.

Leck, M. A., V. T. Parker, and R. L. Simpson, eds. 1989. *Ecology of soil seed banks.* San Diego, Calif.: Academic Press, xxii, 462.

Parker, C., and C. R. Riches. 1993. *Parasitic weeds of the world: Biology and control.* Wallingford; Oxon, UK: CAB International, xx, 332, [16] plates.

Radosevich, S. R., J. S. Holt, and C. Ghersa. 1997. *Weed ecology: Implications for management.* New York: J. Wiley, xvi, 589.

Rees, N. E., P. C. J. Quimby, G. L. Piper, E. M. Coombs, C. E. Turner, N. R. Spencer, and L. V. Knutson, eds. 1996. *Biological control of weeds in the west.* Bozeman, Mont.: Western Society of Weed Science in cooperation with USDA Agricultural Research Service, Montana Dept. of Agriculture, Montana State University, 1 v. (unpaged).

Ross, M. A., and C. A. Lembi. 1999. *Applied weed science.* Upper Saddle River, N.J.: Prentice Hall, viii, 452.

TeBeest, D. O. 1991. *Microbial control of weeds.* New York: Chapman and Hall, viii, 284.

Weed Science Society of America. 1994. *Herbicide handbook.* Champaign, Ill.: Weed Science Society of America, x, 352.

Weed Science Society of America. 1998. *Herbicide handbook—Supplement to the seventh edition.* Lawrence, Kans.: Weed Science Society of America, vi, 104.

Zimdahl, R. L. 1989. *Weeds and words: The etymology of the scientific names of weeds and crops.* Ames, Ia: Iowa State University Press, xix, 125.

Zimdahl, R. L. 1999. *Fundamentals of weed science.* San Diego, Calif.: Academic Press, xx, 556.

線虫

Barker, K. R., G. A. Pederson, and G. L. Windham, eds. 1998. *Plant and nematode interactions,* Agronomy 36. Madison, Wisc.: American Society of Agronomy, xvii, 771.

Dropkin, V. H. 1989. *Introduction to plant nematology.* New York: Wiley, ix, 304.

Evans, K., D. L. Trudgill, and J. M. Webster. 1993. *Plant parasitic nematodes in temperate agriculture.* Wallingford, UK: CAB International, xi, 648.

Khan, M. W., ed. 1993. *Nematode interactions.* London; New York: Chapman & Hall, xi, 377.

Nickle, W. R., ed. 1991. *Manual of agricultural nematology.* New York: Marcel Dekker, Inc., 1035.

Weischer, B., and D. J. F. Brown. 2000. *An introduction to nematodes: General nematology; A student's textbook.* Sofia, Bulgaria: Pensoft, xiv, 187.

Whitehead. A. G. 1998. *Plant nematode control.* Oxon, UK; New York: CAB

International, viii, 384.

軟体動物

Barker, G., ed. 2001. *The biology of terrestrial molluscs.* Wallingford, UK: CABI Publishing, xiv, 558.
Barker, G., ed. 2002. *Natural enemies of terrestrial molluscs.* Wallingford, UK: CABI Publishing, 320.
Godan, D. 1983. *Pest slugs and snails: Biology and control.* Berlin; New York: Springer-Verlag, x, 445.
Henderson, I. 1989. *Slugs and snails in world agriculture.* Thornton Heath, UK: British Crop Protection Council, 422.
Henderson, I. 1996. *Slug and snail pests in agriculture.* Farnham; Surrey, England: British Crop Protection Council, 450.

節足動物

Arnett, R. H. 1993. *American insects. A handbook of the insects of America and Northern Mexico.* Gainesville, Fla.: The Sandhill Crane Press, Inc., 850.
Borror, D. J., C. A. Triplehorn, and N. F. Johnson. 1992. *An introduction to the study of insects.* Philadelphia; Fort Worth, Tex.: Saunders College Pub.; Harcourt Brace College Pub., xiv, 875.
Dent, D. 2000. *Insect pest management.* Ascot, UK: CABI Bioscience, xiii, 432.
Elzinga, R. J. 1997. *Fundamentals of entomology.* Upper Saddle River, N.J.: Prentice Hall, xiv, 475.
Evans, H. E., and J. W. Brewer. 1984. *Insect biology: A textbook of entomology.* Reading, Mass.: Addison-Wesley Pub. Co., x, 436.
Gordh, G., and D. H. Headrick. 2001. *A dictionary of entomology.* New York: Oxford University Press, 900.
Hill, D. S., and J. D. Hill. 1994. *Agricultural entomology.* Portland, Ore.: Timber Press, 635.
Horn, D. J. 1988. *Ecological approach to pest management.* New York: Guilford Press, xiii, 285.
Huffaker, C. B., and A. P. Gutierrez. 1999. *Ecological entomology.* New York: John Wiley & Sons, xix, 756.
IRAC. 2000. Insecticide Resistance Action Committee homepage, http://PlantProtection.org/IRAC/
Knipling, E. F. 1979. *The basic principles of insect population suppression and management.* Washington, D.C.: U.S. Dept. of Agriculture. For sale by U.S. Superintendent of Documents, U.S. Government Printing Office, ix, 659.
Metcalf, R. L., and W. H. Luckmann, eds. 1994. *Introduction to insect pest management,* Environmental Science and Technology. New York: Wiley, xiii, 650.
Metcalf, R. L., R. A. Metcalf, and C. L. Metcalf. 1993. *Destructive and useful insects: Their habits and control.* New York: McGraw-Hill, 1 v. (various pagings).
Pedigo, L. P. 1999. *Entomology and pest management.* Upper Saddle River, N.J.: Prentice Hall, xxii, 691.
Rechcigl, J. E., and N. A. Rechcigl, eds. 1999a. *Biological and biotechnological control of insect pests,* Agriculture and Environment Series. Boca Raton, Fla.: CRC/Lewis Publishers, 386.
Rechcigl, J. E., and N. A. Rechcigl, eds. 1999b. *Insect pest management: Techniques for environmental protection,* Agriculture and Environment Series. Boca Raton, Fla.: CRC/Lewis Publishers, 422.
Schoonhoven, L. M., T. Jermy, and J. J. A. van Loon. 1998. *Insect-plant biology: From physiology to evolution.* London; New York: Chapman & Hall, 409.
van Emden, H. F. 1989. *Pest Control.* London: Edward Arnold, x, 117.

脊椎動物

Anonymous. 1970. *Vertebrate pests: Problems and control.* Washington, D.C.: National Academy of Sciences, National, Research Council (U.S.), Committee on Plant and Animal Pests, Subcommittee on Vertebrate Pests, 153.
Bäumler, W., J. Godinho, C. Grilo, M. Maduriera, I. Moreira, C. Naumann-Etienne, M. Ramalhino, T. Sezinando, and A. Vinhas. 1989. *Field rodents and their control.* Eschborn, Germany: Deutsche Gesellschaft für Technische Zusammenarbeit, 151.
Buckle, A. P., and R. H. Smith. 1994. *Rodent pests and their control.* Oxford, UK: CAB International, x, 405.
Dolbeer, R. A. 1999. Overview and management of vertebrate pests. In J. R. Ruberson, ed., *Handbook of pest management.* New York: Marcel Dekker, Inc., 663–691.
Prakash, I. 1988. *Rodent pest management.* Boca Raton, Fla.: CRC Press, 480.
Putman, R. J., ed. 1989. *Mammals as pests.* London; New York: Chapman and Hall, xi, 271.
Richards, C. G. J., and T.-y. Ku. 1987. *Control of mammal pests.* London; New York: Taylor & Francis, x, 406.
Singleton, G. R., ed. 1999. *Ecologically-based management of rodent pests.* ACIAR Monograph Series No. 59. Canberra: Australian Centre for International Agricultural Research, 494.
Van Vuren, D., and K. S. Smallwood. 1996. Ecological management of vertebrate pests in agricultural systems. *Biol. Agric. Hortic.* 13:39–62.
Wright, E. N., I. R. Inglis, and C. Feare, eds. 1980. *Bird problems in agriculture.* Croydon, UK: BCPC Publications, 210.

農薬

Altman, J., ed. 1993. *Pesticide interactions in crop production: Beneficial and deleterious effects.* Boca Raton, Fla.: CRC Press, Inc., 592.
Anonymous. 1998. *Crop protection chemicals reference: CPCR.* New York: Chemical and Pharmaceutical Press, viii, 2101, S63.
Anonymous. 2000. *The future role of pesticides in US agriculture.* Washington, D.C.: National Academy Press, xx; 301.
Atkin, J., K. M. Leisinger, and B. Angehrn, eds. 2000. *Safe and effective use of crop protection products in developing countries.* Wallingford, UK: CABI and Novartis Foundation for Sustainable Development, xvii, 163.
Bohmont, B. L. 2000. *The standard pesticide user's guide.* Upper Saddle River, N.J.: Prentice Hall Inc., 544.
ExToxNet. 2000. Pesticide information profiles, http://ace.ace.orst.edu/info/extoxnet/pips/
Gustafson, D. I. 1993. *Pesticides in drinking water.* New York: Van Nostrand Reinhold, xii, 241.
Harris, J. 2000. *Chemical pesticide markets, health risks and residues.* Wallingford; Oxon, UK; New York: CABI Pub., vii, 54.
Hewitt, H. G. 1998. *Fungicides in crop protection.* Wallingford; Oxon, UK; New York: CAB International, vii, 221.
Kamrin, M. A., ed. 1997. *Pesticide profiles: Toxicity, environmental impact, and fate.* Boca Raton, Fla.: CRC/Lewis Publishers, 676.
Linn, D. M., T. H. Carski, M. L. Brasseau, and F. H. Chang, eds. 1993. *Sorption and degradation of pesticides and organic chemicals in soil,* SSSA Special Publication 32. Madison, Wisc.: Soil Science Society of America, American Society of Agronomy, xix, 260.
Marer, P. J., M. L. Flint, and M. W. Stimmann. 1988. *The safe and effective use of pesticides.* Oakland, Calif.: University of California Statewide Integrated Pest Management Project, Division of Agriculture and Natural Resources, x, 387.
Matthews, G. A. 1999. *Application of pesticides to crops.* London: Imperial College Press, xiii, 325.
Matthews, G. A., and E. C. Hislop, eds. 1993. *Application technology for crop protection.* Wallingford, UK: CAB International, viii, 359.
Perkins, J. H. 1982. *Insects, experts, and the insecticide crisis: The quest for new*

pest management strategies. New York: Plenum Press, xviii, 304.
Prakash, A., and J. Rao. 1997. *Botanical pesticides in agriculture.* Boca Raton, Fla.: Lewis Publishers, 480.
Tomlin, C., ed. 2000. *The pesticide manual: A world compendium.* Farnham; Surrey, UK: British Crop Protection Council, xxvi, 1250.
Turnbull, G. J., D. M. Sanderson, and J. L. Bonsall, eds. 1985. *Occupational hazards of pesticide use.* London; Philadelphia: Taylor & Francis, xii, 184.
Tweedy, B. G., H. J. Dishburger, L. G. Ballantine, and J. McCarthy, eds. 1991. *Pesticide residues and food safety: A harvest of viewpoints,* ACS Symposium Series 446. Washington, D.C.: American Chemical Society, xv, 360.
Vighi, M., and E. Funari, eds. 1995. *Pesticide risk in groundwater.* Boca Raton, Fla.: Lewis Publishers, 275.
Ware, G. W. 1994. *The pesticide book.* Fresno, Calif.: Thompson Publications, 386.
Waxman, M. F. 1998. *Agrochemical and pesticide safety handbook.* Boca Raton, Fla.: Lewis Publishers, 616.

農薬抵抗性

Alstad, D. N., and D. A. Andow. 1995. Managing the evolution of insect resistance to transgenic plants. *Science* 268:1894–1896.
Anonymous, ed. 1986. *Pesticide resistance: Strategies and tactics for management.* Washington, D.C.: National Research Council, National Academy Press, xi, 471.
Delp, C. J. 1988. *Fungicide resistance in North America.* St. Paul, Minn.: APS Press, American Phytopathological Society, v, 133.
Denholm, I., J. A. Pickett, and A. L. Devonshire, eds. 1999. *Insecticide resistance: From mechanisms to management.* Wallingford; Oxon, UK; New York: CABI Pub., vi, 123.
Feldman, J., and T. Stone. 1997. The development of a comprehensive resistance management plan for potatoes expressing the Cry3A endotoxin. In N. Carozzi and M. Koziel, eds., *Advances in insect control: The role of transgenic plants.* London; Bristol, Penn.: Taylor & Francis, 49–61.
FRAC. 2000. Fungicide Resistance Action Committee homepage, http://PlantProtection.org/FRAC/
Georghiou, G. P. 1972. The evolution of resistance to pesticides. *Annu. Rev. Ecol. Syst.* 3:144–168.
Georghiou, G. P., and A. Lagunes-Tejeda. 1991. *The occurrence of resistance to pesticides in arthropods.* Rome: Food and Agriculture Organization of the United Nations, xxii, 318.
Green, M. B., H. M. LeBaron, and W. K. Moberg. 1990. *Managing resistance to agrochemicals: From fundamental research to practical strategies.* Washington, D.C.: American Chemical Society, xiii, 496.
Heaney, S., D. Slawson, D. W. Holloman, M. Smith, P. E. Russel, and D. W. Parry, eds. 1994. *Fungicide resistance,* BCPC Monograph No. 60. Farnham; Surrey, UK: British Crop Protection Council, xii, 418.
Hoy, M. A. 1999. Myths, models and mitigation of resistance to pesticides. In I. Denholm, J. A. Pickett, and A. L. Devonshire, eds., *Insecticide resistance: From mechanisms to management.* Wallingford; Oxon, UK; New York: CABI Pub., 111–119.
HRAC. 2000. Herbicide Resistance Action Committee homepage, http://PlantProtection.org/HRAC/
IRAC. 2000. Insecticide Resistance Action Committee homepage, http://PlantProtection.org/IRAC/
McKenzie, J. A. 1996. *Ecological and evolutionary aspects of insecticide resistance.* Austin, Tex.: R. G. Landes, 185.
Powles, S. B., and J. A. M. Holtum, eds. 1994. *Herbicide resistance in plants: Biology and biochemistry.* Boca Raton, Fla.: Lewis Publishers, 353.
Roe, R. M., W. D. Bailey, F. Gould, C. E. Sorensen, G. G. Kennedy, J. S. Bacheler, R. L. Rose, E. Hodgson, and C. L. Sutula. 2000. Detection of resistant insects and IPM. In G. C. Kennedy and T. B. Sutton, eds., *Emerging technologies for integrated pest management.* St. Paul, Minn.: APS Press, American Phytopathological Society, 67–84.
Roush, R. 1997. Managing resistance to transgenic crops. In N. Carozzi and M. Koziel, eds., *Advances in insect control: The role of transgenic plants.*

London; Bristol, Penn.: Taylor & Francis, 271–294.
Roush, R. T., and B. E. Tabashnik, eds. 1990. *Pesticide resistance in arthropods.* New York: Chapman and Hall, ix, 303.
Tabashnik, B. E., Y.-B. Liu, T. Malvar, D. G. Heckel, L. Masson, and J. Ferre. 1999. Insect resistance to *Bacillus thuringiensis:* Uniform of diverse. In I. Denholm, J. A. Pickett, and A. L. Devonshire, eds., *Insecticide resistance: From mechanisms to management.* Wallingford; Oxon, UK; New York: CABI Pub., 75–80.

規制

Bright, C. 1998. *Life out of bounds: Bioinvasion in a borderless world.* New York: Norton, 287.
Brock, J. H. 1997. *Plant invasions: Studies from North America and Europe.* Leiden, Netherlands: Backhuys, vi, 223.
Chapman, S. R. 1998. *Environmental law and policy.* Upper Saddle River, N.J.: Prentice Hall, xviii, 258.
Ebbels, D. L., and J. E. King. 1979. *Plant health: The scientific basis for administrative control of plant diseases and pests.* Oxford, UK: Blackwell Scientific Publications, 217–235.
Foster, J. A. 1982. Plant quarantine problems in preventing the entry into the United States of vector-borne plant pathogens. In K. F. Harris and K. Maramorosch, eds., *Pathogens, vectors, and plant diseases: Approaches to control.* New York: Academic Press, 151.
Garner, W. Y., P. Royal, and F. Liem. 1999. *International pesticide product registration requirements: The road to harmonization.* Washington, D.C.: American Chemical Society, xi, 322.
Kahn, R. P. 1989. *Plant protection and quarantine.* Boca Raton, Fla.: CRC Press, 3 v.
Pyšek, P. 1995. *Plant invasions: General aspects and special problems.* Amsterdam: SPB Academic Pub., xi, 263.
Singh, K. G., ed. 1983. *Exotic plant quarantine pests and procedures for introduction of plant materials.* Serdang, Malaysia: ASEAN Plant Quarantine Centre and Training Institute, viii, 333.
Stout, O. O., H. L. Roth, J. F. Karpati, C. Y. Schotman, and K. Zammarano. 1983. *International plant quarantine treatment manual.* Rome: Food and Agriculture Organization of the United Nations, x, 220.

社会的／環境的懸念

Avery, D. T. 1995. *Saving the planet with pesticides and plastic: The environmental triumph of high-yield farming.* Indianapolis, Ind.: Hudson Institute, x, 432.
Baker, S. R., and C. F. Wilkinson, eds. 1990. The effects of pesticides on human health: proceedings of a workshop, May 9–11, 1988, Keystone, Colo. *Advances in modern environmental toxicology,* v. 18. Princeton, N.J.: Princeton Scientific Pub. Co., xxi, 438.
Barbash, J. E., and E. A. Resek. 1996. *Pesticides in ground water: Distribution, trends, and governing factors.* Chelsea, Mich.: Ann Arbor Press, xxvii, 588.
Beatty, R. G. 1973. *The DDT myth: Triumph of the amateurs.* New York: John Day Co., xxii, 201.
Benbrook, C. 1996. *Pest management at the crossroads.* Yonkers, N.Y.: Consumers Union, xii, 272.
Carson, R. 1962. *Silent spring.* New York: Fawcett Crest, 304.
Curtis, C. R. 1995. *The public & pesticides: Exploring the interface.* Columbus, Ohio; Washington, D.C.: Ohio State University and the National Agricultural Pesticide Impact Assessment Program, U.S. Dept. of Agriculture, viii, 96.
Dinham, B. 1993. *The pesticide hazard: A global health and environmental audit.* London; Atlantic Highlands, N.J.: Zed Books, 228.
Evans, L. T. 1998. *Feeding the ten billion: Plants and population growth.* Cambridge, UK; New York: Cambridge University Press, xiv, 247.
Foster, K., D. Bernstein, and P. Huber. 1993. Phantom risk: Scientific inference and

the law. *Risk management* 40:46–56.
McHughen, A. 2000. *Pandora's picnic basket: The potential and hazards of genetically modified foods.* New York: Oxford University Press, viii, 277.
Pimentel, D., and H. Lehman, eds. 1993. *The pesticide question environment, economics, and ethics.* New York: Chapman and Hall, xiv, 441.
Taylor, S. L., and R. A. Scanlan, eds. 1989. *Food toxicology: A perspective on the relative risks,* IFT Basic Symposium Series. New York: Marcel Dekker, xiii, 466.
Van den Bosch, R. 1978. *The pesticide conspiracy.* Los Angeles, Calif.: The University of California Press, xiv, 226.
van Emden, H. F., and D. B. Peakall. 1996. *Beyond silent spring: Integrated pest management and chemical safety.* London; New York: Chapman & Hall, xviii, 322.
Van Ravenswaay, E. 1995. *Public perceptions of agrichemicals.* Ames, Ia: Council for Agriculture Science and Technology, vi, 35.

生物名一覧表

［各生物カテゴリーごとに五十音順、英語は末尾にアルファベット順に配列］

和名（英名）	学名	章
病原体		
アブラナの根こぶ病（Clubroot, of Brassica spp.）	*Plasmodiophora brassicae*	10, 16
萎凋病（Wilt）		
バーティシリウム（Verticillium wilt）	*Verticillium albo-atrum* と *V. dahliae*	2, 5, 6, 8, 17, 18
フザリウム（Fusarium wilt）	*Fusarium oxysporum* と他の種	2, 6, 13, 17, 18
イネ小粒菌核病（Stem rot, rice）	*Sclerotium oryzae*	5
イネ馬鹿苗病（Foolish seedling disease of rice）	*Gibberella fujikuroi*	2
イネわい化ウイルス（*Rice tungro spherical waikavirus*）	RTSV	6
オオムギ黄萎ウイルス（*Barley yellow dwarf virus*）	BYDV	6
オランダにれ病（Dutch elm disease）	*Ophiostoma ulmi*	2, 5, 6, 10
果樹の灰星病（Brown rot of fruits）	*Monilinia fructicola*	5
カンキツのかいよう病（Canker, citrus）	*Xantohomonas axonopodis*	10
キャベツの根腐病（Root rot, black, of cabbages）		
フィトフィトラ（Phytophthora）	*Phytophthora* spp.	6, 8, 17, 18
フザリウム（Fusarium）	*Fusarium* spp.	6
キュウリモザイクウイルス（*Cucumber mosaic virus*）	CMV	2, 6, 17
クリ胴枯病（Chestnut blight）	*Cryphonectria parasitica*	2, 10
黒星病（Scab）		
ジャガイモそうか病（Scab, potato）	*Streptomyces* sp.	16
ナシ黒星病（Scab, pear）	*Ventruria pyrina*	18
リンゴ黒星病（Scab, apple）	*V. inaequalis*	5, 12, 18
黒穂病、一般（Smut, general）	いくつかの属	2, 5
コムギなまぐさ黒穂病（Wheat covered, or bunt）	*Tilletia* spp.	3
トウモロコシ黒穂病（Corn smut）	*Ustilago maydis*	2, 3
黒とう病、ブドウ（Anthracnose, Grape）	*Elsinoe ampelina*	10
穀類の麦角病（Ergot of cereals）	*Claviceps purpurea*	2, 3, 6
さび病、穀類の（Rust, cereal）	いくつかの属	2, 3, 5, 17
オオムギ黒さび病（Barley rust）	*Puccinia graminis hordei*	5, 17
コーヒーさび病（Coffee rust）	*Hemileia vastatrix*	2, 3, 10
コムギ黒さび病（Wheat rust）	*Puccinia graminis tritici*	3, 5, 10
マツ発しんさび病（White pine blister）	*Cronartium ribicola*	10
ジャガイモ疫病（Late blight of potatoes）	*Phytophthora infestans*	1, 3, 12
ジャガイモ葉巻ウイルス（*Potato leafroll virus*）	PLRV	17
樹木の根頭がん腫病（Crown gall in trees）	*Agrobacterium tumefaciens*	2, 3, 13, 17
白絹病（Sclerotium rots）	*Sclerotium rolfsii*	8

そう根病（Rhizomania）	*Beet necrotic yellow vein virus* (BNYVV)	2, 6, 10, 17
ダイズモザイクウイルス（*Soybean mosaic virus*）	SoyMV	17
タバコ茎えそウイルス（*Tobacco rattle virus*）	TRV	2
タバコ野火病（Wildfire of tabacco）	*Pseudomonas syringae* pv *tabaci*	5
タバコモザイクウイルス（*Tobacco mosaic virus*）	TMV	2, 3, 5, 6
トウモロコシごま葉枯病（Southern corn leaf blight）	*Cochliobolus heterostrophus*	2, 5
トウモロコシわい化病（Corn stunt）	Corn stunt spiroplasma	2
苗立枯病（Damping off）	*Rhizoctonia solani, Pythium*	6, 13
ナシとリンゴの火傷病（Fire blight, in pears and apples）	*Erwinia amylovora*	2.3, 4, 5, 6, 13, 17, 18
ナシの衰弱（Pear decline）	Pear decline phytoplasma	2, 18
ならたけ病（Oakroot fungus）	*Armillaria mellea*	2, 5, 8, 16, 18
軟腐病（Soft rots）	*Erwinia* spp.	2, 6
灰色かび病（Grey mold, bunch rot）	*Botrytis cinerea*	5, 6, 12, 13, 15
バナナ黒点葉枯病（Black sigatoka disease）	*Mycospaerella musicola*	17
パパイヤ輪点ウイルス（*Papay ringspot virus*）	PRSV-p	17
斑点細菌病（Leafspot）	*Pseudomoas syringae*	5
斑葉細菌病、トマト（Bacterial speck, in tomatoes）	*Pseudomonas syringae* pv *tomato*	2, 5
ビート萎黄ウイルス（*Beet yellows virus*）	BYV	2
ビート西部黄萎ウイルス（*Beet western yellow virus*）	BWYV	6
ビートのウイルス病の一種（*Beet cury top geminivirus*）	BCTV	5, 6
ブドウのカリフォルニア病（Pierce's disease of grapes）	*Xyella fastidiosa*	2, 6
ブドウファンリーフウイルス（Fanleaf virus, grape）	GFLV	2, 6
べと病、一般（Mildew, general）	いくつかの属	2, 12, 18
うどんこ病（Powdery）	*Erisyphe polygoni*	5
ブドウのべと病（Downy of grapes）	*Plasmopara viticola*	3, 6, 10
モモ萎黄病（Peach yellows）	Peach yellows phytoplasma	2
モモ縮葉病（Peach leaf curl）	*Taphrina deformans*	2
レタス小粒菌核病（Lettuce drop）	*Sclerotinia minor*	2, 5, 18
レタスモザイクウイルス（*Lettuce mosaic virus*）	LMV	2, 6, 18
ワタ黒根病（Black root of cotton）	*Thielaviopsis bassicola*	15, 18

雑草

アカザ（Goosefoot, nettleleaf）	*Chenopodium murale*	6
アザミの類（Thistles）	いろいろ	13
スコットランドアザミ（Scotch thistle）	*Onopordum acanthium*	10
セイヨウトゲアザミ（Canada thistle, creeping）	*Cirsium arvense*	6, 10
ロシアアザミ（Russian thistle, tumbleweed）	*Salsola* spp.	5, 6
アゼガヤの類（Sprangletop）	*Leptochloa* spp.	6
アマナズナの類（False flax）	*Camellina*	5
アメリカツタウルシ（Poison ivy）	*Toxicodendron radicans*	2
アメリカツタウルシ（Poison oak）	*T. diversiloba*	2

アレチノギク（Horseweed）	*Conyza Canadensis*	6
イチビ（Velvetleaf）	*Abutilon theophrasti*	2, 5, 10
イヌビエ（Barnyardgrass）	*Echinochloa crus-galli*	4, 5, 6, 10, 18
イヌビエ（Watergrass, late）	*Echinochloa oryzoides*	5
イヌビエの類（Jungle rice）	*Echinochloa colona*	6
イブキトラノオ（Snakeweed, broom）	*Gutierrezia sarothrae*	8
イラクサの類（Nettles）	*Urtica* spp.	2, 18
ウサギアオイの類（Mallow, cheeseweed）	*Malva* spp.	18
ウチワサボテンの類（Prickly pear）	*Opuntia* spp.	2, 10, 13
エゾミソハギ（Loosestrife, purple）	*Lythrum salicaria*	10
エニシダ（Broom, Scotch）	*Cytisus scoparius*	2, 5, 10
エノコログサの類（Foxtail）	*Setaria* spp.	6, 10, 12
アキノエノコログサ（Gianat foxtail）	*S. faberi*	4
エノコログサ（Green foxtail）	*S. viridis*	6
キンエノコロ（Yellow foxtail）	*S. glauca*	5, 6, 12
オオアザミ（Milk thistle）	*Sylibum marianum*	5
オオバノヘビノボラズ（Barberry）	*Berberis vulgaris*	3, 5, 10
オトギリソウ（セントジョン草）（Klamathweed＝Saint-John's wort）	*Hypericum perforatum*	2, 10, 13
オナモミ（Cocklebur）	*Xanthium trumarium*	6
オヒシバ（Goosegrass）	*Eleucine indica*	5, 6
カヤツリグサの類（Nutsedges）	*Cyperus* spp.	2, 4, 5, 10, 18
カヤツリグサ（Purple nutsedges）	*C. purpurea*	2
キハマスゲ（Yellow nutsedges）	*C. esculentus*	10
カラシナの類、野生（Mustards, wild）	*Brassica* spp., *Sinapis arvensis*	2, 4, 5, 6, 17
ギョウギシバ（Bermudagrass）	*Cynodon dactylon*	5, 6, 10
巨大ヨシ（Reed, giant）	*Arundo donax*	10
ギョリュウ（Tamarisk, salt cedar）	*Tamarix ramosissima*	10
クサネム（Jointvetch, Northern）	*Aeschynomene virginica*	13
クズ（Kuzu）	*Pueraria lobata*	10
クロモ（Hydrilla）	*Hydrilla verticillata*	10, 13
コシカギクの類（Mayweed）	*Matricaria*	6
サヤヌカグサの類（Cutgrass）	*Leersia* spp.	6
サンショウモの類（Salvinia）	*Salvinia* spp.	13
シダの類（Ferns）		2
サンショウモ（Water fern）	*Salvinia molesta*	10
シマスズメノヒエ（Dallisgrass）	*Paspalum dilatatum*	6
シロガネヨシの類（Pampasgrass）	*Cortaderia* spp.	10
シロザ（Lambsquarters）	*Chenopodium album*	5, 6, 10
スイバ、ギシギシの類（Docks）	*Rumex* spp.	5
スギナの類（Horsetails）	*Equisetum* spp.	2
スズメノカタビラ，一年生（Bluegrass, annual）	*Poa annua*	6

スズメノチャヒキの類（Bromegrasses）	*Bromus* spp.	6
スズメノテッポウ（Blackgrass）	*Alopecurus myosuroides*	6, 12
スベリヒユ（Purslane, common）	*Portulaca oleracea*	4, 6, 13, 18
セイバンモロコシ（Johnsongrass）	*Sorghum halapense*	2, 5, 6, 10, 15, 18
セイヨウタンポポ（Dandelion）	*Taraxacum officinale*	5, 6
セイヨウヒルガオ（Field bindweed）	*Convolvulvu arvensis*	5, 6, 18
ツノアイアシ（Itchgrass）	*Rottboellia exaltata*	6
トウダイグサ（Spurge, leafy）	*Euphorbia esula*	10
ドクニンジン（Poison hemlock）	*Conium maculatum*	2
ナス属（Nightshades）	*Solanum* spp.	5, 6, 10, 12, 18
ナズナ（Shepherdspurse）	*Capsella bursa-pastoris*	6, 18
ナベナの類（Teasel）	*Dipsacus* spp.	3
ネナシカズラの類（Dodder）	*Cuscuta* spp.	2, 15
ノイチゴの類（Blackberry）	*Rubus* spp.	6, 13
ノゲシ（Sowthisle, common）	*Sonchus oleraceus*	6, 13
ノゲシの類（Prickly lettuce）	*Lactuca serriola*	5, 6
ノボリフジの類（Lupins）	*Lupinus* spp.	5
ノボロギク（Groundsel, common）	*Senecio vulgaris*	2, 4, 6, 12
バイケイソウ（False hellebore）	*Veratrum californicum*	2
ハコベ（Chickweed, common）	*Stellaria media*	4, 6
ハゼリソウ，浜の（Fiddleneck, coast）	*Amsinkia intermedia*	2, 13
ハマウツボの類（Broomrapes）	*Orobanche* spp.	2, 5
ハマビシ（Puncturevine）	*Tribulus terrestris*	13
ハリエニシダ（Gorse）	*Ulex europea*	10
ヒユの類（Pigweed）	*Amaranthus* spp.	4, 6, 10, 18
ヒユの類（Redroot pigweed）	*A. retroflexus*	5, 6
ヒルガオの類，一年生（Morningglory, annual）	*Ipomoea* spp.	10
ブタクサ，巨大（Ragweed, giant）	*Ambrosia artemisifolia*	2
ブタクサ（Parthenium）	*Parthenium hysterophorus*	10
ブタナの類（Cat's ear）	*Hypochoeris* spp.	6
ヘラオオバコ、細葉（Plantain, buckhorn, narrowleaf）	*Plantago lanceolata*	6
ホオズキの類（Ground-cherry）	*Phyusalis* spp.	6
ホテイアオイ（Water hyacinth）	*Eichornia crassipes*	1, 2, 10
ホトケノザ（Henbit）	*Lamium amplexicaule*	6
ポプラ（Poplar, Lombardy）	*Populus nigra*	5
ミズザゼン（Water lettuce）	*Pisita statiotes*	10
ミチヤナギ（Knotweed）	*Polygonum* spp.	5
ミチヤナギ（Lady's thumb）	*Polygonum persicaria*	6
メヒシバ（Crabgrass）	*Digitaria sanbuinalis*	6
ヤグルマギク（Starthisle, yellow）	*Centaurea solstitialis*	2, 10, 13
ヤグルマギクの類（Knapweed）	*Centaurea* spp.	
斑点のあるヤグルマギク（Spotted knapweed）	*C. maculosa*	10

ロシアのヤグルマギク（Russian knapweed）	*Acroptylon* または *C. repens*	10
野生カラスムギ（Wild oat）	*Avena fatua* と他の種	2, 5, 6, 10, 12
ヤドリギ（Mistletoe）		2, 3
大きい葉のヤドリギ類（Large leaved mistletoe）	*Viscum* spp. と *Phoradendron* spp.	6
矮性ヤドリギ類（Dwarf mistletoe）	*Arceuthobium*	2
ヨモギギク（Ragwort, tansy）	*Senecio jacobaea*	13
ライグラスの類（Ryegrass）	*Lolium* spp.	6, 10, 12, 17
ワルナスビ（Horsenettle）	*Solanum carolinense*	2
Halogeton	*Halogeton glomeratus*	2
Medusahead	*Taeniatherum caput-medusae*	10
Melaleuca	*Melaleuca*	10
Miconia	*Miconia calvescens*	2, 10
Skeletonweed, rush	*Chondrilla juncea*	13
Strangler vine	*Morrenia odorata*	13
Witchweed	*Striga* spp.	2, 9, 10

線虫

イネネモグリセンチュウ（Rice root nematode）	*Hirschmanniella*	6
オオハリセンチュウ（Dagger nematode）	*Xiphenema index*	2, 3, 6, 18
クキセンチュウ（Stem and bulb nematode）	*Ditylenchus* spp.	6
コロンビアヤリセンチュウ（Columbia-lance nematode）	*Hoplolaimus columbus*	18
シストセンチュウ（Cyst nematode）	*Heterodera* spp.	2, 5
ジャガイモシストセンチュウ（Potato cyst nematode, golden nematode）	*Grobodera*	5, 10, 17
ダイズシストセンチュウ（Soybean cyst nematode）	*H. glycines*	6, 10, 13
テンサイシストセンチュウ（Sugar beet nematode）	*H. sachachtii*	2, 3, 4, 5, 6, 10, 17
ムギシストセンチュウ（Cereal cyst nematode）	*H. avenae*	13
赤色輪腐病のセンチュウ（ Red ring nematode）	*Bursaphelenchus cocophilus*	6
ナガハリセンチュウ（Needle nematode）	*Longidorus*	6
ニセフクロセンチュウ（Reniform nematode）	*Rotylenchulus reniformis*	12, 18
ネグサレセンチュウ（Root lesion nematode）	*Pratylenchus* spp.	2, 6, 18
ネコブセンチュウ（Root knot nematode）	*Meloidogyne* spp.	2, 3, 6, 12, 13, 17, 18
ネモグリセンチュウ（Burrowing nematode）	*Radopholus similis*	5, 6
マツノザイセンチュウ（Pinewood nematode）	*Bursaphelenchus xylophilus*	5, 6, 10
ユミハリセンチュウ（Stubby root nematode）	*Trichodorus* spp., *Paratrichodorus* spp.	2, 6
ワセンチュウ（Ring nematode）	*Criconemoides* spp.	13, 18

軟体動物

カタツムリの類（Snails）	いろいろ	2, 13
アフリカマイマイ（Giant African snail）	*Achatina fulica*	10
スクミリンゴガイ（Golden apple snail）	*Pomacea canaliculata*	10
Brown garden snail	*Helix aspersa*	13

Decollate snail	*Rumina decollata*	13
Rosy wolfsnail	*Euglandina rosea*	10, 13
ナメクジの類（Slugs）	いろいろ	2, 6, 13
コウラナメクジ（Garden slug）	*Limax flavis*	2
Gray garden slug	*Agriolimax reticulatus*	

節足動物

アザミウマ目アザミウマ科（Thrips）	Thysanoptera : Thripidae	
Flower thrips	*Megalurothrips sjostedti*	16
Six spotted thrips	*Scolothrips sexmaculatus*	13
アブラムシ、一般（Aphid, general）	Homoptera : Aphididae	1, 2, 4, 5, 6, 8, 13, 15, 18
エンドウヒゲナガアブラムシ（Pea aphid）	*Acyrthosiphon pisum*	5
オオバコアブラムシ（Rosy apple aphid）	*Dysaphis plantoginea*	2, 13, 18
ダイコンアブラムシ（Cabbage aphid）	*Brevivoryne brassicae*	13
チューリップヒゲナガアブラムシ（Potato aphid）	*Macrosiphum euphorbiae*	5
トウモロコシアブラムシ（Corn leaf aphid）	*Rhopalosiphum maidis*	8
モモアカアブラムシ（Green peach aphid）	*Myzus persicae*	5, 6, 12, 18
リンゴワタムシ（Wooly apple aphid）	*Eriosoma lanigerum*	3, 18
ワタアブラムシ（Cotton aphid）	*Aphis gossypii*	18
Russian wheat aphid	*Diuraphis noxia*	10
Spotted alfalfa aphid	*Therioaphis maculata*	10, 17
アメリカタバコガ（Corn earworm）	*Helicoverpa zea*	1, 2, 5, 12, 16
アメリカタバコガ（Cotton bollworm）	*Helicoverpa zea*	2, 12, 13
アメリカタバコガ（Tomato fruit worm）	Corn earworm を見よ	
アリ、一般（Ants, general）	Hymenoptera : Formicidae	2, 3
アカカミアリの類（Fire ant）	*Solenopsis*	10
ガ（Moth）		
コナガ（Diamondback moth）	*Plutella xylostella*	12
ジャガイモガ（Potato tuber moth）	*Phthorimaea operculella*	17
Cactus moth	*Cactoblastis cactorum*	3, 10, 13
カイコ（Silkworm）	*Bombyx mori*	2, 3
カサアブラムシ（Adelgid, woolly balsam）	*Adelges picaeae*	10
カスミカメムシの類（Lygus bugs）	*Lygus* spp.	1, 2, 6, 18
カマキリ（Mantis, praying）	Orthoptera : Mantidae	2, 5, 13
カメムシ科（Stinkbug）	Heteroptera : Pentatomidae	6
ミナミアオカメムシ（Southern green stinkbug）	*Nezara viridula*	13
カメムシ（Bug）	Heteroptera	
オオメカメムシの一種（Bigeyed bug）	*Geocoris puntipes*	2, 13
Assassin bug	*Zelus*	13
Dumsel bug	*Nabis*	13
Minute pirate bug	*Orius tristicolor*	6, 13
キジラミ科（Psyllids）	Homoptera : Psyllidae	5, 18

クサカゲロウ（Lacewings）	Neuroptera	2, 4, 6, 13
クモ目、一般（Spider, general）	Araneae	2, 13
コウチュウ（Beetle）	Coleoptera	
インゲンテントウ（Mexican bean beetle）	*Epilachna varivestis*	2, 13, 17
オサムシ（Carabid beetle）	Carabidae	6, 8, 13
オサムシの類（Ground beetle）	Carabidae	4
カミキリムシ（Longhorn beetle）	Cerambycidae	6
コロラドハムシ（Colorad potato beetle）	*Leptinotarsa*	3, 5, 10, 12, 17
ジュウイチホシウリハムシ（Spotted cucumber beetle）	*Diabrotica undecimpunctata*	2
テントウムシ（Ladybird beetle）	Coccinellidae	2, 4, 6, 13
ノミハムシ（Flea beetle）	Chrysomelidae	5
ベダリアテントウ（Vedalia beetle）	*Rodolia cardinalis*	3, 13
マメコガネ（Japanese beetle）	*Popillia japonica*	13
Asian longhorned beetle	*Anoplophora glabripennis*	10
Bean leaf beetle	*Cerotoma trifurcata*	1
Cereal leaf beetle	*Oulema melanopus*	10
Elm bark beetle	*Decemlineata scolytidae*	2, 5, 6, 10
Rape blossom beetle	*Meligethes aeneus*	16
Striped cucumber beetle	*Acalymma vittatum*	14
コオロギ、一般（Cricket, general）	Orthoptera : Gryllidae	2
ケラ（Mole cricket）	Orthoptera : Gryllotalpidae	3, 15
コドリンガ（Codling moth）	*Cidya pomonella*	1, 3, 8, 17, 18
コナカイガラムシ、コーヒーの根（Mealybug, coffee root）	*Geococcus coffeae*	13
コナジラミ、一般（Whiteflies, general）	*Bemisia* spp., *Trialeurodes* spp.	2, 8, 12, 18
コメツキムシ科（Wireworms）	Coleoptera : Elateridae	8
ザリガニ（Crayfish）	Astacoidea	2
シャクトリムシ（Looper）	Lepidoptera : Noctuidae	
Soybean looper	*Pseudoplusia includens*	5
17年ゼミ（Cicada, periodical）	*Magicicada septendecim*	5
シロアリ目（Termites）	Isoptera	2, 5
スズメバチ科、いろいろ（Wasps, various）	Hymenoptera : Vespidae	2, 5, 6
ゾウムシ科（Weevil）	Coleoptera : Curuculionidae	
アルファルファタコゾウムシ（Alfalfa weevil）	*Hypera postica*	5, 6
キンケクチブトゾウムシ（Black vine weevil）	*Otiorhynchus sulcatus*	13
ワタミハナゾウムシ（Cotton boll weevil）	*Anthonomusu grandis grandis*	2, 3, 5, 10, 14, 18
Egyptian alfalfa weevil	*Hypera bruneipennis*	5, 6, 10
Imported crucifer weevil	*Baris lepidii*	10
South American palm weevil	*Rhynchophorous palmarum*	6
ダニ目（Mites）	Acarina	1, 5, 6, 12, 13
チューリップサビダニ（Wheat curl mite）	*Acria tulipae*	17
ナミハダニ（Two spotted mite）	*Tetranychus urticae*	13
ハダニ科（Spider mite）	Tetranychidae	2, 5, 6, 13

捕食性ダニ（Predecous mite）	Phytoseiidae と Stigmaidae	2, 13
タバコガの類（Bollworm）	Lepidoptera	17, 18
ニセアメリカタバコガ（Cotton bollworm）	*Heliothis virescens*	2, 5, 12, 13
ワタアカミムシ（Pink bollworm）	*Pectinophora gossypiella*	8, 10, 16, 17, 18
タマゴコバチ科の種（Trichogramma）	*Trichogramma* spp.	13
タマバチ（Cynipid wasps）	Hymenoptera : Cynipidae	2
タマバチ科（Cynipid gall wasp）	Hymenoptera : Cynipidae	2
チョウ（Butterfly）	Lepidoptera	
オオアメリカモンキチョウ（Alfalfa butterfly）	*Colias eurytheme*	13
オオカバマダラ（Monarch butterfly）	*Danaus plexippus*	5
トビイロウンカ（Planthopper, brown）	*Nilaparvata lugens*	5, 17
ナシヒメシンクイ（Oriental fruit moth）	*Grapholita molesta*	8
ネキリムシ（Cutworm）	Lepidoptera : Noctuidae	2, 3, 4, 6, 8
タマナヤガ（Black cutworm）	*Agrotis ypsilon*	5
ニセタマナヤガ（Variegated cutworm）	*Peridroma saucia*	6
ハエ（Fly）	Diptera	
ウシヒフバエ類（Warble fly）	*Hypoderma*	4
タマネギバエ（Onion maggot）	*Delia antiqua*	14
ツエツエバエ（Tsetse fly）	Glossinidae	5
ニンジンサビバエ（Carrot rust fly）	*Psila rosae*	14
ハナアブ科（Syrphid fly）	Syrphidae	6, 13
ヘシアンバエ（Hessian fly）	*Mayetiola destructor*	5, 17
ヤドリバエ科（Tachinid fly）	Tachinidae	6, 10, 13
リンゴミバエ（Apple maggot）	*Rhagoletis pomonella*	14
Cabbage maggot	*Delia brassicae*	14
Walnat husk fly	*Rhagoletis completa*	8
ハサミムシの類（Earwig）	Dermaptera : Forficulidae	2
バッタ科（Grasshoppers）	Orthoptera : Acrididae	2, 5
バッタ科（Locusts）	Orthoptera : Acrididae	2, 3
ハバチ科（Sawfly）	Hymenoptera : Tenthredinidae	
カラマツアカハラハバチ（Larch sawfly）	*Pristiphora erichsonii*	13
Spruce sawfly	*Pikonema alaskensis*	13
ハマキガ科（Leaf roller）	Lepidoptera : Tortricidae	13, 18
雑食性のハマキガ（Omnivorous leaf roller）	*Platynota stultana*	6
リンゴのハマキガ類（Apple leaf roller）	いくつかの種	5, 18
ハモグリバエ、一般（Leaf miners, general）	Diptera : Agromyzidae	8, 18
マメハモグリバエ（Pea leaf miner）	*Liriomyza trifolii*	10
ブドウネアブラムシ（Phylloxera, grape）	*Daktulosphaira vitifoliae*	3, 5, 10, 17
マイマイガ（Gypsy moth）	*Lymantria dispar*	2
Asian gypsy moth	*Lymantria dispar*	10
マルカイガラムシ科、一般（Scale, general）	Homoptera : Diaspididae	2, 3, 8
アカマルカイガラムシ（Red scale）	*Aonidiella aurantii*	13, 14

イセリアカイガラムシ（Cottony cushion scale）	*Icerya purchasi*	3, 13
ナシマルカイガラムシ（San Jose scale）	*Quadraspidiotus perniciosus*	3, 5, 12
ミズムシ（Sowbug）	Isopoda : Asellidae	2
ミツバチ（Bees）	Hymenoptera : Apidae	3, 13
ミバエ科（Fruit fly）	Tephritidae	13
チチュウカイミバエ（Mediterranean fruit fly, medfly）	*Ceratitis capitata*	9, 10, 17
モモキバガ（Twig borer, peach）	*Anarsia lineatella*	5
モンシロチョウ（Cabbage worm, imported）	*Pieris rapae*	5
ヨーロッパアワノメイガ（Corn borer, European）	*Ostrenia nubilalis*	1, 10, 17
ヨコバイ、一般（Leafhopper, general）	Homoptera	2, 6, 8, 12, 17
Blackberry leafhopper	*Dikrella californica*	6, 13
Grape leafhopper	*Erythoroneura elegantula*	2, 6, 13
Sugar beet leafhopper	*Eutettix tenellus*	5, 6
ヨトウムシ（Armyworm）	Lepidoptera : Noctuidae	6, 13
シロイチモジヨトウ（Beet armyworm）	*Spodoptera exigua*	13
リンゴミバエ（Maggot, aple）	*Rhagoletis pomonella*	5, 8
Bulbfly, wheat	Diptera : Anthomyidae	6
Chinchi bug, false	*Nysius raphanus*	6
Navel orangeworm	*Amyelois transitella*	5, 8
Rootworms	*Diabrotica* spp.	12, 14
Western corn rootworm	*Diabrotica virgifera*	5
Sharpshooters（glassy winged）	*Homalodisca coagulata*	6
Shrimp, tadpole	*Triops longicaudatus*	5
Stem borers	Lepidoptera : Pyralidae	2, 13
Velvetbean caterpillar	*Anticarsia gemmatalis*	5, 13

脊椎動物

イヌワシ（Golden eagle）	*Aquila chrysaetos*	2
ウサギの類（Rabbit）	*Oryctolagus cuniculus*	2, 6, 10, 13
オオウサギ（Jack rabbit, hare）	*Lepus* spp.	2
Cottontail rabbit	*Sylvilagus* spp.	2, 13
ウシ（Cattle）	*Bos taurus, Bos indicus*	13
カダヤシ（Mosquito fish）	*Gambusia* spp.	13
ガチョウ（Geese）	Anatidae : *Branta canadensisi, Anser anser*	13
カバ（Hippopotamus）	*Hippopotamus amphibius*	2
カモ（Ducks）	Anatidae : *Anas* spp.	13
カラス（Crow）	Corvidae : *Corvus* spp.	2
カンガルー（Kangaroo）	*Macropus* sp.	2
キツネ（Fox）	Canidae : *Urocyon cinareoargenteus*	13
クマ（Bears）	Ursidae : *Ursus* spp. *Euarctos* spp.	2
コイ（Carp）	Cyprinidae : *Cyprinus carpio*	10, 13
コウモリ（Bat）	Chiroptera	2, 13

コモリネズミ（Opossums）	*Didelphis marsupialis*	2
コヨーテ（Coyote）	Canidae : *Canis latrans*	2, 13
シカ（Deer）	Cervidae	2
シロイタチ（Ferret）	Mustelidae : *Mustela* spp.	13
スカンク（Skunk）	*Mephitis* spp.	2
ゾウ（Elephant）	*Loxodonta africana*	2, 3, 8
タカ（Hawks）	いろいろ	13
トガリネズミ（Shrews）	Soricidae	13
ネズミの類（Rat）	*Rattus* spp.	2, 3, 10, 12, 13
クマネズミ（Roof rat）	*Rattus rattus*	2
ドブネズミ（Norway rat）	*Rattus norvegicus*	2
ハタネズミ（Vole, field mouse）	*Microtus* spp.	2, 5, 6, 13, 18
ハツカネズミ（Mouse）	*Mus musculus*	2, 3, 6, 12, 13
ハマヒバリ（Horned lark）	*Eremophila alpestris*	2
ビーバー（Beavers）	Rodentia : Castoridae	2
ヒツジ（Sheep）	*Ovis* spp.	13
ヒト（Human）	*Homo sapiens*	2, 13
フクロウの類（Owl）	Strigiformes	13
メンフクロウ（Barn owl）	*Tyto alba*	
フクロリス（Possum, brushtail）	*Trichosurus vulpecula*	2
ブタ、野生（Pigs, feral）	Suidae : *Sus scrofa*	10
プレーリードッグ（Prairie dogs）	*Cynomys ludovicianus*	2
ヘビの類（Snake）		
Brown tree snake	*Boiga irregularis*	10
ホリネズミ（Gopher, pocket）	Hetromyidae	2, 13, 15
マングース（Mongoose）	*Herpestes* spp.	2, 10, 13
ムクドリ（Starling）	*Sturnus vulgaris*	2, 10
ムクドリモドキ科（Blackbirds）	Icteridae	2
ヤギ（Goats）	Bovidae	13
野生ヤギ（Feral goat）		10
リスの類（Squirrel）	*Spermaophilus* spp.	2, 18
シマリス（Ground squirrel）		2, 5, 13

作物とその他の植物

アスパラガス（Asparagus）	*Asparagus officinalis*	6, 11
アブラナ（Canola, oilseed rape）	*Brassica napus*	17
アブラナ類（Cole crops）	*Brassica oleracea* 由来	2
アルファルファ（Alfalfa, lucerne）	*Medicago sativa*	1, 2, 4, 6, 13, 17
イチゴ（Strawberry）	*Fragaria vesca*	2, 13, 18
イネ（Rice）	*Oryza sativa*	1, 2, 3, 11, 15, 17
イモ類（Potatoes）		
サツマイモ（Sweet potato）	*Ipomoea batatas*	13

ジャガイモ（Irish or white potato）	*Solanum tuberosum*	1, 2, 3, 6, 10, 17
エンドウマメ（Peas）	*Pisum sativum*	2, 3, 15, 17
オオムギ（Barley）	*Hordeum vulgare*	5, 17
オレンジと他のカンキツ類（Oranges and other citrus）	*Citrus* spp.	2, 3, 10, 13
カラスムギ（Oat）	*Avena sativa*	17
カリフラワー（Cauliflower）	*Brassica oleracea* var *botrytis*	13
キビ、アワ、モロコシ類（Millets）	*Pennisetum* と *Setaria* spp.	2
キャベツ（Cabbage）	*Brassica oleracea* var *capitata*	2, 12, 17
キュウリ（Cucumber）	*Cucumis sativus*	17
クローバ（Clover）	*Trifolium* spp.	17
コーヒー（Coffee）	*Coffea* spp.	2, 10
コカ（Coca）	*Erythroxylum coca*, *Erythroxylum novogranatense*	10
ゴム（Rubber）	*Hevea brasiliensis*	2, 4, 13
コムギ（Wheat）	*Triticum aestivum*	1, 2, 3, 4, 5, 6, 10, 17
サクランボ（Cherry）	*Prunus cerasus*	2
サトウダイコン（Sugar beet）	*Beta vulgaris*	1, 2, 4, 5, 10, 13, 17
ズッキーニ（Zucchini）	*Cucurbita pepo* var *medullosa*	2, 17
ダイズ（Soybean）	*Glycine max*	1, 3, 4, 6, 11, 13, 17
タバコ（Tobacco）	*Nicotiana tabacum*	3
タマネギ（Onions）	*Allium cepa*	13
トウモロコシ（Corn, maize）	*Zea mays*	1, 2, 3, 4, 10, 11, 17
トマト（Tomato）	*Lycopersicon esculentum*	2, 5, 17
ナシ（Pear）	*Pyrus communis* と他の種	2, 3, 4, 5, 17, 18
ニンジン（Carrots）	*Daucus carota*	2
バナナ（Banana）	*Musa* spp.	7, 17
ヒマ（Caster bean）	*Ricinus communis*	6
ブドウ（Grape）	*Vitis vinifera*	3, 5, 6, 10, 13, 17
ブロッコリー（Broccoli）	*Brassica oleracea* var *botrytis*	13
マメ類、インゲンマメ、サヤインゲン（Beans, snap, string, dry）	*Phaseolus vulgaris*	2, 6
マリーゴールド，アフリカ（Marigolds, African）	*Tagetes* spp.	13
メキャベツ（Brussels sprouts）	*Brassica olreacea* var *gemmifera*	13
メロン（Melon）	*Cucurbita melo*	3
モモ（Peach）	*Prunus persica*	2
モロコシ（Sorgum, grain）	*Sorghum bicolor*	2, 11
ヤシの類（Palm）		6
アブラヤシ（Oil palm）	*Elaeis guineensis*	
ココヤシ（Coconut palm）	*Cocos nucifera*	
ライムギ（Rye）	*Secale cereale*	2
リンゴ（Apples）	*Malus sylvestris*	1, 2, 3, 18
レタス（Lettuce）	*Lactuca sativa*	1, 2, 4, 13, 16, 18

用語解説

［五十音順、英語は末尾にアルファベット順に配列］

この用語解説はWeinberg（1983）によって出版された使用法と、Agrios（1997）、Caveness（1964）、Flint and Gouveia（2001）、Herren and Donahue（1991）、Lincoln, Boxshall and Clark（1998）、Pedigo（1999）、Ricklefs and Miller（2000）、Shurtleff and Averre（1997）とUniversity of California IPM project（Anonymous, 2000）からの引用にもとづいている。

亜急性毒性（subacute toxicity）　ある毒素を致死量以下の薬量で繰り返して与えた場合、その生物に有毒かまたは傷害を与える作用。

アセチルコリン（Ach）（acetylcholine, Ach）　動物の神経系におけるシナプシスの神経興奮伝達として機能する化学物質。

圧搾空気噴霧機（compressed air sprayer）　1～3ガロンの容量を持つ散布機で、散布管、圧力をかける空気ポンプ、散布者が運ぶための肩帯を持つ。

アフラトキシン（aflatoxin）　発ガン性をもつ強力なカビ毒で、*Aspergillus flavus* 菌がピーナッツ、トウモロコシ、穀類と他の作物の上で育つときに、自然に生産される。

アルカロイド（alkaloids）　ある植物によって生産される食植者に対して有毒か抑圧的である窒素を含む化合物。

アルファー多様性（alpha diversity）　特定の場所に発生した生物の多様性。

アロモン（allomone）　ある種によって生産され、他の種に影響を持つ化学的伝達物で、放出者に利益があるが、受け入れ者にとっては利益のないもの。忌避物質はその例。

安定化剤（stabilizing agent）　貯蔵中に農薬が分解するのを遅らせる化学物質。

萎黄病（yellows）　葉が黄色くすくむ植物の病気。通常ウイルス、MLOまたは菌類によって起こる。

閾下増進効果（hormesis）　毒物への少量の暴露による成長刺戟。

異種寄生性の（heteroecious）　その生活環を完結するために2つの関係のない寄主植物を食うか、寄生しなければならない生物。例はさび病菌、lettuce root aphid。

異常肥大（gall）　細菌、線虫、昆虫を含む、さまざまなタイプの有害生物の活動の結果として起こる、植物組織の膨れ、変形あるいは成長物。

一次感染源（primary inoculum）　ある栽培シーズンの間に最初の感染を開始する病原体の繁殖体。

一次寄主（primary host）　特定の病原体または作物の有害生物のための主な寄主。

一年生植物（annual）　その生活環を1年以内で完結して死ぬ植物。時にはその植物が成長し繁殖する1年の時期によって夏一年生植物と冬一年生植物に分類される。

1回摂食毒餌（single-feeding bai）　ストリキニーネまたはリン化亜鉛のような急性毒素を含む殺そ剤で、1回食うのみで効果的である。

一化性（univoltine）　1年に1世代を持つこと。多化性を参照。

一般名（common chemical name）　農薬の有効成分につけられた正式名称で、それは通常化学名よりも短い。各化学物質は科学的文献の中で用いられる、単一の一般名を持つ。

遺伝子（gene(s)）　DNA分子における一連のヌクレオチドから構成された遺伝の単位。ひとつの形質のための遺伝情報を含み、染色体の上の特定の部位に生ずる。

遺伝子組み換え（transgenic）　遺伝子が挿入されてきた植物。しばしばGMOという用語によって不正確に記述される。

遺伝子工学（genetic engineering）　生物の染色体の中のDNAを除いたり、修正したり、加工したり、あるいは現存するDNAの発現の修正によって生物の遺伝的構成を変えること。

遺伝的操作生物（GMO）（genetically modified oraganism）　遺伝子組み換え作物を含む遺伝的に操作された生物を、記述するために用いられる不正確な表現。技術的には、人為的選択によって野生種から由来した、飼いならされた生物は如何なるものも遺伝的に操作された生物である。

遺伝的防除（genetic control）　死亡率の増大の代わりに、

繁殖力の減少を強調する手法。「不妊虫放飼法」を見よ。

移動（migration）　季節に関連した生物の長距離の移動。

移動個体群（migrant population）　昆虫に関係して、個体群がそのもといた場所から、食物や隠れ家を探すためや、その他の理由で離れること。

移動性外部寄生性線虫（migratory ectoparasitic nematode）　寄主の外側から摂食する線虫で、その寄主または他の寄主の上の他の場所に移動することができる状態を保つもの。

移動性内部寄生性線虫（migratory endoparasitic nematode）　寄主植物の組織の中に入り、内部的に食い、繁殖しながら、組織を通って移動できる線虫。

ウイルス（virus）　タンパク質の外被と核酸の中心からなる顕微鏡的寄生者で、成長し繁殖するために生きた細胞を必要とする。

ウイルス粒子（virion）　完全に個体的なウイルス粒子で、タンパク質の外被と核酸を含む。

ウイロイド（viroid）　タンパク質の外被を持たない、感染できるリボ核酸。

植え付け前（preplant）　作物の植え付け前に行なわれる意思決定または行動。

植え付け前灌漑（preirrigation）　作物が植え付けられる前の灌漑。除草剤を施用するか芽生えの早い出芽を許すために土を湿らせるのに用いられる。

植え付け前混合（PPI）（preplant incorporated, PPI）　作物を植え付ける前に施用され、土の中に物理的に混合された農薬。

植え床（bed）　両側にある溝の上に作物を植え付けるために盛り上げられた土の畝。

浮き畝覆い（floating row cover）　昆虫の攻撃と環境ストレスから守るために、植物の上に置く軽くて空気を通す敷物。

ウジ（maggot）　ハエ目とあるハチ目で見いだされる、はっきりした頭がない脚のない幼虫。

ウジ型幼虫（grub）　太い体をして、ゆっくり動く幼虫で、よく発達した頭部と胸部の脚を持つが、腹脚がない。通常、コウチュウ。

うどんこ病、べと病（mildew）　植物の表面にわたって菌糸体が成長する菌類による病気で、白っぽい変色をもたらす。

ウリ類（cucurbits）　ウリ科に属する植物。例えば、カボチャ、キュウリ、セイヨウカボチャ。

運動性（motile）　移動可能性。

衛生（sanitation）　有害生物の感染源を減らすために、作物と雑草の残滓を破壊し、装置を洗うこと。

永続伝染性（persistence）　ウイルスが昆虫媒介者に感染した後、その媒介者の生命の残りの期間にさらに伝搬することのできること。

栄養素（nutrient）　植物または動物の成長のために必要な無機質の要素。

栄養的（vegetative）　無性的または体細胞的。

栄養的関係（trophic relationship）　生物の間の摂食関係。誰が誰を食うかの記述。

栄養的成長（vegetative growth）　花や果実ではなく茎、根、葉の成長。

エーカー（acre）　4万3560平方フィートまたは0.414ヘクタールに等しい面積の計測単位。640エーカーは1平方マイルあるいは土地の1区画。

液（sap）　植物の維管束組織の中の液体の用語。

液剤（S）（solution）　水に溶ける農薬で、直接水に混ぜることができる。通常、拡展剤と展着剤を含む。

液滴（droplet）　液剤散布ノズルまたはスピナによって作られる液体の球体。

壊死（necrosis）　局部的病斑の中での組織の死。

越冬（overwinter）　冬の不利な条件の下で次の成育シーズンまで生き残ること。

越冬一年生（winter annual）　秋に発芽し、冬を経て生き、翌春その種子生産を含む成長を完結する植物。

エリザ、酵素結合抗体法（ELISA）　enzyme-linked immunosorbent assay［酵素に結びついた免疫溶液試験］の略。特定の生物に特異的な抗原に親和性のある抗体を用いた、有害生物の検出と同定に用いられる試験法。

塩素化炭化水素（chlorinated hydrocarbons）　水素、炭素、塩素を含む化合物のカテゴリー。それは長い残留寿命を持ち、幅広い有害生物に対して有効性がある。例には、エンドリン、DDT、トキサフェンがある。

円板、ディスク（disc）　凹型で丸い金属の円板の多数のグループからなる土壌を耕耘する用具。鋤床硬盤を形成しないので、重い粘土土壌でしばしば用いられる。

煙霧機（fogger）　農薬をきわめて細かい液滴（エアロゾルまたは煙）に壊して、その液滴を標的地域の上に吹きつけるか浮遊させる農薬施用装置。

煙霧剤（aerosol）　空気中に懸濁した、きわめて細かい液滴（直径0.1～5μm）。推進ガスで圧力をかけられた容器によって発生されるか、煙霧機または微量散布（ULV）機のような煙霧剤発生機によって発生される。

黄白化（chlorosis） 植物における病気、昆虫の被害、除草剤の被害、あるいは生理的不調によって起こる病徴の一種。通常は暗緑色の組織が黄色または明緑色になる。

オーキシン（auxin） 成長を刺激する植物ホルモン。

置き換え（置き換え有害生物、有害生物の二次的大発生）（replacement, replacement pest, secondary pest outbreak） マイナー有害生物種が別の主要種を標的にした防除戦術のために、その数が増えて被害を起こし、主要有害生物になること。

汚染（pollute） 環境の中に望ましくない化学物質または材料を入れること。

帯状施用（band application） 農薬または肥料を圃場全面ではなくて、畝の中やこれに沿うように、決まった、限られた、連続した場所に施用する方法。

汚物（filth） げっ歯類、昆虫、トリ、またはそれらの部分、または他の不愉快な物による食品の汚染。

塊茎（tuber） 大きくなった多肉質の地下の茎。例えば、ジャガイモとカヤツリグサの類。

外骨格（exoskeleton） 昆虫と他の節足動物のキチン質の体壁または外部的骨格。

害徴（symptom） 除草剤によってもたらされる植物の傷害。

回避（avoidance） おおむね有害生物がいないような地域で作物を栽培すること。

外皮、珠皮（integument） 昆虫と線虫のクチクラまたは植物の種子の外皮のような外側の被覆。

外部寄生者（ectoparasite） 寄主を食う間、寄主の体の外側に留まっている寄生者。

界面活性剤（surfactant） 化学物質の液体混合物への添加物で、施用した材料の乳化、分散、拡展と湿らせる特性を改善するもの。

潰瘍（canker） 茎、枝または幹のような植物の木質部の上の局地的に乾くか死んだ部分。しばしば病原体の感染による。

外来（exotic） 自然には発生していない、ある地域の中に導入された非在来生物。

カイロモン（kairomone） ある種のある個体によって生産されるホルモンで、他の種の受け手の個体に有益な効果を持つもの。

加害、障害（injury） 有害生物の活動によって植物の生理にもたらされる被害。

化学的防除（chemical control） 化学的農薬による有害生物の軽減。

化学不妊剤（chemosterilant） 生物を効果的に不妊化し、繁殖を防ぐ化学物質。

化学名（chemical name） 農薬の有効成分のようなある化合物の化学的構造を特定する名前。例えばマラソンは 0,0-dimethyl-（1,2-dicarb-ethoxyethyl） phosphorodithioate。

核多角体病ウイルス（NPV）（nuclear polyhedrosis virus, NPV） 昆虫、特にあるチョウ目とハチ目の幼虫に対して致死的なウイルス病。

拡展剤（spreader） 農薬が標的をおおう面積を広げる能力を増強するために、農薬の製剤に加えられる資材。

攪拌（agitate） 農薬成分が施用タンクの中で分離したり沈澱したりしないように、農薬の混合物をかきまわしたり、振ったりすること。

かさぶた（scab） 病気の病徴で、植物の表面の殻状のもの。

花序（inflorescence） 花の末端の集合体のための集合的用語。

風伝播（wind-borne） 風によって伝播する有害生物。

活性剤（activator） 農薬に加える化合物または物質で、直接あるいは間接的に農薬の効力や有効性を増加させるもの。「協力剤」を見よ。

カテゴリーⅠ農薬（category I pesticide） 高度に毒性のある農薬で、LD_{50}は 0～50mg/kg 体重であり、DANGER POISON（危険）という太字と髑髏のマークのついたラベルがつけられる。

カテゴリーⅡ農薬（category II pesticide） 中程度の毒性の農薬で、LD_{50}は 50～500mg/kg 体重であり、WARNING（警告）という太字でラベルされる。

カテゴリーⅢ農薬（category III pesticide） 低い程度の経口急性毒性で LD_{50}は 500～5000mg/kg 体重であり、CAUTION（注意）という太字でラベルされる。

カテゴリーⅣ農薬（category IV pesticide） きわめて低い経口急性毒性で LD_{50}は 5000mg/kg 体重以上。これらは適切に扱われるときには、人間への危険は最少である。しかし、あるものは燃えやすいので、注意して貯蔵しなければならない。

カビ（mold） 枯れるか、または腐りつつあるものの上で目だった菌糸体または胞子塊を持つ菌類。

カプセル化剤（encapsulated material） 取り扱いと施用における危険を減らすためと、施用後ゆっくり放出させるようにするため、有効成分を不活性物質の中に閉じこめた農薬の製剤。

カプセル剤（encapsulation） 有効成分が支持材料（しばしばプラスチック）の中に封入された農薬製剤のタイプ。

株立ち（stand establishment） 種子の発芽と芽生えの成長の初期。

夏眠（aestivation） 夏の間の休眠または不活性。「冬眠」を参照。

可溶粉剤（SP）（soluble powder, SP） 水に加えたときに真の溶液を形成するような乾いた農薬の製剤。さらに震盪する必要はない。

刈株（stubble） 収穫のあと畑に残る植物の茎と葉柄。

刈幅（swath） 乾燥させるために畑の中に置かれた、収穫された作物の列。

カルス（callus） (i) 傷や接ぎ木のような傷のついた場所の上に成長する植物組織で、防御的反応である。(ii) 組織培養において成長する植物組織。まだ分化しないままであり、特定の組織に分化する可能性を残している。

カルチベータ（cultivator） トラクターに付属する機械的装置で、土壌を耕耘し、土壌に空気を入れ、雑草を殺すために土の上をひきずるもの。

枯れ込み（dieback） 小枝、枝または茎の先端から植物の主茎に向かって戻る進行的な死。

環境（environment） 水、空気、土、植物、動物を含む、ある地域の周囲の事物。

環境保護庁（EPA）（Environmental Protection Agency, EPA） アメリカ合衆国において、環境を守ることに関連した法律を施行する連邦機関。

勧告（recommendation） 作物の栽培と有害生物の防除に関係した農場アドバイザー、普及所の専門家、有害生物防除アドバイザー、または他の農業的専門家からの示唆あるいはそれによって与えられるアドバイス。

冠根（crown） ひとつの植物の中で茎と根が出会う場所。

間作（interplanting, intercropping） 1枚の土地の上に同時に1つ以上の作物を栽培すること。

監視（surveillance, scouting） 有害生物の存在、密度、分散と動態を決定するためのモニタリング。

感受性（sensitive） 農薬の影響への耐性が低いもの。

感受性の（susceptible） 有害生物の摂食と繁殖を阻止したり遅らせたりすることができないこと。「抵抗性」を参照。

緩衝域（buffer） 作業者の暴露または近隣の汚染を予防するために農薬が施用されない圃場の地域。

緩衝剤（buffer） pHが突然変化することを避ける何らかの化学物質。

環状除皮（girdling） 苗条、幹、または根から、外と内の樹皮を輪状に完全に加害または除去すること。環状除皮は光合成物質の正常な下方への転流を除外することによって、輪の上と下の組織の死を招く。

感染（infection） 寄主の組織の中への病原体の侵入と定着。

感染源（inoculum） 有害生物の繁殖体で、それから新しい汚染または感染が起こる。

完全時代（perfect stage） 菌類の生活環の一部で、配偶子と性的胞子が作られる期間。

感染部位（infection site、同義語：infection court） ある場所への有害生物の物理的存在。

完全変態の（holometabolous） 4つの発育段階、すなわち卵、幼虫、蛹、成虫を含む昆虫の生活環。complete metamorphosisとしても知られる。例にはコウチュウ、ハエ、ハチ、ガがある。

乾燥（desiccation） 化学物質または物理的作用による脱水（水分の除去）。脱水を促進する化学物質は乾燥剤と呼ばれる。

ガンマ多様性（gamma diversity） ある地域の中にあるすべての生息場所の包括的な生物多様性。

甘露（honeydew） 吸汁性の昆虫によって生産され、植物の液汁から由来する分泌物で、アブラムシ、カイガラムシによって生産される。

緩和（mitigation） 有害生物の数を減らす活動。

機械的振とう（mechanical agitation） 農薬をタンクの中で十分な混合状態に保つ装置の、動かし、かきまぜ、渦を巻く働き。

機械的防除（mechanical control） 有害生物の物理的攪乱にもとづく有害生物防除戦術。その中には耕耘と鋤きこみによる方法（例えば、雑草防除のための耕耘）を含む。

器官脱離（abscission） 葉、果実、または他の器官が植物から離れる自然の過程。

危険（danger） FIFRAの指定により、その農薬に高度な毒性があることを使用者に伝えるために、農薬のラベルの上に記す言葉。Poison［毒物］という言葉と髑髏のマークが、この危険という言葉に常に伴う。

危険、危害（hazard）　暴露されると被害が起こる可能性のあること。例えば有害な物質。

気孔（stoma、複数：stomata）　葉の表皮の開口部で、呼吸の間にそれを通して水蒸気を放出し、大気と植物の間のガスが交換される。

揮散（vapor drift）　傷害をひき起こす場所への農薬蒸気の移動。「漂流飛散」を見よ。

希釈剤（diluent）　何らかの付属的担体。溶剤、乳化剤、湿った資材で、有効成分を薄めるように農薬を製剤化するために用いられる。

寄主（host）　有害生物の食物源として働く、生きている植物または動物で、寄生者と捕食寄生者に関連して用いられる。

寄主植物抵抗性（host-plant resistance）　植物を寄主として用いる有害生物の発育と繁殖を減らす植物の能力。ある時には、植物の有害生物による被害に耐える能力を記述するために用いられる。

寄主範囲（host range）　特定の生物が食物源として用いることのできる生物。

寄主不在期間（host-free period）　寄主植物が成長しない時期。例えば、セロリとサトウダイコンがない時期は、媒介者にとって手に入るウイルスの保有場所が減る。

傷付け処理（scarification）　種子の発芽を刺戟するために、種皮を切ったり、すりむいたりすること。

寄生者（parasite）　他の生物、寄主の中または上でその大部分の生活を行なう動物または植物。それから栄養物を得て、それに対してある被害を与え、通常その寄主に対して致死的である。

寄生者ギルド（parasite guild）　その上または中で発育するために、特定の寄主または寄主の発育段階を用いる寄生者の一群。

規制有害生物（regulated pest）　寄主、一般市民、環境を保護するための規制を必要とする有害生物として、州または連邦の機関によって指定された生物。

キチン（chitin）　昆虫の表皮と線虫の卵殻の一次的構造成分である複雑な多糖類で、機械的強度と防御を提供する。

キチン合成阻害剤（chitin inhibitor）　キチンの生産を阻害する殺虫剤。

拮抗作用（antagonism）　2つ以上の化学物質が反対の作用を持ち、そのため1つの作用が損なわれるか、両方の合計の効果が、別々に用いられたときの1つの化合物のそれよりも小さいこと。

揮発度（volatility）　通常は液体である物質が、常温で空気に曝すとガスになる程度。

忌避剤（repellent）　有害生物が植物または動物に移動することを阻止する化学物質。

気門（spiracle）　昆虫の呼吸システムである管状の内部システム、あるいは気管の外部開口。

休閑（fallow）　通常は作物を栽培するために用いられるが、栽培シーズンの間、作物が植え付けられない土地。

吸器（haustorium）　ある病原体と寄生性の高等植物の特殊化した吸収器官。栄養素を得るために寄主の細胞に中に差し込まれる。

吸収（absorption）　分子の細胞への同化。例えば植物が栄養素をその根を通して取りこむ過程。

吸収型（haustellate）　ある昆虫の吸収する口器で、口針と口吻からなる。

急性毒性（acute toxicity）　毒物が1回の暴露、接触、吸入、または摂取の後、生物に有毒である程度の表現。「慢性毒性」を参照。

吸着（adsorption）　固体の表面に分子が付着すること。農薬の土壌粒子との結合は1つの例。

休眠（diapause）　環境条件に反応して始まる昆虫の活動停止。休眠は不利な条件を通じて生存することを許す。それはホルモンによって仲介され、生活環の何らかの発育段階で起こる。

休眠（dormant）　(i) 胞子、種子または植物器官が不活性で、発芽か発育をしない状態。(ii) ある昆虫、ダニ、線虫が代謝活性と運動を減らした状態。

狭食性（oligophagus）　限られた範囲の種を食うこと。

共進化（coevolution）　2つ以上の種の相互作用からもたらされる選択圧のために、それらの種が同時的に進化すること。

共生（symbiosis）　密接に関連して生きる2つ以上の生物で、互いに相互作用をすること。

競争（competition）　2つ以上の生物または種の、同じ限られた絶対必要な資源に対する同時の要求。

共同体（community）　ある限られた地域の中で、相互作用するすべての生物の集合体。ある場合には、例えば昆虫共同体のように、ある場所の中の特定のグループのすべてのメンバーに対して呼ぶのに用いられる。

胸部（thorax）　昆虫の体の中間の部域で、翅と脚を持つ。

協力剤（synergist）　比較的安全な化学物質で、農薬に加えたとき、その農薬の毒性を強めるもの。例えば、ピペロニルブトキシド。

協力作用（synergism） 農薬混合物への反応が、それぞれの農薬の単独での反応を組み合わせたものよりも大きいこと。

許可書（permit） ある状況において、使用制限のある農薬の施用を許すために必要とされる文書。

許容量（tolerance） その販売時に、食品の中に法的に残っていてもよい農薬の残留量（ppm）。

気流運搬（air-carrier） 農薬を標的に運ぶための気流の使用。「スピードスプレーヤ」を見よ。

ギルド（guild） 似た資源要求と栄養的習性を持ち、その結果共同体の中で似た役割をはたす生物。

均一被覆（uniform coverage） 標的の上に農薬が均一に落ちること。

菌核（sclerotium、複数：sclerotia） 厚い壁の菌糸の密な固まりからなる、ある菌類の栄養的な休止体。丸いか不規則な形をしていて、休眠したまま長期的に不適な条件に対して抵抗することができる。

菌根（mycorrhiza、複数：mycorrhizae） 植物の根と菌類の共生的連合。そこでは菌類と植物による相互利益的連合の中で栄養素を交換する。

菌糸（hypha、複数：hyphae） 菌類の体を作る菌糸体の1本の糸または繊維。

菌糸体（mycelium、複数：mycelia） 菌糸と呼ばれる細い繊維の塊からなる菌類の栄養体。

菌類（fungus、複数：fungi） 葉緑素を持たず、生きているか死んだ生物の上で発育する、単細胞または多細胞の真核生物で、それ故に、植物に病気をひき起こすことがある。それらは胞子から発育し、普通小さい糸状の成長物（菌糸体）を作り、それは栄養素を吸収するために基質を通って分枝する。

偶然的有害生物（occasional pest） 存在するが、通常は被害を起こすことが稀な種。

空中飛行（ballooning） チョウ目の昆虫、あるクモとダニの若い令のための分散方法。これらの生物は絹のような糸を作り、それが風に捕らえられて、気流によって運ばれるようになる。

クチクラ（cuticle） (i) 植物の空中にある部分のロウとクチンを含む被覆。(ii) 昆虫と線虫の外部体被覆で昆虫ではキチン、線虫ではケラチンを含む。

クチン（cutin） 植物のクチクラにあるロウ状物質で、植物を保護し、水分損失を防ぐ。

クモ（spider） クモ目の節足動物のメンバー。8本の脚を持ち、もっぱら動物の組織を食う。

クローン（clone） 単一の両親または細胞の子孫で、一般的に遺伝的に均一と見なされる。なぜならば、それらは性と組み換えに関与することのない生殖からもたらされるからである。

黒穂病（smut） 担子菌目の菌類による植物の病気。その標徴はすす状の胞子塊の存在である。

くん蒸剤（fumigant） 常温と常圧の下でガス体である農薬。それは有害生物を殺すために、土の中または閉じ込められた場所の中に注入される。

経口毒性（oral toxicity） 口から摂取されたときの農薬の毒性。

警告（warning） 中程度の毒性の農薬につけた表示語。経口 LD_{50}＝50〜500mg/kg 体重。

経済的毒物（economic poison） ある農薬の法律上の定義。有害生物の防除または軽減のために用いられる、何らかの化学物質。

経済的被害許容水準（EIL）（economic injury level, EIL） 有害生物密度を減らす防除活動の経済的費用よりも大きい経済的損失をもたらすのに十分な、有害生物個体群密度。

系統（strain） 純粋培養において維持される単一の分離物の子孫。ときには似た生理的性質か寄主関係を持つ分離体のグループ。

経皮（dermal） 皮膚を通して、皮膚による、あるいは皮膚のまわり。農薬の経皮的吸収は作業者への潜在的危険性の程度を示す。

茎葉散布（foliar application） 標的の植物の葉の上に農薬または肥料を散布すること。

げっ歯類（rodent） ネズミ目の動物。例にはハツカネズミ、ネズミ、リス、ホリネズミ、マーモットがある。

結露時間（dew period） 植物の上で露が形成される時間の長さ。感染するために自由水を必要とする植物病原体による感染のための機会を決めるうえで重要。

解毒（antidote） 毒素によって起こされた生理的被害を軽減するか解消するような実用的な即時の処理で、応急手当てを含む。中毒による効果を取り消すために与えられる治療または処理。

ケムシ、イモムシ（caterpillar） チョウ目（チョウとガ）の未成熟の発育段階。

検疫（quarantine） 有害生物の発生した地域から発生し

ていない地域への拡散を予防するための規制。

原核微生物（prokaryote） 膜に結びついた細胞小器官を持たない微生物。例は細菌と mollicutes。

嫌気性（anaerobic） 酸素なしに起こる化学的過程または発生するか生きる生物。

検出（detection, detection survey） 大発生または侵入をモニタリングするために、有害生物の存在を発見するときに用いられる過程と方式。

減数分裂（meiosis） 染色体の半分の数を持つ細胞分裂。配偶子を作る細胞分裂。

原体（technical material） 製造者によって生産されたままの純粋な形の農薬で、薄めたり、製剤化されていないもの。

懸濁液（suspension） 有効成分の粒子を懸濁した液体農薬。懸濁液の均一な分布を維持するためには、常に攪拌する必要がある。

懸濁製剤（FL）（flowable, FL） 細かく砕かれた有効成分を液体および乳化剤と混合して、懸濁液として製剤化された農薬で、水と共に混合することができる。

検定試験（index） ある植物の特定の病原体、特にウイルスによって感染されたことがあるかどうかを決定するために用いられる検定。感染が疑われる組織を、感染についての特徴的な病徴を示すことが知られている感受性のある植物に接種する。それによって病原体の存在を確認する。

減病原性（hypovirulent） 病原体系統における減少した病原性で、より病原性のある破壊的な系統に対して抵抗性を与えるために用いることができる。

検量（calibration） 決まった量の薬剤または他の物質が、単位時間または単位面積当たりに施用されるように、施用機具を調整すること。

抗生物質（antibiotic） ある微生物によって生産され、他の微生物を阻害する有毒な化学物質。

広域的 IPM（area-wide IPM） 有害生物個体群を圃場の規模ではなく地域的に抑圧するために、大きい地理的地域において実現された IPM 戦術。多数の機関の間の協同を必要とする。

耕耘（till or tillage） 農業において用いるために土を耕し準備すること。雑草を殺し、作物の成長をより好適にする。

好気性（aerobic） 酸素を必要とする過程または生物。

抗凝血剤（anticoagulant） 血液が固まることを阻害する物質で、その結果内出血をひき起こす。これは殺そ剤の主な種類の作用機作である。

光合成（photosynthesis） 緑色植物が日光のエネルギーを用いて水と CO_2 を炭水化物に変える過程。

光合成産物（photosynthate） 植物の成長、呼吸、果実生産を支えるために用いられる光合成の生産物。

交差抵抗性（cross resistance） ある生物が1つの農薬に対する抵抗性を発達させたとき、その生物が暴露されたことのない他の農薬へも抵抗性を持つようになること。

高次（捕食）寄生者（hyperparasite（oid）） 他の寄生者を寄主として用いる寄生者または捕食寄生者。

恒常性（homeostasis） 生物が、特定の幅の中で生理的過程を維持するためのフィードバックシステム。

広食性の（polyphagous） 多くの異なるタイプの食物を食うこと。

口針（stylet） すべての植物寄生性線虫と、いくらかの他の線虫の摂食構造である、自由に突出する口の槍状物。または、ある昆虫、ダニの変形した口器。食物を得るために寄主の組織を突き刺すために用いられる。

口針伝播性（stylet-borne） 媒介者の口針（口器）の上で寄主の間を伝播する植物病原体、特にウイルス。

抗生作用（antibiosis） 1つの生物が他の生物に有毒または負の効果を及ぼすこと。例えばペニシリンは、ある細菌に負の効果を及ぼす抗生物質である。IPM において、この用語は食植者の生理に影響する寄主植物抵抗性の1つのタイプを記述する。

坑道（mine） 未成熟の昆虫の摂食によって作られる植物の部分のトンネル。

行動（behavior） ある生物の反応または活動。

口吻（proboscis） 昆虫の吸収口器で、それを通して食物が摂取される。

効力（efficacy） その戦術が標的有害生物を防除する程度に関して、ある防除戦術の有効性を評価する測定単位。

呼吸暴露（respiratory exporsure） 農薬の吸入。

個人用防護装備（PPE）（personal protection equipment, PPE） 農薬からの防護を提供する衣服、材料、または用具で、毒性の高い農薬を扱ったり、施用したりするときに特に重要である。そのうち用具は傷害や死を予防し、農薬のラベルの上に特定されている。

枯損（blight） 葉、果実、小枝、枝の突然に起こる目立った萎れ。

個体群（population） 限られた地域で特定の時間に発生

する、ある種の全メンバー。

個体群動態（population dynamics） 個体群の大きさと構造の時を越えた変化。

個体群密度（population density） 単位面積当たりの、ある種の個体の数。

粉胞子器（pycnidium） ある不完全菌のフラスコ型の菌類の結実する構造で、湿ったときに分生胞子と呼ばれる胞子を放出する。

ゴム漏出（gummosis） 寄生者の感染の結果として、植物からのゴム、乳液または液汁の異常な出液。

固有（endemic） 特定地域の中に自然に発生した生物。

コリンエステラーゼ（アセチルコリンエステラーゼ）（cholinesterase, acetylcholinesterase） 神経シナプスを越えて、正常の信号伝達の一部としてアセチルコリンを分解する酵素。ある殺虫剤はコリンエステラーゼを失活させる。

枯林剤（silvicide） 木の生い茂った灌木または木を枯らす化学物質。

根茎（rhizome） 新しい植物体を作る根と芽を形成する水平な地下の茎。

根圏（rhizosphere） 植物の根の周りにある土壌の中の区域を記述したもの。

根状菌糸（rhizomorph） 根の間で成長し隣の木に感染する菌類の菌糸の太い束。

混植（companion planting） 2つ以上の植物種を共に栽培することで、異なる種が互いに利益を与えるようにすること。

根絶（eradication） ある特定の地域から、ある種のすべての個体を完全に排除すること。

昆虫成長制御物質（IGR）（insect growth regulator, IGR） 昆虫ホルモンの作用を模倣する化学物質で、昆虫の正常な成長と発育を攪乱するために用いられる。

昆虫病原性（entomopathogenic） 昆虫に病気をひき起こす生物。

混用不適合（incompatible） 2つ以上の農薬が混合されたときに起こる有効性の低下。

根粒（nodule） あるマメ類の根の小さな肥大で、窒素固定細菌を含む。

混和しやすい（miscible） 均一な溶液を得るために混合することのできる液体。

催奇原因（teratogen） 先天異常をひき起こすことができるもの。

催奇性（teratogenesis） 出産の時に現れるか、または出産後明らかになる胎児の形態的異常。

細菌（bacterium、複数：bacteria） 顕微鏡的、原核的、単細胞生物で、細胞壁を持つが、膜に結びついた細胞器官がない。分解、窒素固定、他の共生者、そして病原体として重要。土壌の食物網の重要な要素である。

細菌殺虫剤（bacterial insecticide） 昆虫に病原性のある細菌（例えば、Bt あるいは *B.popilliae*）。化学的農薬においても適用される施用技術を用いて施用される。

最大残留基準（maximum residual limit） Food and Drug Administuration（FDA）［アメリカ合衆国食品医薬品局］によって食品中に残ることが許される農薬の最大許容量。

最大無作用量（NOEL）（no observable effect level, NOEL） 試験動物に与えたときに、観察できる効果を生じない化学物質の最大薬量。

最大薬量（maximum dosage） 安全に施用され、過剰な残留や被害が寄主植物にない最大の農薬量。農薬のラベルの上に印刷された最大薬量は、法律によって最大に許されているものである。

再立入り禁止期間（reentry interval） 作業者がその地域に戻ることができ、個人的防護服または用具をつけることなしに安全であるようになるための農薬施用後に必要な時間。

栽培慣行（cultural practices） 作物生産において用いられる方法と戦術。

栽培品種（cultivar） cultivated variety を短くした言葉。交配または選択によって得られる。「品種」を見よ。

催眠剤（soporific） 一度摂取されると鳥が昏睡状態に入り、捕らえたり除いたりできるような化学物質。

在来（indigenous） ある土地に在来の。固有の。

殺菌剤（fungicide） 菌類を殺す物質または農薬。

雑種（hybrid） 2つの異なる遺伝子型、栽培品種または種の両親からの子孫。

雑食性（omnivorous） 幅広い寄主種を食うこと。

殺成虫剤（adulticide） 有害昆虫の成虫を標的とする農薬。

殺生物剤（biocide） かなりの範囲の暴露の下で、すべての生物を殺す毒素。

殺線虫剤（nematocide） 線虫を殺すか無能力にする農薬。

雑草（noxious weed） 法律によって、特に望ましくなく、防除が困難なものとして指定された草。

雑草（weed） 望ましくない場所に成長する植物。

殺藻剤（algicide） 藻類を殺すか、防除するために用いられる農薬。

雑草防除（weed control） 雑草を根絶し、阻害し、制限するためにとる行動。そして、雑草が作物の収益性または農作業を妨げることを避ける。

殺そ剤（rodenticide） げっ歯類を殺すために用いる毒素。

殺ダニ剤（acaricide） ダニ（後気門亜目以外）、ダニ（後気門亜目）（ダニ目に属する有害節足動物）に有毒な農薬。

殺ダニ剤（miticide） ダニ（後気門亜目以外）とダニ（後気門亜目）を殺す農薬。acaricideと同じ。

殺虫剤（insecticide） 昆虫を殺す農薬。

殺鳥剤（avicide） 鳥に有毒な農薬。

殺卵剤（ovicide） 昆虫とダニの卵を殺す農薬。

蛹（pupa、複数：pupae） 完全変態昆虫の幼虫と成虫段階の間の摂食しない段階。その間に形態的変化が起こる。

さび病（rust） 赤褐色または濃黒色の病徴を現す菌類の病気。サビキン目の菌によって起こる。

作用機作（mode of action） 農薬が標的生物に有毒効果をもたらすための生理的メカニズム。

酸換算値（acid equivalent） 弱い酸性の農薬製剤の有効成分を酸に換算して表示した値。

残滓（residue） 収穫の後に畑に残っている植物の破片。

散布ドリフト（spray drift） 「漂流飛散」を見よ。

散布幅（swath） 農薬施用装置の1回の通過によって覆われる地面の幅。

産卵（oviposit） 卵を産む行動。

産卵管（ovipositor） 昆虫が卵を産むために用いる形態的構造。

残留（residue） 施用の後に標的の場所に残っている毒物の量。

残留性（persistence） 環境内で、農薬が施用後に効果的で安定なままでいるような時間の量。

残留性農薬（residual pesticide） 比較的長い時間の間、環境内に残っている農薬。この農薬は数週間、数カ月、または数年間、効果的であり続けることがある。

残留特性（residual properties） 時を越えて効果的であり続ける農薬の能力。

雌雄異株（dioecious） オスとメスの花が別の植物体の上にあるような植物の種。

萎れ（flagging） 不利な非生物的条件、病原体、昆虫によって急速に殺された結果として、健康な木の上の死んだ葉、黄化または枯れた葉を持つ枝。

萎れ（wilt） (i) 不十分な水の供給または過剰な蒸散のために植物のある部分の膨圧が失われること。(ii) 維管束の植物病についての一般的な特徴。

雌花株植物（gynoecious） メスの花のみを作る植物。

試験的使用許可（EUP）（experimental use permit, EUP） 施用できる量は限られているけれども、実験的農薬の商業規模での施用を許すこと。

指向散布（directed spray） 作物に施用する農薬の量を減らすために、植物の特定の場所または部分を標的にする農薬散布。

子実体（fruiting bodies） 菌類の胞子を含む繁殖的構造。

シスト（cyst） 線虫のメスの、死んで膨れた、硬くなった、腐敗しない体で、卵で満たされる。

自生作物（volunteer crop） 前に植え付けた作物からの自分の種子から生じた望ましくない植物の成長。

湿展剤（wetting agent） 表面張力を減らし、農薬が広がってより均一に表面を覆うようにする化学物質。「界面活性剤」を見よ。

子のう殻（perithecium） 子のう菌類のフラスコ型の構造で、子のうと子のう胞子を含む。

篩部（phloem） 葉から植物の他の部分へ光合成生産物を運ぶ組織。

ジベレリン（gibberellins） 植物組織における細胞の伸長と他の過程を調節することに関係した植物ホルモン。

死亡要因（mortality factor） 生物の死亡の原因。

地干し列（windrow） 梱包したり、さらに加工する前に、刈草、穀物、アルファルファ、マメなどを切って畑に置いた列。

種（species） 生物学的分類の基本単位。形態と生理が似ていて、妊性のある子孫を生産するための交雑ができ、他のそのようなグループから生殖的に隔離されているもの。

収穫前（preharvest） 市場に出すことのできる商品が畑から取り除かれる前の時。

収穫前使用禁止期間（preharvest interval） 作物が収穫される前の最後の農薬施用の後、収穫までに経過しなければならない最少の時間。製品のラベルの上に示される。

収穫前使用禁止期間（time interval） 最後の農薬施用と収穫の間に必要とされる期間。収穫前使用禁止期間は法的残留農薬基準が越えられていないことを保証する。

集合性（gregarious） 群れで生活すること。

雌雄同体（hermaphrodite） 同じ個体の中にオスとメスの

生殖器官を持つか、その可能性を持つもの。

重要有害生物（major pest） もし防除しないと商業的作物に経済的被害を常に与える何らかの病害虫。管理戦略はこれらの有害生物に集中する。「主要有害生物」を見よ。

種間（interspecific） 異なる種のメンバーの間の相互作用。

樹冠（crown） 木の上方の枝。

主根（taproot） 垂直に下方に成長する大きい一次的な根で、それから側根が出る。

種子処理（seed treatment） 植え付け前に種子の上にスラリー［泥状］、溶液、乾いた混合物として被覆される物質。通常、殺虫剤または殺菌剤を土壌性昆虫または土壌伝染性病原体の防除のために用いる場合に行なわれる。

種子伝染（seed borne） 種子の中で生存するか運ばれる病原体によってひき起こされる病気。

出液（exudates） ある生物から漏れた、押し出された、あるいは分泌されたもの。

出芽、遊出（emergence） 体の防御的環境または前の発育段階の場所の外に出る行動で、例えば、幼植物が土の表面から外に出ることや、昆虫または線虫が卵から出ること。

出芽後初期（early postemergence） 植物の出芽後と、作物または雑草の芽生えの最初の発育期の間の除草剤の施用。

出芽後施用（POST）（postemergence application, POST） 農薬または肥料を植物の出芽に続いて施用すること。

出芽前施用（PRE）（preemergence application, PRE） 植え付け後、しかし雑草または作物が発芽する前に農薬または肥料を施用すること。

種内（intraspecific） 同じ種のメンバーの間の相互作用。

主要有害生物（key pest） 商業的作物に経済的被害を恒常的に加える有害生物。

春化（vernalization） 発芽または花の発育を刺戟するために種子または植物体を低温に曝す過程。

循環型ウイルス（circulative virus） その媒介者の中で存続し、増殖し、蓄積する植物と動物のウイルス。

子葉（cotyledon） 種子の中に形成された変形した葉で、この葉は発芽した芽生えの上に現れる。種子葉。双子葉植物では2つ、単子葉植物では1つ現れる。

消化中毒剤（stomach poison） 摂取後、胃を通して働く農薬。

蒸気圧（vapor pressure） ある化学物質がいかに容易に固体または液体状態から気体状態に変わるかを決定する特性。

商業的施用者（commercial applicator） EPAに承認された州の計画に同意し、州によって免許を与えられた個人で、個人的使用外の目的で農薬を施用する。制限された農薬を散布するためにも保証されていなければならない。

小菌核（microsclerotium、複数：microsclerotia） *Verticillium* 萎凋病とイネ小球菌核病によって作られるような、きわめて小さい菌核。

条件的寄生者（facultative parasite） 通常は腐生的であるが、ある状況の下で寄生者として生きる生物。

蒸散（transpiration） 植物の葉から気孔を通って起こる水の蒸発。

使用制限農薬（restricted use pesticide, restricted material） アメリカ合衆国において、EPAがその農薬が環境に有害で作業者が危険であると決めたために、州によって保証された施用者によってのみ施用することができる農薬。

消費者（consumer） (i) 農業生産物を買う人。(ii) 生態学用語で、食物を消費しなければならないすべての非独立栄養的生物。

上表皮（epicuticle） ロウとリポイドの層によって昆虫を乾燥から守る昆虫の体壁（外骨格）の最上層。

商標名（brand name） 商業的目的のために製造者が用いる名前。

商品名（trade name） 「商標名」を見よ。

上偏成長（epinasty） 植物の1つの部分、特に葉が、より急速に成長するとき、一方向に曲がったり、巻いたりすること。

小変態の（paurometabolous） 卵、若虫、成虫の3つの発育段階を経過する昆虫。若虫は翅がない以外は成虫に似る。バッタ、シロアリ、アザミウマ、カメムシ、ウンカ、アブラムシが例である。

情報化学物質（semiochemical） フェロモン、アロモン、カイロモン、のように生物の間の情報交換において役割をはたす化学物質。

少量使用農薬（minor use pesticide） 用いられる商品の作付け面積が小さいため、可能性のある市場が小さい農薬。

食餌散布（foodspray） 有用昆虫（例えばクサカゲロウ）の食餌を供給し、その卵の生産を増加させるために、葉の上に散布される栄養に富む液体食餌。

食植性の（phytophagous） 植物を食う。

食虫性の（entomophagous） 昆虫を食う。

食肉者（carnivore） 生きた動物を食う生物。

植物成長調節剤（PGR）（plant growth regulator, PGR） 植物の成長に影響する化学物質。

植物相（flora） ある地域で耕作が行なわれないときに発育する全植物。与えられた地質的群系に特有の植物。

植物毒性（phytotoxic） 植物の被害または死をもたらす毒物。

植物病原体（plant pathogen） 植物に病気をひき起こす寄生者。

植物由来農薬（botanicals） ピレトリン、ロテノン（デリス）、ryania とニコチンのように植物から由来した農薬。

植分（stand） 1つの地域に一緒に成長している植物の群。通常、特定の圃場または作物における単位面積当たりの植物の密度。

植分衰弱（stand decline） ある地域の中の植物の数または活力がしだいに低下すること。

食物網（food web） ある環境の中の食物連鎖における生物の間に起こる相互関連を段階的に表したもの。

食物連鎖（food chain） 生産者から食植者と食肉者へのエネルギーの流れを図示した栄養相互関係の単純化された直線的記述。

除草剤（herbicide） 植物を殺す農薬。雑草を殺すために用いる。

触角（antenna、複数：antennae） 昆虫または軟体動物門の頭の上にある1対の付属器。甲殻綱の頭には2対ある。その機能は感覚である。

植物病理学（phytopathology） 植物の病気の研究。

処理地域（treated area） 農薬が施用された場所。

処理レベル（treated level） 「要防除水準」を見よ。

浸透移行性（systemic） ある生物に施用されたとき、維管束組織を通して全身に広がる化学物質。

進化（evolution） 世代から世代への生物の特性における変化。修正を持つ相続。

浸透剤（penetrant） 表面への液体の浸透を強める湿らせる材料。

侵入（immigration） ある地域への個体の移動。

親和性（compatible） 農薬はその特性が変わることなく混合されたときに親和性があるという。

スイープ（sweep） 耕耘のために用いる刃のタイプの一種。

衰弱（decline） 植物の健康と活力が時と共に次第に減少し、続いて死で終わること。

水浸状の（water soaked） ある植物病あるいは除草剤施用のあとの病徴で、そこでは植物の組織での細胞の完全性が失われ、湿って見える。

垂直抵抗性（vertical resistance） 作物植物で、有害生物の特定の種または系統に対する完全な抵抗性。あるコムギの品種はヘシアンバエに完全に抵抗性がある。「水平抵抗性」を参照。

水平抵抗性（horizontal resistance） 多くのバイオタイプの病原体または食植性節足動物への広い抵抗性を与える、植物の多重遺伝子による抵抗性。

水溶剤（SP）（water-soluble powder, SP） 溶液を作るための水の中に溶ける農薬の粉剤。「可溶粉剤」を見よ。

水和剤（WP）（wettable powder, WP） 噴霧機による施用のために水と混ぜられる乾いた粉状の農薬製剤。

すくいとり網（sweep） 植物から昆虫を採集するために用いられる網。

すくみ（stunting） 成長と発育を遅らせる効果。

すす病（sooty mold） 昆虫の甘露の上に成長する暗色の菌糸を持つ菌類。

ストレス（stress） 生物の能力を減らすような何らかの要因の1つ、またはその組み合わせ。

スピードスプレーヤ（air-blast sprayer, speed sprayer） 農薬の溶液を運び、付着させるために、高速の気流を作りだす送風機を用いる散布装置。主に、多年生果樹園とブドウ作物で用いられる。

スピロプラズマ（spiroplasma） ラセン状の形をした運動性のある mollicute で、citrus stubborn のような植物病に関与している。

スポット処理（spot treatment） より大きい現場の中の小さい地域での農薬処理。

スラリー（slurry） 水和剤と水からなる濃い農薬の懸濁物。

生活環（life cycle） ある生物の生存期間における一連の出来事。

製剤（formulation） 売られる商品としての農薬の有効成分と不活性成分および他の添加物の組み合わせ。特定の製剤は正確で安全な農薬施用ができるように設計される。

生産者（producer） (i) 作物を栽培する農業者。(ii) 生態学用語で、食物連鎖の基礎をなす緑色植物。

生息場所（habitat） 特定の場所の環境条件とこれに伴なう生物。

生息場所改変（habitat modification） ある生物が発生す

る場所の環境の改変。例えば農業のために土地を耕すこと。

生存可能な（viable） 発芽または成長ができること。生きていること。

成体、成虫（adult） 生物の生活環において、性的に成熟し、繁殖する最後の段階。

生態学（ecology） 生物の間、環境、その相互の関係を研究すること。生物の分布と量の研究。

生態系（ecosystem） ある特定の地域または場所における物理的環境とすべての生物の全体。

成長調節物質（growth regulator） 生物の正常な成長または生殖を変える化学物質。

性フェロモン（sex pheromone） ある性からの化学的信号で、反対の性のメンバーを誘引するもの。

生物季節学（phenology） 生物が時を越えて経過する成長段階。

生物検定（bioassay, biological assay） 生物的または非生物的ストレスまたは毒素の効果を測るための実験において、生きた生物を用いること。

生物多様性（biodiversity） 生きている生物と、それらが発生する共同体の中と間での多様性と変異性。

生物的殺虫剤（biotic insecticide） ある有害生物の自然または導入された天敵で、捕食者、寄生者を含み、標準的な農薬施用技術を用いて施用されるようなもの。

生物的病気（biotic disease） ある生物、通常、細菌、菌類、線虫、ファイトプラズマ、ウイルス、病原体によってひき起こされる病気。

生物的防除、生物防除（biological control, biocontrol） 食植者、捕食者、捕食寄生者、寄生者のような天敵を用いることによる有害生物個体群の制御。

生物の（biotic） 生きていること。ある生態系の中の生きている要素は植物、動物そして微生物を含む。

生物濃縮（biomagnification） 生物の組織の中に、ある化学物質の相対的蓄積と濃縮が起こり、食物連鎖の中で順次により高いレベルにある生物の中の、化学物質の組織内濃度が増加する結果となること。

精密農業（precision farming, site-specific farming） 管理活動の適用を導くために、圃場内の空間的変異性を用いる農場管理技術。位置特異的な必要条件の適用を許すためにGPSとGISシステムを用いる。

生命表（life table） 有害生物個体群の各生活段階における出生と死亡を表にしたもの。個体群増加の速度を推定するために用いることができる。

生理的不調（physiological disorder） 病原体、非生物的不調以外の原因によってもたらされる不調。

積算温度（heat unit accumulation） 発育下限温度以上、発育上限温度以下の日平均日度の合計。

脊椎動物（vertebrate） 骨状の背骨の柱を持つ動物。例には、哺乳類、魚、鳥、は虫類、両生類を含む。

世代（generation） ある生物の出生（孵化または発芽）から性的成熟と生殖までの生活環を完結するために必要な時間。

節間（internode） 2つの隣り合った節の間の茎の部分。

接合体（zygote） 2つの配偶子の融合からもたらされる2倍体の細胞。受精卵。

接触性除草剤（contact herbicide） 植物体の中で動かず、実際に散布された植物組織のみを殺す除草剤。

摂食阻害物質（antifeedant） 有害生物の摂食を阻害または止める物質。衣服のガとシロアリのためにしばしば用いられる防除法。

接触毒（contact poison） 体に接触または吸収されたときに致死的であるような農薬。もし食われれば、消化中毒剤として働く。

節足動物（節足動物門）（arthropod, Arthropoda） 無脊椎動物の1つの門で、対をなした節のある付属器、外骨格、節を持った左右相称の体を持つ。昆虫綱は節足動物の最大で最も重要なグループである。

絶対寄生者（obligated parasite） 生存と生殖のために完全に寄主を必要とする寄生者。

施用割合（rate） 処理単位、通常面積当たりに施用される特定の化学物質の量。

施用割合低減（reduced rate） 有用生物の生存を許すために低くされた農薬施用の割合。

ゼロ許容度（zero tolerance） 商品上に農薬残留が全くないときにのみ、その輸送が許されること。

遷移（succession） 一種類の生態学的共同体が、しだいに他のものに置き換わる自然の経過。時を経て、植生と動物の変化が進行的に起こる。

穿孔（shothole） (i) 植物の病気の病徴で、葉の上に小さい、丸い滴状片のあるもの。(ii) 木に穴をあけるキクイムシ科のコウチュウによって、それらが寄主を離れたあと残された目に見える穴。

全身感染（systemic） 寄主の全体に拡がる病原体の感染。

選択性農薬（selective pesticide） (i) 農薬、通常殺虫剤

で、特定の標的有害生物を殺すが、一般的に大部分の他の生物には害がないようなもの。(ii) 雑草を殺すが作物植物を害さないような除草剤。

全地球測位システム（GPS）(global positioning system, GPS) 多数の衛星への三角測量を用いるシステムであり、その使用者がその地理的位置を大きい正確さを持って決定できるようにするシステム。

線虫（nematode） 植物、動物、人間に寄生する節のない線形の動物。ある種は土と水の中に棲み、細菌と菌類を食う。時には eel worms［ウナギムシ］と呼ばれる。

蠕虫状（vermiform） 虫の形で、比較的長く細いもの。線虫の虫の形をした発育段階と昆虫の幼虫型を参照せよ。

線虫捕食（nematophagous） 線虫を食う菌類のように線虫を食うこと。

剪定（prune） 植物から必要でない枝を選択的に取り除くこと。

潜伏期間（latent period） (i) 媒介者による、ある病原体の取得と、その媒介者が新しい寄主に病原体を媒介することができるようになるときとの間に経過する時間。(ii) 寄主の感染と、その感染による病徴が現れるか、または感染源を生産するようになるまでの間の時間。

潜伏の（latent） 目に見える病徴を生じない感染。

全面処理（broadcast） 肥料、農薬または種子を畝や帯ではなく土の表面全体にわたって施用すること。

前蛹（prepupa） ある昆虫で、蛹期の変態直前に起こる摂食しない、通常は不活発な幼虫期。

相加効果（additive effect） 農薬の混合物の効力が個々の農薬の毒性の和に等しいような場合。「拮抗作用」と「協力作用」を参照。

草冠、林冠（canopy） 植物の葉群。

増強的生物的防除（augmentative biocontrol） 有用生物または生物的防除資材の自然個体群を定着させるか、増強するための放飼。

総合的有害生物管理（IPM）(integrated pest management, IPM) 何らかの有害生物個体群を、被害または損害をもたらすレベル以下に保ち、社会と環境への不利なインパクトを最少にするシステム。

草質（herbaceous） 永続的な木質組織ではなく、肥厚性の組織を持つ植物。

走出枝（stolon） 地上の変形した水平の茎で、這い、節で根を出すか、先端が曲がって根を出すもの。

相乗作用（synergism） 2つの病原体の同時の感染による被害が、各病原体単独による被害の合計よりもより大きいこと。

増殖性ウイルス（propagative virus） 昆虫媒介者の中で数が増加するウイルス。

増生（hyperplasia） 組織の過成長をもたらす細胞の増殖。

側方移動（lateral movement） 農薬の施用場所からの水平の移動。

阻止壁（check） 畑または果樹園の中に水を保つために土で作られた障壁。

代替寄主（alternative host） 主要な、またはより好まれる寄主（作物）が存在しないときに、有害生物または病原体によって用いられる寄主。代替寄主は寄生者の生活環の完結のために必要ではない。

台木（rootstock） 植物の根系で、それに切片が接ぎ木されるか出芽するもの。

大腮（mandibles） 昆虫の最前方の口器または顎。

代謝拮抗物質（antimetabolite） 正常な生理と代謝を阻害する物質で、通常有害な結果をもたらす。これらの物質は栄養素の正常な吸収を阻害する化学的類縁体である。

代謝産物（metabolite） 生物の生理的過程を通じて、農薬のような化合物の分解からもたらされる構成要素の一部。

対照（check） 予測される反応をもたらす標準的処理を受けたか、あるいは無処理の実験の単位。

対照（control） ある実験において、処理がない場合の個体群の反応を確かめるために用いられる無処理の区画。

耐性（tolerance） 有害生物の攻撃、極端な天候、農薬のような不適な条件に耐える生物の能力。

耐性の（tolerant） (i) 特定の農薬処理によって防除できない有害生物。(ii) 収量のかなりの減少なしに、有害生物の攻撃または農薬施用に耐える植物。

胎生の（viviparous） (i) 球根、種子または植物断片で親植物から離れる前に発芽するもの。(ii) 若虫として出産されるもので、アブラムシにおいて一般的。

体積中位径（VMD）(volume median diameter, VMD) 散布液滴の大きさの測定単位で、液滴の半分はそれより大きく、半分はそれより小さいような液滴の直径。

大発生（outbreak） 特定の有害生物種の大きい数。

耐無酸素生存（anoxybiosis） 酸素なしの生命。ある生物は酸素が枯渇した条件で、その代謝を低下させ休止することによって、酸素が再び得られるようになるまで生きることができる。

耐無水生存（anhydrobiosis） 水なしの生命。ある線虫と他の生物は、それらの体から水が除かれて乾燥状態で生きることができる。検出できる代謝なしに静止状態になる。水が得られるとその生物は再び水を含み、正常な活性を再開する。

対立遺伝子（allele） 特定の染色体の上の対応する位置にある2つ以上の対立する遺伝子。

多回摂食毒餌（multiple feeding bait） 抗凝固物質毒素（例えばワルファリン）を含むげっ歯類の毒餌で、効果が上がるためには何回も食う必要がある。

多化性の（multivoltine） 1年に数世代を持つ昆虫。「一化性」を参照。

他感作用（allelopathy） 1つの生物に対する他の生物による直接的阻害で、有毒または有害な化合物の放出によって仲介される。もともとは、植物の根によって放出される有毒化合物によって仲介される、1つの植物に対する他の植物による阻害に対して用いられた。

多型性（polymorphism） いくつもの形を持つこと。

脱皮（ecdysis） ホルモンのエクダイソン（脱皮ホルモン）の仲介によって節足動物がその外骨格を脱ぐ過程。

脱皮殻（exuviae） 節足動物の脱皮の結果として、脱ぎ捨てられた若虫または幼虫の皮膚。

脱葉、落葉（defoliation） (i) おそらく昆虫、菌類または他のものによって、自然の落葉とは区別できるような、ある量の葉が減ること。(ii) 落葉剤の施用によって葉を取り除くこと。

ダニ（mite） ダニ目（後気門亜目以外）の微小な節足動物。節のある8本の脚を持ち、触角も翅も持たず、クモに近縁である。

多年生（perennial） 3年以上生きる植物。

単為結実（parthenocarpy） 受精せず、種子がない果実の発育。

単為生殖（parthenogenesis） 精子による受精なしで起こる卵の発育。ある線虫、アブラムシ、コウチュウ、寄生性ハチとその他の昆虫で起こる。

単一栽培（monoculture） すべての他の植物を排除して、単一の作物を栽培すること。

タングルフット（tanglefoot） 昆虫を動けなくするためにトラップの中に用いられる粘着性物質。時には木の幹のまわりに帯状に施用し、昆虫が幹に登るのを予防する。

担体（carrier） (i) 施用の均一性を改善するために化合物に加えられる物質。担体は有機物（例えば、クルミの殻、樹皮）か鉱物（例えば、硫黄、石灰、粘土）である。(ii) 施用機械から標的へ農薬を運ぶために用いられる水か空気。

地域流行性の（enzootic） ある動物個体群における病気。「流行病の（動物の）」を参照。

逐次抽出法（sequential sampling） サンプル数が変化するサンプリング法で、その数はサンプリング過程で有害生物の量について、はっきりした答えが得られるかどうかに依存している。

蓄積性農薬（accumulative pesticide） 「生物濃縮」を見よ。

チゼル（chisel） 湿った芯土をひっくり返すが、乾いた土を頂部に残すために、突き刺す先端を持つプラウ。深い耕耘をできるようにして硬盤を壊す。

注意（caution） FIFRAによって、この農薬は毒性が低いと指定されたことを使用者に知らせるために、農薬のラベルの上に表される用語。「カテゴリーⅢ農薬」を見よ。

中央致死濃度（median lethal concetration） 「LC_{50}」を見よ。

中央致死薬量（MLD）（median lethal dose, MLD） 「LD_{50}」を見よ。

中間宿主（alternate host） 一次寄主または異なる植物寄主で、その上である病原体がその生活環を完結するために発育しなければならないもの（例えば、ムギさび病のような異種寄生性のさび病）。昆虫学の文献では代替寄主と同義語として用いられる。

中程度の毒性（moderately toxic） LD_{50}が50～500mg/kgに等しい農薬。

注入（injection） (i) 化学物質を溜める場所を持つように作られた用具を用いて、木の樹皮の下に化学物質を入れること。(ii) ノズルを持つチゼルまたは似た用具で土の表面の下に化学物質を入れること。

頂端（apical） 先端または末端。しばしば植物の生長点に対して用いられる。

チョウ目の（lepidopterous） チョウ目に属するガとチョウ。

蝶蛹（chrysalis） チョウの蛹。

地理情報システム（GIS）（geographic information system, GIS） 地図を描く能力を含む空間的データの収集、蓄積、分析のために用いられるコンピューターにもとづくシステム。

接ぎ木接合部（graft union） 台木が接ぎ木または蔓の節または芽につながる場所。

接ぎ木伝染性（graft transmissible） 接ぎ木を通じて植物から植物に伝播することができるウイルスまたはファイトプラズマ。

接ぎ穂（scion） 栄養的に繁殖した植物における接ぎ木した結合と台木の上の植物の部分で、品種と名づけられる。

抵抗性（resistance） (i) 有害生物の攻撃、有害生物の繁殖、または有害生物による傷害を阻止するために、植物が持つ遺伝的に決定された能力。(ii) ある農薬によって、有害生物個体群の大部分がひとたび殺された後、ある割合で生き残る、その個体群の重要な部分の能力。

定住個体群（resident population） ある畑か果樹園のような決まった場所の中の有害生物個体群。

定着性（sedentary） 定着するようになった後、ひとつの場所に止まる。動かない。

定着性（sessile） ある昆虫、特にカイガラムシ、コナジラミで運動能力がなく移動しない発育段階。

定着性内部寄生性線虫（sedentary endoparasitic namatode） 寄主に入り、摂食場所に移動して、動かなくなる線虫。

適応（adaptation） (i) その生物の適合性（生存と繁殖）を強めるような、生物の遺伝的に決定された何らかの性質。(ii) 生物がその環境によりよく適合するように導く自然選択と進化の結果。

天狗巣病（witch's broom） さまざまな木と灌木で見いだされる菌類かウイルスによって起こる外観上房状の小さい枝を密につけた、異常成長。

展着剤（sticker） 処理した表面への散布物の付着量を増加させる添加物。

天敵（natural enemy） 有害生物を捕食するか、その上で生きる捕食者と寄生者。

伝播（dissemination） 生物の活動あるいは風、雨、昆虫、人による、受動的運動によってもたらされる生物の空間的分散。

伝播（transmission） 植物から植物への病原体の移転または伝達。

転流（translocation） 植物の中の水、栄養素、化学物質、病原体、または光合成産物の移動。

導管萎れ（vascular wilt） 木部につまり、被害を与えることによって萎れをもたらす植物の病気。例えば、*Verticillium* と *Fusarium* による萎凋病。

頭胸部（cephalothorax） クモ綱と甲殻綱の頭部と胸部が融合したもの。

頭部（head） 節足動物において、前方のカプセル状の体の部分で、口器と感覚器官を持つ。

倒伏（lodging） 風、雨、病気、昆虫の被害によって穀類の茎が垂直を保つことができなくなること。収穫を困難にし、作物の部分が典型的に失われる。

冬眠（hibernation） 通常、冬に起こる活動停止の期間。「夏眠」を参照。

冬眠場所、夏眠場所（hirbernaculum、複数：hibernacula） あるチョウ目の幼虫が冬眠または夏眠する絹でできた隠れ家。

同齢集団（cohort） 同じ齢期の単一種の個体の群。

登録農薬（registered pesticide） U.S.Environmental Protection Agency（EPA）［アメリカ合衆国環境保護庁］によって承認された農薬で、ラベルによってその使用が指定されているもの。

登録苗圃系統（registered nursery stock） 特定の有害生物がないことを政府機関によって登録された植物繁殖材料。「保証株」を見よ。

毒餌（poisonous bait） 有害生物を誘引し、それを摂食するように毒物を混ぜた食物または他の物質。

毒餌剤（B）(bait, B) 誘引性のある食物物質と少量の有毒有効成分（通常約 5%）を含むように製剤化された農薬。毒餌剤は軟体動物、ヤガ類幼虫、げっ歯類の防除のために用いられる。

毒性（toxicity） 化学物質の生物への有毒な程度。傷害の能力。

毒性のある（toxic） 有毒な。植物、動物、人間に対する接触または組織的作用による傷害をひき起こすことができる。

毒素（toxin） 毒物。

毒物（poison） 植物または動物によって食ったり、吸収されたり、あるいは取りこまれたときに、その傷害や死をまねく化学物質または材料。

毒物（toxicant） 毒素。毒性のある資材。

独立栄養（autotrophic） その食物を二酸化炭素、無機栄養素、と水から作ることができる生物。

土壌燻蒸剤（soil fumigant） 有害生物を防除するためにガスか蒸気として土壌を通して動く農薬。

土壌混和（soil incorporation） 農薬の土壌の中への機械的混合。

土壌締め固め（soil compaction） 粒子に加えられた圧力によってもたらされる耕起された土壌の容量の減少。空気と水の透過性が減り、植物の成長が妨げられる。

土壌施用（soil application）　茎葉ではなく土の表面への農薬の施用。

土壌注入（soil injection）　土を混合したり動かしたりせずに土の表面の下に農薬を入れること。

土壌伝染性（soil borne）　土壌の中で生活するか見いだされる生物によって起こる病気。

土壌日光消毒（soil solarization）　日光の輻射熱を捕らえるために、湿った休閑の土の上に透明なプラスチックの敷物を置き、その下の土壌の温度を上げて土壌性有害生物を防除すること。

土壌排水（soil drainage）　土壌の水を保つ能力の評価。

土壌不毛剤（soil sterilant）　土壌中のすべての生物を殺す残留性を持つ農薬。少数の化学物質のみが不毛剤である。

土壌残留（soil persistence）　土の上または中に施用した農薬が効果的である時間の長さ。

突起（pustule）　葉の上の小さい持ち上がった水泡状の場所で、そこで菌類の胞子が作られる。

突然変異（mutation）　ゲノムにできる遺伝する変異。

突然変異誘発物質（mutagen）　ゲノムに突然変異を起こさせることのできる化合物。

取りこみ（incorporate）　肥料または農薬を土壌の中に混合するか鋤きこむこと。

ドロップノズル施用（drop-nozzle application）　方向づけした散布、または作物の基部への施用ができるように、作物の草冠の中に達するように、散布竿の下にノズルを下げること。

内乳（endosperm）　栄養素を含み、胚を取り囲む被子植物類の種子の組織。

内部寄生者（endoparasite）　その寄主の種を内側で食い、発育する寄生者。

内部寄生者（internal parasite）　寄主の体を内側から食う寄生者。

苗立枯れ（damping off）　菌類または細菌による若い芽生えの新しく形成された根と茎の感染で、土壌面で典型的に起こり、腐敗または芽生えの死を招く。

苗床（bed）　後に圃場に移されるために、芽生えか移植苗が育てられる場所。

夏一年生植物（summer annual）　春に発芽し、夏に成長して花または種子を作り、秋に死ぬ植物。

ナメクジ駆除剤（molluscicide）　ナメクジとカタツムリを殺す農薬。

軟体動物（mollusk）　軟体動物門、マキガイ綱（腹足類）のカタツムリとナメクジ（外殻のないカタツムリ）。

二型（dimorphism）　同じ種の中で２つの区別できる形態的形を持つもの。最も普通の例は、性的二型。そこではオスとメスの外観が異なる。

二次感染（secondary infection）　他の有害生物によってひき起こされた傷害を通って侵入する微生物。

二次的寄主（secondary host）　主要寄主または一次的寄主よりも、あまり攻撃されない寄主種。

二次的蔓延（secondary spread）　最初の、または一次的感染の後の圃場の中での病原体の蔓延。

二次的有害生物（secondary pest）　他の有害生物のために防除技術が適用されるまでは通常問題でなかった有害生物。

日度（°D）（degree-day または day degree（°D）冷血生物の成長速度への、温度の影響に関係した時間を表すために用いられる測定単位。日度は発育閾値温度の上と下の温度の累積時間にもとづく。

日周性の（diurnal）　24 時間サイクルで繰り返すこと。

日長（photoperiod）　1 日の明暗サイクルの中で明るい期間。

二年生植物（biennial）　2 年間かかる生活環を持つ植物。1 年目には栄養的に成長し、2 年目に開花し果実と種子を生産し老衰し死ぬ。

二名法、ラテン名（binomial, Latin）　生物の属と種を含む２つの部分からなる正式な名称。例えば、*Taraxacum officnale* L.（セイヨウタンポポ）。

乳化剤（emulsifier）　水中の安定した油の乳濁液を作る表面活性化学物質。

乳剤（EC）（emulsifiable concentrate, EC）　水に加えた時、乳濁液を形成する農薬の液状剤型。

庭先混合（tank mix）　散布タンクの中に２つ以上の農薬製剤を組み合わせて１回で施用すること。

任意抽出標本（random sample）　個体群のすべてのメンバーが等しい確率を持って選びだされた標本。

認証施用者（certified applicator）　制限された農薬を施用することを EPA または州の規制者によって免許を与えられた人。

妊娠（gravid）　発育可能な卵を含む生物。

抜き取り（rogue）　ある作物から望ましくない植物を取り除くこと。

燃焼（flaming）　有害生物を破壊するために、火を出す用具を用いること。

粘着トラップ（sticky trap） 昆虫を数えるために捕らえる粘着性のある物質を含むトラップ。

粘土（clay） 直径0.002mm以下のきわめて細かい土壌粒子。粘土土壌にはほとんど空気のための空間がなく、排水不良である。粘土は農薬製剤における担体として用いることができる。

農業生態系（agroecosystem） 人間によって操作された生態系で、少数の普通または主な種（作物）と数多くの稀な、または重要でない種（主に有害生物）を典型的に持つもの。

濃縮剤（concentrate） 施用の前に薄めなければならない液体の農薬製剤。

農薬（pesticide） 有害生物を防除することを意図した経済的毒物をいう。「FIFRA」を見よ。

農薬許容量（pesticide tolerance） 販売のときに食物の上または中に合法的に残っていることが許される農薬の残留量。EPAは連邦の残留許容量を設定することに責任を持つ。

農薬死（pesticide kill） 不注意または不適切な農薬の使用による非標的生物の死。

農薬販売業者（pesticide dealer） 農業使用のための農薬、農業有害生物の防除のための方法と用具を売るか、農薬の販売を誘う卸売商と小売商。

農薬用保護マスク（respirator） 毒物の存在にもかかわらず、人が安全に呼吸し働けるように、農薬からの有毒なガスと粒子を濾過する顔マスク。鼻、口、肺を農薬中毒から守るために用いる。

ノズル（nozzle） 液滴の大きさを調節し、液状散布施用の流出速度、被覆の均一性または完全性、安全性を制御する用具。

ノックダウン（knockdown） ピレトリン、アレスリン、テトラメスリンのような速やかな作用を持つ殺虫剤によって、昆虫の即時の無能力化または麻痺をもたらすこと。

胚（embryo） 親の体から離れる、卵から孵化する、または種子から発芽する段階に到達する前の発育中の生物。

バイオタイプ（biotype） 同じ種の他のメンバーから形態的、生態学的（例えば、温度または湿度要求）または生理的特性（寄生者感受性または寄主選好性）によって区別されるような生物のための、種のレベル以下の名称。

媒介者（vector） 1つの寄主から他の寄主へ病気を伝播する運び屋。

配偶子（gamate） 卵や精子のように、通常、減数分裂によって形成された生殖細胞。

胚軸（hypocotyl） 子葉と根端の間にある胚または芽生えの組織。

排除（exclusion） それがまだ発生していない地域に有害生物が入ったり移動したりすることを予防すること。

培養できない（fastidious） 分離したり、培地上で培養することが難しい寄生者に対する用語。［原意は「気難しい」］。

暴露（exposure） ある毒素が、ある生物に接触した量。物理的外部的接触は必ずしも必要としない。

暴露期間（exposure period） 作業者が農薬の混合、積みこみ、施用（施用時の旗での合図）、保持、装置の洗滌の間に、農薬に暴露する時間の量。また、農薬またはその残留と実質的に長い間接触すること。

旗立て（flagging） 航空散布によって処理すべき（または無処理のままにしておくべき）地域を識別すること。

バチルスチューリンギエンシス（Bt）（*Bacillus thuringiensis*, Bt） チョウ目の多くの種の幼虫段階に対して、効果的な殺虫成分を生産する、土壌に棲む細菌。またある系統はさまざまなコウチュウ、カ、ブユに効果的である。

発育閾値（下または上）（developmental threshold, lower or upper） 冷血生物の成長、発育または活動が、それより低い温度では止まる最低の温度、またはそれ以上の温度では止まる最高の温度。

発芽（germination） 種子または胞子からの成長の開始。

発ガン性物質（oncogen） 動物に腫瘍形成をもたらす物質。

発ガン物質（carcinogen） ガンを作り促進するか、頻度を増大させる化学的または生物的資材。

発生（infestation） ある場所における有害生物の物理的存在。

ハモグリバエ（leaf miner） もっぱら葉の葉肉の内部で摂食する昆虫。

ハロー（harrow） 土面を均し、土を掻き混ぜ、種子をおおうために用いられる耕起用具の一タイプ。

半減期（half-life） 農薬が50％分解するために必要な時間。

繁殖体（propagule） 胞子、菌核、種子、塊茎、根の断片のように、生物を繁殖することができる生物の一部。

半数体（haploid） 配偶子のように、ある種の成虫のメンバーに典型的な染色体数の半分のみを含むもの。

半内部寄生性線虫（semi-endoparasitic nematode） 寄主組織の中に、部分的にのみ埋めこまれるようになる寄生性線虫。体の後半部は植物組織の外に留まる。

汎用性（broad spectrum） 多くの有害生物に対して効果的な農薬で、限られた有害生物種に有害である選択性の農薬（「選択性農薬」を見よ）とは反対のもの。

非永続性伝搬ウイルス（nonpersistent virus） 媒介昆虫の口器の上で運ばれるウイルスであるが、ウイルスは媒介者が数回摂食した後に失われる。口針性ウイルス。

被害（damage） 作物の成長または収量における測定できる減少。

微気象（microclimate） 植物の草冠の中のような局部的な場所の気象。

非残留性農薬（nonpersistent pesticide） 1～3日以内で非毒性の副産物に分解するような農薬。

被子植物類（angiosperm） 種子を閉じた子房の中で生産する顕花植物。

飛翔最盛期（flight peak） 昆虫の成虫の飛翔する期間の間で最も多く飛ぶ時。

微小生息場所（microhabitat） ある生物の特定の生息場所で、そのすぐまわりと微気象からなる。

被食者（prey） 捕食者によって食餌として食われる動物。

微生物（microorganism） 細菌、ウイルス、菌類、ウイロイドまたはマイコプラズマのような顕微鏡的な大きさの生物。

微生物除草剤（mycoherbicide） 植物を殺すために適用される生きた菌類。

非生物性の（abiotic） 温度、無機栄養素、水、土壌型、日光、そして大気汚染のように、あるシステムの生きていない構成要素。

非生物性の病気（abiotic disease） 栄養素欠乏のように生きていない要因によって起こる病気。時には非生物的条件に関係している。

微生物農薬（microbial pesticide） 有効成分が生きている細菌、ウイルス、菌類、原生動物、線虫であるような農薬。

非選好性（antixenosis） 食植者の行動に影響する植物抵抗性。

非選好性（non-preference） 昆虫を誘引しない寄主。選好性の逆。

非選択性農薬（nonselective pesticide） ある範囲の生物に毒性のある農薬。

肥大（hypertrophy） 組織または器官の大きさの増大をもたらす、細胞の大きさの異常な増大。

非蓄積性（nonaccumulative） 速やかに分解するために環境に蓄積しない農薬。

非毒性（nontoxic） LD_{50}が5000mg/kg以上の経済的毒物。人間には毒性がない。

非病原性（nonpathogenic） 病気をひき起こさない。

非病原性の（avirulent） 病原性または病気をひき起こす性質がないか、または寄主の罹病性の変化のために病気をひき起こさない病原体。

非標的種（nontarget species） 管理戦術の意図された目標でない生物。

被覆作物（cover crop） 休閑期の間、土壌を守るために用いる非作物植栽。鋤きこまれたときには土壌に有機物を加え、ある場合には有害生物と病原体の数を減らす。「緑肥作物」を参照。

日焼け（sunscald） 太陽に暴露されることによって、もたらされる植物組織の破壊。

病害抵抗性、耐病性（disease-resistant） 特定の寄生者の発育と繁殖を支えないような特性を持つように育種された植物品種。

評価調査（evaluation survey） 有害生物の大発生の現在と潜在的重要性を評価するための組織的な調査。

病気（disease） ある生物の異常な生理と代謝。病気は病原体、非生物的条件、遺伝的不調によってもたらされる。

病原、病因（causal agent） 病気を誘導する原因となる生物的または非生物的要因。

病原型（pathovar） 細菌において、1つの属または種内のある植物のみに感染する分離株につけられた、種以下の名称。

表現型（phenotype） ある生物の目に見える形態的機能的属性。

病原性の（pathogenic） 病気をひき起こす病原体の能力。

病原性の（virulent） 活発な病原性を持つために病気をひき起こすことができること。「非病原性の」を参照。

病原体（pathogen） 病気をひき起こす寄生者。

表示語（signal word） 農薬のラベルの上に示さなければならない農薬の相対的毒性を記述する語法。この表示語には、高度に有毒な材料の髑髏のマークを伴う「危険」、中程度の毒性の材料の「警告」、低い毒性の材料の「注意」がある。

標準薬量割合（standard rate or label rate） ある農薬に対して勧められる薬量の施用割合。

苗条（shoot） 茎とその葉を持つ植物の成長物。

標徴（sign, sign of disease）　寄主の上の病気の特徴的な目に見える現れ。例えば、葉の表面のべと病の菌糸。「病徴」を参照。

病徴（symptom）　ある生物の中の病気の目に見える現れ。

病斑（lesion）　病気に罹った組織のはっきりした壊死または局部的な斑点。

標的（target）　農薬施用のような防除戦術が向けられる対象。

漂流飛散、ドリフト（drift）　風または大気の循環によって、細かい液滴または粉末の農薬が標的でない場所に移動すること。

漂流飛散防止、ドリフト防止（drift control）　漂流飛散を減らすために計画された施用技術の修正。

微量散布（ULV）（ultra-low volume, ULV）　エーカー当たり 0.5 ガロン以下の散布割合で、薄めることなく施用されるきわめて濃度の高い農薬。

品種（variety）　ある種の他のメンバーと異なる種のメンバーであるが、別の種として認識されるには十分でないもの。品種は時には栽培品種と同義語として用いられる。

便乗（phoresy）　生物が他の種の個体の体の上で運ばれること。

ファイトアレキシン（phytoalexins）　病原体または節足動物の攻撃に反応して、植物によって作られる防衛化合物。

ファイトプラズマ（phytoplasma）　植物に感染し病気をひき起こす mollicute。

ブーム（boom）　農業用化学物質の液体混合物を散布するために施用ノズルを取り付けることのできる水平の支持腕または管。

フェロモン（pheromone）　同じ種の他のものの行動に対して影響する、生物によって放出される化学物質。

孵化、羽化（eclosion）　線虫または昆虫が生活環のその前の段階から出ること。例えば、幼虫が卵から、成虫が蛹から出ること。

不活性成分（inert ingredient）　農薬の剤型に加えられる生物学的に不活性の物質。

不完全時代（imperfect stage）　菌類の生活環の中での非性的部分で、その間は菌類が性的胞子を生産しない。

不完全変態の（hemimetabolus）　その生活環の間に 3 つの区別される発育段階、すなわち卵、若虫、成虫、を経過する昆虫。若虫は成虫とは外観が異なり、しばしば水生環境の中で生活する。imcoplete metamorphosis ともいう。例はカゲロウ目、カワゲラ目、トンボ目。

腐朽（rot）　菌類と細菌によってもたらされる、植物と植物の生産物の物理的腐敗。

腹部（abdomen）　昆虫の体の後の部分で、成虫では生殖器官、幼虫では時には運動附属器を含む。

不耕起（non-till）　耕耘を用いないで作物を栽培すること。

節（node）　植物の茎の接合部。葉と枝のもと。

腐食者（saprophyte）　死んだり、腐敗しつつある有機物を食う生物。

付着（deposit）　施用のあと直ちに標的の上に残る農薬。

普通名（common name）　地域的言語の口語体を使用した、ある生物のためのよく知られた名前。

不定性（adventitious）　植物の通常の場所以外に発生する組織または器官。通常、側根または側芽の形成に関係している。

不妊虫放飼法（SIR）（sterile insect release method, SIR）　繁殖を制限するため、個体群に不妊化した昆虫を導入すること。

腐敗病（soft rot）　感染した植物組織が柔らかいか、または腐敗することによって特徴づけられる病気。

不変態の（ametabolous）　3 つの生活段階、卵、幼体、成虫を経過する昆虫。幼体段階は成虫と同じように見えるが、生殖器官を持たない。例はシミ目。

冬胞子、黒穂胞子（teliospore）　さび病と黒穂病菌の、壁の厚い暗色の胞子で、不適条件に生き残ることができる。

フラス（frass）　昆虫の固体の糞。

プラスミド（plasmid）　ある細菌と菌類の中に見いだされる染色体外の自己複製する環状の DNA。

分解（degradation）　より単純な構成成分の部分に分解する過程。農薬残留物の崩壊。

分解（degrade）　腐敗または分解。より複雑でない成分の部分に分解すること。

分けつ（tiller）　イネ科植物の若い栄養的基部苗条。

粉剤（D）（dust, D）　タルク、クルミの殻、粘土のような物質を、乾いた細かい粉にした担体に、有効成分を組み合わせたものを含む農薬の製剤。

分生子、分生胞子（conidium、複数：conidia）　一般的に無性的に生産され運動性のない何らかのタイプのもの。

分断性（disruptive）　有害生物個体群を防除するための有用種の能力を妨げるような処理。

分類学（taxonomy）　生物を分類し名前をつける理論と実際。

分裂組織（meristem）　苗条と根端と芽の中にある細胞分

裂できる未分化の植物組織。

平衡点（equibilium position） 平衡状態にある動物密度。

閉鎖的混合システム（closed-mixing system） 農薬がもとの容器から移動して、水で薄められ、散布タンクへ運ばれるまで密閉され、作業者が農薬に暴露されることを防ぐシステム。

閉鎖的積み込みシステム（closed-loading system） 農薬が混合タンクから散布タンクまで、ホース、管、カップリングのような装置で運ばれることによって、作業者が混合物に暴露されることを防ぐシステム。

ベータ多様性（beta diversity） 生息場所の間の種の交換の結果、特定の地域の中で発生する生物。

ヘクタール（hectare） 1万平方メートルまたは2.47エーカーに等しい土地の面積のメートル法の単位。

ペレット（pellets） 10立方ミリメートル以下の粒子を持つ乾いた農薬の剤型。「粒剤」を見よ。

変温動物（poikilotherm） まわりの温度によって体温が決定される生物。冷血動物。

変態（metamorphosis） 完全変態昆虫が幼虫から成虫に発育する中で経過する際立った突然の形態変化。文字通り「形を変える」という意味。

ポアソン分布（poisson distribution） 分散が平均とほぼ等しいようなランダム分布を記述した関数。

包囲化（encapsulation） 昆虫における生理的防衛機構。そこでは内部寄生者の卵または幼虫が寄主の血液細胞の多重の層によっておおわれて殺される。

方形区（quadrat） 個体群測定において用いられるサンプルが、そこから集められる決められた場所。

放飼（release） 特定の場所に生物的防除資材、特に昆虫を導入すること。

胞子（spore） ある菌と他の微生物によって作られる小さい繁殖構造。適切な条件の下で1つの新しい個体に成長することができる。緑色植物の種子に似ている。

胞子形成（sporulate） 胞子の形成と放出。

胞子のう（sporangium、複数：sporangia） その中に無性的胞子が形成される構造。

防除（control） ある有害生物個体群を特定の密度以下に保つこと。

防除活動閾値（control action threshold）「要防除水準」を見よ。

防除活動ガイドライン（control action guideline） 有害生物の防除活動が必要であるかどうか、何時その活動がとられるべきかを決めるために用いられる。

歩行幼虫（crawler） カイガラムシとコナジラミの未成熟の動く発育段階。それは植物のまわりを動く。

保護区（reservoir） 生物が生存し数が増えることのできる場所。

保証株（certified stock） 州の農業局または他の政府機関によって、ある病気または他の有害生物がないことを文書で証明された植物繁殖材料。

保証種子（certified seed） 品種の状態と、雑草やその他の有害生物がないことを政府機関によって文書で証明された種子。

捕食寄生者（parasitoid） 寄主を殺す節足動物の寄生者。捕食寄生者の成虫は自由生活をし、未成熟段階が寄生的である。

捕食者（predator） 他の動物を食物として攻撃し摂食する動物。

補助剤（adjuvant） 農薬製剤における非農薬的物質で、有効成分の物理的、化学的、または微生物学的性質を改善するか、施用の効力を改善するもの。

保毒生物（carrier） 感染性のある病原体を隠し持つ無症状の生物。

匍匐茎、匍匐根（runner）「走出枝」を見よ。

ポリジーンの（polygenic） 多くの遺伝子の関与によって決定される形質。

ポリメラーゼ連鎖反応（PCR）(polymerase chain reaction, PCR） DNA断片の複製を作る技術。

ボルドー液（Bordeaux mixure） 硫酸銅と水酸化カルシウムの混合物で、一連の植物病原体の防除のために施用される。

ホルモン（hormone） 生物によって生産される物質で、それを生産する個体の生理や成長に影響するもの。一般的にきわめて低い濃度で活性がある。

マイコトキシン［かび毒］(mycotoxin） 菌類によって生産される毒素。そのような毒素は感染した種子、飼料、または食物に存在し、汚染した農産物を消費する動物の病気や死を招く。

マイコプラズマ（mycoplasma） 細胞壁を持たない多形性の原核的微生物。いくつかのものは植物病原体である。

マイコプラズマ様微生物（MLO）(Micoplasna-like organism, MLO）「ファイトプラズマ」を見よ。

マイナー有害生物（minor pest） 商業的作物に、ときたま経済的被害を起こす有害生物。

マシン油剤（petroleum oil） それが含む炭化水素にもとづいて、パラフィン、ナフタレン、芳香性または不飽和油として分類される精製された散布用の油。

マトリックス（matrix） ある線虫の卵がその中に産まれ、卵塊を形成するゼラチン状の物質。

間引き、間伐（thinning） 畝作物または果樹から、ある植物体または植物の部分を取り除いて、残った植物が適切に成長し発育する空間を持つようにすること。

マミー（mummy） (i) 木の上に残っている収穫されなかった果実または殻果。(sticktight とも呼ぶ。) (ii) 体の内容物を寄生者によって消費されたアブラムシの死骸。

繭（cocoon） ある昆虫によって作られる蛹の覆いで、蛹期の間これを保護するもの。

マルチ（mulch） 雑草の成長と水の損失を防ぐために、土の表面に横たえた材料の層。

慢性毒性（chronic toxicity） ある毒素に時間を越えて何回も暴露することの効果を表す測定単位。

ミスト機（mist blower） 「スピードスプレーヤ」を見よ。

みつ腺（nectary） 蜜を分泌する植物の腺。

ムカデ（centipede） ムカデ綱の節足動物で、体の節ごとに1対の脚を持ち、第1節の上に1対の有毒の爪を持つ。ムカデは砕石と土の中に棲み、通常は有害生物と考えられない。

無機農薬（inorganic pesticide） 炭素を含まない農薬。(例えばボルドー液、硫酸銅、亜砒酸ナトリウム、硫黄)。

無視できる残留（negligible residue） 食物や飼料作物のために設定された農薬の残留許容量。

無翅の（apterous） 翅がない。しばしばアブラムシに関して用いられる。

無性的（asexual） 配偶子の融合なしの生殖。出芽と胞子形成を含む。単為生殖（動物）、栄養繁殖（植物）ともいう。

無脊椎動物（invertebrate） 内部骨格を持たない動物。

無病徴保毒生物（symptomless carrier） 病原体によって感染したが、病徴を示さない生物。

無柄の（sessile） 茎または柄を持たない。

群れ（brood） 何らかの動物の子孫。同時に孵化したか、または生まれ、ほぼ同じ速さで成熟する子孫の一群。

滅菌（sterilization） 熱または化学物質によって、容器または材料から生きた生物を除くこと。

芽生え、苗（seedling） 種子から発芽したあとの小さい植物。

免疫（immunity） その植物を有害生物が食物として用いることができないような、全面的で完全な抵抗性。

木部（xylem） 維管束植物における水を導く木質組織。

モザイク（mosaic） ウイルス病の病徴で、葉が黄色と緑色のまだらになるもの。

モデル（model） 現実にある現象の単純化された描写。個体群や栽培システムの要素の数学的表現としてもちいられる。

モニタリングシステム（monitoring system） (i) 農薬が環境に逃げ出しているかどうか、または (ii) ある作物の中の有害生物の数、生活段階、摂食の証拠、被害場所を追跡するシステム。

薬害軽減剤（safener） 農薬の植物に対して毒性のある性質を減らす化学的添加物。

薬剤抵抗性（pesticide resistance） 「抵抗性」を見よ。

薬量（dose） 標的に対して施用された農薬の量。また、農薬の毒性を決定するために用いられる一定の測定単位。

やけ（scald） (i) 霜、日光または風による過剰な乾燥によってひき起こされた植物の樹皮への傷害。(ii) 穀類の葉が褐色になり植物が死ぬ菌類の病気。

ヤスデ（millipede） ヤスデ綱の節足動物。大部分の体節に2対の脚を持つ。それらは砕石の中に棲み、通常は農業上の有害生物ではない。

誘引剤（attractant） 昆虫または他の動く有害生物を、それらを捕らえたり殺したりすることのできる場所で、誘引するために用いられる化学物質または道具。例えば、光は夜にガを誘引する。誘引剤は昆虫の摂食、産卵または交尾行動にもとづいている。

誘引作物（trap crop） ある有害生物に誘引性のある植物で、それらの有害生物を作物から逸らすために植え付けられる。

有害小動物（vermin） 有害生物。通常、ネズミ、ハツカネズミまたは昆虫。

有害生物（pest） 人間の活動や要求と衝突する何らかの生物で、病原体、雑草、線虫、軟体動物、節足動物と脊椎動物を含む。

有害生物管理戦術（pest management tactic） ある有害生物またはその被害を防除する方法。

有害生物管理戦略（pest management strategy） 有害生物問題を軽減するための全体的計画。

有害生物カテゴリー（pest categories） 病原体、雑草、線虫、節足動物、軟体動物と脊椎動物を含む。

有害生物防除（pest control） 有害生物を根絶、阻害または制限し、それらを作物の収益性または農業的作業と衝突することから予防するためにとられる活動。

有害生物防除アドバイザー（PCA）(pest control advisor, PCA) 農業有害生物防除についての勧告をする人、または何らかのの農業的使用またはサービスを行なう商売において権威または一般的アドバイスを提供する人。

有害生物防除作業者（PCO）(pest control operator, PCO) 有害生物を防除するか予防のための、何らかの有害生物による感染または不調を予防し、破壊し、忌避し、緩和し、直すために、農薬を施用する公的な免許を持つか、または何らかの方法か賃貸するための用具を用いる人、あるいは商会。

有機塩素系殺虫剤（organochlorine） 炭素、水素、塩素を含む合成された有機殺虫剤。多くのものは環境に残留する。例はDDT、クロルデンとアルドリン。

有機合成農薬（organic pesticide） 炭素を含む化学物質から作られた農薬。2つの主なグループは石油と合成有機農薬である。

有機合成農薬（synthetic organic pesticide） 炭素、水素、その他の要素を含む人間が作った農薬。

有機農産物（organic produce） 合成肥料または農薬を使用しないで栽培された、植物または飼育された動物からの商業的農産物。

有機物（organic matter） 腐敗した植物と動物から構成された土壌の成分。

有機燐系殺虫剤（organophosphate） 燐を含む有機合成殺虫剤。例はパラチオン、マラソン、TEPP（tetraethyl pyrophosphate）。

有効成分（active ingredient, ai） 毒素として生物学的に活性を持つ農薬製剤の中の化学物質。ある農薬製剤は1つ以上の有効成分を持つことがある。

有効薬量（ED）(effective dose, ED) ED_{50}は試験対象の50%に効果を持つ薬量。

遊走子（zoospore） 動く、無性的に作られる胞子。しばしば水の中に放出される。

誘導多発生、リサージェンス（pest resurgence） 農薬の施用によって一時は数が減った後に、有害生物の数が急速に増加すること。誘導多発生は天敵の破壊によってもたらされる可能性がある。

誘発有害生物（induced pest） 「置き換え」を見よ。

有用生物（beneficial） 有害生物を殺したり、競争したりすることによって、生物的防除を提供する生物。

蛹化（pupate） 幼虫から蛹段階への脱皮。

溶剤、溶媒（solvent） 有機農薬を水に溶かすために用いる化学物質。

幼若ホルモン（JH）(juvenile hormone, JH) 昆虫の脳から分泌されるホルモンで、それが生産されている間の昆虫に未成熟の特性をもたらす。

溶脱（leaching） 土壌中の水を通して化学物質が下方へ移動すること。

幼虫（juvenile） 卵から孵化し成虫になるまで3回脱皮する線虫の性的に未成熟の段階。または不変態の昆虫の未成熟段階。

幼虫、幼生（larva、複数：larvae） 完全変態昆虫の卵と蛹の間にあり、移動する、性的に未成熟な翅のない段階。未成熟の線虫またはダニの1齢。

要注意地域（sensitive area） 農薬の施用が特に有害な地域。例えば、川、水路、住宅地、公園。

要防除水準（ET）(economic threshold, ET) 有害生物の密度が経済的被害許容水準に達することを止めるために、ある戦術を始めるべき有害生物個体群密度。

葉面積指数（LAI）(leaf area index, LAI) 植物におおわれた土表面の面積に対する葉の全面積の比。

抑止土壌（suppressive soil） その中に拮抗的微生物がいて、植物病原体が病気を起こすことを予防する土壌。

予防剤（protectant） 有害生物が増加する前に、標的に施用される化学物質。

落葉剤（defoliant） 植物の葉が落ちることをもたらす化学物質。

ラベル（label） 農薬の容器に貼り付けた印刷物または印刷されたもので、登録農薬についての技術的情報。そのラベルと合致しないやり方で農薬を用いることは違法である。

卵胞子（oospore） 休止した菌類の胞子。配偶子の融合の結果生ずる。

リサージェンス（resurgence） 「誘導多発生」を見よ。

流行（epidemic） 広い地理的地域にわたる、ある病気のひどい大発生。

流行病の（植物の）(epiphytotic) ある植物個体群における病気の流行。

流行病の（動物の）(epizootic) ある動物個体群における病気の流行。

粒剤（G）(granules, G) 乾いた粒子状の農薬製剤で、有効成分は粘土、トウモロコシの芯、またはクルミの殻のような不活性の材料の中に組みこまれている。粒状の農薬は通常、土壌表面に施用されるか、土に混ぜられる。

流出（runoff）（i）散布された標的の上に止まらない液体。（ii）ある畑から排水される水。

緑肥作物（green manure crop）栽培され、それから土の中に混合され、栄養素と有機物を提供し、土壌の構造を改善する植物。しばしばマメ科またはイネ科である。

輪作（crop rotation, rotation）有害生物管理、土壌増強、そして土壌保全を達成するために、1つの畑に異なる作物を順次に栽培するやり方。

累積効果（cumulative effect）原因刺戟の合計に比べて増大する効果。

齢（instar）昆虫が脱皮する間の期間または発育段階。

レイバイ施用（layby application）トラクターが作物の間を運転できる栽培シーズンの最後の時期に、農業用化学物質を施用すること。

レース（race）行動または生理的（形態的以外の）違いのような特定の属性にもとづく種以下のカテゴリー。subspecies に似る。しばしば植物病原体を記述するときに用いられる。

裂開（dehisce）種子の莢を開くように、植物の組織が弱い線に沿って裂けること。

若虫（nymph）不完全変態昆虫、例えばカメムシ目、バッタ目の翅のない未成熟発育段階。

biofix 生活環における、ある識別できる生物季節学的出来事または段階で、日度にもとづくモデルの開始点を代表するもの。

blast 病気によってもたらされる花、芽または若い果実の突然の死に対する普通名。

catfacing 果実の発育の間に昆虫の摂食によってひき起こされた果実の変形。

chemigation 灌漑水の中に農薬を入れて配ること。

conductive soil 特定の植物病原体が病気をひき起こすことができる土壌。

controlled droplet application（CDA） 均一な大きさの散布液滴を作りだすために回転する霧化機（回転子）を用いる装置。

D-vac 昆虫を吸引する携帯用の真空装置。昆虫をサンプリングするために用いられる。

duckfeet 畑を耕起するために用いられる sweep［スイープ］と名づけられた一種の耕耘用具。スイープは雑草を機械的防除のために地面の下のレベルで切る。

FDA（Food and Drug Administration） 一般市民の手に入る食物、薬品、化粧品の安全性を監視する連邦機関［アメリカ食品医薬品局］。

FIFRA Federal Insecticide, Fungicide, and Rodentcide Act［連邦殺虫剤殺菌剤殺そ剤法］

Food Quality Protection Act（FQPA） アメリカ合衆国における食品の安全性を改善するために1996年に制定された法律［食品品質保護法］。

headland 耕起する畑で機械が回転するための末端の場所。あるいは、農薬の航空散布において、旗振りによる合図、飛行機の安全、または公益施設への危害を避ける目的で、散布されない場所。

insectary crop 捕食者と寄生者のための誘引と食餌を供給する植物。例えば、ワタの畑の近くの無処理のアルファルファ。

lapse 気温が地面で最も高く、高度が上昇するとともに気温が低下するような気象条件。小さい農薬の粒子は暖かい空気が上昇するときに高く運ばれる。

LC_{50}（median lethal concentraion） 半数致死濃度。24時間以内にわたり試験動物が暴露されたうちの半分を殺す農薬またはその中の毒物の致死濃度。LC_{50} は空気または水の100万分の1で、粉剤やミストではリットル当たりマイクログラムで表される。それはまた急性吸入毒性の測定単位としても用いられる。

LD_{50}（mdiana lethal dose） 半数致死薬量。経口または皮膚からの吸収されたときに、それに暴露された試験動物の半分を殺す有効成分の薬量または量。LD_{50} は一般的に体重キログラム当たりのミリグラムで表される。それは急性経口または経皮毒性を示す。

material safety data sheet（MSDS） ある化学物質の化学的性質と毒物学的性質についての正式な記述。

mg/kg 動物の体重1キログラム当たりの農薬（または毒物）のミリグラム数。

mollicute マイコプラズマ、スピロプラズマを含む微生物の種類。それらは細胞壁がなく、形が変化する。スピロプラズマは培養できるが、マイコプラズマは培養できない。

monocyclic 1年に1回の繁殖サイクルを持つ病気。「polycyclic」を参照。

Occupational Safety and Health Administration（OSHA） 作業者の健康と安全に影響するものご

とを規制するアメリカ合衆国連邦機関［雇用者健康および安全管理部］。

pH 水溶性の相対的酸性度またはアルカリ度の測定単位。pH7は中性、7以上は塩基性、7以下は酸性。

polycyclic シーズン当たり多数回の生殖サイクルを持つ病気。「monocyclic」を参照。

ppb 10億分の1。%の100万分の1。リットル当たりマイクログラム。

PPE 「個人用防護装備」を見よ。

ppm 100万分の1。%の1000分の1。リットル当たりミリグラム。

psi 圧力の測定単位。平方インチ当たりポンド。

reservoir host 「代替寄主」を見よ。

RNA (ribonuculeic acid) リボ核酸。細胞の中でタンパク質を合成することに関与するポリヌクレオチド。それは特定の機能を持つ、いくつかの形で存在し、あるウイルスでは一次的遺伝情報として直接に働く。

top sample 木の頂端から取られた有害生物モニタリングのためのサンプル。

union 接ぎ木で、接ぎ穂と台木が繋がる点。

USDA United States Department of Agriculture［アメリカ合衆国農務省］。

waiting period 「収穫前使用禁止期間」を見よ。

water-dispensable liquid (flowerble, F) 製剤化されたときに油を基にした懸濁液を作る、湿った粉の製剤。

wick application 雑草の表面の上に、除草剤をしみこませた綿球を動かすことによって、選択性除草剤を施用すること。ロープがしばしば綿球の繊維として使われる。

参考文献

Agrios, G. N. 1997. *Plant pathology.* San Diego, Calif.: Academic Press, xvi, 635.

Anonymous. 2000. UC IPM home page, Calif.: http://www.ipm.ucdavis.edu/

Caveness, F. E. 1964. *A glossary of nematological terms.* Ibadan, Nigeria: International Institute of Tropical Agriculture, 68.

Flint, M. L., and P. Gouveia. 2001. *IPM in practice; Principles and methods of integrated pest management,* Publication #3418. Oakland, Calif.: University of California, Division of Agriculture and Natural Resources, xii, 296.

Herren, R. V., and R. L. Donahue. 1991. *The agriculture dictionary.* Albany, N.Y., Delmar Publishers Inc., vi, 553.

Lincoln, R., G. Boxshall, and P. Clark. 1998. *A dictionary of ecology, evolution and systematics.* Cambridge, U.K.: Cambridge University Press, ix, 361.

Pedigo, L. P. 1999. *Entomology and pest management.* Upper Saddle River, N.J.: Prentice Hall, xxii, 691.

Ricklefs, R. E., and G. L. Miller. 2000. *Ecology.* New York: W. H. Freeman & Co., xxxvii, 822.

Shurtleff, M. C., and C. W. Averre. 1997. *Glossary of plant-pathological terms.* St. Paul, Minn.: APS Press, iv, 361.

Weinberg, H. 1983. *Glossary of integrated pest management.* Sacramento, Calif.: State of California, Department of Food and Agriculture, 84.

索引

【タ行】

【ナ行】

【マ行】

【ヤ行】

【ラ行】

【ワ行】

【A ～ Z】

訳者あとがき

この本は Robert F. Norris, Edward P. Caswell - Chen and Marcos Kogan（2003）Concepts in Integrated Pest Management の全訳である。

本書の主題である Integrated Pest Management（IPM）は、その概念のはじまりにおいては Integrated Control（IC）といわれており、我が国ではこれが「総合防除」と訳されて、深谷昌次・桐谷圭治編（1973）『総合防除』（講談社）や、桐谷圭治・中筋房夫（1977）『害虫とたたかう ── 防除から管理へ』（日本放送出版協会）などによって紹介された。やがて、この概念は発展をとげて IPM となったが、この概念が害虫防除の分野で早くとりあげられたため、「総合的害虫管理」と訳されることが多かった（例えば、中筋房夫〈1997〉『総合的害虫管理学』養賢堂）。その後、これには病害や雑草の防除の分野も当然含まれることが認識され、最近では IPM を「総合的病害虫・雑草管理」と訳すようになっている（例えば、安藤由紀子〈2006〉植物防疫 60: 93-95）。しかし、この本では pest として、病原体、雑草、線虫、軟体動物、節足動物、脊椎動物という「有害生物」のすべてを含んでいるので、訳書では IPM に対して「総合的有害生物管理」という訳語を用いることとした。

総合的有害生物管理（IPM）という概念は、1950 年代から 1960 年代の農薬万能時代を経験した世代にとっては、それから抜け出すための努力とともに、まことに印象深いものがあるのだが、この概念がほぼ定着した最近の研究者、技術者の間では、IPM の要素としての農薬以外の防除資材や新しいタイプの農薬についてのきわめて専門化した研究・技術への関心が大きく、IPM の概念そのものへの理解は、むしろ薄いのではないかと思う。訳者はかねがね、これから我が国の有害生物管理を担う若い学生や研究者のために、この一冊を読めば IPM のすべてを理解できるような本を待望していたが、この本は、ほぼその目的をかなえるものといえよう。

この本の特徴の第一は、有害生物（pest）としてすべてのカテゴリーの生物、すなわち病原体、雑草、線虫、軟体動物、節足動物、脊椎動物、を総合的に取り上げていることである。総合的有害生物管理（IPM）は本来、作物を中心として、これに害を及ぼすすべての生物を対象にすべきであろうが、我が国では病害、害虫、線虫、鳥獣害防除や農薬などの専門的参考書は多いが、これを総合的に扱う本は少なかった。このことはアメリカ合衆国でも同様のようで、この本では有害生物のすべてのカテゴリーを総合的に扱うということをこの本の１つのチャレンジとして強調している。本書を学ぶことによって、真の IPM を推進することができるのではないかと期待するものである。

この本の第二の特徴は、IPM の概念（concepts）を扱っていることである。IPM は、対象とする作物に特異的な問題を扱う。この本はアメリカ合衆国の学生向けの教科書として書かれたものであるため、その実例は主としてアメリカ農業から取られている。アメリカ農業には我が国との共通性も少なくないが、もしこの本から我が国の具体的な IPM の指針を得ようとするならば、必ずしも参考にはならないかもしれない。しかし、この本は序文にも書かれているように、ハウツウ（how-to）マニュアルを求める読者のために書かれたものではない。そこには主としてアメリカ農業の実例を取り上げながらも、万国共通のIPMの「概念」が述べられている。したがって、読者はこの共通概念を学ぶことによって、我が国の実情に合ったIPMを作りだしていくことができるのではなかろうか。

訳者の1人はこれまで、国、県の農業試験場において害虫防除の分野で働いてきたが、病害、線虫防除や農薬などについての知識は限られていた。また害虫分野でも近年の進歩は著しいものがある。そこで訳出にあたっては、後に示した参考文献を参照するとともに、植物病理学、昆虫学、線虫学のそれぞれの専門家でおられる、高橋賢司、守屋成一、水久保隆之の三氏に第2章、第5章を、また農薬学がご専門の遠藤正造氏に第11章、第12章の原稿の校閲をお願いした。御多忙中にもかかわらず、丁寧にご教示いただいた各氏に厚く御礼申しげる。それにもかかわらず、もし不適切な訳語や誤りがあれば、それはもっぱら訳者の責任であるので、今後各位からのご指摘ご教示をいただければ幸いである。

生物名、用語は参考文献にしたがってできる限り日本語に訳した。ただし、類書にあるように文中で英語を併記することは煩雑を避けるため行なわなかった。ただ、巻末の「生物名一覧表」と「用語解説」では英語を併記したので参考にされたい。またどうしても訳語が見つからない場合は、英語をそのまま記し、できるものについては［　］内に訳者による説明を付した。

本文中で、（　）は原文の（　）をそのまま用い、「　」は原文で“　”や斜体で強調されているものであり、［　］は訳者による注である。

最後に、この本の訳出を勧められた鈴木芳人氏と、出版を快く引き受けていただいた築地書館株式会社の土井二郎社長、並びに製作・編集で大変お世話になった同社編集部の橋本ひとみ氏に深謝する。

2006年4月

小山重郎

小山晴子

参考文献（五十音順）

遺伝学用語辞典、ROBERT C.KING著、坂手栄・吉田治男・赤井弘訳、1983年、東京化学同人、350頁
応用植物病理学用語集、濱屋悦次編著、1990年、日本植物防疫協会、506頁
応用動物学・応用昆虫学学術用語集、第3版、日本応用動物昆虫学会編、2000年、日本応用動物昆虫学会、236頁
改訂増補　日本動物図鑑（12版）、内田清之助・他著、1954年、北隆館、1898頁＋索引
学術用語集　化学編（増訂2版）、文部科学省・日本化学会編、1986年、日本化学会、685頁
学術用語集　植物学編（増訂版）、文部省・日本植物学会編、1990年、丸善、684頁
学術用語集　動物学編（増訂版）、文部省・日本動物学会編、1988年、丸善、1122頁
学術用語集　農学編、文部省・日本造園学会編、1986年、日本学術振興会、962頁
学術用語集　物理学編（増訂版）、文部省・日本物理学会編、1990年、培風館、670頁
旧約聖書（新共同訳）、共同訳聖書実行委員会著、1987、1988年、日本聖書協会、1502頁＋付録
原色日本植物図鑑　草本編（上・中・下）、北村四郎・他著、1964年、保育社、297＋390＋464頁
原色日本鳥類図鑑（新訂版）、小林桂助著、1980年、保育社、256頁
昆虫学辞典、素木得一編、1962年、北隆館、1098頁＋図版等
昆虫分類学、平嶋義宏・森本桂・多田内修著、1989年、川島書店、597頁
実用農業英語辞典、新農業教育研究会編、1982年、農業図書、319頁
小学館ランダムハウス英和大辞典（パーソナル版）、上・下巻、小学館ランダムハウス英和大辞典編集委員会、1975年、小学館、3048頁
すぐわかる統計用語、石村貞夫・Desmond Allen著、1997年、東京図書、285頁
生化学・分子生物学英和用語集、中村運編、2002年、化学同人、514頁

生態学辞典、沼田真編、1974 年、築地書館、467 頁
線虫の見分け方、(植物防疫特別増刊号 No.8) 西沢務・他著、2004 年、日本植物防疫協会、99 頁
線虫学実験法、線虫学実験法編集委員会編、2004 年、日本線虫学会、247 頁
日本産昆虫の英名リスト、矢野宏二編、2004 年、東海大学出版会、171 頁
日本植物図鑑、村越三千男編、1951 年、風間書房、772 頁＋索引等
日本植物病名目録、日本植物病理学会編、2000 年、日本植物防疫協会、857 頁
農薬科学用語辞典、宍戸孝・武田明治・戸部満寿夫・丸茂晋吾・丸山正生編、1994 年、日本植物防疫協会、374 頁
農薬散布技術、「農薬散布技術」編集委員会編、1998 年、日本植物防疫協会、309 頁
農薬毒性の事典、植村振作・河村宏・辻万千子・冨田重行・前田静夫著、1988 年、三省堂、365 頁
農薬ハンドブック　1998 年版、農薬ハンドブック 1998 年版編集委員会編、1998 年、日本植物防疫協会、925 頁
農林有害動物・昆虫名鑑、日本応用動物昆虫学会編、1987 年、日本植物防疫協会、379 頁
法律英単語ハンドブック、尾崎哲夫著、2004 年、自由国民社、288 頁
ミニ雑草図鑑—雑草の見分け方—、廣田伸七編著、1996 年、全国農村教育協会、190 頁
琉球植物目録、初島住彦・天野鉄夫著、1977 年、でいご出版社、282 頁

著者紹介——ロバート F. ノリス（Robert F. Norris）
カリフォルニア大学デービス校名誉準教授。
雑草学の権威であり、特にカリフォルニア州の最も重要な作物雑草であるイヌビエの研究で知られる。雑草の生物学と生態学、農業生態系における雑草の役割をあきらかにし、持続的で経済的な雑草管理システムについて先進的な研究をしてきた。

エドワード P. カスウェル－チェン（Edward P. Caswell - Chen）
カリフォルニア大学デービス校教授。
著名な線虫学者で、特にテンサイシストセンチュウを主な研究テーマとしている。持続的で環境に優しい線虫管理システムを目指し、抵抗性作物、非寄主植物、生物的防除および殺線虫剤を組み合わせたIPM手法を研究している。

マルコス・コーガン（Marcos Kogan）
オレゴン州立大学名誉教授。
ブラジル出身の昆虫学者で、特にダイズ害虫の総合的管理の業績で知られ、アメリカ大豆協会やブラジル昆虫学会などから数多くの褒賞を受けた。最近までオレゴン州立大学総合的作物保護センター所長としてIPM研究の推進に貢献してきた。

訳者紹介——小山重郎（こやまじゅうろう）
1933年生まれ
東北大学大学院理学研究科博士課程修了
秋田県農業試験場、沖縄県農業試験場、農林水産省九州農業試験場、同省四国農業試験場、同省蚕糸・昆虫農業技術研究所を歴任し退職。理学博士
著書『よみがえれ黄金（クガニー）の島―ミカンコミバエ根絶の記録』（筑摩書房）
『530億匹の闘い―ウリミバエ根絶の歴史』（築地書館）
『害虫はなぜ生まれたのか―農薬以前から有機農業まで』（東海大学出版会）
『害虫総合防除の原理』（E. F. ニップリング著、共訳、東海大学出版会）
『寄生虫放飼による害虫防除法の原理』（E. F. Knipling著、共訳、東海大学出版会）
『昆虫飛翔のメカニズムと進化』（アンドレイ K. ブロドスキイ著、共訳、築地書館）

小山晴子（こやませいこ）
1933年生まれ
東北大学理学部生物学科卒業
著書『マツが枯れる』（秋田文化出版）
『害虫総合防除の原理』（E. F. ニップリング著、共訳、東海大学出版会）
『寄生虫放飼による害虫防除法の原理』（E. F. Knipling著、共訳、東海大学出版会）
『昆虫飛翔のメカニズムと進化』（アンドレイ K. ブロドスキイ著、共訳、築地書館）

IPM総論
有害生物の総合的管理

2006年6月15日　初版発行

著　者――――R. ノリス＋ E. カスウェル - チェン＋ M. コーガン

訳　者――――小山重郎＋小山晴子

発行者――――土井二郎

発行所――――築地書館株式会社

東京都中央区築地7-4-4-201　〒104-0045

TEL 03-3542-3731　FAX 03-3541-5799

http://www.tsukiji-shokan.co.jp/

振替 00110-5-19057

印刷・製本――株式会社シナノ

装　丁――――吉野　愛

ISBN4-8067-1333-3 C3061